ASSOCIATION FRANÇAISE

POUR

L'AVANCEMENT DES SCIENCES

ASSOCIATION FRANÇAISE
POUR
L'AVANCEMENT DES SCIENCES

FUSIONNÉE AVEC

L'ASSOCIATION SCIENTIFIQUE DE FRANCE

(Fondée par Le Verrier, en 1864)

(*Reconnues d'utilité publique*)

COMPTE RENDU DE LA 54e SESSION

ALGER

1930

PARIS

AU SECRÉTARIAT DE L'ASSOCIATION

Rue Serpente, 28 (6e arr.)

ET CHEZ MM. MASSON ET Cie, LIBRAIRES DE L'ACADÉMIE DE MÉDECINE

Boulevard Saint-Germain, 120 (6e arr.)

1930

LISTES DES CONGRÈS ET DE LEURS PRÉSIDENTS

VOLUMES

ANNÉES			VILLES				PRÉSIDENTS
1872	1re	Session.	Bordeaux	1	volume.		Claude BERNARD (*)
1873	2e	—	Lyon	1	—		DE QUATREFAGES (*)
1874	3e	—	Lille	1	—		Adolphe WURTZ (*)
1875	4e	—	Nantes	1	—		Adolphe D'EICHTHAL (*)
1876	5e	—	Clermont Ferrant	1	—		J.-B. DUMAS (*)
1877	6e	—	Le Havre	1	—		Paul BROCA (*)
1878	7e	—	Paris	1	—		Edmond FRÉMY (*)
1879	8e	—	Montpellier	1	—		Agénor BARDOUX (*)
1880	9e	—	Reims	1	—		J.-B. KRANTZ (*)
1881	10e	—	Alger	1	—		Auguste CHAUVEAU (*)
1882	11e	—	La Rochelle	1	—		Jules JANSSEN (*)
1883	12e	—	Rouen	1	—		Frédéric PASSY (*)
1884	13e	—	Blois	2	volumes	(1)	A. BOUQUET DE LA GRYE (*)
1885	14e	—	Grenoble	2	—	»	Aristide VERNEUIL (*)
1886	15e	—	Nancy	2	—	»	Charles FRIEDEL (*)
1887	16e	—	Toulouse	2	—	»	Jules ROCHARD (*)
1888	17e	—	Oran	2	—	»	Aimé LAUSSEDAT (*)
1889	18e	—	Paris	2	—	»	H. DE LACAZE-DUTHIERS (*)
1890	19e	—	Limoges	2	—	»	Alfred CORNU (*)
1891	20e	—	Marseille	2	—	»	P.-P. DEHÉRAIN (*)
1892	21e	—	Pau	2	—	»	Edouard COLLIGNON (*)
1893	22e	—	Besançon	2	—	»	Charles BOUCHARD (*)
1894	23e	—	Caen	2	—	»	E. MASCART (*)
1895	24e	—	Bordeaux	2	—	»	Emile TRÉLAT (*)
1896	25e	—	Carthage (Tunis)	2	—	»	Paul DISLÈRE (*)
1897	26e	—	Saint Etienne	2	—	»	J.-E. MAREY (*)
1898	27e	—	Nantes	2	—	»	Edouard GRIMAUX (*)
1899	28e	—	Boulogne-sur-Mer	2	—	»	Paul BROUARDEL (*)
1900	29e	—	Paris	2	—	»	Hippolyte SEBERT (*)
1901	30e	—	Ajaccio	2	—	»	E.-T. HAMY (*)
1902	31e	—	Montauban	2	—	»	Jules CARPENTIER (*)
1903	32e	—	Angers	2	—	»	Emile LEVASSEUR (*)
1904	33e	—	Grenoble	1	—	(2)	C.-A. LAISSANT (*)
1905	34e	—	Cherbourg	1	—	(2)	Alfred GIARD (*)
1906	35e	—	Lyon	2	—	(1)	Gabriel LIPPMANN (*)
1907	36e	—	Reims	2	—	(1)	Henri HENROT (*)
1908	37e	—	Clermont-Ferrand	1	—	(3)	Paul APPELL (*)
1909	38e	—	Lille	1	—	(4)	Louis LANDOUZY (*)
1910	39e	—	Toulouse	1	—	(5)	C. M. GARIEL (*)
1911	40e	—	Dijon	1	—	(5)	S. ARLOING (*)
1912	41e	—	Nîmes	1	—	(4)	Charles LALLEMAND
1913	42e	—	Tunis	1	—	(4)	Emile HAUG (*)
1914	43e	—	Le Havre	1	—	(6)	Armand GAUTIER (*)
1915-1916	(Conférences)			1	—	(7)	Albert CALMETTE.
1916-1917		—		1	—	»	—
1917-1918		—		1	—	»	—
1918-1919		—		1	—	»	—
1920	44e	Session.	Strasbourg	1	—	(8)	—
1921	45e	—	Rouen	1	—	(8)	Auguste RATEAU (*)
1922	46e	—	Montpellier	1	—	(8)	Louis MANGIN
1923	47e	—	Bordeaux	1	—	(8)	Alexandre DESGREZ.
1924	48e	—	Liége	1	—	(8)	Pierre VIALA.
1925	49e	—	Grenoble	1	—	(8)	Emile BOREL.
1926	50e	—	Lyon	1	—	(8)	Alfred LACROIX.
1927	51e	—	Constantine	1	—	(8)	Paul LANGEVIN.
1928	52e	—	La Rochelle	1	—	(8)	Léon LINDET (*)
1929	53e	—	Le Havre	1	—	(8)	Général PERRIER.
1930	54e	—	Alger	1	—	(8)	Etienne RABAUD.

(1) Les tomes I et II sont reliés séparément.

(2) Pour la 33e Session, Grenoble 1904, et la 34e Session, Cherbourg 1905, le tome I à été remplacé par un Bulletin mensuel dont les numéros 8 et 9 de chaque année ont été consacrés aux comptes rendus des séances générales et aux procès-verbaux des Sections.

(3) Le tome I à été remplacé par deux brochures parues en 1908.

(4) Le tome I à été remplacé par une brochure parue dans l'année où à eu lieu le Congrès.

(5) Le tome I à été remplacé par une brochure parue dans l'année où à eu lieu le Congrès. Le volume des Notes et Mémoires existe, divisé en quatre Tomes, dont chacun comprend sa table des matières et sa table analytique par ordre alphabétique.

(6) Le Tome I à été pemplacé par une brochure parue en Mai 1915.

(7) En 1915, 1916, 1917, 1918 et 1919, il n'y a pas eu de Congrès.

(8) La brochure remplaçant le Tome I a été supprimée.

(*) Les astériques placées à la suite du nom correspondent à la mention (décédé).

ASSOCIATION FRANÇAISE

POUR L'AVANCEMENT DES SCIENCES

Fusionnée avec

L'ASSOCIATION SCIENTIFIQUE DE FRANCE

(Fondée par Le Verrier, en 1864)

RECONNUES D'UTILITÉ PUBLIQUE

MINISTÈRE
DE
l'Instruction Publique
des Beaux-Arts
ET
des Cultes

CABINET

N° 175

RÉPUBLIQUE FRANÇAISE

DECRET

Le Président de la République française,

Sur le rapport du Ministre de l'Instruction publique, des Beaux-Arts et des Cultes ;

Vu le procès-verbal de l'Assemblée générale de l'Association française pour l'Avancement des Sciences, tenue à Grenoble le 10 août 1885 ;

Vu le procès-verbal de l'Assemblée générale de l'Association scientifique de France, tenue à Paris le 14 novembre 1885, et les décisions prises par les deux Sociétés;

Toutes deux ayant pour objet de réunir en une seule Association ces deux Sociétés sus-nommées ;

Vu les Statuts, l'état de la situation financière et les autres pièces fournies à l'appui de cette demande ;

La Section de l'Intérieur, de l'Instruction publique, des Beaux-Arts et des Cultes, du Conseil d'Etat entendue.

Décrète :

Article premier. — L'Association française pour l'Avancement des Sciences et l'Association Scientifique de France, fondée par Le Verrier en 1864, toutes deux reconnues d'utilité publique, forment une seule et même Association.

Les Statuts de l'Association française pour l'Avancement des Sciences fusionnée avec l'Association scientifique de France (fondée par Le Verrier en 1864) sont approuvés tels qu'ils sont ci-annexés.

Art. 2. — Le Ministre de l'Instruction publique, des Beaux-Arts et des Cultes est chargé de l'exécution du présent décret.

Fait à Paris, le 28 septembre 1886.

Signé : Jules Grévy.

Par le Président de la République :

Le Ministre de l'Instruction publique, des Beaux-Arts et des Cultes,

Signé : René Goblet.

Pour ampliation,

Le Chef de bureau du Cabinet,

Signé : Roujon.

SÉANCE GÉNÉRALE D'OUVERTURE

TENUE A L'OPÉRA D'ALGER

SOUS LA PRÉSIDENCE DE

M. LE GOUVERNEUR GÉNÉRAL DE L'ALGÉRIE

LE 15 AVRIL 1930

DISCOURS

M. Pierre BORDES

Gouverneur général de l'Algérie.

Messieurs,

Plus de cinquante Congrès ont décidé, à l'occasion du Centenaire de l'Algérie, de tenir parmi nous leurs assises. Certes, tous sont les bienvenus ; tous, à des titres divers, éveillent notre intérêt et nos vives sympathies. Mais, quant au vôtre, en raison de ses origines et de ses buts, il n'en est guère que nous soyons plus fiers d'accueillir. Au nom de toutes les populations de ce pays, au nom surtout des travailleurs de l'esprit qui en constituent le foyer intellectuel, le Gouverneur général est heureux de vous souhaiter la plus chaleureuse bienvenue.

C'est à l'année 1872 que remonte votre création. Epoque douloureuse où la France accablée par des revers imprévus, mutilée dans son intégrité territoriale, sentant son prestige entamé aux yeux du monde, cherchait à se ressaisir avec l'énergie contenue que montrent, seuls, les grands peuples et les grandes âmes aux heures de crise. A ce moment, vos fondateurs, ces maîtres qui avaient nom Claude Bernard, Broca, Fridel, de Quatrefages, Wartz, conçurent l'idée de donner à la science française une impulsion nouvelle en groupant, comme en un faisceau les savants, non seulement de Paris, mais encore de la province, de toutes les provinces. Les mettre en contact, créer entre eux un trait d'union, les intéresser à leurs recherches respectives, faire rayonner sur le pays entier ce grand foyer lumineux, telle fut la pensée de ces initiateurs. Et c'est ainsi qu'ils mirent sur pied « l'Association Française pour l'Avancement des Sciences ».

Ces intentions si nobles, comment alliez-vous les réaliser ? D'abord, par des Congrès annuels où se retrouveraient tous les membres du groupement pour communier dans la même foi scientifique, se communiquer le résultat de leurs travaux, ouvrir entre eux des discussions fécondes sur les grandes questions à l'ordre du jour dans le monde savant. Puis, au cours de ces Congrès ou à d'autres époques de l'année, des conférences publiques attireraient en dehors des techniciens tous les esprits éclairés et soucieux de haute culture. Ainsi s'étendrait de ville en ville, de région en région, ce vif mouvement de curiosité pour les recherches et les découvertes de la science.

Ce n'est pas seulement les hommes de laboratoire, les professeurs, les spécialistes de tous genres, que votre Association, bientôt fusionnée avec « l'Association scientifique de France », voulut compter dans ses rangs. Elle y admit les profanes désireux de s'instruire au contact de vos éminents sociétaires et de l'aider de leur contribution financière, sinon de leur collaboration effective et de leurs travaux.

Dès lors, votre groupement a constamment grandi en nombre, en autorité, en moyens matériels. Il a pu subventionner, toujours plus généreusement, les chercheurs, les explorateurs du domaine scientifique, faciliter la publication d'ouvrages méritoires qui, sans vous, n'auraient pas vu le jour. Il ne dépend plus que de quelques mécènes généreux, comme il s'en est trouvé aux Etats-Unis par exemple, pour que soient mises à votre disposition des ressources financières assez vastes pour que vous puissiez compléter, le cas échéant, les dotations toujours insuffisantes de l'Etat ; soutenir les animateurs intellectuels auxquels ne manquent que les possibilités pécuniaires ; mettre à la disposition des savants modestes et ignorés du public les outils de métier, instruments, documents, objets d'expérimentation parfois fort coûteux, afin de donner à leurs études l'ampleur nécessaire ; créer au besoin les institutions, les laboratoires, les bibliothèques dont nos rivaux, chez les autres nations, sont dotés plus richement que nous.

En ce pays d'Algérie, vos initiatives ne rencontrent qu'approbation, comme vos personnalités ne rencontrent que déférence admirative. Encourager, ici, le développement des recherches de la science, n'est-ce pas répondre à nos aspirations profondes en nous aidant à satisfaire nos besoins ?

L'élite pensante de ce pays entend, tout d'abord, réagir contre l'opinion trop simpliste qui, dans la Métropole, représente notre population française comme exclusivement attachée aux réalisations d'ordre pratique, comme indifférente aux préoccupations et aux spéculations qui ne sont pas d'un profit matériel et immédiat. Rien n'est plus injuste et plus faux. De ce que nos nationaux ont passé la mer, s'ensuit-il qu'ils dépouillent le vieil homme, le vieux tempérament français si raffiné, si curieux d'apprendre, et toujours si désintéressé ? Certes, au contact des dures réalités, sitôt après notre débarquement sur la côte de Berbérie, il fallait songer d'abord, aux exigences de la vie quotidienne, nourriture, santé, sécurité. Ensuite il a fallu pacifier, puis administrer les races indigènes, mettre ce sol en valeur et en tirer notre subsistance, lutter contre le paludisme qui décimait nos troupes et nos colons, contre les épidémies que propageaient l'incurie et la misère des populations musulmanes.

Mais c'est en cherchant à répondre à ces préoccupations primordiales que notre esprit national fera montre de ses aptitudes scientifiques. Ne fallait-il pas, d'ailleurs, pour occuper, assainir et cultiver ces immenses territoires, autre chose qu'un empirisme égoïste et vulgaire ? Etions-nous venus sur ce sol d'Afrique dans un but de lucre, ou pour rassasier un appétit de conquêtes ? C'est le plus généreux dessein qui nous y avait conduits. Après avoir libéré les mers de la piraterie barbaresque, nous prenions sous notre tutelle des tribus tyrannisées par de petits souverains locaux, vrais chefs de brigands. A côté de cette tâche militaire, accomplie généreusement et magnifiquement par l'Armée d'Afrique, il s'agissait de sortir nos sujets de leur misère physiologique et économique, soigner leurs maux, augmenter leurs ressources et, du même coup, créer les nôtres. Noble entreprise que de tirer un immense pays de sa stagnation séculaire, d'y policer et d'y remettre au travail un million et demi d'êtres humains, vivant jusqu'alors dans l'anarchie, enfin, sans les refouler ou les déposséder, de faire vivre et prospérer à leurs côtés, et en parfaite harmonie, le contingent grandissant de nos nationaux.

Tout était à faire et tout à organiser et nous étions si peu préparés à cette besogne surhumaine que longtemps en France une partie de l'opinion demandait le rappel de nos troupes et l'abandon du pays.

Ni nos soldats, ni nos colons, ni nos fonctionnaires, ni tous ceux qui furent les multiples et bons artisans de l'œuvre algérienne, n'en seraient venus à bout, s'ils n'avaient été éclairés et guidés par la science française. Ici, dans tous les domaines, il fallait créer, il falloit innover. Le pionnier ne pouvait avancer sans l'aide du savant.

Les maladies humaines, tous ces fléaux qui, en Berbérie, défiaient la thérapeutique enfantine des Maures, c'est notre corps médical qui s'y est victorieusement attaqué, en a cherché et souvent supprimé les causes. Ainsi le paludisme qui guettait et décimait nos immigrants plus encore que les balles des insurgés, a cédé devant la médication par la quinine scientifiquement appliquée, dès 1834, à Bône, par Maillot, a livré enfin à Laveran en 1830, à Constantine, le secret de sa nocivité.

Les maladies des animaux, ces épizooties qui ravageaient périodiquement notre cheptel, l'Institut Pasteur en a découvert les agents de transmission et les vaccins curateurs. Désormais, nos troupeaux d'ovins sont immunisés contre la clavelée et nos chameliers du Sud ne redoutent plus pour leurs bêtes la mortalité de la tripanosomiase.

Comment tirer d'un sol rude et inculte la subsistance des autochtones, constamment menacés de famine, et nourrir bientôt l'afflux des nouveaux arrivants ? Quelles possibilités recélait cette glèbe inconnue de nos cultivateurs ? Quels travaux y entreprendre, quelles végétations y prévoir, quels engrais y enfouir, quelles méthodes y appliquer, sous un soleil si brûlant, dans un climat si différent du nôtre, alternativement exposé au souffle brûlant du Sud et au régime torrentiel des pluies ? A la solution de ces problèmes se sont attelés tout à coup nos agronomes, nos chimistes agricoles, nos botanistes, nos météorologistes, et vous admirez aujourd'hui les résultats de cette collaboration féconde de nos hommes des champs et de nos hommes des laboratoires. Nulle part, peut-être, l'effort cultural n'est-il plus scientifiquement conduit. Prenez-en pour exemple la vinification. Admirez ces exploitations où, avec l'outillage le plus perfectionné et le plus moderne, la vendange, savamment défendue jusqu'à sa maturité contre toutes les maladies de la vigne, est soumise à des traitements dont rien n'est livré au hasard : sélection des ferments, réfrigération des moûts, autant de conquêtes de nos œnologues.

Et les nappes d'eau souterraines, richesses cachées qu'il fallait découvrir à tout prix, nos géologues, nos hydrologues en ont repéré, jaugé les réserves et déterminé les points de jaillissement par forages artésiens. De ce moment d'immenses régions désertiques, dans le Sud, se couvraient de fertiles palmeraies.

Pour exploiter les ressources du sous-sol, nos minéralogistes ont ouvert la voie à nos industriels.

Quels prodiges n'ont pas accompli nos ingénieurs pour creuser et outiller des ports immenses sur nos côtes réputées inhospitalières, le « littus importuosum » de Salluste, pour construire des barrages gigantesques qui donnent la vie par l'irrigation à nos plaines, pendant les longs mois de sécheresse.

Partout vous trouverez la science française, son infatigable curiosité, ses investigations méthodiques et le précieux apport de son labeur mis au service de l'expansion civilisatrice de la France en Afrique.

Rappellerons-nous ces belles exhumations du passé par les archéologues qui nous montrent les grands colonisateurs de l'antiquité dans l'accomplissement d'une tâche identique à la nôtre, et nous laissant d'utiles enseignements. Dirons-nous aussi ces découvertes de la préhistoire qui nous révèlent dans ces régions désertiques la présence, il y a plusieurs millénaires, d'une humanité sauvage encore et déjà en lutte avec les forces de la nature ?

Cette énumération des recherches scientifiques effectuées en Algérie depuis notre installation pourrait être longue encore. Sentez-vous pourquoi, fière des efforts de tous ses pionniers de l'intelligence, l'Algérie a voulu leur édifier au moment du Centenaire, un monument plus impérissable que les constructions de pierre. Consultez cette collection du Centenaire que les libéralités de nos Assemblées locales ont permis d'établir et de publier. Dans la seule section des sciences, il a paru ou doit paraître quinze ouvrages passant en revue les travaux de nos savants algériens dans les domaines les plus divers. Ce sont là les témoignages indiscutables de l'intense vie intellectuelle de ce pays. Ce sont, n'est-il pas vrai, parmi nos plus beaux titres de noblesse.

Samedi dernier, une foule immense acclamait notre Armée d'Afrique et l'évocation de son passé sous ses anciens uniformes. L'œuvre de pacification, de sage administration, de mise en valeur du territoire que de telles troupes avaient accompli au moment où le pouvoir civil a remplacé le pouvoir militaire, démontrent lumineusement qu'en occupant ce sol, c'est la conquête des esprits et des cœurs qu'entreprenait notre pays. Dans quelques jours, M. le Président de la République lui-même inaugurera à Boufarik, ce pestilentiel marais de jadis où les Romains eux-mêmes ne purent pénétrer et dont nous avons fait le plus merveilleux jardin, le monument élevé à la gloire de nos colons et de nos agriculteurs. Il dira, sans doute, les trésors d'énergie que les immigrants de toutes nos vieilles provinces ont dû dépenser dans ce pays nouveau avec la collaboration bientôt acquise et définitivement assurée de nos peuples indigènes.

A vous, Messieurs les savants, appartient aujourd'hui de constater le labeur scientifique de l'Algérie régénérée au cours du premier siècle de la domination française. Le témoignage que vous nous rendrez ainsi est un de ceux auquel nous attachons le plus grand prix. Nous vous en remercions à l'avance au seuil de votre Congrès.

M. le Dr FLAHAUT

Délégué de l'Association Canadienne pour l'avancement des Sciences.

Monsieur le Gouverneur général,
Mesdames, Messieurs,

C'est avec une émotion profonde que je viens apporter à l'Association Française pour l'Avancement des Sciences l'hommage d'une autre Société de langue française, d'une sœur modeste... et retirée, puisqu'elle est à 6.000 km. de sa grande aînée pour laquelle elle éprouve une admiration sincère. L'Association Canadienne-Française pour l'Avancement des Sciences a été fort sensible à l'attention aimable qu'on a eue de l'inviter à se faire représenter au présent Congrès. Elle a cru que la meilleure façon de le prouver, c'était d'accepter votre invitation. Mais j'ai aussi l'agréable mission de vous apporter le salut, l'affectueux salut à la France, des Canadiens Français groupés autour de l'Université de Montréal, la plus importante des universités francophobes du Nouveau Monde.

Je n'ai garde d'oublier l'Algérie : avec des caractères propres, c'est un prolongement de la France, diverse mais une.

Salut, Alger, toi qui fus sur le sol d'Afrique le phare lumineux de la civilisation occidentale succédant à la barbarie, sous laquelle d'anciennes et illustres civilisations ont été englouties. Salut, Alger, qui demeures la plus brillante étoile dans le ciel africain : ton état, rayonnant au loin, attire vers tes rivages, de tous les points du globe, des visiteurs qui s'en retournent émerveillés.

Sur ce sol africain si riche d'histoire et d'expériences humaines, sur ce sol où s'amoncellent les résultats et qui demeure si lourd de promesses, vous me permettrez, n'est-ce pas, d'évoquer le Canada français — c'est la province de Québec que je veux dire, dont l'étendue dépasse de beaucoup celle de la France, mais où la population n'est groupée que sur les rives du Saint-Laurent. Là se conservent, là persistent et persisteront toujours, j'en ai la conviction, la langue de la France, son esprit, ses mœurs, sa foi dans la justice, son besoin d'idéal. La Province de Québec, c'est une fille spirituelle de la France, car c'est l'âme française qui l'anime, mais c'est aussi le sang de France qui circule dans les veines de ses habitants. C'est le sang de l'Anjou, c'est le sang de l'Aunis et de la Saintonge, c'est le sang du bocage manceau, c'est le sang de la Normandie. Et l'éloquente devise du Canada français, vous la connaissez, trois mots : « Je me souviens. »

Le paysan canadien se souvient de la France qu'il n'a jamais vue... qu'il ne verra jamais. Il n'a pas besoin de la voir pour y croire : il la sent en lui, autour de lui ; pour lui c'est la lumière, c'est le savoir, c'est aussi le droit et l'abnégation.

Deux civilisations vivent juxtaposées au Canada, elles peuvent collaborer, elles le doivent — elles ne peuvent pas fusionner, car leur génie est différent, l'une s'appuie tout naturellement sur l'Angleterre, l'autre sur la France. Elles ne sont point antagonistes ; elles sont tout simplement différentes, de là des possibilités presque infinies de rayonnement de la pensée française — et je dirai presque « des responsabilités de rayonnement de la pensée française, un devoir d'aide immatérielle ».

Voilà, Mesdames, Messieurs, le message dont on m'a chargé. Vœux de succès pour ce Congrès ; vœux de succès et de gloire éclatante pour la science française ; il en rejaillira quelque chose de bon pour le Canada qui se souvient avec fierté de ses origines françaises.

M. R. CANDEL-VILA

Délégué de l'Association espagnole pour le progrès des Sciences

---

Monsieur le Gouverneur général,
Mesdames, Messieurs,

C'est un très grand honneur pour moi de venir ici vous adresser la parole comme représentant de l'*Asociación Española para el progreso de las Ciencias*, sœur très cordiale de l'Association scientifique française qui inaugure aujourd'hui dans cette séance son 54e Congrès.

Vivre — ne fût-ce seulement que pour un bref séjour — avec les savants les plus illustres de la science française, écouter leurs communications et leurs brillantes conférences, devient l'accomplissement d'un rêve pour celui qui, autrefois, eut l'honneur de fréquenter les salles universitaires de France et doit à leurs éminents professeurs une bonne part de sa formation et de son enthousiasme pour l'investigation scientifique.

Si nous ajoutons à cela, que c'est à Alger qu'a lieu ce Congrès, ma satisfaction est encore plus grande vu que la visite à cette ville me permet de faire la connaissance d'illustres maîtres qui se sont occupés des sciences naturelles dans leurs manifestations nord-africaines.

D'autre part, l'Algérie est remplie de souvenirs hispaniques : le martyre du philosophe et poète majorquin Ramon Lull, qui vint à Bougie prêcher l'Evangile ; les campagnes de l'empereur Charles-Quint ; la captivité de Miguel de Cervantès, qui devait lui inspirer de si belles pages, et de maints et maints compatriotes ; la domination espagnole dans l'Oranie et dans d'autres contrées nord-africaines, précurseur des campagnes héroïques des troupes françaises dont nous célébrons actuellement le centenaire.

A l'*Association Française pour l'Avancement des Sciences*, j'adresse une très cordiale salutation au nom de l'Association sœur de mon pays et du Museo Nacional de Ciencias Naturales, que j'ai aussi l'honneur de représenter en ce moment. Aux autorités locales ainsi qu'à ce public distingué ici présent, je témoigne ma reconnaissance pour l'intérêt avec lequel ils ont suivi mes paroles et tout particulièrement aux dames, à qui je voudrais offrir toutes les fleurs qui, en cette saison de printemps, s'épanouissent dans les jardins d'Espagne.

M. Pierre SERGESCO

Délégué de l'Université de Cluj, et de la Société des Sciences de Roumanie.

Mesdames, Messieurs,

Je suis heureux de pouvoir apporter les hommages et les vœux chaleureux de la Société des Sciences de Roumanie, de la Société Roumaine de Mathématiques, de la Faculté des Sciences de l'Université de Cluj et de l'Ecole Polytechnique de Timisoara. Toutes les joies et toutes les tristesses de la France ont un profond retentissement dans les cœurs des Roumains.

Placés au carrefour des routes entre l'Orient incertain et l'Occident civilisé de l'Europe, les Roumains ont dû lutter durement pendant des siècles pour garder leur indépendance nationale. Avant le dix-neuvième siècle, ils n'ont pas pu, en général, penser aux manifestations plus élevées de l'âme : les sciences, les lettres et les beaux-arts. Or, à part les influences polonaises en Moldavie, ce sont les Français qui ont ouvert aux Roumains les portes du temple de la science.

Les émigrés français ont donné l'essor à l'enseignement scientifique dans les écoles roumaines au début du XIXe siècle. Les premiers manuscrits mathématiques roumains, sont des adaptations — en roumain ou en *français* — des œuvres françaises, telles que le cours célèbre de Francœur. Nos premiers étudiants pour les sciences sont venus apprendre en France, qui les a toujours accueillis, avec sa générosité habituelle. Tous nos dirigeants, hommes politiques ou savants depuis le début du siècle dernier, ont façonné leurs âmes d'après l'enseignement français. Et c'est toujours la France qui nous a aidés à créer en 1859 les Principautés Unies. C'est pourquoi la tradition de l'amour et de la reconnaissance pour la France est la tradition la plus suivie et la plus aimée en Roumanie.

Mais les relations scientifiques franco-roumaines ne se sont pas bornées à cela. Des Français éminents sont venus chez nous pour organiser nos grandes écoles. Le créateur de l'Ecole de Médecine est le général Davila, et c'est l'ingénieur inspecteur général, membre de l'Institut, Léon Lalanne, qui a créé et organisé notre Ecole des Ponts et Chaussées. Ces deux écoles sont l'orgueil de notre enseignement.

Dans la grande guerre, des soldats français, non contents de lutter pour le triomphe de la justice sur leur sol meurtri, vinrent chez nous pour lutter pour nous et pour répandre leur sang généreux afin que tous les Roumains soient libres, afin que la Grande Roumanie puisse enfin exister. Ce souvenir des seuls alliés qui nous sont venus effectivement en aide restera à jamais le plus émouvant motif de notre amour pour la France.

Et, lorsqu'après la guerre il fallut organiser, dans la paix, le pays régénéré, c'est encore la France qui nous a aidés économiquement et diplomatiquement ; c'est elle qui nous a envoyé la mission universitaire. Surtout la Transylvanie et sa capitale Cluj — notre Strasbourg — ont profité des lumières que les maîtres éminents de la science française y ont apportées. La liste des professeurs français qui ont enseigné à l'Université de Cluj durant ces dix dernières années est très imposante. Citons, au hasard de la mémoire, MM. Em. de Martonne, J. Perrin, mon maître Paul Montel, Ch. Perez, R. Antony, H. Focillon, H. Bremil, Mario Roques, Ch. Diehl, J. Carcopino, G. Blondel, Sergent, A. Meillet, Caullery, M. Labbé, H. Capitant, Duguy, R. Jeannel, M. Prénant, Paul Collinet, Vendryes, F. Loth...

L'exposé précédent explique pourquoi les Roumains considèrent la France comme leur seconde patrie et pourquoi tout leur cœur va vers la France. Permettez-moi d'exprimer ces sentiments profonds, en disant de tout cœur : Vive la France immortelle et généreuse ! Vive la Science française, éducatrice du monde !

M. DALLONI

Professeur à la Faculté des Sciences d'Alger,
Président du Comité local.

Monsieur le Gouverneur général,
Mesdames,
Messieurs,

L'Association Française pour l'Avancement des Sciences, en tenant à Alger, cette année 1930, son 54e Congrès, fait un geste dont il convient que nous lui sachions gré ; si elle revient sur le sol algérien moins de trois ans après la réunion de Constantine, pour y tenir ses assises, c'est qu'elle veut prendre une part essentielle à la commémoration du grand événement dont le souvenir emplit toutes nos pensées.

Il y a cinquante ans que l'Association se réunissait à Alger pour la première fois ; elle s'y trouve encore pour fêter le centenaire de l'Algérie française. Ainsi y est-elle présente à chacune des étapes de la glorieuse conquête de ce pays par l'intelligence et le travail. Car s'il y en eut une autre, où la violence lutta contre la violence, où la force eut le dernier mot, tout en gardant la mémoire de ceux qui se dévouèrent alors, il nous appartient à nous, hommes de science, de célébrer la grande œuvre de paix et de civilisation, désormais séculaire.

Le rôle éminent de la Science dans cette conquête pacifique de l'Algérie devait être rappelé par celui qui, au nom de la France, préside à ses destinées ; et M. le Gouverneur général vient de le faire avec cette chaude éloquence, cet accent de conviction qu'il met dans tous ses discours. Aujourd'hui, vous vous êtes surpassé vous-même, M. le Gouverneur général, car vous aviez à louer — et vous l'avez fait magnifiquement — tout ce qu'il y eut d'ardeur généreuse, de noble désintéressement, d'énergie tenace et de foi patriotique dans l'âme de ceux qui nous ont précédés.

Ils n'étaient pas venus ici par humeur aventureuse, exploiter des ressources illusoires et s'enrichir rapidement ; ces conquistadores d'un nouveau genre ne voulaient que donner tout leur temps, leur talent et leur peine pour aider au développement de la richesse générale, accroître la prospérité commune, persuadés qu'ils collaboraient ainsi, de toutes leurs forces, à la grandeur du pays.

Si quelques-uns se sont adonnés à la science pure et l'ont poussé très loin — et très haut, — la plupart sont descendus de leur tour d'ivoire pour s'intéresser de fort près à ses applications dans les divers domaines de l'activité sociale ; ils se sont faits les techniciens modestes de la Colonisation.

Beaucoup (à peu près tous, pourrais-je dire) ont appartenu à notre Association. Et puisque j'ai rappelé le Congrès de 1881, permettez-moi de vous faire, en quelque sorte, le procès-verbal de cette mémorable session : il vous édifiera sur les préoccupations de nos confrères à cette époque. Pomel, venu en Algérie, avec tant d'autres, comme déporté de l'Empire et qui devait être plus tard sénateur, puis le premier directeur de l'Ecole supérieure des Sciences, aujourd'hui Faculté, exposait une synthèse de ses travaux sur la structure du sol barbaresque ; avec Pouyanne et Tissot, il présentait une carte géologique provisoire de l'Algérie au 1/800.000. Parmi les botanistes présents figuraient Durando et Battandier. La zoologie terrestre et marine, l'organisation des pêches sur notre littoral donnaient lieu à plusieurs communications d'un réel intérêt.

D'autres auteurs proclamaient la nécessité du reboisement ou préconisaient des moyens propres à assurer le dévasement des barrages-réservoirs.

Godard, alors ingénieur ordinaire et depuis inspecteur général des Ponts et Chaussées, Bouty, simple « garde mine », étudiaient — déjà — les possibilités de construction d'un chemin de fer transsaharien.

A la section d'Agronomie, on relève les noms d'Arlès-Dufour, de Bourlier, de Borgeaud, qui sont restés dans la mémoire des Algériens. A celle de Géographie, se firent remarquer Mac-Carthy, le général Parmentier, Schrader, Sabatier, le colonel Perrier.

A la section d'Economie politique, présidée par Clamageran et Alglave, s'engagèrent de longs et passionnés débats entre partisans de l'assimilation totale de l'Algérie à la métropole et ceux de l'autonomie administrative. Levasseur, Mallarmé, Allan, Robe, prirent part à ces discussions.

La section de Pédagogie était mise au courant de l'état du développement de l'instruction dans les trois départements.

Les membres de la section des Sciences médicales recherchaient les moyens de combattre le paludisme et la tuberculose ; si le premier de ces fléaux meurtriers est aujourd'hui en pleine régression, grâce aux efforts de l'Institut Pasteur, le second cause encore de grands ravages dans nos populations autochtones ou immigrées et nous serions heureux que vous nous aidiez à le supprimer.

Ce regard en arrière, témoignage de piété filiale et de gratitude envers nos devanciers, nous permet d'espérer que cette session qui va s'ouvrir sera aussi féconde que la première en résultats ; c'est dans cette pensée, un peu égoïste peut-être, que nous vous avons conviés à la tenir ici.

Nous avons voulu aussi, Messieurs, que vous puissiez juger vous-mêmes, avec votre esprit critique et votre sens des réalités, du labeur accompli et des prodigieuses transformations qu'il nous fait prévoir. N'est-ce pas à cette persévérance dans l'effort méthodique et raisonné que pensait M. le Ministre des Colonies quand, il y a quelques jours à peine, il louait, devant le Sénat, « ces travaux désintéressés, si nécessaires au progrès général, au développement de la richesse et, finalement, à l'amélioration de la vie » ?

« Il faut, disait-il, exposant un programme de colonisation qui porte bien la marque française, préserver tout d'abord la population contre la maladie infantile, améliorer l'alimentation, propager les bienfaits de l'hygiène. Il faut aussi cultiver les esprits, surtout lorsque nous sommes en présence de peuples dont l'ancienne et prestigieuse civilisation s'est trouvée interrompue, et dont nous devons à tout prix faire revivre la splendeur. »

Ici, l'expérience est faite, elle est au moins en bonne voie et nous pouvons déjà, avec une satisfaction que vous partagerez, sans doute, en apprécier les conséquences.

Il y a un siècle à peine, quelques milliers d'indigènes, épars sur un sol rebelle, courbés sous un régime tyrannique, végétaient dans l'inertie et la misère. Et quelle misère, physiologique et intellectuelle, totale ! Un peuple qui avait joué un rôle brillant était en pleine dégénérescence, la race s'affaiblissait et s'étiolait ; incapable de lutter contre une nature hostile, qui fut si dure aussi à nos premiers colons, elle disparaissait lentement, quoique sûrement. Mais au contact d'une culture supérieure, sous le large souffle d'optimisme qui l'inspirait, elle s'est bientôt ranimée et le redressement se poursuit sans arrêt. Là où tout n'était que confusion et anarchie, tout a été remis en place, patiemment, méthodiquement, car le désordre n'est pas scientifique.

Gobineau affirmait, avec quelque exagération peut-être, que c'est l'Administration qui a fait la France. L'Administration me pardonnera-t-elle de prétendre avec quelque orgueil, sans doute, que c'est aussi la Science qui a fait l'Algérie ?

Elle a assuré, en tout cas, son prodigieux essor économique, elle a ouvert à tous la possibilité d'une vie plus large et plus haute. Mais elle a fait plus encore ; en permettant à tout un peuple, quels que soient les éléments qui le constituent, de se recréer sous la loi commune du travail, elle lui fait entrevoir cette unité complète, spirituelle et morale, qui sera l'œuvre de demain. Que lui importent les différences qui peuvent subsister encore, la diversité des races, des croyances ou des opinions ? Elle se place en dehors et au-dessus de ce domaine des hypothèses, ou des passagères réalités. Elle ne se préoccupe que de rechercher le vrai et d'améliorer le sort de tous. Elle est la grande éducatrice. Elle rapproche les cœurs par la communion des intelligences et des bonnes volontés.

Messieurs, les hommes qui travaillent ici n'ont d'autre ambition que de collaborer, avec leurs maîtres et leurs confrères de la Métropole, au développement de la Science et à la grandeur du Pays. Ils vous remercient d'être venus leur apporter l'assurance que vous suivez leur labeur avec sympathie. Ils expriment leur reconnaissance aux savants étrangers qui se sont imposés les fatigues d'un long voyage pour leur manifester une estime qui leur va droit au cœur.

Ausssi, Messieurs, dans le Comité local qui vous reçoit, se sont groupés des représentants du Commerce et de l'Industrie, de l'Agriculture, de l'Administration ; il comprend aussi des techniciens, des hommes de laboratoire, des universitaires. Près d'eux se presse l'élite intellectuelle de notre ville et de sa région et cette foule frémissante et enthousiaste vous dit assez quelle est sa foi profonde dans l'avenir de la Science, dans les destinées de la Patrie. Tous se sont groupés autour de M. le Gouverneur général pour vous faire, en un geste d'union symbolique, le plus chaleureux des accueils.

M. Etienne RABAUD

Professeur à la Faculté des Sciences de Paris,
Président de l'Association.

Mesdames, Messieurs,

En ouvrant son 54e Congrès, l'A. F. A. S. tient à marquer sa reconnaissance envers la ville d'Alger. Toujours prompte à s'intéresser aux manifestations de l'esprit, elle a bien voulu nous associer à la célébration d'un Centenaire dont la signification profonde n'échappe à aucun de nous. L'empressement à nous recevoir, et à nous bien recevoir, le désir, si souvent manifesté, de nous rendre facile le travail et productive notre réunion, nous emplissent à la fois d'une extrême confusion et d'une vive joie. Ici, des amis nous reçoivent, qui, dès l'abord, nous mettent à l'aise par leur accueil empreint de la plus cordiale simplicité.

Vous sentez bien, Messieurs, d'où partent nos remerciements et que nous les exprimons avec d'autant plus de force que nous les formulons en moins de mots. Il nous en coûterait, pourtant, de ne pas désigner personnellement ceux qui, de manière active et directe, ont pris part à l'organisation du Congrès :

M. le Gouverneur général Bordes, dont la haute bienveillance a facilité toutes choses ;

M. le maire d'Alger, qui a su joindre à son invitation une si franche et si large hospitalité ;

M. Mercier, Président du Comité du Centenaire, et MM. les membres de ce Comité, dont l'aide généreuse donne à l'A. F. A. S. les moyens d'organiser un Congrès digne d'elle ;

M. Dalloni, Président, et M. Gaudin, Secrétaire général du Comité local, qui ont donné sans compter leur active et indispensable collaboration pour assurer, jusque dans le détail, le bon fonctionnement du Congrès.

Enfin, Messieurs, je tiens à saluer en votre nom et au mien les représentants de MM. les Ministres de la Marine, des Travaux publics, des Postes et Télégraphes, de l'Air, qui nous honorent aujourd'hui de leur présence. Et je n'oublie certes pas les délégués des Associations sœurs, américaine, canadienne, espagnole, italienne, qui nous apportent leur appui moral ; ni davantage les délégués du Gouvernement belge, les délégués de l'Université de Roumanie et de diverses Sociétés étrangères venus aussi jusqu'à nous.

Messieurs, la peine que vous avez prise portera ses fruits. En favorisant la tenue de ce Congrès, vous donnez tout son effet à l'effort de l'A. F. A. S. Fidèle à sa mission, qui est d'encourager et de stimuler la recherche, elle distribue aux travailleurs actifs des subventions, qu'elle voudrait toujours plus abondantes ; elle donne à tous les chercheurs, par ses réunions périodiques, le moyen de se faire entendre et de se mêler de plus près au mouvement scientifique. Chaque année, ils se rencontrent en quelque ville de la grande France, liant ou renouant connaissance les uns avec les autres, apportant leurs idées et prenant contact avec celles d'autrui : les aînés se réchauffent à l'enthousiasme des cadets, les cadets s'assagissent aux conseils des aînés et, pour tous, la vision du passé meuble d'espoir l'avenir.

Par cette constante activité, Messieurs, l'A. F. A. S. légitime son titre, qui implique la volonté bien affirmée de conserver aux Sciences — à la Science — un rôle prépondérant dans l'évolution de l'humanité, par le développement de l'esprit. La Science est une dans la diversité de ses disciplines ; elle est une par sa méthode qui, sans perdre rien de ses règles fondamentales, se plie aux besoins propres de chaque cas particulier. En toute occurrence, — faut-il le rappeler ? — la méthode consiste à recueillir des faits, à les analyser dans le détail, par l'observation et l'expérimentation, de façon que ressortent leurs traits essentiels, dégagés de toutes les contingences capables d'induire en erreur. Cette analyse préliminaire terminée, un autre travail s'impose, travail d'enchaînement qui conduit à reconstituer les phénomènes, par suite à les connaître et à les comprendre : travail difficile et particulièrement délicat, car il doit s'effectuer par juxtaposition simple des faits, sans le secours d'aucun lien artificiel qui les dénature et fausse le résultat. Toute recherche, quel que soit son objet, mathématique, physique, chimique, biologique, prend forcément la même voie, en variant les procédés suivant la nature des faits ; mais jamais les procédés, quoique certains en pensent, ne contredisent la méthode, ni ne se contredisent entre eux.

Chacun de nous, chaque jour, s'inspire de cette méthode ; chacun de nous connaît le but qu'il vise et la contribution personnelle qu'il apporte à la somme de nos connaissances. Mais chacun de nous sait-il et se demande-t-il clairement quel rôle éminent joue la pratique intégrale de cette méthode ? Chacun de nous aperçoit-il la véritable et très haute portée de son labeur quotidien ? A tout instant se souvient-il que si la récolte des faits et la recherche de leurs liaisons aboutit à la connaissance des phénomènes, elle montre aussi leurs conséquences les plus générales ? Rien n'est plus instructif, à cet égard, que d'examiner ce que contiennent les études biologiques, ce qu'on peut leur demander, ce qu'on doit attendre d'elles.

Nulle discipline ne dépasse la biologie par la masse et l'ampleur de son contenu, car elle renferme le monde vivant tout entier. Ce monde vivant, nous nous efforçons de le pénétrer, par les moyens appropriés, dans sa nature, dans son mécanisme et dans sa signification. Que valent les connaissances acquises ? satisfont-elles simplement au désir de savoir, ou donnent-elles des résultats plus importants ?

Comme moyen d'étude immédiat, l'observation directe s'offre au naturaliste, et la description complète l'observation : examiner les particularités diverses d'un organisme, tracer ses contours, regarder au dedans de lui, prendre le détail de ses organes et de ses tissus, telle est la besogne préalable à laquelle tout naturaliste se livre et qu'il pousse jusqu'à la perfection. Quand il a soumis à la même opération un grand nombre d'organismes, il s'occupe à les grouper au gré de leurs ressemblances ou de leurs différences et tâche de les ranger suivant une hiérarchie de complication progressive : dans la multiplicité des formes vivantes, le naturaliste met ainsi de l'ordre, l'ordre d'un catalogue raisonné.

Mais, ordonner n'est pas connaître, moins encore comprendre si peu que ce soit. A l'observation prolongée, à la description précise et détaillée, le naturaliste joint l'analyse approfondie des faits accumulés. Allant au delà d'une comparaison sommaire et superficielle, il les rapproche les uns des autres ; les envisageant à tous les points de vue, il s'efforce d'établir leur valeur relative, afin de saisir leurs rapports essentiels et généraux : il les féconde en un mot par la méditation.

Observer et penser sont bien les deux temps du travail auquel tout naturaliste se livre, quand il désire comprendre en quelque mesure les phénomènes vitaux, découvrir le lien profond qui les relie et tenter d'évoquer une représentation du monde vivant.

Lorsque, dans ses périodes emphatiques et cadencées, Buffon enferme séparément des animaux divers, il se borne à tirer, d'une observation hâtive, une brillante description, sans grand intérêt en dehors des effets de style. Lorsque Cuvier décrit et range en séries les organes des animaux, ses descriptions tendent vers la comparaison limitée aux faits anatomiques ; en vain prétend-il dégager d'eux les « lois de l'organisation » : ses comparaisons partielles alimentent simplement une imagination peu active et sans critique, guidée par des idées traditionnelles.

La véritable pensée réfléchie s'éveille en Biologie, avec Lamarck. Après Buffon, avant Cuvier et comme eux, Lamarck se trouve en présence d'une importante collection d'animaux. Il les examine un à un, car il ne peut procéder d'autre sorte ; un à un, il les observe et les décrit ; puis il les compare entre eux, afin de les classer et de les ordonner. Mais pour réaliser cette besogne élémentaire, il se heurte à des difficultés. En dépit de son effort, il ne parvient pas à répartir les formes diverses dans des catégories toujours bien tranchées. Ces difficultés le surprennent, elles retiennent son attention, elles l'incitent à méditer sur l'ensemble des faits descriptifs étalés devant lui. Bientôt, du contact des faits qui se produit ainsi, un autre fait ressort, émanant de l'ensemble des autres ; sans appartenir en propre à aucun d'eux, il les domine tous et les relie : Lamarck aperçoit que toutes ces formes passent par degré des unes aux autres, comme si elles se transformaient les unes dans les autres. Du même coup, les faits isolés prennent une valeur relative ; ils se rejoignent dans le fait général issu d'une analyse réfléchie ; de ce fait général, le contenu s'échappe de lui-même : ce sera l'idée d'une évolution par transformation, idée si riche par ses conséquences.

Mais dégager cette idée ne suffit pas ; encore faut-il la retenir et la développer : la méditation se prolonge et anime la recherche. Isolés et réduits à eux-mêmes, les faits morphologiques ne suggèrent plus rien. Lamarck comprend alors qu'à la forme s'ajoutent le fonctionnement des organes, la manière de vivre, l'habitat, tout l'environnement ; il comprend qu'un animal représente un complexe sans pareil. Certes, sur ce complexe il ne sait presque rien ; aborder son étude méthodique, il n'y peut guère songer, et doit se borner à quelques observations éparses. Si rares et si imprécises soient-elles, elles suffisent tout de même pour faire apparaître des rapports nouveaux, pour projeter devant Lamarck une vision d'ensemble du monde vivant. Devant lui, Lamarck aperçoit les animaux inéluctablement soumis à des influences multiples interférant en tous sens, variant avec elles et de façon durable. Que nos connaissances actuelles apportent à cette conception divers correctifs, nul ne le nie ; mais qu'importe ? La conception générale reste, comme restent ses conclusions. A cette heure, seules nous intéressent les démarches de la pensée de Lamarck, de cette pensée qui constamment s'appuie et prend force sur les faits, les anime, en retour, les mène les uns vers les autres et en évoque sans cesse de nouveaux.

Fragile, peut-être, mais féconde, une hypothèse vient de naître. L'idée qu'elle représente va grandir, se développer, s'amender, se modifier, à mesure que se multiplient les faits de tous ordres qu'élabore une pensée toujours en éveil. Parallèlement, augmentent nos connaissances des phénomènes vitaux, et se précise notre représentation du monde vivant. Car il ne nous suffit pas, en méditant sur les faits, de brosser un tableau inanimé ; nous ambitionnons de créer le tableau mouvant qui sera le jeu même des phénomènes vitaux. Or l'idée d'évolution par transformation conduit tout droit, justement, vers le but que nous visons. Comment, en effet, comprendre ce monde vivant, tant que nous ne connaîtrons pas par le menu les êtres qui le composent, leur nature, leur signification véritable ? Et que saurons-nous de ces êtres si, par une étude rigoureuse et complète, nous ne démêlons pas l'essentiel de ce qui les unit et de ce qui les sépare ? Chacun d'eux se nourrit, respire et se multiplie ; chacun d'eux réagit aux excitations extérieures, chacun d'eux, solitaire ou sociable, prend contact avec tous les autres, semblables ou différents. Que signifient ces éléments divers qui constituent chaque être pris à part, comment s'agencent-ils les uns avec les autres, quel enseignement dégagerons-nous des connaissances acquises ?

En éclairant sans trêve tous les faits les uns par les autres, nous trouvons l'assurance que les êtres évoluent sous l'influence de conditions innombrables. L'origine de ces êtres se perd dans un passé depuis longtemps inaccessible ; mais leurs propriétés se confondent dans une unité fondamentale, qui évoque obligatoirement, au point de départ, des masses de substance vivante possédant en commun un ensemble de traits généraux. Puis, ces masses ont divergé dans de multiples directions, des différenciations ont apparu, des organes se sont produits, les formes se sont diversifiées.

Une question se pose alors : ces formes nouvelles, parfois si compliquées, naissent-elles de telle sorte, que l'être s'accorde mieux avec l'ensemble des conditions qui l'entourent ? Prenant chaque organe en particulier, examinant sa valeur fonctionnelle, force nous est de constater que son existence même n'explique pas son fonctionnement, ne procure nécessairement aucune commodité à l'animal qui la possède. En réalité, l'apparition de formes nouvelles modifie les conditions d'existence ; celles-ci sont bonnes, médiocres ou mauvaises suivant le cas ; souvent elles entraînent la disparition des êtres transformés ; et parmi ceux qui survivent, beaucoup, aux confins du pire, ne disposent que de moyens précaires.

. . . .

Mais alors, direz-vous, à quoi bon observer, à quoi bon décrire, à quoi bon penser, pour aboutir à ces constatations décevantes, à une pareille reconstitution du monde vivant ? La biologie ne donne-t-elle que cela, ne renferme-t-elle que ces enseignements ?

Ces questions, Messieurs, dissimulent une préoccupation très répandue, trop répandue. Pour nombre d'entre nous, parmi les meilleurs, l'intérêt principal de l'œuvre de Science réside dans ses applications. Et le travailleur qui, dans le laboratoire, médite sur les phénomènes tente, avec humilité, de justifier son labeur, en faisant miroiter la possibilité de conséquences pratiques, en donnant à ses recherches l'excuse d'un utilitarisme immédiat et purement matériel.

Eh ! sans doute, la Science pure abandonne parfois, le long de son chemin, des applications dont bénéficie notre vie quotidienne. Les découvertes biologiques, en ce qui les concerne, étendent leurs bienfaits sur la médecine, l'hygiène ou l'agriculture. Mais, faisant cela, la Science donne son superflu : proclamons-le bien haut et sans honte, la Science vaut par elle-même ; abandonnons cette attitude d'hommes qui cherchent, par quelques services palpables et visibles, à se faire pardonner leur inutilité ; osons affirmer que la Science pure — la Biologie notamment — joue un rôle de premier plan, auprès duquel comptent peu les réalisations pratiques. Et si l'accroissement des connaissances procure aussi quelques joies, il ne se borne pas à satisfaire un dilettante intéressé ou amusé. A chaque pas, la recherche biologique rencontre les plus difficiles problèmes ; l'obligation de les résoudre entraîne des préoccupations d'ordre supérieur, qui développent et affinent l'esprit. Et de plus, l'étude réfléchie des phénomènes vitaux éclaire l'homme sur lui-même. Fatalement contraint de se prendre comme objet propre de son observation, il s'analyse à la lumière des faits qu'il découvre chez les autres êtres vivants, si bien que, presque malgré lui, il obéit au précepte millénaire : connais-toi toi-même. Parviendrait-il à se connaître, s'il réduisait son analyse à lui-même, s'il ne se comparait ? Cas particulier du monde vivant, rien ne lui est étranger de ce qui concerne le reste de ce monde ; des rapprochements qui s'imposent, des conséquences découlent : triomphe de la pensée s'attachant à l'étude méthodique des faits.

Oui, triomphe ! triomphe car la spéculation biologique ouvre tout grands les yeux de l'homme sur ses propres faiblesses. En retrouvant chez lui-même les défauts qu'il constate ailleurs, en apercevant des exemples dont il peut s'inspirer, ne songera-t-il pas à bénéficier de la leçon ? Comment ne désirerait-il pas s'élever toujours davantage au-dessus de lui-même, lutter contre ses penchants fâcheux, réduire ses préjugés de classe, de caste, et de race, devenir de plus en plus « humain » ? Comment ne désirerait-il pas, en un mot, diriger sa propre évolution ?

Assurément, il ne s'agit guère de son évolution physique. Quelque envie que nous ayons d'un fonctionnement moins imparfait de nos organes, nous sommes à cet égard désarmés, puisque nous ignorons les moyens de provoquer à coup sûr une variation héréditaire déterminée. Mais, si le déterminisme précis des transformations physiques nous échappe pour une grande part, ne pourrions-nous diriger, en quelque mesure, les manifestations mentales ? et de manière à faire naître une conception meilleure du comportement de chacun de nous, des rapports que nous soutenons les uns envers les autres ? Nous en possédons le moyen.

En effet, si l'étude des êtres vivants prouve que l'évolution s'effectue au hasard, si l'évolution mentale, qui traduit celle du système nerveux, rentre dans le cas général, tout de même une solution s'offre à nous : entre la plupart des animaux et nous, une différence existe, non pas de nature, mais cependant importante : nous avons, de nous-même, clairement conscience. Regardons, autour de nous, aller et venir des animaux divers ; scrutons, dans le détail, les mouvements et les attitudes de l'immense majorité d'entre eux : ne remarquons-nous pas qu'à ces mouvements et à ces attitudes manquent des états de conscience comparables aux nôtres ? De ceux-ci, nous apercevons une manifestation certaine chez quelques mammifères, surtout chez les grands singes anthropoïdes, le Chimpanzé notamment. La manifestation est assez fruste encore, celle d'une conscience obscure, d'états subconscients ; le singe observe, il établit des rapports très simples, il sait prendre un bâton et ramener à lui tel objet qu'il désire. Ce geste, sûrement, n'est pas un pur réflexe ; l'animal, semble-t-il, se voit agir ; on ne saurait pourtant dire qu'il prévoit et calcule la portée de ses différents gestes. Loin d'être mesurés et ordonnés, ces gestes se succèdent avec rapidité et sans suite marquée, le singe procède, peut-on dire, à des essais maladroits et sans lien, qui excluent toute « combinaison » vraiment délibérée ; d'évidence, ce singe ne pense pas : simplement, une lueur de conscience enveloppe un réflexe compliqué.

De cette lueur, pourtant, il faut souligner toute l'importance : le fait de saisir un bâton et, grâce à lui, de tirer un objet, indique la vision confuse, mais indéniable, d'un but à atteindre ; entre les mains du singe, le bâton prend figure d'outil, dont le maniement constitue une véritable utilisation vers une fin déterminée. Seulement, ce geste n'a aucune conséquence lointaine ; geste subconscient, il demeure individuel ; il ne sert pas de point de départ aux congénères, et l'expérience faite par un Chimpanzé n'aide pas le Chimpanzé voisin à refaire le même geste et à le faire mieux ; le singe observe, associe, mais ne comprend pas, car il n'observe et n'associe que dans un champ très limité.

L'homme se comporte de manière analogue, mais avec des différences qui révèlent des états de conscience claire. Outre qu'il utilise des outils, il les fabrique ; plus encore, chacun de ses essais tend à rectifier la manœuvre ; surtout, son observation s'étend en dehors de lui, il regarde le voisin, il répète ses gestes, et les répète parce qu'il en voit, parce qu'il en comprend le résultat.

Et là réside une force immense, une force dont nous ne tirons pas le meilleur parti. Les hommes s'instruisent les uns les autres, et chaque génération instruit la suivante ; ce qu'un individu acquiert, tous le peuvent acquérir et les acquisitions se perpétuent des ascendants aux descendants, comme par une sorte d'hérédité sociale. Or, toutes les acquisitions résultent de circonstances actuelles ; parfois elles survivent aux circonstances, la tradition s'installe et les générations successives répètent le geste appris, semblable ou déformé, jusqu'au moment où des circonstances nouvelles provoquent des changements importants. Mais quand ceux-ci surviennent, ils surviennent sans suite, sans continuité véritable, sans marquer forcément un progrès.

Si l'homme, pourtant, prenait complètement conscience de lui-même, resterait-il ainsi prisonnier des événements ? Si, quand il observe, sa pensée prenait libre cours, au lieu de se cristalliser sur des satisfactions de bien-être, ne verrait-il pas clairement quel choix établir, parmi les changements qui s'opèrent sous ses yeux, pour améliorer sa propre mentalité et, par elle, diriger la vie sociale vers un idéal supérieur ? L'étude du monde vivant lui fournit de précieux enseignements qui lui permettraient de mesurer l'effort nécessaire pour imprimer à son évolution mentale une belle allure. En réfléchissant sur les phénomènes vitaux, en développant sa possibilité de penser, il apercevrait ses déficits. Il apercevrait, par exemple, comment l'individualisme, fait général et inéluctable, peut et doit s'allier à la vie sociale, sans susciter des compétitions violentes. L'observateur superficiel qui regarde les animaux vivre en société, se laisse volontiers berner par une agitation en apparence méthodiquement réglée ; il se laisse berner d'autant mieux qu'il regarde les sociétés animales à travers le crible de notions traditionnelles. En réalité, l'apparente coordination qui unit les membres d'une communauté ne correspond qu'à une illusoire synergie ; ce sont des mouvements analogues, parfois simultanés ; mais ce sont toujours des mouvements isolés ; et s'ils s'ajoutent, leur somme n'est qu'une somme algébrique, dont la valeur change au gré des cas particuliers. L'animal tire tout à lui, car il ne sait ce qu'il fait, ou ne le sait pas clairement et ne mesure pas la valeur des contingences ; il accapare sans nécessité, dilapide sans profit et, souvent, des conflits s'élèvent sans objet, d'où ne résulte qu'un effort perdu.

Que l'homme instruit par ces faits se tourne vers sa propre vie sociale ; capable d'observer et surtout de comprendre, qu'il tire profit d'humiliantes analogies... A coup sûr, s'il scrute profondément les manifestations sociales qui l'entourent et s'attache à réfléchir sur elles, il apercevra clairement, à côté de l'individualisme, que ne supprime pas la vie collective, les raisons essentielles d'entente et d'union, qu'une pensée forte et toujours en éveil découvre aisément au milieu de tristes contingences, génératrices de conflits.

Dès lors, l'homme dominera de haut. Sans perdre pied hors des réalités immédiates, il les verra épurées ; et sa surprise sera grande de trouver à sa portée, presque sous sa main, les moyens de diriger les événements au lieu de les subir ; faut-il que, du contact des individus et des peuples, naisse toujours une compétition souvent nuisible, forcément stérile ? Ce contact n'est-il pas bien plutôt l'occasion de provoquer le conflit pacifique des idées qui, renouvelant les circonstances, détermine le développement d'idées vraiment humaines, et telles que chacun, de plein gré, mette son individualisme au service de la communauté !

Ainsi appliquant son effort sur l'étude des phénomènes vitaux, la spéculation donne le sens aigu du relatif et de la tolérance ; elle montre que la vérité s'échappe péniblement et par bribes à travers des essais et des erreurs sans nombre ; elle fait donc apparaître dans leur mesquinerie misérable toutes les querelles humaines : et, dès lors, mené par sa pensée vigilante et active, l'homme s'élève toujours plus haut au-dessus de lui-même.

Messieurs, je déclare ouverte la 54e session de l'Association.

SÉANCES DE SECTIONS

PREMIER GROUPE

SCIENCES MATHÉMATIQUES

Première section

MATHÉMATIQUES

Président. . . . . M. Rouyer, Professeur à la Faculté des Sciences d'Alger.
Secrétaire. . . . . M. Roger Méricoux.

J. KARAMATA
Assistant à l'Université de Belgrade.

SUR LE PRINCIPE DE MAXIMUM DES FONCTIONS ANALYTIQUES ET SON APPLICATION AU THÉORÈME DE D'ALEMBERT

Le théorème de d'Alembert, dont il s'agit, est le théorème fondamental de l'Algèbre : *toute équation algébrique a au moins une racine*. Quoi qu'il en existe déjà un grand nombre de démonstrations, il nous semble qu'il n'est pas sans intérêt de montrer qu'on peut le déduire du principe de maximum des fonctions analytiques, c'est-à-dire du théorème suivant de Cauchy : *le carré du module d'une fonction analytique dans un domaine, prend sa plus grande et sa plus petite valeur sur le bord de ce domaine, à condition, toutefois, qu'elle y soit différente de zéro.*

Ce théorème exprime, en effet, que le carré du module d'une fonction analytique $f(z)$, $z=x+iy$, qui est une fonction réelle et positive des deux variables x et y, ne peut avoir de maximums au sens strict du mot, de même qu'elle ne peut avoir de tels minimums qu'aux points où elle est égale à zéro.

Soit donc $p(z)$ un polynome quelconque de degré n, considérons le carré de son module $|p(z)|^2$. Il est évident que $|p(z)|^2 \to \infty$ lorsque $z \to \infty$ de n'importe quelle manière ; $|p(z)|^2$ doit donc avoir au moins un minimum, mais d'après ce qui précède, ce minimum ne peut avoir lieu que dans le cas où $|p(z)|^2=0$, c'est-à-dire où $p(z)=0$. Il s'ensuit que $p(z)$ doit avoir au moins un zéro.

Mais cette démonstration du théorème de d'Alembert ne présenterait pas grand intérêt si l'on se bornait simplement au théorème cité de Cauchy, dont la démonstration exige quelques connaissances sur les fonctions analytiques. Pour cette raison, nous allons donner ici une démonstration intuitive de ce théorème, qui n'est basée que sur la théorie des maximums et minimums. Nous le ferons en supposant que la fonction considérée est un polynome, mais il est facile de voir que ces mêmes considérations s'appliquent à une fonction analytique quelconque.

Soit donc $p(z)$ un polynome de degré n ; cherchons les maximas et les minimas de la fonction

$$F(x,y) = |p(z)|^2, z= x+iy.$$

A cet effet, remarquons tout d'abord que l'on peut poser

$$F(x,y) = p(z) . \overline{p}(\overline{z}),$$

où $\overline{z}$ est la valeur conjuguée de z, et $\overline{p}(z)$ s'obtient de $p(z)$ en y changeant le signe de tous les i qui figurent dans ses coefficients. Nous allons ensuite, au lieu des opérations $\frac{\partial}{\partial x}$ et $\frac{\partial}{\partial y}$, introduire les opérations

$$\Delta = \frac{\partial}{\partial x} + i\frac{\partial}{\partial y} \text{ et } \overline{\Delta} = \frac{\partial}{\partial x} - i\frac{\partial}{\partial y}$$

qui, appliquées à la fonction $F(x,y)$, permettront de simplifier de beaucoup le calcul. On obtient, en effet

$$\Delta^p \, \overline{\Delta}^q \, \{ F(x,y) \} = p^{(q)}(z) \cdot \overline{p}^{(p)}(\overline{z}). \tag{1}$$

Pour que $F(x,y)$ possède un maximum ou un minimum au point $z_0 = x_0 + iy_0$, il faut que

$$\frac{\partial F(x,y)}{\partial y} = \frac{\partial F(x,y)}{\partial x} = 0 \text{ pour } z = z_0, \tag{2}$$

et que l'expression

$$E_k = \left(\frac{d}{\partial x}dx + \frac{\partial}{\partial y}dy\right)^k \{ F(x,y) \} \text{ pour } z = z_o, \quad (3)$$

garde un signe invariable, k étant l'indice de la dérivée partielle de plus petit ordre qui soit différente de zéro pour $z = z_o$.

Or. d'après (1) les conditions (2) sont équivalentes à

$$p(z_o) \cdot \overline{p}'(\overline{z}_o) = 0 \text{ ; ou bien à } p'(z_o) \cdot \overline{p}(\overline{z}_o) = 0 \text{ ;}$$

qui seront satisfaites ou bien lorsque $p'(z_o) = 0$, ou bien lorsque $p(z_o)=0$; cette seconde condition, si elle est remplie, fournit évidemment un minimum, puisque $F(x,y) \geqq 0$. Il ne reste donc qu'à considérer le cas où $p'(z_o) = 0$.

Transformons pour cela l'expression (3) ; de la relation

$$2 \cdot \left(\frac{\partial}{\partial x}dx + \frac{\partial}{\partial y}dy\right) = \Delta \cdot d\overline{z} + \overline{\Delta} \cdot dz$$

simple à vérifier, nous obtenons, en tenant compte de (1), que

$$2^k E_k = (\Delta \cdot d\overline{z} + \overline{\Delta} \cdot dz)^k \cdot \{ F(x,y) \} = \sum_{v=0}^{k} \binom{k}{v} \Delta^v \overline{\Delta}^{k-v} \{ F(x,y) \} \, d\overline{z}^v \, dz^{k-v} =$$

$$= \sum_{v=0}^{k} \binom{k}{v} \cdot p^{(k-v)}(z) \cdot \overline{p}^{(v)}(\overline{z}) \, \overline{dz}^v \, dz^{k-v}.$$

D'autre part, de l'hypothèse que les dérivées partielles de tous les ordres inférieurs à k sont égales à zéro pour $z = z_o$, il résulte de (1)

que $\qquad p^{(n)}(z_o) = \overline{p}^{(n)}(\overline{z}_o) = 0$, pour tous $n < k$,

donc $\qquad 2^k E_k = p(z_o)\, \overline{p}^{(k)}(\overline{z}_o)\, d\overline{z}^k + \overline{p}(\overline{z}_o)\, p^{(k)}(z_o)\, dz^k$

ou bien $\qquad 2^k E_k = 2 \mid p(z_o) \mid^2$ partie réelle $\left\{ \dfrac{p^{(k)}(z_o)}{p(z_o)} dz_k \right\}$.

En posant donc $dz = \mid dz \mid e^{\theta i}$ et $\dfrac{p^{(k)}(z_o)}{p(z_o)} = a\, e^{\alpha i}$,

on obtient $\qquad 2^{k-1} E_k = a \mid p(z_o) \mid^2 \mid dz \mid^k \cos(\theta + \alpha)$,

et cette expression nous montre clairement que E_k ne peut garder un signe invariable lorsque θ varie entre 0 et 2π. De ces considérations résulte que la fonction $\mid p(z) \mid^2$ ne peut avoir ni de maximums ni de minimums aux points où $p'(z) = o$ { et $p(z) \neq o$ }, ou, résultat qui nous importe, que $\mid p(z) \mid^2$ ne peut avoir de minimums à moins que $p(z) = o$.

T. LEMOYNE

SUR LES LIEUX DES SOMMETS DE CONIQUES

Dans une communication bien connue à l'Académie des Sciences, Chasles a établi le théorème suivant :

Le lieu des sommets des coniques appartenant à un système de caractéristiques (μ, ν) *est une courbe d'ordre* $2\mu+3\nu$.

Je rappelle que Chasles a donné le nom de coniques appartenant à un système de caractéristiques (μ, ν) à un système de coniques telles que par un point arbitraire du plan il passe μ de ces courbes et qu'à une droite arbitraire du plan ν de ces coniques soient tangentes.

Le théorème de Chasles ne s'applique qu'aux systèmes de coniques (μ, ν) *ne contenant aucun cercle* et *en situation générale par rapport à la droite de l'infini.* En particulier, il ne s'applique ni aux systèmes de paraboles ni aux systèmes d'hyperboles équilatères.

J'ai fait connaître (A. F. A. S., Congrès de 1923, p. 104 et Congrès de 1929 (p. 79), les théorèmes par lesquels on doit remplacer celui de Chasles pour résoudre au moins en général, le cas des paraboles et celui des hyperboles équilatères. Je me propose ici de compléter encore le théorème de Chasles en examinant les cas où les coniques (μ, ν) : 1° ont leurs directions asymptotiques données ; 2° ont un axe parallèle à une direction donnée ; 3° ont un foyer donné ; 4° ont un centre donné.

Les résultats qui suivent exigent, bien entendu, comme le théorème de Chasles lui-même, que le système des coniques (μ, ν) soit *général*, c'est-à-dire ne contienne : 1° aucune conique passant à la fois par les deux points cycliques, c'est-à-dire aucun cercle ni aucune conique décomposée en deux droites dont l'une soit la droite de l'infini, ni aucune conique composée de deux points situés sur la droite de l'infini ; 2° aucune conique réduite à deux droites parallèles. (La quatrième partie n'exige d'ailleurs pas cette seconde condition.) Ces trois genres de coniques : cercle (décomposé ou non), conique décomposée en deux points à l'infini, conique décomposée en deux droites parallèles ont, en effet, un nombre infini de sommets, de sorte que chacune d'elles définit à elle seule un lieu de sommets, différent de celui que nous envisageons. En conséquence, pour conserver aux théorèmes suivants leur caractère de simplicité, nous nous placerons dans le cas général où aucune de ces trois coniques particulières n'appartient au système considéré. De plus, deux ou une des conditions communes au système (μ, ν) sont, ici, données, le raisonnement suppose que les autres sont en situation générale par rapport à la droite de l'infini.

I. — *Lieu des sommets des coniques (μ, ν) de directions asymptotiques données.*

Théorème I. — *Quand les directions asymptotiques des coniques appartenant à un système de caractéristiques (μ, ν) sont données, le lieu des sommets se compose de deux courbes d'ordre ν : l'une est le lieu des sommets de l'axe focal, l'autre le lieu des sommets (réels ou imaginaires) de l'autre axe.*

Soient I, J les points cycliques, A, B les points fixes où la conique variable (μ, ν) coupe la droite de l'infini ; les points α, β où les axes MM′, NN′ de la conique (μ, ν) coupent ABIJ, étant conjugués harmoniques par rapport à (I, J) et (A, B), sont fixes. Il s'ensuit que le lieu des sommets se décompose en deux : 1° lieu des sommets situés sur l'axe αMM′ ; 2° lieu des sommets situés sur l'axe βNN′. Or (voir mon ouvrage *Les lieux géométriques en mathématiques spéciales* p. 45), le lieu du centre d'une conique (μ, ν) dont les directions asymptotiques, réelles ou imaginaires, sont données, est une courbe d'ordre ν:2. La droite αMM′ coupe cette courbe en ν:2 points, autrement dit, il y a ν:2 coniques (μ, ν) admettant la droite αMM′ pour axe, ce qui donne ν sommets situés sur la droite αMM′. D'ailleurs, les coniques (μ, ν), passant par A et B, ne peuvent passer par α, situé sur ABIJ, que lorsqu'elles se décomposent soit en deux points situés sur la droite de l'infini IJ, soit en la droite IJ et une autre droite. Or, par hypothèse, nos résultats ne s'appliquent pas à ces cas. Donc α n'est pas point du lieu, et l'on peut dire que :

Quand les directions asymptotiques d'une conique (μ, ν) sont données, le lieu des sommets situés sur l'un des axes est une courbe d'ordre ν. Il en est évidemment de même pour le lieu des sommets situés sur l'autre axe.

Exemple : *Le lieu des sommets des coniques passant par deux points donnés et ayant leurs directions asymptotiques données se compose de deux coniques.*

On a en effet, dans ce cas, $\nu=2$. On peut comparer ce résultat au suivant, tiré des *Exercices de Géométrie analytique* d'Aubert et Papelier, t. II, p. 337 : Le lieu des sommets des hyperboles équilatères passant par deux points et dont les directions asymptotiques sont données se compose de deux coniques homofocales.

II. — *Lieu des sommets des coniques* (μ, ν) *dont la direction d'un axe est donnée.*

Si les directions asymptotiques d'une conique sont données, il en est de même des directions des axes, mais la réciproque n'est pas vraie.

Théorème II. — *Quand les coniques d'un système* (μ, ν) *ont une direction d'axe donnée* Δ, *le lieu des sommets situés sur l'axe parallèle à* Δ *est une courbe d'ordre* $\frac{3\nu}{2}$ *qui admet le point à l'infini de* Δ *pour point multiple d'ordre* ν:2.

Nous supposons que les coniques (μ, ν) tangentes à la droite de l'infini IJ sont indécomposées, comme c'est en général le cas. Soit Δ′ la seconde direction d'axe ; elle est perpendiculaire à Δ. Par définition, il y a ν coniques (μ, ν) tangentes à IJ, donc ν:2 touchent IJ au point à l'infini, α, de Δ et ν:2 au point à l'infini Δ′. On en conclut que α est point multiple d'ordre ν:2 du lieu des sommets situés sur l'axe parallèle à Δ ; d'ailleurs, d'après un théorème connu (*Lieux géométriques*, p. 38), le lieu des centres des coniques (μ, ν) est, cette fois (les directions asymptotiques étant variables), une courbe d'ordre ν qui admet α et le point à l'infini de Δ′ pour points multiples d'ordre ν:2, donc une droite αD passant en α coupe ce lieu en ν:2 points à distance finie ; on en conclut qu'elle est axe de ν:2 coniques à centre du système, ce qui donne ν points du lieu sur αD, en dehors de α ; on en déduit le théorème II.

Le lieu des sommets situés sur l'axe parallèle à Δ′ est de même une courbe d'ordre $\frac{3\nu}{2}$ qui admet le point à l'infini de Δ′ pour point multiple d'ordre ν:2.

Exemple : Prenons le cas le plus simple, celui où ν=2 :

Le lieu des sommets des coniques circonscrites à un triangle et dont les axes sont parallèles à deux droites rectangulaires se compose de deux cubiques.

III. — *Lieu des sommets d'une conique* (μ, ν) *situés sur l'axe focal quand l'un des foyers est donné.*

Théorème III. — *Le lieu des sommets de l'axe focal d'un système de coniques* (μ, ν) *dont un foyer* F *est donné est une courbe de l'ordre* μ+ν *qui admet le point* F *pour point multiple d'ordre* ν *et les points cycliques pour points multiples d'ordre* μ:2.

Cherchons le nombre de points du lieu situés sur la droite de l'infini IJ. Les ν paraboles du système touchent la droite de l'infini en ν points qui sont des points du lieu. D'autre part, les coniques (μ, ν) sont toutes tangentes à la droite isotrope FI (ou FJ), puisque F est foyer. Or, j'ai démontré (*Lieux géométriques*, p. 47) que :

Quand les coniques d'un système de caractéristiques (μ, ν) *sont toutes tangentes à une droite* D, *le nombre de ces coniques qui passent par un point quelconque de* D *est* μ:2.

Il s'ensuit que μ:2 coniques (μ, ν), *d'ailleurs imaginaires*, touchent FI au point I et μ:2 autres touchent FJ au point J (j'ai donné à ces coniques qui passent par un seul point cyclique le nom de *quasi-cercles* (*Lieux géométriques*, p. 127) ; le point I est sommet de chacune des μ:2 premières coniques, J sommet des μ:2 autres et le lieu a par conséquent μ:2 points en I et autant en J. Les μ:2 tangentes en I (ou en J) au lieu se confondent d'ailleurs avec la droite FI (ou FJ). En comptant le nombre de points du lieu sur FI, on trouve que F est point multiple d'ordre ν du lieu.

Exemples. — 1. Le lieu des sommets de l'axe focal des coniques ayant un foyer donné F et tangentes à deux droites est une cubique circulaire passant en F (*Mathesis*, 1885, p. 216).

On a en effet $\mu=2$, $\nu=1$, et $\mu+\nu=3$.

2. Le lieu des sommets de l'axe focal des coniques ayant un foyer donné F et tangentes à une droite Ox en un point donné est une cubique circulaire passant en F (*Revue de Mathématiques spéciales*, t. II, 1893, p. 76).

On a encore $\mu=2$, $\nu=1$, $\mu+\nu=3$.

Le lieu est ici une strophoïde admettant F pour foyer singulier.

3. Les coniques de foyer donné F et passant par deux points donnés se partagent comme on sait en deux familles : le lieu des sommets de l'axe focal de chacune de ces familles de coniques est une quartique circulaire de nœud F (Aubert et Papelier, *Exercices de Géométrie analytique*, t. II, p. 379).

On a ici, pour chacune des familles (voir *Lieux géométriques*, p. 7), $\mu=2$, $\nu=2$, et $\mu+\nu=4$, ce qui donne bien une quartique circulaire de nœud F, le point F étant d'ailleurs foyer singulier de la courbe.

IV. — *Lieu des sommets des coniques* (μ, ν) *de centre donné.*

Ici, le centre étant donné, une conique décomposée en deux droites parallèles ne donne plus un lieu de sommets, par conséquent nos résultats seront encore exacts quand les coniques (μ, ν) comporteront des coniques réduites à deux droites parallèles.

Théorème IV. — *Le lieu des sommets des coniques* (μ, ν) *dont le centre est donné, et telles qu'aucune conique* (μ, ν) *ne se décompose en deux points situés sur la droite de l'infini, ou plus généralement ne passe par les points cycliques, est une courbe d'ordre* $2\mu+\nu$ *qui admet les points cycliques pour points multiples d'ordre* μ.

Il suffit de considérer le lieu des sommets comme lieu des pieds des normales aux coniques issues du centre et de se reporter au théorème de Chasles démontré page 119 des *Lieux géométriques ;* on obtient le théorème précédent.

Exemple : *Le lieu des sommets des coniques de centre donné* C *et passant par deux points* A, B (*ou circonscrites à un parallélogramme*) *est une quartique circulaire* (Aubert et Papelier, *Exercices de Géométrie analytique*, t. II, p. 335).

On a $\mu=1$, $\nu=2$, d'où $2\mu+\nu=4$: le lieu prévu est une quartique circulaire.

Si on considère, au contraire, les coniques inscrites à un parallélogramme, l'une d'elles se compose de deux points appartenant à la droite de l'infini. On a $\mu=2$, $\nu=1$, et $2\mu+\nu=5$, mais il faut déduire de ce nombre l'unité donnée par la droite de l'infini relative à la conique précédente ; le lieu des sommets sera donc encore une quartique passant par les points cycliques (Voir également Aubert et Papelier, *Exercices*, t. II, p. 332).

Lorsque les coniques (μ, ν) ont un sommet donné S, le lieu de l'autre sommet du même axe (étant homothétique du lieu du centre) est une courbe d'ordre ν.

Nous n'avons pas envisagé ici le cas le plus général où un axe d'une conique (μ, ν) passe par un point donné : le résultat est alors plus compliqué que les précédents, et l'ordre du lieu n'est pas de la forme $\alpha\mu+\beta\nu$. Au contraire, le lieu des foyers situés sur cet axe est alors d'ordre ν.

En appliquant, compte tenu des réserves faites, les théorèmes I à IV aux systèmes de coniques dont j'ai donné les caractéristiques (p. 7 à 10 de mon ouvrage sur les *Lieux géométriques*), on obtiendrait un grand nombre de résultats.

Stanislas MILLOT
Capitaine de Corvette en retraite.

1° RÈGLE POUR ALIGNEMENTS NOMOGRAPHIQUES

Les nomogrammes que l'on rencontre le plus fréquemment sont du type à points alignés, imaginé en 1884 par M. Maurice d'Ocagne.

Pour s'en servir, il faut faire passer exactement par deux points donnés une droite sur laquelle on trouvera le résultat cherché. Pratiquement, cette droite est ordinairement matérialisée par un fil tendu ou par un trait rectiligne marqué d'avance sur un transparent, et ce n'est généralement pas sans quelques tâtonnements que l'on réussit à faire passer la droite à la fois par les deux points.

Pour faciliter l'opération, nous avons imaginé, le 23 avril 1905, et fait construire du 8 juin au 1er juillet 1905, une règle spéciale, dont M. Maurice d'Ocagne put faire l'essai à Toulon le 1er mai 1911, mais qui n'a encore fait l'objet d'aucune publicité.

Après un quart de siècle d'emploi satisfaisant de cette règle, nous croyons pouvoir, sans plus attendre, faire connaître le principe et les détails de sa construction.

Nous nous sommes proposé de décomposer en deux temps l'opération nécessaire pour faire passer une droite par deux points.

Une pièce, que l'on pose sur le nomogramme par sa base circulaire, de telle sorte que le centre O de cette base coïncide avec l'un des points donnés, sert de pivot à la règle portant un fil tendu. La direction de ce fil passe toujours, par construction, au centre O du pivot ; il suffira donc de faire pivoter la règle jusqu'à ce que le fil passe par le deuxième point pour obtenir que ce fil matérialise l'alignement des deux points.

L'avantage de cette décomposition est surtout sensible quand on doit faire de nombreux calculs sur un nomogramme en supposant

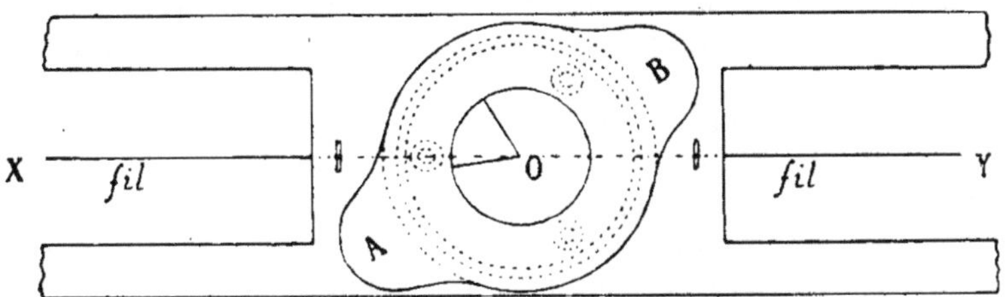

Partie de la règle avec pivot (dessus)

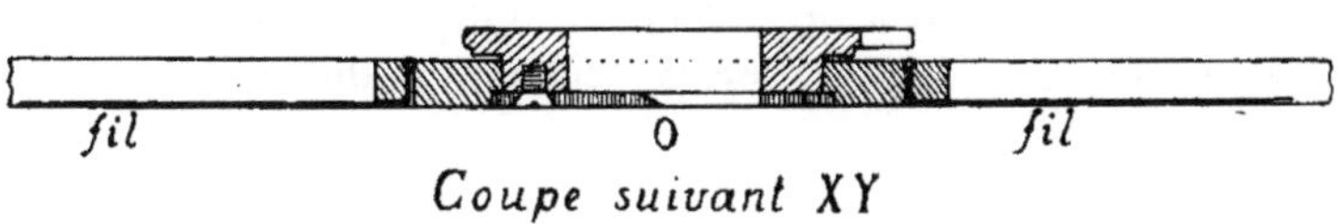

Coupe suivant XY

fixe une des données. On place alors le pivot sur le point relatif à cette donnée. Comme ce point n'est pas nécessairement sur les bords du papier, nous n'avons pu placer le pivot à une extrémité de la règle et celle-ci porte en réalité deux fils tendus dans deux fenêtres rectangulaires, séparées par l'emplacement du pivot, et dont les directions sont dans le prolongement l'une de l'autre et passent par le centre O du pivot.

L'orifice percé dans la règle pour le passage du pivot a deux diamètres différents (34 et 37 mm) ; le plus fort se trouve au voisinage de la face de la règle qui posera sur le nomogramme et il correspond au diamètre d'une plaque mince que l'on a fixée à l'aide de vis au bas du pivot. Celui-ci ne peut alors sortir de la règle ; retenu d'une part par un élargissement de son extrémité supérieure, munie d'oreilles A et B, d'autre part par la plaque, il n'est susceptible que d'un léger déplacement dans le sens normal au plan de la règle. La partie centrale du pivot est percée d'un trou d'assez fort diamètre (20 mm), par lequel on peut apercevoir une surface suffisante du nomogramme et une dent, découpée dans la plaque, qui indique par sa pointe la position du centre.

Après avoir placé l'extrémité de cette dent sur l'un des points connus, on appuie d'une main sur les oreilles du pivot pour que celui-ci reste fixe sur le nomogramme. De l'autre main, on fait tourner la règle qui, grâce au léger jeu réservé dans le sens vertical, n'est pas appliquée aussi fortement que le pivot et peut être manœuvrée, jusqu'à ce que le fil d'une des fenêtres vienne passer par le deuxième point.

Formée d'une lame de cuivre jaune de 562 mm de longueur sur 42 mm de largeur et 5 mm d'épaisseur, notre règle est d'un poids assez élevé (480 gr), bien qu'il soit diminué par deux fenêtres larges de 26 mm et longues l'une de 310, l'autre de 140 mm, et nous pensons qu'un métal plus léger pourrait être préféré.

Entre les extrémités opposées des deux fenêtres de notre règle, il y a une distance maxima utile de 510 mm. Nous ne nous souvenons pas d'avoir rencontré aucune difficulté d'emploi de notre règle ; mais il ne faudrait cependant pas avoir moins de 30 mm de distance entre le point choisi comme pivot et l'un des deux autres points à aligner.

Comme exemple d'utilisation, nous pouvons citer l'établissement de tableaux d'heures de levers et couchers du soleil. Il nous avait suffi de placer le pivot sur un nomogramme spécial, au point déterminé par la latitude du lieu et la hauteur nulle du soleil ; nous n'avions plus ensuite qu'à faire varier la déclinaison du soleil.

2° SUR LES ÉDITIONS DE LA THÉORIE ANALYTIQUE DES PROBABILITÉS DE LAPLACE

Du vivant de Laplace, sa *Théorie analytique des probabilités* eut trois éditions, datées de 1812, 1814 et 1820. C'est d'après cette dernière, augmentée d'un supplément en 1825, que l'ouvrage fut réimprimé en 1886, dans les *Œuvres complètes,* par les soins de l'Académie des Sciences.

A la page 401 du tome VII des *Œuvres complètes,* on peut remarquer un désaccord étrange entre les données numériques posées au début du paragraphe 31 du livre II et les données réellement utilisées pour le calcul à la fin de ce paragraphe.

Le même désaccord existe dans notre exemplaire de la troisième édition, mais l'examen attentif, au point de vue typographique, de cette édition de 1820 et de la première de 1812 nous a permis de trouver une explication.

Pour la majeure partie du texte, ces deux éditions sont identiques et, grâce à certaines lettres défectueuses, on peut même affirmer qu'elles ont été tirées sur une même composition typographique. Là où Laplace désirait apporter des modifications, des cartons furent substitués aux feuillets qui contenaient les passages à modifier.

C'est ainsi que le feuillet qui, à la fin du cahier 49, portait les pages 391 et 392, a été remplacé par un carton chiffré 49* (l'astérisque indique ici qu'il s'agit d'un carton), afin de ramener à *un million* le nombre présumé des naissances annuelles en France, précédemment évalué à *quinze cent mille,* et, par suite, la population totale de la France à 28.352.845 individus au lieu de 42.529.267

Laplace a certainement fait le calcul sur les nouvelles données, car le résultat — près de trois cent mille à parier contre un — figurait déjà à la page XLVI de l'*Introduction* de 1820 et même, dès 1816, à la page 83 de la troisième édition de l'*Essai philosophique sur les probabilités.*

Nous sommes donc persuadé que le texte reproduit en 1886 a été vicié par la faute du typographe de 1820 qui, après avoir remplacé par un carton le dernier feuillet du cahier 49, aurait négligé de remplacer aussi par un carton le premier feuillet du 50e cahier, portant les pages 393 et 394.

En attirant l'attention sur cette particularité, nous aiderons peut-être à découvrir quelque exemplaire entièrement corrigé de la troisième édition. Il permettrait de rectifier avec certitude le texte de 1886.

Michel PETROVITCH
Professeur à l'Université de Belgrade.

ÉQUATIONS DIFFÉRENTIELLES A COURBURE INTÉGRALE FIXE

La courbure de la courbe représentant l'intégrale d'une équation différentielle varie généralement d'une intégrale particulière à une autre. Cependant, il y a une infinité d'équations différentielles pour lesquelles cette courbure est *fixe*, c'est-à-dire ne varie pas avec les constantes d'intégration.

En ce qu'il s'agit de l'équation du premier ordre

$$\frac{dy}{dx} = f(x,y) \tag{1}$$

la courbure est

$$\tau = \frac{\frac{df}{dx} + f\frac{df}{dy}}{(1+f^2)^{\frac{3}{2}}} \tag{2}$$

et sera généralement fonction de x et de y ; si l'on y remplace y par son expression en x (ou bien x par son expression en y), cette expression étant fournie par l'intégrale générale de (1), τ sera une fonction de x (resp. de y) et de la constante d'intégration. Pour qu'elle soit indépendante de cette constante, il faut et il suffit qu'elle soit fonction de x seul (ou bien de y seul, ces deux cas se ramenant d'ailleurs l'un à l'autre par la permutation de x et y).

En posant $\frac{dy}{dx} = p$ et exprimant que l'expression

$$\tau = \frac{\frac{dp}{dx}}{(1+p^2)^{\frac{3}{2}}}$$

est une fonction de x seul, l'équation différentielle qui en résulte fournit

$$p = \frac{dy}{dx} = \frac{\varphi(x) + C}{\sqrt{1 - [\varphi(x) + C]^2}} \tag{3}$$

$$\varphi(x) = \text{fonct. de } x$$

ce qui conduit à la formule connue

$$y = \int \frac{\varphi(x) + C}{\sqrt{1 - [\varphi(x) + C]^2}} dx + C'. \qquad (4)$$

Pour que l'équation (1), à laquelle satisfait y, ne contienne aucune constante arbitraire, il faut et il suffit :

1° Ou bien que l'on attribue à l'une des deux constantes C et C' une valeur fixe ;

2° Ou bien que C et C' soient liées par une relation

$$F(C, C') = 0. \qquad (5)$$

Si, dans le cas 1°, on attribue la valeur fixe à la constante C, l'équation correspondante (1) est de la forme

$$\frac{dy}{dx} = f(x) \qquad (6)$$

et ses courbes intégrales s'obtiennent par une translation rectiligne de l'une d'elles, conservant la valeur de courbure pour une même valeur de x.

Si, encore dans le cas 1°, on attribue la valeur fixe à la constante C', l'équation correspondante (1) s'obtient en éliminant la constante C entre les deux équations de la forme

$$\left.\begin{aligned} \frac{dy}{dx} &= \frac{\varphi + C}{\sqrt{1 - (\varphi + C)^2}} \\ y &= \int \frac{\varphi + C}{\sqrt{1 - (\varphi + C)^2}} dx \end{aligned}\right\} \qquad (7)$$

où φ est une fonction arbitraire de x.

Dans le cas 2°, l'équation correspondante (1) s'obtient en effectuant la quadrature (4) sous la forme

$$y = F(x, C) + \Phi(C)$$
$$\Phi = \text{fonction arbitraire}$$

et en y remplaçant C par

$$\varphi(x) - \frac{y'}{\sqrt{1 + y'^2}}, \qquad y' = \frac{dy}{dx}.$$

On aura, de cette manière, toutes les équations du premier ordre à courbure intégrale fixe.

Parmi les équations de cette espèce se trouvent, par exemple :

a) l'équation de Clairaut :

$$y = x\frac{dy}{dx} + \lambda\left(\frac{dy}{dx}\right)$$
$$\lambda = \text{fonction arbitraire},$$

dont l'intégrale générale représente une famille de droites ;

b) l'équation algébrique

$$\frac{dy}{dx} = \frac{u\sqrt{\alpha^2 + 2\,by - y^2}}{y - b}$$

dont l'intégrale générale représente une famille de cercles de rayon

$$\sqrt{\alpha^2 + b^2}\,;$$

c) l'équation transcendante (1) obtenue en éliminant C entre les deux équations

$$\frac{dy}{dx} = \frac{ax^2 + C}{\sqrt{1 - (ax^2 + C)^2}} \qquad y = \int \frac{ax^2 + C}{\sqrt{1 - (ax^2 + C)^2}}\,dx$$

dont l'intégrale générale représente une famille de courbes élastiques.

Indiquons encore le fait évident suivant, concernant les équations du second ordre

$$\varphi\,(x, y', y'') = 0 \tag{8}$$

dont la courbure intégrale, considérée comme fonction de x, ne dépend pas des constantes d'intégration : *une telle équation est réductible par le changement*

$$y' = \frac{u}{\sqrt{1 - u^2}} \tag{9}$$

à une équation de la forme

$$\frac{du}{dx} = \varphi\,(x)\,; \tag{10}$$

ceci résulte directement du fait que

$$\frac{1}{\tau} = \frac{d}{dx}\left(\frac{y'}{\sqrt{1 + y'^2}}\right). \tag{11}$$

Proposons-nous encore le problème suivant :

Etant donnée une équation algébrique du premier ordre (1), *reconnaître si les valeurs de* x, *pour lesquelles la courbure intégrale* τ *prend une valeur fixe donnée* $\tau = a$, *dépendent ou non de la constante d'intégration.*

Posons, pour abréger :

$$\frac{\dfrac{df}{dx} + f\dfrac{df}{dx}}{(1 + f^2)^{\frac{3}{2}}} = \lambda\,(x, y), \qquad \frac{d\lambda}{dx} + f\frac{d\lambda}{dy} = \eta\,(x, y). \tag{12}$$

Les fonctions λ et μ étant connues, la variable $\theta = \tau - a$ sera l'intégrale de l'équation du premier ordre

$$\Phi\left(x, \theta, \frac{d\theta}{dx}\right) = 0 \tag{13}$$

obtenue en éliminant γ entre les deux équations

$$\lambda\,(x, y) = \theta + a, \qquad \mu\,(x, y) = \frac{d\theta}{dx}. \tag{14}$$

La variable θ s'annulant toutes les fois que la courbure τ prend la valeur a, le problème se ramène à celui de reconnaître si les zéros de l'intégrale générale θ de (13) sont fixes ou mobiles. Or, l'équation (1) étant supposée algébrique en y et y', (13) l'est aussi ; on peut donc l'écrire sous la forme

$$\sum_{k=0}^{k=m} f_k(x, \theta)\left(\frac{d\theta}{dx}\right)^{m-k} = 0$$

où les f_k sont des polynomes en θ.

D'après le théorème connu dans la théorie des équations du premier ordre, la condition nécessaire et suffisante pour que les zéros de θ soient fixes, c'est-à-dire pour que la courbure τ ne prenne la valeur a que pour des valeurs x indépendantes de la constante d'intégration, est qu'*après avoir supprimé les facteurs communs aux* $f_k(x, \theta)$, *chaque* f_k, *sauf* f_0, *contient en facteur* θ^h, *où* h *est un nombre entier au plus égal à* k. La condition étant remplie, ces valeurs de x *coïncideront* avec les zéros de $f_0(x, 0)$, ou bien avec les infinis des autres polynomes $f_k(x, 0)$.

M. POIVERT

Professeur d'architecture à l'Ecole des Beaux-Arts de Montréal.

SUR LES VOLUTES A NOYAU POLYGONAL RÉGULIER ET LES LIGNES PROGRESSIVES

M. Flahaut, délégué de l'Association canadienne pour l'Avancement des Sciences, présente au nom de M. Poivert un travail sur les volutes à noyau polygonal employées en architecture, travail trop étendu pour être publié *in extenso*; cette étude a été publiée dans la « Revue Trimestrielle Canadienne) (Septembre 1930) ; M. Flahaut en expose les résultats essentiels.

M. Poivert appelle ligne progressive une ligne brisée équiangle dont les côtés vont en croissant de telle manière que les différences d'un ordre déterminé soient constantes ; il dit alors que les côtés de cette ligne forment une progression d'ordre n. Une ligne brisée régulière est d'ordre zéro.

Construction des lignes progressives.

Soit ABCD... une ligne brisée régulière ; de B comme centre, avec BA pour rayon, décrivons un arc de cercle ayant pour origine A et limité à son intersection B_1 avec le prolongement du côté suivant CB ; de C comme centre avec CB_1 pour rayon, décrivons un arc de cercle limité à son intersection C_1 avec le côté suivant DC, et ainsi de suite ; on obtient ainsi une volute formée d'arcs de cercle de rayons différents, et sur cette volute les sommets d'une ligne brisée $AB_1C_1D_1$... qui est manifestement équiangle et dont les côtés, proportionnels aux rayons des cercles, sont en progression arithmétique.

Opérons sur cette ligne progressive du premier ordre comme sur la ligne brisée régulière : de B_1 comme centre avec B_1A comme rayon décrivons un arc de cercle qui coupe en B_2 le prolongement du côté C_1B_1, puis de C_1 comme centre avec C_1B_2 pour rayon un arc de cercle qui coupe en C_2 le prolongement du côté suivant D_1C_1 etc... Il est clair que les rayons des cercles forment une progression du second ordre, les différences étant représentées par les côtés de la ligne brisée $AB_1C_1D_1$... et comme d'autre part les rayons de ces cercles sont proportionnels aux côtés de la ligne équiangle $AB_2C_2D_2$..., celle-ci est donc une ligne progressive du second ordre. En répétant la même opération sur cette dernière, on obtient une ligne progressive du troisième ordre et ainsi de suite. Toutes ces lignes sont équiangles. Si on désigne par α l'angle de deux côtés consécutifs de la ligne brisée initiale, par c son côté, et par c_n le premier côté de la ligne progressive d'ordre n, on a :

$$c_n = c\left(2 \cos \frac{\alpha}{2}\right)^n$$

Les côtés des différentes lignes progressives ont pour valeur :

c c c c c...
c_1 $2c_1$ $3c_1$ $4c_1$ $5c_1$...
c_2 $3c_2$ $6c_2$ $10c_2$ $15c_2$...
c_3 $4c_3$ $10c_3$ $20c_3$ $35c_3$...
....

Les coefficients numériques de ce tableau sont les nombres figurés du triangle arithmétique de Pascal.

M. Poivert en déduit le calcul de la somme des n premiers côtés d'une ligne progressive quelconque, et en tire, par une voie élémentaire, la rectification des développantes successives obtenues en partant du cercle.

Les bissectrices des angles d'une ligne progressive d'ordre n forment la ligne progressive d'ordre $n-1$ génératrice de la première ; la répétition de cette construction conduit au noyau polygonal régulier.

Une ligne brisée régulière étant donnée, il en existe une infinité d'autres, inscrites dans le même cercle, donnant naissance à des lignes progressives du premier ordre, dont les sommets sont situés sur une même volute régulière et dont les côtés sont tangents à une même développante. Si on abaisse du centre des perpendiculaires sur les côtés de ces lignes progressives du premier ordre, le lieu des pieds de ces perpendiculaires est naturellement une spirale d'Archimède.

En s'appuyant sur l'expression d'un côté quelconque de la ligne progressive d'ordre p, M. Poivert définit des lignes progressives ayant aussi même angle que la ligne brisée régulière et dont l'indice est fractionnaire ; la construction de ces lignes est simple, mais celle des courbes qu'on peut en déduire échappe aux règles précédemment établies.

P. SERGESCO

Professeur à l'Université de Cluj.

SUR LE MODULE DES ZÉROS DES DÉRIVÉES DES FONCTIONS BORNÉES

En partant d'une formule de M. Landau, j'ai établi (*C. R. de l'Acad. Sciences*, 4 Août 1924) que si $|f(x)| \leqq M$ pour $|x| \leqq R$ et si $f(\alpha) = a$, on a pour toute racine β de l'équation $f(\beta) = b$ l'inégalité :

$$|\beta - \alpha| \geqq [R^2 - |\alpha|^2] \frac{\left|\dfrac{b-a}{M^2 - \bar{a}b}\right| \dfrac{M}{R}}{1 + \dfrac{|\alpha|}{R}\left|\dfrac{b-a}{M^2 - \bar{a}b}\right| M}$$

On en tire, par un passage à la limite :

$$|f'(\alpha)| \leqq \frac{R}{M} \frac{M^2 - |f(\alpha)|^2}{R^2 - |\alpha|^2}$$

Remarquons tout d'abord que ces inégalités permettent de retrouver facilement des résultats connus, p. exemple : si $|f|$ prend sa valeur maximum M à l'intérieur du cercle $|x| \leqq R$, elle se réduit à une constante ; $|f'(0)|$ ne prend la valeur maximum $\frac{M}{R}$ (des inégalités de *Cauchy*) que pour la fonction *linéaire* $\frac{M}{R}x$; on pourrait multiplier le nombre de ces exemples ; je me contenterai de signaler encore la propriété sui vante : *Soit*

$$f(x) = a_1 x + a_2 x^2 + ...$$

avec $|f(x)| \leqq M$ *pour* $|x| \leqq R$. *Le module du zéro de* $f(x)$ *le plus rapproché de l'origine est supérieur à* $\frac{R^2 |a_1|}{M}$.

En effet, posons : $F(x) = \frac{f(Rx)}{M}$. On a :

$$|F(x)| \leqq 1 \text{ pour } |x| \leqq 1 \qquad \text{et } F(o) = 0.$$

D'après le théorème de *Schwartz*, il s'ensuit que si l'on désigne par $\Phi(x) = \frac{F(x)}{x}$, on a aussi :

$$|\Phi(x)| \leqq 1 \text{ pour } |x| \leqq 1$$

$$\Phi(x) = \frac{a_1 R}{m} + \frac{a_2 R^2}{M} x + ...$$

En appliquant à $\Phi(x)$, l'inégalité initiale, avec

$$\alpha = o, a = \frac{a_1' R}{M}, b = o, R = 1, M = 1,$$

on obtient :

$$|\beta| \geqq \frac{R |a_1|}{M}$$

Donc, en dehors de l'origine, pour que $f(Rx)$ s'annule, il faut avoir $|x| \geqq \frac{R |a_1|}{M}$. Donc $f(z) = f(Rx)$ s'annule, en dehors de l'origine, pour des valeurs telles que :

$$|z| \geqq \frac{R^2 |a_1|}{M}.$$

Le théorème est démontré. On peut l'énoncer aussi sous la forme : *Soit* $f(z) = a_1 z + a_2 z^2 + ...$ *avec* $|f(z)| \leqq M$ *pour* $|z| \leqq R$. $f(z)$ *n'a aucun zéro non nul à l'intérieur du cercle de centre O et de rayon*

$$\frac{R^2 |a_1|}{M}.$$

Passons maintenant aux dérivées de $f(x)$. En appliquant la formule qui est au début de cette note, pour α compris dans le cercle de centre G et de rayon θ R, avec $\theta < 1$, on a :

$$|f'(\alpha)| \leqq \frac{M}{R(1-\theta^2)} = K$$

$$f'(x) = a_1 + 2 a_2 x + 3 a_3 x^2 + ...$$

On a $f'(o) = a_1$ et le maximun de $|f'(x)|$ dans le cercle θ R est K. Donc, on peut appliquer l'inégalité initiale, en prenant $b = O$ et $\alpha = o$; $f'(\alpha) = a_1$. (On applique l'inégalité à la fonction $f'(x)$). En désignant par ρ le *plus petit* module des zéros de $f'(x)$ on a donc :

$$\rho \geqq \frac{R^2 |a_1|}{M} \theta (1 - \theta^2)$$

Cette inégalité subsiste quel que soit θ inférieur à 1. On a donc la meilleure limite si l'on prend pour θ la valeur qui rend le second membre maximum, soit $\theta = \frac{1}{\sqrt{3}}$, On trouve donc le résultat :

Soit $f(x) = a_0 + a_1 x + a_2 x^2 + \ldots\ldots$ *avec* $|f(x)| \leqq M$ *pour* $|x| \leqq R$. *La dérivée* $f'(x)$ *n'a aucun zéro à l'intérieur du cercle de centre O et de rayon* $\frac{2R^2 |a_1|}{M 3 \sqrt{3}}$.

Il est très probable que cette limite ne soit pas atteinte, car dans le calcul de K nous avons renforcé l'inégalité, en posant $|f(\alpha)| = o$. Le calcul précédent peut être appliqué successivement à toutes les dérivées de $f(x)$. A titre d'exemple, appliquons-le pour trouver le module minimum des zéros de $f''(x)$.

Si $|f(x)| \leqq M$ pour $|x| \leqq R$, on a $|f'(x)| \leqq \frac{M}{R(1-\theta_1^2)} = M_1$ *pour* $|x| \leqq R\,\theta_1 = R_1$. De la même manière, on a :

$$|f''(x)| \leqq \frac{M_1}{R_1(1-\theta_2^2)} = \frac{M}{R_2\,\theta_1(1-\theta_1^2)(1-\theta_2^2)} = M_2$$

dans le cercle :

$$|x| \leqq \theta_2 R_1 = R\,\theta_1\,\theta_2 = R_2$$

Or $f''(o) = 2\,a_2$ et si nous appliquons à $f''(x)$ la formule initiale pour $\alpha = o$ et $b = o$, on obtient pour le module minimum des zéros de $f''(x)$, la limitation suivante :

$$\sigma \geqq \frac{R_2}{M_2}\,|2\,a_2| = \frac{R^3\,\theta_2(1-\theta_2^2)(1-\theta_1^2)\,\theta_1^2}{M}\,|2\,a_2|$$

Cette inégalité est vraie quels que soient θ_1 et θ_2, compris entre 0 et 1. Nous obtenons alors la meilleure limite, en prenant pour θ_1 et θ_2 les valeurs qui rendent maximum le second membre, soient : $\theta^1 = \frac{1}{\sqrt{2}}$ et $\theta_2 = \frac{1}{\sqrt{3}}$. On a finalement :

$$\sigma \geqq \frac{R^3\,|a_2|}{M\,3\sqrt{3}}$$

Le calcul s'applique au cas général, par un procédé de reccurence. Désignons par M_k le maximun du module de $f^{k)}(x)$ dans le cercle de centre O et de rayon $R_k = \theta_k\,R_{k-1}$. On a, d'après les formules précédentes :

$$|f^{k)}(x)| \leqq \frac{M_{k-1}}{R_{k-1}(1-\theta_k^2)} = M_k \qquad R_k = \theta_k\,R_{k-1}$$

Donc, en définitive :

$$M_k = \frac{M}{R\,R_1\,R_2 \ldots R_{k-1}\,(1-\theta_1^2)\,(1-\theta_2^2)\ldots(1-\theta_k^2)}$$

$$R_k = \theta_1\,\theta_2 \ldots \theta_k\,R.$$

Pour avoir une limite inférieure du module des zéros de $f^{(k)}(x)$, il suffit donc d'appliquer l'inégalité connue de M. *Landau*, à la fonction $f^{(k)}(x)$, avec $\alpha = o$, $f^{(k)}(o) = k!\,a_k = a$; $b = o$. R. doit être remplacé par R_k et M par

$$M_k = \frac{M}{R_k\,\theta_1^{k-1}(1-\theta_1^2)\,\theta_2^{k-2}(1-\theta_2^2)\ldots\theta_{k-1}\,(1-\theta_{k-1}^2)\,(1-\theta_k^2)}$$

On obtient :

$$\rho_k \geqq \frac{k!\,R^{k+1}\,|\,a_k\,|}{M} \prod_{j=1}^{k} \theta_j^{k+1-j}\,(1-\theta_j^2)$$

Pour avoir la meilleure limite calculée par cette méthode, il suffit maintenant de déterminer les θj de manière que le second membre de l'inégalité soit maximum. Par conséquent :

$$\rho_k \geqq \frac{2^{k+1}\,R^{k+1}\,|\,a_k\,|}{(k+1)\,(k+2)\,M} \prod_{j=1}^{k} \left(\frac{k+1-j}{k+3-j}\right)^{\frac{k+1-j}{2}}$$

On a ainsi ce théorème :

Soit $f(z) = \Sigma\, a_k z^k$ une fonction analytique telle que $|\,f(z)\,| \leqq M$ pour $|\,z\,| \leqq R$. La dérivée k^{me} de $f(z)$ ne s'annule pas dans le cercle $|\,z\,| \leqq \rho_k$.

Ces limites ρ_k ne sont pas atteintes. Il faudrait trouver pour ρ_k une inégalité dont le second membre dépende des coefficients $a_0, a_1, \ldots a_k$, de M et de R. Car la famille des fonctions ayant les premiers $k+1$ coefficients fixés est normale et, par suite, les zéros des dérivées ne peuvent pas tendre vers l'origine.

2e section

ASTRONOMIE, GÉODÉSIE ET MÉCANIQUE

Président. . . . . M. GONNESSIAT, Professeur à la Faculté des Sciences d'Alger.

G. BIGOURDAN

Membre de l'Institut

LA GRANDE LUNETTE DE L'OBSERVATOIRE

Au mois de mars 1792, l'Académie des Sciences devait décerner un prix, et chaque « classe » (1) faisait connaître ses vues. On nomme huit commissaires, un par classe, pour coordonner les propositions et s'entendre sur un candidat unique.

Quelques jours après, l'astronome Lalande annonce que ce Comité a mis en première ligne W. Herschel pour l'ensemble de ses travaux (2), et accorde un second prix à Mascagni, pour son Mémoire sur le système lympathique.

A cette occasion, l'illustre Lavoisier représente à l'Académie qu'il importe, après avoir rendu hommage à un grand savant, de rendre hommage aussi à la Science elle-même, en faisant construire par la France un télescope plus puissant s'il est possible et plus perfectionné encore que ceux d'Herschel.

Cette proposition fut d'autant mieux accueillie que nous possédions à Paris un artiste, Caroché (3), qui avait donné les meilleures preuves

(1) Le terme « classe » répondait alors au mot Section, employé aujourd'hui.

(2) Découverte d'Uranus en 1781, — télescope de 4 pieds d'ouverture et son mécanisme, — découverte de 2.000 nébuleuses, décuplant deux fois le nombre de celles que l'on connaissait, — enfin d'autres découvertes.

(3) C'est ainsi qu'il signait ; je remplace partout ainsi l'orthographe employée ailleurs : registres, etc.

d'un talent éprouvé. Toutefois, comme le moment n'était pas très favorable pour faire une dépense si considérable, la proposition de Lavoisier fut renvoyée à la classe d'astronomie ; et on lui adjoignit Bailly, le futur maire de Paris, Pingré, Méchain et Delambre, tous membres aussi de l'Académie.

Le 9 mai suivant, Lavoisier, trésorier de l'Académie, annonce le résultat de la délibération de la Commission : elle a pensé qu'avant de rien commencer, il convient de prendre l'avis du Comité d'instruction publique de l'Assemblée Législative et elle s'est présentée à lui. Ce Comité a accueilli la proposition avec intérêt et a jugé que l'Académie elle-même devait présenter à l'Assemblée « une adresse où elle exposerait l'importance du projet », et les moyens propres à favoriser son exécution.

Lavoisier ajoute que les ressources actuelles de l'Académie sont d'environ « 30.000 H destinées pour des prix qui n'avaient pas été donnés ou réclamés » ; elle n'a pas le droit de changer la disposition de cette somme, mais on peut demander à l'Assemblée Législative la permission de l'appliquer à la construction du télescope projeté, puis la prier d'ajouter « à ces 30.000 H pendant deux ans une somme de même valeur pour compléter les frais nécessaires à la construction de l'instrument. » Delambre lit même un projet de lettre à l'Assemblée.

Trois jours après, à la séance académique, du samedi 12 mai 1792, Delambre relit sa lettre et on examine divers moyens de réaliser le miroir de ce « quarante pieds» de long. Par exemple, ne pourrait-on pas l'exécuter en alliage de platine et d'étain ? « Plusieurs membres qui avaient une certaine quantité de platine en font l'offre à l'Académie » ; mais le président propose que l'on se borne à prier l'Assemblée Nationale de l'autoriser à l'emploi du fonds des prix non adjugés ; on y joindrait une pépite d'or d'environ 15.000 francs qui se trouve dans le « Cabinet » de l'Académie, « avec quelques autres instruments de ce même métal qui ne sont d'aucune utilité ». On commencerait ainsi la construction d'un télescope de 40 pieds en se réservant de demander au Corps Législatif les suppléments nécessaires, quand on pourrait « déterminer la dépense avec plus de précision ». Et il est arrêté que les Commissaires rédigeront, d'après cette proposition, une lettre dont ils feront lecture à l'Académie mercredi prochain, avant de l'envoyer au Corps Législatif.

La lettre, rédigée par Lalande, ne fut lue que le 19 mai ; on demanda si elle indiquerait la somme totale des frais. Plusieurs membres de l'Académie ayant déclaré qu'ils n'étaient pas assez éclairés pour fixer cette somme, on convint qu'il n'en serait point parlé : la lettre sera « envoyée telle que les Commissaires l'avaient composée, après qu'on y aura fait quelques autres changements. »

A la suite de cet envoi, des membres du Comité d'Instruction Publique de la Législative vinrent se renseigner à l'Académie et voici le procès-verbal de leur visite (1) :

« MM. Lacépède, Partorel et Romme, membres du Comité d'Instruction Publique et chargés de rédiger le rapport que ce Comité doit faire à l'Assemblée Nationale, sur la demande présentée par l'Académie relativement à la construction d'un télescope semblable à celui de M. Herschell, se sont transportés dans la salle de l'Académie, jeudi dernier, à 10 heures du matin pour prendre des renseignements sur l'objet de la demande dont il s'agit. Du côté de l'Académie, MM. Lavoisier, Borda, Bailly, Lalande, Méchain, Delambre et Haüy, sur l'invitation de M. le Président, se sont rendus avec lui à cette même séance.

« La conférence a roulé principalement sur deux points ; le premier concernait les moyens de former les sommes nécessaires pour la construction du télescope, et. le second, les ressources de l'état actuel de l'art en France pour assurer le succès de l'exécution.

« M. le trésorier a mis d'abord sous les yeux de MM. les Députés le relevé des sommes reçues d'année en année, depuis 1719, pour les prix ordinaires donnés par l'Académie, et de l'emploi qui avait été fait de ces sommes. Ce relevé, qui présentait en même temps, sur deux colonnes latérales, la liste des sujets proposés et celle des auteurs couronnés, a excité un vif intérêt, soit par l'importance des découvertes, soit par la célébrité des noms qui s'y trouvaient comme accumulés, et l'on a senti combien l'Académie avait rendu de services aux Sciences, en donnant l'impulsion à cette foule d'hommes illustres, dans les divers genres de connaissances, qui lui avaient envoyé successivement les tributs de leur génie, et dont plusieurs étaient aujourd'hui au nombre de ses membres. M. Lavoisier propose de continuer ce relevé pour tous les autres prix et a cru pouvoir assurer d'avance que la somme provenant des prix non adjugés monterait au moins à trente mille livres.

*
* *

« M. Lavoisier a présenté ensuite à MM. les Députés la pépite d'or qui appartient à l'Académie, un graphomètre du même métal et divers autres ouvrages qui sont plutôt de luxe et d'agrément que d'une utilité réelle, et dont la vente pouvait offrir un surcroît de ressources pécuniaires. Il résultait des aperçus de M. Lavoisier que les frais du télescope monteraient environ à 100.000 livres, sur lesquelles l'Académie avait déjà à peu près 50.000 livres dont elle pouvait disposer, en sorte

(1) Procès-verbaux manuscrits de l'Académie des Sciences.

qu'il ne s'agirait plus que de prier l'Assemblée Nationale d'ordonner qu'il serait délivré une somme de vingt à trente mille livres d'année en année, jusqu'à l'entière exécution de l'entreprise.

« Sur cela, M. le Président de l'Académie a représenté qu'au lieu de fixer des époques qui reculeraient des sommes accessoires jusqu'à une autre législature, dont on ne pouvait présumer les dispositions, il conviendrait plutôt de décerner sur le champ la totalité du supplément, telle qu'une somme de 60.000 livres qui serait à la disposition du Ministre pour être délivrée successivement, par partie, aux artistes, à mesure qu'ils avanceraient dans l'exécution.

« MM. les Députés ont penché à proposer ce dernier parti à l'Assemblée Nationale ; ils ont témoigné aussi du regret de voir qu'un objet aussi intéressant que la pépite d'or fut dans le cas d'être perdu pour l'Académie et pour l'Histoire Naturelle, et ont paru disposés à en remplacer la valeur par quelque autre moyen.

***

« L'emploi du platine étant un des éléments importants du calcul de la dépense, on a traité cet article en particulier. M. de Lalande a donné le résultat d'une supputation qu'il avait fait, en supposant que l'on appliquât une couche de platine d'une ligne d'épaisseur, sur la surface concave d'un miroir de 4 pieds fait d'un alliage de cuivre et d'étain. Dans cette supposition, il ne faudrait que 120 livres de platine, quantité qui, à raison de 112 francs la livre, ne coûterait que 13.000 livres. On a objecté que les différences de dilatation du platine et des autres métaux pourraient faire travailler le miroir et le déformer. Mais il a été répondu que M. Mégnié avait exécuté de semblables miroirs qui avaient réussi. D'ailleurs, un membre a observé que l'on pourrait faire le fond du miroir en fer, dont la dilatation approchait beaucoup de celle du platine, surtout en supposant ce dernier métal allié à 1/5 de cuivre, en sorte que l'effet produit par la différence des dilatations serait nul ou insensible.

« Mais dans l'hypothèse même où le miroir serait construit en entier en platine, on a cru pouvoir espérer, d'après les offres de M. Mendoza (1), que le Roi d'Espagne se déterminerait à fournir une quantité suffisante de ce métal, surtout si l'on s'engageait à faire deux miroirs dont l'un serait destiné pour ce monarque. Un des députés a remarqué à ce sujet que si cette proposition était acceptée, l'Académie se trou-

---

(1) MENDOZA, Rio, Don José, savant marin espagnol qui a publié, en 1800 et 1801, deux recueils de tables pour l'usage de la marine, — en 1802 une méthode pour le calcul de la latitude par deux hauteurs prises hors du méridien, etc., né vers 1763 à Séville et mort en Angleterre le 2 mars 1816.

vait dans un rapport bien intéressant avec deux nations voisines, l'Angleterre et l'Espagne, en rivalisant avec l'une, ou même en s'efforçant de la surpasser, et en procurant à l'autre un moyen puissant pour étendre chez elle le progrès de l'astronomie.

« Cette réflexion en a fait naître d'autres, sur les différents motifs qui concouraient pour faire adopter le projet de l'Académie, et plusieurs membres ont représenté que les découvertes en astronomie étaient liées aux progrès de la Navigation et de la Géographie ; que quand même, celles qu'on pourrait faire à l'aide du nouveau télescope n'auraient d'autre avantage que de reculer les limites de nos connaissances en astronomie, cette science avait un objet si grand et si important par lui-même, qu'il conviendrait de se procurer un instrument qui fut assorti à sa dignité, qu'enfin faute d'un télescope tel que celui qu'on se proposait de construire, on n'avait pu constater en France plusieurs découvertes faites par les Anglais et qu'il semblait y avoir pour cette nation un ciel particulier, inaccessible aux regards des savants des autres nations.

***

« A l'égard de ce qu'on devait espérer des talents de nos opticiens pour le succès de l'entreprise, M. Méchain, qui a pris une connaissance exacte des ouvrages de M. Caroché, a été invité à donner son jugement sur le mérite de cet artiste.

« Il a dit qu'ayant observé le ciel avec un télescope de 20 pieds de foyer, fait par M. Caroché, et qui est dans le cabinet de Passy, il avait trouvé que cet instrument déterminait très nettement les objets. Qu'ayant fait ensuite le voyage de Londres, il avait observé avec un télescope à peu près de même grandeur, construit par M. Herschel, et que ce télescope lui avait paru inférieur à celui de M. Caroché du côté de la terminaison des objets, en même temps qu'il l'emportait de beaucoup par la grande lumière qu'il répandait sur le champ de l'observation. Cette dernière différence provenait, comme l'on sait, de la suppression du petit miroir, idée qu'avait exécutée le premier un Français, nommé Lemaire, qui, au reste, n'en avait point tiré le parti dont il était susceptible. M. Méchain, à son retour à Paris, avait cru apercevoir, à l'aide du télescope de M. Caroché, les satellites de la nouvelle planète (Uranus), et, après avoir disposé les fils de l'instrument de la manière convenable pour observer le cours de ces astres, il avait chargé M. Caroché lui-même de regarder de temps en temps à travers l'oculaire, d'examiner les configuration des étoiles situées autour de la planète, et de lui faire part ensuite de ce qu'il aurait vu ; et, sur les indications de cet artiste, que son peu de connaissance en Astronomie ne permettait pas de soupçonner de prédilection pour son propre ouvrage, M. Méchain avait reconnu les deux satellites et avait même conclu le mouvement de ces astres.

« M. Méchain a cité un autre témoignage revêtu de tous les caractères propres à en garantir la vérité ; celui d'un ami de M. Herschel lui-même, le général Komaruwski et le seul auquel ce savant ait accordé le privilège de voir dans son grand télescope de quarante pieds. On l'avait pris à Paris pour juge entre deux télescopes de six pieds qu'on ne lui distingua point et dont l'un avait été demandé à M. Herschel par M. de Trudaine et l'autre avait été fait par M. Caroché pour le Cabinet de Passy. Les observations furent faites dans les mêmes circonstances entre les deux télescopes, et l'ami de M. Herschel décida, sans le savoir, en faveur de M. Caroché.

« M. Delalande cita ses propres observations à l'appui du jugement de M. Méchain. On ajouta que, depuis, M. Caroché avait exécuté des miroirs de platine qui avaient très bien réussi. D'après tous ces témoignages, il parut constant que la France avait dans son sein un artiste en état de soutenir la rivalité avec M. Herschel, et dont le travail, favorisé par le choix du métal, pourrait même obtenir la suprématie.

*
* *

« La monture du télescope était encore un objet important, qui ne devait pas être omis. A ce sujet, on remarqua que celle du télescope de M. Herschel, au jugement même des Anglais, laissait quelque chose à désirer et l'on convint qu'il ne serait pas difficile de trouver en France un artiste habile et intelligent qui, en se concertant avec M. Caroché, put exécuter une monture dont la perfection répondit au mérite du télescope, et que d'ailleurs l'exécution de cette partie de l'instrument pourrait être dirigée et éclairée par quelque mécanicien, tel que M. Perrier, exercé dans l'art d'appliquer de puissantes forces motrices à des pièces susceptibles d'un grand jeu, comme celles qui composent la pompe de Chaillot.

On a terminé la séance en exposant à MM. les Députés l'état actuel du travail des Commissaires chargés de fixer l'unité de poids et de mesures ; les soins que l'on avait pris pour faire construire des instruments capables de donner aux résultats un grand degré de précision, et enfin les préparatifs du départ très prochain de MM. Méchain et Delambre pour aller mesurer l'axe du méridien entre Barcelone et Dunkerque. »

Tout paraissait donc se présenter favorablement, et le 13 juin 1792 l'Académie procède à la nomination des cinq Commissaires qui doivent lui donner leur avis sur l'emploi des fonds envisagés. Au scrutin, Berthollet étant Evangéliste, les élus furent Lavoisier, Laplace, Lagrange et Vic-d'Azyr ; quant à la cinquième place, trois membres eurent le même nombre de voix, et on décida que les trois seraient élus : Coulomb, Fourcroy et Leroy.

Mais les événements se précipitaient, car Paris vit successivement les journées du 20 juin, du 10 août, puis les massacres de septembre ; la Convention s'installa le 21 septembre 1792, et d'ailleurs les délégués du Comité d'Instruction Publique, qui avaient conféré avec quelques académiciens, ne paraissent pas avoir fait de rapport ; aussi nous perdons un instant de vue ce qui fut fait. Mais, le 13 avril 1793, le Comité de trésorerie de l'Académie fit l'exposé suivant :

« Extrait du Registre des délibérations du Comité de Trésorerie du 13 avril 1793

« Le Comité de trésorerie a exposé à l'Académie qu'il s'est élevé quelques difficultés sur l'exécution du Décret du 18 mars dernier qui l'autorise à verser à la trésorerie nationale les sommes qu'elle a en réserve sur le fonds des prix, ainsi que quelques instruments d'or qui font partie de son Cabinet, et qu'après en avoir conféré avec le Citoyen Cambon, membre de la Convention et du Comité des finances, il a proposé à l'Académie :

« 1° de réunir au Comité de trésorerie, pour tout ce qui sera relatif à l'exécution du décret du 18 mars, les anciens de chacune des classes, pour en délibérer en commun ;

« 2° de donner au Comité ainsi formé tous les pouvoirs et toutes les autorisations, nécessaires pour faire à cet égard ce qui apparaîtra le plus conforme aux intérêts de l'Académie et surtout à celui des Sciences ; ce qui a été décidé.

« Fait et arrêté au Louvre, le 13 avril 1793, l'an deuxième de la République. »

Très peu de temps après, l'Académie décida de consacrer ces sommes aux hôpitaux militaires, ainsi qu'il résulte du Mémoire suivant envoyé par elle à la Convention :

« *Mémoire*

« L'Académie des Sciences avait prévenu l'année dernière le Comité d'Instruction Publique de l'Assemblée législative, qu'elle avait en réserve, en numéraire, une somme d'environ 30.000 francs provenant de prix non distribués, ou non réclamés.

« Ces fonds, d'après le vœu des fondateurs, n'étant point à la disposition de l'Académie, elle avait demandé à l'Assemblée législative d'être autorisée à la construction d'un grand télescope, égal ou même supérieur à celui d'Herschel.

« Elle avait proposé en même temps d'y joindre le morceau d'or natif, ainsi qu'un graphomètre d'or et quelques autres effets de valeur intrinsèque, au total de douze à quatorze mille livres.

« Les travaux importans dont l'Assemblée Législative a été occupée dans les derniers momens de son existence, lui ont fait perdre de vue cet objet particulier et l'Académie se trouve encore aujourd'hui dépositaire des mêmes sommes et effets.

« Dans ce moment où tous les bons citoyens doivent se porter aux plus grands efforts pour venir au secours de la patrie, l'Académie se reprocherait de conserver plus longtemps un fonds mort qui pourrait être utilement employé à solder les braves défenseurs de la République.

« Elle demande donc à être autorisée à remettre à la Trésorerie Nationale, pour subvenir aux dépenses de la guerre, la même somme en numéraire et les mêmes matières d'or qu'elle avait précédemment proposées pour la construction d'un télescope.

« L'objet constant des travaux de l'Académie ayant toujours été de concourir de tout son pouvoir à ce qui peut tendre au soulagement de l'humanité souffrante, son vœu serait pour que cette somme fût particulièrement affectée au service des hôpitaux ambulans militaires pour lesquels il vient d'être ouvert un concours. »

Cependant l'idée de construire un grand télescope ne fut pas abandonnée, comme nous allons voir. Le 6 prairial an IV (25 mars 1796), sous le Directoire, le Ministre des Relations extérieures « vient d'obtenir du Gouvernement Espagnol, et d'adresser au Ministre, *cinq cens marcs de platine* en brut, destinés à des expériences utiles pour les Sciences et les Arts (1) ». Il est contenu dans trois caisses dont une a souffert et perdu en partie son contenu, mais il en reste au total 421 marcs.

Placé dans le « Cabinet » de l'Institut, ce platine y resta près de trois années après lesquelles il fut renvoyé à la Section de Chimie, augmentée de Laplace, Legendre, Périer, Lelièvre et Haüy, pour faire « un Rapport sur la destination la plus utile » à lui donner. Voici un résumé de ce rapport (2), lu par Guyton de Morveau :

Dans les dernières années de l'ancienne Académie des Sciences on forma le projet de construire en platine un grand miroir de 1, m 2 à 1, m. 3 de diamètre qui serait exécuté par Caroché, sous la direction de Rochon. « *Il paraît* que ce fut pour entrer dans les vues de cette entreprise importante, que l'ancien gouvernement acheta et fit remet-

(1) Institut de France, *Académie des Sciences*. Procès-verbaux des séances de l'Académie, tenues depuis la fondation de l'Institut jusqu'au moi d'août 1835, t. I, p. 43.

(2) Id., Id., p. 610-613.

tre » à l'ancienne Académie environ 50 kilos de platine « qui depuis ont été destinés à la fabrication des prototypes étalons du mètre et du kilogramme ».

« L'idée de ce grand projet, que la *tradition* avait conservé, eut beaucoup de part à la détermination que prit le Comité de Salut Public, de saisir les premières occasions que lui donnait la paix avec l'Espagne, pour demander à son gouvernement 500 marcs (250 livres) de platine. »

La demande fut bien accueillie, les 500 marcs de platine brut furent expédiés et la majeure partie, 103 kilos, est arrivée. Le 2 fructidor an IV (19 août 1796), le Directoire « considérant qu'il convenait de mettre à profit une ressource aussi précieuse pour le progrès des arts, arrêta qu'il ne serait pas touché à ce platine, jusqu'à ce qu'il en eût autrement ordonné, et chargea l'Institut National de lui proposer ses vues sur l'emploi de cette substance, avec assez de détails pour faire juger les projets, ainsi que les dépenses qui en résulteraient.

« C'est en exécution de cet arrêté que vous avez formé la Commission dont je suis l'organe... Les expériences commencées par vos Commissaires... ont été faites avec une partie du platine destiné aux poids et mesures. »

La Commission a examiné les diverses applications que l'on pourrait faire de ces 103 kilos, et « considérant qu'il avait déjà été pourvu à la consommation que pouvaient exiger les principales opérations des poids et mesures, elle n'a pas vu de projet d'emploi plus digne de l'objet, plus avantageux aux sciences que celui de la construction d'un grand télescope de platine », projet déjà jugé par le vœu de l'ancienne Académie et par la *tradition* qui l'a conservé.

Toutefois, la Commisssion ne s'est dissimulé ni les difficultés de cette entreprise, ni la disproportion de la grande quantité de métal qu'elle exigera, avec celle qu'on y peut destiner en ce moment.

Pour les *difficultés de l'entreprise*, elles « sont telles, que les plus exercés à traiter ce métal ne pourraient assurer la possibilité de couler une masse aussi considérable, ni même d'en souder les diverses parties d'une « manière assez exacte, pour la rendre susceptible d'un poli uniforme et sans défauts ». On pourra donc être obligé de se contenter d'un alliage de platine, plus fusible et qui cependant résisterait à l'oxydation spontanée. D'ailleurs « ces obstacles ne peuvent arrêter, lorsqu'on est forcé de convenir qu'il y a tout à gagner, pour la science et pour les arts, des efforts qui seront combinés pour les vaincre, lors même qu'ils n'atteindraient qu'imparfaitement le but ».

* * *

Quant à *la disproportion de la quantité de matière nécessaire* avec celle qui existe, un simple aperçu en fera juger.

En donnant au miroir du télescope seulement 1, m 2 de diamètre, on comprend qu'on ne pourra lui donner moins de 0, m 03 d'épaisseur, « même en le supposant laminé, forgé et embouti, au lieu d'être jetté en fonte ». Or, avec cette épaisseur, on trouve que le miroir pèserait 708 kilos, c'est-à-dire près de 9 fois ce qui existe ; d'ailleurs on ne peut lever de 1 kilo du meilleur platine brut plus de 650 à 700 gr. de platine affiné.

« Mais plutôt que d'abandonner un projet aussi utile, faute d'avoir actuellement toute la matière nécessaire à son exécution, il est plus digne sans doute, et de l'Institut, et du Directoire » de rechercher tous les moyens de se procurer ce qui manque ; d'ailleurs « les liaisons amicales entre les deux Gouvernements français et espagnol, semblent garantir le succès ».

*
* *

Enfin sur la *dépense* à faire, il est impossible d'en donner même un aperçu, avant que le résultat des essais ait indiqué les procédés les plus sûrs pour l'exécution de ce grand miroir ; mais « il est aisé de juger quelle sera assez considérable, puisque, sans parler de l'affinage du métal, il faudra construire des ateliers, des fourneaux, des forges, soit pour mouler un « disque de pareil volume, soit pour le souder par la malléation, et de nouvelles machines pour en travailler régulièrement la courbe et lui donner le fini ».

Cependant, il n'a point paru « à vos Commissaires que cette dépense fût disproportionnée avec son objet, surtout si l'on fait attention qu'elle n'est pas urgente, qu'elle se distribuera nécessairement sur plusieurs années par la succession des travaux, en un mot qu'elle peut être ajournée à des temps plus favorables ».

La Commission conclut donc à un ajournement, mais elle rappelle au Directoire que les 49 kilos employés à la confection des étalons de poids et mesures avaient été acquis à l'origine pour construire un tel miroir, et lui propose « de donner des ordres pour solliciter du Gouvernement d'Espagne un nouvel envoi de ce métal, qui y existe en très grande quantité, en lui présentant les motifs d'intérêt pour toutes les nations dans l'exécution de ce projet de l'Institut pour le perfectionnement des instruments d'Astronomie ».

Par malheur l'ajournement proposé paraît avoir été définitif, et le projet d'un grand miroir en platine fut abandonné ; d'ailleurs, il est probable que son poids aurait été excessif.

Reysa BERNSON

PROJET D'ORGANISATION DU TRAVAIL DES ASTRONOMES AMATEURS

F. GONNESSIAT

SUR LA MESURE DU TEMPS SIDÉRAL

Le point vernal, qui marque l'origine des ascensions droites, peut être défini :

1° Par sa position moyenne γ_0, entraînée d'un mouvement uniforme par la précession ;

2° Par sa position vraie γ, soumise en outre aux oscillations périodiques de la nutation en longitude N :

$$\gamma = \gamma_0 + N \cos \omega \text{ (ω obliquité de l'écliptique),}$$

Dans l'expression de la nutation, on a l'habitude de séparer des termes à longue période N_0 les termes lunaires à courte période dN, et de calculer la position des étoiles en tenant compte de N_0 seulement ; si bien que les ascensions droites se réfèrent au point :

$$\gamma' = \gamma_0 + N_0 \cos \omega = \gamma - dN \cos \omega.$$

Pour plus d'exactitude, les ascensions droites doivent donc être corrigées de :

$$d\alpha = JdN + Kd\omega \text{ (notations de la C. des T.),}$$

où $J = 1/15 (\cos \omega + \sin \alpha \tan \delta \sin \omega)$, $K = -1/15 \cos \alpha \tan \delta$.

Le perfectionnement croissant des pendules garde-temps oblige à tenir compte des termes en dN et $d\omega$ dans la détermination du temps par des passages méridiens. Mais si on applique aux α la correction totale $d\alpha$, c'est à l'équinoxe vrai γ que l'on rapporte la marche de la pendule, et on impute à celle-ci des irrégularités qui appartiennent en réalité à γ . Aussi doit-on reporter l'origine de γ en γ', dont le mouvement est moins irrégulier. On y arrive en appliquant à chaque détermination du temps la correction $-1/15 \cos \omega dN$, c'est-à-dire en supprimant dans l'expression de J le terme en cos ω.

Il n'en reste pas moins que nos pendules sidérales sont réglées, en dehors du mouvement de rotation de la Terre (dont il est inutile ici de mettre en cause l'uniformité), sur le déplacement d'un point soumis à des oscillations périodiques.

L'irrégularité peut prendre parfois, en un mois, une amplitude de 0 s. 10 à 0 s. 12, et un tel écart est loin d'être négligeable dans le calcul définitif de la marche des pendules, que des constructeurs comme M. Leroy ont amenées à un haut degré de précision.

Le remède est simple : il faut user simplement du temps sidéral moyen, c'est-à-dire rapporté à l'équinoxe moyen γ_0. De chaque détermination individuelle, il n'y a qu'à retrancher la nutation totale en α de l'équinoxe.

Il faut remarquer que le temps sidéral à minuit moyen, tel que le donnent les Ephémérides, se réfère à γ', tout comme les corrections de pendule déterminées de la façon que l'on a dite plus haut. Le temps solaire moyen est donc exempt des fluctuations périodiques dues à la nutation, et de ce côté aucun inconvénient n'existe pour l'étude de la marche des pendules réglées sur le temps solaire moyen.

En résumé, il y a lieu :

De provoquer une décision internationale consacrant l'emploi exclusif du temps sidéral moyen ;

De publier, en conséquence, le temps sidéral moyen (γ_0) à minuit TU, au lieu du temps vrai (γ') ;

Et de donner pour chaque jour : soit la valeur principe $1/15 N_0 \cos \omega$ de la nutation en α, avec la valeur de J amputée du terme en cos ω ; soit la nutation totale $1/15 N \cos \omega$ avec la valeur complète de J. (Comme on est obligé d'interpoler dN pour calculer dα, il nous paraît préférable de donner $1/15 N_0 \cos \omega$, afin de ne pas compliquer l'interpolation.)

Alex. VÈRONNET
Astronome à l'Observatoire de Strasbourg

LA THÉORIE ÉLECTRONIQUE DE L'ÉTHER ET LA GRAVITATION

Dans deux notes insérées aux Comptes Rendus de l'Académie des Sciences (1), j'ai indiqué les résultats des calculs qui montrent qu'on peut constituer un éther, en équilibre stable, au moyen d'électrons ou de particules électriques toutes répulsives. J'ai montré également comment les propriétés de ce milieu pouvaient expliquer la lumière et l'électromagnétisme. Je voudrais montrer ici comment ce même milieu peut expliquer la gravitation des atomes et de la matière.

Chaque particule répulsive de l'éther se trouve à une distance moyenne constante des particules voisines. Elle est ramenée à sa position d'équilibre stable par une force proportionnelle à la distance. Si l'on introduit dans ce milieu un atome simple d'hydrogène formé d'un électron, qui tourne autour d'un proton, les actions électriques sur les particules de l'éther environnant ne s'équilibrent pas exactement. Il s'ensuit une déformation stationnaire et permanente du milieu autour de l'atome. Cette déformation constitue un champ électrique, dont l'intensité décroît rapidement autour de l'atome, et qui l'accompagne comme une atmosphère.

En première approximation, on démontre que cette déformation est ellipsoïdale et conserve la densité de l'éther. Les lois de l'élasticité indiquent que, dans ce cas, les perturbations de cette déformation, de ce champ électromagnétique, ne peuvent se propager que par des ondes transversales, qui sont celles de la lumière.

La seconde approximation montre que l'on a, autour de l'atome, une légère dilatation de l'éther, dont l'intensité décroît rapidement, en raison inverse de la sixième puissance de la distance. Les perturbations de la déformation stationnaire vont propager cette dilatation,

(1) 22 mai et 3 juin 1929.

comme une pulsation décroissant proportionnellement au carré de la distance. Cette pulsation constitue les ondes de gravitation.

La dilatation de l'éther, nécessaire pour réaliser l'attraction des atomes matériels, est extrêmement faible. En effet on voit facilement que le rapport entre la répulsion électrique de deux protons et leur attraction de gravitation est égal à $1,6 \times 10^{36}$. Si donc le volume moyen occupé par une particule d'éther est augmenté seulement de 10^{-18} sa valeur, autour d'un atome, par la dilatation du champ, la répulsion électrique des deux atmosphères d'éther, liées à deux atomes matériels, sera diminuée de 10^{-36} fois sa valeur. Elle produira donc entre les deux atomes une attraction de cet ordre, qui sera précisément égale à la gravitation.

Cette dilatation équivaut au volume d'une molécule d'hydrogène dans un cm^3 d'hydrogène. On peut dire que chaque proton des atomes matériels refoule les électrons de l'éther de la même quantité qu'une molécule d'hydrogène ajoutée à un cm^3.

Pour que cette attraction soit proportionnelle à la masse des protons, ou des noyaux des atomes, on est conduit à admettre que la déformation de dilatation, qui produit la gravitation, est engendrée par la pulsation des protons et non par la rotation des électrons autour de ceux-ci.

La perturbation de la rotation des électrons produit les ondes lumineuses, mais celles-ci transportent aussi la dilatation de seconde approximation, ou de gravitation, et la lumière doit être pesante.

La valeur du rapport entre la répulsion électrique et la gravitation montre que les charges électriques des protons et des électrons doivent être exprimées par deux nombres ayant au moins les 18 premiers chiffres identiques. Si par exemple la charge positive du proton différait de la charge négative de l'électron, par une unité seulement du 18e chiffre, les atomes matériels ne seraient pas électriquement neutres d'une façon absolue et leur répulsion électrique serait encore égale ou supérieure à leur attraction de gravitation. La gravitation n'existerait pas.

Il apparaît donc que les particules d'électricité positives ou négatives ne peuvent être que les deux faces opposées, positive et négative, d'une même chose, comme les deux masses magnétiques d'un aimant. Ainsi toute la réalité, matière et éther, se ramènerait à deux éléments, électrons et protons, et ceux-ci à un autre élément unique.

3e et 4e sections

NAVIGATION, AÉRONAUTIQUE, GÉNIE CIVIL ET MILITAIRE

Président.	M. Vicaire, Inspecteur général des Ponts et Chaussées à Alger.
Vice-Président.	M. Gandillon, Ingénieur-Conseil des Villes.
Secrétaire.	M. Vaudrey, Constructeur.

Stanislas MILLOT

Capitaine de Corvette en retraite.

INFLUENCE DES COURANTS SUR LA DIRECTION APPARENTE DU VENT ET SUR CELLE DE LA HOULE

I. — *Vent absolu ; vent relatif ; vent apparent.*

On n'a envisagé jusqu'à ce jour que deux directions du vent : le vent vrai, que ressent le navire sans vitesse propre, et le vent apparent, que ressent le navire en marche.

Dans les parages à courants, il faudrait distinguer deux sortes de vents vrais : les vents absolus et les vents relatifs.

Supposons que, l'air étant calme, une molécule d'eau soit entraînée par un courant. Cette translation produira sur la molécule le même effet que si l'atmosphère avait, par rapport à cette molécule, un mouvement de vitesse égale à celle du courant, mais de direction opposée.

Si l'atmosphère, au lieu d'être calme, a un mouvement propre, que nous appelons vent absolu, ce vent peut se composer avec celui dû à la translation de la molécule d'eau, et cette molécule est soumise à l'effet de la résultante que nous appelons *vent relatif* (au courant considéré).

L'observateur placé sur une côte, à terre, ne ressent que le vent absolu ; s'il cherche à déterminer la direction du vent par celle de la houle, il pourra constater une différence avec le vent à terre, car la houle, dans un courant, est produite par le vent relatif et non par le vent absolu.

Quand le navire se déplace par rapport aux molécules d'eau, son mouvement propre de translation donne naissance à un déplacement apparent d'air. Ce déplacement, de même vitesse que celui du navire, mais de sens opposé, peut être combiné avec le vent relatif et donne comme résultante le vent dit *apparent*, celui qu'indiquent les pennons du navire quand le révolin des voiles ne les influence pas.

II. — *Utilité de la distinction du vent absolu et du vent relatif*

Un membre de l'ancienne Académie Royale des Sciences, Bouguer (*De la manœuvre des vaisseaux*, page 433), avait vu l'effet du courant sur la direction et la vitesse apparentes du vent, mais s'attachait à montrer que cela n'avait aucune importance pour le manœuvrier et que celui-ci pouvait considérer le vent relatif comme un vent absolu. Et, depuis, les traités de manœuvre n'ont plus signalé la différence qui existe en réalité entre les deux aspects de ce que l'on désigne sous le nom général de « vent vrai ».

A l'inverse de Bouguer, je vais m'attacher à montrer que la distinction entre le vent absolu et le vent relatif a de l'importance pour le manœuvrier.

Le vent absolu peut être constant ou subir des modifications qui ne sont dues qu'à des causes météorologiques.

Le vent relatif subit des variations qui proviennent à la fois de celles du vent absolu et de celles du courant.

Or, on connaît assez bien maintenant le régime des courants sur certaines côtes (1).

Au lieu de se borner à constater que la brise a varié au moment où cette variation se produit, on pourra donc prévoir, dans une certaine mesure, cette variation et ce ne sera pas un avantage insignifiant pour le capitaine de navire à voiles.

Des problèmes nouveaux pourront se poser.

En voici un exemple, où le vent absolu est supposé constant :

Un navire à voiles doit s'engager dans un chenal rectiligne où règne un courant de marée. L'étude du problème montre que si, en franchissant le chenal, le navire doit avoir le courant de moins en

---

(1) Puis-je rappeler que l'un des auteurs des premières cartes de courants des côtes de France fut mon ami regretté, le lieutenant de vaisseau Gabriel Raynaud, dont un frère, le Dr Lucien Raynaud, préside la 22e section au présent congrès d'Alger ?

moins favorable, le vent relatif sera par contre de plus en plus favorable, tandis que, dans le cas contraire, les chances de voir le vent refuser, et d'être obligé de louvoyer dans le chenal, se trouveraient augmentées.

III. — *Louvoyage dans un courant de marée.*

Si, dans un lieu où il existe des courants de marée, le vent absolu reste fixe, le vent relatif varie, au cours d'une marée complète, entre deux limites. Le vent adonne pour le navire qui court au plus près sur une certaine bordée, tandis qu'il refuse pour celui qui court aux amures opposées.

La route sur l'eau du navire qui serre le vent est donc une ligne courbe. On peut en déduire, à l'aide des vitesses et directions successives du courant, la trajectoire sur le fond.

Cette recherche aiderait à choisir la bordée la plus avantageuse pour atteindre un objectif géographique.

IV. — *Virement de bord vent devant dans un courant de marée.*

La direction de la houle est déterminée par le vent relatif, mais, à cause de la persistance des houles successives, il semble que la houle moyenne ne suit qu'avec un certain retard les variations de ce vent.

Si, dans la bordée qui vient d'être achevée, le vent adonnait, le navire qui veut virer de bord vent devant sera debout à la houle avant d'être debout au vent et, au moment le plus délicat, la houle l'aidera en frapppant son avant du côté des nouvelles amures. L'inverse se produirait, et le virement de bord serait plus difficile, si le vent avait refusé au cours de la bordée.

La prévision des variations du vent relatif a donc une certaine importance, même quand il s'agit d'évolutions, et l'on devrait cesser de confondre, sous le nom de vent « vrai », deux directions de vent qui peuvent, lorsque règne un fort courant, différer très sensiblement.

Pierre GANDILLON
Ingénieur-Conseil des Villes

LA « HOUILLE D'OR »

Application aux Chotts tunisiens

En 1925, au Congrès de Grenoble, j'ai exposé un nouveau dispositif de l'utilisation de l'énergie solaire. Pour rappeler l'éclat des radiations actives du soleil, j'ai désigné ce dispositif par le vocable de « la houille d'or ».

Cette conception vise essentiellement à appliquer les méthodes classiques de l'industrie hydro-électrique aux dépressions naturelles du globe terrestre qui se trouvent précisément dans les zones abondamment ensoleillées.

La mer Morte constitue le plus bel exemple à mettre en valeur, avec une dépression s'étendant sur une surface de 980 kilomètres carrés, à 394 mètres au-dessous du niveau de la mer Méditerranée.

Mais mon procédé ne se borne pas à l'obtention de l'énergie électrique. Il constitue tout un ensemble de richesses simultanées créées par des moyens simples et économiques et qui sont :

a) Richesse agricole par l'irrigation de quelque 70.000 hectares de terrains à culture cotonnière, grâce à des dérivations des eaux du Jourdain, opération qui supprime le débouché dans la mer Morte et qui rompt l'équilibre actuel de son niveau ;

b) Richesse industrielle en énergie électrique par le rétablissement de cet équilibre en prélevant sur la Méditerranée le volume des eaux détournées et en aménageant les chutes produites par la différence de niveaux des deux mers. Les 400.000 chevaux-vapeur ainsi obtenus trouveront leur emploi dans l'électrification des voies ferrées de la Palestine, de la Syrie, de la Turquie et de l'Egypte, dans les besoins électriques des grandes villes de ces pays et du canal de Suez, ainsi que dans les usines électro-chimiques à créer ;

c) Richesse industrielle en produits chimiques par la mise en valeur des eaux-mères concentrées de la mer Morte, dont l'évaluation n'est pas inférieure à 300.000 milliards de francs, et qui constitue une mine de potasse et de chlore d'une importance bien supérieure à celles d'Alsace et de Stassfurt.

Les études en vue de la réalisation de ce projet grandiose couvert par des brevets d'invention en France et à l'étranger se poursuivent.

Mais d'autres dépressions du globe terrestre, malgré une profondeur moindre, peuvent offrir aussi quelque intérêt.

Telle la dépression du lac Assal dans la côte française des Somalis, qui forme une vaste cuvette à 173 mètres au-dessous du niveau de la mer Rouge. En relevant légèrement le plan d'eau actuel pour le faire déborder sur 300 kilomètres carrés de terrains désertiques et brûlés par le soleil, on obtient, grâce à cette vaste surface d'évaporation et à la hauteur de chute résiduelle, une puissance de 70.000 chevaux-vapeur, capable non seulement d'assurer l'électrification de la ligne du chemin de fer franco-éthiopien de Djibouti à Addis-Abbeba, mais encore de satisfaire aux besoins des irrigations, des cultures, des transports et des usines de traitement électro-chimique des sels déposés à pied d'œuvre en quantité illimitée.

De telles réalisations engendreront l'essor rapide et la prospérité inouïe de cette riche serre chaude naturelle que constitue cette colonie française.

Par ailleurs, certaines configurations géographiques permettent de créer artificiellement des dépressions à grande surface d'évaporation.

Par exemple, dans cette même région de la côte des Somalis, si, par un barrage qui serait de faible longueur, facilement ancrable sur un seuil rocheux peu profond, avec l'appui de l'îlot intermédiaire de Bah et, par conséquent, parfaitement réalisable, l'on isolait le Ghubbet-Kharab du golfe de Tadjura, le niveau des eaux du premier s'abaisserait sous l'effet de l'évaporation solaire et l'on obtiendrait une nouvelle chute d'un aménagement étonnamment simple et économique.

En résumé, mon procédé d'utilisation de l'énergie solaire s'attaque aux dépressions naturelles du globe terrestre actuellement inutilisées ainsi qu'à des dépressions artificielles à créer. Il a l'avantage marqué, sur d'autres projets d'utilisation de l'énergie solaire, de ne mettre en œuvre que des moyens de réalisation pratiques, bien connus et couramment appliqués dans les installations hydro-électriques et dans les travaux publics.

Cinq facteurs essentiels interviennent dans le rendement des installations envisagées :

1° La profondeur de la dépression ;

2° La surface en dépression soumise à l'ensoleillement ;

3° L'intensité moyenne d'ensoleillement ;

4° La puissance de la nappe d'amont ;

5° La distance entre cette nappe et la dépression.

Le rôle de ces facteurs se fera sentir de différentes manières dans les divers cas à examiner et dont les principaux sont les suivants :

La mer Morte (à —394 m.) en Palestine (Angleterre) ;

Le lac Assal des Somalis (—173 m.) (France) ;

La vaste dépression du desert de Lybie (—130 m.) (Egypte) ;

La vallée de la Mort (—84 m.) (Amérique du Nord) ;

La vallée de Coahulla avec le lac Dry (—90 m.) (Amérique du Nord) ;

Le lac d'Assal (—80 m.) en Erytrée (Italie) ;

Les dépressions du Fayoum (—44 m.) et d'Ezbet (—28 m.) (Egypte);

Les régions d'Aoudjla à Siouah (—30 m.) (Italie) en Tripolitaine ;

La mer Caspienne (—26 m.) (Russie) ;

Les Chotts Rharsa (—21 m.) et Mel Rir (—31 m.) en Algérie et en Tunisie (France).

Le lac Moknine (—10 m.) en Tunisie (France).

On peut, d'ailleurs, grâce à l'outillage moderne employé dans les grands travaux publics, modifier favorablement certains de ces facteurs. Par exemple, des affouillements supplémentaires exécutés grâce à un prélèvement d'énergie sur l'énergie totale produite, permettraient d'augmenter la profondeur et la surface de certaines dépressions naturelles et même d'en créer artificiellement de nouvelles.

Mais en ce congrès qui tient ses assises dans le Nord-Africain, il convient d'examiner tout particulièrement le cas de ces vastes dépressions naturelles constituées par les Chotts du sud algérien et tunisien.

Ces Chotts s'étendent en chapelet à l'est du méridien de Biskra jusqu'au golfe de Gabès à 34° de latitude sur une longueur de 400 kilomètres. Ils constituent 3 bassins de différentes altitudes :

1° Le Chott Djerid, à la cote +17 entre Gabès et Tozeur ;

2° Le Chott Rharsa, à la cote —21 entre Tozeur et Négrine ;

3° Le Chott Melrir, à la cote —31 entre Négrine et Biskra.

La surface du Chott Djerid est de 5.000 kilomètres carrés environ ; celle du Chott Rharsa est de 1.300 kilomètres carrés et celle du Chott Melrir est de 6.900 kilomètres carrés.

Pour se faire une idée de la grandeur de ces superficies, il suffit de les comparer à celles du lac de Genève qui est de 550 kilomètres carrés environ.

L'action du soleil sur l'ensemble de ces régions désertiques représente une quantité d'énergie considérable ; on peut l'évaluer théoriquement à plus de 10 milliards de chevaux.

Malheureusement, il n'existe pas encore de procédé industriel et économique capable de récupérer directement une part importante de cette richesse. Certes l'avenir apportera vraisemblablement une solution que les progrès de l'atomistique font entrevoir d'ores et déjà ; mais à présent nous devons nous contenter, par l'application des moyens classiques employés dans la science hydro-électrique, de puiser une minuscule parcelle dans cet immense réservoir d'énergie que constitue le soleil.

Comment appliquerons-nous, dans le cas des Chotts, les procédés industriels courants ?

D'abord considérons les facteurs qui caractérisent les dépressions envisagées.

La profondeur est faible, la surface en dépression soumise à l'ensoleillement est elle-même très grande ; la puissance de la nappe d'amont s'il s'agit de la mer Méditerranée est illimitée ; mais sa distance est grande jusqu'à la première dépression du Chott Rharsa. Par contre, le Chott Djerid n'est qu'à quelques kilomètres de cette dépression et il constitue lui-même une nappe d'amont. Or, pour que le projet soit viable dans le cas présent de dépressions peu profondes, il faut racheter l'infériorité de la faible hauteur de chute par la mise en jeu d'un très gros débit, compatible avec les immenses surfaces d'évaporation dont nous disposons.

Dans son projet de mer intérieure, le commandant Roudaire, il y a 50 ans, s'est heurté à cette grave difficulté de l'éloignement du Chott Rharsa au golfe de Gabès. Sur la base du taux d'évaporation de 0 m. 035 par 24 heures trouvé par Lavalley dans le remplissage des lacs amers, lors de la réalisation du projet de de Lesseps pour l'établissement du canal de Suez, il estimait que, pour compenser l'évaporation de l'eau à la surface de cette mer intérieure, il faudrait un canal capable de débiter 187 mètres cubes par seconde, soit deux fois celui de la Seine à Paris, et ce canal aurait dû avoir 180 kilomètres de longueur.

Or, c'est précisément cet inconvénient majeur reproché au projet Roudaire qui constitue l'élément favorable et indispensable pour la réalisation pratique de mon procédé. Je sollicite le maximum d'évaporation tandis que Roudaire en redoutait le minimum.

Au remarquable et audacieux projet de mer intérieure conçu autrefois, les découvertes faites depuis cette époque et surtout l'éclosion et les progrès de la science hydro-électrique incitent aujourd'hui à substituer un projet pratique et économique, générateur de multiples richesses industrielles et agricoles.

Encore faut-il abandonner l'idée du canal de Roudaire et chercher par conséquent à utiliser la nappe du Chott Djerid. Mais la puissance de cette nappe est-elle assez considérable pour satisfaire aux gros débits indispensables aux basses chutes ? Examinons ce point capital.

Il est incontestable que la nappe du Chott Djerid est alimentée par d'autres eaux que celles des précipitations atmosphériques. Ces sondages à eau jaillissante exécutés par Roudaire dans le Chott Djerid ainsi que la formation spontanée des Aïouns-el-Bahar, sortes d'émergences brusques de rivières souterraines dans les parties remplies du

Chott, démontrent la présence dans le sous-sol d'une nappe puissante.

Une autre constatation très importante a été faite, celle de la constance d'un minimum de niveau au-dessous duquel jamais, même pendant les plus fortes chaleurs estivales, le plan d'eau n'est descendu. Il s'élève, bien entendu, dès la première pluie (jusqu'à + 0 m. 70 au-dessus du sol pendant les orages), mais jamais il ne descend à plus de quelques dizaines de centimètres dans le sous-sol (—0 m. 20 à El Menzol, —0 m. 30 à El-Oudiane et à Tozeur).

En outre, la partie centrale du Chott et composée d'une étendue inaccessible liquide ou très vaseuse, mais jamais desséchée, de 3.000 à 3.500 kilomètres carrés. Or, comme cette masse aquifère est à une cote très supérieure au niveau de la mer Méditerranée et qu'elle s'y maintient malgré l'intensité de l'évaporation sur une telle surface, on ne peut douter qu'il existe des apports d'eau énormes capables de conserver cet état d'équilibre. Peut-être les chutes météoriques sur les cimes de l'Aurès s'acheminent-elles souterrainement dans les lits géologiques et contribuent-elles à alimenter le sous-sol du Chott Djerid ainsi que les affluents des oasis et les oueds à régime si variables. Mais ces deux causes sont insuffisantes à justifier la permanence du niveau d'affleurement du Chott Djerid et le maintien de cette immense masse aquifère en dépit de la sécheresse et de la puissance d'évaporation solaire.

La cause essentielle qui, à mon avis, intervient dans le cas présent, met en jeu un processus naturel dépendant des variations de température produites par l'ensoleillement diurne et le rayonnement nocturne, et satisfait au principe de Carnot.

Les vents régnants provenant du golfe de Gabès et chargés de vapeur d'eau (les hauteurs pluviométriques vont en décroissant à partir de la côte : El Oudref 171 mm. 9, Kébili 111 mm. 4, Tozeur 63 mm.1) se dépouillent de leur eau par le refroidissement de la nuit. Une abondante rosée se fixe sur l'immense tapis de sels très hygrométriques étendus sur le Chott et présentant un caractère spongieux et efflorescent facile à constater sur place. Cette rosée pénètre dans les pores du sol où elle s'enfonce jusqu'à un niveau constant pour se trouver dès l'aube à l'abri des atteintes de l'ensoleillement diurne.

Le calcul montre que par ce mécanisme de la nature on peut récupérer par voie superficielle, plus que par voie souterraine, des millions de mètres cubes d'eau, qui, chaque jour, réintègrent le cycle éternel commandé par le jeu invisible de cette immense pompe qu'est le soleil.

En résumé, il est incontestable qu'une réserve d'eau considérable et constamment renouvelée existe à la cote +16,00 dans le Chott Djerid.

Il ne semble pas exagéré d'admettre qu'on puisse sans inconvénient prélever sur cette masse d'eau un volume de 100 mètres cubes par seconde et qu'en tenant compte de l'abaissement de la nappe aux lieux de prise ainsi que de la perte de charge du canal d'amenée, on ait une hauteur de chute utilisable de 30 mètres.

La puissance théorique obtenue serait de 40.000 chevaux.

Je ne mentionnerai pas, à dessein, les précisions de détail du projet, ni les tracés entre lesquels il y a lieu de fixer son choix. Je me bornerai à dire que le seuil de Tozeur entre les deux Chotts n'a pas plus de 8 à 10 kilomètres de largeur, c'est-à-dire moins que la longueur du tunnel du Mont-Cenis et la moitié de celui du Saint-Gothard, que ce seuil est constitué par des terrains quaternaires sableux et marno-sableux, tendres et homogènes, d'une extraction exceptionnellement facile.

L'établissement de galeries souterraines, forées par des engins modernes à gros rendement, ne paraît pas offrir de difficulté et le kilowatt installé reviendra à un prix assez réduit pour justifier l'emploi rémunérateur des capitaux à investir.

On ne saurait être, non plus, embarrassé pour utiliser cette énergie électrique. Qu'on se tourne soit vers l'électrification des chemins de fer tunisiens, vers les usines électro-chimiques pour le traitement des sels constituant une matière première de grande valeur accumulée à pied d'œuvre, soit vers les irrigations au moyen de dynamo-pompes, soit vers l'accroissement du confort dans les grands hôtels et dans les cités avoisinantes en créant des stations frigorigènes, la production économique d'énergie électrique représente toujours un grand progrès social et l'on peut dire que c'est une des formes les plus modernes et les plus utiles de la civilisation.

Comme conséquence heureuse de cette conception, les « foggaras » qui draineront la puissante nappe du Chott Djerid pour l'amenée de l'eau motrice dans la chambre de réunion d'amont feront baisser le plan d'eau de cette nappe. Les affluents des eaux d'irrigation des oasis gagneront de la profondeur et l'on récupérera un nombre considérable d'hectares de terrains qui pourront être aménagés pour la culture en aval des terrains actuels.

De même avec l'énergie électrique on pourra relever l'eau dès le griffon des sources et irriguer les terrains en contre-haut.

En résumé, mon projet couvert par des brevets d'invention, comprend un ensemble de richesses agricoles, industrielles, d'énergie électrique et de produits chimiques, qui forment un tout homogène susceptible de transformer les superficies inutiles des Chotts en une région étonnamment prospère et féconde.

En cette année, où le Nord-Africain fête le centenaire de son accession à la culture française, ne convient-il pas de lui apporter les bénéfices de nos propres conquêtes sur les forces de la nature et de lui offrir un nouveau témoignage de la vigueur de nos efforts tendus avec sérénité vers le progrès et le mieux-être de toute l'humanité ?

DEUXIÈME GROUPE

SCIENCES PHYSIQUES

5e section

PHYSIQUE

Président. . . . . M. Thomas, Professeur à la Faculté des Sciences d'Alger.

Michel DUREPAIRE
Licencié ès-Sciences, Ingénieur E. S. E.

SUR DES CHARGES ÉLECTRIQUES DÉVELOPPÉES DANS CERTAINS DIÉLECTRIQUES AMORPHES SOUS L'ACTION DE LA PRESSION

Certains isolants : le caoutchouc, l'ébonite, la paraffine, donnent naissance à des charges électriques quand on les soumet à une pression mécanique : une différence de potentiel prend naissance entre les deux faces de l'échantillon soumis à la pression, et une certaine quantité d'électricité peut ainsi être mise en liberté. Le caoutchouc pur, dit « crêpe pâle », possède cette propriété à un degré beaucoup plus élevé que les autres isolants que nous avons étudiés : ébonite, paraffine, verre, papier, etc.

Ce fait a été l'objet d'une note à l'Académie des Sciences (*C. R.*, 4 novembre 1929, page 739).

Il est à noter que les charges prennent principalement naissance sur les faces comprimées. Le mode expérimental est le suivant : une feuille de crêpe est posée sur une plaque métallique mise à la terre (on constate que la nature du métal est indifférente), on utilise l'aluminium ; sur l'autre face repose un petit piston d'aluminium, diamètre 4 mm, entouré d'une plaque reliée à la terre, jouant le rôle d'anneau de garde ; au petit piston, et perpendiculairement à son axe, est fixé un

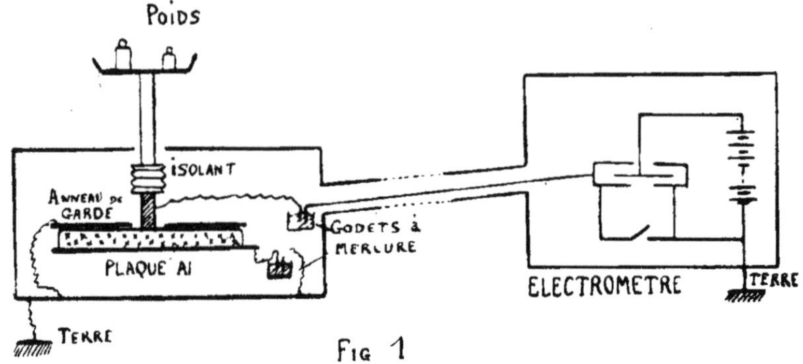

Fig 1

plateau sur lequel on peut mettre des poids. Le piston est relié à l'une des paires de quadrants d'un électromètre sensible Curie-Debierne, l'autre paire de quadrants est au sol, et l'aiguille chargée à un potentiel positif d'environ 85 volts (fig. 1).

Dans ces conditions, si l'on met des poids sur le plateau, on recueille des chargse négatives ; on recueille quelquefois de faibles charges positives dans la région des bords de l'échantillon. La grandeur des charges est indépendante de l'épaisseur de l'échantillon, tout au moins pour des épaisseurs variant entre 1 et 6 mm.

Nous n'avons pu, jusqu'à présent, donner une explication satisfaisante de ce phénomène, qui est loin d'être constant : on remarque, en effet, que la grandeur des charges produites est essentiellement dépendante de l'histoire antérieure de l'échantillon. Si l'on prend un échantillon inutilisé depuis quelques jours et qu'on le soumette à une première pression, on ne recueille que de faibles charges ; soumis à la même pression une deuxième fois, après une mise à la terre de quelques minutes, il donne des charges plus intenses, et ainsi de suite, jusqu'à une certaine valeur, qui semble ne pas devoir être dépassée. D'autre part, pour un poids donné, on constate que la déviation de l'électromètre augmente lentement avec le temps, pour arriver à une valeur constante. Nous avons fait des enregistrements photographiques qui permettent de se rendre compte d'une façon très nette de ce fait ; on pourrait expliquer ce dernier phénomène en disant que les charges sont produites dans la masse même de l'échantillon, et qu'elles remontent lentement à la surface ; le crêpe est un excellent isolant ; on donne comme coefficient de résistivité 50.10^{14} ohms cm/cm^2 (valeur indiquée par F. Kirchhof dans *les Progrès de la technologie du caoutchouc*, page 241). Nous nous proposons d'ailleurs d'étudier ultérieurement la conductibilité du crêpe.

Des courbes donnant la charge en fonction de la pression ont été tracées, après avoir soumis l'échantillon à des pressions et décompressions successives, afin d'obtenir la valeur limite de la charge. (*Courbes I.*)

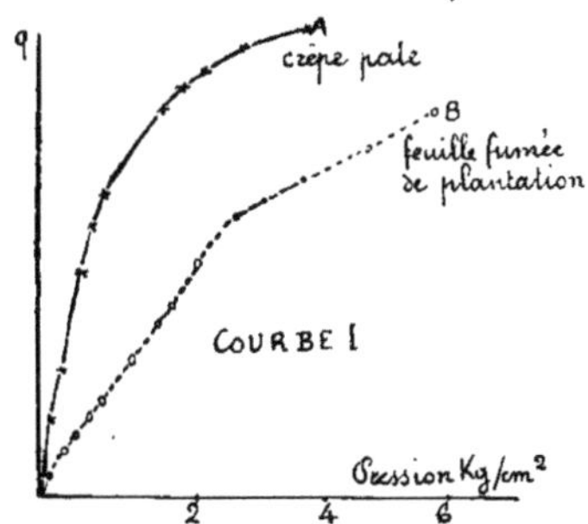

Nous donnons également une courbe représentant, pour une pression donnée, la lente croissance de la charge avec le temps. (*Courbe II*, d'après enregistrement photographique.)

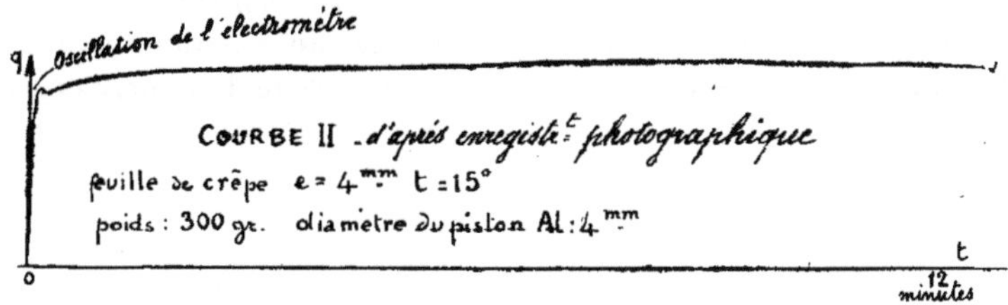

Nous avons fait également un enregistrement photographique donnant : 1° les charges produites en fonction de la pression ; pression obtenue proportionnellement au temps, au moyen d'un jet de mercure tombant sur le plateau surmontant le piston ;

2° La croissance avec le temps de la charge finale obtenue après écoulement d'un poids donné de mercure.

Dans ces dernières expériences, l'écoulement du mercure durait 90 secondes ; le poids final, au bout de 90 secondes, est alors 760 grammes ; à partir de ce moment, on enregistre la croissance de la charge avec le temps ; ceci permet donc d'avoir sur un même graphique la courbe des charges en fonction des pressions, reliée à la courbe de la charge finale en fonction du temps. (*Courbe III.*)

Dans nos essais, l'échantillon de crêpe soumis à l'expérience est enfermé dans une boîte de métal mise à la terre ; cette boîte est elle-même placée dans une autre où l'on dispose des lampes à filament de carbone qui permettent de faire monter la température jusqu'à 35° en-

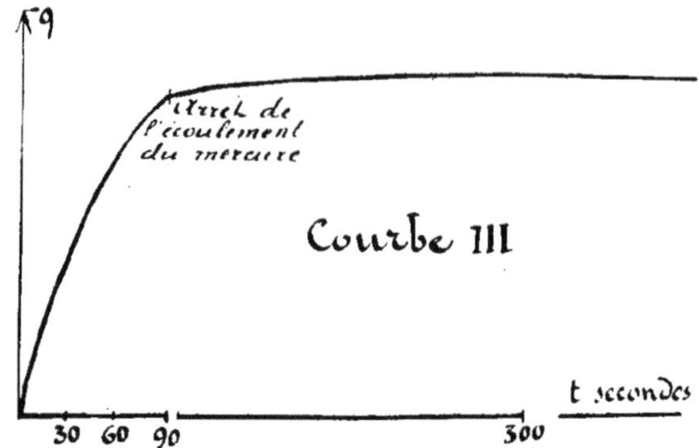

viron. L'action de la température, tout au moins dans ces limites, semble n'avoir aucune influence.

Au moyen de sondes thermo-électriques, nous avons constaté que les pressions ne produisent que des variations inappréciables de température.

Pour fixer les idées, disons que les charges produites sont très faibles, de l'ordre de l'unité électrostatique.

Nous nous proposons de faire connaître ultérieurement le résultat des recherches que nous pousuivons sur ce sujet au laboratoire de M. le Professeur Turpain, de l'Université de Poitiers. Nous le remercions bien vivement des conseils qu'il n'a cessé de nous prodiguer au cours de cette recherche.

M. FOIX

Professeur à la Faculté des Sciences d'Alger.

SUR LES DIMENSIONS DES UNITÉS ÉLECTRIQUES ET MAGNÉTIQUES

On sait qu'en électricité et en magnétisme, une grandeur d'espèce donnée a toujours deux unités différentes: une électrostatique et une autre électromagnétique, lesquelles dérivent des mêmes unités fondamentales de longueur, de masse et de temps. Il y a là quelque chose de choquant : les unités fondamentales étant choisies, il ne devrait y avoir qu'une seule unité dérivée d'espèce donnée.

Cette anomalie vient de ce que, contrairement aux idées admises couramment, les phénomènes électriques et magnétiques comportent, outre les notions de longueur, de masse et de temps, encore celle d'une quatrième grandeur. Suivant le choix de cette dernière et suivant celui de son unité, on peut avoir autant de systèmes d'unités dérivées que l'on veut, systèmes qui correspondent toujours aux mêmes unités fondamentales de longueur, de masse et de temps.

Pour le montrer, il suffit de reprendre la définition de l'unité de quantité d'électricité ou celle de l'unité de quantité de magnétisme à l'origine de l'introduction de ces grandeurs.

Par exemple, dans le système électrostatique, immédiatement après avoir établi la loi de Coulomb pour l'air :

$$f = \frac{1}{K} \cdot \frac{qq'}{r^2},$$

on définit l'unité de quantité d'électricité en traitant le pouvoir inducteur supécifique, K, comme un simple coefficient de proportionnalité, un simple rapport numérique. Cela parce qu'on ignore ou qu'on feint d'ignorer que K varie avec la nature du milieu diélectrique dans lequel se produisent les actions électriques.

Pour simplifier, on pose donc $K=1$. En réalité, c'est là choisir, d'une manière détournée, pour unité des pouvoirs inducteurs spécifiques, celui de l'air. *En même temps, c'est faire, sans le dire, du pouvoir inducteur spécifique, une grandeur fondamentale autre que la longueur, la masse ou le temps.*

Il en résulte que les dimensions de l'unité de quantité d'électricité [Q] sont les mêmes que celles de l'expression $\sqrt{f\, r^2\, K}$.

En adoptant les notations habituelles et en remarquant que $f = M\,L\,T^{-2}$ et que $r^2 = L^2$, l'équation des dimensions de la quantité d'électricité est :

$$[Q] = M^{\frac{1}{2}}\, L^{\frac{3}{2}}\, T^{-1}\, K^{\frac{1}{2}}$$

Cette équation de dimensions étant établie, celles des autres unités dérivées s'en déduisent en suivant la marche classique.

Dans le système électromagnétique, on fait identiquement la même erreur lorsqu'on définit l'unité de quantité de magnétisme. Là encore on introduit, sans le dire, une quatrième unité fondamentale, celle de perméabilité magnétique μ. Dans l'air $\mu=1$. En partant de la loi de Coulomb en magnétisme,

$$f = \frac{1}{\mu} \frac{m\, m'}{r^2}$$

et en raisonnant comme il est dit plus haut, on trouve que l'équation des dimensions de l'unité de quantité de magnétisme est :

$$[m]\ M^{\frac{1}{2}}\, L^{\frac{3}{2}}\, T^{-1}\, \mu^{\frac{1}{2}}$$

Les équations des autres unités électriques et magnétiques se déduisent de celle-ci en suivant la marche habituelle.

En résumé, la nécessité d'une quatrième grandeur fondamentale est évidente dans les deux systèmes d'unités électriques, et ceux-ci ne diffèrent essentiellement que par la nature de cette grandeur.

On retrouve la même chose en mécanique lorsqu'on compare le système C. G. S. au système métrique industriel tel qu'on l'enseignait autrefois. Dans l'un, la troisième grandeur fondamentale est le poids-masse, dans l'autre c'est le poids-force. Dans les deux systèmes, si on prend toujours le centimètre et la seconde, le rapport de deux unités relatives à une grandeur d'espèce donnée est une certaine puissance de l'accélération de la pesanteur sous le 45° parallèle. Cela, à cause de la relation $P = M.g$.

De même, le rapport de deux unités électrostatiques et électromagnétiques, relatives à une grandeur d'espèce donnée, est une certaine puissance de la vitesse des ondes électromagnétiques dans l'air, ou de celle de la lumière, V. Cela parce que

$$K.\,\mu = \frac{1}{V^2}$$

Ainsi disparaît cette bizarrerie du rapport des unités électrostatiques et magnétiques, bizarrerie qui vient seulement de l'obstination que l'on met à vouloir rattacher les phénomènes électriques et magnétiques uniquement aux phénomènes mécaniques.

6e section

CHIMIE

Président . . . . M. Muller, Professeur à la Faculté des Sciences d'Alger.

M. FOIX

Professeur à la Faculté d'Alger.

1° PREUVE DE LA VARIATION DU COEFFICIENT DE VITESSE D'UNE RÉACTION CHIMIQUE AVEC LA DILUTION

Je prendrai pour exemple l'action de l'iode sur l'acide oléique, ces deux corps étant dissous dans le tétrachlorure de carbone.

M. Muller (1) a montré que l'équation chimique de cette réaction est :

$$I^2 + C^{18} H^{34} O^2 \rightleftharpoons C^{18} H^{34} I^2 O^2,$$

une molécule d'iode réagit sur une molécule d'acide oléique pour donner une molécule d'acide iodo-stéarique.

M. Muller, en étudiant la marche de cette réaction, dans laquelle une certaine quantité d'iode est mise en présence d'une quantité équivalente d'acide oléique, trouve que le coefficient, x, de cette réaction, en solution étendue, satisfait, en fonction du temps, t, à la relation :

$$log\left(\frac{a-x}{b-x}\right) = cl + \delta \qquad (1)$$

laquelle est l'intégrale de l'équation de vitesse :

$$\frac{dx}{dt} = \frac{K'}{V}\left[\frac{(1-x)^2}{V} - x\right]$$

équation dans laquelle K′ est la constante de vitesse, tandis que V est le facteur de dilution du milieu où la réaction se passe.

---

(1) Bulletin de la Société chimique de France, 4e série, tome 11, page 1006 et suivantes.

Dans l'expression (1), a et b sont les racines de l'équation trinome :

$$\frac{1}{V}(1 - x^2) - x = o$$

$$\delta = log\left(\frac{a}{b}\right)$$

tandis que

$$c = 0{,}4342945.\ K' \frac{a - b}{V^2} = 0{,}4342945.\ K' \frac{\sqrt{V^2_+ 4V}}{V^2}.$$

Quand V passe de la valeur 1 à la valeur 3, M. Muller trouve que c varie de 0,01613 à 0,0089. Or, de l'expression précédente, nous tirons :

$$K' = \frac{c\,V^2}{0{,}4342945 \sqrt{V^2_+ 4V}}$$

Calculons K' au moyen de cette formule, tour à tour pour V=1 et c=0,0163, puis pour V=3 et c= 0,00809, nous trouvons que K' varie de 0,027 à 0,159, c'est-à-dire de 1 à 6 à peu près.

Ainsi, dans le cas examiné ,le coefficient de vitesse K' varie très notablement avec la dilution.

2° DÉMONSTRATION DE LA RELATION DE VAN T'OFF PV = RT RELATIVE AUX SOLUTIONS ÉTENDUES

La relation de Van t'off relative aux solutions étendues est, comme on sait :

$$PV = RT$$

P étant la pression osmotique de la solution, V le volume de cette solution contenant une molécule-gramme du corps dissous et T la température absolue. Enfin R est la constante de l'équation caractéristique des gaz parfaits.

On sait que Van t'off a déduit cette relation des expériences de Pfeffer. La vérification en est tellement grossière, dans l'intervalle 0°—100°, qu'il est permis de douter de son exactitude.

Voici comment on peut établir cette relation en s'appuyant sur les expériences bien plus précises de Raoult et Recoura, expériences instituées en vue de vérifier la relation fondamentale en tonométrie, corrigée par eux :

$$\frac{f - f'}{f} = \frac{n}{N} \cdot \frac{d'}{d}$$

Dans cette expression, f et f' sont les tensions maxima de la vapeur émise par le dissolvant pur et par la solution. Celle-ci est formée de n molécules-grammes du corps dissous pour N molécules-grammes du dissolvant. Enfin d' est la densité réelle de la vapeur du dissolvant et d, la densité théorique de cette vapeur supposée à l'état de gaz parfait.

Tout d'abord, nous pouvons poser :

$$P \text{ (pression osmotique)} = \frac{\varphi}{V}.$$

φ étant une quantité fonction de T et peut-être de V, qui reste finie lorsque V croît indéfiniment. Pour justifier cette expression, il suffit de se rappeler que la pression osmotique, P, tend vers zéro lorsque la dilution de la solution augmente de plus en plus, c'est-à-dire lorsque V croît indéfiniment.

Il s'agit de montrer que $\varphi = RT$.

Pour cela, reprenons le raisonnement qu'a fait Van t'off pour établir la relation tonométrique.

Soit un osmomètre rempli de la solution et dont la paroi de base, semi-perméable, repose sur la surface libre du dissolvant pur. Enfin supposons le tout placé dans une enceinte à la température absolue et uniforme T.

Evaluons tour à tour P et V. En formant le produit PV, nous aurons φ. Désignons par h la hauteur de la colonne de solution soulevée dans l'osmomètre par suite de l'attraction mutuelle du corps dissous et du dissolvant, et *soit* δ *la densité de ce dernier dans la solution*. Nous avons pour l'équilibre de ce dissolvant à travers la paroi semi perméable :

$$P + f = h\delta g + f'$$

g étant l'accélération de la pesanteur.

Dans cette expression, $h\delta g$ est le poids (force) de ce dissolvant contenu dans une colonne de base unité et de hauteur h. Le corps dissous ne doit pas intervenir, puisqu'il est soutenu par la paroi semi-perméable. Par conséquent, pour évaluer le poids du dissolvant, seule δ doit intervenir.

De cette équation nous déduisons :

$$P = h\delta g - (f - f').$$

D'ailleurs, nous avons, pour l'équilibre d'une colonne h de vapeur saturée :

$$hd'g = f - f',$$

d'ou $$hg = \frac{f - f'}{d'} \text{ et P devient}$$

$$P = (f - f')\left(\frac{\delta}{d'} - 1\right) = (f - f')\,\frac{\delta}{d'}\left(1 - \frac{d'}{\delta}\right). \qquad (1)$$

D'autre part M, désignant le poids moléculaire du dissolvant, on a :

$$n\,V = \frac{N.\,M}{\delta}.$$

En effet, nV est le volume de solution contenant n molécules-gramme du corps dissous, et d'autre part ces n molécules le sont dans un poids de dissolvant N.M. La densité de ce dernier, *dans la dissolution*, étant δ, le volume de cette solution est $\frac{N.\,M}{\delta}$.

Donc on a bien $nV = \frac{N.\,M}{\delta}$, ou

$$V = \frac{N}{n}\frac{M}{\delta}. \tag{2}$$

Mais, d étant la densité théorique de la vapeur du dissolvant, $\frac{M}{d}$ est le volume moléculaire de ce dernier, à l'état de gaz parfait, à la température absolue T et à la pression f. Donc, d'après l'équation des gaz parfaits :

$$\frac{M}{d}\cdot f = RT, \text{ d'où}$$

$$M = \frac{RT.\,d}{f}, \text{ et remplaçant M dans (2), on a :}$$

$$V = \frac{N}{n}\cdot\frac{M}{\delta} = \frac{N}{n}\cdot\frac{RT.\,d}{f\,\delta} \tag{2'}$$

Portons ces valeurs (1) et (2) de P et de V dans $\varphi = PV$, on a :

$$\varphi = (f - f')\frac{\delta}{d'}\left(1 - \frac{d'}{\delta}\right)\cdot\frac{N}{n}\cdot\frac{RT.\,d}{f\,\delta}$$

ou

$$\varphi = \frac{f - f'}{f}\cdot\frac{N}{n}\cdot\frac{d}{d'}\cdot RT\left(1 - \frac{d'}{\delta}\right)$$

Mais, d'après les expériences de Raoult et Recoura,

$$\frac{f - f'}{f}\cdot\frac{N}{n}\cdot\frac{d}{d'} = 1$$

d'où

$$\varphi = RT\left(1 - \frac{d'}{\delta}\right) = RT,$$

très sensiblement, *toutes les fois que la température T, du dissolvant, est très éloignée de sa température critique.* Ainsi, pour l'eau, nous avons à zéro degré

$$\frac{d'}{\delta} = \frac{1{,}293 \times 0{,}622}{1000 \text{ (sensiblement)}} = \frac{0{,}81}{1000}$$

$\frac{d'}{\delta}$ ne vaut pas un millième dans le cas des solutions infiniment étendues.

En résumé, la relation PV = RT, pour les solutions étendues, est d'autant plus précise que le dissolvant pur est plus *surfondu*. Pratiquement elle n'est jamais rigoureuse, même pour les solutions infiniment étendues comme on le dit communément.

Pour avoir PV = RT, lors des solutions infiniment étendues, il faudrait que :

$$\frac{f-f'}{f} = \frac{n}{N} \cdot \frac{d'}{d} \cdot \frac{1}{1 - \frac{d'}{\delta}}$$

En somme, il faudrait qu'au voisinage du point critique du dissolvant, l'expérience montre que la relation tonométrique de Raoult et Recourra doit être corrigée par le facteur $\frac{1}{1 - \frac{d'}{\delta}}$. C'est ce que je me propose de vérifier.

A.-A. GUNTZ

Professeur à la Faculté des Sciences d'Alger

ROLE DE L'ADDITION FUSIBLE DANS LES SOLIDES PHOSPHORESCENTS

Les raisons pour lesquelles certains corps solides sont parfois luminescents, c'est-à-dire capables d'émettre un rayonnement propre sous diverses causes d'excitation autres que la chaleur, sont restées longtemps mystérieuses et nous ne pouvons encore affirmer qu'elles soient complètement élucidées à l'heure actuelle.

Le mécanisme par lequel le corps luminescent, sous l'influence d'une perturbation extérieure, produit des radiations ou se met « en charge lumineuse », représente la partie physique du problème que nous voulons laisser de côté dans cette communication. Nous essaierons seulement de répondre à la question suivante : En quoi se différencie, pour le chimiste, un composé luminescent d'un corps à première vue analogue mais non luminescent ?

Un premier point, fondamental, a été acquis lorsque l'apparition de la phosphorence a été liée à la présence d'une impureté dite *phosphorogène* (ou luminogène) dissoute dans le corps étudié dit *diluant*.

Cette découverte, due aux travaux de très nombreux savants, n'a pas été admise sans mal ni sans discussion. La raison en est simple : les quantités de phosphorogène reconnues nécessaires ne sont que des traces infimes de l'ordre de 10^{-4} à 10^{-6}, défiant le plus souvent l'analyse la plus sagace.

Aussi est-ce plutôt par synthèse que la preuve a été habituellement donnée.

A l'heure actuelle, nous pouvons cependant considérer que le principe du phosphorogène est admis par tous. Il faut d'ailleurs constater que notre esprit est maintenant familiarisé avec cette notion que des traces de substances peuvent avoir une influence considérable et cela dans les domaines les plus divers, catalyseurs en chimie, virus, microbes, toxines, vitamines, etc., bref l'action d' « impondérables » cesse d'être une fiction du langage et passe dans les faits les plus courants. Tout au plus discute-t-on encore la nature du phosphorogène convenant à tel cas particulier.

L'expérience a montré que les métaux dits lourds étaient capables d'agir comme phosphorogènes ; il semble plus exact de dire que ce sont les éléments de transition de la classification de Mendeleef revue selon les idées de Bohr qui seuls sont susceptibles d'acquérir l'état « luminescent » sous une cause d'excitation dont l'énergie quantique est relativement faible (lumière visible et ultra violette) (1).

On a également reconnu que l'intensité de la phosphorescence, par définition nulle sans phosphorogène, augmentait d'abord avec la dose, atteignait vite un maximum, décroissait ensuite et cela déjà avec des quantités que l'on peut considérer encore comme des traces — 10^{-4} — 10^{-5} par exemple.

C'est la loi de l'Optimum d'Urbain.

Cet optimum est loin d'avoir une valeur fixe même pour un composé donné et un phosphorogène donné, il dépend d'un grand nombre de facteurs. C'est une question que nous avons déjà discutée dans

(1) Ces éléments (qui comprennent les terres rares) ont une structure électronique « anormale » en ce sens qu'à l'état ionisé ils n'acquièrent pas la configuration stable du gaz rare le plus voisin. Leur polyvalence, la couleur habituelle de leurs combinaisons et leurs actions catalytiques trahissent précisément la facilité et la variété de leurs transitions électroniques ainsi que le quantum moins élevé qui suffit à les provoquer.

Cette remarque montre que la notion de phosphorogènes exclusivement recrutés dans les métaux lourds doit avoir pour corollaire l'étude de la luminescence exclusivement sous des excitations d'énergie quantique faible comme la lumière visible et ultraviolette.

d'autres publications (1). En particulier le mode de préparation intervient à tel point que l'on peut dire : le phosphorogène est une condition nécessaire, il n'est pas une condition suffisante. Il faut réaliser par exemple une structure cristalline convenable et dans certains cas l'intervention d'une tierce substance paraît encore nécessaire. C'est celle que Klatt et Lénard ont appelé *l'addition fusible* et dont ils ont établi l'importance dans leurs mémorables travaux sur les sulfures alcalinoterreux.

Cette addition fusible, sel alcalin ou alcalinoterreux, est-elle comme le phosphorogène, toujours nécessaire ou est-elle un simple adjuvant améliorant l'éclat de la phosphorescence ? Voilà un problème discuté ; nous allons essayer de lui donner une solution en recherchant les effets que peut produire l'addition fusible.

Prenons un exemple : supposons que l'on soumette à notre examen une solution aqueuse très diluée de fluorescéine. Si nous cherchons à l'analyser, nous trouverons qu'une trace de substance étrangère paraît nécessaire à l'obtention de cette eau lumineuse et par l'analyse nous caractériserons (en dehors des éléments de l'eau) un peu de carbone ; l'élément carbone serait ainsi le luminogène ! Notre réponse, sous cette forme analytique assurément correcte, est évidemment insuffisante ; c'est cependant ainsi que l'on répond habituellement aux questions concernant les solides phosphorescents :

Une trace de Bismuth doit expliquer la phosphorescence violette de CaS — de même une trace de cuivre suffit pour la phosphorescence verte de ZnS.

Il faut donc préciser sous quelle forme, dans quel état se trouve le phosphorogène. Pour simple qu'elle soit, cette question ne paraît pas avoir été nettement posée jusqu'ici (2). A cela plusieurs raisons :

1° Le phosphorogène doit être déterminé d'abord qualitativement, puis quantitativement, et ce travail est loin d'être achevé dans beaucoup de cas. La question devient alors prématurée.

2° Une réponse très simple, trop simple, se présente : l'impureté phosphorogène se trouve sous la même forme chimique que le métal du composé diluant, par exemple sulfure dans les sulfures, oxyde dans les oxydes, etc. et au point de vue physique nous avons affaire au cas simple d'une dissolution solide ou dispersion moléculaire d'une combinaison du phosphorogène dans un diluant de structure analogue.

Cette réponse, souvent admise implicitement comme évidente, est parfaitement acceptable jusqu'à preuve du contraire pour toute une catégorie de corps luminescents. Pour les oxydes alcalinoterreux, les

---

(1) Etude sur les sulfures de zinc phosphorescents. *Ann. Chimie*, 1926. Conférence sur la phosphorescence. *Bull. S. Ch.*, juillet 1926.

(2) Cf. la théorie des *centres* de Lenard.

terres rares, l'alumine, certains sels, la conception précédente peut s'accorder avec leurs propriétés et leurs préparation ; mais il n'en est plus de même pour une classe importante de composés qui comprend en particulier les sulfures phosphorescents dont la belle luminescence a suscité de si nombreuses recherches.

Dans cette classe, nous trouvons des corps qui présentent le caractère commun d'exiger pour leur préparation, faite toujours par voie ignée, une addition supplémentaire : l'addition fusible. Celle-ci est le plus souvent un sel alcalin ou alcalinoterreux, en général un composé ionisé et fusible, d'où son nom.

De plus il faut remarquer que l'addition fusible est un composé à anion différent de celui du diluant ; c'est un chlorure, un sulfate, un phosphate, borate, nitrate, oxyde, mais ce n'est pas un sulfure dans les sulfures ; au contraire on s'accorde pour reconnaître que l'addition de sulfures alcalins est nuisible à la phosphorescence des sulfures luminescents.

Enfin l'addition fusible n'est pas soumise à des restrictions de quantités, c'est-à-dire à la loi de l'optimum.

Comment envisager le rôle de l'addition fusible ?

Il est probablement multiple, mais en premier lieu cette addition doit permettre au phosphorogène d'acquérir l'état chimique, et physique, convenable.

Nous admettrons en effet que dans toute cette classe de composés le phosphorogène combiné sous la même forme que son diluant n'est pas à l'état « actif » ; il ne le devient que dans la proportion où il s'engage dans une combinaison différente, et c'est à cette transformation que sert l'addition fusible.

Prenons l'exemple du sulfure de zinc à phosphorogène manganèse, ce dernier est-il à l'état de MnS ?

L'addition fusible est un chlorure et la plus simple est $ZnCl^2$. On peut écrire :

$$MnS + ZnCl^2 = MnCl^2 + ZnS + 12.6 \text{ C.}$$

Aux températures élevées, qui sont atteintes dans la préparation ignée, nous avons tout lieu de penser que la réaction précédente est réversible, soumise à la loi des masses et que plus on chauffe moins il se fera de $MnCl^2$.

Même raisonnement pour le cuivre, autre phosphorogène du sulfure de zinc.

$$Cu^2S + ZnCl^2 = 2\ CuCl + ZnS - 3.9 \text{ C.}$$

dans ce cas plus on chauffe plus il y a de chlorure cuivreux — on peut en dire autant pour la formation d'oxyde de cuivre.

Si, comme nous le supposons, une partie du phosphorogène — celle engagée avec le chlore — est seule active, nous voyons sans peine que cette quantité va dépendre de la réalisation plus ou moins complète d'un équilibre (ou de plusieurs) où, entre autres, les facteurs température et vitesse de refroidissement auront leur mot à dire.

Finalement la quantité de phosphorogène ajoutée au début de la préparation et la quantité réellement active peuvent être très différentes ; leur rapport peut varier suivant les conditions de préparation et n'atteindre que quelques pour cent !

Ce résultat enlève beaucoup de signification aux quantités dites optima et déterminées par les voies habituelles de l'analyse. Il remet au contraire en vedette l'influence des méthodes de préparations où règne le plus grand empirisme !

Cet empirisme ne devrait pas exister si la préparation était complètement définie par la simple notation du diluant, du phosphorogène, et de sa concentration. Exemple : CaS. Bi 0,00015.

Nous devons donc chercher à préciser la constitution de la molécule luminogène : dans les sulfures phosphorescents additionnés de chlorure nous avons admis ci-dessus la formation, au moins partielle, d'un chlorure de Cu ou de Mn.

A l'état très dilué, ce chlorure est probablement ionisé même si à l'état pur ou concentré il rentre dans le type des combinaisons à liaison homéopolaire ou covalente.

Nous aurons donc des cations Mn^{++} ou Cu^{+} où les transitions électroniques resteront sensiblement les mêmes quelque soit l'anion : Cl^{-}, S^{--} ou O^{--}.

Il n'en est plus de même si nous mettons à profit la faculté qu'ont précisément les métaux de transition, parmi lesquels se recrutent les phosphorogènes, de former des composés, dits complexes, capables de donner des ions complexes.

Par analogie avec ce qui se passe en solution aqueuse où les sels de cuivre donnent, en présence de chlorures en excès, les ions :

$CuCl^{4--}$ cuprichlorhydrique
$CuCl^{3--}$ cuprochlorhydrique

nous attribuerons respectivement à leur présence en milieu fondu chlorurant la luminescence verte (bande α) et violette (bande β) du sulfure de zinc ZnS-Cu-NaCl. L'addition fusible par son anion Cl joue un rôle essentiel dans la formation de ces ions complexes et nous pressentons l'influence plus réduite mais possible du cation Na—K—Mg etc. Toujours par analogie avec ce qui se passe en solution aqueuse où les ions s'hydratent, nous associerons à ces ions complexes un certain nombre de molécules du diluant. L'ensemble ainsi constitué, très fortement coloré comme le sont les complexes, sera doué d'une grande activité optique, absorbant et émettant fortement la lumière malgré son extrême dilution.

Dans ces complexes, souvent instables, toujours légèrement dissociables, il devient facile de prévoir des réactions, immédiatement réversibles dans le cas de la fluorescence, à retardement dans le cas de la phosphorescence, et qui ne demandent qu'un quantum peu élevé pour être provoquées ; par exemple :

$$CuCl^{4--} \rightarrow Cu^{++} (Cl^{-})^{4}$$

Les considérations précédentes nous montrent que les méthodes usuelles de la chimie analytique sont impuissantes à déterminer ces complexes mais que les méthodes physiques doivent y parvenir, en particulier la méthode spectrocolorimétrique déjà employée avec succès par P. Job pour la détermination d'ions complexes halogènés en solution saline (1).

Qualitativement nous trouvons déjà à l'appui de ces idées la coloration des sulfures phosphorescents qui se modifie par la cuisson et les additions fusibles. Des travaux récents ont en outre montré que de tels complexes halogènés étaient, en milieu solide très dilué, susceptibles non seulement d'existence, mais aussi de luminescence.

Ainsi Smakula (2) a trouvé que les halogènures alcalins fondus comme NaCl NaBr KCl KBr peuvent devenir luminescents par addition de traces de sel d'Ag ou Cu et que dans ces produits, à côté des bandes normales d'absorption des chlorures de Cu ou Ag, apparaissent des bandes plus éloignées dans l'ultra-violet et qui sont les seules bandes actives où la lumière absorbée provoque la fluorescence.

H. Fromherz et Wilhem Menschick (3) ont fait une étude des complexes de Cu et Ag qui se forment également en solution aqueuse très concentrée de sels alcalins ; ils ont retrouvé les bandes précédentes et ont pu montrer, par l'étude quantitative du spectre d'absorption, qu'elles proviennent de la formation d'ions complexes comme

$$Ag^{2}I^{+} \qquad CuCl^{4--} \qquad \text{etc.}$$

Ils ont établi, en outre, que quelques pour cent seulement du métal étranger ajouté aux halogènures fondus phosphorescents se trouvent engagés dans ces complexes imparfaits, fortement dissociés. Ainsi même dans un milieu chlorurant au maximum comme NaCl pur, la proportion de métal étranger qui passe sous la forme complexe et *active* est très faible. Il est probable qu'elle est encore plus réduite dans les sulfures où l'addition fusible ne forme plus qu'une partie du diluant.

Ce que nous venons de dire pour les chlorures doit aussi s'appliquer aux oxydes et même à d'autres anions susceptibles d'entrer dans un complexe avec le métal.

Il est naturel d'attribuer à un complexe donné une seule bande de luminescence. La présence, dans un composé phosphorescent à un seul

(1) *Ann. Chim*, X^e 9. 113 (1928).
(2) *Z. Phys.* 45. 1 (1927).
(3) *Z. Phys. Chem.* 3. 1 (1929).

phosphorogène, de plusieurs bandes d'intensité variable l'une par rapport à l'autre suivant les conditions de préparation, indiquera la coexistence de plusieurs formes complexes actives où le phosphorogène est engagé. Ex. : complexes cupro et cuprichloxhydrique pour Zn S Cu α et β.

Enfin nous n'avons jusqu'ici envisagé que l'état chimique, l'état physique doit aussi intervenir. L'incorporation au réseau du diluant doit certainement être limitée par des conditions restrictives de solubilité. Le facteur structure de ce réseau ne peut être négligé. L'addition fusible, suivant sa nature, s'intercale également plus ou moins facilement, favorisant telle au telle distribution ; enfin selon la dispersion moléculaire ou colloïdale du complexe la luminescence sera modifiée.

Conclusion : Suivant les modalités très variées de la préparation, nous obtiendrons la prédominance d'un état physico-chimique du phosphorogène, entre plusieurs autres (également possibles et souvent présents en plus petite proportion.)

La répartition du phosphorogène entre ces états actifs ou inactifs, dont les proportions relatives sont sous la dépendance des multiples conditions de la préparation, explique les caractères variés de la luminescence d'un même composé comme ZnSCu.

D'une façon générale, les composés phosphorescents qui réclament une addition fusible doivent être rangés dans une catégorie spéciale où il est difficile de conserver à la notion d'optimum la simplicité qu'elle prend quand le phosphorogène ne revêt qu'une forme de combinaison : celle du diluant.

F. MARTIN

Professeur de Physique

1° RECHERCHES EXPÉRIMENTALES SUR LA DISSYMÉTRIE ATOMIQUE ET MOLÉCULAIRE DANS LES CRISTAUX ENANTIOMORPHES THERMOLUMINESCENTS.

La genèse de la radiation froide apparaît nettement dans la physique des cristaux, comme devant être étudiée en liaison étroite avec la structure de la maille. La disparition de la fluorescence à la fusion du nitrate d'urane et du phénanthrène signalée par Mme Curie (1) et J.

Perrin (2), la diminution de la phosphorescence à l'écrasement et la pression étudiée par Kuppenheim (3) et Lenard (4), la déformation du réseau cristallin produite par l'addition fusible (Guntz) (5), la roentgenographie des systèmes photoluminescents microcristallins entreprise par Rumpf, Gruhl, Schleede et Gantzkow (6) et surtout la transformation de la Wurtzite hexagonale phosphorescente en Sphalérite cubique non luminescente (Schleede) sont particulièrement intéressantes à cet égard. D'autre part Slattery (7) a directement établi par l'analyse des cristaux aux rayons X lorsqu'on fond ensemble dans des proportions convenables les fluorures de lithium et de sodium, une diminution de longueur d'onde dans la fluorescence correspond à un raccourcissement des dimensions de la maille.

Si l'on considère avec la physique quantique, l'électron lié de l'orbite externe qui retombe sur son niveau initial de Bohr avec émission sous forme de luminescence du quantum absorbé, comme pouvant être expulsé de l'édifice atomique par les photons excitateurs, on est amené à rechercher la phosphorescence dans tous les cas où le relâchement de la maille dû à la dissymétrie cristalline favorise l'émission des électrons libres. Or, dans le domaine des cristaux, la photoélectricité, la piezoélectricité, l'effet Tawill et la pyroélectricité conduisent à y rechercher des sources de phosphorescence, et plus spécialement de thermoluminescence grâce à l'influence favorable des chocs de l'agitation thermique.

Sur la plaque chauffante, des cristaux photoélectriques de Fluorine, Quartz, Blende, Sel gemme, Cinabre, les oxydes et les sulfures signalés par Aulenkamp (8), les cristaux tudiés par Flechsig (9), Lenz (10), Gudden et Pohl (11), Gyulai, les sels des métaux présentant au plus haut degré l'effet Hertz-Hallwachs, se sont montrés doués d'une phosphorescence à la chaleur très intense. Ces faits correspondent dans la photoluminescence à la théorie de Lenard, ainsi qu'aux recherches de Mce Curie (12) sur l'effet photoélectrique et le phosphorogène dans Cas(Bi).

Partant de ce premier point, et introduisant la considération de la dissymétrie de la maille, nous avons fait une investigation méthodique dans le groupe des cristaux enantiomorphes qui, étudiés par Desains, Jacques et Pierre Curie, Voigt, Mac Lean Nicolson, etc., présentent l'hemiedrie à faces inclinées et développent par compression suivant leur axe hemiedrique l'électricité polaire. Le Quartz ditrièdre (constante piézoélectrique $K = 6{,}45.10^{-8}$) avec trois axes d'électricité polaire, la Blende dans laquelle les axes ternaires du cube sont polaires, la Topaze orthorhombique avec l'axe vertical à la fois axe d'hemiedrie et polaire, la Calamine pyroélectrique et l'Hemimorphote (Calamine électrique), le Chlorate de Sodium dont la forme hemiedrique est un tetraèdre comme la Blende avec pôle positif par contraction situé vers le sommet et pôle négatif par contraction à la base, le Sel de Seignette dont la piézoélectricité a été étudiée par Kilburn Scott (13) et Mac Lean Nicolson, l'Acide tartrique droit et le Saccharose faisant partie du groupe des cristaux pyroélectriques orthorhombiques, la Boracite pseudocubique avec quatre axes ternaires d'électricité polaire, sont tous apparus phosphorescents à la chaleur, et doués la plupart de photoluminescence ainsi que de triboluminescence. En outre, le Verre s'est montré nettement thermoluminescent et Brain (14) a prouvé que comprimé entre deux armatures métalliques il devient piezoélectrique. Les cristaux enantiomorphes présentent donc avec une facilité particulière d'émission des électrons libres une mobilité spéciale de l'électron lié. Dans le cas typique du Quartz, on interprétera ces faits en considérant comme plus mobile l'électron qui étant situé sur l'axe électrique se trouve plus éloigné des trois centres d'attraction constitués par les deux noyaux de l'oxygène et du silicium.

Ce second point fait prévoir une relation analogue dans le domaine de l'hemiedrie plagièdre où la symétrie des cristaux non superposables produit la polarisation rotatoire. Parmi les cristaux cubiques ou uniaxes la phosphorescence à la chaleur est apparue en effet avec les Quartz levogyres et destrogyres (δ = 235°972 pour λ : 2140Å), les cristaux tetrartoedriques de chlorate de sodium (δ = 7°17 pour la raie H), ceux de bromate de sodium, de cinabre (δ = 215° pour la raie rouge du Lithium). Parmi les biaxes présentant par suite de leur hemiedrie le pouvoir rotataire suivant la direction de leurs axes optiques, une observation analogue a été faite sur le Sulfate de Magnésium orthorhombique, le Sulfate de Zinc et le phosphate monosodique.

Dans le groupe des cristaux hemiedriques où le pouvoir rotatoire résultant est dû à la fois à la dissymétrie du réseau et à celle de la molécule, les tartrates de Rubidium et de Caesium parmi les uniaxes, l'Acide tartrique parmi les biaxes (δ = 114° pour la raie D) jouissent de la même propriété.

D'autre part les Sucres optiquement actifs et les Alcaloïdes signalés par Lucas (15) comme actifs et piezoélectriques sont doués également de phosphorescence à la chaleur. En outre, de nombreux expérimentateurs ont établi que la lumière de phosphorescence est partiellement polarisée. H. Becquerel (16) l'a observé pour le nitrate d'Uranyle, St. Meyer avec la Kunzite ; dans la fluorescence, Weigert, Wawilow (17) et Lewschin, F. Perrin (18), Soleillet ont étudié ce phénomène. Une seconde indication importante consistait dans ce fait que les cristaux présentant de la conductibilité photoélectrique possèdent tous un pouvoir réfringent élevé, ce qui s'interprète d'après la théorie de la dispersion comme étant produit par des électrons de valence faiblement liés à l'atome. Nous avons donc porté sur la plaque chauffante les cristaux qui se signalent par une biréfringence énergique. Parmi les uniaxes nous citerons le Quartz optiquement positif, l'Apatite à double réfraction négative, le Cinabre à biréfraction très forte, la Calcite rhomboédrique (Spath d'Islande), la Dolomie à double réfraction négative intense, la Willemite possédant une biréfraction positive énergique. Tous ont présenté à un haut degré la phosphorescence à la chaleur.

Les cristaux biaxes étudiés suivant la même méthode (seuil de thermoluminescence observé par l'œil sensibilisé au moyen d'une obscuration de trente minutes et contrôlé par une cellule photoélectrique au potassium dans argon avec amplificateur à triodes) ont donné parmi les espèces minérales fortement biréfringentes et thermoluminescentes : la Calamine, la Witherite, la Strontianite, la Topaze, l'Aragonite, le Gypse. Rappelons enfin que le Verre thermoluminescent devient biréfringent et photoélectrique quand il est soumis à des actions mécaniques, la biréfringence étant permanente dans le verre trempé, et qu'il jouit en outre de la polarisation rotatoire magnétique ; enfin que le Soufre, dant le rôle est considérable en photoluminescence ainsi qu'en thermoluminescence, quoiqu'à un moindre degré, est biréfringent pour les ondes herziennes, ainsi que l'a montré Lebedef.

Bibliographie

1. Mce Curie. Thèse (Paris, 1923).
2. J. Perrin, C. R. (177, p. 469, 1923).
3. Kuppenheim, Disert., Heidelberg (1922).
4. Lenard, Elster. Geitel Festchrift.
5. A. Guntz, Etude des sulfures de zinc phosphorescents (Ann. de Chimie Xs., t. V, p. 169-170, 1926).
6. A. Schleede et A. Gruhl. Photographies en rayons X du Silicate de zinc luminescent (Zeit. G. Eleсktroch. 29, p. 411-412, 1923).
   A. Schleede et Gantzckow. Etude rœngenographrique des systèmes luminescents (Zeits. G. Phys. Chem. 106, p. 37-38, 1923).
7. M. K. Slattery. Fluorescence et solution solide (Proc. nat. Acad. Sc. 14, p. 777-782, 1928).
8. B. Aulenkamp. Sur la chute de potentiel normale et la sensibilité photoélectrique de quelques sulfures et oxydes métalliques (Zeits. f. Imp. 18, p. 70-74, 1923).
9. W Fleschig. Au sujet du courant photoélectrique primaire dans les cristaux (Zeits. f. Phys. 33, p. 372-390, 1925).
10. H. Lenz. Courants électroniques d'origine photoélectrique à travers les cristaux (Ann. der Phys. 16, p 449-476, 1925).
11. B. Gudden et R. Pohl. Sur l'effet photoélectrique et la conductibilité des cristaux (Zeits. f. Phys. 16, p. 170-182, 1923). — Au sude la conductibilité électronique dans les cristaux (Phys. Zeits. 26, p. 481-483, 1925).
12. Mce Curie. Effet photoélectrique et phosphorogène (C. R. 178 p. 2244, 1924).
13. E. Kilburn Scott. Piezoélectricité du sel de Seignette (Trans. Farad. Soc. 17, p. 743-748, 1922).

14. K. R. Brain. Recherches sur la piézoélectricité des diélectriques (Proc. Phys. Soc. London, p. 81, 1924).
15. R. Lucas. Sur la piézoélectricité et la dissymétrie moléculaire (C. R. 178, p. 1890, 1924).
16. H. Becquerel. (C. R., 1907).
17. Wawilow et Lewschin (Zts. Phys., t. 16, p. 135, 1923).
18. F. Perrin. Polarisation de la lumière de fluorescence, vie moyenne des molécules dans l'état excité (Journ. de Phys., t. XV, s. VI., n° 12, p. 390). — Théorie de la fluorescence polarisée (C. R. 180, p. 581, 1925).

2° RECHERCHES EXPÉRIMENTALES SUR L'APPLICATION DE LA THÉORIE ÉLECTRONIQUE DE LA VALENCE DE KOSSEL DANS LE DOMAINE DE LA THERMO-LUMINESCENCE.

Depuis l'époque lointaine où Berzelius introduisait dans la science, par sa célèbre « série électrochimique », la conception d'une relation entre l'affinité chimique et les forces de nature électrostatique, le problème de la valence n'a cessé d'évoluer vers la théorie électronique, étendant aux phénomènes chimiques la notion des niveaux énergétiques intra-atomiques de Bohr-Sommerfeld et celle des quanta de Planck. Dans le domaine de la luminescence, l'intervention de la formule d'Arrhenius $K = se^{-\frac{a}{T}}$, la théorie photochimique d'activation des molécules et l'équation symbolique des phosphorences atomiques de de Jean Perrin $\underleftarrow{\overrightarrow{L+A}} \rightleftarrows \underleftarrow{\overrightarrow{A'+L'}}$, la nécessité de traduire par la relation fondamentale $hx = W_1 — W_2$ les phénomènes étudiés, les analogies entre l'action des phosphorogènes et celle des catalyseurs, l'interprétation de la chimieluminescence donnée par Kautsky, nous ont incité à chercher une relation entre la thermoluminescence des cristaux et la classification périodique des éléments de Mendeljeff (vérifiée par la loi de Moseley et modernisée dans le tableau de Stoner), en adoptant les vues de Kossel (1) sur la valence.

La méthode d'investigation consiste à déterminer systématiquement les composés phosphorescents à la chaleur dans les principaux groupes de la chimie minérale et organique, en mesurant leur seuil de thermoluminescence et sa sensibilité sous l'excitation des rayons Rœntgen. L'appareillage était constitué par une cellule photoélectrique au potassium dans argon connectée à un amplificateur différentiel à triodes

Levy et Rio, un galvanomètre-pyromètre Chauvin-Arnoux à couples Cuivre-Constantan en relation avec un thermostat calorimétrique et un tube focus OM_2 Gaiffe-Pilon à anticathode de tungstène fonctionnant sous des régimes de deux à dix milliampères (rayons durs IX-X.B.) avec élimination des rayons secondaires selon la technique de Guilloz. Ces déterminations, qui ont porté sur un très grand nombre de corps thermoluminescents, conduisent aux résultats suivants :

I. — Le Groupe I de Mendeljeff (monovalents électropositifs Li-K-Na-Rb-Cs) présente, par rapport aux éléments du Groupe V.II (monovalents électronégatifs F-Cl-Br-I), une phosphorescence à la chaleur en relation directe avec la valence qui se traduit par les faits ci-dessous : 1° généralité du phénomène de thermoluminescence chez les halogénures alcalins ; 2° les sels halogènes de chaque métal alcalin possèdent un seuil toujours plus bas que celui de tous leurs autres sels phosphorescents à la chaleur ; 3° croissance de la thermoluminescence avec l'affinité chimique de l'iode au fluor pour les sels halogénés d'un même métal alcalin ; 4° sensibilité exceptionnelle du seuil excité par les rayons Rœntgen chez les halogénures alcalins et en particulier ceux du Potassium. Ces résultats doivent être évidemment rapprochés du rôle de ces composés dans l'addition fusible (Guntz) (2), de leur cristalloluminescence (Baudowski et Farnau), de leur triboluminescence (Trautz), de leur radiophotoluminescence découverte par Przibram (3), des propriétés de la Fluorine Cryolite Sylvine Sel gemme etc., et du fait que Bandow (4) a précisément montré qu'en photoluminescence l'addition des fluorures dans les sulfures de calcium luminescents permet d'obtenir le maximum de quantité totale de lumière réémise.

II. — La liaison d'affinité chimique qui existe en photoluminescence dans les diluants entre les Groupes II (Ca-Sr-Ba), II *bis* (Mg-Z-Cd) et le Groupe VI (O-S.-Se-Te) est également exacte dans le domaine de la phosphorescence à la chaleur. Outre que tous les sulfures photoluminescents : CaS(Bi), ZnS(Cu), ZnS-CdS(Cu), ZnS(Mn) etc. conservé dans l'obscurité sont thermoluminescents, cette règle s'applique à un très grand nombre d'oxydes et de sulfures (Blende, Quartz, Chaux, Baryte, Magnésie, etc.) qui sensibilisent des phosphorogènes.

III. — Le Groupe V (N-P-As-Sb) possède par rapport au Groupe VI (O-S-Se-Te) une affinité qui favorise l'apparition de la thermoluminescence (Stibine, Realgar, Orpiment, oxyluminescences des vapeurs P, S., As, Sb, etc.). Le Bore constitue en se combinant à l'oxygène un diluant nettement favorable (analogie en photoluminescence avec les résultats obtenus par Tomascheck, Tiede (5), Prevet). L'interprétation électronique comme dans le cas typique des niveaux énergétiques de NaCl avec $[K_2\text{-}L_8\text{-}M_1]$ et $[K_2\text{-}L_8\text{-}M_7]$ se fait selon les vues de Ludlam (6) et en relations probables avec la structure de la maille : octet de Langmuir, réseau cubique à faces centrées.

IV. — La chimie organique présente, comme la chimie minérale, des groupes de composés thermoluminescents en liaison manifeste avec leur constitution chimique (Hydrates de Carbone, Alcaloïdes, Acides organiques, dérivés de l'Aniline, etc.). Dans la rœntgoluminescence, Jaubert et Beaujeu (7) ont établi également que l'anneau benzenique est le principal fluorophore.

V. — Le Groupe des Terres rares paraît intervenir dans la thermoluminescence suivant un mécanisme différent des éléments qui le précèdent, en jouant le rôle non plus de constituant des diluants, mais des phosphorogènes. En photoluminescence, les luminogènes éléments lourds tendent également à se grouper dans cette région ; l'analogie est de plus évidente avec les résultats obtenus en catholuminescence par Urbam (8), Seal (9), Wick (10), et en rœntgoluminescence par Jaubert et Beaujeu.

VI. — Chez les éléments qui possèdent un numéro atomique encore plus élevé, on arrive dans le domaine de la Radioactivité à l'instabilité du noyau avec une action des rayonnements α, β et γ sur la thermoluminescence qui devient prépondérante et masque celle de l'affinité. Un cas très intéressant est fourni par les éléments microradioactifs (K-Rb) où l'on constate à la fois l'influence favorable de ces deux facteurs. Les travaux de Headden (11), Lind et Bardwell (12), Clarke, Przibram ont établi expérimentalement le développement de la thermoluminescence dans les cristaux (et surtout les halogénures alcalins) par les rayons Becquerel. Nous avons étudié l'action de la Radioactivité sur le seuil de la phosphorescence à la chaleur (thèse de doctorat).

VII. — Il existe un rapport chez les métaux entrant dans la constitution du diluant des systèmes thermoluminescents, entre leur numéro atomique et la sensibilité du seuil aux rayons Rœntgen. En outre, quand un composé phosphorescent à la chaleur fournit un seuil initial bas avec apparition brusque de luminescence et une émission intense, sa sensibilité aux rayons X est toujours faible. La réciproque est également vraie. Si l'on remplace l'électron de luminescence par l'électron de valence qui gravite sur une orbite voisine sinon identique, on doit retrouver la même loi en photochimie. Or précisément Victor Henri et Wurmsmer (13) ont démontré que la fluorescence provoquée par une radiation est d'autant plus forte que l'action chimique de cette radiation est plus faible ; d'autre part, Weigert a établi que réciproquement « à une fluorescence faible correspond une action photochimique rapide ».

Les faits exposés montrent donc dans cette chimie de l'impondérable constituant la luminescence, l'intérêt qui existe à souder à la physique moderne du discontinu l'œuvre géniale de Lavoisier et dans ce domaine de la radiation froide la fécondité des vues actuelles sur la constitution électrique de la Matière.

Bibliographie

1. W. Kossel. Zeits. f. Phys. (1, p. 119, 1920) (2, p. 470, 1920). Les Forces de Valence et les Spectres de Rœntgen (Paris, 1922).
2. A. Guntz. Etude sur les sulfures de zinc phosphorescents (Ann. de chimie XS. t. V, p. 168, 1926).
3. K. Przibram. Changements de coloration et luminescence provoqués par les rayons de Becquerel (Phys. Zts. 25, p. 640-643, 1924).
4. F. Bandow. Sulfures phosphorescents (Ann der Phys. 87, p. 469-508, 1928).
4. E. Tiede. Acide borique hydraté comme base de systèmes fortement phosphorescents (Phys. Zeits. 22, p. 563, 1921).
6. E. B. Ludlam. Affinité électronique des halogènes (Trans. Faraday Soc. 21, p. 610-613, 1926).
7. Jaubert et Beaujeu. Recherches sur la luminescence par les rayons de Rœntgen (J. de Phys. S VI, t. IV, p. 257-267, 1923).
8. G. Urbain. Recherches des éléments qui produisent la phosphorescence dans les minéraux. Cas de la chlorophane (C. R. 825, 1906).
9. G. Urbain et Scal. Sur le spectre de phosphorescence ultra-violet des fluorines (C. R. 30, 1907). — Phosphorescence cathodique des systèmes complexes (C. R. 1363, 1907).
10. Etude spectroscopique de la luminescence cathodique de la fluorine (Phys. Rev., 23, p. 296, 1924) (id. 24, p. 272-282, 1924).
11. H. W. P. Headden. Action du rayonnement du radium sur les calcites (Ann. Jour. d. Sc. 6, p. 247-261, 1923).
12. Lind et Bardwell. Coloration et thermophosphorescence des minéraux transparents sous l'action du rayonnement du radium (Jour. Frank. Inst, 196, p. 375-390, 1923).
13. Victor Henri et R. Wurmsmer. Le mécanisme élémentaire des réactions photochimiques (Journ. de Phys., p. 300, juillet 1927)

Wm. W. MYDDLETON

Université de Londres.

LES DÉRIVÉS MERCURIQUES DES COMPOSÉS ACÉTYLÉNIQUES

En faisant agir l'acétate mercurique avec les acides acétyléniques et leurs éthers, on obtient des dérivés mercuriques cristallins qui ont été expérimentés dans ce laboratoire (*Journal of the American Chemical Society*, 49.2258.2264.1927).

Dès cette publication, nous avons poursuivi l'étude des produits de l'action de l'acétate mercurique sur les acides (et leurs éthers) acétyléniques de formule générale

$$CH_3 (CH_2)_m C ⋮ C (CH_2)_n COOH$$

dans les cas suivants

m	n	Acide.
7	7	Acide stéarolique. I.
11	7	Acide béhelonique. II.
0	7	Acide undecinolique. III.
5	0	Acide méthyl-octinoïque. IV.

Les dérivés mercuriques que nous avons obtenus semblaient posséder la forme saturée

$$\text{A.}\qquad CH_3.(CH_2)_m.CO.\underset{\displaystyle HgOOC.CH_3}{\overset{\displaystyle HgOOC.CH_3}{C}}.(CH_2)_n.COOHg\tfrac{1}{2}$$

ou la forme tautomère, non saturée

$$\text{B.}\qquad CH_3.(CH_2)_m.\overset{\displaystyle CH_3COOHgO}{C} = \underset{\displaystyle HgOOC.CH_3}{C}.(CH_2)_n.COOHg\tfrac{1}{2}$$

qui se forment d'après le mécanisme suivant :

$$—C ⋮ C— + H_2O + 2(CH_3.COO)_2Hg \rightarrow —CO.\underset{\displaystyle HgOOC.CH_3}{\overset{\displaystyle HgOOC.CH_3}{C}}— + 2CH_3.COOH$$

ou

$$—\underset{\displaystyle HgOOC.CH_3}{\overset{\displaystyle CH_3.COOHgO}{C}}:C—$$

Les dérivés mercuriques de I et II donnent les acides cétoniques $CH_3(CH_2)_m.CO.CH_2(CH_2)_n.COOH$ par action des acides minéraux :

$$—CO.\underset{\displaystyle HgOOC.CH_3}{\overset{\displaystyle HgOOC.CH_3}{C}}— + 4HCl \rightarrow —CO.CH_2— + 2HgCl_2 + 2CH_3.COOH$$

On obtient du dérivé mercurique de III, les deux acides

$$CH_3CO.CH_2.(CH_2)_7COOH \text{ et } CH_3.CH_2CO.(CH_2)_7.COOH.$$

Les éthers de IV donnent des dérivés mercuriques qui se laissent transformer en éthers tautomères $—CO.CH_2—$ et $—C(OH):CH—$.

On peut constater donc que les dérivés mercuriques ont la forme B, et cette conclusion est vérifiée par l'action du chlore et du brome, qui réagissent pour donner simplement le mono-halogénure des acides cétoniques de la manière suivante :

$$\begin{array}{c} CH_3 . COOHgO \\ | \\ -C:C- \\ | \\ HgOOC.CH_3 \end{array} + 3Cl_2 \rightarrow \begin{array}{c} ClO \\ | \\ -C:C- \\ | \\ Cl \end{array} 2ClHgOOC.CH_3$$

$$\xrightarrow{+H_2O \text{ hydrolyse}} \begin{array}{c} HO \\ | \\ -C:C- \\ | \\ Cl \end{array} \longrightarrow -CO \cdot CHCl-$$

Les dérivés de la forme A donneraient le di-halogénure

$$\begin{array}{c} HgOOC.CH_3 \\ | \\ -CO.C- \\ | \\ HgOOC.CH_3 \end{array} \xrightarrow{Cl_2} \begin{array}{c} Cl \\ | \\ -CO.C- \\ | \\ Cl \end{array}$$

Après avoir cherché un dérivé mercurique soluble dans les dissolvants organiques, nous l'avons trouvé dans le cas du produit de l'action de l'acétate mercurique sur le phényl propiolate d'éthyle $C_6H_5.C \vdots C.COOC_2H_5$.

Le dérivé mercurique de cet éther est soluble dans l'alcool chaud et la solution donne sous l'influence du chlorure ferrique, une coloration violette très forte. Il a donc la forme

$$\begin{array}{c} CH_3.COOHgO \\ | \\ C_6H_5.C:C.COOC_2H_5 \\ | \\ HgOOC.CH_3 \end{array}$$

L'action du brome sur ce composé conduit au di-bromure $C_6H_5.CO.CBr_2.COOC_2H_5$ dont la formation doit être expliquée par les réactions suivantes :

$$\begin{array}{c} CH_3.COOHgO \\ | \\ -C:C- \\ | \\ HgOOC.CH_3 \end{array} \longrightarrow \begin{array}{c} BrO \\ | \\ -C:C- \\ | \\ Br \end{array}$$

$$\begin{array}{c} BrO\ Br \\ |\ \ | \\ -C.C- \\ |\ \ | \\ BrBr \end{array} \longrightarrow \begin{array}{c} Br \\ | \\ -CO.C- \\ | \\ Br \end{array}$$

Il n'y a pas de substitution dans le noyau aromatique.

Quand le composé acétylénique contient un atome d'hydrogène mobile dans le groupement — C ⋮ CH, cet atome est toujours substitué par le groupement $HgOOC.CH_3$. Il n'y a pas la moindre évidence d'une forme énolique. Ces composés donnent les tri-halogénures $CO.CX_3$ sous l'influence du chlore et du brome.

Nous avons étudié les composés de cette forme, dérivés de heptine, octine, phényle acétylène et l'éther undecinolique HC ⋮ C. $(CH_2)_8.COOC_2H_5$.

Nous nous sommes servi de la méthode de H ter Meulen pour le dosage de mercure et des halogènes.

7e section

MÉTÉOROLOGIE ET PHYSIQUE DU GLOBE

Président. . . . . M. Petitjean, Inspecteur de l'Office National Météorologique en Algérie et Tunisie.

Vice-Président. . . . . M. de Martonne, Professeur à la Faculté des Sciences de Paris.

Secrétaire. . . . . M. Couranjou, Ingénieur agricole.

CHARLI

Office national météorologique Base d'Hydravions d'Alger

1° LES VENTS A ALGER A FAIBLE ALTITUDE

Une étude complète des sondages effectués à Alger de 1918 à 1928 a été faite par L. Petitjean (1). Ce travail porte sur le vent à 200 mètres et au-dessus.

Nous examinerons, dans cette note, les variations de vitesse et de direction du vent dans la couche comprise entre le sol et 200 mètres. Par suite du manque de temps, cette étude a été limitée aux vents qui soufflent en hiver à Alger des directions comprises entre le Sud et l'Ouest.

Les résultats donnés ci-après sont déduits de 26 sondages effectués en janvier et février 1930, au poste météorologique de l'O. N. M. d'Alger-Agha, le plus généralement vers 9 heures.

Les données utilisées ont été obtenues en effectuant des sondages aérologiques à l'aide de ballons tarés ayant une force ascensionnelle de 18 gr. et, par suite, une visite ascensionnelle de 100 mètres par minute.

Les lectures au théodolite ont été faites toutes les 15 secondes. Nous avons ainsi déterminé la vitesse et la direction du vent de 25 en 25 mètres du sol à 200 mètres.

---

(1) L. Petitjean : Dix années de sondages aérologiques à Alger. « La Météorologie », n° d'avril à juin 1929.

Vitesse du vent

La vitesse du vent dans le secteur compris entre le S et le W, en hiver, croît assez régulièrement avec l'altitude, ainsi que le montrent le tableau et le graphique ci-dessous :

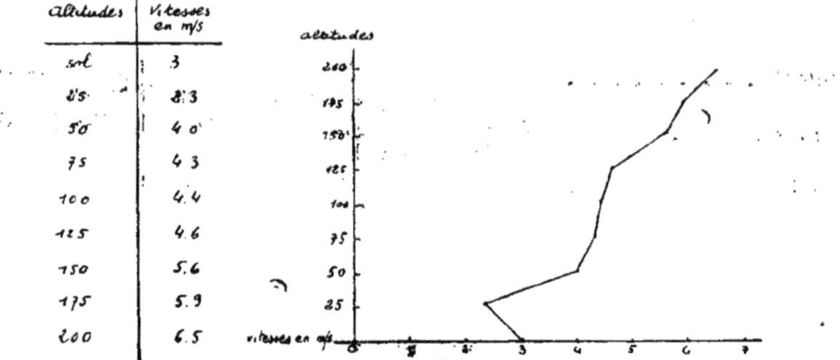

Altitudes	Vitesses en m/s
sol	3
25	2.3
50	4 0
75	4 3
100	4.4
125	4.6
150	5.6
175	5.9
200	6.5

(L'anomalie constatée à 25 mètres est causée par la présence de hangars d'hydravions situés à côté de l'emplacement du poste de sondages et abritant ce dernier des vents du secteur SW.).

Ces résultats rapprochés de ceux qui sont donnés par L. Petitjean montrent que, dans la couche 0-200 m., l'accroissement de la vitesse moyenne du vent est plus rapide que dans la couche 200-500 mètres et les couches plus élevées. En effet, alors que pour les vents d'entre S. et W, nous trouvons en janvier-février, entre le sol et 200 mètres un accroissement de vitesse moyenne de 3 m. 5 (de 3 mètres au sol, à 6 m. 5 à 200 mètres), pour les mêmes vents, — pendant le semestre froid, — L. Petitjean indique entre 200 et 500 mètres un accroissement de vitesse de 1 m. 40 (de 6 m. 7 à 200 mètres, à 8 m. 1 pour 500 mètres).

Direction du vent

En ne tenant pas compte de la vitesse du vent et en calculant les directions résultantes à l'aide de la formule de Lambert, on obtient les résultats consignés dans le tableau et le graphique suivants :

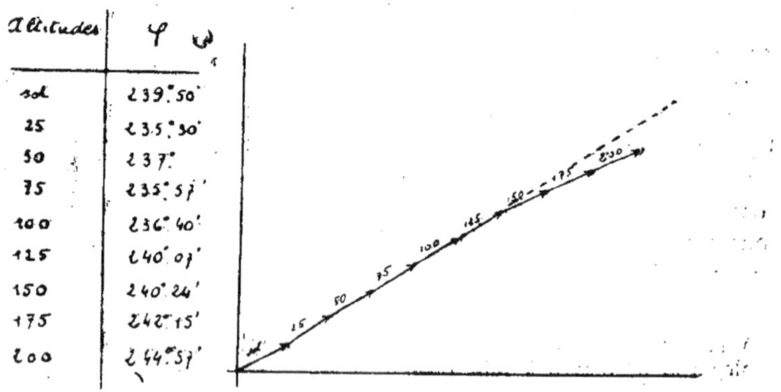

Altitudes	φ
sol	239°50'
25	235°30'
50	237°
75	235°57'
100	236°40'
125	240°07'
150	240°24'
175	242°15'
200	244°57'

L'angle φ de la direction du vent résultant est exprimé en degrés à partir du N dans le sens des aiguilles d'une montre.

Le graphique représente les directions résultantes portées bout à bout. Le trait pointillé prolongeant les directions moyennes de 0 à 100 mètres met mieux en évidence la rotation. Dans l'ensemble — en altitude, — elle se fait dans le sens des aiguilles d'une montre, du SW vers l'WSW, l'anomalie constatée dans les 50 premiers mètres étant vraisemblablement due à la proximité des hangars d'hydravions.

Entre 75 mètres et 200 mètres, la rotation vers la droite est de 9°.

Cette rotation en altitude des vents du Secteur SW vers la droite se retrouve d'ailleurs en hiver aux altitudes supérieures à 200 mètres (L. Petitjean).

2° En tenant compte, pour le calcul du vent résultant (au moyen de la formule de Lambert), non seulement de la fréquence, mais aussi de la vitesse, on obtient le graphique suivant :

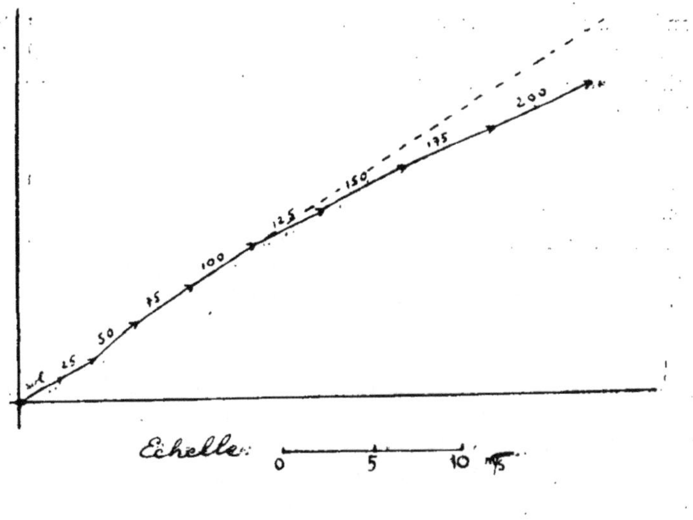

2° INVERSION DE TEMPÉRATURE OBSERVÉE A TUNIS, LE 27 MARS 1925.

A. BALDIT et R. PHILIBERT
Météorologistes

SUR L'EFFET DE PRESSION DU AU VENT A L'INTÉRIEUR D'UN BATIMENT

La détermination exacte de la pression barométrique se heurte parfois à des difficultés d'un ordre spécial lorsque le vent souffle avec force, car celui-ci exerce alors une influence particulière qui dépend à la fois des dispositions topographiques environnantes, et des dispositions du local dans lequel est placé le baromètre. Si p_0 est la pression exacte, p la pression mesurée dans le local, et v la vitesse du vent, on peut écrire :

$$(1) \quad p_0 - p = m. v^2$$

le coefficient *m* qui peut être positif ou négatif représentant la double influence topographique et du local. Par pression exacte, il faut entendre la pression telle qu'on la mesurerait à la même altitude en dehors des limites d'influence du relief environnant et du local.

Les séries d'observations barométriques faites au sommet des montagnes ont montré depuis longtemps que la pression mesurée y est généralement trop basse. Les comparaisons faites par Teisserenc de Bort entre le sommet de la Tour Eiffel et le Bureau Central Météorologique, celles qui ont été effectuées entre différentes stations de montagne, Puy-de-Dôme, Mont-Ventoux, Ben-Nevis, Schneekoppe, etc... et des stations voisines situées à des altitudes plus basses ne laissent aucun doute à cet égard. Mais on n'a pas tardé à remarquer que ces anomalies ne sont pas spéciales aux observations de montagne. On peut les rencontrer dans des observatoires de faible altitude ou même au niveau de la mer, et, pour ne citer qu'un exemple, il est connu que la pression barométrique dans certains phares exposés à des vents forts, est systématiquement erronée par suite de l'effet du vent. Divers auteurs, O. Schrenk et H. Koschmieder en particulier ont donné des renseignements très utiles sur ce sujet.

Il y a donc à considérer deux effets de la vitesse du vent sur la pression barométrique :

Un effet dû aux dispositions topographiques ;

Un effet dû au local même dans lequel sont effectuées les mesures de la pression barométrique.

C'est ce dernier effet qui, pour le moment, a retenu notre attention. C'est d'ailleurs le plus facile à mesurer.

Mettant à profit la situation assez particulière du poste météorologique de l'Office National Météorologique au Puy-en-Velay, à l'extrémité d'un plateau formant une sorte d'éperon à la jonction de deux vallées, et soumis sans aucun obstacle au vent du Sud, assez fréquent et fort, nous avons effectué une série d'observations *préliminaires* dans le but de savoir comment la pression est influencée par le bâtiment. Ces mesures ont commencé en octobre 1929.

Pour connaître l'effet d'ensemble du bâtiment, on mesure à l'aide d'un variomètre de pression suffisamment sensible, la différence de pression entre la salle des instruments et un point extérieur situé à une distance du bâtiment assez grande pour ne plus être influencé aérodynamiquement par sa présence.

Mais cette mesure ne donne pas d'indication sur la manière dont le bâtiment lui-même agit. Celui-ci pouvant être comparé à un corps creux en communication avec l'extérieur par des ouvertures plus ou moins grandes, c'est en définitive l'effet de ces ouvertures qu'il faut étudier, et, pour cela, leur donner tout d'abord leur superficie maximum, puis, diminuer peu à peu cette superficie pour revenir à l'état normal. Cette étude montre, en même temps quel est l'ordre de grandeur des effets de pression qu'on peut attendre dans un bâtiment lorsque le vent y pénètre à travers des ouvertures plus ou moins grandes.

L'étude actuelle qui doit être étendue aux différentes salles du bâtiment météorologique, aux diverses directions du vent, et à des combinaisons variées d'ouvertures, a été effectuée tout d'abord pour la salle des instruments et pour le vent de Sud à Sud-Sud-Est (1). Cette salle et la salle de travail dont elle n'est qu'une dépendance, possèdent trois ouvertures regardant respectivement le Sud-Est, le Sud-Ouest, et le Nord-Ouest. On a utilisé pour l'étude en question les deux ouvertures Sud-Est et Nord-Ouest : ouverture au vent, Sud-Est ; ouverture sous le vent, Nord-Ouest. Leur dimension commune est de 1 m. 05 sur 1 m. 30, soit 1,37 m2 de superficie (V. fig. 1).

1. *Surpresion et dépression moyennes.* — a) Ouverture au vent. Cette ouverture (fenêtre SE) donne lieu à une forte surpression par vent de S à SSE. Cette surpression moyenne, c'est-à-dire, abstraction faite

(1) La vitesse du vent agissant réellement dans la salle est plutôt celle du vent à 2,30 de hauteur, au-dessus du sol, c'est-à-dire à la hauteur du centre des ouvertures qu'à 12 m. au-dessus du sol. Des comparaisons effectuées par M. Fayel, Aide-Météorologiste au Puy, ont donné le chiffre 0,7 pour le rapport entre la vitesse du vent au sol (à 2 m. de hauteur au-dessus du sol sensiblement) et la vitesse au sommet du pylône pour le vent du Sud. Mais la série de mesures comparatives est encore trop courte pour donner un nombre définitif, et nous avons préféré rapporter toutes les mesures à la vitesse du vent au sommet du pylône.

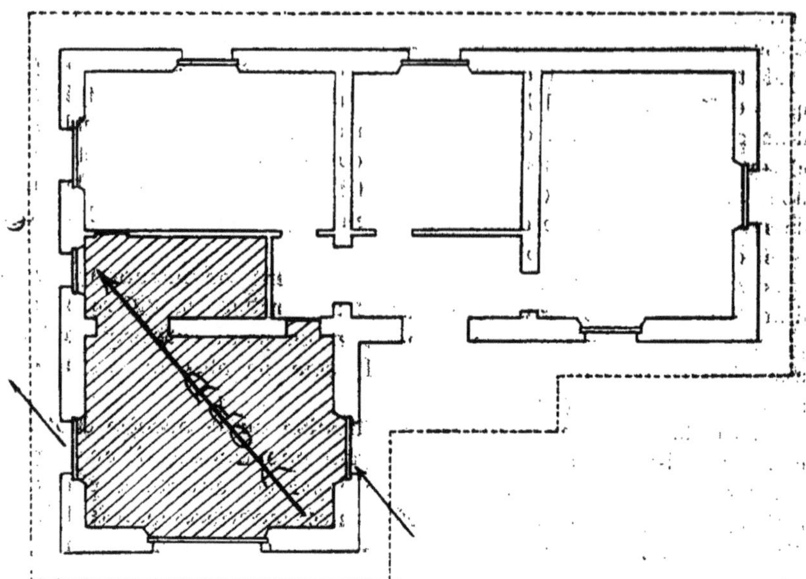

Fig. 1. — Plan du bâtiment météorologique de Le Puy-Chadrac. La partie couverte de hachures est la salle dont les ouvertures SE et NW ont été utilisées pour les expériences.

des pulsations de pression dont il est question plus loin, est représentée pour les différentes vitesses du vent, par les points marqués sur la partie droite de la figure 2. Dans cette figure, les abcisses représentent les surpressions en divisions arbitraires de l'appareil enregistreur, et les ordonnées les vitesses du vent en m/s mesurées à 12 mètres de hauteur au-dessus du sol, au sommet du pylône accolé au bâtiment.

A l'aide de ces points, nous avons calculé le paramètre d'une courbe parabolique représentant le plus exactement possible les pressions en fonction des vitesses du vent, et nous avons trouvé pour l'équation de cette courbe :

$$(2) \quad v^2 = 47{,}3 \, d.$$

v, étant la vitesse du vent en m/s, et d la surpression occasionnée par ce vent, exprimée en divisions de l'appareil enregistreur. Pour passer de la pression ainsi exprimée à la pression mesurée en mm. de mercure, il suffit de remplacer le facteur

$$47{,}3 \text{ par } 47{,}3 \times 12{,}5$$

et pour passer à la pression exprimée en unités absolues, *m, kgs s.* il faut remplacer le facteur

$$47{,}3 \text{ par } \frac{47{,}3 \times 12{,}5}{133{,}3}$$

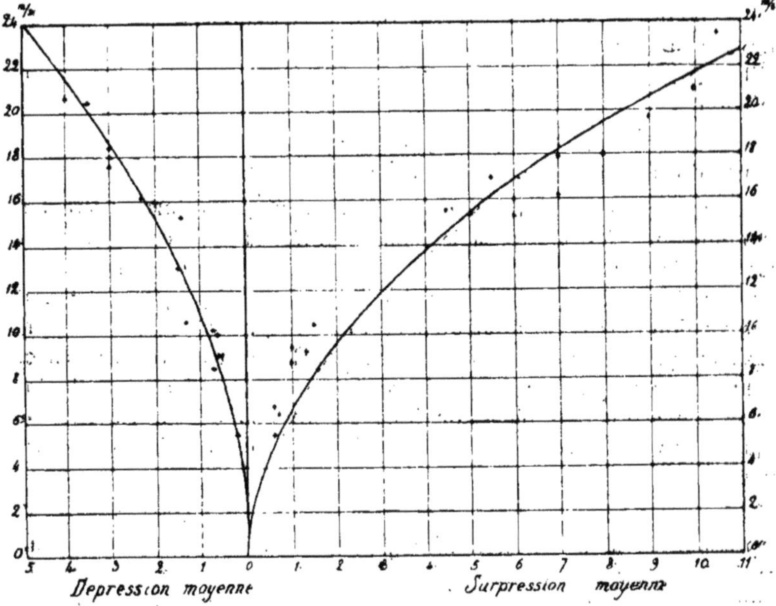

Fig. 2. — Courbes donnant : à droite, la surpression moyenne produite par l'ouverture SE ; à gauche la dépression moyenne produite par l'ouverture NW. En abcisses les dépressions, exprimées en divisions de l'appareil enregistreur, 12,5 divisions équivalant à 1 mm. de pression ; en ordonnées, les vitesses du vent en m/s.

Ces substitutions seraient à faire dans toutes les formules qui suivent.

Pour avoir une idée de l'exactitude avec laquelle la relation (2) précédente représente les résultats de l'expérience, on a calculé par cette relation les vitesses du vent correspondant aux différentes surpressions, et les vitesses ainsi obtenues ne diffèrent des vitesses observées que d'une quantité moyenne égale à $\pm$ 1,2 m/s, erreur relativement faible, étant donnée la difficulté d'obtenir des mesures de pression concordant avec des mesures de vitesse du vent.

b) Ouverture sous le vent. L'ouverture au vent (fenêtre SE) étant fermée, si la salle est mise immédiatement après en communication avec l'extérieur, par la fenêtre NW, située sous le vent, on obtient au lieu d'une surpression une dépression. C'est l'abaissement de pression qui est normalement observé sous le vent des obstacles. Nous nous sommes d'ailleurs assuré par des mesures directes faites à l'extérieur de l'existence de cette dépression jusqu'à une certaine distance du bâtiment qui sera précisée par la suite. La dépression moyenne produite dans la salle des instruments par l'ouverture sous le vent, est inférieure, pour une même vitesse du vent, à la surpresssion produite par l'ouverture au vent.

Elle est représentée par la courbe de gauche de la figure 2 et a pour équation

$$(3) \quad v^2 = 116{,}8\, d$$

avec une erreur moyenne de $\pm$ 0,9 sur la vitesse du vent.

c) Deux ouvertures simultanées. Si les deux ouvertures opèrent simultanément, c'est-à-dire, si la fenêtre située au vent et la fenêtre située sous le vent sont ouvertes en même temps, l'effet résultant paraît être égal à la somme algébrique des deux effets pris séparément. Mais nous ne donnons ce résultat qu'avec une certaine réserve, car les mesures, en pareil cas, sont difficiles, et n'ont pu être effectuées encore qu'en petit nombre. De même, le résultat suivant : si au lieu de donner les ouvertures en plein, on les restreint peu à peu, les effets diminuent, mais moins vite que la diminution de superficie des ouvertures.

2. *Pulsations et amplitudes des surpressions et dépressions.* — La surpression et la dépression telles qu'elles sont données par les courbes de la figure 2 sont les surpressions et dépressions moyennes occasionnées par le vent, abstraction faite de ses pulsations, c'est-à-dire de ses augmentations et diminutions continuelles et brusques.

Prenons par exemple le cas d'une surpression (fenêtre SE ouverte). Lorsque le vent augmente brusquement et dépasse sa valeur moyenne du moment v_m (que nous admettons être représentée par les indications de l'anémocinémographe), pour atteindre la vitesse instantanée V, la pression qui était égale à la pression p_m du moment, atteint la valeur P. Lorsque la vitesse du vent diminue brusquement au-dessous de sa valeur moyenne, v_m et atteint sa valeur instantanée v, la pression descend au-dessous de sa valeur moyenne du moment p_m et atteint p.

La pulsation positive de vitesse est égale à $V - v_m$.

La pulsation négative de vitesse est égale à $v_m - v$.

L'amplitude de la vitesse du vent est $V - v$.

On définit de même les pulsations et l'amplitude de la pression.

Ces amplitudes de pression que nous représentons par δ (exprimées en divisions de l'appareil enregistreur) sont elles-mêmes fonction de la vitesse du vent. Les mesures effectuées ont permis de tracer les deux courbes de la figure 3, à droite pour l'amplitude de la surpression, à gauche pour l'amplitude de la dépression, et ces deux courbes sont représentées par les équations suivantes :

(4) amplitude des surpressions $v^2 = 28{,}8\delta$ erreur moyenne $\pm 0{,}8$m.

(5) amplitude des dépressions $v^2 = 133{,}6\ \delta$ erreur moyenne $\pm$ 1,1 m.

Si on voulait passer à la pression exprimée en mm. de mercure ou en unités absolues, il faudrait multiplier les facteurs constants de ces relations par les nombres qui ont été donnés plus haut.

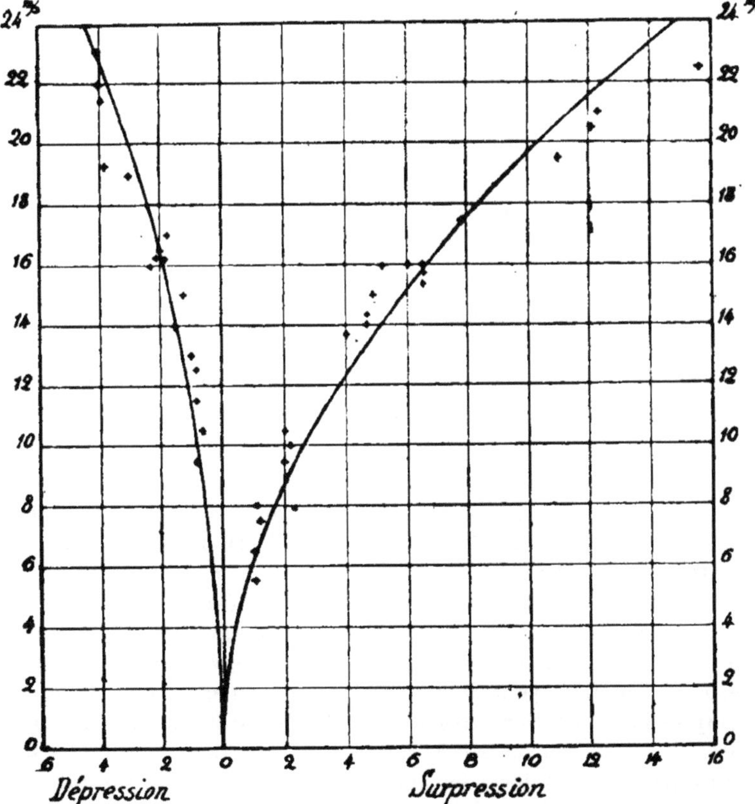

Fig. 3. — Courbes donnant, à droite les amplitudes de la surpression (ouverture SE), sous l'effet des pulsations du vent; à gauche, les amplitudes de la dépression (ouverture NW). En abcisses les pressions avec les mêmes unités que dans la fig. 2; en ordonnées les vitesses du vent en m/s.

3. *L'amplitude de pression comparée à l'amplitude de vitesse du vent.* — Les résultats qui précèdent conduisent à la question suivante. Les pulsations instantanées de la pression à l'intérieur de la salle étant produites par les pulsations dans la vitesse du vent, peut-on des variations instantanées de pression déduire les variations instantanées de la vitesse du vent ?

Prenons pour exemple le cas de la surpression par fenêtre SE ouverte. Lorsqu'une pulsation positive de la vitesse du vent se produit, la vitesse qui était égale à v, devient brusquement $v+kv$, puisque la pulsation de vitesse peut être en première approximation regardée comme proportionnelle à la vitesse.

Il doit donc résulter d'après la relation (2), une augmentation d'-d de la pression donnée par la relation

$$(6) \quad (v + kv)^2 - v^2 = 47{,}3\,(d' - d)$$

De même, lorsqu'une pulsation négative de vitesse a lieu, il en résulte une vitesse instantanée $v - kv$,
et la diminution correspondante de pression $d - d''$ est donnée par

$$(7) \quad v^2 - (v - kv)^2 = 47{,}3\,(d - d'')$$

On a ainsi les relations

$$(8) \quad v^2 \,.\, 4\,k = 47{,}3\,(d' - d'') = 47{,}3\,\delta$$

d'où, en tenant compte de la relation (4),

$$(9) \quad 4\,k = \frac{47{,}3}{38{,}8}$$

ce qui donne pour k la valeur

$$k = 0{,}3.$$

Dans le cas de l'ouverture sous le vent, on arrive par des considérations analogues à un coefficient k' dont la valeur s'obtient de la même manière et dont la valeur est

$$k' = 0{,}2.$$

L'amplitude des vitesses instantanées du vent ou facteur d'agitation du vent qui donne lieu à l'agitation de la pression est donc égale à 0,6 ou 60 % dans le cas d'une surpression et égale à 0,4 ou 40 % dans le cas d'une dépression, ces amplitudes étant exprimées en fonction de la vitesse v du vent. Ces facteurs d'agitation sont tout à fait de l'ordre de grandeur de ceux que l'on trouve par des mesures directes ; toutefois, pour le vent qui est ici en question, et qui donne l'impression d'un vent très turbulent, ils paraissent être un peu faibles, et il y a lieu de penser que toute l'agitation du vent ne se convertit pas dans un local tel que celui utilisé ici, en agitation de pression. Il est possible également que l'appareil dont on s'est servi présente une inertie un peu grande.

4. *Dissymétrie des pulsations de pression par rapport à la pression moyenne.* — Les relations (2) et (3), conduisent encore à ce résultat qui peut donner lieu à une utilisation pratique lorsqu'on cherche à déterminer la pression moyenne d'après un diagramme de baromètre enregistreur à courbe épaissie par l'action du vent.

L'augmentation brusque de pression étant plus grande que la diminution brusque — pour deux pulsations de vitesse, l'une positive, l'autre négative, égales en valeur absolue — et cela, d'après la forme parabolique des équations, il en résulte que la pression moyenne du moment n'est pas la moyenne de la pression maximum et de la pression minimum. Ce résultat est visible sur les courbes de la figure 4. La courbe en traits espacés de droite représente la surpression moyenne (c'est la courbe de la figure 2 avec une échelle des abcisses réduite de moitié). Les deux courbes en traits pleins qui l'enserrent passent par les valeurs extrêmes de la pression. On obtient immédiatement ces courbes par la construction indiquée sur la figure, et leurs équations s'écrivent :

pour la surpression :

$$(10)\quad (v+kv)^2 = 47{,}3\,d \quad \text{ou} \quad v^2 = 27{,}8\,d.$$

$$(11)\quad (v-kv)^2 = 47{,}3\,d \quad \text{ou} \quad v^2 = 97{,}9\,d.$$

pour la dépression :

$$(12)\quad (v+k'v)^2 = 116{,}8\,d \quad \text{ou} \quad v^2 = 78{,}7\,d.$$

$$(13)\quad (v-k'v)^2 = 116{,}8\,d \quad \text{ou} \quad v^2 + 191{,}3\,d.$$

5. *Conclusion.* — 1° Dans une salle telle que celle du bâtiment météorologique du Puy-Chadrac, où ont été faites des mesures de pression, et qui possède une ouverture au vent et une ouverture sous le vent, l'ouverture au vent donne un effet de surpression moyenne qui est proportionnel au carré de la vitesse du vent. L'ouverture sous le vent donne une dépression qui est, de même, proportionnelle au carré de la vitesse du vent. Les coefficients de proportionnalité sont différents et dépendent des conditions locales.

2° Les amplitudes de la pression résultant des pulsations positives

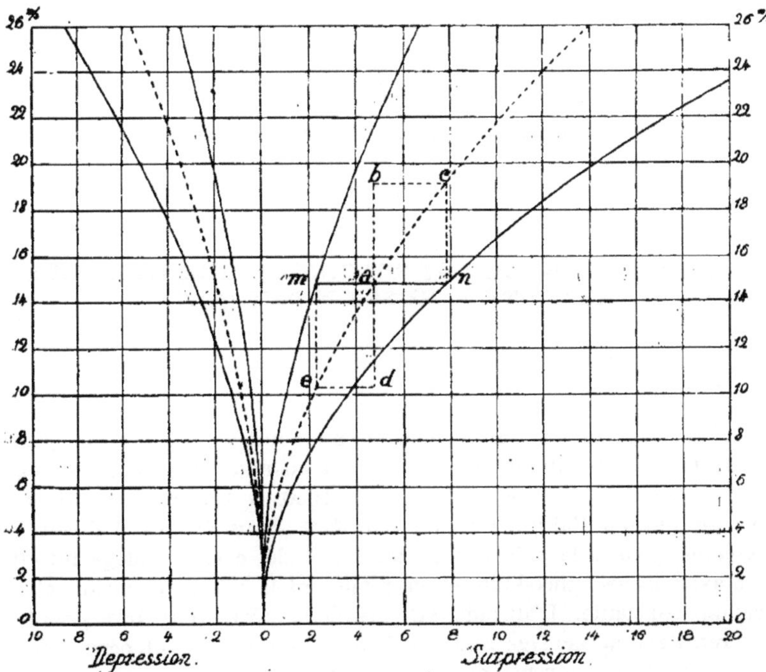

Fig. 4. — Positions respectives des courbes de surpression moyenne, maximum et minimum, à droite ; et des courbes de dépression moyenne, maximum et minimum, à gauche, *mn* est l'amplitude de la surpression, somme des pulsations, positive *an*, négative *am*, respectivement égales à *bc* et *ed*. *ab* est égal à 0,3 *v*, et de même, *ad* est égal à 0,3 *v*.

et négatives de la vitesse du vent sont elles-mêmes proportionnelles au carré de la vitesse du vent.

3° Ces amplitudes de la pression correspondent sensiblement à l'agitation d'un vent de turbulence moyenne, et semblent être un peu inférieures à celles que l'on doit attendre d'un vent à caractère aussi agité que le vent de Sud à Sud-Sud-Est qui est étudié actuellement.

4° Les résultats obtenus jusqu'ici indiquent que les effets obtenus par la superposition de plusieurs ouvertures sont sensiblement égaux aux sommes algébriques des effets partiels donnés par chaque ouverture considérée séparément, et que les effets sur la pression à l'intérieur de la salle ne sont pas proportionnels aux surfaces des ouvertures mais décroissent moins vite que les surfaces de ces ouvertures.

Les conclusions de 4° appellent de nouvelles mesures, à la suite desquelles on étudiera les effets des ouvertures dans d'autres salles différemment exposées, puis la répartition de la pression autour du bâtiment.

R. BOCHET

Météorologiste, Base d'hydravions d'Alger

SUR UN SONDAGE AÉROLOGIQUE REMARQUABLE EXÉCUTÉ A HUSSEIN-DEY (ALGER)

Il est rare qu'on puisse pousser un sondage aérologique jusqu'à l'altitude de 30 kilomètres ; aussi croyons-nous intéressant de signaler un sondage exécuté le 3 janvier 1930, à Hussein-Dey (Alger) et poussé jusqu'à l'altitude de 30 km. 400. Nous faisons d'ailleurs des réserves quant à la précision de cette altitude, car le sondage fut effectué avec un seul théodolite et en supposant la vitesse ascensionnelle du ballon constante. L'altitude atteinte était néanmoins très grande et les résultats du sondage résumés dans le tableau ci-joint permettent de faire un certain nombre de constatations intéressantes, en accord avec les théories et découvertes modernes sur les surfaces d'affaissement.

D'abord, nous remarquons un crochet de direction à 2.800 m (SW à 2.600 m, E à 2.800 m) nous conduisant à supposer qu'il existait à cette altitude une surface d'affaissement. En effet, au-dessus de 2.800 m et jusqu'à 14.000 m soufflaient des vents en majorité d'entre E .et S. (2 à 14 m/s), et au-dessous des vents variables faibles.

L'existence de cette surface est confirmée par sa trace sur le sol. La carte des températures et vents du 3 janvier, à 7 heures, fait apparaître un excès de température très net sur le Maroc et le Sahara (d'une part : 10° à Fez, 13° à Rabat, 12° à Casablanca, 14° à Colomb-Béchar, 12° à El Goléa, etc.; d'autre part : 6° à Oran, 8° à Nemours, 6° à Laghouat, 7° à Alger, etc.). Sur la carte I ci-jointe, la ligne MN en pointillé représente l'intersection de la surface d'affaissement considérée avec le sol. L'air, en glissant le long de cette surface, se comprime et s'échauffe. C'est pourquoi nous observons une discontinuité dans la température de part et d'autre de la ligne MN.

D'autre part, la carte d'isobares du 3 janvier à 7 heures nous montre qu'un anticyclone occupait l'Afrique du Nord (Djelfa 1037 mb) et qu'une dépression était située au large du Maroc (Ténériffe 1008 mb). Une coupe verticale de l'atmosphère faite suivant xy (voir carte II) peut donc être représentée conformément à la figure 1 ci-jointe. Au-dessus de la surface d'affaissement AB, inclinée d'E. en W., le sondage a décelé des vents tournant de N.-E. à S. L'air en s'affaissant le long de AB tourne dans le sens des aiguilles d'une montre (air passif). Il arrive donc au

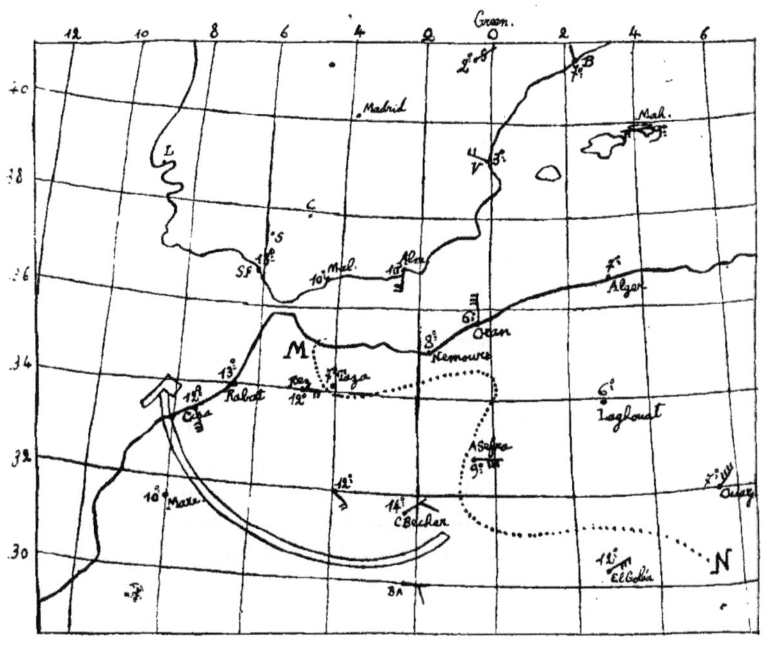

CARTE I

Températures et Vents le 3 janvier 1930 et trace d'une surface d'affaissement, à 7 h. t.m.g.

sol réchauffé et en provenance du secteur Sud (sirocco). Sur la carte I on constate bien qu'à l'Ouest de la ligne en pointillé MN le sirocco était observé par certaines stations.

Ainsi que l'a déjà remarqué L. Petitjean, on voit donc que le sirocco est un vent chaud non seulement parce qu'il vient du Sud, mais surtout parce qu'il s'est réchauffé pendant sa descente le long d'une surface d'affaissement.

Nous pouvons calculer facilement la pente de la surface AB, puisque nous avons son altitude au-dessus d'Alger (2.800 m) et que d'autre part nous savons qu'elle passe entre Taza et Fez (voir carte I et figure 1). Nous trouvons que cette pente est d'environ 3 à 4/1.000, ce qui est bien l'ordre de grandeur des pentes d'affaissement.

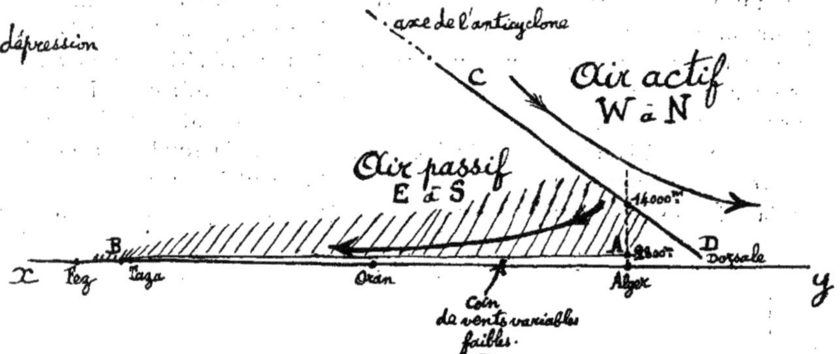

Fig. 1. — Coupe verticale de l'atmosphère le 3 janvier 1930.
(Pente de la Surface d'affaissement AB $= \frac{3 \text{ à } 4}{1000}$)

D'autre part, le tableau résumant les résultats du Sondage fait apparaître très nettement une discontinuité dans la direction du vent à l'altitude de 14.000 m. Au-dessous de cette altitude : vents des secteurs N.-E. à S. par E.; — au-dessus : vents des secteurs N. à W. par N.-W. En examinant les résultats détaillés du sondage, on remarque que la direction du vent en altitude tourne de N. à 18.200 m., à N.N.-W. à 16.200 m., puis à NW à 15.200 m., enfin à W à 14.200 m. Il devait donc exister une surface CD inclinée d'W. en E. (voir figure 1) le long de laquelle l'air glissait en tournant dans le sens inverse des aiguilles d'une montre (air actif). Le long de CD il y avait divergence de flux (flux passif à l'W., flux actif à l'E.), ce qui caractérise une dorsale (1). L'effet d'affaissement était limité entre Alger et Laghouat par une surface convexe vers l'E., mais inclinée aussi du N. au S., car un sondage effectué

(1) Voir L. Petitjean, L'air actif et l'air passif dans les discontinuités atmosphériques (La Météorologie, n° 25, avril 1927).

à Laghouat le matin du 3 janvier décelait la présence de cette surface à l'altitude de 1.600 m. au-dessus du niveau de la mer. Ce sondage donnait les résultats suivants :

Altitudes au-dessus du niveau de la mer	Direction du vent	Vitesse du vent en m/s
—	—	—
du sol (alt. 750m) jusqu'a 1500m	calme	calme
à 1600m	SW	5
à 1900m	W	6
à 2000m	NW	6,5
à 3000m	WNW	4,5

De cette surface convexe divergeaient les flux passif et actif.

Sur la carte II, nous avons figuré par des flèches en trait double l'orientation générale des flux au sol.

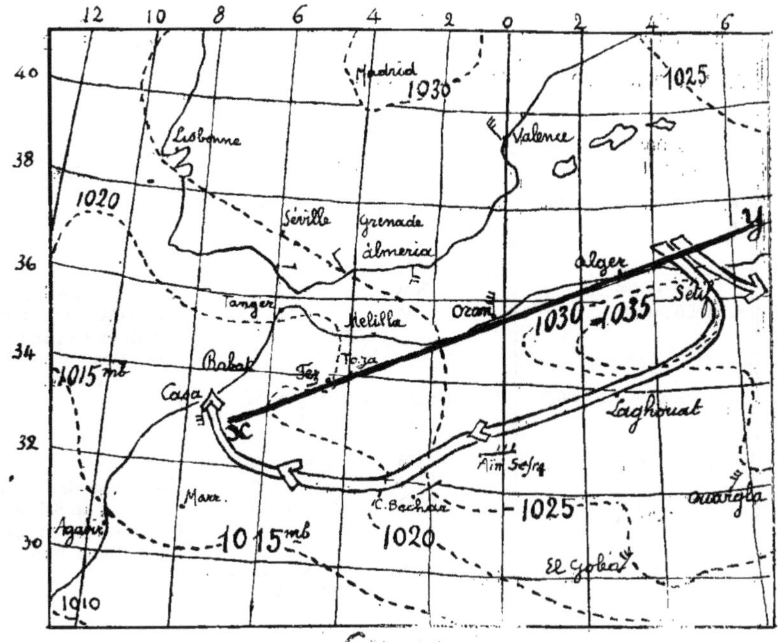

Isobares et flux le 3 janvier 1930
à 7 h. t.m.g.
Les isobares sont tracées en pointillé...

Enfin les résultats du sondage exécuté à Hussein-Dey le 3 janvier confirment l'opinion de Ph. Wehrlé et A. Viaut (1) sur la légende de

(1) Voir le Mémorial de l'Office National Météorologique de France : Les Traversées et tentatives de traversées aériennes de l'Atlantique Nord en 1927 au point de vue météorologique, par Ph. Wehrlé et A. Viaut.

la stratosphère, qui n'est pas « cette zone de calme parfait, ce paradis tranquille, dont on trouve la description élégiaque dans certains ouvrages de vulgarisation », puisqu'on peut y rencontrer des vents de 150 km à l'heure.

Tableau résumant les résultats du sondage exécuté à Hussein-Dey (Alger) le 3 Janvier 1930, de 8 h. 52 m. à 11 h. 24 m. T.M.G.

ALTITUDES AU-DESSUS DU NIVEAU DE LA MER	DIRECTION ET VITESSE DU VENT	PARTICULARITÉS
de 0 à 2.400m.......	...........variable faible	
à 2.600m..........	........SW.... 1 m/s	Crochet de direction de SW à E.
à 2.800m..........	...........E.... 2 m/s	
de 3.000m à 13.800m..	Entre NNE et SSE par E 2 à 14 m/s	
à 14 000m.........	.........SE.... 4 m/s, 2	Crochet de direction de SE à W.
à 14.200m.........	.........W.... 2 m/s, 5	
de 14.400m à 19.600m.	Entre WNW et N par NW 2m/s, 7 à 15m/s, 5	
à 19.800m.........	.......NNE.... 4 m/s, 5	Rotation de la direction de 110° dans le sens inverse des aiguilles d'une montre.
à 20.000m.........	.......NW.... 3 m/s, 0	
à 20.400m.........	.........W.... 3 m/s, 5	
de 20.600m à 23.200m.	Entre SW et NNW par W 2m/s, 7 à 9m/s	
à 23.400m.........	..... WSW.... 7 m/s, 5	Rotation de la direction de 90° dans le sens des aiguilles d'une montre.
à 23.800m.........	..........W.... 4 m/s, 5	
à 24.200m.........	......NNW....10 m/s, 0	
de 24.400m à 30.400m.	Entre NNW et WSW par W 11m/s, 2 à 43m/s	

Vitesse maximum du vent : 43m/s soit 154 km 800 à l'heure, à l'altitude de 29.800m (direction NW).

Distance horizontale maximum du ballon : 49 km 600 (altitude 30 km 400).

C.-E. BRAZIER
Physicien à l'Institut de Physique du Globe,
Directeur de l'Observatoire du Parc Saint-Maur

LA RADIATION SOLAIRE DIFFUSÉE PAR LE CIEL SUR LA SURFACE DU SOL PAR TEMPS COUVERT

d'après deux années d'enregistrements effectués à l'Observatoire de l'Institut de Physique du Globe au Parc Saint-Maur

---

Je me suis proposé d'utiliser les enregistrements de la radiation globale effectués depuis le 1er septembre 1927 à l'Observatoire Géophysique du Parc-Saint-Maur, en vue de déterminer la valeur moyenne de l'intensité de la radiation solaire diffusée par le ciel sur la surface du sol par temps couvert.

L'instrument employé pour ces enregistrements est un solarigraphe Gorczynski, construit par la maison Ruchard. Il est installé au sommet de la tour de l'observatoire, à une hauteur de 28 m au-dessus du sol, en situation bien dégagée, et reçoit pratiquement le rayonnement de tout l'hémisphère céleste. Il a été étudié et étalonné par mes soins dans l'échelle pyrhéliométrique de la « Smithsonian Institution ».

J'aurais voulu, pour cette étude, ne faire intervenir que les journées entièrement couvertes définies par la condition que l'héliographe de Campbell n'ait fourni aucune trace appréciable d'insolation du lever au coucher du Soleil. Cette définition a pu être appliquée rigoureusement en janvier, février, mars, septembre, octobre, novembre et décembre. Mais, comme je ne disposais que de 27 mois d'observations, j'ai dû, pour les autres mois, me contenter de fractions de journées pendant lesquelles la bande de l'héliographe était restée vierge pendant plusieurs heures consécutives. Les résultats obtenus sont résumés dans le Tableau I.

Tableau 1

Valeurs horaires de l'intensité de la radiation solaire diffusée par le ciel sur la surface du sol par temps couvert à l'Observatoire du Parc Saint-Maur.

Date moyenne	Heures (temps vrai)																
	4	5	6	7	8	9	10	11	12	13	14	15	16	17	18	19	20
	cal.	cal.	cal.	cal.	cal.	cal.	cal.	cal.	cal.	cal.	cal.	cal.	cal.	cal.	cal.	cal.	cal.
15 Janvier	—	—	—	—	0.02	0.07	0.10	0.12	0.13	0.12	0.09	0.06	0.03	—	—	—	—
12 Février	—	—	—	0.01	0.04	0.08	0.12	0.15	0.14	0.15	0.13	0.09	0.07	0.01	—	—	—
13 Mars	—	—	0.00	0.04	0.08	0.16	0.25	0.27	0.26	0.24	0.21	0.15	0.12	0.06	0 03	—	—
19 Avril	—	0.01	0.04	0.07	0.16	0.19	0.30	0.28	0.39	0.27	0.37	0.20	0.15	0.10	0.05	0.01	—
11 Mai	—	0.02	0.11	0.18	0.29	0.27	0.42	0.59	0.46	0.43	0.40	0.35	0.20	0.21	0.10	0.04	—
10 Juin	0.01	0.05	0.13	0.14	0.22	0.29	0.40	0.60	0.51	0.44	0.41	0.38	0.36	0.17	0.11	0.06	0.02
18 Juillet	0.01	0.04	0.11	0.25	0.21	0.37	0.27	0.43	0.30	0.40	0.50	0.27	0.17	0.11	0.07	0.04	0.00
16 Août	—	0.01	0.07	0.16	0.21	0.36	0.46	0.58	0.37	0.23	0.15	0.32	0.31	0.11	0.09	0.03	—
14 Septembre	—	—	0.03	0.06	0.16	0.22	0.29	0.38	0.29	0.27	0.27	0.18	0.14	0.09	0.04	—	—
19 Octobre	—	—	—	0.02	0.07	0.14	0.18	0.21	0.28	0.25	0.19	0.15	0.10	0.05	—	—	—
15 Novembre	—	—	—	—	0.02	0.06	0.09	0.11	0.13	0.13	0.10	0.07	0.04	—	—	—	—
14 Décembre	—	—	—	—	0.02	0.05	0.07	0.10	0.11	0.09	0.08	0.05	0.02	—	—	—	—

La variation diurne est assez régulière dans les mois où l'on a pu disposer d'un nombre suffisant de journées entièrement couvertes : janvier (24 jours), février (19), mars (8), septembre (7), octobre (14), novembre (19) et décembre (48). Elle l'est beaucoup moins dans ceux pour lesquels on a dû, faute de mieux, se contenter de fractions de journées couvertes. Mais, en comparant les valeurs de l'intensité de la radiation diffusée aux hauteurs correspondantes du Soleil, on s'aperçoit qu'elles augmentent d'une manière régulière en même temps que ces dernières dans les 7 mois où l'on a pu étudier leur marche, par temps couvert sans interruption du lever au coucher du Soleil.

La loi qui relie les intensités de la radiation diffusée aux hauteurs du Soleil est presque linéaire et ne paraît pas varier sensiblement de forme avec l'époque de l'année. Il devient donc légitime de profiter des nombres précédents pour déterminer provisoirement cette loi (Tableau II), grâce à laquelle on peut ensuite calculer d'une manière approchée la variation diurne et la variation annuelle probables de la radiation solaire diffusée sur le sol dans les conditions moyennes par un ciel couvert (Tableau III).

Tableau II

Valeurs moyennes de l'intensité de la radiation solaire diffusée pour des hauteurs du Soleil comprises entre 0° et 65°.

Temps couvert

Hauteur du soleil	Q cal.	Hauteur du soleil	Q cal.	Hauteur du soleil	Q cal.
0°	0,01	25°	0,15	50°	**0,36**
5°	0,03	30°	**0,19**	55°	0,41
10°	0,06	35°	**0,23**	60°	**0,46**
15°	0,09	40°	0,27	65°	(0,52)
20°	0,12	45°	0,31		

La comparaison des nombres précédents à ceux qui correspondent aux journées sans nuages montre que le rapport (Tableau IV) des radiations globales enregistrées aux mêmes dates par ciel couvert et par ciel clair est représenté dans tous les mois de l'année par un nombre compris entre 0,27 et 0,35.

Tableau IV

Rapport de la radiation globale par temps couvert à la radiation globale par beau temps.

Janvier	0,27	Juillet	0,35
Février	0,28	Août	0,34
Mars	0,28	Septembre	0,34
Avril	0,29	Octobre	0,29
Mai	0,31	Novembre	0,29
Juin	0,34	Décembre	0,28

La moyenne annuelle de ce rapport est égale à 0,30. La présence d'une couche continue de nuages n'a donc pour effet, dans les conditions moyennes, que de réduire d'un peu plus que des deux tiers la quantité d'énergie solaire parvenant au sol par temps clair.

Tableau III

Variations diurne et annuelle de la radiation solaire diffusée sur la surface du sol par temps couvert à l'Observatoire du Parc Saint-Maur.

(Energie (en cal. gr.) apportée à un centimètre carré de la surface du sol par la radiation solaire diffusée par le ciel)

Dates	Heures (temps vrai)																		
	3-4	4-5	5-6	6-7	7-8	8-9	9-10	10-11	11-12	12-13	13-14	14-15	15-16	16-17	17-18	18-19	19-20	20-21	Σ
15 Janv.	—	—	—	—	(0.20)	2.40	4.50	6.00	6.90	6.90	6.00	4.50	2.40	(0.20)	—	—	—	—	40.00
15 Fév.	—	—	—	(0.02)	1.80	4.50	7.20	9.30	10.50	10.50	9.30	7.20	4.50	1.80	(0.02)	—	—	—	66.64
15 Mars	—	—	—	(1.61)	4.80	8.10	11.10	13.80	15.30	15.30	13.80	11.10	8.10	4.80	(1.61)	—	—	—	109.42
15 Avril	—	—	(0.98)	4.50	8.40	12.30	16.50	19.80	21.60	21.60	19.80	16.50	12.30	8.40	4.50	(0 98)	—	—	168.16
15 Mai	—	(0.54)	3.30	6.90	11.10	15.60	20.10	24.00	26.10	26.10	24.00	20.10	15.60	11.10	6.90	3.30	(0.54)	—	215,28
15 Juin	(0.01)	1.80	4.50	8.10	12.30	17.10	22.20	26.70	29.70	29.70	26.70	22.20	17.10	12.30	8.10	4.50	1.80	(0.01)	244.82
15 Juil.	—	(1 04)	4.20	7.50	11.70	16.20	21.60	26.10	28.50	28.50	26.10	21.60	16.20	11.70	7.50	4.20	(1.04)	—	233.68
15 Août	—	(0.55)	2.10	5.70	9.60	13.80	18.30	21.90	23.70	23.70	21.90	18.30	13.80	9.60	5.70	2.10	(0.55)	—	191.30
15 Sept.	—	—	(0.18)	2.70	6.30	10.20	13.50	16.50	18.30	18.30	16.50	13.50	10.20	6.30	2.70	(0.18)	—	—	135.36
15 Oct.	—	—	—	(0.37)	3.30	6.30	9.00	11.10	12.30	12.30	11.10	9.00	6.30	3.30	(0.37)	—	—	—	84.74
15 Nov.	—	—	—	—	(0.52)	3.00	5.40	7.20	8.10	8.10	7.20	5.40	3.00	(0.52)	—	—	—	—	48.44
15 Déc.	—	—	—	—	(0.03)	1.80	3.90	5.40	6.30	6.30	5.40	3.90	1.80	(0.03)	—	—	—	—	34.86

Hippolyte DESSOLIERS
Ingénieur E. C. P.

1° INFLUENCE DES AIRES DE SURCHAUFFE SOLAIRE

Je ne sache pas que cette question ait jamais été traitée. Elle présente cependant un grand intérêt.

Dans mes mémoires : « Contributions diverses à l'hydrogène », « Refoulement du Sahara », le dispositif que je propose pour multiplier les pluies est précisément basé sur la création d'aires de surchauffe et de surévaporation destinées à provoquer la formation de puissantes colonnes ascensionnelles dues à l'échauffement des terres et des eaux sur d'assez grandes étendues.

Chaque masse d'air, en s'élevant, crée un vide relatif, fait appel de la strate d'air reposant sur le sol ou les eaux. Grâce à cette convergence, à cet afflux régulier, vers sa base, de grandes masses d'air relativement plus chaudes et plus humides, l'ascension peut se poursuivre plus haut, la phase de saturation peut être atteinte, des nuages peuvent se former, s'amplifier, prendre de grandes épaisseurs, finalement donner la pluie par temps favorable, savoir : beau soleil, temps calme, décroissance rapide de la température dans l'atmosphère.

Les deux exemples suivants montrent quelle influence énorme exerce ce dernier élément. Si la décroissance est de 1° par 120 mètres, il suffira d'échauffer l'air de 1° pour que la colonne ascensionnelle puisse engendrer des nuages et donner la pluie, l'atmosphère étant supposée marquer 20° de température et 70 % d'humidité relative. Avec une décroissance de 1° par 300 mètres, les autres conditions météorologiques restant les mêmes, l'air devrait être chauffé de plus de 11°.

L'on voit par là quelle étroite relation existe entre le gradient thermométrique de l'atmosphère et la puissance d'action des aires de surchauffe.

Chaque orage est précédé d'une période de calme pendant laquelle l'homme est oppressé. Grâce à l'absence des vents, il y a élévation de température, accroissement d'humidité sur des surfaces plus ou moins vastes. Puis l'équilibre est rompu, le tonnerre gronde, les pluies se précipitent. Ici ressort nettement l'influence considérable qu'exerce un calme prolongé sur l'accumulation de la chaleur solaire dans la couche superficielle des terres et des eaux.

Ces aires de surchauffe peuvent se localiser sur les terres, sur les eaux et dans les nuages. Leurs périodes successives de fonctionnement sont très variables.

Chaque massif montagneux élevé et dénudé constitue une aire de surchauffe. Son action se manifeste par les nuages qui le dominent et même, si son altitude est suffisante, par les pluies incessantes qu'ils engendrent pendant la période la plus chaude de l'année.

Nous voyons, d'autre part, en plein océan, des récifs dissimulés sous les eaux se signaler aux navigateurs par les cumulus qu'ils font naître à leur zénith. Ici encore nous avons affaire à une aire de surchauffe et de surévaporation qui se révèle par d'imposantes masses nuageuses, alors que cependant l'écart de température, l'accroissement d'évaporation, sont très faibles.

Aires de surchauffe dans les nuages

Les nuages eux-mêmes constituent des aires de surchauffe et engendrent certains météores dénommés trombes. Mais il s'agit ici d'une simple hypothèse et il nous faut, pour l'étayer, rappeler une expé-

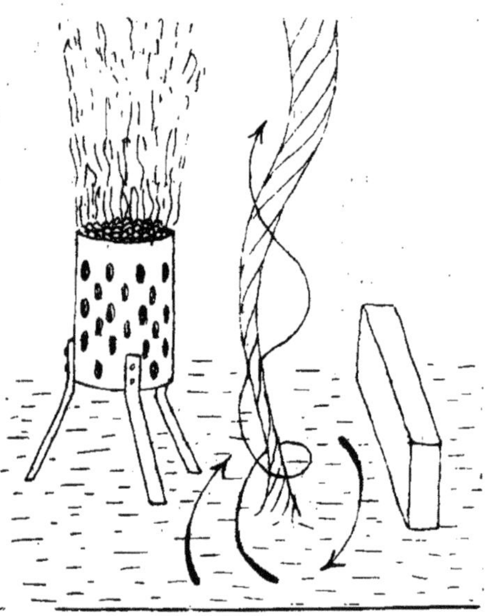

Influence des aires de surchauffe solaire

rience de Weyher décrite dans son ouvrage « Les tourbillons », page 50 (Gauthier-Villars, 1859).

Dans cette expérience, un cylindre en tôle rempli de coke incandescent repose par trois pieds sur un sol humide et l'échauffe ; les vapeurs exhalées par le sol se ramassent, se concentrent en un point et s'élèvent sous forme d'une corde tourbillonnaire dont la section va en croissant avec la hauteur. Le tourbillon est dû au vide relatif produit par la masse des gaz qui s'élèvent du réchaud incandescent.

Ayant rappelé cette expérience, considérons un massif de cumulus au-dessus de la mer, par temps calme et beau soleil. Ses rayons pénètrent la masse nuageuse plus ou moins profondément suivant son opacité.

Si, entre les protubérances des cumulus, se dessine un creux accentué faisant face au Soleil, il se produit là une aire de surchauffe due notamment aux réflexions des radiations d'une paroi à l'autre du creux. L'air qui s'y trouve inclus augmente de température et s'enrichit en vapeurs. Il s'élève, produit un vide et, tout comme dans l'expérience de Weyher, un tourbillon se forme, un vide relatif se crée à son intérieur, sa pointe descend, perfore le nuage, se manifeste sous celui-ci par une protubérance. Cette affirmation est justifiée par les constatations de Weyher qui dit, page 22 de son livre, que dans les tourbillons aériens l'air descend toujours sur le pourtour pour remonter par l'intérieur.

Finalement, si les conditions sont favorables, c'est-à-dire si l'air est saturé jusqu'au niveau de la mer et si la surchauffe se maintient dans le nuage, la trombe pourra atteindre la surface des eaux. Le vide qu'elle y produit doit accroître considérablement l'évaporation à son point d'impact ; les vapeurs ainsi formées se condensent dans leur mouvement d'ascension, sous forme de particules d'eau qui rendent apparente la gaine tourbillonnaire. Un canal continu relie dès lors le nuage à la mer et, par ce canal, peuvent s'élever dans le ciel tous les corps entraînés par le mouvement de giration du pied de la trombe. C'est pourquoi l'on a fréquemment constaté des pluies de poissons tombant sur les ponts des navires ; parfois aussi l'on a vu en pleine terre des chutes de grenouilles empruntées à un étang.

De ce qui précède on trouvera de nombreuses preuves dans l'ouvrage de Peltier intitulé « Météorologie. Observations et recherches expérimentales sur les causes qui concourent à la formation des trombes », publié à Paris en 1840 par H. Cousin, libraire-éditeur, 25, rue Jacob.

Aires de surchauffe créées en mer par les fleuves

Par temps variable, les vents soufflent tantôt d'un côté, tantôt de l'autre, entraînant les eaux fluviales qui ont pénétré en mer. Ces eaux s'écoulent en formant un fleuve parallèle à la côte et de grande longueur : il y a dispersion, par évaporation et rayonnement, du calorique qu'elles renferment. Tel est le cas habituel.

Supposons maintenant une période de grand calme. En ce cas, la masse d'eau douce progresse vers le large, s'y étale en un cercle de plus en plus grand. Grâce à sa moindre densité, à sa température plus élevée, surtout pendant la période chaude de l'année, cette eau flotte à la surface sans trop se mélanger à celle de la mer. Il se crée ainsi, à plus ou moins grande distance du rivage, une aire de surchauffe et de surévaporation génératrice de massifs nuageux. L'on voit ici encore que les périodes de temps calme et de beau soleil peuvent entraîner des perturbations atmosphériques intenses. C'est en effet à une période trop prolongée de calme et de ciel pur qu'est dû le désastre formidable qui entraîna la noyade de 215.000 Hindous sur les côtes du Bengale, du 10 au 20 octobre 1876, d'après les indications données par Angot dans son « Traité élémentaire de météorologie », pages 293 et 305.

Ainsi qu'on le voit, les aires de surchauffe, tant fixes que mobiles, exercent une influence considérable sur la genèse des météores.

2° CENTRES PLUVIGÈNES DES CIMES DES RÉGIONS PEU PLUVIEUSES

Henri MEMERY
Observatoire de Talence (Gironde)

LES ÉPOQUES DE FRÉQUENCE DE LA PLUIE, A BORDEAUX, PENDANT 50 ANS (1880 A 1929)

La pluie présente des allures si capricieuses dans ses valeurs journalières, mensuelles, saisonnières ou annuelles, et des variations si considérables, en apparence inexplicables, que l'on pourrait supposer que le hasard entre pour la plus grande part dans la production de ce phénomène atmosphérique ; certains auteurs n'ont pas hésité à admettre ce point de vue.

Il faut reconnaître que l'examen des quantités de pluie relevées d'un jour à l'autre ou d'un mois au suivant ne fait ressortir aucune régularité ou périodicité.

Mais, si l'on effectue le total de la pluie tombée, à *la même date*, pendant une série d'années un peu étendue, 30, 40 ou 50 ans, par exemple, on constate que certaines dates sont caractérisées par une *faible quantité de pluie*, et d'autres dates, par une *quantité très élevée*, comme le montre le tableau ci-joint, sur lequel sont indiquées, pour Bordeaux, les hauteurs totales de pluie, à la même date, pour une série de 50 années s'étendant de 1880 à 1929.

1° Dates de faible pluviosité (moins de 50 mm. en 50 ans) :

7 août : 21 mm. en 18 jours ; 3 août : 22 mm. en 16 jours ; 23 juin : 26 mm. en 21 jours ; 13 juillet : 29 mm. en 13 jours ; 13 août : 34 mm. en 16 jours ; 29 juillet : 36 mm. en 27 jours ; 17 mars : 39 mm. en 18 jours ; 17 septembre : 39 mm. en 16 jours ; 10 août : 41 mm. en 14 jours ; 2 septembre : 41 mm. en 17 jours ; 23 juillet : 42 mm. en 18 jours ; 12 août : 42 mm. en 17 jours ; 22 juin : 43 mm. en 22 jours ; 11 mai : 46 mm. en 24 jours ; 20 janvier : 49 mm. en 28 jours ; 8 août : 50 mm. en 13 jours.

2° Dates de forte pluviosité (plus de 180 mm. en 50 ans) :

26 novembre : 262 mm. en 38 jours ; 23 mai : 248 mm. en 27 jours ; 10 octobre : 243 mm. en 31 jours ; 24 octobre : 206 mm. en 39 jours ; 21 septembre : 204 mm. en 28 jours ; 22 octobre : 203 mm. en 31 jours ; 26 octobre : 203 mm. en 38 jours ; 25 octobre : 199 mm. en 35 jours ; 10 novembre : 196 mm. en 30 jours); 7 novembre : 194 mm. en 33 jours ; 4 avril : 189 mm. en 34 jours ; 6 novembre : 189 mm. en 33 jours ; 8 novembre : 189 mm. en 34 jours ; 2 octobre, 184 mm. en 29 jours ; 3 mars : 182 mm. en 31 jours ; 3 novembre : 182 mm. en 33 jours ; 12 décembre : 181 mm. en 42 jours.

Comme il était à prévoir, les dates de faible pluviosité correspondent généralement à celles du plus petit nombre de jours de pluie, et inversement.

Remarque. — La quantité totale de la date la plus pluvieuse représente 13 fois environ la quantité de la date la moins pluvieuse.

On constate, d'autre part, que les dates de faible pluviosité et celles de forte pluviosité en sont pas distribuées au hasard dans l'année, car *ces dates sont sensiblement les mêmes dans une série de 30 années, dans une de 40 et dans celle de 50 années.*

Il semble donc qu'il existe une *action persistante* qui fait qu'à certaines dates, chaque année, la pluie diminue fortement, tandis qu'à d'autres dates, elle augmente considérablement.

Le total de la pluie, par quinzaines, donne les résultats suivants :

1° La première quinzaine d'août est généralement l'époque la moins pluvieuse de l'année ; viennent ensuite :

2e quinzaine de juillet ;

2e quinzaine de juin ;

1re quinzaine de septembre, moins pluvieuse que la 1re quinzaine de juillet.

2° La première quinzaine de novembre est généralement l'époque la plus pluvieuse de l'année ; viennent ensuite :

1re quinzaine de décembre ;

2e quinzaine d'octobre ;
2e quinzaine de novembre, et
1re quinzaine d'octobre.

Quelques époques sont remarquables par leur pluviosité :
22 au 30 octobre ;
1er au 10 novembre ;
5 au 15 décembre, etc...

Le retour presque annuel des dates de faibles quantités de pluie ou de celles de forte pluviosité constitue une variation sensiblement périodique qu'il est possible de rattacher à d'autres phénomènes présentant également une périodicité presque annuelle, mais indépendante de la saison, car, si l'influence de la saison était seule en jeu, il semblerait que les dates de plus faible pluviosité devraient se placer à l'époque du maximum moyen annuel de la température, c'est-à-dire vers le 15 juillet, et on trouve, en effet, une date peu pluvieuse le 13 juillet (29 mm.).

Mais, à Bordeaux, les températures les plus élevées et les dates les moins pluvieuses se placent dans la première quinzaine du mois d'août, où l'on remarque :

7 août : 21 mm. de pluie en 50 ans ;
3 — : 22 — — —
13 — : 34 — — —
10 — : 41 — — —
12 — : 42 — — —
8 — : 50 — — —

On ne trouve pas, dans la première quinzaine de juillet, une série d'aussi faibles pluviosités.

D'autre part, si l'on effectue le total des températures, *à la même date*, pendant la série d'années indiquées ci-dessus (50 ans), on observe que la première quinzaine du mois d'août, à Bordeaux, renferme les températures les plus élevées de l'année ; il existerait donc une cause qui agirait sur la température et la pluie (et probablement sur les autres phénomènes atmosphériques) pour modifier sensiblement l'influence de la saison.

Or, on trouve, dans les phénomènes solaires, des variations qui s'adaptent parfaitement aux variations de la température et de la pluie, sur nos contrées.

En effet, si l'on effectue le total des taches solaires, *à la même date*, pour la série d'années indiquées ci-dessus (50 ans), le total s'appliquant à la première quinzaine du mois d'août est le plus élevé de l'année. En rapprochant ces résultats (1re quinzaine d'août) :

1° Températures annuelles les plus élevées ;
2° Epoque de plus faible pluviosité ; et
3° Epoque de plus grande fréquence des taches solaires,

on constate qu'ils se complètent logiquement, l'accroissement des taches solaires étant suivi, sur nos régions, de températures élevées.

La Pluie, à Bordeaux, de 1880 à 1929
Hauteur quotidienne totale pour 50 années.

	Janvier	Février	Mars	Avril	Mai	Juin	Juillet	Août	Septembre	Octobre	Novembre	Décembre
	mm.	mm.	mm.	mm.	mm.	mm.	mm	mm.	mm	mm.	mm.	mm.
1	84	126	111	115	136	160	153	85	72	163	104	114
2	62	100	117	101	91	142	79	74	41	184	136	102
3	116	164	182	105	69	135	89	22	110	124	182	85
4	89	101	89	189	130	100	91	69	119	144	100	110
5	97	79	97	109	104	118	72	53	81	117	99	171
6	100	71	63	132	125	139	94	86	63	106	189	156
7	123	99	127	132	118	84	99	21	84	102	194	125
8	142	66	99	121	139	134	109	50	60	117	189	159
9	126	65	60	100	101	122	53	54	80	127	176	143
10	92	55	84	75	91	107	118	41	51	243	196	139
11	109	105	60	83	46	131	61	54	75	103	104	176
12	90	160	113	84	53	162	52	42	108	111	86	181
13	99	134	68	107	103	160	29	34	94	148	148	140
14	82	92	78	112	79	166	73	83	131	91	114	178
15	55	106	105	134	90	79	150	54	77	85	144	148
16	118	92	101	166	63	116	83	108	78	99	130	97
17	118	73	39	97	74	107	60	52	39	102	89	143
18	99	67	84	129	85	65	77	88	90	90	129	55
19	65	69	84	129	146	84	89	105	102	72	152	131
20	49	158	71	89	128	86	82	78	78	81	122	93
21	79	109	105	83	168	91	88	86	204	100	120	103
22	110	116	110	62	142	43	58	110	94	203	121	94
23	122	100	141	73	248	26	42	85	157	108	92	133
24	72	79	94	71	127	81	137	90	141	206	106	127
25	59	92	155	84	144	52	86	68	166	199	97	123
26	56	80	137	139	104	81	91	94	79	203	262	92
27	93	104	135	68	90	85	55	89	145	162	160	149
28	104	125	135	154	121	65	57	136	130	157	126	107
29	99		100	149	90	141	36	134	57	179	169	144
30	68		93	156	118	119	51	139	139	147	140	149
31	119		150		144		84	80		115		115

D'autre part, l'époque pluvieuse de la première quinzaine de juin coïncide avec une diminution moyenne annuelle des taches solaires, et la hausse de température et de faible pluviosité de la deuxième quinzaine de juin correspond à une recrudescence des taches solaires après le 15 juin.

La première quinzaine de septembre qui, à Bordeaux, est moins pluvieuse que la première quinzaine de juillet, est marquée par une recrudescence annuelle importante des taches solaires, etc...

On possède ainsi un ensemble de coïncidences qui viennent confirmer l'action présumée des taches solaires sur nos contrées, où toute augmentation de taches ou de facules est suivie d'une hausse de la température et, inversement, toute diminution de taches solaires ou de facules est suivie d'une diminution de la température et de la formation d'une dépression sur l'Atlantique nord.

Toutefois, aucun météorologiste n'a cherché jusqu'ici, dans les *variations journalières* des taches solaires ou des facules, la cause des principales variations atmosphériques. On ne peut que regretter cette abstention, qui ne permet pas à la Météorologie de reconnaître que les causes de ces variations paraissent extérieures à l'atmosphère et se trouvent vraisemblablement dans les changements d'aspect de la surface solaire.

L. PETITJEAN

Inspecteur de l'Office National Météorologique, Alger

LES VARIATIONS DU CLIMAT DE L'ALGÉRIE

I

Les personnes qui vivent en Algérie depuis une cinquantaine d'années attestent que les étés y sont devenus de plus en plus frais et les hivers de plus en plus froids. L'objet de la présente note est de vérifier ce qu'il y a de fondé dans cette affirmation qui revient à dire que le type de temps océanique aurait remplacé le type de temps continental.

Nous avons utilisé les observations de la température, de la pression et de la pluie faites à l'Hôtel de Ville d'Alger de 1881 à 1912 et à l'Uni-

Lucien Petitjean

Anomalies annuelles réduites de la température, de la pression atmosphérique et des quantités de pluie à Alger depuis 1881

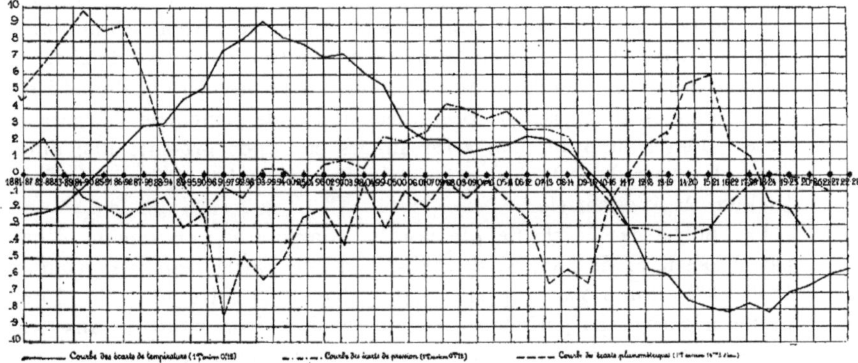

versité de 1913 à 1928. Nous avons calculé les écarts mensuels pour les trois facteurs météorologiques indiqués par rapport aux moyennes correspondantes (les pressions étant exprimées au niveau de la mer, les quantités de pluie et les températures étant rapportées à l'altitude de l'Université).

Les graphiques représentant ces écarts affectent la forme de lignes brisées d'allure très irrégulière. Pour discerner plus commodément l'allure caractéristique des variations de chacun des facteurs, nous avons calculé ensuite les écarts moyens annuels, puis nous les avons ajoutés, sept par sept, en partant de chaque année. Nous avons ainsi obtenu les courbes représentées sur la planche I.

On observe que la courbe des écarts de température, après avoir été au-dessous de l'axe de la moyenne pendant environ quatre années, passe au-dessus de cet axe les vingt-quatre années suivantes et repasse enfin au-dessous. Le passage des écarts négatifs aux écarts positifs de température s'est opéré entre les années 1884 et 1890 ; le passage inverse a eu lieu entre les années 1909 et 1915. Le cycle de la température commencé entre 1884 et 1890 n'était pas encore achevé à la fin de l'intervalle de temps étudié, mais il a présenté une demi-période d'une durée approximative de vingt-cinq années. En outre, on relève l'existence d'une oscillation secondaire qui se greffe sur la première et dont l'effet est d'élever ou d'abaisser les ordonnées de l'onde principale. La période en est d'environ quinze ou seize années et l'onde présente une différence de phase de 180° avec celle qu'a découverte le météorologiste autrichien A. Wagner (1).

La courbe des écarts de pression se compose successivement d'une partie positive, de 1881-87 à 1883-89, d'une partie négative jusqu'en 1896-1902, d'une partie positive jusqu'en 1909-1915, et enfin d'une partie négative. La période de l'onde est d'environ vingt-six ans, soit à peu près la même que celle trouvée par Travnicek (2) pour la variabilité interdiurne de la pression en Autriche. Comme pour l'onde de température, on remarque l'existence d'une onde secondaire de pression, surtout nette au cours des dernières années et dont la période semble être égale à la moitié de celle de l'onde principale.

La courbe des écarts de la pluviosité montre que cette dernière s'est trouvée en excès par rapport à la normale entre 1881-87 et 1889-95, puis en déficit jusqu'en 1911-17, avec un relèvement vers 1901-1907 jusqu'au voisinage de la normale ; une période de pluviosité excessive est survenue de 1911-17 à 1916-22 et ensuite une période de pluviosité voisine de la normale. Nous avons déjà trouvé antérieurement à cette

(1) Die Wagnersche 16 Jährige Klimaschwankung par L. Weickmann. Beiträge zur Physik der Freien Atmosphäre. Vol. XIV. Cahier 1/2.

(2) V. Travnicek Der säkul. Gang der interdiurnen Veränderl. des Luftdrucks... Meteorologische Zeitschrift. 1928. p. 299.

note qu'il existait, dans la courbe des pluies à Alger, une double périodicité de 35 et de 15 années (1) ; en outre, l'addition des écarts mensuels pluviométriques douze par douze en partant de chaque mois fait apparaître sur une courbe, non reproduite ici, une série de maxima et de minima se succédant avec une périodicité d'environ deux ans et demi. Cette dernière a d'ailleurs été trouvée pour la pression et la température par Rietschel et Schubert (2).

II

On peut rechercher quelle corrélation existe entre les courbes des écarts de la température, de la pression et de la pluie. Si l'on groupe les années étudiées suivant le caractère présenté par leurs hivers et leurs étés, on obtient la classification suivante :

De 1881 à 1884 : hivers et été froids ;

De 1884 à 1912 : hivers et étés chauds (sauf de 1888 à 1909 et de 1905 à 1909) ;

De 1912 à 1927 : hivers et étés froids.

D'autre part, la courbe des écarts de pression possède une partie descendante jusque vers 1891, puis une partie ascendante jusque vers 1905, puis de nouveau une partie descendante jusque vers 1918, et enfin une partie ascendante dans son ensemble jusqu'en 1924.

Les parties ascendantes correspondent à des années en majorité à température excessive ; l'inverse a lieu pour les parties descendantes. Cette correspondance s'explique par les considérations suivantes, empruntées à la météorologie synoptique :

Les recherches effectuées au cours des dernières années ont établi que les variations d'un climat dépendent des variations survenues dans la position des centres d'action en latitude. Ainsi, le climat de l'Europe occidentale revêt le caractère océanique aux hivers doux et aux étés frais quand l'anticyclone de l'Océan Atlantique nord occupe une position plus septentrionale ; il revêt au contraire le caractère continental aux hivers froids et aux étés chauds lorsque l'anticyclone descend vers le Sud. Dans le premier cas, les vents marins à composante Ouest dominent, tandis que, dans le second, les vents continentaux à composante Est prévalent. Le déplacement de l'anticyclone-centre d'action est lié à l'intensité de la circulation atmosphérique. Cette dernière est elle-même en relation avec l'insolation et le rayonnement à la surface du globe et, par conséquent aussi, avec la transparence de l'atmosphère. Divers auteurs font remonter aux variations de l'activité solaire, fonc-

---

(1) V. La prévision des précipitations atmosphériques en Algérie par L. Petitjean. Rapport au Congrès de l'Eau. Alger 1928.

(2) V. E. Rietschel et O. v. Schubert. Veröffentl. Geophysik. Instit. Leipzig. 2e série Spezialarbeiten. Vol. III et IV, Leipzig 1928 et 1929.

tion du nombre ou de la surface des taches ou des facules, la cause des variations de cette transparence, soit que l'ionisation des hautes couches atmosphériques s'accroisse en temps d'activité solaire importante, soit que des cendres volcaniques soient projetées en quantité plus notable à ces mêmes époques (1).

Il est facile de représenter, à l'aide des deux schémas de la figure 1, le cas d'une circulation atmosphérique moins intense (I) ou plus in-

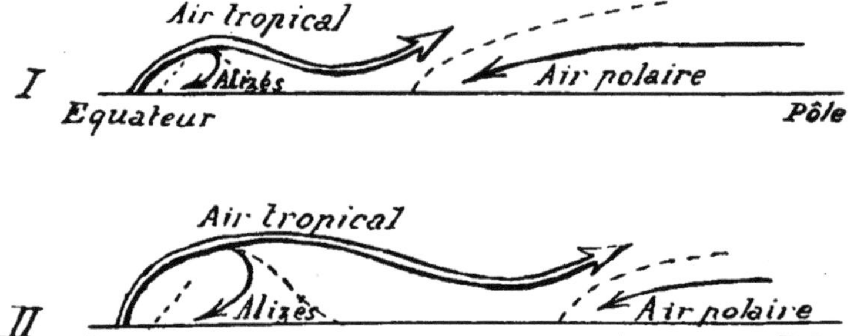

Fig. 1. — Schémas de la circulation atmosphérique (Circulation faible : I. Circulation forte : II)

tense (II). Dans le premier cas, l'air s'élève à l'équateur à de moins hautes altitudes que dans le second. Il retombe donc plus près de l'équateur, tandis que l'air froid s'avance davantage vers le sud ; la rencontre des masses d'air chaud et froid s'opère également à de plus basses latitudes et les dépressions du front polaire descendent plus bas. Le cas I représente le type de situation barométrique correspondant au caractère continental du climat en Europe occidentale, tandis que le cas II représente le type correspondant au caractère océanique de ce climat. Dans le premier cas, la pression est généralement anormale par défaut en Algérie ; c'est l'inverse dans le second cas. Lorsque l'intensité de la circulation atmosphérique s'accroît en passant du cas I au cas II l'anomalie de pression, de négative, devient positive en même temps que l'anticyclone océanique se déplace vers le nord. Ceci a eu lieu, d'après notre courbe des écarts de pression, de 1891 à 1905. Inversement, lorsque l'intensité de la circulation atmosphérique décroît pendant le retour du cas II au cas I, l'anomalie de pression, de positive, redevient négative tandis que l'anticyclone océanique retourne vers le sud. La courbe des écarts de pression de 1905 à 1918 présente cet aspect. L'année 1905 a donc marqué le passage du type de temps continental au type de temps océanique et, de fait, la

(1) V. A. Wagner : Neuere Untersuchungen über die Schwankungen der allgemeinen Zirkulation. Meteorologische Zeitschrift Cah. 12. 1929.

courbe des anomalies de température possède sa partie positive presque en totalité avant 1905. Après cette date, elle reste au-dessus de l'axe de la normale jusqu'en 1912.

On peut expliquer l'anomalie des années à température en excès autour de 1911 par l'intervention de l'onde secondaire de 15 ou 16 ans dont nous avons parlé au début. Cette onde a présenté, en effet, son maximum vers 1911 ou 1912. Ce maximum succédait à un minimum situé vers 1904, lequel suivait un maximum qui se plaçait autour de 1896. Le passage d'un type de climat à l'autre peut ainsi se trouver retardé par l'effet de la superposition de l'onde de 15 ou 16 ans. Cette dernière, d'après Wagner et Weickmann ,aurait son origine dans les régions situées dans l'Océan Arctique ou au nord de la Sibérie, où les températures de l'été et de l'hiver offrent un contraste plus accentué tous les 15 ou 16 ans. Cependant, à ce degré de continentalité plus marqué correspond, dans nos régions, un degré moindre de continentalité : ainsi, en 1904, les extrêmes de température ont fortement différé dans les régions arctiques, alors que, dans nos régions, l'amplitude thermique était faible.

La courbe des écarts de la pluviosité ne semble pas présenter de corrélation avec celle des écarts de la pression : il y a bien eu excès de pluviosité autour des années 1888 et 1918, lorsque la pression présentait une anomalie négative, mais il y a eu également un maximum secondaire de pluviosité autour de l'année 1903, c'est-à-dire lorsque la pression a présenté une anomalie positive accentuée. Par contre, une corrélation frappante se manifeste entre la courbe des écarts de pluviosité et celle des écarts de température : le minimum de l'une correspond au maximum de l'autre. Les effets de l'onde thermique de 15 ou 16 années se répercutent également sur la courbe de la pluviosité, les anomalies de cette dernière correspondant à des anomalies de sens contraire sur la courbe de température. Dans un précédent travail (voir page 0 (3)), nous avions établi l'existence d'ondes de 35 et de 15 ans, cette dernière ayant passé par un maximum en 1903 en même temps que la première passait par un minimum. L'onde de 15 ans a également présenté des maxima en 1888 et 1918. Or, la courbe des écarts de température montre qu'à ces mêmes dates (1888-1903-1918), l'onde thermique de 15 ans a passé par des minima auxquels ont correspondu dans la courbe des écarts de la pluviosité les maxima principaux de 1888 et de 1918 et le maximum secondaire de 1903. Enfin, l'onde thermique de 15 années a présenté une amplitude maxima en 1895 et 1910, alors que la courbe des écarts de pluie passait à ces époques par un minimum.

Il faut conclure de ce qui précède que deux influences s'exercent soit dans le même sens, soit en sens opposé, pour faire varier le climat de l'Algérie :

1° Le déplacement en latitude de l'anticyclone de l'Océan Atlantique qui détermine le caractère purement continental ou purement océanique du climat ;

2° L'onde thermique de 15 ou de 16 ans qui naît de la différence entre les températures des régions situées à l'Est et à l'Ouest de l'Europe, la différence de phase des unes et des autres atteignant 180°.

L'existence de symétries dans les courbes des éléments météorologiques du climat provient du déplacement dans le sens du méridien des centres d'action. Lorsque l'anticyclone de l'Océan Atlantique repasse par une même latitude, quand il retourne vers le sud après s'être transporté vers le nord, les courants de perturbation qui longent ses faces septentrionale et orientale produisent sur les éléments du climat les mêmes anomalies. Nous avons établi qu'une telle symétrie existait dans la courbe de la pluviosité à Alger autour de 1903, et l'on peut, en effet, remarquer sur le graphique de la planche I que les minima de pluviosité correspondent sensiblement à des valeurs égales de l'anomalie négative de pression situées, l'une sur la branche ascendante, l'autre sur la branche descendante de la courbe de pression.

III

Les corrélations établies ci-dessus, ainsi que la symétrie de la courbe de la pluviosité autour de 1903 nous permettent d'annoncer pour quelques années à venir le caractère du climat de l'Algérie :

Nous avon sétabli antérieurement (voir page 132) que la pluviosité devait passer par un maximum autour de l'année 1932, pour s'abaisser ensuite fortement jusqu'aux environs de l'année 1940. Le maximum de 1932 doit correspondre, d'après ce que nous avons dit ci-dessus, à un minimum de l'onde de 15 ou 16 ans et, huit ans après, le minimum de 1940 doit correspondre à un maximum de l'onde de 15 ou 16 ans.

D'autre part, la courbe des écarts de température, quoique étant encore dans sa phase négative, s'élève vers l'axe des normales, qu'elle doit couper aux environs de 1937.

On en conclut que le climat de l'Algérie présentera, comme avant 1905, le caractère d'un climat continental, au cours des années qui suivront 1937.

G. PROHOM de ROMEU
Ingénieur des Arts et Manufactures

NOTE SUR LES VITESSES MOYENNES PAR ALTITUDE AU POSTE DE COLOMB-BECHAR (768 m. 60)

Semestre chaud

La courbe moyenne en traits pointillés ci-jointe montre que la vitesse, après avoir crû rapidement jusqu'à 1.000 mètres, cesse de croître ou croît très faiblement entre 1.000 et 3.000 mètres, puis croît de nouveau à partir de 3.000 mètres, avec un taux d'accroissement allant en augmentant avec l'altitude.

La croissance rapide jusqu'à 1.000 mètres provient de l'action de plus en plus faible du frottement de l'air contre le sol. Dans cette zone souffle la brise marine par suite du contraste élevé de température entre la Méditerranée et le continent africain.

A partir de 1.000 mètres commence à se faire sentir l'influence de l'air tropical, dont l'accès vers le Nord est facilité par la forte inso-

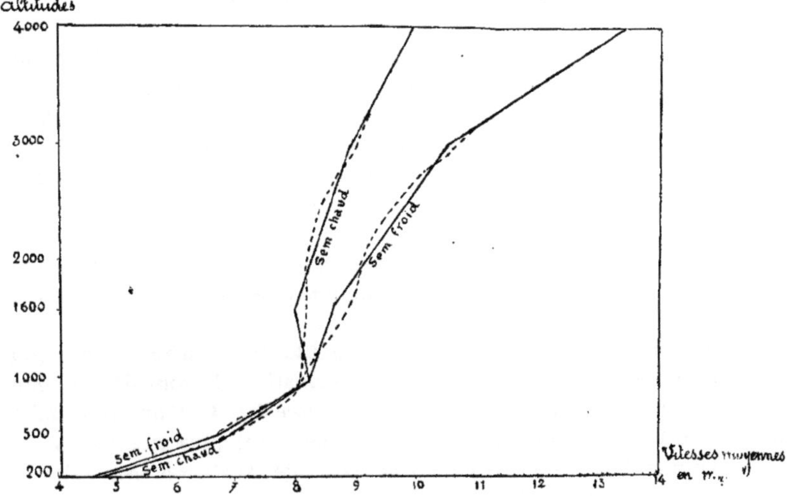

Colomb-Béchar : alt. : 768 m. 60
Courbe des vitesses moyennes en m/s par altitudes
(Basée sur 3 années d'expériences)

lation des Hauts Plateaux. Comme l'a montré L. Petitjean, durant l'été, la dépression saharienne s'avançant vers le Nord, l'air tropical s'élève au-dessus de l'air méditerranéen ; une couche de transition se forme entre ces deux masses d'air au fur et à mesure que se poursuit la chute de l'air tropical refroidi. Une surface d'affaissement limite cette couche intermédiaire au-dessus de laquelle l'air descend avec une vitesse horizontale de plus en plus faible.

A partir de 3.000 mètres, l'influence de l'air tropical domine et la croissance de la vitesse reprend en s'accentuant vers l'altitude.

Cette hypothèse est confirmée par la relation de Margules entre l'accélération de la vitesse suivant une verticale, et les gradients de pression et de température. Mais on ne peut appliquer cette loi avec précision qu'en étudiant les variations de vitesse suivant une direction, avec l'altitude.

Notons cependant qu'aux basses altitudes, l'influence de la dépression saharienne dominant, les gradients de pression et de température sont de sens contraire. Il n'en est plus de même au-dessus de 1.000 mètres, où la dépression saharienne ne se faisant plus sentir, les deux gradients de pression et de température tendent à redevenir de même sens aux fortes altitudes.

Semestre froid

Même allure de courbe jusqu'à 1.000 mètres. Comme dans le semestre chaud, le taux d'accroissement de la vitesse diminue de 1.000 à 3.000 mètres, pour aller en augmentant régulièrement à partir de 3.000 mètres.

Le phénomène de diminution de la vitesse entre 1.000 et 3.000 mètres est moins marqué, par suite d'une moindre discontinuité dans les signes des gradients de pression et de température, l'influence de la dépression saharienne étant beaucoup moins sensible.

Au-dessus de 1.000 mètres, les vitesses à la même altitude sont nettement plus fortes en hiver qu'en été. Ce phénomène est dû à deux causes :

1° Les courbes de pression moyenne, en Afrique du Nord, montrent nettement que le gradient de pression est plus élevé en hiver qu'en été ;

2° La turbulence provoquée par l'inégalité de température des couches atmosphériques se traduit par la formation de tourbillons, dont l'effet est d'augmenter le coefficient de viscosité de l'air. L'inégalité de température des couches atmosphériques étant plus grande en été, il y a augmentation du coefficient de viscosité de l'air et par suite diminution de la vitesse du vent.

Charles POISSON

Directeur de l'Observation de Tananarive

SUR LE FRONT DE MOUSSON DU CANAL DE MOZAMBIQUE

Le Canal de Mozambique sépare l'Afrique portugaise de Madagascar. Les avions postaux Paris-Tananarive auront à le franchir dans sa partie la plus étroite, le point de départ du côté africain se trouvant entre les îles d'Angoche et Mozambique, et la côte malgache devant être atteinte entre Tambohorano au Sud et le Cap Saint-André au Nord. Cette zone maritime est sujette à des perturbations atmosphériques qui peuvent rendre le vol impossible pendant plusieurs jours consécutifs. Les troubles aériens sont plus fréquents au début et à la fin de la saison des cyclones tropicaux de l'Océan Indien, qui s'étend normalement de fin novembre à fin avril.

La considération d'un front de mousson peut rendre intelligibles des manifestations difficiles à expliquer sans cette intervention.

On sait que le courant général dit d'alizé domine à Madagascar pendant la totalité de la saison fraîche, et qu'il est encore perceptible sur la plus grande partie de l'île en saison chaude. Cette masse d'air froid aborde la côte d'Afrique sous forme de coin, descendant de l'Est vers l'Ouest ; c'est une discontinuité que jalonnent en altitude les altocumulus d'Ouest, seuls indices jusqu'ici d'un contre-alizé irrégulier.

Le changement de mousson aux Indes est manifesté par l'établissement d'une mousson de Nord-Ouest qui envahit l'Océan Indien vers le 10e degré de latitude Sud. Quelle que soit l'influence de ce front pour la formation des cyclones tropicaux, son action se révèle nettement dans la partie Nord du Canal de Mozambique, en y comprenant les îles Comores et le Cap Saint-André. Des phénomènes d'ordre thermique interviennent, tant sur la côte de Zanzibar à Mozambique que sur le littoral Nord-Ouest de Madagascar, pour accentuer l'intervention de brises de mousson soufflant de Nord à Nord-Ouest.

La ligne de discontinuité entre ce front chaud et les pointes du front d'alizé évolue sur le Canal dès la fin novembre. Elle joue son rôle dans la formation des grains orageux jusque sur les hauts plateaux de Madagascar. Une invasion du front de mousson vers le Cap Saint-André ou au delà du Cap sera marquée par une baisse barométrique étendue, accompagnant sur la grande île des vents de Sud-Ouest à Nord-Ouest.

Sur le Canal le front de mousson peut rester à peu près stationnaire, pendant plusieurs jours ; parfois huit, parfois dix. Le ciel est alors couvert, la visibilité médiocre ou nulle, les grains de pluie fréquents et abondants. Ces phénomènes dont on a fait l'apanage des calmes équatoriaux, s'accompagnent, lorsqu'ils jalonnent le front de mousson, de vents variables en force mais atteignant fréquemment l'intensité 8 à 9 de l'échelle de Beaufort, soit en somme de vrais coups de vents. Du front quasi stationnaire de la mousson se détachent ce que, faute d'un terme plus précis, nous appellerons des bourrasques. On les comparerait volontiers à des noyaux de dépression dont elles ont la forme sur les cartes d'isallobares. Elles présentent comme les noyaux la particularité de se succéder en familles de trois ou quatre, souvent trois, et de s'échelonner en latitude, la première en date descendant plus loin vers le Sud-Est. Des cyclones tropicaux elles auraient les dimensions restreintes, et la lenteur de progression avec des trajectoires à peu près rectilignes vers le quadrant Sud-Est.

La période complète la plus fréquemment observée a été de 3 jours à 3,5.

A Madagascar, on considère ces bourrasques comme des cyclones faibles. En réalité, leur violence ne dépasse pas celle d'un coup de vent sérieux, mais cela suffit pour troubler non seulement le cabotage à voiles, mais encore et surtout les manipulations de marchandises opérées dans des rades mal abritées.

Jusqu'à la disparition du dernier représentant de la famille, l'agitation reste assez forte entre les Comores Majunga et le Cap Saint-André pour entraver considérablement ou même empêcher toute tentative de vol au-dessus du Canal.

On croit pouvoir aussi rapprocher ces phénomènes de ceux qu'ont signalés maintes fois les météorologistes des Indes à propos des changements de mousson.

L'arrivée sur le Canal de Mozambique d'un véritable cyclone tropical n'est pas chose exceptionnelle, mais cependant beaucoup plus rare.

La coexistence d'un front de mousson et d'un front d'alizé sur l'Océan Indien est connue depuis longtemps, et V. Bjerknes a discuté les conditions de stabilité de cette discontinuité semi-permanente en saison chaude. L'étude des situations quotidiennes montre bien que des vagues successives le long de cette ligne engendrent ici des dépressions fréquentes. On ne peut songer ici à en étudier les caractéristiques qui diffèrent à la fois de celles des cyclones tropicaux proprement dits comme aussi des cyclones ou dépressions des régions tempérées. Mais dans plus d'une de ces manifestations, consécutives à une invasion de front chaud, nous avons cru observer ces cyclones stationnaires ou à peu près stationnaires, relativement nombreux dans les statistiques anciennes de Meldrum et qu'on ne semblait pas avoir retrouvés depuis lors.

E. ROTHÉ
Doyen de la Faculté des Sciences de Strasbourg

ÉTUDE SUR L'ARRIVÉE DES ONDES RAYLEIGH A GRANDE COMPOSANTE VERTICALE

Lorsqu'on examine l'inscription fournie par un séismographe vertical, on est frappé immédiatement par la différence d'aspect qu'elle présente avec celle des appareils horizontaux, et il ne s'agit pas ici seulement des divergences dues à la différence des périodes ou des amortissements que montre la théorie du pendule. Le plus souvent, sauf dans quelques cas exceptionnels comme celui de l'Islande où les impulsions P et surtout S correspondent à de fortes amplitudes verticales, les vibrations verticales demeurent très faibles jusqu'après l'arrivée des longues ondes et c'est alors seulement que se présentent les composantes verticales plus ou moins accusées. Aussitôt après commencent des séries de maximums plus ou moins espacés, rappelant souvent à s'y méprendre les phénomènes de battements fournis par les diapasons ou les interférences de mouvements périodiques quelconques. J'insiste sur le fait que les maximums ne correspondent pas exactement à ceux des composantes horizontales.

Je me suis proposé d'étudier ces ondes à composante verticale très développée, d'indiquer à quel moment elles apparaissent, de rechercher si elles correspondent à une vitesse de propagation propre. Il est bien entendu qu'il s'agit ici d'ondes de Rayleigh, car les ondes de Love qui ouvrent le cortège des longues ondes, n'ont pas de composante verticale ; mais il y a parmi les ondes dites de Rayleigh tout un spectre de vibrations.

J'indiquerai immédiatement les conclusions auxquelles j'ai été conduit et que je résumerai comme il suit :

Il semble que la plupart des séismes étudiés et provenant des Océans Pacifique et Atlantique, présentent une phase particulière qu'on pourrait désigner par la lettre V, exprimant par là qu'elle est caractérisée par la grandeur de la composante verticale du mouvement vibratoire. La vitesse de propagation est inférieure à celle généralement admise pour les longues ondes ; elle dépasse à peine 3 km. (de 3,1 à 3,2). Ces ondes sont bientôt suivies d'autres trains analogues qui interfèrent avec les premiers en produisant des battements nettement caractérisés. Il est utile d'envisager les vitesses apparentes de ces ondes, c'est-à-dire les vitesses qu'elles auraient si elles émanaient du foyer à l'heure origine, directement et sans complication aucune. Eh bien, les vitesses de propagation apparentes qui correspondent à ces trains de battements, se retrouvent, pour les séismes issus d'une même région, mais elles ne peuvent renseigner que d'une manière imparfaite sur la vitesse *véritable* de propagation.

Cette vitesse varie en effet d'une région à l'autre, et aussi d'une station d'observation à l'autre.

J'ai communiqué au Congrès Pan-Pacifique et je développerai ultérieurement les hypothèses qui permettent d'expliquer ces faits, mais je voudrais mettre les membres du Congrès au courant des faits d'observation, indépendamment de toute hypothèse en publiant quelques exemples des nombreux dépouillements que j'ai effectués.

Dans le tableau ci-dessous figurent la date du séisme donné comme exemple, l'heure origine, les coordonnées de l'épicentre, la distance à Strasbourg, la durée de trajet, la période apparente et la vitesse apparente. C'est surtout sur le train d'onde où les interférences apparaissent (vitesse soulignée) que l'attention est appelée d'une manière en quelque sorte qualitative, et non sur l'époque précise de tel ou tel maximum. Aussi n'ai-je pas fait les corrections *de retard* entre le mouvement du pendule et celui du sol. La suite de ce travail montrera que l'époque de ces maximums ne présente peut-être pas autant d'intérêt qu'on se l'était généralement figuré jusqu'ici.

Date	Région	Epicentre	Heure origine	Distance	Heure	Durée de trajet	Période	Vitesse apparente km
26 Juin 1924	Nlle-Zélande	159°N 49° S	1^h37^m	18000	3^h17^m	1^h45^m	18	3,
Séismogramme très caractéristique des battements de l'Océan Pacifique.								
24 Juil. 1924	Nlle-Zélande	159°N 49° S	$4^h55^m19^s$	18000	6^h31^m	$1^h35^m40^s$	21	3,13
Inscription plus faible mais mêmes caractères avec nombreux trains à faible intensité.								
14 Avr. 1924	Philippines	159°N 49° S	$16^h20^m38^s$	11070	17^h22^m	$1^h01^m20^s$	21	3,01
Les interférences commencent pour une vitesse apparente de 3 km environ.								
3 Mai 1925	Célèbes	159°N 49° S	$17^h21^m40^s$	11450	18^h23^m	$1^h01^m20^s$	21	3,07
Il y a ensuite des maximums à courte période.								
25 Janv. 1926	Iles-Salomon	158°5E 10° S	$0^h36^m10^s$	15500	1^h59^m	$1^h14^m50^s$	24	3,12
Les trains de maximums se succèdent pendant plus de deux heures ; les premiers à battements nets apparaissent avec une vitesse un peu supérieure à 3.								
18 Janv. 1925	Kouriles	155°E 52° N	$12^h05^m55^s$	8660	12^h53^m	12^h53^m	27	3,07
Même au début des longues ondes il y a de fortes impulsions verticales.								
20 Fév. 1925	Kouriles	155°E 49° N	$1^h00^m10^s$	8870	1^h51^m	50^m50^s	28	2,91
Au débuts des ondes L il y a un train très caractéristique correspondant aussi à de grands battements horizontaux.								
1er Fév. 1925	Kouriles	152°E 47° N	$5^h24^m32^s$	8920	5^h24^m	48^m	21	3.09
Beaucoup de trains très nets.								

Plusieurs autres séismes des Kouriles conduisent à la vitesse 2,9 environ, en tous cas inférieure à 3 km.

L. WELTER

SUR L'ORGANISATION DE LA PROTECTION MÉTÉOROLOGIQUE DE LA NAVIGATION AÉRIENNE EN AFRIQUE OCCIDENTALE FRANÇAISE.

FAVROT
Chef du Poste météorologique de Lyon-Bron

ET

Mlle BELLEMIN

RÉSULTATS DU DÉPOUILLEMENT DES SONDAGES AÉROLOGIQUES A LYON-BRON

Introduction

Les sondages aérologiques utilisés pour ce travail ont été effectués du 1er septembre 1920 au 31 août 1929, à Bron (près Lyon), latitude 45°44' Nord longitude Greenwich 4°56' Est, altitude 200 mètres.

Au nombre de 9.000 environ et exécutés pour la plupart avec des ballons de 150 grammes de force ascensionnelle, les autres avec des ballons de 18 grammes, ils ont été dépouillés de 100 en 100 mètres de 0 à 2.000 mètres, puis de 200 en 200 mètres jusqu'à 5.000 mètres. (Altitudes au-dessus de Bron.)

Résultats

A. — Au point de vue de la fréquence des directions :

1° Dans les basses couches (inférieures à 1.000 mètres), prédominance des directions Nord (35 %) et Sud (25 %). La fréquence de la direction Nord est maximum pendant l'été au détriment de celle du Sud. Celui-ci prédomine pendant les saisons troublées, printemps et automne.

2° A partir de 1.000 mètres, c'est la direction Ouest (10 % à cette altitude), qui prend de l'importance. Elle s'accroît au fur et à mesure que l'on s'élève (18 % à 2.000 mètres, 26 % à 5.000 mètres), au détriment des directions Nord et Sud (respectivement 19 % et 16 % à 2.000 mètres, 14 % et 6 % à 5.000 mètres). A noter au point de vue « saison » que l'été semble être la période de prédilection des vents Ouest : on devait d'ailleurs s'en douter, car, à cette époque, nous nous trouvons plus généralement sous un régime anticyclonique. Cette même remarque s'applique également pour les mêmes motifs à la prédominance Nord dans les basses couches.

3° La direction Nord-Ouest, fait assez curieux, croît très lentement avec l'altitude, mais très régulièrement (11 % à 100 mètres, 13 % à 1.000 mètres, 15 % à 3.000 mètres et 20 % à 5.000 mètres).

4° La direction Sud décroît rapidement à partir de 3.000 mètres (12 %), accusant 8 % à 4.000 mètres et 6 % à 5.000 mètres.

5° La zone de fréquence faible, dans les basses couches, autour du point Ouest (3 à 5 %), peut s'expliquer partiellement par la topographie : la position de Bron, à l'Est des Monts du Lyonnais, et même, plus au large, du Massif Central, favorise certainement les composantes Nord et Sud au détriment de l'Ouest. De ce fait, à Lyon déjà, l'influence de la Méditerranée est considérable.

6° Plus curieuse est la plage de fréquence faible (3 à 5 % également), à toutes altitudes d'ailleurs, des directions Nord-Est et Est.

B. — Au point de vue de la vitesse :

1° La vitesse maximum est schématisée de la façon suivante. Une zone de 36 kmh, direction Sud, s'établit à 400 mètres et se prolonge à 2.000 mètres, très resserrée entre des valeurs sensiblement inférieures (maximum absolu de 41 kmh à 1.000 mètres, toujours Sud). De 2.000 à 3.800 mètres, cette zone s'incurve au Sud-Ouest, altitude à laquelle elle s'élargit rapidement, puis progressivement (4.000 à 5.000 mètres), s'étendant de Sud-Ouest à Ouest et Nord-Ouest, avec nouveau maximum de 41 kmh, Ouest, à 5.000 mètres.

2° Dans les basses couches, une zone de vent très faible, vers Est (10 km/h) et faible vers Ouest (15 km/h) est à remarquer également. Une bande inférieure à 22 km/h s'étend même, à Est, jusqu'à 3.500 mètres, contrebalançant, pour ainsi dire, la zone de vent fort du Sud, puis Sud-Ouest.

3° Le graphique « hiver » révèle, à toutes altitudes, et suivant toutes les directions, une vitesse sensiblement supérieure à celle des trois autres saisons.

4° D'une façon générale, le vent à vitesse minimum affecte à toutes altitudes, les régions Nord-Est à Sud-Sud-Est, et la zone de 0 à 2.000 mètres de Ouest-Sud-Ouest à Nord-Nord-Ouest. Les vents forts sont l'apanage des directions Nord et Sud, celle-ci surtout ; de 2.000 à 4.000 mètres, valeurs sensiblement égales (30 km/h) à Nord, Sud et Ouest ; au-dessus, prédominance de la vitesse autour du secteur Ouest (41 km/h).

Conclusion

1° Le rapprochement des isoplèthes « fréquence » et « vitesse » est assez curieux : les zones de moindre fréquence coïncident avec celles de vitesse minima, celles de fréquence élevée avec celles de vitesse maxima. Toutefois, dans les basses couches, la direction Sud qui prédominait en « vitesse » laisse le premier rang à la direction Nord qui l'emporte en « fréquence ».

2° L'augmentation de la vitesse du vent (avec l'altitude se révèle conforme aux théories : rapide sous la couche de 0 à 500 mètres (respectivement 14 et 22 km/h), beaucoup plus lente au-dessus, 27 km/h à 2.000 m., 33 km/h à 5.000 mètres. L'augmentation est minimum pour les vents faibles au sol. Vue dans son ensemble, elle est maximum en « automne » et « hiver » (23 km/h de différence entre 0 et 5.000 mètres), minimum, 16 km/h seulement au « printemps » et en « été ».

3° La direction Sud affecte, en vitesse, plus encore qu'en direction, une allure tout à fait spéciale puisqu'elle décroît à partir de 1.000 mètres. (Sondages avec diminution de la vitesse du vent, « Météorologie », septembre 1927).

4° On peut admettre, semble-t-il, que le vent moyen pour l'année (fréquence et vitesse moyenne par direction), déterminé par cette étude correspond exactement à celui du Lyonnais, car les résultats calculés séparément sur 3, 6 et 9 années n'offrent pas de différences appréciables.

Léon AUFRÈRE

LES DUNES ET LES VENTS DU SAHARA

Nous connaissons mal le vent qui a modelé les dunes sahariennes et il nous a semblé que les dunes pouvaient plutôt nous renseigner sur le vent que le vent sur les dunes. C'est pourquoi nous avons abordé le problème sous cette forme : quelle est la contribution que le modelé dunaire peut apporter à la connaissance de la circulation atmosphérique au-dessus du Sahara ?

Les dunes continentales les mieux étudiées sont celles des régions tempérées, soumises aux *Westerlies*. Le sable est humide, les formes sont plus ou moins fixées par une série d'associations végétales. La forme élémentaire est la *dune parabolique* qui paraît dériver de la *caoudeyre* ou cuvette allongée dans le sens des vents dominants. Le côté, soumis à l'érosion dessine une courbe concave vers l'Ouest, du côté au vent ou côté amont. Le côté soumis à l'accumulation (côté sous le vent ou aval) est convexe vers l'Est. La pente de l'aval est celle du talus d'équilibre du sable. La pente de l'amont est parfois très forte, elle est presque à pic dans certaines caoudeyres de Picardie, quand la partie supérieure du sable est retenue par la végétation ; elle est moins forte que celle de l'aval dans les dunes de Pologne.

La dune parabolique évolue de la forme en croissant vers la forme en U. L'érosion est plus forte dans la boucle opposée au vent que dans les ailes, parallèles à la direction du vent. Les ailes s'allongent avec le sable pris à la boucle qui s'amincit et finit par se rompre. A la dune parabolique succèdent alors deux *crêtes de sable* qui sont parallèles au vent dominant et dont les versants deviennent à peu près symétriques si une direction secondaire ne les modifie pas.

Dans l'Europe Occidentale, les crêtes longitudinales sont presque toujours bouclées. L'humidité du sol et de l'air favorise le développement de la végétation qui arrête l'évolution de la dune avant la rupture de la boucle. Mais dans l'Europe Orientale où le sable est plus sec, les chaînes non bouclées ne sont pas rares.

Ces dernières dispositions annoncent déjà la structure des ergs sahariens. Ils sont le plus souvent constitués par de grandes chaînes que nous assimilons provisoirement aux dunes longitudinales de l'Europe Orientale. Ce sont les *draas* ou bras (d'erg).

Ils sont orientés à peu près NW ou NNW au Nord, dans les slassels détachés de l'Erg Oriental et dans le Nord de l'Erg Occidental. Ils passent à la direction N, puis NNE, puis NE, et même ENE, dans les dunes mortes du Soudan.

Cette conversion vers le Sud puis vers l'Ouest paraît s'étendre à tout le Sahara Central et Occidental, mais elle est beaucoup moins complète dans le Sahara Oriental et dans le Désert Libyque. Dans leur ensemble, les trajectoires suggérées par les grandes chaînes s'emboîtent convenablement sur celles qui sont indiquées par les cartes de la Deutschen Seewarte au-dessus de l'Atlantique, sur le versant oriental de l'anticyclone des Açores, mais avec une tendance à étendre leur rayon de courbure et à se maintenir entre N et NW, dans les déserts de l'Egypte et de l'Arabie, peut-être sous l'influence des tendances dépressionnaires qui se tiennent pendant une grande partie de l'année sur le Nord de l'Océan Indien ou sur l'Asie méridionale. Sur les pentes Nord-Orientales de l'anticyclone des Açores, les cartes de la Deutsche Seewarte suggèrent un passage graduel des Westerlies aux Alizés qui concorde avec la courbure concave vers le SW des grandes chaînes de sable du Sahara Algérien. Cette conversion vers le Sud s'accorde, semble-t-il, assez bien avec les théories de Bjernes relatives aux invasions d'air polaire dans la zone tropicale qui exigent des brèches dans la ceinture des hautes pressions subtropicales. Celles-ci paraissent en effet présenter des solutions de continuité presque stationnaires, saisonnières ou permanentes.

La circulation océanique paraît susceptible d'expliquer la dissymétrie climatique qu'on a depuis longtemps remarqué au-dessus des océans. Dans les zones tropicales et subtropicales, les courants froids sont à l'Est, et les courants chauds à l'Ouest. Sur l'Atlantique, au-dessus des eaux refroidies par le courant des Canaries, se tiennent les anomalies thermiques négatives et les anticyclones des Açores ; au-dessus des eaux chaudes de l'Atlantique Occidental, se tiennent des anomalies thermiques positives et des tendances dépressionnaires où circulent les cyclones des Antilles et de la Floride.

Sur les pentes occidentales de l'Anticyclone des Açores, l'air va de la zone tropicale vers la zone tempérée en suivant des trajectoires concaves vers l'Est tandis que sur le versant oriental, l'air de la zone tempérée irait vers la zone tropicale en suivant des trajectoires concaves vers l'Ouest ou le SW, depuis la Mer des Canaries jusque dans les déserts de l'Egypte et peut-être même de l'Arabie. Cette circulation, esquissée autrefois par de Tastes, se trouve confirmée par la direction des grands chaînes de sable ; elle explique le désert. Dès que sa trajectoire présente une composante Nord suffisamment accentuée, l'air pénètre dans des régions où la radiation diminue et il devient desséchant. Cette chose immense, presque indifférenciée qu'est le plus grand désert de la Terre, doit être une chose simple, en rapport avec une cause simple : *le Sahara est l'œuvre de l'alizé.*

Ces réflexions sont confirmées par la direction des chaînes dans les continents austraux. Dans l'Afrique Australe, d'après les cartes du Topographical Survey, elles sont SSE au S, dans les déserts du Moyen Orange et d'après Passarge, E-W au N., dans les ergs morts de l'Omahéké, et SE à l'Est, dans le Barotséland. Elles suggèrent une courbure symétrique de celle du Nord-Africain, par rapport à l'Equateur. Dans l'Australie, les chaînes ont généralement une orientation ESE, conforme à celle de l'alizé austral. En somme, la direction des chaînes de sable permet d'apporter à l'étude de la Météorologie Saharienne une contribution qui s'accorde avec la circulation atmosphérique générale.

Mais la grande chaîne parallèle au vent n'est pas la seule forme qui se trouve réalisée au Sahara. La forme commune, élémentaire est la *vague de sable,* perpendiculaire aux vents dominants et dissymétrique comme les vagues de la mer (cf. Rolland), la pente la plus forte se trouvant du côté sous le vent (ou du côté aval, par rapport au vent). L'altitude relative est en général bien inférieure à celle des chaînes longitudinales, elle peut aller de quelques mètres à vingt ou trente mètres tandis que les chaînes ont des sommets atteignant jusqu'à 200 et peut-être 300 mètres. Elles sont généralement sinueuses et festonnées. La convexité des festons se trouve, du côté du vent, comme dans les barchanes. Celles-ci ne sont d'ailleurs que des vagues de sable dont les ailes sont repliées du côté sous le vent parce qu'elles ont une faible extension latérale.

Les vagues de sable ont une crête aiguë et recourbée suivant l'allure des festons et on leur donne le nom de *sif* (pluriel *siouf*) qui signifie lame de sabre. Leur dissymétrie et la disposition de leurs festons sont susceptibles de fournir des indications météorologiques précises quand on n'a affaire qu'à des formes transversales simples.

Quand les vagues sont longues, serrées, à peu près parallèles, on a une *mer de sable* qui paraît se compliquer en évoluant. Les segments les plus volumineux marchent moins vite que les autres ; leur résistance donne lieu à des surcreusements dans les intervalles interdunaires et à des accumulations compensatrices sur les vagues qui deviennent « *pitonnantes* ». De la mer de sable émergent peu à peu des collines de sable à l'arrière desquelles le vent paraît accumuler le sable en crêtes symétriques et parallèles au vent. Celles-ci forment avec les vagues un réseau conjugué, de formes longitudinales et transversales qu'une vue zénithale permet de distinguer par la présence ou l'absence de symétrie pourvu qu'une direction secondaire ne vienne pas modifier les profils.

Quand les collines naissantes se nourrissent, elles se développent en hauteur et en largeur, elles peuvent annexer les crètes et même les vagues voisines qui s'élèvent dans un mouvement d'ensemble. L'édifice complet présente du côté amont, des facettes d'érosion ou *rhoraffas* (=chaudron) qui rappellent par leur nom et par leur forme les *caoudeyres* (=chaudières) des Landes de Gascogne, et du côté aval, un chevelu de siouf symétriques parallèles au vent dominant. Sa masse présente une résistance qui le rend pratiquement immobile. Le vent creuse autour de lui comme autour d'un rocher ou d'un arbre situé au milieu des sables. La colline ou la montagne de sable accentue peu à peu son individualité et son isolement. Le sable se tasse et devient plus compact, capable de prendre une pente de plus en plus forte surtout du côté au vent où la stratigraphie est plus ancienne. *La dissymétrie originelle a alors une tendance à se renverser.* En voie de réalisation, semble-t-il, dans la région de la Saoura, ces formes paraissent très évoluées dans le NE de l'Erg Oriental où les rhourdes ont leurs rhoraffas au NW et leurs chevelu de siouf au SE. Ceux-ci sont orientés NW et nous les considérons comme des formes d'accumulation constituées sous le vent du rhourd. L'édifice aurait été construit par des vents de NW comme les slassels et les draas qui se trouvent à l'Ouest, sous le même parallèle.

Enfin, il arrive que les segments de crêtes et les segments de vague qui se touchent prennent un égal développement. On a alors un élément morphologique nouveau, une chaîne présentant en plan une disposition en échelons, en zigzags, en bâtons brisés. Le vent arrondit les angles et la chaîne plus ou moins sinueuse peut être ramenée dans la cartographie à une direction moyenne, oblique par rapport aux vents dominants mais capable de suggérer une direction importante qui n'existe pas dans la rose anémométrique et qu'il faut éliminer. Mais cette structure, quand elle est systématique, peut s'expliquer par l'intervention d'une direction secondaire qui se trouve peut-être inscrite de cette manière dans les grands draas occidentaux de l'Erg Oriental, mais qui ne s'écarte pas beaucoup de la direction générale observée.

La conversion des grandes chaînes du NW au NE ne s'effectue d'ailleurs pas régulièrement dans toutes les parties du Sahara Algérien. Dans le Grand Erg Oriental, il y a une véritable intersection entre les chaînes NW ou NNW et les chaînes N, NE ou NNE. Ce brusque changement de direction se produit vers le 31e parallèle, il pourrait peut-être s'expliquer par une limite entre deux directions saisonnières prépondérantes.

Pendant les périodes humides antérieures, les oueds ont certainement coulé dans des régions occupées aujourd'hui par des dunes. Pendant les périodes sèches, les vallées ont pu être suivies par le vent et devenir des gassis. Le Gassi Touil paraît être l'ancienne vallée de l'Igharghar élargie par l'alizé du Nord. Il est probable que les vallées quaternaires se comportent souvent aujourd'hui comme des dépressions antécédentes qui ont survécu aux conditions géographiques dans lesquelles elles se sont constituées. Le climat désertique actuel leur permet de prendre peu à peu les caractères morphologiques des vallées éoliennes pures, mais en gardant leur orientation primitive, qui n'a rien à voir avec celle des vents. Il y a dans les ergs sahariens une masse de documents météorologiques qui ont leur intérêt et leurs difficultés, tout comme les hiéroglyphes du désert. Pour les déchiffrer, il faudrait certainement aller les voir, il faudrait circuler dans les dunes, surtout audessus d'elles. L'exploration aérienne serait peut-être la plus simple et la plus fructueuse ; elle permettrait, semble-t-il, de réaliser rapidement des synthèses sur le terrain même et d'avoir devant soi le plan d'ensemble, plus instructif et plus facile à interpréter que la foule un peu confuse des formes mineures qui gêne l'observateur circulant dans les sables.

Il faudrait surtout avoir une documentation photographique abondante, répartie sur des points convenablement choisis et garnissant des étendues assez grandes pour qu'on puisse avoir des édifices et des groupements complets. Nous demandons du zénithal et rien que du zénithal qui réduit l'équation personnelle à son minimum. L'échelle devrait être assez grande, comprise entre le 1:5.000 et le 1:10.000, et l'éclairage devrait pouvoir permettre de voir les détails dans les ombres et éviter de confondre les ombres propres avec les ombres portées. Jointe au remarquable ensemble cartographique que nous devons au Service Géographique de l'Armée, une bonne documentation photographique rendrait certainement très fructueuses des recherches qui peuvent faciliter les prévisions météorologiques de l'Afrique du Nord et être utilisées dans l'organisation des voies ferrées et des voies aériennes qu'on se propose d'établir sur le Sahara.

TROISIÈME GROUPE

SCIENCES NATURELLES

8e section

GÉOLOGIE ET MINÉRALOGIE

Président. . . . . M. DALLONI, Professeur à la Faculté des Sciences d'Alger.

Secrétaire. . . . . M. Louis GLANGEAUD, Assistant de Géologie à la Faculté des Sciences de Bordeaux.

Gaston ASTRE

Chargé de Cours de Géologie à la Faculté des Sciences de Toulouse.

SUR UN AGRIA DU LIBAN

En 1913, Henri Douvillé décrivait et figura, sous le nom d'*Agria marticensis* D'ORBIGNY, un *Agria* de l'Aptien du Liban (1) : « Alleih, au-dessous de la ville, au point où la route carrossable de Damas se rapproche le plus du chemin de fer ; un échantillon d'*Orbitolina conoidea* adhère à la valve supérieure. »

Stratigraphiquement, cette détermination appelle des commentaires. Le type de cette espèce caractérise l'Urgonien d'Orgon, de Brouzet. de Merlingen et autres lieux. Il a toujours été considéré comme un bon

(1) DOUVILLÉ (Henri). Sur quelques Rudistes du Liban et sur l'évolution des Biradiolitinés. 1913. *Bull. Soc. Géolog. France*, 4e *série*, t. XIII, pp. 410-411, pl. IX, fig. 4 *a*, 4 *b*.

fossile de niveau. Aussi pouvait-on être étonné de le voir signalé dans un étage plus jeune, à l'Aptien, sans aucune remarque sur l'extension stratigraphique de l'espèce.

Non qu'il faille envisager les Rudistes à test mince comme des critériums toujours absolus pour l'identification des terrains ! Anatomiquement moins évolués que ceux à test épais, ils ne sauraient en général leur être assimilés, quant à la précision qu'ils apportent à la chronologie géologique. Les formes minces du Crétacé supérieur notamment sont assez peu caractérisées. Mais pour dénier à un *Agria* l'exclusivité d'un étage, faut-il encore que ce soit le résultat de constatations directes. S'il en est un qui jusqu'ici paraisse se comporter en fossile de niveau, c'est bien *Agria marticensis.*

Paléontologiquement, l'*Agria* d'Aleih appartient en effet à une forme spéciale, que nous désignerons sous le nom d'*Agria libanica nov. sp.*. en renvoyant comme figuration-type à celle qui a été publiée de ce Rudiste en 1913.

Espèce de taille plutôt petite, à test très mince, à ornementation peu accusée. — Valve inférieure, courte, pyramidale. Les plis, en dehors des zones siphonales, sont très atténués : en avant du sillon ligamentaire, existent deux ou trois plis peu sensibles, puis un pli ventral V plus net, mais pourtant faible en comparaison de son importance habituelle. Les zones siphonales et l'interbande occupent le quart de la périphérie et présentent donc un grand développement. La zone siphonale E correspond à un pli tronqué, large et saillant. L'interbande dessine un sillon fort, anguleux et très excavé. Quant à la zone siphonale S, elle forme aussi un large pli, peu tronqué et presque aigu, saillant, mais moins important que la première zone E. Dans la région des aires siphonales, le contour est donc irrégulier et très anguleux, tandis qu'il est nettement arrondi du côté cardinal. — Valve supérieure excavée, avec une ornementation complémentaire de celle de la valve inférieure ; on y observe deux bandes déprimées correspondant aux zones siphonales et une côte saillante pour l'interbande.

D'*Agria marticensis*, cette forme diffère par de nombreux caractères, et cela se voit fort bien dans la description même et dans les figures publiées par H. Douvillé.

1) La taille est plus petite, en moyenne d'un tiers, souvent de moitié ;

2) L'ornementation externe est bien plus atténuée. surtout pour le pli ventral V et pour les côtes aiguës qui le précèdent ;

3) Les zones siphonales correspondent à un pli très saillant, tronqué et même, dans S adulte, non tronqué ; chez *A. marticensis*, elles sont constituées, au contraire, par une dépression entre deux petites côtes ;

4) L'interbande entre les zones siphonales est très large, anguleuse, profonde, au lieu d'être étroite et à peine excavée ;

5) Aires siphonales et interbande occupent environ le quart de la périphérie, tandis qu'elles en occupent le sixième chez *A. marticensis*, où ces aires sont par conséquent bien plus petites et plus rapprochées ;

6) Le contour ne possède pas l'aspect quadrangulaire qu'il présente chez *A. marticensis*, avec un côté plan pour la région cardinale : celle-ci est au contraire très régulièrement arrondie dans la forme libanaise.

De tous ces caractères différentiels, le premier, celui de la taille moindre, peut être dû aux conditions de milieu. Il faudrait disposer de nombreux exemplaires pour voir sa constance et en faire un attribut de la mutation.

Le deuxième, l'atténuation des côtes, correspond à une variation peu importante. Matheron a décrit, autour de l'espèce *marticensis*, un certain nombre d'espèces, telles que *tetragona*, *mutans*, *abbreviata*, *pulchella*, *carinata*, reposant sur l'existence de côtes plus ou moins nombreuses et saillantes et ne se rapportant guère qu'à des variations individuelles ou locales.

Mais les autres caractères affectent les attributs les plus fondamentaux des *Agria*. C'est Douvillé lui-même qui a eu le mérite de préciser les dispositions afférentes dans *A. marticensis*, et sous ces rapports on n'observe pas de variations dans l'espèce.

Aussi, même si la forme du Liban était du même étage et à plus forte raison si elle est d'un étage différent, elle ne peut être assimilée à *A. marticensis*.

Géographiquement enfin, la confusion de ces deux formes pouvait en entraîner une dans les affinités régionales. Les diverses provinces zoologiques du Bassin méditerranéen, au cours du premier tiers des temps crétacés, n'étaient certainement pas isolées par des seuils infranchissables ou farouchement individualisées par des milieux particuliers. Nombreuses s'établissaient de l'une à l'autre les communications, dont témoigne la vaste extension des bons fossiles mésogéens. Mais soit dans les associations faunistiques, soit par convergence, soit par prédominance de certaines dispositions anatomiques, la population animale de chacune de ces provinces possédait un « air de famille ». C'est dans les régions orientales ou nord-africaines, et non dans le domaine plutôt pyrénéen ou provençal d'*A. marticensis*, qu'il faut chercher au Crétacé inférieur et moyen les Rudistes dont les sinus rappellent ceux de l'*Agria* du Liban.

Léon AUFRÈRE

LES FORMATIONS CONTINENTALES ÉOCÈNES DU BERRY ORIENTAL ET MÉRIDIONAL (CALCAIRE LACUSTRE ET SIDÉROLITHIQUE DES AUTEURS) ET LEUR SIGNIFICATION MORPHOLOGIQUE.

Les formations continentales du Berry ont été jusqu'ici séparées en deux groupes, les *calcaires lacustres* rapportés au Ludien-Bartonien et le « *Sidérolithique* », attribué à des venues éruptives et hydrothermales, ou à des phénomènes d'alluvionnement et d'altération superficielle. Nos observations nous ont montré, entre les deux termes, une série de transitions permettant de ramener à l'unité un ensemble extrêmement polymorphe.

1° Au Nord du Massif Central, on trouve des *cailloutis*, des *graviers* et des *sables grossiers*, emballés dans une gangue argileuse, siliceuse ou silico-argileuse et assez souvent consolidés en *grès* et en *poudingues*. La gangue contient des feldspaths généralement kaolinisés mais conservant aussi parfois leur éclat et leurs clivages, sans aucune trace d'altération. Les cailloux sont habituellement en quartz filonien, mais il y a aussi des galets de roches cristallophylliennes. Cet ensemble clastique provient du Massif Central ; le calibre des éléments constituants va généralement en diminuant vers le Nord et l'état des feldspaths comme la présence des galets de roches cristallines ou cristallophyliennes prouve qu'ils ne proviennent pas d'une arène de décomposition, mais de la désagrégation d'une roche fraîche par une hydrographie puissante ou subitement rajeunie.

2° A Verneuil et à Thevet-Saint-Julien, les formations précédentes sont associées à des *couches* en apparence *argileuses*, tantôt blanches ou grises, tantôt verdâtres, ocreuses ou rougeâtres. Le phénomène sidérolithique commence avec les teintes verdâtres qui tournent au rouge pendant la cuisson. Dans les zones blanches ou grises, la roche se ramène essentiellement à une poussière feldspathique plus ou moins kaolinisée, d'une composition minéralogique analogue aux formations précédentes mais supposant un milieu sédimentaire continental plus tranquille, fluvio-lacustre, marécageux ou lagunaire. Les colorations rouges permettent de supposer une décomposition préalable des silicates ferro-magnésiens, mais la conservation des éléments argileux porte à croire que l'altération n'a pas été poussée jusqu'à la latérisation.

3° Les argiles sont parfois chargées de *fer disséminé* dans la masse, *ou concentré en pisolithes* impliquant un dépôt en eaux relativement tranquilles, mais presque toujours la présence de grains de quartz dans la gangue permet de relier les formations ferrugineuses pisolithiques aux dépôts clastiques précédents. D'autre part, les pisolithes sont tantôt emballés dans une gangue de calcite largement cristallisée, tantôt disséminés dans le calcaire lacustre et l'on passe insensiblement du minerai de fer en grains au *calcaire à Planorbes et à Limnées* (Mehun-sur-Yèvre). Souvent, les couches rouges argileuses passent latéralement aux calcaires blancs par l'intermédiaire de zones marneuses, ocreuses ou verdâtres, ou par des digitations qui s'éteignent graduellement. Dans une même carrière, on rencontre souvent, sur la même verticale, plusieurs récurrences argileuses et ferrugineuses sous forme de lentilles qui s'allongent dans les calcaires. A Lys-Saint-Georges, ces calcaires contiennent des grains de quartz roulés qui les relient aux formations détritiques voisines.

4° Dans les calcaires, la *silice* d'origine chimique (ou organique), constitue des lentilles compactes ou des masses caverneuses donnant des meulières par décalcification. Elle est alors grise ou blanche et présente un éclat vitreux ou subvitreux. Associée aux roches argileuses, elle donne lieu à des *accidents siliceux* colorés comme les argiles et auxquels on a donné le nom d'*argilithes*. Suivant la teneur en silice ou la forme prise par elle, ils sont mats, terreux, cannelés à la surface ou bien brillants, vitreux, à cassure conchoïdale et assez durs pour avoir été taillés par les populations Paléolithiques. Les uns et les autres peuvent servir de ciment aux éléments clastiques et constituer des brèches et des poudingues plus ou moins résistants.

A la Cote du Grand-Bois (Vicq-Exemplet), un poudingue de ce genre, utilisé au Préhistorique, se relie à un accident siliceux contenant des moules de Limnées et de Planorbes. La matière du moulage est aussi le ciment du Poudingue.

A Bommiers, la roche siliceuse ou alumino-siliceuse paraît soudée intimement à la surface du Rauracien silicifié. Cette silification en masse atteint quelquefois deux mètres de profondeur dans le Bathonien ; on la retrouve dans le Trias, peut-être dans l'Hettangien, et peut-être aussi dans le Crétacé de la fosse du Sancerrois. A Bommiers, il ne s'agit pas d'un phénomène d'altération superficielle par décalcification d'un calcaire siliceux, mais d'une substitution de la silice au carbonate de chaux sans diminution de volume et sans atteinte à la régularité de la stratification ; la silice qui a pris la place du carbonate de chaux du calcaire lithographique paraît bien avoir la même origine que celle de la roche tertiaire sus-jacente. Mais, il est parfois difficile de distinguer les *dalles silicifiées par infiltration* des *croûtes silicifiées par aspiration*.

5° Les *couches de Gron* comprennent essentiellement une *brèche polygénique, non consolidée*, constituée par une gangue argilo-sableuse où flottent les éléments suivants :

a) des *silex crétacés*, entiers ou éclatés tels qu'on les trouve dans l'éluvium constitué aux dépens de la craie supérieure ;

b) des fragments assez volumineux d'un *brèche à ciment lustré et à éclats de silex* provenant de la consolidation de l'éluvium crétacé et se trouvant *in situ* au Nord de la Cuesta ;

c) des *dragées* que j'ai retrouvées *in situ* dans les couches littorales de la craie supérieure et moyenne, sur les pentes du Signal d'Humbligny.

Les couches de Gron proviennent évidemment du démantèlement de la Cuesta Crétacée. On retrouve des dépôts analogues dans le voisinage du Barangeon et du Cher, en aval de Vierzon, le long de la Cuesta Crétacée qui, dans cette région, n'a pas changé de place depuis l'Eocène. Au Nord du Bassin tectonique de Mehun-sur-Yèvre, elles passent sous le minerai de fer et la brèche polygénique est alors consolidée dans les accidents siliceux ou silico-alumineux des milieux lacustres ou lagunaires (Le Sein près de Vignoux-sur-Barangeon).

Dans les dislocations du Sancerrois, les collines de Sancerre correspondent à un palier intermédiaire qui est maintenant à une altitude supérieure à celle de la crète tectonique du horst Occidental, par suite d'une inversion de relief. Sur la colline de l'Orme au Loup, on observe, de bas en haut, la succession suivante :

a) l'*éluvium* formé de *silice pulvérulente* avec ou sans silex, tel qu'il a déjà été décrit dans le Sud du Bassin de Paris (Cayeux, Randoin). Entiers vers la base, les silex sont éclatés vers le sommet, au-dessus de la couche isotherme.

b) une *brèche* formée d'un ciment siliceux plus ou moins compact et d'éclats de silex, et provenant de la consolidation de l'éluvium, peut-être par l'aspiration capillaire de l'opale sous-jacente. C'est le Conglomérat lustré (de Grossouvre) qui rappelle les croûtes siliceuses des déserts atténués de l'Afrique Australe (Kayser) et de l'Australie, et qui constitue, dans l'histoire morphologique, une dalle particulièrement résistante.

c) des couches comparables à celle de Gron. Elles sont constituées par une gangue argilo-sableuse emballant des silex entiers, ou éclatés, des fragments de brèche siliceuse à éclats de silex (éluvium consolidé) et des dragées de la craie supérieure ou moyenne. Ce matériel provient du démantèlement de la crète du horst Occidental qui se trouve maintenant reportée assez loin à l'Ouest. Ces couches sont postérieures au paroxysme qui a provoqué les failles de Sancerre, mais antérieures à l'inversion de relief qui a séparé les collines de Sancerre de la crête topographique du horst occidental.

Nous admettons, provisoirement, comme hypothèse de travail, que *l'hydrographie qui a constitué toutes ces formations continentales a été déclenchée des déformations tectoniques qui ont affecté le massif Central et déterminé les failles de Sancerre.* La présence du *gypse* permettrait de supposer l'existence de bassins fermés soumis à une forte évaporation, mais les fossiles rencontrés dans les calcaires et dans les accidents siliceux sont des fossiles d'eau douce. On peut se représenter l'hydrographie contemporaine de ces dépôts comme celle du Soudan, des Hauts Plateaux Algériens ou du Bassin moyen de l'Ob où les rivières traversent des lacs d'eau douce parmi les mares dépourvues d'écoulement.

Les formations continentales du Berry Oriental et Méridional se rattachent à un ensemble qui enveloppe le Massif Central et qu'on retrouve au Sud des Massifs Rhénans (Vosges et Forêt Noire), en Bavière et dans le Jura septentrional (*série rhénane*) et à l'Est du Massif Armoricain (*série armoricaine*). Elles ont submergé en partie au moins de vieilles cuestas fossiles depuis l'Eocène comme l'Oligo-Miocène paraît avoir conservé les Cuestas fossiles du Sahara Algérien.

A. AYMÉ

Licencié ès Sciences

CONTRIBUTION A L'ÉTUDE DES ÉRUPTIONS NÉOGÈNES DU SUD DU CHENOUA (ALGER)

Le versant sud du Chenoua présente, sur plus de six kilomètres, une ligne dirigée d'est en ouest le long de laquelle on observe soit des coulées éruptives, soit des poudingues dont la partie supérieure a repris les débris de ces coulées. Ces diverses formations sont très redressées, souvent verticales et même, en plusieurs points, déversées au sud.

A l'ouest, cette ligne s'infléchit légèrement vers le nord et semble se relier par Robrini et le marabout de Sidi ben Otsmane à la zone éruptive de la région littorale de Cherchell.

C'est en suivant la crête, dirigée du nord au sud, séparant les vallées des oueds Guergour et El Hammemera, ou, si l'on préfère, le long d'un méridien passsant à 2 kil. 500 à l'ouest de celui de Paris, au lieu dit Omar Mero, feuille de Tipasa au 1/50.000e, ancien tirage, que l'on peut faire la coupe la plus instructive de cette ligne éruptive, et de là, examiner ce qu'elle devient latéralement.

En allant du nord au sud, on quitte brusquement les dépôts antenéogènes à faciès flysch, diversement plissés, pour passer sur le Cartennien (Burdigalien), qui débute par un banc de poudingues, de 3 ou 4 mètres d'épaisseur, voisin de la verticale. Cette formation détritique est pour la plus grande part formée, du moins dans sa partie supérieure, d'éléments brunâtres, extrêmement altérés, visiblement empruntés à la coulée voisine, qui, à l'est, de l'autre côté de la vallée du Guergour, constitue le pic de Toumaïns, au relief si accusé, et se poursuit encore vers l'est sur 3 kilomètres, reposant directement sur le flysch. Vers l'ouest, les coulées deviennent plus rares et de plus faible épaisseur ; mais le poudingue contemporain peut se suivre sur 3 kil. 1/2 quand l'Astien transgressif ne vient pas en empêcher l'observation.

Dans l'ensemble, il s'agit d'une même période d'activité volcanique de courte durée, dont les émissions très homogènes sont caractérisées pétrographiquement par des éléments de couleur sombre ou même noirs, sans phéno-cristaux ; les roches émises appartiennent à la série dacitique, plus anciennement rangée dans les andésites, correspondant à la première phase éruptive décrite par M. L. Glangeaud dans sa note sur les premières éruptions néogènes dans le nord de la province d'Alger (1).

Le banc de poudingues franchi, on entre dans les marnes cartenniennes, qui présentent ici leur plus grand développement, accusant une puissance de 800 mètres environ, complètement redressées, quand on peut discerner leur stratification.

Comme la formation précédente, on peut les suivre à l'est et à l'ouest. Or, cette période de sédimentation marine a été interrompue par une nouvelle venue éruptive séparée ici de la phase volcanique du début du Cartennien par 150 mètres de marnes, à moins qu'il s'agisse d'une roche intrusive dont la venue serait dans ce cas post-cartennienne. Quoi qu'il en soit, cette roche, de 2 à 4 m. d'épaisseur suivant les points, apparaît brusquement et semble interstratifiée dans les marnes ; son caractère intrusif ou d'épanchement ne saurait être encore affirmé, car on n'a pu observer si elle a modifié les marnes au toit et au mur ou au mur seulement ; toutefois, on n'observe pas de poudingue immédiatement postérieur à sa venue. Pétrographiquement,

(1) L. Glangeaud, A. F. A. S., Lyon 1926, page 299.

c'est une dellenite blanche à phéno-cristaux de quartz et à mica noir (anciennement rhyolite ou liparite) ; elle correspond à la deuxième phase éruptive de M. L. Glangeaud (1) ; mais ici du moins on ne trouve pas trace postérieurement de nouvelles émissions de dacites.

Vers l'est, cette dellenite ne reparaît pas, mais à l'ouest on la suit sur 400 mètres jusqu'au lit de l'oued El Hammemera, et c'est tout. Ensuite, à 1 kilom. au delà de ce ruisseau, toujours vers l'ouest, on trouve des galets de la même roche, plus gros que le poing, repris dans le poudingue de base de l'Astien; enfin, à 1.200 m. plus à l'ouest encore, presque sous le méridien de Paris, sur la rive gauche de l'oued Merzoug, on observe dans les marnes cartenniennes de petites lentilles de poudingues à très petits éléments dont quelques-uns dellenitiques doivent provenir de la roche d'Omar Mero.

En résumé, il y a eu au Néogène, au sud du Chenoua, deux périodes très courtes d'activité plutonique, la première ayant donné les fortes coulées situées surtout à l'est d'Omar Mero ; la seconde, représentée uniquement par la dellenite d'Omar Mero, tout à fait localisée et (sauf observation contraire) d'allure intrusive. Mais, quoiqu'il en soit, ces émissions ont eu pour origine un même réservoir éruptif situé au sud-sud-est du Chenoua.

F. BONNIARD
Professeur, Bizerte.

SUR UNE ROCHE ARRACHÉE AU FOND DE LA MÉDITERRANÉE

Le 15 septembre 1929, le bateau câblier *Emile-Baudot*, exécutant des travaux de réparations sur le câble Marseille-Bizerte, a ramené du fond de la mer, dans sa patte de chatte, un gros morceau de roc calcaire, pesant 90 kg. (1).

L'opération s'est faite par 39°26'40" de latitude nord, 5°28'20" de longitude E. (méridien de Paris) (2), c'est-à-dire à l'ouest de la Sar-

---

(1) Journal des travaux, à bord de l'*Emile Baudot*.
(2) Calculs faits sur les plans des travaux, à bord de l'*Emile Baudot*.

daigne, à environ 25 milles de la côte occidentale, et à la même distance au N.-O. du phare de San-Pietro, situé à l'angle S.-O. de la grande île.

Le fait n'aurait peut-être en soi qu'un intérêt médiocre si la roche n'avait été ramenée des grands fonds. Elle a été arrachée à *la profondeur de* 1.430 *m.;* la surface d'arrachement était parfaitement visible ; le bloc peut donc être considéré comme un témoin de la roche en place appartenant au fond de la Méditerranée.

Je possède deux échantillons de ce bloc (1). Le plus volumineux (poids d'environ 2 kg.) présente l'aspect d'une éponge ; il est criblé de trous et de galeries de toutes dimensions, dont certaines sont manifestement dues à des mollusques perforants, d'autres à l'action mécanique de l'eau. Ce morceau porte la surface d'arrachement, trouée comme le reste de la masse, très exiguë par rapport au volume du bloc arraché (10 cm × 6 cm.) ; l'ensemble du bloe formait ainsi une tête de roche, une sorte de champignon qui ne tenait plu sau rocher en place que par un étroit pédoncule. Il est évident qu'une pareille forme ne peut être que le résultat de l'action mécanique de l'eau aux environs de la surface marine.

Sur ses autres faces, l'échantillon présente deux couleurs caractéristiques ; la partie supérieure, tournée vers le haut, est de couleur claire : elle était recouverte d'une vase blanchâtre tirant sur le jaune, très consistante. En dessous, les surfaces tournées vers le bas, qui étaient par conséquent à l'abri de la vase, sont noires ; elles portent des traces nombreuses de végétaux calcifiés.

Le second échantillon offre en gros le même aspect que le premier, mêmes perforations, même couleur noire, mais en plus des coquilles adhérentes. Par l'intermédiaire du Secrétariat de l'Association française pour l'Avancement des Sciences, je l'ai envoyé pour identification à M. le Professeur Michel Lévy, qui a bien voulu l'examiner et m'a renvoyé la note descriptive suivante :

« *Calcaire à globigérines ;*

« probablement : *Globigerina bulloïdes*, d'Orb. (fossile depuis le Crétacé et vivant), et *Orbulina universa* d'Orb. (fossile depuis le Lias et vivant) ;

« de petits *lamellibranches* fossiles.

« L'échantillon présente des perforations de mollusques perforants probables. Il est recouvert de coquilles actuelles de bivalves. »

L'identification de ce témoin du fond de la mer, arraché à une pro-

---

(1) Grâce à l'initiative de M. Ambrosini, contrôleur au câble, à Bizerte, qui comprit immédiatement tout l'intérêt d'une pareille trouvaille et voulut bien me confier les échantillons et me mettre en rapport avec le personnel de l'*Emile Baudot*.

fondeur si considérable, ne peut manquer de suggérer certaines comparaisons qui ne sont peut-être pas tout à fait dénuées d'intérêt.

La nature de la roche permet tout d'abord de la rapprocher des calcaires à globigérines (*globigerina bulloïdes* et *Orbulina*) (1) qu'on trouve communément en Tunisie septentrionale, en particulier dans la région de Bizerte et au large du littoral, oux îles Cani (2), et très probablement aussi dans le banc sous-marin des Esquerquis, ,crête immergée présentant, à 50-100 km. de la côte, des têtes de roche dont les plus élevées arrivent presque au niveau de la mer (3). Cette formation a été attribuée à l'éocène inférieur, étage londinien-lutétien. Ainsi, *au large de la Sardaigne, on trouve des formations immergées identiques à celles du Nord tunisien.*

En second lieu, la surface du fond de la mer, à l'endroit où le témoin a été recueilli, est extrêmement inégale ; la sonde accuse des dénivellations considérables sur de petites distances (1), avec probablement des rochers en saillie, comme il s'en présente sur le banc des Esquerquis.

Enfin, l'aspect physique des échantillons est le même que celui des roches battues par la mer sur le littoral. Cet aspect, la forme du fond marin avec ses roches en saillie prouvent que ce fond a été soumis à une érosion subaérienne ou à l'érosion marine, c'est-à-dire en somme qu'il s'est trouvé antérieurement au voisinage de la surface de la mer. Les coquilles actuelles de bivalves qui adhèrent à la roche, le fait que des têtes de roche pointent encore au-dessus de la vase des fonds permettent de penser que ces fonds rocheux étaient en surface il n'y a pas très longtemps.

Il semble donc que l'immersion profonde n'est pas très ancienne et que l'enfoncement s'est fait à une allure relativement rapide.

D'autre part, il est permis de supposer qu'au fond des fosses méditerranéennes se trouvent des roches sédimentaires relativement récentes ; que, par conséquent, le continent tyrrhénien aurait été recouvert, en partie tout au moins, de formations secondaires et tertiaires, comme les actuels bassins émergés. Comme dans presque toute l'étendue de l'Europe hercynienne actuelle, les terrains anciens n'y occupaient peut-être que les principaux axes montagneux, tel celui de Sardaigne-Corse. Quant aux lambeaux de terrain anciens qui se rencontrent tout autour du bassin occidental de la Méditerranée (Maures et Estérel, Albères, Catalogne, Kabylie, Edough, Calabre), qui, dans la règle, sont

(1) Solignac. Etude géologique de la Tunisie septentrionale, thèse, Tunis, 1927, p. 254-257.

(2) Solignac, p. 258.

(3) Dangeard et Solignac, C. R. Ac. Sc., 10 déc. 1923.

(4) Renseignements fournis par le Journal des travaux et le personnel à bord de l'*Emile Baudot*.

des régions élevées, ne pourraient-ils pas être considérés simplement comme le cœur d'amygdales hercyniennes que les effondrements, aidés par l'érosion, ont mis à nu en les débarrassant de leur couverture sédimentaire ?

Quoi qu'il en soit, la découverte du témoins en question paraît bien nous avoir fixé sur les deux points suivants :

1° Au fond de la Méditerranée gisent des formations tertiaires ;

2° Le fond du bassin méditerranéen, à l'ouest de la Sardaigne, s'est effondré à une époque relativement récente.

C'est pourquoi nous avons pensé que la publication de cette découverte pourrait intéresser les spécialistes de la tectonique méditerranéenne.

A. BRIVES

Professeur à l'Université d'Alger (1)

SUR LA CONSTITUTION GÉOLOGIQUE DE LA RÉGION DE CHÉRIA (CONSTANTINE)

I

La grande plaine de Chéria, située au S.-E. d'Aïn Beida, à l'altitude de 1.000 à 1.100 m., est limitée au Sud par le pays des Nemenchas, qui présente les dômes curieux à relief inversé dont M. Blayac a donné en 1899 une description géographique dans les *Annales de Géographie* et une étude géologique sommaire en 1912, dans son mémoire : « Le bassin de la Seybouse », publié par le Service de la Carte géologique de l'Algérie.

Ces dômes, à noyau triasique, sont entièrement débarrassés de leur coupole ; leurs parois seules persistent encore et forment ces ceintures montagneuses allongées en ellipse si bien indiquées sur la carte de Chéria au 200.000e. Ces ceintures sont constituées par les marnes bru-

(1) Le regretté professeur est décédé avant d'avoir pu publier cette note, que j'ai considéré comme un devoir de présenter au Congrès d'Alger. M. Dalloni.

nes surmontées des calcaires blancs à Inocerames du Sénonien, puis par les assises de l'Eocène qui débutent par des marnes noires que surmonte un puissant complexe de calcaires à silex et de marnes dont l'étude détaillée a été faite par M. Dussert (1), et dans lequel il signale un banc de phosphate à faible teneur et une curieuse intercalation, dans le synclinal de l'Oued Babouch, d'un gîte de fer sédimentaire déjà indiqué d'ailleurs par MM. Duparc et Fabre.

II

Ce synclinal de l'Oued Babouche présente la particularité d'être complètement déformé par des accidents tectoniques transverses qui en rendent l'étude difficile.

Au Nord, un premier seuil calcaire sépare nettement le synclinal de *Babouch* de la vaste plaine synclinale de *Chéria*. Ce seuil montre un petit pli couché à l'Ouest, de direction N-S., mais on n'y observe aucune faille importante.

Au Sud, un second seuil, constitué par les mêmes assises, montre au contraire des failles bien nettes, qui ont amené une dislocation de cet anticlinal transverse qui sépare la région de *Babouch* de celle de *Mesra*.

Cet anticlinal, que l'Oued traverse dans des gorges profondes, est bordé au Sud par un synclinal de même direction Est-Ouest, lui-même limité par une faille de même direction. De sorte que, sur un espace restreint, 100 m. à peine, se trouve limitée une petite cuvette peu profonde et peu allongée qui conserve encore sur la rive droite de l'Oued une trace des marnes rouges et un témoin ferrugineux. Un banc de calcaire à Ostrea, pris comme repère, permet de bien se rendre compte de ces faits.

Sur la rive gauche, on constate le prolongement de cette petite cuvette et un contact net à la faille du banc à Ostrea et des marnes rouges ferrugineuses, mais ici les marnes rouges sont au Sud de la faille. Elles sont disposées en fond de cuvette, et les deux couches de minerai qui s'y rencontrent y sont visibles sur tout le pourtour. Les calcaires du substratum sont coupés par des poudingues et des formations alluvionnaires.

Dans cette cuvette de Mesra, on peut constater l'importance des érosions ; près de la faille, en effet, les couches de l'Eocène sont enlevées sur une hauteur de plus de 30 mètres. Toutes les assises marneuses supérieures pouvant renfermer des couches minéralisées sont enlevées sur tout le fond de la vallée jusqu'au seuil calcaire qui ferme au Sud cette dépression. L'allure des assises calcaires montre d'ailleurs que le

(1) Dussert. Les gisements algériens de Phosphate de Chaux (Ann. des Mines, 1924).

remplissage de cette dépression, avant l'érosion, était fait exclusivement par les bancs rocheux, et que les assises supérieures marneuses et ferrugineuses ne persistaient que sur le flanc Sud de l'anticlinal dans la courte cuvette synclinale aujourd'hui coupée par la faille.

III

A première vue, la région de Babouch se divise en deux zones séparées par une faille importante qui a rejeté vers l'Est l'arête rocheuse 1110, qui reliait autrefois le Dj. Bou Kammech au Dj. Debar. Du fait de cette faille, toute la partie Nord, depuis le Dj. Abtine à l'Ouest jusqu'au Bou Kammech, a été déplacée vers le Sud-Est de 900 à 1.000 m. environ.

Le Bou Kammech semble avoir joué le rôle de massif résistant et cela est dû certainement à la présence sous le Sénonien d'assises jurassiques visibles au Hamimat Sauda. Au contraire, la partie centrale, qui correspond à la zone triasique de Foum Debbane (Hamimat et Beida), a subi un entraînement plus important. L'extrémité Sud du Bou Kammech n'est décollée que légèrement, tandis que la partie correspondant au Dj. Debar l'est beaucoup plus. C'est probablement aussi à la résistance du Bou Kammech qu'il faut attribuer le pli couché vers l'Ouest, du seuil Nord d'Aïn Babouch.

La zone correspondant à l'extrémité Sud du Bou Kammech est fortement imprégnée de gypse. Il paraît bien que le Trias soit remonté à la faveur de la faille pour venir injecter les assises marneuses de l'Eocène. Ceci permet de supposer que le décollement s'est produit jusqu'au Trias et que c'est à la surface de celui-ci que s'est effectuée la translation vers l'Est, accompagnée de failles secondaires difficiles à voir dans la vallée du fait de l'érosion des assises contournées qui viennent couper en biais la dépression. Cette vallée n'est pas, en effet, un synclinal régulier ; elle est formée de deux cuvettes aplaties dans la partie Nord de la faille, et probablement d'une seule dans la partie Sud.

Si, en effet, on prend pour repère le banc à *Ostrea strictiplicata* et à Gastropodes, et qu'on le suive, on le voit venir couper la vallée à la hauteur d'une masse calcaire disloquée qui fait saillie au bord de l'Oued, sur la rive gauche. En ce point, on constate que cette masse disloquée est un témoin d'un anticlinal transverse analogue à celui des seuils extrêmes d'Aïn Babouche et de Mesra ; mais ici l'érosion l'a fortement entamé dans sa partie occidentale, qui disparaît sous les alluvions de la vallée.

Sur le revers Nord de ce pli on retrouve une petite cuvette dans laquelle il reste un témoin des assises rouges ferrugineuses sur la rive gauche, témoin qui correspond au Nord-Ouest et sur la rive droite aux deux petites collines dans lesquelles la zone minéralisée a été recherchée. Dans l'intervalle, toutes les assises ont été enlevées par l'érosion.

Sur le revers Sud, la cuvette est plus grande ; elle s'étend jusqu'à la faille, où on voit les assises se relever au voisinage de celle-ci. Cette faille correspond donc encore à un axe transverse, mais qui est ici complètement disloqué et dont l'érosion a nivelé toutes les assises marneuses et une partie des bancs calcaires. Ceux-ci, s'il en reste, sont d'ailleurs recouverts par l'alluvionnement. Cette disparition des couches est consécutive au transport vers l'Est qui résulte de la faille. En effet, la zone transportée de l'Est a persisté, tandis que celle de l'Ouest a complètement disparu. Dans la partie centrale alluvionnaire, il ne doit donc persister que les assises les plus profondes de l'Eocène, si elles existent encore.

D'ailleurs, si on examine la région Sud de la faille, on s'aperçoit qu'il faut aller assez loin dans cette direction pour retrouver les assises marneuses supérieures ; même avec leur couverture alluvionnaire ancienne plissée (probablement oligo-miocène). Et, alors qu'au Nord de la faille ces assises s'étaient conservées seulement sur la rive droite, au sud, elles le sont seulement sur la rive gauche, dans les deux cas du côté opposé au cours de l'oued, c'est-à-dire en dehors de l'action érosive de cet oued pendant les périodes quaternaires et récentes. Dans ces zones alluvionnaires on ne peut suivre les assises, mais il est bien probable que les parties marneuses supérieures ont été enlevées et que c'est seulement sur les roches dures inférieures que le creusement a dû s'arrêter.

En somme, cette région de Babouch n'est pas un synclinal régulier ; elle est constituée par une série de trois cuvettes séparées par deux seuils dont l'un est à moitié disparu alors que l'autre a été complètement enlevé. De plus, l'érosion a entamé fortement ces cuvettes, détruisant presque entièrement la plus septentrionale, tandis que dans les deux autres une partie seulement des sédiments marneux supérieurs a été conservée.

Dr R. CANDEL-VILA
Professeur à l' « Instituto Victoria Eugenia »
Melilla (Maroc espagnol)

NOTES SUR LE NÉOGÈNE DE LA PRESQU'ILE DE TRES FORCAS (TROIS FOURCHES)

La maseta sédimentaire de la presqu'île de Tres Forcas (Maroc espagnol), d'un indiscutable intérêt au point de vue stratigrafique, montre d'une façon assez complète la succession des différents niveaux néogènes de la Méditerranée occidentale. Ses strates, concordants et apparemment horizontaux. s'appuient en disposition transgressive sur l'anticlinal stratocristallin de Taryat.

C'est à remarquer que l'ensemble des formations tertiaires est quelque peu élevé dans sa partie septentrionale et sur la côte septentrionale de la presqu'île, après quoi les strates s'abaissent légèrement vers le S.-E. Cette petite inclinaison de la meseta a déterminé l'orientation préférente, selon la dite direction, de la plupart des ravins du versant oriental, qui ont capturé les cours d'eau de plus des trois quarts de la surface de la presqu'île. D'après les déductions des géologistes espagnols MM. Del-Valle et Iruegas (1), corroborées par les recherches séismologiques de M. Inglada (2), la dite inclinaison peut être en rapport avec la formation — postérieure aux éruptions du Gurugu — d'une large rupture dans la partie orientale de la péninsule de Trois-Fourches, suivie d'un effondrement, et accusée de plus par l'apparition de basaltes, remplissant la fracture ouverte dans les andésites, au long de la route comprise entre la Segunda Caseta et le marabout de Sidi Ali, au pied de l'Atalayon.

L'inclinaison des strates du plateau tertiaire des Trois-Fourches détermine que les formations du versant occidental sont plus anciennes que celles de la côte orientale. Ainsi, par exemple, les marnes du Cartennien qui affleurent tout le long de la côte occidentale, atteignent plus de 50 m. d'altitude aux abords de Cala Charranes, pour disparaître plus au Sud, à partir de Mers-Bou-Amar, sous la formation de dunes actuelles. Faisant opposition à ceci, sur la côte orientale se succèdent, du Nord au Sud, les grès de l'Helvétien, les marnes du Sahéline-Tortonien entre cette localité et la Puntilla, les calcaires caverneux du Plaisancien de Zamârsat, etc.

I. — *Gisements du Miocène.*

Comme complément aux renseignements que j'ai communiqués dans une autre occasion à la « Real Sociedad Española de Historia Natural » (3), je ferai quelques observations au sujet des principaux gisements que j'ai visités postérieurement.

Au Miocène inféreur — Cartennien de Pomel, correspondant d'après le Prof. Depéret (4) au Burdigalien ou premier étage méditerranéen de Suess, on peut attribuer provisoirement les marnes argileuses sans fossiles qui affleurent sur la côte occidentale, comme il a été dit auparavant.

Sur cette formation reposent les calcaires sableux, les marnes et les grès du Miocène moyen, rapportables au Vindobonien ou second étage méditerranéen de Suess. Le manque d'espèces vraiment caractéristiques parmi les espèces que j'ai ramassées m'oblige à ajourner pour une autre occasion le fait de séparer les niveaux correspondants à l'Helvétien de ceux du Sahélien-Tortonien.

Le gisement de Msaddiz m'a procuré les fossiles suivants, attribuables pour la plupart au Sahélien-Tortonien :

Echinolampas deshayesi Desor, *Clypeaster scillae* Desm., *Cirsotrema miovaricum* Sacco, *Chlamys scabrella* Lk., *Spondylus crassicosta* Lk.

Dans les calcaires existants au-dessus du sentier qui mène du cimetière de Sidi Mousa au Tlat, j'ai trouvé une faune variée d'échinides rapportables à l'Helvétien d'après les déterminations de M. Lambert : *Dorocidaris balearis* Lam., *Schizechinus tuberculatus* Pomel, *Schizechinus* cf., *serialis* Pomel, *Traquipatagus peroni* Cotteau.

Non loin de la localité antérieure, près du chemin qui conduit à Cala Tramontana, M. Del-Valle et moi avons ramassé des exemplaires des espèces suivantes du Sahélien-Tortonien, qui apparaissent épars dans les marnes argileuses du ravin de Arruabi, quoiqu'ils proviennent des calcaires couronnant les dits ravins :

Schizechnus saheliensis Pomel, *Clypeaster megastoma* Pomel, *Clypeaster altus* Lk., *Schizobrissus saheliensis* Pomel, *Spondylus Crassicosta* Lk., *Ostrea gingensis* Schlölth.

Les grès de Cala Blanca, déjà explorés par M. Fernández-Navarro (5), m'ont fourni un grand nombre d'espèces semblables en grande partie à celles de l'Helvétien d'Andalousie et du Levant, maintenant que plusieurs autres sont plutôt rapportables au Sahélien-Tortonien. Bien que les espèces de l'Helvétien passent la plupart d'entre elles à l'étage suivant, on pourrait admettre provisoirement que la section inférieure des grès appartient à l'Helvétien, et considérer comme Sahélien-Tortonien la section supérieure des mêmes, qui se transforment en marnes et calcaires. Les espèces provenant de la localité en question, sans compter bien d'autres espèces qui sont en cours d'étude par des spécialistes divers, sont les suivantes :

Schizechinus saheliensis Pomel, *Echinolompas deshayesi* Desor, *Progonolampas candeli* Lamb. (nov. esp.), *Clypeaster crassicostatus* Ag., *Scutella* sp., *Tripneustes parkinsoni* Ag., *Terebratula grandis* Blumm., *Balanus* sp., *Stenorylis globosa* De Bour, *Pecten praebenedictus* Tourn., *Flabellipecten incrassatus* Partsch, *Chlamys scabrella* Lk., *Chlamys opercularis* L. va., *Andouini* Payr., *Ostrea gingensis* Schlöth, *Ostrea digitalina* Dub., *Spondylus concentricus* Bronn., *Spondylus crassicosta* Lk., var. *ornatulina* Sacco.

La colline dite Cerro de San Lorenzo, à Melilla, semble appartenir aussi au Sahélien. Les calcaires marneux qui la forment contiennent abondamment des restes fossiles difficilement déterminables, raison pour laquelle j'ai dû consulter le distingué spécialiste Prof. Roman, par l'intermédiaire de M. l'abbé Bataller. Les espèces déterminables, parmi les exemplaires que je possède, sont les suivantes : *Terebralia monregalensis* Sacco, *Flabellipecten passinii* Meneg, *Amussium* cf. *denudatum* Reuss, *Anomia ephippium* L.

II. — *Gisements du Pliocène.*

Au-dessus des marnes et des grès de Calla Blanca se trouvent des calcaires caverneux avec des moules d'échinides et de mollusques, rapportables les premiers au *Psammechinus miliaris* Klein, et les seconds aux genres *Trocuhs*, *Flabellipecten*, etc. M. Fernandez-Navarro (*Op. cit.*, page 45) fait mention de la dite formation dans le ravin de la Sabinilla et au-dessous de Florentina (Melilla). Mes élèves et moi, nous l'avons reconnue dans les alentours de la Zaouïa de Moulay Bagdad et dans la plage voisine de Zamârsat, ainsi que dans différents coins du Peñon de Melilla, tout à côté de la dite Cueva de los frailes (Grotte des Frères).

L'âge de ce calcaire, de même que celui des grès avec des moules le lamelli-branches des Cortados (Falaises) — qui ne sont autres que ceux qu'on trouve en creusant des puits dans la nouvelle ville de Melilla — semble être Plaisancien. On peut rapporter aussi à cet étage les calcaires du Fort Reina Regente et leurs analogues du poste douanier de Mari-Guari.

A Cala Trifa, au-dessus des calcaires mentionnés, il existe une couche d'argile très compacte, où l'on trouve souvent de bons exemplaires de *Ostrear cochlear* Poli var. *navicularis* Br., couronnée à son tour d'un calcaire avec des mollusques continentaux qui sont en cours d'étude par M. Royo y Gómez.

Vers le 15e kilomètre de la route générale de Melilla à Cala Charranes, à une altitude de 350 m. sur la mer, se trouve une puissante formation d'*Ostrea lamellosa* Broochi, à laquelle est associé le *Chlamys scabrella Lk.* Au-dessous de ce falun, en suivant la route de Cala

Charranes ou celle du phare de Tres-Forcas, apparaît une formation de faciès récifale du type de celle que M. Ficheur a décrite dans le Sahel d'Alger (6) et qu'il attribue au Pliocène inférieur (Plaisancien ou Astien). Des espèces diverses de bryozoaires s'associent à des algues du groupe des Melobesiées dont j'ai confié l'étude à Mme P. Lemoine. Avec elles se trouve un grand nombre d'exemplaires de *Terebratula grandis* Blumm. et une moindre quantité d'échinides du genre *Schizechinus*. J'ai trouvé également un exemplaire incomplet d'un autre échinide qui, d'après M. Lambert, se rapporte au *Brissus scillae* Ag.

Bibliographie

1. A. Del-Valle et P. F. Iruegas : Estudios relativos a la Geologia de Marruecos. Zona de Melilla. *Boletin del Instituto Geológico de España*, t. XXXVIII, 2e série, 1917, p. 187 et 190.
2. V. Inglada : Procedimientos expeditos de localización de focos símicos. *Memorias de la Real Sociedad Española de Historia Natural*, t. XIII, p. 233.
3. *Boletin de la R. Soc. Esp. de Hist. Nat.*, t. XXIX, p. 258-259 (séance du 3-VII-29).
4. Ch. Depéret : Réflexions au sujet des formations tertaires d'Algérie visitées par la Société Géologique. *B. S. G. F.*, 3e série, t. XXIV, 1896, p. 1115-1124.
5. L. Fernández-Navarro : Estudios geológicos en el Rif oriental. *Mem. R. Soc. Esp. de Hist. Nat.*, t. VIII, 1911, p. 44.
6. E. Ficheur : Aperçu sommaire sur les terrains néogènes du Sahel d'Alger. *B. S. G. F.*, 3e série, t. XXIV, 1896, p. 981.

F. CHARLES

Ing. des Mines. Ing. géologue A. I. Lg.
Professeur de géologie à l'Ecole des Mines de Zongouldak (Turquie)

QUELQUES OBSERVATIONS SUR LA TECTONIQUE DU BOSPHORE ET DES TERRAINS DU LITTORAL SW DE LA MER NOIRE

Lors d'un séjour de plusieurs années en Anatolie, j'ai eu l'occasion de faire quelques observations sur la nature des accidents tectoniques que l'on rencontre à proximité du littoral SW de la Mer Noire. Ces observations, pour être exposées en détail, nécessiteraient une série de coupes et de cartes, et des développements qui ne peuvent trouver place dans le cadre assigné à cette note. Aussi, ce qui suit représentera plutôt les conclusions d'un travail de détail que j'espère pouvoir publier ultérieurement.

Comme toutes les régions qui bordent la Méditerranée, la région du Bosphore et aussi, par analogie, la portion du littoral qui y fait suite vers l'Est sont affectées de failles d'effondrements à grands rejets dont l'existence a été mise en évidence à différentes reprises. Ce qui est moins connu, c'est l'allure générale de ces dérangements et les phénomènes qui les accompagnent et qui les ont précédés.

La région considérée est en général constituée d'une série paléozoïque sur laquelle repose, en discordance de stratification, le Secondaire représenté généralement par le Crétacé.

Lors du dépôt du Crétacé, le Paléozoïque était déjà plissé. Ces plissements sont bien visibles dans les environs immédiats du Bosphore où on voit le Dévonien affecté de plissements compliqués alors que les tufs et calcaires crétacés ont une allure tranquille. Plus à l'Est, la disharmonie des plissements est moins visible. Elle ne peut cependant échapper à un examen un peu attentif, notamment dans la région des environs de l'embouchure du Bartine-Sou et à Tarla-Agzy, où l'on voit le Dévonien et le Dinantien plissés dans la direction NW tandis que les plissements qui affectent le Crétacé sont NE.

Ceux-ci se présentent comme une série d'anticlinaux et synclinaux à grands rayons de courbure, dans les régions côtières. Au fur et à mesure que l'on se dirige vers le Sud, les plissements deviennent plus intenses.

En somme, le Nord de l'Anatolie se présente assez bien comme le flanc Sud d'un anticlinorium dont la partie centrale serait effondrée et dont l'axe de direction N45E pourrait se situer dans la Mer Noire. Cet anticlinorium a son flanc Sud qui s'appuie sur la zone métamorphique centrale, tandis que son flanc Nord se continuerait avec des ondulations de plus en plus adoucies jusqu'en Crimée et peut-être au delà.

La partie anatolienne de cet anticlinorium est cisaillée par de grandes failles de direction sensiblement NE. Ces failles rejettent généralement la partie Nord des terrains en profondeur. C'est ainsi que s'expliquent les récurrences de Tertiaire et de Crétacé que l'on peut voir au delà des sillons primaires du Pont de Kiraslik (Sud de Bartine) et de Zongouldak.

Ces failles sont généralement accompagnées de décrochements suivant deux directions conjuguées, l'une NS, l'autre EW. Ces décrochements sont accompagnés de stries horizontales, ou faisant un angle assez faible avec l'horizon. Leur rejet est généralement faible.

Ces accidents en recoupent d'autres dont l'origine et le style sont différents. C'est ainsi qu'on peut voir à différents endroits des failles plates ou plus ou moins inclinées amenant en contact des terrains de faciès très différents. L'étude de ces faciès établit que ces transports se sont effectués sur de grandes longueurs et qu'il s'agit en réalité de véritables nappes de charriages.

Sur les rives du Bosphore, à Buyuk-Déré par exemple, on peut voir le Crétacé et le Tertiaire à faible pendage N, peu métamorphiques, charriés sur le Dévonien représenté par des calcaires noduleux métamorphiques.

Ce phénomène est bien visible dans la carrière qui se trouve à environ 300 m. au N de la brasserie désaffectée de Buyuk-Déré. Une zone mylonitisée noirâtre de plusieurs mètres d'épaisseur montrant un broyage de roches siliceuses et de matière charbonneuses indique le passage du plan de charriage.

Cette zone mylonitisée se retrouve à différents endroits assez éloignés l'un de l'autre, amenant toujours des contacts anormaux Par exemple, sur la rive asiatique du Bosphore, près de la ferme de Maslak, entre Beicos et Anatoli-Kavak et aussi au Sud du débarcadère de Anatoli-Kavak, dans une carrière à la côte située à 300 m. env. au Sud du débarcadère.

Il est donc vraisemblable qu'il s'agit là de différents points de passage d'une même nappe amenant le Crétacé sur le Primaire.

Plus généralement, si on trace une coupe NW-SE passant par l'Allemdagh sur la côte asiatique du Bosphore, on peut se rendre compte que cette coupe ne peut guère s'expliquer qu'en faisant intervenir des phénomènes de charriage. Grâce à ces phénomènes, la position stratigraphique des quartzites de l'Allemdagh, toujours accompagnés de tufs et andésites d'âge crétacé vraisemblablement pourraient être envisagés comme beaucoup plus jeune qu'elle ne l'est généralement.

Les différents mouvements qui se sont produits après le dépôt du Crétacé peuvent être considérés comme en relation avec les plissements saxoniens, selon l'expression employée par H. Stille pour désigner les mouvements des régions extra-alpines qui se sont succédé pendant le Crétacé et le Tertiaire.

La direction de ces plissements est sensiblement NE dans la région qui nous occupe. Plus à l'Est, au delà de Inebolou, cette direction s'infléchit vers le Sud.

Les charriages dont nous venons de parler se seraient produits dès le début des déformations saxoniennes. Les plans de charriage paraissent en effet avoir été plissés peu après en même temps que la masse et sont recoupés par les effondrements en direction.

Ces charriages, dans la région considérée, intéressent souvent des terrains peu métamorphiques. Le style des plissements qui les accompagnent est simple. Pas de plis couchés, de renversements de couches. Il semble que les déplacements relatifs se soient effectués sous faible charge, dans des terrains tendres.

Une exception, cependant, semble devoir être faite pour les mêmes phénomènes qui intéressent le Bosphore. A cet endroit, les terrains de la nappe charriée sont tranquillement inclinés au Nord, mais le substratum montre de nombreux plis déversés et même couchés, recoupés par des failles inverses, sans qu'on puisse dire si ces accidents ne sont pas la conséquence de plissements antérieurs au Crétacé.

Les failles d'effondrement qui se sont produites après la production des transports horizontaux sont bien reconnaissables.

Dans la région de Zongouldak notamment, leur rejet est souvent de l'ordre de plusieurs centaines de mètres et on peut les suivre sur plusieurs dizaines de kilomètres.

La grande faille du Pont de Kiraslik se prolonge vers l'Est, jusque dans les parages de Inebolou, soit sur plus de 200 km. Vers l'Ouest, son extension n'est pas connue, mais il est vraisemblable qu'elle est du même ordre.

Le rejet de cette faille qui met souvent en contact le Primaire et le Tertiaire et qui par conséquent supprime tout le Crétacé, est de l'ordre d'un millier de mètres.

Ces dérangements en direction sont accompagnés de failles de décrochement ainsi que nous l'avons vu. Une remarque intéressante peut être faite à propos de ces failles. Les stries de glissements qu'on y voit sont en général inclinées comme le pendage des bancs. Il semble donc que lorsque ces accidents se sont produits, les bancs étaient peu inclinés et que c'est par après que les plissements sont intervenus.

Ceux-ci semblent s'être poursuivis d'une façon continue depuis le début du Crétacé avec naturellement des phases de paroxysme comme il semble s'en être produit à la fin du Hauterivien et pendant le Cénomanien.

Fernand DAGUIN
Laboratoire de Géologie, Bordeaux.

COMPARAISON ENTRE LES ARGILES A PLEUROTOMES DES ENVIRONS DE SOUK EL ARBA DU GHARB (MAROC SEPTENTRIONAL) ET CELLES DE SAUBRIGUES (LANDES)

J'ai déjà attiré l'attention sur les argiles grises qui dans la région de Souk el Arba du Gharb (feuille Ouezzan W) se trouvent au sommet de l'importante formation vindobonienne du Maroc septentrional : j'ai montré que leur faciès ressemble à celui des argiles qui, dans la région de Fès, occupent la base du Vindobonien. Toutefois la présence de niveaux gréseux vers la base de l'Helvétien donne aux argiles de Fès un caractère spécial ; d'autre part, dans le Gharb, la série supérieure des argiles renferme des intercalations sableuses à différents niveaux (1).

Une faune intéressante a été récoltée dans les environs de Souk el Arba soit par M. Yovanovitch qui m'a offert ses trouvailles, soit par moi-même. J'ai donné la liste des fossiles réunis et les ai étudiés, guidé par le regretté Doyen Depéret et M. Roman (2). L'ensemble de la faune caractérise des dépôts plus profonds que ceux du Vindobonien inférieur. Il semble que vers le Nord du Détroit Sud-Rifain, du côté atlantique, la profondeur de la mer vindobonienne était plus grande que vers le Sud. Aussi ai-je été amené à distinguer un Vindobonien profond avec faune tortonienne ; mais j'ai insisté sur le fait que les questions de bathymétrie avaient une très grande importance au Vindobonien et que l'Helvétien et le Tortonien sont, comme le pensait Ch. Depéret, des faciès et non des étages.

En Aquitaine, on cite toujours comme exemple de Vindobonien à faciès profond le Tortonien de Saubrigues dans les Landes. Autour de cette localité, on a ramassé, à l'époque où le falun bleu était activement exploité, de nombreux documents paléontologiques qui figu-

(1) F. Daguin. Contribution à l'étude géologique de la Région prérifaine. *Notes et Mémoires du Service des Mines et de la Carte Géologique du Maroc*. 1927. p. 328-330, 335-336.
(2) F. Daguin. *Ibid.*, p. 343-347.

rent dans bon nombre de collections. Mes confrères de la Société Linnéenne de Bordeaux MM. Castex, Neuville, Peyrot en particulier en possèdent des séries (1) ; le Muséum de la ville renferme des fossiles de Saubrigues dans la collection Degrange-Touzin. Au laboratoire de Géologie de la Faculté des Sciences se trouve une importante partie de la collection de Grateloup dans laquelle on peut voir un certain nombre de types de Saubrigues figurés par cet auteur (2). Enfin, j'ai moi-même souvent visité avec mon regretté père les faluns de Saubrigues et nous y avons recueilli de nombreuses coquilles des marnières.

Il m'a paru intéressant de comparer à la faune de Saubrigues celle des environs de Souk el Arba du Gharb et d'essayer de tirer de cette étude quelques remarques sur la mer vindobonienne du Maroc septentrional ; j'indiquerai seulement ici les principales.

Je n'examinerai que les fossiles communs aux deux régions en question. Ceux qui me paraissent devoir les premiers retenir l'attention sont les Pleurotomes. Ces Gastropodes sont très abondants à Saubrigues. On y trouve notamment :

Pleurotoma cataphracta, Pl. rotata, Pl. dimidiata, Pl. Borsoni, Pl. interrupta. M. Peyrot, qui étudie en ce moment les Pleurotomes pour la « Conchologie néogénique de l'Aquitaine », a bien voulu me donner certains renseignements dont je tiens à le remercier. *Pleurotoma cataphracta* est commun à Saubrigues et. comme toutes les espèces communes, présente de très nombreuses variations de formes. *Pleurotama rotata* ne se trouve pas spécialement dans le Tortonien ; en Italie, il se rencontre dans le Pliocène. *Pleurotoma dimidiata* est très commun à Saubrigues.

Dans la faune de Souk el Arba, il y a des Pleurotomes assez communs, entre autres *Pleurotoma* (*Bathytoma* ou *Dolichotoma*) *cataphracta* Brocc. L'espèce est représentée par des échantillons de forme très variée. Cossmann dans la Paléoconchologie comparée (2e liv., 1896 (3) figure des fossiles analogues ; certains ont Saubrigues comme lieu de provenance. Il y a la forme courte (Pl. VI, fig. 19 et Pl. VIII, fig. 12) à laquelle correspondent des exemplaires du Maroc et la forme allongée figurée d'après un échantillon du Pliocène de Biot (Pl. VIII, fig. 14), dont se rapproche parfaitement une coquille allongée des environs de Souk el Arba. L'espèce n'est pas caractéristique

(1) Mes confrères de la Société Linnéenne MM. Castex, Fabre, Neuville et Peyrot m'ont donné de précieux renseignements ou ont eu l'amabilité de m'accompagner dans les faluns du Bordelais. Je tiens à leur exprimer mes remerciements.

(2) Grateloup (Dr de). Conchyliologie fossile des terrains tertiaires du bassin de l'Adour. (Environs de Dax). T. I. Univalves. Atlas. Bordeaux, Lafargue imp. 1840.

(3) M. Cossmann. Essais de Paléoconchologie comparée (2e livraison. Paris, 1896).

du Tortonien. En effet, dans l'Aquitaine, elle est connue à différents niveaux ; Grateloup signale à Saucats dans le Bordelais une variété *burdigalensis* (1). L'espèce existe, rare il est vrai, au Coquillat de Léognan et au Peloua dans le Burdigalien. On la trouve dans l'Helvétien de Salles-Largileyre ; M. Dutertre l'y cite (2). Enfin, M. Peyrot m'a dit l'avoir récoltée dans l'Aquitanien de Peyrère près de Peyrehorade (Sud des Landes) dans des argiles de faciès plutôt profond où les exemplaires recueillis sont de petite taille. En somme, ce Pleurotome peut se trouver ailleurs que dans le Tortonien, mais il semble surtout fréquent dans des dépôts profonds. J'insiste cependant sur le fait qu'il peut se trouver dans des dépôts néritiques, par exemple dans le Bordelais.

Pleurotoma rotata est cité par de Grateloup dans le Miocène profond de Saubrigues et de Saint-Jean de Marsac (3) ; on ne le connaît pas dans le Bordelais. Cette espèce semble assez fréquente dans le Gharb marocain.

Pleurotoma dimidiata, très commun à Saubrigues, semble exister au Maroc, je n'en ai, il est vrai, que des exemplaires incomplets.

Outre les Pleurotomes, les fossiles à retenir sont :

Des *Cancellaria*, des *Conus* et des *Ancillaria*.

A Saubrigues abonde *Cancellaria (Trigonostoma) spiniferum* Grat (4).

Dans la faune du Gharb, j'ai récolté *Trigonostoma ampullacea* Br. du Plaisancien italien, forme assurément voisine, mais plus étroite que *T. spiniferum* de Saubrigues.

J'ai cité du Gharb *Conus antediluvianus* Brug. Cette espèce, très variable d'après M. Peyrot, voisine à Saubrigues avec d'autres Cônes communs (*Conus Dujardini* et *clavatus*).

Ancilla glandiformis Lamk. existe à Saubrigues et à Souk el Arba. Mais c'est une espèce d'une variabilité extrême et qui n'est pas spéciale au Tortonien ; en Aquitaine, on la trouve depuis le Burdigalien jusqu'au Tortonien ; à Mérignac, au Peloua (Saucats), elle est commune dans le Burdigalien ; à Saubrigues, elle est dans le Tortonien.

J'ajouterai que j'ai cité à Souk el Arba *Columbella elongata* Bell. voisin de *C. nassoides* de Saubrigues (5).

En résumé, pour tirer des conclusions rapides de l'examen de la faune du Gharb, il faut considérer son ensemble et surtout le faciès

(1) Grateloup (Dr de), *loc. cit.*, pl. n° 21, fig. 21.

(2) A. P. Dutertre. C. R. de la Réunion extraordinaire de la Société Géologique de France dans le Bordelais en 1920 : *in Actes Soc. Linn. Bordeaux*, t. LXXII, p. 204.

(3) Grateloup (Dr de), *loc. cit.*, pl. n° 20, fig. 10.

(4) Voir A. Peyrot Conchol. néogénique de l'Aquitaine. Extrait des *Actes Soc. Linn. Bordeaux*. t. V. 2, p. 445 et suiv. 1928.

(5) Voir A. Peyrot, *loc. cit.*, t. V, 1, p. 27-29. 1927.

des argiles qui la renferment. On a vu dans cette note que certaines des espèces communes à Souk el Arba et à Saubrigues pouvaient se trouver en Aquitaine dans des faciès néritiques. Ainsi je rappelle avec M. Peyrot que dans le Burdigalien inférieur de Mérignac-Pontic et dans le Burdigalien de Léognan des Pleurotomes parfois abondants sont associés à des faunes néritiques.

C'est donc l'ensemble de la faune (et non telle ou telle espèce bien définie) joint au faciès argileux profond qui permet de conclure dans le Gharb à l'existence d'assez grands fonds marins. A Saubrigues, on admet que la région profonde de la mer miocène coïncidait avec l'emplacement de la fosse dite aturienne.

Poursuivant le parallélisme entre Saubrigues et le Gharb, on peut se demander si au miocène il n'y avait pas une fosse comparable au Maroc septentrional. La faune de Souk el Arba pose un problème paléogéographique que des trouvailles ultérieures permettront peut-être de résoudre.

M. DALLONI

Professeur de Géologie appliquée à l'Université d'Alger.

LES GISEMENTS DE HOUILLE DU NORD DE L'ALGÉRIE

La question de l'existence de gisements de charbon en Algérie, essentiellement liée à celle du développement industriel du pays, a toujours préoccupé l'opinion publique. La découverte du bassin houiller de Bechar, dans le Sud-Oranais, a suscité bien des espoirs, mais sa situation en bordure de la chaîne saharienne, loin de tout centre important et les difficultés d'exploitation qui en résultent, en diminuent beaucoup la valeur économique ; la houille est là à la base du Westphalien, dans une zone synclinale des formations primaires du Haut Atlas, qui se développent vers l'Ouest, en territoire marocain (1). On s'est demandé s'il ne serait pas possible de la trouver dans le Nord,

---

(1) C'est dans ce même étage qu'on a trouvé récemment la houille aux environs d'Oudjda, dans une région plus abordable.

en relation avec les massifs anciens de l'Atlas tellien, qui forment l'ossature de cette chaîne tertiaire. L'exploration géologique a montré que le Carboniférien y est représenté en divers points par des dépôts à faciès houiller, mais que les traces de combustible qu'ils recèlent sont bien médiocres.

C'est ainsi que dans la partie orientale de la « chaîne Numidique », au col d'El Kantour, entre Constantine et Philippeville, des grès grossiers, micacés, alternant avec des schistes et un poudingue à petits galets siliceux offrent quelques empreintes végétales indéterminables. Ces couches, qui sont en rapport avec le Permien, se poursuivent dans le Sidi Driss et au M'cid Aïcha, toujours recouvertes par le Grès rouge, qui est très développé dans ces sommets.

Il en est certainement de même vers l'Ouest, dans la Kabylie des Babors, encore fort incomplètement connue à ce point de vue, mais où les terrains primaires reparaissent. Il faut arriver jusqu'au Djurjura pour rencontrer, dans l'axe de ce chaînon, la traînée carboniférienne importante des Aït Ouabane, sous le Permo-trias de l'Azerou-Tidjer ; des schistes gris ou noirâtres et des grès psammitiques, passant au gravier, sont associés à un poudingue à dragées et présentent en certaine abondance des *Calamites* et autres empreintes du Houiller, du reste assez frustes. On a reconnu la houille dans une bande continue, de plus de 8 kilomètres de longueur, entre la route de Tirourda et le col de M'Kouilal et dans le ravin de l'Oued el Hammam le banc a près de 30 centimètres d'épaisseur ; les recherches entreprises sont restées rudimentaires.

Il serait possible de retrouver le Houiller dans la vallée de l'Isser ; j'ai constaté que les affleurements de Grès rouge qu'on observe dans les gorges de Palestro appartiennent au Permo-trias et non à l'Eocène, comme Ficheur l'avait pensé et, du reste, ces deux formations se montrent un peu à l'Ouest, dans des conditions analogues. Ville les a signalées dès 1852 au barrage du Hamiz.

De longue date, encore, par les publications de Fournel (1854), on sait que le Carboniférien doit exister dans le massif ancien d'Alger et de la Bouzaréa, dont la stratigraphie est toujours à faire : des veines d'anthracite sont visibles au Petit Port, sous Ras el Knater et un peu à l'ouest d'Aïn Benian. Les schistes « carburés » sont très répandus dans tout le massif ; il serait intéressant de démontrer qu'ils relèvent du Houiller et son examen attentif permettrait, sans doute, d'y découvrir quelques empreintes caractéristiques.

La traînée que nous suivons doit se prolonger dans le Chenoua et les Zaccar, sous les conglomérats et les schistes violacés du Permien ; de là, elle peut se poursuivre dans le massif schisteux du Doui où les conditions géologiques sont identiques.

La chaîne littorale du département d'Oran présente plus d'intérêt, d'après les indices déjà connus. On savait depuis longtemps que des lentilles d'anthracite existent au Djebel Kahar, entre Oran et Arzeu, dans des couches attribuées par Ville, puis par M. Doumergue, au Crétacé ; or, des lambeaux de ce terrain affleurent bien, à proximité du gîte, mais avec le faciès vaseux à céphalopodes. Une étude détaillée de cette montagne m'a révélé que l'anthracite y est interstratifiée dans des schistes et des grès dont la physionomie est bien celle du Houiller et que recouvre le Permien le plus typique, déjà connu, du reste, qui couronne le Djebel Kahar.

Malheureusement, ces vestiges exigus de la chaîne hercynienne ont été repris par les plissements tertiaires et cette zone est affectée par des dislocations si intenses que les lits de houille, comme les couches encaissantes, sont écrasés, laminés, intimement mélangés à ces dernières et donnant une roche qui a l'apparence du charbon, mais qui n'est qu'un schiste charbonneux inutilisable ; cependant, il reste quelques bancs assez épais d'un véritable anthracite à 85 % max. de carbone, avec une puissance calorifique qui atteint 8.000 cal. Ce gîte mériterait donc une exploration nouvelle, car c'est le plus important de tous ceux qu'on connaisse actuellement dans le nord de l'Algérie.

Au reste, on en retrouve des traces sur tout le littoral oranais, comme l'a constaté M. Doumergue, aux caps Lindlès et Falcon par exemple ; il est rare de ne pas en observer quand on rencontre le Grès rouge. J'ai pu le reconnaître moi-même plus à l'Ouest encore, à Sidna Youcha : il existe là, une dizaine de kilomètres à l'est de Nemours, dans des schistes noirs, sub-ardoisiers, recouverts par le Trias, un lit de charbon de 35 à 40 centimètres d'épaisseur ; c'est une anthracite à 73 % de carbone fixe, le pouvoir calorifique étant de 7.340 cal. Comme au Djebel Kahar, la genèse de cette houille métamorphique et les particularités de son gisement s'expliquent par les dislocations énergiques que cette zone a subies lors des plissements récents. On ne peut mieux comparer de tels gîtes qu'à ceux qu'on exploite en quelques points de la chaîne des Alpes, dont l'histoire géologique est très comparable à celle de l'Atlas tellien.

En résumé, dans l'état actuel de nos connaissances, tous ces témoins de l'extension remarquable du terrain Houiller dans le nord de l'Algérie n'ont guère qu'un intérêt théorique (1) ; pourtant, des recherches méthodiques dans certaines zones, encore insuffisamment explorées, au Djurjura et au Djebel Kahar par exemple, pourraient amener la découverte de petits gîtes utilisables.

---

(1) On a signalé à diverses reprises de la houille en d'autres régions de l'Algérie, par confusion avec des lignites crétacés ou tertiaires qui, du reste, ne sont exploités nulle part.

G. DENIZOT
Assistant à la Faculté des Sciences, Marseille

SUR UN RIVAGE QUATERNAIRE DE L'ILE MAJORQUE ET SUR LES DERNIERS CHANGEMENTS DE LA MÉDITERRANÉE OCCIDENTALE

Durant le Quaternaire, la Méditerranée, partant d'une situation très élevée (supérieure à 100 mètres), s'est abaissée au niveau actuel avec une série d'épisodes positifs, dont chacun a créé une ligne de rivage ; l'avant-dernière paraît établie autour de 15 m. par un grand nombre d'observations, au premier rang desquelles il convient de citer celles du Général de Lamothe ; Ch. Depéret a choisi pour la dénommer la localité tunisienne de Monastir. C'est à elle que se relient les basses terrasses des vallées, qui se raccordent auprès de Lyon aux moraines définies par Penck comme würmiennes.

Mais l'altitude de cette ligne monastirienne n'est pas aussi constante qu'on l'a cru : de 16-18 m. en Afrique du Nord et sur la côte niçoise, elle descend à 12 m. vers Toulon et vers Narbonne, à 9 m. vers le delta du Rhône. De plus en plus, on admet qu'aux variations d'ensemble, de nature eustatique, se superposent des variations « locales », c'est-à-dire épirogéniques : interprétation que j'ai soutenue dès 1923, et qui passa inaperçue alors que l'eustatisme était en pleine vogue.

Bas niveau de l'île Majorque

On connaît par des travaux anciens, et surtout ceux de Hermite, par les observations récentes de M. Fallot et de M. Darder-Péricas, des lambeaux marins à *Stombus bubonius* à quelques mètres plus haut que le rivage actuel, accusant des conditions subtropicales différentes des conditions actuelles, et dont le classement comme monastiriennes ne paraît pas soulever d'objections. Je résumerai seulement les faits, renvoyant le lecteur à l'étude que je leur consacre dans une autre publication (1).

(1) Recherches sur l'histoire quaternaire de la Méditerranée occidentale (pour paraître dans le Bulletin de la Société linnéenne de Provence)

Le principal gisement est au sud-est de Palma, entre Molinar et la Batterie : le poudingue à Strombes forme sur le rivage un plan incliné s'élevant jusqu'à 6 m. ; il passe sous un grès calcaire à *Helix* dit marès, qui est une formation dunaire, constituant au Coll d'en Rebasa des bourrelets en avant d'une plaine strictement continentale qui se tient vers 10 m. Il est capital de voir, à la Batterie, l'extrémité du poudingue s'insérer en coin dans le marès, en sorte que toutes les observations concordent pour situer vers +6 m. le rivage de l'époque.

C'est ce que confirment les autres gisements : à la Cala Major, à Refeubeitx, au Camp del Mar surtout, qui sont entre Palma et Andraitx, le marès descend sous la mer ; mais sa partie inférieure offre une différence marquée et renferme des coquilles marines, d'abord entières, puis triturées jusqu'à 8 ou 10 m. ; au-dessus, je n'ai observé que de fins débris de coquilles terrestres. Or, cette zone à coquilles triturées est dans les conditions actuelles celle de 0 à +3 ou 4 m., soumise à l'agitation des vagues déferlantes.

A Porto-Cristo (Cala Manacor), à Cana-Mel et Sa Colonia (SE. et NW. d'Arta), le poudingue marin atteint seulement quelques mètres. Toutes les observations concourent à fixer le rivage monastirien de Majorque vers la cote 6.

La dernière régression dans la Méditerranée occidentale

L'accord semble fait pour admettre, après le stationnement vers 15 m. dit monastirien, une grande régression, dite préflandrienne, très au-dessous de 0 ; puis un remblaiement, dit flandrien, aboutissant après divers épisodes à la situation actuelle. Lors de cette régression, les rivages étaient modifiés autour de Marseille ; ;l;es îles étaient réunies à la côte, l'étang de Berre était exondé ; un abaissement vers —30 m. suffit pour ces modifications.

D'autres observations ont paru indiquer un abaissement plus considérable. Le grand cône de déjection de la Crau part de Lamanon vers 110 m. et descend avec une régularité remarquable sur une trentaine de kilomètres, pour tomber à 0 sous les marais précédant la Camargue ; il ne porte aucune trace des anciens rivages, et paraît contemporain de la dernière régression (1). Les galets de Crau se suivent audessous de 0 avec la même pente, jusqu'à atteindre —39 à Giraud: peut-être se sont-ils répandus quelque temps sous la mer ; mais il n'y a pas

(1) Ces dernières années, on a synchronisé cette régression au Würmien. Je suppose qu'il s'agit d'une confusion : tous les observateurs depuis Penck, et je le confirme, rattachent le glacier würmien du Rhône à la basse terrasse de ce fleuve, il est au plus tard contemporain du stationnement monastirien et non pas consécutif : du moins faudrait-il justifier d'une opinion contraire.

de raison valable de prendre pour tels des cailloutis rencontrés en sondages autour d'Aigues-Mortes, de —30 à —50 m. L'âge de ceux-ci est inconnu, ils se relient avec plus de probabilité au Pliocène sous-jacent qu'au poudingue de la Crau, lequel, s'il était prolongé vraiment jusque-là, devrait passer au-dessous de —100 m.

La complexité des formations détritiques au débouché du Rhône rend difficile la recherche du rivage récent le plus bas ; mais il s'est manifesté une concordance très précise de la Méditerranée à l'Atlantique, nous pouvons donc étendre les observations bien plus nettes de ce côté. Or, il existe le long des côtes ouest et nord de la France une remarquable ligne de —25 à 30 m., et les profils du fond des alluvions récentes sur le talwweg rocheux dit « négatif » se raccordent à cette ligne : c'est en particulier le cas pour la Loire, la Seine et la Somme (à quelques mètres près) ; cette disposition, révélée par des recherches très diverses, me paraît imposer une conclusion (1).

Je propose donc de fixer vers —30 m. la dernière régression de part et d'autre du territoire français.

Cette conclusion, en admettant qu'elle s'étende à toute la Méditerranée occidentale, ne serait pas sans tolérer de sérieuses infractions. Nous ne retiendrons pas comme telles certaines autres plates-formes submergées, par exemple une ligne de —50 à 60 m., marquée par les courbes bathymétriques aux îles d'Hyères et autour de la Corse, qu'il reste à interpréter et dater. Mais d'autre part, on sait que la théorie eustatique, si prisée des auteurs, affirme des abaissements d'ensemble de la mer provoqués par l'effondrement de certains territoires sous-marins, et nous ne voyons pas de raison que de tels effondrements aient toujours rigoureusement épargné les côtes ; ce serait d'autre part une erreur capitale que de généraliser a priori des anomalies relevées en un point. C'est bien ce qu'a compris le Général DE LAMOTHE, dans un exemple remarquable que nous allons résumer d'après lui (1).

Au sud d'Alger, la Mitidja forme une dépression comblée de dépôts continentaux d'âge peu ancien ; des sondages étudiés naguère par VILLE ont suivi ces dépôts jusqu'à 181 m. au moins. Si, comme cela paraît avoir été admis, on veut attribuer ce comblement à la phase récente, à la dernière régression, c'est donc non à 100, mais à 200 m. environ qu'il faut porter celle-ci : l'esprit recule devant une généralisation de cette idée. Au contraire, il est facile d'admettre, avec DE LAMOTHE, l'effondrement d'une cuvette au cours du Quaternaire, débu-

(1) Les galets signalés par DANGEARD dans la Manche centrale, de —60 à —90, ne peuvent être pris comme arguments d'une régression plus forte : eux aussi sont d'âge inconnu, conformes à ceux de diverses formations tertiaires et peut-être transportés par les glaces comme de nombreuses roches voisines signalées à ce titre par le même auteur.

(1) Lignes de rivage du Sahel d'Alger, *Mém. Soc. Géol. Fr.* 1911, p. 247.

tant alors que le sol était un peu plus haut que la mer et se comblant assez vite pour que celle-ci ne l'ait pas envahie.

Sans doute peut-on ne voir, dans de telles solutions, que des spéculations de l'esprit : nous voulons seulement montrer que l'on peut rester dans le cadre d'une théorie sans être obligé de forcer jusqu'à l'extravagance les derniers changements de la Méditerranée.

En résumé, nous proposons d'admettre le niveau monastirien, supposé contemporain du Würmien, autour de 12-15 m., et avec quelques inégalités ; — la régression suivante, la dernière et probablement la plus considérable de la Méditerranée, vers —30 m. ; — le niveau couronnant le cycle « flandrien » très voisin de l'actuel et même un peu plus élevé, atteint dès une date très reculée, bien avant les temps historiques.

Toute indication de plus forte variation paraît d'attribution douteuse, ou bien constitue une anomalie locale.

Georges DUBOIS

Professeur de Géologie et de Paléontologie à l'Université de Strasbourg.

LES RIVAGES DU BASSIN MÉDITERRANÉEN PENDANT LA DERNIÈRE GLACIATION ET PENDANT LA TRANSGRESSION FLANDRIENNE

Lors de la dernière glaciation (glaciation würmienne), les rivages du bassin méditerranéen se trouvaient à un niveau très inférieur au zéro actuel. Une submersion contemporaine de la déglaciation s'est produite ensuite :

Les cailloutis würmiens de la Crau s'abaissent sous la Camargue jusqu'à l'altitude —50 (1). On a rencontré de la tourbe sous la Camargue à l'altitude —27 (2). Le creusement de l'étang de Caronte et de la cuvette de Berre est en relation avec un abaissement du niveau marin à —25 au moins (3). Le long de la côte dalmate, les limons loessiques s'abaissent jusqu'au niveau de la mer ; ils sont d'ailleurs

(1) H. BAULIG. La Crau et la glaciation würmienne, *Ann. Géogr.*, t. 36, 1927, p. 499-508.

(2) DE LAMOTHE. Les anciennes nappes alluviales de la vallée du Rhône en aval de Lyon, *Bull. Soc. Géol. Fr.*, 4e S., t. 21, 1921, p. 101.

(3) G. DENIZOT. Les dernières variations du niveau marin sur les côtes de la Basse-Provence, *C. R. Ac. Sc.*, t. 175, 1922, p. 42.

présents sur de nombreuses îles (4) ; leur position indique que la région a subi une émersion contemporaine de la dernière glaciation, puis une submersion (5). L'allure des courbes bathymétriques autour de la Corse, la présence de rias en différents points de l'île, indiquent que le niveau marin est descendu, au moins jusqu'à —60, pour s'élever ultérieurement (6). La côte algérienne à l'est de Bône et les rivages tunisiens sont indentés par des rias typiques (7) indiquant une submersion récente. Le lac occupant la dépression du Fayoum a pour origine les dernières oscillations du niveau de base méditerranéen (8). La formation des limons de la mer Noire est une conséquence du dernier mouvement positif du niveau marin (9), mouvement dont l'amplitude est de 40 m. au moins, et qui est postérieur à la formation des loess (10).

La ligne de rivage négative glaciaire n'est pas spéciale à la Méditerranée. Elle a été reconnue en de nombreux points du domaine atlantique. L'oscillation positive de la ligne de rivage, qui s'est produite au cours de la déglaciation, est également très générale : elle n'est autre que la transgression marine flandrienne (11). Cette transgression, de nature eustatique, fut la conséquence de la déglaciation : elle est en effet due essentiellement à l'accroissement du volume d'eau des océans, accroissement résultant de la fonte glaciaire. De diverses indications recueillies dans le bassin atlantique, notamment par Dangeard (12) et des cubages théoriques, effectués par Antevs (13), des eaux libérées par les glaces würmiennes, il ressort que l'amplitude de la transgression flandrienne est de l'ordre de 90 à 100 mètres. C'est donc vers les fonds de 90 à 100 m. qu'il faut chercher les rivages würmiens de la Méditerranée.

Certes dans les régions voisines des embouchures des fleuves tels

---

(4) A. Grund. Die Enstehung und Geschichte des Adriatisches Meeres, *Geogr. Jahresber. aus Osterreich, Wien*, BdVI, p. 1-14.
R Schubert. Die Küstenländer Osterreich-Ungarns, *Handb. Reg. Geol.*, Bd V, I, a, 1914, p. 15.

(5) H. Baulig. Le littoral dalmate. *Ann. Géogr.*

(6) P. Castelnau. Les côtes de Corse, *Rev. Géogr.*, t. 9, 1916-21, fasc. 2, p. 9-20, fig. 1-2.

(7) E. F. Gautier. Structure de l'Algérie. 1922, p. 178-185.

(8) H. Hug. Le Fayoum, étude de Géographie physique, *Bull. Assoc. Géogr. Fr.*, n° 35, 1929, p. 65-68.

(9) N. Sokoloff. Ueber die Enstehung der Limane Südrusslands, *Mém. Com. Géol.*, X, 4, 1895, 102 p., 9 fig., 1 carte.

(10) E. Bourkser. Les lacs et les limons salés de l'Ukraine. *Mém. Acad. Sc. Ukraine, Cl. Sc. Phys. et Math.*, t. VIII, I, 1928, Chap. IV, (en ukrainien, résum. en français).

(11) G. Dubois. Recherches sur les terrains quaternaires du Nord de la France, *Mém. Soc. Géol. Nord*, t. VIII, I, 1924.

(12) L. Dangeard. Observations de géologie sous-marine et d'océanographie relatives à la Manche, *Ann. Inst. Océano. N. S.*, t. VI, fasc. I, 1928.

(13) E. Antevs. The last glaciation, *Ann. Géogr Soc., Res. Ser.*, n° 17. 1928. p. 81-82.

que le Rhône, le Pô, les fleuves de la mer Noire, des sédiments flandriens sont venus rehausser le fond. Le rivage würmien passait plus près du rivage que ne l'indique la courbe bathymétrique —100. Des exhaussements ou des affaissements tectoniques locaux ont déformé dans une certaine mesure la ligne de rivage würmienne. Néanmoins, la courbe bathymétrique —100 donne une idée approximative de ce que pouvaient être les contours würmiens du bassin méditerranéen.

La Méditerranée communiquait librement avec l'Océan par un détroit de Gibraltar à peine plus étroit que le détroit actuel. Les golfes de Valence, du Lion, de Bizerte, de Tunis, d'Hammamet et de la petite Syrte, les pentes nord de l'Adriatique, le golfe de Salonique, étaient en partie émergés ; les Pityuses constituaient une seule île ; Minorque et Majorque étaient sans doute réunies par un isthme très étroit ; Corse et Sardaigne étaient très vraisemblablement unies ; Elbe était attachée au continent ; Galite et ses bancs formaient une grande île ; il en était de même du banc Squerque, d'une part, du banc Adventure d'autre part ; Malte et Gozzo constituaient aussi une seule et grande île. L'Archipel différait assez peu de son aspect actuel.

Le fond rocheux des Dardanelles se trouve vers 90 m. de profondeur, celui du Bosphore vers 70 m. Aussi peut-on penser que la mer Noire était un lac lors du maximum glaciaire würmien, et qu'une partie de son fond occidental était émergée. La mer d'Azov dont les plus grandes profondeurs actuelles sont de 13 m. n'était guère qu'une dégression parcourue par le Don, grossi vraisemblablement du Manitch, déversoir du lac aralo-caspique. Vers les débuts de la transgression flandrienne, les eaux de la Méditerranée ont débordé par les Détroits dans la Mer Noire, tandis que le bassin aralo-caspique entrait dans le domaine endoréique (14) par dessèchement progressif post-glaciaire.

Les changements de contour de la Méditerranée furent surtout sensibles au début du Flandrien, alors que la transgression flandrienne était très intense en raison des grandes masses de glace en fusion. Au Flandrien moyen, c'est-à-dire dès le début du Néolithique, le niveau de la Méditerranée était déjà bien voisin du zéro actuel : il a vraisemblablement subi depuis lors quelques oscillations faibles de part et d'autre du zéro actuel, oscillations se compensant à peu près et difficilement décelables. Au cours des 5 à 6.000 dernières années, les mouvements tectoniques locaux de l'écorce terrestre ont seuls laissé des traces évidentes (15).

---

(14) E. DE MARTONNE et L. AUFRÈRE. L'extension des régions privées d'écoulement vers l'Océan. *Union. Géogr. Intern.*, 1928. p. 159.

(15) Je rappelle les travaux de SUESS, WELSCH, CAYEUX, JOHNSON. Sur la fixité du niveau marin, en Méditerranée et ailleurs, depuis les temps historiques. Voir aussi : G. DENIZOT : Variations récentes et modernes du niveau marin sur les côtes françaises. *Bull. Section. Géograph.* 1925, p. 111-123.

Louis GLANGEAUD

LA DURÉE DES ÉRUPTIONS NÉOGÈNES DANS LE NORD DE LA PROVINCE D'ALGER

Dans une série de notes précédentes, j'ai indiqué que la presque totalité des éruptions du Nord de la Province d'Alger s'était produite au début du Néogène. Cette note a pour but de préciser quelle peut avoir été la durée de ces éruptions dans les différents territoires où nous en observons les traces.

La précision observée dans la détermination de cette durée est différente suivant qu'on la considère au point de vue local ou par rapport aux divisions classiques du Miocène de l'Europe. Au point de vue régional, il est assez facile de reconnaître les relations des différentes roches éruptives avec les couches marines du Miocène de la région ; mais si l'on cherche à déterminer l'âge absolu de ces éruptions, on doit tenir compte de la valeur stratigraphique des subdivisions locales du Miocène.

La comparaison des divisions stratigraphiques locales de notre région avec celles du Néogène de l'Europe montre que la précision obtenue dans la détermination de cet âge n'est pas considérable. En effet, MM. Fallot et Gignoux ont dernièrement indiqué qu'à leur avis les différents étages du Miocène (Burdigalien, Helvétien, Tortonien) étaient des facies d'un même cycle sédimentaire, ainsi que l'admettaient d'ailleurs les auteurs italiens. Ils estimaient qu'il était difficile, snon impossible de séparer le Burdigalien de l'Helvétien et du Tortonien si l'on ne possédait pas une faune très abondante dont on pouvait suivre les mutations à travers la série des couches.

Les auteurs ayant étudié le Miocène algérien ne sont pas d'accord au sujet de sa classification. Les marnes cartenniennes par exemple sont attribuées soit au Burdigalien, soit à l'Helvétien. Aussi, allons-nous chercher dans cette note à indiquer surtout les relations de ces roches éruptives avec les divisions stratigraphiques locales. Nous tiendrons compte, dans l'attribution des éruptions à un étage déterminé, de la valeur relative de ces divisions locales.

Dans la région littorale entre Cherchel et Ténès, et au Djebel Toumaïns, au Sud de Chenoua, les roches éruptives sont antérieures aux marnes cartenniennes (Burdigalien ou Helvétien) et postérieures ou contemporaines des poudingues rouges (Burdigalien ou Aquitanien). Nous pouvons leur attribuer un âge burdigalien.

Dans le *bassin de Marceau,* les roches éruptives les plus anciennes sont interstratifiées entre le Crétacé ou les poudingues rouges et les couches marines d'âge néogène. L'âge burdigalien de ces premières éruptions paraît donc assez net. Une deuxième phase a donné des coulées (Tala Oursou, Ourzer) interstratifiées dans des couches marneuses et gréseuses dites cartenniennes qui peuvent appartenir soit au Burdigalien supérieur soit au Vindobonien.

Après ces deux premières phases qui englobent la presque totalité des roches éruptives de cette région, il paraît s'être épanché localement (au voisinage de Sidi Bou Lamsabih au Sud-Est de Marceau et à Sidi Athem à l'Ouest de Marceau) de petites coulées interstratifiées dans les couches terminales du Vindobonien.

Ces émissions constitueraient la troisième et dernière phase de cette région. *Son importance est très réduite.*

C'est pendant la deuxième phase que se sont épanchées les roches éruptives d'*El Affroun* ; elles sont interstratifiées au milieu des couches que la carte géologique de Marengo intitule « marnes cartenniennes ». Au Sud de Chenoua, à Omar Mero, je n'avais pas précisé, dans une note antérieure, pour le petit gisement de dellénite, tout à fait exigu (4 m. sur 200 m.) que ce petit lambeau appartenait à la deuxième phase, car sa position me semblait douteuse. M. Aymé vient de montrer (A. F. A. S. 1930) qu'une couche de marnes attribuable au Cartennien sépare cette dellénite des couches du Crétacé. Malgré les difficultés qu'il y a à bien reconnaître les relations de cette roche avec les terrains encaissants, les observations minutieuses de M. Aymé permettent de se rendre compte qu'elle appartient à la deuxième phase.

Dans le *bassin d'Hammam-Melouane*, les produits éruptifs sont bien interstratifiés dans une série qui a été attribuée par tous les auteurs au Burdigalien. Ces roches se rencontrent (Sud du point 387), entre les poudingues et les couches de la partie supérieure de l'étage. Au point 301, elles présentent à leur base une couche de marnes cartenniennes et sont contemporaines du dépôt de ces marnes. Au Fondouck et à Kara Mustapha, les roches éruptives sont surmontées directement soit par des marnes cartenniennes, soit par des calcaires à Lithotamnium (Vindobonien ?), oit par des couches pliocènes.

Dans la *région de Ménerville*, la première phase éruptive, antérieure aux marnes cartenniennes, a donné au Djebel Sidi Zerzor des roches éruptives nettement interstratifiées entre les poudingues et les marnes dites cartenniennes. Au Dra Zeg Etter où les poudingues n'affleurent pas, les coulées sont nettement antérieures aux marnes cartenniennes. Aussi les interprétations de Ritter considérant que les roches éruptives de cette région sont intrusives en laccolites ou en batholites dans le Cartennien, doivent être modifiées. La présence de tufs interstratifiés entre les poudingues et les marnes cartenniennes montrent bien que ces roches ne sont pas intrusives, mais sont des roche d'épanchement. Duparc et Pearce l'avaient d'ailleur entrevu.

Quant aux roches éruptives du massif du Dj. Djennad et de Dra Rahmane, elles appartiennent très probablement à la deuxième phase du basin de Marceau, phase d'âge probablement vindobonienne. Leur interstrafication dans des couches détritiques attribuées à l'Helvétien (Ficheur) est facile à observer.

A *la Réunion*, près de Bougie, les tufs volcaniques sont interstratifiées dans des couches détritiques situées au-dessus de poudingues à Ostréa Crassissima. Ces tufs et brèches contiennent les débris remaniés des roches éruptives du massif de l'Oued Amizour que j'ai étudié dans une note spéciale. A l'Est, à *Sidi Aïch*, le niveau éruptif est à la base des marnes déterminées comme cartenniennes, par M. Ehrmann (Feuille manuscrite de Sidi Aïch).

Nous pouvons établir ainsi la répartition des roches éruptives de cette région en indiquant par les signes (C) comun et (R) rare, l'importance de ces différentes émissions.

I. — Roches éruptives contemporaines des poudingues burdigaliens et antérieures aux marnes dites cartenniennes (CC) : région littorale, entre Cherchell et Ténès, première phase du bassin de Marceau, cap Matifou, Sidi Zerzor, Dra Zeg Etter, Rouafa, Kara-Mustapha (?), S. et S.-E. du Fondouck (Aymé).

II. — Roches éruptives contemporaines des marnes cartenniennes (C) (Burdigallien supérieur ou Helvétien inférieur) : deuxième phase du bassin de Marceau, El Affroun, Douar Kara(?), Omar Mero (Aymé), Hammam Melouane (p. p.), Sidi Aïch.

III. — Roches paraissant être interstratifiées dans les couches détritique du Vindobonien supérieures aux marnes cartenniennes, soit à la partie inférieure (R), soit à la partie supérieure (RR) : troisième et dernière phase du bassin de Marceau, massif de Dra Rhamane et du Cap Djinet, région de l'Oued Amizour (pro parte).

Les éruptions de cette région se localisent donc, pour la presque totalité, au début du Néogène (Burdigalien, Vindobonien inférieur). Seules quelques éruptions de faible étendue peuvent appartenir à la fin du Miocène.

—— ——

O. MENGEL

Directeur de l'Observatoire de Perpignan

ORIGINE SECONDAIRE DE QUELQUES FORMATIONS LITHOLOGIQUES ÉVOLUTION DES SALOBRES

I

La mer au cours de ses retraits successifs a laissé des chapelets de lagunes marquant les stades des abaissements du niveau de base.

Les lagunes répondant, par exemple, au littoral de 60-75 mètres dans les Prénées-Orientales (Estagel, Ponteilla, Palau-del-Vidre) ont depuis longtemps leurs alluvions de remblaiement lessivées par les eaux météoriques et les circulations souterraines de celles-ci après infiltration.

Les sels dont ces alluvions lagunaires étaient primitivement imprégnées, tels que : chlorures de sodium et de magnésium, ont été transformés par substitutions chimiques en silicate ou en carbonate qui se sont fixés par ségrégation en lits plus ou moins épais, figurant une *pseudo stratification* soit, *per ascensum*, au-dessus des niveaux primitifs successifs des nappes aquifères (poudingue de la plaine de la Crau, par exemple) ou de la nappe phréatique par suite d'un phénomène de capillarité en période de sécheresse, soit, *per descensum*, aux limites successives d'humidification du sol par eau météorique.

L'eau des puits creusés dans cet ensemble est généralement dure et fade. D'autant plus fade que le nivaeu d'eau est moins profondément situé et appartient à une dépression dépendant d'une ligne de rivage plus récente.

Ainsi dans la dépression de Bages (Pyrénées-Orientales) qui est à l'emplacement d'une lagune du rivage de 30 mètres, l'eau des puits de 24-30 mètres est impropre à l'alimentation. C'est celle de la nappe artésienne de 65 mètres que l'on utilise. Sur l'ancien rivage de 15 mètres, il existe une première nappe à 8 mètres, mais c'est de la nappe artésienne de 100 mètres (Montescot), qui n'est autre que la nappe de 65 mètres de Bages, qu'on tire l'eau d'alimentation, malgré sa température de 20°.

II

A l'emplacement de ces anciens étangs existent des *Salobres*, c'est-à-dire des espaces où la végétation ne peut prospérer en raison de la teneur des terres en chlorures dont les efflorescences, en temps de sécheresse, se remarquent d'autant plus que le retrait des eaux salées est plus récent.

La tranchée du chemin de fer, au nord de Salses, en Roussillon, ouverte dans un terrain de salobres, permet d'observer sur le vif la formation de lits de poudingues à ciment calcaréo magnésien, les uns fort minces, marquant vraisemblablement des régimes de pluie ou de sécheresse faibles, les autres plus épais dépendant, sans doute, de régimes de plus longue durée.

Un ancien étang, l'étang de Villeneuve de Raho, dû très probablement à un effondrement consécutif au retrait du littoral de 30 mètres, et devenu par suite étang du littoral de 15 mètres, présente, quoique éloigné de 12 kilomètres du littoral actuel, un phénomène semblable. Alors que tous les autres étangs de la région étaient asséchés depuis 1182, celui-ci privé de toute communication avec la mer conserva des eaux salées jusqu'au début du XIXe siècle. Asséché depuis, ses parties centrale et d'aval présentent une grande étendue de salobres; les autres n'en présentant plus que sur leur bords, c'et-à-dire sur les parties les moins sujettes à être lavées et baignées par les inondations.

Un essai de creusement de puits ordinaires dans la cuvette de cet étang a dû être abandonné en raison des difficultés qu'on éprouvait à traverser des bancs de tuf gréseux. La même difficulté ne s'est pas produite dans le creusement d'une demi-douzaine de puits artésiens, d'une centaine de mètres de profondeur, forés sur le pourtour, dans des strates également à tuf marneux, mais appartenant à un Pliocène, mi-partie continental, mi-partie marin.

Ayant eu l'occasion de visiter sous la conduite de M. Rothé, dans les environs d'Hettenschlag, en Alsace, un bombement dû à l'existence, révélée par des sondages de 100 mètres de profondeur, d'un dôme de sel, j'ai été surpris de voir dans les cultures réparties sur le bombement des taches où la végétation, comme dans les terrains de salobres, cessait brusquement. D'après les paysans alsaciens, ce taches sont dues à la présence à faible profondeur d'un sol dur imperméable.

Effectivement non loin de ce dôme, à Sainte-Croix, dans une carrière de gravier de rivière ouverte dans un champ de blé, je remarquai sous une tache de végétation languissante des petits lits de graviers fortement liés par un ciment blanc de carbonate de chaux et de magnésie qui m'a semblé identique aux lits de poudingues récents de Salses, en région de salobres.

Je me demande, vu la présence du sel en sous-sol dans la région alsacienne, si l'ascension d'eau salée par capillarité n'aurait pas joué en Alsace le même rôle que dans la plaine littorale du Roussillon.

A noter que ces lits cimentés sont discontinus et situés à diverses profondeurs. Il peut se faire qu'au droit d'une de ces discontinuités formant espèce d'évent aquifère, se forme près de la surface, à une profondeur qui permet une accélération d'évaporation de l'eau montant par capillarité, un dépôt, par précipitation, des produits en dissolution.

Ainsi donc un *salobre* est tout d'abord une zone à terre saturée de chlorures. En période de sécheresse, ces chlorures montent en efflorescences jusqu'à la surface. Qu'une pluie arrive, les goutelettes rejaillissent saturées de chlorure vers les jeunes pousses, qu'elles brûlent ; d'où arrêt de la végétation même pour les plants susceptibles de prospérer en terrains salins.

Peu à peu, avec le temps, par suite de réactions secondaires produites dans le sol entre éléments chlorurés et carbonatés apportés par les eaux, les efflorescences salées cèdent la place à des efflorescences carbonatées, qui ont bientôt peine à arriver au-dessus du sol et par suite cimentent les éléments dans lesquels elles s'arrêtent (per ascensum) et ceci à toute profondeur.

Telle est une des phases de l'évolution d'un salobre, intimement liée à la formation des marnes, des grès, des poudingues et des tufs.

Maurice PIROUTET

Docteur ès-Sciences, Assistant de Géologie Appliquée à l'Université d'Alger.

UNE OBSERVATION RELATIVE AU FLUVIO-GLACIAIRE DES ENVIRONS DE SAINT-CLAUDE (JURA)

On voit très nettement, au voisinage du confluent du Flumen et du Tacon, surtout en aval, et sur la rive droite du dernier, trois terrasses d'alluvions étagées respectivement aux altitudes d'environ 8 m., 15 m. à 20 m., et enfin de 50 m. à 60 m. La terrasse de 15 à 20 m. est certainement würmienne, celle de 8 m. se classe au Néo-Würmien, car il est bien peu probable qu'il puisse s'agir, ici, du stade de Bühl. La terrasse de 50 à 60 m. doit correspondre au Mindélien. Il semble, en outre, que, du côté N. du confluent, existent les traces d'une terrasse, d'érosion plutôt que d'alluvionnement, plus élevée encore et située à une centaine de mètres au-dessus du Thalweg, laquelle correspondrait au Günzien. Les traces des terrasses rissienne et néorissienne manqueraient donc en ce point, ou plutôt auraient ici disparu. Peut-être là, comme, paraît-il, plus au S. les glaces rissiennes se seraient-elles étendues moins loin que celles du glacier mindélien ? Mais les premières ayant eu une extension plus grande que les secondes dans la région du Jura située au N de Saint-Claude (entre Lons et le Mont Poupet notamment), il semble plutôt qu'il faille voir, dans leur absence au point ici considéré, le résultat d'érosions intenses préwürmiennes.

P. RUSSO

SUR LA PRÉSENCE ET LA SIGNIFICATION DE DÉPOTS DU MIOCÈNE CONTINENTAL ROUGE DANS LA MOYENNE MOULOUYA (MAROC ORIENTAL)

En une étude parue dans le *Bulletin de la Société Géologique de France* le 12 novembre 1928, j'ai fait ressortir l'existence dans la Moyenne Moulouya de dépôts miopliocènes caractérisés par une *Mélania* voisine de *M. curvicosta* Deshayes. Ces dépôts sont accompagnés de couches gréseuses offrant souvent la stratification entrecroisée, et surmontés de dépôts calcaires d'eau douce. Il convient de les rattacher à la fin du Miocène et au début du Pliocène sans que l'insuffisance actuelle des documents paléontologiques permette d'être plus précis. Mais la présence des dépôts à stratification entrecroisée de delta, celle des dépôts lacustres, la coloration rouge de tout cet ensemble, et la présence de cristaux de gypse dans les couches à Mélanies, laisse penser que nous avons à faire là à un complexe de dépôts essentiellement continentaux, admettant des assises lagnaires saumâtres et lacustres douces plus ou moins nettement délimitées et localisées. Les considérations relatives à l'âge et aux faciès de ces couches ayant été exposées dans cette précédente communication, je ne veux ici m'occuper que de leur répartition.

On sait que dans le Territoire des Hauts Plateaux, j'ai rencontré dans le terrain du type appelé par Flamand « Terrain des Gour », des assises Cénomaniennes rouges surmontées d'assises miocènes et, en partie peut-être, comme le pensait Flamand, oligocènes, et contenant dans leurs niveaux supérieurs une Mélanie nouvelle, *Melania Depereti* Russo, fort rapprochée de formes miocènes et pliocènes

Or, les assises supérieures du « Terrain des Gour » se retrouvent non seulement dans les Hauts Plateaux de la région de la Bordière, où j'ai, au pied du Lakhdar, trouvé *Melania Depereti*, mais dans la région du Tigri, dans tout le bassin du Charef, et à la surface de toute la vaste étendue de plateaux qui de Matarka s'étend jusqu'à la Moulouya. Au Nord, ils viennent buter contre le pied des monts des Zekkara et du col de Djerada, au NW, ils se montrent encore arrêtés par le pied de montagnes de la région de Debdou, mais dès l'éperon

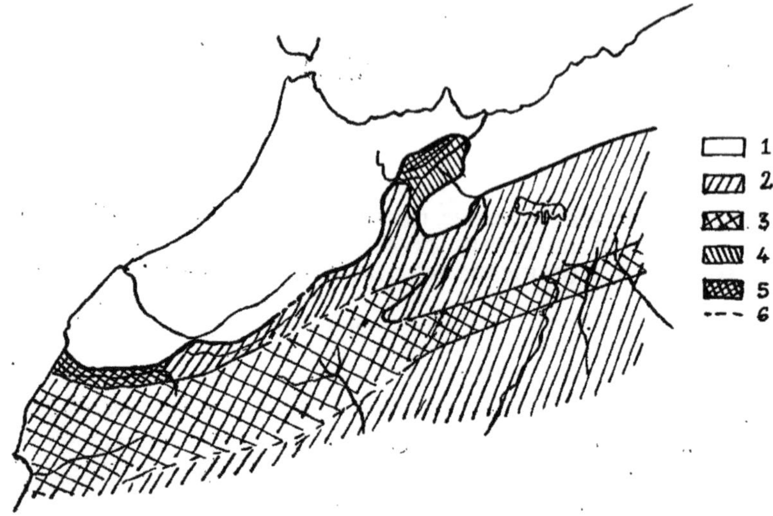

Répartition du « Terrain des Gour » dans le Moghreb.
1 : Régions où le « Terrain des Gour » est inconnu.
2 : Régions où le « Terrain des Gour » est développé.
3 : Régions d'où il semble avoir été enlevé par érosion.
4 : Régions où sa disparition est manifestement due à l'érosion.
5 : Région où son faciès diffère un peu de celui des Hauts Plateaux.
6 : Limites mal déterminées.

paléozoïque et jurassique de cette région doublé, nous les voyons descendre dans la dépression de la Moulouya et s'y montrer jusqu'au voisinage de Guercif où l'érosion les a détruits. Puis au delà ils se montrent encore au pied du Masgout et cheminent jusqu'au contact des Kebdana et des Beni Snassen. Leur limite décrit alors une courbe à concavité occidentale, puis, l'érosion n'en ayant plus rien laissé subsister, nous pouvons seulement considérer comme vraisemblable par prolongement des surfaces qu'ils n'ont pas dépassées vers l'Est Taourirt, dans la dépression Oudjda-Taza.

On voit immédiatement que ces dépôts continentaux qui n'existent nulle part dans le Maroc occidental sont une modalité de constitution des terrains propres à la région steppienne incluse entre les chaînons sahariens et les chaînons marocains et maritimes de l'ensemble atlasien, et passant au Sud jusque dans le Sahara lui-même. Ils sont l'expression de l'extension progressive depuis l'Oligocène. du régime désertique au pays intra-atlasien tout entier et non pas seulement à la partie située sur les Hauts Plateaux. Remarquons en effet que dans la dépression du Haouz, au contact de la vallée de l'Oued El Abid, se montrent des dépôts oligo-mio-pliocènes rouges qui semblent bien devoir être parallélilisés avec ceux de la Moulouya et qu'on retrouve ainsi ce « Terrain des Gour » depuis le SW, sur le Bas Tensift, jusque dans le NE, sur la plaine de Guercif et le bassin de la basse Moulouya.

Nous devons donc envisager le « Terrain des Gour » de Flamand, dans sa portion terminale oligo-mio-pliocène, comme couvrant toutes les zones pénéplainées intra-atlasiennes du Maroc et de l'Oranie, et opposant ainsi de façon frappante ces zones aux pays situés à l'extérieur des chaînes atlasiennes.

Alex. VÉRONNET
Astronome à l'Observatoire de Strasbourg.

LE DÉPLACEMENT DES POLES ET LA DÉRIVE DES CONTINENTS

Les géologues avaient depuis longtemps trouvé des traces nombreuses de la végétation tropicale, jusqu'au voisinage du pôle actuel, au Spitzberg par exemple, pendant les premières périodes géologiques. On les expliquait par une température plus élevée de la Terre et du Soleil, au début de leur évolution.

Plus récemment, dans les cinquante dernières années, les géologues ont été plus surpris de retrouver au contraire des traces de glaciers, pendant les mêmes périodes géologiques, et cela jusqu'au voisinage de l'équateur, particulièrement dans l'hémisphère austral. Il fallait trouver une cause plus explicative que l'augmentation de température.

On a supposé dès le début que la position des pôles à la surface de la Terre avait dû se modifier au cours des périodes géologiques, et se trouver primitivement plus près de l'Océan Indien. En 1921, Gerth, résumant les faits géologiques (1), montrait qu'ils s'expliquaient le mieux, en admettant que le pôle sud était situé au voisinage du Cap pendant le dévonien, puis vers l'Inde au carbonifère, près de

(1) *Die Fortschritte der Geologie*. Geol. Rundsch. 1921.

l'Australie au permien, à la fin du primaire, pour revenir ensuite à sa position actuelle. Il aurait ainsi, pendant le primaire, décrit une courbe autour de l'Océan Indien.

Ce déplacement des pôles a été très discuté. L'on n'avait d'ailleurs trouvé aucune cause astronomique ou géologique capable de l'expliquer. Wegener lui avait substitué la théorie de la dérive des continents, et de leur déplacement relatif les uns par rapport aux autres. D'après cette théorie, la pointe de l'Amérique du Sud, l'Inde, l'Australie, se seraient trouvées réunies autour du Cap de Bonne Espérance, au début des périodes géologiques, pour y former un seul continent et se séparer ensuite, pour aller prendre leurs positions actuelles.

Or j'ai trouvé que l'action de la Lune et du Soleil sur la Terre, action qui produit la précession des équinoxes, a pu également déplacer l'écorce terrestre par rapport au noyau, et par conséquent déplacer l'axe de rotation par rapport à l'écorce.

J'avais dépà étudié dans ma thèse (*Journal de Mathématiques*, 1912) cette action de la précession sur chacune des couches ellipsoïdales du globe terrestre, même dans le cas de vitesses de rotation variables de l'une à l'autre. Si on considère seulement, pour simplifier, la couche superficielle formant l'écorce terrestre et le noyau sous-jacent, on démontre que la vitesse avec laquelle l'axe de rotation se déplace autour de la ligne des pôles de l'écliptique est proportionnelle à la différence des moments d'inertie 1 : 305, pour le noyau, et à l'inverse de l'aplatissement 1 : 297, pour l'écorce. Le pôle de l'écorce tend donc à se déplacer plus vite que le pôle général de la Terre, dans le rapport 305 : 297 ou 1,03.

S'il n'y avait pas de frottement entre l'écorce et le noyau, l'axe de rotation de l'écorce décrirait simplement le cercle de précession, plus vite que l'axe de rotation de l'ensemble. On calcule qu'il ferait un tour de plus en un million d'années environ, c'est-à-dire 38 fois la période actuelle de 26.000 ans.

S'il y a frottement, mais faible, le point de la surface qui correspond au pôle de l'écorce se déplacera moins vite par rapport au pôle général, et de plus il sera entraîné partiellement par le noyau dans sa rotation. On démontre alors qu'il décrira une spirale autour du pôle général, dont il s'éloignera de plus en plus.

Si le frottement devient considérable, les axes instantanés de rotation de l'écorce et du noyau se rapprochent de plus en plus et finissent par se confondre, mais les pôles successifs de l'écorce restent distincts sur la sphère terrestre et peuvent aujourd'hui se trouver très éloignés du pôle de l'ensemble, sans qu'on puisse déterminer exactement la courbe.

Actuellement, le frottement doit être assez grand pour que le déplacement du pôle, dû à cette cause, soit insensible. Au début des périodes géologiques, l'écorce était moins épaisse, la partie du noyau en contact avec elle était plus chaude et plus fluide. On retrouve bien les conditions nécessaires et suffisantes pour l'explication du phénomène et de son caractère transitoire.

La théorie de la dérive des continents devient ainsi inutile, pour l'explication des glaciers de l'époque primaire. D'ailleurs elle n'expliquait rien, puisqu'elle ne faisait que concentrer autour de l'Afrique du Sud les continents environnants. Il faut toujours rapprocher le pôle du Cap pour y amener les glaces.

De plus, cette théorie suppose d'ailleurs, comme le reconnaît explicitement Wegener, que les roches des couches profondes, au moins les roches sous-marines, ne sont pas absolument rigides, mais faiblement visqueuses, pour que les masses continentales puissent se déplacer au travers. Rien ne légitime cette hypothèse au moins bizarre. Pour supprimer toute difficulté, Wegener va jusqu'à supprimer les roches sous-marines, ce qui est plus bizarre encore. Il dit textuellement, dans « *la Genèse des continents et des océans* », traduction française, p. 19 : « Sous les océans, au contraire, (cette écorce) doit être réduite à très peu de chose, voire manquer totalement selon nos théories. » Ce sont d'ailleurs les mêmes roches que l'on retrouve sous les continents et dans les montagnes, et celles-ci se seraient depuis longtemps écrasées sous leur propre poids, incomparablement plus grand que toutes les forces différentielles horizontales, que l'on a essayé de trouver, pour séparer les continents anciens et les éloigner les uns des autres.

Ceci d'ailleurs n'infirme en rien le grand intérêt des mesures de longitudes encerclant la Terre, et dont l'Observatoire d'Alger forme un des trois nœuds principaux. Quelle que soit la théorie émise, il est souverainement important de pouvoir vérifier si l'écorce éprouve des déplacements horizontaux, comme elle en éprouve de verticaux, de vérifier s'ils sont périodiques ou séculaires. Mais il faut bien se dire que la constatation de déplacements actuels ne suffirait pas pour vérifier une théorie générale du déplacement des continents en bloc et son extension à toutes les périodes géologiques.

AU SUJET DE L'ORIGINE DE LA DÉCOUVERTE DES PHOSPHATES DE L'AFRIQUE DU NORD

Mme Philippe Thomas, veuve de l'inventeur des Phosphates de l'Afrique du Nord, communique un mémoire posthume du célèbre géologue exposant les détails de l'origine de la découverte des gisements algériens : de ce mémoire, *important au point de vue historique*, nous extrayons deux faits précis encore ignorés : 1° *C'est dans le petit massif des Monts M'Fatah (département d'Alger) que fut découvert près d'Aïn-Iba, le premier échantillon de phosphates.* 2° Cette première découverte eut lieu en 1873.

Nous pouvons donc attribuer à ces deux faits précis, le point de départ des découvertes ultérieures de tous les grands gisements phosphatifères de l'Afrique du Nord.

Cette note a été communiquée par les soins de M. Allemand Martin, professeur au Lycée de Lyon.

9e section

BOTANIQUE

---

résident.	M. René Maire, Professeur à la Faculté des Sciences d'Alger.
ice-Président.	M. M. Wilezek.
ecrétaire.	M. Humbert.

Ferdinand BLANCHÉ
Directeur de l'école Marceau à Sidi-bel-Abbés

NOTES SUR LES CHAMPIGNONS DE L'ORANIE (1)

Il y a quelques années dans un chapitre d'une monographie (2), 'énumérais les 27 champignons comestibles et vénéneux de la plaine es Andalouses.

Depuis 17 ans, je classe ceux de l'arrondissement de Sidi-bel-Abbès. Ces travaux m'ont permis de faire quelques constatations :

Si les phanérogames de la région de Sidi-bel-Abbès diffèrent beau-up de celles de la région littorale, il n'en est pas de même des cryp-games, car sur les 27 champignons dont j'ai parlé plus haut, j'en i retrouvé 25 ici. Les deux qui manquent à la collection sont une pe-te variété de Pholiota aegerita connue sur le littoral sous le nom de hampignon des dunes, et le Pleûrote de l'Agave (Pl. Agaves).

L'arrondissement de Sidi-bel-Abbès, ayant de grandes forêts de nifères et de chênes, situées à des altitudes différentes, une flore

---

(1) Ces notes sont extraites d'un travail en préparation.
L'ouvrage comprendra l'étude détaillée de chaque espèce avec la repro-uction à l'aquarelle de chacune d'elles aux différentes formations et les upes s'y rapportant.

(2) *In* Bulletin de la Société de Géographie et d'Archéologie de la Province 'Oran, 1915.

cryptogamique des plus intéressantes et des plus variées y atteint des proportions que ne sauraient connaître les endroits cultivés et les maigres maquis disséminés en parcelles infimes dans la plaine et sur les mamelons des derniers contreforts du Murdjadjo.

C'est en automne, et non au printemps comme le prétendent certains auteurs, que les champignons sont le plus abondants en Algérie, surtout lorsque le mois de septembre a été pluvieux. En ce moment, la terre étant échauffée par les hautes températures de l'été (46° en 1928), les eaux pluviales apportent au sol une humidité tiède qui favorise le développement des spores. L'automne de 1929 a donné des récoltes de champignons extrêmement abondantes. C'étaient surtout des Bolets (B. granulé et B. à pied rouge), des lactaires sanguins, des Amanites et des Pézizes.

Je ne m'appesantirai par sur les procédés empiriques qui permettent de distinguer un bon champignon d'un mauvais, mais il est une hérésie scientifique qu'il faut combattre surtout chez pas mal d'Européens qui déclarent doctement qu' « en Algérie tous les champignons sont bons ! »

Si la région de Sidi-bel-Abbès connaît une quinzaine de champignons vénéneux, elle connaît malheureusement les amanites qui, quoique rares, sont généralement mortelles. Ce sont elles qui causèrent en 1913 à Sidi-bel-Abbès, la mort de trois membres de la famille F. et celle de M. D. en 1916. Et j'ai encore présent à la mémoire cette équipe de dix marocains qui, en 1911, dans le Sersou (Tiaret mixte) moururent deux jours après avoir consommé des champignons. Puis c'est à Guellal où, le 17 octobre 1912, deux personnes passent à trépas. Et l'an dernier, à la ferme II, 6 personnes, sur 9, ayant absorbé des Agaricus xanthodermus (ils croyaient avoir affaire à des psalliotes des champs), furent gravement malades pendant deux jours.

Je m'élèverai aussi contre les tableaux représentant, sous des couleurs aussi rutilantes que celles des images d'Epinal, des champignons comestibles ou vénéneux. A eux incombent pas mal de cas d'empoisonnements. Peut-on, d'après une mauvaise figure, se faire une idée d'une espèce ?

Prenons deux espèces nocives de Sidi-bel-Abbès : La Russule de Quélet et le « mouton zoné » (*Lactarius torminosus*).

La Russule de Quélet change trois ou quatre fois de forme et autant de fois de couleur selon qu'elle croît dans un endroit sombre, qu'elle se trouve en pleine lumière, qu'on la cueille par temps sec ou pluvieux. On en trouve des bleues, de couleur lilas, des blanches, des fauves, à couleurs mélangées. Dites à un profane de s'y reconnaître ! .

Quant au mouton zoné, au chapeau gracieux, aux bords enroulés en dedans garni de cercles concentriques rouges sur fond bistre pâle et entouré de poils frisés rappelant ceux d'un jeune mouton, comparez-le

Nomenclature des champignons recueillis :

	Genres	Espèces	Saisons. Abondance. Habitat.
1	Amanita......	A. ovoidea........	Automne. Très abondant sous les pins.
2		A. vaginata......	Printemps. Vieilles meules de paille. Bords des Champs. Abondant.
3		A. verna	Printemps. Rare. Clairières des forêts.
4	Volvaria.....	V. speciosa	Printemps. Vieilles meules d'alfa. Terrains vagues et pierreux. Hippodrome.
5	Lepiota.......	L. excoriata......	Automne. Forêts de pins. Rare.
6		L. racodes.......	Automne. Assez rare. Vieilles meules; haies de roseaux.
7	Armillaria....	A. mellea........	Printemps. Assez rare. En touffes sur arbres morts des Forêts.
8	Agaricus......	A. cretaceus	Automne. Clairières. Assez abondant.
9		A. campestris....	Jardins. Vignes fumées. Pelouses des bords de la Mekerra. Abondant.
0		A. arvensis	Automne. Assez abondant. Clairières.
1		A. xanthodermus.	Pelouses. Vignes. Luzernières. Printemps. Abondant.
2	Pholiota......	Ph. dura	Automne. Rare. Terres cultivées du champs d'expérience.
3		Ph. mutabilis....	Automne. Rare. Forêts de pins, sur vieilles souches.
4		Ph. squarrosa....	Automne. Assez rare. Sur peupliers.
5		Ph. aegerita	Automne. Printemps. Sur peupliers, quelquefois sur ormeau et platane.
6	Stropharia....	L. aeruginosa....	Printemps. Peu abondant
7	Hypholoma ...	H. candolleanum .	Automne. Peu abondant. Clairières bords de la Mekerra.
8		H. hydrophilum..	Automne. Peu abondant. Sur vieilles souches d'ormeau.
9		H. fasciculare....	Automne. Peu abondant. Forêts de pins.
0	Gomphidius...	G. viscidus......	Automne. Abondant. Forêts de pins.
1	Lactarius.....	L. sanguifluus ...	Automne. Forêts de pins. De préférence dans les touffes d'arbousiers et chênes.
2		L. torminosus....	Automne. Sur la mousse. Forêts de pins. Abondant.
3	Russula	R. integra	Printemps. Forêts de chênes. Peu Abondant.
		R. queletii.......	Automne. Très abondant. Forêts de pins.
5		R. grisea	Automne. Abondant. Forêts de pins.
6		R. pectinata	Automne. Peu abondant. Forêts de pins.
		R. emetica.......	Automne. Assez rare. Forêts de pins.
8	Tricholoma ...	T. humile	Automne. Très abondant sur feuilles mortes, surtout d'acacia.
9		T. albobrunneum.	Automne. Très abondant. Forêts de pins.
0		T. nudum	Automne. Peu abondant. Forêts de pins.
1		T. portentosum ..	Automne. Peu abondant. Forêts de pins.
2		T. equestre......	Automne. Très abondant. Forêts de pins.
3		T. terreum	Automne. Très abondant. Clairières, pelouses.
4		T. amethystinum.	Automne. Très abondant. Forêts de pins.
5		T. georgii	Automne et Printemps. Talus, luzernières, vignes.
6	Mycena.......	M. pura	Automne. Assez abondant. Bois pins, sur feuilles mortes.

%	Genres	Espèces	Saisons. Abondance. Habitat.
37		M. mucor........	Automne. Assez abondant. Bois pins, su feuilles mortes.
38	Entoloma......	E. lividum.......	Automne. Peu abondant, en petit groupe sous les chênes verts, à l'ombre.
39	Marasmius.....	M. oreades.......	Presque toutes l'annnée. assez abondant clairières, bords des chemins non pacagés.
40	Galera........	G. tenera.........	Automne. Printemps. Assez abondant Jardins, clairières Mekerra.
41	Flammula	Fl. carbonaria....	Automne. Très abondant. Forêts brûlées Emplacement des charbonnières.
42	Coprinus	C. comatus	Automne. Printemps. Jardins, terrain irrigués, plages des oueds.
43		C. ovatus...... ..	Automne. Printemps. Jardins, terrain irrigués, plages des oueds.
44		C. atramentarius.	Automne. Printemps. Jardins, terrain irrigués, plages des oueds.
45		C. stercorarius ...	Automne. Printemps. Résidus d'écurie de fermes.
46		C. sterquilinus...	Automne. Printemps. Sur fumiers.
47		C. deliquescens...	Automne. Printemps. Emplacement d parc à chevaux.
48	Hygrophorus..	A. coccineus.....	Automne. Printemps. Forêts pins.
49	Clitocybe	Cl. nebularis.....	Automne. Assez rare. Clairières, forêts.
50		Cl. suaveolens ...	Automne. Assez abondant.
51		Cl. dealbata......	Automne. Très abondant. Bords des chemins herbus. Clairières.
52		Cl. rivulosa......	Automne. Assez abondant. Clairières, Forêts pins.
53		Cl. cyathiformis..	Automne Assez abondant. Clairières, Forêts pins.
54		Cl. infundiliformis	Automne et printemps. Assez abondant Clairières des Forêts.
55	Clitopilus	Cl. orcella	Automne et printemps. Clairières, sentiers.
56	Paxillus	P. panuoides.....	Automne. Abondant. Sur pignes décomposées.
57		P. involutus	Automne. Abondant. Sur pignes décomposées.
58	Pleurotus.....	Pl. olearius......	Automne. Assez abondant sur les racines de génévrier, tuya, faux myrte.
59		Pl. salignus......	Printemps. Très abondant sur les saules, plus rarement sur les peupliers.
60		Pl. ostreatus......	Automne. Hiver. abondânt sur trembles, peupliers, mûriers de Chine.
61		Pl. agaves.......	Printemps. Assez abondant dans les tige florales et pourries de l'agave.
62		Pl. eryngii.......	Automne et printemps sur le chardon-Roland. Bords des chemins.
63		Pl. ferulae.......	Automne et printemps. Très abondant sur férule, Thapsia garganica, fenouil.
64	Claudopus	C. variabilis	Automne. Rare. Bas-fond des forêts sur brindilles décomposées.
65	Hydnum.... .	H. fennicum.....	Automne. Peu abondant. Forêts pins.
66		H. repandum.....	Automne. Peu abondant. Forêts pins.
67	Polyporus	P. griseus	Automne. Peu abondant. Forêts pins.

%	Genres	Espèces	Saisons. Abondance. Habitat.
68	Boletus.......	B. erythropus....	Automne. Assez abondant dans les forêts de pins.
69		B. granulatus....	Automné. Très abondant dans les forêts de pins
70		B. chrysenteron..	Automne. Assez rare. Forêts de pins.
71		B. luridus	Printemps. Dans les bruyères, plus rarement sous les pins.
72		B. satanas	Printemps. Bruyères, sous les touffes de chênes-verts.
73	Scléroderma ..	S. verrucosum ...	Automne. Un peu partout dans les terres meubles
74	Lycoperdon ...	L. gemmatum....	Automne. Un peu partout dans les terres meubles.
75	Morchella.....	M. esculenta.....	Printemps. Assez abondant quelquefois dans les forêts brûlées. Cave Parmentier.
76	Terfezia	T. leonis	Printemps. Abondant dans les terres fortes des bas-fonds forestiers. Frenda. Lamoricière.
77	Phallus.......	P. impudicus	Printemps. Bas-fonds des champs de céréales du Tessala.
78	Peziza........	P. venosa........	Automne. Terres humifères bords de la Mekerra sur feuilles décomposées.
79		P. coronaria	Automne. Hiver. Très abondant sous les aiguilles des pins.
80		P. acetabulum ...	Automne. Assez rare. Clairières. Bords de la Mekerra.
81		P. leucomelas....	Automne. Hiver. Très abondant. Voisine avec les P. vesiculosa.
82	Bulgaria......	B. inquinans.....	Automne. Forêts, sur branches mortes de chêne. Peu commun.
83	Helvella	H crispa	Automne. Forêts. Peu commune.
84		H. lacunosa......	Automne et printemps. Abords des canaux d'irrigation. Assez rare.
85	Clavaria......	C. cristata.......	Automne et hiver. Forêts de pins.
86	Téléphorées. ..	Craterellus cornucopisides	Automne et printemps. Dans les terrains argileux des forêts. Assez abondant.
87	Tremella	T. mesenterica ...	Automne. Hiver. Assez rare. Sous les pins.
88	Geaster.......	G. hygrometricus.	Printemps. Assez rare. Aux abords des cuvettes des bas-fonds inondés.
89	Melanogaster..	M. variegatus....	Automne. Hiver, sous les aiguilles de pins. Rare.
90	Stereum......	S. hirsutum......	Toute l'année sur les bois morts des forêts.
91	Lenzites	L. flaccida.......	Toute l'année sur les bois morts des forêts.

à l'adulte au long pied, au chapeau lisse à bords relevés fièrement, aux couleurs vives passant par toute la gamme des jaunes, bistres et orangés !

Parlerai-je des donneurs de conseils, incapables de discerner une Amanite à étui d'une Volvaire, une Psalliote des champs d'un Agaric xanthoderme ? Ils connaissent la mycologie culinaire comme les rebouteurs connaissent l'anatomie.

Un conseil pour les profanes : Faire des excursions avec des personnes connaissant bien les champignons. Ne consommer que les cinq ou six espèces dont on est absolument certain et rejeter tous ceux qui ont une volve.

Avant de donner la nomenclature des champignons que j'ai recueillis, abstraction faite d'une vingtaine d'amadouviers et de lenzites, je tiens à adresser ici mes sincères remerciements à mon maître en mycologie : M. le Dr Maire, professeur à la Faculté des Sciences, Correspondant de l'Institut, qui, depuis plus de vingt-cinq ans, se met à mon entière disposition toutes les fois que j'ai besoin de ses conseils éclairés. Mes remerciements iront aussi à M. Gallois, conseiller agricole, mon camarade des « sous-bois », qui m'a souvent rapporté de ses randonnées quelques espèces vraiment intéressantes.

E. CHEMIN

Professeur au Lycée Buffon, Paris

QUELQUES ALGUES MARINES NOUVELLES POUR LA RÉGION DE ROSCOFF

Avant l'établissement d'une station de biologie marine, la région de Roscoff avait été peu explorée. Les frères Crouan avaient localisé leurs recherches aux environs immédiats de Brest, et s'ils signalent parfois la station de Saint-Pol-de-Léon dans leur travail, c'est surtout d'après les récoltes de Dudresnay.

La création d'un laboratoire, il y a quelque cinquante ans, a eu pour conséquence d'attirer de nombreux zoologistes et aussi quelques botanistes. Sirodot a rassemblé en un herbier la plupart des Algues communes ; Mlles Vickers et Karsakoff y ont ajouté bon nombre d'espèces rares rapportées de dragages faits en toute saison ; Chalon, tout en apportant sa contribution personnelle, a fait un relevé des espèces connues à Roscoff dans son ouvrage « Liste des Algues marines observées jusqu'à ce jour entre l'embouchure de l'Escaut et la

Corogne, inclus îles Anglo-normandes », paru en 1905. Depuis cette date, C. Sauvageau a établi les caractères spécifiques de son *Laminaria Le Jolisii* d'après des échantillons de la région ; de Beauchamp a signalé le *Fucus lutarius*, qui pour les uns est une bonne espèce et pour les autres, n'est qu'une variété de *Fucus vesiculosus*, dans la baie de Terrénès.

Dans une région aussi bien fouillée, il semble qu'il y ait peu de chose à découvrir. Cependant, il m'a été donné, en de nombreuses herborisations faites de 1923 à 1929, de rencontrer des espèces non encore signalées. Les unes sont manifestement le résultat d'un apport récent ; d'autres avaient échappé à l'attention, quoique de taille appréciable, en raison de leur rareté ; quelques-unes enfin sont très petites, parfois même microscopiques, et seul un examen minutieux permet de les reconnaître

Algues d'introduction récente. — 1° *Asparagopsis hamifera* (Hariot) Okam. est une espèce des régions tempérées de l'hémisphère Nord. Elle est actuellement connue au Japon, en Amérique sur les côtes de Californie et du Massachusetts, en Europe sur les côtes de la Manche où elle semble être apparue dans la région de Cornouailles en Angleterre, avoir émigré à Cherbourg d'abord et en Bretagne ensuite. Je l'ai récoltée pour la première fois à l'Aber-Vach en 1925 : je l'ai revue depuis à Brignogan, à Plouescat ; je l'ai observée une seule fois à Roscoff dans les filets de pêcheurs. Nulle part, elle n'est abondante ; on la trouve en épaves ou fixée à d'autres Algues. En Europe, on ne connaît que des individus femelles dont les cystocarpes avortent ; parfois même ceux-ci font défaut, la plante prend un aspect général un peu différent, c'est ce que j'ai appelé *f. sterilis*. La propagation ne peut se faire que par fragments et la dissémination est produite par les courants.

2° *Antithamnionella sarninsis* Lyle est une espèce très répandue sur toutes les côtes de Bretagne, à Roscoff comme ailleurs. Elle a été d'abord confondue avec les *Antithamnion* jusqu'à ce que Miss Lyle, en octobre 1921, en ait fait un genre nouveau basé sur la forme tétraédrique des sporanges. Il est difficile de préciser son origine et la date de son apparition.

3° *Falkenbergia Hillebrandii* (Born.) Falk. = *Falkenbergia Doubletii* Sauv. est une espèce méridionale. Elle a été récoltée aux Antilles, aux Canaries, dans la Méditerranée et en certains points des côtes françaises de l'Atlantique. Cherbourg est la station la plus septentrionale actuellement connue. Je l'ai trouvée pour la première fois, en août 1926, dans l'anse de Bertheaune près de Brest où elle est abondante. Depuis, je l'ai revue chaque année au même endroit. En 1927, j'en ai répandu un certain nombre de touffes dans la baie de Morlaix ; elle s'y est acclimatée facilement ; actuellement, on peut l'y récolter en quantité appréciable dans les parties abritées et il n'y a pas lieu de s'étonner de sa présence d'après ce que je viens de dire.

4° *Trailliella intricata* Batt. ressemble beaucoup à l'espèce précédente par sa forme générale, mais la structure est toute différente. C'est une Algue des régions froides. Elle est assez commune en Suède d'où le Professeur Kylin m'en a envoyé de beaux échantillons. On la connaît également en Angleterre. En France, elle a été signalée jusqu'ici à Luc-sur-Mer, Cherbourg et Saint-Malo (île de Cézembre). En août 1928, j'en ai trouvé une seule touffe dans le vivier du laboratoire de Roscoff (1) et le mois suivant, P. Dangeard en trouvait une nouvelle touffe non loin de là à Peaharidi. Elle paraît être à sa limite sud et il est peu probable qu'elle se multiplie beaucoup ; déjà, à l'île de Cézembre où je l'observe depuis plusieurs années, elle persiste sans s'étendre.

Espèces rares. — 1° *Scinaia subcostata* Chemin = *Scinaia furcellata* Biv. var. *subcostata* J. Ag. Considérée par tous les auteurs comme très rare cette espèce avait été signalée à l'Aber Ildut en épaves par Crouan. Des dragages dans la baie de Morlaix m'en ont donné quelques exemplaires. Une étude détaillée m'a conduit à en faire une espèce distincte à laquelle j'avais d'abord donné le nom de *S. turgida* auquel il faut substituer le nom de *S. subcostata*, d'après les règles admises en nomenclature.

2° *Calosiphonia vermicularis* Schm. Cette espèce fut décrite par Crouan, d'après des échantillons trouvés dans la rade de Brest, et nommée par lui *C. Finisterae*. J'en ai trouvé plusieurs échantillons fixés sur des cailloux et des coquilles brisées dans un dragage fait à l'entrée du port de Roscoff.

3° *Nitophyllum reptans* Crouan. C'est une espèce de profondeur ; elle est attachée par toute sa surface aux pierres et aux coquilles. Dans la Manche, elle est signalée à Cherbourg, aux îles Anglo-normandes et à Brest. J'en ai observé un tapis assez étendu à la pointe de Bloscou sur les parois d'une cuvette qui ne se vide pas à marée basse.

4° *Halopithys pinastroides* Kutz. On pourra s'étonner que je range cette Algue dans les espèces rares. C'est que si elle est abondante dans certaines régions, elle fait défaut ailleurs. Ainsi très commune à Brest où, d'après Crouan, elle était exploitée par les cultivateurs sous le nom de goémon rouge, elle n'est pas signalée à Roscoff. J'en ai trouvé quelques pieds à Brignogan.

Algues de petite taille. — 1° *Harveyella mirabilis* Schm. et Reinke, forme de petites excroissances sur *Rhodomela subfusca*. D'après Cha-

(1) Elle s'y maintient car je viens d'en recevoir quelques touffes (août 1930).

lon,, Jersey représenterait sa limite sud. Je l'ai observé assez fréquemment à l'île de Batz et à Plouescat. Un échantillon provenant du Conquet m'a été offert par G. Hamel.

2° *Acrochoetium infestans* Howe et Hoyt. J'ai trouvé cette petite espèce sur des *Obella* croissant sur une Laminaire draguée en août 1927.

3° Le genre *Colaconema* Batt. comprend de petites algues filamenteuses se développant dans la membrane externe des autres algues. *C. Bonnemaisoniae* Batt. se rencontre à peu près sur tous les individus de *Bonnemaisonia asparagoides* que j'ai rencontrés à Roscoff. *Asparagopsis hamifera* porte aussi très fréquemment un *Colaconema*, un peu différent du précédent, que j'ai décrit sous le nom de *C. Asparagopsidis*. *Desmarestia Dudresnayi*, Algue brune de la baie de Morlaix, porte des taches rouges sur la plupart des vieux échantillons ; elles appartiennent au *C. reticulatum* Batt.

4° *Spermothamnion mesocarpum* = *Callithamnion mesocarpum* Carm. se rencontre sur les vieilles coquilles dans la baie de Morlaix. Il comprend des filaments rampants fixés par des rhizines et des filaments dressés formant un gazon de moins de 1 cm. Les articles sont plurinucléés. Les sporanges, observés en avril, sont tétraédriques.

5° *Spermothamnion barbatum* Näg. tapisse les parois du vivier du laboratoire dans les parties ombragées. Il s'est conservé depuis 1924 où je l'ai observé pour la première fois. Je ne l'ai pas vu en fructification. Crouan le signale seulement au passage de Plougastel et dans la baie de Bertheaume.

J. COULOUMA

FLORE DE LA VALLÉE DE LA CESSE

La rivière de Cesse est un affluent important de l'Aude qui collecte les eaux du versant méridional de la Montagne Noire, dans la région du Minervois. Sa longueur est de 50 kilomètres ; son bassin occupe une superficie de 25.000 hectares.

Malgré la petite surface du bassin de la Cesse, nous distinguons plusieurs zones de végétation le long de la rivière.

Zone du Hêtre

Les crêtes de la Montagne Noire et les premiers ruissellements des cours d'eau forment l'étage du Hêtre, compris entre 900 et 600 mètres. Ces sommets présentent un aspect différent quand on se dirige de l'ouest vers l'est : le nombre d'espèces diminue et la dénudation augmente. A l'ouest, non loin de Sales, les plateaux granitiques et le début de la vallée schisteuse sont cultivés. Nous avons déjà signalé l'aspect spécial des champs limités par de grands arbres où le hêtre domine ; les agriculteurs protègent ainsi leurs fourrages et leurs champs de seigle, de paumelle et d'avoine, contre les vents très violents dans cette région ; le maïs est cultivé sur les pentes ensoleillées. Le sous-sol est toujours humide, car il pleut très souvent sur les sommets.

La végétation rappelle celle du Massif Central siliceux ; elle est difficile à étudier parce que l'homme a défriché tout le terrain.

Voici les espèces calcifuges que nous avons récoltées sur les granits et les schistes :

Ranonculus nemorosus D. C.
Ranonculus choerophyllos L.
Anemone nemorosa.
Fumaria agraria.
Barbarea vulgaris R. Br.
Cardamine silvatica Link.
Tesdalia nudicaulis R. Br.
Helianthemum guttatim Mill.
Viola canina L.
Viola segetalis Jord.
Viola agoti Jord.
Polygala serpyllacea Weihe.
Silene gallica L.
Dianthus Armeria L.
Sagina procumbens L.
Stellaria nemorum.
Stellaria graminea L.
Stellaria uliginosa Murr.
Cerastium erectum Coss.
Linum gallicum L.
Hypericum humifusum L.
Androsœmum officinale All.
Sarothamnus scoparius Koch.
Genista purgans L.
Genista anglica L.
Trifolium nigrescens Viv.
Trifolium glomeratum L.
Lotus uliginosus Schk.
Potentilla argentea L.
Potentilla fragrariastrum Ehrh.
Rubens idoeus L.
Epilobium montanum L.
Epilobium roseum Schreb.
Montia rivularis Gmel.
Herniaria hirsuta L.
Sedum maximum Hoff.
Sedum rubens L.
Umbellicus pendulinus D. C.
Sanicula europea L.
Saxifraga granulata L.
Saxifraga hypnoïdes L.
Angelica silvestris L.
Conopodium denudatum Koch.
Lonicera péricylmenum L.
Doronicum Pardalianches L.
Senecio lividus L.
Leucanthemum palmatum Lam.
Anthemis triumphetti All.
Carlina Cinara Pourr.
Circium palustre Scop.
Thrincia hispida Roth.
Jasione montana L.
Campanula persicifolia L.
Calluna vulgaris Salisb.
Erica cinerea L.
Myosotis silvatica Hoffm.
Verbascum nigrum L.
Scrofularia nodosa L.
Antirrhinum Orontium L.
Anarrhinum bellidifolium Desf.
Veronica officinalis L.
Digitalis purpurea L.
Orobanche Rapum Thuill.
Calamintha officinalis Moench.

Brunella hastaefolia Brot.
Teucrium Scorodonia L.
Plantago carinata Schrad.
Rumex Acetosella L.
Polygonum dumetorum L.
Allium fallax Roem.
Orchis viridis Crantz.
Orchis coriophora L.
Orchis maculata L.
Juncus effusus L.
Scirpus silvaticus L.
Carex remota L.
Carex silvatica Huds.
Phalaris arundinacea L.
Aira caryophyllea L.
Aira multiculmis Dumort.
Holcus mollis L.
Cynosorus echinatus L.
Bromus intermedius Guss.
Polystichum Filix-mas Roth.
Cystopteris fragilis Bernh.
Athyrium Filix femina Roth.
Asplenium Adianthum nigrum L.
Pteris aquilana L.

A côté de ces plantes toutes silicicoles, nous devons signaler d'autres espèces, très abondantes sur ces montagnes, bien qu'elles ne soient pas spéciales au terrain siliceux. Ce sont :

Circium eriophorum Scop.
Genista pilosa L.
Ulex europeus L.
Fragaria vesca L.
Ilex aquifolium L.
Campanula glomerata L.
Campulana Trachelium L.
Campanula rotundifolia L.
Vaccinum Myrtillus L.
Fagus silvatica.
Convallaria maialis L.
Anthericum Liliago L.
Orchis pyramidalis L.

Nous signalons surtout l'abondance du houx, de l'ajonc d'Europe et du hêtre.

Les campanules, les orchidées et les liliacées émaillent les prairies d'une multitude de fleurs, tandis que les bruyères et les genêts colorent successivement en jaune et en violet les crêtes des montagnes. Le châtaignier n'atteint pas les sommets les plus élevés ; il faut descendre à 650 mètres pour le rencontrer en abondance. La châtaigneraie d'Arguzac commence cependant à 700 mètres d'altitude. Les plantes méditerranéennes sont absentes de cette région. Nous devons descendre à Ferrals pour rencontrer le chêne vert et la bruyère arborescente.

Si nous suivons la crête des montagnes, nous trouvons au-delà du col de Serrières, vers l'est, des terrains grézeux entièrement dépouillés de toute végétation. L'homme a détruit les bois par des incendies successifs, allumés dans le but de favoriser les pacages et l'élevage des troupeaux. Les sources ont disparu; la terre gazonnée a été emportée par les pluies d'orage ; l'homme a dû fuir à son tour.

On trouve partout çà et là quelques taillis de hêtres ou quelques broussailles clairsemées formées de genêts d'Espagne, de genêts à balais et surtout de ronces. Sur les pentes dénudées, comme à Marcory, les quelques arbres ou arbustes qui ont persisté sont dans un état lamentable, car ils sont dévorés sans cesse par les troupeaux ou bien brûlés par de nouveaux incendies.

On ne parcourt pourtant pas en botaniste des milliers d'hectares de montagnes si nues qu'elles soient, sans faire un certain nombre d'observations comparatives.

En différents points de ces sommets, nous avons observé, au-dessus de la limite de la culture du châtaignier, quelques espèces qui ne sont pas comprises dans les listes précédentes :

Anemone Pulsatilla L.
Geranium silvaticum L.
Hypericum montanum L.
Oxalis acetosella L.
Rhamnus frangula L.
Geum silvaticum Pourr.
Montia minor Gm.
Sedum hirsutum All.
Carum Bulbocastanum Koch.
Galium maritimum L.
Scabiosa Succisa L.
Centaurea nigra L.
Wahlembergia hederacea Rchb.
Anagalis tenella L.
Veronica Beccabunga L.
Pedicularis silvatica L.
Scilla bifolia L.
Armeria plantaginea Willd.
Ornithogalum umbellatum L.
Gagea bohemica Schult.

Quelques-unes de ces plantes sont même plus répandues dans les montagnes du Minervois que dans toutes les autres stations du territoire de l'Hérault : *Ulex europeus* ne se montre plus à l'est du Par-

dailhan et *Galium maritimum* est confiné au-delà d'Agde sur la zone littorale.

Carlina Cynara et *Plantago carinata* sont d'autant plus abondants que les sommets sont plus dénudés ; *Vaccinum Myrtillus* et *Cirsium eriophorum* sont partout où le moindre abri les protège.

Zone du châtaignier

En-dessous de cette zone de montagnes moyennes, nous distinguons un autre niveau de végétation très différent, formé surtout par des schistes cambriens ou tremodaciens, au milieu desquels le calcaire apparaît par place. Cette deuxième zone est comprise entre les altitudes de 600 à 300 mètres ; elle est caractérisée par le mélange d'espèces montagnardes et méditerranéennes. Nous trouvons ainsi de Ferrals au Moulin du Pape, le long de la Cesse, d'abord le chêne vert à 400 mètres d'altitude, puis presque au même niveau, la bruyère arborescente. D'autre part, le genêt à balais, le genêt d'Espagne (*Genista hispanica*) et le genêt purgatif descendent dans la même vallée à 300 mètres d'altitude.

Le bassin du Brian nous offre un exemple encore plus typique de ce mélange d'espèces : le chêne vert monte à plus de 550 mètres, même sur les versants nord où il est plus rare ; le *Cistus albidus* atteint la même altitude, mais il est absent du versant nord. Nous devons signaler dans la même situation : *Spartium junceum*, *Lavandula Stoechas*, *Ruta montana*, *Cytisus sessiliflorus*, *Trifolium stellatum*. Le genêt à balais et le genêt purgatif voisinent avec les espèces méditerranéennes que nous venons de citer, jusqu'à l'altitude de 400 mètres. Nous citerons encore parmi les espèces montagnardes *Sorbus Aria*, *Dianthus Armeria*, *Inula montana*, *Campanula glomerata*, *Digitalis purpurea*, *Aira Carophyllea*. Cette région siliceuse ou plus rarement calcaire est boisée comparativement à la zone du hêtre ; les pentes abruptes ne permettent pas le développement d'herbages favorables aux troupeaux dévastateurs ; l'homme abandonne de plus en plus ces vallées encaissées ; enfin quelques sources entretiennent un peu d'humidité. Les châtaigneraies étaient assez nombreuses autrefois ; aujourd'hui, la plupart sont abandonnées.

Nous donnons ici la liste des plantes les plus communes reconnues ntre Ferrals et le Moulin de Monsieur. Nous citerons d'abord les plantes silicicoles :

istus monspeliensis L.
istus salviaefolius L.
arothamnus vulgaris Wimm.
alycotome spinosa Link.
rica arborea L.
rica cinerea L.
olygala vulgaris L.
Digitalis purpurea L.
Lavandula Stoechas L.
Teucrium scorodonia L.
Castanea vulgaris Lam.
Asplenium Adianthum nigrum L.
Pteris aquilana L.

Dans la même région, nous avons observé les espèces suivantes qui ne sont pas particulières au terrain siliceux, quoique fréquentes sur les schistes : presque toutes ont été récoltées à peu de distance de la rivière.

Cistus albidus L.
Reseda Phyteuma L.
Acer monspessulanum L.
Acer campestre L.
Ilex Aquifolium L.
Fraxinus excelsior L.
Olea europea L.
Viburnum Opulus L.
Evonymus europeus L.
Spartium junceum L.
Genista pilosa L.
Anthyllis vulneraria L.
Trifolium glomeratum L.
Lotus hirsutus L.
Bonjeania hirsuta L.
Lathyrus sphoericus Retz.
Coronilla Emerus L.
Agrimonia Eupatoria L.
Cratoegus monogyna Jacq.
Epilobium hirsutum L.
Epilobium montanum L.
Lonicera etrusca Sonti.
Galium Cruciata Scop.
Galium dumetorum Jord.
Asperula odorata L.
Valerianella eriocarpa Dess.
Eupatoria Canabensis L.
Senecio lividus L.
Chrysanthemum monspeliense L. D.
Lactuca muralis Fresen.
Hieracium Auricula L.
Hieracium boreale Fries.
Stachys silvatica L.
Coris monspeliensis L.
Daphne Gnidium L.
Rumex Acetosella L.
Populus nigra L.
Salix alba L.
Salix cinerea L.
Ulmus campestris L.
Alnus glutinosa L.
Ruscus aculeatus L.
Quercus sessiliflora Sm.
Quercus Ilex L.
Juniperus Oxicedrus L.
Juniperus communis L.
Festuca arundinacea Schreb.
Festuca pratensis Huds.
Phleum pratense L.

Dans les eaux de la Haute-Cesse, nous avons reconnu *Potamogeton oblongus et Typha angustifolia.*

Au-dessus de Saint-Martial et de La Prade, la route passe près d'une belle colonie de *Cistus Laurifolius* qui prospèrent sur les schistes à l'altitude de 400 mètres.

Les îlots de terrains calcaires dans cette zone sont surtout caractérisés par deux espèces très abondantes : *Sorbus Aria* et *Cistus albidus.*

Le sommet couronné des ruines de Saint-Martin-de-Vélieux s'élève à 570 mètres ; nous avons reconnu là, dans le calcaire cambrien, un certain nombre d'espèces prédominantes : l'amelanchier vulgaire envahit les vieux murs ; le chêne vert et les cistes abondent malgré l'altitude.

Nous signalerons encore :

Rhamnus infectoria L.
Lonicera Pericylymenum L.
Hedera Helix L.
Ruta montana Loefl.
Astragalus glycyphyllos L.
Eryngium campestre L.
Carlina vulgaris L.
Thymus serpylum L.
Daphne laureola L.

Dans le village de Vélieux, nous avons identifié *Heracleum Leco-*

quii, Pastinaca opaca, Conopodium majus, particulièrement abondants aux alentours de l'église.

Zone du Nummulitique (Genevrier de Phénicie)

En aval de cet étage de végétation, nous distinguons une autre zone, formée par les terrains calcaires du nummulitique et de l'éocène lacustre, entre les altitudes de 400 et 150 mètres. Cette portion de la vallée de la Cesse ne possède pas toutes les espèces des terrains dolomitiques du canon du Tarn, parce que les rochers ne sont pas arénacés mais durs et caverneux.

Nous avons récolté en revanche les espèces calcicoles suivantes depuis le Moulin de Monsieur jusqu'à Minerve :

Alyssum macrocarpum D. C.
Cerasus Mahaleb Mill.
Cerasus avium Moench.
Amelanchier vulgaris Moench.
Genista Scorpius D. C.
Coriaria myrtifolia L.
Buxus sempervirens L.
Cirsium monspessulanum All.
Leucanthemum graminifolium Lamk.
Carduus nutans L.
Centaurea Scabiosa L.
Convolvulus cantabrica L.
Ruta angustifolia Pers.
Lavandula spica L.
Teucrium Bothrys L.
Juglans regia L.
Corylus Avellana L.
Smilax aspera L.
Asparagus tenuifolius L.
Iris Chamœiris Bertol.
Orchis militaris L.
Carex nitida Host.
Alopecurus bulbosus L.
Festuca spadicea L.

A côté de ces plantes typiques du calcaire et de la dolomie, nous devons signaler d'autres espèces, indifférentes au terrain, récoltées dans le lit desséché de la Cesse ou à peu de distance des rives :

Cistus albidus L.
Spartium junceum L.
Bupleurum falcatum L.
Bupleurum fruticosum L.
Asperula cynanchica L.
Rosa rubiginosa L.
Rosa canina L.
Pirus communis L.
Psoralea bituminosa L.
Inula viscosa Aït.
Rhagadiolus stellatus D. C.
Chondrilla juncea L.
Santolina squarrosa Wild.
Helleborus fœtidus L.
Plumbago europea L.
Heliotropum europeum L.
Amaranthus retroflexus L.
Rumex acetosella L.
Populus nigrax L.
Juniperus communia L.

Les falaises proches de Minerve nous ont montré deux espèces méridionales que nous avons du reste retrouvées dans les gorges de Caillol : *Gnaphalium sordidum* et *Pistacia Terebinthus.*

Dans les gorges de Barroubio, au début du ruissellement en terrain calcaire et sous les bois de Barroubio, il existe quelques prairies. Nous avons récolté là, le 16 mai 1923 :

Geum silvaticum Pourr.
Sorbus Torminalis Crantz.
Cornus sanguinea L.
Hieracium murorum L.
Veronica Chamœdrys L.
Melittis Melisophyllum L.
Ajuga reptans L.
Orchis coriophora L.

Nous devons faire une mention spéciale du Causse nummulitique de Barroubio, qui a un aspect tout particulier. Sur de grandes distances, les pierres grisâtres, presque blanches, se montrent nues, sans herbes, sans végétation. De loin en loin, cependant, se dressent les ramures rigides et sombres du genevrier de Phénicie (juniperus phœnicea) L. Le port et le feuillage de cet arbuste rappellent étrangement le cyprès : il atteint parfois une hauteur de 5 à 6 mètres. A côté de ce triste végétal, mais moins abondant, végètent quelques autres arbustes toujours disséminés au milieu des pierres. Ce sont :

Aphyllantes monspelliensis L.	Helichrysum angustifolium D. C.
Terebenthus vulgaris L.	Lavandula spica L.
Genista Scorpius D. C.	Euphorbia Characias L.
Spartium junceum L.	Quercus Ilex L.
Buxus sempervirens L.	Quercus coccifera L.
Cistus albidus L.	Juniperus communis L.

Les champs sont envahis par une ombellifère commune, *Bifora testiculata* et par un glaieul, *Gladiolus illyricus.*

La causse nummulitique de la Prade est caractérisée par l'abondance du *Phlomis lignitis* et du *Sideritis hirsuta ; Juniperus Phœnicea* prospère également au-dessus de Vialanova, mais il est moins isolé, car ce causse paraît plus favorable à la végétation.

Eocène lacustre

Au sud du Nummulitique, l'éocène lacustre, calcaire également, doit sa physionomie spéciale à l'abondance du *Rosmarinus officinalis* et de l'*Hélianthemum polifolium.* Au milieu de la terre dénudée, coupée à chaque pas de bancs de rochers, les végétaux apparaissent toujours isolés ; leur verdure contraste avec la teinte grise du sol.

Citons les plantes les plus répandues :

Bifora testiculata D. C.	Psoralea bituminosa L.
Lonicera etrusca Santi.	Lavandula spica L.
Amelanchier vulgaris Moench.	Thymus vulgaris L.
Bonjeania hirsuta.	Passarina thymelea D. C.

Indiquons encore quelques plantes trouvées à Castigno et au Pech Montalnc, toujours dans l'Eocène :

Arabis hirsuta Scop.	Geum silvaticum Pourr.
Cistus albidus L.	Tamarix africana Poir.
Cistus monspeliensis (rare) L.	Sedum nicoense All.
Helianthemum polyfolium D. C.	Foeniculum piperitum D. C.
Fumana procumbens Gren. God.	Galium maritimum L.
Dianthus longicolis Ten.	Centhrantus angustifolius D.
Ononis repens L.	Stæhelina dubia L.
Pisum elatius Bor.	Centaurea solsticea L.
Vicia bithinica L.	Centaurela melitensis L.
Vicia serratifolia Jacq.	Helichrysum angustifolium.
Scorpiurus subvillosus L.	Catananchi caerulea L.

Santolina squarrosa Wild.
Circium arvense Scop.
Ligustrum vulgare L.
Coris monspeliensis L.
Cynoglossum cheirofolium L.
Linaria origanifolia D. C.
Linaria serpyllifolia Long.
Brunella hysopofolia L.
Lavandula spica L.
Teucrium polium L.
Armeria juncea Girard.
Passerina Thymelca D. C.
Euphorbia flavicoma D. C
Quercus Ilex L.
Quercus coccifera L.
Ornithogalum pyrenaicum L.
Alium moschatum L.
Limodorum abortivum Siw.

Quatre représentants du *Quercus pedonculata* Ehrh., signalés dans un contrat de vente en 1450, végètent encore en bordure d'un champ abandonné.

Une excursion dans le ruisseau d'Aymes nous a permis de ramasser quelques plantes particulièrement abondantes entre le hameau de la Roueyre et la Boyre Pigot.

Nous citerons :

Cistus albidus L.
Cistus monspeliensis L.
Lonicera implexa Ait.
Phyllaria angustifolia L.
Viburnum Tinus L.
Ramnus alaternus L.
Pistacia Lentiscus L.
Anagyris fœtida L.
Gnaphalium sordidum.
Stœhelina dubia L.
Chrysantemum segetum L.
Coris monspeliensis L.
Passarina thymelea D. C.
Lolium rigidum Gaud.
Quercus Ilex L.
Juniperus Phœnicea L.

Malgré la nature du calcaire de la falaise des grottes de Bize, la source qui sourd à ses pieds possède trois fougères : *Ceterach officinarum*, *Asplenium Trichomonas*, *Polypodium vulgare*.

Nous termineront l'étude de la flore calcaire du bassin moyen de la Cesse en signalant l'arbée de Judée *Cercis Siliquastrum* à Agel et l'*''Uropetalum serotinum* au mont Cayla. Le *Tamarix africana* remonte jusqu'à Aigues-Vives et la Blanquette *Atriplex Halimus* jusqu'à Minerve.

Zone chaude

Le cours inférieur de la Cesse forme la dernière zone botanique de notre vallée. Cette région de plaine particulièrement chaude a permis à M. le Professeur Flahaut de récolter un certain nombre d'espèces méridionales, presque inconnues dans le département de l'Hérault et propres à la zone de l'oranger :

Plantago albicans L.
Lotus conimbricensis Brotero.
Malcomia africana R. Br.
Sisymbrium nanum D. C.
Cistus ladaniferus L.
Lavatera maritima L.
Anagyris fœtida L.
Anthyllis Barba-Jovis L.
Astragalus pentaglottis L.
Astragalus narbonensis Gouan.
Astragalus Glaux L.
Hedysarum capitatum Desf
Myrtus communis L.
Cachrys Lœvigata Lanck.
Senecio Generaria D. C.
Galium maritimum L.
Convolvulus althœoïdes L.
Cerinthe major.

Echium plantagineum L.
Sideritis hirsuta L.
Vitex Agnus castus L.
Statice ferulacea L.
Statice Dodartii Girard.
Statice lychnidifolia Girard.
Statice confusa Gr. et Godr.
Plantago Bellardi All.
Euphorbia Pithyusa L.
Euphorbia falcata Delens.
Cytinus kermesinus Gussons.
Thelygonum Cynocrambe L.
Asphodelus fistulosus L.
Ophrys tenthredinifera Will.
Iris Xiphium L.
Milium coerulescens Desf.
Asplenium Patrarchae D. C.

Les collines à l'ouest de Bize et de Cabezac possèdent en plus deux espèces qui ne dépassent pas les hauteurs de Nissan vers l'est : *Santolina squarrosa* et *Bellevalia romana* Reich.

Les eaux de la basse Cesse sont envahies par plusieurs plantes aquatiques ; nous citerons :

Ranonculus trichophyllus Chaix.
Nymphœa alba L.
Nuphar luteum Smith.
Jussiaea grandiflora Michaux.
Myriophyllum verticillatum L.
Helodea canadensis Rich.
Potamogeton densus L.
Scirpus maritimus L.
Arundo Phragmites L.

Le canal du Midi a contribué beaucoup à la propagation des plantes dans les eaux de la Cesse ; on ne trouve pourtant pas l'*Helodea canadensis* au delà d'Argelliers.

Nous avons recolté encore à Truilhas : *Osyris alba, Cynoglossum cheirofolium, Lithospermum arvense,* et *Artemisa officinalis.*

Cette flore méridionale de la zone de l'oranger est aussi une flore maritime qui prouve le colmatage récent de l'ancien golfe du Lion et du *Lacus rubresus* où se déversait la Cesse à l'époque préhistorique. Cette végétation chaude s'explique aussi par la forme des collines du chaînon de Saint-Chinian opposant une barrière aux vents du Nord-Ouest alors que la vallée est largement ouverte au Midi.

Plantes rares

Avant de terminer cette modeste étude, nous nous faisons un pieux devoir de rappeler les noms des abbés Coste et Soulié, en donnant la liste des plantes rares qu'ils ont trouvées dans la vallée de la Cesse.

Alsine leniflora Godet.
Spergularia Segetalis. Sers.
Erodium petraeum Wild.
Genista Villarsii. Clem.
Genista Martini (C. Scorpius Villarsii. Coste).
Carduncellus mitissimus D. C.
Serratula nudicaulis D. C.
Scorzonera austriaca Wild.
Ephedra nebrodensis. Timo.
Uropetalum serotinum Gawe.
Allium Moly L.
Asplenium Halleri D. C.

Le bassin de la Cesse vient de nous permettre l'étude de flores bien différentes sur un parcours relativement réduit. Cette diversité dépend des variations de l'altitude et des changements de terrain ; elle donne un attrait de plus à cette curieuse région.

Abbé P. FRÉMY
Docteur ès Sciences
Professeur à l'Institut libre de Saint-Lô (Manche)

SUR LA PRÉSENCE, EN TUNISIE, DE *CALOTHRIX VIVIPARA* HARV.

Le *Calothrix vivipara* Harv. (*Nereis boreali-americana*, III, p. 106, 1852 ; Bornet et Flahault, *Revision*, I, p. 362, 1886) se distingue aisément de ses congénères par les trois caractères suivants : 1° filaments pilifères ; 2° hétérocystes basilaires et intercalaires ; 3° surtout, rameaux géminés disposés comme ceux des *Scytonema*.

Jusqu'à présent, cette intéressante espèce n'était connue que d'un très petit nombre de localités maritimes de l'Amérique du Nord et de l'Europe :

I. Amérique du Nord : 1° *Côte du Pacifique* : Californie, San-Pedro (env. 34° lat. N.), dans des trous sur les pierres d'une digue (Setchell et Gardner). C'est la seule localité connue de cette côte. (*Cfr.* Setchell and Gardner, The marine Algae of the Pacific coast of N. America, I, Myxophyceae, 1919, pp. 101-102).

2° *Côte de l'Atlantique* : *a*) Terre-Neuve (47° env. lat. N.), sur des rochers (Harvey, Farlow) ; *b*) Côtes des Etats-Unis ; Massachusetts, Nahant et Wood's Hole (Farlow), en plaques sur des rochers ou croissant sur d'autres algues ; Marblehead (Collins), dans des flaques, sur des rochers, au plus haut niveau des marées ; Rhode-Island (Bailey), Seaconnet Point (Farlow).

II. Europe. 1° Ecosse, Arbroath (env. 56°30' lat. N.), en revêtement sur les schistes rouges de Stalactite Cave (Jaks) avec *Pleurocapsa fuliginosa* Hauck. (*Cfr.* Batters, A Catalogue of the Brit. Marine Algae, 1902, p. 7).

2° Norvège septentrionale, Finmark, 69° env. lat. N. (Foslie) ; localité la plus septentrionale actuellement connue.

Tout récemment, M. le Professeur Seurat d'Alger me confiait la détermination de quelques récoltes algologiques par lui faites en plusieurs points de l'intérieur du Sud-Tunisien. Dans l'une d'elles provenant du marais salé à *Salicornia* de Khédime (8-10 1929), je fus extrêmement frappé d'apercevoir au premier examen microscopique, une cyanophycée filamenteuse engainée et rameuse à la façon d'un *Scytonema*, d'autant plus que je ne connais aucun *Scytonema* d'eau saumâtre. Après avoir sorti l'échantillon du flacon qui le contenait, je trouvai en assez grande abondance, soit détachées, soit fixées sur des souches de *Salicornia*, des petites touffes d'un brun noirâtre, formées par la myxophycée qui m'intriguait. A la suite de plusieurs examens microscopiques, je vis que les trichomes de cette algue allaient en s'atténuant vers leurs extrémités. Ce devait donc être un *Calothrix* dont les poils étaient tombés. J'eus la bonne fortune de rencontrer quelques filaments sur lesquels ils existaient encore. J'acquis alors la conviction que cette plante ne pouvait être que *Calothrix vivipara* Harv. Pour plus de certitude, je la comparai au type de Harvey qui se trouve dans l'herbier Lenormand de l'Institut botanique de Caen. Entre ces deux échantillons, je ne trouvai aucune différence essentielle : celui de Khédime a seulement ses gaînes un peu plus épaisses et plus fortement colorées en jaune brunâtre, ce qui doit correpondre à une station plus éclairée et temporairement asséchée.

A Khédime, *Calothrix vivipara* était associé aux espèces suivantes :

CYANPHYCÉES. *Chroococcus turgidus* (Kütz.) Näg. peu abondant, *Pleurocapsa fuliginosa* Hauck (comme en Ecosse), peu abondant ; *Microcoleus tenerrimus* Gom. ; *M. chthonoplastes* Thur. ; *Phormidium fragile* Gom. peu abondant ; *Oscillatoria brevis* Kütz. peu abondante. *O nigro-viridis* Kütz peu abondante ; *O. Boryana* Bory, peu abondante.

CHLOROPHYCÉES. *Rhizoclonium riparium* Kütz ; *Ulothrix implexa* Kütz ; *Chaetomorpha linum* (Fl. dan.) Kütz. ; *Cladophora flexuosa* Griff.) Harv. f. voisine de la var. *Bruzelii* Kütz ; *Enteromorpha intestinalis* Link, f. *bullosa Le Jol.* et f. *capillaris* Le Jol.

DIATOMÉES (1). *Achnanthes brevipes* Ag. ; *Campylodiscus impressus* Grun. ; *Cocconeis placentula* Ehr. var. *lineata* (Ehr. ?) Grun. ; *Nitzschia granulata* Grun. ; *N. obtusa* W. Sm. var. *scapelliformis* Grun. ; *N. sigma* Kütz. var. *stigmatella* (Greg. ?) Grun. ; *Pleurosigma angulatum* W. Sm. var. *strigosum* H. V. H. ; *Pl. balticum* W. Sm. ; *Rhopalodia musculus* Kütz ; *Surirella fastuosa* Ehr. ; *Synedra affinis* Kütz. var. *intermedia* Grun. ; *S. crystallina* Lynb., var. *conspicua* Grun.

M. Seurat a encore récolté *Calothrix vivipara* dans les eaux saumâtres de l'Oued Tindja. Il formait, sur une assez grosse tige morte portant aussi quelques Balanes, un revêtement d'un vert sale, presque continu ; mais en cette station, il était moins bien caractérisé qu'en celle de Khédime.

(1) Déterminations de M. Amossé de Nantes.

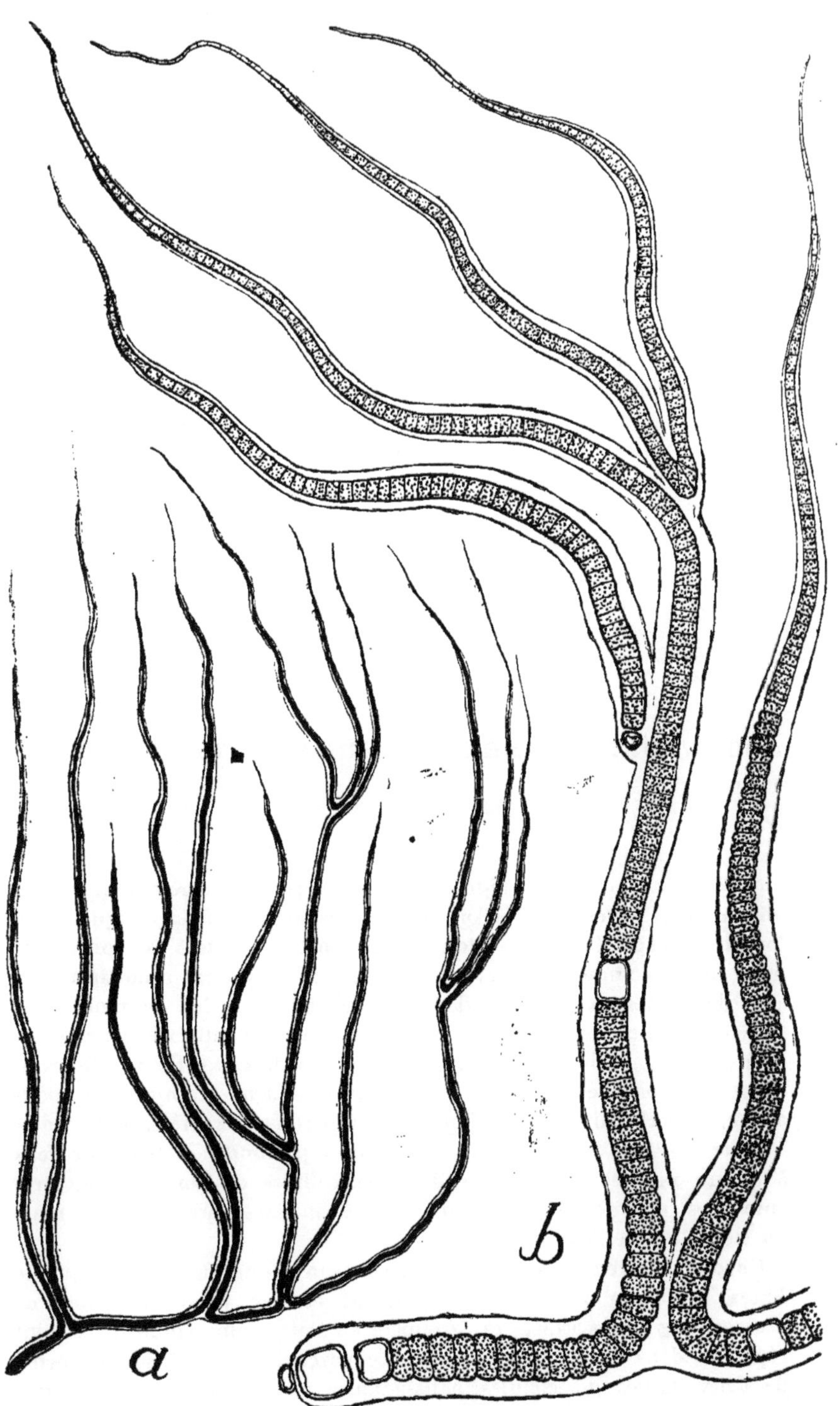

Calothrix vivipara Harv. : *a*. Individu complet (demi-schématique) ×90 environ. — *b*. Portion du même individu ×500.

Ces deux localités tunisiennes de *Calothrix vivipara* se trouvent sensiblement à la même latitude que celle de Californie.

En résumé, le *Calothrix vivipara* n'est connu que de l'hémisphère Nord ; il y a été trouvé en des localités fort dispersées situées entre le 69° et le 34° lat. N.; jusqu'à présent, on le considérait comme franchement marin et presque exclusivement saxicole ; les récoltes de M. Seurat montrent yu'il peut aussi vivre dans les eaux saumâtres et être lignicole.

Comme, à ma connaissance, cette espèce n'a pas encore été figurée, il m'a paru utile d'en publier un dessin.

Mlle Lucienne GEORGE
Agrégée de l'Université
Docteur ès Sciences

SUR L'ANATOMIE DE L'*EPHEDRA ALTISSIMA* DESF.

---

a) VAR. MAURITANICA : *Tige jeune*. — La tige est légèrement côtelée (dix à vingt côtes). La paroi externe des cellules épidermiques, très fortement papilliformes, surtout au sommet des côtes, est formée de trois couches : une externe, cutinisée ; une moyenne, mucilagineuse, avec de nombreux granules d'oxalate de calcium, plus ou moins disposés en strates, et colorés en noir par le vert d'anthracène ; une interne, épaisse, cellulosique. Les trois quarts de ces cellules épidermiques sont remplies de tanin. *Quelques-unes sont allongées en poils droits*, unicellulaires, très résistants, répartis irrégulièrement. Entre chaque côte, au fond de puits cuticulaires profonds, se trouvent deux à quatre rangées de stomates dont les cellules de bordure sont très enfoncées, et entourées par deux cellules annexes parallèles à la fente du stomate et à l'axe de la tige.

Chaque côte renferme, sous l'épiderme, un paquet de dix à cinquante fibres, à lumen presque nul, pouvant arriver jusqu'au milieu de l'écorce. Des fibres isolées ou groupées en îlots moins volumineux sont réparties dans le reste de l'écorce. Le parenchyme cortical est formé de deux assises de cellules palissadiques à peine plus longues que larges, et de trois assises de cellules parenchymateuses, à peu près isodiamétriques, méatifères. L'endoderme est régulier, à parois épaisses.

Le péricycle présente, vis-à-vis les faisceaux libéro-ligneux des arcs fibreux, constitués par de nombreuses fibres à lumière presque nulle, et de grosses cellules scléreuses. Il y a quinze faisceaux libéro-ligneux : trois paires de grands, et trois groupes de trois petits, alternant.

La moelle, lignifiée à la périphérie, régulièrement méatifère, à parois épaisses, fortement ponctuées, est formée au centre d'éléments à parois minces, cellulosiques.

A la base de chaque entrenœud, à une petite distance au-dessus du nœud, la tige est traversée par une couche horizontale d'un tissu de séparation, comme chez les *Equisetum*. A l'automne, les rameaux se détachent suivant cette zone; il y a gélification de la lamelle moyenne pectique séparant deux assises de cette couche, et le rameau n'est plus retenu à la plante que par les faisceaux libéro-ligneux et les fibres, qui se rompent très facilement. Il se forme alors une couche plus ou moins épaisse de liège cicatriciel, avec, au dessous, quelques éléments de transfusion le reliant au tissu ligneux. Cette chute périodique des rameaux en automne est en relation avec une diminution de la transpiration et s'observe chez tous les Ephedra.

Tige âgée : Les cellules scléreuses du péricycle sont beaucoup plus nombreuses (jusqu'à sept assises), le nombre des fibres n'a pas augmenté. Les cellules scléreuses se prolongent dans les rayons médullaires, séparant le liber en autant d'îlots.

Le périderme se forme tardivement, en général au bout de deux à trois ans, dans l'assise la plus externe du péricycle, puis de nouveaux phellogènes s'installent dans les couches les plus externes du liber, produisant seulement du liège, en zones très épaisses, séparées par des régions plus minces, de sorte que la tige âgée est fortement crevassée. Le rhytidome est écailleux.

Les rayons médullaires, qui étaient unisériés dans la tige jeune sont devenus multisériés par suite de divisions radiales des cellules ou par agrégation de rayons unisériés. Celles-ci restent cellulosiques à la périphérie suivant un faible parcours, puis se lignifient et présentent de petites perforations simples.

Le bois est formé par du parenchyme dont certains éléments se sont transformés en trachéides présentant généralement deux rangées de dépressions bordées, circulaires, alternant, séparées par des barres de Sanio bien visibles après coloration à l'hématoxyline, et par des vaisseaux larges à cloisons obliques perforées.

Le liber est formé de longs tubes criblés terminés en pointe, avec des aires criblées sur les parois terminales et radiales ; ces tubes sont séparés par des groupes de cellules parenchymateuses.

Feuille : Chaque nœud porte deux feuilles, opposées, décussées, de un à deux centimètres de long sur un à deux millimètres de large, très faiblement engainanies. A l'aisselle de chacune, dans le bourgeon axillaire, la préfoliaison valvaire est très nette.

L'épiderme est recticurviligne ; certaines cellules sont allongées en poils ; il y a des stomates également sur les deux faces, dirigées suivant l'axe de la feuille, avec deux cellules annexes parallèles aux cellules de bordure. Presque toutes les cellules épidermiques de la feuille sont tannifères, ainsi que celles de la gaine.

Dans la gaine il n'y a pas de palissades, mais quelques fibres provenant de la tige viennent tapisser la face interne. Ces fibres se prolongent dans la feuille et se terminent en pointes à différents niveaux ; il n'y en a plus vers le cinquième terminal. Le parenchyme foliaire comprend une à deux assises palissadiques formées d'éléments deux à trois fois plus longs que larges. Ces feuilles, jouant un certain rôle dans l'assimilation, le parenchyme cortical des jeunes tiges est moins assimilateur que chez les espèces à feuilles très réduites.

Dans le parenchyme homogène du centre de la feuille se trouvent deux faisceaux libéro-ligneux endarques provenant de la tige qui envoie deux traces foliaires traversant au nœud un large rayon médullaire ; il n'y a ni péricycle ni endoderme. Ces deux faisceaux cheminent parallèlement dans la feuille, et finissent par se toucher vers le cinquième terminal ; puis on ne trouve plus que quelques éléments de transfusion au centre d'un parenchyme homogène. Tout à fait à l'extrémité il n'y a plus que de ce parenchyme.

Le tissu des feuilles est séparé de bonne heure de celui de la tige par une couche de liège, comme chez les angiospermes.

Ells tombent en laissant subsister une zone écailleuse constituée par la gaine, puis du liège de cicatrisation se forme.

b) VAR. ALGERICA : *Tige jeune.* — L'épiderme est tannifère, papillifère, simple, mais souvent dédoublé par formation de cloisons transversales, généralement au voisinage des stomates, qui sont enfoncés sous l'épiderme. Les puits préstomatiques sont souvent remplis d'une substance résineuse ; il y a une grande chambre sous stomatique. *Quelques poils droits, unicellulaires.* sont localisés surtout au sommet des côtes. Les trois quarts de celles-ci renferment des paquets de fibres hypodermiques, quelques fibres isolées ou par petits groupes sont réparties dans le reste de l'écorce. Il y a deux assises palissadiques, formées d'éléments deux fois plus longs que larges, et quatre assises de cellules isodiamétriques. L'endoderne est formé, de cellules à parois minces. Le liber et le bois présentent la même constitution que dans la variété *Mauritanica.*

Il y a des fibres à la périphérie de la moelle, autour des éléments du protoxylème, et quelques-unes réparties isolément dans la région centrale. A la périphérie, la moelle est lignifiée, formée de cellules fortement ponctuées, à parois épaisses. Au centre, les cellules sont à parois minces, cellulosiques, et se résorbent de bonne heure, ce qui donne naissance à une grande lacune centrale.

Tige âgée. — Le liège se forme, dans les tiges de trois à quatre ans, dans l'assise la plus interne du péricycle, refoulant à l'extérieur les fibres péricycliques qui se sont lignifiées, et les nombreuses assises de cellules scléreuses qui se sont formées.

Feuille : Elle présente la même structure que dans la variété précédente. J'ai noté aussi la présence de poils sur la feuille et sur la tige de l'*Ephedra Strobilacea* Bge et de l'*Ephedra foliata* Boiss.

Mlle M. GIROUX
Laboratoire de Botanique de la Faculté d'Alger.

NOTE SUR LA CARPOLOGIE DE QUELQUES CHRYSANTHEMÉES DE L'AFRIQUE DU NORD

Cette note est relative à deux ou trois espèces de Chrysanthémées de l'Afrique du Nord, espèces qui, par leur carpologie, nous ont paru assez intéressantes pour mériter d'être signalées dans cette note brève. Ces caractères carpologiques seront repris plus amplement, avec ceux de quelques autres Composées de la même sous-tribu, dans un travail qui paraîtra prochainement au bulletin de la Société d'Histoire naturelle de l'Afrique du Nord.

1° *Chrysanthemum grandiflorum Batt.* (Plagius grandiflorus L'Hér.)

Cette grande Composée présente des capitules de 3 à 5 centimètres de diamètre, non radiés. Les akènes, homomorphes, sessiles, presque cylindriques, pourvus de côtes, présentent une collerette membraneuse en forme d'oreille, plus développée du côté postérieur et se réduisant à une simple saillie du côté antérieur.

En coupe transversale l'akène présente dix côtes, les antérieures étant parfois plus développées que les postérieures. Ce nombre peut se réduire à 8, parfois même à 6 ; un fait analogue a d'ailleurs été signalé par M. Humbert au sujet du *Leucanthemum Mairei* (1). Ces côtes sont séparées par des vallécules peu profondes, présentant un volumineux canal secréteur. Il est d'ailleurs intéressant de noter qu'il y a toujours 10 canaux secréteurs et que, par conséquent, la diminution du nombre des côtes est probablement dûe à la fusion d'un certain nombre d'entre elles.

Chaque canal secréteur surmonte un faisceau libéro-ligneux, dans lequel les éléments libériens ont complètement disparu à la maturité.

L'épicarpe est pourvu de cellules myxogènes localisées sur les côtes ; le mésocarpe, à éléments fortement épaissis fonctionne comme sclérocarpe ; enfin, l'endocarpe, de nature parenchymateuse, se détache très facilement du mésocarpe immédiatement sous les faisceaux ligneux et forme le plus souvent une sorte de manchon flottant autour des cotylédons.

Les cotylédons sont tantôt antéro-postérieurs, tantôt transversaux. Cette différence provient-elle d'une différence entre les akènes du disque et ceux du rayon? C'est un point qu'il nous est actuellement impossible de préciser, car dans les exemplaires que nous avons eu entre les mains, seuls quelques akènes du disque étaient encore adhérents au capitule. Un fait analogue a été signalé par M. le Dr Maire au sujet du *Leucanthemum Redieri* chez lesquel on observe des cotylédons transversaux dans les akènes du rayon, et antéro-postérieurs dans ceux du disque (2).

En résumé, par ses caractères carpologiques: présence de 6 à 10 côtes, épicarpe myxogène, canaux secréteurs valléculaires, il semble bien que le *Chrysanthemum grandiflorum* doive être rangé parmi les *Leucanthemum*.

2° *Chrysanthemum fuscatum Desf.*

Dans cette espèce à capitules radiés, les akènes périphériques sont plus ou moins triquètres, à aigrette membraneuse auriculée, plus développée du côté postérieur, à 3 côtes dont une postérieure médiane et deux latérales, à face antérieure convexe. Les akènes du disque, subtétragones, sont surmontés par une aigrette membraneuse plus courte qu'eux et formée par cinq petites pièces distinctes.

Ils présentent cinq côtes dont une postérieure médiane et deux sur chaque face latérale, ces deux dernières étant parfois fort rapprochées l'une de l'autre.

---

(1) H. HUMBERT, Végétation du Grand Atlas marocain ; exploration botanique de l'Ari Ayachi. *Bull. Soc. Hist. Nat. Afr. du Nord*, mai 1924.

(2) Dr R. MAIRE, Contribution à l'étude de la flore de l'Afrique du Nord (n° 301). *Mémoires Soc. Hist. Nat. du Maroc*, n° 15, p. 38.

La face antérieure est convexe comme dans les akènes du rayon.

Qu'il s'agisse des akènes de la périphérie ou de ceux du disque, chaque côte est pourvue d'un épicarpe présentant 2 ou 3 grosses cellules myxogènes ; le mésocarpe costal est fortement sclérifié et présente un canal secréteur surmontant un faisceau libéro-ligneux.

Dans les espaces intercostaux l'épicarpe est dépourvu de cellules myxogènes et le mésocarpe est formé d'éléments parenchymateux à parois présentant des ponctuations aréolées.

Enfin à la face antérieure, convexe, l'épicarpe est très fortement myxogène, le plus souvent formé de très grosses cellules myxogènes

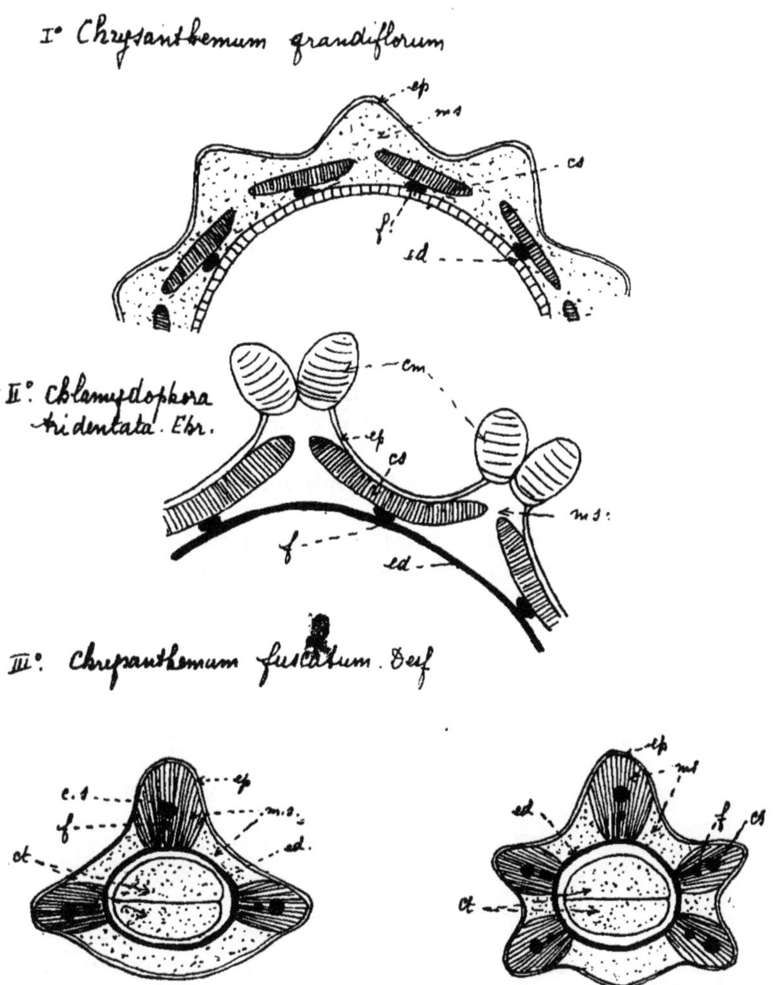

serrées les unes contre les autres ; le mésocarpe est identique à celui des espaces intercostaux.

L'endocarpe, formé d'une seule assise d'éléments fortement épaissis constitue le sclérocarpe.

Les cotylédons sont transversaux.

En résumé cette espèce ne présente pas les caractères carpologiques du genre *Chrysanthemum* au sens de Briquet (3). Elle en diffère notamment par la présence de cellules myxogènes, de canaux sécreteurs costaux et par l'orientation transversale des cotylédons. Il semble donc que cette espèce doive être séparée des Chrysanthemum et constituer un groupe distinct.

3° *Chlamydophora tridentata Ehr.*

C'est une petite Composée tunisienne, dont la structure carpologique est très différente de celle du *Chlamydophora pubescens.*

Les capitules, non radiés, portent des akènes homomorphes, sessiles, sensiblement cylindriques, munis d'une aigrette membraneuse auriculiforme aussi longue que l'akène du côté postérieur, réduite à une simple saillie du côté antérieur. En coupe transversale on observe 8 à 10 côtes fort peu développées, formées seulement par un mamelon de quelques cellules à parois épaissies, et surmontées par 2 ou 3 très grosses cellules myxogènes.

Dans l'intervalle de ces côtes, où l'épicarpe est complètement dépourvu d'éléments myxogènes, immédiatement sous cet épicarpe, on trouve de volumineux canaux secréteurs, chaque canal surmontant un faisceau vasculaire.

L'endocarpe est formé de petits éléments fortement épaissis et joue le rôle de sclérocarpe.

Les cotylédons sont tantôt transversaux, tantôt antéro-postérieurs.

En résumé le *Chlamydophora tridentata* présente des caractères carpologiques de *Leucanthemum.*

---

(3) J. Briquet (*in Burnat Flore des Alpes-Maritimes*). Vol. VI, 1re partie, p. 72-73 (1916).

H. HUMBERT

Docteur ès Sciences, Maître de conférences adjoint à la Faculté des Sciences d'Alger.

LA VÉGÉTATION DE LA DORSALE OCCIDENTALE DU KIVU (AFRIQUE ÉQUATORIALE)

La grande fosse tectonique de l'Afrique équatoriale centrale est comprise, dans la région du lac Kivu, au N du Tanganyika, entre deux rebords montagneux, ou dorsales, l'un à l'E, l'autre à l'W, dont les sommets avoisinent ou dépassent 3.000 m. Elle est, en outre, dominée par les grands volcans situés au N et au N-E du lac Kivu : trois d'entre eux atteignent de 4.150 à 4.500 m. alt. (la surface du lac Kivu est à 1.460 m.). Cette même fosse, au N du lac Edouard, borde à l'W le gigantesque massif du Ruwenzori, dont les cimes escarpées, couvertes de vastes glaciers, culminent à plus de 5 000 m., dominant de 4.350 m. environ la vallée de la Semliki.

La végétation de la dorsale orientale, celle des volcans, et celle du Ruwenzori, ont été étudiées par plusieurs botanistes (1). Par contre, celle de la dorsale occidentale n'avait pas, jusqu'ici, fait l'objet de recherches spéciales.

De janvier à août 1929 nous avons parcouru les contrées précitées et effectué une dizaine d'ascensions sur leurs plus hautes montagnes, depuis celles qui environnent le lac Kivu jusqu'au Ruwenzori inclus, ainsi que sur les principaux volcans. Nous avons ainsi recueilli d'importantes collections et réuni les éléments d'une étude comparative des caractères de la végétation aux diverses altitudes (2). Nous nous contenterons, dans cette courte note, de résumer nos observations relatives au massif le plus élevé de la dorsale occidentale, celui de Kahuzi, qui culmine à 3.308 m. (3), à l'W de la partie méridionale du lac Kivu, et à ses abords.

(1) Les caractères des étages de végétation dans ces montagnes ont été résumés par A. ENGLER dans *Die Pflanzenwelt Afrikas*, Bd. I, et surtout Bd V, Leipzig, 1925.

(2) Nous avons, dans ce but, reçu le bienveillant appui de M. le Ministre des Colonies de Belgique, qui, sur la proposition de M. le Directeur général LEPLAE, a bien voulu nous confier une mission d'études botaniques au Congo Belge oriental.

(3) D'après les mesures récentes de la mission cartographique du Kivu, dirigée par le Major HOIER.

Les pentes avoisinant le lac sont presque entièrement déboisées jusqu'à une altitude d'environ 2.000 m. Des témoins de la végétation sylvestre primitive sont conservés çà et là dans des vallons, dans des dépressions marécageuses, ou au contraire sur des croupes escarpées, ou bien encore sur des portions de pentes ceinturées de rochers et de ravins, autrement dit aux emplacements difficilement défrichables par les indigènes et difficilement atteints par les feux allumés par eux dans les herbages et les broussailles qui ont remplacé la sylve autochtone (1). C'était une forêt haute et dense à feuillage persistant, offrant sans doute beaucoup d'analogie avec celle qui couvre encore une partie de la grande île montagneuse Idjwi, dans le lac Kivu : comme à l'île Idjwi, des arbres à feuillage léger, mimosées et autres, devaient prédominer sur les pentes inférieures, où il pleut moins que sur la montagne plus élevée, et sur les croupes rocailleuses ; des essences très diverses, à feuillage généralement lauriforme, formaient le reste de la futaie. La destruction de cette forêt a évidemment commencé avec l'installation de peuplades non sylvestres (contrairement aux Batwa ou pygmées qui vivent dans la forêt sans la détruire) ; elle se poursuit sous nos yeux avec rapidité, par exemple dans le pays situé au SW du Kahuzi et à l'W des monts Biéga, entre 1.600 et 2.200 m.

Les formations qui ont remplacé la forêt sur ces pentes sont surtout des prairies à *Andropogon* et *Aristida*, lesquelles représentent le stade ultime de transformation de la végétation sur les pentes les plus an-

---

(1) Les processus de déforestation se présentent en Afrique intertropicale à peu près de la même façon qu'à Madagascar, où nous les avons étudiés au cours de trois voyages, en 1912, 1924, 1928. Les immenses herbages, piquetés ou non d'arbres ou de bouquets d'arbres, sont *toujours* (hormis le cas de certaines stations marécageuses), des formations secondaires, offrant des caractères divers en rapport avec le climat local, spécialement avec la quantité et la répartition des pluies, en rapport aussi avec l'ancienneté de la déforestation (qui peut être très grande, de l'ordre de plusieurs millénaires sur certains territoires soumis de longue date aux migrations ou aux installations de peuplades), en rapport enfin et surtout avec la fréquence des feux auxquels ils doivent leur développement et dont ils sont le principal propagateur. Les formations primaires (primitives) auxquelles ces herbages se sont substitués étaient elles-mêmes très variées selon le climat local, le sol, etc., mais toujours essentiellement sylvestres, depuis la forêt toujours verte des contrées pluvieuses jusqu'au « bush » épineux des contrées sèches. Nous nous étendrons sur ce sujet, en ce qui concerne l'Afrique intertropicale, dans un travail ultérieur. — Cf. W. Busse : *Die periodischen Grasbrände in tropischen Afrika, ihr Einfluss auf die Vegetation, und ihre Bedeutung für die Landeskultur.* Mitteil. aus d. Deutsch. Schutzgebieten, II Heft, 1908. — Aug. Chevalier : ***Sur la dégradation des sols tropicaux causée par les feux de brousse et sur les formations végétales régressives qui en sont la conséquence.*** C. R. Acad. Sciences, Paris, 2 janv. 1929. — Voir aussi, pour Madagascar : H. Perrier de la Bathie : *La végétation malgache.* Annales du Musée colonial de Marseille, 1921. — H. Humbert : *La disparition des forêts à Madagascar.* Rev. gén. des Sciences, 15 juin 1927. — H. Humbert : *La destruction d'une flore insulaire par le feu : principaux aspects de la Végétation à Madagascar.* Mémoires de l'Académie malgache, 1927 (avec 40 planches in-4° de photographies).

ciennement dénudées, où le sol est le plus dégradé, et des peuplements d' « Elephant grass » ou Matété (*Pennisetum purpureum*) sur les sols plus riches où la déforestation est moins ancienne.

Vers 2.000 m. alt., aux abords des portions de forêt encore intactes, ou sur l'emplacement de portions disparues récemment, le terrain est fréquemment occupé par une brousse secondaire formée de végétaux variés d'origine diverse. Les uns (parmi lesquels quelques espèces arbustives jouent, par le nombre des individus, un rôle physionomique important : *Vernonia*, *Acanthus*, *Crotalaria*, *Polygala*, *Hypericum*, etc.), habitent, dans la végétation primitive, les escarpements et les surfaces rocheuses impropres à porter une forêt dense, ou encore les clairières naturelles des étages forestiers supérieurs. D'autres sont venus de territoires inférieurs plus anciennement déboisés. D'autres enfin sont des rejets de souche d'individus ayant fait partie soit de la forêt disparue localement, soit de la brousse secondaire elle-même, lorsqu'à son tour elle a été soumise au défrichement ou à l'incendie.

La brousse secondaire de ce type représente un groupement peu stable destiné à faire place à la prairie après quelques incendies. Elle se transformerait en forêt secondaire si l'homme et le feu n'intervenaient plus. Elle se maintient temporairement grâce aux pluies, fréquentes à cette altitude, qui raréfient et limitent les incendies.

Au-dessus de 2.000 m. et jusque vers 2.400 m., la forêt primitive occupe encore une bonne partie des rides montagneuses qui s'allongent en direction approximativement NNE-SSW à la base orientale du puissant relief du Kahuzi. Elle offre, à ce niveau, des caractères particuliers. D'une part, le nombre des essences qui la constituent est relativement faible, en comparaison avec celui des essences de la forêt primitive à moindre altitude. D'autre part, à côté d'arbres plus ou moins sclérophylles (*Sideroxylon*, *Symphonia*, *Ilex*, *Pittosporum*, etc.), il y existe une forte proportion d'arbres à feuillage relativement tendre et assez large (*Dombeya*, *Cornus*, *Macaranga*, *Moesa*, *Allophyllus*, *Hagenia*, *Clerodendron*, etc.), analogue, par la texture, à celui des forêts de l'Europe occidentale, mais persistant ; la même observation s'applique aux lianes (Acanthacées surtout) et bien plus encore aux espèces frutescentes, suffrutescentes et herbacées du sous-bois (Acanthacées, Urticacées, Labiées, *Impatiens diverses*, nombreuses Fougères, etc.) ; il en résulte une faciès méso-hygrophile assez accusé, en rapport avec la pluviosité et la nébulosité fréquentes à ce niveau ; les Mousses et les Lichens abondent, surtout comme épiphytes, avec des *Hymenophyllum*, *Trichomanes* et autres plantes exigeant une atmosphère habituellement humide.

Vers 2.200 m. la forêt se parsème de grands Bambous (*Arundinaria alpina*), qui forment plus haut, sur les pentes rapides du Kahuzi, de

2.400 à 3.000 m., des peuplements presque purs, les plus beaux que nous ayons vus au cours de tous nos itinéraires : les Bambous y atteignent 20 m. de hauteur, 10 centimètres de diamètre. Leur sous-bois est peu abondant, souvent presque nul ; il comprend quelques Acanthacées, Urticacées, Fougères, Orchidées, etc. Des arbres isolés (*Podocarpus, Dracaena, Agauria, Sideroxylon*, etc.) s'y montrent çà et là.

Les croupes trop rocheuses pour convenir à l'*Arundinaria* sont occupées par des peuplements de grandes Bruyères (*Erica arborea*, dominant, et *Philippia*) ; quelques arbres (*Podocarpus, Agauria, Hypericum*, etc.) et plusieurs espèces arbustives (*Vaccinium, Vernonia, Polygala, Stoebe*, etc.) leur sont associés, avec diverses plantes suffrutescentes et herbacées entremêlées de coussinets de Mousses et de Lichens.

Vers 3.200 m. apparaissent des peuplements de *Senecio* et *Lobelia* arborescents, de dimensions relativement modestes (2-3 m.), en raison de l'extrême violence des vents régnant habituellement aux approches du sommet. Divers *Helichrysum* et autres espèces de haute altitude les accompagnent, tandis que disparaissent les Bruyères et leurs associés. La cime même (3.308 m.) est occupée par une pelouse de Graminées, de Mousses et de Lichens, avec quelques plantes basses, suffrutescentes ou herbacées (*Helichrysum, Sweertia, Hydrocotyle*, etc.).

En résumé, le massif du Kahuzi offre, pour ainsi dire en raccourci, les divers étages de végétation caractéristiques des autres hautes montagnes de l'Afrique équatoriale. La composition floristique de ces étages diffère peu, si ce n'est dans le détail, de celle des étages homologues des grands volcans du Kivu.

Il y a lieu de remarquer que la superposition des étages supérieurs est ici moins nette que sur les très hautes montagnes. Il y a des engrenages très accusés, de 2.500 à 3.000 m., entre l'étage des Bambous et celui des Bruyères, et ce dernier se termine peu au-dessus du niveau supérieur de ces engrenages. Quant à l'étage à grands *Senecio* et *Lobelia*, il n'est représenté que sur une faible surface, à proximité du sommet. En outre, les limites altitudinales des étages supérieurs sont décalées vers le bas : sur les grands volcans du Kivu et le Ruwenzori, c'est au-dessus de 3.600 m. que se présentent les peuplements à *Senecio* et *Lobelia* homologues de ceux qui avoisinent la crête du Kahuzi, de 3.100 à 3.300 m. Ces intrications et cette sorte de tassement sont d'ailleurs habituels à proximité des crêtes, en raison des particularités qu'y offrent les facteurs climatiques et édaphiques locaux.

Em. MIÈGE

Directeur de la Station de Sélection et du Service de l'Expérimentation à Rabat.

OBSERVATIONS SUR L'ENROULEMENT DES FEUILLES DES CÉRÉALES

La position des feuilles des céréales, par rapport à la tige qui les porte, à celle des organes homologues, ou à leur axe propre, a déjà été étudiée par divers auteurs (Surface, Percival, etc.) ; nous l'avons reprise et étendue à de très nombreuses lignées pures des diverses espèces des genres : *Triticum*, *Hordeum* et *Avena*, et en envisageant successivement :

L'enroulement des jeunes feuilles : *a*) avant leur sortie et à l'intérieur de la gaine ;

b) Dès leur sortie de la gaine et avant épanouissement ;

c) A l'état adulte et à leur complet épanouissement, et enfin, à celui des gaines elles-mêmes.

Ces multiples examens, poursuivis pendant les trois années : 1927, 1928 et 1929, nous ont conduit aux conclusions suivantes, qu'il n'est pas possible, toutefois, de généraliser sans réserves :

1° Chez le blé : *L'enroulement des feuilles jeunes et encore enfermées dans leur gaine* est régulièrement alternatif, sauf de très rares exceptions ; d'autre part, il ne débute pas toujours de la même façon, c'est-à-dire que, selon les variétés, la première feuille est tantôt droitière (son bord droit recouvrant le gauche), tantôt gauchère.

Chez l'orge, cette loi d'alternance est moins générale.

Dans une même lignée pure des deux genres, ce comportement varie d'une plante à l'autre, c'est-à-dire que, chez certains individus, la première feuille peut être enroulée à droite, alors qu'elle l'est à gauche, chez d'autres.

2° *L'enroulement des feuilles sorties de la gaine, mais non encore étalées*, n'obéit plus à une règle fixe. Dans une même lignée pure d'orge ou de blé, il est droitier ou gaucher, selon les individus avec, généralement, un type dominant, qui change d'ailleurs d'une variété à l'autre. Sur une même plante, il est alternatif et de même sens que l'enroulement primitif.

A ce stade, *Triticum Vulgare, compactum, Spelta, Sphoerococcum, Hisbis, dicoccum, dicoccoïdes, Haoudar, villosum* et *persicum*, ainsi que les avoines, semblent avoir une majorité de plantes droitières, alors que Triticum durum et les orges auraient une majorité gauchère, et qu'on trouverait les deux modes d'enroulement en proportions à peu près égales chez *Triticum polonicum, turgidum* et *Monococcum*.

3° *L'enroulement, ou torsion, de la feuille adulte et complètement épanouie, est plus régulier et constant.*

Dans les genres *Triticum* et *Hordeum*, toutes les espèces paraissent avoir leurs feuilles toutes vrillées à gauche, même lorsqu'elles présentent plusieurs spires.

Dans *Avena*, au contraire, le limbe, qui présente généralement une double courbure, est d'abord enroulé à droite, à sa base, puis se contourne vers la gauche, à son sommet.

Ces règles présentent toutefois quelques exceptions.

4° Enfin, et d'une façon générale, l'enroulement de la gaine est le même que celui de la feuille correspondante, c'est-à-dire que les gaines successives sont respectivement gauchères, puis droitières, ou inversement.

Dr A. MONOYER

Chef de travaux pratiques de Botanique à l'Université de Liége.

MORPHOLOGIE ET ÉCOLOGIE DE HELEOCHARIS PALUSTRIS L.

Plante vivace à rhizome végétant en sympode, *Heleocharis palustris* forme des touffes de baguettes serrées et dressées qui rappellent, en plus petit, celles de *Scirpus lacustris*. En effet, chez ces deux espèces, ce sont les tiges florales qui remplissent les rôles habituellement tenus par les feuilles : photosynthèse, respiration, transpiration. L'appareil foliaire de *Heleochars palustris* est plus réduit encore que celui de *Scirpus lacustris* (1) : les gaines ne possèdent jamais de limbe.

(1) Nous avons eu l'occasion de signaler que deux des gaines de *Scirpus Lacustris* possèdent toujours un limbe : A. Monoyer, Contribution à l'Anatomie et à l'Ethologie des Monocotylées aquatiques. *Acad. Roy. de Belg.*, mémoire couronné in-8°, 1928, page 18, planche 1, figure 1.

Un dhizome d'*Heleocharis palustris* (fig. 1) est constitué le plus souvent par la succession des deux premiers segments de chaque pousse.

Une pousse elle-même comprend ainsi deux entre-nœuds horizontaux, cachés dans la vase et complètement entourés chacun par une gaine brunâtre ; les deux entre-nœuds suivants, extrêmement courts, forment coude, donnent insertion à deux gaines longues et supportent la hampe. Celle-ci est constituée par un seul entre-nœud extrêmement allongé come chez *Scirpus lacustris.*

Comme ce dernier aussi, *Heleocharis palustris* peut se présenter sous trois formes adaptationnelles temporaires constituant des accomodats conditionnés, à l'état de nature, par le niveau de l'eau dans laquelle il vit.

Si, pour une plante déterminée, on considère comme normales les conditions biologiques dans lesquelles l'espèce se montre avec la plus grande fréquence en même temps qu'avec la plus grande fertilité, nous devons considérer comme habitat normal de *Heleocharis palustris,* les franges des étangs et la berge des rivières, là où le niveau de l'eau atteint cinq centimètres environ.

Dans ces endroits, *Heleocharis palustris* mesure de 15 à 25 cm. de hauteur, il forme des colonies drues et ses hampes d'un diamètre de 1 à 2 mm. sont vertes et presque toutes fertiles.

Si *Heleocharis palustris* est complètement émergé, ce qui arrive lorsqu'il croît dans les prairies humides ou rarement inondées, sa taille est plus petite, les hampes sont très grêles sans cependant être moins florifères ; leur teinte est gris-bleuâtre. Au contraire, lorsqu'il croît dans le lit même d'une rivière, là où il dispose de 40 cm. à 1 m. d'eau, *Heleocharis palustris* subit une hypertrophie considérable dans la hampe est le siège principal ; sa taille peut atteindre plus de 1 m. de hauteur et son diamètre, 4 à 6 mm. ; beaucoup de ces hampes hypertrophiées sont stériles.

Cette forme géante exceptionnelle, comme la forme naine des stations humides doit être considérée comme un accommodat, la transplantation suffisant à produire les modifications indiquées dans un sens ou dans l'autre. (Expérience réalisée de 1927 à 1930 au Jardin botanique de Liége.)

Nous avons exposé plus haut la morphologie externe d'un individu qui nous a semblé réunir les caractéristiques les plus fréquentes de l'espèce en question. Nous allons maintenant aborder sa structure interne, après avoir dit quelques mots de l'inflorescence.

L'inflorescence (fig. 2) porte des bractées qui ne sont pas tristiques, mais spiralées ; elles ont un angle de divergence 3/8 et non 1/3 comme l'a écrit Van Thiegem. Les fleurs sont solitaires, subsessiles sur un axe commun. Une coupe immédiatement sous le nœud de l'inflorescence comprend 14 faisceaux (en noir dans fig. 3) groupés à la péri-

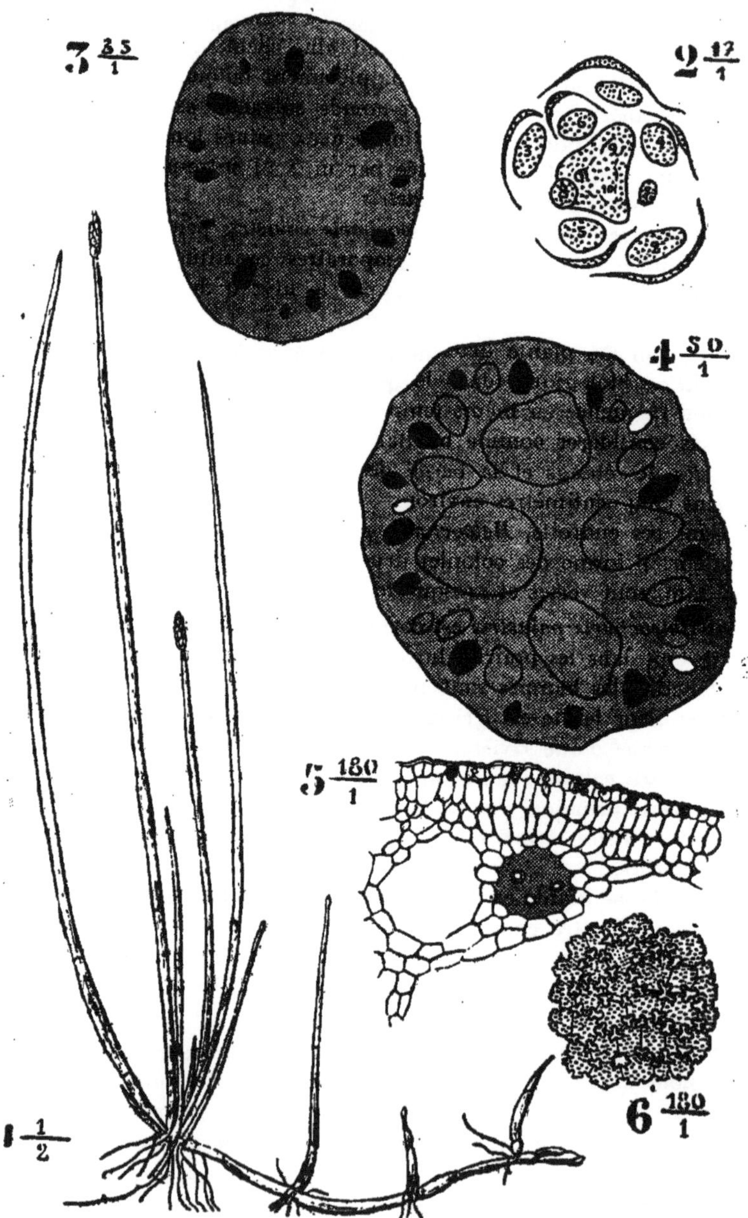

Expérience réalisée de 1927 à 1930 au Jardin botanique de Liége

phérie de la hampe, comme le sont ceux de *Scirpus sylvaticus* (1). A ce niveau, le parenchyme central est homogène.

Une coupe exécutée 1 cm. sous le nœud de l'inflorescence comprend 17 faisceaux (fig. 4). En remontant la série des coupes successives, on constate que trois de ces faisceaux (en blanc dans fig. 4) se terminent en pointes libres peu avant le nœud de l'inflorescence : ce sont donc trois faisceaux propres à la tige semblables à ceux que nous avons été les premiers à signaler chez *Scirpus lacustris* (1). A la base de la hampe, on ne trouve pas d'autres faisceaux que les 17 dont nous venons de parler ; des coupes successives montrent qu'ils se continuent dans le rhizome où ils ont le même parcours que chez *Scirpus lacustris* et *Scirpus sylvaticus*.

Au point de vue histologique, quelques points intéressants sont à signaler.

C'est d'abord l'existence sous l'épiderme et dans toute la longueur de la hampe, d'un parenchyme en palissade (fig. 5) composé de deux épaisseurs de cellules contenant beaucoup de chloroplastes.

L'épiderme porte de nombreux stomates ; il y en a même à la base de la hampe dans la portion habituellement immergée : ainsi chez *Heleocharis palustris* comme chez *Scirpus lacustris*, la hampe peut accomplir les fonctions ordinairement remplies par les feuilles. Sauf dans la région voisine du nœud de l'inflorescence, la hampe est creusée de vastes lacunes aérifères coupées çà et là par des diaphragmes dont certains supportent des jonctions vasculaires transversales.

Nous avons représenté (fig. 6) quelques cellules provenant d'un diaphragme non vasculifère : nous faisons remarquer que ces cellules ont toutes leurs ramifications dans un seul plan et par conséquent peuvent être comparées aux cellules des diaphragmes de *Scirpus lacustris*, mais non aux cellules étoilées « de remplissage » des lacunes aérifères de cette dernière plante. Chez *Heleocharis palustris*, nous n'avons pas trouvé d'éléments histologiques comparables aux cellules stéréo-étoilées types, de *Scripus lacustris*.

Les faisceaux possèdent, lorsqu'ils sont arrivés à la fin de leur développement, une lacune aquifère provenant de la destruction des trachées. Vers le haut de la hampe, et particulièrement dans les petits faisceaux, la lacune aquifère extrêmement réduite provient de la destruction d'une seule trachée annelée.

Ainsi que nous l'avons dit plus haut, les faisceaux sont localisés à la périphérie de la hampe et il n'en existe jamais au point de jonction des murs de parenchyme.

---

(1) A. Monoyer. Morphologie comparée du *Scirpus sylvaticus* L. et du *Scirpus Lacustris* L. Son importance au point de vue lamarckien. *Bull. Soc. roy. de Bot. de Belg.* Tome LXI, fasc. 2, 1929.

En résumé, tant par sa morphologie que par son écologie, *Heleocharis palustris* est fort comparable à *Scirpus lacustris*. Au point de vue purement anatomique, *Heleocharis palustris* nous semble même posséder plus de points de ressemblance avec *Scirpus lacustris* que *Scirpus lacustris* et *Scirpus sylvaticus* n'en présentent entre eux.

S'agit-il ici de liens phylétiques ou d'un simple phénomène de convergence, c'est ce que nous espérons pouvoir décider par les recherches que nous poursuivons actuellement.

G. NICOLAS

Professeur à la Faculté des Sciences de Toulouse.

NOTES DE TÉRATOLOGIE VÉGÉTALE NORD-AFRICAINE

Pendant mon séjour à la Faculté des Sciences d'Alger, j'avais conçu le projet de dresser l'inventaire tératologique de la flore nord-africaine, avec la préoccupation principale de chercher à préciser les conditions qui président à la formation des anomalies, d'apporter, en un mot, un peu de lumière dans le problème encore si obscur de leur origine. J'ai pu étudier un certain nombre de cas tératologiques, soit que je les ai récoltés personnellement, soit qu'ils m'aient été remis directement ou envoyés après mon retour en France par différentes personnes, notamment MM. le Docteur R. Maire, Seurat, Mme Gauthier, MM. Ducellier, Peltier... que je suis heureux de remercier ici. Bien que ces observations aient été communiquées en leur temps à la Société d'Histoire Naturelle de l'Afrique du Nord dont je suis membre fondateur et publiées dans son Bulletin (1), j'ai cru utile de les grouper à l'occasion du Congrès d'Alger et de la célébration du Centenaire de l'Algérie.

Les différents cas que j'ai observés appartiennent aux catégories suivantes : fascies et anomalies du même genre, symphyllies, synan-

(1) *Bulletin de la Société d'Histoire Naturelle de l'Afrique du Nord*, II, 75-78, 1911 ; IV, 131-134, 1913 ; V, 114-116 et 143, 1914 ; VII, 326-329, 1916 ; VIII, 220-224, 1917 ; IX, 7-14 et 162-171, 1918 ; X, 77-84, 87-89 et 111-114, 1919 ; XI, 49-52, 1920 ; 7-12, 1922 ; XVI, 309-312, 1925.

thodies, synanthies et syncarpies ; torsions ; ascidies ; virescences ; proliférations ; duplicatures, pélories, viviparie ; ramifications des épis ; divisions des organes ; variations dans le nombre des organes ; métamorphoses.

Fascies et anomalies du même genre

Ficaria calthaefolia Reich.
Delphinium Ajacis L.
Ranunculus bulbosus L.
Isatis Djurdjurae Coss. et Dur.
Cheiranthes Cheiri L.
Viola Munbyana Boiss. et Reut.
Polygala nicaeensis var. Coursierana Pomel.
Nitraria tridentata Desf.
Retama Retam Webb.
Sophora secundiflora Lag.
Wistaria sinensis Nutt.
Lythrum Graefferi Ten.
Tamarix sp.
Sempervivum arboreum L.
Cucurbita Pepo L.
Ferula communis L.
Valeriana tuberosa L.
Bellis annua L.
Chrysanthemum Myconis L.
Chrysanthemum frutescens L.
Cichorium Intybus L.
Campanula sp.
Olea europaea L.
Fraxinus oxyphylla Bieb.
Echium fastuosum Ait.
E. Pininana Webb.
Scrophularia canina L.
Tecoma Ricasoliana Tanfani.
Plantago Lagopus L.
Pl. macrorhiza Poiret.
Achyranthes argentea Lam.
Euphorbia Guyoniana Boiss. et Reut.
Parietaria officinalis L.
Ophrys lutea Cav.
O. Speculum Link.
O. bombyliflora Link.
Orchis longitruris Link.
Iris germanica L.
Ixia sp.
Freesia sp.
Amaryllis Belladonna L.
Narcissus polyanthos Lois.
Asphodelus tenuifolius D C.
Simethis bicolor Kunth.
Scilla peruviana L.
Urginea maritima Baker.
Gagaea Granatelli Parlat.
Hyacynthus orientalis var. à fleurs blanches et à fleurs blanc-rosé.
Tricholoma terreum Fries.
Clitocybe suaveolens Schum.

Torsions

Moricandia arvensis var. suffuticosa D. C.
Foeniculum vulgare L.
Valeriana tuberosa L.
Thrincia tuberosa D. C.
Crepis taraxacifolia Thuil.
Tecoma Ricasoliana Tanfani.
Urginea maritima Baker.
Lolium multiflorum L.

Ascidies

Vicia sativa L.
Scabiosa maritima L.
Iris spuria L.

Virescences

Biscutella apula L.
Cheiranthus Cheiri L.
Daucus gummifer Lam.
Scabiosa maritima L.
Thrincia tuberosa L.
Verbascum sinuatum L.
Scilla peruviana L.
Ophrys funerea Batt.

Proliférations

Isatis Djurdjurae Coss. et Dur.
Cheiranthus Cheiri L.
Pelargonium zonale Willd.
Dianthus sp.
Rosa sp.
Daucus maximus Desf.
Scabiosa maritima L.
Calendula algeriensis Boiss. et Reut.
Verbascum sinuatum L.
Scilla peruviana L.

Duplicatures

Papaver somniferum L.
Cheiranthus Cheiri L.
Pelargonium zonale Wild.
Spergularia fimbriata Boiss. et Rent. var. condensata Bull.
Prunus Armeniaça L.
Asteriscus maritimus Moench.
Simethis bicolor Kunth.
Scilla peruviana L.

Pélories

Antirrhinum majus L.
Linaria reflexa Desf. var. Lubbockii Batt.
Prasium majus L.

Viviparie

Setaria verticillata L.
Milium Montianum Parlat.

Ramifications des épis

Plantago Coronopus L.
Pl. serraria L.
Pl. lanceolata L.
Urtica membranacea Poiret.
Lolium perenne L.
L. multiflorum L.
Hordeum distichum nutans.

Division des organes

Viola var. Princesse de Galles.
Amygdalus communis L.
Sophora secundiflora Lag.
Bellis annua L.
Thrincia tuberosa D. C.
Olea europea L.
Anchusa undulata L.
Ophrys lutea Cav.
Lippia citriodora Kunth.
Tulipa var. Rembrandt.
Scolopendrium hemionitis Siv.
Dryppteris lobata (Huds.) Sch. et Thell.
(Aspidium lobatum Sw.)

Variations dans le nombre des organes

Clematis cirrhosa L.
Anemone coronaria L.
Ranunculus macrophyllus Desf.
R. rupestris Guss.
Delphinium Ajacis L.
Papaver Rhaeas L.
Cheiranthus Cheiri L.
Cardamine hirsuta.
Viola sp.
Lavatera trimestris L.
Stellaria media L.
Oxalis corniculata L.
Citrus Limonum L.
Zizyphus vulgaris Lam.
Psoralea bituminosa L.
Sophora secundiflora Lag.
Ceratonia Liliqua L.
Scandix Pecten-Veneris L.
Hippomarathrum pterochlaenum Boissier.
Smyrnium olusatrum L.
Ferula communis L.
Centranthus ruber D. C.
Viburnum Tinus L.
Putoria brevifolia Coss. et Dur.
Rubia peregrina L.
Galium saccharatum All.
Thrincia tuberosa D. C.
Campanula dichotoma Desf.
C. Rapunculus L.
Jasminum fructicans L.
Erythraea ramossissima Pers.
Teucrium fruticans L.
Cestrum Parqui L'hérit.
Verbascum sinuatum L.
V. Boerhavii L.
Cyclamen africanum Boiss. et Reut.
Crozophora tinctoria Jussieu.
Ricinus communis L.
Orchis longicruris Link.
Ophrys bombyliflora Link.
O. lutea Cav.
Iris germanica L.
Asparagus albus L.
Scilla autumnalis L.
Ornithogalum umbellatum.
Tulipa Celsiana Red.
Gagaea Granatelli Parlat.
G. arvensis Rœm. et Schult.
Hyacynthus orientalis var. à fleurs blanches.

Encephalartos caffer.
Trichotoma terreum Fries.

Métamorphoses. — 1, *Phyllodie;* 2, *Pétalodie;* 3, *Staminodie.*

1

Papaver sommiferum L.
Rosa sempervirens L.
Cyclamen africanum Boiss. et Reut.

2

Anemone coronaria L.
Ranunculus rupestris Guss.
Viola odorata L.
Retama Retam Webb.
Viburnum Tinus L.
Cyclamen africanum Boiss. et Reut.
Ophrys lutea Cav.
O. tenthredinifera Willd.
Orchis longicruris Link.
Ixia sp.

3

Papaver dubium L.
Stellaria media L.

Parmi ces anomalies, les fascies sont à la fois les plus fréquentes et les plus remarquables, celles qui frappent le plus, car certaines d'entre elles ont des dimensions extraordinaires ; ainsi, celle *d'Echium fastuosum* mesurait jusqu'à 40 cm. de largeur. Si la plupart des auteurs sont d'accord sur leur nature morphologique et les considèrent comme résultant, non pas de l'aplatissement d'un seul axe, mais de la non dissociation et de la concrescence de plusieurs rameaux, — l'exemple du *Chysanthemum Myconis* est significatif à ce point de vue — il n'en est pas de même au sujet des causes qui les occasionnent. Je me suis rallié, sans preuves certaines, il faut bien l'avouer, à l'hypothèse qui admet que les fascies résultent d'une insuffisance de nutrition ; je rappellerai à ce sujet les observations que j'ai faites sur *Narcissus Tazetta* (1). Seule la production expérimentale de fascies, dans des conditions bien déterminées, permettra de résoudre le problème de leur origine.

Quant aux virescences qui peuvent être occasionnées par des causes diverses, j'ai pu constater l'action de traumatismes, à peu près certaine, dans *Verbascum sinuatum*, probable dans *Scabiosa maritima* et *Daucus gummifer* et celle de larves d'Insectes dans *Scabiosa maritima*.

En ce qui concerne la métamorphose partielle des sépales latéraux en labelle dans *Ophrys tenthredinifera* et *O. lutea*, je persiste à l'admettre malgré M. Vuillemin (2) ; je ne saurais, comme cet auteur, supposer que l'anomalie résulte du développement en labelle des deux étamines latérales, normalement avortées, et de leur adhérence aux sépales voisins. Rien dans ces faux labelles ne laisse soupçonner qu'ils sont le produit d'une métamorphose des étamines ; cette hypothèse paraît peu soutenable dans le cas, notamment, où l'anomalie se réduit à la transformation en labelle de l'extrémité seulement du sépale.

(1) G. Nicolas. Des Synanthies à propos de *Narcissus Tazetta L.* C. R. Ac. Sc., CLXXIV, 1126-1128, 1922. Contribution à l'étude des Synanthies. *Revue générale de Botanique*, XXXV, 49-50, figures, 1923.

(2) P. Vuillemin. Les anomalies végétales. Leur cause biologique. *Les Presses Universitaires de France*, p. 123, 1926.

André PIÉDALLU
Pharmacien, Lieutenant-Colonel, Docteur es Sciences,
Directeur adjoint du Service botanique de l'Algérie.

LES SORGHOS CULTIVÉS EN ALGÉRIE

W. RUSSELL
Docteur ès Sciences

SUR LA STRUCTURE DU PÉRICARPE DE BAUHINIA MALABARICA (1)

Le *Bauhinia malabarica* est une Césalpiniée d'Indo-Chine dont les gousses ont été préconisées pour l'alimentation du bétail.

La structure de ces gousses nous a semblé assez particulière, aussi croyons-nous intéressant de la décrire sommairement.

L'épiderme externe du péricarpe est formé de cellules cubiques fortement cutinisées, quelques-unes d'entre elles se prolongent en poils unisériés à 3-4 articles ; l'article suprabasilaire de ces poils est souvent dilaté en une sorte d'utricule. Au-dessous de l'épiderme et intimement uni à lui on trouve un hypoderme collenchymateux, puis une épaisse couche de parenchyme mou (600 microns) creusé de lacunes à gomme et contenant les nervures. Les nervures sont constituées par des faisceaux libéro-ligneux assez réduits, adossés chacun à un gros arc fibreux.

Juxtaposé au parenchyme, et en contact, d'autre part, avec l'épiderme interne, on rencontre le tissu mécanique destiné à provoquer la déhiscence du fruit. Ce tissu, d'une épaisseur d'environ 200 microns, est formé de courtes fibres à parois fortement lignifiées ; comme d'ordi-

(1) Travail fait au Laboratoire d'Agronomie tropicale du Muséum, dirigé par M. le Prof. Aug. CHEVALIER.
Les spécimens étudiés avaient été envoyés du Cambodge par M. POILANE.

naire le tissu mécanique comprend une couche supérieure de fibres transversales et une couche inférieure de fibres longitudinales.

L'épiderme qui limite l'intérieur de la gousse est garni de longs poils cloisonnés, renflés à la base. Ces poils, de nature cellulosique, obstruent la cavité du fruit sous forme d'une pulpe molle qui enveloppe les graines.

L'épiderme externe, l'hypoderme et le parenchyme du mésocarpe sont d'une extrême richesse en tanin, tandis que l'épiderme interne et les poils qui en dérivent n'en contiennent aucune trace ; par contre ils renferment une proportion notable de sucres et de matières proteiques.

René VANDENDRIES
Docteur en Sciences

OU EN EST LE PROBLÈME DU SEXE CHEZ LES HYMÉNOMYCÈTES

Au Congrès de Lyon, en 1926 (1), j'attirais l'attention sur la stérilité générale constatée entre haplontes de *Coprinus micaceus* issus de souches lyonnaises et d'autres provenant de la région anversoise. Ce phénomène mettait en défaut « la loi de spécificité qui proclame la fécondité constante entre haplontes étrangers de même espèce ». J'ai poursuivi mon enquête à ce sujet et soumis au test du croisement un matériel très nombreux provenant de diverses régions d'Europe, d'Afrique et d'Amérique (2, 3, 4).

Furent mises à contribution 77 souches représentées par 790 indi-

---

(1) René VANDENDRIES. L'hétérohomothallisme et le critérium de spécificité basé sur la fertilité entre races étrangères chez *Coprinus micaceus* (*Bull.*) *Fr.* Assoc. franç. p. avanc. des Sciences. Lyon, 1926.

(2) *Idem*. Les mutations sexuelles, l'hétérohomothallisme et la stérilité entre races géographiques de *Coprinus micaceus*. Bull. Acad. roy. de Belgique, 1927.

(3) *Idem*. Nouvelles recherches expérimentales sur le comportement sexuel de *Coprinus micaceus*. Mém. in-4° de l'Ac. roy. de Belg., 1918.

(4) René VANDENDRIES et Gérard ROBYN. Nouvelles recherches, etc... IIe partie. Ibid., 1929.

dividus. La deuxième partie de ce long travail fut entreprise avec la collaboration de mon élève, M. Gérard Robyn, étudiant en médecine à l'Université de Bruxelles.

Les conclusions finales peuvent se résumer en ces deux propositions qui terminent notre dernier mémoire :

1° les confrontations entre populations très éloignées l'une de l'autre restent stériles ;

2° les populations d'une région donnée sont fertiles entre elles.

« Toute perturbation dans cet état d'harmonie naturelle trouve sa source dans des mutations. Celles-ci sont indépendantes des facteurs extrinsèques tels que climat, latitude, habitat, agents naturels extérieurs.

Les individus mutants ne constituant qu'une minorité, l'état d'équilibre défini est appelé à persister, comme conséquence inéluctable des lois de l'hérédité et de la loi du nombre. »

Les affinités du Coprin micacé s'expliquent donc par le caractère instable de ses facteurs sexuels. C'est dans les mutations profondes de ces facteurs qu'il faut chercher la cause de sa conduite aberrante. J'en ai trouvé la preuve dans l'analyse sexuelle de sporées parthénogéniques italiennes et américaines (1).

Des lignées parthénogéniques formées d'individus issus d'une même souche monosporique doivent porter la caractéristique sexuelle de cette souche-mère, tant à l'égard des haplontes congénères ou ancestraux que dans les rapports avec les représentants de souches étrangères. J'ai pu constater dans mon laboratoire l'apparition soudaine de fluctuations orientées vers la stérilité ou la fertilité et montrer « in vitro » « comment la nature opère pour créer la fertilité ou la stérilité entre souches étrangères d'une même espèce.

Se posait ici une question fondamentale. Les mutations observées frappent-elles les facteurs kniepiens qui orientent dans une même sporée les aptitudes sexuelles de ses représentants et les soumettent aux lois du mendélisme ? En d'autres termes, ces mutations sont-elles dues à l'activité factorielle des chromosomes ? Il résulte de mes observations que les mutations observées ne sont pas aptes à « mendéliser ». En effet, nos tableaux de croisements nous ont permis d'énoncer la loi suivante :

« Quand un haplonte parthénogénique dévie de la ligne de conduite de ses congénères en se montrant fertile ou stérile à l'égard d'un conjoint étranger, cette fertilité ou cette stérilité s'étend à tous les individus de la lignée étrangère. »

---

(1) René VANDENDRIES. Les relations entre souches étrangères expliquées par les aptitudes sexuelles des individus parthénogéniques chez *Coprinus micaceus*. Bull. trim. Soc. mycol. de France. Tome XLV, 3e fasc., 1929.

Bien plus, nonobstant le renversement complet de la conduite d'un individu donné à l'égard d'une lignée étrangère, j'ai pu constater que ses aptitudes sexuelles vis-à-vis de ses congénères n'en étaient le moins du monde influencées, ce qui exclut, semble-t-il, l'hypothèse de la localisation dans des chromosomes mendélisants des facteurs altérés. Ce qui est vrai pour des haplontes parthénogéniques vaut pour des haplontes ordinaires. Partant de cette idée, j'ai suggéré l'existence d'un facteur dominant peut-être protoplasmique, commun à tous les individus d'une même race géographique. La présence de ce facteur garantirait le libre jeu des gênes kniepiennes. Une différence suffisante entre gènes dominantes de deux individus empêcherait leur conjugaison, quelle que soit, d'ailleurs, la nature de leurs facteurs kniepiens.

L'activité de ces gênes dominantes s'expliquerait par des différences d'ordre quantitatif d'*un même agent* présent dans toutes les cellules de ces deux organismes. Les mutations observées trouvant leur cause dans les variations quantitatives de ce même facteur, on peut admettre qu'entre deux lots extrêmes d'individus, non fertiles d'un lot pour l'autre, l'un portant une forte dose, l'autre une dose très réduite du facteur envisagé, surgissent par mutation des types intermédiaires capables de se conjuguer dans l'une et l'autre direction, créant ainsi des caractères d'*intersexualité* entre races géographiques. Pour le *Coprin micacé* ce serait l'exception, la norme des relations entre races éloignées restant toujours la stérilité, due à des différences profondes des gênes dominantes.

Kniep (1) explique la stérilité entre souches éloignées par des différences trop grandes des facteurs chromosomiques responsables du dihybridisme. Nous venons d'énumérer pourquoi pareille hypothèse paraît incompatible avec les phénomènes observés sur *Coprinus micaceus*.

Dans une remarquable travail de synthèse, *Hartmann* (2) fait rentrer les Hymenomycètes bi- et multipolaires dans le cadre général de la bisexualité des autres organismes. Comme chez ces derniers, il n'y aurait que deux sexes, désignés par les signes conventionnels ♂ et ♀.

Pour expliquer, par exemple, la tétrapolarité des Basidiomycètes, il admettrait, dans le zygote, l'existence de deux facteurs *potentiels* qualitatifs, mâle et femelle, désignés par A et G (Potenzfactoren) et de quatre facteurs *valents*, quantitatifs, α, γ, α', γ', (Hemmungsfactoren — Realisatoren), logés dans deux paires de chromosomes, α et α' facteurs inhibitoires du potentiel G et favorisant l'épanouissement de A, γ et γ'

(1) H. Kniep. Vererbungserscheinungen bei Pilzen. Bibliographia Genetica. V. 1929, page 425.

(2) Hartmann. Verteilung, Bestimmung und Vererbung des Geschlechts bei den Protisten und Thallophyten. Handbuch der Vererb. w. 1929.

facteurs inhibitoires du potentiel A et favorisant l'activité du potentiel G. Dans le zygote l'action inhibitoire $\alpha + \alpha'$ compense exactement celle de $\gamma + \gamma'$. La ségrégation des facteurs chromosomiques α, α', γ et γ' se ferait suivant le mode diihybride comme dans les conceptions de Kniep et engendrerait quatre noyaux, *tous porteurs des facteurs A et G*, mais dont les formules valentes seraient $\alpha\gamma$, $\alpha\gamma'$, $\alpha'\gamma$ et $\alpha'\gamma'$. Les deux facteurs sexuels héréditaires A et G étant ainsi présents dans les spores et subséquemment dans les cellules des azygotes, la prédominance de A ou de G, réglée par l'action des facteurs α ou α', γ ou γ', de puissance inhibitoire différente, pourrait engendrer entre haplontes une *sexualité relative*. Tout dépendrait des valeurs relatives de ces quatre facteurs. Le caractère ♂ ou ♀ serait donc accusé à des degrés divers par la relativité de virulence des facteurs potentiels A et G, virulence mesurée elle-même par les pouvoirs inhibitoires respectifs des valents γ et α, γ' et α'.

C'est *Harder* (1) qui nous a donné jusqu'ici la preuve la plus tangible de l'existence simultanée des deux tendances sexuelles dans un même noyau haploïde d'une espèce homothalle. Il est parvenu à l'aide d'un micromanipulateur, à extirper l'un des noyaux unisexués d'un dicaryon de *Coprinus sterquilinus* Fries. La cellule hemiénucléée, isolée, a pu survivre, regénérer un nouveau noyau et donner naissance à une végétation diploïde bisexuée à anses d'anastomose, porteuse de carpophores normaux. Il résulte de cette remarquable expérience que les deux tendances sexuelles existaient virtuellement dans le noyau respecté et que, grâce à elles, la regénération du sexe manquant a pu s'accomplir. Au fond, la théorie de *Hartmann* repose sur les mêmes bases que la théorie de *Kniep*, mais elle a sur celle-ci l'avantage de remplacer par les rôles définis des *valents*, les conditions purement allélomorphiques et indéterminées des facteurs kniepiens. L'interprétation de *Hartmann*, qui n'est au fond, qu'une application, au dihybridisme des Basidiomycètes, des théories de *Correns* concernant la sexualité des *Mousses* monoïques et des *Phanérogames*, peut donner une explication rationnelle des phénomènes d'intersexualité constatés chez les *Hymenomycètes*. A plus d'une reprise j'ai insisté moi-même sur les degrés d'aptitude sexuelle que l'on retrouve chez un groupe de congénères et comparé ces faits à ceux que *Blakeslee* et son école ont signalé chez les *Mucorinées*. « *Entre l'affinité excessive et la répulsion absolue* existent tous les degrés », ai-je dit à propos des Coprins.

D'après *Hartmann* l'haplonte unipolaire aurait pour constitution l'une des deux formes $A\alpha$ ou γG, la première ♂, la seconde ♀.

---

(1) Richard HARDER. Microchirurgische Untersuchungen über die Geschlechtliche Tendenz der Paarkern des homothallischen *Coprinus sterquilinus*. Fries. Planta Archiv für wissenschaftliche Botanik. 2 Band. 4/5 Heft. 926.

Tâchons d'interpréter à la lumière de ces conceptions les mutations hétérohomothalliques observées par nous.

Soit un haplonte d'espèce tétrapolaire telle que *Coprinus micaceus* ayant pour formule $\boxed{\begin{matrix}A\,G\\ \alpha\,\gamma\end{matrix}}$. Admettons $\alpha > \gamma$. Le facteur α annihilant à un haut degré la virulence du potentiel femelle G, cet haplonte a des tendances mâles très accusées. Admettons encore que, pour une cause inconnue, la virulence de α vienne à s'atténuer dans une cellule ou dans un groupe de cellules de cet haplonte et atteigne la valeur $\alpha < \gamma$. Le caractère mâle faiblira considérablement tandis que le caractère femelle croîtra dans les mêmes proportions. A l'égard des cellules mâles non mutées, les dernières pourront réagir comme femelles et une réaction sexuelle pourra se manifester. Ainsi s'interpréteraient par la théorie de Hartmann, les *mutations hétérohomothalliques* si nombreuses que j'ai observées chez *Coprinus micaceus*, espèce manifestement hétérothalle et dihybride. Il ne s'agirait, en réalité, que d'un *renversement sexuel*. La littérature concernant les deux règnes cite maints exemples de renversement sexuel. Ici, le phénomène frapperait certains hyphes d'un thalle dont les autres garderaient le sexe originel.

Rappelons aussi que nous avons signalé dans *Coprinus radians* (1) le fait suivant : « *Une mutation profonde peut rendre un haplonte fertile pour tous ses congénères, stérile au contraire pour certains haplontes d'un autre carpophore. Il a donc pris le sexe d'un groupe d'individus de ce carpophore.* » Le phénomène paraissait paradoxal, si l'on admet une infinité de polarités sexuelles différentes. Il ne l'est plus à la lumière des théories de *Hartmann*, quand on admet avec cet auteur deux sexes seulement

Une régression profonde d'une paire de facteurs α et γ ou α' et γ' aurait pour effet de ramener une espèce tétrapolaire à la bipolarité pure et rendrait compte de l'apparition d'haplontes unipolaires signalée par nous chez *Coprinus micaceus*, espèce dont le zygote est normalement dihybride au sens kniepien (2).

Resterait à élucider la stérilité générale entre souches éloignées du *Coprin micacé*. L'avenir nous dira si la théorie basée sur l'existence d'une potentialité bisexuelle générale et de réalisateurs mâles et femelles peut rendre compte des phénomènes de stérilité signalés.

Il est regrettable que les complexes chromosomiques des Hyménomycètes soient de dimensions telles qu'ils défient toute analyse cytologique.

---

(1) René VANDENDRIES. Recherches expérimentales sur la bipolarité sexuelle des Basidiomycètes. Bull. Soc. roy. de Bot. de Belgique. Tome LVII. Fasc. 1. 1924.

(2) René VANDENDRIES. Les mutations sexuelles, l'hétérohomothallisme et la Stérilité entre races géographiques de *Coprinus micaceus*. Bull. Ac. roy. de Belgique. 1927. Page 19.

Dans le domaine qui nous occupe, nous en sommes toujours réduits à interpréter à la lumière des données expérimentales, sans que le contrôle de la cytologie puisse guider les recherches.

Il me reste un mot à dire du caractère qui m'a servi jusqu'ici pour décider de la stérilité ou de la fertilité d'une confrontation d'haplontes. L'apparition d'anses d'anastomose est-elle indiscutablement liée à la présence d'un mycélium diploïde chez les Coprins objets de mes études et puis-je accorder à cette apparition toute la valeur d'un critérium irréprochable ? Pour me convaincre, une fois de plus, du fait que la présence des anses d'anastomose est un attribut d'une végétation diploïde, j'ai enregistré les résultats des analyses de deux sporées de *Coprinus disseminatus*, espèce bipolaire. Cette analyse comprenait un examen *macroscopique* suivi d'une observation au *microscope*. Les deux sporées se sont avérées bipolaires pures et mes tableaux, portant sur 250 croisements, n'ont enregistré ni défaillances ni dérogations positives.

Toutes les végétations fertiles, *macroscopiquement* reconnaissables à un mycélium rayonnant vigoureux, ont porté des anses d'anastomose. Aucun thalle haploïde, non fertile, n'en a jamais présenté. La concordance des deux examens fut *absolue*. Les espèces étudiées ne laissent donc aucun doute sur la signification réelle des anses d'anastomose. Bon nombre d'espèces, et notamment *Coprinus micaceus*, *Coprinus radians* et *Coprinus disseminatus* ne donnent guère de fructifications et la faculté d'en produire est-elle réservée à de rares individus. L'étude de telles espèces deviendrait aléatoire, sinon impossible, s'il fallait décider du résultat d'un croisement par l'apparition de carpophores fertiles. Même dans le cas de fertilité dérogeant aux règles du mono ou dihybridisme, l'*aspect macroscopique* suffit à classer les croisements : ce classement est toujours confirmé par l'existence ou non d'anses d'anastomose,

Les mutations en question doivent-elles être envisagées comme des modifications temporaires ou comme des mutations profondes et héréditaires ? C'est *Clara Heldmaier* (1) qui pose la question, après constatation d'une recrudescence de fertilité chez les haplontes de *Schizophyllum commune* et de *Collybia velutipes*, soumis à l'action prolongée du froid et de toxiques. Les *modifications* observées par l'auteur furent relativement rares et s'atténuèrent rapidement dès que les influences perturbatrices eurent cessé d'agir. Elles avaient disparu après quelques bouturages. Il s'agit dans ces expériences de caractères fugaces, acquis, non transmissibles par hérédité. Au contraire les mutations dont nous

(1) Clara Heldmaier. Uber die Beeinflussbarkeit der Sexualiteit von *Schizophyllumen commune* (Fr.) und *Collybia velutipes* (Curt.). Inaugural-dissertation. Iena. Verlag Gustav Fisscher. 1929.

fûmes témoin ou un caractère permanent, comme l'ont prouvé nos expériences sur les carpophores parthénogéniques. Elles prennent souvent naissance dans la spore même et surgissent, en tout cas, dans la nature, chez des champignons soumis aux conditions normales de la vie.

La découverte de l'hétérothallisme s'étend peu à peu à toute la classe des Champignons. Après les Ascomycètes et les Hyménomycètes, les Ustilaginées et les Mucors, voici que les Urédinées viennent se ranger à leur tour dans le groupe des Champignons hétérothalles. C'est à *Craigie* (1) que nous devons la belle découverte. L'auteur a pu prouver que les écidioles, considérées jusqu'ici comme des organes atrophiés, constituent en réalité la phase ultime d'une végétation haploïde, et que leurs spores uninucléées et sexuées donnent des filaments capables de conjugaison avec des filaments de sexe contraire. De cette conjugaison surgissent de nouveaux thalles diploïdes, point de départ dans l'édification des écidies zygotiques.

Aurons-nous l'occasion de vérifier sur *Coprinus disseminatus* et *Hypholoma hydrophilum* les résultats acquis dans notre étude du *Coprin micacé ?* Nous avons bon espoir, et les premières séries de croisements laissent bien augurer du résultat final. Ces analyses paraîtront dans les prochains bulletins de la Société royale de Botanique de Belgique.

---

(1) J.A. Craigie. Discovery of the functinon of the Rycnia of the Rust Fungi. *Nature*, nov. 26. 1927.

10e section

ZOOLOGIE, ANATOMIE ET PHYSIOLOGIE

Président. . . . . M. DE PEYERIMHOFF DE FONTENELLE, Conservateur des Eaux et Forêts.
Vice-Président. . . . . . . M. le Docteur CROS.
Secrétaire. . . . . M. Maurice ROSE, Maître de Conférences à la Faculté des Sciences d'Alger.

H. HEIM de BALSAC

LES GRANDS MAMMIFÈRES DU DJEBEL GUETTAR (SUD-ORANAIS)

Nécessité de leur sauvegarde par création d'une réserve de faune

Le Djebel Guettar est une chaîne de montagnes étroite, allongée, située en bordure du Chott Tigri, non loin de la frontière algéro-marocaine, à quelques 70 kilomètres au sud-est de Mécheria. Sa situation, en îlot au milieu de la mer d'Alfa, éloignée de toute agglomération européenne ou indigène, la réduction de sa flore arborescente et frutescente le privent de toute utilité forestière ; or, les Grands Mammifères qui y habitent font de cette montagne un lieu qui mériterait d'être soustrait à toute action de l'homme et d'être transformé en un Parc national présaharien.

Au point de vue floristique, le Djebel-Guettar est déshérité par rapport aux autres sommets du Sud-Oranais, et ne mérite pas d'être une réserve botanique. Mais c'est précisément là ce qui permet de le sauvegarder au point de vue faunique. L'arbre, dans ces régions présahariennes dénudées, est une rareté qui attire la convoitise de l'Européen comme de l'indigène ; un massif déboisé peut facilement être mis en interdit.

Au point de vue faunique, le Guettar offre un intérêt particulier.

Nous ne parlerons que pour souvenir du Bubale (*Bubalis boselaphus Pall.*). Les derniers survivants algériens de cette espèce spéciale (1) trouvèrent là un refuge, entre 1890 et 1900, d'après les indications très précises que nous a fournies un vieux chasseur de Méchéria (2). Il serait possible de tenter, en ce point, la réintroduction de l'animal, sans redouter un échec, en capturant les reproducteurs au Maroc, où l'espèce existe encore, de plus en plus raréfiée.

Les trois Grands Mammifères actuels du Djebel Guettar sont : le Mouflon à manchettes, la Gazelle de montagne et le Sanglier. La Panthère (*Felis pardus L.*), qui existe à peu près sur tous les sommets boisés du Sud-Oranais, semble bien faire défaut au Guettar, ce qui est une raison de plus pour faire de ce massif une réserve à animaux non carnassiers.

Il est possible, et même probable, qu'autour du Djebel Guettar, subsistent encore quelques Guépards (*Acinonyx jubatus L.*), dans la steppe d'Alfa.

Le Mouflon (*Ammotragus lervia* PALL.) existe encore, en nombre respectable ,au Guettar, comme nous avons pu le constater, de visu. Bien qu'il n'y ait pas là de parois rocheuses verticales, le Mouflon s'y trouve fort bien. Cet animal désire, avant tout, des terrains découverts : il est essentiellement sylvifuge, et un terrain mamelonné lui suffit, pourvu qu'il ne soit pas persécuté par l'homme. La disparition du Mouflon dans les endroits envahis par la civilisation est très sensible. Sans parler de son existence sur les montagnes du Tell au Quaternaire, on peut mesurer son recul actuel à proximité des agglomérations. Ainsi, sur le Djebel Antar de Mécheria, existaient encore, récemment, des Mouflons, qui ont totalement disparu avec le développement de cette petite ville. Le Mouflon est bien protégé en principe, sa chasse étant actuellement interdite en Algérie. pour plusieurs années. Mais c'est là une protection toute théorique. Nous avons pu nous rendre compte que, durant cet hiver même, à Aïn-Sefra, les indigènes apportaient, clandestinement des Mouflons, tués au voisinage, en moyenne deux fois par semaine.

La Gazelle de montagne (*Gazella cuvieri* OGILBY) est encore très abondante au Djebel Guettar. C'est, probablement, le Grand Mammifère le plus répandu en ce point. Elle se trouve là tout à fait dans son élément. C'est, du reste, un animal qui s'accommode de milieux assez différents, à l'encontre de la gazelle dorcade (*Gazella dorcas* L.), espèce essentiellement de steppe plate. Il est très probable que la Gazelle de

(1) Il n'est pas absolument impossible que l'espèce survive encore, à l'heure actuelle, dans la région de Geryville. C'est le seul endroit de l'Algérie. où on puisse espérer retrouver l'animal vivant.

(2) Voir aussi : HEIM DE BALSAC, *Les Grands Mammifères du Sud-Oranais*, in Rev. Fr. Mammalogie, n° 2, 1928.

montagne, si elle recherche les croupes montueuses, n'en descend pas moins dans la plaine d'Alfa, à certains moment. Sur les Hauts Plateaux marocains, elle semble même vivre complètement sur les terrains plats. Comme on l'a suggéré, c'est probablement un animal de steppe-plate, ultérieurement adapté à la vie montagnarde. Son pouvoir d'adaptation est si bien développé que la Gazelle de montagne peut vivre en animal forestier, au même titre que le Chevreuil. Ainsi au cours d'une de nos précédentes missions, nous avons pu voir en grand nombre *Gazella cuvieri* vivre sur le Djebel Senalba, près de Djelfa. En ce point, la montagne est couverte de boisements de Pins, de Genévriers, de Chênes verts, entremêlés d'une végétation frutescente, relativement dense. En certains points même, il existe pas mal de bois mort enchevêtré sur le sol, rendant la circulation difficile et la vue très limitée ; partout en forêt, même aux endroits les plus touffus, on pouvait voir les traces fraîches de Gazelles, ou bien les animaux eux-mêmes. Dans un pareil milieu, on ne pouvait s'attendre à voir des Gazelles, mais bien plutôt des Cervidés.

Ce n'est pas une raison parce que la *Gazella cuvieri* est encore abondante, et se défend bien, pour ne pas la protéger. Il est fait de cette espèce, également, une grande destruction par les chasseurs. Elle aussi a vu son aire de distribution se restreindre considérablement.

Autrefois, elle vivait dans les montagnes du Tell ; aujourd'hui encore, elle s'y rencontre sur quelques rares points. Mais le cheptel important n'existe plus que dans l'Atlas Saharien. Et c'est une espèce qui ne vit pas dans les régions vraiment désertiques, comme la Dorcade. Au surplus, c'est une des rares espèces endémiques, vraiment propres à l'Afrique Mineure, dont la conservation s'impose.

Enfin, le troisième Mammifère à protéger au Guettar, et c'est le plus intéressant en raison de sa rareté et de sa localisation, est le Sanglier (*Sus scrofa subsp.* ?). Comme nous l'expliquons dans une communication à la Section de Biogéographie, cette espèce vit dans des conditions de milieu et de localisation, qui semblent paradoxales, et dont la cause est assez énigmatique. Le cheptel de Sanglier du Gutettar est très réduit et en danger certain de disparition. C'est probablement à la loi coranique, qui interdit aux indigènes de consommer du porc, qu'est due la survivance du Sanglier dans le Sud-Oranais. Mais la venue des Européens, consommateurs de Sangliers, a amené certains chasseurs indigènes à s'adonner à la chasse de cet animal ; ils en pourvoient les marchés européens des centres de Mécheria et d'Aïn-Sefra. D'autre part, quelques Européens organisent des expéditions et des battues, presque régulières, au Djebel Guettar, malgré l'éloignement. La chose est d'autant plus facile que le Sanglier, considéré comme nuisible en Algérie, peut être chassé toute l'année. C'est cette chasse qu'il faut absolument interdire, dans les territoires du Sud, au même titre que celle du Mouflon. Les cultures étant pratiquement inexistantes dans ces régions, la question de la nocivité du Sanglier ne se pose même pas. Le Sanglier saharien du Sud Oranais représente une des plus précieuses reliques de la faune européenne qui a pénétré assez avant, dans le Sahara, aux époques des glaciations quaternaires d'Europe. L'existence d'un gros Mammifère relicte parle à l'imagination des esprits les moins adonnés aux considérations de biogéographie.

Le Sanglier saharien tire encore son intérêt de ce qu'il appartient sans doute à une forme spéciale.

Enfin, le Sanglier saharien est remarquable en ce qu'il est associé au Mouflon. On était en droit de s'étonner de ce fait que les paléontologistes aient trouvé, dans certains gisements quaternaires du Tell, les restes associés, et de même âge, du Mouflon et du Sanglier. L'association de ces deux êtres, considérés l'un comme éminemment sylvestre, l'autre comme essentiellement sylvifuge, pouvait paraître inexplicable. Par l'exemple actuel du Djebel Guettar, on a la démonstration que cette association des deux animaux est parfaitement possible, et l'on s'explique dès lors que les chasseurs de l'époque quaternaire aient pu capturer ensemble Mouflon et Sanglier. Cette curieuse association qui se retrouve aujourd'hui dans le massif du Guettar, mérite, elle aussi, d'être conservée comme une véritable relique paléontologique.

Le Sanglier saharien, cette relique mammalogique, est le pendant de la relique phanérogamique si remarquable que constitue *Clematis flammula* qui, de la zone tellienne, où elle abonde, s'est avancée sur les sommets du Sud-Oranais et jusqu'au centre du Hoggar (MAIRE), dont elle constitue la relique la plus saillante de l'ancienne flore européenne des périodes glaciaires.

Pour toutes les raisons susdites, nous concluons à la nécessité *urgente* de la création d'une réserve de faune, au Djebel Guettar, avec interdiction de tout acte de chasse et de tout campement dans le massif.

En décrétant la formation de cette réserve, le Gouvernement général de l'Algérie ne fera que compléter, par intérêt zoologique et biologique, l'œuvre entreprise, par intérêt forestier et touristique, de la création de Parcs nationaux ; celui du Guettar serait un parc de forêt-steppe, formation forestière clairiériée à l'extrême, le premier du genre, et d'un intérêt exceptionnel.

Marcel DUTEURTRE

1° NOTE COMPLÉMENTAIRE SUR LA PROMENADE NUPTIALE DES CRABES

Au Congrès du Havre en juillet 1929, une relation de notre communication a été donnée trop hâtivement : la rectification envoyée après coup n'a pas été publiée, ce qui nous oblige cette année à compléter notre note.

Il s'agit dans l'espèce observée du Carcinus Moenas (Penn.) ou crabe commun dit crabe enragé, ou crabe vert, etc...

Nous observons son changement de carapace et son accouplement depuis plus de vingt-cinq ans.

Nous avons également remarqué que la promenade nuptiale se répète chez les étrilles (portuna puber L.) et a lieu également chez les tourteaux (cancer pagurus L.) que nous avons fréquemment trouvés accouplés, le mâle à carapace dure et la femelle encore molle.

La nature très endormie de ce crabe ne nous a fait rencontrer que quelques individus en état d'attente pour l'accouplement (la femelle n'étant pas encore libérée de sa vieille carapace). En ce cas, ils étaient à l'abri sous une roche et non ensablés, comme le sont les isolés.

2° MENSURATIONS DE CARCINUS MOENAS EN PROMENADE PRÉ-NUPTIALE

Pour fixer la différence de taille entre mâle et femelle en promenade pré-nuptiale, nous donnons dans le tableau ci-dessous les mensurations de douze couples capturés pendant les marées des 7, 8 et 9 juin 1928.

Les mesures sont prises au plus large du céphalothorax et s'entendent en millimètres :

Mâles	Femelles	Mâles	Femelles
79	29	68	29,5
75	30	68,5	31
69,5	32	74	28
74	26	74,5	24
78	20	78	20
72	30	70,5	22

Nous continuerons ces mensurations, les crabes étant, d'après nos observations, de tailles différentes selon les années et la précocité des saisons.

Nous avons constaté que cette grande différence de taille n'existait pas entre les mâles et femelles de Portuna Puber venant s'accoupler à la côte.

Chez les Tourteaux (Cancer Pagurus), les quelques couples que nous avons observé n'offraient pas une différence de taille très marquée.

Nous pensons que le changement de carapace et l'accouplement sont intimement liés entre les Crustacés supérieurs.

G. GIBAULT

Attaché à l'Observatoire du Val-Joyeux

RECHERCHES SUR L'ORIENTATION DU PIGEON VOYAGEUR

Des recherches relatives à l'orientation du pigeon voyageur sont faites en France depuis de nombreuses années, mais il n'existait pas, à ma connaissance, un colombier d'étude permettant de contrôler les faits paraissant acquis et les diverses opinions des théoriciens et éleveurs. C'est ce que j'ai pu réaliser, avec l'autorisation de M. Ch. Maurain, à l'Observatoire du Val-Joyeux de l'Institut de Physique du Globe de Paris.

Il résulte de mes premiers essais, effectués suivant les conseils de M. E. Rabaud, que ces oiseaux reviennent lentement, et en faible minorité, quand on les lâche isolément ou par petits groupes, sans entraînement préalable, à 2 ou 300 kms de leur logis. Voici d'ailleurs les principaux résultats obtenus avec des sujets de bonne provenance ne connaissant que les parages de leur pigeonnier :

8 pigeons sont lâchés isolément à Châteauroux (Indre), 220 kms, le 21 mai 1929, de 4 h. 25 à 4 h. 48 ; 2 rentrent, le 21 à 16 h. et le 22 à 16 h.; les autres ne rentrent pas ;

8 pigeons sont lâchés isolément à Châteauroux (Indre), 220 kms, le 3 juillet 1929, de 7 h. 51 à 8 h. 25 ; 3 rentrent, le 4 à 17 h., le 10 à 8 h. 25, le 11 dans la journée (ce dernier ne portait plus ni bague officielle ni porte-adresse, son aile droite était dépourvue de plusieurs rémiges sur lesquelles mon adresse était imprimée) ; le 4e est recueilli à Toury (Eure-et-Loire), il revient par ses propres moyens après avoir été relâché ; le 5e se réfugie à Avon (Seine-et-Marne), relâché il se perd encore ; les autres ne rentrent pas ;

13 pigeonneaux âgés de trois à quatre mois sont lâchés groupés à Saint-Sulpice-Laurière (Haute-Vienne), 300 kms, le 26 juillet 1929 à 8 h.; 3 rentrent, le 27 à 17 h. 25, le 5 août à 7 h., le troisième est constaté longtemps après ; un autre se réfugie à l'Etué (Cher) le 3 août, relâché il est recueilli à Rubelles (Seine-et-Marne) ; les autres ne sont pas signalés bien que portant bague-adresse et porte-adresse.

Une autre expérience faite également avec des pigeons non entraînés, donne les résultats suivants : 10 pigeons sont lâchés isolément au Val-Joyeux, le 10 mai 1929, entre 7 h. 13 et 8 h. 19 ; 5 rentrent à leur colombier à Dechy (Nord), 190 kms, le 10 à 13 h. 22, le 11 à 7 h. 33 et 9 h. 29, le 12 à 7 h. 25 et 9 h. 48 ; 3 sont signalés, le 10 à Féchain (Nord) vers 17 h., le 12 à Douchy (Nord) vers 18 h., le 12 à Naves (Nord) vers 17 h., relâchés quelques jours après, ils retrouvent rapidement leur logis ; les autres ne rentrent pas.

Les pertes constatées et la longueur de temps mis par ceux qui retrouvèrent leur nid sont loin d'être comparables aux résultats qu'obtiennent les colombophiles avec des sujets ayant beaucoup voyagé ; il faudrait faire des contre-épreuves, sur les mêmes distances, mais en zone inconnue, avec des pigeons entraînés dans une direction diamétralement opposée ; les résultats de ces nouveaux essais diraient ce qui manquait à ces oiseaux : entraînement musculaire ou toute autre condition.

J'ai aussi recherché la cause de certains retours difficiles constatés chez les pigeons habitués aux longs voyages. En plus des orages, fortes pluies, vent violent, grêle, etc..., d'autres phénomènes gênent le retour et le rendent parfois impossible. Le brouillard, par exemple, produit un effet très appréciable, il occasionne souvent la perte des meilleurs sujets. La brume, qu'il ne faut pas confondre avec le brouillard, joue aussi le rôle d'obstacle naturel, principalement quand elle coïncide avec la présence de stratus sur la ligne de vol ; pendant les mois d'avril à août, sa formation est plus souvent favorisée, dans la région parisienne et aussi en d'autres points de la France, par vent soufflant des secteurs Nord-Nord-Ouest, Nord, Nord-Est et Est. J'ai relevé, à ce sujet, plus de 8.000 observations météorologiques et électriques atmosphériques faites aux observatoires du Val-Joyeux (S.-et-O.), et du Mont-Valérien (Seine) ; les résultats semblent en accord avec les remarques faites par les colombophiles du Nord de la France, dont les pigeons, souvent lâchés au delà de Paris, éprouveraient des difficultés à s'orienter, mise à part la résistance à vaincre par vent debout, par vent présentant une composante Nord et Est. Ainsi, le 19 mai 1929, ils enregistraient des rentrées tardives et des pertes importantes (1) ; une société de Reims ne constatait ce jour-là que 51 rentrées sur 300 pigeons environ (2) ; la « Sentinelle de la Vallée » à Pacy-sur-Eure perdait, après huit jours, 30 % de l'effectif (3). Sur la ligne de vol des pigeons, à Châteauroux, Orléans, Val-Joyeux, Survillers, Chantilly, Cambrai, Arras, on notait un vent venant du Nord ou de l'Est, un ciel nuageux à couvert, et une brume persistante.

Ces constatations positives montrent combien il serait excessif d'affirmer, comme on le fait souvent, que la vue du pigeon n'entre pas en jeu dans son retour au nid.

Dr GANDOLFI HORNYOLD

LES OTOLITHES DE CINQ GRANDES ANGUILLES DU LAC DE L'ISCKEUL (TUNISIE)

Le 31 décembre 1929, j'ai fait une excursion aux pêcheries de l'Oued Tindja pour me procurer des Anguilles, en compagnie de M. H. Heldt, directeur de la Station Océanographique de Salammbô. Qu'il me soit permis de le remercier bien sincèrement pour tout ce qu'il a fait pour faciliter mes recherches.

J'ai pu me procurer un bon nombre d'individus de taille petite ou

(1) La France Colombophile, n° 23, 1929, p. 353.
(2) La France Colombophile, n° 24, 1929, p. 372.
(3) La France Colombophile, n° 42, 1929, p. 655.

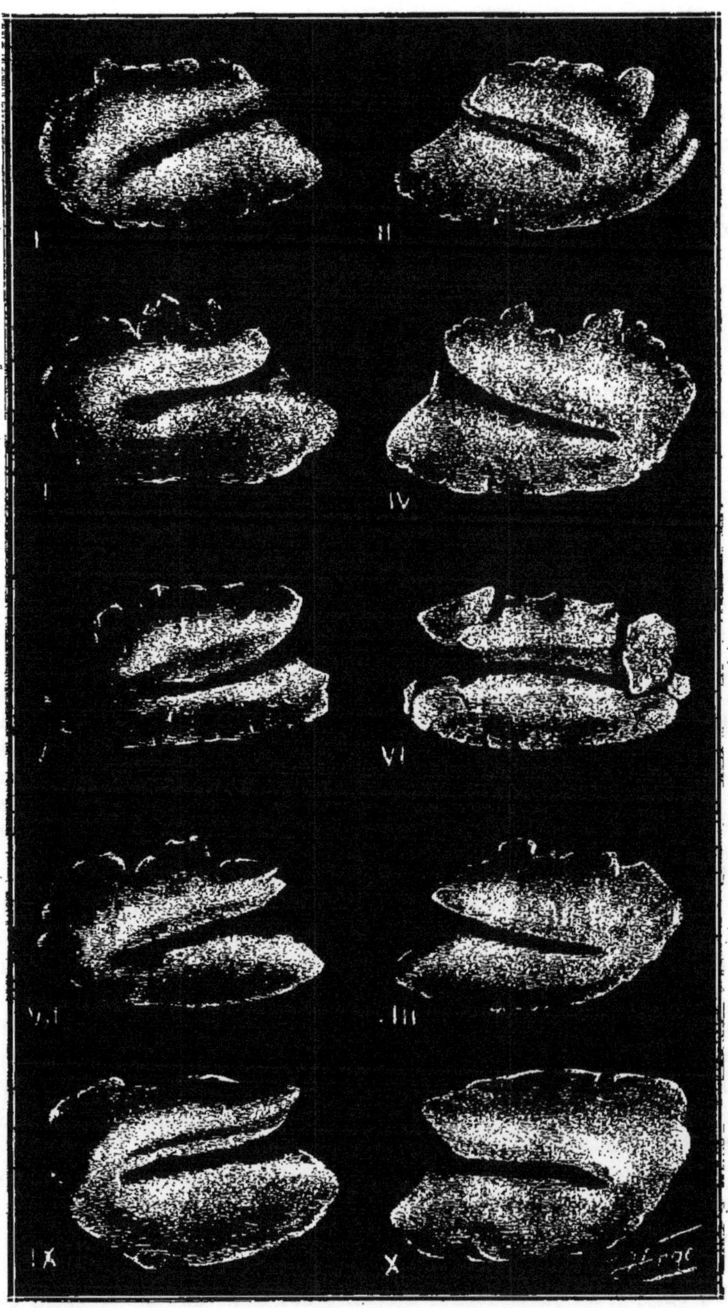
I
II
IV
VI
X

moyenne pour l'étude de l'âge, la croissance et le sexe ainsi que 5 grandes femelles argentées pour l'étude morphologique de leurs otolithes.

Les dessins ont été faits par M. Fernand Angel, assistant au Muséum National d'Histoire Naturelle et je le remercie pour toute la peine qu'il a pris pour rendre les otolithes aussi parfaite, chose assez difficile.

L'Oued Tindja fait communiquer le lac de l'Isckeul avec celui de Bizerte et les Anguilles argentées sont capturées dans ces Bordigues en voulant rentrer dans la mer.

La fig. I représente l'otolithe gauche de l'anguille de 103 cm. Grossiss. × 8
La fig. II représente l'otolithe droit de l'anguille de 103 cm. Grossiss. × 8
La fig. III représente l'otolithe gauche de l'anguille de 92 cm. Grossiss. × 9
La fig. IV représente l'otolithe droit de l'anguille de 92 cm. Grossiss. × 9
La fig. V représente l'otolithe gauche de l'anguille de 91 cm. Grossiss. × 8
La fig. VI représente l'otolithe droit de l'anguille de 91 cm. Grossiss. × 8
La fig. VII représente l'otolithe gauche de l'anguille de 78 cm. Grossiss. × 7
La fig. VIII représente l'otolithe droit de l'anguille de 78 cm. Grossiss. × 7
La fig. IX représente l'otolithe gauche de l'anguille de 77 cm. Grossiss. ×10
La fig. X représente l'otolithe droit de l'anguille de 77 cm. Grossiss. ×10

J'indiquerai aussi la longueur, le poids et les dimensions des otolithes des Anguilles étudiées.

Longueur	Poids	Dimensions des otolithes	
—	—	—	
103 cm.	2500 gr.	G. 5,5×3,3 mm.	D. 5,8×3,3 mm.
92 cm.	1900 gr.	G. 4,9×3,1 mm.	D. 4,9×3,1 mm.
91 cm.	1300 gr.	G. 5,5×3 mm.	D. 5,3×3,3 mm.
78 cm.	1030 gr.	G. 6 ×3,5 mm.	D. 6 ×3,5 mm.
77 cm.	750 gr.	G. 4,5×3 mm.	D. 4,5×3,1 mm.

On peut constater par ce tableau que les deux otolithes d'une Anguille peuvent avoir la même taille ou varier plus ou moins soit en longueur soit en largeur.

Le tableau démontre aussi qu'il n'y a pas de relation absolue entre la taille de l'Anguille et celle de ses otolithes. Naturellement une Anguille de 100 cm. de longueur a des otolithes plus grands que ceux d'un individu de 50 cm.

Les deux otolithes de la femelle de 78 cm. mesuraient 6 × 3,5 mm., mais ceux de la femelle de 103 cm. ne mesuraient que 5,5 × 3,3 et 5,8 × 3,3 mm. respectivement.

Au Congrès de La Rochelle, j'ai décrit les otolithes d'une grande femelle argentée du Marais de la Grande-Brière qui mesurait 103 cm. avec un poids de 4.000 gr.

Les deux otolithes ne mesuraient que 5 × 3,30 et 5,5 × 3 mm.

En comparant la taille des otolithes des individus de 77 et 78 ainsi que ceux de 91 et 92 cm., on constate que des Anguilles de même longueur ou presque, peuvent présenter des différences de taille plus ou moins considérables chez les otolithes.

Les otolithes étudiés étaient de forme quadrangulaire, plus ou moins allongée.

En comparant la forme de ces 10 otolithes. nous pouvons constater que les bords ventral et dorsal peuvent être presque droits (Fig. IX et X), plus ou moins courbés (Fig. I et II), ou dentelés (Fig. III, IV VII et VIII).

Le bord postérieur peut être arrondi (Fig. I. III, V et VIII), finir en pointe (Fig. II et X) ou être tronqué obliquement (Fig. X). C'est la première fois que j'ai rencontré au bord postérieur de forme aussi irrégulière que chez l'otolithe droit de la femelle de 91 cm. (Fig. VI).

La forme est très variable, soit chez l'antirostrum, soit chez le nostrum.

L'antirostrum peut faire défaut ainsi que l'excisure (Fig. II, III et IV) ou être très petit (Fig. I). Sa forme peut être pointue (Fig. VI et IX). plus ou moins arrondie (Fig. V et X) et enfin bifide (Fig. VII et VIII). Il en est de même pour le rostrum qui peut être pointu (Fig. VII et VIII), plus ou moins arrondi (Fig. I, II, V et IX) ou aussi tronqué et légèrement bifide (Fig. V et VI). C'est la première fois que j'ai rencontré la forme bifide soit chez l'antirostrum, soit chez le rostrum.

La Fig. VI représente un rostrum de forme tout à fait irrégulière. et cet otolithe droit de la femelle de 91 cm. est certainement un des plus irréguliers que j'ai rencontré.

Il présente des irrégularités dans la forme, dans celle du sulcus et sur la surface, où des parties semblent s'être soudées au cours du développement.

A l'exception du rotrum tronqué, légèrement bifide, l'otolithe gouche avait une forme assez normale (Fig. V).

Le subcus s'ouvre plus ou moins largement sur le bord antérieur sous forme d'entonnoir à l'exception de l'otolithe anormal de la Fg. VI chez lequel l'ouverture est plus étroite. Le sulcus peut être droit (Fig. VIII et X), plus ou moins oblique (Fig. I, II, III, IV, V, VII et IX) ou enfin plus ou moins courbé (Fig. VI).

Le sulcus peut finir en pointe ou arrondi soit sur le bord postérieur (Fig. VI), soit à une distance plus ou moins grande (Fig. I, II, III, IV, V. VII, VIII, IX et X).

Chez aucun des otolithes étudiés le sulcus n'était divisé en rostrum et cauda.

En comparant les figures des 10 otolithes, on peut constater qu'il n'y a pas deux otolithes identiques, soit dans la forme, soit dans celle du sulcus et que chez le même individu les deux otolithes peuvent varier beaucoup.

Parfois on peut constater des irrégularités symétriques comme chez les femelles de 92, 91 et 78 cm. (Fig. III, IV, V, VI, VII et VIII). Dans le premier cas, le bord dorsal est déchiqueté, dans le second, le bord dorsal est dentellé, le rostrum tronqué, légèrement bifide et enfin dans le troisième le bord dorsal est dentelé et l'antirostrum nettement bifide.

Ce travail confirme mes observations antérieures en démontrant encore une fois la très grande variation de forme chez les otolithes de grandes Anguilles.

Wm. W. MYDDLETON
Birkbeck College, Université de Londres

LE ROLE DU PHOSPHORE DANS L'ACTIVITÉ DU LOBE ANTÉRIEUR DE L'HYPOPHYSE

Le rôle du phosphore dans l'activité du lobe antérieur de l'hypophyse.

Dans la communication exposée au Congrès du Havre sur l'activité biologique du lobe antérieur de l'hypophyse du bœuf, on a montré que le principe actif du lobe antérieur qui accélère la métamorphose des amphibiens (des têtards et les larves axolotls) se précipite des extraits de la glande après l'addition d'une solution de l'iode. Le corps actif est un composé phosphatique qui peut se transformer en acétate, en sulfate, en chlorure et en picrate. Ces sels sont inactifs, mais on peut reconstruire le phosphate de ces sels inactifs au moyen de l'acide phosphorique et la solution du phosphate régénéré reprend son activité biologique.

Dès cette communication, l'auteur a recherché la teneur des extraits de la glande en azote aminé et les expériences ont pour résultat de montrer que le corps actif est le phosphate d'un dérivé aminé et, de plus que l'iode précipite le corps actif à côté d'un dérivé protéinique qui n'influe pas sur la métamorphose des amphibiens.

Quand on prépare un extrait de la glande en faisant bouillir la glande avec une solution diluée de l'acide acétique, une petite quantité du phosphate actif se transforme en acétate inactif. On peut donc préparer un extrait plus actif au moyen d'une solution diluée de l'acide phosphorique au lieu de l'acide acétique. Cet extrait-ci contient une plus grande quantité du phosphate actif et il contient aussi une plus petite quantité des dérivés protéiniques inactifs. L'activité biologique de cet extrait est augmentée en rapport avec les expériences chimiques.

Dans la communication du Congrès du Havre, l'auteur a signalé le parallèlisme entre le dédoublement du phosphate et la diminution de l'activité biologique quand on fait bouillir les extraits actifs, soit seuls, soit après l'addition des acides minéraux ou des alcalis. Dès cette communication, on a montré que l'azote aminé qui se rapporte avec le phosphate actif s'augmente sous ces conditions. On peut constater que le principe actif du lobe antérieur de l'hypophyse qui accélère la métamorphose des amphibiens est le phosphate d'un dérivé aminé qui possède un noyau cyclique azoté.

Maurice ROSE
Chef de laboratoire à la Faculté des Sciences d'Alger

1° SUR LA PRÉSENCE DANS LA BAIE D'ALGER D'UN COPÉPODE NOUVEAU POUR LA MÉDITERRANÉE

L'étude systématique du plankton de la baie d'Alger, poursuivie depuis 6 ans, m'a démontré, avec une évidence parfaite, la présence de nombreuses formes pélagiques d'origine atlantique. Parmi celles-ci, il en est une particulièrement intéressante ; car jusqu'ici elle n'a jamais été reconnue dans la Méditerranée.

C'est un Copépode du groupe des Corycaéides, *Urocorycaeus lautus*, Dana. Cette forme, connue depuis 1849, est fréquente dans l'Atlantique tropical et sub-tropical, l'océan Indien. Commune autour des Canaries et des Açores, elle remonte en rares exemplaires jusqu'à l'ouest du Portugal.

Or, tous les ans ou presque, je la capture dans les eaux algéroises, où, bien que peu fréquente, elle semble à peu près constante à certaines époques de l'année. Jamais cette espèce n'a été signalée dans le bassin méditerranéen. Cela tient sans doute à ce que les eaux méditerranéennes vraies ne lui conviennent pas, et qu'elle ne peut persister qu'à l'occasion des eaux océaniques pénétrées par Gibraltar. A mesure que ces eaux se modifient et s'altèrent, l'espèce disparaît, et c'est sans doute pour cela que ce Copépode n'a jamais été vu à Naples, Gênes ou Messine, malgré les études approfondies de zoologistes nombreux et de très grande valeur. Son cas est tout à fait superposable à celui d'un autre Copépode *Acartia Danae*, rencontré par Sars dans la mer d'Alboran et une seule fois, et qui se voit tous les ans dans la baie d'Alger.

2° NOTES PHYSIOLOGIQUES SUR LE STATOCYSTE DES SIPHONOPHORES

Les Siphonophores sont des Cœlentérés coloniaux marins menant une vie exclusivement pélagique. La colonie présente dans les individus qui la composent, une différenciation morphologique et physiologique poussée à un degré extrême. Certains sont uniquement chargés de la capture des proies ; d'autres, de leur digestion ; d'autres encore, de la reproduction ; d'autres enfin, de la locomotion. Chez beaucoup de Siphonophores, par exemple *Abylopsis pentagona*, *Galeolaria*, etc., on trouve, près de la cloche natatoire primordiale, un organe appelé statocyste et considéré généralement comme jouant un rôle capital dans la flottaison hydrostatique de la colonie. C'est une poche creusée dans la mésoglée, de forme variable selon les espèces, et contenant souvent une grosse goutte d'aspect huileux. Le statocyste communique par un court canal avec l'axe de la colonie et son rôle hydrostatique est le seul admis.

Des recherches en cours sur un curieux protozoaire flagellé parasite des siphonophores m'ont amené à étudier d'un peu près ce statocyste et son rôle et m'ont conduit à des conclusions tout à fait différentes des données classiques.

L'analyse microchimique du contenu de cet organe m'a montré en effet, que le liquide interne est très différent de l'eau de mer environnante. C'est un véritable liquide de sécrétion ; un suc particulier. Il est caractérisé par une forte acidité. Tandis que l'eau de mer présente un Ph de 8,4 environ, ce liquide possède une concentration en ions H qui s'exprime parfois par un Ph de 4,3. Ce Ph n'est pas d'ailleurs constant ; il peut s'élever jusqu'à Ph 5,5 ; mais reste toujours très acide. Il semble que son degré d'acidité soit en relation avec les périodes d'alimentation et varient avec elles. D'autre part, dans le liquide statocystique, les chlorures, les sulfates, nitrates, la chaux et la magnésie semblent en proportion tout à fait différentes que dans l'eau de mer normale. Les matières organiques sont en proportion notable. Enfin, la « goutte huileuse » n'a peut-être le rôle hydrostatique qu'on lui assigne que d'une façon très accessoire. Elle est en effet fonction de la nature et de la quantité des proies ingérées, et prend figure de réserve alimentaire. Elle est inattaquable par les acides et les bases, et n'a pas les caractères d'une véritable huile. Très soluble dans l'acétone, l'alcool, l'éther et surtout le xylol, elle paraît se rapprocher de l' « huile des Copépodes » qui n'est peut-être une huile que par son aspect.

En définitive, le prétendu Statocyste paraît être plutôt une véritable glande, d'ailleurs très turgescente, et très vraisemblablement une glande digestive ; une sorte d'estomac très spécial et de physiologie méconnue.

A. THÉRY

Correspondant du Muséum national d'Histoire naturelle

QUELQUES REMARQUES SUR LE GENRE *PACHYSCHELUS* SOL. ET DESCRIPTIONS DE FORMES NOUVELLES

Fisher (*Proc. U. S. Nat. Mus* 1922), p. 6), écrit : « J'ai trouvé que ce sont les femelles qui ont l'abdomen garni d'une série de petites dents et non les mâles, ainsi que le dit M. Waterhouse. »

De 1923 à 1927, j'ai décrit occasionnellement trois *Pachyschelus*, et, ignorant le travail de Fisher, j'ai indiqué comme mâles, des exemplaires qui en réalité étaient des femelles.

En 1924 (*Philipp. Journ. of. Sc.*, p. 654), M. Obenberger, étudiant des *Pachyschelus* de Singapore écrit : « Les *mâles* de ce genre sont caractérisés par de petits peignes singuliers au bord apical du segment anal » (1).

En 1925, M. OBENBERGER publie dans « Sbornik » une monographie des *Pachyschelus* américains, on y lit ceci : « Ce prolongement du segment anal, *situé au bord du tergite* est propre aux femelles. WATERHOUSE et THÉRY l'ont attribué aux mâles, mais ce sont toujours les femelles qui en sont munies, comme l'a déjà constaté FISHER. » En réalité, c'est au dernier sternite et non dernier tergite qu'appartiennent ces prolongements du segment. Cette monographie présente une omission regrettable, on n'y voit pas figurer le *Pachyschelus scutellatus* Sol. espèce pour laquelle le genre a été créé (2).

La denticulation anale sert aux femelles lors de la ponte, les dents du petit peigne sont fréquemment brisées, ainsi que le fait observer WATERHOUSE.

Pachyschelus fulgidipennis Luc. et formes affines

Quelques *Pachyschelus* du groupe de *fulgidipennis* Luc. sont fréquemment confondus dans les collections. J'ai pu examiner le type de Lucas au Muséum de Paris.

Dans la collection Saunders, l'exemplaire qui porte le nom de *fulgidipennis* indiqué comme ♀, est en réalité un ♂. Cet exemplaire provient de Parana, un deuxième exemplaire, qui cette fois est une ♀ de même origine que le premier, se trouvait dans la collection Baden et fait actuellement partie de la mienne, il avait été déterminé par Saunders sous le nom de *vesta*, mais ce nom n'a jamais été publié. Les étiquettes de ces insectes sont de la même main. Un caractère sexuel secondaire intéressant se remarque chez cette espèce, c'est la différence de coloration du ♂ et de la ♀. Chez le premier, le pronotum est d'un beau vert, tandis que chez la seconde il est de la même couleur que les élytres, c'est-à-dire rouge. Le nom de *fulgidipennis* Luc. a été donné à tort par SAUNDERS à cette forme qui me paraît nouvelle, je lui restitue le nom de *vesta* déjà employé par Saunders.

Le *Pachyschelus fulgidipennis* Luc. de la collection Kerremans > British Museum, comparé par moi au type de LUCAS, se rapporte bien à cette espèce, mais là encore intervient la coloration sexuelle et KERREMANS a nommé *cupreus* les exemplaires ♀ à pronotum rouge, capturés en même temps que le ♂ par CH. PUJOL à Jatahy (Brésil). Dans la suite, il a réuni son *cupreus* à *corruscus* Gor. ce qui est une

(1) Dans ce travail l'auteur cite un *P. Wallacei* H. Deyr. nom qui n'a jamais été employé par Deyrolle, et redécrit sous le nom de *singaporensis* le *P. Migneauxi* H. Deyr.

(2) Voir ma note sur cette espèce *in Ann. Soc. Ent. Belg.*, 1927, p. 46.

erreur, car l'espèce de Gory, dont je possède un exemplaire, provient de la Guyanne et diffère par la coloration.

Chez *P. fulgidipennis* Luc. le ♂ a comme chez *P. vesta*, le pronotum vert la ♀ l'a rouge.

Enfin il existe au Paraguay une troisième forme dont je ne connais que deux ♂, les trois espèces peuvent se distinguer de la façon suivante :

Pronotum d'une seule couleur, complètement mat, à sculpture microscopique lui donnant un aspect soyeux, avec quelques reliefs lisses, particulièrement sur les côtés ; front impressionné et très faiblement sillonné en avant ; ponctuation élytrale peu distincte... *fulgidipennis*.

Pronotum d'une seule couleur, brillant au milieu par suite de l'oblitération partielle de la sculpture microscopique ; front, vu de dessus, largement sillonné, ponctuation élytrale médiocre et en lignes obliques, les élytres paraissant vaguement striés sous un certain jour, *vesta*.

Pronotum noirâtre et brillant au milieu, vert mat sur les bords, front profondément sillonné, ponctuation élytrale plus forte, en lignes, mais sans stries distinctes .... *paraguayensis* n. sp.

Pachyschelus vesta n. ssp. — Long. 3,5 mm. ; larg. 2,25 mm. — ♂ , tête et pronotum d'un beau vert clair, élytres rouges feu, écusson d'un rouge plus foncé que celui des élytres ; dessus entièrement noir. ♀ , entièrement d'un rouge violacé et d'une coloration moins brillante que celle du ♂, dessous noir.

Tête subdivisée en deux lobes arrondis, les yeux ne débordant pas la courbe de la tête, le milieu du front avec un petit sillon net raccourci dans le haut et terminé en bas dans un petit enfoncement ponctiforme ; cavités antennaires surmontées d'une fossette transversale très allongée ; épistome large, non échancré, les parties de la bouche avec des poils hérissés, clairs et bien visibles quand on regarde l'insecte de face. Fond à sculpture microscopique granuleuse, lui donnant l'aspect d'une étoffe de soie, de ci, de là, on remarque des points plus profonds régulièrement espacés. Pronotum très large et très court, fortement échancré antérieurement formant un demi-cercle interrompu en avant par la tête qui fait saillie et ne continue pas la courbe régulière du pronotum ; la base faiblement quadrisinuée, avec un très large lobe médian court et tronqué contre l'écusson, les angles postérieurs très projetés en arrière et enveloppant l'épaule ; les côtés entièrement rebordés par une mince carène saillante ; le disque sans impressions distinctes sauf une petite impression linéaire de chaque côté, au tiers de la longueur, en face des angles latéraux du scutellum, ces impressions très peu visibles chez le ♂. La sculpture est la même que celle de la tête, mais au milieu elle s'affaiblit considérablement, le disque, alors, paraît, lisse et perd son aspect soyeux.

Ecusson très grand, en triangle rectangle isocèle, avec le sommet des angles latéraux émoussés et une hypethenus égale à un peu moins du tiers de la largeur totale du pronotum. Elytres formant une courbe régulière de l'épaule au sommet, ayant leur plus grande largeur vers le milieu, conjointement arrondis à l'apex, mais avec un petit vide anguleux sutural, entièrement rebordés latéralement et nettement denticulés le long du bord sur le tiers postérieur, explanés sur les bords dans la moitié antérieure, fortement impressionnés à la base et sous l'épaule ; le disque à réticulation très fine et irrégulière avec un point au milieu de chaque maille. Malgré l'irrégularité des mailles de la réticulation, les points forment assez sensiblement des lignes obliques de l'avant vers la suture ; l'extrémité du dernier sternite est chez la ♀ en forme de lobe recourbé vers le bas, arrondi à son extrémité et finement denticulé.

Patrie : Parana. — Type ♀ dans la collection du British Museum ; type ♂ dans la mienne.

Il y a lieu de remarquer, à propos de cette espèce, que chez beaucoup de Buprestides à coloration sexuelle différente, la couleur verte est souvent l'apanage du ♂ et la couleur rouge celui de la ♀.

Pachyschelus paraguayensis n. ssp. — ♂. — Taille et forme du précédent, dont il diffère par les caractères suivants : sillon frontal beaucoup plus profond ; côtés du pronotum moins arrondis, le milieu avec une tache noirâtre et à sculpture moins oblitérée ; angles postérieurs du pronotum débordant nettement les épaules ; ponctuation prothoracique plus forte sur les côtés ; écusson plus court, l'angle du sommet obtus, les latéraux subtronqués ; la coloration des élytres d'un pourpré foncé.

Patrie : Paraguay. — Un exemplaire ♂ de ma collection et un autre du même sexe dans la collection du British Museum.

11e section

ANTHROPOLOGIE

Président	M. Reygasse, Chargé de Cours à la Faculté des Lettres, Directeur du Musée d'Ethnographie et de Préhistoire d'Alger.
Vice-Président	M. le Docteur Regnault.
Secrétaire	M. Coutier.

Gaston ASTRE

Chargé de Cours à la Faculté des Sciences de Toulouse

ABRI-SOUS-ROCHE DE MORENCI

L'abri-sous-roche de Morenci, près de Benaix (Ariège), est entaillé dans le calcaire coniacien. Dans les couches superficielles du sol qui s'y est formé, existent des preuves d'un ancien habitat humain de l'époque néolithique. Une fouille effectuée le 17 octobre 1929 a permis d'y recueillir les objets suivants :

1° Deux petits disques annulaires en os, avec une face à peine bombée et l'autre concave, de 11 mm. de diamètre et de 2,8 mm. d'épaisseur, perforés en leur centre par un trou circulaire de 3 mm. de diamètre. C'est ce que les préhistoriens nomment des « perles » : enfilés en grand nombre, ces ornements constituaient colliers et parures.

Les perles de Morenci datent le gisement. Elles sont identiques à celles qui furent trouvées dans le Néolithique de la grotte sépulcrale de Sinsat, près de Tarascon (Ariège) et qui figurent dans la collection Noulet. On en connaît de même type, mais un peu plus épaisses, dans la sépulture néolithique de la partie supérieure de l'Abri, à Aurignac (Haute-Garonne). Il en existe, avec un trou à peine plus grand, au Dolmen de Lacapelle-Livron (Tarn-et-Garonne). Cet ornement, d'ailleurs assez variable, était très répandu au Néolithique. On en a rencontré de véritables colliers dans les Dolmens du Sud du Massif Central : ceux de l'Aveyron, Pilande, Saint-Georges, Saint-Jean d'Alcas, Roc del Fodat, Saint-Jean d'Alcapiès, Borio blanco, Saint-Rome du Tarn, Saint-Germain près de Millau, Couriac, La Glène, Sauclières, Villefranche ; ceux du Gard, Grailhe par exemple.

Les perles de Morenci comptent parmi les plus élégantes du type : c'est là un fait curieux, étant donné le caractère plutôt fruste de l'outillage en pierre polie de l'Ariège. Or la localité se trouve dans la partie septentrionale de la chaîne, près des plaines sous-pyrénéennes, tout comme la contrée de Bedel où nous eûmes l'occasion de décrire une hache néolithique de technique plus parfaite que la moyenne de celles de l'Ariège (1). Aussi la découverte de Morenci confirme-t-elle celle de Bedel. Il s'agit probablement d'une pénétration directe ou d'une influence indirecte de l'outillage plus habilement travaillé des pays situés plus au Nord : Bassin sous-pyrénéen du Sud du Massif central.

2° Une moitié droite de mâchoire inférieure de Blaireau (*Meles taxus* L.), de même dimension que l'animal actuel du pays.

3° Des restes de squelettes humains : deux extrémités proximales de radius, une extrémité distale de cubitus, un métacarpien et une phalange. Ces pièces se rapportent à des individus de taille moyenne, 1 m. 65 à 1 m. 70, et ne présentent aucune particularité qui les distingue de la moyenne des Néolithiques de l'Ariège ou des populations actuelles qui les ont remplacés.

Pour les races préhistoriques des Pyrénées, il est nécessaire d'apporter la plus grande précision et le plus grand détail dans leur étude et dans l'énumération de leurs gîtes. Dans les traditions populaires et même dans les coutumes juridiques des Pyrénées, existent quelques particularités qui les distinguent nettement de celles du reste de la France. La question du droit d'aînesse notamment est de celles-là ; les historiens du Droit arrivent à cette conclusion, qu'il s'agit là d'un usage du Lavedan et de la Bigorre, qui s'est ensuite répandu avec moins de généralité qu'on ne le pense. Cette coutume et bien d'autres n'admettent aucune explication d'ordre historique ou d'ordre local. Aussi n'est-il pas absurde d'en rechercher l'origine dans des populations préhistoriques qui auraient pu appartenir dans les Pyrénées à des groupes ethniques très différents de ceux du reste de la France. Là réside le motif pour lequel doivent être soigneusement consignés tous les documents relatifs aux anciennes races pyrénéennes.

(1) Astre (Gaston). Néolithique de Bedel (Ariège). 1928. *Revue des Musées et Collections archéologiques*, n° 18. Dijon.

Dr Marcel BAUDOUIN

1° LA SCULPTURE DU PIED DE L'ATLANTIDIEN DE LA GROSSE PIERRE DU FENOUILLER (VENDÉE).

On sait que, dans le fleuve La Vie, non loin de son embouchure, existe un bloc sous-marin, qu'on appelle *La Grosse Pierre*, et qui se trouve au niveau du village du Plessis, commune du Fenouiller (1).

Sur la face supérieure de ce Mégalithe, il y a plusieurs sculptures très curieuses. D'abord un *Médaillon en relief*, qui a reçu le nom de Tête d'*Atlantidien ;* puis un *Pied humain*, à cinq orteils, qui forcément, ne peut-être qu'un *Pied d'Atlantidien*, comme le bas-relief circulaire ; et aussi une sorte de *canal* assez long, dite *Rainure de Connexion*, qui réunit le Pied au Disque central à figure humaine !

Il y a d'autres sculptures sur cette pierre ; mais nous n'en parlerons pas ici (2).

Bornons-nous à l'étude du Pied humain ; il est de forme assez rare pour mériter une description spéciale et complète !

Le grand Pied humain (n° 1)

C'est à l'extrémité Sud-Est que se trouve le *Pied humain*, formé par une *surface*, légèrement en *creux*, qui a été percutée fortement, puis manifestement *polie*, surtout au *talon*, quoique le polissage soit difficile à dépister.

Ce qui permet d'affirmer l'œuvre humaine, 1° c'est l'existence d'une petite *rainure*, en *arc de cercle*, plus que demi-circulaire, limitant le talon de façon très nette, au bord *interne*, et reproduisant exactement la disposition du dit talon dans le *Pied de la Vierge* d'Avrillé, où la plante est à peine polie, aussi, dans les mêmes conditions. 2° Mais ici, il y a en outre une indication manifeste pour les *cinq orteils*, avec

(1) Marcel Baudouin, *Découverte d'un médaillon à faciès d'Atlantidien sur une pierre à sculptures sous-marine de l'Océan vendéen.* — *Concours médical*. Paris, 25 nov., n° 48. — Tiré à part, Paris, 1928, in-8°, 15 p., 3 fig.

(2) Marcel Baudouin. *De l'Atlantide au Bas-Poitou.* — *Aristote*, Paris, t. IV, n° 35, nov. 1929, p. 133-135, 6 fig.

isolement très marqué du gros orteil, très élargi. 3° L'annexe dite *Rainure de connexion*, avec *Cupule*.

Dans ces conditions, la réalité de la sculpture est absolument certaine. Et il s'agit, malgré l'apparence très fruste des choses, le très peu de profondeur de la cavité, la brièveté et la grande largeur d'un pied *étalé*, d'une des « empreintes » pédiformes les plus typiques que j'ai jamais rencontrées !

Et, comme la roche n'est ni du granite, ni de la granulite, ni du grès, ni du calcaire, cette figure est d'autant plus étonnante et rare, puisqu'il s'agit de *quartzite*, sinon de quartz de filon ! C'est la seule sculpture connue, d'ailleurs, jusqu'à présent, sur pareille matière...

Dimensions. — Les dimensions du pied sont les suivantes :

Longueur maximum, 180 mm. Largeur maximum, plante 120 mm., talon 90 mm.

Le *gros orteil* mesure 30 mm. de longueur, ainsi que le second et le troisième ; les 2 derniers sont moins longs.

Ce gros orteil est très étalé et comme *écrasé* en dedans, avec une simulation d'*ongle* ; les autres sont normaux.

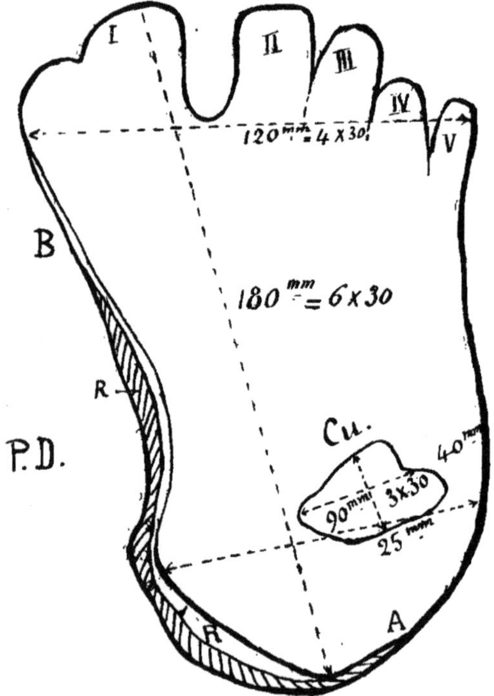

Il y a 20 mm., c'est-à-dire un écartement considérable, entre le premier et le deuxième orteil ! Ce qui fait songer à un gros orteil *oppo-*

sable, ayant pu jouer le rôle du pouce au pied et d'un orteil de pied *préhensible !*

On notera que la commune mesure néolithique est partout respectée : $180=6\times30$, $120=4\times30$, $90=3\times30$!

Les Indices. — Les *Indices* habituels sont les suivants : *Indice soléo-podalique*, $\frac{120\times100}{180}=66,66$; chiffre très fort, puisqu'il dépasse d'un 1/3 la normale 40,00 et indique un pied extrêmement élargi et étalé, un pied plat !

Indice talo-podalique, $\frac{90\times100}{180}=50,00$. Cet indice est très élevé également pour la même raison.

Indice talo-soléaire, $\frac{90\times100}{120}=75,00$. Il s'agit évidemment d'un très petit pied ; mais, vu la *largeur*, d'un *pied d'homme*, et non de femme.

Le côté est nettement indiqué par les orteils, d'une part, et, d'autre part, la concavité du *bord interne*, tracée par la *rainure*, large parfois de 10 mm. et profonde de 5 mm.

Il s'agit d'un *pied du côté droit.*

Tout cela est absolument classique.

Cupulette. — Qui plus est, existe, au côté externe du talon, une cavité, très irrégulière et peu profonde, assez petite, qu'on doit désigner sous le nom de *cupulette*, malgré son aspect ovalaire et étalé.

Cette présence a une grande importance théorique, parce qu'elle montre les relations des creux cupuliformes avec les pieds dits en *sandale*, c'est-à-dire *plats*, et à peine creusé, sur les rochers.

De plus, les cupulettes, situées dans l'intérieur des pieds plats de cette sorte, sont très rares !

Les dimensions sont les suivantes: axe transversal au pied, 40 mm.; axe parallèle, 25 mm. ; profondeur max., 3 mm.

Il est évident que la forme de cette cupulette est en relation avec la nature de la roche. Il n'est pas aisé de fabriquer par percussion sur une sorte de quartzite fibreux de telles cavités !

A la rigueur, on pourrait dire qu'il ne s'agit là que d'un trou naturel, antérieur à la fabrication du pied. Mais, cependant, à l'examen du rocher, on a l'impression d'un travail artificiel, de même époque, comme tout le reste.

Epoque. — Pour prouver que ce pied à 5 orteils est bien de l'âge du cuivre, il suffit de rappeler que la paire de pieds à cinq orteils du dolmen du Petit-Mont, à Arzon (M.), est sûrement de l'âge du cuivre. En effet, un pilier de ce dolmen à galerie, le n° 10 de Le Rouzic, présente *deux haches plates en cuivre, emmanchées*, indiscutables !

De plus, l'orientation de l'allée couverte est la même que celle de Gavrinis qui, elle aussi, présente un grand nombre de figurations de *haches plates* en cuivre.

Enfin, le mobilier du Petit-Mont, avec ses perles de *Callaïs* et sa *Hache-marteau*, est sûrement du cuivre.

D'un autre côté, le pied à cinq orteils de Commequiers (V.) ne peut guère être que de cette époque, vu l'impossibilité de graver les orteils de ce pied avec les seuls objets de pierre.

Comparaisons. — De nombreuses sculptures pédiformes peuvent en être rapprochées : par exemple celles du Karl's Sprung à Saverne ; celles de la Pierre à Mulot, à Bleurville, qui ont un gros orteil ; celles de Clisson, dont l'une d'elles présente des cupulettes à son intérieur et ont aussi un gros orteil ; celle du Pas de Saint-Cloud, près Paris, etc., etc..

Mais c'est surtout le Pas de la Vierge de la Fontaine Saint-Gré, à Avrillé (V.), qui, large et plat aussi, peut être rapproché de celui de l'Atlantidien, parce qu'il présente de même au talon une petite rainure limitante.

Rainure de Connexion.

A 0 m. 40, au N.-E. du Pied qui précède se trouve, presqu'au centre de la pierre, le Disque à Médaillon, limitté par une rainure assez profonde, certainement artificielle, bien circulaire.

C'est l'aboutissement d'une sorte de Canal, ou longue Rainure, qui part du talon du Pied et qui, elle aussi, est bien artificielle, car elle a été *polie*, comme la pierre elle-même dans son voisinage, au fond et sur les bords.

De coupe triangulaire, mais à angles très émoussés et arrondis, elle est longue de 0 m. 40 ; elle a 30 mm. d'ouverture maximum pour une profondeur moyenne de 20 mm.

Chose curieuse, elle fait, avec le grand axe de la sculpture pédiforme, un angle, ouvert au N.-W., qui mesure environ 55°.

Elle est très irrégulière et à bords ondulés légèrement, de faible largeur au début du côté du Médaillon (10 mm.), pour atteindre 30 mm,. à l'arrivée dans la cavité où est le pied humain.

Point à noter, elle commence au niveau du pied, situé dans une cavité un peu plus large, en face la cupulette, qui est à son intérieur.

Elle aboutit au Disque au niveau de la Bouche du Médaillon : ce qui est assez extraordinaire et un peu imprévu.

De plus, sur son trajet, on distingue une sorte de dilatation en cul-de-sac, constituée par une *cupule*, de 50 mm. × 35 mm. × 10 mm.; cela à 0,27 du pied. — Cette cupule est tout à fait comparable à celle qui se trouve autour du médaillon, au niveau de la nuque, au-dessous du chignon; elle est un peu conique.

Il serait facile de trouver, sur des Mégalithes, en France et ailleurs, des cupules analogues et aussi bien polies.

Il est très difficile d'émettre une hypothèse sur cette rainure. Elle peut être une simple ligne, voulant montrer et souligner la relation qui existe entre le Pied et le Médaillon, surtout en présence de la cupule que cette rainure a pour annexe, et de l'angle de 55° que nous avons indiqué, lequel est un angle bien connu pour l'Astronomie solaire (angle Pôle — Soleil — Solstice d'été).

Mais cette manière de voir mène à l'hypothèse de ligne solsticiale : ce qui ne nous avance à rien, en l'espèce, et est peut-être trop simpliste, puisque nous ne connaissons pas la véritable orientation d'origine de cette rainure.

Mais une autre hypothèse peut se soutenir. Dans celle-ci on admet que la rainure est une *Trompette*, en métal et en cuivre, à pavillon dans lequel a été sculpté le pied.

Le fait qu'une extrémité correspond à la bouche du Médaillon est très suggestif en effet.

De plus, on connaît des joueurs de trompette, gravés sur rochers, à l'âge du cuivre et du bronze, en Suède et Norvège.

La seule objection est l'ondulation du tube. Mais elle n'est pas très importante, car à cette époque il ne devait pas être très aisé de fabriquer de tels instruments, absolument cylindriques et sans bosselures ni irrégularités.

Nous ne concluerons pas à ce sujet et ne choisirons pas entre les deux alternatives, laissant à l'avenir, et à des découvertes nouvelles, le soin de trouver la véritable signification de cette rainure rare, semblable certes à nombre d'autres rainures sculptées sur les rochers, mais souvent plus profondes et plus larges et surtout plus régulières.

Mais, si trompette il y a, le sujet du Médaillon semble *souffler* (car ses joues sont gonflées réellement) dans le tube, comme pour *jeter du vent sur le pied*... Or, ce mythe est connu ! C'est celui de la *Fécondation par le Vent*, mythe admis encore à l'époque romaine de la même façon, comme le prouve une sculpture de Néris (Allier), très probante à ce point de vue. Ici le pied (partie pour le tout) représente le corps d'un Dieu anthropomorphisé.

2° LA PIERRE A AUGETTE DU PLESSIS, COMMUNE DU FENOUILLER (VENDÉE).

J'ai découvert, il y a plusieurs années, sur la rive gauche de la Vie, à 3 km. 500 environ de son embouchure, au lieu dit le Plessis, commune du Fenouiller, une pierre plate, avec une *sculpture* d'un type unique en France, au moins à ma connaissance.

Cette pierre, présentement couchée sur un talus moderne, a dû être placée là à une époque assez récente ; mais elle provient évidemment du champ voisin, riverain du fleuve, appelé *La Grande Pièce*, et appartenant, en tant que terre labourable, à M. le Dr Gergaud (ferme de la Violière).

C'est un bloc mobile, en *grès cénomanien* très fin, placé sur de la terre arable. C'est donc bien une pierre *transportée*, le gisement de sables cénomaniens se trouvant à une certaine distance à l'Est et le sous-sol étant des schistes à séricite.

Cette pierre, formant un rectangle, est longue de 1 m. 10, large de 0 m. 55, dont l'épaisseur m'est inconnue, car je n'ai pas pu dégager encore sa face inférieure. Elle est *très régulière*. Sa surface visible, celle qui porte les sculptures, paraît avoir été préparée, un peu piquée et même *usée*, sinon véritablement polie, au moment où l'on a travaillé à son niveau, car elle est très *lisse* et la patine est la même partout.

Le grand axe est Ouest-Est, géographique exactement ; mais la pierre ayant été déplacée, cette orientation n'a aucun intérêt.

Il existe deux sculptures, bien nettes sur ce bloc, qui a peut-être été un Menhir, placé autrefois dans le champ en question.

1° Une cuvette bien ronde, admirablement polie, du type classique au néolithique, et analogue à nombre d'autres cavités du même genre ; par exemple l'Ecuelle des Tabernaudes, à l'Ile d'Yeu ; celle de la Roche à Robion, Ile d'Yeu, etc... Elle n'a rien de bien particulier, sauf un de ses bords qui est *rentrant :* fait rare, en dehors de l'époque du cuivre.

Cette cavité mesure 0 m. 130 de diamètre et a 0 m. 040 de profondeur. Elle est en demi-sphère bien complète. Sur la contre-empreinte en plâtre, sa forme apparaît admirablement, avec fond de 0 m. 100.

2° La seconde sculpture est placée au-dessus de celle-ci à environ 0 m. 40, de centre en centre, mais est d'un aspect très spécial. Elle est unique en son genre.

C'est une cavité en *augette*, bien *carrée*, très peu profonde, à fond plat, un peu polie, à bords un peu inclinés.

Elle mesure 0 m. 180 de côté et sa profondeur ne dépasse pas 0 m. 010; ce qui est très peu.

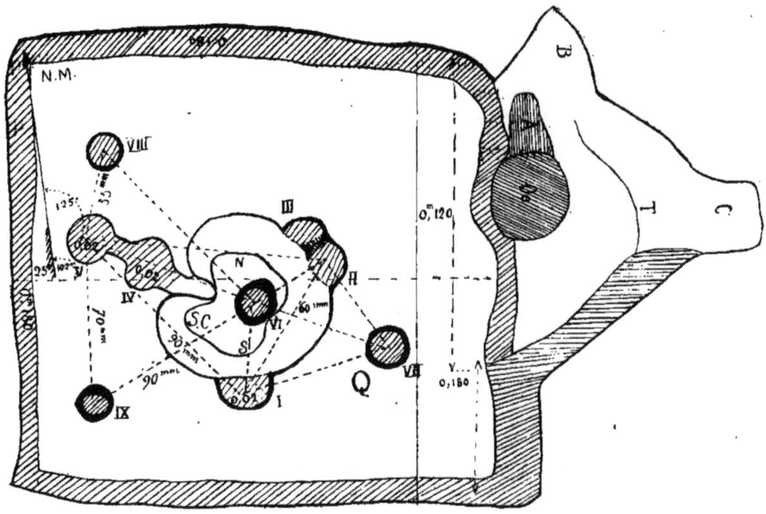

Le grand axe correspond à celui de la pierre.

Mais, chose curieuse, et très rare, elle présente *deux Annexes*, très particulières.

a) L'une au *centre*, petite cavité creusée de façon complexe ; *b*) l'autre, au niveau de son bord *supérieur*, qui est une cavité également en forme de segment de cercle, avec une sorte de bec d'un côté et une sorte de bouton en saillie à sa partie inférieure.

a) La cavité centrale ressemble à un petit *sabot* de *Cervidé*, à une sorte de *pied de biche*, ayant 60 mm. de diamètre, avec pince à l'Est. Mais elle est constituée par *cinq cupulettes*, qui font songer à la figure des Hyades, avec 4 autres *cupulettes* au Sud. A l'heure présente, il est impossible de rien affirmer à ce sujet.

b) L'autre figure annexe, en demi-cercle, mesure 0 m. 120. On dirait une *Tête d'Oiseau.*

A son centre est une petite saillie en bouton, limitée par une gouttière, si bien qu'on pourrait croire aussi à un petit sabot d'Equidé, avec sole en relief. Mais vraiment la sculpture ressemble plutôt à une tête d'Oiseau à Crête.

Que signifie cette sculpture, absolument insolite ? Il est impossible de le dire, car je ne connais aucun autre fait semblable.

Conclusion. — Ce bloc est certainement une pierre *cultuelle*, du culte stello-solaire.

L'Ecuelle est d'un Symbolisme connu ; c'est le *Soleil*.

Le Carré en Augette ressemble aux figures qu'en Amérique on appelle les *Maisons du Soleil* (1), ainsi qu'en Egypte, c'est-à-dire aux signes du Zodiaque. J'y vois la constellation qui alors était à l'Equinoxe, représentée peut-être par la zoomorphisation de l'Oiseau.

Quant au Sabot de Biche, s'il est réel, il ne peut correspondre qu'à la Grande Ourse *Biche* (2).

L. COUTIER

L'ATELIER CAMPIGNIEN DE MONTAUGLAND (SEINE-ET-OISE)

Découverte par nous, il y a une dizaine d'années, nous avons fouillé la station depuis cette époque ; elle a d'ailleurs fait l'objet, en son temps, d'une prise de date à la Société Préhistorique Française.

Emplacement. — Située dans le secteur nord-ouest de la forêt de Montmorency à la cote 182, elle occupe une partie du petit plateau (lieu dit la Tuilerie) sur lequel est bâti le mur sud de la ferme de Montaugland, commune de Béthemont (Seine-et-Oise). Sa forme est celle d'un trapèze rectangle, dont les bases perpendiculaires au mur de la ferme ont respectivement 23 mètres et 4 mètres ; le côté formant angle droit avec les bases atteint 65 mètres et l'autre 68. Les longueurs ci-dessus étant approximatives, la superficie de la station est d'environ 877 mètres carrés.

Séparée du mur, dont elle s'éloigne sans cesse, par une zone stérile, elle longe de l'est à l'ouest le bord du plateau ; le point le plus rapproché de l'enclos de Montaugland en est encore distant de 23 mètres et le plus éloigné de 48 mètres.

En réalité, la station se prolonge quelque peu vers le sud sur la pente du plateau, par suite du glissement des sables qui ont entraîné

(1) *Cf.* le Codex Mexicain.

(2) Il ne faut pas oublier que la *Grosse Pierre* de la Vie au Plessis au médaillon dit « de l'Atlantidien », du côté de l'Ouest, et à 80 km. de ce bloc, fait partie du même ensemble.

les déchets de fabrication, mais l'on ne peut considérer ces dépôts accidentels comme faisant partie de l'atelier de taille proprement dit.

Nature du sol. Matière première. — Le plateau est constitué par les sables de Fontainebleau qui, s'ils ne présentent pas des blocs de grès en chaos tels qu'on les rencontre dans la célèbre forêt, n'en sont pas cependant dépourvus.

Ces grès reposent en bancs de faible épaisseur parmi les sables sous-jacents à la terre végétale et voisinent avec une meulière d'assez mauvaise qualité (caillasse) ; ils ont fourni la matière première aux ouvriers préhistoriques, matière excellente puisque composée d'un grès lustré, c'est-à-dire à ciment siliceux, très homogène, très dur, d'un grain très fin et, au surplus, se taillant facilement.

D'ordinaire d'un blanc très légèrement azuré, le grès s'est parfois teinté en gris plus ou moins jaunâtre au contact des terres de bruyère.

Recouvert par une mince couche de terre et de sable, le grès lustré, fissuré naturellement en bloc plus ou moins tabellaires, a été mis à nu par les préhistoriques, qui en avaient aperçu les affleurements sur la partie déclive du plateau.

Ils ont choisi les blocs se prêtant le mieux à la taille et ils les ont traité sur place, créant ainsi par leur débitage des sortes de cuvette d'environ 0 m. 80 de profondeur, où l'on retrouve aujourd'hui avec beaucoup de déchets de taille, de nombreux outils cassés en cours de fabrication dont l'on rencontre fréquemment les divers fragments et quantité de pièces terminées ou simplement ébauchées.

Des tranchées de protection du camp retranché de Paris avaient été creusées sur ce point pendant la guerre de 1914-1918 ; nous avons retrouvé incidemment des soldats qui avaient pris part à ces travaux et pu les interroger. Or nous avons constaté avec étonnement que l'outillage pourtant si caractéristique avait échappé à leur attention et à celle de leurs officiers.

Outillage. — Cet outillage se compose principalement de pics et en nombre assez restreint de tranchets, grattoirs, rabots, racloirs, haches, taraud et scies à dos abattu.

On trouve assez fréquemment des percuteurs-enclumes et quelques rares nucléi.

Age de l'Atelier. — Deux de nos collègues de la Société Préhistorique Française, MM. Alexis Cabrol, Vice-Président et Henri Lamarre ont étudié l'Atelier campignien de taille du Haut Château, commune de Jablines (Seine-et-Marne) qui a fourni un important outillage en silex et publié en 1929 dans le Bulletin de la Société que cet atelier leur paraissait contemporain de celui de Montaugland.

En raison de la matière première employée et vraisemblablement des besoins des populations préhistoriques, l'Atelier du Haut Château a fourni en grande quantité des haches, hachettes et ciseaux, mais l'on y a fabriqué également quelques pics et tranchets, tandis que, pour les mêmes motifs, les tranchets sont rares à Montaugland, les haches le sont encore davantage, la fabrication étant demeurée spécialisée à la taille d'innombrables pics.

Le grès lustré de Montaugland est si facilement reconnaissable que l'on peut identifier à coup sûr l'origine des outils fabriqués avec cette matière. Or, malgré de très longues et patientes recherches, nous ignorons encore les régions où l'on utilisait cet outillage.

Si nous pouvions découvrir les fonds des cabanes dans lesquelles s'abritaient nos ouvriers, nous aurions probablement des indications sur l'usage auquel les outils étaient destinés, mais jusqu'ici les sondages pratiqués en forêt dans ce but sont demeurés stériles.

Eu égard à ces considérations, nous nous garderons d'assigner un emploi à l'outillage recueilli en nous basant seulement sur des raisons de similitude ethnographique, sur lesquelles nous ne pourrions pas d'ailleurs nous appuyer avec certitude et nous nous contenterons de vous présenter quelques-unes des pièces les plus typiques de l'Atelier.

Pics et ciseaux. — Comme nous l'avons dit plus haut, le choix de l'ouvrier préhistorique, cherchant des blocs propres à fabriquer des pics, s'est porté sur des éclats relativement peu épais qui lui permettaient de réduire au minimum le travail de la taille, puis, comme ces éclats par suite du fissurage du grès, étaient limités par deux surfaces planes et sensiblement parallèles, il s'est borné à en réduire la largeur en portant seulement ses efforts sur les côtés.

Les pics sont ainsi quelquefois à section quadrangulaire, mais le plus fréquemment la taille poussée plus loin a fait disparaître la partie plane supérieure et la section est devenue triangulaire ; rarement les pics ont été taillés sur les quatre faces.

Ils se terminent tantôt par des pointes, tantôt par une pointe et un biseau généralement naturel rappelant celui des tranchets et que l'ouvrier a laissé subsister.

Les pics, dont le plus long à deux pointes atteint 29 centimètres, tandis que le plus grand terminé en biseau a 22 centimètres de long avec 5 centimètres et demi de largeur au biseau, sont dans la proportion de 80 pour cent de l'outillage fourni par la station.

Tranchets. — Les tranchets sont rares et, sur plusieurs milliers de pièces recueillies, leur nombre ne dépasse pas la centaine ; il y en a de toutes les dimensions, le plus grand présente une longueur de 16 centimètres avec un tranchant large de 8 centimètres, tandis que le plus petit a seulement 3 centimètres de long et 22 millimètres au biseau.

Tantôt simples, tantôt doubles, ils sont généralement assez grossiers et leur forme accuse une technique quelque peu primitive.

Grattoirs. — Variés sont les grattoirs convexes ou concaves, taillés dans des éclats qui présentent toujours une certaine épaisseur.

Rabots et racloirs. — Les rabots le plus souvent nucléiformes et les racloirs sont un peu plus abondants que les tranchets et les grattoirs ; ils sont généralement de forme rudimentaire et peut-être ne proviennent-ils, la plupart du temps, que de pics n'ayant pas donné toute satisfaction à l'ouvrier.

Pour les racloirs plus spécialement, nous les considérons volontiers comme des pics incomplètement taillés.

Nuclei. — De petits nuclei de forme conique et très peu communs dans l'Atelier présentent un enlèvement lamellaire assez régulier, leur poids varie entre 165 et 220 grammes.

Haches et hachettes. — Encore plus rares sont les haches et les hachettes et, si la plupart sont assez grossièrement taillées, deux exemplaires présentent néanmoins une certaine élégance. Leur fabrication était d'ailleurs tout à fait accidentelle à Montaugland.

Percuteurs. — Fréquents sont les percuteurs-enclumes ; nous signalerons à ce sujet que quelques fragments de pics présentent de nombreuses traces de percussion.

Tarauds. — De gros outils sur éclats épais et retouchés sur les bords peuvent avoir été destinés à percer des pièces de bois, mais, pour les raisons exposées précédemment, nous formulons toutes réserves quant à leur emploi.

Scies à dos abattu. — Ces outils rares dans l'atelier sont généralement confectionnés avec soin et bien appropriés.

Petites pièces. — Nous signalerons un certain nombre de petites pièces portant de nombreuses retouches et qui auraient pu être destinées à la rigueur à remplir le rôle de racloirs, grattoirs ou perçoirs et nous mentionnerons avec ceci nombre de petits outils dont l'usage est actuellement indéterminable.

Tels sont les types caractéristiques fabriqués dans l'Atelier de Montaugland, nous nous réservons d'étudier prochainement l'outillage de cette station au point de vue de la technique de la taille.

Henri MARTIN

ÉTAT DES TRAVAUX DANS LA STATION DU ROC EN 1930

Chaque année mes recherches se poursuivent méthodiquement dans la station solutréenne du Roc et chaque campagne apporte de nouveaux documents. Actuellement, la reconstitution de l'ancien atelier avec sa frise sculptée est terminée, les moulages en ciment des blocs sont en place. En m'efforçant de ne pas dénaturer la perspective qui se déroulait sous les regards des Solutréens, j'ai profité de la présence des anciens socles pour y placer les reproductions des merveilleuses sculptures. Aujourd'hui nous pouvons contempler cette frise si originale dans tous ses détails et nous rendre compte de sa position exacte : elle dominait un lieu de travail et probablement aussi s'associait au culte de la fécondité.

Les sculptures découvertes en 1928 ne comportent pas d'animaux femelles au ventre gravide comme les sujets de la première série trouvés en 1927. Les blocs découverts en dehors de l'alignement de la frise, sur les côtés de l'atelier comprennent un Oiseau, des fragments de Bovidés et de Renne. En 1929, en établissant de profondes tranchées au pied du talus, sous le passage d'un ancien chemin, j'ai trouvé deux blocs sculptés de grand intérêt. L'un d'eux particulièrement est ornementé d'une véritable scène, celle de deux Bouquetins en position de lutte. Déjà sur une des pierres de la frise (Bloc F) nous connaissions une scène animée : celle d'un Bœuf chargeant un homme. Ici, nos deux Bouquetins constituent une mise en scène pleine d'animation et d'un réalisme surprenant. L'artiste solutréen a étudié l'attitude de ces deux animaux avec la plus grande attention, car il a su rendre une des phases du combat avec une exactitude parfaite.

La station du Roc appartient maintenant aux Musées Nationaux, cette importante formalité permettra la protection effective de notre joyau préhistorique. Loin d'être épuisée, la station fournit encore dans les tranchées ouvertes des documents de première importance. Je continuerai donc les travaux commencés au Roc il y a vingt ans, et cela avec d'autant plus d'encouragement que l'acte de cession à l'Etat comporte à mon égard une réserve : celle d'y diriger exclusivement les fouilles. Tous les blocs sculptés ainsi que toutes les collections recueillies sont dirigés sur le Musée de Saint-Germain et déposés dans une salle spéciale consacrée à mes découvertes en Charente.

Le transport des blocs sculptés depuis le lieu de la découverte jusqu'à celui de l'emplacement définitif n'est pas toujours très aisé. Parmi les douze blocs découverts, deux étaient fort pesants, ils atteignaient 800 kilogrammes. Plusieurs fois il a fallu entailler les blocs sur place et les alléger en attaquant avec de grandes précautions les faces non sculptées. Ce procédé est délicat sur le terrain et le travail d'équarrissage doit plutôt être réservé à l'atelier du Musée.

Toutes les pierres sculptées après leur découverte ont été emballées dans des caisses solides et chargées dans un wagon spécial et plombé. Cette précaution permettait d'éviter les transbordements dangereux, puisque expédiées dans une gare charentaise, les caisses arrivaient directement en gare de Saint-Germain.

H. MULLER
Conservateur du Musée Dauphinois
Grenoble.

QUESTIONNAIRE SUR LES PROCÉDÉS DE TECHNIQUE INDUSTRIELLE USITÉS AUX ÉPOQUES PRÉHISTORIQUES ET PROTOHISTORIQUES. PREMIÈRE SÉRIE.

Préhistorique

Age de la pierre

Les *percuteurs* sont toujours rares, même dans des stations où les éclats de taille abondent. Quelle est la cause de cette rareté et quel est le procédé de percussion qui a pu être employé et ne laissant pas de percuteurs en pierre ?

De nombreux fouilleurs ont décrit comme étant des percuteurs quelques boules en silex couvertes d'étoilures ; or, la plupart de ces objets portent parfois des méplats et quelquefois de faibles dépressions, les rendant absolument impropres à servir de percuteurs. Ayant obtenu des lames de silex, de cristal de roche et d'obsidienne, à l'aide de maillets en buis, j'estime que certains procédés de percussion nous échappent.

A-t-on expérimenté, pour la taille du silex, le procédé consistant à tenir le nucléus dans l'eau, le plan de frappe affleurant sa surface ?

Ce procédé neutraliserait les vibrations, comme lorsque l'on coupe du verre avec des ciseaux, le tout plongeant dans l'eau.

A-t-on expérimenté la taille par contre-coup, consistant à frapper sur le percuteur en tenant celui-ci à un ou deux millimètres du nucléus ?

Cette technique est assimilable à celle des briseurs de pavés, opérant sur la voie publique. Les pavés brisés à coups de poing sont tenus, avant le choc, à quelques millimètres d'un pavé dur posé sur le sol.

Marteaux

En présence d'assez nombreuses haches en pierre dont le tranchant a été détruit et remplacé par une surface polie, arrondie et parfois de 6 à 10 mm. d'épaisseur, n'est-il pas permis de voir dans ces instruments les premiers marteaux pour le métal ?

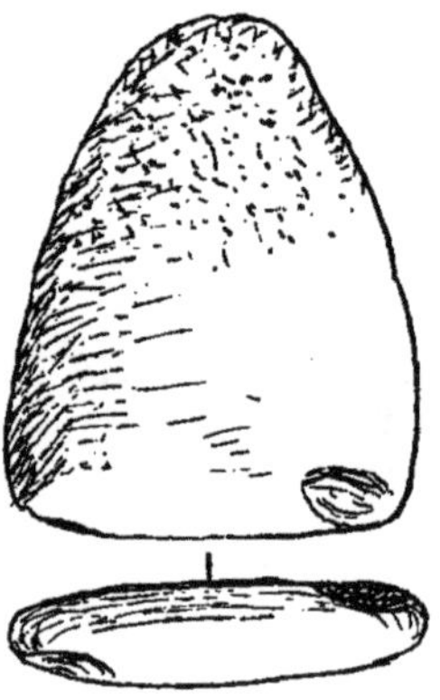

Certaines de ces haches ne sont que des lissoirs à poteries ou pour d'autres usages, mais beaucoup portent deux éclats affectant deux angles opposés du tranchant mousse, témoignant de leur emploi en guise de marteau.

Protohistorique

Ages du cuivre et du bronze

Fusion du minerai. — Le cuivre et plus tard le bronze ont-ils été fondus en creusets ou mêlés, sous forme de minerai ou de métal, au combustible, bois ou charbon de bois, garnissant le fourneau ?

Si le creuset a été en usage aux temps de la métallurgie du cuivre et du bronze, avec quel instrument était-il retiré du fourneau ?

Etant donné l'extrême rareté des creusets, paraissant seulement à la fin du bronze, creusets très petits, propres à couler de petits objets, comment a été obtenue la coulée en moules des épées de bronze et des grosses haches en même métal ?

Ne peut-on supposer le fourneau à fondre construit de telle façon, que la masse fondue accumulée en une poche assez élevée au-dessus du sol était libérée par l'extraction d'un bouchon quelconque, obturant un trou pratiqué à la base de la poche ?

Les moules placés plus ou moins verticalement sous l'ouverture ainsi pratiquée, recevaient le métal en fusion. De là les culots assez nombreux, représentant le reliquat de métal demeuré en place au fond du fourneau.

On ne connaît aucune pince susceptible de sortir un creuset du fourneau pendant l'âge du bronze, à quelle période du Fer peut-on attribuer les premières pinces à creuset ?

Suivant les régions étudiées, à quelles époques peut-on affirmer l'emploi de cet outil ?

Le premier cuivre fondu a pu être du cuivre natif, rencontré en affleurement, au sommet du chapeau des filons.

Ensuite, le grillage lent et continué pendant des journées a pu amener les malachites et autres minerais non sulfurés à l'état d'éponge métallique, prête à être fondue.

M. Aug. Bouchayer, usinier à Grenoble, a réussi ainsi à obtenir du cuivre spongieux susceptible d'être martelé directement.

Soudure

Il existe un mode de soudure qui consiste à réunir deux pièces de bronze en coulant sur le joint à souder, préalablement surchauffé, un bronze en fusion, rendu plus fusible par suite d'une plus haute teneur en étain.

Les tziganes, au XIXe siècle encore, remplaçaient ainsi les pieds et les anses cassés des marmites de bronze.

Peut-on citer des objets de l'âge du bronze montrant les résultats de cette technique ?

Un autre procédé, consiste à faire chauffer deux objets de bronze, à l'aide d'un jet de flamme projeté par une soufflerie, jusqu'à ce que fonde un morceau de même métal plus fusible (la soudure) placé sur le joint des deux objets à réunir.

Quel était le fondant ou désoxydant employé pour ce travail ?

Que dire du procédé antique pour la fabrication des bijoux perlés en or, de l'époque mycénienne et autres, que l'on rencontre principalement dans les nécropoles de l'Orient Européen. Ces bijoux en or mince sont couverts de perles, de grains d'or minuscules soudés sur leurs surfaces, sans que l'on puisse retrouver les traces du moindre paillon de soudure, paillons qui auraient été microscopiques et impossibles à placer.

On ne peut que penser à la solution suivante : le bijou en or pur, recevait à l'aide d'une gomme adragante les perles minuscules faites d'un or légèrement moins haut en titre. Le bijou porté au feu de moufle était vivement retiré du feu, dès que les perles, d'un titre plus bas, commençaient à *suer*. Cette suée les soudait sur le bijou.

Un bijoutier de Rome (M. Castellani) a retrouvé ce procédé il y a 30 ou 40 ans, mais il le garde secret.

Ici on peut aussi demander si l'on a connaissance des fondants ou désoxydants (obligatoires) employés pour la fusion du cuivre et du bronze dans l'antiquité ?

Age du fer

A quelle époque, en Europe, peut-on faire remonter l'invention du *laminoir* ?

Cet outil, au début sans engrenages, était constitué par deux cylindres enfermés dans un cadre de métal et actionnés chacun par une manivelle. Il était encore en usage chez certains bijoutiers de province, jusque vers 1890.

A quelle époque a-t-on commencé à se servir de *fillères* en métal pour tréfiler le cuivre, l'or et l'argent ?

Ce questionnaire sera continué, les réponses peuvent être adressées à M. Müller pour être éventuellement publiées sous les noms de leurs auteurs.

Maurice PIROUTET

Docteur ès Sciences, Assistant de Géologie Appliquée à l'Université d'Alger

FOUILLE DE TUMULUS DANS LA FORÊT DE BOVARD A SALINS (JURA)

Le bois de Bôvard (Boûva : Bois vert), sur le territoire communal de Salins (Jura), à 6 ou 7 km. au N.-E. de cette ville est situé, dans la moitié N.-E. de la montagne de Belin, dans une combe à thalweg constitué par l'Oxfordien. Cette combe est limitée au N W par la haute crête rocheuse mésojurassique dominant la route de Salins à Nans, et au S E par une arête formant la limite entre les Bois de Bôvard et des

Tuiles. Sur cette dernière crête, séquanienne, et sur son versant oriental existent des tumulus dont tous ceux ouverts se classent au Néolithique, plus ancien vers le point culminant du côté de la crête, récent dans la partie S W. Certains des plus anciens ont montré des cistes avec corps repliés. Sur l'autre versant (*Bathonien*) de la combe existent aussi quelques groupes de tombelles, d'âge bien différent au moins parfois, et c'est de l'une d'elles que je vais parler.

Ce tumulus, le plus volumineux du groupe, haut de 1 m. et d'un diamètre de 10 m., était situé, à 500 m. environ au N E du grand chemin de Saizenay à Géraise, sur une élévation allongée de terrain, dominant le voisinage au S E et au N W. La fouille commencée en 1898 et interrompue par l'hiver, puis par la croissance des rejets, ne put être reprise qu'en 1929, après la coupe du bois. La fouille fut alors exécutée avec l'aide d'une subvention de l'Administration des Beaux-Arts (Section Préhistorique de la Commission des Monuments Historiques). Le tumulus, édifié en très grande partie en pierres, renfermait pourtant un peu de terre. Au centre, sur un dallage posé sur le sol naturel, reposait un corps avec entourage d'une ligne de pierres plates verticales le sol, sur lequel il gisait, était parsemé de petites pierres brûlées et renfermait de nombreuses particules charbonneuses. Les os étaient en assez mauvais état. L'individu, assez robuste, était d'une taille approchant la moyenne, mais légèrement inférieure ; il avait été placé, la tête au N et les pieds au S, contrairement à ce qu'on a observé généralement pour la sépulture principale de nos tombelles où l'orientation est habituellement S-N.

A gauche de la tête, étaient quelques tessons insignifiants (fig. N° 6, 7, 8 et 9) et d'une cuisson imparfaite. Au poignet gauche, était un bracelet manchette en jayet (fig. N° 11, 12 et 13) brisé en deux parties principales ; ce bracelet était haut de 45 mm. A droite de la tête se trouvait une pointe de lance, en fer, dont la lame, foliforme étroite, longue de 22 cm. et large, au maximum de 2 cm. 0, porte sur chaque face une arête médiane (fig. N° 1). La douille, dont il ne subsiste que quelques fragments (fig. N° 2, 3, 4 et 5), ne se prolongeait que très peu dans la lame et paraît avoir été assez longue ; son entrée offrait un orifice large d'au moins 2 cm. Vers les pieds a été rencontré le talon, en fer, de la lance. Celui-ci est formé d'une tige pleine s'évasant et munie, de ce côté d'une scie, aujourd'hui disparue qui s'enfonçait dans la hampe. En bas, ce talon se terminait par un disque large de 1 cm., immédiatement au-dessus duquel la tige du talon mesure 8 mm. de diamètre pour en atteindre 16 à 17 à sa partie supérieure, la longueur de ce talon est de 50 mm. à 55 mm. (fig. N° 14).

La petite taille de l'individu, le bracelet associé à une arme et l'orientation inusitée N-S, au lieu de S-N, du corps, sont des faits inaccoutumés dans nos tombelles.

A 40 ou 50 cm. plus haut, étaient les restes de deux ou trois individus inhumés sans précautions.

Quelques-uns des petits tumulus du même groupe furent également fouillés ; ils ne donnèrent que quelques tessons insignifiants, parfois rien. L'un, avec des tessons et des os d'animaux, montra de faibles traces d'une inhumation ; l'un d'eux ne montra pas même une pierre brûlée.

12e section

SCIENCES MÉDICALES

Président . . . . M. le docteur Soulié, Professeur à la Faculté de Médecine d'Alger.

H. COSTANTINI

(d'Alger).

LE CANCER ET LES INDIGÈNES DE L'AFRIQUE DU NORD

Rapport

Le problème de l'étiologie du cancer est encore actuellement parsemé d'inconnues si importantes que nous ne devons négliger aucun effort pour éclaircir les conditions au cours desquelles se développe favorablement ou défavorablement cette redoutable maladie.

On connaît les enquêtes qui ont essayé d'établir les relations d'hérédité et la réalité indiscutable mais d'interprétation difficile de l'existence de familles à cancer. Par ailleurs, on sait le sort que de récentes études ont réservé à la conception des nids de cancéreux, à ce qu'on a appelé les maisons à cancer.

Or les questions de races ont préoccupé depuis fort longtemps ceux que la pathogénie du cancer intéressait. Les conclusions ont été diverses, peut-être parce qu'on n'a pas toujours tenu suffisamment compte de ce fait que les mœurs, souvent beaucoup plus que les signes ethniques d'ordre anatomique nous suffisent souvent pour distinguer une race d'une autre.

C'est une cause d'erreur que nous tâcherons d'éviter.

De par ses possessions nord-africaines dont le développement est d'année en année plus important ; de par la présence de son Université à Alger, aux portes de la Métropole, la France est, plus qu'aucune autre nation d'Europe, particulièrement favorisée pour étudier dans des conditions spécialement heureuses cet intéressant côté du problème de la pathogénie du cancer.

En vérité, ce travail a déjà été entrepris à Tunis par M. Conseil. Cependant, M. Conseil n'a pas fait porter son enquête très loin et nous avons pensé que cette étude était à reprendre utilement. C'est dans cet esprit que j'ai chargé mon élève Tcherny de faire un travail statistique qui ira prendre ses informations tant à Tunis qu'à Fez, à Constantine et à Oran, dans le Sud constantinois, algérien et oranais, en fin dans les divers petits centres accessibles à la statistique et se trouvant dans le Teli et en Kabylie.

Le travail de Tcherny est en gestation. Déjà les renseignements recueillis sont remplis d'intérêt. Je n'en ferai pas état ici cependant. Le mémoire que je vous présente aujourd'hui ne veut pas avoir d'autre prétention que d'être une note préliminaire.

Pour cette raison, je vous apporterai seulement les statistiques concernant notre centre d'Alger.

D'avance je vous fais remarquer que je n'ai personnellement pas une foi aveugle dans la valeur scientifique des statistiques. Disraeli n'a-t-il pas prétendu que c'était la forme la plus monstrueuse du mensonge ? Sans nous arrêter à cette boutade d'un humour tout anglais, je suis bien obligé de vous faire connaître les causes d'erreurs que dans notre exposé nous devrons à chaque pas éliminer.

Tout d'abord, un mot pour rappeler les conditions ethniques que nous observons en Afrique du Nord. A côté des colons français d'origine, néofrançais ou étrangers, mais toujours Européens, on peut d'une façon d'ailleurs très schématique distinguer les Arabes des Berbères. Ces derniers, à n'en pas douter, présentent tous les caractères des races méditerranéennes et spécialement de nos Méridionaux. Ils faut avoir soigné des Kabyles, les avoir vus dans un lit d'hôpital, avoir essayé non pas de pénétrer leurs mœurs qui sont bien complexes, mais de comprendre la vivacité de leur intelligence pour saisir que la race kabyle ne diffère pas sensiblement de ce qu'on appelle les races méditerranéennes et que, devant la maladie, le Kabyle ne peut guère se comporter autrement que nous-mêmes. Les Arabes sont certes moins près de nous, mais ils sont de race blanche quoique parfois légèrement teintés et les différences, pour être sensibles, n'expliquent pas suffisamment pourquoi les Arabes devraient réagir si différemment devant les processus morbides.

Les considérations précédentes ne tiennent pas compte des conditions sociales et des mœurs qui séparent alors radicalement l'indigène des Européens habitant le Nord de l'Afrique.

Il faut bien le dire, c'est incontestablement l'Islam qui a réglementé et commandé ces mœurs si différentes des nôtres.

Mœurs de vêtements d'abord, sur lesquelles je n'insisterai pas.

Mœurs de logement ensuite, qu'il faut bien rappeler, l'indigène se contentant souvent d'abris très rudimentaires et ignorant même lorsqu'il habite une maison l'usage des meubles puisqu'il s'asseoit par terre, mange ainsi et dort sur une natte.

Mœurs d'activité ou de travail aussi, car ce n'est un mystère pour personne que l'indigène Nord-Africain a une répugnance incontestable pour le travail, qu'il cesse aussitôt qu'il n'en a plus un besoin urgent.

Mœurs enfin de nourriture. Ces dernières apparaissent capitales. Elles découlent évidemment des premières conditions d'existence précédemment exposées.

Tout d'abord, l'activité de travail des indigènes étant réduite, il en résulte une diminution de leurs ressources pécuniaires qui fera de presque tous (au moins de ceux qui habitent hors des centres) des sous-alimentés. Ensuite, la simplicité de leur vie aura comme conséquence un choix alimentaire dépourvu de recherche et d'imagination. Ce sera la galette qui remplacera notre pain. Cette galette contient évidemment tous les principes chimiques du blé. L'usage de la viande sera réduit. A noter que les plats lorsqu'il en existe sont toujours assaisonnés de poivre très piquant. Le couscous qui est de la semoule est leur mets favori. Enfin, si on laisse de côté les indigènes raffinés des villes qui représentent la minorité, la masse ignore l'usage des conserves.

A la campagne, on fait grand usage de « leben » qui est du petit lait.

Telles sont brièvement exposées les caractéristiques de mœurs capables de nous intéresser pour ce qui touche du problème si complexe du cancer.

Car enfin, n'avons-nous pas ici de par l'existence de deux peuples étroitement juxtaposés, subissant ensemble les mêmes influences climatiques, buvant la même eau, se nourrissant des mêmes produits du sol, un champ d'observation incomparable ? Les deux peuples en question diffèrent très peu ethniquement parlant. Pour ce qui est des Kabyles ou Berbères, la différence est tellement insignifiante qu'elle ne peut être prise au sérieux.

Or ces deux peuples, encore une fois étroitement juxtaposés, conservent pour leur propre compte leurs mœurs et leurs habitudes d'hygiène, d'habillement et d'alimentation.

N'est-il pas intéressant de ce fait de comparer leur pathologie et vis-à-vis du cancer de savoir si l'un est davantage atteint que l'autre ?

Par ailleurs, et d'une façon générale, on sait qu'on a remarqué que le cancer s'observe avec une plus grande fréquence dans les pays septentrionaux. Les radiations solaires influencent-elles la genèse et le développement du cancer ? Mystère. Cependant la situation même de notre Afrique du Nord avec la diversité de ses climats qui vont du climat méridional dans la région du Tell au climat saharien dans le sud, ne doit-elle pas nous commander une étude statistique comparative. C'est encore une fois le travail auquel se livre Tcherny. Déjà je puis vous dire que nous apporterons la preuve de l'extrême rareté du cancer dans les régions du sud et que par ailleurs ce gros travail présentera un grand intérêt. Il m'est impossible cependant de le déflorer dans cette courte note qui ne tiendra compte que des résultats des recherches statistiques faites dans le seul canton d'Alger. Cependant, par ce que nous venons d'exposer, on se rend compte de l'importance que prendra l'enquête que nous avons entreprise.

Avant de vous donner le résultat des recherches statistiques si consciencieusement entreprises par Tcherny, que je vous signale une cause d'erreur capable de fausser en partie nos appréciations.

On sait la situation sociale souvent lamentable de la femme indigène dont les gestes sont subordonnés à la volonté expresse du mari. Beaucoup de ces malheureuses viendraient nous consulter pour un cancer utérin en évolution si le mari ne les menaçait aussitôt de les répudier. Ajoutons d'ailleurs que les mêmes maris sont les premiers à nous consulter lorsqu'ils souffrent personnellement.

Cependant, comme la fréquence du cancer de l'utérus est grande, ces mœurs regrettables sont capables de fausser les statistiques les plus consciencieuses.

Autre cause d'erreur : les indigènes qui fréquentent nos hôpitaux sont souvent des traumatisés, beaucoup par accident du travail.

L'espoir d'une indemnité ou d'une rente qui pour si modique qu'elle soit leur permettra le repos engagent ces pauvres gens à se confier à nous plus aisément que pour un mal sournois et lent à se développer tel que le cancer.

Ces considérations exposées, voici le résultat de nos recherches statistiques portant sur la seule ville d'Alger, mieux, sur le seul hôpital de Mustapha. Cette statistique s'étend sur un exercice de 20 ans.

Tcherny s'est adressé aux trois services de chirurgie d'adultes existant à Mustapha :

1° La clinique chirurgicale dont les chefs ont été depuis 20 ans le Prof. Vincent et moi-même.

2° Le service Sédillot Nelaton dont les chefs ont été depuis 20 ans les docteurs Denis et Goinard.

3° Le service Larrey Lisfranc dont les chefs ont été depuis 20 ans les docteurs Sabadini, Cochez, Aboulker.

4° A ces trois services fut ajouté le service d'oto-rhino-laryngologie dirigé par le docteur Henri Aboulker.

Si nous nous en tenions, sans esprit critique, à la brutalité des chiffres qui nous sont proposés, nous devrions donc conclure que certainement le cancer est beaucoup moins fréquent chez l'indigène d'Alger : 1 sur 39, que chez l'Européen d'Alger : 1 sur 23.

C'est là qu'apparaît l'utilité des remarques exposées plus haut sur les mœurs des indigènes. Nous soulignons en particulier les 528 cancers utérins des Européennes contre les 71 cancers du même organe chez les indigènes.

Les 303 cancers du sein des Européennes s'opposent aux 18 cancers du même organe chez les indigènes.

Ici, une distinction s'impose. Les indigènes hommes s'opposent en général à toute opération portant sur les organes génitaux de leurs femmes, mais leur répugnance est moindre pour ce qui est des interventions portant sur d'autres régions. Nous voyons les cancers du sein de leurs femmes et la différence, compte tenu du chiffre global des entrées (56.000 pour les Européens, 17.000 pour les indigènes) est très instructive. Malgré ces remarques critiques qui nous paraissent justifiées, il semble bien ressortir des chiffres que nous apportons que le cancer est cependant bien moins fréquent chez les indigènes. La différence n'est peut-être pas aussi sensible que celle qui ressort de nos statistiques, mais elle est appréciable. Nous pouvons avancer le fait d'autant plus volontiers que nous nous réservons avec Tcherny de le démontrer par d'autres statistiques résultant de la vaste enquête que nous avons entreprise et dont certains éléments sont déjà solidement acquis.

Une autre remarque est le peu de fréquence des cancers du tube digestif. Cette remarque, nous l'avons faite depuis longtemps. En dix ans de pratique, nous avons vu un seul cancer du rectum chez un indigène alors que nous opérons quotidiennement des hémorroïdes chez les Arabes. Bien mieux, et cette remarque est peut-être encore plus instructive, il nous a paru que les cancers de l'intestin étaient beaucoup moins fréquents chez les Européens de l'Afrique du Nord qu'à Paris par exemple.

Enfin, dernière observation que confirme notre statistique, les sarcomes sont plus fréquents en Algérie que dans la Métropole. Ce n'est d'ailleurs pas une remarque personnelle. La plupart des chirurgiens ayant la charge d'un service important nord-africain ont depuis longtemps noté la même impression.

Tels sont les faits. Comme on le voit, ils ne manquent pas d'offrir un puissant intérêt, car il faut maintenant essayer d'en donner l'explication.

Je pense pour ma part que sur ce terrain, il convient d'être particulièrement prudent.

Le fait que les indigènes sont moins souvent atteints que les Européens d'Algérie doit nous faire admettre évidemment que les habitudes alimentaires y sont pour quelque chose. Il n'est pas douteux que la rusticité des mœurs a empêché les Arabes de se diriger vers cette carence magnésienne qui est le propre de notre alimentation actuelle suivant les idées soutenues par M. Delbet Sans insister outre mesure, nous croyons qu'il y a là une considération à prendre très au sérieux.

De même les indigènes ne mangent pas de mets conservés, ce qui pour certains est important.

Si on considère d'emblée par là que les cancers digestifs sont plus rares ici que dans la Métropole sur les Européens comme sur les indigènes, n'avons-nous pas le droit de nous demander si la qualité des eaux plus riches en magnésium n'est pas responsable de cette préservation d'ailleurs relative ?

D'autre part, les radiations solaires ne jouent-elles pas elles aussi un rôle dans la distribution géographique du cancer plus fréquent dans le Tell que dans le Sud ?

Ce sont là autant de questions que nous posons sans répondre, comme tous les cancerologues, puisqu'il demeure bien entendu que jusqu'ici, malgré nos efforts, nous ne connaissons rien de la cause vraie du cancer.

Enfin, la constatation renouvelée que les sarcomes sont plus fréquents ici qu'en Europe est tout à fait troublante.

J'ai cru observer que les sarcomes que j'ai vu se sont développés dans des régions où le kyste hydatique abonde. J'ose à peine écrire cette remarque que j'appuierai de chiffres quelque jour. Cependant, il y a là matière à soutenir l'origine parasitaire des sarcomes, non pas qu'il y ait une relation entre la maladie hydatique et le sarcome, mais il n'est pas impossible que les conditions de contagiosité — si je me permets ce terme bien osé — soient tout à fait superposables pour les deux affections.

Tableau récapitulatif de l'Hôpital de Mustapha

SERVICES :
Dupuytren — Bichat — Oto-rhino (consultation, salle Ménière)
Sédillot — Nélaton Lisfranc — Larrey.

ANNÉE		Face		Bouche		Cou		Pharynx		Larynx		Œsophage		Estomac		Intestin		Foie Pancréas		Parois abdomen		Seins		Utérus	
		E.	S.	E.	S.	E.	S.	E.	S.	E.	S.	E.	S.	E	S.	E.	S.	E.	S.	E.	S.	E.	S.	E.	S.
1909 à 1929	Européens	268	16	132	0	80	10	77	8	299	0	31	0	141	1	23	1	39	0	12	4	303	2	508	7
	Indigènes	126	13	26	1	8	4	6	3	36	0	1	0	8	0	25	1	7	0	4	2	18	0	71	0

ANNÉE		Vagin		Vulve		Rein		Vessie		Verge prostate		Membre supérieur		Membre inférieur		Régions indéterminées		Total		Nombre des entrées	Pourcentage
		E	S.	E.	S.	E.	S.	E.	S.	E.	S.	E.	S.	E.	S.	E.	S.	E.	S.		
1909 à 1929	Européens	13	2	7	0	2	0	16	0	17	0	7	8	13	27	122	8	2295	94	56.700	1 : 23
																		2389			
	Indigènes	3	0	2	0	0	0	6	0	2	0	5	5	5	21	23	10	382	60	17.344	1 : 39
																		442			

V. GILLOT

Professeur de Clinique médicale infantile à la Faculté mixte de Médecine et de Pharmacie d'Alger

LE KALA AZAR EN ALGÉRIE

Rapport

De longue date, les Hindous ont nommé Kala-Azar une maladie chronique cachectisante entraînant presque toujours la mort et essentiellement caractérisée par une *grande anémie* avec une *très grosse rate* et de la *fièvre*.

La Province d'Assam, au nord de la Birmanie, paraît avoir été un foyer d'origine des plus anciennement connu de cette maladie qui s'est répandue dans la suite de l'Orient à l'Occident.

Cette anémie splénomegalique fébrile a été l'objet, il y a un demi-siècle, de nombreuses recherches de la part des médecins anglais qui l'ont attribuée hypothétiquement à de nombreuses et diverses causes (paludisme : ankylostomiase, mélitococcie, etc...) jusqu'au jour où en fut découvert le véritable agent causal.

I. — *Historique*

C'est en mai 1903 qu'à Londres, sur des frottis de la pulpe splénique d'un soldat anglais, mort des suites d'une infection contractée dans les Indes près de Calcutta, W. B. Leishman découvrit des corps parasitaires analogues aux formes d'involution des Trypanosomes (1).

Deux mois après, à Madras, C. Donavan annonçait que chez les malades atteints de Kala-Azar et aux diverses phases de la maladie, il retrouvait ces mêmes corps parasitaires (2).

En novembre de la même année, R. Ross, étudiant la morphologie de ces éléments parasitaires, les décrivait comme appartenant à un sporozaire d'un genre nouveau et proposa de leur donner le nom de *Leishmania Donovani* (3).

(1) Leishman, *Brit. méd. journal*, 30 mai et 21 nov. 1903.
(2) Donavan, *Brit. méd. journ.*, 11 juillet 1903.
(3) R. Ross, *Brit. méd. journ.*, 16 et 28 nov. 1903.

En juillet 1904, Léonard Rogers, à Calcutta, réussit à cultiver ce parasite, extrait des rates de malades, dans du sang citraté et constata sa transformation en flagellé (1).

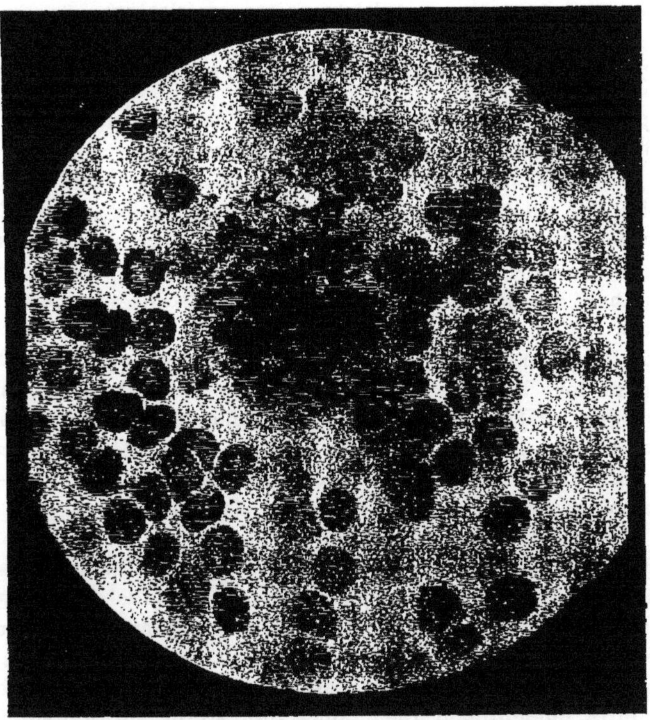

Microphotographie de pulpe splénique (Kala-azar).
Au milieu des globules sanguins, on voit une grande cellule parasitée contenant plus de 20 corps de Lishman.

Cette série d'importantes découvertes est indispensable à rappeler comme prémisses à toute étude concernant le Kala-Azar, car c'est grâce à elles qu'on peut identifier cette même maladie dans de nombreux cas de ces anémies avec splénomégalie que l'on observait un peu partout et particulièrement chez les enfants en pays riverains de la mer Méditerranée.

On a, par la suite, groupé sous le nom général de *Leishmanioses* (2) diverses affections dues aux parasites de Leishmann et Donavan. Et on

---

(1) Roger, Preliminary Note on the Development of, etc..., *The Lancet*, juillet 1904.
(2) Laveran, Leishmanioses. Masson, éditeurs, Paris, 1917.

a conservé le terme de Kala-Azar pour désigner chez l'homme, adulte ou enfant, la *leishmaniose interne* ou viscérale que l'on oppose cliniquement, tout au moins, à la *leishmaniose externe*, caractérisée par des localisations cutanées (bouton d'Orient, de Biskra, etc...) ou des localisations cutanéo-muqueuses (leishmaniose américaine).

Historique du Kala-Azar en Algérie

Le premier cas authentique de Kala-Azar observé dans le bassin de la mer Méditerranée le fut en Afrique du Nord.

En mars 1904, à la Goulette, près de Tunis, un médecin militaire, Cathoire, à l'autopsie d'un bébé de dix mois, né de parents français et décédé à la suite d'une maladie étiquetée leucémie splénique, fait un frottis de rate et l'envoie pour examen à Paris à Laveran. Celui-ci y reconnaît des parasites identiques à ceux décrits par Leishman et Donavan (1).

A partir de cette date, on signala de nombreux autres cas de Kala-Azar dans tous les pays méditerranéens ; en Italie, à Malte, en Grèce, en Espagne, en France et aussi en Asie Mineure, en Egypte, en Tripolitaine, etc... et on ne tarda pas à voir que le Kala-Azar méditerranéen et le Kala-Azar hindou étaient identiques. Aussi abandonna-t-on vite la dénomination de *Leishamia infantum* d'abord proposée par C. Nicolle pour désigner le parasite du premier.

A partir de 1907, Ch. Nicolle (2), Directeur de l'Institut Pasteur de Tunis, multiplia, avec ses collaborateurs, des faits d'observation et d'expérimentation de la plus haute importance parmi lesquels nous citerons : 1° l'inoculabilité du Kala-Azar au chien et au singe ; 2° la découverte d'une leishmaniose canine spontanée (3) ; 3° l'obtention de cultures indéfiniment repiquables du parasite sur milieu Novy-Mc Néal simplifié par suppression de la viande et de la peptone ; 4° l'hypothèse d'une origine canine du Kala-Azar infantile.

L'Algérie au point de vue géographique, climatique, ethnique, ne forme qu'un même pays avec la Tunisie. Il eût été étonnant qu'elle restât indemne de Kala-Azar infantile, et de leishmaniose canine alors qu'il y en avait relativement beaucoup dans la Régence de Tunis.

De fait, durant l'été de 1910, Ed. et E. Sergent trouvèrent de la leishmaniose chez des chiens à Alger (4).

---

(1) LAVERAN, *Bulletin de l'Académie de Médecine de Paris*, 22 mars 1904, 3e série, II, p. 247-248.
CATHOIRE, *Archives générales de Médecine*, 6 juin 1905.

(2) C. NICOLLE et ses collaborateurs, *Arch. de l'Inst. Pasteur* de Tunis, 1904, 1909, 1910, 1911 *pass.*

(3) C. NICOLLE et COMTE, *Acad. des Sciences*, 6 avril 1908.

(4) Ed. et E. SERGENT, Existence de la leishmaniose chez les chiens d'Alger. *Soc. de Pathologie exotique*, 12 oct. 1910.

En tenant compte de l'origine canine du Kala-Azar émise par Ch. Nicolle, on pouvait dès lors soupçonner en Algérie l'existence de la maladie humaine. On ne tarda pas à en découvrir un premier cas

Au cours de l'année 1911 à Mansoura, près de Bordj-bou-Arréridj, département de Constantine, le docteur Gérin de Mansoura, ayant vu que des injections répétées de quinine et d'arrhénal n'arrêtaient pas les accès de fièvre d'un petit garçon de 8 mois, pâle, amaigri, possédant une rate débordant largement les fausses côtes l'adressa au docteur G. Lemaire à Alger pour examen bactériologique. La recherche de l'hématozoaire et les divers diagnostics à la fièvre typhoïde, aux fièvres paratyphoïdes et à la fièvre de Malte étant négatifs, M. Lemaire ponctionna la rate et en retira quelques gouttes de sang qui lui permirent de faire des étalements et des cultures. Les préparations colorées au Giemsa montrèrent inclus dans de grands mononucléaires des groupes de corps de Leishman caractéristiques et les cultures leur transformation en flagellés (1).

Quelque temps après, en 1912, une deuxième observation authentique de Kala-Azar algérien est faite par MM. Ed. et Et. Sergent, Lombard et Quilichini (2) au Frais Vallon, près d'Alger. Il s'agissait d'une petite fille de deux ans, espagnole, dont les frottis de pulpe de rate contenaient de nombreux corps de Leishmann, et les mêmes parasites furent trouvés sur un chien et sur un chat habitant la même maison que cette enfant.

A cette époque fut soutenue par M. Marcel Rançon devant la Faculté mixte de Médecine et de Pharmacie d'Alger une thèse de doctorat sur le Kala-Azar (3) qui attira encore l'attention des praticiens sur cette maladie.

En 1914, Conor et Calo publièrent le troisième cas de Kala-Azar algérien (4).

En 1916, MM. Sergent Ed. et Et. et de Monzon en signalèrent deux autres, l'un chez une petite fille habitant Guillaumet près de Mostaganem, département d'Oran, et un autre à Djidjelli, département de Constantine (5) Le 5e cas est celui d'un adulte soldat allemand, prisonnier de guerre près Tizi-Ouzou que relate M. le Professeur Soulié en même temps qu'il publie un 6e cas, observation personnelle, chez

---

(1) LEMAIRE, Premier cas de Leishmaniose algérienne. *Bull. Soc. Pathol. Exot.*, oct. 1911, et Acad. de Médecine, 6 juin 1911.

(2) SERGENT (Ed. et Et.), LOMBARD et QUILICHINI. La leichmaniose à Alger, infection simultanée d'un enfant, d'un chien et d'un chat dans la même habitation. *Bull. Soc. Pathol. Exot.*, février 1912.

(3) Marcel RANÇON. Kala-Azar (Contribution à l'étude médicale). *Th. de Doctorat en médecine*, Alger, 1913.

(4) CONOR et CALO (Troisième cas de Kala-Azar, Alger). *Bull. Soc. Pathol. Exot.*, 1914.

(5) Ed. et Et. SERGENT et DE MONZOU. *Bull. Soc. Path. Exot.*, 8 novembre 1915.

un petit garçon de deux ans et demi (1). En somme, la maladie ne paraissait pas très fréquente et M. le Professeur H. Soulié (2) dans une Revue des cas de Kala-Azar algérien en 1924 arrivait au bilan de 6 cas authentiques seulement en l'espace de 13 ans ! Une statistique de M. Lucien Raynaud 1926 (3) était du même ordre : 8 ou 9 cas en 14 ans !

En ces dernières années (1925-1929), il nous a été donné d'en observer plusieurs cas à la Clinique Médicale infantile d'Alger avec les docteurs Sarrouy, Jahier, Flogny, chefs de clinique à la Faculté de Médecine et les docteurs Machuel, Morand, etc...

Ils ont été rapportés au nombre de six dans la Thèse pour le doctorat en médecine de M. Georges Machuel soutenue en 1929 devant la Faculté de Médecine d'Alger (4).

Nous pouvons en citer trois autres cas récents : l'un (1929) observé à Bouira, chez un bébé de six mois par le docteur Pélissier de Reynaud, avec le docteur Thiodet ; un second chez un jeune garçon espagnol, originaire de Bordj-Ménaiel, que nous avons soigné à l'Hôpital de Mustapha avec le docteur Fougère, chef de clinique médicale infantile, et un autre chez un adulte européen de Philippeville soigné par le docteur Aubry à la clinique médicale de ce même hôpital (5).

Nous ne parlons bien entendu que d'observations où l'examen bactériologique a été positif. On voit au total qu'on est parvenu à recueillir dans toute l'Algérie une quinzaine de cas de Kala-Azar de 1911 à 1930, ce qui nous montre que cette terrible maladie y est relativement rare.

II. — *Etiologie*

Le Kala-Azar est une maladie parasitaire qui atteint tous les âges. En Algérie, les enfants sont bien plus souvent atteints que les adultes : dans la proportion de 7 à 1.

La maladie y est surtout fréquente de 1 à 3 ans et les garçons en sont quatre ou cinq fois plus atteints que les filles.

Elle n'épargne aucune race et les indigènes lui paient large tribut. Les cas restent d'ailleurs isolés dans une même famille.

---

(1) H. Soulié, Sixième cas de Kala-Azar en Algérie (*Bull. Soc. Path. exotique*, novembre 1924, p. 778).

(2) H. Soulié, Revue des cas de Kala-Azar algérien et sixième cas. *Bull. Soc. Path. Exot.*, novembre 1924. — Le Kala-Azar dans le bassin de la Méditerranée, *Maroc Médical*, 15 avr. 1926.

(3) Lucien Reynaud, La Leishmaniose dans le Nord de l'Afrique du Nord. *Maroc Médical*, févr. 1926, et Rapport n° 85 à la *Société des Nations*.

(4) Georges Machuel, Le Kala-Azar en Algérie. Thèse de *Doctorat en médecine*, *Alger*, 1929.

(5) Un autre cas chez une femme adulte soignée par le Dr Benhamon à Alger.

Au point de vue de sa répartition géographique, le Kala-Azar diminue de l'Est à l'Ouest et du Nord au Sud de l'Algérie.

Il existe surtout dans les régions avoisinant la mer, contrairement à la leishmaniose cutanée (bouton de Biskra, etc...) que l'on rencontre surtout à l'intérieur du pays et dans les territoires du Sud.

L'agent pathogène du Kala-Azar est le Leishmania Donovani. Il se présente dans le corps de l'homme sous une forme afflagellée, mais devient un flagellé dans ses cultures sur le milieu N. N. N. adopté pour règle par C. Nicolle.

Chez les malades, on le trouve dans la rate, le foie, la moelle osseuse et plus rarement dans le sang périphérique.

C'est un protozoaire de la famille des Trypanosomidés (Brumpt) appartenant au Type Herpetomonas (crithidia) ou Leptomonas.

Sur des frottis d'organes, de rate par exemple, les parasites afflagellés ou Corps de Leishman sont généralement trouvés nombreux libres ou inclus dans des cellules. Il n'est pas rare d'en compter 30, 40 et plus dans une seule cellule macrophage de la rate !

Ces corps de Leishman ont la forme de petits corps sans pigments arrondis ou ovoïdes avec des diamètres de 2 à 4.

Après fixation à l'alcool du frottis et sa coloration au Giemsa, on voit que chaque élément possède deux Karyosomes : l'un gros, arrondi, teinté en bleu, c'est le *noyau* proprement dit (trophonucléens) ; l'autre petit, allongé en batonnet, teinté en rouge, situé au pôle opposé au noyau, c'est le *centrosome* ou *blépharoplaste* (kinétonucléus). Il y a encore d'autres éléments constitutifs tel le *rhizoplaste* de Novy ou flagelle interne et une *vacuole* dans le cytoplasme plus ou moins faciles à constaer. Le docteur Parrot, à l'Institut Pasteur d'Alger, avec M. Lestoquard, par un procédé spécial et une coloration au triéosinate de méthylène ont pu mettre en évidence la *membrane d'enveloppe* tout au moins chez les parasites de la leishmaniose cutanée (1).

D'après Laveran, ces corps de Leishman ainsi constitués ont à l'état vivant des mouvements propres leur permettant de pénétrer dans les cellules de l'organisme.

En culture, ces parasites s'allongent en un corps très effilé à l'une de ses extrémités. Ce corps mesure de 10 à 20 cm. de long et sa partie pointue est prolongée par *un flagellé* encore plus long. Le *noyau* est situé vers la partie moyenne du corps et le flagelle s'insère sur un *centrosome.* Les formes de multiplication de ces flagellés sont nombreuses dans les cultures jeunes. Cette multiplication a lieu par division. La présence de l'hémoglobine dans le milieu N. N. N. paraît indispensable à ces cultures.

---

(1) L. PARROT et F. LESTOQUARD. Sur quelques détails de la structure des Leichmania. *Bull. Soc. Path.*, 8 juillet 1925, p. 541.

Inoculés dans les tissus d'un animal réceptif au Kala-Azar, ces flagellés des cultures reprennent leur primitive forme aflagellée sous laquelle ils se multiplient à l'infini sans produire ni toxine ni agglutinines ni anticorps ou du moins en « quantité trop faible », dit Laveran, pour qu'on en puisse tenir compte.

Le chien est l'animal qui convient le mieux expérimentalement pour des inoculations en série et la leishmaniose expérimentale du chien reproduit en tous points la leishmaniose naturelle de cet animal.

Comment le Kala-Azar se propage-t-il ? On ne sait encore rien de précis sur le mode de cette propagation. La contamination interhumaine, si elle est possible, est tout à fait exceptionnelle.

On peut bien admettre que le chien sert de réservoir au virus, mais on ignore comment ou par quels intermédiaires il le transmet à l'homme.

La leishmaniose canine spontanée existe à Alger, comme l'ont démontré en 1910 M. Edmond Sergent, directeur de l'Institut Pasteur d'Alger, et son frère Etienne. Ils trouvèrent à cette époque 7 % des chiens de la fourrière atteints de cette maladie.

M. Sénevet confirma la réalité de cette leishmaniose canine en 1912 remarquant que les saisons avaient une certaine influence sur l'abondance des parasites de Leishman (1).

En 1913, MM. Lemaire, Ed. Sergent et A. Lhéritier ont ensemencé en milieu N. N. N. la moelle osseuse de 253 chiens abattus à la fourrière de la ville d'Alger et ils ont trouvé que cette leishmaniose canine existait durant toute l'année, mais que la fréquence était plus élevée à la fin du printemps et pendant l'été (2).

Cette fréquence est loin de correspondre au nombre des cas humains. On trouve bien parfois une relation possible de contagion d'enfants par des animaux, mais pas toujours. Sur quatre de nos observations, il semblait impossible de l'invoquer d'une façon positive. D'autres fois, la coïncidence est si frappante qu'elle enlève la conviction. A proximité d'Alger, MM. Ed. et Et. Sergent, Lombard et Quilichini, dans une maison isolée habitée par une famille de cultivateurs espagnols, ont constaté bactériologiquement positive la leishmaniose chez un enfant de 2 ans et demi, chez un chien de 2 ans, tenu constamment à l'attache et chez un chat de 4 mois !

On ne sait donc pas encore comment se fait la transmission des parasites de l'animal malade à l'homme ni comment ces parasites pénètrent dans notre organisme.

(1) G. Senevet, La leichmaniose canine à Alger, sa fréquence et ses variations saisonnières. *Bull. Soc. Path. Exot.*, 14 févr. 1912, p. 89-91.

(2) G. Lemaire, E. Sergent et A. Lhéritier, Recherches sur la Leishmaniose des chiens d'Alger. *Bull. Soc. Path. exot.*, 8 octobre 1912, pages 379-381.

Le rôle de la plupart des insectes sanguicoles, punaises, puces, poux, ixodes, moustiques et des mouches a été tour à tour invoqué sans preuves convaincantes.

MM. Ed. et Et. Sergent, A. Lhéritier et Lemaire à l'Institut Pasteur d'Alger ont cependant pu, une fois, réaliser l'infection, par corps de Lishman, d'une jeune chienne à la suite des piqûres de puces nourries sur un chien atteint de leishmaniose interne.

Certains auteurs à la suite de Brumpt ont pensé que les insectes hématophages et les mouches pouvaient transmettre la maladie non pas pas piqûres, mais en déposant leurs déjections sur une surface cutanée plus ou moins entamée par des lésions de grattage ou autres.

Ce mode de contagion a été réalisé sans conteste à l'Institut Pasteur d'Alger (1) pour le bouton de Biskra grâce au broyage de phlebotomes infectés (Phlebotomes papatasi), mais il n'a jamais été réalisé en ce qui concerne le Kala-Azar.

Ajoutons que la contamination par les voies digestives à la suite de l'absorption d'aliments ou d'eau souillée ne se défend ni par l'observation ni par l'expérimentation et admettons que nous ne savons rien encore de précis sur le mode d'infection de l'homme par le parasite du Kala-Azar.

III. — *Symptomatologie*

La description clinique doit se faire suivant l'évolution habituelle du Kala-Azar.

La leishmaniose interne est en Algérie plus fréquente chez l'enfant que chez l'adulte, mais à part quelques caractères particuliers, la symptomatologie présente toujours les mêmes signes cardinaux : fièvre, anémie, grosse rate, etc... Nous l'avons surtout étudiée chez les enfants.

Début :

Le début est essentiellement insidieux. Aussi ignore-t-on, ne sachant jamais quand s'est faite l'infection, quelle peut être la durée de l'incubation. Expérimentalement, chez les animaux inoculés, elle est en moyenne de trente à trente-cinq jours.

Les premiers symptômes n'ont rien que de très banal. On constate le plus souvent un appétit irrégulier, de l'asthénie avec changement de caractère, des troubles gastro-intestinaux : vomissements, ballonnement du ventre avec alternative de constipation ou de diarrhée ; de la fièvre, etc... et on pense à toute autre chose d'abord qu'à du Kala-Azar.

(1) Sergent, A. Lhéritier, H. Lemaire. Donatien Beguet. Voir *Bull. Soc. Path. Exot.*, octobre 1912.

Mais ces phénomènes persistent ou se répètent plus ou moins régulièrement pendant des semaines pour aboutir à la période d'état annoncée par une fièvre plus tenace, une anémie progressive et une rate qui grossit.

Période d'état :

A ce moment, les malades présentent un aspect caractéristique ayant une émaciation très prononcée qui contraste avec un ventre volumineux.

La fièvre, l'anémie et la rate volumineuse cause du gros ventre forment une triade symptomatique qui dominera désormais le tableau clinique.

Nous les analyserons, avec quelques autres symptômes secondaires d'association ou des complications.

La *fièvre* est constante et de type divers variant d'un cas à l'autre. Remittente ou intermittente, elle s'accompagne rarement de frissons, mais très souvent de sueurs. Il y a en général plusieurs accès en 24 heures. L'accélération du pouls accompagne l'élévation de la température qui marque irrégulièrement des 38, 39, 40°. La courbe thermométrique peut être ondulente divisée par des périodes hyperpyrétiques ou apyrétiques. Elle peut être régulièrement irrégulière, rarement continue. Il faut pour qu'elle soit exacte prendre plusieurs fois par jour la température. D'une façon générale, cette fièvre est tenace et sa persistance en fait un caractère important. La mort peut être précédée d'hyperthermie ou d'une chute prononcée de la température.

Un *gros ventre* contraste avec la maigreur généralement très prononcée du sujet. Cet abdomen volumineux chez l'enfant est dû à l'hypertrophie du foie et surtout de la rate. Pratiquement, il n'y a jamais d'ascite et pas de circulation complémentaire très prononcée.

La *splenomégalie* est toujours manifeste et un des premiers symptômes. La rate est généralement énorme, atteignant l'ombilic et pouvant descendre jusqu'au pubis en remplissant tout l'hypocondre gauche. Elle est mobile, facilement palpable, peu douloureuse, à surface lisse, à consistance ferme. On sent très bien son hile et ses encoches dont on peut dessiner les contours sur la paroi abdominale assez souple. La rate peut mesurer jusqu'à 20 à 30 centimètres dans son grand diamètre. Cette *rate tumeur* reste généralement dans sa position debout. Elle est susceptible de variations de volume au cours de la maladie, mais ne cesse d'être très grosse ou de s'accroître en cas de gravité.

Le foie presque constamment s'hypertrophie, mais pas en proportion de la rate. Il est lisse, à bords tranchants, peu douloureux, sujet à des fluctuations de volume augmentant lors des poussées de l'affection.

L'anémie est toujours très prononcée et progressive. La pâleur est extrême : la face du malade est d'une blancheur cireuse et les muqueuses sont décolorées.

L'hématologie décèle une *déglobulisation* avec *leucopénie*. Le nombre des globules roges est toujours très diminué, tombant souvent au-dessous de un million au millimètre cube de sang. La résistance globulaire se trouve affaiblie et le taux de l'hémoglobine abaissé. Le caractère de cette anémie est d'être aplastique sans hématies nuclées.

Le nombre des globules blancs est inférieur à la normale, tombant à cinq ou quatre mille et moins par millimètre cube de sang et la formule leucocytaire montre une *mononucléose* marquée avec 40, 50 pour cent de mononucléaires et une baisse des polynucléaires. Il y a absence d'œsinophiles.

Ce sont là les signes principaux, les signes cardinaux du Kala-Azar Il y en a d'autres qui, pour être moins constants, n'en sont pas moins quelquefois très importants.

L'hypertrophie des ganglions lymphatiques est fréquente chez les enfants. Il s'agit de *micropolyadénite* généralisée. A la palpation on sent des paquets de ganglions aux aines, dans les aisselles, au cou, etc... Ils roulent sous le doigt séparés les uns des autres, non douloureux, peu volumineux et sans grande dureté. L'adénopathie trachéo-bronchique, causant parfois de la toux, se vérifie par l'examen radiologique.

Des œdèmes fugaces, blancs, mous, indolores se voient parfois à la face ou sur les membres en dehors de toute albuminerie.

Des hémorragies peuvent se produire ainsi que du *purpura*. Le saignement des gencives et des épistaxes répétées peuvent être rebelles Nous avons eu beaucoup de peine une fois à arrêter une épistaxie abondante chez un de nos petits malades. Ces hémorragies constituent des complications et aggravent l'état anémique. Il existe constamment de *l'hypotension*.

Comme cimplications, on peut avoir de la bronchite, de la *broncho-pneumonie*, ou simplement de la dyspnée. On a signalé des signes nerveux méningés, etc...

Des *crises de dyspnée* que rien ne fait prévoir peuvent se produire sur lesquelles a insisté Ch. Nicolle. Ces accès sont accompagnés d'une angoisse violente et de teinte cyanotique des lèvres et des membres. Ils peuvent être passagers ou aboutir à la mort comme nous en avons été témoin dernièrement. Dans ce cas, cette dyspnée d'apparence toxique, sans signes d'auscultation, s'accompagna d'une légère albuminerie et d'une azotémie mesurée par trois grammes d'urée par litre de sang.

Il y a assez souvent des troubles gastro-intestinaux, de l'*entérocolite* notamment, avec appétit assez bien conservé. On peut voir également à titre de complication des *éruptions cutanées* quelquefois pemphygoïdes ou ulcéreuses, de la stomatite, du noma, etc...]

Terminaison :

La durée du Kala-Azar varie de quelques mois (formes aiguës de Jemma) (1) à 1, 2 ou 3 ans et plus (2). La moyenne paraît être de 8 mois à 1 an.

L'évolution des formes prolongées peut être coupée de périodes de remissions trompeuses. La terminaison par guérison naturelle est possible mais, chez l'enfant surtout, la maladie aboutit presque toujours à une période de cachexie grave.

Le malade continue à s'affaiblir et à maigrir. Son état squelettique fait ressortir davantage son gros ventre.

La mort survient dans cet état cachectique précipitée parfois par une des complications énoncées plus haut, ou annoncée par de l'hyperthermie ou de l'hypothermie.

Le Kala-Azar peut être influencé dans sa marche par d'autres maladies (paludisme, etc...). Dans un cas tout récent, nous avons vu un petit malade très amélioré à la suite d'une rougeole. Cette amélioration dura quelques semaines : on pouvait escompter la guérison, mais le Kala-Azar ne fut pas éteint complètement et une poussée aiguë se produisit qui causa un décès rapide.

IV. — *Anatomie pathologique*

La rate à l'autopsie peut être trouvée considérable, peser 400, 500 grammes et plus. Elle est lisse sans adhérences. A la coupe, la pulpe en est rouge foncé, homogène, molle et friable. Au microscope, les corpuscules de Malpighi sont hypertrophiés. On y voit des éléments endothéliaux gonflés et de nombreuses cellules moruliformes (di Christina et Cannata) parasitifères. Des parasites sont trouvés dans les vaisseaux sanguins à l'état libre ou inclus dans leurs endothéliums.

Les ganglions lymphatiques sont mous, tuméfiés. Tous leurs groupes sant atteints, notamment les péribronchiques et mesentériques. La substance médullaire de ces ganglions montre à l'examen microscopique des cellules endothéliales englobant des Leishmania.

Le foie augmenté de volume, garde sa forme. Sa surface est lisse marbrée comme dans le foie muscade. A la coupe, ce foie paraît jaunâtre, un peu décoloré. On constate sur des préparations histologiques des macrophages contenant des parasites du Kala-Azar et encombrant le centre des lobules. Les cellules hépatiques sont altérées, atrophiées ou frappées de dégénérescence graisseuse.

---

(1) JEMMA, *Pédiatria*, janvier 1913.
(2) ARCHIBALD, *Journ. roy. Army med. Corps*, novembre 1914.

Les reins sont normaux ou atteints de néphrite présentant dans ce cas quelques hémorragies punctiformes. Les corps de Leishman généralement peu nombreux se trouvent dans les endothéliums des capillaires et des glomérules.

Le tube digestif est généralement sans altération, sauf au niveau du colon où l'on a signalé quelquefois de petites ulcérations.

Dans les poumons, on a noté dans certaines autopsies des congestions ou des lésions de broncho-pneumonie.

Les autres organes sont ordinairement indemnes d'altération visible. Les frottis qu'on en peut faire peuvent néanmoins fournir des parasites provenant du sang. Il nous est arrivé dans une autopsie d'en trouver dans tous les frottis (cœur, surrénales, pancréas, etc...).

V. — *Diagnostic*

Le diagnostic du Kala-Azar présente pour le praticien de grandes difficultés surtout au début de la maladie. Il ne peut, malgré toutes présomptions, être porté avec *certitude* que par les recherches de laboratoire constatant la présence de corps de Leishman dans l'organisme.

Le diagnostic différentiel s'impose d'abord avec les fièvres *typhoïdes*, *paratyphoïdes*, les *colibacilloses* prolongées, la *mélitococcie*, etc... et se fait à l'aide des séro-diagnostics et de l'hémoculture. De même avec les *fièvres paludéennes* où il se fait grâce à la recherche de l'hématozoaire et à l'efficacité du traitement quinique. « Toute anomalie dans l'évolution du paludisme infantile doit faire envisager l'hypothèse du Kala-Azar, écrit Remlinger, Directeur de l'Institut Pasteur du Maroc (Maroc Médical, 15 avril 1926).

A la période d'état, le Kala-Azar peut être confondu avec *toute splénomégalie chronique fébrile* de nature inflammatoire. Il y a là un groupe d'affections anatomiquement et étiologiquement disparates dont beaucoup sont encore d'origine inconnue.

Une première catégorie de ces affectations est celle des anémies spléniques infantiles.

Parmi celles-ci, la *pseudo-leucémie infantile* ou maladie de Luzet est fréquemment rencontrée à Alger chez les jeunes enfants, surtout chez les indigènes. C'est une chloro-anémie avec globules rouges à noyaux, ce qui la différencie de la vraie leucémie et du Kala-Azar. Elle se rattache quelquefois à la syphilis, à la tuberculose, au rachitisme, mais demeure souvent d'origine occulte.

La maladie de Banti se différencie du Kala-Azar surtout par son évolution aboutissant à de l'atrophie hépatique avec ascite. Elle constitue un syndrome appartenant à des affections diverses dont beaucoup de causes nous échappent encore.

Il faudra éliminer aussi toute *splenomégalie chronique*. On a décrit des splenomégalies dites égyptiennes, dites algériennes auxquelles on devra songer. Les grosses rates algériennes ont été particulièrement étudiées à Alger par MM. les professeurs Nanta, Costantini, Pinoy, etc..., et ont fait l'objet de la thèse du docteur P. Goinard (thèse d'Alger 1927).

Il y a d'autres maladies à grosse rate qu'il ne faut pas ignorer. Telle est la *lymphogranulomatose maligne* (maladie de Sternberg) avec splénomégalie (Nobécourt 1930) : la biopsie d'un ganglion y montrera les cellules dites de Sternberg qui sont spéciales à cette maladie.

Telle encore la *maladie de Nieman-Pick* caractérisée par de grandes cellules vacuolaires, spumeuses, retirées de la rate par ponctions (1).

Nous ne les citons que pour mémoire, car ce sont des maladies aussi rares que graves, mais pouvant simuler en tous points le Kala-Azar le plus avéré.

Des méthodes de laboratoire sont donc nécessaires pour aboutir au diagnostic positif.

Il faut d'abord aller à la recherche directe des Corps de Leishman par l'examen du sang, par l'examen des pulpes spléniques et hépatiques prélevées par ponctions, voire par l'examen de la moelle osseuse après trépanation du tibia, méthode préconisée en Italie (Pianese, Caronia, etc...).

Pour le sang, on ne se contentera pas toujours de simples *frottis*. Il faudra parfois opérer, à la façon de d'Oelnitz de Nice, sur 1 ou 2 centimètres cubes de sang recueillis dans de l'eau physiologique avec un pour cent d'acide acétique. Après centrifugation, on examine le culot où se trouvent rassemblés les corps de Leishman.

Les produits de la ponction de la rate, du foie ou de la moelle, en outre des *frottis*, seront mis en *culture* en milieu N. N. N.

A l'occasion, toutes ces recherches devront être multipliées, car il faut bien savoir, comme cela nous est arrivé, qu'au cours du Kala-Azar le mieux affirmé, on peut avoir des examens négatifs.

Aussi a-t-on recherché d'autres moyens de diagnostic.

La séro-agglutination, la déviation du complément n'ont jamais donné de résultats pratiques et pour cause, comme nous l'avons vu plus haut.

La formo-gélification de Gâté et Papacostas a été préconisée. Elle est facile et consiste à ajouter 2 à 3 gouttes de formol à 1 cc. de sérum du malade. Elle est déclarée positive s'il y a gélification avant la trentième heure, mais si elle est facile, elle est infidèle, se produisant dans le paludisme, la fièvre typhoïde, la tuberculose, etc... et inconstante dans le Kala-Azar comme l'a vu Quemenie aux Indes françaises en 1928.

Dans ces derniers temps, on a eu recours aux procédés de séro-floculation.

(1) V. Comby. *Archives de médecine des enfants*, janvier 1929.

1° Réaction de précipitation de Chopra et Gupta (1). Ce diagnostic sérologique est très employé aux Indes. Il est basé sur ce fait qu'in vitro, les composés organiques d'antimoine, comme par exemple une solution d'uréo-stibamine à 4 % dans l'eau distillée, donnent un précipité massif avec le sérum des malades atteints de Kala-Azar. Pour être positif, le précipité doit être très net avec une goutte de réactif en présence d'un centimètre cube du sérum dilué au dixième dans de l'eau physiologique. Une cause d'erreur est que même à ce taux, la précipitation peut encore se faire si le malade a pris de la quinine.

2° L'examen au photomètre de Vernes est utile pour éliminer toute erreur, comme l'ont expérimenté André et Labernadie (2) au laboratoire colonial de Pondichéry. Le sérum du Kala-Azar dilué au millième et additionné d'une solution d'uréo-stibamine au centième montre seul, grâce à l'instrument, une différence de densité optique supérieure à 15 avec un tube témoin du même sérum au millième non traité.

Tels sont les principaux procédés de laboratoire qui peuvent, à l'heure présente, concourir à établir le diagnostic du Kala-Azar.

VI. — *Traitement*

Le pronostic du Kala-Azar est toujours très sévère.

Les cas de guérison spontanée demeurent exceptionnels, tout au moins en Algérie.

D'ailleurs, la maladie paraît être d'autant plus grave que le sujet qui en est atteint est plus jeune.

On ne doit donc rien négliger pour éviter et guérir cette redoutable infection.

En dehors des soins d'hygiène générale, la prophylaxie consistera, en foyer endémique, à lutter contre tous ecto-parasites humains et à supprimer les animaux domestiques, chiens, chats, etc... paraissant malades.

Au point de vue curatif, il faut savoir que la radiothérapie n'a donné aucun succès et que la splenectomie est une opération dangereuse ici.

En dehors du traitement symptômatique, variant suivant les sujets et l'évolution de la maladie, on devra aussitôt que possible recourir à la médication regardée comme spécifique.

Celle-ci est constituée par un seul groupe de médicaments, celui des composés d'antimoine auxquels sont sensibles les Leishmanias cutanés et viscéraux. Les plus usités sont les composés solubles et les composés organiques.

---

(1) Chopra et Gupta. *Indian medical Gazette*, juin 1927.
(2) André et Labernadie, *Bull. Soc. Path. Exot.*, 8 janvier 1930.

Parmi les premiers, le tartre stibié ou émétique de potasse a été employé en solution à 1 ou 2 % aux doses de 0,02 à 0,05 centrigr. en injections intraveineuses espacées de 2 ou 3 jours. Il a des inconvénients et donne des accidents de toux convulsive, diarrhée, collapsus cardiaque, etc... Les auteurs italiens en restent cependant très partisans.

L'émétique de soude ou tartrate double d'antimoine et de sodium, également soluble, a été préféré par les Anglais. Il est préparé, en France, par la Maison Poulenc sous le nom de Stybial. Les injections se font tous les deux jours dans les muscles ou les veines par séries de 2 ou 3 semaines. Nous en avons obtenu des améliorations, mais non des guérisons.

Le stibényl composé organique d'antimoine a un avantage, celui d'être très facilement utilisable en injections intramusculaires à la dose de 0,03 centigr. tous les 2 ou 3 jours chez les tout jeunes enfants de 2 ou 3 ans ; à la dose progressive de 0,05 jusqu'à 0,10 centigr. et plus chez des enfants plus âgés par séries de 15 à 20 injections. On peut, pour l'adulte, débuter d'emblée à 0,10 centigr. L'élimination par les urines est complète en 3 ou 4 jours.

Un autre composé organique est le stibosan. On l'emploie à solution à 50 % en injections intramusculaires ou intraveineuses. Les doses initiales sont de 0,10 centigr. pour les enfants et de 0,20 pour les adultes à raison de 2 à 3 injections par semaine.

Il y a encore d'autres préparations d'antimoine. Chacune a ses partisans, suivant les pays.

Ce traitement par l'antimoine peut agir sur la fièvre et améliorer l'état général. C'est une de ses premières manifestations d'activité. Il peut faire diminuer la rate plus ou moins vite.

D'une façon générale, la durée de cette médication compte bien plus que son intensité et ce mode de traitement se montre d'autant plus efficace qu'il est employé d'une façon plus précoce, ce qui n'est malheureusement pas souvent réalisé dans la pratique.

En conclusion, nous devons dire que le Kala-Azar existe en Algérie, mais qu'il n'est pas très fréquent dans ce pays où l'on rencontre cependant tant de grosses rates.

Toutefois, s'il y est relativement rare, il y est redoutable puisque presque toujours mortel pour les enfants de quelque race qu'ils soient. Cette affection curieuse a été durant ces vingt dernières années l'objet d'importantes études de la part de nombreux médecins algériens que nous nous sommes plu à rapporter. Mais l'on voit après cet exposé que de nombreux problèmes restent encore à résoudre au sujet du Kala-Azar.

Dr J. MONTPELLIER
Chef des travaux à la Faculté d'Alger.

LA SYPHILIS NERVEUSE EN ALGÉRIE

Rapport

Les grandes lois qui régissent l'apparition, le développement et le devenir des maladies, dominent de très haut tous les chapitres de la Pathologie. Ce sont elles qui nous donnent la vision, satisfaisante et reposante pour l'esprit, d'un ensemble harmonieux où viennent se fondre dans un ciment commun des faits de détails, souvent d'apparence disparates.

Mais ces grandes lois de Pathologie générale, pour être dégagées, exigent une besogne constructive ardue.

Or, s'il est vrai que multiplier les expériences et les varier, dans la poursuite d'une idée, conduit à un résultat plus sûr, — il est également vrai que, dans cette besogne de synthèse, l'esprit qui la tente n'a pas trop de tous les faits d'observations. Aucun ne peut être négligé. C'est de la confrontation de tous ceux-ci que doit jaillir une lumière plus éclatante.

En ceci, l'étude de la Pathologie algérienne, et plus généralement Nord-Africaine, comporte un réel intérêt. L'observation de la syphilis indigène, notamment, apporte à l'étude de la Pathologie Générale de cette maladie des données fort importantes. Elle apporte, en particulier, des faits dont l'exacte appréciation doit peser d'un poids lourd dans la discussion, toujours ouverte, et souvent passionnée, de la « neuro-syphilis ».

Ainsi, sans nul doute, l'ont pensé les personnalités chargées de choisir les questions susceptibles d'intéresser ce Congrès, qui ont mis à l'ordre du jour la « syphilis nerveuse en Algérie ».

En fait, c'est toute la question de la Syphilis Algérienne qu'il faudrait ici brasser. Enorme question. En la ramenant strictement à la Neuro-syphilis, ce rapport serait encore trop vaste, si nous étions tenus de la vider. Aussi bien, la grosse difficulté a été d'élaguer. Que l'on nous permette d'espérer que ceci ne fut pas fait en perdant tout discernement.

1. — Rareté de la Neuro-Syphilis et plus particulièrement du Tabès et de la P. G., chez l'indigène algérien

Il nous paraît difficile d'aborder utilement l'étude de la Neuro-Syphilis en Algérie, sans invoquer le témoignage de nos pères. Ce serait là se priver de documents particulièrement précieux, puisque recueillis à une époque, d'ailleurs peu lointaine, où la population Nord-Africaine n'avait pas encore subi l'empreinte de la civilisation européenne, — et par des hommes dont l'œil, encore tout imprégné des choses de la Métropole, devait mieux percevoir les aspects tout moyennageux de la vérole algérienne.

La lecture des vieux auteurs africains, si elle nous était plus accessible, serait sans nul doute attrayante et, en tout cas, profitable. Nous nous sommes plu naguère à pousser une incursion dans ce domaine. Afin d'alléger ce Mémoire, nous réservons pour un autre travail le fruit de ces recherches ; nous nous bornerons à mentionner ici qu'elles nous ont amené à penser que la syphilis existait en Algérie bien avant l'époque colombienne.

Tous les médecins militaires qui suivirent les colonnes françaises dans la pénétration de la terre algérienne sont unanimes à signaler la fréquence, la gravité, souvent l'horreur de la syphilis cutanée chez l'indigène. Il suffit, pour être édifié, de relire les longs mémoires qui gonflent les Archives de Médecine, de Chirurgie et de Pharmacie militaires de l'époque. On retrouve toutes ces opinions, admirablement synthétisées, dans le Mémoire d'Arnould, paru en 1862. A ceux qu'intéresse ce remarquable travail du médecin de Dellys, et qui ont leur temps mesuré, nous signalons le commentaire que nous en avons fait en 1928, dans le Journal de Médecine et de Chirurgie de l'Afrique du Nord.

Ce sont ces mêmes syphilis que Gémy, et surtout J. Brault ont eu à débrouiller.

Les générations que formèrent ces maîtres ont gardé la vision inoubliable des syphilis mutilantes, invraisemblables, qui faisaient, des services de l'époque, une sorte de musée des horreurs. Mieux que d'autres, elles comprennent tout le sens du mot d'Arnould : « Jamais je « n'aurais cru que la peau humaine pût subir de pareils ravages. » Il y a seulement 15 ans, alors que nous étions l'interne de Brault, il se passait peu de jours que pareil fait ne vînt étonner nos yeux. La très belle iconographie de la « syphilis arabe » de M. Lacapère donne une idée fort juste de ce que le Maroc pouvait encore montrer, dans ce domaine, ces dernières années.

A vrai dire, de nos jours, ces faits se sont singulièrement raréfiés. Les services de syphiligraphie ont étrangement changé ; proprement, ils sont méconnaissables ; nous voulons dire les services des villes.

Mais ajoutons de suite que, de cette ancienne syphilis moyennageuse, on retrouve encore de beaux exemplaires, notamment dans les coins où la pénétration européenne n'a pas encore traîné, à sa remorque, avec quelques changements appréciables dans les conditions de vie de l'indigène, la médication antiluétique que les habitants des grands centres se plaisent à solliciter.

*
* *

Il est intéressant d'évoquer le témoignage de ces mêmes prédécesseurs en matière de Neuro-Syphilis.

Grellois, en 1846, dans une esquisse d'Hammam-Meskoutine, notait qu'il n'avait rencontré aucun aliéné dans cette région. Ceci s'accordait mal avec ce qu'écrivait Dussourt en 1853, dans une notice topographique et médicale sur Orléansville : « La folie n'est pas rare à « Orléansville, comme dans toute l'Algérie, chez les indigènes et chez « les européens. »

Bertherand, le fondateur de l'Ecole de Médecine d'Alger, signale, en 1855, également que les idiots, les fous, les aliénés ne sont pas rares en Algérie. Déjà, en 1840, son frère estimait à deux ou trois cents le nombre des crétins et des fous dans la seule ville de Blida.

Vers cette époque, le rôle de la syphilis, dans nombre d'affections viscérales et nerveuses, commençait à être agité. Bientôt, les travaux de Ricord, Dittrich, Grenouiller, Rayer, Virchow, Lancereaux, Cornil, Fournier, etc... vinrent affirmer les localisations cardiaques, vasculaires, rénales, nerveuses, de la vérole. Dès lors, on vit, dans l'abondante littérature médicale algérienne, l'étiologie syphilitique discutée à propos d'affections nerveuses.

En 1862, Vincent signale, sur 188 syphilitiques kabyles, 21 cas d'accidents nerveux. Mais il est bon de souligner qu'il s'agissait là de manifestations banales, telles que céphalée, douleurs rhumatoïdes, et, dans trois cas, semble-t-il, de myélites.

Leclerc, dont la curiosité scientifique était particulièrement en éveil, relate 2 cas d'épilepsie essentielle et 13 cas de sciatiques.

En 1895, Mertz admettait un « certain degré d'immunité du sys« tème neuro-spinal et encéphalique chez les sujets mahométans ».

Gémy, dont nous nous sommes appliqué à dépouiller les écrits, sans s'intéresser plus spécialement à la neuro-syphilis, mentionne que l'on observe fort peu de syphilis nerveuses chez l'indigène algérien.

Au total, jusqu'ici, peu de chose : il faut arriver au tout début de ce siècle pour trouver des documents positifs sur cette question.

Scherb, en 1901, après 4 ans d'études consacrées tout spécialement aux maladies nerveuses, n'en signale que 4 observations. Dans tous ces cas, il s'agissait d'artérite ou de méningite. L'auteur, en l'espace de 4 ans, n'avait pu rencontrer un seul cas de tabès ou de paralysie générale chez l'indigène.

Quelques années plus tard, ce même auteur observait enfin un cas de P. G., dans les services de Battarel, et, 2 ans plus tard, un cas de tabès chez un kabyle. Ainsi, en 10 années, Scherb, dont l'attention était perpétuellement tendue vers la recherche de ces localisations nerveuses du tréponème, n'avait rencontré que 8 cas de Neuro-syphilis, dont 2 seulement concernant une atteinte parenchymateuse.

La thèse de Battarel, soutenue en 1902, avait amené son auteur à la même conclusion : la rareté de la paralysie générale et du tabès chez l'autochtone de l'Algérie.

J. Brault, à plusieurs reprises, souligne cette rareté des accidents nerveux et l'absence à peu près complète des affections dites para-syphilitiques.

Le Prof. Gillot, dès 1905, à propos d'un tabès apparu chez un arabe buveur d'absinthe, concluait encore dans le même sens.

Ainsi, dans les toutes premières années de ce siècle, l'unanimité des auteurs s'accordait à affirmer que le système nerveux de l'indigène algérien jouissait d'une véritable immunité globale vis-à-vis des différentes causes pathologiques capables d'ébranler l'axe nerveux de l'Européen.

Dès 1906, M. Dumolard se plut à insister sur ce que cette affirmation avait de trop absolu. Particulièrement bien placé pour cela, il pouvait montrer que les affections neuro-psychiques de tous ordres sont sensiblement aussi fréquentes chez l'indigène que chez l'Européen. Mais il ne manquait pas de faire exception pour la P. G. et le tabès, et affirmait nettement que ces manifestations de syphilis parenchymateuses étaient rarissimes.

La thèse de Sicard (Alger), apportant un complément d'enquête, confirme les conclusions de M. Dumolard.

En 1906, Gros, observant en pleine campagne, note un pourcentage de 2,89 pour 100 d'accidents nerveux, sur un total de 3.309 malades traités en un an. La plupart de ces cas, pour ne pas dire tous, concernaient des hémiplégies, des névralgies, des névrites, etc., c'est-à-dire toute autre chose que de la paralysie générale et du tabès.

En 1911, Battarel confirmait encore les mêmes conclusions qu'avait également défendues Ernest Rudin, privatdocent de psychiâtrie de Munich, après un séjour assez prolongé en Algérie et au centre d'aliénés d'Aix.

En 1916, M. Porot, dont on sait l'orientation scientifique, signalait qu'il avait rencontré 3 cas de localisation nerveuse chez des indigènes militaires ; mais il s'agissait là d'artérite et de myélite. « Je n'ai pas « rencontré de P. G. indigène », écrivait le distingué neurologue, « et « je crois qu'on peut admettre l'immunité relative du système ner« veux de l'indigène vis-à-vis de la syphilis, à condition qu'on ne « l'entende que des processus à localisation paremchymateuse ».

Carle et Boucart observant, en France, des contingents militaires algériens, écrivaient en 1917 : « Nous n'avons pas eu de tabès, ni de « P. G., ni aucune manifestation cérébro-medullaire, bien qu'une « grande partie de nos malades fussent dans les conditions chronolo- « giques voulues. »

En 1919, nous nous sommes appliqué, nous-même, à réagir, ainsi que l'avait fait M. Dumolard, contre ce qu'avait de trop absolu cet « axiome » de l'immunité de l'axe cérébro-spinal des indigènes, et nous donnions 8 observations de Neuro-syphilis. Mais, soulignons bien que, là encore, il s'agissait uniquement de méningites et de méningo-myélites.

Peu après, nous donnions 4 autres cas de syphilis nerveuse, dont un seul cas de tabès, dans la thèse de Laurens (Alger, 1919), qui rapportait en outre une observation de tabès et une de P. G., dues à l'obligeance du Prof. Ardin-Delteil.

Dans la thèse inaugurale d'Aboab (1921), que nous avons inspirée, l'interrogatoire du réflexe pupillaire chez les indigènes, montre encore que ce réflexe est moins souvent troublé que chez l'Européen.

Plus récemment, la courte note qu'apportait M. Dumolard au Congrès de l'Avancement des Sciences de Constantine (1927, page 379), constitue un témoignage précieux. Notre collègue, basant son opinion sur l'observation de faits recueillis au cours de 15 années de pratique psychiâtrique, ne craint pas d'affirmer deux faits dont l'opposition est particulièrement instructive : d'un côté, c'est que : « les affections « neuro-psychiques sont aussi fréquentes et aussi diverses chez l'in- « digène musulman algérien que chez l'Européen habitant l'Algé- « rie », et c'est ensuite : que « les formes parenchymateuses de « la Neuro-syphilis, tabès et paralysie générale, sont encore actuelle- « ment relativement rares chez l'indigène ».

Depuis cette époque, nous avons observé nous-même, 2 ou 3 nouveaux cas de tabès chez des indigènes. Tout ceci nous a permis, dans quelques notes récentes concernant l' « orientation de la syphilis algérienne », après avoir réfréné un sentiment trop entier émis naguère sur l'existence des manifestations nerveuses au cours de la syphilis de l'indigène, tout ceci, disons-nous, nous a conduit à la conviction bien assise que les syphilis nerveuses parenchymateuses sont peu fréquentes chez l'Algérien.

Il n'est pas sans intérêt de rapprocher de ces témoignages, autant dire unanimes jusque-là, mais concernant la seule Algérie, l'opinion de M. Lacapère qui, avec Decrop et Salles, en l'espace de plus de 7 ans, n'ont pu relever que 467 localisations nerveuses sur 10.305 accidents tertiaires chez des Marocains. Les auteurs ne manquent pas de souligner que cela fait un pourcentage de 4,5 contre 30, dans la statistique de Fournier. Encore convient-il d'ajouter que, sur 467 syphilis nerveuses, il n'existait que 6 paralysies générales et 8 tabès. Ainsi les auteurs concluaient : « Chez l'indigène marocain, dans la zone inté« rieure où nous avons fait nos recherches, la syphilis nerveuse est « donc environ 7 fois moins fréquente qu'en France. »

Les documents que nous possédons sur la Tunisie ne sont pas moins édifiants. En 1920, Jamin, dans un Mémoire consacré à la syphilis tunisienne, ne craignait pas d'écrire : « Nous n'avons observé aucun cas de lésions nerveuses. » Successivement, Delamare, Broc et Bieschefer (1923), Sandor (1926), Soria, Gérard, Cassar, Lemanski, etc., à propos de quelques observations de tabès, soulignent la rareté de cette affection chez le musulman tunisien.

***

Cependant quelques rares auteurs ont pensé devoir se séparer de la quasi unanimité qui paraissait se faire sur cette conception « orthodoxe ». La thèse récente de Goeau-Brissonière synthétise cette manière de voir.

Notre jeune et excellent confrère s'applique à montrer que : « actuellement, au point de vue du système nerveux, aucune différence « n'existe entre l'évolution de la syphilis chez l'indigène et l'évolution « de la syphilis chez l'Européen ; — que le système nerveux de l'in« digène est, tout comme celui de l'Européen (et ce dans les mêmes « proportions), sensible à des agressions pathologiques diverses : — « que la syphilis nerveuse de l'indigène algérien a été toujours super« posable à celle de l'Européen, sa rareté ancienne n'étant qu'appa« rente ».

L'auteur pense étayer sa conviction sur des témoignages antérieurs et sur : *a*) un lot de 53 cas de syphilis nerveuses rassemblées dans différents services de l'hôpital de Mustapha, durant ces dernières années. — 53 cas de neuro-syphilis, dont 12 tabès, 4 artropathies, 12 paralysies générales, *b*) sur des ponctions rachidiennes pratiquées en série.

On se rend compte de l'importance de pareilles conclusions ; elles impliquent la suppression pure et simple de toute la question de la « syphilis exotique » ; c'est, peut-on dire, le nivellement des syphilis quels que soient leurs porteurs ; c'est, implicitement, la négation des données biologiques modernes, sur lesquelles la Pathologie générale des grandes infections pense de nos jours étayer ses lois. Aussi croyons-nous utile de nous arrêter sur cette nouvelle argumentation.

Quels sont les arguments qui nous sont donnés contre l'opinion « orthodoxe » ?

1° *Témoignages d'auteurs antérieurs*

Les frères Bertherand ont souligné, en 1840 et 1855, le nombre considérable d'aliénés errant à cette époque dans la seule ville de Blida.

Dussourt écrivait en 1853 que la folie n'est pas rare en Algérie.

Vincent, en 1862, dans son ouvrage sur les Maladies des Kabyles, notait 21 cas d'accidents nerveux sur 188 indigènes syphiliques. Mais, soulignons qu'il ne s'agissait là que de céphalées, de douleurs, de myélites.

Leclerc, en 1864, rencontrait, au cours de mission en Kabylie, 2 cas d'épilepsie et 13 cas de sciatiques.

Gros, en 1906, relevait 112 accidents nerveux sur 3.909 syphilitiques, soit un pourcentage de 2,89, comprenant d'ailleurs uniquement, comme accidents sérieux, des myélites et des paraplégies.

Sicard (d'Alger), rassemblait 62 cas d'affections nerveuses d'étiologies diverses, dont 24 de nature tréponémique. Mais, ici encore, il n'y avait qu'une seule P. G. Aussi l'auteur, tout en soutenant que les « maladies nerveuses ne sont pas rares chez les arabes », ne manque pas de conclure : « La P. G. et le tabès y semblent encore moins ré« pandus que chez l'Européen... » ; « la fréquence de la syphilis ner« veuse n'est peut-être pas en rapport avec celle de la syphilis osseuse « ou cutanée ».

Tels sont les témoignages que l'on a pu opposer à ceux qui affirment très positivement la rareté de la neuro-syphilis parenchymateuse chez le musulman.

On conçoit mal qu'on ait pu leur demander pareille démonstration. Ils apportent, au contraire, un surcroît de témoignages en faveur de la thèse que nous défendons. Eux aussi montrent à l'évidence en premier lieu que si les affections nerveuses d'étiologies diverses s'observent fréquemment chez l'indigène par opposition, les neuro-syphilis y sont peu fréquentes, et, en deuxième lieu, que parmi ces neuro-syphilis, la P. G. et le tabès y sont assez exceptionnels.

2° *Les résultats de ponction lombaire*

Sicard et Lévy Valensi, en 1916, montrent que le liquide céphalo-rachidien est aussi fréquemment troublé chez le syphilitique indigène que chez l'Européen ; ils ont fait ces constatations sur une trentaine d'indigènes algériens ou marocains. Mais les auteurs parisiens ont soin d'ajouter que dans ces cas, l'examen clinique très attentif n'a relevé aucune atteinte du parenchyme.

Lévy-Bing et Gerbay, en 1917, font des constatations analogues sur des contingents militaires algériens. Cela ne les empêche pas de conclure que l'existence des localisations tréponémiques sur l'axe nerveux « est évidemment assez rare ».

Nous-même, en 1918, obtenions des résultats semblables sur 80 syphilitiques, du service de la Clinique syphiligraphique de Mustapha, pris en période secondaire. Par contre, en cours de tertiarisme, le liquide céphalo-rachidien nous parut normal. A cette époque, fortement impressionné, d'une part, par quelques cas de méningites, de myélites, d'hémiplégies et de tabès, d'autre part, par la fréquence de ces réactions du liquide céphalo-rachidien, nous avons pensé réagir vigoureusement contre la conception, trop outrancière à l'époque, de l'immunité de l'axe nerveux chez l'indigène, vis-à-vis du tréponème. Nous le fîmes en négligeant trop la discrimination qui s'impose entre les syphilis parenchymateuses et les syphilis vasculaires et méningées.

Les Observations de Goeau-Brissonière montrent à leur tour que le liquide céphalo-rachidien est aussi fréquemment touché chez l'indigène que chez l'Européen. Ceci confirme purement et simplement les constatations de Sicard et Lévy-Valensi, de Lévy-Bing et Gerbay, et de nous-même.

Permettent-ils de conclure : « Actuellement, au point de vue du « système nerveux, aucune différence n'existe entre l'évolution de la « syphilis chez l'indigène et l'évolution de la syphilis chez l'Euro- « péen » ? Nous ne le pensons pas. Car ce serait ramener toute la question de la syphilis nerveuse, notamment de la syphilis parenchymateuse, à l'état du liquide céphalo-rachidien. Or, le peut-on ? Certainement non.

M. Lacapère admet que la lymphocytose du liquide céphalo-rachidien n'est pas le fait d'une localisation du tréponème sur les centres nerveux, mais le témoin d'une réaction générale, d'une défense énergique contre la septicémie syphilitique.

S'il faut admettre, avec certains auteurs, que les troubles de ce liquide, plus spécialement la leucocytose, impliquent une lésion méningée et que, d'autre part, toute syphilis parenchymateuse est nécessairement précédée ou au moins accompagnée de lésions méningo-vasculaires, nous trouverons là encore une preuve supplémentaire de l'état réfractaire du parenchyme nerveux, puisque ce dernier résiste à l'agression tréponémique de la localisation méningée voisine.

3° *Observations de Neuro-Syphilis*

On nous donne un certain nombre d'observations de tabès et de P. G. et l'on compare ce total à un nombre assez équivalent d'affections semblables reconnues chez l'Européen. Placer sur le même plan ces deux groupes, sans plus, est comparer deux choses qui ne sont point comparables. Si l'on veut placer côte à côte le bilan des neuro-syphilis indigènes et des neuro-syphilis européennes, il convient de dresser des statistiques dans des conditions identiques. Il faut donc, en face d'un pourcentage de neuro-syphilis et notamment de lésions paremchymateuses chez le syphilitique européen, placer un pourcentage de ces mêmes affections chez l'indigène syphilisé.

La statistique déjà ancienne de Fournier donnait, pour la métropole, du 30 % de manifestations nerveuses. Plus près de nous, celle de M. Sezary est édifiante. Dans une consultation de la Charité, il relève 20 % de localisations nerveuses. « Ce tableau montre, dit M. Se-

« zary, la prépondérance des lésions nerveuses sur les manifestations « de la syphilis. Encore la fréquence de la syphilis nerveuse est-elle « sous-estimée dans cette statistique, car les neuro-syphilis vont gé- « néralement consulter dans un service de neurologie... »

Or, il faut avoir toujours présent à l'esprit que la syphilis est d'une fréquence extrême dans la population indigène. Certes, toute statistique formelle est impossible à cet égard ; mais on peut admettre comme infiniment probable les pourcentages que donnent : pour le Maroc, Blanc, de Campredon, Lacapère, Fumet, Hugues, de 70 à 75 % de la population ; — pour la Tunisie : Rebatel et Tiran, en 1874, de 90 %, Boricaud, de 75 ; — pour l'Algérie, Rey, Gémy, Brault, L. Raynaud, de 90 %, Aucaigne de 80 %, le Prof. Gillot de plus de 75.

Quant à nous, qui n'oublions pas le peu de fréquence des syphilis primo-secondaire chez l'indigène mûr, — la fréquence des syphilis contractées en bas âge, — l'extrême fréquence de la syphilis héréditaire, — les contaminations familiales, dont nous sommes assez souvent témoin dans le quartier de la Kasbah, et qu'expliquent surabondamment le mode de vie, le manque d'hygiène et de précautions élémentaires, etc., etc..., nous ne sommes pas très éloigné d'admettre que, passé un certain âge, l'indigène n'ayant pas été touché par le tréponème à une époque de sa vie, est une exception.

C'est à la lumière de ceci qu'il faut envisager les observations de tabès et de P. G. que l'on est appelé à rencontrer. Et si tout pourcentage de neuro-syphilis, plus spécialement paremchymateuse est impossible, il reste pour nous évident que ce taux est de beaucoup inférieur chez le musulman, à ce qu'il est chez l'Européen.

***

Cela n'est pas, — mais, alors même que les faits actuellement observés, permettraient de conclure à l'identité actuelle de la neuro-syphilis chez l'indigène et chez l'Européen, on nous permettra de dire qu'ils n'autoriseraient en rien à une conclusion rétrospective aussi peu conforme aux témoignages de l'époque.

On nous dit que les conditions peu favorables d'ordre divers, notamment : l'insouciance et le fatalisme musulman, — l'absence de moyens de laboratoire, — n'ont pas permis aux médecins du tout début de ce siècle l'identification des neuro-syphilis indigènes.

Depuis plus de 40 ans, existent en Algérie, et notamment à Alger, des services hospitaliers (pour ne parler que d'eux) inondés d'indigènes. Il nous paraît difficile d'admettre que dans ces services, le diagnostic de neuro-syphilis n'ait pu être fait par des médecins qui, non seulement possédaient les moyens cliniques d'authentifier ces affections, mais encore se plaisaient à en poursuivre la recherche.

Nous ne pouvons résister au désir de transcrire ici ce qu'écrivait tout récemment (Soc. de Dermat. et de Syph. 13 févr. 1930) M. Sezary à propos d'un tabès indigène :

« Je ne crois pas que la rareté des observations de tabès et de P. G., « recueillies dans l'Afrique du Nord, tienne à l'ignorance en neurolo- « gie des médecins de ces régions. Aux environs de l'année 1900, j'ai « passé quatre années dans les hôpitaux d'Alger, sous la direction de « maîtres éclairés, formés à l'école de la Salpétrière. Pendant ces qua- « tre années, je n'ai pas observé un seul cas de tabès chez les indigè- « nes de l'Afrique du Nord, alors que nous en avons étudié de nom- « breux chez les Européens. »

Joignons-y cette phrase de M. Millan :

« J'ajouterai à l'appui de ce que vient de dire Sezary, que nous « voyons depuis plusieurs années des Arabes assez nombreux dans le « service et qu'aucun d'eux, jusqu'alors, n'a présenté de phénomènes « de la série « tabétique ».

On nous dit encore que les aliénés ont existé de tout temps dans la population du Nord de l'Afrique. Cela paraît bien exact. Les observations anciennes des Bertherand (1840-1855), de Dussourt (1853), de Vincent (1862), de Leclerc (1864), notamment, ont souligné le fait. M. Dumolard nous confirmait encore récemment que les démences diverses, les états pathologiques neuro-psychiâtiques en dehors de la syphilis, s'observent assez couramment chez l'indigène. Mais ceci précisément marque encore davantage ce comportement très particulier du système nerveux de l'indigène vis-à-vis d'une cause très particulière, le tréponème pâle.

*
* *

De ce qui précède, se dégage un premier fait d'observation qui sera notre première conclusion :

La syphilis de l'indigène algérien a montré et montre encore une orientation organotrope très nettement opposée à celle que prend la syphilis métropolitaine. Chez l'indigène, l'axe nerveux est peu touché ; les manifestations paremchymateuses de neuro-syphilis sont particulièrement peu courantes, eu égard à l'extrême fréquence de l'infection tréponémique.

Nous verrons plus loin que, tandis que les syphilis destructives mutilantes se raréfient sensiblement durant ces toutes dernières années, sensiblement aussi, cette manière d'immunité relative de l'axe nerveux se montre de moins en moins solide et positive. En ceci, d'ailleurs, la syphilis se comporte en Algérie ainsi qu'elle se comporte dans la plupart des autres pays. Nous y reviendrons. Essayons d'abord de pénétrer le mécanisme de cette orientation.

2. — Mécanisme pathogénique de l'orientation de la Syphilis chez l'indigène d'Algérie

A. — LE VIRUS

1° *Virus spécial.* — La dualité d'évolution de la syphilis, laquelle avait naguère frappé les vieux cliniciens et reste un fait d'observation courante, devait conduire à l'hypothèse de la dualité des virus. On sait avec quelle conviction cette conception fut défendue par Fournier, Schwartz, Levaditi et Marie, et quelques autres.

Il est inutile de reprendre ici l'argumentation maintes fois répétée qui infirme pareille conception ; elle reste présente à tous les esprits. Ce que nous observons en Algérie constitue un argument supplémentaire, à l'encontre de cette thèse. Car, à supposer que deux tréponèmes différents existassent, il faudrait admettre que seul, le virus dermotrope a, jusqu'à ces temps derniers, cultivé en Afrique du Nord.

Dès lors, il faudrait d'abord expliquer pourquoi, dès le début de la pandémie tréponémique, le virus dermotrope seul a franchi la Méditerranée et pas l'autre.

A supposer que cette explication fût donnée, satisfaisante, resterait encore à trouver la raison pour laquelle le virus neurotrope n'a pu suivre plus tard l'occupation française et plus généralement européenne.

Chacun devine les relations qui unirent, de temps immémorial, les riverains de la Méditerranée, et, par leur intermédiaire, l'Europe entière à l'Afrique et à l'Asie.

Il est superflu de rappeler les voyages des marchands carthaginois, les pérégrinations des Portugais et des Génois, les flux et reflux des peuples qui vinrent se heurter dans le Nord de l'Afrique. Comment voudrait-on que les peuplades habitant l'Algérie aient ainsi pu rester à l'abri d'un virus neurotrope ayant cours parmi les autres peuples ? Il est inutile de s'attarder à pareille question. L'hypothèse de la dualité du virus syphilitique n'est pas plus soutenable pour l'Algérie que pour la Métropole. Au reste, aucun des auteurs qui se sont particulièrement attachés à l'étude la syphilis Nord-Africaine, n'a pensé devoir la défendre.

II. — *Virus modifié.* — *Conception de Gémy*

Pour Gémy, s'il est vrai que l'alcoolisme, la scrofule, la tuberculose, le paludisme, l'âge, peuvent imprimer à la syphilis des caractères particuliers, la qualité de la graine prime de beaucoup tous les autres facteurs.

L'auteur s'applique à établir les 4 propositions suivantes :

a) « Une syphilis contractée à une source *vierge de traitement*, de-

« puis un nombre indéterminé de générations, par conséquent, non « atténuée par le traitement, c'est-à-dire non encore traitée par le mer- « cure, *donne toujours une syphilis grave et souvent mortelle.* »

b) « Une syphilis contractée à cette même source, c'est-à-dire tenue « en échec par un traitement parasiticide constant, demeure latente et « ne produit aucune manifestation ou, tout au moins, ne dénonce son « existence que par des accidents légers et, alors seulement que ce « traitement est suspendu. »

c) « Une syphilis, contractée à une source *méthodiquement atté- « nuée*, c'est-à-dire longtemps traitée par le mercure, *sera bénigne*, et « guérira rapidement avec une dose relativement faible de parasiti- « cide. »

d) « Enfin, une mère donnant naissance à un enfant syphilisé par « le père, acquiert l'immunité, immunité qu'explique l'inhalation ré- « pétée de petites doses du parasite à travers le placenta. Cette inha- « lation lente, minime et répétée, constitue pour elle une véritable « vaccination. »

Ainsi, Gémy affirme que l'avenir d'une syphilis est fonction exclusive de cette graine ; il pense en outre que cette graine est modifiée par le traitement et qu'elle conserve dans les générations successives ses qualités nouvelles d'atténuation.

Nous n'insisterons pas sur cette conception dont l'excessif saute aux yeux. Elle nous paraît cependant contenir une grosse parcelle de vérité. Nous aurons l'occasion d'y revenir plus loin.

B. — LE TERRAIN

1° *Théorie d'une maturation spontanée*

M. Sezary pense expliquer la transformation évolutive de la syphilis qui, depuis longtemps en France, tend à abandonner les téguments pour s'orienter d'une manière plus positive vers le parenchyme nerveux, par une sorte de « maturation » que l'infection tréponémique subirait au cours des âges. Cette maturation serait le fait d'une sorte d' « immunité incomplète superficielle », grâce à laquelle les téguments des syphilisés, désormais privés de syphilis floride, ne vaccineraient plus suffisamment méninges et centres nerveux. Cette immunité d'autre part, cantonnée à la peau, serait due à une véritable « allergie héréditaire ». *Ainsi les peuples seraient d'autant plus exposés aux localisations nerveuses que leurs ancêtres auraient payé à la syphilis un plus lourd tribut.*

Le distingué syphiligraphe parisien est dès lors conduit à considérer la syphilis algérienne comme une syphilis dont la maturation, fort peu avancée, se trouve très sensiblement en retard sur celle de la syphilis européenne, du fait de son origine plus récente.

S'il y a vraiment « maturation » de la syphilis, au cours des âges, nous ne pensons pas que l'on doive admettre le mécanisme pathogénique qu'invoque M. Sezary.

Nous l'avons déjà dit ailleurs, l'hypothèse de la « maturation » d'un virus syphilitique cadre mal avec ce que nous croyons savoir de l'ancienneté de la syphilis Nord-Africaine.

Peut-on admettre que le tréponème cultive en Algérie depuis moins de siècles qu'en Europe ? A coup sûr, non.

Les documents que nous avons pu rassembler sur l'histoire de la syphilis algérienne sont tout près de nous convaincre de l'existence fort ancienne, précolombienne de la vérole. Les écrits d'Abulcassis, d'Ibn-el-Beitar, de Sidi-Siouti, entre autres, sont à cet égard assez impressionnants.

Si l'on veut s'en tenir à l'importation colombienne, on peut alors accepter le témoignage de Jean-Léon l'Africain qui décrit, en 1515, l'arrivée de la syphilis sur la côte algérienne, dès les premiers jours de l'endémie espagnole. L'inverse s'expliquerait mal. L'Algérie fut, de temps immémorial, en relations constantes avec l'Europe, soit directemnet, soit indirectement, par l'intermédiaire du Maroc, de la Tunisie, de l'Egypte. Pour ne rappeler que ces relations directes, chacun connaît tout le passé de voisinage qui la lie à la péninsule ibérique. A la minute où la Grenade maure tombait sous les coups de la Castille alliée à l'Aragon (25 novembre 1491), — à la minute où Boabdil vaincu jetait un dernier regard sur les murailles de l'Alambra et les riches plaines de la Xénia, et murmurait : « Dieu est grand », à cette minute, disons-nous, tous les maures ne quittèrent point la province désormais débarrassée de leur joug. Boabdil ne se retira à Fez qu'en 1496. El-Zagal, l'allié de Ferdinand, après avoir vendu ses domaines de la Seigneurie de Porchena, ne quitta l'Espagne que plus tard.

Pareillement, l'exode des « Maranos », chassés par l'Inquisition, ne fut complète, du moins en Portugal, qu'en 1496.

Au surplus, au tout début du XVIe siècle, tandis que les Portugais attaquaient le Maghreb Occidental, les armées de Ferdinand le Catholique prenaient pied sur les points principaux de la côte algérienne. En 1510, Bougie, Oran, tombaient en leur pouvoir ; Ténès, Dellys et les îles d'Alger (le Penon) suivirent de près. Les Génois, de leur côté, occupaient Djidjelli dès 1513.

Les relations de voisinage qui s'établirent aux premiers jours de ce débarquement, entre les envahisseurs et les tribus indigènes, se conçoivent mal, sans la transmission d'une maladie qui, à cette époque, était aussi épidémique que vénérienne.

La chose nous paraît jugée. En matière d'infection tréponémique, le nord de l'Afrique eut son sort étroitement lié à celui de l'Europe. On peut tenir pour certain que, à très peu d'années près, peut-être de mois, la syphilis est aussi vieille en Algérie qu'en France.

Dans ces conditions, si cette « maturation » prise dans le sens que lui donne M. Sezary est réelle, pourquoi ne s'est-elle pas poursuivie en Algérie, à la même cadence qu'en France ?

Est-ce parce que le tréponème est moins répandu dans l'Afrique du Nord ? S'il fut une époque où la syphilis, en France, dépassa « la ligne basale de l'endémie », pour employer une expression d'Ehlers, l'Algérie, à cet égard, n'a eu rien à envier à la Métropole. Les syphilis y pullulent depuis longtemps ; elles continuent à y pulluler à un point que tout indigène d'un certain âge apparaît à priori entaché de tréponèmes. Ceci, naturellement, n'est qu'une impression ; mais tous ceux qui ont pratiqué la syphiligraphie dans l'Afrique du Nord la partagent sans scrupules. Bien entendu, syphilis acquise chevauche syphilis héréditaire, à tel point que, nous l'avons dit, « Dieu même « doit ignorer toutes les modalités de cette imbrication ».

Ainsi donc, si cette « maturation » de la syphilis ne peut être interprétée que comme le fait d'une transformation spontanée et progressive du terrain au gré d'infections tréponémiques, répétées sur des générations successives, nous ne pouvons l'accepter, à moins que l'on nous donne la raison pour laquelle elle ne s'est pas poursuivie à son rythme habituel dans l'Afrique du Nord.

*
* *

II. — *Théorie basée sur le paludisme*

Mattauschek et Pilcz avaient déjà relevé la rareté de la P. G. chez les syphilitiques impaludés.

Les succès tout à fait encourageants de la malariathérapie dans cette affection devaient nécessairement confirmer dans cette idée que l'existence du paludisme, endémique en Algérie, donnait la clé de cette rareté relative des localisations nerveuses de la syphilis chez l'Algérien. Legrain (d'Alger), dont l'esprit quelque peu paradoxal ne manquait pas d'éclairs lumineux, avait fortement soupçonné le fait. A une époque où la méthode de Wagner von Jaureg avait peu diffusé, nous avons nous-même émis cette hypothèse (voir thèse de Mme Juliette Delmas, Alger, 1919).

Depuis, beaucoup d'auteurs l'ont développé. M. Dumolard s'en est fait, en Algérie, le défenseur convaincu.

L'idée, à priori, est très défendable.

Il ne faut pas perdre de vue que tous les états pyrexiques influent grandement sur l'évolution des maladies infectieuses, depuis les affections les plus banales jusqu'aux maladies spécifiques telles que la gonococcie, le chancre mou.

En matière de neuro-syphilis, les bons effets de la malaria-thérapie, soit pure, soit associée, autorisent donc cette hypothèse. Mais quel mécanisme imaginer ?

Pour M. Dumolard, le paludisme aigu, et peut-être davantage le paludisme chronique, détermine dans l'organisme de l'impaludé des modifications d'ordre tissulaire et humoral sur lesquelles il s'est plu à insister encore récemment avec M. le Prof. Aubry. Ces modifications, consistant notamment en un abaissement du taux des albumines du sérum, et un déséquilibre des lipides, constituent sans doute un milieu intérieur peu favorable à la culture du tréponème sur l'axe nerveux. Reste à préciser comment.

M. Dujardin donne une explication élégante. Pour lui, la P. G. et le tabès sont des syphilis *anergiques*, à l'inverse des localisations cutanées, osseuses, méningées, vasculaires, etc... qui, elles, sont des syphilis *allergiques*. L'existence de ces deux états différents dépend directement de la présence ou de l'absence d'anticorps divers, qui viennent ou non se fixer sur les organes et créer l'état allergique ou non de ceux-ci. On peut dès lors concevoir que si ces substances ne peuvent arriver jusqu'à tel organe, celui-ci restera en état d'anergie. Or, la diffusion de ces substances obéit au contrôle de la perméabilité des endothéliums vasculaires, et le paludisme faciliterait cette perméabilité.

Quoi qu'il en soit, s'il était possible de tracer une carte très exacte extériorisant le pourcentage des manifestations tréponémiques nerveuses, comparativement aux manifestations autres, notamment cutanées, c'est-à-dire d'établir un relevé de l'indice de l'aptitude neurogène de la syphilis pour chaque région du globe, cette carte topographique se superposerait-elle à celle de l'indice d'impaludation ?

M. Lacapère souligne, au Maroc, que les tertiarismes particulièrement mutilants, ne se voient que dans les plaines impaludées ; les régions montagneuses, indemnes de paludisme, sont peu riches en syphilis dermotropes.

Pareil fait n'a pas été relevé en Algérie, du moins, à notre connaissance.

D'autre part, il ne nous semble pas que la population européenne importée et si souvent impaludée échappe tellement aux localisations nerveuses du tréponème. Il convient cependant d'ajouter que M. Dumolard n'est pas loin d'une telle impression.

Enfin, si l'on admet une intervention aussi positive du paludisme, il faut aussi accepter que la transformation évolutive, actuellement subie par la syphilis algérienne, est le fait d'une diminution de l'index endémique palustre. Ce serait sans doute bien hasardé.

Ajoutons que les auteurs s'accordent assez bien à reconnaître que le paludisme n'est capable d'intervenir qu'en cours d'évolution de P. G. « Il y a donc un contraste saisissant, écrit le Prof. Gougerot (In Ar-

« chiv. dermato-syphiligr. 1929, p. 655), entre l'inefficacité de la ma« laria; avant la P. G. et son efficacité après le début. »

En définitive, nous ne pensons pas que l'on doive faire jouer à l'infection palustre un rôle direct aussi considérable sur le devenir de l'infection tréponémique. Cette conception nous paraît cependant tenir une part de vérité. Ce que l'on peut appeler les interractions pathologiques, doivent ici jouer, comme il est établi qu'elles jouent dans certaines associations microbiennes. A notre sens, le paludisme doit s'inscrire à côté de beaucoup d'autres facteurs d'orientation pour lesquels l'étiquette de « secondaire » nous paraît suffire. Nous y reviendrons.

*
* *

III. — *Conception de M. Brault*

Nous ne pouvons passer sous silence l'opinion d'un maître tel que J. Brault. Encore est-il permis de dire que le mécanisme de cette systématisation ne paraît pas avoir provoqué chez lui de recherches plus particulièrement soutenues.

Notre maître pensait que cette systématisation relève de trois ordres de facteurs :

En premier lieu, l'absence de toute hygiène de la peau, l'extrême fréquence des traumatismes de toute espèce, la misère physiologique, les cachexies de tous ordres, et aussi la pénurie d'inquiétudes morales et de labeur intellectuel ;

En second lieu, l'absence d'intoxication, notamment éthylique. « Les quelques cas de P. G. que l'on a observés dans ces dernières an« nées », écrivait Brault, « sont le fait de l'alcoolisme, qui a pénétré « dans certains milieux indigènes des villes » ;

Enfin, la fréquence des syphilis héréditaires chez l'indigène. Pour Brault, cette dernière serait moins élective pour le système nerveux central que la syphilis acquise.

« De plus, chez les individus qui contractent une syphilis acquise, « peut-être faut-il tenir compte d'une syphilisation plus ou moins len« te, qui serait pour eux, en quelque sorte, préservatrice vis-à-vis des « syphilis profondes. »

Cette dernière hypothèse, pensons-nous, est à retenir.

Il ne paraît pas douteux que les super-infections sont d'une grande fréquence en Afrique du Nord. Nous en avons donné un exemple très remarquable, concernant un hérédo-syphilitique qui fit d'emblée, à la suite d'une contamination démontrée, une gomme phagédénique de la verge.

Penser qu'une syphilis antérieure a pu modifier le terrain au point qu'une syphilis nouvelle est susceptible d'emprunter une physionomie autre que celle qu'elle eût prise, primitive, cadre admirablement avec ce que nous savons de certaines infections, la tuberculose par exemple. Encore, faut-il bien dire que l'on manque de repères suffisants en matière de syphilis. La preuve de ceci, nous la trouvons dans les opinions contradictoires que défendent à cet égard les auteurs différents.

Pour Fouquet, rien ne différencie cette supersyphilis ; pour Goubeau, elle est généralement plus grave que la syphilis acquise ; pour M. Pinard, le Prof. Gougerot, Thibierge, Joltrain, l'hérédité antérieure atténue plutôt la syphilis acquise. Il n'est guère possible de se faire une opinion définitive là-dessus ; ajoutons que l'observation des indigènes ne nous l'a pas permis davantage.

*
* *

IV. — *Conception de M. Lacapère*

M. Lacapère, dans sa « Syphilis Arabe », qui reste un monument de premier ordre de la syphilis Nord-Africaine, pense expliquer cette orientation de l'infection tréponémique dans le Nord de l'Afrique, en faisant appel à trois facteurs qui se combineraient étroitement : la précocité des contaminations ; — l'absence de surmenage cérébral, — la rareté de l'intoxication alcoolique.

1° « Les *Contaminations précoces* », écrit M. Lacapère, « survenant « à un âge où les centres nerveux sont encore dans le sommeil, sont « une des grandes causes de la rareté des localisations nerveuses de « la maladie. »

Ces contaminations en bas âge, constituent un fait dont peuvent témoigner tous ceux qui se sont occupés activement de syphilis, dans l'Afrique du Nord.

Mais elles ne doivent point faire perdre de vue les contaminations opérées plus tard, et encore moins les syphilis héréditaires qui, incontestablement, pullulent.

Il ne nous paraît pas que ce soit là une des raisons, du moins vraiment marquante, de la rareté de la neuro-syphilis chez l'indigène. Il est superflu de rappeler la fréquence des manifestations nerveuses au cours de l'hérédo-syphilis dans la Métropole.

D'autre part, la syphilis contractée en bas âge paraît très comparable à la syphilis héréditaire, ainsi que Pasini le faisait remarquer en 1919. Or, « le système nerveux, peut écrire Fernet, est un des systè« mes organiques les plus éprouvés par la syphilis héréditaire — et « peut-être le plus précocement éprouvé ».

2° Depuis longtemps, les auteurs ont signalé en Algérie que le mode de vie de l'indigène impliquait chez lui *un repos à peu près permanent de son système cérébral*. M. Porot a tout particulièrement insisté sur ces faits, en soulignant l'apathie affective et émotive du musulman, dont les dépenses intellectuelles se trouvent généralement fort réduites.

Est-ce assez pour considérer que ce système nerveux central vit une vie constante de repos ? On sait avec quelle violence réagit l'esprit de l'indigène, volontiers criard et querelleur, en face de faits dont l'importance peut être minime. Il ne nous semble pas qu'il y ait une telle différence entre la vie centrale de l'indigène et celle d'une proportion assez considérable d'Européens.

Au surplus, nous l'avons déjà rappelé, M. Dumolard a montré que les affections neuro-psychiâtriques, en dehors de la P. G. et du tabès, sont d'observation courante chez l'indigène.

3° *L'absence d'intoxication alcoolique* a été également soulignée par de nombreux auteurs. On sait que l'alcoolisme se rencontre souvent chez les syphilitiques nerveux. Une bonne part des observations de tabès et de P G., publiées en Algérie, concernent des éthyliques.

M. Lacapère pense que cette intoxication sensibilise le système nerveux. Il admet d'autre part que cet alcool intervient indirectement dans la fixation du tréponème sur l'axe nerveux, en créant un état d'hypertension, facteur de sclérose.

Ainsi, pour M. Lacapère, la privation de tout liquide alcoolique, que s'impose volontiers le musulman, permettrait à son S. N. d'être moins sensible à l'infection tréponémique et ceci grâce à deux mécanismes :

a) directement, en le sevrant d'une intoxication chimique ; — *b*) indirectement, en ne créant point d'hypertension et, mieux, en laissant l'organisme dans l'état d'hypotension artérielle où le place le paludisme, — hypotension, facteur de tertiarisme ulcéreux et phagédénique.

S'il est vrai que l'éthylisme se retrouve sur un nombre respectable de musulmans, atteints de neuro-syphilis, il est cependant bon de ne pas généraliser. Nous traitons en ce moment une P. G., au début, qui n'a jamais touché à un alcool.

En ce qui concerne le rôle de l'hypotension artérielle, deux objections graves peuvent être soulevées. D'abord l'hypotension n'est pas indispensable à l'apparition de la P. G., puisque certains P. G. sont des hypotendus (M. Sezary). Ensuite, ainsi que nous avons eu l'occasion de le souligner dans la thèse de Mme Delmas, si le paludisme détermine souvent chez l'indigène un abaissement de la tension artérielle, il s'en faut de beaucoup que l'hypotension soit la règle chez l'indigène. Les recherches de Mme Delmas, à cet égard, sont instructives.

En définitive, le trépied que donne M. Lacapère, pour étayer sa conception, nous paraît insuffisant. Sans nul doute, les différents facteurs qu'il invoque jouent en Algérie, comme ils jouent en France, au titre des causes adjuvantes. Mais il nous paraît difficile d'admettre que c'est là un tout suffisant à imposer à l'infection tréponémique une orientation aussi systématique.

*
* *

Nous avons tenu à rapporter les principales conceptions qui ont été défendues, concernant cette orientation. Le moment est venu d'exposer ici celle que nous avons soutenue nous-même, et l'idée que nous nous faisons de ses causes et de son mécanisme.

CONCEPTION PERSONNELLE

A. — Causes initiales favorisant cette orientation

Il n'y a, pensons-nous, aucune raison pour que le tréponème pâle se comporte en Afrique du Nord autrement qu'en France, vis-à-vis des causes dites favorisantes.

a) On sait le rôle d'appel que joue tout traumatisme, surtout le traumatisme chronique, à l'égard du tréponème. Soupçonné depuis plus d'un siècle, les travaux modernes de Milian, du Prof. Gougerot, de Clara, de Barthélemy, etc... ont établi le fait indubitablement. Or, de toutes les causes traumatisantes qui sont susceptibles d'appeler la septicémie tréponémique sur la peau, pas une seule ne manque aux téguments de nos indigènes : traumatismes vrais, malpropreté, lumière, acares et poux, tatouages, pyodermites, brûlures, plaies de toute nature entièrement abandonnées à leur sort, ou traitées d'une manière invraisemblable.

C'est un premier ordre de raisons qui, à notre sens, attire le tréponème électivement sur la peau.

b) Il faut joindre à ceci un second fait sur lequel tous les auteurs ont légitimement insisté, à savoir : que le *système nerveux* de l'indigène subit à un moindre degré l'assaut des causes sensibilisantes qui font de l'Européen un candidat privilégié à la syphilis nerveuse.

c) Il faut encore retenir un troisième facteur qui a pour nous une importance de premier plan ; c'est *l'absence de traitement.* Ces vastes placards de syphilides serpigineuses qui, durant des années et des années, ravagent les téguments, en tache d'huile, lentement, progressivement — ces tertiarismes lamentables qui mettent dix ans à ruiner un visage, bribe par bribe, montrent assez l'insouciance des indigènes vis-à-vis du « Meurd el Kébir » envoyé par Dieu. Telle gomme, dès son début, eût été immédiatement bloquée par une médication même sommaire chez un Européen, qui va, ravageant ainsi les téguments de l'indigène et créent un de ces exemplaires horrifiants de syphilis dermotrope, si fréquents naguère en Algérie. Et c'est encore là une des raisons pour lesquelles la fréquence des manifestations cutanées, leur étendue, leur gravité, s'opposent, en Afrique du Nord, à la discrétion et à la bénignité de ces mêmes localisations en Europe.

d) Il faut joindre enfin, à tout ceci, les *raisons d'ordre général* qui facilitent sans nul doute le tertiarisme ulcéreux et phagédénique, nous voulons dire la misère physiologique de toute origine que l'insousiance musulmane entretient et même favorise on sait comment.

En définitive, il nous paraît évident que *toutes ces causes convergentes expliquent déjà la raison pour laquelle un tréponème, primitivement indifférent, peut se fixer électivement sur la peau, et tendre vers une spécialisation* plus ou moins accusée.

* * *

B. — Mécanisme pathogénique de la Neuro-Syphilis

Ce premier point nous paraît acquis. Certains auteurs estiment même que ces causes favorisantes suffisent à donner la clé de cette orientation de la syphilis Nord-Africaine. Pour nous, elles en constituent en effet l'ensemble étiologique, assez spécial à l'Algérien. Mais nous croyons qu'il est possible de pénétrer plus avant dans la question et de se faire une idée plus précise du mécanisme pathogénique de ce tropisme cutané et d'ailleurs osseux, dont l'aboutissant est la rareté de la neuro-syphilis.

Deux facteurs interviennent à notre sens, concurremment, synergiquement : le *Virus* et le *terrain modifié.*

I. — *Le Virus*

Il est entendu une fois pour toutes que l'histoire de la syphilis algérienne, l'observation des faits cliniques, etc..., s'inscrivent en faux contre l'hypothèse d'une dualité de virus. Nous avons toujours pensé, et nous restons convaincu qu'il n'y a pas deux espèces de tréponèmes : un virus neurotrope et un virus dermotrope, ce dernier ayant seul cours en Algérie.

Mais il nous paraît tout aussi évident que le tréponème commun chez l'Algérien a subi, du fait de sollicitations, de conditions diverses, *une empreinte biologique,* avec laquelle il faut compter.

Il est inutile d'insister sur les faits d'ordre clinique et expérimentaux qui étayent les grandes lois de pathologie générale, concernant la malléabilité des virus. On sait que ces dernières années ont même vu pousser ces conceptions un peu loin. Pour rester dans le domaine des faits, il nous suffira de rappeler le « génie spécial » que peut posséder le virus de la grippe, de la diphtérie, de la peste, etc... au cours de certaines épidémies. Les expériences de Bezançon et Griffon, concernant le staphylocoque auquel ces auteurs arrivent à conférer une aptitude arthrotrope, restent présentes à tous les esprits.

Ainsi, à priori, on doit s'attendre à l'apparition, dans certaines souches de tréponèmes, d'aptitudes électives, vis-à-vis de tel ou tel tissu ; et c'est ce qui fait écrire au Prof. Jeanselme : « De même que le « streptocoque et le pneumocoque, ainsi que beaucoup d'autres ger- « mes, le tréponème est doué de plasticité ; il s'adapte à tel organe « ou tel tissu. Ainsi se constituent des souches qu'on peut appeler, « si on veut, « organotropes ».

A postériori, la chose nous paraît démontrée. Les exemples de syphilis jumelées, dont nous avons donné un bel exemple (1927), en sont pour nous une heureuse démonstration. Toute l'argumentation qu'utilisèrent les partisans de la dualité des virus (syphilis conjugales, syphilis héréditaires), trouverait ici sa place.

Rappelons que Kaubner, en 1921, a réussi à conférer, à l'aide d'injections fractionnées et répétées de sels arsenicaux, à une souche de tréponème indifférente, des qualités arséno-résistantes, qui ont persisté au cours des passages successifs.

On nous a fait observer qu'il ne fallait point confondre « malléabilité physiologique » et « affinité tissulaire », pour la raison bien simple que les propriétés biologiques spéciales d'un germe ne prouvent pas son affinité pour un tissu donné. C'est bien entendu.

Mais, pour nous, la « malléabilité », la « plasticité » d'un parasite n'est pas seulement l'ensemble des changements morphologiques et culturaux que l'expérimentation peut lui conférer. — C'est aussi l'ensemble des caractères biologiques que sa culture normale sur l'organisme humain est en mesure, dans certaines conditions, de lui octroyer.

Au reste, peu importent les mots. Mais comment se garder d'admettre que les localisations répétées d'une souche de tréponème sur les téguments ne puissent à la longue conférer à ce tréponème, primitivement indécis. des aptitudes qui le poussent à affectionner tout spécialement ce système ? Au surplus, cette aptitude nous paraît devoir jouer d'autant plus que ces mêmes causes secondes qui ont appelé au début le tréponème sur la peau, continuent de jouer.

On voudra peut-être nous retourner que la souche indigène, transportée sur l'Européen, peut parfaitement se fixer sur l'axe nerveux. On a donné quelques exemples de pareils faits. Ils ne sont pas exceptionnels. Ils ne sauraient, à notre avis, infirmer en rien les conclusions précédentes. L'inverse nous conduirait nécessairement à la conception d'espèces de tréponèmes différentes, ce qui n'est pas.

Ici encore, nous devons envisager le tréponème doué d'aptitudes spéciales, sous le même angle que nous envisageons d'autres virus déviés par des conditions particulières vers une spécialisation momentanée : le bacille de Koch, le bacille de Hansen, le bacille de Loefler, les microbe les plus banaux. Il doit être entendu que cette aptitude nouvelle ne saurait enlever au tréponème sa potentialité totale, désormais latente. Il est légitime d'escompter que cette spécialisation cutanée, acquise sur les téguments de l'indigène, peut s'effacer aisément au gré des sollicitations nouvelles auxquelles elle se heurte sur un terrain nouveau.

En définitive, s'il est vrai, ainsi que la plupart des auteurs l'admettent aujourd'hui (Dujardin), *s'il est vrai que les souches de tréponèmes peuvent varier dans leurs aptitudes organotropes, il nous paraît évident que les souches algériennes sont particulièrement dermotropes ; elles ont eu et elles conserveront encore suffisamment de raisons pour cela.*

*
* *

II. — *Le terrain*

Les troubles humoraux reprennent, en Pathologie générale, l'importance qu'ils avaient un moment perdue sous la poussée des acquisitions pastoriennes. Il est hors de discussion que ce qui représente le « terrain » dans l'organisme du syphilitique subit au cours de l'évolution de la maladie des modifications dont l'importance est capitale dans le mode réactionnel des tissus vis-à-vis du tréponème. L'évolution cyclique de la tréponémose le montre assez dans ses débuts — le prouvent encore, les caractères de plus en plus ulcéreux et gommeux que prennent ces manifestations au gré du vieillissement de la maladie, — le résultat des réinoculations tréponémiques chez l'homme ou chez l'animal.

Négliger ce fait primordial dans l'étude de l'orientaion de toute syphilis, serait refuser de tirer parti de tout ce que ces dernières années nous ont apporté de données biologiques positives sur les infections en général On sait notamment combien ces données sont fécondes en phtysiologie.

Deux faits dominent, pensons-nous, cette question du « terrain » dans l'évolution de la syphilis.

D'un côté, la difficulté à laquelle on se heurte, lorsqu'on s'applique à faire mordre un nouvel apport de tréponèmes sur un sujet déjà syphilisé. Ceci implique évidemment un état d'immunité au moins partielle.

De l'autre, le type réactionnel, volontiers gommeux, qu'offre l'organisme du syphilitique dès après seulement la phase obligée primo-secondaire, laquelle est, au contraire, caractérisée par des lésions essentiellement fugaces et résolutives.

Le premier fait cadre parfaitement avec ce que nous savons de maintes infections. Il montre que l'organisme, sous l'influence de telle maladie, devient impropre à la culture et reste désormais absolument indifférent à la présence d'un parasite qui, d'ailleurs, ne le met pas en danger, puisqu'il ne cultive pas. C'est là un exemple de ces états réfractaires acquis, qui apparaissent, — quel qu'en puisse être le substratum (humeurs ou tissus), — comme le résultat d'une réaction défensive antérieure de l'organisme.

Le second paraît très différent. Il traduit une réaction du moment, violente, vis-à-vis du parasite ; plus violente que celle qu'aurait offert un sujet neuf ; il traduit un état de véritable hypersensibilité.

On sait que cette réaction violente est loin d'être une exception biologique. Elle a son expression la plus nette dans le phénomène d'Arthus, et pareillement dans celui de Koch.

Si l'on se dégage des vocables, utilisés souvent avec des acceptions différentes, — ce qui n'est pas fait pour simplifier, — il ne paraît pas douteux que, au fur et à mesure que l'infection syphilitique évolue, elle détermine chez le malade des modifications qui se traduisent par un *mélange curieux d'immunité et d'hypersensibilité*.

Le Prof. Gougerot insistait sur ce double processus dès 1913. C'est le mérite de M. Dujardin (de Bruxelles) de s'être appliqué à vulgariser cette notion fondamentale, en s'appuyant sur des faits cliniques et expérimentaux. Les travaux de Golay, Weil et Starobinsky (1924 et 1925) ont également apporté à cette question une heureuse contribution.

Le lieu n'est pas de chercher à nous faire ici une idée des liens qui unissent ces deux processus ; si, comme le pensent Wolf, Bordet, l'allergie et l'immunité ne sont que des chaînons d'une même chaîne, ou s'il s'agit là de deux phénomènes distincts, ainsi que le veut Neisser.

Or, l'observation des faits nous montre encore de nos jours ce que les vieux cliniciens n'avaient pas manqué de noter, à savoir que certains syphilitiques ont le privilège des manifestations gommeuses. Ces sujets-là peuvent donc être considérés comme en état d'allergie particulièrement accusée. Au reste, les intra-dermo-réactions révèlent cet état.

L'observation des faits montre par contre que d'autres syphilitiques vivent leur vie de spécifiques, avec un minimum de lésions apparentes, et sans jamais présenter ces mêmes processus destructifs et mutilants. Ce sont ceux-ci qui, électivement, évolueront vers la sclérose viscérale et feront plus particulièrement des localisations nerveuses paremchymateuses. Les intra-dermo-réactions donnent sur eux des réactions nulles ou peu marquées. Ce sont des sujets anallergiques.

Au surplus, des arguments anatomo-pathologiques, cliniques, biologiques, expérimentaux, montrent, ainsi que MM. Dujardin et Targowla l'exposent dans leur rapport au Congrès des Médecins aliénistes et neurologistes, tenu à Anvers en juillet 1928, que la neuro-syphilis comprend en réalité deux catégories de lésions : celles qui témoignent d'une localisation vasculaire et méningée, — et celles qui concernent l'atteinte directe du paremchysme nerveux.

Disons de suite que les faits observés en Afrique du Nord apportent un argument de plus à la thèse soutenue par ces auteurs. Ces faits montrent, en effet, que tabès et P. G. d'un côté, méningo-vascularites de l'autre se comportent très différemment, les premiers étant rares, les dernières, d'observation beaucoup plus courante.

M. Sezary, entre autres, a insisté avec juste raison sur cette distinction et s'est appliqué à préciser ce mode lésionnel et évolutif, spécial au tabès et à la P. G. Lorsque le tréponème, arrivé dans les centres nerveux au cours de la septicémie secondaire, cultive, il le fait d'une manière lente et sans bruit. Le tissu réagit doucement, produisant une manière de syphilome diffus, très analogue au syphilome chancreux et, toujours est-il, sans tendance nécrosante, c'est-à-dire gommeuse.

***

1° État hyperallergique de l'indigène syphilitique

Pourquoi se tréponème, qui cependant, en période secondaire, envahit toujours les centres nerveux, pourquoi n'y cultive-t-il pas chez l'indigène ? Ou pourquoi, s'il y cultive, le fait-il aussi rarement ?

a) Faut-il admette simplement que le parenchyme nerveux offre au tréponème un milieu peu favorable, impropre à sa culture ? La chose est partiellement possible, sinon probable. Mais est-ce là une raison suffisante ? Il ne nous semble pas, car, dans ces conditions, il faudrait admettre que la différence de comportement du tréponème dans l'axe nerveux de l'Indigène et celui de l'Européen, tient toute dans un état réfractaire d'ordre ethnique. Or, si ceci était, on ne s'expliquerait pas cette transformation indéniable et rapide à laquelle nous assistons et qui paraît devoir conduire, dans un délai plus ou moins long, le système nerveux de l'indigène à la même fragilité que celui de l'Européen, à l'égard du tréponème.

Au reste, les travaux de M. Dumolard ont montré que les différentes affections de neuro-psychiâtrie, en dehors de l'étiologie luétique, sont aussi fréquentes chez l'indigène que chez l'Européen.

b) Faut-il admettre que le système nerveux central vit en marge du reste de l'organisme et qu'il ne subit aucun retentissement du fait des phénomènes tissulaires et humoraux se passant en dehors de lui ?

Les expériences de Roux et Borrel, concernant l'effet des toxines tétaniques, celles de Vincent, avec les toxines typhiques, de Gley, avec le sérum d'anguille et de torpille, de Phisalix, avec les venins de serpent, semblent montrer, en effet, que le paremchyme nerveux vit assez en marge des réactions humorales de l'organisme. Mais faut-il admettre cet isolement absolu ?

Faut-il croire que le tréponème s'y développe entièrement à l'abri des réactions humorales et, de ce fait, ne subit aucune influence de l'état des humeurs ?

Il nous paraît difficile d'accepter ceci d'une manière aussi formelle. Que le parenchyme nerveux reste peu sensible au substratum bio-physico-chimique de ces modifications, la chose est possible. Mais, qu'il vive en dehors de la synergie qui préside à l'ensemble des phénomènes vitaux, cela nous paraît inadmissible. La preuve, nous la trouvons précisément dans ce fait que la suppression des accidents cutanés gommeux, influence cet état réfractaire et favorise l'éclosion des manifestations nerveuses. La chose est assez nette de par le monde ; elle est plus nette encore en Afrique du Nord, où la thérapeutique active, mais le plus souvent insuffisante, raréfie depuis quelques années ces tertiarismes monstrueux que l'observateur d'il y a 20 ans rencontrait à chaque pas.

*
* *

Ainsi donc, il existe une sorte de balancement entre manifestations nerveuses parenchymateuses et tertiairisme mutilant, entre lésions d'ordre allergique et lésions d'ordre anallergique. Il est dès lors évident que ces deux modes de manifestations tréponémiques ne se présentent pas au hasard, mais que leur alternance obéit à des lois déterminées.

Dujardin a bien souligné : « Qu'il existe des terrains, primitivement « capables de grandes capacités de sensibilisation. » Or, l'indigène algérien possède cette prérogative d'offrir des réactions vigoureusement allergiques. Cette aptitude réactionnelle est généralement précoce chez le syphilitique. On la voit s'établir littéralement sous les yeux, lorsque l'on assiste à la transformation de ces syphilides secondaires résolutives en accidents mutilants. Il n'est même pas rare qu'elle se montre contemporaine du chancre ; les accidents primaires ulcéreux en témoignent. En tout cas, *c'est à ce caractère allergique que nous pensons ramener le mécanisme de cette immunité relative de l'axe nerveux de l'indigène algérien, vis-à-vis du tréponème.*

2° Peut-on mettre en évidence cet état chez l'Algérien ?

Ici, nous tombons dans un domaine expérimental encore assez peu solide. Les recherches entreprises jusqu'à ce jour ne nous ont apporté que quelques faits et des faits contradictoires. Aussi bien, en Algérie, cet état allergique du syphilitique n'a été interrogé qu'à l'aide de tuberculine, de lait, d'hémostyl. Il serait sans doute plus probant de rechercher l'allergie spécifique à l'aide de produits appropriés.

Ainsi, nous sommes contraints, dans ce domaine, à l'expectative. Des recherches expérimentales viendront sans doute un jour confirmer ce que la clinique a montré à profusion naguère et continue d'ailleurs à faire toucher du doigt : c'est la fréquence et la gravité des réactions tissulaires vigoureuses, hyper-allergiques, chez l'indigène algérien.

***

3° Pourquoi cette précocité, cette violence et cette constance des phénomènes allergiques chez le Nord-Africain ?

La chose reste à préciser. D'ores et déjà cependant, plusieurs facteurs peuvent être envisagés :

a) Cet état n'est-il pas imputable à une *syphilis héréditaire antérieure*, ayant permis une nouvelle contamination ? Cela est possible, et cadre au surplus avec les remarques de certains auteurs, — il est vrai contestées par d'autres, — concernant la gravité des syphilis doublées. Arnould, déjà en 1862, pensait à cette possibilité : « Très souvent, une vie d'homme ne suffit pas à mettre au jour le produit de « cette fatale incubation. Alors les pères semblent la transmettre au « point où elle est chez eux, à leurs enfants et petits-enfants. Et, dut-« elle lutter contre la vigueur organique d'une ou deux générations, « la vérole finit par atteindre sa maturité avec une implacable exacti-« tude. »

b) D'autre part, ces *superinfections* doivent également être envisagées pour la syphilis acquise. Ainsi que le fait remarquer le Prof. Gougerot, maintes observations montrent « l'influence aggravante « d'une ancienne syphilis sur la nouvelle syphilis ». Pasini écrit : « Ces inoculations successives de tréponèmes, donnant des phénomè-« nes de superinfection, produisent le plus souvent des réactions aller-« giques de plus en plus importantes. Cela indique une hypersensi-« bilité acquise par les tissus à la suite d'introductions successives de « virus syphilitique, comme on l'observe dans différentes infections. »

c) Il est également possible que ces réactions allergiques soient particulièrement favorisées du fait *qu'aucune thérapeutique vraiment active et suivie* n'intervient généralement chez l'indigène syphilisé, et, par suite, ne vient gêner les phénomènes humoraux et locaux qui s'élaborent dans l'organisme aux prises avec l'infection.

d) La *notion des hétéro-allergies* nous paraît encore apporter, dans se domaine, quelques éclaircissements. S'il est vrai qu'un antigène déterminé, en outre de la propriété de créer des sensibilisatrices spécifiques, possède le pouvoir d'exalter toutes les sensibilisatrices autres présentes chez l'individu, on conçoit aisément que l'indigène Nord-Africain soit fortement allergisé. Celui-ci, en effet, est soumis, sa vie durant, aux sollicitations les plus diverses, d'antigènes les plus variés, et, le plus souvent, sans qu'une thérapeutique soit à même de contrarier le libre jeu de ces réactions tissulaires et humorales. Ses téguments, notamment, sont tout particulièrement exposés. Tour à tour, traumatismes, plaies, suppurations répétées, etc., etc... entretiennent sur eux un effort réactionnel constant.

« Le rôle de la peau est de tout premier ordre », nous dit Besredka, « non seulement dans la génèse des maladies, mais même dans « celle de l'immunité. » Les travaux de Lewandowski, de Bruno-Bloch, de Hoffmann, et de bien d'autres, confirment cette opinion. Les tuberculoses cutanées en donnent une preuve palpable.

e) ...Il paraît possible encore que cet état allergique soit favorisé chez l'indigène par la *fréquence du paludisme.* M. Dumolard admet, nous l'avons déjà vu, l'intervention de troubles humoraux consécutifs à l'infection chronique palustre. Dujardin écrit : « L'altération que « les hématozoaires entraînent dans les globules rouges provoquent « l'apparition de substances à action comparable à celle d'une injec- « tion de protéine étrangère. » Quelle que puisse être l'explication valable, on conçoit que des accès paludéens répétés, puissent entraîner dans l'organisme des modifications dans l'aptitude à réagir globalement et vis-à-vis du tréponème. Peut-être est-il légitime de faire jouer au paludisme un rôle favorisant, dans cet état allergique.

*
* *

En définitive, dans le problème de l'orientation de la syphilis Nord-Africaine, *nous ne pouvons souscrire à toute opinion qui fait table rase du germe, pas plus que nous n'acceptons toute théorie n'envisageant que lui.* Entre la conception de Fournier, qui voulait que le développement de la « plante « tint tout entier dans les qualités du sol ensemencé, et celle de Gémy pour que la « graine » était tout, il y a place pour une conception éclectique.

Au reste, quelle est la maladie qui s'installe et se développe, sans que ces deux facteurs, les qualités de germe et de terrain, ne s'intriquent étroitement ?

Ainsi pour nous la neuro-syphilis a été rare chez l'indigène algérien :

a) ...Parce que le *tréponème, appelé sur les téguments, par des conditions favorisantes nombreuses, est amené à une manière de spécialisation d'ailleurs parfaitement reversible ;*

b) ...Parce que *l'aptitude particulièrement allergique de l'organisme indigène fait de ces localisations cutanées, des manifestations volontiers gommeuses et mutilantes ;*

c) ...Parce que, enfin, *ces derniers accidents entraînent des modifi-*

cations humorales, préservant ainsi, dans une certaine mesure, l'axe nerveux que déjà des causes secondes ont peu de tendance à sensibiliser.

Nous avons été heureux de constater récemment que cette conception, défendue par nous dès 1926, était désormais soutenue par Tommasi étudiant la « syphilis exotique ». (La Riforma, décembre 1929.)

*
* *

III. — *Tendance actuelle de la syphilis indigène*

Un dernier point reste à aborder : c'est la progression actuelle des localisations nerveuses et notamment paremchymateuses du tréponème chez le Nord-Africain. Les faits recueillis des dernières années sont assez unanimes là-dessus. Il est peu de maladies qui demeurent « à travers les âges, semblables à elles-mêmes », nous dit Bernard (de Bruxelles). « Elle (la syphilis) subit la loi de constante évolution qui « s'applique à tout ce monde ». « Les constitutions médicales », chères à nos pères, n'étaient certes pas une vue de l'esprit. La syphilis, autant et plus que les autres maladies, subit cette transformation au cours des âges. Elle la subit en Algérie tout particulièrement durant ces dernières années. Tous ceux qui ont connu les services hospitaliers de syphiligraphie d'il y a 20 ans, et qui les comparent à ce qu'ils sont aujourd'hui, peuvent en témoigner. On nous permettra de dire que le grand Service de la clinique syphiligraphique de Mustapha est, à cet égard, méconnaissable. Ce que nous avions l'occasion d'observer chaque jour dans le service de notre maître J. Brault, nous avons de la peine à le montrer à nos assistants dans nos dispensaires une fois tous les six mois. Si Gémy et Brault revenaient, à coup sûr, leur premier cri de stupéfaction serait : « On nous a changé la vérole ! »

Tout ceci, nous croyons qu'il est grandement utile de le dire très explicitement aux générations nouvelles qui, elles, n'ont pas connu ces temps.

Sans nul doute, les progrès de la clinique moderne, l'aide précieuse du laboratoire, ont facilité bien des diagnostics ; les communications plus faciles ont également permis à maints malades de se rapprocher des grands centres hospitaliers. Mais, certes, ces deux raisons sont loin d'expliquer ce que nous voyons aujourd'hui et aussi ce que nous ne voyons plus.

Mais, il est bon de souligner deux faits :

1° En premier lieu, c'est que la fréquence des neuro-syphilis chez l'indigène est encore très loin de ce qu'elle est chez l'Européen. Toute statistique formelle est impossible. Mais, de cette impression, chacun gardera le sentiment très net qui voudra ne pas perdre de vue le nombre formidable de syphilitiques que compte le monde indigène.

On admet généralement que le nombre de P. G. est de 2 à 3 % de syphilitiques ; on peut estimer à 4 ou 5 pour 100 le nombre de tabès. Si la neuro-syphilis paremchymateuse se présentait chez l'Algérien, avec cette fréquence, imagine-t-on le nombre de P. G. et de tabès qui nous passeraient sous les yeux ?

Que peuvent représenter, en face de cela, les quelques cas de tabès et de P. G. que nous nous ingénions les uns et les autres à rassembler ?

2° En second lieu, il paraît bien évident que cette orientation nouvelle que prend le tréponème chez l'indigène, joue surtout en bordure de la Méditerranée et dans les grands centres. Ce fait a été signalé par bien des auteurs, et en particulier par M. Lacapère, pour le Maroc. A n'en pas douter, il faut encore compter ici avec ce fait que, dans les grands centres, les conditions d'observation médicale, et la fréquentation par les malades des services médicaux, facilitent grandement l'identification de syphilis nerveuses dont quelques exemplaires eussent pu passer inaperçus en plein bled. Mais nous ne pouvons admettre que c'est là l'unique raison qui paraît opposer quelque peu à cet égard l'indigène citadin du blédar.

Comment expliquer un changement d'orientation aussi brutal ?

Qu'est-ce qui est changé chez l'indigène nord-africain ?

Il n'est pas possible vraiment d'incriminer la seule pénétration de la civilisation européenne, traînant à sa remorque les différentes tares pouvant influencer de la sorte un organisme. Nous ne voyons qu'une chose de vraiment modifiée : c'est la *thérapeutique anti-syphilitique.* Il nous paraît évident que c'est là la principale raison, la raison fondamentale, de ce changement à vue de l'orientation du tréponème.

Encore faut-il bien entendre cette médication anti-syphilitique dans un sens très général. Le mercure, à lui seul, administré à doses suffisantes, suffit, on le sait, à supprimer les accidents gommeux ; à plus forte raison, le bismuth et les arsénicaux.

Or, depuis le temps où Arroudj, dit Barberousse, capitan-pacha des Turcs, roi d'Alger, fit à son allié François Ier, le précieux cadeau des pilules mercurielles qu'il utilisait lui-même, la médication anti-luétique, empirique et désordonnée, n'avait guère changé en Algérie. Les « pilules de Barberousse » d'ailleurs, ne paraissent avoir été que le privilège de quelques malades. La médication mercurielle consistait surtout en fumigations.

On peut affirmer que depuis une trentaine d'années seulement, la médication anti-luétique s'est installée vraiment en Algérie et a pénétré, chaque jour davantage, le monde indigène. Depuis ces dernières années notamment, grâce aux arsénicaux et au bismuth, les consultations hospitalières, les dispensaires, spécialisés ou non, les cabinets privés, ont fait sentir sur la syphilis algérienne leur action puissante. C'est là qu'il faut chercher la raison capitale de la raréfaction des spyhilis dermotropes et, comme corollaire, celle de l'augmentation du nombre des neuro-syphilis. On voudra sans doute nous retourner que certains syphilitiques indigènes, porteurs aujourd'hui de manifestations nerveuses, n'ont reçu aucun traitement ; que, dès lors, cette déviation du tréponème sur leur axe nerveux ne saurait être le fait d'un traitement insuffisant.

Mais il faut considérer la chose de plus haut et de plus loin. Cette transformation ne saurait s'opérer en entier et fatalement dans tous les cas, sur un syphilitique envisagé ; elle se poursuit sur une ou plusieurs générations.

Ce qui se passe dans l'Afrique du Nord a déjà retenu l'attention dans de nombreux pays. On s'accorde à souligner que, en Orient, en Tunisie, en Egypte, en Asie Mineure, au Soudan, en Amérique, et plus simplement en Europe, la courbe de la neuro-syphilis suit une progression ascendante.

Or, c'est au traitement actif, mais le plus souvent insuffisant, que la plupart des auteurs rapportent cette progression actuelle. Pour Wilmans, et bien d'autres, « la cause de l'apparition d'une variété neuro« trope de tréponème serait due au traitement anti-syphilitique, qui « est insuffisant au tardif dans plus de 90 p. % des cas ». (Radovici.)

C'est d'ailleurs la raison qui a conduit certains auteurs, Dujardin, Yerneaux, Bernard, Golay et Scarobinsky, à se demander s'il ne valait pas mieux, pour l'avenir du syphilitique, éviter de gêner, par une médication intempestive, les phénomènes de défense qui se poursuivent spontanément au cours de la période secondaire.

*
* *

Quoi qu'il en soit, *par quel jeu pathogénique cette thérapeutique peut-elle désorienter de la sorte une syphilis déjà systématisée ?*

A notre sens, de deux manières.

a) ...Il y a tantôt 40 ans que Gémy soutenait, on sait avec quelle vigueur enthousiaste, que le virus syphilitique subissait, du fait d'une thérapeutique mercurielle, des modifications heureuses, se traduisant cliniquement par une atténuation de sa virulence. Lorsque Gémy, plagiant un mot célèbre, criait à ses auditeurs : « Si vous prenez la syphilis, prenez-la à une source mercurialisée », — Gémy exprimait là une idée — la possibilité pour une source tréponémique de voir modifier ses qualités biologiques au gré d'une médication appropriée — qui nous paraît foncièrement vraie. — Encore convient-il de souligner que nous ne nous accordons plus aujourd'hui avec Gémy sur ce qu'il convient d'appeler syphilis grave.

b) ... En second lieu, la suppression des manifestations d'un tertiarisme allergique, supprime les réactions défensives qui, se produisant, aboutiraient à la formation d'anticorps, capables, à leur tour, d'influencer l'axe nerveux.

Ainsi, *si la neuro-syphilis gagne du terrain en Algérie, c'est avant tout grâce à la thérapeutique anti-syphilitique actuellement utilisée.*

Tout permet de supposer que la syphilis algérienne, en ce qui concerne le point que nous discutons, se rapprochera chaque jour davantage de la syphilis métropolitaine, au fur et à mesure que le tréponème sera davantage traqué en Algérie, ainsi qu'il l'est en France. Encore est-il logique de supposer que persisteront longtemps, dans les manifestations anatomo-cliniques de la syphilis de l'Algérien, quelques particularités attribuables aux conditions de vie, de mœurs, etc... qui sont le propre du groupe ethnique complexe auquel s'applique l'étiquette d'indigène.

*
* *

CONCLUSIONS GENERALES

1° La syphilis algérienne a été et reste encore un beau type de « syphilis exotique ».

2° Les localisations nerveuses ont été dans l'ensemble beaucoup plus rares chez l'indigène que chez l'Européen. Cette rareté globale apparaît surtout lorsque l'on envisage la fréquence inouïe de la syphilis dans le monde indigène.

3° Il convient d'établir une distinction très nette en matière de neuro-syphilis chez l'indigène :

a) ...Les manifestations de syphilis cérébrales banales, vasculaires et méningées, névritiques, sont d'observation relativement courante, du moins aujourd'hui ;

b) ...Les localisation parenchymateuses aboutissent au tabès et à la P. G. restent rares.

c) ...Cette rareté des syphilis parenchymateuses frappe d'autant plus que les affections neuro-psychiâtriques sont d'observation fort courante.

4° Les raisons premières de cette orientation, aussi bien du dermotropisme que de l'immunité partielle des centres nerveux, nous pensons les trouver dans les causes banales et nombreuses appelant plus spécialement le tréponème sur les téguments de l'Algérien.

5° Le mécanisme pathogénique de l'orientation de la syphilis algérienne, pour nous, tient à deux facteurs : au virus et au terrain :

a) ...Le virus, — certes non spécial, — du fait de sa culture répétée sur les téguments et au surplus sur le squelette, prend des aptitudes biologiques, qui le conduisent à un organotropisme d'ailleurs reversible ;

b) ...Le terrain essentiellement allergique, pour des raisons sans doute nombreuses et variables, commande les lésions hautement mutilantes, lesquelles, à leur tour, vaccinent le système nerveux vis-à-vis de l'infection en cours.

6° Depuis quelques années, le tableau de la syphilis algérienne change : tandis que les syphilis destructives et mutilantes se raréfient, le pourcentage des neuro-syphilis augmente.

7° La cause de ce changement nous paraît tenir, à peu près exclusivement, à la thérapeutique active, mais aussi insuffisante, qui pénètre chaque jour davantage dans le monde indigène.

8° Le mécanisme de cette action réside pour nous surtout dans la suppression des manifestations allergiques, entraînant comme corollaire la suppression de la vaccination de l'axe nerveux.

POUR BIBLIOGRAPHIE, VOIR :

E. LAURENS. Contribution à l'étude de la syphilis nerveuse chez les indigènes mahométans de l'Algérie. Thèse d'Alger, 1919.

W. GOËAU-BRISSONNIÈRE. La syphilis nerveuse chez l'indigène musulman algérien. Contribution à l'étude de la syphilis exotique. Thèse d'Alger, 1926.

ED. HANOUNE. L'Allergie cutanée dans la syphilis et en particulier dans la syphilis de l'indigène algérien. Contribution à l'étude de l'orientation de la syphilis nord-africaine Thèse d'Alger, 1927.

A. BENKHELIL. Contribution à l'étude des affections neuro-psychiques et de la neuro-syphilis chez l'indigène musulman algérien. Thèse d'Alger 1927.

J. ABULKER. Allergie et syphilis. Contribution expérimentale à l'étude de la syphilis chez l'indigène musulman algérien. Thèse Alger, 1928.

G. SENEVET

MÉCANISME DE L'ACCÈS PALUDÉEN PAR LE CHOC HÉMOCLASIQUE.

NOUVEAUX FAITS A L'APPUI DE CETTE THÈSE

Il y aura presque onze ans, lorsque se réunira à Alger le Congrès de l'Association Française pour l'Avancement des Sciences, que nous avons proposé M. le Professeur Abrami et moi l'explication de l'accès paludéen, par un choc hémoclasique précédant de quelques heures l'apparition des phénomènes cliniques.

Cette période constitue à mon avis un recul suffisant pour essayer de juger la valeur de l'hypothèse sur laquelle nous avons attiré l'attention du monde médical. Quels sont les faits cliniques, quels sont les résultats expérimentaux publiés pendant ce laps de temps et qui peuvent être interprétés pour ou contre cette théorie ?

La présente revue se subdivisera très naturellement en : *Objections* et *Confirmations*. Je ferai entrer sous ce dernier vocable tous les faits même ceux publiés par leurs inventeurs, sans aucune idée de confirmation de l'hypothèse de l'hémoclasie ; mais qui me paraîtront constituer des arguments en sa faveur.

I. — Objections

L. Lambert (14) a nié les rapports entre l'accès paludéen et le choc hémoclasique. Il base sa conviction sur le fait qu'un paralytique général du Service de Sainte-Anne, inoculé artificiellement avec *P. vivax* et dont le sang hébergeait de nombreux hématozoaires, ne présenta aucune élévation de température. Chez ce malade pourtant, des injections de peptone et de lait provoquèrent une ascension thermique à 38°2. Les phénomènes caractéristiques du choc (leucopénie, chute de pression, etc.) ne furent pas d'ailleurs recherchés chez ce malade, ni au cours des accès, ni à propos des injections de contrôle.

Il est difficile de considérer cette observation comme un argument valable contre la théorie de l'accès-choc hémoclasique.

Bien avant M. Lambert, nous avions observé M. Abrami et moi des accès avortés. « Tantôt le malade éprouvait une sensation de fatigue, « un peu de céphalée, de la somnolence, et le thermomètre marquait « 38°, 38°2, tantôt même, aucun malaise, aucune élévation thermique « anormale n'apparaissait. » D'ailleurs, ce serait une erreur grave de croire qu'une élévation thermique accompagne obligatoirement tout choc hémoclasique, ou que des chocs d'origine différente, chez un même malade, s'accompagnent des mêmes effets cliniques.

II. — Confirmations

Un certain nombre de publications sont venues par contre apporter une confirmation plus ou moins directe à l'explication que nous proposons M. Abrami et moi. Nous les diviserons en trois groupes.

1° Action thérapeutique des accès palustres, identique à celle de chocs provoqués.

2° Recherche directe de la crise hémoclasique ou de l'un de ses éléments chez un paludéen en période d'accès.

3° Manifestations paludéennes de nature nettement anaphylactique accompagnant ou remplaçant l'élévation thermique.

1° *Action thérapeutique des accès palustres identique à celle de chocs provoqués*

Je signalerai sous cette rubrique et à titre de preuve bien accessoire les résultats obtenus par différents auteurs dans le traitement de la paralysie générale. Si, dans certains cas, l'inoculation thérapeutique du paludisme a donné de bons résultats, certains auteurs ont eu également des amélioration par l'emploi de chocs protéiniques. A lui seul, évidemment, un tel argument serait insuffisant pour appuyer notre thèse.

2° *Recherche directe de la crise hémoclasique ou l'un de ses éléments chez un paludéen en période d'accès*

La recherche de cette crise a été faite, à titre d'ailleurs accessoire par F. Gruny (12). Cet auteur, dans sa thèse inaugurale, a étudié l'hémoclasie digestive chez les paludéens (ingestion de 200 gr. de lait chez un malade à jeun). Il recherchait la leucopénie habituellement consécutive à cette ingestion.

Or, il ressort, tant de ses communications verbales que des résultats publiés dans sa thèse, que la présence d'une crise hémoclasique au début de l'accès a toujours gêné ou empêché l'observation de l'hémoclasie digestive. C'est ainsi qu'il écrit, p. 21 :

« Nous avons pratiqué l'hémoclasie digestive en pleine crise de leucopénie paludéenne (observation XVII), l'épreuve s'est révélée négative.

A jeun	6 h. 25	globules	blancs	2970
	7 h.	—	—	2990
	7 h. 30	—	—	2950
	8 h.	—	—	3750
	8 h. 30	—	—	3150
	9 h.	—	—	3000

« Observation V. — L'épreuve est commencée au moment où le choc paludéen se produit, elle ne peut fournir aucun renseignement.

A jeun	9 h. 30	globules	blancs	8990
	10 h.	—	—	6020
	10 h. 40	—	—	5550
	11 h. 15	—	—	5270

« Observation XXV. — Hémoclasie faite à la fin de la crise leucopénique paludéenne et au début de la leucocytose qui lui succède. Aucune conclusion n'est possible.

A jeun	9 h.	globules	blancs	3710
	9 h. 25	—	—	3570
	10 h.	—	—	3200
	10 h. 25	—	—	5200
	11 h.	—	—	5360
	11 h. 30	—	—	6850

« Observation XX. — Hémoclasie faite en pleine hyperleucocytose. Pas de conclusion possible.

A jeun	9 h.	globules	blancs	6580
	9 h. 45	—	—	7300
	10 h. 30	—	—	9090
	11 h. 15	—	—	10180

« Observation XXIV — Hémoclasie en cours d'hyperleucocytose. T. 39, reste sans détermination.

A jeun	8 h. 30	globules blancs		9050
	9 h.	—	—	9160
	9 h. 30	—	—	9740
	10 h.	—	—	10020
	10 h. 30	—	—	10600
	11 h.	—	—	11200

« Nous voyons qu'au cours de l'accès paludéen, tel que l'ont délimité MM. Abrami et Senevet, c'est-à-dire depuis une période précédant le frisson d'environ cinq heures jusqu'à la fin du stade sueur, l'hémoclasie digestive n'est susceptible de fournir aucun renseignement sur l'état de fonctionnement du foie. Le choc peptonique et la leucocytose digestive s'y révèlent d'un ordre de grandeur négligeable par rapport à la leucopénie comme à l'hyperleucocytose de l'accès qu'ils ne perturbent aucunement. »

D'un autre côté, nous avons pu, grâce à l'aimable traduction de M. le Professeur agrégé Hermann, étudier le travail de O. Rubitschung (20). Cet auteur préoccupé surtout d'étudier « l'évolution complète de la courbe leucocytaire d'un accès à l'autre « donne une série d'« hémagrammes » (nombre de leucocytes, types de polynucléaires, différents monocytes), en rapport avec la température, mais malheureusement à des intervalles trop éloignés, jusqu'à 2 h. 1/2 dans certains cas, pour pouvoir saisir la leucopénie hémoclasique au moment où elle se produit. Ses observations concordent néanmoins avec les nôtres dans les grandes lignes ; comme il résultera du tableau ci-dessous :

Malade N° III

6 janvier		Leucocytes	Polynucléaires	Parasites
6 h. 1/2	36°2	3630	29.5	Petit nombre
7 h. 1/2				Division
7 h. 1/2	—	3700	34	—
8 h. 3/4	36°8	3180	54	Jeunes anneaux
9 h. 3/4	frisson	4750	49	Jeunes anneaux m. ; forme de division
11 h. 1/2	40°4	3800	75,5	Parasites rares

Sans rapporter ici tous les tableaux de Rubitschung, nous en extrayons ce qui a trait à l'apparition des jeunes mérozoïtes par division des schizontes mûrs. Nous avons montré M. Abrami et moi que cette apparition n'a pas lieu seulement au début du frisson, comme il est classique de l'admettre, mais commence bien avant celle-ci.

Les deux tableaux ci-dessous sont particulièrement suggestifs à cet égard.

Malade N° III

10 h. 1/2	—	Gamètes. Anciens anneaux
18 h.	37°3	Anciens anneaux. Gamètes Début de division
19 h.	37°2	Jeunes et anciens anneaux Formes de division
20 h.		Nombreux jeunes anneaux
22 h.	Frisson 41°3	

		Malade N° VII
12 h.	36°9	Début de division
13 h. 1/2	—	Nombreux jeunes anneaux Anciens anneaux. Forme de division
15 h.	37°2	Jeunes et anciens anneaux Formes de division
16h. 1/2	Frisson	Formes de division en voie de diminution.

Les résultats de Rubitschung confirment donc nos propres conclusions : tant en ce qui concerne la leucopénie et l'inversion de la formule leucocytaire qu'en ce qui vise l'apparition des jeunes formes dans le sang, bien avant l'heure du frisson.

Nous trouvons, toujours en 1925, une confirmation plus directe encore de nos recherches, dans le travail de Dumitresco-Mante (9). A propos d'un cas de paludisme où les accès s'accompagnaient d'urticaire, je reviendrai d'ailleurs sur ce point au chapitre suivant. Cet auteur a recherché la crise hémoclasique avant l'accès.

Voici ses résultats expérimentaux.

Heures	Leucocytes	Tension art.		Observations
9 h. 1/2	9200	Max. 12	Min. 7 1/2	Pas de fièvre. Sensat. froid
10 h. 1/2	5400	— 11 1/4	— 6 1/2	Malaise général
12 h.	10500	— 11 1/2	— 7	Début du frisson. Prurit

Il conclut relativement à la crise hémoclasique.

« L'histoire clinique de notre malade vient donc confirmer cette conception pathogénique de l'accès palustre et de ses symptômes satellites... »

En 1926, Benhamou (5), dans son intéressant travail sur le « Cœur et l'aorte dans le paludisme », étudiant les caractères de la pression artérielle au cours des accès palustres, voit une relation étroite entre les faits qu'il observe et l'hypothèse du choc hémoclasique. Il conclut ainsi :

« Tout plaide bien ici en faveur d'un véritable choc physico-chimique et l'abaissement de la minima paraît dépendre moins d'une insuffisance surrénale que d'un trouble vaso-moteur d'origine sympathique. »

J. A. Sinton et W. B. F. Orr et Baslier, Bashir Ahmad, de leur côté (22), concluent nettement en faveur de notre hypothèse.

« De nombreuses suggestions ont été proposées, relativement à la cause des accès palustres au cours du paludisme ; mais la plus probable semble être que l'accès constitue un état très voisin du choc « anaphylactoïde » tel qu'on l'observe après une injection parentérale de protéine étrangère à l'organisme.

« Quelques-uns des points de ressemblance entre ces deux états sont :

« *a*) Un début soudain de la fièvre suivi d'une défervescence par crises avec sueurs profuses.

« *b*) Une chute marquée dans la pression artérielle.

« *c*) Une diminution dans la réserve alcaline du corps.

« *d*) Une crise sanguine d'une intensité remarquable, caractérisée par une leucopénie et un déplacement vers la gauche de la formule d'Arneth (crise hémoclasique).

« *e*) Une diminution dans le nombre des plaquettes sanguines du sang périphérique.

« *f*) Une augmentation dans le taux de sédimentation des globules rouges.

« g) Une augmentation du sucre sanguin
« h) Une diminution de l'alexine sérique.
« i) Une hypertrophie aiguë de la rate.
« Tous ces points sont en faveur de la théorie que le paroxysme palustre est de la nature d'un choc anaphylactoïde dû à l'entrée soudaine dans le torrent circulatoire d'albumines hétérogènes au moment de la sporulation des parasites. .
« ... Nous ne nous proposons pas dans la présente note de discuter ces détails [la nature des albumines hétérogènes] ; mais d'apporter de nouvelles preuves en faveur de l'hypothèse anaphylactoïde. »

Ils étudient ensuite la tension superficielle, et l'index de réfraction du sérum, ainsi que la bilirubinhémie chez sept paludéens en cours d'accès et concluent :

« Dans les conditions de nos expériences, nous avons observé des modifications dans la tension superficielle et l'index réfractométrique du sérum chez des malades atteints de tierce bénigne, et ce au cours des accès les changements ont une ressemblance distincte avec ceux observés au cours du choc anaphylactoïde, bien que de nouvelles recherches paraissent nécessaires sur ce point. »

Nous trouvons enfin un certain nombre d'observateurs qui sans vérification expérimentale directe paraissent admettre pour des raisons diverses l'existence de la crise hémoclasique préalable à l'accès palustre.

Citons à cet égard Monteverde, dont nous n'avons pu nous procurer le travail original. L'analyse de cette publication donnée par le « *Tropical disease Bulletin* » indique que cet auteur admet l'existence de la crise hémoclasique.

Citons également Genoese et Zalloco (11), pour lesquels l'œdème palustre « est parfois fugitif et limité à la crise hémoclasique ».

En résumé, l'existence d'une crise sanguine, portant sur la pression artérielle, le nombre des leucocytes, la qualité de ceux-ci, telle qu'elle a été décrite en 1919 par Abrami et Senevet, est admise par la majorité des auteurs à l'orée de l'accès paludéen.

Les recherches parasitologiques, sur les formes rencontrées, tendent à justifier l'assertion émise par ces deux auteurs, que l'apparition des jeunes mérozoïtes commence quelques heures avant le frisson.

III. — *Manifestations paludéennes de nature nettement anaphylactique accompagnant ou remplaçant l'élévation thermique*

S'il est vrai que l'accès palustre est dû à la brusque irruption dans le plasma, d'albumines hétérogènes agissant comme une injection intra-veineuse d'une protéine étrangère, nous devons nous attendre à trouver au voisinage de l'élévation thermique la plupart des symptômes qui accompagnent habituellement le choc anaphylactique. Certes quelques-uns de ceux-ci constituent les signes cardinaux de l'accès, tels que le frisson et la brusque élévation thermique. Mais il en est d'autres comme l'urticaire et l'angoisse respiratoire, qui ne font point partie des symptômes classiques de l'accès. S'y rencontrent-ils à l'occasion ? La question est d'importance pour le bien fondé de notre explication. Certes la constatation de ces symptômes ne constitue pas une preuve absolue de la nature anaphylactique de l'accès palustre. Leur absence constante serait par contre un argument sérieux contre cette théorie.

Il était donc indiqué au moment où nous essayons d'apprécier l'exactitude de cette hypothèse, de rechercher la présence ou l'absence de ces symptômes satellites de l'accès.

Nous nous limiterons aux deux principaux des plus caractéristiques et facilement perçus par le malade ou le médecin traitant :

1° L'urticaire ;

2° Les phénomènes asthmatiformes.

A. — L'urticaire

La constatation de l'urticaire, au cours du paludisme est ancienne. Nous signalions M. Abrami et moi cette coexistence dans la publication précitée.

« Il en est de même des syndromes éruptifs palustres et spécialement de l'urticaire. »

Essayons de préciser la fréquence de cet urticaire par le dénombrement des cas publiés. Ce dénombrement s'ajoutera aux souvenirs des nombreux praticiens qui m'ont dit avoir observé fréquemment l'urticaire au cours des accès palustres.

Bien entendu je ne retiendrai ici que les seuls cas où les manifestations urticariennes se sont présentées avec un rythme superposable à celui du paludisme. Toutes les observations ne mentionnant pas ce rythme ont été écartées, l'urticaire pouvait être produit dans ces derniers cas par un autre mécanisme.

Même ainsi filtrées, les observations d'urticaire au cours des accès ne sont pas rares dans la littérature médicale.

Nous citerons :

Verneuil et Merklin (14), Rocco di Lucca (23), Hallopeau (13), M. Engmen (10), Chimisso (8), Ascoli (3), Mironesco (18), Mataesco et Marinovici (17) ; tous cités par Dumitresco Mante (9) au cours d'une observation que j'ai signalée au chapitre précédent à propos de la crise hémoclasique.

Celle-ci avait été recherchée chez un malade de 47 ans, impaludé à Guirguivi, près du Danube, qui après un premier accès normal le 10 juillet, présente des accès tierces les 12, 14, 16 juillet.

Au cours de l'accès et en même temps que lui, apparaissent vers 11 heures du matin de larges plaques rouges, prurigineuses, généralisées à tout le corps et qui disparaissent vers la fin de la journée.

Sous l'influence du traitement quinique, les accès fébriles et l'urticaire disparurent complètement

Le cas de Joas Froes est encore plus démonstratif, puisque

l'éruption urticarienne remplaçait complètement l'élévation thermique :

Négresse 25 ans, Brésil, accès quarte d'urticaire, sans aucune élévation thermique. Présence de *P. malariae* dans le sang. Guérison par la quinine. Deux autres cas semblables dus au *P. vivax*.

Nous rapportons également deux observations inédites dues au docteur Flogny d'Alger :

I. — En août 1928, nous avons eu l'occasion de voir une jeune fille de dix-huit ans qui présentait une fièvre pseudo-continue avec urticaire généralisée. En réalité il s'agissait d'accès multiples se reproduisant plusieurs fois par jour, et précédé chaque fois d'une poussée urticarienne très pénible. La rate très augmentée de volume, le gros foie, la notion d'un séjour dans un pays impaludé fit faire le diagnostic de paludisme confirmé par l'examen du sang qui montra de nombreux hématozoaires du type « Tierce maligne ».

Tous ces phénomènes cédèrent rapidement à un traitement quinique.

II. — Le deuxième cas est celui d'un homme d'une trentaine d'années que nous vîmes avec le Dr Maire pour des accès de fièvre quotidienne avec urticaire, température élevée et transpiration consécutive.

La crise urticarienne très pénible survenait environ un quart d'heure avant l'élévation thermique pour disparaître avec elle.

La rate était très augmentée de volume ainsi que le foie.

Plusieurs accès avaient ainsi évolué, le malade refusant les injections de quinine.

Il dut s'y résoudre cependant, et après trois injections, urticaire et accès palustres rentrèrent complètement dans l'ordre.

Une autre observation algérienne, due à MM. Benhamou et Goinard (Alger), bien que n'ayant pas été publiée, n'en est pas moins typique.

Il s'agissait d'une femme de 32 ans, qui, entrée à l'hôpital d'El Kettar, pour accès de fièvre avec urticaire, présenta aux lieu et place de l'accès attendu une poussée urticarienne, puis alterna : accès avec urticaire et urticaire sans accès. Sous l'influence du traitement quinique, urticaire et accès disparurent. Le sang de la malade contenait du *Plasmodium vivax*.

Le fait d'obtenir au hasard d'une conversation des observations comme celles de MM. Flogny et Benhamou et Goinard, prouve que le nombre des faits de ce genre doit être assez considérable, encore qu'ils ne soient pas tous publiés.

On peut encore ajouter à cette liste la publication de Macciola (15) qui a observé des taches purpuriques à rythme tierce chez un porteur de *P. vivax*, sans accès fébrile.

Enfin, dans une revue des formes palustres observées dans le proche Orient, Castellani (6) dit avoir quelques cas peu nombreux d'urticaire palustre.

B. — L'asthme et les phénomènes asthmatiformes

On connaît également plusieurs observations d'asthme accompagnant l'accès paludéen.

Nous citerons parmi les plus typiques celle de Mainini (16) :

Asthme pendant deux ans, homme parteur de croissants. Guérison par taitement quinique.

Celle de Zalloco (23) :

Enfant de 4 ans, accès de paludisme à *P. vivax*, accompagné de crises d'asthme typique, sensibles à l'adrénaline. Guérison simultanée par la quinine.

Enfin celle de Navarro et Spangenberg (19) :

Homme de 43 ans souffrant depuis cinq ans d'attaques « bronchiques suffocatives » devant plus fréquentes et plus violentes la dernière année. Apparition des crises vers midi. Quelques rares parasites furent trouvés dans le sang. Traitement par la quinine. Disparition des attaques dans une semaine.

L'auteur conclut que la malaria peut se manifester par des phénomènes anaphylactiques tels que l'urticaire, l'asthme et l'hémoglobinurie paroxystique.

On voit donc, que pour être moins fréquents que la forme urticarienne, les phénomènes asthmatiformes n'en accompagnent pas moins, chez certains malades, les manifestations cliniques de l'accès palustre.

C. — Phénomènes associés : asthme et urticaire

Comme il était logique de s'y attendre, si les phénomènes palustres relèvent bien d'un processus anaphylactique ou anaphylactoïde, les deux formes précédentes, asthme et urticaire peuvent apparaître simultanément chez certains malades prédisposés à cet égard.

C'est une association de ce genre que nous avons récemment relevée avec le Dr Ch. Belot de Mostaganem (21).

Un homme a passé pathologique assez chargé est impaludé en 1922. Les accès furent d'abord du type ordinaire. Ils ne tardèrent pas à être précédés d'une crise urticarienne violente, qui en marquait le début et s'apaisait lors de l'ascension thermique.

Lors des derniers accès, des phénomènes d'oppression accompagnèrent l'urticaire. Pendant près de deux heures une oppression violente avait terrassé le malade, qui avait pensé mourir, tant la dyspnée était forte et les mouvements respiratoires pénibles.

*
* *

En résumé, nous croyons avoir montré par des exemples concrets et récents, que certains phénomènes satellites de la crise hémoclasique tels que l'asthme, ou les poussées urticariennes, sont aussi à l'occasion des phénomènes de l'accès palustre.

Si cette constatation ne suffit pas à elle seule, à démontrer le bien fondé de l'hypothèse de Abrami et Senevet, elle prend une singulière force lorsqu'elle s'ajoute aux faits de recherche directe, exposés dans le chapitre précédent.

Il resterait à expliquer pourquoi ces phénomènes satellites n'apparaissent pas à tout coup et certains verront là un point faible dans notre essai d'explication.

Avouons franchement que nous n'en savons rien, pas plus que du déterminisme exact de ces phénomènes qui, pour une même cause, en dehors de toute question palustre, revêtent à l'occasion de manifestations anaphylactiques indiscutables la forme urticaire, la forme asthme, la forme d'hémoglobinurie paroxystique, et la liste n'est pas close.

Il est d'ailleurs consolant de ne pas tout savoir, car il n'y aurait plus rien à chercher.

BIBLIOGRAPHIE

1. ABRAMI P. et SENEVET G. — Pathogénie de l'accès palustre. La crise hémoclasique initiale. *Soc. Méd. des Hôpitaux de Paris*, 3e série, 35e année, N° 19, juin 1919, 530-537.
2. ABRAMI P. et SENEVET G. — Pathogénie de l'accès palustre. La crise hémoclasique. Causes et conséquences *Soc. Méd. des Hôpitaux de Paris*, 3e série, 35e année, N° 19, juin 1919, 537-545.
3. ASCOLI. — *La malaria*. Torino, 1915.
4. BANKER. — Serial. 24, 754.
5. BENHAMOU. — *Le cœur et l'aorte dans le paludisme*. La Typo-Litho, Alger 1926, 24.
6. CASTELLANI A. — Notes on Tropical diseases met with in the Balcanic and Adriatic zones. *Journ. Trop. Med. and Hyg.*, juillet 1917, XX, 157.
7. CASTRO (DE). — *Indian Med. Gazette*, 1926, LXI, 605.
8. CHIMISSIO. — *Rif. Medica*, XXX, 1914, 373, 914.
9. DUMITRESCO-MANTE. — Sur un cas d'urticaire palustre. Crise hémoclasique précédant l'accès paludéen. *Bull. et Mém. Soc. Méd. des Hôp. de Paris*, 3e série, 1925, XLI, 200.
10. ENGHAN (M.). — *Transact .of the Ann. dermatol. Assoc. Washington*, 1903, 192.
11. GENOESE et ZALLOCO A. — Gli edoemi nella maladia die bambini. *Pediatria*, déc. 1928, XXXVI, i''oç.
12. GRUNY E. — *Contribution à l'étude de l'insuffisance hépatique au cours du paludisme*. Thèse Médecine, Alger. 1923.
13. HALLOPEAU. — Sem. méd., 1894, 129.
14. LAMBERT. — *C. R. Soc. Biol.*, juillet 1928, XCIX, 615.
15. MACCIOTA. — Pediatria, 1925, XXXIII, 1151.
16. MAININI. — *Bull. et Mém. Som. méd. des Hôp. de Paris*, 1925, XLIX, 1514.
17. MATEESCO et MARINOVICHI. — *Spitalul*, 1924.
18. MIRONESCO. — Spitalul, 1924.
19. NAVARRO A. SPANGENBERG J. — Asma paludica. Une observacion clinica y algunas comentarias. *Samana med.*, mai 1929, XXXVI, 1111.
20. RUBITSCHUNG O. — Die Wiederholung des kurventyps der leukozyten für akute infektionen bei jedem anfall von Malaria tertiana. *Arch. für schiffs und tropen hygiene pathologie und therapie exotischer kranheiten*, 1925, 217-243.
21. SENEVET et BELOT. — Accès palustre accompagné de manifestations urticariennes et asthmatiformes. *Soc. Méd. Alger*, in *Algérie médicale*, 1930.
22. SINTON J. A., ORR W.B.F. et BASCHIR AHMED. — Some physico-chimical changes in the blood by the malarial paroxysm. *The Indian Journal of Med. Research*, XVI, N° 2, oct. 1928, 341-345.
23. ROCCO DE LUCA. — *Observazioni di urticaria palustra*, Cantania, 1885.
24. VERNEUIL et MERKLIN. — *Ann. de Derm. et Syph.*, 1882, 625 et 11883, I.
25. ZALLOCO A. — Asthma et Malaria, *Pediatria*. Mai 1928, XXXVI, 523.

Henri ABOULKER
Chef du Service oro-rhino laryngologique
de l'Hôpital de Mustapha,
Chargé de cours de Clinique à la Faculté de Médecine (Alger)

VINGT ANNÉES D'ANESTHÉSIE LOCALE

Au cours de l'année 1913, je communiquai au Professeur Reclus une série d'interventions exécutées par voie externe sous anesthésie locale. Mon travail énumérait la presque totalité des opérations qui peuvent être pratiquées sur la tête et le cou ; il fut déposé sur le Bureau de l'Académie par notre regretté maître le 31 janvier 1914.

Avant et après cette date, j'ai par ailleurs fait connaître mes résultats dans une série de publications : *Bulletin médical de l'Algérie, Monde médical, Presse médicale, Bulletin de la Société Médicale d'Alger,* du Congrès de Chirurgie (1922) dans mon livre (Clinique et Iconographie médico-chirurgicales, 1re et 2e éditions 1924), enfin dans les thèses de mes élèves Lebar et Plantey (Alger). Mes élèves et amis les docteurs Granger, Zermati, Sudaka, Badaroux, et Gozlan ont successivement collaboré avec moi, et comme moi ils sont restés fidèles à l'infiltration dont j'avais dès 1913 étendu les indications à un point qui surprit le créateur de la méthode.

Après une pratique ininterrompue de plus de vingt années, je suis en mesure de confirmer tout ce que j'ai dit et écrit à diverses reprises dans les années qui ont précédé et suivi la guerre.

Nos opérations représentent la presque totalité de la chirurgie de la tête et du cou : grandes trépanations décompressives, recherche de tumeur de l'angle ponto-cérébelleux, trépanations mastoïdiennes simples, évidemment petro-mastoïdiens classiques ou élargis jusqu'aux méninges avec ponctions ventriculaires et drainage des abcès encéphaliques ; trépanation, curetage et resection des sinus frontaux, ethmoïdaux et maxillaires, resections partielles ou totales des maxillaires supérieur et inférieur, résection de la langue, du plancher, de la glande sous-maxillaire, des tumeurs parotidiennes, pharyngtomies et laryngotomies, pharyngectomies et laryngectomies, goîtres, tumeurs cervicales, ligatures des gros vaisseaux du cou.

Pour se faire une idée du nombre d'interventions qu'on se représente vingt années de chirurgie d'un Service de 40 lits dans lequel les neuf dixièmes des opérations ont été faites sous infiltration.

J'ai employé d'abord la cocaïne à 1/200, parfois à 1/500, ensuite la novococaïne à 1 p. 200 et depuis la guerre la scurocaïne. Les doses injectées varient de 40 à 120 cm³ de solution à 1 p. 200, au maximum 60 centigrammes de principe actif, soit l'équivalent toxique de 15 centigrammes de cocaïne dose limite suivant Reclus. Pratiquement j'ai rarement dépassé 100 cm³, quantité amplement suffisante pour *inonder* un large champ opératiore.

En vingt années, je n'ai eu à déplorer ni décès ni même un accident quelconque, par contre parmi les malades qui ont refusé l'anesthésie locale et auxquels j'ai été obligé de faire donner le chloroforme ou le chlorure d'éthyle à mon corps défendant, j'ai eu trois décès et plusieurs alertes très graves... Une des principales raisons qui m'ont orienté vers l'essai, puis l'adoption définitive de la méthode Reclus, c'est la constatation de trois accidents chloroformiques très graves chez deux sujets porteur d'épithéliomas de l'épiglotte et chez une jeune fille atteinte de goître. Après les avoir péniblement ramenés à la vie, je les ai opérés très simplement sous anesthésie locale.

***

Quels reproches peut-on adresser à l'anesthésie locale ?

Ceux qui l'ont peu ou pas employée la déclarent impossible dans le plus grand nombre de cas et ne l'admettent que pour les petites interventions qui ne dépassent pas le plan sous-cutané. Si l'on réfléchit un instant, on se rend compte que partout où peut pénétrer l'aiguille *doit parvenir l'anesthésie.* L'insensibilisation des tissus est donc toujours réalisable. Celle du tissus osseux réclame une injection poussée non sous le périoste, mais à *son contact immédiat.* On peut procéder en infiltrant et incisant successivement les téguments et les divers plans musculaires. Passer de l'aiguille au bistouri n'est point agréable, il est préférable d'infiltrer la région sous-cutanée, de masser, d'attendre une minute, d'infiltrer ensuite les muscles et de masser, d'injecter au contact de l'os. Après un dernier massage, on opère sans avoir à reprendre la seringue. Ainsi nous faisons avec deux plans d'injection l'évidement pétromastoïdien conduit jusqu'à la dure-mère, la résection d'un maxillaire supérieur ou inférieur, de la langue, d'un goître, d'une tumeur parotidienne. Pour une ligature de la carotide ou de la jugulaire, je fais une injection sous-cutanée qui suffit pour découvrir la loge vasculaire et j'infiltre celle-ci. Souvent nous nous contentons de l'injection sous-cutanée. *Elle nous a suffi dans un très grand nombre de ces opérations.* Dans le cas de dissection de ganglions carotidiens, de la jugulaire, de tumeur, j'emploie parfois une aiguille à extrémité mousse que je plonge sans crainte dans les tissus parallèlement aux vaisseaux. Je fais l'évidement de la loge sous-maxillaire en infiltrant et incisant les téguments, après quoi, avec l'aiguille mousse, j'infiltre la loge. Je fais le goître avec un ou deux plans d'infiltration, *plus souvent un seul que deux*. La sensibilité des plans musculaires est minime, celle de la dure-mère et du cerveau presque nulle.

Lorsque j'ai fait mes premières opérations, j'ai eu des résultats excellents qui m'ont enthousiasmé et des résultats médiocres qui m'ont démoralisé. Convaincu que mes échecs étaient dus à des fautes de technique, j'ai coloré la solution anesthésiante avec quelques gouttes de bleu de métylène de façon à contrôler l'étendue de l'anesthésie.

Qu'arrive-t-il en effet au débutant ? Il infiltre le tissu sous-cutané et incise à côté. Il agrandit l'incision sans au préalable étendre l'anesthésie. Le malade se plaint, l'opérateur s'affole, fait donner le chloroforme et décrie l'anesthésie locale. J'ai fait établir par les « Usines du Rhône » une solution soigneusement stérilisée, présentée en ampoules de 20 cm^3 que j'appelle le *Bleu anesthésique*. Le Bleu anesthésique qui se trouve dans le commerce contient par cm^3 une demi-goutte de solution de chlorydrate d'adrénaline au millième. Ainsi faite *l'anesthésie saute aux yeux ;* si le malade se plaint, c'est qu'il a peur. On s'emploie à bon escient suivant le cas à l'encourager ou à rectifier l'anesthésie, à la renforcer, à l'étendre. Je n'ai jamais refusé l'anesthésie générale aux malades qui la réclament en cours d'opération. J'affirme que cette demande ne nous est faite que très rarement.

Quelques chirurgiens qui ont essayé le Bleu anesthésique auraient dit que la coloration empêche de voir les vaisseaux et que le liquide favorise l'infection. Or, pour le traitement de nos très nombreux cas d'épithéliomas, nous faisons d'innombrables ligatures des vaisseaux du cou. Très souvent nous obtenons des réunions par première intention. La radiale et la fémorale seraient-elles plus difficiles à voir que la linguale, la carotide externe et la jugulaire que nous voyons sans difficulté ? Le tissu cellulaire des membres serait-il plus susceptible que celui du cou ? Notre coloration doit être bleu clair et doit légèrement teinter les tissus. La couleur du bleu se modifie indiscutablement dans les ampoules et tend à devenir plus foncée. La correction en est bien simple puisqu'il suffit d'étendre une ampoule de bleu anesthésique avec une solution non colorée de scurocaïne. *Le Bleu anesthésique, c'est la canne de l'aveugle.* Je déclare volontiers que le colorant n'est pas indispensable. Mais après 20 années de pratique, je fais des fautes de technique que je reconnais en rencontrant des parties du champ opératoire non anesthésiées et douloureuses qui sont *toujours* les parties non colorées. Le colorant n'a aucun inconvénient et il a des avantages certains. Indispensable pour le débutant, il ne cesse de rendre service à l'opérateur le plus expérimenté.

Le Bleu anesthésique m'a permis de constater : 1° que l'insensibilisation atteint le plan infiltré, le plan sus-jacent et le plan sous-jacent ; 2° que quelquefois l'anesthésie s'étend fort loin du plan infiltré grâce à une diffusion inattendue ; 3° que certaines zones de tissu non colorées sont anesthésiées totalement, les filets qui les inervent ayant été atteints à distance. C'est de l'anesthésie régionale qu'on fait dans ce cas sans l'avoir voulu, comme on le fait en atteignant sans les chercher le sus-orbitaire au front, le sous-orbitaire dans la fosse canine, le dentaire inférieur devant la mâchoire, le lingual dans le plancher, les nerfs cervicaux dans le cou. Pour faire délibérément l'anesthésie régionale, il faudrait *connaître* les repères de tous les nerfs et *réussir à les atteindre*. Pour faire une locale, il faut et il suffit de connaître un peu l'anatomie de la région à opérer. L'anesthésie locale est une simplification énorme par rapport à l'anesthésie générale. Elle est à la portée de tous. L'anesthésie régionale est une complication qui à elle seule suffirait à justifier le retour à l'anesthésie générale.

L'anesthésie locale a pour le moment un inconvénient. Elle oblige le chirurgien à exécuter lui-même l'infiltration et augmente ainsi son temps de travail. Quand les chirurgiens auront adopté la méthode de Reclus, leurs aides seront entraînés à faire l'infiltration comme ils font l'anesthésie générale. Avec la locale, l'opérateur et ses assistants doivent s'interdire les mouvements brusques de traction, d'écartement, d'arrachement. Tous leurs gestes doivent être mesurés. Néanmoins, *l'éducation technique* du chirurgien n'est ni longue ni difficile à acquérir ; ce qui demande un effort plus réel, c'est *son éducation psychique.*

A la vérité, le malade se plaint assez souvent ; il sent peu ou pas, mais il souffre d'une souffrance psychique indéniable que l'on apaise aisément dans la plupart des cas. Nous faisions autrefois une injection préalable de morphine ou d'héroïne, nous l'avons abandonnée. Puisque nous opérons sans incident des malades que nul n'immobilise, on ne peut contester que l'anesthésie ne soit pour le moins suffisante. Personne ne pourrait empêcher un malade mal insensibilisé de se débattre et de rendre l'intervention impossible. Nous n'immobilisons que les délirants ou les enfants au-dessous de 8 ou 10 ans, et encore beaucoup de ces derniers subissent l'opération sans bouger. A coup sûr, il faut à l'opérateur du courage pour rester fidèle à la méthode Reclus. L'anesthésie générale le dispense de tout effort et il est plus simple et plus agréable d'opérer un patient endormi. En fait, si la générale est commode pour l'opérateur, la locale est infiniment préférable pour le patient. La possibilité d'exécuter une opération complète, précise et humaine n'empêche que la méthode est fort peu employée. Je sais bien que tous les chirurgiens font de loin en loin des locales.

Mais combien y en a-t-il qui, comme mes collaborateurs et moi, ne fassent la *générale qu'à titre exceptionnel ?* Cependant la méthode de Reclus évite de nombreux accidents et économise pas mal de décès.

Nous avons l'habitude de faire nos statistiques d'après les cas de guérison. Un cas de mort sur 2.000 anesthésies générales ne paraît excessif qu'à ceux qui perdent un être cher. Je divise les interventions en deux catégories : 1° celles pratiquées pour une affection qui ne met pas la vie en danger. Ne devons-nous pas faire tout ce qui est en notre pouvoir pour éviter un risque de mort par anesthésie ? 2° Celles qui s'adressent à une affection qui met la vie en danger. Elles réclament de toute évidence la suppression de toutes les causes d'aggravation. On connaît l'action du chloroforme et de l'éther sur le foie, le cerveau, sur les globules rouges. Lorsque pour des cas d'égale gravité on opère successivement sous anesthésie générale et locale, on est stupéfait et bouleversé par la bénignité relative de l'acte opératoire et de ses suites. Sauf le cas d'hémorragie sévère ou de destruction organique importante, *on ne meurt pas d'une intervention sous-locale.*

La chirurgie classique n'attribue à l'anesthésie générale que les décès qui se produisent sur la table. Ceux qui surviennent dans les heures ou les jours qui suivent sont attribués à un adversaire déloyal qu'on appelle le Schock. Le sens et l'ortographe du terme sont entourés d'un égal mystère qui dispense d'un effort de confession. Le schock c'est le total de l'anémie, de l'infection et de l'intoxication anesthésique. Sauf, je le répète, les cas d'infection grave et d'hémorragie torrentielle, si l'on supprime l'anesthésie générale on supprime le schock. Voici comme preuve des faits que j'ai proclamés à diverses reprises déjà. Ils concernent les opérations d'extirpation de cancers buccopharyngiques qui représentent, je crois, les interventions les plus graves de toute la chirurgie. Les résultats classiques de cette « chirurgie du désespoir » (Sébileau) indiquent 60 p. 100 de décès opératoires. Or j'ai fait une première série de 14 opérations sous générale avec 8 morts et une deuxième série de 14 opérations sous locale zéro mort. *Aucun opérateur n'a présenté et ne présentera jamais des résultats comparables aux miens, à moins d'employer la locale.* Il est bien entendu que je n'attribue de supériorité qu'à l'anesthésie locale et non point à ma technique. Quant à mes résultats en ce qui concerne la survie des cancéreux opérés, ils me paraissent égaux à ceux de tous les chirurgiens.

Je peux citer dans le même ordre d'idée 29 opérations pour angine de Ludwig, huit interventions pour phlegmons cervicaux-laryngés dont il est inutile de souligner l'extrême gravité sans un seul décès ainsi que de nombreuses opérations chez des diabétiques des albuminuriques, des urémiques, des femmes enceintes, des enfants porteurs de grosses tumeurs infectées. Si l'on veut sainement comparer les deux méthodes, il faut les juger d'après les cas graves. Quelle qu'ait été l'opération, je n'ai, quant à moi, jamais vu un malade mourir d'anesthésie locale.

L'anesthésie locale est une méthode admirable ; l'avenir lui appartient.

Henri ABOULKER
Chargé de cours de Clinique à la Faculté,
Chef du Service oto-rhino-laryngologique (Alger).
et
Paul SUDAKA
Ancien Chef de Clinique.

TRAITEMENT DE L'ANGINE DE LUDWIG

Il est classique de dire que l'Angine de Ludwig, même précocement opérée, est une affection terriblement meurtrière. Vignardou (Th. Toulouse, 1910) relatait 21 morts sur 67 cas ; sur 14 cas où l'intervention fut rapide et large, Huguet et de Bovis enregistraient néanmoins 4 décès. Or, sur 29 malades traités depuis 1924, nous ne comptons aucune issue fatale. La relation de ces 29 cas nous paraît fastidieuse ; précisons seulement que nous avons exclu de notre statistique les phlegmons circonscrits, ne retenant que les cellulites diffuses du plancher de la bouche, avec état septicémique grave, ces caractères étayant seuls le diagnostic d'angine de Ludwig.

Voici 5 de nos observations choisies parmi les plus typiques tant en raison des lésions constatées au cours de l'intervention qu'en raison de la gravité de l'état général ou de l'âge des malades.

Observation I

R..., J.,,, entre Salle Ménière (service de M. le docteur H. Aboulker) le 12 janvier 1925 pour angine de Ludwig consécutive à une avulsion dentaire.

C'est un vieillard de 75 ans paraissant profondément infecté ; son teint est blafard. Contrastant avec une température normale (37°1), son pouls est misérable, incomptable. Localement, on constate un cou proconsulaire, énorme, œdématié. Le plancher surélevé et dur dépasse le rebord du maxillaire inférieur et refoule la langue en arrière. L'haleine est fétide,

Intervention immédiate sous anesthésie locale (M. le Dr Aboulker) : incision en fer à cheval. Large débridement au doigt avec effondrement du plancher ; il s'agit d'une cellulite diffuse. — Mise en place de deux gros drains. — Une injection de sérum anti-gangréneux est pratiquée dès après l'intervention et est répétée les lendemain et surlendemain.

L'état général et l'état local s'améliorent parallèlement et vite ; dans les premiers jours de février, le malade quittait l'hôpital en bonne voie de guérison.

Observation II

J... R..., âgé de 8 ans, subit le 24 novembre 1927, l'avulsion de la 2e prémolaire inférieure gauche atteinte de carie du 3e degré et occasionnant depuis une dizaine de jours de violentes douleurs.

Dès le lendemain de l'avulsion, ascension brutale de la température aux environs de 40° en même temps que s'installe une tuméfaction de la région sous-maxillaire.

Examiné dans la soirée du 25 novembre 1927, le petit malade apparaît prostré ; le pouls est rapide, petit, la température à 39°8. Le facies est cyanosé et couvert de sueurs, la langue sèche. Au niveau du cou, on note une tuméfaction indurée et douloureuse de la région sous-maxillaire gauche. Pas de sensation de fluctuation. L'empâtement dépasse la ligne médiane mais ne s'étend pas au delà du bord inférieur du maxillaire ; la palpation de la face externe de ce dernier n'est pas douloureuse. A l'examen de la bouche, les deux régions sublinguales sont œdématiées, la moitié droite du plancher est surélevée et infiltrée.

Intervention immédiate sous anesthésie locale. Large incision partant de l'angle de la mâchoire et débordant légèrement la ligne médiane, intéressant les téguments et les plans profonds. Débridement au doigt qui donne issue » une petite cuillerée à café de sérosité louche. Effondrement du plancher. Drainage. Sérum antigangréneux en application locale.

Sitôt l'intervention terminée, injection d'une série complète de sérum antigangréneux. Huile camphrée, Adrénaline.

Le lendemain, la température est à 38°3, le pouls à 120. Le facies est meilleur. Le plancher est partiellement affaissé. On injecte une 2e série de sérum antigangréneux.

Le 30 novembre, l'état général est excellent. La plaie suppure abondamment. Le plancher est normal et en voie de cicatrisation ; on retire les drains.

Le 4 décembre, le malade quitte l'hôpital. Le 17, soit 23 jours après le début des accidents, la cicatrisation complète était obtenue.

Observation III

Homme de 43 ans ; entre à l'hôpital le 24 juillet 1924 pour une angine de Ludwig consécutive à l'extraction d'une deuxième prémolaire inférieure gauche.

Les phénomènes locaux sont ceux d'une angine de Ludwig classique : tuméfaction indurée, douloureuse des régions sus-hyoïdiennes, surélévation notable et durée du plancher de la bouche.

Ce qui domine, c'est l'altération de l'état général : malade pâle, subictère conjonctival, température à 40°6 ; pouls petit, rapide ; délire d'agitation, gros foie, grosse rate, diarrhée.

Nous avons l'impression que le malade ne pourrait faire les frais d'une narcose et nous nous bornons à injecter sous les plans superficiels quelques cc. de novocaïne à 1 pour 200. Incision en fer à cheval, débridement au doigt ; effondrement du plancher buccal ; pas de pus. Mise en place de deux drains ; pansement humide.

Sérum antigangréneux suivant la formule de Weinberg ; injection répétée le lendemain.

L'amélioration fut lente, bientôt compromise par la réapparition de la température en relation avec des douleurs au niveau de la région lombaire droite. Le malade est évacué dans un service de chirurgie où il subissait dans les premiers jours d'août une deuxième intervention pour phlegmon perinéphrétique. Il quittait l'hôpital deux mois plus tard parfaitement rétabli.

Observation IV

T..., A..., âgé de 45 ans, entre à l'hôpital (Service de M. le Professeur Aboulker) le 19 décembre 1924 pour gêne de la déglutition et tuméfection sous-maxillaire.

Il a subi 6 jours auparavant 3 avulsions dentaires portant sur l'incisive latérale gauche, la deuxième prémolaire et la première molaire du même côté.

Dès le lendemain, apparition de frissons, fièvre, céphalée, prostration. La région sous-maxillaire gauche se tuméfie. Les mouvements de la langue sont gênés. Trismus.

A l'entrée à l'hôpital, le malade a un très mauvais état général : température à 39°8, pouls petit à 132, langue sèche. Mastication impossible, sialorrhée. La région sous-maxillaire est tuméfiée et dure. Le plancher de la bouche soulève fortement la langue ; il est violacé et œdématié.

Intervention sous anesthésie locale au bleu anesthésique. Incision étendue de l'angle de la mâchoire à la ligne médiane. Au-dessus du mylohyoïdien, le débridement au doigt donne issue à des gaz fétides et à une petite quantité de liquide sanieux. On respecte l'intégrité du plancher buccal. Drainage ; pansement.

Malgré les soins locaux et généraux, l'état du malade demeure inquiétant ; la température persiste, le plancher demeure infiltré.

Le 23, on incise le plancher, établissant ainsi une large communication avec la bouche. A partir de ce moment, la température tombe et la guérison s'amorce.

Observation V

G..., P..., âgée de 29 ans, se fait extraire le 19 mai 1926 une deuxième prémolaire inférieure gauche. Le soir même, hémorragie gingivale assez abondante, apparition d'une tuméfaction douloureuse de la région sous-maxillaire gauche envahissant la joue correspondante, le tout accompagné d'une température élevée. Le lendemain, la température persiste aux environs de 40°, l'état général est très altéré. La zone tuméfiée est tendue, violacée, considérablement empâtée et dure. Appelé auprès de la malade, nous constatons en outre une surélévation marquée du plancher de la bouche dans sa moitié gauche avec léger trismus. Au niveau de l'alvéole déshabitée et de la branche horizontale du maxillaire, rien à signaler. Malgré notre insistance la malade refuse toute intervention.

Le lendemain, devant l'aggravation des phénomènes généraux. elle se décide à entrer à l'hôpital (Service de M. le Pr. Aboulker) où nous l'opérons immédiatement sous anesthésie locale.

Incision de 5 cm., parallèle au rebord du maxillaire inférieur, à un centimètre au-dessous de ce dernier. Notre incision s'arrête à 2 cm. de la ligne médiane et en profondeur atteint la face supérieure du mylohyoïdien. On effondre le plancher de la bouche et on place deux gros drains fixés à la peau.

Après l'intervention, on injecte une série de sérum antigangréneux diluée dans 300 cc. de sérum artificiel. On répète cette injection les lendemain et surlendemain.

L'état général demeura grave pendant 3 jours, après lesquels la température tomba en lysis. Localement, l'infiltration s'était considérablement atténuée dès le 3e pansement. On retira les drains au 8e jour. La cicatrisation était achevée un mois et demi après l'intervention.

***

Ces heureux résultats nous ont paru tenir à un ensemble de facteurs que nous allons nous efforcer de mettre en évidence :

1° Nous n'opérons jamais d'angines de Ludwig sous anesthésie générale ; nous pratiquons systématiquement l'anesthésie locale par infiltration (1). Notre technique se réduit à ceci :

a) infiltration de la ligne d'incision ;

b) anesthésie du tissu cellulaire du cou et des plans musculaires ;

c) injection de quelques cc. de solution anesthésiante dans la loge sous-maxillaire ;

d) anesthésie préalable par voie buccale de la muqueuse de la région sublinguale (inconstante).

Nous nous empressons de signaler les griefs que l'on peut formuler à l'égard de l'anesthésie locale dans ce cas particulier. Tout d'abord, la réalisation même de cette anesthésie est douloureuse ; en effet, la diffusion de l'agent anesthésique augmente la distension de tissus déjà considérablement infiltrés. De plus elle est incomplète sitôt franchie l'étape du mylohyoïdien : la dilacération à la pince de Kocher de la loge sous-maxillaire arrache régulièrement des cris aux malades les moins pusillanimes. On pallie à ces inconvénients en réduisant au minimum la quantité nécessaire de solution anasthésiante, en sachant attendre pour prendre le bistouri que l'anesthésique ait diffusé, enfin en débridant les plans profonds le plus rapidement possible. Malgré ces imperfections, l'anesthésie locale doit être préférée à la narcose même légère, même administrée à la reine. L'anesthésie générale doit être bannie dans tous les cas de suppurations du carrefour aéro-digestif en raison de spasme glottique qu'elle est susceptible de surajouter à un œdème laryngé préexistant. De plus, chez des sujets en état de septicémie, déjà profondément intoxiqués, il n'est pas sans danger de surcharger l'organisme d'une dose d'anesthésique qu'il lui faudra éliminer à travers des émonctoires déficients. En troisième lieu, il semble que les malades atteints d'angine de Ludwig aient une prédisposition spéciale à faire, aux premières bouffées d'anesthésique, des syncopes mortelles. Cette intolérance, dans les cas que nous avons observés, ne paraissait tenir ni à une lésion organique antérieure, ni à une faute de l'anesthésiste (1). Nous avons retrouvé dans la thèse de Richard (Lyon, 1922) un sentiment analogue à celui que nous développons ici, notamment la relation de deux observations où le chloroforme était responsable de syncopes mortelles.

---

(1) Solution de Bleu anesthésique du Dr H. Aboulker : Scurocaïne à 1 pour 200; adrénaline: une goutte pour 2 cc.; bleu de méthylène, 1/2 milligramme pour 100 cc.

(2) L'un de nous, avant la pratique systématique de l'anesthésie locale, a eu personnellement à enregistrer un cas de mort chez un sujet robuste atteint d'angine de Ludwig, qui vaquait à ses occupations presque jusqu'au moment de l'intervention et qui succomba dès l'incision des téguments après avoir seulement reçu quelques cc. de chlorure d'éthyle.

Il a été également le témoin de deux cas semblables chez des malades atteints d'angine de Ludwig opérés sous chloroforme par un chirurgien qu'il assistait.

2° L'incision que nous pratiquons habituellement est l'incision classique, large, parallèle au rebord du maxillaire, étendue de l'angle de la mâchoire jusqu'à 2 cm. au delà de la ligne médiane dans les formes franchement unilatérales ; en fer à cheval d'un angle du maxillaire à l'angle du côté opposé dès que la tuméfaction occupe les deux régions sous-maxillaires. Il est toujours possible, lors de la fixation des drains à la peau de réaliser un ou deux points de suture pour amorcer la cicatrisation. Dans quelques cas cependant des considérations esthétiques nous ont fait limiter les dimensions de l'incision cutanée. Cette dernière réduite à une simple brêche de 3 cm. a néanmoins permis un débridement complet et large des plans sus-jacents à la pince de Kocher. Nous ne nous préoccupons pas des paralysies du facial inférieur observées dans quelques cas : elles sont en général passagères et la gravité de l'état général les rejette au second plan.

Chez nos malades, après dilacération des zones profondes, nous effondrons toujours le plancher buccal. Cette manœuvre ne présente aucun inconvénient ultérieur, si ce n'est de gêner l'alimentation dans les premiers jours qui suivent l'intervention. La cicatrisation du plancher se fait spontanément et vite dès l'ablation des drains. Par contre, cet effondrement a l'avantage, grâce à la mise en place de drains de gros calibre, de permettre l'irrigation de la plaie suivant la méthode de Carrel à l'aide de solutions antiseptiques variées (Dakin, Labarraque, Delbet, etc...). Enfin, et c'est là sa raison majeure, cette manœuvre supprime un foyer de cellulite qui est le point de départ de l'infection.

3° A l'intervention ainsi réalisée, nous associons systématiquement la sérothérapie anti-gangréneuse. Dans nos premières observations, suivant la technique de Weinberg, nous diluions la série des sérums anti-gangréneux :

anti-perfringens	40 cc.
anti-vibrion septique	30 cc.
anti-œdématiens	20 cc.
anti-hystoliticus	10 cc.

dans 200 à 300 cc. de sérum physiologique. Nous avons renoncé à cette dilution qui nous a paru, dans trois cas, exposer les malades à des abcès avec vastes décollements. Dans la plupart de nos cas, nous nous sommes bornés à pratiquer l'injection simple des 100 cc. de sérum anti-gangréneux suivant les proportions ci-dessus indiquées sans adjonction de sérum simple (1).

(1) Nous avons eu l'occasion, dans un cas récent, d'utiliser le sérum anti-gangréneux polyvalent de Vincent : sa concentration le rend d'un emploi plus facile.

Nous injectons le jour même de l'intervention une série complète de sérums et répétons cette injection le lendemain. Dans les cas graves, nous recourons le surlendemain à une troisième injection.

Voilà, dans ses grandes lignes, le traitement de l'Angine de Ludwig tel que nous l'appliquons depuis plusieurs années. Sans nous illusionner sur la portée d'une série particulièrement heureuse, nous avons tenu à souligner des résultats qui nous paraissent surtout dus à l'anesthésie locale. Il est juste, en terminant, de rappeler que Reclus a le premier attiré l'attention sur ce mode d'anesthésie qui, dans ce cas particulier, commande le pronostic de l'affection.

H. ABOULKER et GOZLAN

ÉPITHÉLIOMA NASO ORBITAIRE (contribution à l'étude de)

CONCLUSIONS

L'epithélioma naso orbitaire se caractérise par les particularités cliniques suivantes :

1° Tendance extensive des lésions ;

2° Tendance à la récidive locale ;

3° Intégrité en quelque sorte constante de l'appareil ganglionnaire ;

4° Longueur de l'évolution ;

5° Ce sont souvent des épithéliomas pavimenteux à cellules basales.

Le traitement doit être aussi large et aussi précoce que possible. L'exérèse aboutit à une vaste excavation unique orbitro-maxillo-nasale qui se cicatrise insensiblement.

Il est préférable de ne pas faire d'autoplastie immédiate, pour surveiller la récidive locale.

Pour parfaire les résultats du traitement chirurgical, il est bon de lui associer la radiumthérapie (20 à 30 jours après) pour laisser passer la période du sphacèle opératoire.

Dr H. ABOULKER et Dr A. BADAROUX

CONTRIBUTION AU DIAGNOSTIC ET AU TRAITEMENT DES TUMEURS BÉNIGNES DU MAXILLAIRE INFÉRIEUR.

ÉTUDE CLINIQUE ET ICONOGRAPHIQUE

CONCLUSIONS

I. — La question des tumeurs bénignes du maxillaire est intéressants à plus d'un titre :

a) Elle soulève, en effet, quelques problèmes de pathologie générale, parmi lesquels « celui du rôle de l'infection atténuée dans le déterminisme des tumeurs, celui des interréactions constatées entre le tissu épithélial et conjonctif affectés par cette infection chronique ». Ruppe.

b) On rencontre, au niveau des mâchoires non seulement toutes les formes de tumeur qui peuvent exister sur le squelette humain, mais encore des néoformations d'origine paradentaire, d'allure et d'évolution très spéciales.

II. — Parmi celles-ci, à côté des formes décrites par les classiques, nous placerons, avec Delater et Bercher, les épulis.

Ces tumeurs nous semblent pouvoir être considérées comme des néoformations paradentaires déterminées par une prolifération épithéliale (débris de Molassez, épithélium du bourrelet guigival) provoquée par un processus infectieux plus ou moins atténué.

Cette affirmation est basée sur l'observation récente d'une malade, chez laquelle évoluèrent simultanément deux tumeurs dont l'une était manifestement d'origine dentaire, et dont l'autre présentait tout les caractères cliniques et histologiques de l'épulis fibreuse. De la simultanéité de l'évolution, ne peut-on conclure à l'identité d'origine de ces deux formations tumorales, et de leur identité d'origine ne peut-on déduire légitimement la nature paradentaire de l'épulis ?

III. — Malgré que l'anatomie pathologique et la pathogénie permettent de distinguer les tumeurs du maxillaire en deux groupes distincts, suivant qu'elles sont ou ne sont pas d'origine dentaire, le problème diagnostic ne peut être posé de façon aussi schématique ; la ressemblance clinique ne résultant pas, comme l'affirment fort justement Belard et Guim, de parenté histologique.

IV. — Le diagnostic peut être parfois très ardu et la distinction d'une tumeur bénigne ou maligne extrêmement difficile.

Le clinicien devra donc mettre tout en œuvre pour arriver au diagnostic, et joindre à l'exploration clinique l'examen biopsique et radiologique. Ce dernier permettant, dans certains cas, non seulement de confirmer un diagnostic hésitant, mais encore de vérifier la guérison et de prévoir les récidives.

V. — Le diagnostic de tumeur bénigne étant établi, on devra, pour la détermination et le choix du traitement, s'inspirer de cette notion capitale : la chirurgie du maxillaire inférieur est une chirurgie « à la demande », modelante et non mutilante.

On pourra adjoindre et même parfois substituer au traitement chirurgical, le traitement par les agents physiques.

Deux observations récentes de Grandsclaude et Roussy (1), en mettant en évidence l'action thérapeutique réelle de la radiumthérapie sur l'adamantinome kystique, permettent à ces auteurs d'affirmer que le dogme de la radiorésistance de certains épithéliomas n'est peut-être pas justifié, et qu'à la lumière des progrès de la technique moderne, le traitement des tumeurs des mâchoires mérite d'être entièrement repris.

Dr ARGENSON

Médecin Chef des Dispensaires antituberculeux d'Alger.

QUELQUES REMARQUES SUR LA CUTI-RÉACTION A LA TUBERCULINE CHEZ LES ADULTES

Il est généralement admis que dans les milieux urbains des pays de vieille civilisation les adultes réagissent à la tuberculose dans des proportions qui atteignent 95 % à 98 % des sujets.

Il convient de remarquer que ces chiffres si élevés ont surtout été donnés par les enquêtes menées dans les groupes sociaux qui paient le tribut le plus lourd à la tuberculose et quelques auteurs, opérant dans d'autres milieux, ont donné des chiffres moins élevés.

---

(1) Annales d'Anatomie pathologique, janvier 1930.

C'est ainsi qu'à Oslo, Heimbeck et Scheel constatèrent que chez les élèves-infirmières de l'hôpital Ulleval la cuti-réaction n'était positive que dans 48 % des cas.

Quoi qu'il en soit, le nombre toujours élevé de sujets réagissant à la tuberculine montre, sans doute possible, combien l'infection latente par le B. de Koch est répandue dans les milieux que nous considérons.

Mais, en regard de ce nombre élevé de sujets en état d'allergie tuberculinique, il y a toujours quelques individus qui présentent une cuti-réaction négative. Quels sont ces individus et quelles sont les raisons que l'on peut invoquer pour expliquer leur état d'anergie ?

Avant toutes choses, il convient de songer aux fautes possibles de technique : nous n'insisterons pas sur ce sujet bien connu. Ces fautes sont facilement évitables et elles sont certainement rares avec un personnel entraîné à l'application d'une technique minutieusement réglée. On peut d'ailleurs se mettre à l'abri de celles-ci en refaisant l'épreuve aussitôt que le résultat négatif est constaté.

Restent alors les sujets chez lesquels la cuti-réaction est authentiquement négative. Il ne nous paraît pas que l'on puisse invoquer d'autres causes que les suivantes :

1° Les sujets sont en état d'anergie, ou plus exactement d'anallergie, temporaire ou persistante, soit du fait d'une infection ou d'un état connus pour leur action anergisante, soit parce qu'atteint de tuberculose grave ils sont arrivés à la période où l'organisme ne réagit plus.

Parmi ces sujets, les premiers, la phase d'anallergie passée, retrouveront l'état allergique antérieur ; les seconds ne tarderont pas a succomber à leur maladie.

2° Les sujets ont échappé à l'infection si commune parce qu'ils n'ont pas rencontré le bacille : cette cause paraît bien improbable si l'on songe qu'il s'agit d'adultes vivant de la vie urbaine et cette improbabilité augmente, il est à peine besoin de le remarquer, avec le coefficient de morbidité par tuberculose.

En revanche, elle est possible pour un certain nombre des sujets appartenant aux milieux à indice tuberculinique relativement faible et en particulier elle pourrait bien jouer pour quelques-unes des élèves-infirmières à cuti négative de l'hôpital Ulleval à Oslo (52 %). Aussi l'on conçoit fort bien que pour ces sujets la prémunition par le BCG sous cutané ait été proposée et acceptée par le plus grand nombre d'entre elles.

3° Les sujets sont en état d'anergie vraie parce que, antérieurement atteints, ils sont complètement guéris et se comportent comme des sujets neufs.

On voit immédiatement le caractère hypothétique d'une telle raison. Quel argument démonstratif mettre en évidence pour en affirmer le bien fondé ? Mais, d'autre part, quelle raison donner pour en rejeter la possibilité ?

Pour ma part, je vois une objection, d'une valeur relative sans doute, dans la remarque suivante : bien avant la découverte des réactions tuberculiniques, les autopsies pratiquées sur des sujets ayant succombé à toutes sortes d'affections ou à des accidents montraient, dans 95 % environ des cas, un petit nodule tuberculeux, le plus souvent infiltré de sels calcaires, n'ayant donné lieu pendant la vie à aucun symptôme appréciable, mais contenant néanmoins des bacilles vivants, susceptibles de tuberculiser le cobaye. Or cette proportion de 95 % est précisément celle des sujets qui réagissent à la tuberculose, sans présenter cependant des signes de maladie. Tous les auteurs ont vu dans cette identité la démonstration et de la valeur des réactions tuberculiniques et de la quasi universalité de l'infection par tuberculose. Toutes ces notions sont archi connues et je m'excuse de les énoncer ici. Mais il me semble que si la lésion de primo-infection latente, contractée le plus souvent dans l'enfance, était susceptible de guérir complètement, il y aurait certainement un écart, d'autant plus important que cette guérison serait plus fréquente, entre le pourcentage des cuti positives, qui ne change plus guère depuis la fin de l'adolescence et le pourcentage des cas où l'on trouve un nodule tuberculeux latent à l'autopsie. Or cet écart ne se constate justement pas.

4° Les sujets présentent une immunité naturelle qui leur a permis d'arriver à l'âge adulte, au milieu d'occasions innombrables de contagion sans contracter même le nodule tuberculeux latent qui est le lot du plus grand nombre et dont la présence dans l'organisme est nécessaire pour entraîner l'allergie tuberculinique.

Il est évidemment fort difficile de donner une démonstration péremptoire d'une telle immunité dont l'existence est niée par beaucoup de bons auteurs. Mais cependant il est des cas où il ne semble pas possible de trouver une autre explication à un état d'anergie persistant. D'ailleurs dans la résistance d'un organisme à l'infection spontanée il convient de distinguer entre l'efficacité des barrières opposées par l'organisme à la pénétration du germe pathogène dans le milieu intérieur et les phénomènes d'immunité proprement dite aboutissant à la neutralisation du germe ou à sa destruction.

« L'acte préalable à l'infection, dit J. Bordet, la pénétration du microbe dans les tissus, se heurte à de nombreux obstacles. L'imperméabilité des téguments qui se renouvellent et se nettoient en s'exfoliant, le jeu des épithéliums vibratiles de revêtement qui fait rebrousser chemin aux particules étrangères, les sécrétions muqueuses qui les enrobent et les éliminent, l'acidité gastrique, le péristaltisme intestinal qui expulse les bactéries ingérées et celles qui se sont multipliées dans le tube digestif, tout cela, évidemment, concourt à la protection. Mais les facteurs qui nous intéressent surtout sont ceux qui interviennent lorsque le danger est vraiment menaçant, lorsque l'introduction du virus dans les tissus est un fait accompli ; c'est alors que le combat s'engage. » (Traité de l'Immunité.)

Cette distinction rend compte de faits bien connus en pathologie expérimentale : on sait que le cobaye si sensible à l'inoculation est atteint bien rarement de tuberculose spontanée même lorsqu'il est élevé sans précautions au contact de ses congénères tuberculisés. L'infection spontanée du lapin n'existe pas et cependant cet animal est sensible à l'inoculation.

Par analogie, on peut envisager chez l'homme une résistance de même nature, susceptible d'épargner à quelques sujets la primo infection habituelle, mais les privant par cela même de l'immunité relative dont bénéficient les sujets allergiques. Et l'on conçoit que l'efficacité de ce mode de protection puisse fléchir sous l'action d'affections banales intercurrentes, amenant par exemple l'altération passagère d'épithéliums protecteurs. Et ceci expliquerait pourquoi dans les milieux où les chances de contagion sont toujours présentes un si petit nombre de sujets resteraient jusqu'à l'âge adulte en état d'anergie. Et ceci explique aussi pourquoi quelques enfants parmi ceux élevés en contact bacillifère, peuvent garder une cuti négative pendant des mois et même des années.

Pour essayer de déterminer quelle est la part qui revient à chacune des causes d'anergie tuberculinique, il serait nécessaire de poursuivre de vastes enquêtes, englobant un nombre aussi élevé que possible de sujets observés minutieusement et pendant un temps assez long.

Nous nous proposons d'apporter notre bien modeste contribution à un travail de cette nature en puisant dans les dossiers des dispensaires antituberculeux d'Alger. Pendant les premières années de leur fonctionnement, de 1918 à 1923, nous avons pratiqué la cuti-réaction aussi bien chez les adultes que chez les enfants, tandis que depuis cette dernière date nous ne la pratiquons plus que sur les sujets âgés de moins de 15 ans.

De 1918 à 1923, nous avons ainsi pratiqué la cuti-réaction sur 1.635 adultes présentés à notre examen.

Sur ces 1.635 cuti, il y en a 654 pour lesquelles le résultat n'a pas été noté, soit que les sujets ne se soient pas représentés pour le faire constater, soit qu'il ait été considéré comme douteux. Il nous reste donc 981 cuti dont 950 positives et 31 négatives, ce qui correspond à 96,8 % de résultats positifs, chiffre voisin de ceux qui ont été fournis par les enquêtes menées dans les milieux sociaux semblables.

Ainsi donc, dans la ville d'Alger, près de 97 % des adultes appartenant à la classe indigente ou peu aisée réagissent à la tuberculine. Mais ce ne sont pas ces 97 % de sujets allergiques dont le cas nous paraît présenter de l'intérêt, mais bien ce reliquat de 3 % qui ne réagit pas à la tuberculine. Voyons maintenant comment nous allons interpréter l'état anergique de nos 31 sujets à cuti-réaction authentiquement négative.

Et d'abord 7 d'entre eux étaient des malades atteints de tuberculose grave, à lésions étendues, bilatérales. Tous étaient cachectiques et tous fébriles, sauf un qui présentait un syndrome addisonien accentué. Pour tous ces malades, la présence de bacilles était constatée dans les crachats. Tous sont décédés depuis. Ceci semble montrer, une fois de plus, quel pronostic grave comporte, chez un tuberculeux avéré, une cuti-réaction négative.

Dans quelles catégories faire entrer les 24 autres sujets anergiques ?

Et d'abord 4 d'entre eux ne se sont plus représentés au dispensaire après la contatation de leur cuti négative et le diagnostic n'a pu être fait.

Restent 20 sujets parmi lesquels 13 ont été éliminés comme indemnes de tuberculose pulmonaire (aucun signe stethacoustique, radiologique ou bactériologique) après une observation suffisamment prolongée.

Parmi ces 13 sujets, il en est 5 pour lesquels la cuti a été pratiquée au moins 2 fois. Elle l'a été 3 fois pour le sujet faisant l'objet de l'observation n° 1235 avec le même résultat négatif.) Pour ces sujets, l'hypothèse d'une faute de technique est donc à rejeter, mais l'on pourrait penser qu'ils étaient en état d'anergie temporaire sous l'influence d'une cause banale. Cette explication est à rejeter pour 3 d'entre eux (Dossiers 1235, 1267 et 1403) pour lesquels la seconde cuti a été pratiquée à une date éloignée de la première. Ils ne me paraissent pouvoir être rangés que dans l'une des 3 dernières catégories que nous avons envisagées. Or la seconde catégorie comprendrait les sujets n'ayant pas rencontré le bacille, hypothèse bien invraisemblable étant donné qu'il s'agit d'adultes (20 ans, 28 ans et 59 ans) vivant dans des logis surpeuplés, en des quartiers urbains très sévèrement touchés par la tuberculose. Cette invraisemblance est surtout grande pour le sujet de l'observation n° 1235, homme de 59 ans, bronchitique depuis de longues années et chez lequel la cuti-réaction s'est montrée 3 fois négative, en janvier, en mai et en juin 1921. Nous ne voyons que l'immunité naturelle ou acquise pour expliquer ce cas et celui de quelques autres dont nous parlerons tout à l'heure.

Parmi nos sujets à cuti-réaction négative, il en est un petit groupe de 5 qui ont été l'objet d'une observation prolongée comme présentant des signes suspects. Ce sont d'abord les numéros 1059, en 1923, et 1745, en 1922, chez lesquels la cuti-réaction, négative lors des premiers examens, s'est montrée positive en mai et en juin 1929. Ils ne présentaient à ce moment aucun signe de bacillose. Chez le n° 1905, la cuti-réaction pratiquée à deux reprises en 1922 s'était montrée négative ; le sujet, revu récemment, a maintenant une cuti positive ; il ne présente par ailleurs aucun signe de bacillose. A noter qu'il est atteint, depuis 1918, de rhumatisme déformant des mains empêchant tout travail.

Il ne s'agissait donc vraisemblablement pas chez ces trois sujets d'une anergie temporaire, mais bien plutôt d'un état réfractaire au sens où nous avons dit plus haut qu'il était possible de l'entendre, état qui se serait modifié au cours des années écoulées entre les premières épreuves tuberculiniques et les dernières, car il serait bien difficile d'admettre que leur rencontre avec le bacille aurait pu ne se faire qu'au cours des dernières années.

Il nous reste à parler maintenant de deux sujets chez lesquels la cuti-réaction s'est maintenue jusqu'ici négative. Le premier est une jeune fille de 27 ans, examinée en 1920 pour des hémoptysies répétées, sans qu'aucun signe clinique, radiologique ou bactériologique permette de rattacher ces hémoptysies à la tuberculose. La cuti-réaction pratiquée à plusieurs reprises, à quelques mois d'intervalle et pour la dernière fois en 1926, s'est montrée constamment négative. Elle s'est mariée il y a quelques années et son état ne s'est pas modifié.

Le second est une femme vue pour la première fois au dispensaire en mars 1921. Elle avait à ce moment 31 ans. Sujette à de fréquentes bronchites, elle vint consulter pour une affection pulmonaire qui remontait à quelques jours avec toux, expectoration, douleurs thoraciques, mais sans symptômes généraux appréciables. La cuti-réaction était négative. A l'auscultation, on notait une respiration très soufflante au sommet gauche et des râles bulleux disséminés dans le tiers supérieur des deux poumons. La radioscopie montrait seulement des ombres hilaires peut-être plus sombres et plus étendues qu'à l'état normal et un voile du sommet droit disparaissant à la toux. Les signes stéthoscopiques persistaient, avec des variations dans leur caractère pendant plusieurs mois. Mais la preuve bactériologique manquait constamment. 11 examens de crachats restaient négatifs, même après homogéïnisation. Enfin une inoculation au cobaye est pratiquée en août 1929. L'animal, autopsié en décembre de la même année, ne présentait aucune lésion tuberculeuse. En juin 1929, la cuti était toujours négative. L'état général était excellent, les signes stethacoustiques réduits à peu de chose, mais la radioscopie montrait de légères grisailles estompées de la région sous-claviculaire droite.

Nous pensons que dans ce cas la tuberculose n'est pas en cause et surtout que l'état anergique ne peut être attribué à une forme grave de celle-ci. Comment alors l'expliquer ? Rejetant comme invraisemblable l'hypothèse que le sujet n'a pas rencontré le bacille et puisqu'il s'agit d'une anergie persistante, nous ne pouvons invoquer que l'immunité naturelle ou acquise. Or il s'agit d'un sujet ayant un passé pulmonaire, chez lequel on a noté des signes d'altération du parenchyme. Dans ces conditions, il est difficile d'admettre que les barrières opposées à l'état normal à la pénétration des germes infectieux par la voie aérienne aient pu être efficaces. Il s'agirait donc ici d'immunité vraie, de l'ordre de celle que, par exemple, les gallinacés opposent au bacille humain ? A moins que, faisant état des anamnestiques et s'appuyant sur les bacilloscopies et l'inoculation négative, on ne veuille considérer les signes radiologiques constatés comme représentant les cicatrices de lésions guéries. Le sujet aurait alors récupéré l'anergie des sujets neufs ?

Remarquons qu'il faudrait admettre là une immunité acquise dont la réalité n'a jamais été démontrée et qui est pratiquement indémontrable chez l'homme, immunité toute différente de celle que l'on admet chez le sujet allergique. Cette dernière, que l'on qualifie souvent de relative et qui n'est qu'une immunité contre les réinfections suppose qu'au moins un nodule tuberculeux latent persiste au sein des tissus du sujet. Il y a là une analogie évidente avec la syphilis au cours de laquelle la résistance aux réinfections est grande, même dans les périodes silencieuses de la maladie, tandis que lorsque celle-ci est guérie, il devient possible au sujet de contracter un nouveau chancre.

Mais alors, en matière de tuberculose, si l'on admettait une guérison *vraie* avec récupération de l'état anergique des sujets neufs, la réceptivité de ceux-ci à l'infection exogène serait égalcment récupérée et on ne concevrait pas que le sujet y échappât dans les milieux à indice tuberculinique élevé.

Il nous paraît plus simple d'admettre l'immunité vraie, immunité dont jouirait un nombre très faible parmi les humains, immunité distincte de celle qui correspond à l'état allergique.

Pour cette dernière, n'y a-t-il pas lieu d'insister sur ce qu'elle est uniquement une immunité, d'ailleurs partielle, aux réinfections exogènes ? Ne convient-il pas de plus de remarquer que la cuti-réaction ne manifeste en réalité que l'hypersensibilité de l'organisme à la tuberculine et que l'on admet que cette hypersensibilité est corrélative de l'immunité par analogie avec les phénomènes étudiés en pathologie expérimentale sans qu'on en ait donné une démonstration directe chez l'homme ?

Il faut convenir que les raisons d'admettre cette immunité sont très fortes, mais il faut aussi remarquer que l'état allergique conditionnant la résistance aux réinfections exogènes n'a qu'un rapport lointain avec la résistance aux effets de la primo infection. Pourquoi celle-ci n'aboutit-elle qu'à une infection latente chez la grande majorité des sujets infectés, tandis qu'elle est le début d'une affection grave, le plus souvent mortelle chez la minorité ? Nous pensons que la résistance plus ou moins grande du terrain conditionne cette variabilité des effets beaucoup plus que la virulence ou la quantité des germes infectants. Ce qui nous paraît démontrer cette importance de la notion de terrain, c'est que la résistance de celui-ci varie non seulement d'un sujet à l'autre, mais varie encore au cours du temps chez le même sujet et cette résistance variable peut n'avoir aucun rapport avec l'allergie. Nous nous permettons d'insister sur ce point : voici un sujet, porteur depuis son enfance d'une lésion absolument latente, manifestée uniquement par l'état allergique, et qui, sans qu'on puisse le plus souvent invoquer une réinfection exogène, fait une tuberculose qui s'avère bientôt par des signes multiples. Bien plus, cette maladie va évoluer généralement par poussées de durée variable mais quelquefois très longues, sans que l'état allergique du sujet subisse des modifications parallèles. Quelle cause invoquer autre que la résistance variable du terrain pour expliquer de si remarquables variations ? Mais il faut avouer que notre ignorance des facteurs de cette résistance est bien grande et peut-être que le besoin instinctif de la masquer est pour une part dans l'extension et le succès de la doctrine de l'Allergie.

Que conclurons-nous de cet exposé ? Ceci : que parmi les humains exposés à la contagion tuberculeuse, un très petit nombre arrive à l'âge adulte sans même contracter la petite lésion latente conditionnant la réaction allergique, manifestant ainsi un état d'immunité vraie, puisqu'aussi bien les affections banales antérieures de l'arbre respiratoire montrent que les barrières opposées à l'infection ont pu être franchies.

Chez un plus grand nombre peut-être, ces barrières se sont montrées longtemps efficaces et ont permis au sujet, malgré d'innombrables occasions de contagion, de garder l'état anergique pendant une longue partie de leur vie.

Georges BLANC
Directeur de l'Institut Pasteur d'Athènes

et

J. CAMINOPETROS
Chef de Laboratoire à l'Institut Pasteur d'Athènes.

COMMENT LES FAITS ÉPIDÉMIOLOGIQUES, EN GRÈCE, MONTRENT LE ROLE EXCLUSIF JOUÉ PAR LA *STEGOMYA FASCIATA* (*Aedes Aegypti*) DANS LA TRANSMISSION DE LA DENGUE.

Les travaux des nombreux expérimentateurs ont permis d'établir que la dengue est une maladie transmise par piqûre de moustique. Graham (1), Aschburn et Craig (2) croyaient pouvoir incriminer *Cutex fatigans* comme agent transmetteur, mais les recherches de Cleland, Bradley Buston et Mc Donald (3), confirmées et étendues par Siler, Hall et Hitchens, reprises par Schule (5), et enfin nos propres travaux (6) ont démontré, qu'en fait, seul *Stégomya fasciata* (*Aedes Aegypti*) jouait ce rôle.

Mais si, pour les expérimentateurs, la question paraît tranchée, il ne semble pas qu'il en soit ainsi pour les cliniciens. Une idée médicale une fois adoptée, il est difficile de la modifier, même si elle se montre erronée. Certains auteurs, et même de tous récents, croient que dengue et fièvre de trois jours sont une même maladie ; d'autres admettent que la dengue peut, comme l'écrit Perves (7), être transmise en

(1) H. Graham. The dengue, a stydy of its Pathology and mode of propagation. *J. Trop. Med. VI*, 209-214, 1903.

(2) P. M. Aschburn et C. F. Craig. Experimental investigations regard the etiology of Dengue Fever. *Philippine Journ. Sc.*, II, 93-152, 1907.

(3) J. B. Cleland, Bradley, M. Burton et M. Donald. Dengue fever in Australia. *J. Hygiene*, XVI. 317-408, 1918.

(5) P. H. Schule. Dengue fever. Transmission by *Aedes Aegypti. Amer. Journ of Trop. Medicine.* 8. 203-213, 1928.

(4) J. F. Siler, M. W. Hall et A. P. Hitschens. Results obtained in the transmission of dengue fever. *J. of Med. Assoc.* 84, 1163-1172, 1925.

(6) Georges Blanc et J. Caminopetros. Recherches expérimentales sur la dengue, *Annales Institut Pasteur*, XLIV, 367-436, 1930.

(7) Perves. Epidémie de dengue au centre de la marine à Dakar. *Archives Med. navales.* 18. 173, 1928.

certains pays tropicaux, par les Stegomyas, peut-être même par les Culex, tandis qu'en Méditerranée l'agent de transmission est le Phlébotome. D'autres enfin, comme Mme Panayotatou, vont encore plus loin et ne se refusent pas à croire à la transmission directe de la maladie (1).

Comme nous l'avons dit plus haut, nous considérons la question de la transmission de la dengue tranchée par des expériences suffisamment probantes et nous ne discutons pas ici les opinions, qui opposent à des faits scientifiques précis des observations vagues ou des expériences douteuses. Nous croyons cependant intéressant d'exposer que, par les seuls documents épidémiologiques, il est possible de démontrer que c'est le *Stegomya fasciata*, et lui seul, qui transmet la dengue.

Ces documents épidémiologiques ont été recueillis en Grèce pendant l'épidémie de 1928. Nous donnerons d'abord la répartition géographique des Stégomyas et des Phlébotomes (*Ph. Papatasi*) en Grèce, puis celle de la dengue en Grèce, au cours des épidémies de 1927 et 1928 et enfin nous étudierons, dans un secteur restreint, les rapports que nous avons pu noter entre la dengue et les insectes piqueurs, Stegomyas et Phlébotomes.

1. Répartition des Stegomyas en Grèce (v. fig. 1). — Avant l'épidémie de dengue de 1927, l'espèce était mal connue en Grèce. En 1916, Niclot la signale à Salonique (2), Joyeux la trouve à Itea en 1918 (3). Nous l'observons, en 1920, en très grande quantité, à la Canée (Crête) (4). Plus tard, avec Langeron (5), nous la trouvons, en 1923, à Candie et même (1928) dans les villages de Crête jusqu'à l'altitude de 800 mètres. *Tore Ekblom* (6) trouve l'espèce très commune en Péloponèse. A Messine, en automne, il capture dans 46 maisons 88 insectes piqueurs, dont 71 Stégomyas, 4 Culex et 13 Phlébotomes. Ce qui nous montre la grande abondance des Stégomyas. Ajoutons que, bien avant tous ces chercheurs, en 1832, l'entomologiste de la mission scientifique qui accompagnait le corps expéditionnaire français de Morée, Brullé, avait décrit *Stégomya fasciata* sous le nom de *Culex Counoupi* et Bory de St. Vincent, le chef de la mission scienti-

(1) A. Panayotatou. Sur l'épidémie de dengue à Alexandrie en 1927. *Bulletin médical*. N° 39, p. 981, 1929.

(2) A. Niclot. L'Anophélisme macédonien dans ses rapports avec le paludisme au cours de 1916. *Bull. Soc. path. exotique*, X. 323-328.

(3) Ch. Joyeux. Culicides récoltés par la mission antipaludique de l'Armée d'Orient en 1918. *Bull. Soc. path. exotique*, 117-126, 1920.

(4) G. Blanc et J. Caminopetros. Enquête sur le bouton d'Orient en Crète. *Annales de l'Institut Pasteur*. 25. 151-166. 1921.

(5) M. Langeron. Moustiques capturés en Crète. *Annales de Parasitologie*. I. 108-109. 1923.

(6) Tore Ekblom. Some observations of *Stegomya fasciata* during a visit to Greece in the autumn of 1928. *Acta medica scandinavica*. 70. 505-518. 1929.

Fig. 1.

fique, insiste beaucoup sur les piqûres cuisantes que ce moustique a infligées aux membres de la mission scientifique. Depuis l'épidémie de dengue, on a constaté la présence de *Stégomya fasciata* dans une grande partie de la Grèce ; l'espèce abonde dans les îles, au Péloponèse, elle est fréquente en Epire, en Thessalie, elle se répand sur toute la côte de Macédoine et de Thrace.

Cependant elle ne se trouve pas dans toute la Grèce. Pendant l'été de 1929, nous avons fait un voyage de prospection dans la Macédoine occidentale. Nous avons été de Salonique à Sidérokastro, de Salonique à Verria, Yenitsa, Vodena (Edessa), Ostrovo, Florina, Kastoria, Servia, Kozani, Verria, Pella et Salonique. Partout, dans chaque ville, nous avons séjourné et fait une très minutieuse enquête dans les maisons, à la recherche des adultes, des larves ou des œufs de Stégomyas.

Sauf à Salonique, où, comme nous le dirons, certains quartiers sont riches en Stégomyas et où d'autres en sont privés, nous n'avons trouvé nulle part le moindre Stégomya et ceci cadre avec les observations déjà faites pendant la guerre par les médecins de la mission antipaludique de l'armée d'orient. Peut-être le climat, plus froid en hiver, de la Macédoine occidentale, convient-il moins aux Stégomyas que la côte macédonienne et les autres régions de Grèce. Cependant, croyons-nous, la grande raison est que dans toute cette Macédoine occidentale l'eau courante abonde. Impossible de trouver dans les maisons de réservoir où l'on conserve l'eau soit pour la boisson, soit pour les usages domestiques, comme c'est le cas des régions moins favorisées en eau courante. Partant, impossible de trouver de Stégomyas. A Kastoria, où il y eut des Stégomyas, dont le museum l'histoire naturelle possède quelques échantillons, il n'y en a plus maintenant ; tout au moins nous n'avons pu en trouver malgré une très attentive prospection, et le fait s'explique peut-être de ce qu'il y a maintenant à Kastoria une canalisation d'eau courante dans toute la ville, canalisation qui a fait disparaître les récipients domestiques

Quant aux Phlébotomes, particulièrement *Ph. Papatasi*, il abonde dans toute la Grèce ; nous l'avons trouvé, sans exception, dans toutes les villes ou villages de Macédoine occidentale que nous avons explorée. On sait d'ailleurs qu'il remonte bien plus au nord, en Serbie, et que, dans la région d'Uskub où il est très commun, il transmet la fièvre de trois jours.

Au surplus, quelles que soient les raisons biologiques qui expliquent la présence ou l'absence de Stégomyas, il reste établi un fait important pour nous, c'est que, dans certaines régions de Grèce, telles que la Macédoine occidentale, il n'y a pas de Stégomyas, mais de très nombreux Phlébotomes (*P. Papatasi*).

2. Répartition de la dengue en Grèce au cours des années 1927 et 1928. — Il est intéressant de voir comment se sont comportées les régions à Stégomyas et les régions sans Stégomyas devant l'épidémie. Notre guide sera la statistique officielle donnée par le Directeur de l'Hygiène en Grèce M. Copanaris (1) et nos propres observations. La statistique des cas de dengue n'a qu'une valeur approchée. Dans les régions où la maladie a sévi avec intensité, beaucoup des cas ont échappé à l'enquête officielle et, dans les régions où la dengue était rare, donc bien moins connue, il a pu se glisser quelques erreurs et par

(1) P. Copanaris. L'épidémie de dengue en Grèce au cours de l'été 1928. *Bull. off. intern. hygiène*, **20**. **1590-1601**. **1928**, et *Iatriki Etairia*. **570-582**.**1928**.

exemple on a pu attribuer à la dengue quelques cas de fièvre à Phlébotomes ou même de Paludisme. Dans l'ensemble, comme nous le verrons, les chiffres gardent une très grande valeur. Pour rester bref, nous ne donnerons que les plus importants.

D'abord dans les régions où abondent les Stégomyas nous relevons :

Attique et Béotie	682.660 cas
Achaie et Elide	25.646 —
Salonique	22.500 —
Etolie et Acarnanie	20.195 —
Laconie	11.729 —
Eubée	14.144 —
Samos	10.179 —

Voyons maintenant ce qu'ont donné les départements de Macédoine occidentale :

Kozani	81 cas
Serrès	73 —
Pellis (Yenitza et Vodena)	8 —
Florina (Kastoria et Florina)	5 —

Il suffit de comparer ces deux listes pour voir que toute cette région a été très peu touchée. Nous savons que la dengue, sauf dans les pays où elle est endémique, frappe très brutalement ; son expansion rapide est très large. Comment expliquer les cas peu nombreux des départements que nous venons de citer ? Y a-t-il parmi ces cas quelques-uns dont l'origine locale soit démontrée ? Poser ces questions, c'est poser celle du mode de transmission de la dengue et bien qu'elle fût pour nous déjà tranchée par l'expérience, nous avons cru intéressant d'aller sur place étudier les faits épidémiologiques (1).

Salonique. — Comme nous l'apprend la statistique, il y a eu dans cette ville, pendant l'été et automne de 1928, 22.500 cas. L'enquête que nous avons menée nous apprend de plus que ces cas ont été répartis non pas d'une façon uniforme, dans toute la ville, mais sont groupés en îlots. Tel quartier a connu la pandémie ; tel autre a été épargné. Quelques exemples suffiront.

Dans le quartier de la Tour Blanche, rue Romanos et rues adjacentes ,il n'y a pas de canalisation d'eau desservant les maisons. Aussi trouva-t-on dans les cours, dans la buanderie, dans la cuisine des tonneaux, des récipients variés destinés à conserver l'eau pour les usages domestiques. Dans toutes les maisons, en plus des Phlébotomes, nous

(1) Nous tenons à remercier tous les médecins civils ou militaires qui nous ont, au cours de notre enquête, apporté un appui indispensable et qui l'ont toujours fait avec la plus grande complaisance.

avons trouvé, en abondance, des Stégomyas, à l'état d'œufs, de larves ou d'adultes. En 1928, tous les habitants de ce quartier ont eu la dengue. Allons dans un autre quartier, au quartier dit de Saint-Jean-Chrysostome. Là les conditions changent. Les maisons ont une canalisation d'eau, dans la cuisine ; il n'y a plus de réservoirs comme dans le quartier précédent. Nous avons trouvé de nombreux Phlébotomes. Il nous a été impossible de trouver un seul exemplaire de Stégomya. En 1928, ce quartier a échappé à la dengue.

Sidérocastro est une petite ville de 5.300 habitants du département de Serrès, elle est proche de la frontière bulgare et de ce fait est une ville de garnison. C'est là que sont le 35ᵉ et le 21ᵉ régiment d'infanterie. De plus, on y trouve un orphelinat de 100 pensionnaires, situé près des casernes. Au mois d'août 1928, des contingents de soldats sont envoyés du Pirée, au 35ᵉ régiment. C'est le moment de la pleine épidémie et, effectivement 30 soldats casernés avec leurs camarades, tombent malades, quelques jours après leur arrivée. Cependant, ni dans la caserne, ni dans l'orphelinat proche la maladie ne s'étend. Aucun cas de dengue ne se déclare chez les soldats et chez les enfants, qui n'ont pas quitté Sidérokastro. Dans la population civile, il n'y a pas davantage d'extension de la maladie. Le médecin municipal a constaté, au total, 39 cas — tous ces cas proviennent d'Athènes et surtout de Salonique. Avec lui, nous avons enquêté, nous avons interrogé tous ceux que nous avons pu rencontrer parmi les anciens malades de dengue. Tous provenaient de régions infectées. Il n'y avait aucun cas autochtone. A Sidérokastro, nous avons trouvé en abondance des Phlébotomes — tous appartenant à l'espèce *P. Papatasi* — nous n'avons trouvé aucun Stégomya.

Département de Pella. — Dans ce département, nous avons visité Yanitza, qui n'est qu'à 48 kilomètres de Salonique et compte 5.000 habitants, Niaoussa de 11.000 habitants, Edessa (Vodena) de 15.000 habitants, avec une garnison de 1.000 hommes, toutes villes situées sur la voie ferrée. Verria enfin, de 16.000 habitants, siège d'une division. Dans toutes ces villes, l'eau est abondante, il y a des Phlébotomes, il n'y a pas de Stégomyas. Malgré qu'il y ait eu quelques cas dans l'armée, de fièvre de trois jours, malgré qu'il y ait eu quelques cas de dengue importés de Salonique (Verria, Nyaoussa et Edessa sont des villégiatures d'été pour les habitants de Salonique), il n'y a eu nulle part épidémie, nulle part éclosion d'un foyer si petit soit-il.

Département de Kozani. — Dans ce département, nous voyons que la statistique donne le chiffre de 81 cas de dengue. Chiffre bien faible à côté de celui que donnent les départements du reste de la Grèce, mais chiffre relativement bien fort par rapport aux chiffres donnés par le département de Florina ou de Pella. Quelle est la cause de ce fait ? Nous sommes allés à Kozani — c'est une ville de 14.000 habitants, il y a 10 usines de tannerie, une division et enfin la campagne environnante héberge 65.000 réfugiés. Voilà de bonnes conditions épidémiologiques pour que la dengue importée y fasse son explosion, comme à Athènes, si l'agent transmetteur se trouve sur place. Nous avons longuement interrogé nos confrères civils et militaires, nous avons pu même, grâce à l'obligeance du Dr Apostolopoulo, médecin de l'Hôpital militaire, consulter les cahiers d'observation. Nous avons constaté qu'il y a eu d'assez nombreux cas de fièvre de trois jours, maladie bien connue des médecins de Kozani où elle fait d'assez fréquentes apparitions. Cette fièvre de trois jours a sévi en juin, avant le début de l'épidémie de dengue. A la fin d'août, quelques cas de dengue sont signalés sur des gens venus d'Athènes, 'l n'y a pas développement de l'épidémie — la population locale reste indemne.

D'où vient donc que la statistique officielle accuse 81 cas alors qu'il n'y a guère eu à Kozani qu'une vingtaine de malades provenant d'Athènes ou de Salonique ? Nous avons appris que dans un petit village de 5 à 600 habitants, Vratini, situé sur les bords de l'Aliacmon, il y avait eu 60 cas de dengue. Nous y sommes allés. Au centre de ce village, il y a une fontaine et les rues sont parcourues de ruisseaux comme dans la plupart des villages de Macédoine. Les Phlébotomes ne sont pas rares, il n'y a pas de Stégomyas, mais par contre les Anophèles sont très abondants. Dans toutes les maisons, nous en trouvons par grappes, suspendus au plafond. L'enquête menée dans les familles qui ont eu des malades nous éclaire le problème. La dengue officielle a été du Paludisme. Pas de foyer de maison, mais des cas répartis par tout le village.

Nous avons continué notre enquête dans le département de Kozani, nous avons visité Velvendos, de 4.000 habitants, Servia de 3.000 habitants, au bord de l'Aliacmon. Partout des ruisseaux, partout des Phlébotomes ,des Anophèles, nulle part de Stégomya, nulle part de dengue.

Enfin nous avons poussé notre enquête dans le département de Florina. A Florina même, à Kastoria, dans les villages de la plaine, entre Ostrovo et Kastoria, partout des Phlébotomes, partout des Anophèles et partout du Paludisme. Nulle part de Stégomyas, nulle part de dengue.

Ces quelques exemples nous suffiront. Ils nous montrent qu'en Grèce, partout où il y a des Stégomyas, partout il y a eu de la dengue. Dans toutes les régions où manque ce moustique, la dengue n'a pu se développer malgré la présence d'autres espèces et en particulier des Phlébotomes.

Nous considérons que des faits épidémiologiques tels que nous venons d'en exposer ont la valeur d'une expérience rigoureuse pour démontrer que le *Stégomya fasciata* est l'agent de transmission de la Dengue.

Les rapports entre la Dengue et le Stégomya fasciata d'après l'étude épidémiologique d'un secteur restreint. — Nous avons vu comment il est possible, en Grèce, grâce à la répartition du *Stégomya fasciata*, d'établir que c'est ce moustique qui est l'agent transmetteur du virus de la dengue. Nous allons voir rapidement comment, même en région d'endémicité, même en région où les Stégomyas abondent, il est possible d'étudier des faits épidémiologiques qui réalisent, eux aussi, une véritable expérience.

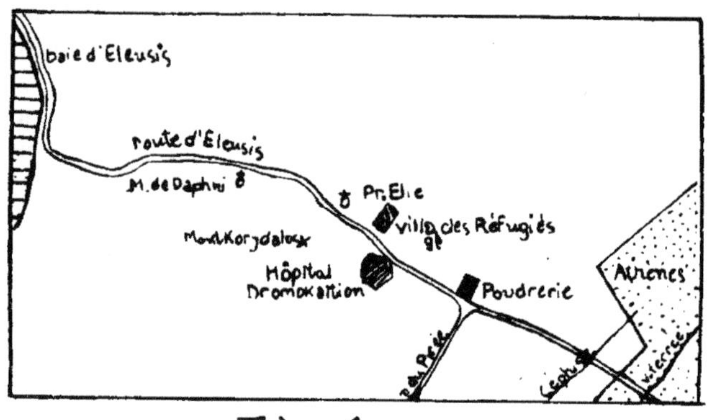

Fig. 2.

Sur la route qui mène d'Athènes à Eleusis ,on trouve, à trois kilomètres environ de la ville, une agglomération ouvrière, celle de la Poudrerie où travaillent 140 ouvriers. Il faut ajouter environ 400 personnes comprenant les familles des ouvriers et quelques autres familles qui se sont groupées autour des maisons de la Poudrerie, pour avoir le nombre total d'habitants de cette agglomération. Tous les habitants ont eu la dengue pendant l'épidémie de 1928.

Sur la même route d'Eleusis, 1.400 mètres plus loin, un peu avant le monastère Daphni, se trouve l'hôpital Dromokaition qui est un asile d'aliénés. On y compte environ 600 malades. Avec le personnel médical et infirmier, la population de l'hôpital s'élève à 740 personnes. Cette population a échappé complètement à l'épidémie. Et la dengue à Athènes et bien que soignés à l'hôpital, sans précaution spéciale, ils n'ont pas engendré l'épidémie.

Toujours sur la route d'Eleusis, à 500 mètres de l'hôpital, se trouve un village de réfugiés d'environ 300 habitants. Ceux-ci, réfugiés de Phosée, s'adonnent à l'élevage du mouton. Quelques-uns, cependant, sont ouvriers et descendent chaque jour au Pirée. Tous les habitants sédentaires sont restés indemnes. Ceux qui allaient au Pirée y ont contracté la dengue. Ils se sont alités, chez eux, au village, sans précautions ; ils n'ont pas propagé la dengue.

Nous avons visité ces trois agglomérations et étudié minutieusement les conditions épidémiologiques.

Poudrerie. — Les maisons de la poudrerie sont simples, mais assez confortables et propres. Chaque maison a sa buanderie et, dans cette buanderie, il y a un grand réservoir en ciment, alimenté par une canalisation d'eau. Le réservoir contient la réserve d'eau pour les besoins ménagers. Il n'est pas couvert ou l'est de façon insuffisante. Nous avons trouvé que les parois du réservoir, dans la zone humide, un peu au-dessus du niveau de l'eau, étaient littéralement imprégnées de milliers et de milliers d'œufs de Stégomyas ; d'abondantes larves nageaient dans l'eau.

Hôpital Dromokaition. — Cet hôpital se compose de 16 pavillons répartis sur une surface de quatre hectares. L'eau arrive par canalisation, de la colline Korydalos, dans un réservoir fermé d'où elle est distribuée aux différents pavillons. L'eau est collectée dans chaque pavillon dans de petits réservoirs qui, remplis le matin, sont vides le soir. Il n'y a pas d'eau stagnante. De plus, ces réservoirs sont fermés. A l'hôpital, il y a quelques Culex, des Phlébotomes, il n'y a pas de Stégomyas.

c) *Village des réfugiés.* — Il se compose d'habitations rudimentaires, sans confort et sans eau. A côté de chaque maison se trouve l'enclos des moutons. L'eau est apportée dans de gros cylindres métalliques, anciens réservoirs à pétrole, hermétiquement clos. Une ouverture étroite, fermée d'un bouchon, sert au remplissage. Un robinet placé sur une des faces permet de prendre l'eau. Dans le village, il n'y a pas d'eau stagnante .Les Phlébotomes pullulent. Il n'y a pas de Stégomyas.

En résumé, pendant la pandémie de dengue de 1928, des localités situées près d'Athènes, ont échappé entièrement à la maladie, à cause de leur protection contre les Stégomyas. Dans un cas, grâce à une organisation voulue et précise, à l'hôpital Dromokaition ; dans un autre cas, grâce aux conditions naturelles, au village des réfugiés. Près d'elles, un autre groupement. où abondaient les Stégomyas, a été entièrement touché par la dengue.

Ces trois observations, comme celles que nous avons faites en Macédoine, montrent l'importance du facteur Stégomya dans la transmission de la dengue. Eles ont, comme nous l'avons dit plus haut, la valeur d'une expérience de laboratoire pour résoudre la question du mode de transmission de la dengue.

Ct BRESSOT
Chirurgien de l'Hôpital Laveran (Constantine).

L'HÉPATITE SUPPURÉE AMIBIENNE DU LOBE GAUCHE

Les erreurs de diagnostic auxquelles peuvent prêter les abcès amibiens du foie même dans les pays où l'on songe à cette affection, en raison de sa fréquence, sont aujourd'hui bien connues. Au fur et à mesure que la maladie s'étend, qu'elle abandonne de plus en plus le cadre de la pathologie exotique, qu'elle ne demeure plus l'apanage des seules régions tropicales, on comprend mieux encore la parole de Fontan : « Il est plus difficile de diagnostiquer un abcès du foie que de l'opérer. »

Mais le but de cette communication n'est pas d'attirer à nouveau l'attention sur la fréquence de ces ambiases larvées, trompeuses et camouflées ; sur la nécessité de songer à elles dans bon nombre d'affections hépatiques, intestinales, quelquefois pulmonaires, plus ou moins mal définies.

Nous voudrions seulement insister sur la symptomatologie très particulière que revêt l'hépatite suppurée amibienne quand elle siège dans le lobe gauche du foie.

La physionomie clinique qu'elle prend alors est d'ordinaire assez spéciale en raison de son siège et de son évolution anatomique pour lui justifier une place à part dans la description des abcès du foie.

Murard dans la thèse de Dumont, Bonnet dans celle de Durand, plus récemment Creyssel avaient attiré l'attention sur ces formes cliniques particulières.

Parmi celles-ci, il en est une intéressante à début soudain, à grand fracas, simulant la perforation gastrique ou intestinale que nous avons observée chez deux malades et dont le tableau particulièrement dramatique ne se retrouve dans aucune autre hépatite suppurée ne siégeant pas dans le lobe gauche.

Un abcès central et bien collecté de ce lobe est la seule lésion anatomique trouvée à l'intervention.

Le premier de nos malades, âgé de 28 ans, nous avait été adressé pour péritonite par perforation. Au niveau du creux épigastrique la douleur qui avait été atroce demeurait sourde. Le faciès était pale, les yeux cernés, et les traits tirés. L'abdomen douloureux dans son ensemble était contracturé dans tout l'étage supérieur au-dessus de l'ombilic. C'est la veille à midi qu'il avait été pris d'une douleur très vive nettement localisée à la base de l'appendice xyphoïde, douleur accompagnée de vomissements. L'intéressé accusait un passé gastrique datant de 4 à 5 ans (pesanteur à l'épigastre — brûlure stomacale — ictère passager il y a 4 mois). Pas de selles, mais émission de gaz. Température 37,5 avec pouls à 110. Le diagnostic de perforation d'ulcus gastrique paraissait logique.

A l'intervention, pas une goutte de pus dans le péritoine ; l'estomac ne présente aucune lésion ; par contre, si le foie est rouge vif dans son ensemble, le lobe gauche est nettement augmenté de volume et induré à la palpation. Abcès central et collecté contenant du pus caractéristique brun chocolat fortement ienté de bile. Le plus retiré amicrobien contenait des amibes.

Un interrogatoire ultérieur nous apprenait que ce malade, deux ans auparavant, avait présenté pendant 5 jours une diarrhée sanguinolente avec glaires traitée seulement par les doses décroissantes de sulfate de soude. Examen des selles négatif.

Le second de nos malades reçoit au cours d'une partie de football le ballon dans la région stomacale. Il tombe mais se relève et continue même à jouer pendant quelques minutes. Il est pris peu après d'une douleur atroce en coup de poignard au niveau de l'ombilic. Quand nous le voyons, le lendemain, nous le trouvons avec des traits tirés, un abdomen légèrement ballonné et une contracture invincible de tout l'étage supérieur, surtout à gauche. La moindre pression détermine à ce niveau une douleur presque syncopale. Pas de vomissements, ni de nausées. Pouls à 115 — température 38,5.

A un interrogatoire serré, nous ne trouvons aucun passé gastrique ni dysenterique ou même intestinal simple. Pourtant la contracture qui est restée localisée à la partie supérieure de l'abdomen, le pouls rapide qui demeure bien frappé, l'absence de vomissements, et de hoquet nous rendent perplexe et nous font songer à notre premier malade. Nous décidons d'attendre et de suivre l'évolution de l'affection toutes les deux heures. Malgré les applications de glace, la douleur augmente et des vomissements s'installent ; le faciès se grippe et le pouls monte à 125. Nous notons de la matité dans l'espace de Traube, sans aucun signe pleuro-pulmonaire ; angoisse précordiale énorme. Enfin la contracture douloureuse s'étend dans la région lombo-iliaque gauche. Ni selles ni gaz. Devant l'aggravation des symptômes, nous intervenons sans diagnostic précis.

A l'ouverture de l'abdomen, péritoine sain, pas de pus. Sous le diaphragme nous sentons le lobe gauche du foie très hypertrophié et sa palpation nous permet de percevoir dans son épaisseur une induration nette.

Abcès central renfermant du pus caractéristique chocolat. A l'examen : polynucléaires nombreux et altérés. Aucun microbe. Pas d'amibe. Ensemencé il devait demeurer stérile. Les selles du malade vues ultérieurement fourmillaient de kystes amibiens.

Cette particularité clinique des abcès du lobe gauche qui les fait méconnaître tient sans doute à leur individualité anatomique. Tandis que les abcès du lobe droit ont une évolution thoracique ou iliaque, ceux du lobe gauche ont une évolution locale. Situés sous le rebord costal gauche encore plus que dans le creux épigastrique, ils compriment les organes avoisinants. Quand ils s'ouvrent, c'est dans l'estomac ou le péricarde qu'ils déversent leur contenu. Mais c'est une éventualité rare, car avant d'arriver à ce degré de développement, ils se sont manifestés, en général, par des signes cliniques assez tapageurs pour attirer l'attention.

Leur situation à gauche sous le diaphragme nécessite parfois pour les aborder de brancher sur la première incision de laparotomie sus ombilicale déjà faite, une seconde incision parallèle aux fausses côtes et de réséquer ou de relever le rebord costal. Nous avons suivi cette pratique dans un cas.

Par la palpation du lobe gauche, en général libre d'adhérences dans ces cas à évolution aiguë, on sent facilement l'abcès avant même toute ponction, contrairement à ce qu'on observe pour les abcès du lobe droit.

Mais si cette exploration est rendue facile grâce à cette mobilité du lobe, la défense du péritoine devient précaire et l'on sait combien cette loge sous phrénique est dangereuse en cas d'infection.

Aussi la protection de cette région doit-elle être faite avec le plus grand soin au moyen de compresses qui seront maintenues en place jusqu'à ce que le cloisonnement naturel soit obtenu. Leur ablation est particulièrement difficile et pénible en raison des adhérences intimes qu'elles contractent avec la capsule. Nous avons pu nous en rendre compte pour un de nos malades chez lequel nous avions établi un drainage en raison du pus fortement mélangé de bile. Bien nous en prit, d'ailleurs, car la guérison de cet opéré fut retardée par une cholerragie abondante consécutive.

Mais ce n'est pas là le traitement idéal et ce cloisonnement n'est pas sans inconvénients en raison des infections secondaires possibles, du retard de cicatrisation qu'il entraîne et des difficultés de l'ablation secondaire des mèches.

C'est pourquoi dans une zone aussi dangereuse que l'est la loge sous phrénique gauche, la suture sans drainage dont nous avons montré les conditions et les avantages au cours de travaux antérieurs (1) trouve, quand elle est possible, ses indications les plus formelles dans les abcès du lobe gauche.

Dans tous les cas, il est indispensable d'associer à l'intervention le traitement médical par l'émétine et l'arsenic.

Le diagnostic précis de l'affection peut-il être fait avant l'opération ?

La localisation de la douleur, sa brusquerie et son intensité, le début à grand fracas font croire à une perforation. Pourtant il y a quelques signes discordants qu'il importe de souligner : les vomissements bilieux ont une abondance rarement rencontrée ; alors que la perforation présumée est déjà ancienne, remontant dans nos deux cas à 24 heures et 30 heures. le pouls, quoique rapide, était bien frappé ; il n'y avait pas de hoquet ; la contracture demeurait nettement localisée à l'étage supérieur de l'abdomen et si, à ce niveau, le ventre était de bois, il s'assouplissait dans l'étage inférieur peu douloureux. Evidemment cette symptomatologie se voit dans les péritonites cloisonnées sous disphragmatiques, mais ces dernières s'accompagnent alors d'œdème de la paroi que nous ne retrouvions pas.

L'élévation de la température laissant le pouls en concordance avec elle serait un excellent signe de diagnostic ; mais la fièvre n'existe pas dans bon nombre d'hépatite amibienne et l'un de nos malades n'en avait pas.

Un interrogatoire plus serré des antécédents en indiquant la notion antérieure de dysenterie départagerait peut-être les deux diagnostics.

Tous ceux qui ont observé des sequelles de dysenterie amibienne savent que cette maladie ne se caractérise pas toujours et obligatoirement par cette diarrhée sanguinolente et glaireuse décrite dans les ouvrages classiques. Elle se traduit souvent par des manifestations très discrètes, presque banales auxquelles les malades ne prêtent pas attention ou qu'ils ont oublié tant est variable le rapport chronologique entre les manifestations intestinales et hépatiques. Nous l'avons constaté fréquemment.

L'examen coprologique quand il peut être pratiqué serait-il d'un plus grand secours ?

Nous avons fait examiner systématiquement les selles d'opérés d'abcès hépatiques. Dans un tiers des cas amibes et kystes manquaient dans les matières fécales alors que chez quelques malades l'amibe était décelée dans le pus de l'abcès.

Il est évident que si les symptômes du début sont assez atténués pour permettre la temporisation — éventualité rare dont Beaulieu rap-

(1) *Progrès Médical* : 23 juillet 1927 ; Société des Chirurgiens de Paris : 21 octobre 1927.

porte un exemple — ou si l'on observe les malades à une phase éloignée du début des accidents dramatiques (31 jours, 15 jours, et 19 jours pour les cas de Murard et Cotte), la constatation sous la paroi d'une tumeur arrondie de la grosseur d'une mandarine environ immobile latéralement mais pouvant se déplacer de haut en bas en suivant les mouvements respiratoires peut grandement orienter le diagnostic.

En général, le syndrome ne demeure pas localement et fonctionnellement seulement douloureux ; il prend une forme aiguë et s'accompagne de phénomènes généraux et locaux tapageurs et troublants dont le diagnostic demeure très difficile même quand l'examen est conduit avec l'idée arrêtée de départager deux diagnostics.

Ainsi ces hépatites suppurées à localisation gauche, plus rares que les autres, se distinguent par des manifestations cliniques propres. Ils prennent subitement, à un moment de leur évolution, une physionomie spéciale, un masque d'emprunt leur donnant une individualité que l'on ne retrouve pas dans les autres localisations de l'hépatite amibienne.

Professeur Allyre CHASSEVANT

PLÉTHORE MÉDICALE ET RELÈVEMENT DU NIVEAU DES ÉTUDES

On accuse souvent, et à juste raison, l'encombrement de la carrière médicale, comme cause de certains scandales et des agissements des mercantis de la médecine.

Certains prétendent que les juges sont trop indulgents, d'autres au contraire se plaignent, parfois violemment, de leur sévérité.

Nous ne voulons pas entrer dans cette discussion ; mais nous devons constater que, depuis la guerre, le nombre des médecins et des étudiants a progressé d'une façon anormale, et nous dirons avec notre collègue Paul Carnot que les Facultés encombrées doivent être décongestionnées.

Nous avons pu constater, au cours des quarante années d'enseignement que nous venons de parcourir, que le nombre des étudiants mal adaptés aux études médicales croît d'une façon inquiétante ; que c'est parmi ces docteurs en médecine, incapables de devenir de bons médecins, que se recrutent les indésirables, qui par leurs agissements jettent le trouble dans l'opinion publique et tendent à déconsidérer une profession, qui pour remplir son rôle social, doit conserver son prestige et son honorabilité.

Il importe donc de détourner de la carrière médicale ceux qui sont insuffisamment préparés, ou qui ne peuvent pas s'adapter aux exigences d'une carrière dure, difficile et toute d'abnégation.

Celui qui prétend à la vocation médicale doit se préparer dès le plus jeune âge en vue de sa future carrière ; les parents doivent s'assurer de la véritable vocation et de l'aptitude véritable du futur médecin, il faut décourager les fausses vocations.

Quelles sont les qualités que doit présenter le candidat médecin ?

Une inlassable curiosité des choses de la nature, de la bonté, de la sensibilité ; une aptitude marquée pour les études intellectuelles, une grande facilité de travail, de l'assiduité, une mémoire impeccable ; un raisonnement juste, l'amour des comparaisons, une aptitude marquée au raisonnement intuitif et déductif.

Ces qualités reconnues, il convient de les développer au cours de l'enseignement secondaire, notamment des humanités (comme on appelait ces études classiques sous l'ancien régime ; qui étaient alors sanctionnées par le Baccalauréat ès lettres complet).

Mais ces études latin-grec-littéraires ne sont pas suffisantes ; il faut s'assurer de l'aptitude au raisonnement scientifique ; c'est pourquoi, on exigeait dans l'ancien régime deux baccalauréats, ès-Lettres et ès-Sciences restreint.

Dans ma carrière déjà longue d'éducateur et d'examinateur, j'ai eu fréquemment l'occasion de constater que les candidats, qui avaient été dispensés de cette préparation préalable, étaient handicapés vis-à-vis de leurs camarades, et qu'ils avaient des difficultés à s'assimiler les subtilités de la clinique.

Sans vouloir discuter de la valeur éducative des différents programmes d'enseignement secondaire, je suis obligé de constater que les étudiants, qui ont préparé un baccalauréat sans latin, ont beaucoup plus de difficultés à apprendre les notions médicales que leurs camarades, ayant préparé et subi avec succès latin-grec, ou latin-sciences. C'est parmi eux que l'on compte le plus grand nombre d'étudiants poursuivant avec difficultés leurs études ; dont le dossier est émaillé du plus grand nombre d'ajournements, et de notes : passable.

Si on recherche les dossiers des indésirables, on constate aussi que ce sont ces inadaptés, que nous qualifierons d'*inadaptables*, qui sont le plus grand nombre.

Aussi c'est avec justice que les syndicats médicaux ont toujours protesté contre la facilité avec laquelle le ministre accorde des dispenses, surtout aux étrangers.

La barrière placée devant les Facultés de médecine doit être sévère, et n'en permettre l'accès qu'aux seules vocations réellement aptes à l'exercice de cette profession sur laquelle repose la santé publique.

Il importe donc de réserver l'accès des Facultés de médecine aux seuls bacheliers ayant fait avec succès leurs humanités, et aptes aux études scientifiques ; dans l'état actuel des études secondaires : *baccalauréat Latin-Grec*, ou *Latin-Sciences.*

L'étude préliminaire des Sciences : P. C. N. devrait être orientée en vue des applications médicales, et on devrait exiger des enseigneurs de ces sciences de connaître les besoins de ces applications, par des études médicales préalables complètes (retour de cet enseignement aux Facultés de médecine).

La médecine est basée sur la connaissance approfondie de trois sciences biologiques :

L'anatomie et l'histologie ;

La chimie biologique ;

La physiologie.

Elles se trouvent placées au seuil des études, il faut exiger leur connaissance parfaite, et éliminer impitoyablement tous ceux qui ne peuvent pas s'assimiler complètement ces disciplines .

La sévérité des juges est le plus grand service à rendre aux candidats inadaptables, en les détournant d'une carrière qui ne leur réserverait que des déboires.

Le futur médecin doit savoir se contrôler lui-même ; connaître les limites de ses ignorances et le premier devoir pour un homme, qui doit rechercher les causes morbides, d'un organisme vivant ; il ne doit donc affronter un examen que lorsqu'il sait en connaître toutes les matières ; aussi les épreuves doivent être rapidement éliminatoires, définitives.

Actuellement, avec persévérance, en courant la chance de l'indulgence des juges, et le hasard des réponses, un inadaptable peut obtenir toujours son diplôme de docteur (j'allais dire son permis de chasse aux clients), il ne doit plus en être ainsi, surtout pour les examens fondamentaux : anatomie, chimie biologique et physiologie.

On pourrait accorder au candidat malheureux trois présentations, le troisième échec ayant pour conséquence l'élimination des Facultés de médecine.

Cette élimination au début d'études, qui commencent mauvaises, est un avantage, car il permet au candidat fourvoyé dans les études médicales une orientation de carrière plus adéquate à ses aptitudes.

J'ai connu un contemporain, qui après avoir tâté des études médicales, a sagement abandonné la Faculté de médecine pour la Faculté des lettres ; il a fait une brillante carrière de professeur de lycée, et actuellement à la retraite, est un politicien adroit ; mais il a été pour son fils un mauvais directeur. Il a usé de son crédit pour faire obtenir après moults échecs le diplôme de docteur en médecine à ce fils, qui, actuellement, mène une carrière misérable, et dangereuse pour les malheureux malades qui ont recours à ses soins.

Il convient d'éviter de semblables avatars, c'est pourquoi, je demande de voter les résolutions suivantes :

1° Exiger avant les études médicales :

Une éducation secondaire complète sanctionnée par le Baccalauréat Latin-Grec ou Latin-Sciences ;

2° Ne permettre au candidat que trois épreuves, la troisième entraînant la radiation des Facultés de médecine ;

3° Le ministre ne pourra accorder de dispenses de baccalauréat, ou la transformation du diplôme universitaire (mention médecine) en diplôme d'Etat, que sur avis conforme de la Faculté de médecine, et consultation des Syndicats professionnels médicaux (Chambre de Discipline) du ressort académique.

R. COURRIER

Laboratoire d'Histologie. Faculté de Médecine d'Alger.

L'ANTAGONISME ENTRE LES HORMONES OVARIENNES

Le système qui préside à l' « harmonieux concert » des fonctions organo-végétatives, est représenté — le tissu nodal mis à part — par le sympathique et par les glandes endocrines. On connaît parfaitement à l'heure actuelle l'antagonisme de l'orthosympathique et du parasympathique. Existe-t-il une semblable opposition dans le domaine humoral ?

L'étude des hormones ovariennes permet de répondre par l'affirmative. L'ovaire présente deux sécrétions internes distinctes : la folliculine et l'hormone lutéinique ; il existe un antagonisme entre ces deux produits.

Les recherches de Smith, de Simonnet, de Parkes et Bellerby, de Goormagtigh et Amerlink, de L. Loeb, de Lipschütz et Adamberg, semblent avoir démontré que la présence du corps jaune provoque une neutralisation de la folliculine. Brouha et Simonnet ont remarqué cependant que la folliculine pouvait agir malgré l'existence de corps jaunes.

Nous avons repris l'étude de cet antagonisme en employant une technique non utilisée jusqu'alors.

La folliculine exerce sur l'épithélium vaginal du cobaye une action caractéristique que nous avons décrite autrefois.

L'activité lutéinique se révèle chez le même animal par l'éclosion du déciduome, selon la technique de L. Loeb : l'irritation mécanique de la muqueuse utérine provoque la formation d'un placenta maternel à condition qu'un corps jaune fonctionnel soit présent.

Nous sommes donc en présence de deux tests précis décelant dans le même organisme les deux hormones en cause. L'expérience est conduite de la façon suivante :

On sait que 20 à 30 U. R. de folliculine déclenchent en 3 ou 4 jours chez le cobaye castré une réaction vaginale maximum.

On prend alors une femelle munie de ses ovaires, on passe un fil dans l'une des cornes utérines et on le laisse à demeure ; on injecte 30 à 40 U. R. d'hormone folliculaire. On examine après 6 jours.

Deux cas peuvent se produire :

a) On trouve au niveau du fil un superbe déciduome, on a donc opéré en présence d'un corps jaune actif. Or, l'épithélium vaginal est au repos, la folliculine a été inhibée.

b) Le fil n'a provoqué aucune réaction utérine, les corps jaunes qu'on peut trouver dans les ovaires ne sont donc plus fonctionnels. La folliculine a agi sur le vagin avec la plus grande intensité.

La simplicité de l'expérience dispense de tout commentaire. Le corps jaune actif ne permet pas à la folliculine d'agir sur le vagin.

Il vient immédiatement à l'esprit de mesurer cette action neutralisante du corps jaune en augmentant la dose de folliculine. Pour faire cet essai, il est indispensable d'opérer en présence de corps jaunes dont l'activité soit toujours la même. On obtient ces conditions en expérimentant cinq jours après l'accouchement ; à ce moment l'ovaire renferme des corps jaunes actifs de lactation de même âge, à quelques heures près. On passe alors un fil dans la corne utérine d'une femelle ayant fait des petits cinq jours auparavant et on lui injecte une grande quantité de folliculine.

On constate dans ce cas que le vagin n'a pas réagi, mais que le déciduome est d'autant plus petit que la dose de folliculine a été plus forte. La neutralisation de l'hormone folliculaire semble avoir suscité un affaiblissement du corps jaune.

Si l'on injecte la folliculine en grande quantité dès l'accouchement, on constate au 5e jour, en passant le fil, que les corps jaunes sont moins vascularisés. A la fin de l'expérience, la réaction déciduale est alors inexistante et le vagin a un peu réagi. Il semble qu'on soit cette fois en présence d'une inhibition du corps jaune par la folliculine.

Nous avons entrepris une dernière expérience qui consiste à administrer la folliculine avant la formation du corps jaune. On injecte par exemple 10 U. R. quotidiennement pendant la semaine qui précède la mise-bas. On cesse les injections au moment de l'accouchement. Au 5e jour les corps jaunes de lactation sont très pâles ; on passe un fil à cette époque dans l'utérus. L'examen pratiqué le 11e jour montre que le déciduome est très petit, comme si la folliculine avait atteint le corps jaune en frappant le follicule qui devait lui donner naissance.

Ces résultats sont bien en faveur de l'antagonisme des hormones ovariennes. Tout se passe comme s'il existait entre elles une sorte d'équilibre et suivant la prédominance de l'une ou de l'autre, on obtient le déciduome ou la réaction vaginale.

Dr Georges DIÉNOT

LA DENGUE EN ALGÉRIE

La Dengue, avant l'apparition de la pandémie grecque de 1927, n'était pas une maladie inconnue dans le bassin méditerranéen ; elle avait déjà manifesté sa présence de nombreuses fois, à intervalles plus ou moins réguliers ; nous ne citerons que les épidémies de Cadix de 1784-1867, celles de Gibraltar de 1885 et 1888, celle de Crète en 1881, celle de Grèce en 1889.

En 1926, la Dengue avait fait une grave poussée aux Iles Seychelles : à l'automne 1927 on la signalait en Egypte, à Alexandrie (un millier de cas), en Syrie, en Palestine (Haïffa) et dans quelques îles de la Méditerranée Orientale.

A cette même époque, Athènes et ses environs comptaient plus de 20.000 cas ; puis c'était Tunis qui, d'août à septembre 1927, avait les trois quarts de sa population atteinte.

Quelques cas étaient constatés à Alger, Casablanca, à Huelva (Espagne), d'où là maladie s'étendait sur l'Andalousie. Au printemps 1928, un réveil très grave se manifestait en Grèce. Dans le territoire hellènique, il s'était produit, vers le milieu d'octobre, 850.000 cas avec 1.378 décès.

Dans les mois d'août, septembre et octobre, de nouveau, on signalait des cas dans les régions où la dengue avait apparu en 1927 et l'affection se répandait, transportée par des navires, en d'autres ports jusque-là restés indemnes (îles de l'archipel grec, Rhodes, Syrie, Egypte, Tunisie, Oran, etc...).

L'Algérie, en relations commerciales constantes avec les ports de la Méditerranée Orientale, ne devait pas échapper aux épidémies de dengue. Il ne lui manquait que l'apport du virus, pour constituer les maillons de la chaîne épidémiologique, car l'insecte transmetteur, le stegomya (Aedes Aegypti), pullule sur toute la côte algérienne (Sergent) et quoique essentiellement citadin, ce diphtère a pu être retrouvé en plein Sahara, où des échantillons purent être capturés à Ghardaïa (Mzab) (Foley, Bacqué et Kieffer).

Dès 1925, le docteur Lucien Raynaud avait pu identifier 2 cas de dengue chez un enfant du vieux quartier de la marine et un autre cas en 1927 (importé de Tunisie).

Au printemps 1928, des médecins en avaient également signalé quelques cas. Connaissant les aspects cliniques changeants, sous lesquels se présente cette affection essentiellement protéïforme, nous sommes en droit d'affirmer que, dès cette époque, de nombreux cas passèrent inaperçus.

En automne 1929, la dengue a de nouveau fait son apparition à Alger, mais sous forme épidémique massive, comme elle a l'habitude, à l'ordinaire de le faire.

C'est vers la 2e décade de septembre, au milieu d'un assez grand nombre de cas de paludisme, qu'apparurent les premiers cas de dengue ; nous nous attendions à ce réveil épidémique en constatant l'abondance vraiment extraordinaire de stegomya dans tous les quartiers de la ville.

Les cas de début furent presque tous bénins, cas frustes, formes ambulatoires, à exanthème discret, fugace, d'une durée très inférieure à 7 jours (4 jours en moyenne).

Un fait nous a frappé, à cette période d'épidémie commençante, à l'encontre de ce que l'on constate généralement en clinique, seuls les cas observés chez les enfants furent des cas « types », avec début brusque, hyperthermie élevée, exanthème généralisé intense avec éruption rubéoliforme en général, quelques fois scarlatineuse, accompagnée de prurit, souvent suivie de desquamation furfuracée. Chez les adultes, dans des cas douteux, à exanthème fruste ou absent, nous pûmes souvent faire apparaître l'éruption par le procédé de la « Ventouse ». Ce n'est que vers la fin de l'automne qu'apparurent les cas vraiment sérieux de la maladie avec son tableau clinique classique.

Nous insistons pourtant sur ce fait qu'on n'avait jamais pu observer une seule fois de recurrence dans la courbe thermique, ni rechute dans la maladie.

Dans nos observations personnelles (58 cas), nous avons pu dans 40 % des cas capturer des stegomyas dans les chambres des malades. Ajoutons que très souvent, nous pûmes également capturer des phlébotomes et nos camarades militaires ont pu dans une salle de malades où sévissaient des cas assez nombreux de dengue, capturer à la fois phlebotomes et stegomyas dans la proportion de 1 phlebotome pour 5 stegomyas.

Dans les cas de début, cas frustes à exanthème douteux ou inapparents, le diagnostic différentie de la dengue à stegomyas et de la phlebotomiase était bien difficile à établir. Du reste, les discussions à ce sujet ne seront closes, nous semble-t-il, que le jour où l'on possédera un test bactériologique ou sérologique permettant de différencier les deux maladies.

L'examen des urines de nos malades nous a montré la présence presque constante d'albumine en faible quantité, la dose maxima que nous avons observée n'a pas dépassé 3 gr. par litre ; nous sommes loin des doses massives (25 et 30 gr. par litre) signalées par certains auteurs grecs. Cette albuminerie a toujours disparu 8 à 10 jours après la cessation de la fièvre, sans laisser de sequelles rénales.

L'étude hematologique que nous avons entreprise chez 22 de nos malades nous a donné les résultats suivants : le virus de la dengue n'a pas une influence nette sur les globules rouges ; dans tous les cas pourtant, nous y avons noté une légère diminution des hématies, peu marquée, il est vrai, leur nombre n'étant pas descendu au-dessous de 3.500.000. Le temps de coagulation semble être légèrement augmenté.

Il n'en est pas de même des globules blancs ; leur diminution est nette dès le début de la maladie et se maintient plusieurs jours encore après la cessation de l'exanthème et de la fièvre. Cette diminution peut atteindre 50 % du chiffre normal : dans deux cas nous n'avons trouvé que 3.600 et 2.900 globules blancs par mmc.

Cette leucopénie intéresse surtout les granulocytes neutrophiles ; vers la fin de la maladie, on note souvent une lymphocytose relative avec augmentation nette des grands mononucléaires. Ces mêmes constatations ont été faites également par notre camarade le médecin-commandant Despujols, médecin-chef du laboratoire de bactériologie de l'Hôpital Maillot. Les hémocultures et les recherches de spirochètes ont toutes été négatives à toutes les périodes de la maladie.

Nous n'avons eu aucun décès parmi les 58 cas que nous avons pu suivre personnellement; nous n'avons pas observé de complications graves, mais nous signalons la fréquence des complications cutanées furonculose, abcès à staphylocoque, pyodermite) ; nous ne croyons pas au dermotropisme direct du virus denguien ; nous pensons comme Kyriâsides, que cette tendance de l'organisme aux infections purulentes doit être attribuée à l'action particulière du virus de la dengue sur les facultés défensives que la nature met à la disposition de l'organisme pour le protéger des infections : action particulière du virus sur les globules blancs créant la leucopénie que nous avons rencontré dans tous les cas.

La question du réservoir de virus et de sa conservation n'est pas encore élucidée :

La perennité du virus et sa conservation d'une année à l'autre peut se faire d'une part par les formes inapparentes de la maladie (Blanc, Caminopetros, J. Dumas et Lorenz), d'autre part par la persistance de la virulence chez les stegomyas qui vivent dans la chambre d'un malade atteint de dengue sont infectants, qu'ils ne le deviennent que 9 jours après avoir piqué et qu'ils peuvent le rester pendant 115 jours ; ces mêmes stegomyas endormis par le froid ne piquent plus, mais peuvent se réveiller après 5 mois sans avoir perdu leur pouvoir infectant.

Nous n'avons pas eu l'occasion de diagnostiquer un seul cas de dengue chez les indigènes et il n'y eut aucune morbidité anormale dans les quartiers arabes d'Alger, au moment de l'épidémie de Dengue sévissant chez les Européens. Cette particularité nous fait croire que les indigènes doivent présenter des formes frustes, ambulatoires, passant inaperçues, formes inapparentes peut-être mais ayant une grande importance au point de vue épidémiologique ; des recherches à ce sujet seront intéressantes à faire.

La Dengue n'étant pas une maladie à déclaration obligatoire, nous ne pouvons apporter une statistique concernant le nombre de cas, mais nous pouvons affirmer qu'ils furent nombreux à Alger, dans les ports et principalement à Oran ou dans l'Administration des postes, les trois quarts du personnel fut atteint.

A l'intérieur du pays, quelques cas furent signalés ; ces malades avaient été presque tous contaminés dans les villes de la côte.

DUMOLARD, AURRY, THIODET et MÉCHALI

QUELQUES REMARQUES A PROPOS DES ANÉMIES PALUDÉENNES

Les anémies palustres ne semblent pas avoir retenu autant qu'elles le méritent l'attention des auteurs.

Ce fait paraît tenir en partie à ce que, en matière de paludisme, l'intérêt s'est attaché, depuis la découverte de l'hématozoaire, aux rapports qu'il est possible d'établir entre le parasite et les manifestations morbides qu'il détermine. Aussi, est-ce surtout l'anémie du paludisme aigu, que l'on s'est efforcé d'étudier.

Or, l'anémie du paludisme aigu est, en général, une anémie légère ou moyenne, affectant rarement en tous cas les allures graves qu'elle revêt au contraire assez souvent dans le cours du paludisme chronique.

Il nous semble donc indispensable, pour les anémies palustres, comme pour les autres manifestations du paludisme, de tracer avant tout une description clinique des syndromes rencontrés, sans vouloir trouver une correspondance entre les formes ou le cycle évolutif du parasite, et ces syndrômes eux-mêmes.

L'anémie peut se montrer dans le paludisme soit au cours ou à la suite des paroxysmes fébriles, qui constituent le paludisme aigu des classiques, soit au cours des manifestations viscérales qui accompagnent le paludisme chronique.

Dans le paludisme aigu, il est tout naturel d'expliquer l'anémie par l'action directe du parasite sur les hématies, puisqu'on trouve l'hématozoaire à l'intérieur des globules rouges dans le sang périphérique et que parfois tous les globules, ou peu s'en faut, semblent loger un parasite.

Dans le paludisme chronique, la pathogénie, nous le verrons, est sans doute beaucoup plus complexe et il est permis de supposer l'intervention des organes hématopoiétiques.

Au point de vue clinique, on peut diviser les anémies palustres *en deux classes*, les *anémies légères et moyennes*, et les *anémies graves*.

Les *anémies légères* et *moyennes* (anémies simples) *appartiennent* surtout, nous l'avons dit, *au paludisme aigu.*

Ce sont des anémies globulaires dans lesquelles le chiffre des hématies s'abaisse à 4 *millions,* 3 *millions ;* rarement 2 *millions. Le taux de l'hémoglobine est abaissé de façon correspondante, parfois davantage* (50, 40, 30 pour 100) d'où une valeur globulaire généralement abaissée à 0,9, quelquefois 0,4.

L'effort de régénération des organes hématopoiétiques se *traduit* par les *signes hématologiques habituels : anisocytose, poïkilocytose,* polychromatophilie. *Ces signes restent assez discrets ; parfois apparaissent dans la circulation,* mais en petit nombre, *les hématies nucléées,* de *type normoblastique ;* les *mégaloblastes* restent extrêmement rares.

Si l'on ajoute à ces caractères l'existence en dehors des accès d'une *leucopénie légère, avec mononucléose,* on aura les caractères principaux de l'anémie palustre moyenne.

Les anémies de ce type sont dues le plus souvent au paludisme aigu et à ses manifestations fébriles variées ; *on a montré que chaque accès* réalise une *saignée véritable,* se traduisant par des pertes globulaires allant de 5 à 10 pour 100 et qui peuvent conduire le malade, si les accès se reproduisent souvent, à une anémie marquée.

La régénération n'est pas moins *rapide* et le chiffre des globules rouges, comme aussi des globules blancs, *revient vite* à la normale quand la fièvre cesse.

Les anémies graves méritent de nous retenir davantage. Les *signes généraux sont ici plus accentués ;* le teint est à la fois terreux et pâle, les muqueuses paraissent exsangues, les troubles anémiques font rarement défaut et sont souvent intenses, les tissus sont souvent légèrement infiltrés, l'asthénie est très marquée. Les conditions dans lesquelles se développe l'anémie lui font un cortège variable ; il peut s'agir de paludisme aigu, et l'on constatera alors l'existence de manifestations fébriles de type variable ; *plus souvent il s'agit de paludéens chroniques* avec *hépatomégalie* et *splénomégalie,* quelquefois, aortite, néphrite, avec œdèmes, *troubles digestifs par péréviscérite.*

L'hématologie permet de reconnaître différents types selon les réactions hématopoiétiques.

Le type aplastique vrai est rare, *mais il existe fréquemment* des formes *hypoplastiques* ou *métaplastiques,* qui, par transition, conduisent aux formes *orthoplastiques.*

Dans l'ensemble, les réactions *hématopoiétiques sont plutôt atténuées,* et si l'on excepte certains faits dont nous parlerons plus loin, *il faut reconnaître que les formes d'anémie grave* avec *réactions hématopoiétiques faibles ou nulles,* sont plus *fréquentes* qu'on ne le dit au cours du paludisme chronique.

La formule générale de ces anémies consiste dans un *abaissement parfois considérable du chiffre globulaire* (1.500.000, 1 million ou même moins) avec une *valeur globulaire le plus souvent supérieure à l'unité.*

Selon les cas, en dehors des *hématies nucléées qui dépassent rarement* 1 *à* 5 *pour* 100, *même dans les formes orthoplastiques*, on peut voir apparaître des *mégaloblastes vrais*, mais leur nombre dépasse rarement 1 *à* 2 *pour cent. Les globules blancs sont diminués de nombre et cette leucopénie avec mononucléose*, peut s'accompagner de *formes anormales* (*myélocytes, métamyélocytes*) qui restent toujours en nombre très modéré.

Dans l'ensemble, il ne faut pas craindre de le redire, les *réactions hématopoiétiques* restent toujours très *discrètes* et pour ainsi dire, *inopérantes*, ce qui donne à ces anémies un caractère très particulier de chronicité, et souvent, de *gravité.*

Il n'en est que plus curieux de voir apparaître dans certains cas des réactions *excessives et désordonnées*, conduisant aux types de l'anémie *pseudo-leucémique*. Dans un cas, nous avons pu observer une formule pseudo leucémique curieuse, avec réactions normoblastiques intense prédominante.

De même, dans la plupart des cas, la *résistance globulaire est augmentée ;* mais, dans certains cas, il y a diminution de la résistance ; les propriétés *hémolytiques du sérum* peuvent aussi être *augmentées*, expliquant les cas d'ictère hémolytique avec anémie, qui ont été signalés, mais qui restent de constatation *assez rare. L'anémie grave* peut enfin s'accompagner de *purpura* et *même* de syndrome *hémanagipare ;* ces cas *sont peu fréquents.*

Il est *deux* particularités sur lesquelles nous voulons insister à propos des anémies paludéennes :

La ponction de la rate nous a donné parfois la confirmation du *diagnostic* de *paludisme* que la clinique permettait de poser. Elle nous a souvent *montré* aussi une *discordance* entre la formule *hypoplastique du sang* circulant et *l'activité de l'hématopoiose* dans *le tissu splénique.* La thèse de Mechali donne sur ce point de très intéressantes précisions.

Le dosage des albumines du sang nous a montré de façon presque constante dans les cas d'anémie grave, un *abaissement souvent considérable* du *taux des albumines* avec inversion du rapport *serine-globuline ; on peut se demander si ce trouble humoral* n'intervient pas pour une part importante dans le déterminisme de *l'évolution ;* n'est-il pas capable d'entraîner pour *les organes hématopoiétiques, une gêne importante* qui *les prive peut-être des matériaux nécessaires à l'élaboration des cellules sanguines* et donne alors à la réaction du tissu sanguiformateur cette forme *peu active* inopérante dont la formule hypoplastique si souvent constatée sont le reflet.

Au point de vue *thérapeutique*, on doit toujours établir un *traite-*

ment quinique énergique et prolongé, dès que le paludisme est démontré. Ce traitement donne *parfois* une *amélioration* extrêmement rapide, pouvant aboutir à la *guérison complète*, même si l'hépatosplénomégalie est considérable. *Les modifications parallèles de la formule sanguine, le relèvement du taux des albumines* accompagnent cette amélioration, mais avec *un retard* souvent considérable, surtout en ce qui concerne les albumines du sang.

Dans d'autres cas, le traitement *quinique* seul, *ne semble pas entraîner* une amélioration *décisive ;* même aidé de l'arsénothérapie.

Il est utile dans ces cas, de mettre en œuvre *la méthode de Whipple* qui est suivie parfois *de reprises vraiment merveilleuses.*

Il peut être utile, aussi, de recourir au traitement *iodo-ioduré* qui donne parfois une amélioration manifeste.

Il est des cas enfin où aucune thérapeutique ne donne de résultats décisifs et où la splénectomie *peut être envisagée*, si l'un des traitements précités arrive à donner au malade la force nécessaire pour lui permettre de supporter le traitement chirurgical toujours quelque peu choquant.

La mise en œuvre avec des résultats variables de *ces divers traitements* permet de soupçonner que le mécanisme de ces anémies n'est pas univoque et sans doute aussi, que le facteur paludisme est parfois *doublé d'éléments secondaires* qui compliquent son action et laissent moins d'efficacité à la thérapeutique spécifique toute puissante dans les cas purs.

DUMOLARD, AUBRY et SARROUY

A PROPOS DE LA NEURO-SYPHILIS INDIGÈNE

C'est avec un grand intérêt que je viens d'entendre le rapport de notre collègue M. Montpellier au sujet de la neuro-syphilis indigène. Après l'en avoir félicité, je voudrais simplement avec mes confrères MM. les docteurs Aubry et Sarrouy, insister sur quelques points particuliers de cette question qui a retenu depuis bien longtemps notre attention.

Sur la question des faits d'abord, nous serons très brefs. D'accord avec la majorité des auteurs, nous pensons que la neuro-syphilis indigène revêt les caractères habituels et essentiels de la syphilis exotique si bien décrite par MM. Jeanselme et Sezary. En effet, la syphilis (extrêmement répandue chez les indigènes) affecte chez eux une prédilection marquée pour les lésions cutanées et osseuses qui sont particulièrement exhubérantes et florides, et, par contre, la syphilis nerveuse est rare.

Nous tenons cependant à faire remarquer à propos de cette syphilis nerveuse qu'il est nécessaire ici d'établir la distinction judicieuse formulée par Sezary entre la neuro-syphilis parenchymateuse et la neurosyphilis conjonctivo-vasculaire. Car si la neuro-syphilis parenchymateuse est rare chez l'indigène, la neuro-syphilis conjonctivo-vasculaire, par contre, est chez lui d'observation courante et il y a, selon nous, une opposition évidente à établir à ce point de vue entre l'une et l'autre de ces formes.

C'est là un fait sur lequel nous avons insisté en 1906 et qui nous a paru alors assez déconcertant ; l'explication nous en semble plus simple aujourd'hui puisque nous savons d'une part que les réactions méningées de la syphilis secondaire sont identiques chez l'indigène et chez l'Européen habitant l'Algérie et, d'autre part, qu'un des premiers effets de la malariathérapie est de transformer les lésions diffuses et étendues de la P 6 en lésions inflammatoires et localisées de syphilis nerveuse tertiaire.

Sur le dernier des caractères connus de la syphilis exotique, savoir : la tendance de la neuro-syphilis à affecter une évolution lentement progressive, il nous paraît impossible aujourd'hui de formuler à ce sujet autre chose qu'une impression, mais cette impression est nette ; il nous semble que la neuro-syphilis de l'indigène et spécialement la neuro-syphilis parenchymateuse a tendance à devenir chez lui de plus en plus fréquente.

Ces faits étant admis, il nous faut essayer maintenant de les interpréter.

Et d'abord faut-il faire intervenir à l'origine une différence de germe et admettre que la neuro-syphilis indigène est due à un virus dermotrope ? Nous ne pouvons pas entrer dans la discussion détaillée de la question, mais nous dirons simplement que les arguments de faits qu'on peut invoquer contre cette théorie envisagée dans son intégralité nous paraissent décisifs. Sans vouloir nier que le virus puisse subir du fait de certaines conditions particulières, certaines modifications, nous pensons que c'est du côté particularités du terrain qu'il faut avant tout chercher l'explication des caractères spéciaux de la neuro-syphilis indigène.

Et la première question qui se pose à ce point de vue est la suivante : n'est-ce pas dans une résistance particulière du système nerveux de l'indigène aux diverses agressions pathologiques qu'il faut chercher la solution du problème ? Nous ne le croyons pas.

C'est là en effet une question primordiale à l'étude de laquelle nous nous sommes spécialement attachés depuis longtemps et de l'ensemble de nos recherches, il résulte que les diverses affections neuro-psychiques observées chez l'indigène sont aussi diverses, aussi fréquentes et aussi graves chez ce dernier que chez l'Européen.

A ce point de vue, il est curieux de faire remarquer que la démence précoce sous ses différentes formes et spécialement sous la forme catatonique est d'observation fréquente chez l'indigène.

Aussi, nous pensons que les particularités que l'on peut rencontrer dans la pathologie nerveuse de l'Indigène (et l'immunité relative de ces derniers vis-à-vis de la neuro-syphilis parenchymateuse est la plus frappante) ne doivent pas nous apparaître comme une réaction d'immunité de race liée à une résistance particulière du système nerveux de l'Indigène, mais bien comme la résultante de certaines conditions spéciales du milieu dans lequel il vit. Cette constatation n'a pas lieu d'étonner, si l'on songe à la diversité ethnique des éléments qui composent la masse de ces populations indigènes, éléments qui se sont occasionnellement fusionnés dans un fond commun de croyances et de mœurs imposées par les événements qui, au cours des siècles, ont marqué l'histoire de l'Afrique du Nord.

Il résulte de ce que nous venons de dire que les facteurs particuliers qui ont été invoqués pour expliquer la rareté de la syphilis parenchymateuse dans la syphilis exotique : civilisation, alcoolisme, race, surmenage, peuvent peut-être exercer une certaine influence pour expliquer les caractères de cette syphilis exotique, mais nous pensons comme notre collègue Sezary, que l'intervention de ces facteurs, si intéressante qu'elle puisse être, est insuffisante à satisfaire entièrement l'esprit.

Il en est de même, à notre avis, de la précocité de la contamination et de l'hypotension artérielle ; à ce point de vue, nous pensons encore, comme notre ami Sezary, que ces facteurs, mis en évidence par Lacapère, sont trop inconstants pour qu'on puisse leur faire jouer un rôle de premier plan dans la question qui nous occupe.

Il faut sans doute accorder plus d'importance aux conditions particulières d'hygiène défectueuse et de malpropreté dans laquelle vivent encore la plupart des Indigènes, et grâce auxquelles les téguments de ces derniers sont spécialement exposés à subir l'offense des traumatismes extérieurs, qui irritent ces téguments. Mais ici encore, il faut bien avouer que si ces conditions peuvent jouer le rôle de causes favorisantes, il ne semble pas qu'elles puissent être considérées comme déterminantes. Nous croyons encore que l'hypothèse émise par M. Sezary, suivant laquelle la syphilis a une tendance naturelle à attaquer de plus en plus le système nerveux à mesure qu'elle vieillit, nous croyons que cette hypothèse renferme une certaine part de vérité.

Mais, depuis que le Professeur Von Jaureg a montré les bienfaits de la malariathérapie dans la méningo-encéphalite diffuse, il nous paraît impossible de ne pas étudier attentivement la question de savoir s'il ne faut pas chercher dans les maladies mêmes qui assaillent l'Indigène la solution principale du problème que nous étudions.

Le paludisme, spécialement, ne protège-t-il pas l'Indigène contre le tabès et le P G ? Comme d'autres, nous nous sommes posés cette question et, en 1927, au Congrès de l'A. F. A. S., à Constantine, nous émettions cette hypothèse que le paludisme pouvait peut-être exercer ici une influence capitale, et nous soutenions cette idée, que cette thèse ne saurait être définitivement écartée sans avoir été sérieusement approfondie.

Depuis cette époque, nous avons longuement réfléchi, et notre façon de voir ne s'est pas modifiée. Certes, nous n'ignorons pas (et nous l'avons répété après d'autres) que le paludisme, contracté par un malade au cours de l'évolution d'une syphilis, ne met pas sûrement ce dernier à l'abri des complications neuro-parenchymateuses de cette syphilis, mais le fait ne prouve nullement, à notre avis, que le paludisme ne puisse, dans certaines conditions particulières, créer un obstacle au développement de ces affections. Car il y a paludisme et paludisme. Et il n'y a guère de comparaison à établir à ce point de vue, pensons-nous, entre un paludisme même grave, et bien traité, et un paludisme chronique invétéré, évoluant en pays paludéen, et jamais ou très insuffisamment traité. Or, il ne faut pas oublier que cette forme de paludisme est encore fréquente chez les Indigènes ; nous n'en voulons pour preuve que la fréquence chez eux de ces grosses rates avec anémie, qui reconnaissent si souvent comme cause l'infection malarienne.

Cette dernière ne peut-elle donc, pour des raisons qu'il s'agit de préciser, constituer une action empêchante vis-à-vis de la neuro-syphilis parenchymateuse ? Aujourd'hui encore, nous répondons à cette question : nous croyons qu'il est impossible de dire que la chose n'est pas. Et il nous semble qu'il faut toujours, à ce point de vue, se souvenir de l'observation initiale de Pilez et Mattamcheck, qui montrèrent que, parmi plusieurs milliers de soldats syphilitiques de l'armée autrichienne, les anciens paludéens ne présentèrent pas de paralysies générales.

Dans l'hypothèse que nous émettons, il faudrait se demander par quels processus le paludisme aboutit à produire cette action empêchante. L'on ne peut faire encore, à ce point de vue, que des suppositions, mais il est vraisemblable que c'est par l'intermédiaire des modifications humorales profondes que le paludisme produit dans l'organisme. Dans cet ordre d'idée, les recherches peuvent être guidées par l'étude de ce qui se passe dans la malaria provoquée.

Cette étude ne fait que commencer, mais déjà certains jalons indiquent la route à suivre. Déjà nous savons qu'une des conséquences les plus nettes de la malariathérapie est de transformer les lésions diffuses de la P G en lésions inflammatoires localisées de syphilis nerveuse tertiaire. Nous savons aussi que pour Weiss Mathens et Kuschbann la malariathérapie provoque une désintégration des albumines du sang. Du côté du liquide céphalo-rachidien, la malaria provoquerait suivant Schelling une augmentation des amino-acides et des peptidases. Marinesco enfin vient de montrer que la malariathérapie modifierait en ramenant vers l'acidose le p H du liquide céphalorachidien des paralytiques généraux qui auraient une tendance à l'alcalose.

Nous pensons que ces données indiquent la voie à suivre et nous avons eu l'idée d'orienter nos recherches dans ce sens chez les paludéens chroniques. Déjà nous pouvons dire que chez quelques malades nous avons constaté des modifications profondes et durables des albumines du sang.

Vous voyez que si nous pensons que le paludisme peut dans certaines conditions exercer une influence empêchante sur la syphilis neuroparenchimateuse, il ne s'agit dans notre idée nullement d'une action spécifique. Nous pensons, et nous l'avons écrit dès 1927, que les mêmes résultats peuvent sans doute être obtenus par quantité d'autres facteurs etiologiques connus ou inconnus : fièvre récurrente, affections intestinales chroniques, infections parasitaires, mycoses, etc., etc.

Et s'il est vrai que le mode d'action de ces affections peut aboutir par l'intermédiaire de modifications humorales à établir une sorte de barrière protectrice vis-à-vis des organes profonds et spécialement du système nerveux, on pourrait alors s'expliquer facilement la sensibilisation spéciale des téguments et l'hyperallergie ne serait ainsi qu'une conséquence des troubles humoraux produits par le paludisme et d'autres facteurs.

Telle est dans l'ensemble notre façon de concevoir la question de la pathogénie de la neuro-syphilis indigène. C'est dans le sens que nous venons de vous indiquer que nous voulons poursuivre actuellement nos recherches.

Vous voyez que nos conceptions sont, à peu de chose près, superposables à celles de notre rapporteur.

Si nous avons tendance à accorder moins d'importance que lui à la question du virus dans le déterminisme des caractères de la neurosyphilis indigène et à faire une part plus grande en ce qui concerne le terrain aux facteurs que nous venons de signaler, ce sont là des questions de détail.

Nous serions heureux si avec notre rapporteur nous avions pu montrer l'effort d'observation attentive et patiente que les auteurs algériens ont depuis longtemps apportée à l'étude de la question passionnante qui nous est soumise aujourd'hui.

Dr H. GROS

Médecin de Colonisation en retraite.

1° QUELQUES REMARQUES SUR LA LEISHMANIOSE CUTANEE DANS LE TELL ALGERIEN

En 1909, j'ai, le premier, sinon signalé, du moins prouvé, sans contestation possible, l'existence de la leishmaniose cutanée dans le Tell Algérien.

J'ignorais totalement à cette époque la communication du Professeur Brault à la Société de Dermatologie et de Syphiligraphie de Paris, d'ailleurs en eussé-je pris connaissance, je n'aurais pu que contester la validité du diagnostic de l'auteur pour le seul cas qu'il relate avec quelque développement. L'auteur déclare tout net qu'il s'agit du bouton d'Orient. Mais beaucoup de détails dans cette observation plaident contre cette hypothèse, siège au membre inférieur, multiplicité des lésions, douleur, caractère des ulcérations, absence de croûtes et réaction inflammatoire jusqu'à la périphérie, presque tout, la rapidité de la guérison sous l'influence d'un traitement local, tout démontre que les plus grandes chances sont pour que Brault ait eu à faire à une vulgaire pyodermite d'origine microbienne banale.

Maintes lésions cutanées peuvent revêtir l'aspect du clou de Biskra et inversement, les leishmanioses externes peuvent revêtir l'aspect d'une dermatite ulcéreuse banale. En 1929, Charry Cote, dans un travail intitulé *Clinical types of Bagdad sore*, reconnaissait un grand nombre de types cliniques, papuleuse, psoriasiforme (particulièrement aux coudes), lupoïde, syphilloïde, néoplasique, etc. Il n'y a qu'un seul moyen de diagnostic certain du bouton de Biskra : l'examen microscopique bien conduit.

Ayant vécu jusqu'en 1909 avec cette opinion que la leishmaniose n'existait pas en dehors des oasis, comment ai-je pu être conduit à soupçonner son existence dans la vallée de Sebaou ?

Dans le courant de 1908, faisant une tournée de vaccination, on m'avait présenté au lac Dechra des Ouled Embarek, commune d'Abbo, sur la rive gauche du Sebaou, une jeune fille de 17 ans environ, belle, grande et robuste, respirant la santé intégrale. Cependant, elle portait sur la face postérieure de l'avant-bras gauche une ulcération unique de cinq à six centimètres de diamètre, datant de plusieurs mois et qui avait résisté à tous les traitements spécifiques internes ou externes usités jusqu'alors.

Or, par la suite, cette jeune indigène devint la femme de mon domestique, Ben Ouaghi Si Mohamed. Quand je la revis, l'ulcère était guéri, laissant à sa place une cicatrice légèrement ombiliquée au centre, de coloration brun foncé en ce point, entourée d'une auréole blanche sur la périphérie.

Le 6 janvier 1909, Ahmed bel Hadj, maraîcher à l'Oued Kedach, commune de Dellys, sur la rive droite du Sebaou, presque en face des Oueled Embarek, m'amenait sa fille Baya, âgée de cinq ans. Cette enfant présentait à la joue droite un ulcère datant de cinq mois.

Le 16 janvier, Schmadi, poseur au C. F. R. A., m'amenait sa fille Yamina, âgée de 4 ans environ, domicilié au camp du Maréchal. Cette enfant présente à la joue droite une ulcération ayant les dimensions d'une pièce de cinq francs, recouverte d'une croûte jaunâtre très épaisse. Etat général des meilleurs.

Le 27 mars 1909, Khadir Amar m'apporte sa fille Fatima âgée de 16 mois environ, domiciliée à Ighil bou Afir, commune d'Haussonvillers. Elle présente à la tempe droite, un peu en dehors de l'angle externe de l'œil, une ulcération en fer à cheval recouverte d'une croûte noire brunâtre.

Je m'étais promis de rechercher les Leishmanias tropicas lorsque je reverrai des malades présentant les mêmes lésions suspectes.

Le 11 mai 1909, Bel Hadj Ahmed, surnommé le Parisien, à cause de son élocution facile, me ramenait sa fille Baya. Depuis le 6 janvier, le mal n'avait subi aucune modification. Je débarrassai l'ulcère de la couche épaisse qui recouvrait son fonds ; à l'aide d'une petite spatule en platine, je raclai la plaie ainsi mise à nu et j'étendis ce prélèvement sur lames de verre, je colorai. Au Romanowsky, j'obtins ainsi quelques belles préparations de Leishmania tropica que je soumis à l'examen de M. le professeur Soulié et à M. Edmond Sergent.

Je ne donne pas toutes ces observations, surtout celle d'Haussonvillers, comme des cas de boutons de Biskra. Je ne les rapporte que pour montrer comment j'ai été amené à penser à la possibilité de l'existence du bouton d'Orient dans le Tell algérien.

J'ai publié mon travail dans le *Bulletin Médical de l'Algérie* du 25 mai 1909 et dans le *Bulletin de la Société de Pathologie exotique* du 9 juin 1909. Cette double publication n'a pas été inutile. Le 25 juillet 1909, M. Cambillet, mis sur la piste par mon article du B. M. de l'Algérie, rencontrait un clou de Biskra siégeant lui aussi sur la joue droite chez un enfant indigène de la commune de Flatters.

J'avais demandé au Parisien de me ramener sa fille, pour surveiller l'évolution de la maladie et la photographier. La petite Baya ayant eu peur du toubib, son père ne me l'a pas représentée.

On s'est beaucoup préoccupé de l'agent vecteur de la leishmaniose externe. Divers travaux, ceux de Sergent en particulier, semblent démontrer que le *phlebotomus pappatacci* en est le principal agent. Il semblerait toutefois qu'il n'est pas le seul et que l'on doive aussi incriminer les punaises, et les ixodes dans les Leishmanioses de la Guyane *pians bois* (Clarin, thèse de Paris 1926).

On a beaucoup moins prêté d'attention aux réservoirs de virus. Expérimentalement, nous savons que les leishmanioses donovani ou tropica peuvent évoluer à peu près chez toutes les races d'animaux, singes, chiens, rongeurs : Sergent l'a recherchée chez le Gekho.

Comme en 1909, il y avait eu une invasion de sauterelle du Sur au Nord, j'émis l'opinion que cette infection pouvait avoir été importée directement ou non par les Acridiens (B. M. de l'Algérie, p. 344, 1909).

Depuis, j'ai réfléchi à la question et je me suis souvenu que chaque année, des gens du Sud (Guébli) émigraient dans la vallée du Sebaou, avec toute leur famille, femmes, enfants, ânes et chiens. Ces gens qui arrivaient comme les hirondelles, avec les premiers beaux jours, s'en retournaient à l'automne. Ils campaient sur les terrains en friche le long de la rivière et leur unique occupation était de casser les cailloux pour l'entretien des routes.

On s'est encore, que je sache, fort peu occupé de la parasitologie des criquets. Si j'étais resté en Algérie, ce sont là deux questions que j'aurais tâché d'élucider.

Depuis vingt ans, le nombre des cas de leishmanioses cutanées rencontrés sur le littoral est extrêmement faible. Il y a à cela plusieurs raisons : tout d'abord, le diagnostic clinique du bouton de Biskra est très difficile ; on conçoit très bien que dans les localités où il n'est pas endémique, un praticien hésite à en parler. D'autre part le bouton de Biskra est presque toujours indolent, très rarement accompagné de phénomènes inflammatoires ou d'infections secondaires qui produisent des complications plus sérieuses, la croûte épaisse et très adhérente qui recouvre ces ulcères est certainement une des causes de cette innocuité relative. On ne doit pas perdre de vue cependant que dans certains cas, la leishmaniose cutanée peut envahir des organes profonds et causer des accidents très graves. Il en est ainsi pour la leishmaniose américaine, infiniment plus sérieuse que la leishmaniose africaine, quoique on puisse se demander si la leishmaniose observée dans les deux Amériques est une maladie autochtone ou si elle a été importée d'Afrique avec les esclaves.

Le bouton d'Orient d'origine autochtone n'a pas seulement été constaté sur le littoral de l'Afrique du Nord, Tunisie, Algérie, Maroc, on l'a aussi rencontré chez des personnes qui n'avaient jamais quitté leur pays, en Espagne, en Italie, jusque dans le Midi de la France.

Il est toujours inutile de laisser acclimater une maladie nouvelle dans des contrées où jusque-là elle était inconnue, si bénigne qu'on puisse la supposer. Pour cette raison, il serait bon de surveiller les émigrants en provenance d'un pays où existe la leishmaniose cutanée, à leur arrivée dans un pays où la maladie est encore inconnue.

2° LE PALUDISME CHEZ LE ROI SOLEIL

L'histoire ne comporte pas seulement une simple satisfaction de l'esprit. Elle nous fournit aussi, par les leçons du passé, des enseignements précieux pour le présent et l'avenir.

A cet égard, l'étude du paludisme au XVIIe siècle est particulièrement intéressante. A cette époque, il est en France, au moins aussi répandu qu'il peut l'être de nos jours en Algérie. Une seule différence : on paraît rencontrer moins de paludisme aigu : affaire de température. Mais on succombe aux formes chroniques, absolument comme le font encore les Algériens, indigènes ou européens, qui s'accoutumant aux atteintes répétées de la fièvre, la traitent par le mépris.

Pas plus que de la syphilis ou de la tuberculose, la garde qui veillait aux barrières du Louvre n'en défendait les rois. Elle ne put empêcher le Roi Soleil d'en être atteint en 1686. Daquin était alors son médecin. Louis XIV venait d'acheter de l'Anglais Talbot non pas le secret de sa poudre, mais son mode d'emploi. On connaissait en effet le quinquina en France depuis quelque temps, mais il avait beaucoup d'adversaires. Guy Patin était du nombre. Il prétendait qu'il causait des accidents mortels. Mauvillain en était un aussi et, au cours de l'appel interjeté par les médecins de Montpellier contre l'arrêt de mai 1696, qui leur interdisait l'exercice de la médecine à Paris, leur avocat pouvait citer une demi-douzaine de thèses présentées contre le quinquina devant la Faculté de Paris.

Ce fut la destinée du grand roi, non seulement de patronner les nouveautés thérapeutiques, mais aussi de servir de sujet à leur expérimentation. Il en fut ainsi pour le quinquina, pour l'émétique et pour l'ipéca.

On a dit beaucoup de mal de ses médecins : Vaïlot, Daquin et Fagon. Louis Bertrand s'est montré particulièrement sévère pour eux. Il leur reproche leur ignorance, leur vanité, leur cupidité.

Un fait est certain, les médecins du roi n'étaient pas choisis parmi les plus méritants. Toutes les charges de la Cour comme celes de l'Etat étaient attribuées au dernier et plus offrant enchérisseur, plus encore qu'au plus protégé.

Que l'heureux vainqueur de cette lutte ait tenu à rentrer dans ses fonds et à les faire fructifier, quoi de plus naturel ? Ajoutez à cela que le titre n'était pas une sinécure. Le premier médecin du roi devait le suivre partout ; il était astreint à se tenir constamment à sa disposition ; en butte aux intrigues de cour, il était exposé à cesser de plaire du jour au lendemain ; enfin, s'il faut en croire Guy Patin (mais G. Patin n'est-il pas une mauvaise langue ?), Louis XIV pensait que ses médecins étaient suffisamment récompensés par l'honneur de toucher son auguste personne.

Leur ignorance ? elle n'était ni plus ni moins grande que celle de tous les médecns d'alors. Il ne viendra à l'idée de personne de reprocher à Rabelais ou à Montaigne de ne pas écrire comme Anatole France ou Pierre Loti, ni de taxer Pascal de sottise parce qu'au lieu de nous donner l'automobile, il n'a inventé que la brouette. (1).

Daquin, d'abord, Fagon se sont montrés particulièrement sagaces dans la plupart des maladies du roi. En 1686, Louis le Grand fut atteint de fièvre quarte. Le premier accès se montra le 6 août, le 21 on commença l'usage du quinquina, à partir de ce jour la fièvre cessa. Daquin prescrivait une once (30 gr. soit 0,50 quinine) de poudre de quinquina macérée dans une pinte de vin de Bourgogne, à prendre dans les vingt-quatre heures, un verre toutes les quatre heures la nuit comme le jour.

Du 3 août au 1er septembre, il n'en prescrivit plus que quatre prises dans les vingt-quatre heures le jour seulement et du 1er septembre au 1er octobre 3 fois seulement.

Cemment appeler cette méthode, sinon prophylactique ?

(1) On y songeait pourtant déjà ; le 26 janvier 162', Guy Patin, écrit à son ami Ch. Spose : « il est vrai comme on nous l'a dit, qu'il y a icy un Anglois, fils d'un François, qui médite de faire faire des coursiers qui iront et reviendront en un même jour de Paris à Fontainebleau, sans chevaux par des ressorts admirables ». Lettres de Guy Patin, édit. Triaire p. 448. Patin faisait ensuite allusion à l'invention d'un médecin de Lyon : une scie mecanique.

En 1687, la fièvre reparaît le 6 septembre, Daquin fait prendre au roi le quinquina sous la même forme que l'année précédente, mais il ajoute à chaque prise une demi-drachme de quinquina en poudre. A partir du 19 septembre, il remplace cette préparation, qu'il nomme quinquina troublé, par du quinquina clair ; quatre prises de jour seulement jusqu'au 6 octobre et du 6 au 28 trois prises par jour.

En 1688 « environ l'équinoxe de mars, ayant observé que toutes les « fièvres qui avaient été guéries l'automne précédent et surtout par le « quinquina se renouvelaient rigoureusement, nous voulûmes préserver « Sa Majesté de pareille rechute. » Dans ce but, on fit prendre au roi, du 1er au 28 mars, quatre doses de quinquina, soit de 0,20 cengr. de quinine. Cela n'empêcha pas la fièvre de reparaître le 19 avril, sous la forme tierce. Cette fièvre s'accompagnait d'un état gastrique qu'on attribua volontiers à la grande quantité de vin que Louis avait bue avec son fébrifuge. « Le 17 juin, contre l'avis de M. Fagon, qui avait peine à s'y résoudre, je me déterminai avec opiniâtreté à arrêter le cours de cette forte fièvre, et je lui fis sur-le-champ donner une dose de fébrifuge fort, associée à une dose de poudre de quinquina en bols et, le 21, une drachme en pilules. L'accès disparut le 21. Fin juillet, le roi a repris sa santé. Cet heureux établissement, qui n'avait pu s'avancer par quantité de saignées et de purgations, n'est dû qu'au seul quinquina bien et longtemps administré. »

En 1689, le 10 mai, la fièvre reprend en tierce. Daquin prescrit au roi le vin avec un écu de poudre, du 1er au 30 juin, quatre fois par jour.

En 1690, le roi n'a pas de fièvre. Il en est de même en 1691 et 1692.

En 1693, une révolution de palais est survenue. Grâce à l'appui de Mme de Maintenon, Fagon a pu faire évincer Daquin. Le 9 août, le roi a un accès de fièvre. Les deux augures ont diagnostiqué une double tierce. Est-ce bien sûr ? La lecture de l'observation nous laisse sceptiques.

En 1694, le 1er avril, le roi présente une ébauche d'accès palustre. « Mais, dit Fagon, le roi, craignant un autre accès, aima mieux commencer son traitement par le quinquina que j'eus l'honneur de lui « faire donner, du quinquina de vin, chargé de trois infusions de deux « fois vingt-quatre heures et d'une once de poudre (soit 1 gr. 50 de « quinquina par litre), chacun sur la même pinte de vin, jusqu'au « 20 juillet et avec deux jours de repos seulement. Depuis ce temps, « le roi n'a pas eu de fièvre réglée. »

En 1705, Fagon a consacré un petit livre à l'étude thérapeutique du quinquina. Il a résumé, sous ce titre : « *Nouvelles réflexions nécessaires pour se servir utilement du quinquina* », les résultats de son expérience. On peut sourire aux erreurs d'interprétation du mode d'action du quinquina. Il faut avouer que la vérité ne pouvait être connue que du jour où Laveran nous révéla son hématozoaire. Ceux-là seuls qui ont vécu à cette époque, qui ont lutté dans la mesure de leurs moyens pour le triomphe de cette vérité savent combien d'adversaires elle a rencontrés et quel mal elle a eu à pénétrer enfin dans tous les esprits. Ceux-là seront remplis d'indulgence pour les médecins de Louis XIV et n'hésiteront pas à reconnaître le mérite de Daquin et de Fagon.

Le mérite de ces deux médecins a été de montrer que 1° le quinquina n'a d'action que sur les fièvres réglées ; 2° que la saignée et les purgatifs étaient non seulement inutiles, mais nuisibles avec l'usage du quinquina et dans le traitement du paludisme ; 3° qu'on devait le prescrire à hautes doses et le continuer au moins six semaines après la disparition des accès si l'on voulait éviter leur retour.

Daquin avait déjà signalé l'inconvénient de faire absorber au malade une grande quantité de vin et il avait essayé de l'administrer au roi en bols ou en pilules. Mais le roi acceptait mal ces préparations. Fagon prouva qu'il était inutile de recourir à la macération dans des vins généreux et il montra que le quinquina employé avec de l'eau de fleurs d'oranger ou de chicorée, en sirop, en teinture, en extrait avait la même efficacité.

On attribue (Rey, Laveran) généralement au comte de Bonneval (1717) l'honneur d'avoir le premier recouru au quinquina comme prophylactique. On peut avoir raison si l'on n'envisage que la prophylaxie indépendante de tout accès préalable. Mais de la méthode Daquin-Fagon à la prévention du paludisme, il n'y a qu'un pas à franchir. J'ai parlé des enseignements de l'histoire, que nous apprend-elle en l'occurrence ?

Elle nous fait connaître que le paludisme au XVIIe siècle était à peu près général en France.

La lecture des chroniqueurs du temps nous apprend qu'il revêtait des formes très graves, quoiques rarement aiguës, aboutissant souvent à la cachexie. C'est à la cachexie palustre qu'il faut certainement attribuer les cas de mort si souvent signalés par anémie ou hydropisie.

Comment le paludisme a-t-il disparu de la France sans quinine préventive, sans grillages, sans lutte intentionnelle contre les moustiques ? La destruction des larves s'est faite d'elle-même. Elle a été le résultat de la conquête du sol par la culture. L'abandon des campagnes, laissant la terre en friche, amènerait bientôt le retour de la malaria, comme cela s'est produit dans l'Agro Romano, sous les Césars.

La fréquence du paludisme au XVIIe siècle peut expliquer la rareté de la syphilis nerveuse en France à cette époque. On peut objecter que la P. G. confondue avec la folie a pu échapper aux observateurs d'alors.

Mais que l'ataxie locomotrice ait pu être inconnue, cela est moins vraisemblable. L'incoordination motrice, les douleurs fulgurantes, les graves crises viscérales, les arthropathies, les troubles oculaires ont quelque chose de si caractéristique qu'on eût point manqué de les signaler s'ils eussent existé (1). Puisque nous sommes sur ce sujet des syphilis nerveuses, qu'on nous permette une légère digression. On a prétendu qu'il y avait deux races de tréponeme, dont l'un nostras, neurotrope, et l'autre exotique dermatrope. La fréquence des syphilis graves, des syphilis nerveuses en particulier, chez les marins qui le plus souvent on contracté leur vérole aux colonies, parle hautement contre cette hypothèse. Dans le même ordre d'idées, on peut invoquer la fréquence de la syphilis nerveuse chez les indigènes des îles de la Société, où le paludisme a toujours été inconnu.

Dr A. F. X. HENRY

Chef du Laboratoire départemental de Bactériologie, Constantine

---

LA SÉROFLOCULATION ET L'EXAMEN DES FROTTIS SANGUINS DANS LE DIAGNOSTIQUE ET LE TRAITEMENT DU PALUDISME

La Malariafloculation qui met en évidence le trouble humoral spécial au paludisme est suffisamment au point pour être utilisé en clinique. La réaction est absolument exceptionnelle en dehors du paludisme: Au cours de maladies diverses aiguës ou chroniques (Syphilis en particulier) (2), on ne la rencontre guère, sauf chez les paludéens. L'emploi de la réaction éclaire de plus en plus sur les possibilités de

---

(1) Peut-être cependant la maladie de Scarron doit-elle être rapportée à l'ataxie locomotrice.

(2) Dans un article des *Arch. de Médecine militaire*, Lebourdelles, Liégeois, Chabrellier nous attribuent par erreur des cas de syphilis avec mélano-réaction positive. Un chiffre paru dans notre article de *Paris Médical* du 23 juin 1928 a été mal interprété, comme permet de le constater la phrase que résume le tableau, et, actuellement, sur plus de 600 examens de sérum syphilitique, nous n'avons jamais rencontré de Malari-réaction positive chez les non paludéens (près de 400).

la méthode et sur ses applications de concert avec les autres procédés classiques du Laboratoire. Nous croyons utile de revenir sur ce sujet.

Envisageons les cas schématiques du paludisme traité ou non avec une période dite de première invasion, une période d'accès plus ou moins réguliers, une période de troubles vicéraux.

Dans la période d'invasion avec formes subcontinues où le type procox est souvent observé (forme pseudotyphoïde) malgré les données fournies par la clinique, le diagnostic peut être hésitant. Le médecin traitant fait quelquefois 3 ou 4 piqûres de quinine considérées comme traitement d'épreuve ; il envoie en même temps des frottis au Laboratoire. La réponse peut être positive. Le cas est jugé, la thérapeutique orientée d'une façon précise. Toutefois les choses ne vont pas toujours aussi facilement. L'hémoculture peut être négative (1). L'examen des frottis même répété peut être négatif. Le cas possible avec toutes les formes d'hématozoaires n'est pas exceptionnel avec le type proecox qui est avant tout un parasite des organes hématopioétiques. Dans leur livre sur le Paludisme Macédonien, Armand Dellilie, Paisseau, Abrami et Lemaire (p. 88) écrivent à son sujet : « Même pendant les attaques fébriles, on peut ne le rencontrer que dans 35 à 40 % des cas et en général le parasite est peu abondant. » En faisant la part des conditions qui ont pu fausser certains examens (Laboratoires de guerre surchargés), tous ceux qui ont la pratique de ces recherches sont fixés sur les défaillances des frottis sans la recherche du proecox. Les procédés les plus récents de coloration (même avec addition de sérum au colorant) ne lèvent pas toutes les difficultés. D'autre part, à cette période, la formule leucocytaire peut être une polynucléose.

Devant l'insuccès de quelques piqûres de quinine, après une recherche d'hématozoaire négative, le diagnostic reste en suspens, et le second septénaire venu, on pense à la séro-réaction de Widal. Elle se montre négative. Il y a hésitation. La palpation de la rate ne lève pas toujours les doutes. Un nouvel examen de frottis peut être encore négatif. La fièvre peut même tomber, et dans ce cas on se demande si on va alimenter le malade. Le problème est facilement résolu par la Malariafloculation associée à la réaction de Widal (2). Les résultats thérapeutiques confirmeront le diagnostic sérologique. On profitera d'une accalmie fébrile pour obtenir une réaction plus nette. Elle sera pratiquée dès le cinquième jour de la fièvre et répétée au besoin.

---

(1) Nous signalons un petit point que nous avons souvent remarqué. Lorsqu'on fait une prise de sang dans la veine à ces malades, on note une rutilance frappante du liquide sanguin (rouge clair et non rouge foncé comme le sang veineux habituel). La destruction globulaire intense explique cet aspect que nous a souvent fait avec raison prévoir le paludisme.

(2) Le résultat négatif de celle-ci avec les races habituelles n'est pas péremptoire étant donné les infections à paratyphiques atypiques, à Entérocoques, que l'on peut observer.

Envisageons maintenant la période des accès réguliers ou non. Elle peut ne pas être précédée de la fièvre subcontinue. Il y a même parfois des phases latentes plus ou moins longues après contamination. Les causes de fièvres intermittentes sont nombreuses en dehors du paludisme. Sans les énumérer, nous dirons que dans beaucoup de cas l'étude du sang est indispensable. Si en période fébrile l'examen des frottis est assez souvent concluant, des défaillances peuvent s'observer. On peut aussi avoir à faire le diagnostic au moment où la fièvre est absente. On ne saurait trop conseiller d'établir la formule leucocytaire. Les renseignements fournis sont des plus précieux. A cette période et dans la suite, on notera de la monocytose avec augmentation du nombre des Grands Mononucléaires et parfois dans ceux-ci des inclusions mélaniques. Mais des inflammations même légères peuvent altérer la formule (angines, bronchites). L'avantage reste nettement à la sérologie. Chez certains malades paludéens atteints de bronchite aiguë, la sérologie attestant la Malaria, ce n'est qu'en faisant plusieurs jours de suite la forme leucocytaire que l'on arrive à retrouver la formule classique. Il est aussi des cas où le bouleversement de l'image leucocytaire ne s'explique pas simplement, la sérologie étant cependant d'accord avec la clinique. Les réactions des globules blancs sont choses labiles (1), on pourra retrouver ultérieurement la formule régulière. Nous avons déjà fait connaître que pendant l'accès la réaction peut s'atténuer ou même disparaître. Le lendemain d'un très fort accès en apyréxie, la réaction peut être seulement légère. Sur frottis en cherchant bien, on retrouvera quelques hématozoaires. L'examen des frottis reste donc toujours utile. Il est même des cas où la présence de quelques rares hématozoaires s'accompagne d'une séroréaction négative, la quantité d'Endogène mise en circulation saturant les Anti-Andogènes, la réaction est légère ou négative en vitro. Mais en général chez les sujets atteints d'accès palustres réguliers, ou irréguliers, après le 7e accès, l'épreuve sérologique pratiquée dans l'intervalle des poussées fébriles (répété au besoin) permettra le diagnostic de la Malaria.

Les fièvres pseudopalustres (intermittentes hépatiques, fièvres colibacillaires, amibiases masquées) présentent chez les non paludéens une sérofloculation négative.

Chez certains sujets, l'affection malarienne a pu antérieurement favoriser l'apparition de troubles hépatiques, ou viscéraux divers. Ils ont pu être débarrassés ultérieurement de leur paludisme et les phénomènes fébriles être provoqués par la nouvelle affection. Dans les inflam-

(1) Il est possible également que le parasite non visible dans le périphérique agisse spécialement sur les viscères irritant même les organes hémonoiétiques, d'où production d'une réaction leucocytaire analogue à celle que l'on peut rencontrer au cours des fièvres de première invasion.

mations hépatiques, ou vésiculaires, la polynucléose sera fréquente. Chez les colibacillaires, on pourra rencontrer une mononucléose, mais celle-ci porte surtout sur les lymphocytes et les Grands Monocuclaires ne sont pas augmentés de nombre et ne présentent jamais d'inclusions mélaniques.

Dans ces cas, la Malariafloculation répétée sera toujours négative, la recherche de l'hématozoaire pendant les accès restera toujours sans résultat. L'on est naturellement amené à envisager des cas où les affections précipitées évoluent sur un paludisme resté actif. La Malariafloculation est alors positive, nous avons posé en fait, qu'elle est absolument exceptionnelle en dehors du paludisme. Il est connu que des paludéens au cours d'une affection aiguë n'ont souvent pas de manifestation palustre apparente. Mais au moment où vient la convalescence (d'une pleurésie, d'une typhoïde), on peut voir réapparaître des accès avec présence d'hématozoaires. On aura pu les prévoir pendant la période d'état de l'affection envisagée en utilisant la Malariafloculation bien avant donc que le microscope décèle l'hématozoaire. La même remarque s'applique aux réveils du paludisme au début du printemps. Certains paludéens ayant pu même présenter une réaction négative, ont de nouveau une réaction positive, avant que ne réapparaissent des accès. Enfin, il est connu maintenant que le paludisme peut revêtir le masque de certaines infections viscérale aiguës (Appendicite, Cholecystite, Etats Tétaniformes). Certains troubles oculaires, certains états aigus intestinaux, nerveux psychiques sont aussi tributaires du paludisme (1). L'examen des frottis peut trancher la question, mais la sérologie pourra en cas de défaillance lui venir en aide légitimement, une épreuve thérapeutique qui fera disparaître les accidents si ceux-ci n'étaient pas dus à un processus ordinaire évoluant chez un paludéen, en activité.

Non seulement le paludisme peut se camoufler sous des masques divers, il peut même exister sans avoir attiré l'attention. Il est alors pour ainsi dire inapparent. Certains sujets croient ne pas avoir du paludisme, en les suivant on arrive parfois à déceler l'hématozoaire.

Dans d'autres cas la formule leucocytaire observée peut être attribuée au paludisme si l'épreuve thérapeutique la modifie. La séroréaction aura dans ces cas apporté une contribution appréciable.

Chez ces malades chez lesquels l'affection est à peu près inapparente et qui réagissent à l'épreuve sérologique, la prémunition n'est pas tou-

---

(1) Publication de BRESSOT, COSTANTINI, TOULANT. Nous-mêmes, nous avons pu en 1915, observer avec le Médecin-Major DUPUIS, un indigène auquel on allait faire du sérum antitétanique lorsque l'examen des frottis, montrant l'hématozoaire, provoqua des injections de quinine qui supprimèrent tous les accidents. Avec le Docteur GALLET nous avons observé des accidents oculaires; avec le Docteur NARBONI un cas de psychose aiguë.

jours sans s'accompagner de certains dégâts. Tel sujet exposé continuellement à des contaminations palustres n'a pas de fièvre. Avec sa femme qui n'a jamais été exposée, il se rend pour quelque jours dans un endroit très paludéen infesté de moustiques. La femme est contaminée, le mari reste indemne. Mais si on examine ce sujet prémuni on pourra dans certains cas observer des lésions hépatiques ou autres sans qu'aucune autre cause puisse être invoquée, sans alcoolisme aucun, sans syphilis. Et la sérologie est fortement positive. Aussi croyons-nous que beaucoup de foies coloniaux (hépatomagalie dite des pays chauds) sont d'origine palustre méconnue. On peut se demander même si cette prémunition n'est pas souvent analogue à celle d'un syphilitique latent avec Wasserman positif, sans manifestation apparente, les dégâts de l'infection ne se faisant que très lentement. Ces points appellent de longues observations. Opérant en pays palustre pour établir notre réaction, nous avons choisi comme sujets normaux des jeunes soldats, ou des civils récemment arrivés du Nord et de l'Est de la France.

Il eût été évidemment imprudent de choisir des nègres venus de la zone équatoriale, qui presque tous on le sait maintenant sont infectés dès la première enfance dans leur pays d'origine (1), et qui plus tard acquièrent une certaine immunité. Cette prémunition peut ne pas être absolue, et l'action du paludisme latent serait à étudier dans cette race prémunie (2). Certaines sensibilités vis-à-vis des infections de cette race noire ne pourraient-elles pas être dues en dehors de l'absence de contacts antérieurs vaccinants, à une réaction du terrain palustre, de même que nous voyons nos paludéens du Tel, sensibilisés à l'action du pnumocoque. Celui-ci (le fait est bien connu depuis Kelsch et Kiéner) (3) détermine souvent chez les paludéens des affections graves. L'infection palustre apyrétique n'expliquerait-elle pas certaines maladies mystérieuses dont on ignore parfois la cause.

La persistance d'un terrain palustre actif sans fièvre nous amène à nous occuper du paludisme chronique et à souligner l'utilité de la sérofloculation dans le paludisme viscéral.

Nous admettons l'existence du paludisme chronique dans les pays à climat débilitant, lorsque le traitement n'aura pas été suivi de guérison rapide, ou lorsque les malades auront eu des réinfections successives. En France, chez les paludéens rapidement rapatriés depuis plus

---

(1) A Dakar, pendant le mois de novembre, c'est-à-dire à la fin de la saison des pluies, 90,36 % des enfants indigènes de moins de trois ans sont porteurs d'hématozoaires (ADAM, *C. R. Path. Exotique*, 23 déc. 1923).

(2) Il y a peut-être une différence entre les conséquences de l'état de prémunition d'un être à vie longue, comme l'homme prémuni contre le paludisme, et l'animal à vie courte prémuni contre les piroplasmoses.

(3) KELSCH et KIEEER, *Traité des maladies des Pays chauds*.

de 2 ans après une première infection, le paludisme chronique selon Rieux est exceptionnel.

Chez ces sujets (Le Bourdellès et Liégeois), la séroréaction est en règle générale négative.

En Algérie, le paludisme chronique n'est pas chose exceptionnelle et revêt des formes diverses (néphrite, hépathite, splènomégalé, aortites, névrites). Il y a des cas où n'interviennent ni la syphilis ni l'alcoolisme, et où l'on arrive parfois encore à temps pour obtenir un succès thérapeutique. En tout cas, le paludisme chronique donne souvent, le cas échéant, une note spéciale parfois d'aggravation dans un tableau pathologique.

A cette période du paludisme, l'examen des frottis fait constater l'absence d'hématozoaire. Par contre la formule leucocytaire rend de précieux services, mais ici encore elle peut être déformée et diverses affections peuvent parfois la simuler (splénomégalies d'autres causes). Dans ces états le trouble humoral revêt sa plus belle expression. Les floculations sont très fortes. C'est à ce moment toutefois qu'il faut dans l'exécution de la technique, se méfier de l'autofloculance des sérums, assez souvent rencontrés à cette période, mais ne s'identifiant pas avec notre réaction qui doit, dans ce cas, être pratiquée en dilution parfois plus salée que d'habitude. Il est cependant des cas surtout au cours d'affections intercurrentes où le sujet est dans une sorte d'anergie et la réaction est passagèrement négative.

Contrôle biologique de la thérapeutique antipalustre. — Au cours du paludisme primaire, du paludisme secondaire, la disparition de la séroréaction s'obtient assez facilement avec un traitement mixte quinoarsénicale bien conduit. La disparition peut être définitive ou passagère. Le malade sera suivi, la constatation de l'index sérologique, malgré l'absence de fièvre, incitera une thérapeutique active faute de laquelle la guérison clinique apparente risque de ne pas se maintenir. Dans le milieu où nous opérons, dans la race blanche, nous considérons qu'un paludéen à séroréaction positive a avantage à recevoir un traitement. La réaction pouvant disparaître, réapparaître ensuite : la surveillance sérologique est donc indiquée. Dans certains cas de paludisme particulièrement intense ou invétéré, il a fallu deux ans pour arriver à une négativation définitive. La persistance des réactions s'accompagnait souvent de reprise de la fièvre, qui a maintenant définitivement disparu. Le trouble humoral profond du paludisme viscéral explique que la réaction peut résister assez longtemps à la thérapeutique. Les splénomégaliques peuvent voir leur rate diminuer, on peut arriver à un reliquat splénique irréductible. La sérologie pour certains sera définitivement négative, et sans retour. Chez d'autres, la difficulté peut être plus considérable. Les observations sur ce sujet doivent être multipliées et prolongées pour que l'on obtienne des données précises. La quino-résistance doit être envisagée. L'association de l'arsenic, du fer, de l'iode, de l'opothérapie fournira à l'organisme des moyens adjuvants qu'il ne trouve plus dans ses tissus dégénérés. Peut-être qu'à l'instar de la syphilis certaines formes de paludisme ne peuvent être vaincues qu'à l'aide d'une action thérapeutique, minutieuse et prolongée. Il ne faudrait pas être surpris de quelques cas de longue résistance au traitement de l'index sérologique, on sait qu'il faut parfois aussi un très long délai avant d'avoir pu ramener la formule leucocytaire à la normale. Le contrôle de la thérapeutique palustre par l'examen cytologique peut être recommandé. Mais est-il souvent pratiqué ? On entrevoit tout au moins qu'il peut être infidèle, offrir des difficultés d'application et que l'on y joindra avec profit l'épreuve sérologique souvent plus précise, et plus facile à mettre en œuvre. Avec celle-ci, le travail en série est possible et en somme rapide si l'on n'utilise que la réaction en général la plus sensible. la Malariafloculation pratiquée avec suspension de mélanique éprouvée (1).

Toutes ces questions appellent sans doute de nouvelles observations dans des circonstances variables et diverses, mais dès maintenant l'utilisation de la sérologie présente quelque intérêt pour le thérapeute qui ne se trouve pas suffisamment renseigné par les autres moyens d'investigations.

Nous rappelons que nous avons proposé notre méthode comme index épidémologique en pratiquant au besoin des réactions simplifiées.

Le docteur Appel, Chef de l'Equipe Sanitaire Mobile de Constantine, a déjà mis la méthode en application sur plus de 440 sujets.

Le docteur Appel prélève le sang par ventouse. Celle-ci constituant pour l'indigène une panacée, est très bien acceptée et même demandée (alors qu'on obtient plus difficilement une ponction veineuse). Sur chaque sang le Laboratoire pratique la sérologie du paludisme et de la syphilis.

Dans les dispensaires antivénériens, cette double sérologie conduira à des déductions thérapeutiques et épidémiologiques intéressantes.

Pour terminer, nous tenons à faire ressortir encore que la Malariafloculation ne doit être considérée que comme un élément dans le

(1) La Mélanine étalonnée au photomètre est particulièrement recommandable même pour la méthode macroscopique. Pour celle-ci quatre points essentiels : 1° ne retenir que les réactions nettes ; 2° le temps de l'étuve a été réduit à deux heures trois quarts à 37° plus un quart d'heure à la température de la chambre (total trois heures) ; 3° ne pas oublier la petite manœuvre préalable à l'observation : deux renversements de tube faits lentement. Certains sérums favorisent la sédimentation de la mélanine, produit lourd. La manœuvre susdite supprime la sédimentation, respectant la floculation ; 4° se méfier des surfloculances. Si les témoins sont floculés ou très opacifiés, recommencer l'épreuve avec de l'eau salée à un taux suffisant.

diagnostic et la surveillance de l'infection quelconque, responsable des phénomènes morbides, qui motivent l'intervention médicale.

Comme toutes les données du laboratoire, les données de la sérologie et de l'examen des frottis sont à interpréter à la lumière des autres indications fournies par l'anamnèse et l'examen complet des malades. Le rôle de l'infection palustre en pathologie individuelle et comme mal social est considérable, parfois insoupçonné. On peut l'exagérer, on peut aussi le méconnaître et dans certains cas on n'aura pas trop de toutes les méthodes pour poser plus facilement un diagnostic.

A. LAFFONT

Professeur à la Faculté d'Alger.

L'ECLAMPSIE A LA MATERNITÉ D'ALGER

J'ai tenu à vous rapporter ici quelques chiffres qui vous montreront, en même temps que l'évolution de la Maternité d'Alger, la courbe qu'a suivie l'Eclampsie.

Elle me paraît intéressante pour plusieurs raisons :

1° Parce qu'elle nous montre le nombre extrêmement élevé de femmes éclamptiques reçues par notre Maternité. Les services de la Métropole voient une proportion de 1 à 5 éclamptiques environ sur 1.000 entrantes. Ici nous avons atteint des taux de 20, 25 et 30 éclamptiques pour 1.000 selon les années (courbe 1).

Depuis longtemps, mon regretté maître le Professeur Rouvier et moi-même avions eu l'occasion d'insister sur les défauts et les erreurs d'hygiène digestive des populations algériennes, défauts et erreurs, dont les femmes enceintes paient lourdement les conséquences.

2° Cette courbe nous montre en outre — et nous le constatons avec satisfaction — la diminution progressive du pourcentage des éclampsies au cours de ces dernières années. De 30 pour 1.000 en 1905, nous tombons à 2,7 pour 1.000 en 1929. Cette diminution est particulièrement marquée depuis ces quatre dernières années et correspond très nettement à la création des consultations pour femmes enceintes.

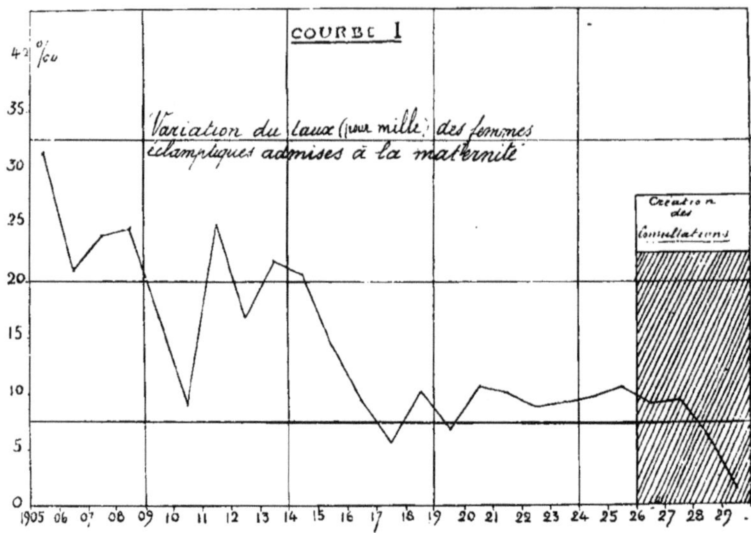

Courbe 1. — Variation du taux (sur mille) des femmes éclamptiques admises à la Maternité.

De 30 et 25 pour mille, le toux tombe à 6 et 3 pour mille depuis la création des consultations.

Le développement de ces consultations encouragées et subventionnées par l'Office d'Hygiène sociale de l'Afrique du Nord ne peut désormais que nous permettre d'enregistrer l'amélioration de ces chiffres et de ces courbes.

Notre conclusion est donc formelle : *l'Eclampsie est en décroissance régulière à Alger et dans ses environs.*

3° Autre constatation que nous sommes heureux de faire. *Le pronostic de l'éclampsie s'améliore.* Le pourcentage de la mortalité maternelle va régulièrement en s'abaissant (courbe 2).

D'abord parce que l'hygiène faisant peu à peu des progrès dans la masse, les formes cliniques rencontrées ont sans doute tendance à être moins graves et les malades viennent plus vite se confier à nos soins. Ensuite parce que notre thérapeutique s'est progressivement améliorée grâce à l'utilisation des grands lavages intestinaux avec ou sans saignée, de la morphine, puis du somnifène avec ou sans traitement obstérical ou chirurgical. En 1928 et en 1929, la mortalité maternelle a été nulle.

4° La mortalité foetale (courbe 3) a toujours été très élevée, comme il est malheureusement commun de l'observer dans l'Eclampsie, mais je dois signaler *deux faits particulièrement intéressants et exceptionnels* que nous avons observés à la Maternité d'Alger, et où 2 *gros-*

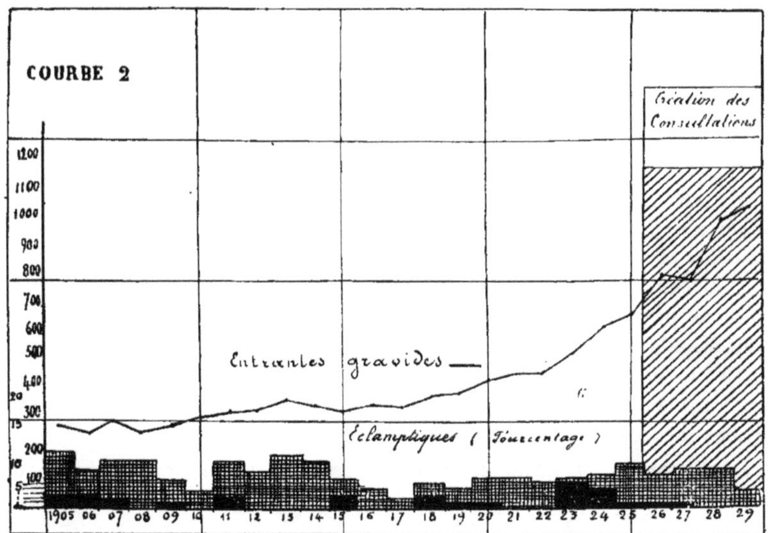

Courbe 2. — Le nombre des femmes enceintes augmente régulièrement chaque année. Celui des éclamptiques (colonnes striés) diminue. La mortalité maternelle (en noir) décroit régulièrement depuis 1923.

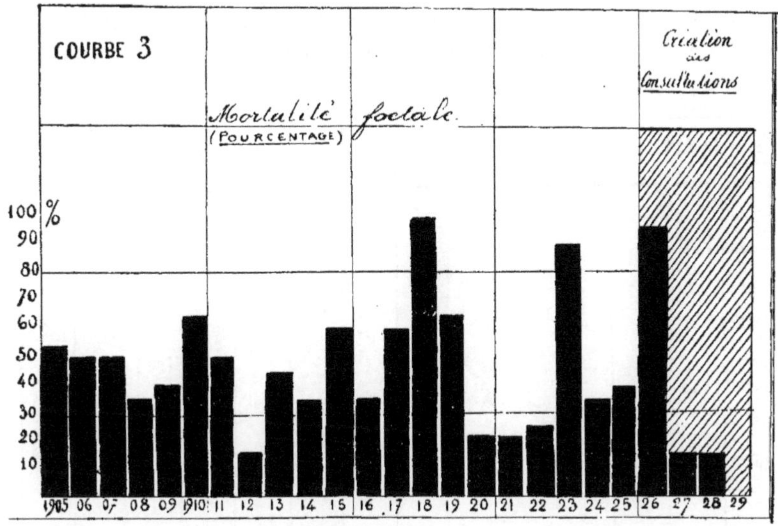

Courbe 3. — La mortalité fœtale chez les éclamptiques diminue rapidement depuis l'organisation des consultations

sesses ont pu évoluer normalement jusqu'au terme à la suite d'un traitement par le somnifène. Dans les deux cas, les femmes avaient eu trois crises qui avaient cessé définitivement après une seule injection intra-veineuse de 4 ctgr. de somnifène.

Le taux de la mortalité foetale a oscillé jusqu'à ces dernières années autour de 40 et 60 %. Depuis trois ans, il est tombé successivement à 14 % en 1927-1928 et à 0 % en 1929.

Je ne suis pas partisan d'une formule de traitement à l'exclusion de toute autre. J'ai pratiqué personnellement, à côté des thérapeutiques médicales au chloral, au chloroforme, à la morphine et au somnifène associés aux grands lavages et à la saignée, aussi bien des traitements obstétricaux que des traitements chirurgicaux : évacuation rapide de l'utérus par les voies normales après cérasienne vaginale ou par voie abdominale. Je me réserve toujours la possibilité d'ajouter un traitement chirurgical au traitement médical chaque fois que les symptômes généraux ne s'amendent pas, mais je commence toujours par le traitement médical, sauf urgence exceptionnelle.

Je résumerai la ligne de conduite que nous suivons systématiquement à l'heure actuelle à la Maternité d'Alger :

1° Injections intra veineuses de somnifène aussi précoce que possible (4 cc.) ;

2° Grands lavages d'intestin et, s'il y a lieu, de l'estomac ;

3° Saignée en cas d'hypertension.

Depuis ces derniers temps, nous complétons cette thérapeutique par des injections intra-veineuses intra-musculaires, et sous-cutanées, de

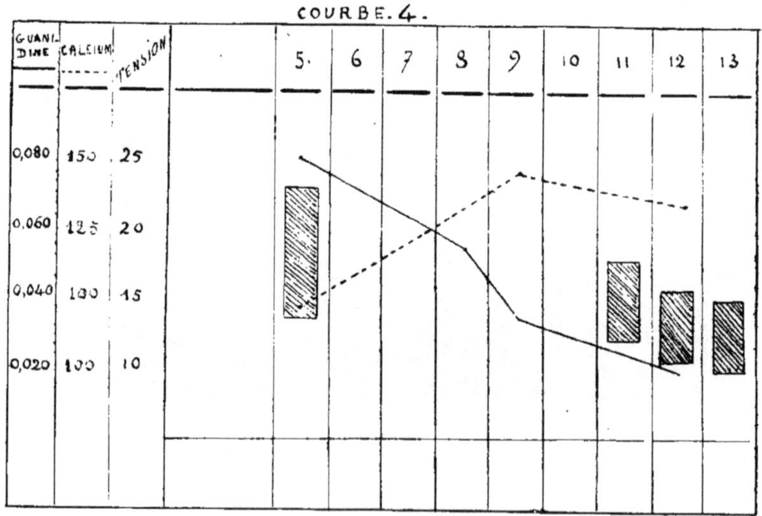

Courbe 4. — Guérison de l'Eclampsie : La Guanidinémie et la Tension diminuent pendant que la Calcémie augmente.

gluconate de chaux qui nous ont permis d'observer des guérisons surprenantes de rapidité.

Le *traitement calcique de l'Eclampsie* nous paraît en effet d'autant plus indiqué que l'hypocalcémie est la règle dans l'Eclampsie.

Or, la *Guanidinémie*, dont nous avons montré, avec Malmejac et Sirgean, l'augmentation du taux chez les éclamptiques, et dont on connaît l'action tétanigène et spasmophile au point que nous nous sommes demandés si cette guanidinémie n'était pas le facteur principal de l'Eclampsie, semble avoir comme antidote quasi-spécifique les sels de chaux. Les crises éclamptiques comme les syndromes tétaniques et les états spasmophiles paraissent bien céder aux sels de chaux. Nous croyons donc utile de faire bénéficier les malades de cette propriété du calcium à laquelle s'ajoute un effet diurétique bien connu et que nous avons parfaitement observé (courbe 4).

La courbe que nous vous montrons ici vous indiquera avec la rigueur d'une expérience que *lorsque la calcémie augmente, annonçant la guérision, la tension baisse en même temps que la guanidinémie diminue*. C'est dire que tout ce qui favorisera la diurèse et la diminution de la guanidine pourra être utile contre les crises d'éclampsie ou même, comme nous le pensons, chez toute femme présentant un syndrome prééclamptique.

Enfin, je dois ajouter que, si je réserve le traitement obstétrical ou chirurgical pour les formes rebelles aux thérapeutiques médicales, je n'ai plus eu depuis longtemps l'occasion d'y avoir recours, les cas d'Eclampsie devenant fort rares à Alger et leur guérison par le traitement médical étant pour ainsi dire la règle.

A. LAFFONT
Professeur à la Faculté de Médecine d'Alger.
et
L. SESINI
Chef de Clinique à la Faculté de Médecine d'Alger.

L'OSTÉOMALACIE PUERPERALE EN ALGÉRIE

Mal connue en France où les cas plutôt rares sont circonscrits seulement dans quelques foyers, nous avons cru intéressant d'étudier l'ostéomalacie dans ses rapports avec la puerpéralité en Algérie. Sa fréquence relativement élevée, la diversité des races composant la population de ce pays pouvait nous offrir des observations intéressantes et nous permettre de préciser quelques points de cette singulière affection.

Tout d'abord, au cours de nos recherches dans les archives de la Maternité d'Alger, nous avons été surpris de ne voir figurer *aucune femme européenne* parmi les cas observés. Nos confrères algériens consultés nous ont confirmé l'exactitude de cette observation.

Pourquoi cette exclusivité ? Ne faudrait-il pas pour l'expliquer pénétrer dans l'intimité familiale indigène ? C'est ainsi que nous avons pu relever une hygiène déficiante jointe à une vie de servitude, le tout frappant une race déjà appauvrie par d'autres facteurs. Mal logée dans une méchante hutte en bois, quelquefois même sous une simple tente, la femme indigène vaque aux soins du ménage, participe aux travaux des champs, se nourrit insuffisamment et se contente pour se reposer d'un grabat ou d'une couverture sordide. Ajoutons à cela des maternités successives qui viennent aggraver cette vie misérable et débilite encore un organisme déjà épuisé.

C'est là nous semble-t-il une des raisons de cette fréquence relative de l'ostéomalacie dans ce pays.

Si la femme européenne en est jusqu'à présent indemne, cela tient probablement à une différence dans ses conditions d'existence.

Nous avons dit que l'ostéomalacie puerpérale se rencontrait fréquemment en Algérie. En nous reportant au chiffre important cité par les accoucheurs de France et de l'étranger, nous pouvons dire que nulle part ailleurs sa fréquence est aussi élevée.

En France, on la considère en général comme une rareté. En Bretagne, Hudde en a observé 3 cas en 6 ans à la Maternité de Rennes. Eu égard au nombre restreint d'accouchements enregistrés pendant cette période (1.230), la proportion assez élevée est de 0,24 %. A Lyon Fauchier sur plus de trente mille accouchements n'en a observé qu'un cas. Le Professeur Tarnier se souvient n'en avoir vu que cinq cas.

A l'étranger, la fréquence paraît plus élevée, surtout dans certaines contrées : ainsi dans la région de Bâle, Fehling en a rencontré quinze cas en 3 ans, ce qui représente un taux de 0,30 %. Cosati à Milan en a observé 62 cas en l'espace de 18 ans, soit une proportion environ de 0,45 %.

Dans toute l'Angleterre, Dulhram a recueilli 32 observations.

Comparons donc nos chiffres. Ici nous avons pu en réunir 15 cas. Or, jusqu'à ce jour, le total des accouchements indigènes normaux et dystociques à la Maternité d'Alger atteint le chiffre de 1.132. Cela porte le taux de l'ostéomalacie à 1,32 %. Chiffre bien supérieur à ceux que nous venons de citer, et encore ne relevons-nous ici que les cas dystociques sévères où la présence du chirurgien accoucheur est indispensable. Mais de nombreux cas moins graves échappent à nos observations en raison de la répugnance des femmes indigènes à se faire soigner dans les hôpitaux. Nous pouvons donc admettre que nos chiffres sont inférieurs à la réalité et pourtant ce taux de 1,32 % est déjà bien supérieur aux chiffres de France et de l'étranger (0,24 à 0,45 %) (1).

Sans doute les conditions d'existence si dures de la femme indigène expliquent-elles la fréquence de l'Ostéomalacie en Algérie ? Peut-être l'hérédité syphilitique entre-t-elle pour une part dans les causes de cette fréquence ?

En France comme à l'étranger, l'ostéomalacie affecte une distribution géographique particulièrement capricieuse.

En France, la Bretagne nous offre la proportion la plus élevée ; partout ailleurs, l'ostéomalacie est considérée comme une grande rareté.

A l'étranger, l'île de Schütt serait un véritable foyer d'ostéomalacie. En Allemagne, le Nord-Est en est indemne. En Suisse, la région de Bâle représente un foyer important. En somme, fréquente dans les

(1) Une réserve s'impose toutefois dans ces chiffres. D'anciennes observations — pas toujours très complètes — nous empêchent d'affirmer de façon absolue que certains bassins étiquetés « *bassins ostéomalaciques* » chez de jeunes primipares sont bien dus à cette affection et non à un rachitisme antérieur. Nous en tenons néanmoins compte dans notre statistique globale, persuadés qu'il sera cependant nécessaire de poursuivre l'enquête commencée pour mieux dépister dans ce pays les foyers existants, les cas disparates, douteux ou certains et y porter remède.

régions de plaine particulièrement humides, dans les vallées arrosées par de vastes rivières (plaine du Pô), elle reste ignorée en certains points. En est-il de même en Algérie ? Des trois départements de l'Afrique du Nord, celui d'Oran nous paraît indemne. De Vesian d'Oran nous affirme n'en avoir jamais observé. Il n'en est pas de même pour les départements d'Alger et de Constantine. Ce dernier en particulier revendique un nombre assez élevé d'ostéomalacie puerpérale qu'il nous est malheureusement difficile d'identifier, en raison des renseignements insuffisants que nous avons pu nous procurer.

C'est dans le département d'Alger que notre enquête a été le plus fructueuse :

Les quinze cas observés à la Maternité proviennent tous de ce département, sauf un seul de Sétif (dép. de Constantine). Trois viennent de Bou-Saada, deux d'Aumale, un de Sidi-Aïssa, un de Boghari, deux de la commune mixte de Djendel, un de Mirabeau, un de Miliana, un de Carnot, un de Dra-El-Mizan, un de Fort-National. Il en résulte que nous pouvons grouper ces 15 cas en 4 centres dont le plus important est situé sur les Hauts-Plateaux, au sud des derniers contreforts de l'Atlas Tellien (Bou-Saâda, Sidi-Aïssa, Aumale et Boghari).

Le 2e centre est situé en pleine vallée du Chéliff (Miliana, Commune Mixte de Djendel, Carnot, Mirabeau) : les deux derniers centres les moins importants sont situés dans la plaine de Sétif, l'autre dans la haute Kabylie.

D'après la situation géographique de ces différents centres, nous pouvons dire que, comme partout ailleurs, l'ostéomalacie apparaît surtout *dans les altitudes moyennes et dans les régions humides*. Seule la région de Bou-Saâda chaude et sèche semblerait faire exception. En réalité, nous avons pu établi que les malades avaient vu leur maladie se développer pendant la saison froide et pluvieuse et dans une région peu fertile. Tels sont les quelques facteurs étiologiques qui viennent à l'appui des affirmations déjà énoncées par Meslay dans sa thèse.

Quelques auteurs ont fait intervenir l'influence du sol dont la même formation géologique se retrouverait dans des centres *où l'eau serait pauvre en calcaire*. En Algérie ces facteurs doivent également être retenus.

Que faut-il conclure de ces données étiologiques ? Si elles justifient la fréquence élevée de l'ostéomalacie en Algérie, elles ne l'expliquent cependant pas. La Pathogénie reste toujours obscure, bien qu'il soit admis communément aujourd'hui, à l'appui de la théorie de Fehling, que *l'ostéomalacie est une dystrophie osseuse, probablement liée à un déséquilibre endocrinien*. Ce déséquilibre es-il lui-même provoqué par une carence alimentaire, ou une syphilis héréditaire ? Les deux questions peuvent être posées en présence des malades de ce pays.

On s'accorde à assigner à l'ostéomalacie puerpérale, apanage de la multipare, un type clinique bien particulier où la Dystrophie osseuse est étendue à tout le squelette. Nous avons encore présent à l'esprit les photographies qui illustrent les traités classiques où l'on voit ces ostéomalaciques clouées sur leur lit, en proie à des douleurs violentes et tenaces, dans un état de cachexie prononcée et atteintes de déformations squelétiques impressionnantes. L'étude clinique que nous avons pu en faire à la maternité d'Alger, nous représente cette affection sous une forme différente et nous incite à en schématiser les traits.

A l'inverse des ostéomalacies de France ou de l'étranger, les 15 cas observés en Algérie se décomposent et se répartissent ainsi :

6 cas ont été observés chez des Primipares.	
4 »	II pare
2 »	III pare
1 »	IV pare
1 »	V pare
1 »	VI pare

Cette affection s'est développée entre 20 et 25 ans dans 8 cas, entre 25 et 30 ans dans 4 cas et enfin entre 30 et 35 ans dans 3 cas.

L'éclosion de cette affection chez les jeunes femmes ne provient-elle pas de privations et d'un labeur trop dur, trop précoce dans un milieu sans hygiène ?

Nous n'avons jamais observé d'ostéomalacie pendant la grossesse. Les femmes nous sont adressées au cours du travail, en pleine complication dystocique, et combien grave ! Nous ne pouvons mieux faire que de rapporter ici l'observation la plus typique, la plus récente et partant la plus vivante dans notre esprit.

Il s'agissait d'une 6ᵉ geste, IIIpare, admise à la maternité 4 jours après le début du travail. Les 2 premières grossesses avaient été suivies d'accouchements normaux. Deux autres grossesses avaient été interrompues spontanément vers le 3ᵉ mois ; la 5ᵉ grossesse qui remontait à 6 ans avait été troublée dans les derniers mois par l'apparition de douleurs fulgurantes dans les membres. L'accouchement terminé, les douleurs avaient augmenté d'intensité, immobilisant complètement la malade, pendant 6 ans. Il y a un an, ces troubles avaient disparu peu à peu et les occupations avaient pu être progressivement reprises.

C'est à ce moment que le mari s'aperçut que le coït était à peu près impossible par suite de l'angustie de la vulve. Malgré des rapports difficiles ou incomplets, une dernière grossesse survint sans occasionner la moindre fatigue et évolua jusqu'à terme. La femme arriva à la Maternité 4 jours après le début du travail. A ce moment, la malade ne présentait aucune déformation des membres ni du rachis. De petite taille, amaigrie, le facies émacié, elle éveillait surtout notre attention par la forme particulière de son bassin : *bassin en tricorne, pubis en bec de canard avec une ogive pubienne très exiguë n'admettent même pas l'index.*

Les diamètres étaient les suivants :

Beaudelocque : 17 cm.
Bi épineux : 18 cm.
Bi-crétal : 21 cm.
Bi-ischiatique : 1 cm.

A l'examen, on trouvait une menace de rupture utérine : utérus en sablier, ligaments ronds tendus. La présentation céphalique débordait largement le pubis. Plus de bruit du cœur fœtal. Traitement : hystérectomie en bloc et Mickuliez.

Il semble que, d'une façon générale, la forme clinique de l'ostéomalacie de l'indigène algérien soit une forme à évolution lente. Elle se fait en général en 5 à 6 ans avec un début douloureux qui inflige à ces pauvres femmes un long martyre. Mais, à l'encontre de la gravité des cas observés en Europe, cette affection paraît rarement mortelle par elle-même dans ce pays. En général, après une période plus ou moins longue passée sur un grabat, ces femmes se lèvent péniblement d'abord, puis reprennent peu à peu leurs occupations. Il ne nous est jamais arrivé de rencontrer des altérations profondes de tout le squelette accompagné d'un état de cachexie très prononcé. Du reste l'examen chimique du sang et du tissus osseux nous ont révélé une calcémie à peine diminuée (0,101 %) correspondant à une diminution de sels de chaux organiques, en particulier le phosphate et le carbonate de Cao.

A la suite de la période d'immobilisation, il persiste une gêne dans la marche qui témoigne des altérations profondes du bassin. Ce dernier présente les déformations caractéristiques : on rencontre les types en tricornes, trilobés, plus fréquemment le type en carène ou en bec de canard. Le reste du squelette semble à peu près indemne. Cela est si vrai que ces femmes ne se rendent pas compte des déformations dont leur bassin est le siège, et le retour à la vie conjugale se manifeste par l'éclosion d'une nouvelle grossesse qui évolue normalement jusqu'au terme. C'est à ce moment que les difficultés surgissent et que ces malheureuses sont obligées après de longues hésitations d'implorer le secours d'un médecin ! Après plusieurs jours d'attente et un voyage plus ou moins long, elles arrivent enfin dans un centre hospitalier. Voilà les raisons pour lesquelles le traitement de la dystocie ostéomalacique est encore en Algérie un traitement d'urgence qui impose une technique très variable suivant les cas. L'enfant n'est pas toujours sacrifié, ces femmes arrivent parfois avec un enfant vivant, mais logé dans un œuf profondément infecté par les manœuvres des matrones et par la durée du travail.

Dans ces cas, quelle sera notre conduite ? Autrefois, ainsi qu'en témoignent ces 3 observations, quand l'enfant était encore vivant — on pratiquait la césarienne classique suivie ou non d'hysterectomie et, le plus souvent, la mère succombait.

Observation 5747, série 2. — Césarienne classique chez une femme ostéomalacique en travail depuis vingt-quatre heures ayant rompu ses membranes au début du travail ; température 37°°8. Mort quelques jours après.

Observation 2891, série 2. — Césarienne classique suivie d'hystérectomie chez une femme ostéomalacique en travail depuis sept jours, ayant perdu les eaux depuis cinq jours ; température 39°5 ; pouls 130. Mort de la malade dans les heures qui suivent.

Observation 6444, série 2. — Césarienne suivie d'hystérectomie bassin ostéomalacique chez une femme en travail depuis deux jours, ayant rompu les membranes à ce moment ; température 39° ; suites opératoires inquiétantes, fébriles. Guérison tardive.

Dans ces cas semblables, nous pratiquons *l'hystérectomie en bloc*, qui a le mérite de déterminer la castration utile chez l'ostéomalacique et de limiter les chances d'infection du péritoine tout en nous permettant d'extraire un enfant vivant. Dans un cas, nous avons adopté la technique suivante :

Observation 4332, série 3. — Malade adressée d'urgence de Bou-Saâda pour dystocie pelvienne grave. Il s'agit d'un bassin ostéomalacique imperméable ; le début du travail remonte à quatre jours, date à laquelle se sont rompues les membranes. Etat général grave ; température 39°5 ; pouls 120. Par la vulve sourd un pus très fétide et épais ; l'utérus est dur et contracturé ; les bruits du cœur fœtal sont nettement perçus.

Protocole opératoire : laparatomie, extériorisation de l'utérus, décollement du péritoine en avant et en arrière, section des pédicules utéroovariens et des ligaments ronds, mise en place de deux pinces de Gouilloud du côté droit après ligature de l'utérine droite. Mise en place rapide de deux pinces de Gouilloud à gauche qui rejoignent celles de droite, section rapide entre les pinces qui préservent ainsi la cavité péritonéale de l'issue du liquide amniotique infecté. L'utérus est confié à un aide qui pratique immédiatement l'hystérotomie et extrait un enfant parfaitement vivant. Suture des pédicules ; fermeture de la brèche vaginale ; péritonisation ; Mikulickz ; fermeture de la paroi ; guérison.

Ainsi l'hystérectomie en bloc suivie d'hystérotomie est certainement une des meilleures techniques à suivre quand l'enfant est encore vivant.

Lorsque le fœtus est déjà mort, l'hystérectomie en bloc complétée ou non par un drainage nous permettra d'espérer des suites immédiates et tardives favorables.

*
* *

En résumé, la fréquence que présente l'ostéomalacie puerpérale algérienne est probablement liée à des causes d'ordre individuel. Défaut d'hygiène, carence alimentaire, Heredo-syphilis (?) Elle peut être aussi liée à des causes d'ordre géologique et climatique.

Il sera intéressant d'étendre davantage notre enquête et de rechercher s'il existe des cas frustes, plus particulièrement nombreux dans certaines régions. C'est une tâche difficile en raison de la répugnance qu'éprouve la femme indigène, surtout dans les campagnes, à se faire visiter et soigner.

L'éducation de la masse est entièrement à faire dans ce pays où l'hygiène obstétricale commence à peine à pénétrer dans les grandes villes.

Il faut faire plus, et l'organisation de la *surveillance obstétricale de l'Algérie et du dépistage de la dystocie* par la création de secteurs et des centres obstétricaux que nous demandons avec insistance, doit être l'œuvre de demain.

La Science y gagnera par les constatations qu'elle fera et la Société par les résultats qu'elle obtiendra.

G. LEMAIRE

Médecin des Hôpitaux d'Alger.

1° ISOLEMENT DU MICROBE DE BRUCE (MÉLITOCOQUE) CHEZ L'HOMME

La fièvre ondulante ou mélitococcie étant une septicémie, les procédés d'isolement de l'agent pathogène sont évidemment les moins sujets à caution. Les auteurs auraient évité bien des discussions qui ont surgi à propos du sérodiagnostic de Wright, s'ils avaient conjugué ces différentes épreuves ; ils se seraient fait plus vite une opinion sur la valeur de la séroréaction et n'auraient attaché d'importance qu'aux agglutinations véritablement probantes décrites sous la dénomination d'agglutinations massives ou « en archipel ».

Mais toutes les séroréactions sont susceptibles de défaillances, non imputables à la méthode ni au choix des souches, mais parce que tous les organismes ne réagissent pas de façon semblable à l'égard de l'infection.

Il reste à savoir si les méthodes d'isolement sont faciles, commodes, et dans quel ordre de fréquence elles donnent des résultats.

Depuis l'année 1905, où nous isolions le mélitocoque de la circulation périphérique (1), sans connaître d'ailleurs les travaux de Zammit,

---

G. LEMAIRE. Sur la fièvre dite « de Malte) à Alger (Soc. méd. des Hôp. de Paris, nov. 1905).

à Malte, nous n'avons eu qu'à nous louer de *la méthode de culture en sang défibriné.*

La présence du mélitocoque dans le sang périphérique des fébricitants est la règle ; on le retrouve assez fréquemment même, à la période des rémissions. Le mélitocoque est quelquefois assez abondant pour avoir pu être isolé d'une goutte de sang prise aseptiquement à la pulpe du doigt. Mais cette méthode est délicate en raison des précautions d'asepsie qu'elle réclame.

Nous nous servons d'un matériel sec, stérilisé au four à flamber, seringues de verre de 20 cc., aiguilles en nickel, ballons contenant des perles.

On ponctionne la veine au pli du coude, après un badigeonnage à la teinture d'iode, on retire de 10 à 20 cc., qu'on repousse dans le ballon après avoir retiré l'aiguille de son embout, à l'aide d'une pince flambée. C'est une précaution de plus pour ne pas souiller le ballon.

Le ballon ne doit pas être de verre mince, mais épais et résistant, afin d'éviter les fêlures ou les brisures par le choc des perles. L'agitation constante ayant fait apparaître de petits débris de fibrine sur les parois du ballon, on peut aussitôt le placer à l'étuve à 37°.

Le sang défibriné peut immédiatement servir à ensemencer des tubes de bouillon et de façon indispensable, des tubes de gélose inclinée.

L'ensemencement en surface permet de dénombrer les colonies obtenues d'un volume de sang connu, et d'apprécier la richesse microbienne du sang aussitôt après son prélèvement.

D'autres fois, il faut attendre plusieurs jours avant que les prélèvements du ballon donnent des cultures, et je ne rejette les ballons qu'après une dizaine de jours et un dernier prélèvement.

Les ensemencements sur gélose inclinée doivent se lire facilement après 48 heures.

La longue pratique de ce procédé nous permet d'apprécier à 95 % le nombre des résultats positifs obtenus dans les cas de mélitococcie observés. La commodité de sa pratique est des plus grandes. Il n'offre aucune difficulté sérieuse de technique et présente une sécurité plus grande pour le diagnostic.

Il nous a été donné d'isoler, le premier, le mélitocoque du liquide céphalorachidien, de démontrer l'existence d'une méningite vraie à mélitocoques (1), et que cette méningite peut être curable. La lymphocytose rachidienne aurait pu égarer le diagnostic, aussi bien que les symptômes cliniques observés. L'idée nous est venue de centrifuger le liquide et d'ensemencer une boîte de Petri avec le culot repré-

(1) G. Lemaire. Méningite à mélitocoques (Soc. méd. des Hôpitaux de Paris, 21 nov. 1921).

senté par une à deux gouttes. Nous avons obtenu sur un espace restreint une quarantaine de petites colonies transparentes, apparues sur la surface de la gélose entre le 3e et le 4e jour du maintien à l'étuve.

Je reste persuadé que dans ce cas, jusqu'ici unique, on serait passé à côté de l'isolement en ensemençant le liquide céphalo-rachidien sans autre précaution. La centrifugation est donc en tous points recommandable.

2° LES MANIFESTATIONS TOXIQUES OBSERVÉES CHEZ L'HOMME EN RAPPORT AVEC LA BIOLOGIE DE L'ÉCHINOCOQUE

Depuis le moment de l'infestation, c'est-à-dire de la greffe des scolex dans les tissus de l'homme, jusqu'à ce que le kyste hydatique ait atteint un certain volume, on peut dire qu'aucun symptôme pathologique, qu'aucun procédé d'exploration n'est capable d'en révéler la présence.

Le poumon paraît être l'organe le plus susceptible, l'hémoptysie permettant quelquefois d'en soupçonner la cause avant même que la radiographie puisse révéler la présence de l'échinocoque. Les autres organes ou tissus paraissent beaucoup plus tolérants.

Il y aurait cependant grand intérêt à reconnaître de façon formelle la nature de certaines tumeurs hydatiques avant l'intervention chirurgicale à cause des accidents parfois redoutables qui lui font suite ou des accidents pathologiques qui se produisent spontanément, comme symptômes révélateurs ou comme complications.

Dans une précédente communication (1), nous avons voulu montrer que les réactions dites biologiques (cuti, intradermo, réactions sérologiques), étaient extrêmement complexes et que les erreurs commises proviennent généralement de ce qu'on connaît mal les différents éléments qui entrent en jeu ; nous n'y reviendrons pas.

Mais nous avons montré que la constitution du liquide hydatique, sa composition chimique, étaient en relations avec les effets toxiques et pouvaient donner l'explication de certains accidents observés chez l'homme au cours de l'échinococcose.

---

(1) G. Lemaire. Les fonctions toxiques du liquide hydatique (*l'Algérie médicale*, mai 1928).

Nous avons limité ces explications aux phénomènes généraux les plus fréquents, l'urticaire et le shock hydatique.

Les deux points principaux sur lesquels nous voulons insister de nouveau sont :

1° La présence inconstante d'albumines dans le liquide hydatique ;

2° L'existence dans le liquide hydatique d'un principe toxique diffusible, isolable par dialyse.

I. — *Albumines*

Les auteurs ne semblent pas être tout à fait d'accord sur la présence d'albumines dans le liquide hydatique : Guiart et Grimbert déclarent expressément que l'on ne rencontre d'albumines que dans les hydatides mortes, le parasite n'utilisant plus les matériaux fournis par le plasma de l'hôte.

Il nous a été maintes fois donné de déceler de l'albumine dans les liquides hydatiques, soit chez l'homme, soit chez le mouton ou le bœuf, provenant de kystes uniques, intacts, aseptiques, et ne renfermant pas de vésicules filles.

Cependant, il est incontestable que certains liquides n'en contiennent pas, et c'est certainement là un des points obscurs de la biologie de l'échinocoque. Le Pr Botteri (de Zagreb) a constaté que certains liquides hydatiques sont incapables de déterminer la production d'anticorps chez les animaux inoculés.

Nous pensons que de tels liquides ne sont pas albumineux et constituent de mauvais antigènes pour la recherche de la déviation du complément (réaction de Weinberg). L'inconstance des albumines pourrait expliquer les divergences exprimées par différents auteurs sur la valeur des réactions sérologiques.

Nous considérons le liquide hydatique comme un véritable produit de sécrétion sous pression, dont les analogies avec le liquide céphalo-rachidien sont grandes. Cette pression est égale ou supérieure à la force élastique des tissus que le kyste refoule ou déplace, et il est probable que tant qu'elle atteint une certaine valeur, les scolex de la membrane germinative ne peuvent se transformer en vésicules filles. Dans tous les cas, la présence de vésicules filles est révélatrice de la mort du kyste, d'une fissure du pericyste et des membranes (Dévé). Il faut donc éliminer d'une expérimentation rigoureuse les liquides ne provenant pas d'un kyste intact.

La présence d'albumines dans les hydatides mortes n'offre pas grand intérêt, parce qu'elles peuvent, en effet, provenir du plasma. Celles que l'on découvre dans les hydatides vivantes et intactes sont au contraire des albumines de reconstitution ; du moins les expériences biologiques démontrent suffisamment leur spécificité (production d'anticorps, phénomènes allergiques). Nous devons considérer d'autre part les membranes hydatiques comme imperméables dans un sens comme dans l'autre aux matières albuminoïdes, soit de l'hôte, soit du parasite.

Enfin l'existence d'albumines spécifiques nous paraît donner l'explication des phénomènes de shock, observés dans des circonstances bien particulières chez l'homme (ponctions, interventions chirurgicales, vomiques). Les observations cliniques viennent singulièrement appuyer notre hypothèse, « que l'on n'observe de phénomènes anaphylactiques qu'après une sensibilisation préalable, c'est-à-dire un premier contact fortuit du liquide hydactique avec les tissus ».

Les ruptures traumatiques d'un kyste primitif sont bien connues où l'on n'a observé aucun phénomène appréciable. Les malades atteints d'échinococcose secondaire sont nombreux qui ne révèlent dans leurs antécédents aucun accident permettant de dater la rupture du kyste primitif. Enfin les interventions chirurgicales sont plutôt rares qui donnent lieu aux accidents redoutables et même mortels, cependant bien observés.

Il faut reprendre, ainsi que l'a patiemment fait le Pr Dévé, les observations où le shock a été observé, pour reconnaître qu'il existe le plus souvent une rupture antérieure (échinococcose secondaire), une ponction remontant à quelque temps, ou une fissure des membranes (traumatismes, présence de vésicules filles).

L'état anaphylactique peut être décelé par la présence d'anticorps dans le sérum du porteur (réaction de Weinberg, précipito-diagnostic), et par la recherche des éosinophiles dans le sang.

La prophylaxie des accidents attribués au shock consistera donc à proscrire une fois de plus, et de façon formelle, les ponctions exploratrices précédant l'intervention, et au cours de l'intervention, à apporter tous ses soins à éviter le contact du liquide hydatique avec les tissus. Chez les malades suspects d'être en période anaphylactique, on complétera le formolage par l'addition d'une substance capable de modifier ou de précipiter les albumines (sulfate d'ammoniaque, tannin).

II. — *Le poison hydatique*

L'intoxication hydatique trouve sa justification et sa plus saisissante expression dans la « cachexie hydatique », que l'on observe au cours de l'echinococcose multiple ou secondaire.

Depuis longtemps d'ailleurs, Dieulafoy a attiré l'attention sur la valeur diagnostique et prémonitoire de l'urticaire, accident beaucoup moins dramatique que les états de shock, et beaucoup plus fréquent.

Il s'agit très vraisemblablement là de phénomènes consécutifs à *des décharges agressives d'un poison engendré par le parasite.*

Debove a émis, le premier, l'hypothèse d'un poison se répandant dans l'organisme à la faveur de phénomènes osmotiques anormaux.

Nous pensons que ces décharges, dont nous connaissons mal le mécanisme et les causes, peuvent se produire normalement, à travers des membranes intactes, pour les raisons suivantes :

L'urticaire accompagne, il est vrai, très fréquemment les accidents graves dont il a été parlé plus haut, mais on l'observe encore plus souvent de façon isolée, en dehors de tout traumatisme, de toute intervention, et sans qu'on puisse invoquer une rupture des membranes.

La réaction de Casoni, ou intradermo-réaction du liquide hydatique, montre d'autre part que la sensibilisation de l'ectoderme est un état fort différent de la sensibilisation anaphylactique. Alors que les réactions sérologiques sont positives dans 20 à 25 % des cas d'echinococcose, la réaction de Casoni donne des pourcentages de 80 à 90 %.

Les premières correspondent sensiblement aux pourcentages de l'echinococcose secondaire, tandis que les résultats positifs donnés par la seconde dépassent de beaucoup le nombre des cas où l'on peut supposer une fissure des membranes.

Nous avons été ainsi portés à chercher si l'on ne pourrait pas isoler un poison diffusible, par simple dialyse.

L'expérience semble confirmer notre hypothèse (1927-1928).

Le dialysat nous a permis d'obtenir la réaction dermique caractéristique, chez les sujets atteints d'echinococcose, dans les mêmes conditions où elle était obtenue avec le liquide hydatique complet. L'intensité des réactions était absolument comparable.

Nous nous sommes expliqués sur l'interprétation des réactions dermiques et sur les précautions indispensables pour éviter des erreurs.

Qu'il nous suffise de donner ici les caractéristiques du dialysat. Il résiste à l'ébullition, et donne une réaction intense (violette) à la ninhydrine. On n'a pu mette en évidence de polysaccharides ; par contre, nous avons obtenu les réactions de la créatinine et de l'acide succinique.

Le Pr Botteri nous a confirmé qu'il était arrivé, par un autre procédé, à isoler un principe toxique totalement dépourvu d'albuminoïdes.

Nous sommes donc portés à croire que l'urticaire observé isolément, chez les malades atteints d'échinococcose, est un phénomène analogue à celui qui est causé par des substances dépourvues de tout pouvoir anaphylactogène (antipyrine, peptone, etc...).

3° LES MOYENS DE DÉFENSE CONTRE LA TUBERCULOSE DANS LES GRANDES VILLES A PEUPLEMENT INDIGÈNE

Les formes aiguës de tuberculose s'observent avec beaucoup plus de fréquence en Algérie qu'en France. Ce sont les pleuro-péritonites, les pneumonies ou broncho-pneumonies caséeuses chez les adultes, les broncho-pneumonies, la méningite chez les enfants ; mais l'ordre de fréquence est bien plus élevé chez les indigènes que chez les Européens.

Les observations que nous avons recueillies au cours de dix années de pratique hospitalière dans les services de tuberculeux, les statistiques obituaires d'Alger, démontrent que le pourcentage des décès par tuberculose est de 2,6 p. 1.000 Européens et de 7,7 pour 1.000 indigènes. L'indigène meurt 3 fois plus que l'Européen, de tuberculose.

C'est tout d'abord une question de susceptibilité ethnique d'une population que l'isolement a préservée pendant de longs siècles. Même après la conquête, les communications furent longues et difficiles, de sorte que si la tuberculose n'était pas inconnue en Afrique du Nord, elle avait beaucoup moins de chances de s'y répandre que de nos jours. La vie pastorale des nomades, la vie agricole des berbères y prédisposait peu.

Les besoins commerciaux des grands centres, la création des voies de communication, l'avènement du chemin de fer et de l'automobile, l'appel à la main-d'œuvre indigène par les villes en construction et par les usines de la Métropole, ont singulièrement multiplié les contacts. La guerre n'a pas peu contribué à maintenir en France une centaine de mille indigènes de l'Afrique du Nord, qui y ont trouvé des salaires élevés.

Non seulement on assiste de nos jours à l'extension du fléau tuberculeux chez les indigènes en contact avec les grands centres, mais on fait encore les mêmes constatations dans les milieux indigènes des villages et des douars kabyles, où les malades ont semé la contagion. Le problème devient d'importance coloniale (1).

En pays kabyle, les maisons groupées sur les sommets les plus élevés sont souvent construites en pierres superposées, sans ciment ; elles garantissent mal du froid. Les malades crachent sur un sol de terre

(1) G. Lemaire. La Tuberculose chez l'indigène musulman d'Algérie (le *Sud médical*, 15 sept. 1923).

battue ou recouverte de nattes, sans souci de la contagion. Sans compter les maladies accidentelles (bronchites, grippe), qui peuvent accélérer l'évolution de la tuberculose, les maladies chroniques, telles que le paludisme (1) et la syphilis (2), fréquentes chez les indigènes, constituent des facteurs très certains d'aggravation.

Dans les grands centres d'Algérie ou de la Métropole, les ouvriers isolés, les manœuvres arrachés aux campagnes par l'attrait des salaires élevés, n'échappent pas à la spéculation. Ils sont tout d'abord les victimes de leur propre état d'esprit, cherchant à économiser sur leur nourriture et leur logement pour envoyer de l'argent chez eux. Au point de vue du logement, l'indigène — il faut bien le reconnaître — accepte de loger en commun dans des locaux surpeuplés, il est victime des sous-locations abusives, et, nous l'avons déjà dit, incontrôlables (3).

Ces ouvriers partent au petit jour, prennent leurs repas dehors, et ne rentrent qu'à la nuit. Les immeubles ne possèdent, la plupart du temps, pas de concierge, et l'exploitant agit en toute liberté.

Malgré l'interdiction du Coran, l'indigène déraciné contracte assez volontiers, dans les villes et dans les usines, des habitudes d'intempérance et il semble bien qu'elles lui soient plus rapidement funestes qu'à l'Européen. Des individus, restés sobres jusqu'à leur départ de chez eux, sont poussés sans défense vers l'estaminet. Ajoutons à cela que beaucoup d'indigènes occupés dans les mines ou dans les usines de la Métropole ont adopté le costume de travail plus pratique de l'Européen.

Le costume européen présente à leurs yeux un autre avantage, celui de ne pas les distinguer du milieu nouveau où ils évoluent et où, pour beaucoup de raisons d'ordre psychologique, ils cherchent à être confondus. Mais ils sont en général insuffisamment protégés contre les intempéries.

On s'est vite aperçu, en Algérie, qu'un certain nombre d'entre eux présentaient, à leur retour, des formes sévères de tuberculose pulmonaire, et l'on a songé à limiter l'exode de la main-d'œuvre indigène par l'application de certaines mesures restrictives (4). Mais ces mesures ont paru non seulement d'application délicate, mais inefficaces. On pourra bien, en effet, s'opposer au départ de tuberculeux trop souffrants pour entreprendre un travail rémunérateur, désignés pour l'hôpital plutôt que pour l'usine ; on n'empêchera pas les déplacements des tuberculeux latents.

(1) Viallet, Th. Lyon, 1910. Mailfert, Th. Lyon, 1911.
(2) G. Lemaire (Congrès de la Tuberculose, Strasbourg, 1923).
(3) G. Lemaire (l'*Algérie médicale*, mars 1927).
(4) Conférence provoquée par le Gouvernement Général de l'Algérie, sous les auspices de l'Office d'Hygiène et de Médecine préventive, octobre 1929

Il ne faut pas laisser accréditer, en haut lieu, cette opinion que les indigènes contractent la tuberculose en France. Si elle n'était fausse, on pourrait encore la soupçonner de servir certains intérêts locaux.

Les conditions d'existence que nous avons énumérées plus haut, et la promiscuité des dortoirs, expliquent suffisamment à elles seules les aggravations constatées. Or, nous sommes dans l'obligation de reconnaître que ces conditions se trouvent réalisées aussi bien dans les grandes villes d'Algérie que dans les grands centres de la France. Il n'y a donc pas lieu de laisser accroire que la contamination s'opère là plutôt qu'ici, et la lutte doit s'engager parallèlement, partout où la mortalité par tuberculose est excessive.

On ne peut se défendre d'ailleurs de l'impression qu'en Algérie, l'évolution des formes rapides dépend non seulement d'une susceptibilité particulière de la race indigène, mais encore d'une exaltation du virus tuberculeux. C'est ainsi que l'on peut expliquer les pourcentages élevés de tuberculoses aiguës observées également chez les Européens habitant les grandes villes d'Algérie. C'est une constatation qu'ont faite bien des médecins exerçant en France, en visitant nos salles d'hôpitaux. Déjà Crespin signalait (statistiques de la Consultation médicale infantile de Mustapha 1914-1919) que la tuberculose provoquait, à Alger, 15 à 20 % des décès chez les enfants de 0 à 30 mois fréquentant sa clinique (Européens et Indigènes réunis).

On arrive à cette conclusion que, dans certaines grandes villes d'Algérie, il existe, malgré le soleil et la lumière, des foyers de tuberculose où se superposent les effets combinés d'une susceptibilité de la race et une exaltation de la virulence du bacille tuberculeux. Et l'on constate en même temps une certaine solidarité sanitaire et sociale entre les différents éléments d'une même population urbaine.

Quels sont donc les particularités propres au milieu indigène et au milieu européen des grandes villes ? A notre sens, il s'agit avant tout d'une question d'habitation et de logement.

Nous prendrons Alger comme exemple, parce que nous le connaissons mieux, et parce que l'on ne peut se faire une opinion qu'à l'aide de documents, de statistiques et d'observations multipliées.

On arrive assez rapidement à constater que l'état sanitaire d'Alger varie d'une manière remarquable suivant les régions ou arrondissements considérés. Ainsi, la moyenne de la mortalité générale dans le 2e arrondissement (Casbah) est de 33 %. Elle est plus de deux fois plus forte que la mortalité moyenne des autresarrondissements (14,5 %).

Si l'on veut bien considérer que le deuxième arrondissement est presque uniquement peuplé par des indigènes, il ne faut pas se dissimuler que la population indigène ne jouit pas d'un état sanitaire comparable à celui de la population européenne. Les conditions d'existence, en milieu indigène, manifestent donc leur influence non seulement à l'égard de la tuberculose, mais aussi des autres maladies ou affections capables de réduire la vie. Les courbes repréesntant la mortalité par affections pulmonaires et gastro-intestinales se superposent à celles de la mortalité générale et de la tuberculose.

Le surpeuplement est-il en cause ? Certainement, car il suffit de traverser les rues de la Casbah pour s'apercevoir que la promiscuité que l'on soupçonne à l'intérieur des habitations existe dans les rues, dans les lieux publics, cafés maures et marchés.

En 20 années (1906-1926), la population indigène est passée de 38.000 à 60.000 habitants, ce qui fait une augmentation de 60 %, tandis que dans la même période, la population européenne n'augmentait que de 34 % en passant de 125.000 à 167.000 habitants.

La Casbah, contenue dans les limites de l'ancienne cité barbaresque, loge plus de 33.000 indigènes agglomérés, et c'est là que les observations peuvent être les plus fructueuses.

S'il s'agissait uniquement de densité de population, le quartier vétuste de l'ancienne Préfecture ou quartier de la Marine, que la municipalité se propose de transformer en premier lieu, devrait nous offrir un état sanitaire comparable. Dans le 1er et dans le 2e arrondissement, en effet, chaque habitant dispose de 12 mq 6, soit une densité semblable de 80 habitants par hectare. Or l'état sanitaire de ce premier arrondissement, nullement favorisé par les constructions ou par les rues, est parmi les meilleurs. Mais si, au lieu de considérer simplement la superficie carrée, on examine la densité par pièce d'habitation, les différences apparaissent. *Tandis que dans le 1er arr. chaque individu dispose de 60 centièmes de pièce, dans le 2e arr. chaque habitant ne dispose que de 30 centièmes.* C'est sur une moyenne de plus de 3 habitants qu'il faut compter dans la Casbah, le surpeuplement est évident. Les disponibilités plus grandes dans le quartier de la Marine tiennent uniquement à l'existence d'immeubles à étages.

De déduction en déduction, on arrive ainsi à aborder la *question de la construction.*

Les immeubles de la Casbah sont-ils réellement insalubres ? A défaut des Pouvoirs publics, l'opinion publique s'est émue : personne n'ignore plus que le 2e arrondissement est insalubre et qu'il constitue en même temps qu'un foyer important de tuberculose, un véritable danger public. Cette émotion s'est traduite dans la presse locale par un referendum ouvert sous le titre : « Faut-il démolir la Casbah ? »

Nous avions déjà répondu à cette question en la posant nous-mêmes dans des publications antérieures et à l'occasion de certaines démarches auprès des autorités compétentes.

Il est probable que les immeubles construits par les Turcs répondaient aux besoins de l'époque et que l'état sanitaire n'était pas ce qu'il est aujourd'hui.

Il y a plutôt lieu de rechercher quelles ont été les transformations successives subies par les anciennes constructions et pour quelles raisons ? Nous verrons ensuite si la démolition est le seul remède à apporter à la situation actuelle. L'exemple de la Casbah est assez instructif, car il doit se reproduire dans d'autres villes où les nécessités de logement sont semblables ; c'est pourquoi on nous pardonnera de nous étendre aussi longuement sur ce chapitre.

Les constructions édifiées par les Turcs et les Maures répondent au type réduit de la villa romaine, avec une cour centrale ouverte (impluvium) et des logements disposés tout autour, donnant sous des arcades au rez-de-chaussée, sur un balcon circulaire protégé, à l'étage supérieur. La terrasse, absolument dégagée, permet seule aux habitants, de jouir de la fraîcheur de la nuit et d'avoir sur l'extérieur une vue panoramique. Les coutumes musulmanes condamnent les larges baies sur les rues, et les portes d'entrée sont rigoureusement closes. Les saillies extérieures des immeubles se rejoignent souvent à se toucher, dans les ruelles étroites où l'on peut circuler a l'abri du soleil. L'air et la lumière sont donc distribués par la cour intérieure, proportionnellement à ses dimensions, libre de supertructures, généralement réduites à une murette protectrice qui ne dépasse pas cinquante centimètres le sol de la terrasse. Ce type de construction répondait aux besoins de la vie familiale et aux exigences des coutumes musulmanes. On voit encore de ces intérieurs fort proprement tenus.

Les besoins de logement, en rapport avec l'accroissement de la population, sont arivés trop rapidement pour ne pas bouleverser l'ordre des choses. Beaucoup d'immeubles ont été livrés à la spéculation, en vue du logement en commun d'ouvriers, de célibataires, de gens qui ne les utilisent plus que comme dortoirs. La division des appartements, la réduction du cubage des pièces par cloisonnements, les sous-locations abusives des moindres réduits en ont été les conséquences.

On a cru, un moment, conjurer la crise du logement de la population de la Casbah en autorisant la surélévation de chambres sur les terrasses ; on pensait aussi donner plus d'aises aux occupants. C'était raisonner trop simplement et considérer la population de ces quartiers comme définitivement fixée et stationnaire.

Tout d'abord, nous avons fait remarquer que les surélévations sur terrasses créaient bien une catégorie de privilégiés, mais au détriment des habitants qui recevaient aux étages inférieurs moins d'air et moins de lumière. L'impluvium étroit ne comporte pas de telles élévations, sans être transformé en puits obscur. Bien plus, nos enquêtes personnelles nous démontrent que la densité par pièce habitable avait précisément augmenté dans les immeubles surélevés, et que l'on avait simplement augmenté la capacité de surpeuplement. Nous nous sommes donc opposé, dans la limite de nos moyens, à ces transformations, mais il a fallu des années pour faire partager ces vues. En 1926, enfin, M. le Préfet d'Alger *invitait* la municipalité à interdire toutes surélévations d'immeubles dans la Casbah. En fait, elles ont été abandonnées, mais non sans peine.

La menace qui pèse sur l'ancienne cité barbaresque n'est pas seulement le fait des hygiénistes. Elle tient à la vétusté, aux transformations extérieures qui en détruisent l'harmonie, aux transformations intérieures qui sont encore plus graves.

Dans un conflit d'intérêts d'ordre différent (des spéculateurs, des monuments historiques, de la santé publique), il semblerait qu'il appartînt à l'administration supérieure d'intervenir. Elle le peut, elle le doit, lorsque, comme c'est le cas pour le 2e arrondissement, pendant trois années consécutives, le nombre des décès dépasse la mortalité moyenne des agglomérations voisines. Le décret du 5 août 1908 apporte l'importante modification suivante à l'art. 8 de la loi de 1902 : *Le Préfet est alors tenu de charger le Conseil départemental d'hygiène de procéder à une enquête sur les conditions sanitaires de l'agglomération.* Il n'y est plus question d'ordonner les mesures à prendre. Celles-ci restent bien à la charge des municipalités, mais en Algérie, l'ordonnance doit être rendue par le Gouverneur général. Il ne nous appartient ici que de souhaiter qu'une décision soit prise, mais nous pouvons discuter les remèdes à prescrire. Nous ne voyons pas de solution possible sans la création de nouveaux quartiers indigènes, desservis convenablement. Le plan d'aménagement qui nous était soumis en 1927 ne comportait pas d'espaces suffisants. Le plan de 1930 prévoit le peuplement indigène dans deux directions différentes, l'une vers le plateau exposé au Sud et situé derrière les coteaux de Mustapha, l'autre dans la direction Nord, le long des vallonnements qui descendent d'El-Biar et de la Bouzaréa.

Si, dans la suite, on songe à préserver de la ruine quelques immeubles et quelques rues, dans un intérêt pittoresque ou historique, l'assainissement ne sera obtenu qu'à condition de les réserver à des familles bourgeoises acceptant les augmentations de loyer qui en seront la conséquence. En attendant, la Casbah s'effrite, elle disparaît d'elle-même, comme ont disparu en grande partie les vieilles maisons turques du quartier de la Marine.

On ne peut s'empêcher de faire certaines constatations favorables à la construction européenne. Chaque fois qu'une maison turque est démolie ou s'écroule, aussi bien dans la Casbah que dans le bas quartier de la Marine, c'est un immeuble moderne qui la remplace. La question est ainsi jugée. Elle l'est d'ailleurs également par la comparaison que nous avons plus haut établie, entre le 1er et le 2e arrondissement, au point de vue de l'état sanitaire : six mille indigènes habitent le 1er arrondissement et ne paraissent en aucune façon alourdir la statistique obituaire, à laquelle ils participent pour 1/6 (de la population totale dudit arrondissement). Le problème posé par la Casbah est donc bien particulier et sa configuration ne peut être comparée à aucune autre, dans Alger. Elle donne l'impression d'une construction monolithique composée de bâtiments semblables les uns aux autres, et elle est habitée uniquement par une population indigène agglomérée dans un espace assez restreint.

La Casbah est arrivée à un peuplement maximum qui ne sera guère dépassé, et le reste de la population indigène (27.000 habitants) a dû se porter vers d'autres régions. Dans le quartier de la Marine, elle n'a pu se maintenir et s'accroître (6.000) qu'en se répartissant dans des immeubles européens. On compte encore 4.000 indigènes dans le 4e arrondissement et 9.000 dans les 7e et 8e arrondissements. Quelle est donc la catégorie d'indigènes qui s'est ainsi déplacée ? Ce sont des commerçants aisés, de petits bourgeois suffisamment riches pour faire construire des villas ou pour payer des loyers plus élevés.

Ils constituent des éléments fixes. Il n'en est pas de même dans la Casbah où la mobilité de la population est remarquable.

Les éléments qui se sont ainsi déplacés et fixés ailleurs présentent pour caractéristiques de former de nouveaux groupements, de nouvelles agglomérations indigènes. Ils jouissent cependant d'un bon état sanitaire. Plus inquiétantes sont les agglomérations qui tentent de se former sur des lotissements défectueux ne possédant ni voirie ni égouts.

L'histoire de la Casbah doit comporter pour nous un enseignement et si nous nous sommes permis cette digression sur le peuplement indigène, c'est afin que les hygiénistes et les urbanistes tiennent le plus grand compte, dans leurs projets, des affinités de mœurs et de langage assez puissantes pour maintenir ou déterminer des agglomérations dans des conditions parfois si précaires et si funestes pour leurs occupants.

Il faut donc créer de toute urgence des quartiers indigènes nouveaux, afin de décongestionner les vieux quartiers insalubres ; il y faut prévoir, dans une large mesure, des habitations disposées pour les logements individuels avec interdiction de sous-louer. En 1927, nous sollicitions la participation de l'Office des habitations à bon marché. Il est tout acquis à ces conceptions, et est entré déjà dans la voie des réalisations. On a également prévu des vastes fondouks et bains maures, pour les habitants de passage.

Ne perdons pas de vue le gros foyer de tuberculose algérois de la Casbah et après avoir suffisamment démontré, je le pense, que la prophylaxie de ce fléau réclame des mesures générales d'assainissement, serrons de plus près la question.

Comment arracher à son taudis obscur le tuberculeux qui s'y confine volontiers, sans souci de l'entourage, et sans que celui-ci ait le souci de la contagion ? On conçoit que dans ces locaux, le bacille tuberculeux y puisse vivre et s'exalter par des passages successifs.

Les ressources dont nous disposons en faveur de indigènes tuberculeux sont les mêmes que celles dont bénéficient les Européens.

Le meilleur moyen d'éviter la contagion, c'est encore l'isolement ; et pour que l'hospitalisation soit acceptée, il est nécessaire d'avoir des établissements bien organisés et des lits en nombre suffisant. Or, à Alger, les services généraux de médecine et de chirurgie sont encombrés de tuberculeux contagieux, dont la proportion dépasse 30 % des effectifs. Le vaste programme proposé, il y a bien des années (que le Conseil de santé de l'Hôpital ainsi que « l'Association Algérienne contre la tuberculose » ont défendu en maintes occasions), a été adopté, et les réalisations prochaines, sur lesquelles on peut compter, sont les suivantes : création d'un sanatorium colonial aux environs d'Alger, dont la première pierre a été posée en 1928 ; cession, par la Ville, de son hôpital de Birtraria à la Colonie, avec affectation au traitement des tuberculeux, hôpital de 200 lits qui permettra de mettre un terme à la situation lamentable des malades exposés à la contagion dans les salles communes.

Ce programme n'a rien de spécial, relativement aux indigènes ; aussi nous bornerons-nous à cette simple mention, puisque c'est le foyer indigène que nous avons dénoncé au préalable.

Le dépistage des malades en milieu indigène est assez délicat. Les femmes y accèdent plus facilement et l'Office public d'hygiène sociale dispose d'infirmières visiteuses parlant l'arabe. Mais ce dépistage ne peut être efficace que si l'on dispose de lits en nombre suffisant.

D'autre part, le dépistage serait des plus utiles dans les lieux publics à peu près fermés aux visiteurs, et où l'intervention des services d'hygiène est souvent inefficace. Ce sont les bains maures, les cafés maures donnant asile la nuit, et les dortoirs communs des immeubles de la Casbah. Cependant nous sommes arrivés, par des visites fréquentes, à nous faire signaler par les établissements publics, bains et cafés, les grands malades. Restent les chroniques valides, tout aussi dangereux, et contre lesquels aucune mesure coercitive n'existe.

L'instruction des masses populaires donnera-t-elle des résultats ? Il faut l'espérer ; le Gouvernement Général de l'Algérie a chargé l'Office colonial d'hygiène et de médecine préventive, dirigé par M. le Dr Raynaud, d'une propagande instructive par le film.

Nous désirerions plus, c'est-à-dire une intervention plus directe du Gouvernement Général, en vertu de l'article 8 de la loi de 1902 lui donnant tous pouvoirs, pour la recherche des locaux loués en commun et l'exclusion des malades. Un règlement de police municipale, spécial à la Casbah, pourrait également imposer un gérant responsable dans chaque immeuble loué en commun.

La prophylaxie proprement dite s'efforce non seulement de préserver l'individu sain des contaminations, mais encore de le rendre apte à résister à l'infection.

Chez l'enfant, cette prophylaxie est exercée à Alger par l'œuvre Grancher, par l'œuvre de la Maternité où sont pratiquées les vaccinations par le B. C. G., et qui dépend de la clinique obstétricale. M. le Pr Laffont y poursuit, depuis plusieurs années déjà, ses observations sur les effets de cette vaccination. Les œuvres de l'enfance, l'Inspection médicale scolaire, l'œuvre des « Enfants à la Montagne », contribuent aussi à sauver bien des existences, à redonner la santé à des enfants chétifs ou prédisposés. Ajoutons à cette nomenclature le « Solarium Curtillet » à Douéra, pour le traitement des tuberculoses externes et osseuses. Mais nous considérons somme déplorable que l'on place des enfants au sein chez des nourrices de la Casbah.

Les mesures prophylactiques qui s'adressent aux adultes sont trop bien connues pour les énumérer ici. Nous envisagerons seulement la question sous l'angle qui préoccupe actuellement les Pouvoirs publics, c'est-à-dire de la préservation de la main-d'œuvre indigène, et plus particulièrement de celle qui va chercher à s'embaucher en France.

Partant de cette observation très juste que l'indigène livré à ses propres ressources, dans les grandes villes, retombe très vite à la charge de l'assistance, l'Office du Gouvernement Général en Algérie a créé à Paris et à Marseille des services spéciaux chargés de la surveillance et de l'assistance aux travailleurs algériens.

Sous l'impulsion de M. Gerolami, Directeur des Affaires indigènes, et de M. Godin, ancien président du Conseil municipal de Paris, divers foyers d'assistance aux indigènes ont été créés ; les uns fonctionnent avec les crédits alloués par le Gouverneur Général de l'Algérie, les autres avec les crédits alloués par la Ville de Paris.

Chaque foyer comporte des dortoirs avec plusieurs lits, loués chacun pour la modique somme de 60 fr. par mois. Un restaurant y est annexé (tenu par un indigène), où il leur est loisible de prendre leurs repas.

Certains de ces foyers, comme celui de la rue Lecomte à Paris, comporte en outre une installation de douches et un dispensaire avec consultations gratuites.

Dans ces consultations s'opère un triage des malades qui peuvent être dirigés sur les hôpitaux.

Les services d'assistance adressent à la direction générale des foyers indigènes le relevé quotidien des indigènes en traitement. Le foyer de la rue Lecomte comporte en outre un office de chômage.

Le but de cette organisation remarquable est de procurer un abri confortable et bon marché aux ouvriers qui travaillent dans les usines, et de les empêcher de devenir la proie de spéculateurs qui sont, la plupart du temps d'ailleurs, leurs coreligionnaires plus débrouillards. On les retient ainsi groupés et surveillés, et leur évite les tentations de l'alcool.

Syphilis et tuberculose sont bien les fléaux que les médecins des dispensaires observent le plus couramment et qu'ils surveillent de très près.

On a donc reconnu à Paris l'influence du déracinement, des mauvaises habitudes contractées à l'usine, et de la précarité du logement sur l'évolution de la tuberculose chez les indigènes Nord-Africains. Un rapport de M. Besombes, conseiller municipal de Paris, que j'ai sous les yeux, va jusqu'à accuser nettement le climat et le séjour dans les usines, de créer la tuberculose chez nos ouvriers kabyles.

Nous n'irons pas jusque-là, mais nous accusons, en outre, la précarité de l'alimentation, les maladies chroniques comme la syphilis, le paludisme, la dysenterie, de favoriser l'évolution de la tuberculose.

Ces maladies doivent être dépistées et traitées, quand il y a lieu, simultanément.

De notre côté, reconnaissons qu'il y a quelque chose à faire pour éviter aux ouvriers faisant escale à Alger, le contact des tuberculeux de la Casbah.

Essayons de créer de vastes foudouks à logements individuels, ou de dortoirs surveillés. Une partie des fonds votés par les Chambres de Commerce, par les Communes et par la Colonie pourraient permettre de *créer un foyer indigène algérois dans le genre de celui de la rue Lecomte*. Le service des Affaires indigènes est tout acquis à cette idée, d'autant plus que les relations seraient entretenues de façon constante entre les foyers Nord-Africains et les foyers indigènes de la Métropole. Nous demandons instamment qu'un organisme analogue soit créé et fonctionne à Alger, en dehors de la Casbah naturellement.

D'un point de vue général, nous avons affirmé, dès le début, notre solidarité d'Européens et d'indigènes devant la maladie.

Il n'est pas douteux que les tuberculeux ne restent pas tous chez eux et que la promiscuité s'étend à la rue, aux lieux publics, aux transports en commun. L'évolution, la fréquence des formes aiguës chez les Européens est une preuve de cette interdépendance des éléments peuplant une même cité.

La Ville d'Alger, la haute administration ne peuvent plus se désintéresser d'une question aussi grave ; elles peuvent ensemble chercher une solution au problème d'urbanisme, économique et social, qui est posé par l'encombrement insalubre de la Casbah.

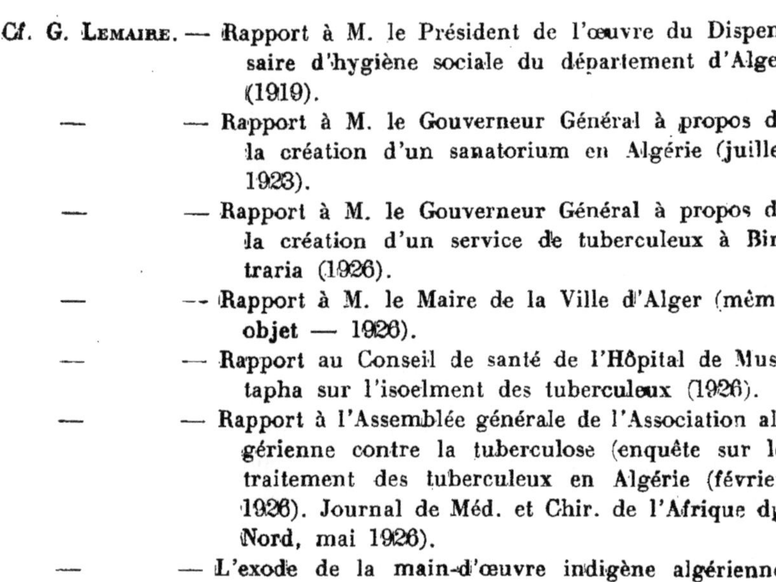

Cf. G. LEMAIRE. — Rapport à M. le Président de l'œuvre du Dispensaire d'hygiène sociale du département d'Alger (1919).

— — Rapport à M. le Gouverneur Général à propos de la création d'un sanatorium en Algérie (juillet 1923).

— — Rapport à M. le Gouverneur Général à propos de la création d'un service de tuberculeux à Birtraria (1926).

— — Rapport à M. le Maire de la Ville d'Alger (même objet — 1926).

— — Rapport au Conseil de santé de l'Hôpital de Mustapha sur l'isoelment des tuberculeux (1926).

— — Rapport à l'Assemblée générale de l'Association algérienne contre la tuberculose (enquête sur le traitement des tuberculeux en Algérie (février 1926). Journal de Méd. et Chir. de l'Afrique du Nord, mai 1926).

— — L'exode de la main-d'œuvre indigène algérienne et mesures sanitaires (Congrès provincial d'hygiène publique 1928).

VŒU

Considérant que la mortalité générale dans le quartier de la Casbah atteint le chiffre de 33 à 40 p. 1.000 habitants, et qu'elle est plus que le double de la mortalité observée dans les autres arrondissements d'Alger ;

Considérant que la mortalité par tuberculose dans cette agglomération indigène est trois fois plus forte que dans le milieu européen ;

Le Congrès de l'A. F. A. S. dénonce formellement cette agglomération comme un foyer de tuberculose et appelle l'attention des Pouvoirs publics sur les mesures à prendre en vertu de l'art. 8 de la loi du 15 février 1902 sur la salubrité publique, et du décret du 5 août 1908 ;

Considérant qu'il y a lieu de préserver de la contagion la main-d'œuvre indigène s'employant à Alger ou y faisant escale avant de se rendre en France ;

Emet le vœu qu'un « Foyer indigène », dans le genre de celui de la rue Lecomte à Paris, soit créé à Alger, en dehors de la Casbah ;

Il émet également le vœu que l'Office des habitations à bon marché soit sollicité afin de multiplier les immeubles à logements individuels qu'il projette d'édifier ;

Il supplie les Services de l'Assistance pubilque de rechercher pour les enfants du premier âge, des nourrices en dehors de la Casbah.

B. LE BOURDELLÈS
Médecin-Commandant,
Professeur agrégé du Val-de-Grâce.

LES FACTEURS SÉROLOGIQUES DE L'ACCÈS PALUSTRE

La pathogénie des manifestations cliniques du paludisme a fait l'objet de bien des théories. Au cours de son évolution, l'infection palustre présente une succession de masques cliniques très divers : incubation silencieuse ; invasion presque toujours caractérisée par la fièvre continue ou subcontinue d'allure typhoïde ; période des grands accès fébriles à rythme régulier ; enfin, période de paludisme chronique où les troubles viscéraux prennent le pas sur les manifestations thermiques, qui se font moins régulièrement espacées et plus rares.

Pour expliquer le plus caractéristique de ces accidents cliniques, l'accès palustre, il convient à coup sûr d'invoquer la multiplication du parasite, et son cycle évolutif. Pendant les premiers stades de l'infection, le parasite se multiplie, et l'accès éclate lorsqu'il se trouve en nombre dans le sang circulant (150 au mmc., d'après Ross et Thomson), en synchronisme avec un stade particulier de l'évolution parasitaire : éclatement de l'hématie parasitée avec libération des mérozoïdes. Mais il reste à savoir *comment* agit le parasite pour provoquer l'accès palustre.

L'hypothèse de la libération d'une toxine, analogue aux toxines bactériennes, a tout d'abord été retenue, et c'est ainsi que Kelsch et Kiener ont pu employer, en décrivant la période fébrile du paludisme, l'expression d'intoxication palustre aiguë. Mais cette toxine n'a pu être mise en évidence. Aussi s'est-on rallié volontiers, à la suite d'Abrami et Sénevet, à l'hypothèse du choc hémoclasique. Ces auteurs ont montré, en effet, que l'on pouvait retrouver dans l'accès palustre l'ensemble des signes de la crise colloïdoclasique de Widal. Il convient de rappeler aussi que déjà H. Vincent (1897), puis Billet (1901) avaient mis en évidence les modifications du nombre et de la nature des globules blancs au cours de l'accès. Son début est en effet marqué par une leucopénie intense, avec monocytose, à laquelle fait suite rapidement une hyperleucocytose réactionnelle.

Le choc serait ici provoqué par les mérozoïtes agissant en qualité de corps colloïdaux hétérogènes.

Nous croyons pouvoir apporter aujourd'hui de nouveaux arguments à la théorie du choc. Les études que nous avons poursuivies depuis 1927, à la suite de A. F. X. Henry, sur la séro-floculation du paludisme, nous ont permis de vérifier l'existence dans cette affection d'un *état sérologique* particulier. L'entrée en jeu de ce *facteur humoral* est sans doute des plus importants dans la production de l'accès palustre.

Rappelons qu'au Congrès de Constantine, en 1927, Henry a fait connaître les données toutes nouvelles d'une réaction sérologique de l'infection palustre (1). Henry admet l'existence d'antigènes d'origine interne, les endo-antigènes ou endogènes, qui donnent lieu à la production d'anticorps spéciaux : les anti-endogènes. Dans le paludisme, les pigments palustres : mélanine et pigments ferriques, joueraient le rôle d'endogènes, et détermineraient l'apparition d'anti-endogènes qui pourraient être décelés par une réaction spécifique de *floculation*, utilisant des antigènes homologues des pigments palustres (mélanine choroïdienne et sels ferriques).

L'examen de 460 sérums pratiqué avec le concours de R. Liégeois et de L. Chabrelie nous permet aujourd'hui de conclure à la valeur de la séro-floculation (2). Nous avons constaté que les sérums paludéens floculent électivement et souvent de façon massive en présence des réactifs de Henry. La réaction se développe au moment de l'apparition des premiers accès fébriles, elle devient alors pratiquement constante, et le demeure chez les splénomégaliques. Elle suit en règle générale l'amélioration spontanée ou thérapeutique de l'infection palustre ; elle est en règle générale négative chez les sujets sains.

Le mécanisme de cette réaction peut, à coup sûr, être discuté. Il existe une certaine hyperfloculabilité banale des sérums palustres, ana-

---

(1) A.-F.-X. Henry, Contribution à l'étude sérologique de l'infection palustre, Congrès pour l'Avancement des Sciences, Constantine, avril 1927.

(2) B. Le Bourdellès et R. Liégeois. Contribution à l'étude de la réaction de Henry : Sa valeur dans le diagnostic de l'infection palustre. C. R. S. B. t. XCVIII, 1928, p. 1342. — B. Le Bourdellès. La réaction de Henry : son pathogénie du paludisme, *Paris médical*, 17 août 1929. — Chabrelie La réac intérêt clinique et épidémiologique, S M. H, Lyon, 24 avril 1928. — Sur la tion de Henry, Trèse de Lyon, 1928.

logue à celle de beaucoup de sérums infectieux, et l'on peut soutenir que la réaction est purement physico-chimique et liée à la mise en contact d'une suspension colloïdale ou d'un électrolyte avec un sérum instable. Mais cependant la réaction persiste en présence des réactifs dans des conditions où l'hyperfloculabilité banale des sérums ne se manifeste plus dans les tubes témoins. Nous avons employé personnellement l'antigène mélanique dans deux états physiques très différents, avec des résultats très voisins. Les résultats cliniques plaident de même en faveur de la spécificité de la réaction, qui serait bien liée, comme l'a dit Henry, à la réaction antigène-anticorps. De toute façon, l'intérêt de la réaction demeure le même du point de vue pathogénique. Elle témoigne de l'*instabilité humorale* de l'impaludé et de sa sensibilité aux chocs.

Dans un tel milieu, les produits de déchet globulaire apparaissent comme des facteurs de déclanchement d'une crise humorale, et ceci, qu'ils agissent d'une façon purement physique, ou d'une façon « biologique », comme endo-antigènes ayant provoqué l'apparition d'un véritable état d'hypersensibilité anaphylactique. A coup sûr, l'analogie n'est pas absolue entre la floculation in vitro et les phénomènes qui se déroulent chez le vivant. Sans doute, s'agit-il dans le choc d'un trouble de la perméabilité vasculaire mécanique et des échanges, plutôt que d'une action purement mécanique des floculats. Nous avons nous-même récemment contribué, avec Rochaix et Chevallier, à montrer toute la relativité de la floculation spécifique (1). Elle est conditionnée par le « phénomène de zone » ; elle apparaît comme une conséquence toute secondaire de la constitution du complexe antigène-anticorps, comme un phénomène d'ordre électro-statique, mettant en jeu d'une part le complexe électro-négatif ayant acquis des propriétés physiques différentes de celles de ses constituants ; et le cation de l'électrolyte, d'autre part. Mais cependant l'on n'oubliera pas que les expériences de Friedberger, de Doerr et Russ, ont montré qu'il existe un parallélisme remarquable, entre l'apparition in vitro d'une précipitation spécifique, et le développement in vivo de l'état anaphylactique vis-à-vis de la protéine correspondante.

Le choc de l'accès palustre nous apparaît ainsi l'œuvre, non plus du parasite seul, mais d'un « complexe antigénique-endogénique » constitué d'une part par l'hématozoaire ; d'autre part, par les produits de déchet globulaire, représentés par les pigments palustres et peut-être aussi par d'autres hétéroprotéines ou hétérolipoïdes globulaires ; les anomalies de colorabilité et les granulations de l'hématie parasitée,

(1) A. Rochaix, B. Le Bourdellès et A. Chevallier. Sur le mécanisme du « phénomène de zone » dans la précipitation spécifique. Rôle des électrolytes. C. R. S. B., Tome CII, p. 447.

d'affinités tinctoriales définies, témoignent de son caractère hétérogène. Et, peut-être, dans ce complexe, le rôle majeur appartient-il aux endogènes, aux substances d'origine globulaire. Un certain degré de parenté entre protéines étrangères n'exclut pas l'anaphylaxie, et, peut-être, la favorise ; contentons-nous de rappeler que les hématies normales de l'homme sont des « endogènes » puisqu'il n'est possible d'expliquer les groupes sanguins que par l'existence d'une fonction haptène de ces hématies, par l'entrée en jeu des « agglutinogènes » A et B.

L'étroit parallélisme qui existe entre les aspects sérologiques et cliniques du paludisme nous paraît être le témoignage de leur interdépendance. Pendant les périodes d'incubation et d'invasion, la séro-floculation est négative, il n'existe point encore d'hyperfloculabilité humorale ; l'infection palustre est alors latente ou ne se décèle point encore sous ses aspects caractéristiques. Mais les grands accès fébriles apparaissent et la séro-floculation devient positive. Nous entrons alors dans la période « antigénique-endogénique » de la maladie. Déjà une certaine immunité existe chez l'impaludé vis-à-vis de l'hémotozoaire ; elle se traduit par une résistance certaine aux surinfections (prémunition du Pr Sergent et de ses collaborateurs). Mais l'éclatement globulaire s'opère à ce stade dans un milieu humoral hyperfloculable et hypersensible, et ceci rend compte du caractère paroxystique des manifestations cliniques au moment où s'opère la libération des mérozoïdes et du pigment.

Plus tard, dans le paludisme chronique, où les pigments surchargent les parenchymes viscéraux, l'action propre du parasite s'estompe, alors que le rôle des endogènes apparaît majeur. Mais leur action irritative est alors intra-cellulaire et non plus intra-humorale. Cette phase « endogénique » de la maladie n'est plus celle des manifestations thermiques, reflets des chocs vasculo-sanguins. mais celle du développement des polyscléroses viscérales.

Ainsi l'accès palustre n'est-il pas seulement l'effet de l'action immédiate du parasite ; mais il traduit aussi les modifications du terrain. Il existe bien, comme le pense Le Dantec, une *allergie palustre* : elle apparaît faite surtout, semble-t-il, d'immunité partielle antigénique. et d'hypersensibilité vis-à-vis des endogènes de l'infection palustre.

J. MONTPELLIER
Chef des Travaux d'Anatomie Pathologique (Alger).

ET

J. BONOMO

LE SIGNE DE LA SPLÉNOMÉGALIE EXPÉRIMENTALE DANS LE DIAGNOSTIQUE DU CANCER

Le rôle de la rate au cours des différents états pathologiques qui peuvent affecter l'organisme, se précise lentement chaque jour. Son rôle « antixénique » notamment, s'est affirmé en matière de cancérologie.

La revue critique qu'avec Assan nous avons récemment consacrée dans le journal « Néoplasmes » à la question de la rareté des métastases cancéreuses spléniques, rassemble des données qui ne laissent aucun doute à cet égard.

Dans une communication récente à l'Association Française pour l'étude du cancer (oct. 1929), Roffo a montré que l'injection de sang de rat porteur d'un sarcome à un rat neuf, détermine chez ce dernier une hypertrophie de la rate que ne produit point également l'injection de sang de rat non cancéreux.

Roffo s'est alors demandé s'il n'y avait pas là données susceptibles d'application au diagnostic des tumeurs humaines.

C'est cette hypothèse que nous avons voulu vérifier.

A cet effet, nous avons injecté un certain nombre de cobayes avec du sang : prélevé chez des cancéreux, chez des individus apparemment normaux, enfin chez des cachectiques.

Trois jours après l'injection de 2 à 3 cm³ de sang frais, les cobayes ont été sacrifiées ; nous avons établi le rapport de leur poids total à celui de rate.

Ce sont ces premières observations que nous voulons rapporter.

Résultats obtenus avec du sang d'individus sains

Observations		Rapport
N° 2	J. B.	1175
N° 8	Ga.	765
N° 9	Coda.	969
N° 10	Clé.	818
N° 11	Const.	999
N° 17	Lav.	1171
N° 18	Osm.	842
N° 19	X...	754
N° 26	X1	953
N° 27	X2	1084
N° 28	X3	1004
N° 30	J. B.	533

Résultats obtenus avec du sang de cancéreux

Observations		Rapport
N° 1	Cancer utérin (avancé)	719
N° 4	Cancer du rein (avancé)	1232
N° 6	Cancer utérin (avancé)	833
N° 7	Cancroide de la face	964
N° 14	Cancer de l'utérus (avancé)	1037
N° 15	—	403
N° 16	Naevo-épithéliome de la peau	1063
N° 20	Cancer de l'estomac	418
N° 29	—	917
N° 35	Epithelioma du larynx	199
N° 36	— de l'orbite	1116
N° 37	— du cavum	1106
N° 38	— du maxillaire inférieur..	1250
N° 39	— du maxillaire inférieur..	916

Résultats obtenus avec du sang de cachectiques

Observations		Rapport
N° 3	Tuberculeux pulmonaire	1009
N° 5	Cachectique	749
N° 12	Syphilis hépatique	1000
N° 13	Paludéen cachectique	929
N° 24	Hémiplégiques	950
N° 25	Anémie	988
N° 32	Epididymo-orchite tuberculeuse	1049
N° 33	Diabète	1186

Afin de faciliter la lecture de ces résultats, nous les avons rassemblés sur le tableau suivant :

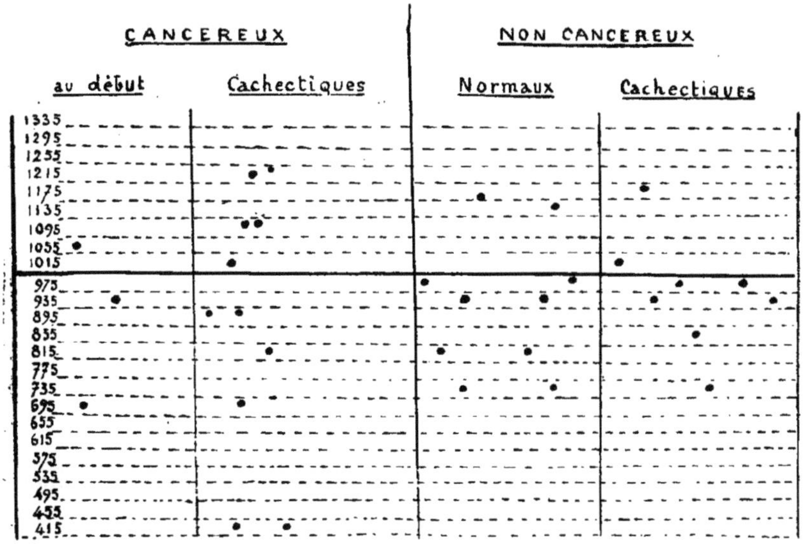

CANCEREUX — au début — Cachectiques

NON CANCEREUX — Normaux — Cachectiques

1335
1295
1255
1215
1175
1135
1095
1055
1015
975
935
895
855
815
775
735
695
655
615
575
535
495
455
415

La ligne horizontale marquée 1015 représente le rapport moyen du poids du cobaye à celui de la rate chez un animal normal non injecté.

Conclusions

De ces premières expériences, il est donc possible de conclure que l'injection de sang de cancéreux à un cobaye normal à raison de 2 à 3 cm³ n'a déterminé au 3ᵉ jour aucune réaction systématique macroscopiquement appréciable.

Reste à préciser si les mêmes expériences poursuivies chez d'autres animaux ne seraient pas plus favorables à l'hypothèse de Roffo.

J. MONTPELLIER
Chef des travaux d'Anatomie pathologique (Alger)

ET

J. CHEF
Préparateur

NOTE AU SUJET DE L'INFLUENCE DU ZINC SUR LA PRODUCTION DU CANCER DU GOUDRON

Dans sa thèse inaugurale inspirée par E. Derrien, P. Cristol a montré :

a) ...que la teneur en zinc d'une tumeur cancéreuse est d'autant plus grande que l'évolution de cette tumeur est plus rapide ;

b) ... que le taux du zinc est sensiblement proportionnel à la richesse du tissu en mitoses.

Ainsi, le zinc, catalyseur des phophatides et des acides nucléiniques, jouerait un rôle considérable dans la fréquence des divisions mitotiques.

Il était donc légitime d'imaginer que si l'on arrivait à soustraire aux éléments cancéreux une partie de ce zinc catalyseur, la prolifération cellulaire pourrait s'en trouver atténuée.

Certains travaux de E. Derrien et de Ch. Benoît affirment l'aptitude des porphirines à capter le zinc. D'autre part, les recherches de Neubau (1895), de Mlle R. Lafont (1922), de Mlle M. di Pozzo di Borgo (1928) prouvent que certains hypnotiques, le sulfonal notamment, ont une action porphirinigène incontestable.

D'où l'idée qu'eurent E. Derrien, Ch. Benoît, d'une action de ces médicaments producteurs de porphirines sur l'évolution du cancer et des leucémies.

A l'instigation du Prof. Portes, nous nous sommes appliqués l'an dernier avec Bonomo à vérifier cette hypothèse.

Au cours de ces premières expériences, nous avions soumis un lot de souris blanches (Mus Musculus) à des badigeonnages de goudron de houille contenant un sel de zinc ; ceci, dans le but de préciser quelle pouvait être l'action de cette association sur la souris. (Fg. 1.)

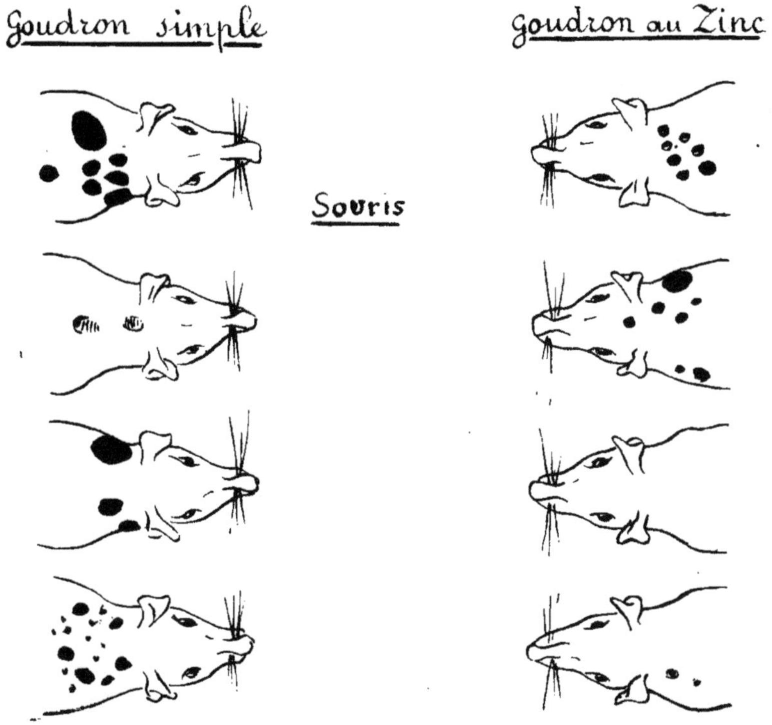

Contrairement à notre attente, non seulement la cancérisation ne fut pas facilitée, mais elle fut retardée et même empêchée. Nous nous demandions alors par quel mécanisme l'association du zinc pouvait rendre inopérants les badigeonnages au goudron.

Etait-ce simplement l'action caustique du sel de zinc (chlorure), utilisé cependant à la dose faible du quatre-vingtième ?

Etait-ce par suite d'une neutralisation de la partie cancérigène du goudron ainsi que nous le suggérait le Prof. Pinoy ?

Dans le but de préciser ce mécanisme, nous avons repris une série d'expériences sur la souris blanche et le lapin.

Nous avons divisé nos animaux en deux groupes, badigeonnés : les uns avec du goudron simple, — les autres avec du goudron additionné de sulfate de zinc dans la proportion de 1 pour 80. Nous passons sur le détail de ces expériences. Soulignons que le déchet fut considérable ; il nous reste à ce jour 3 lapins et 8 souris. (Fg. 2.)

Sans nul doute, c'est là trop peu pour oser tirer des conclusions définitives. Aussi bien il nous a paru bon de publier ces nouveaux résultats, ne serait-ce que pour appeler des expériences de contrôle.

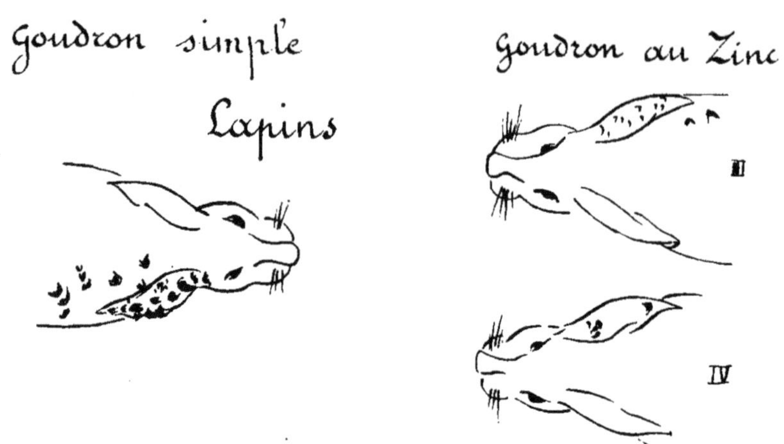

Le tableau suivant schématise les résultats obtenus. Les taches noires représentent les productions nodulaires et papillomateuses, plus ou moins ulcéro-crouteuses apparues sur les animaux d'expériences.

Remarques

Lapins. Très évidemment, l'action du goudron additionnée de sulfate de zinc a été moins active de beaucoup que celle du goudron simple.

Souris. Ici encore, bien que moins franchement, les badigeonnages au goudron zinc ont été moins nocifs, localement, que les badigennnages au goudron pur.

Conclusions. — Ainsi le fait qui découlait de nos expériences antérieures publiées en 1929 se trouve ici confirmé : l'addition d'un sel de zinc au 1/80 retarde au cours du badigeonnage répété des téguments de la souris blanche et du lapin l'apparition des formations papillaires et ulcéreuses annonçant l'approche du cancer.

Il nous a paru que le sulfate de zinc possédait une action empêchante très sensiblement moins efficace que celle qu'a manifesté antérieurement le chlorure de zinc adjoint dans de mêmes proportions.

Ce dernier point n'autorise-t-il pas à penser que ce pouvoir empêchant n'est autre chose que la manifestation de la causticité des sels de zinc utilisés ? Nous savons en effet que le sulfate de zinc est moins caustique que le chlorure.

MONTPELLIER, COLONIEU,
Mlle N. BLOUMENTZWEIG
(Alger).

SUR LE TRAITEMENT DES TEIGNES EN ALGÉRIE PAR LE THALLIUM

La thérapeutique des teignes ne saurait échapper à la préoccupation constante des praticiens de l'Afrique du Nord s'intéressant à l'hygiène de notre pays.

On sait que l'épilation est indipensable à la guérison de ces mycoses du cheveu ; à cet effet il existe à Alger un centre de radiothérapie spécialisée à l'hôpital civil de Mustapha.

En dehors de cette organisation, pour une population de 5 millions d'habitants d'un pays grand comme la France, il n'existe rien. C'est dire que la lutte est à peine entamée. Les populations du Sud loin de tous soins ambulatoires sont les plus touchées par ces affections ; d'autre part, l'hospitalisation est forcément limitée : le temps moyen de séjour est de 2 mois, grevant le budget des communes extérieures d'une somme de 1.500 francs par tête traitée. Ce point-là n'est pas à dédaigner.

Les travaux de Urena venant rapporter les résultats heureux de 2.548 cas de teignes traitées par l'ingestion d'acétate de thallium nous a incité à essayer cette méthode chez nos malades contaminés. Les avantages de cette méthode sont :

1° *Traitement sur place des petits indigènes.* — La femme arabe répugne à se séparer de son enfant, et la moitié à peine des contaminés accepte, sur nos instigations, de se faire irradier. L'autre moitié, par ignorance, par crainte de dérangement, par indifférence ou fatalisme, n'écoute pas nos conseils ;

2° *Traitement simultané de plusieurs membres d'une même famille*, d'une crèche, d'une école où la teigne éclate sous forme d'épidémie ;

3° *Rapidité du traitement.* — L'épilation se faisant en quelque sorte de dedans en dehors, il n'est pas nécessaire, comme avec la radiothérapie, d'attendre, chez les faviques, que l'état du cuir chevelu permette l'irradiation ;

4° *Economie considérable.* — L'épilation d'un sujet revient environ à un franc.

Voici la technique que nous avons utilisée. Au début, l'acétate de thallium fut offert sous forme de pilules de 10, 5, 2 et 1 milligramme, conservées dans de la poudre de lycopode, elles permettaient un dosage exact, un transport facile, mais avaient l'inconvénient de ne pouvoir être avalées par les tout-petits, et peut-être d'être mal absorbées.

Après divers tâtonnements, nous nous sommes arrêtés à une solution aqueuse.

L'enfant atteint de teigne est pesé, ses urines examinées afin d'éliminer les albuminuriques.

On fait boire devant le médecin une portion de 60 cc³ formée de sirop de menthe et d'eau à parties égales contenant de l'acétate de thallium correspondant à une dose de 7 mmg. à 7 mmg. 5 par kilo de poids vif.

Pour le traitement ambulatoire, nous avons une solution préparée à raison de 7 mmg. par cc³. Toutes ces manipulations pharmaceutiques furent rigoureusement exécutées par Mlle M. Pozzo di Borgo, docteur en Pharmacie, que nous ne saurions trop remercier ici.

Les solutions étaient aussi fraîches que possible et administrées avant le 10e jour.

Voici le tableau résumé de nos 39 observations.

NOMS	AGE	POIDS	TEIGNE	DOSE	ALBUMINE		AUTRES AFFECTIONS DE L'ENFANT	Chute des cheveux	RÉSULTATS	ACCIDENTS	OBSERVATIONS
					AVANT	APRÈS					
Lucien G......	7	16	T	12	0	0	Mal de Pott.....	14	++++	0	
Salomon C....	8	20	T	14	0	0	Tumeur blanche du genou.....	14	++++	0	
Alexis K......	6	13	T	9	0	0	Mal de Pott.....	14	on redonne 9	0	2e dose 45 jours après
Sébastien G...	7	16	T	12	0	0	Mal de Pott.....	14	++++	0	
Ali...........	8	17	T	12	0	0	Tuberculose osseuse........	14	++++	0	
Ali ben S......	16	40	F	28	0	0	Tumeur blanche du genou.....	14	++++	0	
Yvette B......	6	13	T	9	0	0	Mal de Pott.....	14	++++	0	
Ramdane......	3	11	F	8	0	0	Spina ventosa...	14	++++	0	
Areski........	12	35	T	17	0	0	Tumeur blanche du coude.....	14	++++	0	
Germain le C..	7	16	T	12	0	0	Mal de Pott.....	15	++++	0	
Adrien M......	11	29	T	20	0	0	Adénite B......	15	++++	0	
Ahmed B......	4	11	T	8	0	0	Spina ventosa...	15	++++	0	
Dylali S.......	9	24	T	17	0	0	Tumeur blanche du genou.....	15	++++	0	
Debbah B.....	13	34	T	24	0	0	Adénite B......	15	++++	0	
Sauveur T.....	8	14	T	10	0	0	Mal de Pott.....	15	++++	0	
Marcel A......	8	15	F	11	0	0	Mal de Pott.....	15	++++	0	
Joseph L.	6	12	T	9	0	0	Coxalgie	15	++++	0	
Jeannine L....	6	12	T	9	0	0	Coxalgie	15	++++	0	
Actine B......	7	16	T	12	0	0	Paralysie infantile.	15	++++	0	
Carmen T.....	7	16	T	12	0	0	Mal de Pott, Paraplégie	15	++++	0	
Jeannine S....	8	18	T	13	0	0	Tumeur blanche du genou.....	15	++++	0	
Zohia B	10	20	T	14	0	0	Coxalgie	15	on redonne 14	0	2e dose 45 jours après
Henri le G....	9	18	T	12	0	0	Mal de Pott.....	15	++++	0	
Gérard P......	6	15	T	11	0	0	Mal de Pott, Paraplégie	15	++++	0	
Paul P........	8	16	T	12	0	0		14	++++	0	
Marie.........	5	12	T	9	0	0	Coxalgie	15	++++	0	
Ouria I........	9	18	T	13	0	0	Spina ventosa ..	15	++++	0	
Léontine C....	6	14	T	10	0	0	Mal de Pott.....	15	++++	0	
Yamina A.....	9	16	T	12	0	0		15	++++	0	
Alima G.......	4	9	T	7	0	0	Mal de Pott.....	15	++++	0	
Hélène B......	8	16	T	12	0	0	Spina ventosa...	15	++++	0	
Mohamed......	5	11	T	9	0	0		15	++++	0	
Michel B......	10	21	T	14	0	0	Coxalgie	15	++++	0	
Aoucine B M..	10	29	F	18	0	0		15	++++	0	
Abdelkader B.B.	10	26	T	20	0	0		15	++++	0	
Abdelkader B.Z.	7	16	T	12	0	0		16	++++	0	
Zohia B.......	15	47	F	30	0	0		14	++++	0	
Mohamed B. B.	12	28	F	20	0	0	Eczema	15	++	0	succès partiel
Amar ben M...	14	50	F	37,5	0	0		18	++	0	

Sur ces 39 cas, nous relevons 4 insuccès, la plupart imputables à l'indocilité des malades qui ont négligé de venir prendre les soins indispensables au cuir chevelu après l'épilation. Car il est certain que ces soins doivent être aussi minutieux qu'après la radiothérapie ; l'épilation à la pince doit parfois même compléter l'épilation médicamenteuse.

De ces premiers essais, nous pouvons conclure :

1° l'acétate de thallium possède bien une action remarquable et élective sur les cheveux ;

2° il ne paraît pas provoquer d'accidents aux doses de 7 mmg. à 7 mmg. 5 par kilo de poids ;

3° l'épilation doit être surveillée et complétée au besoin par les moyens ordinaires (pince) et accompagnée de soins post épilatoires habituels ;

4° on ne doit pas oublier que l'acétate de thallium est malgré tout un médicament toxique délicat à manier du fait que sa dose thérapeutique est très voisine de sa dose toxique. Son emploi exige donc un contrôle médical effectif.

Ces dernières restrictions faites, nous pensons que l'on doit dès à présent envisager la vulgarisation de cette méthode en Afrique du Nord ; plus qu'en France elle y peut rendre des services considérables.

P. E. PINOY

SUR LES *MONILIA* PATHOGÈNES

Castellani a montré que sous le nom de Muguet on décrivait une maladie qui pouvait être provoquée par des *Monilia* présentant des caractères différents. Déjà Vuillemin avait rencontré dans un cas de muguet une espèce qui, morphologiquement, se distinguait de *Monilia albicans* : elle donnait sur les milieux de culture des formes de fructification supérieure ; elle a été désignée sous le nom d'*Endomyces vuillemini* Landrieux.

Les espèces de Castellani sont des espèces biologiques se distinguant entre elles par leur action fermentative sur divers sucres et alcools. En dehors du muguet, ce savant les a isolées de produits pathologiques (crachats, pus, matières fécales, etc.) provenant de cas de bronchites chroniques, de diarrhée, d'écoulements purulents, d'abcès.

Parmi celles-ci, *Monilia pinoyi* Castellani est assez bien caractérisée par son pouvoir pathogène, son pouvoir antigène et son action fermentative sur glucose, lévulose et mannite avec production de gaz et d'acide. La gélatine n'est pas liquéfiée et la caséine du lait n'est pas précipitée.

Monilia pinoyi a été trouvée dans des crachats par Castellani en 1910. Depuis, elle a été rencontrée plusieurs fois dans des mycoses trachéales et pulmonaires en France par Sartory et Moinson, en Egypte et au Soudan par Chalmers et Mac Donald, Najib Farah, en Italie par Piero Redaelli, Jginio Yacono et Sanfilippo.

Plus récemment, Gino Grossi et Paul Balog l'ont isolée assez fréquemment au Caire des crachats provenant de cas simulant la tuberculose pulmonaire (Congrès du Caire, décembre 1928).

Les animaux les plus sensibles sont le lapin et le rat. Chez ces animaux, par voie intra-veineuse, l'inoculation d'un peu d'une culture de *Monilia pinoyi* détermine toujours une moniliose généralisée. Chez le rat, par inoculation dans la trachée, on obtient des foyers de moniliose dans le poumon huit mois après l'inoculation. Grossi et Balog ont reproduit la maladie humaine par injection directe de culture pure de *Monilia* dans le poumon du rat. Par voie intra-péritonéale, Redaelli a vu que le lapin et le rat guérissent à moins que le champignon n'arrive à pénétrer dans la circulation sanguine. Dans ce cas, il y a septicémie.

Dans une étude sur les champignons infectieux, Vuillemin, à la suite des travaux de Redaelli, considère que le champignon du muguet étudié par Roger et à l'aide duquel celui-ci a découvert le phénomène de l'agglutination, doit être à cause de ses propriétés pathogènes et antigènes identifiés avec *Monilia pinoyi*.

Au cours d'expériences effectuées sur le rat avec une bactérie isolée d'un cas de splénomégalie chez l'enfant et qui a été identifiée avec le microbe de la pseudo tuberculose zoogléique des rongeurs de Malassez et Vignal, j'ai eu l'occasion de rencontrer à l'autopsie d'un de ces animaux, un poumon présentant des nodules d'aspect tuberculeux. La culture faite à partir d'un de ces nodules m'a donné une culture pure d'une *Monilia* qui, par ses caractères, se rattache à *Monilia pinoyi* et j'ai pu reproduire l'infection chez le rat par inoculation intrapulmonaire de cette Monilia.

J'ai cru intéressant, vu l'importance que semble prendre ce champignon en pathologie humaine, de signaler ce fait ; car il serait possible que les rats qui déjà contractent la sporotrichose spontanée, puissent aussi être porteurs de *Monilia*.

M. RAYNAUD
Professeur Agrégé, Alger.

M. BERAUD
Chef du Service des Teignes.

L. COLONIEU
Chef de Clinique.

L'ACETATE DE THALLIUM DANS L'IMPORTANTE QUESTION DE LA TEIGNE EN ALGÉRIE

Le Service de Radiothérapie de la Teigne de l'Afrique du Nord, annexé au Service de M. le Professeur Maurice Raynaud et dirigé par le docteur Béraud, fonctionne depuis le 14 mars 1925 et a déjà traité à ce jour 1.111 malades atteints d'affections parasitaires du cuir chevelu et qui se décomptent de la manière suivante :

Faviques, 858.

Trichophytiques, 253.

Déjà, lors du Congrès de Constantine, Congrès pour l'avancement des Sciences de 1927, cette importance de la question de la Teigne en Algérie a été longuement étudiée et discutée, et notre regretté confrère M. Miramond de la Roquette, alors Président de la Section de Radiologie Médicale, après avoir entendu les rapports de MM. Viallet et Gaudin d'Alger, Béraud d'Alger, Allanic d'Oran, Jaubert de Baujeu et Guinet de Tunis, émettait le vœu que la question de la lutte antiteigneuse fût soumise aux Pouvoirs publics.

« Malgré les difficultés pratiques à prévoir, il est possible et nécessaire, exprimait ce vœu, de réduire les foyers de contagion, d'organiser le dépistage des malades et leur traitement en série sur différents points du territoire. »

Ce vœu envisageant également la création d'une commission d'étude administrative et technique était adopté par la XIIIe Section le 14 avril 1927 et ratifié par l'Assemblée générale du Congrès le 16 avril 1927.

La question à l'heure actuelle demeure entière et malgré l'activité du Centre Radiothérapique d'Alger, il semble bien que nos moyens sont à peu près inopérants dans une lutte où la distance et les coutumes semblent irréductibles.

Les populations du Sud, contaminées sur certains points dans la proportion de 80 %, sont dans l'impossibilité absolue de profiter de l'action bienfaisante des Rayons X et il semble difficile d'envisager pour elles des formations mobiles en raison du caractère particulièrement onéreux d'une semblable entreprise.

Nous savons également que l'indigène hésite à laisser ses enfants à l'hôpital et lorsqu'il s'agit de ses jeunes filles à marier ou de ses épouses, dans la plupart des cas, il ne faut plus songer à leur faire quitter le toit familial. Ainsi demeure à la maison une source permanente de contagion.

Il faut donc porter la lutte au foyer même de la maladie, c'est-à-dire dans la famille et cela si possible d'une manière pratique, rapide, simultanée, économique.

Les travaux de Jésus Gonzalez Uruêna, avec leurs résultats satisfaisants, nous ont paru répondre aux desiderata d'une pareille campagne. (Nous voulons parler de l'épilation par l'acétate de thallium.)

Avant de généraliser cette méthode, nous avons voulu l'expérimenter par nous-mêmes et juger des résultats dans son application à la population algérienne.

Nous rapportons aujourd'hui 87 observations de malades de l'hôpital, de nos consultations, quelques-uns mêmes de notre clientèle privée (malades de l'intérieur, retournés par la suite chez eux et soumis au contrôle du confrère de la région).

Observations. — Voir le tableau annexé.

De nos observations, il résulte qu'en moins de deux mois et demi, nous avons traité près de 90 malades.

Cette technique semble avoir joui auprès d'eux d'une véritable faveur et nos consultations n'ont jamais été aussi nombreuses que depuis la mise en pratique de ce procédé.

Nous emportons la conviction que l'épilation se fait d'une façon comparable à celle obtenue par les rayons X avec les avantages suivants :

1° Rapidité du fait que l'administration de la dose est instantanée et que le nombre des malades traités est pratiquement illimité en raison de la suppression de tout appareillage.

2° Uniformité de chute des cheveux.

3° Absence ou faibles réactions locales et secondaires.

4° Economie de matériel, de personnel, d'électricité.

5° Repousse totale et vigoureuse.

6° L'épilation est possible dans les zones les plus éloignées de la colonie.

Les inconvénients sont :

1° Toxicité du produit. (Douleurs rhumatoïdes n'ayant cependant jamais empêché la marche. Troubles dyspeptiques. Quelques céphalées.)

2° Le temps réduit qui sépare la dépilation de la repousse ne permettant pas dans les milieux non surveillés d'assurer une désinfection aussi efficace qu'il serait nécessaire.

3° Les contre-indications dues à l'état général, à l'âge, au poids de certains sujets. (Sur ce dernier point d'ailleurs nous ne sommes pas d'accord avec tous les auteurs.)

Etant donné le but pratique que nous poursuivons, nous avons essayé de parer à ces inconvénients, surtout d'ordre toxique, de la manière suivante :

1° Nous supprimons chez nos malades toute médication quelques jours avant l'administration du Thallium.

2° Nous préparons le malade par une purgation au Sulfate de Soude et le laissons au régime lacté la veille et le jour de l'absorption du Thallium.

Il nous a semblé que cette manière de procéder permettant une résorption plus intégrale du médicament, évitait tout accident gastrique ou nerveux et amenait une chute plus parfaite des cheveux.

Comme technique, nous avons utilisé une solution aqueuse d'Acétate de Thallium dont chaque centimètre cube contient 8 milligrammes de produit actif. Il est administré sans calcul autant de centimètres cubes et fractions de centimètre cube que le malade pèse de kg. ou fraction de kg. et cela jusqu'au volume de 38 cc[1] qui représente la dose limite de 0 gr. 30 d'Acétate de Thallium.

Pour l'avenir, nous pensons généraliser cette technique et tout en restant centre de répartition des médicaments et d'examen microscopique, notre centre Radiothérapique assurera l'épilation des malades présentant des contre-indications pour le Thallium.

Nous demanderons aux médecins éloignés après examen somatique satisfaisant de leurs malades et en l'absence de toute albuminerie, après nous avoir envoyé un prélèvement de cheveux, de bien vouloir remplir une fiche indiquant :

1° Le nom du malade et son âge ;

2° Son poids à jeun.

Il leur sera adressé aussitôt une dose adaptée, individuelle à faire prendre à leur malade sous leur contrôle, en même temps qu'une notice relative aux soins prophylactiques et curatifs post-épilatoires.

Il ne faut pas perdre de vue qu'après l'épilation, qu'il s'agisse d'épilation aux Rayons X ou par le Thallium, le problème de la guérison demeure intimement lié aux soins donnés au malade.

Cette guérison implique de la part du médecin traitant des soins assidus et une surveillance constante.

L'organisation des soins post-épilatoires, la formation d'un personnel entraîné à cette besogne restent à créer.

En définitive, malgré son caractère toxique, le Thallium manié avec prudence ne nous a jamais donné de déboires.

Nous ne doutons pas que, perfectionnée, la technique donne de bons résultats, plus heureux, mais le traitement doit rester à notre avis entre les mains du corps médical.

Peut-être alors réaliserons-nous le vœu émis par le Congrès de 1927, en mettant au service de la colonie dans sa croisade anti-teigneuse un procédé rapide, efficace et peu onéreux.

Malades du cuir chevelu traités par l'Acétate de Thallium

25 janvier

		kg.	Revu.
N° 1	Endothrix	19,300	8 février. — Bonne chute, rien à signaler
2	Favus	15,800	15 mars. — Malade négligent non suivi.
3	Favus	23,600	6 février. — Bonne chute. Légères douleurs jusqu'au 18 février. — 15 mars. Très bon état général.
4	Endothrix	23,400	11 février. — Chute parfaite, quelques douleurs.
			11 mars. — Repousse normale. bon état général.
5	Endothrix	22,300	18 février. — Malade négligent, non soigné. Repousse avec cheveux malades.
6	Favus	29,400	11 février. — Chute. Plus revu.
			11 février. — Chute. Plus revu.
7	Favus	29,400	11 février. — Chute parfaite. Résultat définitif parfait.
8	Favus	16,400	
9	Favus	43,500	8 février. — Chute parfaite, aucune douleur, évacué guéri.
10	Favus	32,700	Rayons X le 12 novembre 1929. Mauvais résultats. Chute parfaite le 18 février. Rien à signaler. Bonne repousse au 1er avril.
11	Favus	29,800	Jamais revu.
12	Favus	28,700	15 février. — Chute légère. Le 25 bon résultat. 22 mars, repousse. Quelques cheveux malades.
13	Endothrix	22,100	15 février. — Chute parfaite. douleurs fugaces. 22 février, résultat parfait.
14	Endothrix	15,800	18 février. — Chute parfaite, rien à signaler. Excellent résultat.
15	Favus	28,000	Jamais revu.
16	Favus	25,600	11 février. — Début de chute. 8 mars, repousse. Rien à signaler.

1er février

N° 17	Endothrix	16,800	8 mars. — Pas d'appétit. 15 mars, chute parfaite. Bon état général.

4 février

N° 18	Favus	23,800	22 février. — Chute parfaite. Manque d'appétit. 15 mars, bons résultats.
19	Endothrix	30,800	22 février. — Chute parfaite. 8 mars, très bon résultat. 5 avril, repousse.

		kg.	
20	Favus	21,500	Deux fois traité aux rayons X. 25 février. — Bonne chute. Evacué en bon état. Revient à l'hôpital, quelques cheveux malades.
21	Endothrix	17,500	25 février. — Chute parfaite. Rien à signaler au 5 mars.
22	Favus	29,400	Deux fois traité aux rayons X. 22 février. — Chute parfaite. 15 mars, repousse. Quelques cheveux à épiler à la main.
23	Favus	23,900	25 février. — Chute. 8 mars, bon résultat.
24	Favus	31,300	25 février. — Chute. 8 mars, bon résultat
25	Favus	27,000	8 mars. — Bonne chute. Le malade aurait éprouvé de très violentes douleurs. (Déclaration suspecte de la mère désireuse de faire hospitaliser l'enfant). Bon état général.
26	Endothrix	23,700	1er mars. — Chute. Rien à signaler. 15 mars. — Bon résultat.
27	Favus	18,200	18 février. — Chute parfaite. 22 février. — Excellent résultat.
8 février			
N° 28	Favus	15,600	22 février. — Chute parfaite, légères douleurs. 25 février. — Etat parfait.
29	Favus	12,500	8 mars. — Chute. 11 mars, bon résultat
30	Favus	38,100	22 février. — Chute parfaite. 25 février. — Bon résultat.
31	Favus	42,200	Non revu.
11 février			
N° 32	Favus	19,800	25 février. — Chute parfaite. 1er mars. — Excellent résultat.
33	Favus	38,800	22 février. — Douleurs assez vives. 8 mars. — Ne s'est jamais soigné. Habite loin d'Alger.
34	Favus	18,500	25 février. — Chute. 1er mars. — Chute totale. Non soigné.
15 février			
N° 35	Favus	26,600	24 mars. — Chute. Non revu.
36	Favus	35,400	1er mars. — Chute parfaite. Quelques douleurs. 15 mars. — Bon état général.
18 février			
N° 37	Favus	14,700	11 mars. — Bon résultat. Quelques troubles dyspeptiques. 22 mars. — Bon état général.
38	Favus	23,700	11 mars. — Chute. Malade non soigné.
39	Endothrix	19,800	8 mars. — Résultat parfait, rien à signaler.
40	Favus	17,700	8 mars. — Bon résultat. Rien à signaler.
41	Favus	33,900	8 mars. — Légères douleurs. Quelques troubles dyspeptiques. Très bonne chute. 15 mars. — Douleurs. Température.
42	Endothrix	25,200	15 mars. — Bon résultat. Evacué.
43	Endothrix	28,600	Bon résultat.
44	Favus	12,800	8 mars. — Chute. 11 mars, bon état général.
45	Favus	16,900	8 mars. — Chute. 11 mars. — Très beau résultat.

		kg.	
46	Favus	22,700	8 mars. — Chute. 11 mars. — Très beau résultat.
22 février			
N° 47	Favus	28,500	8 mars. — Chute.
48	Favus	39,300	8 mars. — Chute.
49	Favus	31,600	11 mars. — Chute. Quelques cheveux à épiler à la pince.
22 février			
N° 50	Favus	32,700	11 mars. — Chute. Malade négligent.
51	Favus	33,800	11 mars. — Chute. Bon état général.
52	Favus	51,100	Douleurs violentes. Traitée en même temps par 914.
53	Favus	32,800	18 mars. — Chute. Bon état.
54	Favus	26,300	18 mars. — Chute légère. Rien à signaler.
55	Favus	25,400	Mauvais résultat.
56	Endothrix	29,300	18 mars. — Chute. Non revu.
57	Favus	14,500	15 mars. — Chute. Bon état.
58	Favus	34,200	11 mars. — Chute. Négligé.
59	Favus	15,100	15 mars. — Chute. Bon résultat.
8 mars			
N° 60	Favus	35,400	1er avril. — Douleurs fugaces. Bon résultat.
61	Favus	25,000	Non revu.
62	Endothrix	14,500	Non revu.
63	Favus	51,700	25 mars. — Bonne chute. Rien à signaler.
15 mars			
N° 64	Favus	17,200	Isolé. Bon résultat.
65	Favus	27,600	Isolé. Bon résultat.
66	Favus	21,000	Bon résultat.
22 mars			
N° 67	Favus	11,000	5 avril. — Excellent résultat.
68	Favus	18,400	5 avril. — Excellent résultat.
69	Favus	27,500	5 avril. — Excellent résultat.
70	Favus	10,500	5 avril. — Excellent résultat.
29 mars			
N° 71	Favus	26,000	12 avril. — Excellent résultat.
72	Favus	11,800	12 avril. — Excellent résultat.
1er avril			
N° 73	Favus	34,100	Traité le 1er avril. A revoir.
74	Favus	29,600	Traité le 1er avril. A revoir.
5 avril			
N° 75	Favus	21,000	Traité le 1er avril. A revoir.
76	Favus	25,900	Traité le 1er avril. A revoir.
77	Favus	13,600	Traité le 1er avril. A revoir.
78	Favus	21,900	Traité le 1er avril. A revoir.
79	Favus	23,000	Traité le 1er avril. A revoir.
80	Favus	28,200	Traité le 1er avril. A revoir.
81	Favus	21,200	Traité le 1er avril. A revoir.
82	Favus	23,500	Traité le 1er avril. A revoir.
83	Favus	24,000	Traité le 1er avril. A revoir.
84	Favus	21,200	Traité le 1er avril. A revoir.
85	Favus	32,300	Traité le 1er avril. A revoir.
25 février			
N° 86	Favus	52,000	Résultat parfait.
6 mars			
N° 87	Endothrix	25,200	Résultat parfait.

Ct L. F. SOLIER

Professeur à l'Ecole d'Application du Service de Santé Colonial

LES TUBERCULOSES CHIRURGICALES CHEZ LES INDIGÈNES DES RACES COLORÉES

L'importance des contingents indigènes coloniaux stationnés en Afrique du Nord, comme en France, y pose un même problème du tribut qu'ils paient à la Tuberculose. Aussi n'est-il peut-être pas inutile, ici, d'en souligner certains aperçus et d'apporter des faits dont — à défaut de données nouvelles — pourront cependant se dégager quelques éclaircissements pratiques.

Il apparaît tout d'abord qu'une discrimination d'ordre général s'impose entre les façons de réagir à la maladie des sujets de races différentes. Alors que, par exemple, Annamites, voire Malgaches, et originaires colorés de nos vieilles colonies... semblent à cet égard, compte tenu des influences diverses et des conditions auxquelles ils sont soumis, se comporter ordinairement comme les habitants de nos pays, — par contre, spécialement chez les « Sénégalais », on observe plutôt des formes à caractères particuliers et à allures de malignité habituelle.

Est-ce à dire que Jaunes et Noirs ne sont point égaux devant l'infection tuberculeuse et que — de même qu'il y a des races animales réceptives et d'autres réfractaires — certaines races humaines y seraient plus ou moins sensibles ?

Certes, les facteurs de « terrain » ne sont pas négligeables, si du moins l'on entend ainsi les modifications possibles des hérédités humorales non spécifiques de l'organisme, dans des conditions déterminées et sous des influences variables, physiologiques ou pathologiques. C'est le cas du tirailleur enlevé à sa brousse natale et à ses habitudes pour être transplanté dans des circonstances où l'acclimatement, l'habitat, l'alimentation, parfois le surmenage ajouteront leurs effets. Mais il est hors de conteste aujourd'hui que ces facteurs-là restent strictement personnels, — individuels ; — et d'autre part que, si la tuberculose est très inégalement répandue dans le monde et semble en épargner jusqu'à présent de vastes contrées entières, il n'y a pas néanmoins de race humaine spécialement vulnérable, pas plus qu'il n'y en a qui puisse lui échapper par une immunité naturelle et spontanée. Et précisément les races que les statistiques d'enquêtes montrent comme préservées jusqu'ici, sont celles dont les sujets, exposés à la contamination, seront les moins résistants à l'atteinte tuberculeuse.

La tuberculose en effet n'aura pas chez eux les mêmes aspects, les mêmes formes que dans les peuples de civilisation plus avancée, vivant surtout en agglomérations compactes avec des conditions d'hygiène plus ou moins perfectionnées. Toutes les notions de contagion essentiellement inter-humaine, d'inoculations massives ou répétées et pauci-bacillaires, de déterminisme des surinfections, etc..., tout cela explique la divergence des modes évolutifs de la maladie.

Sur ces terrains vierges, indemnes de toute atteinte antérieure, le bacille tuberculeux sera remarquablement offensif : à la fréquence avec laquelle il sévira, s'ajoutera la haute gravité, telle qu'on l'observe chez les jeunes enfants. C'est, dans leur sévérité particulière, le développement des tuberculoses de prime-infection, alors que l'organisme n'a pu réaliser cet état spécial dit allergique, qui succède aux premières contaminations « a minima » et qui conditionne, par un certain degré de sensibilité et d'immunité relative, les réactions caractéristiques des formes communes ou latentes de la Tuberculose chronique dans nos pays. Ces formes seront donc ici exceptionnelles.

Pour nous en tenir aux Tuberculoses chirurgicales, il ne faut pas perdre de vue que loin d'être une forme d'infection atténuée, elles traduisent l'insuffisance des barrières d'un organisme pris au dépourvu et sans résistance acquise, mais qui n'a pas été sidéré d'emblée par une inoculation massive et brutale provoquant une généralisation aiguë.

Or si l'on dirige, dans de telles conditions, une intervention chirurgicale sur un foyer tuberculeux, il semble que l'évolution morbide en reçoive un coup de fouet et accentue ses tendances extensives, précipitant la généralisation et le dénouement. Est-ce le déversement brusque et considérable de bacilles dans la circulation ? L'influence du choc opératoire ? Tout se passe comme si une inoculation « a maxima » atteignait un sujet hypersensible, et, peut-être, faut-il rapprocher ces faits des états dans lesquels l'immunité de défense est annihilée, et que sous le nom « d'anergie » on oppose aux états d'allergie qui se trouvent momentanément suspendus : anergie qui s'observe au cours de certaines maladies aiguës, après les opérations chirurgicales, et dans les formes graves et avancées de la Tuberculose.

Quoi qu'il en soit, on ne saurait jamais se montrer assez prudent et réservé dans l'évaluation des indications et du pronostic opératoires, lorsqu'il s'agit de sujets présumés neufs avant leur infection actuelle. C'est le cas fréquent, habituel de nos « Sénégalais » ; parfois aussi celui d'individus d'autres races, que leurs conditions d'existence ont tenus à l'abri de contaminations antérieures.

Voici d'ailleurs quelques observations résumées, recueillies dans le Service de Clinique Chirurgicale de l'Hôpital Michel Lévy :

Observation I. — A. D..., tir. sén. Tumeur blanche du genou ; localisations multiples ; mort rapide.

Observation II (Botreau-Roussel, Soc. Neuro. Paris 12-1-28). — S.., tir. sén. Signes cliniques de compression médullaire : paraplégie, hypertension céphalo-rachidienne, dissociation albumino-cytologique, avec intégrité radiologique des vertèbres et des disques. Lipiodol sous-occipital : arrêt en croissant à D4.

Laminectomie (juin 1927), foyer minuscule d'ostéite sur la lame gauche D4. Tumeur extra-durale par fongosités tuberculeuses. Suites opératoires excellentes ; amélioration. Puis généralisation rapide à déterminations multiples ; mort le 25 novembre.

Observation III. — 1928. L..., tir. sén. Pleurésie purulente métapneumonique ; pleurotomie valvulaire, fistulisation ; mort de tuberculose généralisée.

Observation IV. — 1929. S..., tir. sén. (absolument superposable).

Observation V. — 1930. D..., tir. malg. Début par troubles sciatiques liés à une sacro-coxalgie gauche ; abcès multiples, ponctions. En mars, méningite tuberculeuse ; mort.

Et dans combien d'autres cas, cette évolution, pour être moins précipitée, apparaît néanmoins singulièrement pernicieuse ?

Cependant à côté de ce facteur « terrain » — de prépondérance capitale chez les indigènes coloniaux neufs d'infection tuberculeuse. — ne peut-on en invoquer d'autres, tenant, ceux-ci, à la « graine », au bacille lui-même ? Sans doute, est-il généralement admis que la virulence propre des germes est ici négligeable au regard de leur quantité, de la dose d'inoculation. Mais la découverte du « virus filtrant » et de ses stades d'évolution permet de supposer l'existence possible de formes particulières de bacilles, et le déterminisme anatomo-clinique de la tuberculose, le polymorphisme de ses manifestations seraient peut-être liés à des variations de races microbiennes, à des souches bacillaires différentes. On peut se le demander, notamment pour les « Sénégalais », en raison d'un ordre de faits qu'il nous reste à examiner : c'est que les essais de traitement spécifique par les méthodes biologiques n'ont pas paru donner des résultats probants de leur efficacité.

Observation VI. — Ng... T..., tir. annam. Tumeur blanche du cou-de-pied ; amputation. Essai de vaccinothérapie. Tuberculose généralisée.

Observation VII. — Ra..., tir. malg. Adénopathie cervicale tuberculeuse. Antigénothérapie. Evacué : mauvais état général.

Observation VIII. — B... Y..., tir. sén. Adénite bacillaire du cou ; antigénothérapie ; non amélioré.

Observation IX. — D... R..., tir. sén. Adénite cervicale bacillaire ; antigénothérapie, sans résultats ; extirpation. Tuberculose généralisée.

Observation X. — Ad..., tir. sén. Adénite cervicale tuberculeuse ; vaccinothérapie. Evacué : mauvais état général.

Enfin, nous ajouterons à ces faits l'observation XI. — M... C..., tir. sén. Fistule périnéale (ostéite de l'ischion). Inoculations négatives au cobaye ; constatation positive de B. K. après examens répétés du pus.

Evidemment, en cette matière, des recherches approfondies seraient encore nécessaires et ouvriraient des considérations intéressantes : Ainsi les essais en cours de vaccination préventive par le B. C. G., de nos contingents colorés dans la Métropole.

Mais il est nécessaire d'abréger — et ce sera là notre conclusion, — à savoir qu'en l'état actuel, vis-à-vis de ces malheureux exotiques frappés par la Tuberculose, une seule ressource nous est offerte, s'impose, devrions-nous dire : leur rapatriement immédiat dans tous les cas.

Dr TOULLEC

Professeur agrégé de l'Ecole d'Application du Service de Santé des Troupes Coloniales.

LES ASPECTS CLINIQUES DE LA TUBERCULOSE CHEZ LES SÉNÉGALAIS

Les aspects cliniques de la tuberculose des indigènes se présentent avec des modalités très différentes suivant les races envisagées. On les a schématisés en trois lignes :

— La tuberculose de *l'Annamite* correspond à notre tuberculose *urbaine ;*

— celle du *Malgache,* à notre tuberculose *rurale ;*

— celle du *Sénégalais,* à notre tuberculose *infantile.*

Cette formule vaut ce que valent les formules en clinique. Elle mérite quelques développements.

En Afrique noire, la tuberculose n'est pas encore, comme en France, une grande maladie sociale. Malgré son extension considérable, ses atteintes sont restées jusqu'à présent individuelles, localisées aux centres urbains dans lesquels les apports extérieurs ont fini par créer des foyers endémiques permanents. Mais l'armée noire, plus encore que l'armée blanche, a un recrutement essentiellement rural et on peut affirmer, les cuti-réactions négatives à la tuberculine le prouvent, que la plupart de nos Sénégalais, paysans de la brousse africaine, n'ont jamais eu de contacts avec le Bacille de Koch avant leur arrivée en France. Aussi ces tard-venus à l'infection vont-ils réagir de façon très particulière et généralement très grave, aux contaminations massives qui vont ensemencer leur organisme neuf. Les Malgaches et surtout les Annamites, font au contraire des infections à évolution lente, parce que, chez eux, comme chez nous, la tuberculose a déjà le type de maladie générale, sociale et que chaque sujet a déjà subi, dans son foyer natal, les atteintes pauci-bacillaires minimes et répétées dont découle la prémunition naturelle.

C'est par une prémunition identique, mais artificielle, par le B.C.G. de Calmette, qu'on s'efforce actuellement de préserver nos Sénégalais contre cette tuberculose dont nous allons maintenant étudier les divers aspects cliniques.

I. — *Le stade ganglionnaire*

Chez les Sénégalais, cliniquement, les organes les premiers atteints par l'infection tuberculeuse sont les ganglions lymphatiques et, plus particulièrement, les groupes trachéo-bronchiques ou médiastinaux ainsi que les groupes mésentériques. Les ganglions médiastinaux constituent le plus souvent le foyer bacillaire primitif, point de départ de la généralisation. A ce stade, qui dure environ deux mois, l'état général reste satisfaisant et c'est au médecin à dépister l'atteinte dont le porteur ne ressent en rien la gravité.

Ce dépistage, dont Borrel s'est particulièrement occupé pendant la guerre, est basé sur la recherche des signes suivants :

— *l'amaigrissement* décelé par les pesées mensuelles ;

— *l'aspect de la peau* qui devient terne, dépolie, rugueuse, tandis que le Sénégalais bien portant est d'un beau noir brillant ;

— *la dépigmentation thoracique* au niveau du manubrium et des régions sus-claviculaires ;

— *la flaccidité musculaire* ;

— la présence d'un *ganglion sus-claviculaire*, dit ganglion de Borrel, également signalé par Sergent. Ce ganglion doit être recherché avec soin, immédiatement derrière la clavicule, contre le bord externe du sterno-cléïdo-mastoïdien. Baréty a montré que ce ganglion est l'aboutissement des chaînes médiastinales et ce fait établit la valeur séméïologique de cette adénite sus-claviculaire, révélatrice de l'infection des ganglions médiastinaux et trachéo-bronchiques.

A l'aide de ces signes, la conduite du dépistage est aisée : sur l'homme, vu le torse nu, on note d'un coup l'œil l'état général, l'amaigrissement, la dépigmentation thoracique. On pince les biceps qui, flaccides, se laissent malaxer au lieu d'être tendus par un tonus normal. On palpe enfin la région sus-claviculaire pour rechercher la présence de la petite adénopathie. Il reste entendu que l'examen des cas douteux doit être complété par la radioscopie, la radiographie et l'étude des signes classiques de l'adénopathie trachéo-bronchique (souffle expiratoire bronchique, signe de D'Espine, le plus fidèle, signe d'Oelsnitz, de Smith).

Les manifestations objectives de cette adénopathie se résument le plus souvent à une *toux quinteuse nocturne ;* il est exceptionnel qu'elle entraîne des signes de compression de voisinage.

L'invasion tuberculeuse du Sénégalais se poursuit fréquemment dans tous les groupes lymphatiques, donnant la *forme polyganglionnaire* classique. Ce sont les chaînes cervicales superficielles et profondes qui sont presque toujours atteintes ; elles réagissent en volumineux paquets mono ou bilatéraux d'aspect très caractéristique. Les adénopathies axillaires et inguinales sont plus rares. Elles évoluent généralement toutes vers la suppuration, émettant alors un pus dans lequel il est difficile de mettre en évidence le bacille de Koch, même par *l'inoculation au cobaye.* Deux et trois passages successifs sur cet animal sont nécessaires pour traduire enfin la tuberculose classique dont la manifestation chez le premier inoculé était limitée à une adénopathie généralisée, à ganglions durs, ne contenant pas de bacilles visibles. Les notions récentes sur l'ultravirus tuberculeux, ont montré combien il faut être circonspect avant d'affirmer l'absence de bacilles de Koch dans des exsudats auxquels un premier cobaye ne paraît pas avoir réagi, six semaines après l'inoculation.

La *réaction de floculation à la résorcine* de Vernes donne de très intéressants résultats dans le dépistage précoce de la tuberculose dès ce stade, à condition qu'elle soit pratiquée dans les règles précisées par son auteur : tout sujet apyrétique, n'ayant été soumis à aucune thérapeutique récente (chimiothérapie, protéinothérapie, ingestions médicamenteuses diverses), ne présentant d'autre part aucun signe d'infection aiguë évolutive, et dont le degré photométrique au Vernes-résorcine se *maintient* supérieur à 30, doit être considéré comme atteint d'un processus tuberculeux. Ce n'est *jamais un seul chiffre* de floculation supérieure à 30 qui importe, c'est *une série* de ces chiffres dont la courbe se maintient au-dessus de 30, qui donne à la réaction toute sa valeur.

Le diagnostic étant ainsi précisé par ces différents signes cliniques et de laboratoire, on constate que cette tuberculose ganglionnaire n'a chez le Sénégalais aucune tendance à la guérison. Au lieu de réagir par fibrose et calcification, le ganglion laisse diffuser les bacilles ou les formes prébacillaires dans toutes les trames lymphatiques et, en deux ou trois mois, la maladie s'est généralisée, avec les types cliniques de la granulie, de la pneumonie caséeuse, et surtout de la polysérite.

II. — *La granulie*

La granulie est l'expression anatomique et clinique la plus pure de la sensibilité des Sénégalais à l'infection tuberculeuse.

La courbe thermique devient hautement oscillante, passant de 38 le matin, à 39,5 le soir. Très souvent on note une sorte de type fébrile ondulant, avec un cycle assez régulièrement répété de huit à dix jours de fièvre séparés par un intervalle subfébrile, qui pourrait faire songer à une mélitococcie. Les sueurs nocturnes sont abondantes. Le pouls est très rapide et hypotendu.

Malgré la gravité des signes généraux, les signes digestifs restent pratiquement nuls : les granuliques sénégalais étonnent par la conservation stupéfiante de leur appétit jusqu'au jour de la mort. La langue est propre et humide. Le foie et la rate sont habituellement hypertrophiés.

Ce granulique anhélant, tousseur et dyspnéique, présente cependant peu de signes sthétacousiques ; l'auscultation fait à peine percevoir quelques signes de déplissement, quelques sibilances fugaces, variables d'un jour à l'autre ; la diminution du murmure vésiculaire est le symptôme le plus constant. Cette pauvreté des signes paraît toujours paradoxale chez ces malades dont l'organisme entier est infiltré de granulations tuberculeuses.

L'évolution se fait lentement, en deux mois, jusqu'à l'issue fatale, avec quelques accalmies trompeuses. L'obscurité respiratoire du début est maintenant remplacée par une respiration soufflante avec des foyers de crépitations fines épars çà et là. L'état général devient de plus en plus mauvais ; la peau sèche, écailleuse, rude est plaquée sur le squelette ; la mort survient lentement dans l'adynamie, ou plus vite avec une localisation méningée.

A l'autopsie, on constate la généralisation de ces granulations tuberculeuses, translucides, de la dimension d'une tête d'épingle, à tous les organes ; aux poumons dans lesquels elles voisinent avec des foyers de broncho-pneumonie, à la rate, au foie, aux reins et à toutes les séreuses.

Le diagnostic clinique de la granulie est facile chez tout Sénégalais, qui, en France, présente cette fièvre en clochers, parfois ondulants, avec de la toux, de la dyspnée, des sueurs nocturnes, de la tachycardie, de l'hypotension artérielle, de l'amaigrissement et de l'anémi. Le *diagnostic bectériologique* positif est presque toujours impossible, sauf dans quelques rares cas, à la fin de la maladie, car le bacille de Koch ne s'extériorise pas de ces granulations qui restent jeunes, grises, crues, jusqu'à la mort. Mais le faisceau des examens de laboratoire négatifs a de la valeur : hémocultures et séro-diagnostic négatifs au point de vue d'une infection typhique ou paratyphique. Intradermoréaction de Burnet négative pour la mélitococcie ; enfin, négativité des hémocultures pratiquées pour la recherche des microbes des septicémies les plus courantes, staphylocoque, streptocoques, entérocoque, pneumocoque ; floculation à la résorcine hautement positive.

Le *pronostic* est fatal.

III. — *La pneumonie caséeuse*

Au lieu d'une granulie, c'est une pneumonie caséeuse qui peut succéder au stade d'infection ganglionnaire. Le *début* en est généralement insidieux. Les *signes physiques* sont ceux de toute induration pulmonaire ; parfois, le blocage pulmonaire par le caséum est tel qu'il se traduit à l'auscultation par un silence respiratoire absolu ; mais, le plus souvent, on entend un souffle à type tubo-pleural, évoluant peu à peu vers le timbre amphorique, *l'expectoration* objective ce phénomène de fonte : de translucides, gélatineux, les crachats deviennent puriformes. *L'évolution* est longue, relativement au moins à celle qu'on observe chez l'enfant ; le malade traîne pendant un ou deux mois, se cachectisant de plus en plus avant de succomber.

A *l'autopsie*, on a la confirmation du diagnostic avec la coupe de ce bloc pulmonaire infiltré de caséum, dont la tranche reste plane et sèche. Ces données anatomopathologiques ne sortent en rien du cadre classique métropolitain.

IV. — *Les polysérites*

Ce troisième aspect clinique de l'évolution tuberculeuse chez le Sénégalais est, de beaucoup, le plus fréquent, il est de règle tandis que les deux autres formes ne sont que l'exception. Pourtant, ces polysérites échappent souvent au médecin si l'observation du malade n'est pas faite pendant une longue période dans le même hôpital sans les coupures des évacuations et du rapatriement. Dans ces conditions, on constate qu'une pleurésie résorbée devient une péricardite, puis une ascite ; ou bien c'est une péritonite en voie de guérison qui se transforme en pleurésie. En un mot, on assiste à l'évolution des deux types classiques de polysérites : la tuberculose péritonéo-pleurale de Fernet et Boulland et la tuberculose pleuro-péritonale de Hutinel, les deux à évolution presque toujours fatale chez les Sénégalais.

La *tuberculose péritonéo-pleurale* constitue la forme la plus fréquente de la tuberculose aiguë du péritoine. Elle paraît résulter, non pas d'une entérite tuberculeuse, mais du déversement direct dans la séreuse d'un amas bacillaire provenant d'un ganglion mésentérique caséifié. Le début en est généralement progressif et insidieux, le ventre augmente peu à peu de volume, l'ascite se développe lentement. Au bout de quinze jours, d'un mois, quelquefois davantage, l'étape pleurale va suivre. Elle trahit son apparition par des points de côté à la base du thorax, de la toux sèche, de la dyspnée légère. On trouve à l'auscultation, soit de la pleurésie sèche, soit de la pleurésie avec épanchement uni ou bilatéral. Ces signes pleuraux sont très variables, apparaissant et disparaissant rapidement au point que d'une semaine à l'autre, l'auscultation fournit des résultats différents. Tantôt, c'est l'ascite qui augmente, tantôt, c'est la pleurésie. Le peu de fixité de tous ces signes est très caractéristique de la maladie.

La *tuberculose pleuro-péritonale* mérite plutôt le nom de pleuro-péricardo-péritonéale. L'affection débute par pleurésie exsudative séro-fibrineuse, généralisée à toute la plèvre, ou localisée à la base, ou plus rarement aux scissures interlobaires. Elle n'intéresse généralement qu'un seul côté. La résorption du liquide est plus ou moins lente et on arrive ainsi à des stades de pleurésie sèche. Il faut bien se garder de considérer ce malade comme un convalescent, car il n'est qu'à la première étape d'une polysérite dont l'évolution va continuer. En effet, quelques semaines plus tard, c'est l'autre plèvre qui se prend à son tour, avec les mêmes caractères évolutifs. Puis, c'est le péricarde, donnant d'abord les signes classiques de la péricardite exsudative, puis déterminant des phénomènes de symphyse et de péricardo-mediastinite : dépressions intercostales systoliques de la région apexienne, ondulations et reptations de la paroi précordiale, disparition du choc apéxien, fixité de la pointe. A l'auscultation de la base du cœur, on entend aux orifices aortique et pulmonaire, des signes variables de rétrécissement : souffles fonctionnels qu'il faut bien connaître, car ils ne sont que la traduction de l'enserrement des gros vaisseaux par les adhérences de péricardo-médiastinite. La conséquence clinique de ces troubles vasculaires va être la production d'un gros foie cardiaque et d'une ascite mécanique consécutive, que la tuberculose va secondairement envahir : l'ascite devient tuberculeuse, le foie, la rate sont tuberculisés. Le tableau clinique est alors celui d'une cirrhose cardio-tuberculeuse, avec ses symptômes de péricardo-médiastinite, de pleurésie, d'hypertrophie du foie et d'ascite.

Les *constatations nécropsiques*, faites en série, à tous les stades de l'évolution, dans nos services hospitaliers de Marseille, démontrent de façon évidente ce processus d'envahissement tuberculeux progressif qui conditionne l'évolution clinique : altérations pleurales, symphyse cardiaque, enserrement des vaisseaux de la base par péricardo-médiastinite, dont les adhérences atteignent parfois deux centimètres d'épaisseur, foie muscade avec granulations tuberculeuses surajoutées, enfin péritonite tuberculeuse.

Conclusions

Malgré la connaissance bien établie des différentes formes cliniques de la tuberculose, il était utile de rappeler les formes graves habituelles chez nos Sénégalais vierges de toute imprégnation tuberculeuse antérieure. Les aspects cliniques de la tuberculose ne varient qu'en fonction du terrain qui s'épuise avec le temps. Nouveaux venus dans notre vieille société tuberculisée depuis des siècles, nos Sénégalais offrent à la tuberculose un terrain neuf où la maladie reprend toute sa vigueur. Il reste à espérer que la prémunition au B. C. G., actuellement entreprise, arrêtera définitivement la tuberculisation de nos effectifs sénégalais.

13e section

RADIOLOGIE ET ÉLECTROLOGIE MÉDICALES

Président. . . . . M. Emile Bordet, Radiologiste à Paris.
Vice-Président. . . . . M. Hanriot (Nancy).
Secrétaire. . . . . M. Viallet (Alger).
Secrétaire Adjoint. . . . . . M. Marchioni (Alger).

E. BORDET

ALLOCUTION PRÉSIDENTIELLE

Messieurs,

L'usage veut qu'au début de la première séance votre Président de section vous adresse une allocution. Je ne céderai pas au plaisir de vous rappeler les progrès de la radiologie. Je m'efforcerai de définir en quelques mots le caractère dominant de nos recherches dans le domaine de la radioscopie et de la radiographie. Je tâcherai ensuite de reconnaître la position que doivent occuper ces méthodes d'investigation dans la médecine moderne.

Il me semble que la période physico-technique est largement dépassée et que nous sommes dans l'ère de la radiologie clinique. Comme vous l'avez remarqué, plusieurs de nos rapports sont dus à la collaboration de cliniciens et de radiologistes. Je ne veux pas prétendre que les problèmes de physique et de technique soient épuisés. Il reste à nous doter de moyens de recherche plus parfaits, voire même absolument nouveaux. Mais nous ne sommes plus à l'époque où la grande affaire des radiologistes réunis en congrès était de s'enquérir des perfectionnements de l'outillage et de consulter leurs collègues sur les qualités de leurs installations. Nous pouvons dire que nous possédons un matériel qui répond, d'une façon générale, à nos besoins essentiels. C'est pour cela, sans doute, que nos constructeurs — un peu trop sûrs d'eux-mêmes — ont décidé de ne plus participer aux congrès de l'A. F. A. S. et de n'installer leurs stands qu'aux Congrès de chirurgie de Paris. En vérité, nous pouvons nous passer d'eux — on l'a bien constaté au Havre — puisque c'est surtout le point de vue clinique qui domine dans nos communications.

Nous sommes loin du temps où « l'opérateur » n'avait pas besoin de connaissances médicales et se croyait quitte envers le clinicien lorsqu'il lui avait fourni une épreuve photographique. Ceux qui veulent maintenir les errements du passé trahissent — il n'y a pas d'autre mot — la cause de la Médecine. Il faut aujourd'hui que le radiologiste possède une sérieuse culture clinique et qu'il n'ignore rien de l'anatomie macroscopique normale ou pathologique. Ce qu'on lui demande, ce ne sont pas seulement des radiogrammes, mais des interprétations qui servent utilement au diagnostic. C'est assez dire que ses conclusions doivent être solidement étayées et que son expérience doit être mûrie par la confrontation des signes radiologiques avec les protocoles d'opérations, de nécropsies ou l'observation des signes cliniques évolutifs. Aussi, pour accomplir ce labeur, a-t-on vu se créer une classe de noso-radiologistes, si j'ose m'exprimer ainsi, de collègues sur-spécialisés dans leur spécialité et s'adonnant principalement à l'étude radiologique de maladies concernant un organe ou un système fonctionnel. Pour mener à bien leurs travaux, ils ont dû se mettre à pied d'œuvre, installer leurs laboratoires dans les services où se traitent les affections qu'ils étudient. Ils y collaborent étroitement avec leurs cliniciens, ce qui les oblige de parfaire tout à la fois leur technique et leurs connaissances médicales.

Essentiellement clinique, voilà si je ne me trompe la qualité dominante de la radiologie moderne. Cela lui assure un rang considérable. Cependant je ne crois pas qu'elle soit exactement à la place qui lui convient. Nous constatons très fréquemment qu'on apprécie mal ce que nous appelons nos radiodiagnostics. Pour quelques-uns, ils n'ont qu'un intérêt accessoire, ce qui n'est pas assez, pour d'autres ils possèdent une valeur absolue de contrôle, ce qui est excessif ; parfois enfin ils sont purement et simplement taxés d'erreur quand ils contredisent le diagnostic clinique. Nous avons notre part de responsabilité dans ces malentendus. Notre tort, à mon avis, tient au mot « radiodiagnostic » que nous employons couramment. Le diagnostic est l'art de reconnaître une maladie, de la distinguer des autres, de la spécifier. Or, le radiodiagnostic ne répond à cette définition que lorsqu'il révèle une lésion anatomique impliquant par sa seule existence la maladie elle-même — comme l'anévrisme de l'aorte, par exemple — mais, dans la plupart des cas, les ombres anormales que nous découvrons n'ont qu'une valeur symptômatique. Nous aurions une position beaucoup plus forte si, au lieu de « radiodiagnostic », nous employions le terme de sémiologie roentgénienne ou, pour faire plus court, un mot aussi mal construit que radio-diagnostic et que radiologie : radiosémiétique. Nous ne verrions plus alors les cliniciens opposer leur diagnostic au nôtre et partir en guerre au nom de ce principe formel : clinique d'abord !

Clinique d'abord ! Cette affirmation laisse rêveur. Qu'est-ce donc qu'un clinicien ? A-t-il reçu en partage quelque don génial qui le dispense de procéder avec méthode ? Il n'y paraît pas quand on l'observe au lit d'un malade. Il exerce ses yeux, ses mains, ses oreilles ; il inspecte, palpe, percute, ausculte ; il se sert d'un tensiomètre pour mesurer la pression artérielle ; il analyse chimiquement les urines ; il pratique des réactions sanguines ; il se livre à des recherches microscopiques, etc... Je ne saurais énumérer les nombreuses techniques dont il use. S'il ne les pratique pas toutes personnellement, il les connaît assez pour interpréter leurs résultats. Ne vous semble-t-il pas évident que le clinicien est, à la base, comme on l'a dit déjà, un polytechnicien ? C'est en classant ensuite les données techniques, en les comparant, en raisonnant à leur propos, qu'il fait œuvre pure de technicien, et qu'il formule un diagnostic. La vraie place de la radiologie est parmi ces techniques sémiologiques ; c'est au même plan que les autres qu'il convient de la situer. Clinique d'abord est un non-sens. Il faut dire clinique « pour finir », c'est-à-dire après la radiologie, clinique pour couronnement.

Ces considérations admises, il est logique d'en tirer les conséquences suivantes : à l'avenir devront toujours figurer dans les observations des malades, les résultats de l'examen radiologique avec la description des autres signes cliniques — dans la pratique hospitalière, chaque service important devra posséder son laboratoire de rayons X ou tout au moins son radiologiste qui sera comme une antenne du laboratoire central, et fera la liaison permanente de la clinique et de la radiologie — dans les traités de pathologie, les indications de notre spécialité devront être énumérées à propos de chaque affection, la sémiologie roentgénienne sera exposée par des radiologistes, sans le luxe de détails que comportent les ouvrages spéciaux, mais avec une précision suffisante pour que leur rédaction puisse être consultée par tous fructueusement. Enfin, dernière conséquence portant sur l'enseignement de la radiologie : tout étudiant en médecine devra acquérir, pendant ses années de scolarité, non seulement des notions sur la physique des rayons X et leur technique, mais des précisions sur la radiologie clinique afin qu'il en connaisse les ressources, qu'il sache interpréter les radiogrammes et soit capable, au besoin, de faire lui-même un examen radiologique sommaire. Une seule chaire professorale ne peut remplir pareille tâche. Il conviendrait donc de créer à côté de la chaire de physique une chaire ou une suppléance de radiologie clinique. Les deux titulaires assureraient un enseignement complet. Celui-ci comporterait deux étages, le premier s'appliquant à tous les étudiants, le second, plus étendu, concernant les médecins qui se destinent à la spécialité.

Cette importante question est à l'ordre du jour, et vous savez quel magistral rapport a soutenu sur l'enseignement de la radiologie, notre collègue Belot, au Congrès de Stockholm.

Je dois me borner à cette simple esquisse. Je ne veux pas abuser de votre temps. Je vous sais également partagés entre la volonté de vous instruire et le désir d'aller savourer le charme d'Alger.

Il me reste à vous remercier de nous apporter votre contribution scientifique et votre belle humeur. J'ai aussi le plaisir de vous renouveler mes remerciements pour m'avoir appelé à présider cette année la XIIIe section. C'est un honneur dont je sens tout le prix. Mon ami Viallet a eu la délicate attention, au Havre, de proposer mon nom à vos suffrages. Il a assumé là, une charge, dont vous apprécierez l'importance, car vous reconnaîtrez bientôt qu'il est le véritable organisateur de notre programme de section.

Messieurs, la séance est ouverte.

LAQUERRIÈRE

EFFETS THÉRAPEUTIQUES DES ONDES GALVANIQUES A LONGUE PÉRIODE

DELHERM, SAVIGNAC et MOREL-KAHN

1° L'ÉLECTRO-RADIOTHÉRAPIE DANS LE TRAITEMENT DES PÉRIVISCÉRITES DOULOUREUSES

2° LA DIATHERMIE DANS LE TRAITEMENT DES PÉRIVISCÉRITES DOULOUREUSES

CONCLUSIONS

De cette étude, les auteurs tirent les conclusions suivantes :

1° La diathermie constitue un des traitements les plus efficaces — en même temps qu'inoffensif — des périviscérites douloureuses.

2° Dans les cas opérés, nous avons obtenu la guérison dans 25 %

(1) Publié dans le *Journal de Radiologie et d'Electrologie* (Février 1930).

des cas, une importante amélioration dans 50 %, soit au total 75 % des malades qui peuvent mener une vie normale.

Dans les cas non opérés, nous avons pu relever pour ainsi dire 100 % de succès. On peut donc dire que la guérison est d'autant mieux assurée que le malade n'a pas subi d'opération préalable.

3° Le succès est d'autant plus certain que dans le syndrome douloureux dont se plaint le malade, la part la plus grande revient à la douleur pariétale ou à la douleur plexalgique.

4° Parmi les diverses variétés de périviscérite, celle qui nous a paru être la plus influencée est la périviscérite réalisant le syndrome iliocolique droit ; il semble qu'on puisse placer sur le même plan les syndromes du carrefour et abdominal proprement dit ; c'est dans les périviscérites à syndrome mixte que les résultats nous ont paru le moins favorables.

E. LAZEANU
(Bucarest)

QUELQUES CAS DE LÉSIONS DE L'ARTÈRE PULMONAIRE

Après avoir cité les derniers travaux chimiques et radiologiques sur les lésions de l'artère pulmonaire, l'auteur présente une série de cas observés dans la clinique du Professeur Manu-Muscel de Bucarest.

Il s'agit de malades présentant l'athérôme primitif de l'artère pulmonaire, des lésions de l'artère pulmonaire consécutives à des affections pulmonaires chroniques et des lésions observées chez des malades présentant la stérose mitrale, la perforation de la cloison interventriculaire, la persistance du canal artériel et l'anévrysme artério-veineux.

L'auteur décrit les symptômes chimiques et les signes radiologiques constatés chez les malades observés en insistant sur l'importance de l'examen radiologique pour le diagnostic de ces lésions.

Grâce aux derniers travaux cliniques et radiologiques, l'étude des lésions de l'artère pulmonaire constitue aujourd'hui un chapitre presque aussi important que celui des artères.

DUMOLARD, LEBON, VIALLET et MARCHIONI

ASPECT RADIOLOGIQUE DE L'ESTOMAC ET DU SEGMENT PYLORO-DUODÉNAL AU COURS DES SPLÉNOMÉGALIES CHRONIQUES.

Pour définir peut-être incomplètement mais rapidement l'aspect normal radiologique de l'estomac, il suffit de rappeler les termes employés par les auteurs pour le décrire : estomac en forme de J majuscule, en corne de taureau, en siphon et de noter qu'il est habituellement compris dans le cadre suivant : diaphgramme gauche, colonne vertébrale, crète iliaque. Son fond affleure cette dernière et très souvent la déborde de quelques travers de doigt.

En ce qui concerne le duodénum : bulbe et ses trois autres portions, nous n'avons pas besoin d'insister sur l'habituelle facilité de vision du bulbe : image triangulaire apparaissant nettement à droite de la petite courbure, ni de rappeler que les autres portions sont un lieu de passage se présentant sous la forme d'un cercle ressemblant à une anse d'intestin grèle très rapidement parcourue par la substance opaque préalablement ingérée.

Nous emploierons une comparaison bien différente de celle que nous venons de citer pour caractériser l'habituelle morphologie de l'estomac au cours des splénomégalies chroniques. Nous dirons qu'il ressemble à un tube, à un tuyau et qu'il déborde le cadre que nous avons signalé. Sa direction très oblique de haut en bas et de gauche à droite l'amène à cravater la colonne vertébrale sous un angle de 45 degrés et conduit son pôle inférieur ainsi que la région pyloroduodénale jusque très loin dans l'hypochondre droit. Nous ne disons pas dans le flanc droit ; en effet, le fond de l'estomac dans les cas qui nous occupent est la plupart du temps très au-dessus de la ligne biiliaque.

Voilà pour l'estomac. En ce qui concerne le bulbe et les divers segments du duodénum, nous dirons qu'ils ne peuvent pas être vus au cours d'un examen en position frontale ; car, ils sont cachés derrière le pôle inférieur de l'estomac. Il faut placer le malade en position oblique et quelquefois en position oblique très accentuée pour dérouler devant les yeux de l'observateur les différentes positions du duodénum.

Mais une telle description nous paraît vraiment trop sommaire, car les modifications que nous avons rencontrées sont parfois très caractérisées.

Il peut s'agir de modifications au sujet de la position. Le Bulbe est souvent rétroposé et lateroposé.

Pour les modifications de forme, nous avons noté fréquemment un aspect amputé de haut en bas et de gauche à droite ou étalé en plateau de la région pylorique et le bulbe lui-même présente souvent des irrégularités diverses et accentuées déchiquetant assez profondément les contours.

Après présentation de quelques observations cliniques accompagnées de projections, M. Dumolard ajoute quelques remarques d'ordre clinique à la présentation radiologique faite par le docteur Viallet.

« Je voudrais vous dire comment nous avons été amenés à faire ces constatations radiologiques.

Il y a dans ce pays, vous le savez, un nombre considérable de malades atteints de splénomégalie et d'hépatomégalie chroniques coïncidant le plus souvent avec un degré d'anémie plus ou moins marqué.

Désireux de fixer, dans un but de documentation ultérieur, autrement que par des méthodes cliniques ces dimensions de la rate et du foie chez ces malades, nous les avons systématiquement soumis à un examen radioscopique. Nous avons eu alors la surprise de découvrir les déformations gastriques considérables qu'on vient de vous présenter et dont l'importance semblait dans la plupart des cas hors de proportion avec les troubles dyspeptiques accusés par nos malades. Ajoutons que la constance de ces déformations était telle qu'elle ne souffre que bien peu d'exceptions.

Ainsi s'explique que les faits dont nous parlons aient pu passer si longtemps inaperçus.

Nous voudrions maintenant essayer d'interpréter ces déformations. D'abord il nous semble évident que la fréquence même de ces déformations est directement fonction de la fréquence des splénohépatomégalies chroniques observées en Algérie.

En effet nous n'avons relevé dans l'ouvrage classique et si documenté de MM. Duval et Béclère que deux images pouvant se rapprocher des nôtres ; l'une a trait à un estomac refoulé par une énorme distension gazeuse intestinale, l'autre a été observée chez un malade porteur d'une grasse rate léucémique. Or, chez nos malades, si la distension gazeuse intestinale est trop inconstante et trop peu accusée pour que nous puissions en tenir compte comme facteur pathologique essentiel, par contre l'hypertrophie de la rate est un facteur constant. Aussi nous semble-t-il légitime d'attribuer à cette hypertrophie splénique une importance de premier ordre dans l'interprétation de ces déformations et nous pensons que pour une part au moins les déformations constatées sont la conséquence de cette splénomégalie qui mécaniquement déforme et refoule l'estomac vers la droite. Mais nous croyons aussi que si le facteur mécanique de déplacement est le premier en date du point de vue chronologique, il se complique rapidement sans doute de périviscérite diffuse et assez étendue de la région gastro splénohépatique et spécialement dans la région du carrefour sous-hépatique. En effet, la région pyloro duodénale est toujours peu mobile, plus ou moins fixée ; il est vraisemblable d'ailleurs que ce processus de périviscérite est habituellement constaté par des adhérences lâches n'entraînant qu'une gêne marquée au passage des aliments.

Nous invoquons en faveur de notre interprétation des arguments cliniques et anatomo pathologiques : l'argument clinique consiste dans ce fait que nous avons pu observer chez un malade porteur d'une splénomégalie volumineuse la persistance des déformations alors que la rate est diminuée de volume dans des proportions considérables : l'argument anatomo pathologique est le suivant : il est banal de constater à l'autopsie de malades porteurs de grosses rates de la périsplénite avec adhérences diffuses aux organes voisins et il y a quelques mois nous avons pu vérifier à l'autopsie d'un malade atteint d'un syndrôme de Banti avec rate volumineuse la réalité et l'étendue du processus de périviscérite qui s'étendait à la région du carrefour.

Nous bornerons là nos réflexions à propos d'un point particulier de cette question si passionnante et si obscure comme pour bien des points de ces splénomégalies chroniques. Qu'il nous soit permis de dire en terminant que nous avons la conviction qu'au point de vue étiologique, le paludisme occupe une place importante dans la production de ces syndrômes splénohépatomégaliques. »

A. NANTA, VIALLET et FLOGNY

SUR LE CAS DE THROMBOPÉNIE TRAITÉ PAR L'IRRADIATION SPLÉNIQUE

La question des purpuras chroniques si obscure au point de vue pathologique et si incertaine au point de vue thérapeutique a paru se fixer il y a une dizaine d'années. Kazwelson a proposé en 1916 la splénectomie comme traitement de cette affection. Partant de l'hypothèse que certains purpuras chroniques type maladie de Werlohof, dont les caractères hématologiques sont constitués par la diminution des plaquettes et permettent d'incriminer une thrombopénie essentielle (Frank) étaient surtout conditionnés par une altération splénique avec rétention ou destruction de ces plaquettes.

De fait, l'action chirurgicale est le plus souvent remarquable, soit que l'on recoure à l'opération radicale (splénectomie), soit qu'on la limite à la ligature de l'artère splénique (Lemaire et Debausieux). On a ainsi la preuve quasi expérimentale du rôle primordial que joue la rate dans la pathologie de l'affection. Cependant cela n'explique pas le mécanisme de cette intervention splénique. Au contraire, on a ajouté un paradoxe à un autre : on comprenait déjà difficilement qu'un trouble purement splénique quelles que soient ses répercussions sur l'ensemble du tissu réticulo-endothelial ou sur le sang, pût déclencher des hémorragies parfois strictement localisées à une région ou à un organe (hématuries, épistaxis, métrorragies). Or les suites opératoires ont ajouté à la contradiction, par l'examen après guérison des modifications sérologiques : si bien qu'actuellement, loin de confirmer la théorie qui lui a donné naissance, la splénectonie a donné des arguments aux partisans adverses, à Wolf, qui considère la maladie comme liée à une malformation endothéliale.

Les résultats chirurgicaux, si éclatants qu'ils soient, reposent donc sur une interprétation trop simple des faits. Ils ne doivent pas faire oublier, non plus, ceux que l'on obtient parfois par l'irradiation splénique.

Et c'est précisément dans ce but que nous apportons l'observation que voici, qui montre les effets de l'irradiation sur une fillette atteinte de maladie de Werlhof chronique à forme sévère avec épistaxis graves.

Observation :

Il s'agit d'une fillette de cinq ans, cholénique et fille cholénique que nous suivons depuis deux ans, et qui était sujette depuis deux ans déjà à des épitaxis considérables qui avaient mis à plusieurs reprises sa vie en danger. La rate est grosse, nettement perceptible sous les fausses côtes ; plusieurs groupes ganglionnaires sont tuméfiés. Le diagnostic de thrombopénie au cours de purpura chronique est lié à l'existence depuis deux ans de nombreuses ecchymoses spontanées, et à la formule sanguine que voici (Dr Lemaire, 19 déc. 1927) :

1. Globules rouges, 3.840.000 par mmc. ; *temps de saignement* : 17 minutes.

Hémoglobine, 60.

Valeur globulaire, 0.75 ; *temps de coagulation* : 12 minutes.

2. Globules blancs, 8.000 par mmc de sang

3. Equilibre leucocytaire :

Polynucléaires neutrophiles	59
Polynucléaires éosinophiles	1
Grand et moyens mono	30
Lymphocites vrais	6
Formes de transition	1
Myélocytes	1
	100

Plaquettes sanguines : 64.000 par mm^3.

LEMAIRE.

La gravité d'une épistaxis récente survenant à un intervalle plus rapproché, malgré la thérapeutique médicamenteuse (hémothérapie notamment) nous oblige à envisager une splénectomie à bref délai. Cependant nous tentons l'irradiation splénique, et celle-ci est immédiatement suivie de bons effets.

Du 26 janvier 1928 au 28 avril, il a été fait en une dizaine de séances environ 5.000 R sur la rate et les ganglions. Non seulement les épistaxis ne se sont plus reproduites, mais l'enfant ayant subi en juin 1928 un traumatisme sur le nez, la petite hémorragie traumatique s'est arrêtée immédiatement. La formule au 28 avril était la suivante :

1. Globules rouges, 4.320.000 par mmc de sang. *Temps de saignement :* 7 minutes.

Hémoglobine, 90.

Valeur globulaire, 1,04.

2. Globules blancs, 3.600 par mmc de sang. *Temps de coagulation :* 13 minutes.

3. Equilibre leucocytaire :

Polynucléaires neutrophiles	64
Polynucléaires éosinophiles	0
Grands et moyens mono	24
Lymphocytes vrais	12
Forme de transition	0
	100

Plaquettes sanguines : 230.000.

LEMAIRE.

Les ecchymoses depuis lors ont continué à se produire, mais plus discrètes, les épistaxis ont été minimum.

L'irradiation a été poursuivie dans les conditions suivantes :

5.000 entre avril et juillet 1928.

Nous nous croyons autorisés à conclure que l'amélioration persistante de cette forme très grave de purpura chronique avec thrombopénie est bien due à l'irradiation spléno-ganglionnaire que nous n'avons tentée pour ainsi dire qu'en vue de préparer la spléneotomie et qui paraît jusqu'ici suffire à maintenir notre petite malade dans un état clinique et hématologique satisfaisant.

C'est un petit fait, mais en pareille matière les faits ont la valeur d'un témoignage expérimental et c'est pourquoi nous le rapportons ici.

M. TILLIER

PRÉSENTATION DE CLICHÉS

AUBERTIN, R. LÉVY et THOYER-ROZAT

LA LYMPHO-GRANULOMATOSE MALIGNE (MALADIE DE HODGKIN) ET SON TRAITEMENT RADIOTHÉRAPIQUE (1)

Conclusion

L'effet de la radiothérapie sur le ganglion consiste dans la destruction des éléments cellulaires d'origine lymphatique à laquelle fait suite, avec des doses suffisantes, une sclérose marquée de tout l'organe (Beaujard).

Il en résulte que, plus les masses ganglionnaires seront riches en éléments cellulaires jeunes, plus grande sera leur diminution de volume sous l'influence des radiations. Il y a donc tout intérêt à ins-

(1) Publié dans le *Journal de Radiologie et d'Electrologie*, Mars 1930, p 145 à 158.

tituer le traitement radiothérapique aussi près que possible du début de la maladie, à un stade où la prolifération cellulaire est intense.

On peut ainsi espérer une fonte à peu près complète de tout le tissu néoformé et la transformation du ganglion en un noyau de sclérose totale permettant d'envisager l'absence de toute récidive locale.

Il en va de même des complications ; nous avons vu plus haut les résultats encourageants de leur traitement radiothérapique, et c'est pourquoi nous ne saurions trop insister pour que soient suivis de très près les malades ; si au début de la maladie, le diagnostic a pu être parfois hésitant et le traitement radiothérapique retardé, il faut au moins que chez les malades reconnus atteints de lymphogranulomatose et déjà traités, on ne laisse plus échapper une récidive ou une complication.

C'est de la rapidité du diagnostic et de l'application immédiate, sans tergiversation, de la radiothérapie, que dépend le succès.

On observe en effet, dans l'évolution de la maladie de Hodgkin, deux phases assez distinctes :

1° Dans la première, on assiste presque exclusivement à une atteinte ganglionnaire, le plus souvent superficielle, quelquefois cependant profonde d'emblée (médiastinale dans la plupart des cas), mais toujours radiosensible. A cette phase, l'état général reste ordinairement bon et la radiothérapie peut avoir rapidement raison de ces adénopathies : il importe donc de l'utiliser dès cette première phase et de tout tenter pour essayer d'arrêter là son évolution.

2° La deuxième période est celle des granulomatoses secondaires profondes évoluant insidieusement et restant méconnues. L'état général s'altère rapidement, mais l'absence de manifestations caractérisées retarde l'action thérapeutique : on ne sait où frapper, et lorsque l'affection se révélera enfin, l'organisme déjà débilité supportera mal la fatigue occasionnée par le traitement qui lui-même restera souvent moins efficace par suite de la radio-résistance du tissu granulomateux.

C'est à ce moment qu'apparaissent les complications et que l'on voit peu à peu le malade se cachectiser en même temps que s'installe une réaction fébrile importante ne permettant pas toujours de conduire le traitement radiothérapique avec toute l'intensité désirable.

A cette phase, la formule sanguine accuse toujours une forte polynucléose avec ou sans leucocytose numérique. Une anémie plus ou moins prononcée est également la règle, alors qu'elle manque généralement à la première phase.

C'est la période des « mauvais cas », qui ne sont tels souvent — lorsqu'ils sont adressés au radiothérapeute — que parce que le diagnostic est resté longtemps hésitant en raison de l'allure atypique ou sournoise de la maladie, ou aussi de la négligence des malades à venir consulter ; pour ces mauvais cas, il ne faut plus espérer d'amélioration bien durable.

Cependant, sauf peut-être pour les cas à forme hyperpyrétique dont l'évolution est généralement, quoi qu'on fasse, très rapide, ces mauvais cas eux-mêmes bénéficient pour un temps de la radiothérapie ; le pronostic est fatal, mais l'échéance est retardée et ces malades peuvent momentanément retrouver l'illusion de la santé, de la guérison. Ils voient leur tumeur diminuer de volume, puis disparaître ; ils récupèrent, avec l'appétit et le sommeil, leurs forces ; ils reprennent leurs occupations, ils peuvent fournir une certaine somme de travail.

Quels espoirs alors ne nous sont-ils pas permis quand nous nous trouvons en présence de formes atténuées, n'intéressant qu'un petit groupe de ganglions, formes apyrétiques ou subfébriles, apparaissant chez des sujets vigoureux jusqu'alors en bonne santé, et dont la formule sanguine reste sub-normale ?

Nous avons dans la radiothérapie une arme de destruction puissante des éléments de la lymphogranulomatose. Utilisée avec une technique souvent moins rigoureuse que celle que nous avons indiquée, elle a pu donner des résultats encourageants, durables.

S'ils n'ont pas été définitifs, n'est-ce pas parce que les cellules, au lieu d'être réellement frappées de mort, n'ont été que sidérées, n'est-ce pas parce que les malades, apparemment guéris, ont négligé de poursuivre quand même leur traitement et ne peut-on envisager qu'en frappant plus fort et à coups répétés comme nous le préconisons, sans attendre les récidives, on obtienne de la radiothérapie une guérison véritable ?

La collaboration de plus en plus étroite du clinicien et du radiothérapeute doit y contribuer en facilitant le diagnostic et le traitement de la maladie de Hodgkin.

DELHERM et MOREL-KAHN

DIAGNOSTIC RADIOLOGIQUE des TUMEURS du POUMON (1)

Conclusion

Les tumeurs du poumon revêtent des aspects variables et d'une interprétation le plus souvent délicate.

L'*examen radioscopique* est indispensable ; c'est lui, le premier souvent, qui appellera l'attention sur telle ou telle région, qui permettra d'en apprécier les modifications et d'étudier la physiologie thoraco-pulmonaire. Mais, seul, il est absolument insuffisant et doit être complété par la *radiographie*. C'est qu'en effet de minimes lésions qui sont passées inaperçues à l'écran seront fixées sur le film (par exemple les traînées lymphatiques), c'est aussi que nous posséderons un document stable, précis et impersonnel, nous permettant de suivre l'évolution des lésions.

Et nous ne citerons que pour mémoire la *stéréo-radiographie* qui nous donne une vue dans l'espace de la lésion que nous observons.

Chemin faisant nous avons montré l'intérêt que peut présenter l'emploi des *pneumo-séreuses ;* nous resterions incomplets si nous ne citions les *injections de lipiodol* qui peuvent mettre en évidence une sténose bronchique, mais « il est indispensable de recourir à une technique qui permette de diriger à coup sûr l'huile opaque, comme l'injection à la sonde sous le contrôle de la radioscopie ». (Huguenin.)

La minutie de l'examen radiologique est d'autant plus importante quand se pose le diagnostic d'une affection aussi grave qu'une tumeur du poumon que seul souvent il permettra de la reconnaître dès ses premières manifestations.

Les grands écueils à éviter dans le diagnostic des tumeurs pulmonaires sont :

a) de les reconnaître trop tard ;

b) de les méconnaître ;

c) de méconnaître une tumeur maligne.

---

(1) Publié dans le *Journal de Radiologie et d'Electrologie,* Mars 1930, p. 158 à 169.

a) Ce sont les cas, trop nombreux encore, où rien n'attire l'attention du côté du poumon, ou la révélation radiologique est le fait du hasard, où la connaissance d'un cancer en évolution n'a pas forcé l'attention du côté du poumon.

b) Il n'existe pas d'image typique d'un cancer du poumon, surtout au début ; la radiologie ne traduit que des modifications de l'état physique du parenchyme, et un même aspect peut être dû à des causes très différentes.

Au stade silencieux, ce peut être un des multiples aspects, déjà, que nous avons décrits et qui se superposent à l'étendue et au type de la lésion pulmonaire et dont aucun ne présente de caractères pathognomoniques.

D'autres fois, on est appelé à voir le malade pour un épisode pulmonaire traînant, insidieux, progressif, ou brusque, même brutal.

« Trois grands groupes de manifestations pathologiques intra-thoraciques sont susceptibles de se manifester par une opacité pulmonaire :

1° Les suppurations, comme l'abcès ;

2° Les infiltrations, comme la tuberculose ;

3° Les néoformations, quels qu'en soient le siège et la nature (tumeurs des parois, adénopathies, maladie de Hodgkin, tumeurs proprement dites...).

Elles donnent des images comparables, presque identiques et faciles à confondre radiologiquement ». (Peuteuil.)

Il faudra en outre les différencier des aspects fournis par les organes intra-thoraciques comme :

Les lobes thyroïdiens intra-thoraciques ;

Les diverticules et cancers de l'œsophage ;

Les anévrysmes aortiques ;

Les affections cardiaques et péricardiaques ;

Les pleurésies ;

Les hernies diaphragmatiques ;

Les lésions hépatiques à extension supérieure.

C'est reconnaître l'importance capitale du radiodiagnostic, et cependant celui-ci ne peut pas apporter la certitude du diagnostic différentiel.

Trop souvent ces malades seront considérés comme des tuberculeux, et longuement traités comme tels bien qu'ils ne crachent pas de bacilles.

N'a-t-on pas aussi rapporté des cas nombreux d'erreurs de diagnostic, même par des radiologistes expérimentés où, par exemple, un diagnostic de sarcome fut porté pour un abcès du médiastin vérifié opératoirement, ou de tumeur pour un anévrysme, ou de pleurésie banale pour une tumeur, ou plus souvent encore de kyste hydatique pour une tumeur maligne.

Ainsi si la radiologie, dans les cas heureux, peut permettre de reconnaître l'existence précoce d'une tumeur du poumon et sa topographie, il s'en faut que seule elle suffise toujours à préciser le diagnostic.

La radiologie ne peut aller sans la clinique.

Au tableau banal de la symptomatologie pulmonaire il nous faut opposer dans le cas de tumeur maligne l'*intensité des troubles fonctionnels* :

La *dyspnée,* souvent précoce, progressive, puis toujours violente, et dont l'intensité n'est souvent pas en rapport avec l'étendue des lésions ; elle est, dit Huguenon, « un signe fidèle » ;

La *toux,* qui peut présenter tous les caractères et rester parfois le seul symptôme d'un cancer même étendu, en général par quintes, sèche, fatigante, souvent rauque et enrouée ;

L'*expectoration,* souvent banale, sans caractères nets, et dont la valeur n'est considérable que si, trop rarement suivant Huguenin, on y retrouve des cellules néoplasiques ou du sang plus ou moins abondant, tantôt simples stries, tantôt véritable gelée groseille ou cassis, mais où aussi la recherche du bacille de Koch reste constamment négative ;

La *douleur,* enfin, qui, si elle peut manquer, est souvent précoce, revêtant tous les types possibles, mal localisée, mobile, mais dont « la grande fréquence, l'intensité, la longue durée, constituent une place de premier plan au milieu des phénomènes cliniques qui extériorisent le cancer pulmonaire ». (Huguenin.)

Et ces symptômes fonctionnels sont d'autant plus importants que les signes généraux sont souvent plus effacés, un état sub-fébrile intermittent, de la lassitude, un amaigrissement léger, au moins au début, l'absence générale de cachexie rapide et précoce ; que les signes physiques restent les signes de la modification banale qu'apporte la forme même de la tumeur aux données de l'examen du thorax.

Retenons cependant trois signes capitaux :

1° La *ponction exploratrice blanche* dans les syndromes pleuropleurétiques ;

2° La *ponction sanglante* dans les formes médiastino-pleuro-pulmonaires ;

3° L'existence d'*adénopathies* extériosisées, volumineuses, dures, souvent précoces.

La radiologie nous rend prudents, la clinique nous est suspecte, et souvent cependant nous ne pourrons affirmer le diagnostic ; nous venons de voir toutes les difficultés ; il nous reste deux ressources :

L'exploration chirurgicale, quand elle paraît possible, suivie de la biopsie ; mais elle n'est ni toujours, ni même souvent à tenter ;

L'*épreuve thérapeutique.* Nous ne rappellerons que pour mémoire l'épreuve du traitement anti-syphilitique que justifie parfois la connaissance de la syphilis et les données nouvelles sur sa localisation pulmonaire.

C'est surtout à l'épreuve des radiations, et plus spécialement à celle de la rœntgenthérapie que nous voulons faire songer, qui, dans certaines formes radio-sensibles (métastases, certains sarcomes...), amène une fonte rapide de la tumeur et le retour de la transparence pulmonaire.

Aucun moyen ne doit être négligé pour affirmer un diagnostic qui, s'il ne permet pas d'opposer à une affection à marche fatale un traitement curateur, permet au moins d'employer le seul traitement consolateur et palliatif que nous connaissions à ce jour, la rœntgenthérapie.

BENHAMOU, VIALLET et MARCHIONI

ANATOMIE ET PHYSIOLOGIE RADIOLOGIQUES DE LA RATE

Dans une communication au dernier Congrès du Havre (1), nous avons étudié les avantages respectifs de la Radioscopie et de la Radiographie pour l'exploration de la Rate, et nous en avons indiqué la technique.

Depuis cette époque, nous avons pu réunir de nombreux documents qui nous permettent aujourd'hui d'esquisser l'anatomie radiologique de la rate, de préciser la morphologie et les rapports de cet organe dont l'aspect est si différent sur le vivant et sur le cadavre.

Déjà en France I. Lacayo, Lagarenne, Ribadeau-Dumas, Beclère et Cottenat, Mallet, Maingot, Belot, Luquet et Lepennetier, en Allemagne Karl Glassener, Wolfgang Weiser et Barrenscheen avaient apporté des contributions intéressantes à cette étude.

L'observation de Pagniez, Costes, Escalier et Solomon et surtout

---

(1) Benhamou et Marchioni, Radioscopie et Radiographie de la Rate, Congrès du Havre, 25-30 juillet 1929.

les travaux de Barcroft chez l'animal sont venus donner un regain d'actualité à l'exploration radiologique de la Rate ; ce sont eux qui ont suscité nos premières communications à la Société de Biologie ainsi que les travaux des Américains (Orton Moody et Rocoe Van Nuys) et ceux plus récents des Italiens Bonnaccorsi, Dominici et Giordano. Nous avons pu compléter ainsi nos premières recherches sur la cinématique de la rate : en confrontant les documents hématologiques et les documents radiologiques, recueillis dans le même temps ; en comparant l'erytrhocytose et la plaquettose de chasse avec les films, nous sommes arivés semble-t-il à une connaissance plus exacte de la physiologie mécanique de la rate.

Cette anatomie, cette physiologie radiologiques de la Rate, sont une préface indispensable à l'étude des splénopathies. Mieux connues, elles apportent une aide précieuse au diagnostic, au pronostic et au traitement des splénomégalies. Mieux précisées, elles rendent plus facile le diagnostic des tumeurs de l'hypochondre gauche. Nous avons été ainsi amenés à étudier le jeu des organes voisins (Foie, Estomac, Intestin) en fonction des mouvements de la Rate — jeu dont nous soulignons ici l'intérêt pour le radiologiste, le clinicien et le biologiste.

I. — *La morphologie de l'ombre splénique*

Les radiographies réalisées suivant notre technique montrent que la projection de l'ombre splénique normale se fait ordinairement sur le 10e espace intercostal gauche.

Son pôle inférieur qui ne déborde guère l'ombre de la onzième côte se profile le plus souvent en regard de la moitié supérieure du corps de la 21e vertèbre lombaire, ses dimensions sont en moyenne de 10 centimètres de long sur 5 centimètres de large.

Quant à l'axe de l'ombre splénique normale, s'il est quelquefois oblique de haut en bas et de dedans en dehors, il est le plus souvent vertical.

Les ombres des rates hypertrophiées par un processus pathologique ne diffèrent pas, d'une façon générale, des profils que nous avons indiqués et s'entourent elles aussi de l'espace clair intergastro-splénique caractéristique que nous venons de décrire.

Peut-être les formes en poires sont-elles plus fréquentes et non seulement les types à gros pôles inférieur, mais encore les types à gros pôle supérieur : peut-être aussi l'espace interviscéral est-il plus aminci.

II. — *Les rapports de l'ombre splénique avec les organes voisins*

Les rapports de la Rate avec les organes voisins sont bien connus des anatomistes et des chirurgiens, ils nous paraissent prendre un intérêt nouveau sur les films radiographiques.

Ce que les films radiographiques soulignent à l'évidence, c'est l'intimité et la constance du rapport unissant la Rate à l'Estomac. D'ailleurs dans le cas d'inversion des organes abdominaux, nous avons observé lorsque l'Estomac était transposé à droite, que la Rate le suivait fidèlement toujours séparée de lui par l'espace interviscéral.

C'est vraisemblablement ce rapport de la Rate avec l'Estomac qui explique le plus souvent les dépressions rencontrées sur la grande courbure gastrique et qui sont décrites sous les noms de biloculation passive, de biloculation d'emprunt.

Les splénectomisés en fournissent d'ailleurs la preuve puisque chez eux l'Estomac apparaît généralement cylindrique.

Les autres rapports de la Rate : rapport avec l'angle oblique gauche, rapport avec le rein, nous paraissent de moindre importance du point de vue radiologique.

III. — *La cinématique de la Rate*

Nous avons les premiers enregistré sur *des films radiographiques en série* les mouvements de contraction de *la rate normale* après la course, l'effort, l'émotion, l'injection d'adrénaline.

C'est actuellement l'injection d'adrénaline qui constitue le moyen le plus pratique et le plus précis pour étudier en quelque sorte au ralenti la cinématique de la Rate.

Les constatations faites d'abord chez l'*homme normal*, nous avons pu les enregistrer aussi chez des malades porteurs de *rates hypertrophiées*, congestives au cours des états infectieux aigus ou chronique.

Ainsi grâce à la Radiologie, on peut étudier la cinématique de la Rate chez l'homme plus facilement, plus simplement que Barcroft ne l'avait fait chez le chien ; grâce à la radiologie, on peut préciser le mécanisme des mouvements de contraction et de décontraction de la rate humaine.

IV. — *L'examen radiologique des splénomégalies*

Les connaissances de cette anatomie et de cette physiologie radiologiques de la rate est particulièrement précieuse dans la pratique des Splénomégalies.

1° Une tumeur qui présente l'une des formes que nous avons décrites et le plan de clivage caractéristique, qui se contracte sous l'influence d'une injection d'adrénaline est bien une rate, une rate normale, appartenant au groupe des rates congestives (rates infectieuses, rates paludéennes).

2° Une tumeur qui présente l'une des formes décrites et son plan de clivage caractéristique, mais qui ne se contracte pas sous l'influence d'une injection d'adrénaline, est probablement une rate, mais une rate appartenant soit au type Banti, soit au groupe de rates envahies par un processus pathologique (tumeurs, états leucémiques), etc., etc...

Le radiologiste peut donc apporter une indication pour le *diagnostic étiologique des splénomégalies.*

Des radiographies réalisées à intervalles répétés peuvent être utiles pour le pronostic d'une splénomégalie.

Nous avons montré ailleurs que des contractions de moins en moins perceptibles pouvaient être interprétées comme une extension du processus pathologique.

Enfin pour nous, une rate qui se contracte, qui remplit son rôle physiologique d'organe réservoir, ne doit pas être enlevée et nous avons montré les conséquences lointaines et irrémédiables de la splénectomie pour l'individu diminué dans sa valeur physique musculaire.

En revanche une rate inerte, qui ne remplit plus son rôle normal peut devenir un danger pour le Foie et s'il n'y a pas de contre-indications tirées de l'état du sang (formule sanguine, leucémie, etc.), il est logique de la supprimer ; c'est peut-être cette inertie qui constitue la meilleure indication opératoire de la Splénectomie.

IV. — *Le diagnostic des tumeurs de l'hypochondre gauche*

Ainsi, grâce à l'examen radiologique, on peut avoir la preuve qu'une tumeur de l'hypochondre gauche est bien la rate. Mais il y a des cas difficiles et l'on sait par exemple que les cancers dits pseudo-splénomégaliques de l'Estomac simulent une grosse rate, parfois jusqu'à l'intervention ; que certains pseudo-kystes du pancréas, que certains kystes hydatiques du lobe du Foie, que certaines tumeurs du rein peuvent faire croire à des splénomégalies et laisser longtemps le diagnostic en suspens.

Or, trois moyens ont paru précieux pour le diagnostic des cas difficiles de tumeurs de l'hypochondre gauche, moyens qui sont le corollaire de notre étude anatomo-physiologique.

1° *C'est d'abord la constatation directe sur les films d'une Rate normale* qui permet d'éliminer une tumeur de la Rate.

2° C'est la constatation d'une forte contraction adrénalinique sur une ombre, de contours incertains qui permet d'affirmer qu'il s'agit bien d'une Rate normale (ptosée par exemple) ou hypertrophiée. Mais une rate hypertrophiée peut ne pas se contracter (rate de Banti ; rate leucémique, rate tumoral, etc.).

3° *Il faut alors recourir au barytage systématique de l'Estomac.*

L'Estomac apparaît en effet comme le véritable balancier de l'hypochondre gauche, traduisant dès le début les oscillations des organes environnants. Dès que la Rate s'hypertrophie, l'ombre gastrique est reportée à droite ; au contraire, quand l'Estomac est déjeté à gauche, on peut presque à coup sûr éliminer une splénomégalie et penser à une tumeur partie du lobe gauche du Foie par exemple.

Il reste bien entendu que l'exploration de l'hypochondre gauche ne saurait être complète dans les cas difficiles sans avoir recours *à la pyelographie* et davantage encore lorsqu'on a des raisons de penser à une lésion du rein.

VI. — *Le Jeu des Organes voisins de la Rate*

L'étude de l'anatomie et de la physiologie mécanique de la rate permet donc au radiologiste d'apporter au médecin et au chirurgien des renseignements de plus en plus nombreux. Etudiant la rate, nous avons été amenés à étudier aussi du même point de vue anatomo-physiologique les organes en liaison anatomique ou fonctionnelle avec elle.

C'est ainsi que nous avons pu voir que l'estomac semblait parfois paresseux, voire inerte pendant que la rate se contractait sous l'influence de l'adrénaline ; que les anses du gros intestin restaient souvent immobiles pendant le même temps.

C'est ainsi que nous avons fait des constatations inverses lorsque nous injections une autre hormone, probablement antagoniste : l'insuline.

La rate ne bougeait pas, alors que l'Estomac et l'intestin semblaient avoir un péristaltisme accru.

Mais ce sont surtout les mouvements du Foie qui ont le plus retenu notre attention. Il y a une *hépato-contraction à l'adrénaline* comme il y a une spléno-contraction, une hépato-contraction moins grossière cependant, mais que les films radiographiques peuvent enregistrer et étudier dans ses modalités.

En débordant un peu le cadre de l'Anatomie et de la Physiologie Radiologiques de la Rate, nous avons voulu montrer l'intérêt qu'il y avait pour le radiologiste à étudier non seulement la morphologie des viscères pleins, mais encore leur vie profonde ; leur physiologie mécanique : nous avons voulu montrer dans quelle voie pouvaient s'orienter nos investigations et quels services notre art pouvait rendre non seulement au clinicien, mais encore au physiologiste, au biologiste.

BOUCHACOURT

SUR LA PROTECTION DES RADIOLOGISTES PENDANT LES EXAMENS RADIOSCOPIQUES

Conclusions

A l'heure actuelle, le radiologiste pourrait être parfaitement protégé pendant les examens radioscopiques, et cela qu'il s'agisse de malades couchés, inclinés ou debout.

S'il est encore si souvent très mal protégé, cela tient à notre état d'organisation et à ce fait qu'on a beaucoup trop multiplié les installations de R. X., ce qui fait que, par économie on fait le plus souvent des coupes sombres dans les chapitres des prévisions sur la question cependant si importante des moyens de protection.

Cette pulvérisation des installations de R. X. n'a donc que des inconvénients pour le malheureux radiologiste qui est ainsi obligé de se déplacer constamment, de faire fonctionner des appareils souvent de types très divers, et cela avec ou sans l'aide d'un personnel nombreux, ou tout au moins varié.

Chacun de nous ne devrait avoir qu'une installation unique, mise au courant des derniers perfectionnements, installée au mieux dans une maison de santé ou dans un hôpital, et dont il se servirait alternativement pour les malades d'hôpital ou de clientèle.

Ce serait certainement l'intérêt des radiologistes encore plus que l'intérêt des malades (gratuits aussi bien que payants).

D'ailleurs, la plupart des pays ont résolu ce problème dans ce sens, et personne ne nous envie notre organisation radiologique, qui est telle que les examens radiologiques du tube digestif complet sont très difficiles à l'hôpital (où les services de radiologie ne sont ouverts que dans la matinée).

Quant à la radiologie obstétricale et aux opérations radio-chirurgicales d'urgence, elles sont à peu près inexistantes pour le même motif, d'autant plus que la plupart des services de radiologie de l'Assistance Publique sont fermés du samedi midi au lundi matin, c'est-à-dire pendant la période de la semaine qui présente la presque totalité des accidents d'automobile.

Il existe cependant depuis quelques semaines, en France, un ministre de la Santé publique.

COMMUNICATIONS SUR LE RADIUM ET LA RADIOTHÉRAPIE

SOURDEAU

NOUVELLES TECHNIQUES POUR LA PRODUCTION ET L'APPLICATION A LA THÉRAPEUTIQUE DES ÉMANATIONS PROVENANT DES CORPS RADIOACTIFS. (Procédé Georges Vaugeois étudié et réalisé au laboratoire de M. le Professeur d'Arsonval et sous sa direction.)

Résumé des caractéristiques essentielles des procédés G. Vaugeois

Ces procédés, absolument originaux, se recommandent tout particulièrement :

1° par la réalisation de tubes générateurs d'émanation, ou tubes émanogènes, constituant une source permanente d'émanation, facilement maniable et économique, toujours à la disposition du médecin ;

2° par la facile adaptation des tubes émanogènes à toute une série d'appareils qui représentent autant de moyens, internes ou externes, de provoquer l'irradiation requise pour le traitement d'une affection déterminée ;

3° par l'emploi d'une médication énergétique dont la limite entre la dose thérapeutique et la dose toxique est à ce point étendue qu'elle lui assure une innocuité pratiquement absolue ;

4° par la multiplicité des voies d'introduction dans l'organisme permettant d'apporter au traitement général tendant à modifier la diathèse l'appoint de traitements adjuvants destinés à agir plus particulièrement sur les accidents locaux ;

5° par la possibilité, en fixant dans l'organisme une valeur radioactive bien déterminée en puissance et variable au gré du médecin, d'adapter la cure à la sensibilité du malade ;

6° par la faculté offerte à tout malade de pouvoir suivre un traitement radioactif au lieu même de sa résidence, selon les exigences de sa santé, et non à des époques fixes, limitées par les périodes d'ouverture des stations balnéaires.

En somme, les Procédés G. Vaugois mettent en valeur une médication qui, si elle est plusieurs fois millénaire dans son essence — ce qui l'accrédite en efficacité — est en quelque sorte renouvelée par les modalités d'application d'une technique scientifique qui en multiplient les moyens d'action.

SOURDEAU et BONER

RÉSULTATS OBTENUS PAR L'APPLICATION A LA CLINIQUE DU PROCÉDÉ ÉMANOTHÉRAPIQUE VAUGEOIS

Conclusion

L'emploi des substances radioactives est limité par leur prix prohibitif, et surtout par les phénomènes d'accumulation de ces sels dans les tissus, d'où ils continuent à agir parfois pendant très longtemps après avoir cessé tout traitement. L'accumulation de ces sels dans l'organisme présente un réel danger pour des centres hématopoiétiques. L'emploi du radon et du thoron est absolument inoffensif à condition de se maintenir dans les doses comparatives à celles des eaux minérales. Nous avons presque toujours trouvé avantage à associer à l'émanothérapie les différents agents physiques. L'action des émanations comme celle des villes d'eaux est souvent indirecte. Dans les affections des différents organes, nous n'agissons pas sur les différents organes, mais en modifiant le terrain, et en le rendant plus apte à se défendre. Cette action générale qu'elle soit due, soit à une rénovation leucocytaire (Feuillié), soit à une action sur le vague et sympathique (Chales Finck), soit à une stimulation générale de l'organisme par l'apport direct au niveau des tissus de cette énergie dégagée par l'émanation, explique pourquoi l'efficacité de l'émanothérapie est réelle dans un si grand nombre d'affections.

Mlle CHAMPEIL

RADIOTHÉRAPIE ET IONISATION DANS LE TRAITEMENT DES PARALYSIES FACIALES

Je veux seulement vous dire quelques mots sur un traitement physiothérapique que j'ai fréquemment utilisé et qui m'a donné une entière satisfaction.

Il s'agit de l'association de la radiothérapie à l'ionisation d'iode dans le cas de paralysie faciale, paralysie faciale banale dite à frigore. J'élimine volontairement tous les phénomènes paralytiques, d'origine centrale, infectieux ou toxiques, soit d'origine périphérique par traumatisme direct (fracture ou tumeur). J'ajoute d'ailleurs immédiatement que dans nombre de cas, en particulier dans la plupart des lésions d'origine centrale, l'ionisation trouve des indications précieuses.

J'eus tout d'abord recours à cette méthode dans les cas graves ou rebelles ; les résultats qu'elle me donna furent si rapides, si constants, si complets que je l'emploie couramment depuis 1928. Actuellement, je la considère comme une méthode de choix.

L'application thérapeutique comprend :

1° Une irradiation de RX profonde environ 1.000 à 1.500 R, tension 35 cm d'étincelle, filtration variant progressivement de 7 mm d'AL à 12 mm AL+5/10 Zn, intensité 2 millis à 2 millis 5. Ces 1.000 à 1.500 R sont absorbés généralement en trois ou quatre séances à raison d'une séance par semaine ; j'espace cependant les deux dernières, laissant un intervalle de dix à douze jours entre elles.

Mode de localisation : rayon normal centré sur la région cervico-auriculaire dirigé dans l'axe du conduit auditif. Cette disposition m'a paru satisfaire aux conditions nécessaires : l'irradiation du Facial au niveau de son noyau bulbaire et de son émergence.

2° L'ionisation se fait avec une solution d'iodure de potassium à 10 pour mille naturellement placée au pôle négatif. J'emploie ici encore la voie auriculaire et j'utilise pour le nombre et la fréquence des séances le cycle employé par M. Bourguignon dans le traitement de l'hémiplégie.

J'ai pris dans mes fiches relatives aux malades atteints de paralysie faciale banale quinze observations. J'ai eu soin de les choisir parmi les plus importantes afin de vous donner un sentiment plus exact de l'intérêt de cette thérapeutique.

Il s'agissait de sept malades âgés de 15 à 30 ans que j'ai traités une semaine à un mois après l'apparition de la paralysie. Le résultat fut parfait et définitif.

Quatre malades de 40 à 55 ans chez lesquels les premiers phénomènes paralytiques étaient apparus de un à trois mois avant le début du traitement. Résultat moins rapide mais aboutissant tout de même à la guérison. Il est intéressant de noter que l'un de ces malades dont la paralysie datait de trois mois avait été traité précédemment sans succès par les méthodes électriques usuelles.

Deux malades, l'un de 45 ans, l'autre de 54 ans, atteints de paralysie faciale récidivante, deuxième récidive pour l'un, troisième pour l'autre. Les résultats furent excellents. J'ai eu depuis l'occasion de revoir ces deux malades et de constater que ces résultats durent encore après trois ans et demi et trois ans.

Enfin deux malades, l'une de 44 ans, l'autre de 66 ans, n'eurent malgré un traitement prolongé qu'une très grosse amélioration.

La durée du traitement, à l'exception de ces deux derniers cas, fut de quatre à six semaines.

En résumé, j'ai obtenu un succès complet dans treize cas sur quinze, une amélioration importante dans deux cas sur quinze.

Ces résultats m'ont amené à abandonner toute autre méthode et à adopter celle dont je viens de vous parler pour sa simplicité, sa rapidité et son efficacité.

(Présentation d'un appareil)

Il est évident que l'on peut réaliser sur le même principe des postes transportables ou fixes plus puissants.

EXCURSION AUX MINES DE BARYTE DE BOU-MAHNI

(Vendredi 18 avril)

Au cours des séances de la Section, un rapide exposé technique a été fait sur le sulfate de baryum et les mines de Bou-Mahni, par M. PORTES, Professeur de Physique médicale à la Faculté de Médecine d'Alger.

VISITE DU SERVICE RADIOLOGIQUE DES TEIGNEUX

(Clinique de M. le Professeur M. RAYNAUD)

(Samedi 19 avril)

Présentation par M. le Docteur BÉRAUD, Chef du Service des Teignes de malades traités par les Rayons X, et de malades traités par l'acétate de thalium.

Présentation de malades et d'une iconographie de malades néoplasiques par M. le Docteur Henri ABOULKER (Service de M. ABOULKER).

De l'éclairage moderne du champ opératoire scialytique et scialyscope

Causerie de M. le Professeur COSTANTINI, sur quelques problèmes physiques concernant l'éclairage dans les salles d'Hôpitaux (Clinique Chirurgicale), et par M. le Professeur VÉRAIN, sur le Scialytique et sur le Scialyscope (Clinique Chirurgicale).

Ces auteurs, dans une conférence dont chacun développe une partie, envisagent les données qui doivent aujourd'hui guider l'éclairage du champ opératoire.

Un appareil nouveau est né qui a transformé cet éclairage ; c'est le scialytique. Cet appareil a permis de ne plus envisager comme indispensable les larges baies lumineuses d'autrefois. Par contre, il éclaire trop vivement le champ opératoire par sa lumière artificielle, qui fatigue les yeux.

Il est facile d'obvier à cet inconvénient par l'utilisation de champs gris-bleus, qui sont très pratiques, car ils empêchent l'opérateur de regarder une surface lumineuse d'un blanc aveuglant.

Du scialytique est né le scialyscope, appareil ingénieux qui permet la projection du champ opératoire sur un écran inséré sur la cloison d'une chambre de vision.

V.. fait un parallèle entre le scialytique qu'il a inventé et les imitations françaises et étrangères, dont la plus répandue est le pontaphos. Il montre la supériorité optique des miroirs trapézoïdes de réflexion sur le miroir concave utilisé dans ce dernier appareil.

BOURGUIGNON

PRÉSENTATION D'UN APPAREIL PORTATIF POUR LES MESURES DE LA CHRONAXIE

JAUBERT de BEAUJEU

SUR LA RADIOGRAPHIE DE PROFIL POUR LA LOCALISATION DES AFFECTIONS INTRA-THORACIQUE

CASSAR et JAUBERT de BEAUJEU

UN NOUVEAU CAS DE MYOSITE OSSIFIANTE PROGRESSIVE

BOUQUET et JAUBERT de BEAUJEU

DYSTOPIE DU GROS INTESTIN. ABSENCE DE COLON DESCENDANT. CŒCUM RETOURNÉ SOUS LE FOIE

JAUBERT de BEAUJEU

PRÉSENTATION DE QUELQUES RADIOGRAPHIES ABSOLUMENT INSTANTANÉES DU CŒUR

Téléradiographies du cœur obtenues avec 180 kilovolts

L'auteur montre quelques radiographies instantanées du cœur faites à des distances variant entre 2 mètres et 3 mètres.

La technique est la suivante : bobine de 50 cm. d'étincelle, interrupteur Wenelt à trois pointes, ampoule Coolidge pour thérapie profonde dans l'air à 200.000 volts. Etincelle équivalente 38-40 cm.

Robert COLIEZ

SUR LA FIXATION D'UNE UNITÉ PRATIQUE DE RAYONNEMENT GAMMA EN PRATIQUE MÉDICALE

P. GOINARD et LE GENISSEL

DIAGNOSTIC RADIOLOGIQUE DE L'ECHINOCOCCOSE RACHIDIENNE

Les signes radiologiques sont suffisamment caractéristiques pour permettre de faire le diagnostic de l'echinococcose rachidienne. L'absence de décalcification et d'hyperostose, les caractères particuliers des excavations vertébrales, les tassements vertébraux avec conservation des interlignes nous semblent être suffisamment caractéristiques pour éviter la confusion avec le mal de Pott. La fréquence des lésions paravertébrales (lésions costales avec amputation d'apophyses transverses et agrandissement des trous de conjugaison) et surtout la coexistence d'images kystiques paravertébrales sont autant de caractères très spéciaux qui permettent de différencier l'echinococcose rachidienne des lésions spécifiques ou métastatiques de la colonne.

S'il est vrai, comme certains le pensent, que l'Echinococcose est assez souvent d'origine non pas osseuse mais paravertébrale, qu'elle provient d'un kyste primitif des muscles des gouttières ou du tissu cellulaire sous-pleural, la radiographie permettrait même un diagnostic précoce, en mettant en évidence des images kystiques paravertébrales.

Cette question ne présente pas un intérêt purement théorique. L'echinococcose rachidienne n'est plus au-dessus des possibilités de la chirurgie. Et les résultats de cette chirurgie s'amélioreront encore lorsque l'on saura reconnaître cette affection plus fréquemment et plus précocement, grâce à la radiographie.

(Présentation de malades de pathologie algérienne.)

14e section

ODONTOLOGIE

Président. . . . . M. A. Joachim, Chirurgien-dentiste (Bruxelles).
Vice-Président. . . . . M. le docteur Fourest (Alger).
Secrétaire. . . . . M. Wallis-Davy, Chirurgien-dentiste (Paris).

Johan VAN DEN BERGH
(Amsterdam)

LA TECHNIQUE DES INLAYS INDIRECTS

On a beaucoup publié au sujet des inlays pendant les dernières quinze années. Après la publication de la découverte frappante que le Dr Taggart fit à ce sujet, on se rendit bientôt compte que cette technique promettait des possibilités énormes. Mais en même temps on constatait qu'il fallait encore étudier et expérimenter cette matière pendant de longues années, avant de la maîtriser entièrement.

L'étude de la question se partageait bientôt en deux directions, c'est-à-dire : *d'une part* un groupe qui essayait d'atteindre son but en étudiant les qualités physiques des matériaux nécessaires à ce procédé ; *d'autre part* un groupe qui ne s'occupait guère des matérieux, mais qui étudiait et expérimentait uniquement, pour trouver une méthode selon laquelle on pourrait satisfaire les exigences les plus hautes au point de vue des inlays.

Parmi les hommes de science qui entamèrent l'étude de la question des qualités physiques des matériaux, je cite les noms de van Horn, Harden et Bakker.

V. Horn fit des recherches au sujet de la dilatation et du rétrécissement de la cire des inlays. Il découvrit que cette cire subissait un rétrécissement ou une dilatation de 1/10 % à une différence de 5 degrés de température.

Pour illustrer l'importance pratique de cette découverte, je vous donne l'exemple suivant

Après la préparation de la cavité, l'empreinte de cire est faite dans la bouche, c'est-à-dire à une température de 95 degrés Fahrenheit ! Le modèle de cire étant préparé, on l'enlève et le place sur une pointe de coulée dans le cabinet de travail, donc à une température d'à peu près 65 degrés. Le revêtement est délayé avec de l'eau d'une température de 45 %, c'est-à-dire un rétrécissement de 0/10 % de l'empreinte de cire originale.

Bakker a fait une étude de la prise des métaux et il en conclut qu'il faut faire la fonte dans un anneau tiédi, parce que l'on peut influencer la forme des isothermes pendant la coagulation de cette façon. Dr Harder, de l'Université de Minnessota, a publié un article dans le *Cosmos* de 1926, traitant de la réaction du plâtre à différentes températures. Son étude à ce sujet l'a mené à la conclusion remarquable, qu'il n'y a qu'une dilatation *minime* pendant le chauffage, tandis qu'il y a un rétrécissement d'1 % pendant le refroidissement. Vous voyez comme le sujet est compliqué.

Bakker arrive à la conclusion que l'on atteint un minimum de changement de forme du métal en faisant la fonte dans un revêtement tiédi, et Harder dit que le revêtement subit un rétrécissement de 1 % après le refroidissement. Comme nous savons qu'il se produit encore un rétrécissement de 1 % par la contraction de l'or fondu, il n'est pas étonnant que le résultat des méthodes directes ne puisse jamais donner entière satisfaction.

Les faits susdits ne peuvent être négligés, car quelles sont les suites de la méthode directe, telle qu'elle est appliquée par au moins 90 % de nos collègues ?

I. Avoir souvent à refaire les inlays, avant de pouvoir les cimenter.

II. Une occlusion trop élevée et en plus une adaptation cervicale imparfaite, qui, généralement, ne se constate pas immédiatement.

III. Des inlays avec des grosses couches de ciment entre l'inlay et le bord de la cavité. Lorsque ce ciment se dissout, il en résulte une carie secondaire.

IV. Une sensibilité de la dent traitée, par suite d'une pression trop forte sur les fibrilles de Tomes occasionnée par une tension trop grande.

V. Fracture de la dent bucco-lingualement de la couronne.

VI. L'anatomie de l'inlay laisse beaucoup à désirer. C'est pour les raisons susdites que je suis persuadé que la méthode indirecte est la seule technique qui puisse éviter les fautes nommées.

La méthode indirecte a fait de grands progrès, grâce à des expérimentations et à des recherches multiples. Le résultat obtenu, se résume de la façon suivante :

Une nouvelle méthode de préparation des cavités, qui facilite l'adaptation aux bords et sacrifie moins de tissu. Une préparation simplifiée pour le dentiste et un traitement moins désagréable pour le client.

Quelles sont, clairement spécifiées, la ressemblance et la différence dans la mise en pratique de ces deux méthodes ? Toutes deux aspirent à la construction d'un inlay, qui répond à toutes les exigences.

I. La méthode *indirecte* est plus facile, demande moins de temps, au praticien et épargne du temps au client.

II. Le résultat en est *certain*.

III. Les possibilités pour ce qui concerne la préparation des cavités sont plus grandes.

IV. Celui qui travaille de la façon indirecte, n'est pas forcé de s'appliquer à atteindre immédiatement par la fonte, une adaptation suffisamment parfaite pour faire disparaître entièrement le petit bord de ciment.

Il peut atteindre ce but à la perfection après la fonte, parce que la copie en amalgame de la dent avec la cavité est exacte.

V. Lorsque l'inlay revient du laboratoire, on peut le cimenter tel qu'il est, sans nécessité de retoucher la surface masticatrice qui est parfaitement modelée anatomiquement.

VI. En cas de malchance, on a toujours le moyen de fondre un nouvel inlay, sans déranger le client. Celui qui travaille selon la *méthode directe* est forcé de se tenir à une préparation de cavités, qui est surannée, comme la préparation améliorée et simplifiée lui rendrait impossible de maintenir sa technique.

Il doit toujours sacrifier plus de tissu qu'il n'est nécessaire. Le modelage de surface masticatrice parfait au point de vue anatomique, lui est souvent impossible. Il ne peut jamais faire des inlays aussi minces que la méthode indirecte. Après le placement de l'inlay, il risque toujours de l'endommager sérieusement en polissant l'or des bords.

Finalemnet, l'indication des inlays est beaucoup plus grande selon la méthode indirecte.

Le but de ma conférence a été de tâcher de démontrer les raisons pour lesquelles la méthode directe n'est pas juste. Forcément, il m'est impossible de vous donner ici un exposé détaillé de la méthode indirecte.

Pour vous montrer néanmoins ce que nous pouvons atteindre par cette méthode, je vous ai apporté un moulage de la technique entière, du commencement jusqu'à la fin.

Je dois ajouter que, pour arriver à mettre en pratique le résultat que je vais vous montrer, il serait nécessaire d'assister à une démonstration de cette technique, parce que chaque pas, chaque détail, que vous verrez ici, exige un traitement spécial.

Dr FOUREST

(Alger)

RÉIMPLANTATIONS DENTAIRES

J'avais un moment eu l'espoir de pouvoir vous présenter ici quatre cas de réimplantation sur six dont je voulais vous faire la relation. En réalité, il ne m'est possible finalement que de vous présenter ce jeune homme que je remercie bien vivement de ne m'avoir pas fait faux bond. Mon but, en faisant cette présentation, n'est point de vous rappeler une technique qui vous est connue ; je n'ai aucune nouveauté opératoire à vous offrir : simplement je voudrais, ayant été heureusement impressionné par les résultats immédiats et, comme vous le verrez, même lointains de cette opération, vous recommander d'y penser plus souvent, de l'employer sans crainte, car, exécutée avec soin et avec asepsie, vous obtiendrez par elle de réelles satisfactions professionnelles. Les cas que je vous présente aujourd'hui sont anciens ; tous sauf un, intéressent des enfants ou de jeunes adolescents.

Observation I. — Le premier en date remonte à 1920. C'était une fillette de 12 ans, assez fluette, qui fait une chute dans un square, sur une baguette de cerceau. On me la conduit immédiatement ; la mère et l'enfant sont affolées. Une dent manque, l'incisive latérale gauche ; mais la centrale tient à peine, et j'achève son occlusion. Puis, sur mon conseil, on va à la recherche de la dent, on la trouve. Dès le lendemain, je fixe mes dents préparées au laboratoire et vingt jours après, la consolidation était définitive. Cette jeune fille a grandi, s'est mariée en France, a eu des enfants. Une de ses parentes d'Alger, vue il y a encore peu de temps, m'affirme quelle possède toujours ses dents réimplantées et ne se plaint ni de douleurs ni d'ébranlement, ni de changements de couleurs.

Observation II. — Ce jeune homme, M. D..., que j'ai d'ailleurs présenté ici en 1925, à la Société de médecine d'Alger, m'est conduit un jour par son père. Il était à ce moment lycéen de 13 ans, avait livré sans doute quelque combat singulier : l'incisive latérale droite était restée sur le carreau.

Il avait d'ailleurs eu soin de ramasser à terre le corps du délit. Au moment de sa visite, l'accident remontait à une bonne semaine, mais la cicatrisation alvéolaire n'était pas encore complète ; d'ailleurs les dents voisines étaient un peu ébranlées encore, et je crois bien que c'est pour ces dents surtout que ce garçon m'avait été conduit. A ma demande de la dent, celle-ci me fut remise, aussitôt sortie d'un portefeuille où elle reposait depuis huit jours. Sans trop de peine je pus, le lendemain, effectuer sa réimplantation et 20 jours après elle était solide. M. D.. a grandi beaucoup depuis cette époque et de temps en temps vient me faire voir sa dent. Il y a quelques mois, nous avons eu tous les deux une vive alerte. Au cours d'un accident, un choc assez violent avait ébranlé cette réimplantée ; quelques pointes de feu, et en quelques jours la reconsolidation était rétablie. Peut-être est-ce la cause de la légère déviation que vous constatez, et que je n'avais pas notée auparavant.

Observation III. — M. R. S... Presque superposable à la précédente, date de 1926 sur un garçon de 14 ans. La dent (incisive latérale droite), luxée dans un accident, ne tenait que par un ligament alvéolaire. Réimplantée 48 heures après, consolidée en 15 jours.

Jeune homme revu en décembre, et devait se trouver ici pour Pâques. Dent très claire, et très fixe.

Observation IV. — A..., lycéen, 16 ans, avril 1926, m'est conduit parce qu'on lui a enlevé une canine dite de lait. A l'examen, les parents se sont rendu compte qu'elle avait une trop belle racine, pour être temporaire et m'ont demandé ce qu'il fallait faire. La canine est en effet petite, mais est bien une définitive (canine gauche supérieure). Réimplantation le lendemain. Suite normale.

Ce jeune homme, étudiant à Alger, est parti en vacances il y a quelques jours. Sa canine est superbe et solide.

Observation V. — M. L. V..., octobre 1926, 15 ans, chute dans un escalier. Luxation complète avec fracture de la centrale droite. Réimplantation de la dent le lendemain, soigneusement reconstituée par un ciment porcelaine dont le volume fait plus du 1/3 de la couronne. J'avais fait toutes sortes de réserves sur l'avenir de cette dent, dont j'escomptais une survie de quelques mois seulement. Elle est actuellement, paraît-il, en bon état, et sa propriétaire ne songe pas encore à réaliser le bridge dont je lui ai fait entrevoir la nécessité prochaine.

Observation VI. — Cette observation intéresse une personne plus âgée (40-45 ans), mère de famille, atteinte de pyorrhée — forme latente sans suppuration très nette, mais avec déchaussement considérable. Elle vient un jour me trouver (décembre 1928) affolée. Un petit choc lui a fait sauter la centrale supérieure gauche.

Ayant entendu parler de quelques cas de réimplantation que j'avais réalisés, elle me demande impérativement de lui « greffer sa dent ». Malgré mes efforts pour lui faire abandonner son projet, et en présence d'une volonté absolue qui m'absout par avance d'un échec possible, je réalise la réimplantation dans une alvéole qui n'a que moitié de sa hauteur, et au milieu d'incisives qui sont branlantes.

Et cependant le résultat a été excellent. Ma patiente vient assez fréquemment me faire voir sa dent, et son sourire à ce moment est quelque peu malicieux. Elle prétend même que, depuis son accident, sa pyorrhée va mieux. Je me dispose d'ailleurs à réaliser ces temps-ci, chez cette patiente, un bridge de contention du bloc incisif supérieur, dans lequel sera prise la dent réimplantée.

Et voici maintenant les réflexions que peut suggérer l'examen de ces cas.

Vous voyez que les résultats, même déjà lointains, de cette opération, sont intéressants au point de vue esthétique et au point de vue fonctionnel.

Mais surtout, son intérêt devient considérable chez l'enfant et l'adolescent — tout au moins en ce qui concerne les mono-radiculaires. Qu'allez-vous faire d'un enfant de 10 à 15 ans dont une dent antérieure a sauté accidentellement ? — Un appareil ? Non, n'est-ce pas ? — Un bridge ? C'est bien risqué. Les dents piliers, pas encore calcifiées, avec leurs grosses pulpes de développement qu'il va falloir enlever, risquent de vous donner bien des mécomptes.

Si, au contraire, vous songez à la réimplantation, vous avez les plus grandes chances d'avoir un résultat immédiat. Et puis ce sera des années de gagnées, pour les travaux ultérieurs.

A 18 ans, les bridges ont déjà des chances de pouvoir être bien faits, je veux dire *durables*, quels que soient les procédés employés.

C'est parce que cette petite opération me paraît un peu oubliée en pratique que j'ai cru devoir prendre aujourd'hui sa défense. J'espère qu'elle vous donnera éventuellement les très réelles satisfactions professionnelles qu'elle m'a fournis déjà dans un assez grand nombre de cas.

Ch. F. L. NORD
(La Haye)

LES MESURES PROPHYLACTIQUES DANS L'ORTHODONTIE

Quoique personne ne puisse nier que, dans les 30 dernières années, l'Orthodontie ait fait des progrès très considérables, et même que ses tentatives empiriques individuelles aient abouti à la création d'une science nouvelle, il faut néanmoins constater que les résultats acquis ne sont pas à la hauteur de ceux obtenus dans les autres branches de l'art dentaire.

Certes, entre les mains des spécialistes, l'habileté technique et, par suite, la thérapie des cas difficiles s'est développée à un degré considérable : mais on doit reconnaître que, pour l'immense majorité des anomalies dento-maxillo faciales on ne fait guère plus que ce n'était le cas autrefois. Le praticien ordinaire est même tellement pénétré de l'idée qu'il doit abandonner au spécialiste le travail orthodontique moderne, qu'il a fini par trouver tout naturel de ne faire aucun cas, ou presque aucun, de ces anomalies. Il ne se rend pas compte qu'il manque à son devoir de praticien dentaire en faisant son travail de conservation et éventuellement d'embellissement dans une bouche dont les éléments ne tarderont pas à périr par leur articulation défectueuse.

Les innombrable bouches difformes qui peuvent faire échouer des carrières et diminuer la joie de vivre, sont autant d'accusations, élevées contre l'art dentaire et ceux qui l'exercent. Et la question surgit d'elle-même : « Tout cela est-il inévitable et n'y a-t-il à cela aucun remède ? » A mon avis, cette question appelle une réponse affirmative, seulement on devra s'engager dans des voies nouvelles. De même que l'on a compris l'impossibilité de traiter d'une manière efficace les dentures carieuses négligées des adultes, mais qu'il importe de commencer par le commencement, c'est-à-dire par le jeune âge, on devra appliquer également ce principe à l'orthodontie si l'on veut réaliser des progrès dans ce domaine.

Jusqu'ici les cas orthodontiques nous étaient soumis à un âge où l'anomalie se trouvait à tel point que seul un traitement long et difficile, et partant coûteux, y pouvait porter remède ; et même quand les parents nous amènent leurs enfants encore jeunes, combien de fois ne leur conseille-t-on pas de revenir dans quelques années ? Tant que cette fausse conception n'aura pas été extirpée radicalement dans les milieux des praticiens dentaires, il ne pourra être question d'une amélioration. C'est pourquoi on ne le dira jamais ni trop haut ni trop souvent : *il n'y a presque aucune anomalie orthodontique qui ne se révèle dès la dentition temporaire et qui ne puisse, dans presque tous les cas, être combattue facilement.*

Ce premier axiome une fois universellement admis, la conclusion s'imposera d'elle-même.

Car nul ne songera à nier que les anomalies de la dentition temporaire ne doivent être beaucoup plus simples que celles de la dentition permanente. Tout le monde reconnaîtra aussi que, plus le sujet est jeune, plus les redressements des dents et du maxillaire seront faciles.

Reste donc la question de savoir s'il est possible d'intervenir dès le jeune âge de manière à atteindre rapidement et par des moyens simples un résultat satisfaisant. Je crois que d'ores et déjà on peut résoudre cette question par l'affirmative.

On a classifié les défectuosités de la denture en anomalies héréditaires et en anomalies dues à de mauvaises habitudes du sujet. Dans les derniers temps on a mis en cause également le problème des sécrétions internes.

Entendu qu'un enfant peut présenter aussi une anomalie congénitale dont on ne peut découvrir aucune trace dans son ascendance ; ensuite ce domaine étant encore pour la plus grande partie un terrain vierge, et que dans la thérapie ces questions ne jouent pas de rôle décisif pour le jeune enfant, nous ne pouvons négliger l'étiologie des anomalies pour autant qu'il faille la chercher là.

Observons néanmoins qu'il y a lieu de rechercher avec le plus grand soin si l'on peut découvrir de mauvaises habitudes qui aient pu provoquer l'anomalie. Il est évident, en effet, que ces habitudes doivent en tout premier lieu être supprimées si l'on veut obtenir quelque succès par le traitement.

Parmi ces mauvaises habitudes, il y a celle de sucer le pouce ou les doigts, de mordiller la langue et les lèvres et les différentes habitudes du sommeil. Non seulement l'enfant jeune se couche systématiquement avec un coin de coussin ou de couverture dans la bouche ou bien le poing appuyé d'habitude à une partie déterminée de la mâchoire supérieure ou inférieure : la position du corps elle-même peut exercer une influence funeste sur le développement de telle ou telle anomalie.

Le décubitus principalement *ventral* favorisera la seconde classe d'Angle, tandis que le décubitus *dorsal* sera propice à la formation d'une classe III.

La question de la respiration par la bouche est en rapport étroit avec cette manière. Il est notoire, en effet, que la respiration buccale est la cause première d'une foule d'anomalies et qu'il faut donc commencer par y mettre fin.

On contrôle donc si le malade peut respirer suffisamment par les deux narines. Si ce n'est pas le cas, c'est le médecin pour affections oto-rhino-laryngologiques qui devra porter remède à la situation. Dans la suite cependant l'enfant gardera le plus souvent la tendance à dormir la bouche ouverte et cette habitude devra être combattue efficacement.

Les expériences de Rogers ont démontré combien peuvent être utiles, dans tous ces cas, des exercices musculaires bien conduits.

Mais le grand inconvénient est que, comme nous l'apprend l'expérience, on n'en vient guère, pratiquement, à faire des exercices de ce genre. Il faut par conséquent rechercher des méthodes qui soient non seulement peu coûteuses mais à la fois d'application facile.

Ainsi un moyen fort simple, coupant court immédiatement à d'innombrables mauvaises habitudes, c'est un respirateur que l'on ajuste derrière les oreilles au moyen d'élastiques.

Je me sers pour ce but d'un respirateur en aluminium à soupape, de sorte que le malade peut aspirer l'air éventuellement par la bouche tout en étant forcé de tenir les lèvres fermées.

Ce petit appareil fort simple empêche tout d'abord toutes les habitudes de succion ainsi que l'habitude de dormir la bouche ouverte. C'est en outre un excellent moyen pour réduire une classe III commençante, puisque la pression exercée sur la mâchoire supérieure est plus grande que celle exercée sur la mâchoire inférieure.

Pour les cas rentrant dans la classe III, la mentonnière rend des services signalés.

Toutefois l'apareil qui est dans le commerce présente le grand inconvénient que le filet serre-tête n'est généralement pas à la bonne mesure, de sorte que, pendant la nuit, il se déplace, ou glisse, ou bien qu'il gêne l'enfant dans son sommeil.

Il est fort aisé et plus recommandable de faire soi-même une bande de toile à la mesure de la tête (comme on fait pour les fractures du maxillaire) et d'y ajuster la mentonnière. Lorsque la mentonnière ne prend pas bien le menton, il est très facile de prendre une empreinte du menton et de faire soi-même une petite plaque en aluminium à cet effet.

Si l'on doit obvier en même temps à l'habitude du décubitus dorsal, on y mettra fin d'une manière fort simple en plaçant un coussinet sous le menton de l'enfant.

Au lieu des exercices musculaires de Rogers, on peut en outre engager l'enfant à se faire une habitude de mordiller la lève inférieure ou la lèvre supérieure ou bien d'appliquer les incisives les unes sur les autres et de faire un mouvement de grincement. Ce sont là des choses que non seulement on obtient fort aisément d'un enfant, mais que généralement l'enfant trouve intéressantes et que, par conséquent, il applique avec persévérance.

Un grand nombre de ces mesures doivent donc être prises à un âge précoce, c'est-à-dire alors que le dentiste n'a pas encore l'occasion de voir l'enfant. C'est dire que les parents doivent savoir qu'ils ont à veiller à ces choses et que, dans la propagande menée en faveur des soins dentaires à l'école et de l'hygiène de la bouche, ces indications ne peuvent plus rester lettre morte.

Mais les médecins de famille, les médecins pour enfants et les médecins pour les affections oto-rhino-laryngologiques auront également à jouer ici un rôle de la première importance, auquel ils ne se déroberont pas, dès que leur attention aura été suffisamment attirée par ces faits.

Ceci soit dit également pour la mise en garde contre l'usage de sucettes mal construites qui, come on ne le sait que trop bien, entraînent souvent des conséquences funestes pour la formation normale des maxillaires.

La lutte contre le rachitisme — encore un facteur important — est l'un des rares objets auxquels on ait consacré effectivement, au cours des dernières années, nu peu plus d'attention que ce n'était le cas autrefois.

Outre les mesures ci-dessus, relevant pour la plupart de la médecine générale, il y a encoer nombre de facteurs purement dentaires, qui doivent être considérés avec le plus grand soin à l'examen de la denture temporaire, parce que ce sont là généralement les causes principales, sinon uniques des déviations ou des habitudes existantes. D'un côté, il faut donc attirer l'attention sur la nécessité de faire examiner par le dentiste les enfants âgés de cinq ans ; d'autre part, le dentiste doit examiner de la façon la plus minutieuse si l'état de la première dentition garantit une disposition normale des éléments permanents.

Lors de cette inspection, il devra faire attention à l'occlusion au limage normal, à la disposition des dents et à la configuration des maxillaires. Si l'occlusion est défectueuse, l'expérience enseigne que cette mauvaise articulation finit par stabiliser une déviation de croissance qui aurait pu être empêchée par une intervention en temps opportun, c'est-à-dire dès le jeune âge. Ici le respirateur et la bande mentonnière ne suffiront plus à enrayer le mal, il sera en outre nécessaire d'enlever les cuspides des molaires temporaires ou les canines temporaires afin de supprimer définitivement la mauvaise occlusion. En outre, en enlevant approximativement les cuspides des molaires temporaires, on peut favoriser la disposition normale mésiodistale des premières molaires permanentes. Si, pour une raison quelconque, il est recommandable de ne pas procéder au limage, parce que l'on abaisserait de la sorte le niveau de contact des dents ou que le traitement serait trop douloureux, on peut néanmoins obtenir le glissement des molaires en relevant le niveau de contact au moyen de plombages et de couronnes.

Un autre moyen très simple, c'est de porter une plaque en caoutchouc à la mâchoire supérieure, de manière que le contact s'établisse et se maintienne dans la position voulue.

Si les déviations en question sont dues à de mauvaises habitudes, les mesures fort simples dont je viens de parler suffiront à rétablir en peu de temps la position normale, parce qu'alors plus rien ne contrevient à la croissance naturelle.

Il en est autrement lorsqu'il s'agit de déviations dues à la carie ou aux extractions.

La carie des molaires temporaires peut déjà, par suite d'un léger déplacement, être cause d'une occlusion imparfaite qui donnera lieu ultérieurement à une classe d'Angle II ou III.

Il ne suffira pas de remédier aux ravages de la carie par des obturations, mais on devra prendre soin de faire les redressements nécessaires. A cette fin on fera d'une manière judicieuse des obturations à la gutta-percha et, au besoin, on relèvera le niveau de contact. Si la déviation est due à des extractions, on ne pourra se passer du secours des appareils simples.

Les éléments déviés devront être reliés par des ponts et la position normale rétablie par un système à vis. Généralement c'est là la solution la plus simple. Si la déviation n'est pas encore grave, une cloison en gutta-percha établie solidement entre les éléments suffira le plus souvent à rétablir la distance normale qui devra être maintenue ultérieurement par une plaque en caoutchouc ou un pont fixe.

Restent finalement les cas de conformation anormale des maxillaires : ici seulement les appareils peuvent apporter un changement. Il s'agit alors des cas où le manque du diastème suffisant fait prévoir qu'il n'y aura pas assez de place pour les incisives permanentes. Ensuite il y a le rétrécissement du maxillaire supérieur ou inférieur.

Dans ces cas, il est absolument nécessaire de procéder à l'expansion et, dans la pratique, il suffira que l'on dispose d'un petit appareil qui produise d'une manière efficace cette expansion.

A cet usage, je puis vous recommander très instamment la plaque d'expansion dont je me sers depuis plus de dix ans et avec laquelle j'obtiens, dans ces cas, des résultats définitifs au bout de deux ou trois mois.

C'est une plaque en caoutchouc coupée par le milieu et dont une vis règle l'écartement. En faisant porter cette plaque la nuit par l'enfant et en y donnant un tour de vis par semaine, on obtient de la manière la plus simple et sans que le patient en éprouve quelque gêne, n'importe quel degré d'expansion rapide.

S'il est souhaitable de relever le niveau de contact pour la rectification de l'articulation, on fixe à cette plaque des crochets propres à amener ce relèvement de niveau. Les dimensions de la plaque écartent tout danger que l'enfant puisse l'avaler.

Il y a des années déjà, j'ai dit que je me servais également de ces plaques chez des patients plus âgés pour l'immense majorité des cas de redressement qui me sont soumis.

Je me contenterai pour le moment de signaler que, dans les cas où la seconde éruption est déjà en cours avant que vous n'ayez commencé le traitement, vous pourrez employer avec succès ces appareils d'expansion en combinaison avec des fils d'or qui peuvent y être adaptés.

Nous voyons souvent en effet que l'on ne nous amène les petits patients qu'à l'âge d'environ 7 ans, lorsque les parents sont mis en garde que les incisives permanentes s'alignent mal, faute d'espace.

Dans ce cas, l'expansion seule ne conduit plus au but : il sera nécessaire également de faire rentrer les dents supérieures saillantes, déviation très fréquente que l'on redressera efficacement au moyen du fil d'or fixé à la plaque.

En résumé, je tiens à constater que par l'obturation et l'abrasion en temps utile des dents temporaires, éventuellement aussi par le port simultané d'un respirateur ou d'une bande mentonnière et, s'il le faut, d'une plaque d'expansion, on pourra prévenir chez l'enfant encore jeune la plupart des anomalies de la seconde dentition.

Remettre le traitement orthodontique à un âge plus avancé, c'est sans aucun doute une erreur professionnelle. Cette erreur, il appartient notamment à l'enseignement de la signaler, et on ne saurait trop insister sur le fait, c'est là un point déontologique pour tous ceux qui exercent l'art dentaire.

Me voici arrivé au terme de mes considérations, convaincu de ne vous avoir rien dit de bien neuf. Mais si j'ai réussi à vous pénétrer de la nécessité d'une propagande chez les dentistes et le public en faveur du diagnostic et du traitement en temps opportun des anomalies de configuration de la première dentition, j'estimerai largement atteint le but de ma conférence.

PIVET
Chirurgien-dentiste à Alger

LA COLLABORATION DU CHIRURGIEN ET DU DENTISTE DANS LES AFFECTIONS DES MAXILLAIRES
(Présentation du malade)

1° Séquelle d'ostéomyélites aiguë avec perte de substance étendue

Ce malade (que je dois à l'obligeance du Dr Georges Pélissier de pouvoir vous présenter) était atteint de pseudarthrose de la branche horizontale siégeant en avant de l'angle gauche du maxillaire et suite de séquestrotomie pour ostéomyélite. La perte de substance entraînait une déviation à gauche de la pointe mentonnière. Quand on rétablissait l'orthognatie par des mouvements passifs, l'occlusion des mâchoires ne pouvait pas se produire, les arcades dentaires restant distantes de deux centimètres environ.

L'histoire du malade était la suivante.

A l'âge de seize ans, le 19 août 1929, il avait été opéré (curetté, lui a-t-on dit) par un chirurgien de la ville. L'intervention faite par voie buccale avait laissé persister un point fistuleux. La radiographie révéla la présence d'une dent de sagesse incluse. Une deuxième intervention fut faite par voie buccale le 5 octobre 1929. On enleva la dent de sagesse et on intervint largement sur le foyer. Je n'ai sur cette intervention, pas plus que sur la première, des renseignements précis. Je n'ai que le récit du malade et de son entourage. Deux jours après cette deuxième intervention, les parents du malade, au moment du pansement, furent frappés de la déviation du menton à gauche. On leur dit que tout s'arrangerait plus tard et le malade continua lui-même les soins locaux jusqu'au 15 janvier 1930.

Je pense qu'on enleva, à la deuxième opération, un séquestre comprenant une portion de la branche horizontale étendue verticalement à toute la hauteur de l'os et horizontalement de la première prémolaire inférieure gauche à la dent de sagesse.

Quatre mois après, la suppuration continuait par une fistule du bord alvéolaire et la déviation du menton à gauche s'accentuait de plus en plus. Les parents m'amenèrent le malade en me priant de guérir la fistule et de rétablir l'orthognatie. J'ai adressé aussitôt le malade au Dr Georges Pélissier pour lui demander son avis et le prier de faire l'opération qu'il jugerait indiquée.

Il m'a répondu, après examen du malade et radiographie, qu'il fallait faire :

1° Une opération immédiate pour guérir la fistule si elle ne tarissait pas spontanément à bref délai. La radiographie montrait la persistance d'un petit séquestre résiduel du volume d'un pois. Il fallait l'enlever s'il ne s'éliminait pas.

2° Une opération retardée à reporter à une date considérablement éloignée (greffe osseuse pour guérir la pseudarthrose mais après seulement que, par la prothèse, j'aurais rétabli l'orthognatie et une correcte articulation dentaire.

Il m'engageait à commencer tout de suite la correction de la déviation et ce faisant à soigner la fistule par la solution chlorurée magnésienne. En quelques jours, cette fistule fut guérie par élimination du petit séquestre et il n'en fut plus question.

Restait le traitement de la pseudarthrose. Voici quelle était la situation au 20 janvier 1930 quand je me chargeai de la correction. Il existait une grosse déviation à gauche qui s'accentuait dès que le patient fermait la bouche. Il existait aussi une élongation des muscles masticateurs droits et une rétraction des masticateurs gauches, le masséter gauche et le ptérygoïdien interne étant partiellement desinsérés et fibrosés. L'articulation dentaire avait complètement passé à gauche et la temporo-maxillaire droite était subluxée en avant.

En effet, dès qu'on laissait le malade faire seul les mouvements d'abaissement et d'élévation, on remarquait que |2 et 3 mordaient sur les faces linguales des dents inférieures, entraînant, progressivement, la mandibule à gauche, tandis que la ligne médiane inférieure venait se placer entre |2 et 3 déplacée de la largeur totale des deux incisives inférieures.

Avec le temps, le malade avait créé ce que l'on pourrait appeler du latérognatisme qui n'aurait fait qu'augmenter jusqu'à ce que la canine supérieure gauche vienne blesser la muqueuse gingivale entre |2 et 3 du côté lingual.

D'autre part, si la bouche était ouverte, on voulait, en tenant le menton, ramener la ligne médiane inférieure à droite et en face de la ligne médiane supérieure, l'occlusion devenait impossible.

La béance, malgré des efforts douloureux, ne pouvait être inférieure à deux centimètres.

Dans cette tentative d'occlusion forcée, la rétraction musculaire et les brides cicatricielles résistaient à gauche, et à droite, l'articulation temporo-maxillaire avait pris de la laxité empêchant le condyle, légèrement glissé en avant, de se loger dans la cavité glénoïde.

Dans ces conditions, il fallait imaginer une prothèse qui ramènerait les deux lignes médianes en face l'une de l'autre, tout en rétablissant une occlusion aussi bonne que possible, par une traction lente et continue du côté oposé à la déviation (force intermaxillaires).

Je dis *occlusion aussi bonne que possible*, parce que nous savons tous que des dents privées d'antagonisme, pendant un certain temps, n'ont plus le même engrènement ; ceci pour expliquer que j'ai dû avoir recours à quelques meulages par la suite.

Je dois vous signaler que le jeune M..., ouvrier du bâtiment, est le cadet d'une famille de six enfants, dont l'aîné serait décédé à l'âge de 20 ans des suites d'une affection dentaire.

D'aprè le récit de l'entourage, il s'agirait d'une angine de Ludwig. Les autres enfants, ainsi que les parents, semblent bien constitués et résistants quoique pourvus de dentures déplorables par négligence et manque d'hygiène buccale.

Avant d'appliquer ma prothèse, j'ai tenu à débarrasser la bouche, assez négligée, de tout ce qui ne pouvait être conservé.

Au maxillaire inférieur côté droit

côté droit		côté gauche	
7	infectée	1.2.3	saines
5.4.3.2.1.	saines		

Après la canine, plus rien à gauche que le foyer d'ostéite persistant et d'où l'on pouvait faire sourdre quelques gouttes de pus par un trajet fistuleux situé à l'emplacement de |4 .

Les autres dents ou racines qui existaient précédemment, après la canine, y compris la dent de sagesse incluse, avaient été supprimées au cours des interventions d'août et octobre 1929.

Au maxillaire supérieur côté droit

côté droit		Côté gauche	
7.5.3.2.1.	saines	1.2.3.4.6.7	saines
6.4.	infectées	5.	infectées

Les dents et racines $\frac{6 \quad 4v}{7.} \vdots \frac{5v}{}$ furent enlevées le 20 Janvier :

Après ces avulsions, sous anesthésie locale, la bouche se présentait ainsi le 28 janvier, jour de la prise des empreintes :

$$\frac{X.7.X.5.X.\ddot{u}.2.1}{X.X.X.5.4.3.2.1} \;\vdots\; \frac{1.2.3.4.X.6.7.X}{1.2.3.X.X.X.X.X}$$

Ce même jour en explorant du côté du foyer d'ostéite, qui me gênait pour la prise de mon empreinte, j'eus la satisfaction de constater la disparition du trajet fistuleux ; j'en fis part au malade qui m'affirma avoir retiré, à cette place, un assez gros corps dur « *comme de l'os noir* », disait-il, deux ou trois jours après les extractions.

Il s'agissait certainement d'un séquestre qui entretenait, depuis quatre mois, date de la dernière opération, un suintement qui n'a plus reparu depuis son élimination.

La prise des empreintes était assez difficile et je n'ai pris, comme vous le voyez, que ce qui m'était absolument nécessaire.

Le même jour, prise d'un articulé tel que me le donnait le malade, maxillaire dévié.

Au maxillaire supérieur, deux bagues épaisses, pourvues de forts étriers se logeant dans les sillons furent coulées sur 7 et 5|. Ces deux bagues étaient réunies par un pont en remplacement de 6| plus une bande plate, soudée aux bagues et au pont, du côté vestibulaire.

Sur cette bande vestibulaire, trois crochets à bouts fondus en boule et ouverts en arrière, furent également soudés.

Au maxillaire inférieur, deux bagues semblables à celles de la partie supérieure, soudées ensemble, réunies par une bande vestibulaire et pourvues des mêmes crochets, mais, ceux-ci ouverts en avant, furent ajustés sur 5 et 4.|

Des anneaux élastiques de 5 mm. de diamètre sur 1 mm. d'épaisseur, accrochés en haut et en bas, devaient assurer la mécanothérapie correctrice.

Avant de sceller les appareils, le 3 février, ayant essayé avec les caoutchoucs, je me suis rendu compte que les dents inférieures 5 et 4| étaient fort en dedans par rapport à l'arcade supérieure, ceci conséquence de la déviation.

Si j'avais fixé mes appareils ainsi, je risquais, par l'action des élastiques opérant en diagonale, de vestibuler les dents inférieures tandis que les supérieures auraient fait le contraire.

Pour éviter le déplacement de ces quatre dents, sur lesquelles agiraient les forces, et, par conséquent, destinées à faire résistance, j'ai augmenté celle-ci en soudant au pont supérieur un bras fort et rigide venant s'apliquer sur la face vesticulaire de la 3|, pilier sain et bien implanté.

Aux bagues de l'appareil du bas, le bras fut soudé en dedans côté lingual, de façon à prendre des points d'appui sur les faces linguales de toutes les dents saines de ce maxillaire, c'est-à-dire sur

3.2.1 : 1. 2.3

Les forces de résistance étant ainsi, aussi bien multipliées que réparties pouvaient empêcher les élastiques de déplacer les dents piliers dans un sens ou dans l'autre.

Le 5 février, les appareils étaient enfin scellés. Le malade revu tous les deux jours, au début, accusait peu de sensibilité du côté des ligaments, et plus aucune gêne au bout d'une semaine.

Vers fin février, j'eus le regret de constater que l'amélioration était faible et que la déviation reprenait rapidement ses droits dès qu'on enlevait les caoutchoucs.

J'ai alors imaginé de placer sur |1.2.3 des couronnes coulées réunies par un plan incliné soudé qui obligeait la |3 à mordre en bonne occlusion et non en rétroversion comme cela se produisait avec les élastiques.

Les élastiques en s'allongeant ne pouvaient empêcher l'articulation vicieuse et en employant des caoutchoucs plus forts, je craignais d'amener une mobilisation de toutes les dents solidarisées.

Tandis que le plan incliné, sur lequel le malade était obligé de mordre constamment compléta la trop faible action des élastiques et je crois que cette modification au plan primitif a bien réussi.

Le 1er avril, j'ai eu la satisfaction de constater que les lignes médianes étaient presque en face l'une de l'autre mais que, par contre, la béance persistait légèrement, les prémolaires supérieures et inférieures droites $\frac{5.4}{5}$ empêchant l'occlusions.

J'ai donc décider de dévitaliser 5| de façon à la diminuer de longueur et permettant $\frac{2 : 2}{3 : 3}$ de faire plans inclinés sur $\frac{3 : 3}{:}$ jusqu'à ce que les incisives inférieures et supérieures se rejoignent.

Dès que j'aurai obtenu ce résultat, je coifferai les prémolaires inférieures 5 et 4| ainsi que les dents supérieures 7 et 5| de couronnes réunies entre elles. Ces bridges bien articulés seront tous les deux pourvus d'une clavette-guide, le guide supérieur glissant en rétroversion sur l'inférieur et maintenant obligatoirement, et en bonne position, toute la mandibule.

Cette deuxième prothèse permettra d'attendre l'évolution du maxillaire en maintenant les conditions optima d'articulation. A une date ultérieure, aussi éloignée que possible (le malade n'a pas encore 17 ans et sa mandibule est en évolution), le Dr Pélissier fera, si la pseudarthrose n'est pas consolidée, une greffe ostéopériostique de Delagenière ou bien interposera un greffon tibial.

Enfin, plus tard, quand la consolidation sera complète, je me propose de pourvoir mon malade d'appareils de prothèse restauratrice, avec dents artificielles, qui modifieront heureusement son esthétique tout en lui assurant la fonction masticatrice dont il est privé depuis si longtemps.

Voici les modèles qui représentent la déviation avant l'application des appareils. Avec les plâtres, je vais vous montrer ce qu'était la béance, sans occlusion possible, quand les lignes médianes étaient ramenées en face.

Après deux mois de tâtonnements, voyez ce que nous obtenons en laissant le malade agir seul, sans le secours des élastiques ni du plan incliné.

Ce premier résultat et l'âge du sujet permettent d'espérer une réussite définitive.

2° La disjonction symphysaire des maxillaires supérieurs

Quand j'ai présenté ce malade au Congrès d'Alger, en avril dernier, mes essais, sur son cas, ne remontaient qu'à 60 jours.

M'inspirant de la discussion qui a suivi ma communication et des précieux conseils des docteurs Roy et Dufourmentel, je puis aujourd'hui annoncer la guérison de ce mutilé. La pseudarthrose est tout à fait consolidée, les bridges prévus sont fixés depuis juillet et l'articulation rétablie assure une mastication normale. En somme, le résultat obtenu a dépassé mes espérances.

Ayant mis en évidence l'importance de la collaboration du chirurgien et du dentiste-prothésiste, en ce qui concerne les affections des mâchoires, je voudrais vous dire quelques mots d'une autre prothèse qui fait merveilles, agissant à la fois comme thérapeutique des voies respiratoires et comme élargisseur des arcades dentaires, dans les cas d'atrésie.

Quand les interventions sur le cavum échouent, cette méthode transforme, en peu de temps, l'état pathologique de jeunes enfants au facies spécial, à la voûte palatine ogivale, au cavum complètement obstrué par les végétations adénoïdes et au développement thoracique inférieur à la normale.

Il s'agit de la disjonction médio-palatine, appelée aussi disjonction de la symphyse qui fut réalisée, pour la première fois, par Angell il y a environ 70 ans sans qu'on y attachât beaucoup d'importance.

Conseillée depuis par Nogué un peu avant la guerre, vers 1910 ou 1911, « comme remède à l'envahissement des voies respiratoires par les végétations ».

Cette méthode est couramment appliquée, aujourd'hui, par Huet de Bruxelles, à l'aide du vérin de Watry d'Anvers, plus robuste que les vis du même genre et pourvu de deux écrous qui permettent, en laissant le même apareil scellé et sans rien y changer, d'opérer la contention sur place. Ce vérin est soudé à droite et à gauche à un contrefort qui réunit, du côté palatin, des bagues qui sont scellées sur les prémolaires et les molaires.

Après quelques jours seulement, les petits patients qui dormaient la bouche ouverte ont une respiration normale, ne ronflent plus la nuit, dorment les lèvres réunies, leurs visages se transforment heureusement et leurs cages thoraciques se développent normalement par la suite. Ils ont l'impression d'être complètement dégagés d'un volume dont ils sentaient le poids en arrière des fosses nasales.

Je pourrais vous citer une observation d'un père, médecin lui-même, qui affirme avoir fait opérer deux fois son enfant des végétations sans résultat.

« Après la pose de l'appareil, a dit ce médecin, quatre ou cinq jours ne se sont pas écoulés (la disjonction est à peine commencée) que l'enfant ne ronfle plus, son sommeil devient calme et la béance disparaît. »

La voûte, en s'élargissant, s'est légèrement abaissée, supprimant ainsi la compression exercée sur le lobe antérieur du corps pituitaire par la voûte ogivale.

Pour le Suédois Thorleif, « ce serait par la dilatation obtenue que cette glande, libérée, fonctionnerait d'une façon plus normale. »

A ce seul point de vue, cette méthode ne mérite-t-elle pas d'attirer l'attention du rhinologiste ?

Mais n'oublions pas que les atrésiques, aux arcades mal développées, ont presque toujours des dents irrégulières et chevauchées.

En agrandissant l'arc, les dents reprennent presque automatiquement leurs places sur la crête à la faveur des espaces que produit la disjonction.

Quand la disjonction est reconnue suffisante par une radiographie, il n'y a qu'à bloquer les écrous du vérin pour arrêter la dilatation tout en immobilisant.

Le même appareil sert, en somme, pour l'écartement au début et ensuite pour la contention sans avoir à le retirer de la bouche.

La cicatrisation osseuse comble la lacune médiane en sept ou huit semaines et si l'on prend la précaution, au bout de ces deux mois, après avoir enlevé l'appareil à vérin, de faire porter une plaque palatine maintenant bien les canines prémolaires et molaires de chaque côté, ces dents fortement retenues, non seulement ne laissent rien perdre de la dilatation réalisée, mais forment des plans inclinés qui obligent les dents inférieures à se vestibuler.

Ces dents, en se vestibulant, entraînent avec elles l'arc mandibulaire sur lequel les dents, devenues libres, rectifient leur alignement.

Sur la demande d'un ami, j'ai écrit à notre confrère Huet qui m'a très aimablement aidé de ses précieux conseils en m'envoyant tous les renseignements utiles, ce dont je lui suis profondément reconnaissant, puisque tout s'est passé comme il est dit plus haut.

Pour cette première opération, l'enfant partait en juin et j'ai dû enlever l'appareil entre la septième et la huitième semaine. La mensuration faite à son retour, en octobre, m'a démontré l'utilité de la plaque palatine que l'on devrait laisser porter un certain temps.

J'ai constaté, dans ce premier cas, un léger retour de l'arc, retour insignifiant qui n'avait en rien modifié la guérison obtenue du côté respiratoire, tandis que pendant ces trois mois de vacances, le facies s'était complètement transformé, le thorax qui avait pris un énorme développement, était bien porté en avant avec les épaules en arrière ; enfin, tout le contraire de ce qui existait avant la disjonction.

Dans un deuxième cas, j'ai eu exactement les mêmes résultats, les mêmes transformations du côté respiratoire, du côté des dents et de l'état général.

Pour ce deuxième sujet, j'ai appliqué ma modification en prolongeant la contention par le port de ma plaque palatine pendant deux mois ; du reste, cette plaque ne gêne un peu l'enfant que pendant trois ou quatre jours, au bout d'une semaine, il n'y pense plus.

En employant ce moyen, on peut être assuré de n'avoir aucun retour de l'arc et des dents vestibulées.

Aussi, j'insiste particulièrement sur ce détail qui a son importance.

J'ai terminé et je m'excuse d'avoir retenu si longtemps votre attention. Permettez-moi de conclure.

Je tiens, à mon tour, à remercier bien sincèrement le Dr Georges Pélissier, de ses conseils, de son précieux appui et de l'intérêt qu'il veut bien porter à notre profession.

Mes remerciements vont également au Dr Henri Dubouchet qui fait appel à notre art, chaque fois qu'il en a l'occasion.

Au nom des chirurgiens-dentistes que cette prothèse intéresse, je salue ces chirurgiens d'avant-garde qui sont, du reste, en bonne compagnie, quand ils demandent l'aide du prothésiste.

Dernièrement, sous la présidence du Prof. Sébileau, le Dr Henri Chenet, professeur à l'Ecole dentaire de Paris, l'a précisé dans la leçon inaugurale de son cours.

Ce jeune maître n'hésite pas à déclarer qu'il a appris la prothèse, indispensable à sa spécialité, des Godon, G. et H. Villain, Martinier, d'Argent, Jeay et d'autres encore qu'il remercia en termes émouvants.

Arpès avoir exposé les nombreux cas où la prothèse devient l'auxiliaire indispensable de la chirurgie de la face et des mâchoires, il ajoute :

« Vous voyez quelle diversité infinie peuvent présenter tous ces appareillages. Et qui, autre que le dentiste serait capable de la pratiquer ? Lui seul connaît les lois de l'occlusion et de l'articulation dentaire, lui seul a la pratique des prises d'empreintes en bouche ; c'est lui qui, les utilisant pour la prothèse dentaire, possède le matériel, les matières premières nécessaires pour la confection délicate de ces appareils, et qui, enfin, par son habitude du travail en bouche, est seul capable de les placer où et comme il convient.

« Il ne doit pas y avoir entre le chirurgien et le prothésiste aucune question de susceptibilité, disons le mot de jalousie qui entrave l'action commune, et dont souffrirait le blessé. »

Puis s'adressant au professeur Sebileau et lui rappelant ses propres paroles, il ajoute :

« Et à ce sujet, je ne puis mieux faire que citer la conclusion de l'admirable leçon que vous fîtes ici même, mon cher maître, en pleine guerre, au Congrès dentaire interallié de 1916, sur les fractures balistiques de la mâchoire inférieure.

« C'est par une collaboration constante, disiez-vous, qui s'étend des premières heures qui suivent le traumatisme, jusqu'au jour où le blessé, guéri et apte à mastiquer, revient à l'armée, ou bien, guéri et mutilé, retourne à son foyer, c'est, dis-je, par une collaboration de tous les instants que le chirurgien et le prothésiste peuvent mener à bien la tâche difficile qui leur incombe. Rien n'est plus facile que ce travail en commun, quand on est mû par le même désir de bien faire et par le même amour du malade.

« Comme l'art de guérir est beau quand le guérisseur s'oublie au profit de celui qu'il guérit. Et comme le guérisseur est sage quand il se rappelle les avertissements que donnait le peintre Apelle à son cordonnier : « Cordonnier, reste à la chaussure. »

En conséquence, il serait à souhaiter que tous les chirurgiens spécialisés dans la chirurgie des mâchoires, n'hésitent pas à avoir recours au prothésiste, le résultat de leurs opérations avec une prothèse bien comprise et conçue en commun ne pourrait être que salutaire en bien des cas, surtout si l'on prévoyait et concevait la prothèse de circonstances avant l'opération.

On pourrait ainsi éviter des complications comme celle que je viens de vous exposer.

Il serait aussi à souhaiter que la méthode de notre confrère Huet soit plus connue et appréciée comme elle le mérite.

Dans ces cas spéciaux, une prothèse appropriée compléterait heureusement les interventions ayant pour but d'améliorer l'état des adénoïdes, frappés d'atrésie et des mutilés de la bouche ou de la face.

Dr HRUSKA
(Milan)

DE LA SURCHAGE DES DENTS

On entend, dans la littérature odontologique, par surcharge des dents aussi bien les facteurs déterminants qui conduisent à une altération ou à une augmentation de travail fonctionnel des dents qui les conséquences dérivant d'un déséquilibre fonctionnel et spécialement les altérations du tissu de l'alvéole. En ce qui a trait aux facteurs déterminants, on croyait généralement que les altérations ou les surcroîts de travail fonctionnel étaient dus tant à des conditions défectueuses des articulations qu'à des altérations raréfiantes du tissu et, particulièrement, à des prothèses imparfaites.

Quant aux processus qui se développent dans les tissus mêmes, les opinions n'étaient pas toutes concordantes. Haupl et Lang et d'autres ont publié là-dessus des ouvrages histologiques très détaillés sur les altérations du tissu paradentaire. Ils ont étudié les altérations de l'alvéole quand les dents bougent et les modifications du tissu ont été, pour eux, matière à conclusions destinées à mettre en lumière la pathogénie du relâchement alvéolaire, lequel relâchement est une manifestation secondaire du travail fonctionnel altéré ou accru.

La conception du « paradentium », modifiée et perfectionnée par Haupl et Lang, servit de point de départ pour ces recherches, qui eurent également à leur base la physiologie de l'appareil d'appui de la dent. Haupl et Lang entendent en effet par « paradentium » un système histologique dont la mission serait celle d'opposer une résistance à l'action mécanique exercée sur la dent par la mastication. L'unité physiologique de l'appareil d'appui de la dent est justement représentée par cette mission commune de la gencive, du périoste alvéolaire et de l'os paradentaire. La fonction synergique des dites parties du tissu se manifeste également par une structure fonctionnelle unitaire, et, vu que la fonction exerce une action formative, les bandelettes du tissu connectif, ainsi que les poutrelles osseuses, suivent la direction de l'action exercée par la dent.

Suivant les recherches de Wertheim, Rauber et Hülsen, la limite d'élasticité de l'os serait de 2.000 kilos par millimètre carré. En d'autres termes, il faut 2.000 kilos pour doubler la longueur d'une poutrelle d'os d'un millimètre de longueur, étant bien entendu que ladite poutrelle puisse subir cet allongement sans franchir sa limite d'élasticité. L'élasticité, c'est-à-dire la tendance des particules à reprendre leur position originale après leur déplacement par une force extérieure est considérable en ce qui a trait à la substance osseuse. Pratiquement parlant, les bandelettes des fibres collagènes du périodonte ne sont pas élastiques. Les tendons du périoste alvéolaire d'une canine, transportés sur une surface plane sous une pression de 100 kilos, se tendent de mm. 0.001. La résistance du tendon à la traction est d'environ 5.28 kilog. par mm. carré, donc la moitié environ de celle de l'os compact.

L'appareil d'appui de la dent est constitué également par l'os paradentaire et par le tissu mou paradentaire. L'os paradentaire est formé d'une partie osseuse qui recouvre l'alvéole dentaire. Cet alvéole est rattaché à l'ethmoïde maxillaire au moyen de poutrelles osseuses à orientation fonctionnelle.

L'os paradentaire est recouvert d'un tissu mou. Le tissu connectif suralvéolaire a une orientation fonctionnelle. Ces bandelettes contribuent à assurer la stabilité de la dent.

Le plus grand facteur de la stabilité de la dent est cependant le périoste alvéolaire, formé de bandelettes de tissus connectifs collagènes, non élastiques. La dent est rattachée à ces bandelettes de tissus connectifs.

Entre ces bandelettes de tissus connectifs se trouve du tissu connectif relâché et le système des vaisseaux présentant un développement compliqué, avec une formation de pelotes et d'anses.

Passons, maintenant, de la brève description de la structure anatomique à l'étude de la mission fonctionnelle du tissu d'appui de la dent et arrêtons-nous aux bandelettes de tissu connectif et aux vaisseaux.

La circonstance que la dent est attachée aux bandelettes non élastiques du connectif explique parfaitement la fonction.

Nous savons en effet que l'os résiste peu à la pression et qu'il suffit d'une pression médiocre et même basse pour déterminer une réabsorption lacunaire. L'os est cependant très résistant à la traction. La structure anatomique dont nous venons de parler détermine la transmission — sous forme de traction — à l'os et au cément, de toute pression exercée sur la couronne de la dent.

Le fait que ces bandelettes de tissu connectif ne sont pas complètement tendues à l'état de repos, permet à la racine d'effectuer de très légers mouvements vibratoires et oscillants, tout en laissant la fonctionnabilité intacte. Ces mouvements s'effectuent outour d'un axe sis en un point proche de la marge de l'os.

Les structures compliquées du système de vaisseaux agissent comme des coussinets et atténuent la compression des dents contre l'os, en évitant de cette façon l''endommagement des tissus.

Ces structures, qui ne sont pas susceptibles d'être comprimées, garantissent, en outre, la circulation (Wedel, Schweitzer).

Je passe maintenant à la démonstration de quelques illustrations prises dans la monographie de Haupl-Lang au sujet des conditions dont nous venons de parler.

Nous voyons le tissu connectif suralvéolaire qui, sous forme de bandelettes compactes de fibres à orientation fonctionnelle, s'irradie dans le cément.

Une autre figure présente les formations compliquées à pelotes dans le système de vaisseaux dont nous avons déjà parlé.

Après avoir décrit l'anatomie de l'appareil d'appui de la dent et son travail fonctionnel, je traiterai des processus qui se déroulent lors de l'accroissement ou de l'altération de la mission fonctionnelle.

Un déséquilibre fonctionnel de ce genre peut signifier, par exemple, une gingivite marginale. En effet, tant le relâchement et la disparition du tissu mou paradentaire que la réabsorption de l'os paradentaire — phénomène toujours subséquent aux premiers — amènent un affaiblissement de l'appareil d'appui de la dent et un accroissement de la fonction.

Cet accroissement de la fonction se manifeste par une augmentation de la vibration de la racine durant le travail fonctionnel. Ces exaltations de la stimulation mécanique sur la période alvéolaire constituent la cause principale des altérations du tissu, altérations dues à un déséquilibre fonctionnel.

L'accroissement des vibrations porte d'ailleurs à des altérations des fibres du périoste alvéolaire et du système des vaisseaux.

Dans de telles conditions, les fibres du périoste alvéolaire se trouvent devoir effectuer un travail supérieur. La nouvelle formation de ces fibres se fait sous l'influence de l'accroissement des oscillations, lesquelles oscillations peuvent déterminer, à leur tour, un épaisissement hypertrophique de la bandelette des tendons du cément. Cet épaisissement est cependant une compensation de la destruction marginale du tissu et de l'altération fonctionnelle.

Toutefois, dans d'autres cas, — spécialement là où l'on a affaire à une défectuosité de l'énergie histogénétique du tissu, comme, par exemple, dans les maladies générales ou dans la vieillesse, ou bien là où l'on se trouve en présence d'une exaltation considérable de mouvements vibratoires — ces processus abîment tellement le tissu embryonnaire que les cellules de formation ne peuvent plus se développer en bandelettes de tissu connectif à orientation fonctionnelle. Elles s'arrêtent, au contraire, à un degré de développement plutôt bas. Nous notons, dans ces cas, que le périoste alvéolaire est remplacé par un tissu riche en cellules, pauvre en fibres et privé d'orientation fonctionnelle.

On donne, de cet état, la définition suivante : « paradentite à paradentose profonde ». La cause inflammatoire relève des fonctions mécaniques.

Un accroissement dans le pouvoir vibrateur du système des vaisseaux représente une irritation qui conduit à des états d'hyperémie. On comprend facilement cette irritation mécanique du système des vaisseaux, car nous savons que le système a, dans des conditions physiologiques, outre la mission nutritive, également un devoir fonctionnel.

Tant les processus de formation du tissu dans la paradentite profonde, que les états d'hyperémie du système des vaisseaux irrité, déterminent des accroissements de la pression du sang dans les tissus. Suivant Kolliker et Pommer, ces facteurs préparent le terrain pour la réabsorption de l'ostéoclaste. Nous trouvons donc, dans les conditions ci-dessus, dans le cément et surtout dans l'os, des processus de destruction qui portent à la dilatation de l'espace périodontaire et au relâchement de la dent. Le relâchement de la dent est, d'autre part, un facteur important d'augmentation de l'exaltation des stimulations mécaniques fonctionnelles.

Dans la paradentite profonde, les processus créateurs du tissu peuvent prendre une violence telle qu'ils peuvent chasser la dent hors de l'alvéole. Ce phénomène explique la migration pathologique des dents dans la paradentite profonde.

La pression exercée horizontalement est, au point de vue du développement des processus morbides, particulièrement dangereuse. La pression verticale l'est moins, parce que, sous son action, les bandelettes de tissu connectif se tendent simultanément en plus grande nombre et opposent une résistance à la pression. Plus la pression se déplace de la ligne verticale pour se rapprocher de l'horizontale, et plus les bandelettes de tissu connectif capables de fonctionner se déchargent, tandis que le système vasculaire situé entre les bandelettes du connectif, le tissu connectif relâché et le tissu embryonnaire, se trouvent irrités, ce qui conduit à l'altération ci-dessus de la paradentite profonde, ainsi qu'à la dilatation de l'espace périodontaire.

Je vous présenterai quelques projections, prises dans le livre de Haupl-Lang, pour mieux illustrer cette théorie.

La première donne une idée des processus de réabsorption que l'on constate à la suite de la dilatation hyperémique des vaisseaux. Nous voyons ici des vaisseaux à dilatation hyperémique causée par une irritation mécanique, attribuable elle-même à une exaltation des stimulations fonctionnelles. L'exaltation de la fonction est due à son tour à une destruction marginale du tissu avec affaiblissement subséquent de l'appareil d'appui de la dent.

Une autre figure représente une vue d'ensemble de ce tableau. Voici une gingivite. Les fibres suralvéolaires du tissu connectif n'atteignent pas, comme c'est le cas ordinairement, la limite située entre l'émail et le cément. Cette destruction du tissu, quoique minime, a causé l'affaiblissement de l'appareil d'appui de la dent avec toutes les altérations que nous venons d'énoncer.

Comme un exemple de paradentite profonde, on voit, trois dents incisives supérieures d'une femme âgée de 29 ans, morte d'anémie pernicieuse.

Des altérations inflammatoires ont détruit plus de la moitié de l'appareil d'appui de la dent. L'affaiblissement de l'appareil d'appui et l'exaltation de la fonction, qui en est la conséquence, ont déterminé les altérations que l'on remarque. Nous observons que les fibres du périoste alvéolaire ont été remplacées par un tissu riche en cellules, pauvre en fibres, non orienté fonctionnellement et situé dans l'espace du périodonte proche de la pointe de la racine. Dans ce tissu, les vaisseaux aussi présentent une dilatation ; un fragment de paroi d'un de ces vaisseaux dilatés a provoqué un processus de réabsorption sur la surface osseuse.

Avant de passer à la seconde partie de mon travail, je voudrais vous faire remarquer que je vous entretiendrai des nouveaux horizons que la susdite théorie sur la surcharge a ouverts à nos connaissances théoriques sur l'odontoiâtrie prothétique et de l'influence que la dite théorie a exercée sur la construction de nos travaux de prothèse.

Il faudrait dire, au point de vue de la prophylaxie, qu'il faut soigner *à priori* toutes les altérations fonctionnelles, spécialement quand apparaissent les premiers signes d'altérations morbides. Par conséquent, les anomalies d'obstruction déterminant une altération fonctionnelle ou créant des conditions de travail mauvaises pour les dents et préparant le terrain à la paradentite profonde devront être soignées dès l'enfance.

Dans le cas de ces anomalies dans la position des dents, la fonction s'exerce sous une forte pression horizontale. L'influence de cette pression apparaîtra surtout plus tard quand, à la suite de phénomènes d'atrophie ou d'affections générales, l'énergie histogénétique des cellules de formation marquera une diminution.

Le remplacement oportun des dents perdues est également très important.

La perte d'une dent représente en effet toujours pour les dents voisines la perte d'un contact et, conséquemment, de l'appui que ce contact conférait. Il s'ensuit que la perte d'une dent constitue un déséquilibre fonctionnel, parce qu'elle augmente la faiblesse de la dent.

Le dérangement fonctionnel se manifeste parfois par une migration de la dent, parfois même — et c'est là un symptôme plus grave — par l'inclinaison ou le vacillement de la dent. L'effet de la pression est d'autant plus dangereux que la dent est inclinée. Il se forme en même temps, sous la dent qui bouge, un interstice qui favorise l'accumulation de détritus d'aliments et de bactéries, cause d'inflammations de la gencive et de processus destructeurs de l'os placé au-dessous. Ces dernières altérations contribuent également à l'affaiblissement de l'appareil d'appui de la dent et favorisent une nouvelle inclinaison de la dent même.

Ces circonstances non seulement justifient, mais exigent l'application de ponts prophylactiques. Le dentiste a le devoir de faire comprendre au patient qu'une série de dents intactes et à articulation parfaite est une nécessité.

Le peu de temps dont je dispose m'oblige à être succinct dans mon exposé au sujet des travaux prothétiques. Je me bornerai donc à traiter des erreurs les plus fréquentes dans lesquelles on peut tomber dans l'exécution d'une prothèse et qui peuvent produire artificiellement une paradentite profonde. Il faut choisir d'abord et avant tout un nombre suffisant de piliers. Il faut, quand nous ne disposons que de peu de piliers ou quand leur assemblage est défavorable, de façon à provoquer une tension trop longue, préférer le pont suspendu au-dessus de la ligne médiane ou l'application d'appuis aux piliers du pont, moyennant des arcs de décharge.

Ces arcs de décharge exercent avant tout une action équilibrante sur les composants horizontaux de la pression Ils ne peuvent être également solides au point de vue de la fonction, leur amovibilité étant due uniquement à des considérations hygiéniques. La pression que nous venons de citer s'exerce sur les dents.

Il faut, pour réduire autant que possible la pression horizontale, que chacune des pièces du pont et des dents composant le pont même soient plus petites que les dents naturelles. Le pont ne doit pas présenter des saillies marquées, mais bien une surface aussi plate que possible. Chaque partie du pont doit être scrupuleusement adaptée aux moignons des dents, pour empêcher que ceux-ci ne deviennent des foyers de substances phlogogènes, ce qui entraînerait une gingivite et puis une paradentite profonde, cause, à son tour, d'un affaiblissement de l'appareil d'appui de la dent.

J'avais déjà exprimé cette idée dans mon ouvrage sur l'immobilisation (*Zahnärztliche Rundschau*, n° 21, X^e année, mars 1912), et, plus tard, dans un rapport sur les ponts (publié dans ce même périodique, en 1914).

Je faisais alors remarquer la nécessité de réduire au minimum possible les composants latéraux de la pression. Je réduisais fortement, dans les dents dévitalisées, le moignon de la dent qui servait de pilier pour le pont, dans le but de restreindre la surface totale de la pression.

Je n'ai jamais cru que l'on pût impunément poser des lames, fussent-elles même de platine, sous la gencive, car il n'est jamais possible de bien border les contours ni de libérer les interstices des restes de crêtes de gencive. Mes collègues m'ont âprement critiqué alors, parce que, lorsqu'il s'agissait de dents longues, je ne laissais arriver les couronnes ou les anneaux que jusqu'à la moitié de la dent même.

J'eus l'occasion de montrer à mon collègue Weski, de Berlin, que ses travaux sur la paradentose ont rendu célèbre, au cours d'une visite qu'il me fit, un ouvrage assez important que je fis en 1913 (combinaison d'immobilisation et de pont) et dans lequel toutes les règles thérapeutiques et hygiéniques que je viens de mentionner avaient été observées.

Je vous dirai, pour vous citer un exemple, que dans l'exécution, sur le maxillaire inférieur, de selles combinées à un arc à « attachement », je fis remonter les selles bien plus loin que le plan de l'alvéole, car il s'agissait d'obtenir le plus grand équilibre possible de la pression horizontale. Là où l'apophyse alvéolaire est trop courte, tant dans le maxillaire supérieur que dans le maxillaire inférieur, j'ai l'habitude de couper et de laisser le tissu se granuler autour de la selle.

En ce qui a trait à la prothèse partielle en caoutchouc, je suis d'avis d'éliminer tous les crochets à ruban.

Les crochets doivent être élastiques, de façon que, dans le cas d'une pression sur la prothèse, celle-ci se comprime tout d'abord contre la surface osseuse et que la dent n'entre en fonction que secondairement.

On ne doit user d' « attachements » appliqués sur le flanc de la dent que lorsque la dent en question est réunie au moins à une autre dent ou, ce qui serait mieux, à plusieurs dents. Cela réduirait la pression horizontale. De cette façon, on peut former l' « attachement », de manière que la prothèse puisse s'abaisser, surtout lorsqu'il s'agit de prothèses du maxillaire inférieur remplaçant des prémolaires et des molaires. La dent proche de la prothèse gardera ainsi son tissu d'appui, pourvu que la papille ne soit pas comprimée. La base ne doit pas arriver aux tissus mous de la dent.

Ces notes brèves sur les opinions relatives à la surcharge dans la prothèse suffiront à prouver que la théorie a trouvé sa base biologique.

Dr J. ROSENTHAL
(Bruxelles)

CONSIDÉRATIONS SUR DEUX MATIÈRES D'OBTURATION : LE NEO-ELDENTOG, L'ACOLITE

Il est bon au début de ce court entretien que je prenne quelques précautions oratoires. Admis à l'honneur d'exposer un sujet devant vous, j'ai choisi de vous parler de spécialités.

Ce n'est pas dans mes habitudes et je m'empresse de dire que je n'ai nulle intention de faire, aux firmes commerciales qui exploitent ces produits, une publicité quelconque.

Je ne crois cependant pas pouvoir être blâmé si je vous apporte aujourd'hui le fruit de mon expérience sur deux matières d'obturation.

Trop d'illustres exemples m'ont montré qu'il n'est pas interdit de faire dans une assemblée comme la vôtre une critique désintéressée de produits brevetés. J'aurais voulu vous apporter des éléments plus nombreux pour une démonstration technique de la valeur de ces produits. Le temps m'a malheureusement manqué pour mettre ces pièces de démonstration au point.

Aux journées franco-belges dernières, mon confrère et ami M. Sapet nous a fait une intéressante communication sur le Néo-Eldentog, porcelaine fusible dont l'emploi tendrait, selon lui, à supprimer les incrustations métalliques et les obturations aux silicates. Ayant moi-même essayé sans résultat avant sa communication l'emploi de ces matières, je me suis engagé dans de nouvelles recherches, ne voyant vraiment pas pourquoi je ne réussirais pas là où mon confrère Sapet obtenait de si remarquables résultats. Sans doute ma technique première était-elle défectueuse, car sitôt rentré à Bruxelles mes premiers essais furent couronnés de succès. Il est d'une importance capitale dans l'emploi du Néo-Eldentog de suivre scrupuleusement certaines règles quant à la préparation des cavités à la coulée de la porcelaine et au finissage. Les cavités doivent être taillées de telle sorte que, l'incrustation terminée, aucun bord mince n'existe. La rétention sera assurée par des queues d'arondes largement taillées. Dans les dents dévitalisées et notamment dans les incisives, canines et prémolaires un pivot en or platiné ou iridié peut être ajusté dans la chambre pulpaire et le canal radiculaire ; il sera taillé de telle sorte que son extrémité coronaire reste de deux millimètres au moins en deçà de la surface articulaire ; autour de cette extrémité coronaire, il y aura la place suffisante pour que la cire de prise d'empreinte puisse s'y loger ; le pivot glissera dans le canal radiculaire à frottement doux et ce frottement sera facilité par un huilage du canal ; la cire de prise d'empreinte sera introduite suffisamment chaude pour adhérer au pivot ; l'adhérence pourra être renforcée par l'inscription de quelques traits de lime transversaux sur l'extrémité coronaire du pivot. Retirée avec prudence, cette empreinte est mise en revêtement, coulée suivant les procédés habituels et, chose remarquable et utile, la porcelaine adhère au pivot. La coulée présente un point particulier : l'application de la pression qui doit faire entrer la porcelaine en fusion dans le négatif doit s'appliquer au moment précis où les pastilles entrent en fusion ; attendre même quelques secondes risque d'entraîner l'échec de la coulée ou la modification de la teinte par surchauffe.

Le finissage ne nécessite, à mon avis, ni ponce ni tripoli, ni disques de feutre ; toutes mes incrustations en Néo-Eldentog ont été polies au moyen de disques de papier de sable d'os de seiche.

Le Néo-Eldentog m'a rendu depuis que je l'emploie des services considérables surtout dans les reconstitutions de parties de dents de bouche. Plus sceptique que M. Sapet, je ne l'ai employé qu'exceptionnellement pour les faces triturantes des molaires et prémolaires.

Les avantages que je trouve à cette matière à obturer sont : ses qualités esthétiques, ses qualités de non-conductibilité thermique.

Ses inconvénients résident dans sa fragilité avant le scellement et la mise en articulation, fragilité qu'elle partage d'ailleurs avec les autres porcelaines cuites. Sa porosité rend le polissage difficile et long et amènera peut-être à la longue des ennuis par infiltration. Le large jeu de vingt-quatre teintes existantes présente deux inconvénients : d'abord une présentation qui en rend l'emploi difficile à cause de la présence des griffes métalliques enserrant les pastilles de porcelaine-type, griffes qui rendent la comparaison avec la dent à obturer difficile ; mais de même que le praticien connaît très vite par cœur son chapelet de porcelaine plastique, de même au bout d'un certain temps il ne consulte plus guère celui du Néo-Eldentog que par acquit de conscience. Un inconvénient plus grave des teintes existantes est l'absence complète de la gamme des jaunes purs que l'on rencontre si fréquemment : toutes les teintes de Néo-Eldentog contiennent trop de gris.

Enfin, ce n'est pas tout de bien préparer une cavité, de bien couler son incrustation de porcelaine, de la polir à fond, il faut encore la sceller. M. Sapet nous dit qu'il emploie pour ce faire le ciment translucide kriplex : celui-ci présente sur tous ses rivaux d'énormes avantages tant au point de vue de la durée de sa prise qu'à sa dureté et à son insolubilité dans la salive. Malheureusement au même titre que tous les silicates, il entraîne de la nécrose pulpaire. Personnellement, j'en ai constaté trois cas chez deux de mes patients en quelques mois de temps. Il faut donc s'entourer de toutes précautions possibles pour éviter le contact de ciment à sceller avec la paroi pulpaire dans les cavités de dents vivantes.

Il y a deux ans environ, je recevais une brochure de M. P. R. Chance, D. D. S., de Nice, dans laquelle il traitait de l'Acolite, matière nouvelle pour les opérations de coulée dentaire. Son contenu m'intéressa et, à la lecture des qualités que M. Chance attribuait à l'Acolite, je me suis mis à la recherche de ce métal. Il faut croire qu'il était peu connu en France et en Belgique, car j'eus assez de peine à m'en procurer et, une fois les premiers échantillons épuisés, je dus m'adresser en Angleterre pour en obtenir une provision.

L'Acolite est un métal ou plus exactement un alliage qui fond à basse température. Il a la couleur de l'amalgame, mais est infiniment plus résistant que celui-ci ; son prix de revient est très bas et il acquiert facilement un très beau poli. Inattaquable par les liquides buccaux, il ne change pas de couleur en bouche. Son coefficient de rétraction ou de dilatation est pratiquement nul, son poids spécifique est peu élevé. Bref, il ne présente sur les autres matériaux d'obturation que des avantages.

La préparation des cavités, la sculpture des cires ou la prise d'empreinte par la méthode indirecte, la mise en revêtement sont exactement les mêmes que pour l'or. Une fois le revêtement sec, le cylindre est chauffé au rouge sombre de manière à brûler la cire, puis on le laisse refroidir jusqu'au moment où il peut être tenu dans la main. A cet instant, on fond l'Acolite au chalumeau et dès qu'il est fondu on exerce par la presse ou la centrifugeuse la force qui chassera le métal dans le moule. Il importe de ne pas dépasser la température exactement nécessaire pour la fusion sous peine de voire le métal perdre ses qualités de précision et de résistance par rochage ou brûlure.

Je me sers de ce métal uniquement pour remplacer l'amalgame principalement dans les cavités composées où vous connaissez les inconvénients des obturations plastiques. Je m'en sers également dans les reconstitutions de dents précédant l'ajustage d'une couronne. J'ai placé en Acolite un certain nombre de couronnes pleines avec pivot en or platiné ou iridié. Incidemment je vous dirai que l'Acolite adhère parfaitement à l'or au moment de sa fusion.

Mais là ne s'arrêtent pas, suivant Chance, les usages de ce métal. Son point de fusion bas permet de le couler directement sur des facettes de porcelaine et de l'employer ainsi à la confection de dents à pivots et de travaux à pont. Je n'ai pas l'expérience de ce genre d'applications, mais l'excellence de l'Acolite tant au point de vue de l'aspect qu'à celui de la résistance m'incline à penser que là aussi ce métal peut rendre de précieux services.

Si l'Acolite offre au praticien qui l'emploie de nombreux avantages, j'estime que dans les écoles sa place est tout indiquée comme substitut de l'or dans les travaux de coulée. Son emploi économique, ses manipulations exactement semblables à celles du précieux métal en font un matériel d'enseignement inégalable.

Si j'ai pu vous intéresser par ces quelques renseignements d'ordre purement pratique et contribuer à vous faciliter votre tâche journalière, je m'estimerai satisfait et vous remercie en tous cas de votre bienveillante attention.

15e section

SCIENCES PHARMACOLOGIQUES

Président. . . . . M. J. Hérail, Professeur honoraire à la Faculté de Médecine et de Pharmacie d'Alger.
Vice-Président. . . . . M. le Pharmacien Lieutenant-Colonel Piédallu.
Secrétaire. . . . . M. le Dr Fourket, Professeur agrégé à la Faculté de Médecine et de Pharmacie d'Alger.

Pharmacien Colonel BRUÈRE

Docteur en Pharmacie de l'Université de Paris.
Docteur ès Sciences

CONTROLE IONOMÉTRIQUE ET TITRIMÉTRIQUE DE LA VERRERIE

Le contrôle *ionométrique* de la verrerie, par appréciation colorimétrique de la réaction actuelle (acide, neutre ou alcaline) complété s'il y a lieu par l'évaluation *titrimétrique* de l'alcalinité et plus rarement de l'acidité, s'impose non seulement dans les laboratoires pour vérifier le matériel, mais également dans la pratique pharmaceutique.

Depuis plusieurs années déjà, l'examen du verre des ampoules a dû être effectué méthodiquement pour éviter des accidents de fabrication ou des altérations au cours du stockage (précipitation d'alcaloïdes, paillettes cristallines, etc.).

Les exemples ont été beaucoup plus limités dans la pratique courante ; à ce sujet, nous avons signalé (1) un cas typique observé avec une eau distillée de laurier-cerise qui avait été conservée à la cave dans une dame-jeanne en verre alcalin, lequel avait fait passer le pH de 4,4 (virage au rose du rouge de méthyle) à 7,2 (virage au vert du bleu de bromothymol) avec formation d'un louche ocreux, suivi d'un dé-

(1) C. R. Assemblée générale des Doct. en Pharm. Bull. n° 7, p. 203.

pôt semi-cristallin de benzoïne. On sait que cette réaction est due à la condensation de deux molécules de benzaldéhyde et qu'elle est catalysée par les cyanures alcalins.

La répartition de l'eau distillée de laurier-cerise en petits flacons, dans un but de meilleure conservation, conseillée au supplément de 1920 du Codex, exige un contrôle préalable de la réaction du verre et l'absence d'alcalinité, sinon l'augmentation des surfaces de contact, résultant de la multiplicité des récipients, pourra être plus nuisible qu'utile si le verre est alcalin.

I. *Contrôle ionométrique.* — Cet essai s'effectue rapidement et sans difficultés à l'aide d'un indicateur dit « spectral » (2) en raison des sept teintes principales qu'il permet d'observer et qui correspondent aux indications suivantes :

Acidité	faible	rose orangé
	marquée	orangé
	accentuée	jaune d'or
Neutralité		jaune vert
Alcalinité	faible	bleu vert
	marquée	indigo clair
	accentuée	violacée

On soumet les ampoules ou les flacons à l'autoclave à 120° pendant 20 minutes et, après refroidissement, on note les résultats de l'essai ionométrique. Dans les opérations en série, il est nécessaire de toujours se placer dans des conditions identiques de durée de contact, d'agitation et de température.

Le matériel état de neuf doit être simplement rincé à l'eau distillée pour éliminer les poussières ; plusieurs essais successifs seront pratiqués si l'on soupçonne une qualité de verre à alcalinité latente (effet à retardement facile à constater avec le coton de verre). Enfin, s'il s'agit de comparer une même qualité de verre, avec des récipients de capacités très différentes, il y aura lieu d'établir une proportionnalité entre les surfaces en contact et le volume d'indicateur mis en jeu (2) :

NOTA. — 1° L'*indicateur spectral* ne doit pas être préparé trop longtemps à l'avance pour conserver son maximum de sensibilité. On l'obtient en ajoutant à 98 cm^3 d'eau distillée pré-neutralisée 2 cm^3 d'un colorant triple (dit B. R. P.) de formule :

Bleu de bromothymol	0,10
Rouge de méthyle	0,02
Phénol phtaléine	0,20
Alcool à 95° (neutre)	100 cm^3

Faciliter, s'il y a lieu, la dissolution des colorants au B. M. Cette solution alcoolique, de coloration grenadine, donne un *indicateur spectral* dont la teinte oscille du jaune au jaune vert, suivant l'eau distillée utilisée.

---

(1) Communication au Ve Congrès International de Médecine et de Pharmacie militaires. Londres, mai 1929.

(2) P. BRUÈRE. *Bull. Doct. en Pharm.* N° 6. Nivembre 1929 p. 163.

2° Les eaux distillées de laboratoire sont fréquemment de pH voisin de 6; on les traite rapidement par un peu de carbonate de calcium pur; le liquide filtré est mélangé avec de l'eau non traitée, jusqu'à coloration jaune vert de l'indicateur (correspondant à l'eau préneutralisée).

II. *Evaluation titrimétrique.* — Les virages extrêmes au violet (zone alcaline) et au rose orangé (zone acide) sont en principe éliminatoires.

Dans le but de chiffrer l'intensité de la réaction et d'effectuer un classement de la verrerie, on procède à un titrage d'après la technique suivante (1) :

1° Choisir deux fioles jaugées de 100-110 cm³ (ou de 50-55 cm³ si on ne dispose que d'une faible quantité de liquide).

Ce matériel doit être en verre incolore, avec cols aussi larges que possible et de *même diamètre*, munis de bouchons en caoutchouc ou en liège non résineux. L'ensemble doit être neutre ou neutralisé.

2° Introduire dans la première fiole un volume quelconque d'*indicateur spectral* et renverser ce récipient sur un anneau de façon à permettre l'observation colorimétrique, par transparence, dans le col jouant le rôle de tube à essais.

3° Mesurer dans la seconde fiole 100 cm³ du liquide ayant subi le virage au contact du matériel en verre mis en expérience (on opérera sur 50 et même 25 cm³ avec des ampoules de petit modèle), puis ramener la teinte à la coloration initiale, par addition ménagée d'une solution centinormale d'acide sulfurique. Calculer les résultats pour 100 cm³.

Un très bon verre exige au maximum un cm³ de solution centinormale pour 100 cm³ d'indicateur spectral.

Un bon verre ne dépasse pas 5 cm³.

Au-dessus de 10 cm³, le verre est à rejeter.

Dans le cas exceptionnel de verres acides, titrer par une solution centinormale alcaline.

---

(1) Méthode insérée au *Formulaire du Service de Santé de l'Armée* (Edition 1930). Essai complémentaire du verre p. 31 et 32.

P. FOURMENT et P. SCHEYEN
Professeur agrégé — Assistant au Laboratoire de Matière Médicale
de la Faculté mixte de Médecine et Pharmacie d'Alger.

CONTRIBUTION A L'ÉTUDE DES GRAINES DU CAROUBIER (CERATONIA SILIQUA L.)

Le Caroubier, *Ceratonia Siliqua* L., est une légumineuse Caesalpinioïdée, de huit à dix mètres de haut, à feuilles composées, paripennées ; non épineuse, toujours verte, portant des fleurs en grappes dressées de coloration pourpre foncé. Ces fleurs sont, tantôt unisexuées, tantôt hermaphrodites ; elles donnent des gousses pendantes appelées Caroubes que l'on récolte, en août-septembre, à maturité.

Le Caroubier, probablement originaire du bassin oriental méditerranéen, a été disséminé par les Grecs dans les régions de l'Europe méridionale et par les Arabes dans toute l'Afrique du Nord. Il est particulièrement abondant en Algérie où il forme, dans certaines régions, le Tell en particulier, des peuplements assez étendus.

La gousse de Caroube aplatie, légèrement flexueuse ou arquée, mesure de dix à vingt centimètres de long sur deux à trois centimètres de largeur ; elle est arrondie à une de ses extrémités et terminée en pointe mousse à l'autre bout. Les deux sutures sont légèrement renflées, tandis que les faces latérales de la gousse sont déprimées sauf dans les régions correspondant aux graines. Les faces sont lisses, luisantes, et de coloration brun acajou.

Le fruit est divisé en un certain nombre de cavités (8 à 12), délimitées par de fausses cloisons formées par l'endocarpe.

Ce sont ces logettes qui abritent, chacune, au moins une graine.

Les Caroubes sont très riches en matières extractives ternaires et azotées ; elles sont utilisées de ce fait pour leurs propriétés nutritives dans l'alimentation du bétail. Récoltées en Afrique du Nord, elles sont livrées au commerce entières (gousses et graines) ou privées de leurs graines.

Ces dernières, vendues en grande quantité, sont expédiées en Europe, principalement par Bougie, surtout en Allemagne et en Angleterre où elles seraient utilisées dans l'industrie de la teinture et pour la préparation d'apprêts et de colles (1).

Cette utilisation, sur laquelle d'ailleurs les renseignements fournis par les industriels sont à dessein incomplets, nous a donné l'idée de rechercher dans ces graines la nature et les propriétés des substances susceptibles d'expliquer leur emploi.

Les graines de Caroubier sont ovales et aplaties, l'extrémité portant le hile est pointue, l'autre extrémité étant arrondie. Leur couleur est brun foncé ; elles mesurent environ un centimètre de long sur six millimètres de large.

La section transversale est ovale et présente à l'œil nu trois régions bien distinctes.

1. Une région externe colorée en brun acajou d'égale épaisseur sur presque tout le pourtour.

2. Une portion de consistance cornée, incolore, très dure, amincie aux deux extrémités de l'ovale.

3. Une région interne blanchâtre, très aplatie, disposée suivant le grand axe de la coupe, constituée par les cotylédons qui enserrent l'embryon dans la région inférieure.

*
* *

Une coupe transversale examinée au microscope rappelle l'aspect ordinaire des graines de Légumineuses.

On peut reconnaître à l'extérieur plusieurs assises cellulaires qui proviennent des transformations des deux enveloppes de l'ovule : primine et secondine.

Parmi les enveloppes dérivées de la primine, ce qui frappe tout d'abord dans le spermoderme est la présence d'une couche de cellules recouvertes à l'extérieur par un cuticule épaisse (40 µ) sur la nature de laquelle nous reviendrons plus loin. Cette assise de cellules, colorées en brun acajou, est d'égale épaisseur sur presque tout le pourtour. Elle est constituée par une seule rangée palissadique de cellules cylindriques fortement colorées en brun, mesurant 105 µ de long sur 18 µ de large. Le lumen de ces cellules est difficile à différencier, car elles présentent de longues stries dans le sens de leur axe longitudinal. L'explication est donnée par un examen de leur section transversale. En effet, une coupe de ces cellules, perpendiculaire à leur grand axe, montre que ce lumen au lieu d'être sphérique ou ovale, est très irrégulier et rappelle dans son ensemble un hile de grain d'amidon de Légumineuses. Il faut noter d'ailleurs que ces cellules présentent un phénomène assez particulier que l'on retrouve cependant dans

(1) Rothéa. Caroubier et Caroubes. *Bull. des Sc. Pharm.* T. 29, 1922, p. 369 et 443.

certaines graines de Caesalpinioïdées : à mi-hauteur environ, on constate la présence d'une ligne réfringente qui scinde en deux parties l'assise des cellules scléreuses.

Les éléments de cette assise, libérés par le mélange de Schultze, présentent tous et au même niveau ce que l'on appelle ligne de lumière (litchtlinie). On a expliqué diversement la signification de cette ligne de lumière qui serait due : pour Tschitch (2) à des effets de réfringence provoqués par la juxtaposition de deux substances physiquement et chimiquement différentes ; pour Sempolowski (3), à une transformation chimique de la paroi cellulaire au niveau indiqué, la réaction donnée par l'iode et l'acide sulfurique étant différente ; pour Russow à une déshydratation de la membrane limitée à cette région ; pour Marcel Brandza (4) à une moindre épaisseur de la paroi cellulaire, les réactions de coloration étant moins accentuées sur la lichtlinie.

Marlière (5) explique d'une manière différente l'origine de cette particularité cytologique : elle serait due à un épaisissement de la paroi provoquant une plus intense réfraction de la lumière. Notons que cette ligne n'est pas toujours placée, comme il le prétend, entre la cuticule et l'épiderme des cellules scléreuses en palissade, mais à des niveaux variables, suivant les graines, et le plus souvent au milieu de cette assise.

Nous avons signalé plus haut la disposition très spéciale du lumen de ces sclérites, très différente de celle que l'on rencontre couramment figurée dans les traités d'Histologie végétale et de Recherches des Falsifications. Dans ces traités, ces sclérites sont souvent représentés avec un lumen cylindrique, rond ou ovale, sur une section transversale. Or lorsqu'on fait varier la mise au point du microscope, ce lumen présente de nombreuses stries longitudinales, alternativement claires ou foncées, suivant le niveau de la coupe optique. Ces stries correspondent, ainsi que l'avait déjà vu Marlière, à de fines colonnettes faisant saillie à l'intérieur du lumen. Chacune porte un épaississement interne dans la région de la ligne de lumière, et l'ensemble constitue un anneau réfringent. Ces colonnettes séparées par autant de cannelures expliquent la disposition en forme d'étoile irrégulière du lumen sur une coupe transversale des sclérites : cette notion est des plus importantes, à notre avis, dans la diagnose de la graine de Caroubier, si souvent utilisée pour la falsification de la poudre de café (café de Caroubes).

---

(2) A. Tschirch. Angewandte Pflanzenanatomie. Wien und Leipzig, 1889.

(3) Sempolowski. Beitrage zur Kenntniss des Baues der Samenchale. Leipzig, 1874.

(4) M. Brandza. Développement des téguments de la graine. *Rev. gén. de Bot.*, 1891, p. 18.

(5) H. Marlière. Sur la graine et spécialement sur l'endosperme du *Ceratonia siliqua. La Cellule*, T. 13, 1er fasc., 1897, p. 11 et suiv.

Cette ligne de lumière a été retrouvée par Marlière dans les sclérites de nombreuses graines de Légumineuses ; mais elle présente de nombreuses variations d'intensité et de longueur.

C'est ainsi qu'il nous a été possible de déceler dans les sclérites des graines du *Bauhinia aculeata L.*, qui fera l'objet d'un travail ultérieur, deux lignes de lumière séparées par une raie sombre.

Enfin, nous avons constaté, comme Marlière, que les colorants se fixent avec élection au niveau de la lichtlinie, remplacée par un trait fortement coloré.

Au-dessus de cette assise, se trouve la couche classique des cellules en sablier (6) ou de soutien ; assez peu différenciées sur une coupe de graine sèche, plus visibles sur des graines prélevées sur un fruit avant sa déhiscence, elles ont été appelées par Tschirch ostéoscléréides. Leurs parois latérales, plus épaisses que les parois supérieures et inférieures, sont incurvées ; elles laissent entre elles des méats dont la forme rappelle celle du losange.

La troisième assise de la primine donne le parenchyme du spermoderme. Ici, les éléments allongés tangentiellement, aplatis par suite du développement de l'endosperme et des cotylédons, sont disposées sur 15 à 20 rangées, et forment un massif de 70 µ d'épaisseur au moment de la complète maturité de la graine.

Leurs parois de coloration brunâtre sont légèrement épaissies. C'est dans cette assise que se trouve le système fibro-vasculaire dont les faisceaux du bois sont orientés vers le centre de la graine.

Enfin, en dessous de cette assise parenchymateuse, et terminant la primine, se trouvent, sur quelques graines seulement, et sur une seule rangée, des cellules identiques aux cellules en sablier. Ces cellules ne se retrouvent que dans les genres *Ceratonia* et *Cassia*.

Le tégument interne dérivant de la primine est appliqué contre l'albumen. Il se distingue par sa coloration brunâtre plus foncée que celle des assises sus-jacentes. Il comprend une à trois épaisseurs cellulaires suivant la pression subie dans les différentes régions où on le considère ; en général, son maximum de développement avoisine le micropyle.

La secondine donne une couche de cellules qui peuvent se diviser tangentiellement aux endroits où la pression est la plus faible ; ses éléments sont aplatis, tabulaires, difficiles à mettre en lumière.

La région centrale de la graine (Albumen et Cotylédons) est recouverte par un tissu très mince ressemblant au parenchyme du tégument externe ; c'est, comme le fait remarquer Marlière, tout ce qui reste de l'ovule. Cette assise ne présente d'ailleurs aucune adhérence

(6) J. Chalon. La graine des Légumineuses. Mons, 1875.

avec la secondine ; elle diffère également des tissus sousjacents dont les cellules isiodiamétriques sont nettement dissemblables.

L'albumen entoure complètement l'embryon de deux lames ovales, plan-convexes, réunies sur le bord de la graine correspondant à la chalaze, séparées dans la région micropylaire.

Cet albumen est composé de cellules rameuses de taille différente. A l'extérieur, la première assise est formée d'éléments isodiamétriques de coloration brunâtre sans méats : c'est la couche protéique.

Les cellules de l'albumen proprement dit sont étoilées ; les cellules qui occupent la partie médiane sont plus développées, et laissent entre elles des lacunes plus grandes que celles de la périphérie, placées en contact, à l'extérieur, avec la couche protéique, à l'intérieur, avec l'assise très mince de cellules parenchymateuses qui entourent l'embryon.

Les lacunes volumineuses sont remplies d'un mucilage hyalin, très réfringent, de consistance cornée à l'état sec.

Les cotylédons se présentent sous forme de lames minces constituées par des cellules polyédriques au milieu desquelles se trouvent comme autant de nervures, les faisceaux libéro-ligneux.

La graine de Caroubier contient de notables quantités de mucilage et également, dans une faible proportion, du tanin. Mais le mucilage n'est pas seulement localisé dans l'albumen ; il contribue pour une large part à former la couche hyaline externe de la graine.

Sous une couche très mince de cutine, très facilement mise en lumière par l'Orcanette ou le Sudan III, se trouve une épaisseur relativement notable de mucilage (en moyenne 35 μ).

Cette couche disparaît lorsqu'on soumet la graine à l'ébullition dans l'eau ; c'est à son existence que l'on doit rapporter cette sensation savonneuse et glissante aux doigts après macération aqueuse.

Ce mucilage, en présence d'eau, gonfle à la longue à la température ordinaire. D'autre part, l'ébullition, en présence d'un acide font dilué amène beaucoup plus rapidement qu'avec l'eau la disparition de ce mucilage. Notons en outre que cette enveloppe hyaline est colorée en jaune foncé par l'iode et le chlorure de Zinc iodé. Nous avons cherché à déterminer la nature de ce mucilage externe. Nous savons que les mucilages peuvent provenir de divers tissus (cellulosique, pectosique, ou callosique), et qu'ils se comportent de ce fait de façon différente vis-à-vis des réactifs colorants.

Nous avons fait agir successivement sur des coupes de Graines de *Ceratonia Siliqua* les principaux colorants employés pour la diagnose des mucilages, après avoir reçu les préparations dans l'alcool à 95°.

Ce mucilage fixe en bain acide l'Orseilline BB et le Noir Naphtol, mais surtout en bain alcalin le Rouge Congo. Ces réactions sont spécifiques des mucilages cellulosiques.

D'autre part, ce mucilage se colore intensément en bain neutre, avec le Bleu de Méthylène, le Vert de Méthyle, l'Hématoxyline, le Rouge de Ruthénium, le Bleu de Nil, le Bleu de Naphtylène et le Rouge Neutre, tous réactifs microchimiques des mucilages pectosiques.

Il semble donc que le mucilage externe de la Graine de Caroubier est un mucilage mixte, celluloso-pectosique, avec prédominance des réactions de la pectose.

Par contre, les réactions classiques des mucilages callosiques sont négatives. Nous n'avons en effet rien obtenu avec le Bleu d'Aniline, le Bleu Coton en bain acide ainsi qu'avec certains colorants tétrazoïques tels que la Rosazurine en bain alcalin, pas plus qu'avec la Coralline en présence de carbonate de soude.

Les assises sous-jacentes dérivées de la Primine (Assise scléreuse, Cellules en Sablier, Assises parenchymateuses) se colorent intensément, surtout l'assise scléreuse, en noir verdâtre lorsqu'on traite une coupe par une solution à 10 % (aqueuse ou alcoolique) de perchlorure de fer. Ces mêmes régions se colorent également en brun, par le bichromate de potasse et l'acide chromique à 1 % ; en bleu noir par l'acide osmique. Le molybdate d'ammoniaque donne aussi au niveau de ces différentes zones une coloration jaune orangé. D'après ces réactions, il est probable que ces différentes assises contiennent des tanins localisés plus particulièrement au niveau de l'assise des cellules scléreuses en palissade. Ces tanins que l'on rencontre également en grande abondance dans l'écorce des *Ceratonia* puisqu'on peut en extraire jusqu'à 50 %, font partie pour certains auteurs du groupe des Phlobaphènes, dérivés d'oxydation des tanins, insolubles dans l'eau, de coloration rouge foncé. Pourtant l'ébullition des graines de *Ceratonia Siliqua* nous a donné une liqueur qui présente nettement avec les réactifs ci-dessus cités les colorations caractéristiques des tanins. Peut-être doit-on rapporter ces réactions à la présence de gluco-tannoïdes ou à celle de tannoïdes non glucosidiques tels par exemple l'acide ellagique déjà rencontré dans des graines d'autres Caesalpinioïdes, en particulier *Caesalpinia brevifolia.*

Il nous a paru intéressant, étant donnée la nature des applications industrielles auxquelles se prêtent ces graines, de doser le tanin contenu dans les assises dérivées de la primine.

Après avoir pulvérisé aussi finement que possible, opération assez délicate et longue en raison de leur dureté, une certaine quantité de graines, nous avons prélevé 50 grammes de la poudre assez grossière obtenue. La prise d'essai est introduite dans l'allonge d'un Soxhlet et épuisée avec de l'alcool pendant 3 heures (l'opération peut être considérée comme terminée lorsque l'alcool qui retombe dans le ballon est incolore) Par évaporation au Bain Marie, la quantité d'alcool est amenée à un volume fixe. C'est sur cette solution alcoolique que nous avons titré le tanin par la méthode colorimétrique de J. Rae (7), par comparaison avec une solution à 1 % de tanin officinal, les deux solutions étant colorées en brun rouge par addition à parties égales, dans les deux tubes de Nessler servant à l'expérience, d'une solution aqueuse à 10 % de molybdate d'ammoniaque.

La moyenne de nos différents essais ne nous a donné que 0 gr. 45 % en tanin soluble dans l'alcool.

Ce tanin est fixé comme nous l'avons vu, sur les assises dérivées de la primine surtout sur la rangée des cellules en palissade, aux parois particulièrement dures et épaisses. Mais il est à noter que cette couche, dite scléreuse, ne donne pas les réactions caractéristiques de la lignine, pas plus que les deux assises de cellules en sablier. En effet, nous avons pu constater avec Marlière (8), que la phloroglucine chlorhydrique ne colore en rouge, dans l'assise parenchymateuse, que les faisceaux du bois, alors que l'ensemble des assises à tanin est coloré en jaune d'or. D'autre part, toutes ces régions fixent électivement les colorants de la cellulose. Les parois de ces cellules ne seraient donc pas différenciées, contrairement à l'opinion émise par Tschirch (9).

Les fines membranes dérivées de la secondine et des régions externes de l'ovule ne nous retiendront pas plus que l'embryon, dont les cellules privées d'amidon et d'huile fixe sont riches en aleurone. La partie qui va suivre a tout particulièrement fixé notre attention.

En effet, l'endosperme est sans contredit la région qui renferme la majeure partie du mucilage contenu dans la graine. Ce mucilage comble les énormes lacunes laissées entre les branches des cellules du parenchyme étoilé. Ces cellules, à l'encontre de l'assertion de Van Tieghem (10), ne contiennent, d'après Marlière (11), ni amidon, ni matières grasses. Notons cependant que le Sudan III met en relief de rares et très ténus globules graisseux. Le contenu de ces cellules finement réticulé sous forme de grains polyédriques, comme nous avons pu le vérifier à l'aide des réactions xanthoprotéiques, de Raspail, de Millon, de Zacharias. Cet aleurone est certainement, comme l'écrivent les auteurs, de l'aleurone amorphe.

La nature du mucilage, controversée, a été ramenée par Mangin (12) au groupe des mucilages indéterminés, parce que ne donnant à son /

(7) J. Rae. Un nouvel essai colorimétrique du Tanin. *Pharm. Journ.* 1928 (4), 66, n° 3371, p. 539.

(8) (11) H. Marlière. *Loc. cit.*, p. 40 et suiv.

(9) A. Tschirch. Beitrage zur Kenntniss des Mechan. Gewebesystems. *Pringsheim's Jahrb.* B. XVI, p. 177.

(10) Ph. Van Tieghem. Eléments de Botanique. 2e édit., Paris, 1891, I, p. 247.

(12) L. Mangin. Sur un essai de classification des Mucilages. *Bull. de la Soc. de Bot. de Fr.* T. 40, 2e série; T. XV, p. XL.

avis aucune des réactions colorantes des mucilages simples ou mixtes ; par Marlière (13) au groupe des mucillages cellulosiques.

Or, les réactions de coloration que nous avons obtenues sur cette zone nous autorisent à classer le mucilage de l'endosperme de *Ceratonia Siliqua* parmi les mucilages mixtes celluloso-pectosiques. Ces réactions de coloration menées de pair avec celles opérées sur le mucilage externe ont évidemment nécessité les mêmes réactifs. Ce mucilage, en effet, fixe énergiquement les colorants de la cellulose et de la pectose déjà énumérés et reste insensible à ceux de la callose. Mucilage de l'albumen et mucilage externe sont donc de même nature.

Nous avons cherché à les extraire en totalité, mais l'épuisement complet des graines est à la fois très long et très délicat.

Nous avons d'abord opéré sur une prise d'essai de 5 gr. Les graines, d'une dureté extrême, découpées à sec, furent traitées par des ébullitions successives d'une demi-heure dans des fractions de 100 centimètres cubes d'eau distillée. Les liqueurs étant recueillies, nous avons repris le résidu formé par les graines à présent gonflées et amollies, et nous les avons hachées et pilées. Nous leur avons fait alors subir des ébullitions dans de nouvelles portions d'eau distillée, suivies de macérations, jusqu'à épuisement complet. Nous avons arrêté ces opérations au moment où les fragments d'albumen examinés au microscope ne présentaient plus de mucilage dans les lacunes intercellulaires. Après concentration au Bain Marie de toutes les liqueurs recueillies, nous avons précipité le mucilage par addition d'alcool et filtré sur filtre taré. Après dessication à l'étuve, à poids constant, la quantité de mucilage trouvée pour 100 gr. de graines est de 37 gr. 20. Comme confirmation, nous avons employé une technique beaucoup plus longue, mais paraissant plus sûre ; elle consiste à traiter, jusqu'à épuisement complet, 100 gr. de graines concassées par de l'eau bouillante et à évaporer après filtration sur coton de verre dans un entonnoir à parois chauffantes Le résultat, d'ailleurs voisin du précédent, a été de 41 gr. de mucilage pour 100 gr. de prise d'essai.

Comme nous le voyons, le mucilage constitue à lui seul le produit le plus abondant qu'on peut extraire des graines de *Ceratonia.*

Il est à noter, lorsqu'on pratique la prise d'essai, que le coefficient d'imbibition aqueuse de ce mucilage est normalement assez élevé ; il est susceptible d'imprimer au poids des graines en expérience des variations assez considérables. La quantité d'eau qu'elles retiennent est très différente suivant l'année et l'état hygrométrique de l'atmosphère ; dès lors, il nous a paru utile de doser cette quantité d'eau au moment de nos expérimentations. Les pesées, effectuées avant et après séjour prolongé à l'étuve à 100°, de graines grossièrement broyées,

(13) H. Marlière. *Loc. cit.*, p. 32.

accusent une perte de poids de 17 gr. % dont il convient de tenir compte dans les dosages du mucilage.

Le mucilage extrait se présente, à l'état sec, sous la forme de masses écailleuses colorées en brun par les tanins entraînés. Mis en présence d'eau froide, il gonfle très lentement et donne une pseudo-solution très agglutinative, formant colle. Dans l'eau chaude, il se dissout beaucoup plus rapidement et donne une pseudo-solution filante, louche, légèrement brunâtre, neutre au tournesol. Cette dernière précipite en présence d'alcool, de même qu'avec l'acétate et surtout le sous-acétate de plomb. Elle ne paraît présenter aucune propriété réductrice.

Le caractère physique dominant de cette pseudo-solution, qui doit la faire rechercher dans certaines industries, est incontestablement sa viscosité. Nous avons déterminé cette donnée au moyen du viscosimètre d'Oswald sur une dilution à 1 pour 200 ; un titre supérieur rendant impossible le passage du liquide dans le tube capillaire de l'appareil. A 25°, la densité étant de 1003, la viscosité est de 33,24.

La propriété principale des gommes et des mucilages, celle qui les fait employer industriellement, comme le signale J. Merveau (14), est sans contredit leur viscosité. Examinée dans les mêmes conditions, c'est-à-dire en solution à 1 pour 200, une gomme arabique de premier choix donne une liqueur qui titre 1001 au densimètre. A 25°, sa viscosité, mesurée dans le même viscosimètre d'Oswald, est de 1,072. La simple comparaison de ces deux coefficients est une preuve de l'incontestable supériorité industrielle du mucilage de Caroubier. En effet, le rapport viscosimétrique établi entre ces deux produits est de 31.

Les qualités physiques que nous venons d'examiner se doublent d'intéressantes considérations tirées de l'étude de la constitution chimique de ce mucilage.

La diagnose des sucres provenant de l'hydrolyse du mucilage des graines de Caroubier n'a été fixée d'une façon définitive qu'après les travaux de Bourquelot et Hérissey (15), qui sont venus infirmer les précédentes recherches de J. Effront et de H. Marlière.

J. Effront (16) avait cru trouver, dans l'albumen de ces graines, un hydrate de carbone qu'il baptisa Caroubine et qui constituait, d'après lui, les quatre cinquièmes environ du mucilage extrait. Cette Caroubine, soumise à l'action des acides minéraux, mettait en liberté un

---

(14) J. Merveau. Recherches sur la viscosité et en particulier sur la viscosité des Gommes. *Thèse Doct. Pharm.* Paris, 1910.

(15) Em. Bourquelot et H. Hérissey. Sur la composition de l'albumen de la graine de Caroubier ; production de galactose en de mannose par hydrolyse. *Journ. de Ph. et de Ch.*, 6e série, T. X, 1899, pp. 153, 249, 438.

(16) J. Effront. Sur un nouvel hydrate de carbone, la Caroubine. *J. de Ph. et de Ch.*, 6 série, T. 6e, 1897, pp. 210 à 214.

sucre que cet auteur pensait être spécial aux graines de Caroubes et qu'il appela Caroubinose.

De son côté. Marlière (17), au cours de ses recherches sur la constitution chimique du mucilage de la graine de *Ceratonia Siliqua*, signala la galactose, la glucose et la lévulose, mais ne put constater la présence d'aucun autre sucre. Enfin, Van Ekenstein (18), en soumettant la Caroubine d'Effront à l'hydrolise, identifia la Caroubine « avec une bihexose encore inconnue composée de deux mannoses ».

C'est donc aux travaux de Bourquelot et Hérissey que l'on doit la conaissance exacte de la constitution chimique du mucilage des graines de *Ceratonia Siliqua.*

Les Hydrates de Carbone de ce mucilage sont formés par un mélange d'anhydrides de mannose (mannanes) et d'anhydrides du galactose (galactanes) à des états moléculaires différents. Comme le remarquent ces auteurs, la totalité de la galactane est à l'état d'hémicellulose, tandis qu'une partie de la mannane se trouve à la fois sous la forme d'hémicellulose et de manno-cellulose. Dès lors, en plus des diverses applications industrielles qui utilisent la viscosité élevée de ce mucilage (préparation de colles, empois, apprêts, etc...), ces graines peuvent donc servir à l'extraction du mannose pur et cristallisé. L'industrie s'adresse souvent dans ce but à des produits de provenance plus lointaine ; or, la partie de ces graines facilement hydrolisable donne, comme l'ont établi Bourquelot et Hérissey, environ 40 à 50 % de mannose.

En résumé, il ressort de notre travail que deux principes importants sont contenus dans la graine de Caroubier susceptibles d'en expliquer les divers emplois : tout d'abord les tanins en partie solubles (mordanceurs) ; et d'autre part le mucilage très abondant dont nous avons mis en lumière les propriétés physiques remarquables. Nos recherches microchimiques nous ont permis de cataloguer ce mucilage comme celluloso-pectosique, ce qui vient à l'appui des précédents travaux chimiques de Bourquelot et Hérissey.

---

(17) H. Marlière. *Loc. cit.*, pp. 48 et suiv.

(18) A. Van Ekenstein. Sur la caroubinose et sur la mannose. *C. R.*, T. CXXV, 1897, p. 719.

R. GUYOT

1° CARENCE DE CARACTÈRE D'IDENTITÉ DU SIROP DE QUINQUINA DU CODEX

PROCÉDÉ PRATIQUE POUR L'OBTENIR

Ayant préparé du sirop de quinquina, d'après le Codex 1908, nous fûmes surpris de la déficience de la réaction d'identité indiquée dans cet ouvrage. Tous nos essais étant négatifs, nous incriminions à tort le quinquina de ne pas renfermer de quinine, d'être constitué par un faux quinquina. L'examen microscopique de la poudre incriminée était cependant satisfaisant ; nous nous sommes rendu compte, qu'en milieu éthéré indiqué par le codex, la réaction de thalléo-quinine ne se produisait pas. Il faut opérer en milieu aqueux. La prise d'essai : 10 cc. de sirop est aussi insuffisante. La viscosité du sirop s'oppose à la précipitation de la quinine, d'autre part, la quantité d'ammoniaque : 10 gouttes est insuffisante pour la précipitation.

En tenant compte de ces considérations, nous présentons un « modus operanti » légèrement différent :

« Prendre 20 cc. de sirop de quinquina, ajouter 20 cc. d'eau distillée, additionner de 2 cc de lessive de soude. On observe un précipité léger se rassemblant à la partie supérieure des liquides. L'addition de 20 cc³ d'éther, le dissout immédiatement. On agite, on laisse reposer, on décante l'éther et laisse évaporer dans une capsule de porcelaine à l'air libre, un résidu blanc grisâtre apparaît de goût amer. On reprend ce résidu avec 2 cc³ d'acide acétique cristallisable et 20 cc³ d'eau distillée ; on remarque la fluorescence violette des sels de quinine. On divise les 20 cc³ en 4 tubes différents. On additionne le premier de quelques goutte d'eau bromée jusqu'à coloration jaune persistante ; on ajoute 2 gouttes de lessive de soude, 10 gouttes d'ammoniaque, la teinte verte de talléo-quinine apparaît souvent accompagnée d'un précipite, l'addition d'alcool clarifie et renforce même la teinte. Dans le deuxième tube, on opère comme précédemment, addition d'eau bromée jusqu'à coloration jaune persistante, puis addition de quelques gouttes d'une solution de ferrocyanure de potassium à

5 %, quelques gouttes d'ammoniaque, la teinte rouge d'érythroquinine apparaît. Nous réalisons aussi dans un même tube à essai les deux réactions de talléoquinine et érythoquinine de la façon suivante : au fond du tube à essai, nous mettrons : ou de la potasse, ou de l'hydrate de baryte, nous disposons au-dessus la solution acétique de quinine, puis nous additionnons le tout, sans agiter d'eau bromée puis de quelques gouttes d'ammoniaque, la teinte verte apparaît en surface, la teinte rouge au fond du tube.

A la place de la baryte, nous pouvons prendre l'eau de chaux, l'oxyde de zinc, le cyanure de potassium, le ferricyanure de potassium, nous obtenons les 2 réactions de même.

Le troisième tube est additionné d'une solution alcoolique sulfurique, acétique indiquée dans la chimie analytique de Denigès, la fluorescence de la quinine s'exalte dans ces conditions.

Le quatrième tube renfermant la solution précédente est additionné de solution de Lugol, on observe alors ,un dépôt de lames rectangulaires, hexagonales à reflets métalliques de sulfate d'iodoquinine ou hérapathites.

Telles sont les réactions d'identité permettant de reconnaître le sirop de quinquina du Codex.

En résumé, nous indiquons ici la carence de la réaction du Codex et donnons un procédé rationnel pour obtenir les réactions classiques de talléoqinine, érythroquinine et d'hérapathe.

2° DE QUELQUES RÉACTIONS NOUVELLES DE LA QUININE POUR LA RECHERCHE DE CET ALCALOIDE DANS LE SIROP DE QUINQUINA.

Réaction de la cyano-quinine (René Guyot)

Ayant obtenu la teinte verte de talléo-quinine, par une des réactions précédentes, nous observons un renforcement de coloration par l'addition de lessive de soude. Si nous ajoutons alors un excès d'acide acétique cristallisable, nous observons au fur et à mesure de la diffusion de cet acide dans le liquide, l'apparition d'une teinte violette très fixe, très durable se rapprochant de la teinte de la liqueur de Felhing.

C'est là notre réaction de cyano-quinine.

Elle peut se prêter à un dosage colorimétrique de la quinine en se quide appliqué sur papier plombique donne une tache noire de sulfure de plomb. L'essai au nitroprussiate est positif, teinte violette ; l'examen microscopique après frottis et fixation révèle à côté de mycélium de mucorinées de très nombreux bacilles répondant à la morphologie de celui de l'eau de fleur d'oranger verte. Nous nous trouvons en présence d'une réduction par les bacilles d'un sulfate de chaux :

$$SO^4Ca = CaS + O^4$$

Le sulfate de calcium vient du noir animal et non pas du kaolin. On peut le caractériser avec le chlorure de baryum, formation de sulfate de baryum insoluble.

Si on stérilise dans des ampoules l'eau de fleur d'oranger, la réduction n'a pas lieu, nous pensions accentuer cette fermentation en sursaturant l'eau de fleur d'oranger incriminée de sulfate de calcium ; nous préparons ainsi des ampoules que nous remplissons hermétiquement et les laissons plusieurs mois, voire plusieurs années ; à l'ouverture, aucune odeur ne se dégage.

Le sulfate de calcium, en excès, semble plutôt un antagoniste, presque un antiseptique.

Nous avons signalé déjà une fermentation sulfhydrique survenue dans une potion au phosphate bicalcique et dans un sirop d'hypophosphite de chaux (4).

Dans l'un comme dans l'autre cas, l'eau de fleur d'oranger rentrait dans la préparation, le sulfate de calcium s'y trouvait comme adultération. Le bacille et l'aliment se trouvaient réunis. Une observation générale à la potion, au sirop d'hypophosphite de chaux, à l'eau de fleur d'oranger, est la disparition au bout de quelques jours de l'odeur sulfhydrique, cela par oxydation sous l'influence même du bacille ou des mucorinées qui l'accompagnent ou de l'oxygene de l'air et de l'eau

$$H^2S + O = H^2O + S.$$

Nous voyons ici un bacille nettement aérobie devenant dans des conditions déterminées, anaérobie agissant comme tel vis-à-vis du sulfate de calcium.

La question traitée ici a une portée plus grande, elle englobe la formation dans la nature des eaux sulfatées calciques dégénérées.

Certes et Garrigou constatent la présence de micro-organismes dans les eaux de Luchon à la température de 64° (5).

Planchut indique que la sulfuration des eaux sulfurées calciques est le résultat d'une fermentation provoquée par des êtres spéciaux vivant

---

(4) Fermentation sulphydrique d'un sirop d'hyphosphite de chaux (R. Guyot) Bulletin de Société de Pharmacie, Bordeaux 1925.

(5) Compte rendu Académie des Sciences (1886). T. : CIII, page 703.

servant comme liqueur étalon comparative de la liqueur de Fehling dont on établit au préalable une gamme décroissante de coloration par addition d'eau. Cette réaction nouvelle vient s'ajouter aux réactions classiques anciennes de talléoquinine, d'érythroquinine. Alors que ces dernières s'atténuent rapidement, déposent, se décolorent, et de ce fait ne se prêtent qu'à un dosage immédiat, la réaction de cyanoquinine par sa fixité, par son intensité colorante, sa comparaison facile avec un étalon courant se trouvant dans tous les laboratoires peut rendre les plus grands services au praticien.

3° FERMENTATIONS SULFHYDRIQUES DE CERTAINES EAUX DE FLEUR D'ORANGER

Nous signalions en 1916 (1) et 1917 (2) une coloration verte des eaux de fleur d'oranger sous l'influence d'un bacille isolé et cultivé par nous, ce bacille est mobile, aérobie de dimensions de 3 à 5 µ de long sur 0 m. 5 de large. Il se colore aux couleurs basiques, prend le gram. L'éosine, hématoxyline colore en bleu des masses polaires, le reste du protoplasme se colore en rose. L'eau de fleur d'oranger acquiert à son contact une belle teinte verte. Ce bacille se rapproche du bacille chlororaphis de Guignard, et Sauvageau étudié par Laseur (3). Il s'en différencie, parce que ce dernier ne prend pas le gram et qu'il donne dans les cultures non une coloration, mais un précipité cristallin vert de chlororaphine. Leur origine semble commune : L'eau de Vigneulle pour le chlororaphis, l'eau servant au nettoyage des estagnons pour le bacille vert de l'eau de fleur d'oranger. Voulant décolorer l'eau de fleur d'oranger verte, nous nous sommes adressés au kaolin et au noir animal. L'eau filtrée fut mise dans des flacons fermés et laissés à la température du laboratoire à 20°. On remarque quelques jours plus tard, des nuages floconneux et des bulles gazeuses. A l'ouverture des flacons, une odeur d'hydrogène sulfuré se dégage. Une goutte de li-

---

(1) Altérations des eaux distillées en général de l'eau de fleur d'oranger en particulier eau de fleur d'oranger verte (Journal de pharmacie et Chimie. Paris, page 37).
(2) Bacilles chromogènes des eaux de fleur d'oranger. Morphologie. Milieux de cultures (Journal de Pharmacie et Chimie 1917, page 12).
(3) Contribution à l'étude du bacille chlérorophis (Thèse doctorat ex sciences, Nancy 1911).

aux dépens de l'oxygène combiné, lorsqu'ils ne trouvent plus d'oxygène libre. D'où réduction des sulfates en sulfures.

Androsenoff signale la présence d'H^2S dans les eaux profondes de la Mer Noire.

Brousilordki : la production d'H^2S dans les marais d'Odessa résulte de la réduction des sulfates en sulfures par « vibrio sulfurens ».

Colin admet la présence dans les eaux minérales d'agents de putréfction qui réduisent les sulfates en sulfures.

La conclusion semble s'imposer, les eaux sulfureuses résultent de la fermentation sulfhydrique des sulfates calciques, sous l'influence de bacilles appropriés et adaptés à la température du milieu.

Pour nous résumer, nous signalons ici une fermentation sulfhydrique des eaux de fleurs d'oranger vertes sous l'influence d'un bacille chromogène facultativement anaérobie, nous la rapprochons des fermentations sulfhydriques des potions et des sirops que nous avons décrites, des travaux sur les bactéries dénitrifiantes de Gayon et Dupetit et de Grimbert et des travaux si captivants sur la formation des eaux sulfureuses, aux dépens des eaux sulfatées calciques par les bactéries (1).

---

(1) Je dois cette dernière documentation à M. René Girard mon aimabl confrère et ancien élève.

16e et 21e sections

PSYCHOLOGIE APPLIQUÉE ET PÉDAGOGIE

Président. . . . . M. DUMAS, Inspecteur primaire à Alger.
Secrétaire. . . . . M. FERRIER, Instituteur à Talence (Gironde).

J.-A. ANGLADE

SUR LE FONCTIONNEMENT, A ALGER, DES CLASSES DE PERFECTIONNEMENT POUR ENFANTS ARRIÉRÉS

M. Dalloni, adjoint au Maire d'Alger, délégué à l'Hygiène municipale et organisateur local du 54e Congrès de l'Association française pour l'avancement des sciences, nous a offert l'occasion de parler une fois de plus de l'enseignement des enfants arriérés et nous l'en remercions vivement. Malheureusement, cette invitation s'étant placée à l'ouverture du Congrès, notre communication improvisée sera inférieure à son sujet, peu convenable à l'importance de nos assises et à la qualité des congressistes. Je m'en excuse sincèrement.

Au début de cette communication, nous avons le devoir de réparer une omission qui deviendrait à la longue une injustice. Nous sommes heureux de rendre un public hommage à M. le docteur Lemaire, directeur de l'Hygiène municipale à Alger, d'avoir prévu, dès l'année 1921, le dépistage des enfants arriérés de notre ville. Son nouveau règlement de l'inspection médicale des écoles prévoit que les médecins-inspecteurs doivent examiner les enfants qui sont présentés comme arriérés par les directeurs et les directrices de nos établissements primaires.

L'intérêt spontané que M. le directeur de l'Hygiène porte aux enfants arriérés n'a jamais faibli. Il a tenu à faire partie de la commission médico-pédagogique chargée de l'admission des enfants arriérés dans les classes de perfectionnement ; il a fait nommer à leur intention un neurologiste distingué, M. le docteur Dumollard ; il a fait construire pour ses protégés une salle de visite médicale, et enfin il s'occupe ces temps-ci, avec son nombreux personnel de médecins-inspecteurs et d'infirmières visiteuses, du recensement et du classement des différentes catégories d'arriérés et d'anormaux, travail préparatoire à l'ouverture de nouvelles classes de perfectionnement.

La situation des enfants arriérés a été connue du grand public algérois dès 1921, également, grâce à une conférence publique organisée sous la présidence du recteur d'académie d'Alger par M. le docteur Rouquet, conseiller général d'Alger et médecin-inspecteur ; nous avons eu l'honneur de lui faire connaître que le cours préparatoire de l'école de la rue Franklin comptait, depuis 1920, une forte section d'enfants arriérés, que ces élèves y recevaient un enseignement approprié et que les résultats, loin d'être décevants, étaient inespérés et des plus encourageants. Nous demandions l'application à l'Algérie de la loi du 15 avril 1909 qui prévoit pour les enfants arriérés des classes annexes et des écoles autonomes de perfectionnement.

M. Steeg, Gouverneur Général de l'Algérie, voulut bien se pencher sur nos élèves avec son esprit de justice et son esprit de suite ; par son iniitative, le décret du 27 juin 1925 étendit à la colonie le bénéfice de la loi française ; dès octobre 1926 notre classe se ferma aux élèves des catégories normales pour ne plus recevoir que des enfants déshérités de la nature. Une deuxième classe annexe de perfectionnement s'ouvrit pour les filles à l'école de la rue de la Liberté à la rentrée de 1929, confiée à une institutrice bien préparée à sa tâche par un stage de deux ans auprès des enfants arriérés, Mlle Denis.

Nous avons à cœur de déclarer que, rue de la Liberté autant qu'à la rue Franklin, nos élèves sont confondus avec leurs camarades normaux, qu'ils n'y sont l'objet d'aucune brimade, qu'ils s'y épanouissent en toute confiance sous la surveillance affectueuse des deux personnels et la protection discrète du directeur et de la directrice de ces deux écoles, M. Polito et Mme Tendron, celui-là le plus sympathique des hommes et celle-ci la plus charmante et la plus tendre des directrices. Notre vœu le plus cher, c'est que partout et toujours les enfants arriérés trouvent le même accueil, la même hospitalité ; il le faut parce que les classes annexes sont utiles, répondent à des besoins de quartier et que l'ouverture d'une école autonome, qui s'impose, ne les suprimerait pas.

Notre communication, en plus de la position administrative et communale des enfants arriérés, a pour objet de préciser une fois de plus leur cas psycho-médical et le problème de leur éducation. Nous avons tenté trois fois déjà l'examen de ces deux questions : le 25 février 1921 dans la conférence susdite ; en 1923 dans deux articles de la

Revue Pédagogique ; le 25 février 1928 dans une seconde conférence organisée par les Groupes d'Etudes laïques d'Alger sous la présidence de M. l'Inspecteur d'Académie d'Alger. Cette double étude doit toujours rester sur le métier, parce qu'elle est très complexe dans ses données et qu'elle souffre de nombreuses solutions. Remarquons que les deux problèmes sont conjugués : le cas médico-psychologique représentant l'effort de clinique propre à déterminer la nature de l'arriération et le problème de l'éducation représentant la thérapeutique ou, autrement dit, l'effort de guérison. Les psychologues et les médecins étudient plutôt le cas médico-psychologique ; les parents, les administrateurs et les éducateurs portent leur effort sur le problème de l'éducation.

Voici le cas médico-psychologique dans l'état actuel de nos connaissances. Les médecins et les psychologues ont été les premiers à défendre les enfants arriérés ; ce ne sont pas des paresseux mais des malades qu'il faut soigner ; d'autant plus intéressants que leur traitement comporte la collaboration du médecin spécialiste et de l'éducateur spécialisé. Ils s'accordent à leur reconnaître une tare fondamentale, *l'immobilité* ou *l'instabilité* physiques et psychiques ; ce sont des enfants trop sages ou, tout le contraire, des agités pénibles ; les uns et les autres incapables d'attention volontaire soutenue et d'activité réglée, privés d'énergie et de ressort moral. Il leur manque, avec l'attention, cette fonction générale de l'esprit, les deux instincts de l'auto-éducation : l'instinct de curiosité et l'instinct d'imitation.

La pratique de la classe a révélé chez eux une autre tare, *l'insensibilité* comme disent les docteurs L. Paul-Boucour et J. Philippe, ou, plutôt, *l'arriération sensorielle*, expression que nous composons par analogie avec l'anomalie sensorielle totale telle qu'on la voit chez le paralytique et le muet, chez le sourd et l'aveugle. Si devant les grands anormaux sensoriels on mesure d'un seul coup l'étendue du désastre sensoriel et si l'on suppute aisément, chez eux, les lacunes possibles dans l'association des idées, *on ignore* le plus souvent, par contre, l'arriération sensorielle et on ne sait pas assez quel dommage profond peut causer la faiblesse d'un seul organe des sens ou sa mauvaise santé !

Les arriérés ne sont pas des paralytiques, mais il en est qui à huit ans et dix ans ne savent pas déboutonner leur braguette et ont peur de descendre un escalier ; ils sont lents et bien des mouvements leur sont défendus ,particulièrement le saut à la corde. Qui n'a pas vu un arriéré essayer de sauter à la corde n'a jamais rien vu ! La main de l'arriéré est une grande ignorante qui peut mettre des années à apprendre à écrire. Telle est l'arriération musculaire.

Les arriérés ne sont pas des *muets*, mais ils aiment le silence, se font arracher leurs réponses, ils présentent tous les troubles de la parole, réduisent les mots à de simples syllabes déformées ; ils sont bègues parfois ou bredouilleurs pressés, mangeurs de syllables. Il est des entendants quasi-muets ; notre classe compte un élève entendant-muet qui s'est mis à parler vers onze ans d'âge, quand il s'est trouvé pris dans l'engrenage de la pédagogie de perfectionnement.

Les arriérés ne sont pas des *sourds*, mais ils n'aiment pas écouter, mais ils confondent les consonnes sèches avec les consonnes laryngées ; ils réduisent le nombre des syllabes. Ni sourds ni muets, les arriérés ont besoin, tout comme les anormaux par surdi-mutité, des exercices de phonation qui renforcent le volume de la voix et des leçons d'orthophonie et de démutisation qui fixent la prononciation. Certains arriérés donnent moins de satisfaction que les sourds-muets intelligents.

Les arriérés, enfin, ne sont pas des *aveugles*, mais ils présentent des déficiences visuelles considérables, des daltonismes multiples de la couleur, de la grandeur, de la forme, de l'orientation et de la localisation des objets. *Oculos habent*... et ils ne pensent pas à regarder la forme des lettres et des chiffres, leur groupement et leur nombre, à y voir des différences. Sollicités par les méthodes et les procédés de perfectionnement modelés justement sur ces déficiences visuelles, les arriérés commencent à lire, à écrire, à copier. Plus heureux que les aveugles ils ont appris à voir avec les yeux.

Disons, pour nous résumer, que les sens de l'arriéré ne sont pas aigus très souvent, pas avertis jamais ; qu'ils sont gauches et obtus. Aussi, parce que leurs sensations sont confuses, leurs représentations intellectuelles sont dans le vague, le flou, l'imprécision ; les arriérés ne savent rien affirmer et se montrent d'une suggestibilité déplorable.

La rencontre de ces tares, l'immobilité et l'instabilité, avec l'arriération sensorielle produit un désastre dans leur évolution intellectuelle et psychique. Ils perdent les années de leur prime enfance et ne profitent pas des aptitudes qu'elles apportent, précieuses mais fugitives ; dans l'éducation maternelle, ils vont toujours à contre-temps ; ils ratent les moments psychologiques et font échec à la force de l'instinct maternel. Ces déshérités arrivent à l'âge scolaire sans s'être instruits au contact des choses et de leur entourage ; leur esprit est vide, leur vocabulaire des plus réduits au regard de l'enfant normal. Par l'expérience réelle et verbale, l'esprit des arriérés est *largement inférieur*, d'une infériorité parfois inconcevable.

Mais leur cas est encore plus grave et déconcertant : leur esprit est non seulement inférieur quant au contenu et à la puissance des fonctions générales d'attention et d'association des idées, il est *autre*, profondément différent par le manque de formation. Les mille et une leçons de choses, d'états et de gestes qu'ont perdues les arriérés dans l'éducation maternelle font déjà que leur ignorance est profonde, insondable... Elle est pire et bien faite pour décourager l'instituteur qui n'est pas averti. La pratique de la classe nous a fait résoudre ce problème simplement posé par le très regretté A. Binet et son collaborateur distingué, le docteur Simon. Si l'esprit de l'arriéré est autre, c'est qu'il est resté indifférent aux quatre soucis cardinaux de la pensée humaine, tels qu'ils ont été fixés par le philosophe Kant, il n'est pas formé aux quatre catégories classiques de la pensée qui sont : le temps, l'espace, le nombre, la logique ou causalité.

La vie scolaire surprend profondément l'enfant arriéré qui n'a pas le souci du temps, qui ignore l'heure de la rentrée ou de la sortie, qui ne sait pas placer dans la semaine les jeudis et les dimanches. Il ne connaît pas le chemin de la maison ; à l'école il se trompe de classe, cherche sa place, son tablier, son béret, tout cela parce qu'il n'a pas la notion de l'espace. Au moment de l'appel, il ne sait pas s'il est présent ou absent, si le retardataire qui entre fait un de plus ou un de moins parce que la quantité et le nombre lui sont inconnus. La logique ou causalité est chez l'arriéré en pleine carence ; si on l'interroge, il répète la question sans se douter qu'elle peut introduire une réponse personnelle.

Nous affirmons que si le contact intellectuel ne s'établit pas facilement avec les enfants arriérés, c'est que la parole du maître est toujours, même quand il veut rester terre à terre, orientée vers un des quatre points cardinaux de la pensée et que, partout, elle se hérisse de particules, de noms et d'expressions vides de sens pour ces enfants. Nous constatons que les plus pitoyables d'entre eux se rapprochent de nous dès qu'ils sont en possession intime de quelques nombres, de quelques vocables, prépositions, adverbes et conjonctions qui apportent à la pensée des circonstances de temps, de lieu, de nombre et de causalité. Dès que leur esprit commence à s'aiguiller tout seul sur la boussole de la pensée humaine, ces enfants sont en bonne voie de guérison ; ils évoluent vers la normalité. Dans le perfectionnement d'un esprit, sa formation a plus d'importance que son enrichissement ; avec un gros retard d'instruction, un enfant arriéré prend souvent une souplesse de pensée, une aisance de mouvement qui le confondent avec les normaux. C'est le cas de redire avec Montaigne qu'une tête bien faite vaut mieux qu'une tête bien pleine.

Réaliser cet idéal pédagogique, c'est là, on le sent bien, le souci primordial de la pédagogie de perfectionnement en général et de notre enseignement particulier, mis au point en dix ans de retouches patientes et qui peut être figuré par une étoile régulière à cinq branches inscrite dans une circonférence.

Les sommets de cette étoile (l'étoile humaine des philosophes médiévaux) représentent l'enrichissement et la formation de l'esprit et sont respectivement :

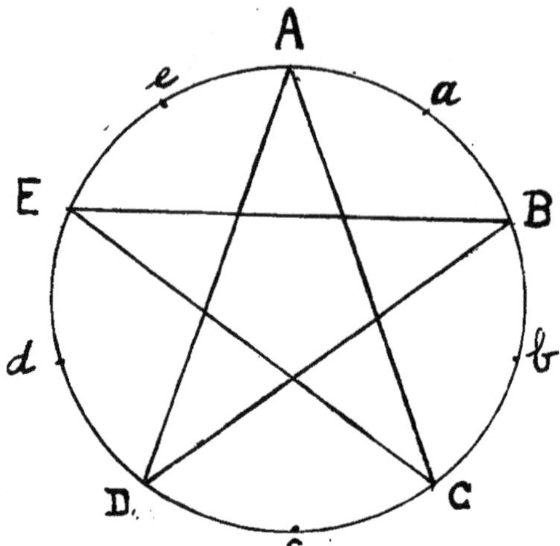

A. La leçon de choses, d'états et de gestes.
B. La notion du nombre ou quantité.
C. La notion du temps qui passe.
D. La notion spatiale.
E. La notion de logique ou causalité.

Quant à la circonférence, elle représente l'enseignement de la langue ; chaque sommet de l'étoile touche le milieu d'un segment et correspond à une partie du programme ; les segments correspondent respectivement :

a. à l'enseignement du nom et du pronom, de l'article, de l'adjectif et du verbe.
b. à l'enseignement du vocabulaire relatif à l'ordre et à la quantité.
c. à l'enseignement des particules, noms et expressions relatifs au temps (noms, prépositions et adverbes de temps).
d. à l'enseignement des particules, noms et expressions relatifs à l'espace (noms, prépositions et adverbes de lieu).
e. à l'enseignement des conjonctions qui ajoutent ou subordonnent les propositions.

Nous ne voulons pas, dans cette brève communication, aborder les méthodes d'enseignement propres aux principaux enseignements, qui sont pourtant bien intéressantes. Nous ne le ferons pas parce que nous ne sommes pas en conférence d'instituteurs et que nous avons traité ce sujet dans la Revue Pédagogique, N° 5, mai et N° 6, juin 1923, sous ce titre : *Une Classe de Perfectionnement à Alger.* Par contre, nous tenons à faire valoir le riche trousseau de clés pédagogiques dont dispose l'enseignement des enfants arriérés, que nous avons forgées au contact des enfants en faisant la classe et dans notre préparation au certificat d'aptitude à l'enseignement des enfants arriérés, ou que nous avons découvertes au cours de nos enquêtes scolaires en 1920 dans les écoles de la Seine et de la Seine-Inférieure, en 1921 à Bruxelles, en 1924 à Genève et en 1926 en Alsace.

Prenons la première de ces clés : c'est *l'entraînement psycho-moteur* que nous avons exposé déjà en 1923 dans la Revue Pédagogique. Cet exercice de tous les instants a pour but de sortir l'arriéré de son immobilité physique et de l'entraîner dans le courant scolaire. Il faut que l'enfant ne soit pas négligé, oublié dans le coin où il veut se réfugier, qu'il soit physiquement présent. Voilà ce qu'on obtient par une disposition heureuse des tables ne sacrifiant personne et qui met l'éducateur au centre, près des plus déshérités, des plus rêveurs ou des plus agités à qui il s'imposera. Voilà surtout ce qu'on peut obtenir par le roulement et l'organisation de petites tâches scolaires qui lui donneront l'occasion de sortir de sa place, de prendre avec le mobilier et le matériel scolaire un contact d'abord heurté, maladroit, progressivement plus heureux ; d'agir utilement, de faire preuve à la longue d'intelligence et d'initiative, de voir tout et tout le monde et, surtout, de se faire voir.

Faisons maintenant briller la *classe active* chère à M. Claparède, le psychologue universellement connu qui professe à l'Institut Jean-Jacques Rousseau de Genève. Avec la classe active on obtient que l'enfant soit présent par l'esprit, qu'il arrive à penser ce qu'il fait et notamment ce qu'il écrit. Sans la classe active, on tombe dans le verbalime et dans le machinal, l'enfant parle comme un phonographe ou écrit comme une machine sans bénéfice pour son appareil cérébral. Par la classe active, l'enfant arriéré a pour ressort l'attention spontanée, amorce de l'austère attention volontaire ; il obtient ses premières représentations précises et goûte ses premières joies intellectuelles. La classe active exploite les incidents de la vie scolaire, elle fait appel aux intérêts profonds de l'enfant, à ses tendances vitales, à ses aptitudes qui changent avec le temps. Rien de ce qui touche l'enfant ne lui est étranger ; elle enseigne la vie et a trouvé son apôtre en Europe dans la personne du docteur Ovide Decroly, professeur à l'Université de Bruxelles et directeur de l'Institut des enfants anormaux à Uccle, banlieue de Bruxelles.

En troisième lieu, voici ce que la Revue Médicale a appelé la clé d'or de l'intelligence : *l'éducation sensorielle* qui est due à des Français : au docteur Itard qui l'inventa vers 1806, dans l'éducation d'un enfant trouvé dans une forêt, le Sauvage de l'Aveyron ; au docteur Edouard Seguin qui l'enrichit et la fixa dans un volume écrit en anglais (l'auteur pendant le Second Empire était exilé en Amérique), un volume que le docteur Bourneville, directeur du service des enfants anormaux à Bicêtre, fit traduire en français ; au rédacteur inconnu des instructions ministérielles sur l'enseignement dans l'école maternelle française ; à la comtesse Montessori qui en est l'éminente propagatrice avec le docteur Decroly et Mlle Descœudres, l'institutrice bien connue de Genève. L'enseignement sensoriel procure aussi à l'arriéré ses premières joies ; par lui son esprit se remplit, son expérience s'enrichit ; il n'y a pas d'autre moyen car, on l'a dit il y a longtemps, *nihil est in intellectu sine sensu*..

Apprendre n'est pas tout ; il faut mieux qu'apprendre : assimiler et retenir. La clé de ce secret nous a été donnée par le philosophe allemand Herbart ; c'est la méthode dite du *centre d'intérêt*. Qu'une chose une fois apprise ne reste pas dans l'esprit isolée et cristallisée ; qu'elle soit retournée sous toutes ses formes et étayée, fortifiée par des connaissances qui s'y associent étroitement. Vue sous des angles différents, une chose est mieux vue et laisse dans la mémoire non des traces superficielles et fugitives, mais des traces profondes et durables. Cette discipline crée dans le cerveau des voies nerveuses qui s'émeuvent d'autant plus rapidement que les associations ont été multipliées et souvent sollicitées.

Il faut, dit-on couramment, une patience exceptionnelle pour faire la classe aux enfants arriérés. Il ne faudrait pas exagérer ; de cette patience voici la clé. La connaissance exacte des fonctions de l'intelligence permet au maître, suivant le vœu des Montaigne et des Rousseau, de prendre l'enfant arriéré là où il est, de ne demander à son intelligence que des efforts possibles, à sa portée. Au plus déshérité, on peut toujours demander le plus humble des efforts intellectuels, le *jugement* fondé sur une constatation sensorielle de nature, de grandeur, de forme, de couleur, de poids, d'orientation, de localisation. Retenez-le longtemps à ce stade des données sensibles et concrètes et son esprit de lui-même s'élèvera au *rapprochement* entre deux objets pareils, à la *comparaison* de deux objets différents. Abordez ensuite *l'analyse* patiente de plusieurs objets qui se ressemblent ou se répètent et dans un cri d'impatience il finira par crier que c'est tout pareil ; son esprit aura fait sa première *généralisation* : il verra de ce jour les groupes homogènes ; il prendra de l'intérêt à la multiplication de même que la comparaison lui aura fait aimer la soustraction. C'est ainsi, de degré en degré, qu'on arrive au sommet de l'échelle intellectuelle : *le raisonnement*. Parti du jugement concret, l'enfant se sera peu à peu affranchi des données sensibles, sans souffrir et sans usure nerveuse pour le maître, grâce à cette clé : *l'enseignement sur mesure*.

Voilà les principales directives de la pédagogie de perfectionnement ; elles font que cette pédagogie est complexe, mais elles la rendent parfaitement possible. Le maître réussit d'autant mieux dans son effort d'éducation qu'il est aidé puissamment par le médecin qui, lui ussi, a des armes pour son effort de guérison. Il existe en effet une édecine infantile très en progrès, une véritable thérapeutique médico-' agogique.

Il est reconnu qu'un enfant instable, malicieux ou fugueur, placé ans une école autonome de perfectionnement scientifiquement tenue, dresse à l'attention scolaire et au respect du maître ; qu'un illettré, capable de compter les doigts de sa main et qui n'a jamais réussi ' écrire une lettre, commence à s'instruire dès qu'il fréquente une asse annexe de perfectionnement.

Il est constaté que certains régimes alimentaires améliorent l'état général des arriérés débiles et chétifs, leur donnent du courant nerveux et les rendent plus aptes à l'instruction.

Il est de pratique courante d'atténuer par certains régimes médicamenteux les effets des tares héréditaires : alcoolisme et tuberculose, névrose et syphilis, dont les responsables ne sont pas toujours les parents immédiats. Ce sont parfois, et nous en sommes sûrs, des ancètres lointains et dans cette question délicate, il faut toujours dire avec la Bible que certains enfants grincent des dents parce que leurs aïeux ont mangé des raisins verts.

Il est banal aujourd'hui de soumettre certains arriérés à des traitements médicamenteux dits opothérapiques qui portent remède aux insuffisances glandulaires ou aux trop grandes sécrétion endocriniennes ; les enfants s'améliorent dès que leur sang se trouve ramené à l'état normal.

Il est reconnu que certaines opérations chirurgicales d'otorhinolaryngologie dégagent les voies respiratoires des arriérés, les met en bonne voie de développement thoracique, les sauvent de la dyspnée et de l'asphyxie par le nettoyage des fosses nasales, du pharynx et de l'arrière-gorge par l'ablation des végétations aujourd'hui bien connues dites adénoïdes.

Il arrive souvent que ces opérations ont un double et heureux effet ; non seulement elles sauvent l'enfant de la phtisie, mais elles débrident mécaniquement l'intelligence en dégageant, dans la bouche, l'ouverture de la trompe d'Eustache qui assure le pneumatisme de l'oreille moyenne et conditionne d'une façon si importante l'acuité auditive ; en dégageant, dans les fosses nasales, l'ouverture des voies lacrymales qui assurent la propreté de l'œil et conditionnent d'une façon si importante la santé de l'œil, son éclat, sa force et sa vision.

Il est vrai que, chez les arriérés, l'acuité visuelle et l'acuité auditive sont souvent déficientes et que les arriérés ont affaire à l'oculiste et à l'otiste plus souvent que les normaux. C'est ce qu'a généreusement compris M. le directeur du Bureau de l'Hygiène quand il a fait construire et organiser, à l'école de la rue Franklin, la belle salle de visite dont j'ai parlé plus haut.

Le moment de conclure est venu ; nous le ferons après avoir dit quels sont les enfants qui ont bénéficié depuis 1926 du traitement médico-pédagogique. Une classe d'arriérés est faite pour les arriérés et c'est pour cela qu'en 1926, la classe annexe de perfectionnement s'est fermée aux enfants des catégories normales. Elle aurait dû se fermer également aux anormaux sensoriels et psychiques, mais comme le recrutement des enfants arriérés nous était provisoirement confié, nous avons toujours eu peur de manquer d'élèves et, sous l'empire de ce sentiment, nous aurions volontiers écrit sur notre porte la fameuse parole du Christ : « *Sinite parvulos...* »

Notre porte s'est ouverte imprudemment, nous le reconnaissons, à tous les déshérités, même aux plus pitoyables, venant des quartiers d'Alger les plus éloignés, de la banlieue, d'Hussein Dey, de Saint-Eugène et d'El-Biar ; de l'intérieur, de Blida, de Bordj-Bou-Arréridj, de Constantine... et voici, par année, la discrimination et la statistique de nos élèves établies légalement par la Commission médico-pédagogique, en vertu de l'article 12 de la loi du 15 avril 1909 réglant l'admission des enfants arriérés dans les classes annexes et les écoles autonomes de perfectionnement.

Année 1929-1930 : 24 élèves dont 16 arriérés psychiques. 3 anormaux psychiques, 3 anormaux sensoriels par surdi-mutité, 1 anormal entendant-muet et 1 anormal sourd-parlant.

Année 1928-1929 : 24 élèves dont 16 arriérés psychiques, 4 anormaux psychiques et 4 anormaux par surdi-mutité.

Année 1927-1928 : 21 élèves dont 14 arriérés psychiques, 3 anormaux psychiques et 4 anormaux par surdi-mutité.

Année 1926-1927 : 22 élèves dont 15 arriérés psychiques, 3 anormaux psychiques, 2 anormaux par surdi-mutité, 1 enfant à vue très faible ou ambliope, 1 normal intéressant par sa chétivité et sa débilité physiques.

Comme on le voit, notre classe est à la fois une classe annexe de perfectionnement et un institut d'anormaux ; il en est de même rue de la Liberté, dans la classe annexe de perfectionnement réservée aux filles Il y a là un danger car, ainsi composés, nos effectifs prêtent à la critique et au dénigrement et pourraient faire tort au recrutement même des enfants arriérés ; il faut en arriver à une saine et parfaite application de la loi, à mettre les arriérés bien chez eux, avec des maîtres dont ils seront le seul souci.

M. le docteur Lemaire, directeur du Bureau de l'Hygiène municipale, ayant effectué le recensement et le classement des enfants arriérés de la ville en vue de l'ouverture de nouvelles classes annexes de perfectionnement, nous pouvons dire que l'époque héroïque des débuts va finir pour faire place à un fonctionnement strictement réglementaire. Nous nous en félicitons.

Mais nous faisons des vœux instants pour que les enfants anormaux ne soient pas perdus de vue par le Maire d'Alger et par l'Administration Académique, car il n'est pas permis, dans un pays comme la France qui souffre d'une crise grave de natalité, de sacrifier des individus susceptibles d'être récupérés indiscutablement.

AUGÉ

L'ENSEIGNEMENT EN ALGÉRIE DEPUIS LA CONQUÊTE

Alfred COULON
Directeur de l'Ecole d'application d'El-Biar Alger

L'ENSEIGNEMENT DES FILLES INDIGÈNES EN ALGÉRIE

LES COURS COMPLÉMENTAIRES D'ENSEIGNEMENT PROFESSIONNEL ET ARTISTIQUE

> Dans l'état de sujétion misérable où les docteurs de l'Islam ont réduit la femme indigène nous n'avons qu'un moyen de la relever, c'est de la rendre précieuse à son mari par le développement de ses qualités personnelles. Ce sera l'œuvre de l'éducation française.
> (Rapport de M. Combes, Sénat 1891)

Si la cause de l'instruction des garçons indigènes, si âprement combattue, a fini par triompher ; si cet enseignement, maintenant bien organisé, suit une progression constante et régulière, il n'en est pas encore de même en ce qui concerne l'enseignement des filles. Pourtant, instruire seulement la partie masculine indigène, c'est n'accomplir qu'à demi notre tâche de civilisateurs. Bien plus, c'est risquer de perdre, après quelques années, le fruit des efforts dépensés et des sacrifices considérables consentis par l'instruction des garçons. Replongés, au sortir de l'école, dans un milieu où règnent l'ignorance, les sots préjugés et parfois l'hostilité contre notre civilisation, ne pouvant, par la pratique de la conversation et l'habitude de la discussion, classer et asseoir convenablement les connaissances acquises à l'école, beaucoup de nos anciens élèves oublieront à la longue et notre langue et les principes généreux dont elle est le véhicule, pour retourner à leurs anciennes habitudes, à leur fanatisme.

D'autre part, pour réaliser complètement la conquête des cœurs, pour assurer définitivement notre autorité, pour réduire l'antagonisme des races et des religions, pour vaincre le fanatisme qui éloigne encore de nous de nombreux indigènes, *il faut que nous réussissions à gagner à notre cause la femme indigène*, car, quel que soit son asservissement, c'est elle qui, en réalité, gouverne le foyer, c'est elle qui façonne l'âme et le caractère des enfants. Or, en Algérie plus encore qu'ailleurs, elle est conservatrice par excellence, esclave des préjugés, de la routine, méfiante à l'excès vis-à-vis de toute idée nouvelle, hostile, par instinct irraisonné, à tout progrès et à toute émancipation dont elle serait pourtant la première à bénéficier.

Or, dans l'état actuel des mœurs musulmanes, par quel moyen pouvons-nous l'atteindre, sinon par l'école ? Il est donc indispensable d'ouvrir aussi des écoles pour les filles.

Mais, que de difficultés à surmonter, car on se heurte ici à des préjugés tenaces, à une hostilité dont le temps seul peut avoir raison. C'est pourquoi, en 1903, en regard des 515 classes ouvertes spécialement aux garçons indigènes, avec un effectif de 24.762 élèves, il n'y avait encore que 11 classes de filles avec 766 élèves.

Pour créer une ambiance favorable, pour attirer les jeunes filles à l'école par l'appât d'un salaire modique mais appréciable, elle a eu l'heureuse inspiration, dès 1903, d'annexer aux écoles existantes des cours complémentaires d'enseignement artistique et professionnel où les jeunes filles indigènes, tout en continuant à recevoir un enseignement général réduit et adapté à la vie pratique, s'initient à la technique du métier pour lequel elles sont le mieux préparées par leurs aptitudes.

Le programme de culture générale de ces cours comprend : la lecture de lettres manuscrites, des rédactions de lettres d'amitié ou d'affaires, de factures, de quittances, de formules postales, de télégrammes, etc.; l'enseignement ménager, la tenue des comptes ménagers ; l'entretien de la maison, la mise d'un couvert, le lavage, le raccommodage, le repassage, la cuisine, les soins à donner aux enfants, les principes d'hygiène élémentaire, etc. Pour la partie professionnelle et artistique, on s'efforce surtout d'apprendre aux élèves les règles des meilleures techniques, d'affiner leur goût et de leur faire acquérir l'habitude du travail bien fait. Le *but poursuivi* n'est donc pas, comme dans l'industrie privée, de produire beaucoup, vite et à bon marché, mais d'*obtenir de beaux*, d'irréprochables travaux. En outre, une part très grande est faite à *l'éducation* et les élèves n'apprennent pas seulement à tricoter, à coudre, à faire de fines dentelles, de jolies broderies, de moelleux tapis, elles prennent également de bonnes et durables habitudes de propreté corporelle, de correction du langage, de la tenue, des manières ; de constance dans l'effort, de persévérance, de probité, d'honnêteté professionnelle, de prévoyance et de solidarité.

Ces cours professionnels sont actuellement au nombre de 20 avec une moyenne de 26 élèves-apprenties par cours. Les plus prospères sont ceux d'Alger avec 110 élèves existant à l'école Ardaillon à Belcourt et à l'école de la rue Marengo. Viennent ensuite ceux de Bougie. de Médéa, de Mostaganem, d'Orléansville, d'Aït-Hichem, de Chellalla, de Nédroma, de Blida, de Miliana, de Bône, de Constantine, de Djebala, de Djelfa, d'Aïn-Madhi, de Frenda et ceux de création récente ou en voie d'organisation de Cherchell, de Sétif et d'Ouargla. Le cours professionnel *se recrute* parmi les élèves de l'école à laquelle il est annexé et qui justifient d'au moins *deux ans de scolarité*, car l'enseignement professionnel et artistique, donné en français, doit s'appuyer sur les connaissances générales et sur les habitudes de discipline acquises à l'école. Chacun de ces cours est en quelque sorte spécialisé et s'attache à perfectionner les industries familiales là où elles existent déjà ; à faire revivre des travaux autrefois en honneur dans la localité ; à en créer où il n'y en a pas encore en utilisant, dans la mesure du possible, les produits, les ressources propres à la région et les aptitudes acquises ; de substituer partout, petit à petit, aux métiers à tisser indigènes, par trop rustiques et incommodes, des métiers perfectionnés, d'une manœuvre plus facile et d'un rendement supérieur. C'est ainsi qu'à Oran, à Nédroma, à Mostaganem, proches du Maroc, les élèves des cours professionnels sont plus spécialement initiées à la fabrication des tapis de Rabat, d'Azemmour et hispano-mauresques, des broderies marocaines, des galons de perles, des dentelles et tulles brodés. A Constantine et à Bougie, on produit des tapis du Guergour, des broderies lamées. A Bône, des tapis de Kairouan et persans ; à Aït-Hichem, du tissage berbère ; à Blida, des tissages et tentures du pays ; à Alger, des tapis persans, d'Asie Mineure et Coptes demandés par les touristes ; des broderies algériennes, des dentelles arabes. Tous ces *travaux sont exécutés d'après les dessins fournis* par le comité directeur et relevés sur des *modèles anciens authentiques* prêtés par les musées ou par de riches particuliers. Quand les dessins reconstitués sont trop barbares ou les tons trop violents, trop criards, on les *adoucit* par l'adjonction, méticuleusement calculée, d'éléments plus sobres, de couleurs atténuées qui, sans rien enlever à l'originalité du tissu, lui donnent plus d'élégance, plus de cachet, un goût plus sûr et le rendent ainsi plus marchand. Enfin, l'école de teinturerie — créée en 1908 rue d'Anjou — pour rechercher les meilleures recettes de teinture pour la laine et la soie ; pour perfectionner la technique et pour former d'habiles teinturiers indigènes — approvisionne les directrices des cours professionnels des laines teintes dont elles ont besoin.

Personnel. — Organisation. — Les maîtresses de ces cours d'enseignement professionnel doivent justifier des *mêmes titres de capacité* exigés de leurs collèges de l'enseignement européen. Elles sont préparés spécialement à leur mission par un *stage d'au moins une année* dans une des deux écoles *d'Alger* (rue Marengo et Belcourt) où elles s'initient patiemment aux travaux inhérents à leurs fonctions. Elles suivent en outre des cours spéciaux de dessin, de composition décorative, d'arabe et de kabyle.

Afin de ne pas distraire les élèves de leur travail, comme aussi pour ménager la susceptibilité ombrageuse des familles, l'*entrée de l'atelier est rigoureusement interdite* à toute personne n'ayant pas qualité pour y pénétrer ;

Des *cantines scolaires* fonctionnent presque partout. Ce sont les élèves qui, à tour de rôle, cuisent et servent le déjeuner à leurs compagnes. Pour encourager l'assiduité et récompenser l'effort et l'habileté, les apprenties déjà expertes sont rétribuées selon le travail fourni et elles arrivent ainsi, tout en s'instruisant et en apprenant un métier, à gagner un salaire d'appoint appréciable qui vaut à l'école la faveur des familles intéressées ainsi à la prospérité des cours.

Œuvres d'assistance. — L'influence heureuse de ces cours professionnels est complétée et renforcée par l'organisation d'*œuvres postscolaires* d'assistance sociale par le travail. Créées dès 1911 avec une subvention initiale de 500 fr. allouée à chacune des trois écoles de Bougie, Constantine et Mostaganem, ces *associations d'anciennes élèves* ont rapidement progressé et il en existe actuellement dans presque toute les localités où fonctionne un cours d'enseignement professionnel. Ce sont de *véritables coopératives de production et de vente*, gérées, administrées par le personnel de l'école avec un rare dévouement et une grande compétence. Elles groupent actuellement plus de 400 anciennes élèves et elles ont produit durant l'année scolaire 1927-1928 une somme de travaux dont la valeur dépasse 140.000 fr. Elles ont distribué plus de 50.000 fr. de salaires auxquels il faut ajouter les secours en argent, les médicaments, les vêtements, etc. donnés aux ouvrières nécessiteuses ou malades, aux jeunes mères, car ces œuvres d'assistance prennent de plus en plus le caractère d'œuvres de secours mutuels. Un fonds de roulement, alimenté par un léger prélèvement sur les bénéfices réalisés sur la vente des travaux, permet à ces œuvres de vivre par elles-mêmes et de prospérer. Les subventions du Gouvernement général, dont le total a atteint 13.000 fr. en 1927-28, servent surtout à créer, à organiser des organismes nouveaux. Mais, ces œuvres n'ont pas seulement pour but de consentir des avances remboursables, de servir d'intermédiaires bénévoles entre le producteur et l'acheteur, de répartir le travail et les bénéfices, elles ont aussi pour objectif de créer, d'entretenir des relations cordiales entre les femmes indigènes et les institutrices et de faire de l'école « un centre de rayonnement de l'influence française » dans les milieux musulmans féminins.

J. FERRIER
Directeur d'Ecole à Talence

COMPTE RENDU DES TRAVAUX DE LA 21e SECTION

Grâce à l'active prévoyance de M. Dalloni, président du comité local, au concours dévoué de MM. Dumas, directeur de l'Ecole normale de la Bouzaréa, et Deroche, secrétaire de la section syndicale des instituteurs, sans oublier l'aimable collaboration de M. Augé, inspecteur primaire à Alger et celle de divers membres de l'enseignement public, la section de pédagogie put s'occuper de travaux intéressants.

Afin de ne pas abuser des colonnes si hospitalières du Bulletin de notre Association, nous croyons ne devoir présenter que des résumés des plus importantes communications faites au Congrès. Dans son éloquente causerie sur les cours professionnels des écoles de filles indigènes, M. Coulon, Directeur de l'Ecole d'application d'El Biar, souligna d'abord la nécessité de gagner à notre cause la femme indigène pour laquelle n'existe pas l'obligation de s'instruire. Comment, en l'état actuel des mœurs musulmanes, l'atteindre sinon par l'école ? A cet effet, dès 1903, l'Administration académique eut l'heureuse idée d'annexer aux écoles existantes des cours complémentaires d'enseignement artistique et professionnel qui dispensent à la fois les éléments d'une culture générale, d'initiation au rôle de ménagère et des principes d'éducation. Partout, la science remplace la routine. N'est-ce point là déjà un premier hommage rendu à la méthode générale chère à notre Association ?

L'étude de M. Anglade, spécialiste des classes de perfectionnement pour enfants arriérés, ne fut pas moins éloquente. Après avoir signalé le rôle primordial de M. le docteur Lemaire, Directeur de l'hygiène municipale à Alger, et membre du comité local, le distingué professeur résume ainsi les traits physiologiques caractéristiques de ces pauvres enfants : immobilité ou instabilité, insensibilité ou plutôt arriération sensorielle. Ce ne sont ni des muets, ni des sourds, ni des aveugles, mais leurs sens apparaissent gauches et obtus. Et c'est parce que leurs sensations sont confuses que leur représentations intellectuelles restent dans le vague, l'imprécision. Bien entendu, ces tares ont leur répercussion sur l'évolution mentale. Non seulement leur cerveau est à peu près vide, mais il est autre, parce qu'il reste indifférent aux notions de temps, d'espace, de nombre, de logique ou causalité. Pour faire comprendre et retenir, on utilisera les plus récentes données de la pédagogie expérimentale ; la méthode active, les centres d'intérêt. Encore faut-il que dans une étroite et affectueuse collaboration, médecin et instituteur conjuguent leurs efforts. Cet appel constant aux lumières de la science n'entre-t-il pas encore dans le cadre de notre groupement ?

L'enseignement agricole dont nous entretint M. Michel, Inspecteur général de l'agriculture en Algérie, revendique également pour lui le bénéfice des champs d'expérience. Le concours dévoué des maîtres de l'enseignement primaire, ses anciens collègues, a permis d'obtenir des résultats inespérés par l'emploi exclusif des méthodes scientifiques appliquées à la culture de la vigne et des céréales. A la suite de multiples faits d'observations, d'expérimentations sans cesse renouvelées et toujours poursuivies avec la même ardeur, l'indigène s'est rendu compte « de visu » des bienfaits d'une civilisation différente, sinon plus avancée que la sienne. Encore une victoire de la science qui, à notre sens, valait bien d'être signalée.

Au cours de son magistral exposé, M. Augé fit successivement l'historique de l'organisation de l'enseignement primaire élémentaire, le tableau du développement de l'instruction en Algérie et l'éloge du principal artisan de cette merveilleuse évolution. Il ne fallait point transplanter le musulman de sa civilisation dans la nôtre, mais le préparer à progresser dans la sienne, en le faisant participer à nos progrès économiques. Un tel programme ne s'est point réalisé sans rencontrer de nombreuses difficultés, dont les principales concernent l'éducation des filles, car le musulman redoutait une émancipation indésirable. Cette défiance s'est lentement atténuée, grâce à l'effort du « roumi éducateur qui, débordant le cadre de sa fonction, s'est imposé par les services qu'il a rendus, parfois même au péril de sa vie, en devenant tour à tour médecin, agriculteur, conseiller sollicité et obéi ».

Peut-on rendre plus bel hommage aux maîtres de l'enseignement primaire en Algérie ?

Ainsi, au cours de ses divers travaux, notre section de pédagogie glorifia la science, ses méthodes et ses bienfaits, prouvant une fois de plus qu'en contribuant pour une large part à la formation de l'esprit critique, elle apporte son modeste tribut à l'amélioration des conditions de l'existence.

17e section

BIOGÉOGRAPHIE

Président. . . . . M. Léon SEURAT, Professeur à la Faculté des Sciences d'Alger.

Vice-Président. . . . . M. DE SÉLYS-LONGCHAMPS, Professeur à la Faculté libre de Bruxelles.

Secrétaire. . . . . M. le Dr R. DIEUZEIDE, Assistant de Zoologie à la Faculté des Sciences d'Alger.

Dr R. DIEUZEIDE

Assistant de Zoologie à la Faculté des Sciences d'Alger.

1° SUR LA RÉPARTITION DE DEUX CRUSTACÉS DES COTES ALGÉRIENNES DU GENRE *PARAPANDALUS*

La Crevette rose pâle (*Parapenaeus longirostris* Lucas) si abondante sur nos côtes algériennes se tient par des fonds de 70 à 250 mètres, et donne lieu à une pêche très rémunératrice pour les chalutiers (1). Lorsqu'on examine les captures de ce Crustacé, on rencontre, mélangé à cette espèce, le *Parapandalus* (*Pandalus*) *narwal* M.-Edw.

Le *Parapandalus narwal* M.-Edw. est extrêmement commun jusqu'à 300 mètres de fond. Il est bien facile de le reconnaître, à première vue, grâce à son rostre plus long que la carapace et dentelé sur toute sa longueur. A la base du rostre, sur le céphalothorax, se trouvent trois ou quatre épines espacées, plus fortes.

---

(1) L. BOUTAN et A. ARGILAS. Les trois Crevettes des Côtes d'Algérie qui paraissent avoir un intérêt économique. *Bulletin des travaux publiés par la Station expérimentale d'Aquiculture et de Pêche de Castiglione (Algérie)*. Fasc. II, 1927.

A. ARGILAS. Observations morphologiques sur les espèces des côtes algériennes de la famille des *Penaeidae*. *Ibid.* Fasc. I, 1929.

Le 16 mars 1929, j'ai tendu des nasses, recouvertes de filet fin, par le travers de la forêt de Baïnem (environs d'Alger), par des fonds de 120 mètres. Ces nasses m'ont procuré un *Parapandalus* plus petit que *P. narwal*, en différant au point de vue de sa coloration et des caractères morphologiques de son rostre. M. Sollaud, de la Faculté des Sciences de Rennes, l'a déterminé comme étant *Parapandalus* (*Pandalus*) *pristis* Risso.

Tandis que *P. narwal* atteint couramment une longueur de 15 centimètres, mesurée de l'extrémité du rostre à l'extrémité du telson, l'espèce que j'ai capturée à Baïnem n'a que la moitié de cette taille.

La couleur de *P. narwal* est rosée, avec quelques bandes d'un rouge plus foncé, mais assez peu distinctes ; chez l'autre type la teinte fondamentale est d'un blanc transparent, sillonnée longitudinalement de stries rouge vif très nettes. Dorsalement, entre ces raies plus foncées, se trouvent quatre lignes jaune doré très caractéristiques.

Le rostre de cette dernière espèce, également très long, présente sur son bord dorsal et sur son bord ventral, de petites dents très rapprochées les unes des autres, fines, à pointe dirigée vers l'avant. Ce rostre ne porte point à sa base les dents plus grandes de *P. narwal*. Ces petites dents ne se prolongent pas sur le céphalothorax, qui, dorsalement, présente simplement une carène lisse.

Il me paraît intéressant de signaler la localisation de ce *Parapandalus pristis*. Le seul endroit où je l'ai capturé jusqu'à maintenant est dans cette zone de 120 mètres de fond qui se trouve située sur des alignements passant par le Sémaphore de Pointe-Pescade et le Cap Caxine. Une vérification a été faite récemment. Le 10 avril 1930, j'ai calé une nasse appâtée de sardines au point exact où l'année précédente j'avais pris les premiers échantillons. J'ai pu ainsi attraper une trentaine de ces *Parapandalus pristis*.

Une deuxième nasse avait été posée dans la même région, mais plus au large, et par 240 mètres de fond. Elle fut trouvée, le lendemain, remplie de *P. narwal*.

Des recherches ultérieures seront entreprises pour étudier dans les environs d'Alger, la répartition de ces *Parapandalus*. Les nasses sont des instruments très appropriés pour l'étude de ces Crustacés. Elles nous permettent, mieux que le chalut, de connaître la profondeur exacte à laquelle ils vivent et aussi de nous rendre compte de leur répartition sur les fonds.

Sur un alignement indiqué par la grande cheminée de l'usine de Pointe-Pescade et le Sémaphore, par 100-120 mètres de profondeur, on capture le *Parapandalus pristis*, plus loin, par 240 mètres, le *Parapandalus narwal*.

Or, je n'ai jamais vu, à la Pêcherie d'Alger où *P. narwal* cependant abonde, des exemplaires de *P. pristis*. Cela est évidemment dû à ce que les chalutiers respectent cette zone rocheuse, où les courses du filet-bœuf sont limitées, parce qu'ils redoutent d'y perdre leurs engins. D'autre part, l'espèce est si petite qu'elle passe au travers des nasses ordinairement utilisées pour la pêche des Scyllares, Langoustes et Homards. Seuls les « *métiers* » appropriés, revêtus de filet à mailles fines, peuvent permettre de se les procurer.

La déclivité des fonds étant assez rapide au point signalé, en laissant dériver l'embarcation de quelques centaines de mètres en ligne droite, on passe de 120 à 240 mètres de fond. La distribution des Crustacés dans cette région semble être particulièremnet intéressante puisqu'elle permet de rencontrer, sans aucun mélange, deux espèces appartenant au même genre, et vivant à des profondeurs parfaitement définies.

2° A PROPOS DE QUELQUES ACARIENS COMMENSAUX DES TERMITES DANS L'AFRIQUE DU NORD

Dans la partie littorale de l'Afrique du Nord, on rencontre deux espèces de Termites : *Calotermes flavicollis* F. et *Reticulitermes lucifugus* Rossi.

Les colonies de *Calotermes* se trouvent couramment dans les parties mortes des Figuiers et des Oliviers. Aux environs immédiats d'Alger, dans l'Atlas de Blida, dans toute la Kabylie, cette espèce est extrêmement répandue.

Le *Reticulitermes lucifugus* est également commun. Il habite les vieilles souches de Pin d'Alep ou de Chêne-liège et est abondant à Bouzaréa, dans la forêt de Baïnem, au Jardin d'Essai du Hamma. Je l'ai également récolté à Sidi-Madani. A Alger, les vieilles bâtisses de la Kasbah, les maisons du groupe de l'Amirauté, où le bois entre pour une large part dans la construction, sont attaquées par ce Termite. La Station Zoologique Maritime d'Alger, sur la Jetée Nord, n'est pas indemne.

Le Termite lucifuge est une espèce dont la répartition géographique est vaste : rencontré dans tous les pays du Bassin Méditerranéen, il existe aussi dans le Sud-Ouest de la France, dans la région des Landes de Gascogne où il vit dans les souches de Pin maritime.

Quand on compare les dates d'essaimage des imagos en Gironde et en Algérie, on constate une avance sensible dans ce dernier pays.

Le docteur J. Feytaud, qui a soigneusement étudié les individus que je lui ai adressés, n'a pu faire aucune distinction spécifique entre les types d'Algérie et ceux des environs de Bordeaux.

Au point de vue biologique, il y a cependant des différences. Des élevages ont été institués à la Station Entomologique du Sud-Ouest. Les termites de la Gironde, placés avec des débris de bois dans des cristallisoirs, se contentent d'aménager au mieux leur nouvelle demeure sans chercher à en sortir. Les Termites d'Algérie placés dans les mêmes conditions, avec des morceaux de bois de Pin d'Alep, sont des constructeurs acharnés de tubes-galeries montant vers la mousseline qui ferme les récipients et s'efforcent par tous les moyens possibles de s'en évader. Les observations faites sur des individus conservés en captivité à Alger nous conduisent aux mêmes constatations.

J'ai pu étudier et observer en France, sous la bienveillante direction du docteur J. FEYTAUD, le Termite lucifuge. Jamais il ne nous était arrivé de trouver dans ses colonies des parasites animaux ou des commensaux étroitement liés aux Termites. Nous avions seulement rencontré sur quelques sujets un champignon parasite du genre *Termitaria* Thaxter (1).

En 1927, dans une souche de Pin d'Alep, située dans le bois dépendant de l'Ecole Normale d'Instituteurs de Bouzaréa, j'ai recueilli un nombre considérable d'ouvriers, de soldats ou de nymphes portant à la partie postérieure de la tête, sur différents points du corps, sur les moignons d'ailes des nymphes, de petits corpuscules hémisphériques, brunâtres qui n'étaient autres que des larves d'Acariens.

Des échantillons furent adressés pour étude au docteur FEYTAUD qui venait précisément à la même époque de recevoir d'autres exemplaires semblables envoyés d'Espagne par M. AULLO, Directeur du Laboratoire d'Entomologie Forestière.

L'ensemble fut soumis à l'examen du docteur A. C. OUDEMANS, d'Arnhem, qui créa pour ces nymphes hypopiales de Tyroglyphides une espèce nouvelle : *Caloglyphus Feytaudi* Oud. Un certain nombre de caractères lui avaient permis de séparer ce *Caloglyphus* d'un *Caloglyphus Kramerii* décrit par BERLESE en 1881 (3).

Les poils dorsaux de *C. Feytaudi* sont au moins trois fois plus longs que ceux de *C. Kramerii* (4) ; ils sont en outre moins rigides. La rangée transversale et dorsale se compose de 6 poils chez *C. Feytaudi*, de 4 seulement chez *C. Kramerii*. Dans la première espèce, les pattes sont plus courtes et plus grosses que dans la deuxième. Tandis que l'emplacement des pelotes adhésives est à peu près carré dans le cas de *C. Kramerii*, il a un contour hexagonal pour *C. Feytaudi*.

---

(1) Dr J. FEYTAUD et Dr R. DIEUZEIDE. Sur un *Termitaria* du Termite lucifuge en Gironde. *C. R. Acad. Sc. Paris*, séance du 3 octobre 1927.

Voir aussi : Sur un champignon du genre *Termitaria* parasite du Termite lucifuge en Gironde. *Revue d'Histoire naturelle appliquée*. 1re partie, n° 11, novembre 1927.

(2) *Atti d. Reale Istituto de Veneto di Scienze, Lettere e d'Arti*. Série V, vol. VIII, 1881.

(3) Dr OUDEMANS. Acarologische Aanteekeningen XC. De beteekenis van den vorm van den *Hypopus* voor de bepaling der verwantschap. *Entomologische Berichten uitgegeven door De Nederlandsche Entomologische Veriniging*. N° 160. Deel VII. 1 Maart 1928.

Ces nymphes hypopiales de Tyroglyphides sont difficiles à étudier. Leur variation est très grande. Pour mieux faire il aurait fallu essayer d'avoir les adultes. Mais les tentatives d'élevage que j'ai effectuées jusqu'ici sur les conseils du docteur Oudemans ne m'ont pas permis d'obtenir un résultat quelconque.

Les nymphes II (hypopiales) de Tyroglyphides qui vivent fixées sur les téguments des termites semblent simplement se faire véhiculer par eux. Elles ne se nourrissent pas à ce stade.

En février 1929, j'ai trouvé sur le Termite lucifuge d'Algérie d'autres nymphes hypopiales de Tyroglyphides. Elles appartiendraient, d'après Oudemans, à un genre nouveau. Enfin ce même Termite véhicule des nymphes II d'*Histiostoma peroniarum* Duf. 1839 (*Anoetidae*).

Parmi les Acariens adultes que j'ai récoltés sur le corps des *Reticulitermes*, Oudemans a reconnu : des *Tarsonemini* (2 femelles de *Disparipes* sp. nova ? 4 femelles de *Diversipes* sp. nova ?) En outre, les mâles et femelles d'un *Laelaptidae* (sensu lato) d'un genre nouveau (?) sont très fréquents dans les galeries et se font volontiers porter par les Insectes.

Le *Calotermes flavicollis* F., dont j'ai examiné de nombreuses colonies, présente un intérêt moins grand au point de vue acarologique. Une seule fois, en 1928, j'ai trouvé deux exemplaires d'une deutonymphe, paraissant nouvelle, sur des individus provenant des gorges de la Chiffa.

Les Acariens commensaux des Termites ont été plusieurs fois rencontrés sur diverses espèces américaines. N. Banks a signalé des hypopes ou stades migrateurs à Portland (Orégon) sur *Termopsis angusticollis*. A. Murray a également signalé leur présence en 1918 sur *R. virginicus* Banks (1).

Cette question, assez peu étudiée, paraît être neuve en ce qui concerne les espèces Nord-Africaines. Malheureusement l'élevage et l'étude biologique de ces êtres sont pleins de difficultés. Nous ignorons jusqu'ici ce que deviennent les nymphes hypopiales citées plus haut, et nous ne connaissons pas encore l'adulte auquel elles se rapportent.

Malgré le peu de précisions que cette note peut apporter dans les déterminations spécifiques ou même génériques de ces nymphes d'Acariens, et malgré la pauvreté des données que nous possédons sur leur biologie, j'ai cru devoir signaler l'abondance et la variété des hypopes des Termites Algériens. Le Termite lucifuge, en particulier, en héberge ici un bon nombre, tandis que dans le Sud-Ouest de la France cette même espèce semble en être complètement dépourvue.

---

(1) Snyder (Thomas E.) et Banks (Nathan). A revision of the Nearctic Termites. *U. S. National Museum Bull.* 108, Washington, 1920.

Henri GAUTHIER

SUR LA RÉPARTITION EN ALGÉRIE ET EN TUNISIE DE CERTAINS ENTOMOSTRACÉS D'EAU DOUCE EUROPÉENS (BRANCHIPES ET APUS)

J'ai montré dans un travail précédent (1), qu'en Algérie et en Tunisie la distribution géographique des Phyllopodes anostracés et notostracés d'eau douce (Branchipes et Apus) semblait liée à la répartition des précipitations atmosphériques ; j'ai suggéré qu'il pouvait bien s'agir là, dans une mesure importante, d'une relation plus ou moins directe de cause à effet, les Crustacés en question affectionnant particulièrement, peut-être exclusivement, les collections d'eau temporaires, sur le régime desquelles les chutes de pluie ont une influence indéniable.

C'est ainsi que l'*Apus cancriformis* Schaeffer (Notostracé), le *Branchipus stagnalis* (L.) et le *Streptocephalus torvicornis* (Waga) (Anostracés) se trouvent cantonnés jusqu'à preuve du contraire dans les zones steppique et substeppique, c'est-à-dire dans les régions où les chutes de pluie annuelles ne dépassent pas, en moyenne, 500 mm. ; tandis que le *Lepidurus lubbocki* (Brauer) (Notostracé) et le *Chirocephalus stagnalis* (Shaw) (Anostracé) n'ont été trouvés que dans les zones pluvieuse et substeppique, où la pluviosité est supérieure à 300 mm., mais jamais dans la zone steppique.

Ces faits sont d'autant plus intéressants au point de vue biogéographique que toutes ces espèces sont connues en Europe et qu'il ne semble pas que jusqu'ici on y ait effectué des observations analogues.

L'*Apus cancriformis* Schaeffer 1756 (2) est connu en Espagne, en

(1) Rech. s. l. faune des eaux contin. de l'Alg. et de la Tun., Alger. 1928.

(2) Une controverse est en cours entre M. le Prof. Ghigi, qui estime que l'ancienne espèce *cancriformis* doit être démembrée, et M. Gurney, qui n'admet pas la validité des caractères invoqués par M. Ghigi pour y distinguer plusieurs espèces. Je crois pour ma part que l'*A. cancriformis*, espèce polymorphe, est représentée suivant les régions par de petites races locales, des races « climatiques », serais-je tenté de dire. En Algérie et en Tunisie, il s'agirait de l'*A. cancriformis* var. *simplex* Ghigi. Quant à la substitution du terme *Triops* au terme *Apus*, c'est là un de ces cas particuliers où l'application stricte des règles de la nomenclature est désastreuse et contribue à jeter le discrédit sur la systématique, en la rendant inaccessible à tout autre naturaliste qu'au chercheur très étroitement spécialisé.

France, en Angleterre, en Suisse, en Italie, en Roumanie, dans toute l'Allemagne, en Autriche, en Hongrie, au Danemark, en Pologne, en Suède, au Maroc, en Algérie, en Tunisie, en Cyrénaïque, en Erythrée, en Asie Mineure. Ce serait, d'après BRAUER, WOLF, et d'autres auteurs, une forme d'eaux chaudes ; il serait plus exact, je crois, de la qualifier d'eurytherme ; sur les Hauts-Plateaux algériens, elle atteint généralement son plein développement en hiver, où il n'est pas rare de voir les mares couvertes d'une pellicule de glace. GASCHOTT estime qu'elle peut supporter des températures extrêmes de 0 à 41°, et ce que je connais du régime climatique des Hauts-Plateaux m'incline à penser que ces chiffres sont exacts. La plupart des auteurs sont d'accord en outre pour constater qu'elle se plaît surtout dans les mares à fond argileux, généralement temporaires, dont elle trouble fortement l'eau par ses habitudes fouisseuses. C'est ce que j'ai pu observer moi-même en Algérie et en Tunisie.

Le *Lepidurus lubbocki* Brauer 1873, décrit de Sicile, puis retrouvé en Algérie et en Tunisie par CHEVREUX (à Bône), par GURNEY (en Tunisie) et aux environs d'Alger par moi-même, signalé de plus par GHIGI près de Rome, est assez mal connu au point de vue biologique. Je l'ai trouvé, en général, dans des mares temporaires où l'eau persiste de trois à quatre mois au moins, à végétation aquatique abondante, à eau relativement claire et non argileuse. J'ai remarqué de plus que la durée de son développement, de l'éclosion à la ponte, est d'au moins deux mois, tandis que celle de l'*Apus cancriformis* peut être de beaucoup plus courte.

Le *Chirocephalus stagnalis* (Shaw 1791) [=*Chirocephalus diaphanus* Prévost 1903] habite l'Espagne, presque toute la France, l'Angleterre, la Suisse, l'Allemagne, le Montenegro, la Hongrie, le Maroc, l'Algérie, la Tunisie, le Caucase et la Palestine (3).

Je n'ai pas trouvé dans les auteurs de renseignements suffisamment précis et concordants pour qu'il me soit possible de résumer d'après eux ses exigences écologiques. Mais je puis indiquer que dans l'Afrique du Nord on le récolte tantôt dans des mares à eau claire, avec *Lepidurus lubbocki* (mares de la Réghaïa), tantôt dans des mares argileuses, à eau troudle, avec *Apus cancriformis* (*loc. cit.*, station 212, pp. 344-345). L'espèce serait donc assez éclectique dans le choix de son habitat, mais son absence de la zone steppique prouve toutefois chez elle certaines exigences rédhibitoires vis-à-vis du milieu.

Le *Branchipus stagnalis* (L. 1758), souvent désigné sous le nom de *Branchipus pisciformis* (Schaeffer 1752), a été trouvé en France, en Suisse, en Allemagne, en Italie, en Hongrie, en Roumanie, en Crimée,

(3) Signalé par BARROIS du lac Zeynia, référence dont DADAY ne fait pas mention dans sa monographie bien connue.

en Arménie, au Maroc (inédit), en Algérie, en Tunisie, au Mzab, au Sahara central (Tassili et Hoggar), enfin dans l'Inde orientale. Je l'ai toujours récolté dans des mares très argileuses et sans végétation aquatique importante, et toujours hors de la zone pluvieuse, quoique Daday le signale du « redir d'El Tenia, en Kabylie » ; ou bien, à mon avis, cette référence est inexacte, et le redir d'El Tenia, que je ne connais pas, n'est pas en Kabylie, ou bien ce redir (appellation inusitée sur la côte et notamment en Kabylie) constitue un habitat exceptionnel, comparable au point de vue écologique aux r'dirs des Hauts-Plateaux.

Le *Streptocephalus torvicornis* (Waga 1842) a été signalé en Bohême, en Croatie, en Autriche, en Hongrie, en Transylvanie, en Crimée, en Russie centrale (Saratow), en Pologne, en Algérie, en Tunisie, au Mzab et au Sahara central (Tassili et Hoggar).

Voici donc trois espèces, *A. cancriformis*, *B. stagnalis*, *Str. torvicornis*, qui sont répandues largement en Europe, qui peuvent habiter des régions de climats très différents comme le Sahara central, la Suisse et l'Allemagne (*B. stagnalis*), les steppes nord-africains, l'Espagne, la Suisse et la Suède (*A. cancriformis*), le Sahara central, la Hongrie et la Pologne (*Str. torvicornis*), et qui semblent incapables de pénétrer dans notre zone pluvieuse, à climat essentiellement méditerranéen. D'autre part, le *Lepidurus lubbocki*, qui apparaît comme typiquement circumméditerranéen, est exclu des steppes (en Tunisie septentrionale, à la limite de la zone pluvieuse et de la zone substeppique, Gurney l'a encore trouvé dans une mare près de l'oued Tindja, mais un peu plus à l'Est c'est *A. cancriformis* que j'ai récolté). Enfin, le *Ch. stagnalis*, que sa distribution géographique ne permet pas de différencier nettement, au point de vue biologique, du *B. stagnalis*, se comporte ici tout autrement, puisqu'il n'habite que la zone pluvieuse, tandis que la zone de prédilection du *B. stagnalis* est la zone steppique.

Comment se fait-il donc que rien d'analogue n'ait été observé en Europe, chez ces espèces connues depuis très longtemps ? Je crois pressentir à cet état de choses plusieurs causes.

En premier lieu, les mares temporaires sont certainement, de toutes les collections d'eau du continent européen, celles dont l'étude a été le moins poussée. Les Anostracés et surtout les Notostracés, d'autre part, n'y trouvent qu'un habitat médiocre : les *Apus*, par exemple, n'y éclosent souvent, le fait est connu, qu'à de très longs intervalles et il peut s'écouler six ou sept ans, parfois, sans qu'il soit possible d'en trouver un seul dans des mares où, une année exceptionnelle, ils seront nombreux. On conçoit que dans ces conditions il soit difficile d'apprendre à bien les connaître. Il n'en est pas de même en Algérie, où ils apparaissent en grand nombre chaque année dans les stations situées dans les zones que j'ai assignées à chacun d'eux. De plus, en Enrope, il faut effectuer de très longs parcours pour observer des modifications profondes du climat : en Algérie, au contraire, moins de 150 km., à vol d'oiseau, séparent les mares de la Réghaïa, une des stations les plus intéressantes de la zone pluvieuse, des stations 76 et 77, entre Boghari et Aïn-Oussera, où pullulent, chaque année, les représentants les plus typiques de la faune steppique. De sorte qu'à ma connaissance aucun limnologiste européen n'a jusqu'ici tenté d'effectuer dans la nature une enquête personnelle sur la faune de mares temporaires situées dans plusieurs zones climatiques distinctes, par exemple dans le Nord de la France, en Provence, en Hongrie et en Pologne. Enfin les régions qui seraient les plus intéressantes pour l'étude des Anostracés et Notostracés, je veux dire les steppes, sont aussi les moins connues, parce que les moins habitées et les plus éloignées des grandes centres scientifiques.

Je me résume : il existe en Europe cinq Anostracés ou Notostracés dont la répartition géographique n'avait pas paru, jusqu'ici, liée à des règles précises. En Algérie et en Tunisie, je crois avoir démontré que leur distribution n'est pas quelconque, et que la hauteur moyenne annuelle des pluies constitue un excellent critérium pour délimiter les zones où ces espèces se cantonnent. Je souhaite donc que de nouvelles recherches soient entreprises en Europe, dans les régions où ces espèces sont connues, pour tenter de retrouver là-bas des faits analogues à ceux que j'ai observés de ce côté-ci de la Méditerranée. La place me manque ici pour tenter d'expliquer pourquoi dans l'Afrique du Nord telle espèce s'est cantonnée dans telle zone. Mais j'attire surtout l'attention de mes collègues sur les facteurs suivants, qui m'ont paru décisifs : hauteur moyenne annuelle des pluies ; durée de la mare temporaire ; son bassin de réception ; son mode d'alimentation (ruissellement diffus ou petits filets d'eau localisés, ou source) ; eau trouble, à fond d'argile légère, sans végétation aquatique, ou claire, à riche végétation, à fond d'humus ; nourriture possible : excréments d'animaux (points d'abreuvement) ou phytoplancton.

Il est à peu près certain que les recherches que je souhaite de voir se réaliser aboutiront à des conclusions différentes de celles que j'ai émises en ce qui concerne l'Algérie et la Tunisie. Leur intérêt n'en serait que plus grand, car elles contribueraient ainsi à mieux faire ressortir et à préciser les possibilités d'adaptation des cinq espèces considérées et les modifications biologiques profondes que subissent les espèces dulcaquicoles européennes lorsqu'elles s'installent dans les régions méditerranéennes pluvieuses ou méditerranéennes steppiques.

H. HEIM de BALSAC

UNE RELIQUE DE FAUNE EUROPÉENNE EN MILIEU SAHARIEN : LE SANGLIER DU SUD-ORANAIS

La presence de Sangliers dans l'Atlas saharien et dans le Sahara septentrional, semblait être du domaine du passé, lorsqu'en 1928 (1) nous avons signalé, sur la foi de chasseurs il est vrai, l'existence de ces animaux en un point du Sud-Oranais. L'espèce existait autrefois, comme le rapporte LATASTE (2), dans les oueds Zess et Oum-es-Essar (Sud-Tunisien), et à Chegga, au Sud de Biskra. Au Djebel Bou-Hedma (Sud-Tunisien), nous avons nous-mêmes, lors de notre mission de 1923, vu l'endroit où existaient, il y a encore peu de temps, des Sangliers. Mais qu'il s'agisse du Sud-Tunisien ou de Chegga, tous ces animaux, à l'heure actuelle, ont disparu, exterminés sans doute par les chasseurs. Dans l'Atlas saharien algérois (région de Djelfa), où il y a pourtant de très beaux boisements, le Sanglier est tout à fait inconnu ; nous l'y avons recherché en vain, en 1924.

Nous avons mis à profit une nouvelle mission dans le Sud-Oranais (1929), pour nous procurer les Sangliers, qui nous avaient été signalés en 1927, et étudier les milieux où vivent ces animaux.

Un double intérêt s'attache à l'étude de ces animaux : systématique et biologique.

Dans le Sud-Oranais, les Sangliers sont extrêmement localisés dans certaines chaînes de montagnes. Ils existent au Djebel Guettar, ou plus exactement, dans la portion septentrionale de cette chaîne. On les retrouve, un peu plus au Sud, dans le Djebel Dough. Enfin, dans le secteur de Géryville, ils existeraient, çà et là, d'après les renseignements que nous avons pu obtenir. Le Sanglier du Sud-Oranais présente une répartition nettement résiduelle, n'englobant même pas l'ensemble des chaînes présahariennes ; il vit, à l'heure actuelle, totale-

(1) H. HEIM DE BALSAC : Notes sur quelques grands Mammifères du Sud-Oranais. *Rev. Fr. de Mammalogie*, n° 2, 1928 (Mission de 1927).
(2) F. LATASTE : Etude de la Faune des vertébris de Barbarie. *Actes Soc. Lin. de Bordeaux*, 1885. Vol. 39, Sér. 4, T. 9, p. 285.

ment isolé des régions telliennes, soustrait à tout échange avec le nombreux cheptel de Sangliers du Nord.

Nous ne voulons pas nous prononcer à l'heure actuelle sur la race à laquelle appartiennent les Sangliers du Sud-Oranais. Nous attendons, pour conclure, des matériaux de différentes régions, permettant de ne comparer entre eux que des animaux d'âges semblables. Mais il semble, d'ores et déjà, que les Sangliers du Sud-Oranais doivent représenter une race spéciale de *Sus scrofa* L. Le milieu où nous avons pu recueillir ces Sangliers du Sud offre les conditions d'existence les plus inattendues pour un Sanglier :

On sait que l'Atlas saharien oranais offre sur ses sommets, ou du moins sur certains de ses sommets, des refuges pour une flore forestière tellienne. L'arbre méditerranéen qui survit là, en nombre imposant, et le Chêne Ballotte (*Quercus ilex ballotta*). Dans ces îlots résiduels, vit une faune avienne sylvicole, nettement tellienne et européenne, toute différente de celle qui se trouve au pied des montagnes et qui celle-là est saharienne. La faune des mammifères, au contraire, ne présente pas le facies tellien de la flore et des oiseaux. On n'y trouve guère que des espèces qui vivent couramment sur les Hauts-Plateaux c'est-à-dire dans des steppes semi-désertiques. Plus exactement, on pourrait dire que c'est la démonstration de ce fait, qui semble de plus en plus général, à savoir l'indifférence relative des mammifères au milieu ambiant, indifférence qui s'oppose, par exemple, à la sensibilité des oiseaux pour les milieux. Le cas sans doute le plus frappant, de cette indifférence des mammifères au milieu est fourni, précisément par les Sangliers du Sud-Oranais. S'il est un animal caractéristique de l'Europe, et qui ne fait qu'effleurer le continent africain, dans ses parties les plus septentrionales, c'est bien *Sus scrofa*.

Les Sangliers du Sud-Oranais sont évidemment un des éléments de cette faune européenne et tellienne qui a pu, à la faveur des périodes relativement humides, synchrones des glaciations, pénétrer avec la flore du Nord, très avant dans le Sahara, et dont on retrouve les traces aujourd'hui jusqu'au Hoggar.

Mais ce qui ne laisse pas de surprendre, c'est la localisation des Sangliers du Sud Oranais, en certains points seulement, points qui ne sembleraient pas devoir leur convenir du tout.

Il est des sommets (Aïssa, Mekter, Morghad, Mzi, etc.) où existent des sources pérennes et une végétation forestière relativement très importante : le Chêne Ballotte y croît abondamment. Dans ces lieux qui sembleraient éminemment favorables aux Sangliers, il n'en existe aucun. Par contre, nous voyons les Sangliers localisés aux Djebel Dough, et Gueitar

Le Djebel Guettar est une des chaînes qui semblent les plus déshéritées du Sud-Oranais au point de vue de la flore et de l'eau. Il n'y a pas de sources sur le Guettar. Même en période hivernale (janvier), les thalwegs des oueds sont à sec. Nous y avons rencontré quelques points d'eau, à la vérité minuscules et temporaires, dans des cuvettes de rochers (1).

On peut donc affirmer que le Sanglier du Guettar a cessé d'être un animal hygrophile, point d'ethologie cependant caractéristique du Sanglier, grand buveur, grand ami des terres molles, nécessaires pour la bauge, animal même de marais et de Phragmitaie, dans certaines régions.

La flore du Guettar paraît misérable par rapport à celle d'autres sommets voisins. Du pied de la montagne, jusqu'aux points culminants, le sol est recouvert d'une nappe d'Alfa, avec un simple piqueté de Genèvriers oxycèdres (*Juniperus oxycedrus*) et, çà et là, au sommet, de rares Romarins (*Rosmarinus officinalis*). La steppe d'Alfa qui, dans certains massifs, Djebel Mzi par exemple, ne (2) monte guère sur les pentes, les envahit fortement au Guettar, ne disparaissant presque qu'aux sommets, où elle cède la place aux broussailles de Romarins. Elle se mêle, dès la base, à la forêt très claire de *Juniperus oxycedrus*, sans trace de *Juniperus phoenicea*.

Les peuplements denses d'Asphodèles (*Asphodelus*) accompagnent la steppe d'Alfa dans sa montée. Vers 1.100 mètres, se mêlent des touffes de Férules (*Ferula communis*). Alfa, Asphodèles, Férules constituent en février, la masse de la végétation du Guettar, avec taches très clairsemées de gros Oxycèdres, dont quelques-uns atteignent des dimensions énormes et sont centenaires, peut-être millénaires.

Le Guettar apparaît comme une forêt dégradée, primitivement occupée par un peuplement continu de Genèvriers, progressivement détruits par l'action de l'homme. Malgré l'abondance de fructification de l'Oxycèdre, on ne trouve pas de jeunes plantules ; elles se trouvent détruites par le passage des ovins et même des chameaux que les nomades entraînent à l'ascension des pentes. Les peuplements clairsemés d'Oxycèdres ne méritent plus guère la dénomination de forêts ; ils apparaissent, de loin, comme un piqueté de taches noirâtres sur le fond gris de la montagne couverte d'Alfa.

---

(1) La rareté des points d'eau est, d'ailleurs, accusée par un fait d'ordre ornithologique : autour de ces points d'eau, se groupent à certaines heures, des bandes de Merles à plastron, venus de l'Europe septentrionale hiverner en ce point inattendu. Merles se nourrissant, sur toute l'étendue du massif, des baies de Genevriers (*Juniperus oxycedrus*) et forcés de se rassembler pour s'abreuver, aux rarissimes points d'eau ; ils y couvrent le sol de leurs déjections, bourrées de graines de genevriers.

(2) En parlant de montée de la steppe d'Alfa nous employons une expression sans doute impropre, inverse de celle qui convient pour qualifier la dispersion de l'Alfa. On doit, sans doute, admettre l'opinion de MAIRE, qui considère la mer d'Alfa comme formée par descente de la steppe-forêt, primitivement localisée aux sommets sur les Hauts-Plateaux, à mesure que ceux-ci étaient privés par l'action de l'homme et du pâturage de leur flore primitive.

La strate arborescente et frutescente est réduite, ici, à l'état de témoins isolés. Tout à fait surprenante est l'absence du Chêne Ballotte, si on l'oppose à la présence du Sanglier. L'association des Chênes et du Sanglier semblait pourtant être un fait général, pour bien des régions du Tell et d'Europe.

Le Sanglier qui, normalement, fuit les terrains pierreux, rencontre partout, au Guettar, la pierraille, dans les thalwegs des oueds comme sur les sommets. Les déformations de ses onglons traduisent les chocs qu'il éprouve sur les pierres. Fait remarquable : le Sanglier, dans ses stations normales, se dérobe toujours par le fond des ravins. Au Guettar, chassé, il se défile par les crêtes à éboulis croulants. Ou peut, sans exagération, définir le Sanglier adapté aux conditions si spéciales des massifs de l'Atlas Saharien : un Sanglier qui a cessé d'être hygrophile pour devenir rupestre. N'ayant plus de retraite sous végétation arbustive, il se bauge sous les nombreuses touffes d'Alfa. Et c'est encore là un des traits surprenants de l'éthologie du Sanglier, dans le Sud-Oranais.

Les chasseurs indigènes nous ont indiqué comme plante alimentaire particulièrement recherchée par le Sanglier : une Ombellifère à tubercules, que nous n'avons pu recueillir, en février, qu'en état de végétation très peu avancée ; le tubercule et les feuilles radicales permettent cependant de l'identifier à *Bunium mauritanicum*, qui se trouve, à la Faculté des Sciences d'Alger, dans l'herbier de BATTANDIER, recueilli, également au premier printemps, sur le Djebel Mzi. R. MAIRE a rencontré, au Mzi, le même *Bunium*. L'appétence du Sanglier pour le tubercule de ce *Bunium* n'a rien de surprenant ; les indigènes nous ont affirmé le consommer; un *Bunium* européen : *B. bulbocastaneum*, a un tubercule, autrefois consommé pour l'alimentation humaine, lequel a, même cru, un goût particulièrement fin.

Les chasseurs indigènes affirment la présence du Sanglier au Djebel Doug, point culminant d'un chaînon qui rejoint à l'Ouest l'Atlas marocaine et, au N.-E., le Djebel Guettar. Il est à remarquer que sur le Doug manque totalement le *Quercues ilex Ballotta*, bien que, sur les positions les plus élevées, se retrouvent quelques espèces caractéristiques de l'association de ce Chêne Ballotte (R. MAIRE). Le Sanglier n'y trouve pas de glands, de même qu'au Guettar ; il y retrouve, par contre, l'Oxycèdre, parsemant le sol de ses fruits et, fait remarquable, l'Ombellifère (d'après les affirmations des chasseurs indigènes) dont il est si friand : *Bunium mauritacinum* (que MAIRE n'a pas rencontré, dans son exploration botanique de ce massif).

Contrairement au Guettar, le Doug possède de magnifiques sources pérennes, qui ont formé, jadis, des masses imposantes de tuf, où se rencontrent les empreintes végétales de *Salix*, de *Rubus*, aujourd'hui disparus, et qui, aux époques glaciaires du quaternaire, prospéraient sous un climat humide, grâce auquel une végétation hygrophile a colonisé alors les montagnes du Sud-Oranais.

Certes, les conditions sur le Doug paraissent meilleures pour un Sanglier que celles qui règnent sur le Guettar ; néanmoins, elles ne laissent pas que d'être surprenantes. On ne peut concevoir l'absence de Sangliers sur les sommets voisins, qui semblent bien plus adéquats. On doit, comme explication de cette absence, penser à un facteur de nourriture : par exemple une plante (peut-être le *Bunium*) formant la base de l'alimentation et qui serait elle-même localisée. Mais ne faut-il pas, plutôt, invoquer un autre facteur ? Sur les sommets boisés du Sud Oranais, vivent encore des Panthères ; leur présence est peut-être incompatible avec celle des Sangliers, dont le cheptel est ici réduit, et qui constituent, dans le Tell, le régime presque exclusif de ces félins.

Certes, les conditions de vie du Sanglier saharien mériteraient d'être étudiées plus en détail. Nous ne pouvons apporter ici qu'une première contribution à leur étude ; mais il ne faut pas oublier que l'observation de ces animaux, *in natura*, demande de gros efforts et une véritable expédition. Celle que nous avons pu effectuer, au cours de notre récente mission, ne l'a pu être que par l'aide et les efforts combinés de M. le Commandant Le Pivain, Chef d'Etat-Major à Aïn-Sefra ; de M. le Commandant Mars, Chef de l'Annexe de Mécheria ; du Bachaga Si Moulaï et du Caïd Mustapha, enfin de MM. Gaget et de Clermont ; que tous veuillent bien trouver ici l'expression de notre gratitude.

Mme H. HELDT

Assistante à la Station Océanographique de Salammbô

PARAPENÆUS LONGIROSTRIS LUCAS DANS LES MERS TUNISIENNES

L'objet de cette note est de signaler la présence normale et l'abondance relativement grande de la « crevette rose » *Parapenaeus longirostris* Lucas dans les mers tunisiennes, et de donner les raisons pour lesquelles cette espèce, commercialement importante, ne figurait pas jusqu'ici dans le catalogue des Pénéides tunisiens.

Parapenaeus longirostris est, on le sait, essentiellement méditerranéen. On ne le rencontre, en dehors de cette mer, qu'à ses abords immédiats, au large des côtes lusitano-espagnoles (Johnson, de Brito Capello) et du Maroc (Talisman, Gruvel). En Méditerranée, sa présence a été indiquée depuis les côtes d'Asie Mineure (Adensamer) jusqu'à celles d'Espagne (Bolivar) notamment et Adriatique (VIDOVICH, STALIO), en Scile (GRUBE), à Naples (Staz. Zoolog.), Gênes (VERANY), Nice (RISSO), Sète (NEUMANN) et sur les côtes de l'Afrique du Nord, très abondant dans la région oranaise, au large d'Alger, Philippeville et Bône. C'est même une des crevettes d'Algérie auxquelles le Pr. Boutan reconnaît une importance économique et sur qui ont porté les essais de conserves tentés dernièrement par ce savant.

Il pouvait paraître étrange qu'au milieu de ces zones de présence de *Parapenaeus longirostris* la Tunisie s'en trouvât privée. En fait, l'espèce n'y avait jamais été signalée et, jusqu'à l'an dernier encore, *Penæus caramote* Risso, la grosse crevette, était l'unique pénéide local au marché de Tunis. Elle provenait soit des apports des chalutiers et balancelles, particulièrement lorsque ces bateaux travailllaient vers l'embouchure de la Medjerda, soit d'envois des pêcheries des Bibans, où de très importantes captures — par centaines de kilogs — furent parfois réussies.

A la vérité, apparaissaient aussi de temps en temps sur les étals de vente quelques casiers de *Parapenæus longirostris*. C'est ce qui fit que GRUVEL (1) put écrire : « On rencontre bien cette crevette sur les côtes tunisiennes, mais avec infiniment moins d'abondance. Elle existe sur le marché de Tunis, en assez petite quantité du reste, mais nous ne l'avons vue que là (2). »

Renseignements pris, à l'époque où l'auteur écrivait ces lignes, lesdites crevettes n'étaient pas de provenance tunisienne ; elles avaient été expédiées de Philippeville et Bône à Tunis et, jusque-là, les pêcheurs du pays n'en avaient jamais récoltées.

Cette absence complète de *Parapenaeus longirostris* en Tunisie s'accordait du reste avec une remarque du Pr. Gruvel, qui constatait que *Parapenaeus*, abondant au Maroc, en Oranie et à Alger, diminuait en nombre à partir d'Alger jusqu'à disparaître complètement dès Bône. L'auteur ajoutait : « Ces crevettes des grands fonds (*Parapenaeus*) sont remplacées par la grosse crevette *Penaeus caramote* (3). »

---

(1) GRUVEL : L'industrie des pêches sur les côtes tunisiennes (Bulletin n° 4 de la Station Océanographique de Salammbô).

(2) Nous ne conservons pas ici la dénomination de *Parapanaeus membranaceus Risso* adoptée par GRUVEL, nous rendant aux raisons suivantes exposées par BOUVIER (Résult. Camp. Scient. Pénéides, 1908) : « D'après S. I. SMITH (1885), cette espèce doit porter le nom de *Parapenaeus longirostris* Lucas et ne saurarit être identifiée avec le *Parapenaeus membranaceus* que Risso décrit comme ayant un rostre court et qui, en dépit de sa taille assez grande, serait plutôt un *Solenocera*. Le vrai, c'est qu'on ignore absolument aujourd'hui la réelle nature spécifique du *P. membranaceus* de Risso, car les deux descriptions qu'en a données cet auteur sont en certains points contradictoires et en partie applicables à l'espèce qui nous occupe, en partie au Solénocère méditerranéen... et comme les types de l'espèce ont été perdus, il est impossible de savoir auquel de nos deux Pénéides s'appliquent les diagnoses de Risso. »

(3) GRUVEL. Les pêches maritimes en Algérie.

Il semblait donc qu'il y eût, de l'ouest à l'est, sur les côtes de l'Afrique du Nord, diminution progressive de *Parapenaeus longirostris* Lucas, devenant de plus en plus rare du Maroc à la Tunisie, pour faire place peu à peu, à partir de Bône, à *Penaeus caramote* Risso. la première espèce disparaissant même au profit de la seconde.

L'extension de la pêche au chalut au large des côtes tunisiennes a montré qu'il n'en était rien et que la différence des captures pouvait s'expliquer par la seule différence de configuration des fonds explorés.

Penaeus caramote, animal d'estuaire et des sables vaseux du littoral, se rencontre plutôt près de la côte, principalement aux embouchures des fleuves. Le golfe de Tunis, aux profondeurs faibles, avec les apports boueux de la Medjerda, constituait donc pour cette espèce un habitat favorable, comme, en Algérie, l'embouchure de la Seybouse C'est ce qui explique que *P. caramote* fut de tout temps pêché par les balancelles et les chalutiers tunisiens.

Parapenœus longirostris Lucas, crevette des grands fonds, ne vit qu'aux profondeurs supérieures à 100 mètres. En Algérie, où la côte est accore, ces régions se rencontrent près du rivage et les chalutiers, n'ayant pas grand'route pour s'y rendre, les ont tout de suite explorées. En Tunisie au contraire les fonds s'en vont par pente douce, et, tant que les régions les plus voisines n'ont pas été épuisées, les pêcheurs ne trouvaient guère intérêt à s'en éloigner davantage. L'an dernier seulement, quelques vapeurs de pêche tunisiens ont risqué leurs panneaux aux sondes de 150 mètres et ont découvert dans ces « mers neuves (1) », les *Parapenaeus*.

En même temps apparaissaient sur le marché des « merlans » de taille inaccoutumée (*Merlucius merlucius* L.), des argentines (*A. sphyræna* L.) et des baudroies (*Lophius*), que le public n'a pas, du reste, encore appréciées à leur juste valeur.

En résumé, *Parapenaeus longirostris* Lucas a été découvert dans les eaux tunisiennes quand on est allé le chercher dans son domaine d'habitat.

Il en sera de même, nous en avons la conviction, pour d'autres espèces non encore connues ici, en particulier pour *Aristeomorpha foliacea* la grosse crevette rouge sang de Bône. Elle est quelquefois vendue à la poissonnerie de Tunis, mais toujours de provenance algérienne. Quand les chalutiers tunisiens, pêchant plus profondément exploreront par 300 mètres d'eau sa zone d'extension, il est probable que le marché de Tunis comptera cette espèce en plus parmi les crevettes locales.

---

(1) N. de l'I. Plane et N.N.W. de Zembra.

Dr Jacques PELLEGRIN
Docteur ès Sciences, Sous-Directeur de laboratoire au Muséum national d'Histoire naturelle.

REPTILES, BATRACIENS ET POISSONS DE LA RÉGION DU HOGGAR (SAHARA CENTRAL)

La faune du Hoggar, ce grand massif montagneux situé en plein cœur du Sahara, et dont certains sommets atteignent 3.000 m. était, en ce qui concerne les Reptiles, Batraciens et Poissons, demeurée complètement inconnue jusqu'à ces toutes dernières années.

De récents expéditions ont recueilli quelques exemplaires que j'ai pu étudier au Muséum de Paris et qui, sans permettre encore de jeter un coup d'œil d'ensemble, constituent néanmoins les premiers éléments de nos connaissances sur les Vertébrés à sang froid peuplant cette intéressante région.

On trouvera plus loin la liste des diverses espèces rencontrées jusqu'ici au Hoggar ou ses alentours avec la mention du lieu de capture, quand c'est possible, celle de l'altitude, le nom du récoltant, le tout accompagné d'indications sur la distribution géographique.

En ce qui concerne les Reptiles, trois espèces : deux Sauriens et un Serpent, toutes recueillies par le professeur Seurat, sont à signaler.

La première est un Agamidé désertique, très abondant dans le Sahara algérien et tunisien, et dont l'habitat s'étend à l'est jusqu'à l'Egypte, l'Agame inerme (*Agama inermis* Reuss), trouvé à l'oued Ahetes, dans le Tefedest, petit massif immédiatement au Nord du Hoggar (1).

La seconde est un Lacertidé, le Lézard bosquien (*Acanthodactylus boskianus* Daudin, var. *asper* Audoin), rencontré dans le Tefedest à Ararane (altitude 1.200 m.) et dans le Hoggar à In Ameri (altitude 2.450 m.). La forme typique de cette espèce est égyptienne ; quant à la variété *asper*, très ubiquiste, elle se trouve depuis la Mésopotamie et l'Egypte jusqu'au Sahara algérien, où elle est fort abondante.

La troisième est un Colubridé opisthoglyphe, de type éthiopien, la

(1) Les Touaregs redoutent cet animal.

Couleuvre à chapelet (*Psammophis sibilans* L.), dont plusieurs spécimens, l'un de 1 m. 26, ont été pris au Hoggar, sur le plateau de Tighargart (altitude 2.000 m.) et sur le plateau de Tighert Daoui (altitude 2.080 m.). L'habitat de ce Serpent est des plus étendus, comprenant une grande partie de l'Afrique tropicale et australe et l'Egypte (1).

La présence au Hoggar de Batraciens anoures, dont les premières phases de l'existence se passent dans l'eau, est autrement intéressante à signaler que celle de ces Reptiles exclusivement terrestres et plus ou moins désertiques. Deux espèces doivent êtrs citées. D'abord la Grenouille commune ou Grenouille verte (*Rana esculenta* L. var. *ridibunda* Pallas), trouvée par Seurat à In Amguel (contreforts N.-O. du Hoggar). On sait que la Grenouille verte a une très vaste distribution géographique comprenant la quasi-totalité de l'Europe sauf l'extrême nord, la plus grande partie de l'Asie tempérée jusqu'au Japon, et l'Afrique du Nord. La variété rieuse est extrêmement répandue dans toute la Berbérie et, comme je l'ai montré (2), monte dans l'Atlas marocain jusqu'à 2.150 m. Une variété saharienne d'assez petite taille (*Rana esculenta* L. var. *saharica* Boulenger) a bien été décrite d'El Goléa et du Tidikelt, mais l'individu récolté au Hoggar ne paraît pas s'y rapporter et se rapproche du type habituel, si répandu dans l'Afrique du Nord.

Le second Batracien est le Crapaud vert (*Bufo viridis* Laurenti), trouvé par Rossion à Tamanrasset (altitude 1.400 m.) et qui, d'après Seurat (3), est très commun dans toutes les collections d'eau du Hoggar. J'ai déjà insisté (4) sur l'intérêt que présente l'habitat si méridional de cet animal répandu dans l'est et le sud de l'Europe depuis le Rhin et les Alpes, en Asie tempérée jusqu'en Sibérie et en Mongolie et dans l'Afrique du Nord.

Du Hoggar même, on n'a pas encore rapporté de Poissons ; toutes les espèces signalées jusqu'à ce jour proviennent du point d'eau de Tarount Arak, non loin de Tadjemout, à 500 ou 600 m. d'altitude, à peu près à mi-chemin entre In Salah et Tamanrasset, mais encore distant de 400 km. du massif du Hoggar.

La faune ichtyologique de la rivière Arak paraît se composer seulement de trois espèces : un Cyprinidé, le Barbeau du désert (*Barbus deserti* Pellegrin), recueilli par Rossion en 1927 et retrouvé par Seurat

(1) Le Lézard fouette-queue (*Uromastix acanthinurus* Bell) a été rencontré à Taghoumout, à Tazerouk, à Tezzeït (altitude 1.750 m.), à Idelès (altitude 1.560 m.) et dans l'oued Tinikert (altitude 1.170 m.) du Tefedest; le Varan sur le versant oriental de la gardet Djenoun et dans l'oued Timenaïne (haute vallée de l'Igharghar). La Vipère à cornes a été trouvée par SEURAT à Idelès (Hoggar), à In Baragen (altitude 1.150 m.) et dans l'oued Aheles (Tefedest).

(2) J. PELLEGRIN. Les Reptiles et Batraciens de l'Afrique du Nord française. *Assoc. franç. Avanc. Sciences*, Congrès de Constantine, 1927, p. 260.

(3) L. G. SEURAT. Exploration zoologique de l'Algérie, 1930, p. 187.

(4) J. PELLEGRIN. La présence du Crapaud vert dans le Hoggar. *C. R. Acad. Sciences*, t. 185, 14 novembre 1927, p. 1066.

en 1928, et deux Cichlidés, la Tilapie de Zill (*Tilapia Zilli* Gervais), rapportée par Rossion, par Th. Monod (mission Augieras-Draper, 1927-1928) et par Seurat, enfin le Spare (?) de Desfontaines (*Astatotilapia Desfontainesi* Lacépède), dont un beau spécimen de 17 centimètres de long a été capturé par Seurat ; cet exemplaire, de taille comestible, montre que, si paradoxal que le fait puisse paraître, on peut encore se nourrir de Poissons frais en certains endroits du Sahara central.

Au point de vue de l'habitat, ces trois espèces sont très largement distribuées. Le Barbeau du désert, d'abord décrit de la mare d'Ifédil (Tassili des Ajjer), a été retrouvé depuis au Tibesti, dans l'Ennedi et même dans le Gribingui (Haut-Chari). La Tilapie de Zill, très abondante dans le Sahara algérien au sud de l'Atlas, se rencontre dans le Niger, le Tchad, le Nil et jusqu'en Galilée. Le Spare de Desfontaines, à répartition équivalente, n'existe pas dans le Niger, mais par contre descend dans l'Oubanghui et, en Afrique orientale, jusqu'au Kivu et au Tanganyika.

Maurice ROSE

Maître de conférences à la Faculté des Sciences d'Alger

SUR LES AFFINITÉS ATLANTIQUES DU PLANKTON DE LA RÉGION D'ALGER

L'étude du plankton de la Méditerranée occidentale n'a guère été faite, jusqu'à ces toutes dernières années, que sur les côtes italiennes (Naples, Messine, Gênes) et françaises (Monaco, Nice, Marseille, Cette, Banyuls). Dans toutes ces régions, il se présente avec les mêmes caractères, et l'on peut dire qu'il constitue ce qu'on est convenu d'appeler le plankton méditerranéen.

Or, si l'on étudie le plankton des côtes nord-africaines, on est tout de suite frappé du faciès particulier qu'il présente, faciès qui permet à un œil averti de reconnaître aussitôt son origine. Ces caractères spéciaux sont de trois sortes : d'une part, la faible abondance de formes très communes sur les côtes françaises ; par exemple *Oithona nana*, *Oncaea minuta*, etc.

d'autre part, la présence de formes spéciales, comme *Tetraplatia volitans*, etc.;

enfin, l'abondance de formes atlantiques qui n'existent pas, ou sont très rares, sur le littoral européen. Ce sont des espèces qu'on observe au large du Portugal, de Mauritanie, et dont la pénétration se fait par Gibraltar. Ce sont surtout ces formes qui donnent à notre plankton son cachet spécial. Les plus importantes sont *Calanus brevicornis, Temora longicornis, Centropages Chierchiae, Parapontella brevicornis, Acartia Danae, Corycaeus lautus*. Ce dernier, commun dans l'Atlantique tropical et sub-tropical, n'a pas encore été jusqu'ici signalé en Méditerranée occidentale. On le trouve pourtant, comme *Acartia Danae*, dans les eaux algéroises.

Pour celui qui connaît à la fois le plankton marocain et celui des côtes nord-africaines, il est incontestable que leurs affinités sont évidentes et plus visibles qu'entre le plankton d'Alger et celui de Monaco par exemple.

Cela démontre, sans conteste possible, l'immigration dans les eaux méditerranéennes d'une faune pélagique atlantique importante. Mais celle-ci évolue d'une manière particulière dans le bassin méditerranéen.

Certaines formes nordiques, comme *Pseudocalanus elongatus, Temora longicornis*, etc., se maintiennent très péniblement, et on les a considérées, sans preuve valable, comme des reliques glaciaires, ce qui est très contestable.

D'autres espèces meurent très vite et n'avancent pas très loin. Cela paraît être le cas d'*Acartia Danae, Corycaeus lautus*, qui semblent tués par les eaux méditerranéennes.

D'autres formes, au contraire, trouvent dans ces eaux des conditions très favorables et se mettent à pulluler, ce qui peut faire illusion sur leur patrie d'origine.

Enfin, d'autres espèces se maintiennent sans diminuer ni croître en nombre.

Il serait du plus haut intérêt biologique de suivre l'évolution des divers groupes pélagiques et les variations qu'ils présentent à mesure qu'on s'éloigne de Gibraltar. Sans doute, l'importance de cette porte d'entrée ne doit pas être exagérée, mais elle ne doit pas non plus être estimée au-dessous de sa valeur réelle.

A. THERY
Correspondant du Muséum National d'Histoire Naturelle de Paris

NOTES SUR QUELQUES ESPÈCES NOUVELLES DU GENRE *SPONSOR*

Le genre *Sponsor* était considéré jusqu'ici comme propre à quelques-unes des îles situées à l'est de l'Afrique, entre le 8e et le 26e degré de latitude sud (1) ; la présence de deux espèces de ce même genre en Malaisie, ajoutée à la répartition limitée, citée plus haut, semblaient militer en faveur de l'existence ancienne d'un continent aujourd'hui disparu nommé « Lémurie » ; malheureusement cet argument disparaît comme tant d'autres, parce que : 1° les *Sponsor* de Malaisie décrits par H. Deyrolle, dont les types sont jalousement gardés, sont sans doute des *Paratrachys*, 2° parce que dans les lignes qui suivent, je décris trois espèces nettement distinctes provenant d'une façon certaine de l'Afrique continentale et offrant tout le faciès des espèces de la région Malgache. La distribution du genre *Sponsor* se trouve donc modifiée et la limite nord de cette espèce rapportée vers le 5e degré de latitude Sud.

Les espèces que je décris ci-dessous proviennent toutes des chasses de Raffray à Zanzibar et se trouvaient dans la collection de Bonnueil acquise par moi il y a quelques années.

Tableau des espèces

1. Dessus très distinctement recouvert d'une fine pubescence, bord des élytres denticulé (*Sponsor* s. s.) 2
   Dessus absolument glabre, élytres non denticulés (*Stenianthe*), très régulièrement ovale, très uni et très brillant.. *Lesnei* n. sp.
2. Elytres deux fois 1/5 aussi longs que larges, yeux à peine saillants, le sinus sutural des élytres fortement denticulé, le dernier sternite abdominal couvert de granulations rapeuses caractéristiques.

(1) Aldabra, Madagascar, La Réunion, Maurice et Rodrigue.

Noir .... *disdsimilis* n. sp.

Elytres près de 2 fois 3/4 aussi longs que larges, yeux plus saillants, le sinus sutural des élytres non ou imperceptiblement denticulé, le dernier sternite complètement lisse et uni. Bronzé clair .... *Raffrayi* n. sp.

Sponsor (*Stenianthe*) *Lesnei* n. sp. — Noir de jais, très brillant, régulièrement ovale. Long. 4,75 ; larg. : Pr. 1.54 él. 1,64 ; tête très large, fortement bombée, yeux à peine saillants, front très large, ses côtés subparallèles, sans ponctuation ni sculpture distincte, avec, à la base, quelques petits pores d'où sort un petit poil blanc ; épistome très court, séparé du front par un sillon, rebordé et presque droit antérieurement ; yeux médiocres, assez régulièrement ovales, touchant le pronotum ; cavités antennaires rebordées au bord externe, antennes atteignant le niveau des hanches antérieures, leur premier article en longue massue, le 2e en forme d'olive, 2 fois aussi long que large, le 3e court, assez grêle, 2 fois aussi long que large, le 4e faiblement denté, les suivants plus fortement et très pubescents. Pronotum ayant sa plus grande largeur à la base, atténué en faible courbe vers l'avant, avec le bord antérieur presque droit, les angles antérieurs aigus, les postérieurs presque droits, les côtés rebordés par une fine carène à peine arquée, la base arquée, et bordée d'une mince carène, le disque uniformément bombé, à ponctuation presque effacée.

Ecusson moyen, triangulaire, plus long que large.

Elytres formant sur leurs bords la continuation de la courbe du pronotum, le rebord marginal en forme d'étroite gouttière prolongée jusque vers l'apex, presque conjointement arrondis à l'apex, mais avec l'angle sutural très arrondi, le disque avec des lignes de points formant des stries enfoncées, mais très effacées, un sillon submarginal assez bien marqué, et la suture tectiforme sur la moitié postérieure. Pygidium découvert, arrondi, sans sculpture distincte.

Prosternum bombé, très large, uni, le bord du 2e sternite avec une étroite lamelle arrondie, d'un jaune doré, translucide, très brillante, le dernier sternite arrondi sans caractères spéciaux.

Je dédie cette espèce à M. Lesne qui a magistralement étudié le genre *Sponsor*.

Sponsor dossimilis n. sp. — Long. 5.13 ; larg. Pr. 2,17, él. 2.27. — Ovale, arrondi en avant et en arrière, parallèle sur les côtés, noir, couvert d'une pubescence blanche, assez longue et semi-érigée. Tête assez large continuant la courbe du pronotum, très bombée, les yeux à peine saillants ; front large, très faiblement rétréci vers le haut, couvert d'une ponctuation forte et régulière donnant naissance à des poils très longs et très fins, semi-érigés, les points de la base du front très profonds et offrant l'aspect de petits pores ; épistome très court, à peine sinué en avant et fortement rebordé, séparé du front par un sillon. Yeux ovalaires, assez grands, en partie cachés dans le prothorax. Antennes atteignant en dessous le niveau des hanches antérieures.

Pronotum ayant sa plus grande largeur en tiers postérieur, mais à peine rétréci à la base, le bord antérieur faiblement saillant au milieu, les angles antérieurs très arrondis, les côtés, vus de dessus, régulièrement arqués, rebordés par une fine carène un peu arquée, les angles postérieurs assez obtus et la base fortement arquée avec une tout petite échancrure devant l'écusson ; disque uni, fortement bombé et excessivement finement ponctué.

Ecusson en triangle ayant la base arrondie.

Elytres continuant à peu près la courbe des côtés du pronotum, s'élargissant très légèrement jusqu'au tiers postérieur, puis atténués en courbe assez forte jusqu'à l'apex où ils sont largement et isolément arrondis, finement denticulés le long du bord externe, la denticulation se prolongeant jusqu'au fond du sinus sutural. Disque couvert de séries de points serrés formant des lignes enfoncées, ces lignes mieux marquées à l'apex qu'à la base. Pygidium découvert et arrondi à l'apex. Prosternum échancré en arc déprimé au milieu, finement rebordé, saillie large, arrondie à l'apex, sans ponctuation distincte. Mésosternum échancré, la suture méso-métasternale visible seulement sur les côtés, le bord postérieur du 2ᵉ sternite abdominal un peu saillant en lame mince, mais du même aspect que le reste du sternite, le dernier sternite denticulé sur les côtés, le disque couvert de petites aspérités rapeuses ; tout le dessous à pubescence blanche, semi-érigée et assez longue.

Sponsor Raffrayi n. sp. — Long. 4,94 ; larg. : Pr. 1,83, él. 1,83. — ♂ ; Bronzé, assez étroit, également arrondi en avant et en arrière, parallèle sur les côtés. — Tête bombée, couverte de points profonds régulièrement espacés ; yeux assez saillants, front large, à côtés parallèles, recouvert sur son pourtour d'une pubescence blanche peu dense et assez longue ; épistome séparé du front par un sillon, presque droit en avant et rebordé ; yeux régulièrement ovales, touchant le pronotum, la partie des joues située sous les yeux couverte de nombreux petits pores profonds visibles seulement à un très fort grossissement ; cavités antennaires entourées d'un bourrelet saillant ; antennes courtes dépassant un peu le milieu de la longueur du pronotum, leur 1ᵉʳ article allongé, épaissi au bout, le 2ᵉ de moitié plus long que large, robuste, le 3ᵉ un peu plus long que large, et un peu plus court et moins robuste que le 2ᵉ, le 4ᵉ de la longueur du 2ᵉ et très faiblement denté, les suivants dentés et assez serrés. Pronotum ayant sa plus grande largeur vers le tiers postérieur, le bord antérieur légèrement saillant au milieu, les côtés arrondis (vus de dessus), rebordé latéralement par une fine carène lisse redressée vers le haut à l'angle antérieur qui est arrondi, les angles postérieurs un peu obtus, le disque uniformément bombé, régulièrement et peu fortement ponctué, couvert d'une pubescence blanche un peu laineuse, assez lâche et dirigée vers l'avant. Ecusson assez grand, subcordiforme.

Elytres anguleux aux épaules, rebordés à la base par un étroit bourrelet et peu rétrécis entre l'épaule et le tiers postérieur, isolément arrondis à l'apex, finement denticulés sur le bord externe, mais la denticulation ne remontant pas dans le sinus sutural, disque fortement ponctué, les points placés en lignes et formant des stries enfoncées, pubescence assez forte, blanche, peu serrée et dirigée obliquement vers les bords. Pygidium découvert et subanguleux. Prosternum échancré en arc, la saillie large, arrondie au sommet, le bord du 2e sternite abdominal avec un large lobe corné, translucide, peu saillant. Dernier sternite arrondi, denticulé sur les côtés, lisse au milieu, tout le dessous couvert d'une longue pubescence blanchâtre.

Neoptosima spinosa Théry. Bup. Madag. (1905). — Je ne suis pas complètement de l'avis de M. Lesne concernant cette espèce. Cet auteur écrit (*C. R. Cong. Soc. Sav.* (1923), p. 55) que *N. spinosa* et *Stenianthe trachydea* Fairm. ne doivent pas être rangés dans le genre *Sponsor*. *Stenianthe trachydea* doit, il est vrai, rentrer dans le genre *Galbella* et il y a lieu d'y réunir *Galbella insularis* Thrry (*l. c.*, p. 167), quant à *N. spinosa* m. je lui trouve tous les caractères énumédés par Lesne (*A. S. E. Fr.* (1917), p. 439) pour caractériser le genre *Sponsor*, de plus mon espèce a tout à fait le faciès du genre, mais se distingue par un seul caractère que je ne saurais considérer comme spécifique, le pygidium est caréné et la carène se prolonge au delà du bord en une assez longue épine. Il y a là une simple différenciation d'une espèce appartenant au genre *Sponsor* sans modification d'aucune autre partie et cette espèce est certainement plus voisine des *Sponsor* que les *Stenianthe* qui en diffèrent par plusieurs caractères. Quand j'ai décrit le genre *Neoptosima*, j'y ai compris plusieurs espèces dont *P. spinosa*, les autres espèces ont été réunies au genre *Sponsor*, *N. spinosa* reste donc le dernier représentant des *Neoptosima* et on ne saurait créer pour elle une coupe nouvelle, mais le genre *Neoptosima* devra être réuni au genre *Sponsor* au titre de sous-genre.

18e section

AGRONOMIE

Président. . . . . M. Vivet, Inspecteur du Service agricole général en Algérie.

Lucien DANZEL

Docteur en Pharmacie

MATIÈRES PREMIÈRES VÉGÉTALES NORD-AFRICAINES

1° L'industrie combinée des matières premières végétales dans l'Afrique du Nord

L'Afrique Française du Nord peut produire une quantité surprenante de matières premières végétales à la condition d'y industrialiser l'agriculture pour exploiter sur place ces matières premières, sans les grever dès l'origine de frais de transports onéreux et vite prohibitifs.

Pour qui a parcouru le Maghreb, de février à juin, il ne fait aucun doute que c'est bien la terre de prédilection des plantes et des fleurs et que cette contrée, — l'Algérie plus particulièrement pour le moment, — doit fournir non seulement la France en plantes médicinales et aromatiques, en huiles essentielles naturelles et en produits dérivés de ces plantes, mais aussi contribuer pour une part importante à l'achalandage du marché mondial.

Or, si l'Algérie n'occupe pas encore la place à laquelle elle doit prétendre, c'est d'abord parce que sa production n'est pas organisée ni dirigée avec compétence puis, qu'à l'improvisation regrettable est venue s'ajouter la méconnaissance du caractère saisonnier des récoltes de plantes, inscrivant ainsi une grosse faute technique à la base de l'exploitation :

Supposer qu'une exploitation de plantes médicinales et aromatiques peut se suffire à elle-même, c'est commettre une grave erreur et méconnaître les conditions du travail et les possibilités de rendement, en Algérie comme en France. Il faut, pour être viable, que cette exploitation soit la partie complémentaire d'une autre plus importante.

En d'autres termes, la mono-culture, voire ici la mono-industrie, est un écueil qu'il importe d'éviter par le choix judicieux d'une solide base industrielle.

La base « carbonisation »

En Afrique du Nord, une semblable exploitation de base pourrait être recherchée dans les industries des agrumes, des primeurs, du tabac, des céréales, de la vigne, du géranium, du liège, etc., mais, pour nous, aucune ne présente autant d'avantages que la carbonisation.

Sans en exposer ici toute la technique et l'économie, et sans parler de son importance capitale en cas de guerre, disons que la carbonisation ou, plus exactement, la distillation du bois, peut se pratiquer en tous temps et ne redoute aucune mauvaise saison, été comme hiver. Elle est grandement rémunératrice par la vente assurée des produits recueillis et, en plus de ces bénéfices, couvre encore très largement les frais totaux d'une exploitation avec : charbon de bois, alcool méthylique, acide pyroligneux transformé sur place en acétates métalliques. En outre, la surveillance en est facile, le contrôle quasi mathématique ; la main-d'œuvre qu'elle réclame a suffisamment de loisirs pour qu'elle puisse être occupée simultanément dans le voisinage, à la cueillette, au séchage, à la distillation ; les moyens de transports qu'elle utilise et alimente sont tous mis à profit par l'entreprise entière. Bien plus, les déchets de charbon invendables sont tous utilisés dans l'installation, par l'emploi de gazogènes et de chaudières pour : distillation, chauffage, ventilation, climatisation, force motrice, transports, génératrice, etc., en un mot, elle constitue le meilleur appoint matériel et accessoire pour une industrie combinée de matières premières végétales, industrie que nous voyons plus particulièrement orientée vers la partie pharmaceutique : pharmacie, parfumerie, herboristerie, dont les diverses branches se complètent et se succèdent aisément.

Afin de le démontrer d'une manière plus frappante, nous avons établi un graphique que nous joignons à ces notes et où est exposé le cycle de production continue que nous préconisons. Dans ce graphique nous nous sommes efforcé de coordonner de notre mieux, d'une part, la carbonisation avec toutes ses ressources et ses profits et, d'autre part, l'industrie de diverses plantes récoltées, en tenant compte des saisons, des produits obtenus et de leur écoulement.

C'est tout particulièrement ce tableau que nous avons l'honneur de soumettre à l'examen de la section des sciences pharmaceutiques de l'Association Française pour l'Avancement des Sciences.

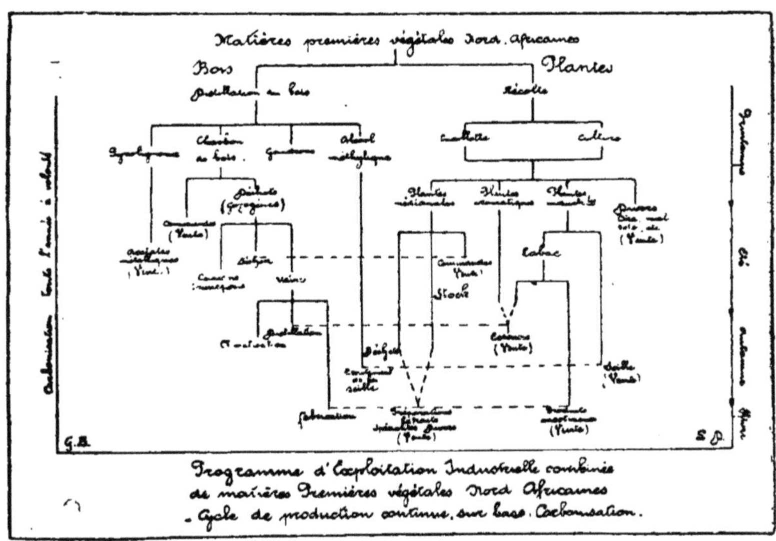

Programme d'exploitation Industrielle combinée de matières Premières végétales Nord Africaines - Cycle de production continue, sur base Carbonisation.

Carbonisation et Déboisement

L'exploitation industrielle que nous venons ainsi de définir, nous la localiserons aisément dans les régions boisées de l'Atlas ou de la Kabylie et assez proches de la mer et d'Alger, où elle mettra en valeur une richesse inutilisée et des terrains inemployés.

En effet, carbonisation, — comme du reste, exploitation du bois, — ne veut pas dire déboisement, loin de là. Une exploitation forestière bien conduite donne une énorme plus-value au terrain où elle s'applique, car elle retire avec profit l'excédent de végétation, en laissant les arbres de belle venue et en s'opposant à tout défrichement, ne faisant par suite courir aucun danger au point de vue de l'écoulement des eaux de pluies.

Les parties abattues et dégagées deviennent d'abord un excellent endroit pour la culture et la récolte de fleurs et arbustes utiles, jusqu'à ce que la clairière devienne taillis, sous-bois, puis bois. Pendant cette évolution, les plantes intermédiaires spontanées ou apportées retiennent aussi bien et même mieux que les arbres les eaux de pluies, empêchent le ravinement et conservent plus longtemps une humidité bienfaisante en régularisant le ruissellement qui, grâce à ces arbustes, ne risque pas d'être modifié dans la région.

Au reste, le sol couvert de bois reçoit notablement moins d'eau que le sol dénudé et la forêt, par la surface immense de son feuillage, rend vite à l'atmosphère une partie de l'eau des pluies tandis que plantes, arbustes, mousses, fixent plus d'eau que les arbres, la retiennent plus longtemps et assurent ainsi à une contrée le meilleur régime pluvial.

Avec la carbonisation donc, pas de défrichement à craindre, puisqu'il faut s'assurer à longue échéance la matière première indispensable, mais, par contre, dans la carbonisation se trouve la démonstration la plus facilement comprise par l'indigène, d'une exploitation rationnelle et d'une mise en valeur de la forêt, en en retirant tout le profit désirable, à la condition formelle d'en assurer la conservation.

La main-d'œuvre indigène

Certaine, dès lors, de vivre grâce à une base comme la carbonisation, comment une exploitation de plantes aromatiques et médicinales devra-t-elle être comprise en Afrique du Nord ?

En portant sur des plantes intéressantes au point de vue commercial, traitées avec tout le soin désirable et en faisant appel à la main-d'œuvre indigène, sous la direction et le contrôle techniques du pharmacien, car, un peu « taleb », un peu « toubib », le pharmacien est le mieux placé pour surveiller cette production.

Comme tous les peuples pasteurs et nomades, l'Arabe connaît et aime les plantes. Il est, en outre, suffisamment avisé pour suivre une carbonisation, une fabrication, une culture, une distillation, pour faire de la cueillette et du séchage — (ne devons-nous pas beaucoup à la médecine et à l'alchimie arabes ?) — et, bien guidé, nous l'avons toujours vu arriver à de bons résultats en nous apportant une production de plantes de qualité réellement « marchande ».

Aussi, lorsque le récolteur indigène verra son intérêt accru en collaborant, par exemple, à toute la production d'un douar ou d'une tribu groupée en coopérative de récolteurs, ce jour-là, les concours ne feront pas défaut et le problème de la cueillette des simples sera résolu en Afrique du Nord.

Cette opinion ainsi formulée que sans la main-d'œuvre arabe il sera de plus en plus difficile dans l'avenir de réaliser une récolte profitable pour chacun, nous devons nous placer exclusivement au point de vue strictement industriel pour organiser notre récolte.

Il est, en effet, indispensable de ne s'occuper que des plantes « payantes », sans nous laisser tenter par la beauté et la richesse de la flore algérienne. C'est donc seulement affaire au récolteur avisé pour organiser sa campagne en tenant compte de son mieux des besoins du marché, des offres et des demandes — choses souvent difficiles, — et en obtenant de belle marchandise par une bonne compréhension du séchage et de l'ensachage. Or, jusqu'ici, le séchage est le point faible de la production algérienne sur lequel nous avons songé dès le début à porter remède, en délaissant les procédés par trop empiriques et primitifs encore en honneur et en les remplaçant par des installations simples, peu coûteuses, mais rationnelles qui tiennent compte des travaux et des enseignements réalisés par nos professeurs, nos techniciens, nos maîtres, pour obtenir des plantes actives et inaltérables et que les récolteurs doivent mettre en pratique en devenant un peu, dans leur partie, des industriels.

*
* *

En conclusion, il est à souhaiter qu'une méthode d'exploitation raisonnée des matières premières végétales soit introduite au plus tôt dans la France Nord-Africaine pour y mettre en valeur, sans plus tarder, des terres inemployées et des plantes inutilisées.

Comportant une certitude de profits honnêtes et rémunérateurs, permettant l'utilisation au mieux de la main-d'œuvre indigène, apportant un élément de mieux-être dans la région adoptée, possédant des certitudes de développement, une exploitation semblable à celle que nous préconisons ne cache aucun risque sérieux de départ ou d'imprévu, ni aucun obstacle pouvant faire douter du succès si elle est dirigée, conditions formelles, avec compétence, énergie et loyauté.

La France offre en ce moment au monde le bilan de cent années de travail dans l'Afrique du Nord. Il serait bon que dans ce bilan puisse bientôt être inscrit, sinon « chiffré », à notre actif une nouvelle industrie, celle des matières premières végétales nord-africaines appliquée plus spécialement aux plantes aromatiques et médicinales, dans laquelle la France revendique déjà la première place.

Or, cette place enviée de premier fournisseur du monde entier, la France la conservera d'autant mieux qu'elle pourra compter chaque jour davantage sur l'appoint sans cesse croissant en qualité et en importance de la production de ses provinces nord-africaines.

Cet appoint est certain, mais il ne sera assuré que le jour où les techniciens auront introduit méthode, science, qualité, volonté, là où se trouvent encore improvisation, routine, médiocrité et nonchalance.

« Savoir, Vouloir » : c'est seulement à ceux qui appliqueront réellement cette formule qu'Allah conférera « les éperons verts », en Algérie comme dans toutes les autres contrées de son empire.

Tableau de la production d'une industrie combinée de matières premières végétales nord africaines, basée sur la carbonisation

(Sous réserve des ressources spéciales de la région et de l'installation choisies.)

Exploitations :	*Produits vendus :*
1° Industrie de base : Carbonisation ;	
Distillation du Bois,	Charbon de Bois ;
Pyroligneux,	Acétate de Plomb.
2° Plantes :	
Plantes médicinales :	
Cueillette :	Bourrache, f. et fl, Soucis, Mauve, f et fl, Matricaire, Centaurée, Chardonnete, Coquelicots, Adonis oestiv., Marrube, Dictame, Arenaria, Sanguinaire, thé indien, Coloquintes, Cactus, Sureau, etc.
Culture :	Datura et Solanées, Boldo, Verveine, Orangers, Hélianthe, Pyrèthre, Henné, etc.
Plantes Aromatiques et Condimentaires :	
Cueillette :	Eucalyptus, Myrte, Pouliot, Origan, Genêt, Mousse de Ch., Thym, Iris, etc.
Culture :	Bigaradier, Sauges, Lavande, Menthe, Verveine, Sarriette, Persil, Estragon, etc.; et les plantes à essences ci-dessous.
Plantes Industrielles et diverses :	
Cueillette :	Scille ; Thapsia.
Culture :	Mûrier, Sapindus, Tabac à Nicotine.
3° Huiles essentielles naturelles :	
Essences de plantes spontanées :	Myrte, Mousse de Chêne, Cèdre, Matricaire, Pouliot, Thym, Rue, Sauges, etc.
Essences de plantes cultivées :	Jasmin, Réséda, Giroflée, Pois de Senteur, Menthe, Sauge sclarée, Bigaradier, Petit-Grain, Marjolaine, Tabac bl., etc.

4° Produits tirés de la ferme-exploitation :

Cire, Miel, Soie, Fruits, Peaux, Huiles, Cade, etc.

5° Préparations :

Tisanes simples et composées, Extraits, Intraits, Poudres, Teintures, Alcoolats, Eaux distillées, etc.

Spécialités et Produits Médicinaux, Vétérinaires, Antiseptiques, Industriels, etc., à base des plantes ci-dessus, pour l'utilisation des déchets des triages, puis des stocks invendus en fin de saison.

2° Le séchage des plantes en Afrique du Nord

Si la cueillette des simples est restée invariablement la même au cours des âges, par contre, le nombre des plantes récoltées tend plutôt à diminuer et c'est vraiment regrettable, surtout en Afrique du Nord où la flore est si abondante, la main-d'œuvre indigène toute acquise, le climat merveilleux, que la production devrait au moins achalander presque complètement le marché français, mais, malheureusement, en Algérie comme partout ailleurs en ce moment, il y a trop de commerçants en plantes et trop peu de récolteurs, réellement récolteurs.

Parmi les causes de cette désaffection de la récolte des simples, il faut citer le manque de renseignements sur le choix des plantes, la quantité, le moment propice, mais aussi et surtout l'ignorance des bons procédés de séchage, lequel est resté par trop primitif et empirique et lui aussi n'a pas varié depuis des siècles.

Pour enrayer cet abandon regrettable, il importe donc d'introduire sans tarder un peu de technique simple et facile, en en confiant le contrôle au pharmacien, car l'importance du séchage est primordiale pour l'avenir de la production nord-africaine.

Les travaux des maîtres botanistes et pharmacologues ne doivent pas rester lettre morte en ce qui concerne le traitement des simples si nous voulons conserver à la France sa place favorisée sur le marché mondial.

Il faut donc mettre en action les enseignements reçus par un appareillage et une installation pratiques, simples, peu coûteux, à la portée de tous et fonctionnant de préférence comme complément d'une exploitation industrielle de matières premières végétales basée sur la Carbonisation, ainsi que nous l'avons schématisée dans la communication précédente.

Le procédé de séchage que nous préconisons tient compte du matériel actuellement en usage et comporte naturellement l'emploi des claies portatives qui sont déjà en service dans les différents centres de récolte pour la manutention, mais elles doivent être simplement

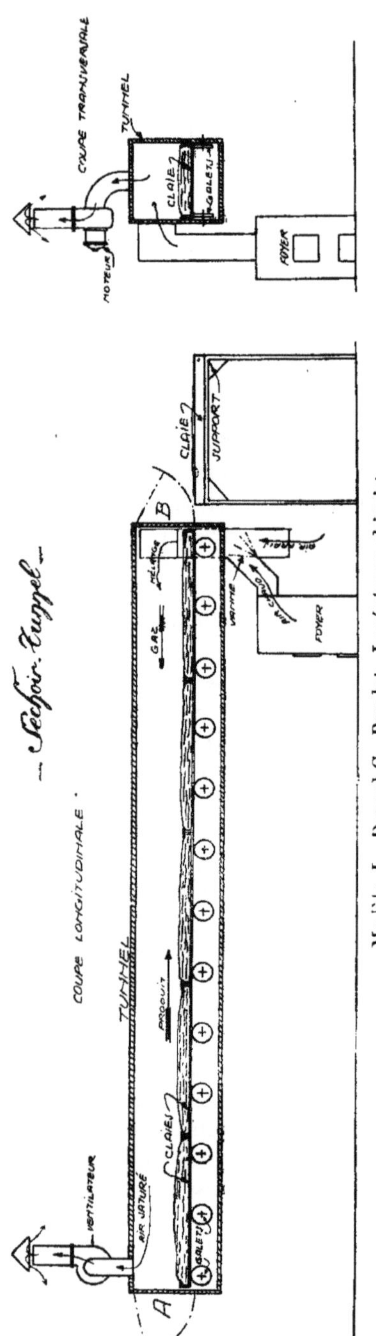

Modèle L. Danzel-G. Baudot. Ingénieurs-chimistes.

d'un format semblable pour permettre leur passage dans le séchoir.

Ce séchoir utilise l'air chaud obtenu par la combustion des déchets de charbon de bois (de l'exploitation préconisée), dans un foyer ordinaire et mis en mouvement par l'appel d'un ventilateur. La température doit être réglée de façon à atteindre asez rapidement une température voisine de 70° avant la sortie de la première claie près du foyer, car une claie pousse l'autre sur la glissière, sans aucun mécanisme.

La durée du cheminement des claies est variable selon la nature de la plante ou de la partie de plante récoltée.

L'installation que nous avons réalisée en collaboration avec notre collègue, M. l'Ingénieur G. Baudot, suivant le graphique ci-joint peut se décrire ainsi :

Notre séchoir se compose espréférence en planches de bois sentiellement d'un tunnel, de ou en fibro-ciment, qui, pour éviter les déperditions calorifiques, sera garni extérieurement de paillassons analogues à ceux que l'on emploie communément dans les serres.

Sur les parois latérales de ce tunnel et intérieurement seront fixés des *galets* métalliques qui aideront la progression des claies supportant le produit à sécher.

Les claies restent de simples caisses très plates, suivant le modèle courant, mais sont garnies en plus de bandes de tôle aux endroits où elles reposent sur les galets.

Le tunnel est muni à chaque extrémité d'une porte ouvrant extérieurement.

Le chauffage de l'air de séchage est effectué par le foyer à charbon de bois dont nous avons parlé plus haut.

Afin d'obtenir une température assez basse, les gaz de combustion sont mélangés à une certaine quantité d'air frais ; une vanne permet le mélange : Air frais + Air chaud.

Le mélange est aspiré par le ventilateur situé à l'autre extrémité du séchoir et à cet endroit les gaz saturés d'humidité sont rejetés à l'extérieur et au loin.

Le fonctionnement de ce séchoir est des plus simples et une personne suffit pour en assurer la marche.

Les claies sont introduites en A et gagnent une région de plus en plus chaude et sèche, jusqu'à ce qu'une dernière claie, poussant le train des précédentes, fasse sortir la première claie introduite dans le tunnel et qui est évacuée par la porte B où elle est reçue sur un support pour y être débarrassée du produit sec et rechargée pour le séchage.

On remarquera, condition essentielle, que les gaz ont une direction contraire de celle du produit à sécher. Notons, toutefois, qu'une manœuvre inverse pourrait, dans certains cas, produire une ré-humidification du produit partiellement sec, par suite de la condensation de la vapeur d'eau dont l'air est saturé à l'extrémité A.

Ce système de séchage très rustique, parce que sans mécanisme ni engrenage et d'une longue conservation, peut s'appliquer à toutes les exploitations analogues quelle que soit leur importance et les proportions interviennent seules.

Enfin, il est inutile d'insister sur le gain de temps énorme réalisé et sur la qualité de fraîcheur et d'activité du produit obtenu.

Pierre LARUE
Ingénieur agronome

LES VIGNOBLES LIMITES FRANCO-SUISSES

L'auteur expose que le climat limite la vigne en latitude et altitude. Avec la concurence de la Méditerranée au climat viticole, la zone limite n'occupe plus que les coteaux des grandes vallées exposées à l'Est, aux versants assez élevés pour que la crête protège le vignoble et que les courants d'air gelés du printemps se réfugient au fond de la vallée.

Il en résulte une digitation des côtes viticoles suivant les plissements jurassiens depuis la vallée de l'Allier jusqu'au lac de Genève en passant par la Bourgogne et l'Alsace.

A cause de la difficulté de maturation d'où acidité élevée, ce sont les vins blancs et les vins de garde qui dominent.

I. — Céréales

PERRUCHOT

Ingénieur agronome, Chef du Service Agricole à Constantine.

DE LA CULTURE DES CÉRÉALES D'HIVER DANS LE DÉPARTEMENT DE CONSTANTINE

Les céréales occupent, comme étendue et comme importance, la première place dans l'agriculture du département de Constantine. Elles couvrent chaque année un million et demi d'hectares produisant de six à huit millions de quintaux de blé, d'orge et d'avoine.

ANNÉES	BLÉ DUR			BLÉ TENDRE		
	Superficie en hectares	Production en quintaux	Rendement moyen à l'hectare	Superficie en hectares	Production en quintaux	Rendement moyen à l'hectare
1925	625.292	3 263 276	5,21	26.274	144.132	5,48
1926	643 367	3.033.485	4,71	28.638	161.138	5,62
1927	642.111	3.152.198	5,06	35.527	209.263	5,89
1928	695.777	2.862.550	4,17	35.169	190.711	5,42
1929	729.994	3.607.738	4,94	36.250	206.584	5,69
moyenne de 25 à 29	665.304	3.203 853	4,81	32.371	182.365	5,62

ANNÉES	ORGE Superficie en hectares	ORGE Production en quintaux	ORGE Rendement moyen à l'hectare	AVOINE Superficie en hectares	AVOINE Production en quintaux	AVOINE Rendement moyen à l'hectare
1925	622 460	3 169.292	5,09	55.646	523.857	9,59
1926	666.862	2.715.523	4,07	58 181	344.407	5,92
1927	685.334	3.855.949	5,62	52.222	389.539	7,45
1928	663.458	3.112.864	4,68	56.290	362.655	6,44
1929	727.392	3.753.677	5,16	60.275	427.052	7,08
moyenne de 25 à 29	673.101	3.321.465	4,92	56.522	409.501	7,69

Ces chiffres montrent que la production est relativement peu importante vu les surfaces cultivées. Les rendements moyens à l'hectare ne sont que de 4 quintaux 81 pour le blé dur, de 5 qx 62 pour le blé tendre, de 4 quintaux 92 pour l'orge et de 7 quintaux 69 pour l'avoine.

Chez les colons, les rendements sont plus élevés que chez les fellahs. Cela ressort nettement du tableau suivant qui concerne l'année 1929, l'une des plus favorables cependant pour les cultures indigènes.

A. — *Chez les Européens.*

	Superficie en hectares	Production en quintaux	Rendement moyen à l'hectare en quintaux
Blé tendre	20.091	127.268	6,33
Blé dur	112 787	946.580	8,38
Orge	66 470	595.828	8,98
Avoine	25.372	215.658	8,49
Totaux	224.730	1.885.362	8,04

B. — *Chez les Indigènes.*

	Superficie en hectares	Production en quintaux	Rendement moyen à l'hectare en quintaux
Blé tendre	116 159	79.316	4,90
Blé dur	617.207	2.661.158	4,31
Orge	660.922	3.157.849	4,77
Avoine	34.9 3	211.394	6,05
Totaux	1.329.193	6.109.729	5

Une telle situation dépend évidemment beaucoup du climat, mais aussi de la préparation insuffisante du sol, de l'emploi trop réduit des engrais et de la sélection trop négligée de la semence.

La préparation du sol est faite d'une façon très rudimentaire par les indigènes. Ils répandent la semence sur la terre lorsqu'elle paraît suffisamment détrempée par les pluies d'automne. Ils l'enfouissent par un léger labour effectué au moyen d'une araire en bois fort primitive. Aussi les mauvaises herbes envahissent fréquemment leurs champs et elles viennent réduire sensiblement les récoltes malgré l'arrachage pratiqué à la main. D'ailleurs comme les pluies sont plutôt rares au printemps, la sécheresse déprime fortement la culture dans ces terres si mal préparées.

Les cultivateurs européens travaillent mieux le sol. Ils utilisent généralement des charrues françaises et ne se contentent pas d'un simple labour d'automne pour préparer les semailles. Ils effectuent sur les Hauts Plateaux des labours préparatoires dits « de printemps », et font précéder dans les régions du Littoral, les céréales d'une culture de légumineuses.

Ils ne confient les semences à la terre qu'après un bon ameublissement favorable à la germination et au développement des plantes. Leurs champs mieux préparés que ceux des indigènes sont moins envahis par les mauvaises herbes ; les céréales s'y maintiennent toujours plus vigoureuses et y résistent mieux à la sécheresse ; enfin les récoltes y sont plus abondantes.

On compte environ 150.000 hectares de céréales ensemencées en terres préparées dès le printemps, soit le 1/10 en chiffres ronds des cultures de blé d'orge et d'avoine du département. C'est évidemment peu, car tant que cette excellente pratique des labours préparatoires ne sera pas généralisée, les rendements resteront faibles. Ils ne compenseront point les années de sécheresse et surtout les frais qui seront engagés.

Pour augmenter les rendements, il est indispensable de réaliser une meilleure préparation du sol. Les indigènes doivent abandonner leurs araires primitives et adopter les charrues françaises. Les colons et les fellahs, pour préparer convenablement la sole de céréales doivent multiplier les labours de printemps sur les Hauts-Plateaux et étendre les cultures de légumineuses dans la zone du Littoral.

Dans les régions du Littoral où les légumineuses (fèves, féverolles. pois chiches, petits pois) réussissent parfaitement, leur culture est particulièrement indiquée pour précéder le blé et même l'orge et l'avoine.

La préparation mécanique du sol doit être complétée par des fumures appropriées. Les engrais sont malheureusement fort peu employés dans le département de Constantine. On n'utilise à l'heure actuelle que 10.000 tonnes de superphosphates, 200 tonnes de sels potassiques et 4 à 600 tonnes d'engrais azotés. La plus grande partie de ces engrais est destinée à la vigne et aux cultures maraîchères, très peu est réservée aux céréales.

On obtient cependant d'excellents résultats avec les superphosphates sur le blé. Mais il faut l'employer sur les Hauts-Plateaux en terre bien préparée dès le printemps et l'enfouir de bonne heure en avril ou mai, plutôt qu'en automne au moment des semailles. D'ailleurs la dose doit en être réduite au fur et à mesure que l'on descend vers le Sud : 300 kilos par hectare à Constantine, 250 kilos à Sédrata et seulement 200 kilos à Khenchela et à Batna. Dans la zone du Littoral, le mieux est d'utiliser le superphosphate à la dose de 300 kilos par hectare avec la légumineuse qui précède la céréale. Dans les terres argilo-calcaires ou calcaires, l'emploi d'engrais superpotassiques à la dose de 300 kilos à l'hectare donne des résultats très intéressants et leur emploi tend à s'y généraliser.

Les engrais azotés à la condition d'être employés avant le mois de mars donnent également de bons résultats. Leur utilisation est à conseiller à dose plus réduite que dans la Métropole : 75 à 100 kilos par hectare pour le blé, que ce soit du nitrate de soude, du nitrate de chaux, ou du sulfate d'ammoniaque.

Le choix des semences a été, jusqu'à ce jour, trop négligé, dans la culture des céréales. Des essais très intéressants sont poursuivis, depuis quelques années, dans les stations expérimentales de Batna et de Guelma ainsi que chez plusieurs agriculteurs d'Aïn Regada, de Sétif et de La Medjana. Des variétés comme le Mahmoudi de Sétif, l'Adjini de Constantine, le Langlois 1527 et l'Hedba N° 3 de l'Institut Agricole de Maison-Carrée sont particulièrement recherchés par les colons des Hauts-Plateaux.

Les variétés qui réussissent dans les Hautes Plaines ne conviennent pas aux régions du Littoral. Dans la zone tellienne les blés, par exemple, doivent pouvoir résister à la verse et à la rouille ; sur les Hauts-Plateaux à l'échaudage et à la gelée.

Nous sommes convaincus à la suite de multiples expériences et de constatations précises que par une bonne préparation du sol, l'emploi rationnel des engrais et la sélection des semences, on pourrait « *doubler* » les rendements des céréales dans le département de Constantine. Il serait alors possible de fournir à la Métropole une grande partie des grains qu'elle demande actuellement à l'étranger.

Julien GAUTIER
Ingénieur agronome.
Chef de la station expérimentale d'Ain-el-Hadjar (Oran).

CULTURE DES CÉRÉALES SUR LES HAUTS PLATEAUX ORANAIS

La région des hauts plateaux

Au point de vue géographique, il a été donné des définitions très élastiques de la région des Hauts Plateaux oranais. Pour nous qui envisageons la culture des céréales, nous prendrons un ensemble ayant quelques analogies de sols et de climat ; les Hauts Plateaux seront, les monts de Saïda et de Tlemcen à partir de leurs contreforts nord et une bande d'environ 30 kilomètres vers le sud de ces montagnes, cette bande constituant la limite sud de la région où les céréales ont réussi à empiéter sur la steppe présaharienne.

Géologiquement parlant, c'est du jurassique avec deux faciès principaux : le faciès dolomitique constituant le sous-sol des hautes plaines tabulaires avec à pics, grottes, failles ; le faciès argileux et gréseux alterné, fournissant les régions mamelonnées sans relief brutal sauf aux décrochements de plis qui rendent très apparente la pendance des couches.

Les deux faciès ont une végétation forestière à associations différentes du fait de la nature des sols superficiels qu'ils ont fourni.

Les dolomies ont donné en surface des argiles brunes ou noires, terres fortes demandant beaucoup de force aux attelages, mais capables de tous rendements ; ces terres sont généralement profondes, elles comportent des rochers restés inattaqués, mais en principe pas de couche de pierre superficielle, nommée « tuf » dans la région.

Les grés et argiles en se décomposant superficiellement forment des sols où alternent les sables siliceux très pauvres avec des argiles rouges en surface, bleues en profondeur ; ces sols sont de fertilité généralement faible, pauvres en calcaire fin, peu profonds, faciles à travailler, mais comportant une couche de pierre tendre souvent continue, d'une épaisseur de 5 à 20 centimètres, se trouvant à une profondeur de 5 à 30 centimètres dans le sol ; cette couche appelée ici « tuf » est constituée par la remontée et la cristallisation des sels dissous par les eaux de pluie dans le sol ; la sécheresse venue, l'évaporation de ces sols est énorme et la cristallisation a lieu avant l'arrivée de la solution à la surface.

Le climat

L'altitude varie de 600 à 1.250 mètres ; la région la plus élevée étant vers le sud sans aucune protection contre les vents et les grands mouvements atmosphériques sahariens.

Les vents généraux sont déterminés par les différences de pressions atlantiques et sahariennes ; le rôle de la Méditerranée semble quasi nul ; en effet, les vents sont toujours *du sud* ou du sud-est, ou bien *de l'ouest* et nord-ouest, rarement du nord, quasi jamais de l'est ou du nord-est. Ceci hors les cas d'orages à tourbillons.

Nous sommes bien plus près du Sahara que de l'Océan, rien ne nous masque du premier, l'Espagne et le Maroc sont garnis de montagnes considérables et gênent les vents atlantiques.

Nous pouvons donc conclure quant au climat général : il sera continental sec avec pluies seulement aux périodes de tempêtes atlantiques assez violentes pour amener des nuages condensables jusqu'au delà de l'Atlas marocain ou des Sierras espagnoles.

Les vents du sud en hiver sont aussi secs et violents qu'en été, mais froids, leur température est rarement supérieure à 5 ou 6° vers 1.000 mètres d'altitude et descend souvent entre 1 et 3° (au-dessous de zéro).

Les formes du relief local, la présence de forêts, de cultures, enfin de toutes causes de condensation jouent un très grand rôle dans le climat local d'un point considéré ; les montagnes orientées perpendiculairement aux vents humides sont plus arrosées que celles orientées dans le sens du vent car elles n'obligent pas les nuages à s'élever, donc à se condenser ; la situation à l'ouest ou nord-ouest d'une grande forêt est avantageuse, la région S. E. de Saïda qui se trouve dans cette situation par rapport à la forêt des Hassasnas (70.000 ha.) en est un exemple remarquable.

Les variations de température ne sont pas moins tranchées que celles de la pluie.

Les différences de température entre le jour et la nuit sont très marquées et très brusques en été, l'écart du maximum au minimum est généralement de 18° à 20° avec des maximas absolus de 40° à 45° ; en hiver par temps sec on a des variations de 12° à 16° ; par temps de pluie d'automne ou d'hiver la variation est rarement de moins de 5°.

Ces variations ont une conséquence très grave au printemps, c'est ***la gelée des céréales en épi au mois de mai ;*** la température généralement est assez élevée pour que les céréales aient formé l'épi, fleuri et parfois passé fleur, mais la température matinale descend parfois au-dessous de zéro à des époques très tardives telle que le *2 juin 1902 où les blés gelèrent totalement.* On peut dire que les abaissements de température jusqu'à zéro et en dessous sont normaux jusqu'au 15 mai pour les altitudes au-dessus de 1.000 mètres, ils sont fréquents, c'est-à-dire de l'ordre de 3 sur 5 jusqu'au 25 mai.

Les effets physiologiques sont très variables et varient de la gelure de quelques épillets à l'avortement total, comme en 1925 *où il a gelé le 28 mai à 3° sous zéro* alors que les blés étaient en fleurs.

Pour échapper à la gelée comme au siroco, aux altitudes de l'ordre de 1.000 mètres, il faudrait que les céréales mettent l'épi, fleurissent et mûrissent pendant une période commençant le 1er juin et finissant le 15 du même mois et encore le siroco commence-t-il parfois avant que soit finie la période des gelées.

Cette tenaille de la dernière gelée et du premier siroco est l'écueil infranchissable qui limite absolument le rendement moyen des céréales partout où elle existe. Or, elle existe plus ou moins dans toute la zone des Hauts Plateaux telle que nous l'avons défini et les risques de sécheresse ne sont rien à côté de cette certitude.

Le défrichement

Le défrichement des Hauts Plateaux oranais a été un travail formidable dont sont témoins les centaines de milliers de mètres cubes de pierre sortis des champs ; c'est la couche de tuf brisée par la charrue fixe et portée sur les limites avec des tombereaux ; bien des champs sont entourés de murs de plusieurs mètres d'épaiseur étonnant l'œil du voyageur qui se demande : pourquoi ces forteresses, c'est tout simplement les cailloux des champs

Il a fallu une volonté et une persévérance extraordinaire pour, en si peu de temps, rendre labourables les énormes surfaces dont nous parlons.

Mais si on a beaucoup défriché aux prix d'efforts souvent disproportionnés avec le résultat atteint, ces défrichements ont fourni de la terre de culture, mais ont détruit la forêt et l'on amenée à son état actuel.

On pourrait se demander pourquoi la culture des céréales s'est implantée immédiatement et exclusivement sur le défrichement dans des *régions qui auraient pu être cultivées en vignes et en arbres fruitiers ;* la raison en a été au manque de moyens de communication et surtout à la nécessité de faire de l'argent dès la première année.

En effet, s'il existe maintenant quelques très rares propriétés nettes de toute hypothèque et où le propriétaire travaille sans crédit, avec son argent, l'immense majorité des colons ne travaille que par le crédit. Or, les intérêts se paient annuellement, on ne peut donc faire de la vigne ou des arbres que lorsqu'on a un peu d'argent devant soi, en attendant seule la céréale a un cycle annuel et permet d'amortir « à la récolte ». On ne peut pas non plus faire de troupeau, car c'est trop difficile à surveiller pour le bailleur de fonds, banque ou particulier ; *le colon ayant recours au crédit pour la totalité de ses besoins ne peut donc faire que des céréales, même là où elles ne conviennent pas ;* or, cela a été et est encore une situation quasi générale, à laquelle le crédit agricole apporte maintenant un grand secours mais qu'il ne peut pas suffire à modifier profondément dans l'état actuel des choses.

Les engrais

Tous les sols des Hauts Plateaux sont pauvres en acide phosphorique et nous ne connaissons pas d'exemple que l'emploi des engrais phosphatés ait été reconnu inutile.

La potasse se trouve en quantité très variable, mais *la quantité de potasse assimilable est toujours très faible et le plus souvent réduite à des traces.* Nous avons souvent observé des terrains riches en potasse totale, où cependant les engrais potassiques donnaient des résultats extrêmement nets.

La chaux est répartie d'une manière très inégale, on la trouve en très grande abondance, il y a des sols à 92 % de calcaire, mais il arrive aussi d'en trouver d'autres où le calcaire est à peu près absent, tout au moins sous forme assez fine pour être active ; ceci a surtout lieu pour les argiles de décalcification des régions provenant de la destruction des dolomies ; beaucoup de ces sols seraient avantageusement chaulés ; de même la plupart des argiles oxfordiennes.

L'azote est presque toujours suffisamment abondant, souvent trop en sols de défriche ; l'emploi d'engrais azoté demande ici une très grande prudence et ne doit jamais être fait à doses massives, car une végétation foliacée trop forte par rapport au nombre des plantes et à l'humidité disponible, amène presque toujours une absorption brutale de l'humidité du sol et les plantes se dessèchent avant d'avoir mûri leurs grains. L'emploi des engrais azotés demande à être fait sous forme ammoniacale ou organique avec un bon travail du sol pendant la végétation ; en outre, cette fumure azotée doit être fortement équilibrée par de l'acide phosphorique et de la potasse.

L'emploi des engrais, en général, est conditionné ici non seulement par la loi du minimum jouant sur les éléments fertilisants, mais avant tout sur l'eau disponible ; il ne faut pas oubiler qu'il s'agit d'un climat où il ne tombe souvent pas tout à fait 250 mm. d'eau pendant la période de végétation des céréales.

Par conséquent des doses massives d'engrais pourront être plus nuisibles qu'utiles en aggravant le manque d'eau ; c'est ce que l'expérience a vérifié fort régulièrement. On peut dire qu'il peut y avoir danger d'excès au delà d'une fumure assimilable de plus de 300 kgs par hectare d'un mélange de superphosphate et de chlorure de potassium, et sous condition d'un bon préparé ou de culture travaillée en végétation.

Avec des labours ne dépassant pas 10 centimètres de profondeur, nous avons eu du grillage, par excès d'engrais, à partir de 200 kgs par hectare.

Si au lieu d'employer du superphosphate on emploie des phosphates naturels en poussière, on peut augmenter les doses, car ce phosphate n'est mis à la disposition des racines que bien plus lentement.

Le rapport à observer entre l'acide phosphorique et la potasse varie suivant les sols de 2/1 à 1/1.

L'emploi de 50 kgs par hectare de sulfate d'ammoniaque ne nous a jamais donné d'accident ajouté à la fumure précédente, mais dès 75 kgs par hectare, il y a eu de la verse et du grillage.

Par contre, lorsque les céréales ont souffert de l'hiver surtout par excès d'humidité, ce qui est rare, on se trouve bien de 100 kgs par hectare de nitrate en couverture sur les taches, mais cela de très bonne heure, au milieu de février et pas plus tard que le 15 mars aux plus fortes altitudes.

L'excédent de récolte moyen pour une fumure phosphatée et potassique de 300 kgs est de 200 kgs par hectare en blé et de 475 kgs en orge. Ceci par rapport à des rendements moyens de 5 quintaux par hectare de blé et de 8 quintaux par hectare en orge, sans engrais mais sur bon travail.

Nous ne nous sommes placés qu'au point de vue du rendement brut, mais si nous considérons le rendement argent, nous pensons encore que la dose de 300 kgs hectare est un maximum, car les risques climatériques de gelée et de siroco sont si grands qu'il serait dangereux de faire à la terre des avances importantes qui ne seraient sûrement pas récupérées.

Reste un point capital, c'est la question de l'humus. L'appauvrissement des terres après les quelques années suivant le défrichement est un phénomène absolument constant, dont la cause réside dans la disparition progressive et rapide de l'humus qui est en quelque sorte brûlé par l'aération même du sol, produite par le préparé.

Or, l'humus n'est pas renouvelé dans le sol ; la fumure ou fumier est pratiquement impossible sur les énormes surfaces qui nous occupent, on ne peut faire que des engrais verts, or, quasi personne ne le fait. La culture continue des céréales a donc besoin d'être interrompue après quelques années pour laisser l'humus se reconstituer par la végétation naturelle du sol et le parcours des troupeaux. C'est ce qui a lieu en culture indigène qui, malgré l'imperfection de ses préparés, arrive à donner parfois autant que des terres bien travaillées ; les terrains arabes restent en principe aussi longtemps en friche qu'en culture, les friches donnent de l'herbe, il en résulte une formation d'humus qui suffit pour les deux récoltes successives que demandent généralement les indigènes.

La solution

La question des céréales ne peut être envisagée seule dans une région comme celle-ci, où le climat limite obligatoirement le rendement.

Les céréales ont à souffrir des intempéries depuis le moment de leur floraison jusqu'à la maturité du grain ; leur développement est fait, il ne leur reste qu'à mûrir, mais si on coupe à ce moment, on peut avoir de très bons fourrages avec l'avoine, l'orge ou le seigle. Si on ensile les fourrages trop durs pour être séchés, on arrive ainsi à constituer des réserves considérables qui permettent d'envisager l'élevage et l'engraissement de troupeaux importants ; sans aller jusqu'à la culture de la luzerne et de la betterave sans irrigation, qui donnent cependant de bons résultats, on peut toujours entretenir un nombreux bétail qui produit du fumier, donne donc de l'humus et se trouve à l'abri des intempéries qui détruisent les récoltes de céréales.

La culture des céréales et surtout du blé ne doit être faite que dans des terres y convenant bien et dont le climat local permet de ne pas trop craindre les accidents météorologiques ; cette culture doit être faite avec le plus grand soin, avec engrais et variétés adaptés au sol et au climat.

Par cette combinaison de l'élevage, combiné ou non avec l'engraissement venant diminuer les risques climatériques, non seulement des exploitations qui périclitent avec les céréales seules peuvent vivre, mais même bien vivre, comme le prouvent les exploitations des colons qui ont depuis plusieurs années développé leurs troupeaux pour équilibrer leurs risques.

Cette région n'est pas une région naturelle à céréales mais à élevage : c'est le pays du mouton et c'est comme tel qu'on peut en tirer parti. Les céréales n'y viennent avantageusement que dans des conditions particulièrement favorables de milieu naturel ; c'est là et pas ailleurs qu'il en faut faire sous peine de ne travailler que pour payer des intérêts aux prêteurs, et jouer tous les ans sa récolte sur la chance d'une heure de gelée un matin de mai.

Paul DABAT

CONTRIBUTION A L'ÉTUDE DE LA CULTURE SARCLÉE DES CÉRÉALES EN ALGÉRIE

C'est aux cultivateurs de propriété de contenance moyenne que nous dédions ces lignes, à ceux que menacent les bas cours des denrées et pour qui l'augmentation des rendements est l'unique planche de salut.

Il est une règle généralement admise en agriculture que la préparation du sol entre pour moitié dans le succès d'une récolte ; mais il est un fait encore mieux vérifié que si les récoltes sont proportionnelles à la plus petite quantité d'éléments fertilisants contenus dans le sol, elles sont aussi en raison directe de l'assimilation des sucs nutritifs mis à sa disposition.

Cette absorption ne peut s'opérer que par l'évaporation d'une quantité énorme d'eau et dans les contrées à pluviométrie restreinte, la conservation de ce précieux liquide devrait être le principal souci des agriculteurs. Si on ajoute l'action des vins desséchants, la succion des mauvaises herbes à végétation foliacée très grande, au système radiculaire très puissant, aux facultés de reproduction formidable qui en font de redoutables corsaires, on peut considérer que les semis de blé à la volée, dans les terres sèches et surtout perméables et légères, constituent un défi porté au bon sens.

Tout le monde sait qu'une terre protégée par une couche finement pulvérisée, ou « mulch » est pratiquement soustraite à l'évaporation ; Columelle, le vieil agronome latin, faisait du dry farming sans le savoir quand il recommandait de remuer fréquemment la surface de la terre. Cette méthode était pour les colons de l'Utah d'un intérêt primordial puisque 60 % de leurs meilleures terres ne reçoivent annuellement que 250 mm. d'eau.

La majorité des terres d'Algérie reçoivent bien davantage. Quels seront donc les moyens d'y obtenir les plantes les plus perfectionnées qui assimileront le mieux les sucs nutritifs ? et puisque l'on constate tous les ans des rendements ruineux, pourquoi ne pas adopter une méthode mieux adaptée au climat ?

Les facteurs qui ont le plus d'influence sur les rendements se rapportent les uns aux facilités de germination qu'on donnera à la semence, les autres aux façons culturales qui entretiendront la vie microbienne dans le sol, son aération et celui de la plante elle-même, et qui maintiendront l'humidité tout en assurant au blé la possession du terrain par la suppression des mauvaises herbes.

Or il se trouve que toutes ces façons culturales qu'on pourrait croire multiples se réduisent à une seule : le sarclage-binage. La tâche est donc singulièrement simplifiée.

En Algérie, quand le blé n'est pas enterré suffisamment, il peut trouver assez d'humidité pour germer, mais s'il ne pleut pas assez tôt, les vents secs et violents évaporent l'eau rapidement et les jeunes plantules sont desséchées à leur tour.

Les facilités de germination à donner à la graine doivent concilier l'obligation que les colons algériens ont de semer assez profondément et l'horreur qu'a le blé d'être enfoui à plus de 5 centimètres.

L'enseignement tiré des expériences de Risler et de Villeneuve est formel à ce sujet.

Profondeur du semis		Nombre de grains levés sur 150	Nombre d'épis
Centimètres	0	20	107
—	2,5	137	1461
—	4	142	1660
—	5	140	1590
—	11	72	700
—	13	20	174
—	16	5	53

La graine devra donc être déposée à la profondeur désirée, 10 centimètres au plus, au fond d'un petit sillon sans être entièrement recouverte de toute la hauteur de la terre. Grâce à des socs spéciaux mis au point pour les terres d'Algérie, cette opération se fait aujourd'hui automatiquement ; le fond du sillon est en même temps tassé par l'outil, de manière que la semence se trouve dans une terre meuble mais « rassise », appelant ainsi l'humidité autour d'elle, mais en ce point seulement.

Le blé ainsi semé « creux », n'étant pas entièrement recouvert jusqu'au niveau du sol, gardera la réserve d'énergie contenue dans l'amande et celle-ci servira toute entière à la production d'un plant vigoureux naissant entre les deux petits talus, à l'abri des vents, et fera pousser un second système radiculaire puissant et de nombreuses talles. Tout le blé lève d'un seul coup, condition essentielle d'un bon épiage, et dès qu'il aura trois feuilles et que l'état de la terre le permet, le passage d'un sarcleur spécial comblera les sillons et la plante se trouve rechaussée bien au-dessus de son deuxième système radiculaire.

Souvent un deuxième étage de racines se forme après l'exécution de ce travail.

Enterrée trop profond, la graine épuise son énergie à crever la croûte terrestre pour naître étiolée, dépense inutile puisque le second système de racines qui seul subsiste par la suite se forme toujours très près du sol quelle que soit la profondeur du semis.

Ainsi réalisé, le semis est entièrement butté en sous-sol, et ne donne aucun ennui pour le passage des machines de récolte.

Dernièrement M. Ducellier, Professeur à l'Institut Agricole d'Algérie, pouvait constater la régularité et la densité remarquable de pareils semis faits à raison de 65 kilogs à l'hectare de blé dur Langlois n° 1527 présentant de 300 à 350 tiges par mètre carré, nombre bien supérieur à celui des champs semés à la volée. A deux mois et demi, il avait déjà une végétation triple de celle des témoins et avait reçu deux sarclages.

Une expérience de dix années nous a permis de considérer les écartements suivants comme les plus favorables dans les contrées à faible précipitation. Deux lignes jumelées à 15 centimètres de distance ayant un écartement de 60 à 65 centimètres entre le groupe suivant de deux lignes, permettront le travail de l'interligne pendant tout le cours de la végétation quelle que soit la hauteur du blé. Ces chiffres n'ont rien d'absolu et chacun peut régler son appareil à l'écartement convenable pour ses terres.

Céréales sarclées.

Nous avons vu que le 1er sarclage fait avec deux rasettes en équerre avait rechaussé les jeunes plants et détruit les mauvaises herbes qui commençaient à germer ; un mois après, le second passage dit binage en profondeur avec un seul outil travaillant, assure l'épaisseur de la couche ameublée, le mulch protecteur de dix à douze centimètres ne laissant de « cheminée » d'évaporation qu'autour des racines.

C'est au moment des coups de chaleur et du siroco que le blé a le plus besoin d'eau et dans l'espace si court compris entre la floraison et la maturité, il évapore les trois quarts de sa consommation annuelle. Le binage avant la floraison et même après si l'on n'a pu terminer avant, entretenant le mulch comblant les fissures est donc d'une importance capitale : c'est celui qui maintient l'humidité dans un moment redoutable en rompant la capillarité terrestre, qui par l'aération du sol diminue la température de la couche arable en emprisonnant l'air, mauvais conducteur de la chaleur, entre les molécules de terre pulvérisée, qui rend enfin la récolte payante en permettant la migration lente des sucs nutritifs assurant des grains lourds et des épis bien garnis.

Seuls les semis en lignes écartées permettent le passage des vents rafraîchissants, et réduisent au minimum les effets du siroco : on n'a jamais constaté en effet que le semis d'une ligne de céréale fait au milieu des vignes pour la protéger contre les vents brûlants aient souffert jusqu'à l'échaudage.

Les blés semés en lignes écartées ne versent jamais, tout comme les bords des champs semés à la volée.

Les résultats ont largement compressé les efforts des nombreux agriculteurs d'élite qui ont accordé au blé ces quelques soins.

Dans son bulletin du 1er octobre 1920, le Syndicat central des agriculteurs de France citant les résultats d'expériences faites avec une rigueur scientifique par le Docteur Rey, sénateur du Lot, président de la Société d'Agriculture et ayant donné des résultats variant entre 30 et 72 quintaux à l'hectare, concluait : « Trois faits semblent se dégager de ces expériences : économie de semence de plus de moitié, « augmentation de récolte considérable, absorption importante d'azote atmosphérique. De tels résultats recommandent la culture sarclée « du blé à l'attention des cultivateurs. »

Nombreux sont ceux qui ont obtenu des résultats analogues et plus récemment dans l'Oranie, le président de la Chambre d'agriculture, M. Destreux, présentant le rapport du Docteur Cros, citait les rendements des plus encourageants et indiscutables obtenus par de nombreux colons avec un outillage des plus précaires sur des superficies de plus de 1.500 hectares et pouvait conclure : « Au colon intelligent et vaillant, à celui qui ne ménage ni son temps ni sa peine, je conseille « vivement de cultiver son blé, son orge, son avoine comme on cul-

« tive les vignes. A celui-là je prédis un succès complet, des rende-
« ments réguliers et rémunérateurs qui le récompenseront de ses pei-
« nes et de ses avances à la terre. »

Plus près d'Alger, sur le plateau d'Aïn Bessem, à 600 mètres d'altitude, M. Pousset, grâce à un outillage spécialement mis au point pour l'Algérie, a pu réaliser de splendides cultures sarclées de blé avec la plus grande facilité.

Il est indispensable en effet que le cycle complet de cette culture soit assuré par le même outil : il doit semer lui-même ce qu'il sarclera plus tard et surtout sarcler automatiquement sans que l'entrée des outils soit laissée à la disposition de l'ouvrier. Deux petits mulets et un indigène peuvent assurer quatre hectares de travail par jour pour une dépense insignifiante. Le semis et le recouvrement sont faits par le semoir sarcleur lui-même et peuvent atteindre avec un tracteur léger de 7 à 20 hectares par jour suivant le nombre d'éléments accouplés. Il s'applique aussi au semis de toutes les graines et au sarclage du tabac, du géranium,etc... de toutes les plantes en lignes.

La dépense du recouvrement à la charrue ainsi économisée, peut être reportée au crédit des sarclages successifs et l'augmentation de récolte constitue un bénéfice net.

Il y a lieu d'ajouter aussi au crédit de la méthode l'excellente préparation des terres qui s'assouplissent d'années en années.

Par une culture extensive, la grosse propriété pourra encore se sauver puisque le léger bénéfice qu'elle peut rapporter ne va que dans une seule poche, et que le propriétaire aura assez pour lui. Il n'en reste pas moins à la merci des cours imposés. Mais le colon moyen ne peut espérer un bénéfice qu'en employant les méthodes adaptées à son climat permettant l'amélioration de son rendement par une meilleure assimilation des forces naturelles gratuites mises à sa disposition.

La nutrition souterraine et aérienne constitue un ensemble si complexe et si merveilleux, où la vie domine d'une façon si éclatante qu'on voit sans peine combien sont loin du but ceux qui croient qu'après avoir passé une charrue dans un champ tout est terminé.

L'agriculture « contemplative » a fait son temps, les cours actuels des denrées et les prix futurs peut-être, se chargent de l'achever ; elle n'a d'ailleurs enrichi personne surtout quand elle se double en Algérie d'une culture presque toujours sans fumier, diviseur par excellence, et sous un soleil dévorant la matière organique.

N'est-ce pas une double raison pour y vérifier le proverbe :

« Biner c'est arroser sans eau, c'est fumer sans fumier. »

D. VIDAL
Professeur à l'Ecole d'Agriculture de Montpellier.

CHOIX DE VARIÉTÉS DE BLÉS POUR LE MIDI MÉDITERRANÉEN

Dans une note présentée au Congrès de Montpellier, en 1922, j'ai étudié devant la Section d'agronomie de notre Association la culture du blé dans le Midi méditerranéen et les améliorations à y apporter, particulièrement en ce qui concerne le choix des variétés à ensemencer (1). Ce choix a une importance capitale dans une région comme la nôtre où le blé est exposé à souffrir fréquemment de la sécheresse, de l'échaudage, et, souvent aussi, des vents violents qui peuvent survenir au cours de la période de végétation et provoquer d'abord la verse et, plus tard, l'égrenage.

Comme suite à des essais comparatifs poursuivis pendant une vingtaine d'années à l'Ecole nationale d'agriculture de Montpellier et dans diverses exploitations du voisinage, j'ai cru alors devoir préconiser les blés suivants, à cultiver isolément ou en mélange par deux ou par trois : *Hâtif inversable* pour les terres fertiles et fraîches, *Riéti* et *Médéah* pour celles de qualité médiocre, *Rouge prolifique barbu* pour les sols moyens. J'ajoutais que dans les mélanges pouvaient figurer aussi, à la rigueur, la *Saissette* ou la *Touzelle blanche*. deux blés de pays presque exclusivement utilisés jusqu'alors dans la région.

Depuis 1922, j'ai continué, tous les ans, à m'occuper de l'amélioration de la culture du blé dans le Midi méditerranéen par le choix de variétés convenant bien au milieu et productives. Ce sont les résultats de mes nouvelles recherches à ce sujet que je me propose de vous faire connaître dans la communication d'aujourd'hui.

Cette amélioration a été poursuivie par les moyens suivants :

a) Sélection généalogique de la *Saissette* et de la *Touzelle blanche* très bien adaptées au climat et aux sols les plus courants dans la région. donnant des grains d'excellente qualité, mais peu productives et

(1) D. Vidal. De la culture du blé dans le Midi méditerranéen et de son amélioration. Congrès de l'Assoc. pour Avanc. Sciences, Montpellier 1922.

sensibles à la verse. La sélection a donc visé spécialement l'accroissement de leurs rendements et de la rigidité de leur paille.

b) Croisements entre ces deux blés de pays et les variétés à plus grands rendements et à paille plus rigide ayant donné, d'une manière soutenue, de bons résultats dans nos essais antérieurs. Ces croisements avaient pour but d'essayer de corriger les défauts de la Touzelle blanche et de la Saissette sans diminuer sensiblement leurs qualités.

c) Etude de nombreux produits de croisements effectués à la Station Centrale d'amélioration des plantes en vue de l'obtention de blés pour régions chaudes et sèches, et envoyés, les uns déjà fixés, les autres encore en pleine variation, par M. Schribaux (M 2, G 4, D 2, K 3, K 8 et formes diverses issues des géniteurs suivants : Puylaurens, Federation, Carlotta Strampelli, Duc de Lorraine, Besplas, Barbu à gros grain, Barbu de Champagne, Gironde, M, I, A 3, X à épi rouge, X à épi blanc). Des types intéressants remarqués dans les produits du second groupe ont été l'objet d'une sélection en masse suivie d'une sélection-pedigree.

d) Essais comparatifs dans lesquels, avec les variétés cultivées depuis longtemps dans le Midi méditerranéen (Saissette, Touzelle blanche, Touzelle rouge de Provence, Aubaine, Buisson) et les blés étrangers à la région qui s'étaient bien comportés dans nos essais antérieurs (Hâtif inversable, Riéti, Médéah, Rouge prolifique barbu), figuraient : les formes issues des sélections et des croisements que je viens d'énumérer ;

des formes provenant de croisements effectués ailleurs qu'à l'Ecole ou qu'à la Station centrale de Paris ; parmi elles, quelques hybrides de M. Mandoul, de Labastide-d'Anjou (Aude), de M. Carles de Carbonnières, de Soual (Tarn), de M. Jaguenaud, Directeur des Services agricoles du Tarn ;

les variétés cultivées couramment dans la partie du Sud-Ouest nous avoisinant (Bladette de Besplas, Bladette de Puylaurens) ;

Aurore et Marquis, que leur évolution de courte durée recommandait pour ces essais dans un milieu comme le nôtre, à sécheresses précoces et intenses ;

de nombreux blés provenant de divers pays à climat analogue à celui du Midi méditerranéen : Italie (15, dont la plupart obtenus par M. Todaro ou par M. Strampelli ; Tunisie (90 envoyés par M. Bœuf) ; Algérie (9 fournis par M. Ducellier) ; Maroc (8 envoyés par M. Miège) ; Australie (32 reçus par M. Gèze, Professeur d'agriculture à Montpellier).

Voici, brièvement exposés, les résultats de ces travaux dont le détail sera publié ultérieurement :

1° La *Saissette* et la *Touzelle blanche*, malgré la qualité de leur grain et leur adaptation étroite au milieu naturel, doivent disparaître du Midi méditerranéen en raison de l'insuffisance de leur productivité et de leur sensibilité à la verse. Leur culture ne peut y être suffisamment rémunératrice dans les conditions actuelles de notre agriculture ; elle n'est à maintenir, momentanément, que dans les terres médiocres lorsqu'elles sont mal préparées, ce qui est encore un cas trop fréquent. Cette conclusion s'applique aussi à la *Touzelle rouge de Provence* qu'on ne trouve, d'ailleurs, presque plus dans la région.

De leur côté, les deux poulards *Aubaine* et *Buisson* laissent trop souvent à désirer au point de vue de la productivité. Ce défaut et la médiocrité de leur grain doivent les faire rejeter aussi de la culture, et cela malgré l'avantage que ces variétés présentent de résister à l'égrenage sous l'action des vents violents.

2° Les nombreuses lignées provenant de la sélection généalogique de la Saissette et de la Touzelle blanche poursuivie pendant 8 ans dans le Service de l'Agriculture de l'Ecole de Montpellier sont insuffisamment productives et ne méritent pas d'être retenues malgré la résistance à la verse que présentent certaines d'entre elles. Il en est de même d'autres familles sélectionnées de ces blés obtenues ailleurs et ayant figuré dans mes essais. En somme, il est assez facile, par la sélection-pedigree, de corriger d'une manière satisfaisante la sensibilité à la verse de la Saissette ; on peut y parvenir aussi en ce qui concerne la Touzelle blanche ; mais il semble qu'on ne puisse arriver, par ce moyen, à accroître suffisamment la productivité de ces deux variétés de manière à en rendre la culture assez rémunératrice dans les conditions économiques actuelles de la production du blé.

3° Les variétés préconisées par le Service de l'agriculture de l'Ecole de Montpellier, à la suite de ses nombreux essais d'avant-guerre (*Hâtif inversable* pour les bonnes terres, *Rouge prolifique barbu* pour les sols moyens, *Riéti* et *Médéah* pour ceux de qualité médiocre) ont continué à donner des résultats supérieurs à ceux des blés de pays.

On gagne à les cultiver en mélange : dans les terres d'assolement de l'Ecole, de qualité à peine moyenne, on obtient depuis une dizaine d'années, après vesce, un rendement annuel assez régulier de 24 à 28 quintaux de grain à l'hectare avec le mélange suivant : Hâtif inversable 1/3, Médéah 1/3, Rouge prolifique barbu 1/3 ; le même mélange a produit en 1927 chez M. Maurel, Ingénieur agricole et propriétaire dans le voisinage, en sol argilo-calcaire compact, et également après vesce, 3.100 kg. de grain à l'hectare alors que le Hâtif inversable, le Médéah et le Rouge prolifique barbu, cultivés isolément, donnaient respectivement : 2.250, 3.000 et 2.000 kg. Ce mélange a été adopté par divers agriculteurs de la région, parfois avec substitution de la Saissette au Médéah auquel quelques minotiers reprochent d'introduire des grains durs ou demi-durs dans un mélange contenant deux blés tendres.

4° Des nombreuses formes issues des croisements effectués dans le service entre les blés de pays (Saissette, Touzelle blanche) et des variétés productives, à paille plus rigide et assez bien adaptées à nos conditions de climat (Hâtif inversable, Médéah, Kahla 227 sélection de M. Ducellier, Mahmoudi), aucune n'a mérité d'être retenue. Leur résistance à la verse était généralement satisfaisante, mais certaines d'entre elles se montraient trop sensibles aux rouilles, et toutes étaient d'une productivité insuffisante.

5° Les essais comparatifs effectués au cours de ces 8 dernières années ont compris, en outre des types et formes dont il vient d'être question dans les conclusions précédentes, environ 150 blés d'origines diverses et mentionnées ci-dessus.

L'examen des résultats obtenus permet de dégager de cette longue liste un petit nombre d'éléments qui, d'une manièère soutenue au cours de ces 8 années, se sont montrés supérieurs aux variétés du pays ainsi qu'à celles préconisées antérieurement par le service. Ce sont :

Langlois 1527, blé dur, sélection de M. Ducellier ; *Durs marocains* 250 et 253, sélections de M. Miège, blés durs assez précoces, bien résistants à l'échaudage, peu sensibles aux rouilles, craignant seulement un peu la verse. L'utilisation de ces variétés serait intéressante dans notre région où les blés durs sont assez recherchés depuis la guerre (1). En particulier, elles pourraient y remplacer avantageusement le Médéah, car elles sont plus productives que lui et elles donnent toujours des grains durs alors que ceux du Médéah sont plus ou moins mitadins au cours des étés les moins chauds et les moins secs.

Puylaurens × M sélections 11 *et* 14, *Puylaurens × Federation × Carlotta Strampelli sélection* 15, *Besplas × Duc de Lorraine sélection* 25, *Duc de Lorraine × Besplas sélections* 23, 25 *et* 33, hybrides de M. Schribaux sélectionnés dans le service, remarquables par la rigidité de leur paille, résistants ou peu sensibles aux rouilles et d'une précocité satisfaisante.

Tous ces blés méritent d'être soumis à des essais dans le Midi méditerranéen, en grande culture et dans des situations de sol variées, en vue d'en déterminer la valeur culturale exacte et les conditions d'utilisation.

Je signale, en outre, trois blés qui, s'ils ne méritent pas d'être retenus pour la culture directe dans notre région, pourraient vraisemblablement y être employés utilement comme géniteurs : *Late Gleuyas* et *Iguana*, variétés australiennes assez précoces, assez productives et pourvues d'une résistance satisfaisante à la verse et aux rouilles, et

---

(1) Le Médéah s'est couramment vendu, au cours de ces dernières années, 10 à 15 ct de plus par quintal que les blés de pays.

Hybride tendre 394, de M. Bœuf, blé très précoce, assez productif et résistant suffisamment à la verse et aux rouilles.

Enfin, quelques types m'ont donné des résultats assez intéressants au cours de ces deux dernières années ; mais il est nécessaire de les suivre encore. Ce sont : Luigia, Zara, H 77 Tourneur et des produits de croisements envoyés par M. Schribaux (K 5 Wilson 5 Pusa 4 Prince Albert × Pusa 4 Touzelle Jacinthe, K 5 Wilson Pusa 4 Prince Albert, Dante AD 5, L 4 Riccio (roux), L 4 Redabue, Curawa × Pusa 4 Touzelle Jacinthe), ou par M. Jaguenaud (Inversable × Riéti 31 b, Besplas × Ramsay type blanc, Duc de Lorraine × Bologne O 2, Carlotta × Marquis barbu, Besplas × Ramsay type rouge, Duc de Lorraine × Bologne O 1, Inversable × Carlotta Strampelli).

F. BŒUF

Chef du Service Botanique en Tunisie.

AMÉLIORATIONS URGENTES A APPORTER AUX BLÉS CULTIVÉS EN TUNISIE

On cultive en Tunisie des Blés durs (*Triticum durum*) et des Blés tendres (*T. vulgare*). Ces derniers ont été introduits par les colons européens ; les indigènes consommateurs de semoule ne les cultivaient pas et donnent encore la préférence aux Blés durs.

Les cultures indigènes de Blés durs contiennent, à vrai dire, une proportion plus ou moins élevée de formes de Blés tendres, leur sélection n'a pas donné de lignées méritant d'être propagées à l'état pur, mais leur étude serait à reprendre en vue d'utiliser, comme géniteurs, celles qui présentent quelques particularités avantageuses (résistance à la sécheresse, à la verse, à la rouille, par exemple).

Selon qu'il s'agit de l'une ou l'autre des deux espèces, l'amélioration des Blés cultivés dans la Régence a eu des problèmes différents à résoudre, elle ne se trouve pas actuellement au même stade, et le programme des travaux pour l'avenir doit être envisagé séparément pour chacune des deux espèces.

Blé dur. — On trouve, dans le Nord de l'Afrique, un nombre considérable de variétés de Blé dur et cette région peut être considérée comme un des principaux centres d'origine et de diversité de cette espèce. La sélection a pu s'exercer, dans la Régence, sur un riche matériel de formes ; elle a abouti, par éliminations successives, à faire prévaloir quelques varéités (Biskri, Sbei, Mahmoudi, Hamira) représentées par un petit nombre de lignées pures qui semblent suffire aux exigences des diverses régions du Nord et du Centre. Leur adoption, très généralisée dans les exploitations européennes, facilite la constitution de lots importants homogènes, progrès indiscutable aux divers points de vue agricole, commercial et industriel.

Les limites de l'amélioration par sélection des formes locales semblent près d'être atteintes. L'introduction de variétés étrangères n'a pas donné de lignées méritant d'être retenues.

Les variétés de Blés durs actuellement cultivées présentent toutes, à des degrés divers, des défauts qu'il importe de corriger.

a) précocité insuffisante rendant la culture aléatoire dans les régions sèches du Centres et du Sud et même dans le Nord en année peu pluvieuse ;

b) développement trop grand du feuillage, qui éxagère la consommation de l'eau, provoque la verse dans le Nord et diminue la résistance à la sécheresse dans les autres régions.

c) productivité en grain ne correspondant pas au développement de l'appareil végétatif, par suite du peu de fertilité des épillets, dans lesquels se trouvent rarement plus de trois grains et souvent deux seulement.

d) résistance insuffisante au gel des épis dans les régions dépassant 5 à 600 mètres d'altitude.

Des introductions de l'Asie Mineure, de l'Egypte, de l'Abyssinie, ont fourni quelques types un peu plus précoces que les variétés locales, mais peu productifs et sujets à la verse. Il y a lieu de les employer comme géniteurs dans des croisements et de rechercher s'il n'existe pas, dans le Sud Tunisien et le Sud Algérien, des formes précoces à utiliser dans le même but.

La réduction de la taille est actuellement tentée par le croisement des blés durs avec des formes du *Triticum persicum* et du *T. pyramidale*. On ne peut encore présumer des résultats, mais il semble bien que la descendance du *T. persicum* aura une paille peu solide et que le *T. pyramidale*, voisin de *T. turgidum*, transmettra à ses descendants une grande disposition au mitadinage, tout en diminuant la paille et en augmentant la fertilité des épillets (1).

Quant à la résistance au gel des épis, elle semble ne pouvoir être

(1) Les hybrides *durumx pyramidale* ont souffert beaucoup de la Rouille jaune en mai 1930.

attendue que de variétés à longue période végétative, lentes à épier, mais à évolution rapide après l'épiage. De semblables variétés existent peut-être dans les parties montagneuses de régions cultivant depuis longtemps le blé dur ; elles seraient à rechercher, soit pour être cultivées telles quelles, soit pour être utilisées dans des croisements.

Il semble donc que l'amélioration des variétés locales de Blé dur par la correction de leurs défauts actuels soit à poursuivre surtout par la méthode du croisement, qu'elle ne pourra être réalisée que par étapes successives, et que la recherche de géniteurs appropriés sera laborieuse parce que l'aire de culture du Blé dur est relativement peu étendue et que l'insuffisante diversité de ses climats n'a peut-être pas produit les races géographiques possédant les particularités physiologiques que nous recherchons.

Blé tendre. — Nous avons dit que les formes locales de Blé tendre ont été insuffisamment étudiées. La qualité médiocre de leur grain n'a pas permis de les propager, mais il est possible que certaines d'entre elles possèdent des qualités d'adaptation qui les rendent précieuses comme géniteurs.

L'échec de l'acclimatement des variétés européennes, en raison d'une précocité insuffisante, ou de dispositions à l'échaudage et à l'égrenage, nous a conduit à introduire des variétés de régions à climat similaire à celui de la Tunisie : cinq d'entre elles ont été propagées (une provient d'Algérie, trois d'Australie, une de l'Irak). Leur précocité varie et permet d'étager la moisson sur une longue période. Deux d'entre elles sont très précoces, résistantes à la sécheresse et conviennent mieux au Centre que les Blés durs. L'une des deux (Irakié) a un grain suffisamment corné pour donner de la semoule, ce qui décidera peut-être les indigènes à la cultiver, en attendant la création de Blés durs adaptés à la région sèche.

Il semble exister une corrélation entre la précocité et la susceptibilité à la rouille (*Puccinia glumarum*). L'une des deux variétés très précoces (Florence) y est assez sujette, mais donne cependant un rendement normal malgré une forte invasion. La variété Richelle hâtive (ou plutôt demi-hâtive) est très résistante, de même que le Mahon et le Baroota peu précoces.

Ces deux derniers, surtout le Mahon, sont atteints par la rouille noire (*Puccinia graminis*) lorsque le printemps est pluvieux, tandis que les autres variétés échappent à cette rouille en raison de leur précocité.

La question de la résistance des Blés tendres aux rouilles n'est donc qu'imparfaitement résolue.

Les cinq variétés présentent une bonne résistance à l'échaudage, mais sont sujettes à la verse quand elles sont cultivées dans les terres riches et fraîches ; le Barboota seul a pu se propager un peu dans le

Nord, mais il est encore loin de présenter une rigidité satisfaisante de la paille. Il a malheureusement le défaut d'avoir des épillets peu prolifiques, possédant rarement plus de deux grains et présente une certaine tendance à s'égrener sous l'action du vent.

La résistance à la verse, à la rouille, à la sécheresse, la fertilité des épillets paraissent pouvoir être obtenues par des croisements successifs. De nombreuses lignées à l'étude au Service Botanique réunissent plus ou moins complètement ces diverses qualités et pourront être perfectionnées par de nouveaux croisements.

Les Blés tendres très précoces (Florence et Irakié) risquent le gel des épis, même dans les plaines, lorsqu'ils sont semés trop tôt. Leur semis doit être différé jusqu'au 15 novembre et même plus tard, de manière à retarder l'épiage jusqu'en mars. Ils seraient à essayer dans les régions d'altitude en les semant en fin janvier, en attendant l'introduction de variétés étrangères adaptées à de semblables situations.

Les qualités industrielles de ces blés tendres ont été incomplètement étudiées. Le Baroota et la Richelle sont surpayés par les minotiers locaux en raison de leur rendement en farine et de leur valeur boulangère ; le Blé Mahon et le Florence sont de qualité moyenne, l'Irakié s'associe très bien aux Blés durs dans la fabrication des pâtes auxquelles il donne de l'élasticité.

Il y aurait intérêt à perfectionner ces variétés de Blé tendre, bien adaptées au pays, par des croisements avec des variétés étrangères à haute valeur boulangère. Celles-ci croissent dans des pays où elles ne disposent que d'une courte période de végétation et y mûrissent par temps sec. Le climat de la Régence paraît présenter les conditions requises pour que l'on puisse espérer obtenir, dans notre région, des blés de force, comparables à ceux que la France se procure actuellement à l'étranger (1).

---

(1) Des travaux postérieurs à cette communication ont montré que Mahon, Baroota et Richelle sont l'équivalent des bons blés métropolitains, que Florence a une bonne valeur boulangère, qu'Irakié est un blé de force; que, parmi les hybrides en multiplication, il existe de nombreuses lignées égales ou supérieures aux blés de force type *Manitoba*.

La Tunisie, et sans doute l'Algérie et le Maroc, vont être à même, dans peu d'années, d'approvisionner la Métropole en Blés de force actuellement importés de l'étranger (nov. 1930).

André CHARRAIN
Ingénieur agricole colon dans le Sud Tunisien

LA CULTURE DES CÉRÉALES DANS LES RÉGIONS SÈCHES DU SUD-TUNISIEN

Description. — Les régions sèches sont celles où la pluviométrie annuelle moyenne se situe autour de 200 mm. Celles que vise cette étude se rapportent à la Tunisie ; on peut en déduire des analogies pour d'autres semblables en Afrique du Nord.

Dans leur aspect physique ces terres sont le plus souvent silico-calcaires ou sablonneuse ; par occasion, on rencontre des dépressions de dépôts argileux ou sur les hauteurs des affleurements gypseux ou tuffeux.

Les deux premières se partagent la majorité des terres cultivables.

Les sols silico-calcaires, d'une densité apparente de 1,5 à 1,6 contiennent 15 à 20 % d'argile et une proportion de chaux assez sensible.

Les sols sablonneux, d'une densité apparente de 1,7 à 1,9 contiennent 8 à 10 % d'argile ont un faible dosage de chaux, mais conservent à l'égard de l'humidité un pouvoir de rétention assez grand.

Régime des pluies

Les premières pluies tombent en octobre parfois par fractions de 20 mm., parfois en masses de 50 à 70 mm.

En décembre-janvier, deux ou trois précipitations fractionnées de 15 à 30 mm. pour un ensemble atteignant 50 à 70 mm. En mars, d'autres séries plus fractionnées encore, pour un total qui peut varier de 30 à 50 mm.

Les pluies d'été sont un supplément irrégulier, parfois de 20 à 40 millimètres, mais inutiles pour la céréale.

Si on élimine les petites ondées inopportunes de 1 à 2 mm., la moyenne utile peut être évaluée à 180 mm.

L'optimum pourrait s'établir ainsi :

Automne	70 mm.
Hiver	50 mm.
Printemps	60 mm.

Chaleur et aération

Leur importance dans les régions sèches se lie aux transformations de l'azote sous ses différentes formes.

La chaleur du sol est jusqu'aux mois de janvier et février suffisante pour maintenir les microbes nitrificateurs en activité.

L'aération complète de la chaleur ; elle est facilité par une faible proportion d'argile qui diminue le tassement favorisant les microbes dénitrificateurs.

Le ciel très pur, assure jusqu'au 15 décembre une insolation des plus heureuses. Tel est l'aspect de ce milieu.

***

Peut-on dans les régions sèches cultiver la céréale ? On peut s'appuyer sur plusieurs faits.

Le passé. — La Tunisie ancienne était, à en juger par les ruines, 3 à 4 fois plus peuplée qu'aujourd'hui ; tout ce monde-là vivait donc sur le sol, par le sol : d'élevage, de céréales, de cultures arbustives. La grandeur de Carthage était faite d'un conditionnement de vie de son arrière-pays dont les productions devaient être 3 ou 4 fois plus grandes qu'aujourd'hui.

Le présent. — On peut aussi, dans les cultures nomades, avec un simple labour à la charrue arabe, constater des rendements de 15 à 20 quintaux à l'Ha qui surprennent.

Rapport eau-matière sèche. — Pour produire un kilogramme de matières sèches, il faut ordinairement 500 kgs d'eau.

Les céréales des pays secs ayant en général un poids sensiblement égal de paille et de grain, la production de 1 kg de grain demande donc 1 m^3 d'eau : c'est l'étalon 1 m^3, 1 kg.

180 mm. de pluviométrie utile représentent 1.800 m^3 soit 18 quintaux.

A côté de ces constatations, l'aspect général des rendements dans les régions sèches donne :

pour les cultures nomades, des moyennes de 1 à 2 qx ;

pour les cultures européennes avec des métayers indigènes, 3 à 4 qx ;

pour les cultures sur léger labour préparatoire, 4 à 6 qx.

Le bon rendement pratique accuse donc le 1/4 du rendement théorique : 3/4 sont perdus. Peut-on obtenir mieux ?

Possibilités de cultures de céréales dans les régions sèches

Nous examinerons les différents points de rencontre des contingents favorables. C'est une appréciation de l'équilibre entre divers éléments :

la composition de sols,
la distribution de l'azote à certaines périodes,
la température,
l'humidité du sol,
les façons culturales.

Composition des sols. — La composition chimique dans les terres sèches se rapporte aux normales générales en azote, acide phosphorique, potasse. Pour la composition physique, la division des éléments, en face de l'eau, de l'air, de la chaleur, sont les facteurs les plus importants.

Il est admis que les terres à céréales des régions tempérées doivent avoir au moins 20 % d'argile ; on pourrait dire que pour les régions sèches elles ne doivent pas dépasser ce coefficient. La porosité favorise ainsi l'aération et la vie bactérienne dont les microbes oxydants règlent les diverses transformations de l'azote.

Mais, dira-t-on, même sans préparation, ces terres peuvent être très fertiles — il faut penser que, dans ce cas, l'état du sol favorise la nitrification, par un parallélisme heureux entre le cheminement des racines et les mouvements de l'eau dans le sol, avec une forte pluie et la chaleur. A cela peuvent s'ajouter les apports d'azote ammoniacal par les pluies d'orage, surtout en automne et une transformation rapide de cet azote dans les couches superficielles attaquées par la petite charrue.

Température. — Au 1er octobre, elle est assez élevée et se maintient pendant près de deux mois pour une activité du ferment nitrique 10 fois plus forte qu'en hiver ; avec la réserve d'azote organique à transformer, la plante se trouve dans un milieu de vie intense ; une forte luminosité soutient l'assimilation carbonique.

L'humidité du sol. — Elle est le fait des précipitations, mais alors que les sols argileux ne cèdent leur eau qu'à partir de 10 %, les terres dont nous parlons peuvent la céder à partir de 6 à 7 %.

Ces sols avec une médiocre préparation peuvent avoir à la fin de l'été sur 7 à 9 m. de profondeur une charge d'humidité moyenne de 10 à 11 %, de 12 à 13 % avec une bonne préparation.

Mais la proportion d'humidité à la fin de l'été est croissante de la surface vers la profondeur :

elle est de 6 % à 0 m. 25
7 % à 0 m. 50
8-10 % à 0 m. 75

la moyenne de 10 % est entre 2 et 3 mm. au-dessous, la proportion s'augmente : la plus forte est de 15 % à 5 m. dans les terres franches de 25 % à 7 m. dans les sables.

Une bonne précipitation, début octobre de 70 mm. aura tendance au bout de quelques jours, à descendre pour se mettre en équilibre avec les couches humides profondes ; les jeunes racines seront constamment à la poursuite de cette humidité descendante, pour l'absorber au fur et à mesure, sans se laisser dépasser par elle ; elles atteignent rapidement les zones de 0,75 à 1 m. où se trouvent des moyennes de réserve de 10 à 12 % d'eau, soit 6 % disponibles représentant, pour 1 m³ de terre de 1.600 k., 900 m³.

Avec une précipitation d'automne de 70 mm. on se trouverait donc en principe au moment du départ de la végétation en présence d'un potentiel de réserve-eau pouvant atteindre 900 m³ + 700 m³ correspondant à une équivalence de 16 qx à l'ha. C'est une constatation théorique. Mais l'irrégularité des précipitations, l'attente trop longue d'une plante qui souffre, l'évaporation, avec le seul appoint d'une culture misérable, anéantissent tout cela.

C'est là qu'apparaît la valeur des façons culturales.

Façons culturales. — Des labours préparatoires d'hiver, de printemps, des sarclages, tout ce qui ameublira le sol, l'enrichira, l'allégera, conservera l'humidité. Le conditionnement des semailles, l'époque, la durée ont une grande importance.

On peut semer à partir du 15 septembre, l'évaporation du sol semble diminuer à ce moment ; les condensations atmosphériques doivent contribuer à ce phénomène.

Les semailles à sec, assez séduisantes, courent le risque d'une pluie suffisante pour faire germer, insuffisante pour maintenir. Mais il est nécessaire que la semaille soit très rapide. Pendant les 8 jours qui suivent une forte pluie l'humidité se maintiendra dans les 10 cm. superficiels, le grain germera en 3 jours ; après ce délai, cette épaisseur s'asséchera, les temps de germination passeront à 4 et 5 jours.

La germination extérieure est moins importante que la poussée des radicelles qui suivront autant qu'elles pourront la descente de l'eau dans le sol.

Les nomades assèchent 25 ks à l'ha ; les tallages atteignent parfois 100 tiges pour 1 grain, on s'explique ainsi les rendements surprenants constatés parfois avec un accord de circonstances favorables ; mais encore sur 100 tiges, 15 à 20, quelquefois plus, donnent des épis réduits ou avortés : c'est donc de la force perdue.

Comme tout se rapporte aux *racines, qui sont réellement la plante*, les faisceaux radiculaires de 5 pieds de 20 tiges seront-ils dans les mêmes proportions d'abondance et de longueur, partant de faculté assimilatrice, que 1 pied de 100 tiges sur le même carré de terre ?

Des semis plus épais, de 60 kg sont une moyenne que la pratique indique satisfaisante, et ils permettent des sarclages énergiques qui arracheront quelques plants.

Inutile de dire que le semi en ligne est toujours préférable. Roulage, hersage, auront toujours l'heureux effet de briser les mottes, d'ameublir les surfaces, et dans les terres sablonneuses même, ils sont favorables. Cette destruction des mottes est importante. La jeune radicelle arrivant dans un espace lacunaire, avec une variation d'humidité, peut souffrir ou périr : à cet égard mieux que le croskill le « sub-soil-packer », à action profonde, est un bon instrument.

Si la céréale a reçu de bonnes pluies d'hiver 50 à 60 mm., elle est à peu près sauvée ; reste à franchir, au printemps, le cap délicat de la floraison.

C'est là que l'effet des façons préparatoires profondes peut se faire, peut-être, le mieux sentir. Avec une bonne pluie tout se passe bien ; s'il y a quelque insuffisance, la plante peut être gênée.

Les racines après avoir tout absorbé sur leur passage peuvent avoir atteint les couches profondes où l'humidité est au maximum ; mais aussi bien, elles peuvent s'en trouver à quelque distance. Les façons préparatoires profondes auront pu faciliter l'absorption, rapprocher les points de conjonction et augmenter la descente des racines. C'est à ce moment où les exigences croissent en progression, peut-on dire géométrique, que la céréale va donner son effort maximum pour la floraison.

C'est une période qui ne dure que quelques jours. Mais plus que pour la formation du grain, la terre doit donner à ce moment à la plante toutes ses forces ; coordonnés sous la conduite d'un alchimiste mystérieux, tous ces éléments de la vie souterraine ne verront jamais le jour, mais ils peuvent alors exhaler leur âme, dans l'épanouissement de la fleur, reine de tous les printemps.

Rendements. — Nous avons vu que la masse pluviométrique pouvait se comparer à une production théorique de 18 qx de grains à l'ha. En face de cette théorie, la pratique accuse des rendements de 2 ou 3 qx avec des améliorations atteignant 6 qx.

Mais on peut citer aussi un exemple positif qui peut étayer le principe d'une bonne culture. Lorsque dans une plantation d'oliviers on veut détruire le chiendent, on effectue entre l'automne et l'été 12 à 14 façons tant à la charrue (arabe ou vigneronne) qu'à la herse, à la rasette (maacha). La céréale semée là-dessus donnera facilement en culture indigène avec un semis de 25 ko d'orge à l'hect. 20 à 25 qx.

Cette fertilité ne se limite pas à une année. Elle se continue pendant 2 ou 3 ans, même avec des pluviométries médiocres et si la conservation de l'humidité est un facteur important, plus grande encore est la fertilité donnée par une division extrême, un malaxage qui multiplient sur les éléments minéraux les surfaces fraîches propres à subir les actions chimiques, qui rendent efficace au mieux le lessivage par les eaux, et surtout donnent une aération, où les microorganismes ont toute activité. Sans atteindre ce nombre de façons, une préparation judicieuse avec 3 ou 4 façons assurerait-elle le succès ?

On peut, dans ce cas, établir une comparaison avec l'olivier qui avec la culture soignée que l'on pratique dans le Sud-Tunisien fait apparaître une utilisation d'environ 50 % de la pluviométrie.

Une appréciation du rendement moyen de 9 à 10 qx à l'ha peut donc donner l'ordre de grandeur de la récolte possible.

On pourrait dire que c'est faible, mais le travail des terres sèches est moins coûteux que celui des terres fortes, et toutes choses comparées, on peut arriver à des parités.

Variétés de céréales. — Les savants généticiens de l'Afrique du nord poursuivant des recherches mettent en observation chaque année des centaines et des centaines de sortes d'où ils ont dégagé des types excellents.

Mais pour les régions sèches les variétés à paille courte, à tiges minces seraient les meilleures.

Les blés tendres auraient tendance à se montrer supérieurs aux blés durs et certaines variétés hâtives peuvent être semées plus tardivement.

Le système radiculaire pourrait être un guide heureux. On observe de grandes différences dans le poids, la longueur et l'abondance du faisceau radiculaire d'une même variété. Il semble que des racines à développement rapide, à pénétration profonde, pourront toujours mieux aider le développement de la plante qui doit très rapidement atteindre des zones d'humidité stable.

Les recherches dans ce sens, pourraient peut-être avoir plus de portée, que celles sur le développement aérien.

Des expériences sur l'écimage pour des étendues de plusieurs hectares et mesurées avec soin, ont fait apparaître une augmentation en rendement et en densité de 20 %. Mais ce n'est là qu'une indication.

Maurice CAILLOUX

LA CULTURE PERFECTIONNÉE DU BLÉ DANS L'AFRIQUE DU NORD

La culture des céréales dans l'Afrique du Nord s'est suffisamment perfectionnée au cours des dix dernières années pour qu'il nous soit possible aujourd'hui de comparer les rendements obtenus dans certaines exploitations avec ceux des meilleures régions françaises.

En Tunisie particulièrement, dans de nombreux domaines de la vallée de la Medjerdah, la traction mécanique tous les jours plus développée, permet l'exécution rapide et opportune des façons culturales qui est à la base de l'amélioration constatée.

Les méthodes de culture que je vais vous décrire, pratiquées depuis plusieurs années dans la plaine de Souk el Khemis, ne sont pas à ériger en doctrine ; dans bien des cas les conditions de climat et de milieu les feront varier, il est cependant intéressant d'en faire connaître quelques détails techniques aux céréaliculteurs nord-africains.

Tout d'abord qu'il me soit permit d'affirmer pour répondre à bien des objections qu'il ne s'agit nullement de régions ou de terres exceptionnelles.

— La pluviométrie moyenne utile, de fin septembre à fin mai, n'y atteint pas 400 millimètres ; celle de printemps (mars-avril) est d'environ 100 millimètres.

— Climat continental avec risques de sirocco violent en avril et mai, sols des natures les plus diverses, depuis les terres de coteaux rouges à sous-sol tuffeux et les alluvions argileux de la Medjerdah jusqu'aux terres noires profondes, riches en humus.

L'Assolement. — Le Biennal Jachère Blé est jusqu'à présent le seul assolement employé ; les résultats décourageants toujours constatés sur les deuxièmes pailles nous ont fait abandonner tous les autres.

L'utilisation des engrais azotés permettra peut-être un assolement plus intensif dans les terres de culture facile, là où les sarclages sont possibles. Nous aurons alors vraisemblablement recours au quadriennal jachère-blé-légumineuse-blé dès que la moisson et le battage mécanique des légumineuses auront été mis au point en grande culture.

La préparation du sol et la lutte contre le chiendent. — Le gros labour est chez nous comme partout à la base de la culture du blé ; malheureusement, exécuté au printemps et en hiver dans des terres tant soit peu envahies de chiendent, c'est un merveilleux propagateur de cette graminée vorace que les recroisements habituels d'été développent tous les ans davantage.

L'assolement biennal basé sur le labour d'hiver et pratiqué d'une manière suivie risque, à mon avis, de réduire à bref délai dans de très fortes proportions le rendement des meilleures terres à céréales.

Pour lutter contre le chiendent, deux méthodes efficaces peuvent être employées. La première a fait ses preuves dans les terres sablonneuses de la région sfaxienne : c'est la destruction par épuisement des rhizomes.

Appliqué chez moi, en 1929, en terre argilo-calcaire légèrement tuffeuse sur une parcelle de 50 hectares devant être complantée en vignes et oliviers, elle a donné des résultats particulièrement intéressants.

Après un premier labour normal en janvier-février, en mai, dès que le chiendent commence à végéter, il faut effectuer des recroisements à faible profondeur de manière à ne jamais laisser apparaître le moindre brin de verdure. Dans les cinq premières semaines, l'intervalle entre deux façons ne doit jamais dépasser sept jours.

J'ai utilisé alternativement le polysoc sans versoirs à socs de grande largeur (55 centimètres) et la scarification à lames larges.

Toutes les trois ou quatre façons un passage de ce même instrument armé de lames étroites travaillant en profondeur reconstituait la couche de terre meuble. Si une pluie d'orage survient au cours du travail, l'opération n'en est que mieux réussie.

Dès juin, les rhizomes sont transformés en un ensilage brunâtre ; à l'analyse, toute trace d'amidon a disparu. Un recroisement mensuel suffira alors, surtout si l'on a soin de faire surveiller le champ par quelques ouvriers munis de sapes qui couperont entre deux terres tout ce qui chercherait encore à respirer.

L'autre méthode, qui a notre préférence lorsqu'il s'agit de la préparation des terres à céréales, est la destruction par dessication des rhizomes. Le gros labour d'hiver devient labour d'été. Il est exécuté en août, de préférence après brûlage des chaumes. Il faut chercher à faire des mottes ; ce travail la première année sera pénible, car les labours préparatoires précédents auront sans doute été exécutés en terre humide. Le second labour d'été s'effectuera beaucoup plus facilement et l'approfondissement sera progressif : il serait dangereux d'aller trop vite ; il ne faut pas dépasser 3 à 4 centimètres tous les deux ans quelle que soit la nature du sous-sol.

Je cultive à Souk el Khémis 2.000 hectares de terres à céréales dont

1.500 sont soumis exclusivement au régime du labour d'août et septembre à 30 centimètres de profondeur.

Les 500 autres hectares sont constitués par des terres d'alluvions silico-argileuses à éléments très fins pour lesquels la méthode de culture a été particulièrement difficile à mettre au point.

Toutes mes terres argilo-calcaires se fendent profondément en été. Ce travail gratuit de dislocation facilite considérablement l'enracinement profond des céréales. Ce phénomène dû au retrait de l'argile ne se produit pas dans mes terres silico-argileuses, véritables terres battantes, imperméables à l'air, à l'eau et aux racines.

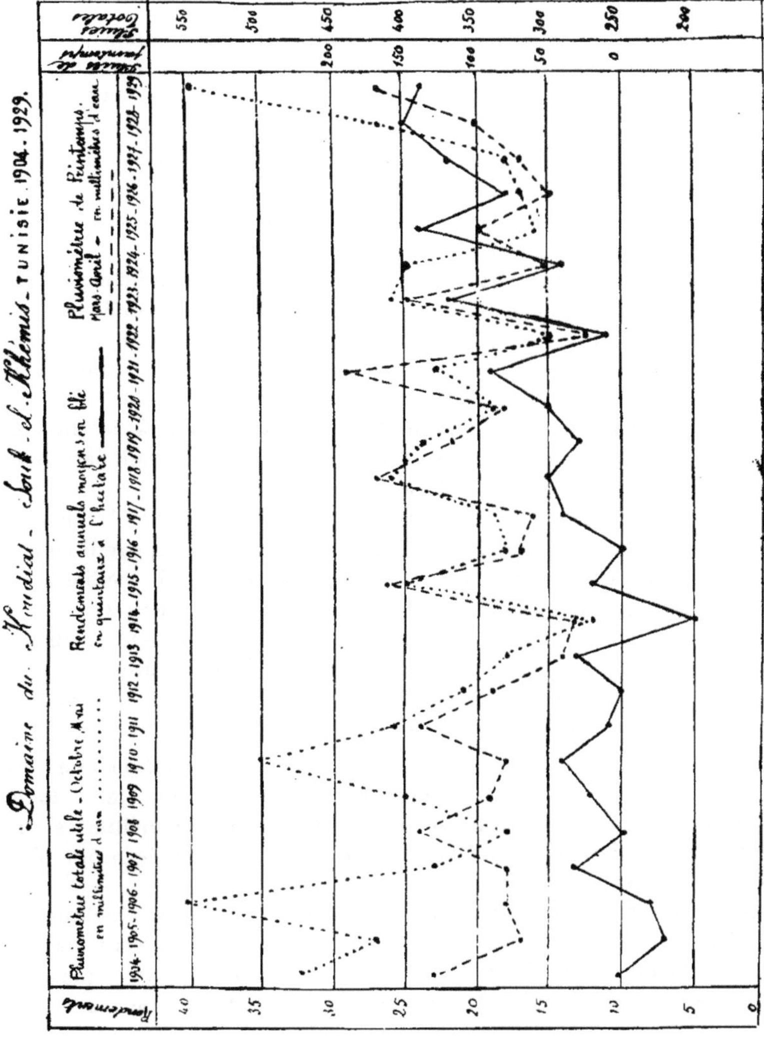

Dans ces sols où les blés sont particulièrement sujets à l'échaudage, il faut pour lutter contre ce grave accident augmenter le système radiculaire du blé et sa précocité. J'ai obtenu d'excellents résultats au point de vue précocité avec les hybrides Florence Aurore et Pusa dont je vous parlerai tout à l'heure.

Le Sous-Solage. — Pour faciliter l'enracinement du blé, je pratique des scarifiages ou sous-solages de plus en plus profonds. L'instrument couramment employé possède des dents écartées de 45 centimètres et travaille à 35 centimètres de profondeur moyenne. Depuis quatre ans j'effectue chaque année quelques essais à des profondeurs plus considérables ; je suis allé jusqu'à 60 centimètres.

Il ne m'est pas encore possible de chiffrer l'augmentation du rendement obtenu mais, dans mon cas un peu spécial, je considère ces essais comme tout particulièrement intéressants et je suis décidé à les continuer.

Bien que ce soit en dehors du sujet que je traite aujourd'hui, je vous signale que la plantation de vigne et d'oliviers dont je vous parlais tout à l'heure a été, après destruction du chiendent, entièrement préparée à l'aide d'un fort sous-soleur.

L'appareil à une dent, traîné par deux tracteurs à chenille de 75 chevaux attelés en tandem, travaillait à 90 centimètres de profondeur. Tous les alignements d'oliviers plantés en quinconce ont été ainsi sous-solés. Chaque emplacement d'arbre se trouve au centre d'une étoile à six branches formée par les traits de sous-solage entrecroisés.

Les alignements de vigne ont été de la même façon à 75 centimètres seulement avec un seul tracteur sur une dent et le travail parachevé par un sous-solage général à cinquante de profondeur.

Dans la préparation de la jachère, le remplacement de la charrue par le sous-soleur procure de nombreux avantages. Cet appareil simple et rustique laisse le terrain uni et exempt de mottes ; il facilite ainsi considérablement l'exécution des façons superficielles d'entretien.

Malheureusement, il s'est montré chez moi complètement inefficace lorsqu'il s'est agi de lutter contre le chiendent. C'est la raison pour laquelle je limite actuellement aux terres qui en sont exemptes l'utilisation de cet instrument.

Recroisements. — Le premier gros travail de préparation une fois exécuté, il est indispensable de maintenir la jachère exempte de toute végétation jusqu'aux semailles suivantes. Il faut bien connaître ses terres et profiter des journées favorables qui, certaines années, sont bien peu nombreuses.

Après les premières pluies, dès que l'herbe commence à pointer, il est nécessaire de la détruire. Un coup de herse au bon moment sur une plante naissante aura plus d'effet utile qu'un coup de polysoc quelques mois plus tard. J'attendais il y a quelques années février ou mars pour effectuer le premier recroisement ; il m'est arrivé certains printemps pluvieux de ne pouvoir y procéder en temps utile et d'être obligé de faucher l'herbe dans des labours préparatoires !

Depuis trois ans, je m'efforce d'exécuter un premier croisement aussi parfait que possible dès l'automne ; commencé pendant les semailles, ce travail devrait être achevé avant fin janvier. C'est une question d'organisation et de matériel ; mais je considère que de la bonne exécution de ce premier croisement dépend en grande partie la réussite de la préparation économique de la sole de jachère.

En avril, mai, juin, de nouvelles façons superficielles maintiendront la parfaite propreté du sol. Scarificateurs, disques, polysocs y participeront suivant les circonstances.

Un sarclage à la main des labours effectué à la sape détruira efficacement et économiquement en mai les quelques plantes échappées aux instruments.

Les engrais. — Il y a beaucoup à faire en ce qui concerne les engrais chimiques ; chacun de nous suit actuellement son inspiration ou celle de son voisin. Il y a peu d'essais sérieux, encore moins de contrôle des résultats.

En ce qui me concerne, j'utilise chaque année sur tous mes blés les superphosphates 16/18 à la dose de 300 kilos à l'hectare. Depuis deux ans, je procède sur de grandes surfaces à des épandages complémentaires de chlorure de potassium qui semblent intéressants.

Les Semailles. — Pour effectuer sûrement les semailles à l'époque la plus favorable, qui est novembre, il est indispensable de disposer d'un matériel permettant d'exécuter recroisement et semis en quinze journées de travail effectif.

Les semailles sont précédées d'une façon légère destinée à détruire la végétation provenant des pluies précoces d'octobre ; il faut travailler superficiellement, le blé n'aimant pas les terres creuses.

Si le sol est sec, un simple coup de herse suffira et les semoirs en ligne suivront.

Le grain, trié et traité contre la carie par poudrage à sec est semé exclusivement au semoir en ligne à raison de 200 grains au mètre carré pour le blé dur et de 250 grains pour les blés tendres précoces à faible tallage.

Il faut enterrer le grain aussi peu que possible, le roulage sera inutile si le dernier recroisement a été effectué à faible profondeur.

Façons d'entretien. — Un blé semé à la bonne époque en terre propre et bien préparée n'a besoin ni de hersages ni de roulages pour végéter normalement ; les sarclages à la main eux-mêmes sont rarement nécessaires.

La verse. — La végétation que développe notre méthode de culture rend cet accident fréquent ; il constitue indiscutablement le plus grand obstacle à l'augmentation de nos rendements L'écimage et l'éclaircissage, que j'ai tour à tour essayés, sont des pratiques intéressantes mais délicates ; il faut surtout choisir des variétés à paille rigide et peu feuillues.

Je citerai comme particulièrement résistants : un blé dur, le sbaï 292 (sélection Bœuf du Service Botanique de Tunisie) ; un blé tendre précoce, le Florence-Aurore 588 (Hybride Schribaux).

Cette variété qui possède une bonne résistance à la verse et aussi à l'échaudage est en grande culture depuis trois ans ; elle a plusieurs fois donné des rendements dépassant trente quintaux à l'hectare.

Le Florence-Aurore 588 est très apprécié de la Minoterie Française, il s'est révélé comme un excellent blé de force, susceptible de remplacer les meilleurs blés canadiens du type Manitoba.

Près de 3.000 hectares de cette variété seront ensemencés en 1930 en Tunisie.

Nous possédons également dans le matériel de récolte que nous utilisons exclusivement une très bonne arme contre la verse ; c'est la moissonneuse batteuse. Certains modèles à grande largeur de tablier arrivent à ramasser sans déchet des récoltes devant lesquelles la moissonneuse lieuse se déclarerait impuissante.

Prix de revient. — La culture du blé telle que je la pratique revient à environ mille neuf cents francs l'hectare compris l'intérêt du capital d'exploitation ainsi que l'amortissement du matériel. Il y a lieu d'y ajouter la valeur locative du sol qui est de deux quintaux à deux quintaux et demi de blé par hectare et par an ; soit quatre à cinq quintaux par récolte avec l'assolement biennal. Ces quelques chiffres vous permettent de calculer quel peut être le bénéfice agricole de l'exploitant.

Vous en concluerez, comme moi, qu'au cours actuel du blé, la culture en est déficitaire au-dessous de 18 quintaux à l'hectare. Je me hâte d'ajouter que ce rendement minimum, je l'ai toujours dépassé au cours des sept dernières années, sauf en 1924 où de violents siroccos d'avril joints à une pluviométrie utile de 290 millimètres réduisirent le rendement général moyen à 14 quintaux.

Conclusion. — Le graphique joint à cette étude porte sur 26 années de culture du blé ; il concerne des surfaces ensemencées qui de 100 hectares en 1904 se sont élevées en 1929 à près de 1.000 hectares.

Vous y voyez figurer à côté des rendements annuels moyens la pluviométrie totale utile et la pluviométrie de printemps.

Vous y constaterez qu'avec l'arrivée des premiers tracteurs en 1919 a commencé l'amélioration. Dans les sept dernières années, depuis la mise en pratique des méthodes que je viens de vous décrire, le rendement général moyen en blé est de 21 quintaux à l'hectare.

Je suis fermement convaincu qu'il peut encore progresser. Je base cette affirmation sur les rendements de 30 quintaux à l'hectare obtenus à plusieurs reprises, tant en blé dur qu'en blé tendre, sur des parcelles de plus de 100 hectares.

Pour aller au delà, il nous faut des variétés nouvelles à forte résistance à la verse ; nous savons qu'elles sont à l'étude dans les Services Botaniques de l'Algérie, de la Tunisie et du Maroc.

Nous tous, céréaliculteurs nord-africains, attendons des savants qui dirigent ces établissements, auxquels nous sommes déjà redevables de tant de précieux enseignements, qu'ils parachèvent leur œuvre. Ils nous permettront ainsi de retirer des procédés de culture tous les jours plus perfectionnés que nous pratiquons, tout ce que nous sommes en droit d'en attendre.

P. GILLIN

Directeur honoraire des Services Agricoles, à Tunis.

NOTE SUR L'ORGANISATION DES DOCKS SILOS COOPÉRATIFS A CÉRÉALES EN TUNISIE

La présente note n'a pas pour objet de démontrer l'utilité et la nécessité, qui sont bien connues, des docks silos coopératifs pour le nettoyage, le classement des grains en standards, le logement et la vente collective. Nous voulons simplement montrer le caractère spécial de l'organisation adoptée en Tunisie.

Tandis que d'ordinaire, les docks silos coopératifs sont construits par des groupements isolés de producteurs, sans relation entre eux, le Comité qui s'est constitué à Tunis (à la suite d'un vœu de la Chambre d'Agriculture du nord de la Tunisie, présidée par M. Gounot, sur un rapport de M. Charles Fabre), le Comité, disons-nous, a jeté les bases d'une *Société Coopérative des Docks Silos Coopératifs à Céréales de la Tunisie*, dite *La Silocoop*, ayant comme circonscription la totalité du territoire de la Régence de Tunis. — Cette Société a pour objet la création et l'organisation de silos coopératifs régionaux dans toutes les bonnes régions à céréales de la Tunisie.

Après entente avec la Direction Générale de l'Agriculture, du Commerce et de la Colonisation, le Comité a établi un programme provisoire qui comprendrait 15 docks-silos coopératifs de 30.000 à 40.000 quintaux chacun, représentant une dépense totale, construction et machinerie, de 15 à 20 millions de francs. Il est entendu qu'un tel programme sera réalisé en plusieurs années, par séries, suivant les ressources financières dont pourra disposer la Société.

Effectivement la Société Coopérative a été créée le 31 juillet 1929 et son Conseil d'Administration, s'inspirant des demandes présentées, a décidé la construction d'une première série de trois docks-silos régionaux d'une contenance totale de cent mille quintaux. En général, les docks-silos doivent être établis près des gares, avec voies de service pour le chargement direct des grains du silo dans les wagons.

La Société Coopérative doit assurer le fonctionnement des docks-silos avec la collaboration des Comités de Gestion qui sont constitués dans la circonscription de chaque dock-silo régional. Ainsi les coopérateurs sont directement associés à la bonne marche de leur dock-silo, mais le Conseil d'Administration les fait en outre bénéficier de son autorité pour obtenir du Gouvernement et des Administrations intéressées d'importantes avances et souscriptions, et de son expérience pour assurer un classement méthodique et une vente échelonnée des blés.

En réalité, la Société Coopérative se propose d'appliquer dans les docks-silos coopératifs la normalisation aussi bien en classement de blés en standards, qu'à la préparation et à la vulgarisation des meilleures semences et qu'à la vente collective des produits sur échantillons.

C'est la méthode scientifique appliquée à des produits (blés durs, blés tendres et orges), qui le méritent d'autant mieux que, grâce à une sélection patiente du Service Botanique de Tunis et à l'amélioration remarquable des assolements et des façons culturales, la Tunisie dispose de céréales qui peuvent supporter la concurrence avec les meilleurs qualités mondiales, surtout pour les blés durs.

C'est encore, pour l'économie de ce pays, la fédération de fait de tous les Coopérateurs unis dans les silos régionaux, ayant les uns et les autres le même objectif, savoir : retirer le meilleur profit de leurs produits et améliorer la situation qui leur est faite par la crise actuelle des céréales.

Em. MIÈGE
Inspecteur principal de l'Agriculture,
Chef du Service des recherches agronomiques et de l'Expérimentation agricole
à Rabat.

RAPPORT EXISTANT ENTRE LA PRÉCOCITÉ ET LA PRODUCTIVITÉ DES CÉRÉALES

Si la productivité est la qualité essentielle d'une plante cultivée, la précocité constitue également un caractère des plus importants et que l'on apprécie de plus en plus, particulièrement dans les régions méridionales et en Afrique du Nord, car elle paraît conférer aux céréales qui la possèdent quelques chances d'échapper à certains éléments adverses, tels que l'échaudage, diverses maladies, etc... Toutefois, l'on peut se demander si cette précocité est réellement avantageuse et si elle est conciliable avec les autres qualités que l'on recherche dans une race donnée.

Pendant longtemps, on a admis que les rendements étaient proportionnels à la durée du travail physiologique, considérant ainsi qu'il existait une véritable incompatibilité entre la précocité et la productivité d'une variété. Cependant, comme l'a dit le Professeur Schribaux, « les variétés à la fois précoces et productives sont les variétés de l'avenir ; vers elles doivent converger d'abord tous les efforts du sélectionneur, sous quelque latitude qu'il opère » (1).

Pour nous rendre compte de la relation qui existe entre ces deux caractères essentiels, nous avons comparé la productivité de nombreuses variétés de blé, représentée par le poids moyen de l'épi, le rendement à l'unité de surface (mètre carré, are, ou hectare), et le poids de 100 grains, avec leurs durées de végétation, totale ou partielles, telles que nous les avons précédemment définies (2).

Il est évident que ce rapprochement ne peut donner qu'une idée toute relative et imparfaite du rapport qui existe entre les deux caractères envisagés, car, en réalité, la question est extrêmement complexe ;

(1) Em. Schribaux. XIe Congrès d'Agriculture T. II. Paris, 1923.
(2) Em. Miège. Observations sur la précocité du blé, 1927.

il s'agit de la résultante de l'interaction de nombreux facteurs : aptitudes de la variété, tallage, nature et fertilité du sol, conditions climatériques et culturales, circonstances adverses, etc... Les variétés précoces n'ont, généralement, qu'une faible faculté de tallage qui, selon qu'elle est favorisée ou entravée par le milieu ou par des soins spéciaux, tels que date et densité du semis, fumure, humidité, etc... retentira profondément sur les rendements obtenus ; elles sont, en outre, et souvent, plus sensibles que les races tardives, en particulier au froid, qui risque de les atteindre à des périodes critiques ; c'est ainsi qu'en Afrique du Nord, les variétés hâtives, ordinairement thermophiles, ont eu, à diverses reprises, leurs épis partiellement ou totalement détruits par les gelées dans certaines régions continentales, etc...

Il semble ressortir de multiples observations, poursuivies pendant cinq années consécutives sur plusieurs centaines de variétés de blés, cultivés toujours dans le même milieu et dans des conditions aussi semblables que possible :

1° qu'il n'existe pas de corrélation précise et constante entre la précocité d'une variété et sa productivité. Cette dernière qualité peut donc se trouver aussi bien sur des types hâtifs que sur des sortes tardives ; toutefois, le poids moyen de 100 grains est souvent plus élevé chez les blés précoces ;

2° qu'on ne constate pas de rapport plus net entre la précocité et la résistance à l'échaudage, l'avantage étant cependant et plutôt aux types hâtifs ;

3° qu'on ne trouve pas non plus de relation bien définie entre les phases partielles de végétation et le rendement des différentes sortes ; pourtant, les types à première phase de durée moyenne semblent les meilleurs, et ceux à deuxième phase très courte, les plus mauvais (3).

4° qu'il existerait une limite maximum et minimum dans la durée totale et les durées partielles de végétation, limites hors desquelles la productivité serait nettement diminuée.

(3) 1re phase : semi-épiaison.
2e phase : épiaison-maturité.

II. — Technologie et Plantes industrielles

P. LAUMONT
Ingénieur agronome,
Chef de Travaux d'Agriculture à l'Institut agricole d'Algérie.

ET

M. ISMAN
Ingénieur I. A. A.,
Répétiteur de Génie-Rural.

OBSERVATIONS SUR LA SÉLECTION DU COTONNIER D'ÉGYPTE EN ALGÉRIE

Les travaux se rapportant à l'*amélioration méthodique* des cotonniers d'Egypte ont été repris à nouveau l'an dernier par le laboratoire d'Agriculture de l'Institut Agricole d'Algérie. Ces travaux ont débuté par la recherche de plantes d'élite. La méthode suivie est la sélection généalogique, appliquée pour la première fois en 1907 dans la colonie par le Professeur L. Ducellier.

Vingt-cinq plantes-mères ont été retenues dans les cultures de Pima n° 1317 de la Station Expérimentale de Ferme-Blanche, et quinze dans celles du coton n° 1423 de la Station expérimentale d'Orléansville. Les plantes-mères ont été choisies par M. Ducellier parmi les sujets vigoureux, présentant au moins 4 capsules sur les rameaux inférieurs, précoces et portant une fibre longue.

Les récoltes successives et séparées, ainsi que 5 capsules entières, provenant de mêmes rameaux, ont été reçues au Laboratoire, pour examen technologique. Les observations ont porté sur la récolte brute et le coton égrené, le poids des graines, la valeur du lint-index, la longueur des fibres, leur vrillage, leur ténacité et leur extensibilité.

La détermination de la finesse des fibres a fait l'objet d'une grande attention, la filature demandant à l'heure actuelle des cotons se rapprochant des produits égyptiens très fins (16 à 17 μ). Les mensurations établies d'après la méthode du Professeur F. Heim de Balsac.

Directeur du Laboratoire de l'Office colonial, ont été consignées pour chaque pied examiné, sur des fiches, dont un modèle est annexé à la présente note.

La connaissance des qualités culturales des lignées, jointes aux possibilités technologiques (criterium technologique) est nécessaire dès le début d'une sélection méthodique, pour éviter de suivre pendant plusieurs années, celles qui au moment de leur mise en grande culture ne répondraient pas aux desiderata de la filature.

L'industrie française demande indépendamment des cotons ordinaires, des sortes fines, homogènes et de bonne longueur moyenne atteignant 38/40 mm. Des résultats obtenus, il résulte que les produits de plusieurs plants répondent à ces caractéristiques ; leurs qualités sont intéressantes à la fois pour le producteur et pour le filateur. Le n° 26 par exemple, unit à une productivité élevée une finesse supérieure aux cotons ordinaires d'Algérie, ainsi qu'une valeur technologique élevée. Les nos 28, 31 d'Orléansville, et le n° 23 de Perrégaux se rapprochent par leur finesse, des sakels égyptiens. Ils mesurent respectivement 16 µ, 5, 17 µ 5, 16 µ. Le n° 37 est un type de bon Pima. Son coton mesure 19 µ et son lint-index est élevé.

Tous les échantillons ont été soumis à des experts pour définir leur valeur commerciale (MM. Perret, à Oran pour les cotons de la région de Perrégaux, et Duché à Alger pour ceux d'Orléansville). Leurs observations viendront compléter celles qui sont déjà portées sur les fiches.

Les semences provenant des meilleurs individus seront semées en totalité au printemps 1930. Les pieds ayant montré des qualités moyennes seront soumis encore à la récolte prochaine à une analyse méthodique et ceux qui alors ne correspondront pas aux types demandés seront éliminés.

Pour éviter la fécondation croisée, un certain nombre de plantes seront enveloppées de gaze pendant la floraison afin de conserver intacte la pureté de chaque sorte ou lignée.

Les graines autofécondées recueillies serviront « d'élites » destinées à assurer à côté des semences provenant des souches non protégées, un noyau de graines représentant le véritable type de la lignée. Tableau I.

Les observations faites au cours de ces recherches nous ont montré que parmi les individus issus des sortes n° 1423 et n° 1317 cultivées en grand, déjà depuis plusieurs années, un certain nombre présentaient diverses variations les éloignant plus ou moins des types indiqués ci-dessus. Quoique la plupart des plants de ces deux sortes donnent d'excellents produits, il est indispensable, comme on le fait dans les stations expérimentales d'Orléansville et de Ferme-Blanche, de procéder au triage continuel des graines et de régénérer, si l'on peut s'ex-

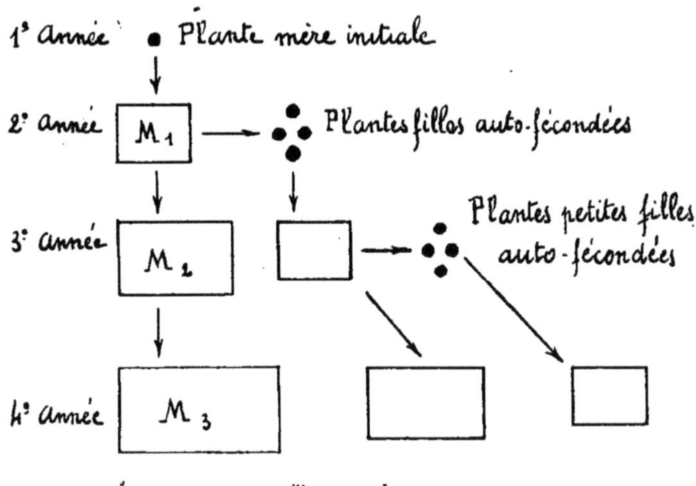

TABLEAU I.

primer ainsi, ces sortes par des semences obtenues sur de nouvelles plantes cultivées à l'abri de la fécondation croisée qui joue un rôle si important, encore mal défini, chez le coton.

COTON N° 26

L'échantillon a été récolté en 1929 à la Station expérimentale d'Orléansville. Il provient d'un pied tiré d'une culture de coton Pima n° 1423 et comprend :

1° Un lot de coton brut.

2° 5 capsules entières.

I. — Renseignements culturaux

Durée moyenne de l'évolution de la plante (du semis à la première cueillette), 160 jours.

Nombre de capsules : 21.

Poids moyen coton brut .... 64,87 gr.

— égrené .... 31,42 gr.

Rendement moyen à l'hectare, 400 k. fibres.

II. — Rendement

1° *Rendement en lint :*

Par égrenage à la main, il a été obtenu 31,420 gr. de fibres pour 33,45 gr. de graines, soit 48,45 % de fibres.

2° *Poids de 100 graines,* 13,65 gr.

Les graines sont noires à touffes de duvet vertes, au sommet et sur une partie du corps de la graine. Elles sont lourdes, régulières et saines.

3° *Lint-index* (poids de lint pour 100 graines) :

$$\frac{48,45 \times 13,65}{51,55} = 12,82$$

Lint-index très élevé indiquant une aptitude aux forts rendements.

4° *La proportion de fibres mortes,*

déterminée par le procédé de teinture à l'indigo est de 16.8 %. C'est un chiffre un peu fort.

III. — Caractéristiques de la fibre

1° *Longueur.*

Du polygone de fréquence (fig. 1) construit à l'aide de 120 mesures ont déduit les chiffres suivants :

Plus grande fréquence : **M** = 44 mm.
Quartil inférieur : Q^1 = 40 mm.
Quartil supérieur : Q^2 = 47 mm.
Quartil moyen : $Q = \frac{Q_1 + Q_2}{2} = 43{,}5$ mm.
Variabilité : $V = 100 \frac{Q_2 - Q_1}{Q} = 16.$
Irrégularité : $I = 100 \frac{M - Q}{M} = +1.$
Fibre la plus longue : 50 mm.
Fibre la plus courte : 34 mm.
L'homogénéité est très bonne.
Le coton est très long.

2° *Finesse* (après mercerisage) (fig. 2) :

Le polygone construit d'après la mesure au microscope du diamètre de 100 fibres, donne :

M = 18 μ 5. Moyenne = 18 μ 1

Le coton est de bonne finesse sans cependant atteindre celle des Sakellaridis (16-17 μ). Il entre dans la catégorie soie fine de Deschamps

3° *Vrillage* (fig. 3) :

En examinant 100 fibres sous un grossissement de 400 D. et en comptant pour chaque fibre le nombre de tours de vrillage visibles

15
10
5
Fig. 1
35
40
45
50 mm.

40
20
Fig 2
12.5
18.5
24.5
20
10
Fig. 3
0
5
10 tours

Fig 5
Vrillage
Extensibilité
50
PV+MV
BV+TV
37
63
<10%
>10%
29
71

10
5
Fig. 4
0
5
10 gr

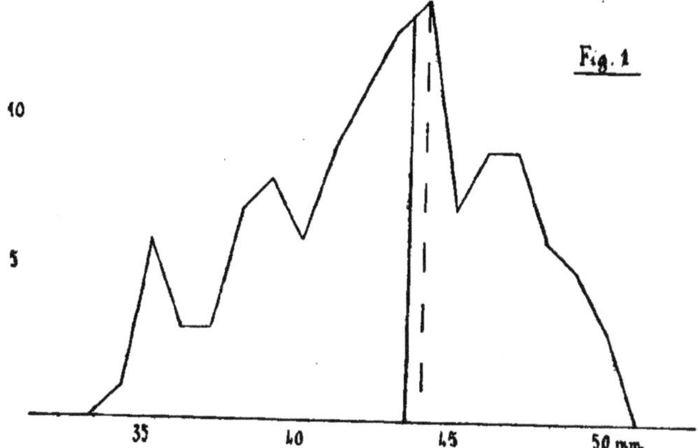

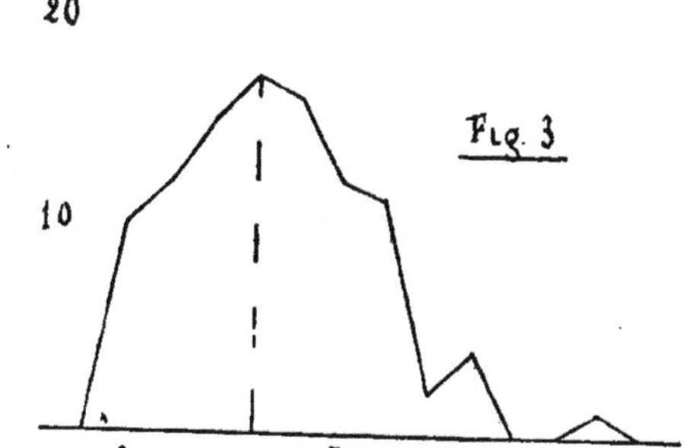

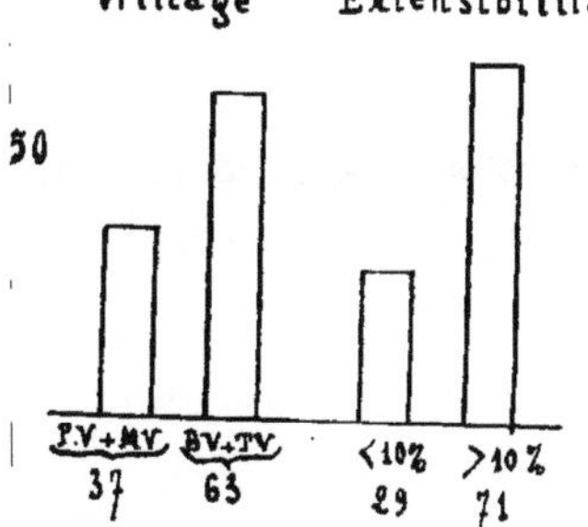

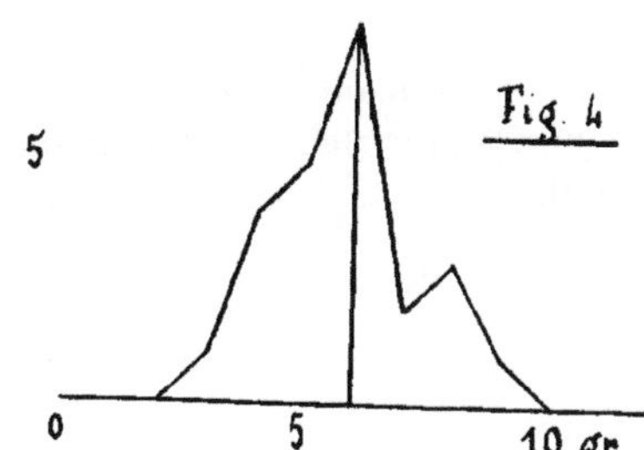

TABLEAU II.

dans le champ du microscope, on obtient : $M=3$, $Q_1=2$, $Q_2=6$; $Q=4$, $V=100,1=33$.

Le vrillage normal est de 3 tours.

Ces chiffres peuvent encore être interprétés de la façon suivante :

P — V (peu vrillées 0-1 tours)	= 22 %	}	37 %
M — V (moyennement vrillées 2 tours)	= 15 %	}	
B — V (bien vrillées 3 tours)	= 15 %	}	63 %
T — V (très vrillées 4 tours et plus)........	= 46 %	}	

Le coton est très vrillé.

4° *Ténacité :*

La moyenne des chiffres obtenus pour 24 ruptures au microdynamomètre du Professeur Heim de Balsac est de 6 gr. 26. Du polygone de fréquence (fig. 4), on tire :

$M=6$ gr., $Q_1=5$ gr., $Q_2=7$ gr., $Q=6$ gr., $V=28,6$, $I=0$.

Ténacité en fonction de la finesse. — Un faisceau théorique de 0,100 mm. de diamètre contiendrait 30,8 fibres, sa ténacité serait de $6,26 \times 30,8 = 192,80$.

C'est une bonne résistance moyenne légèrement inférieure à celle des cotons égyptiens qui dépassent 200 gr. dans les mêmes conditions.

5° *Extensibilité :*

24 essais au microdynamomètre ont donné les pourcentages d'allongements suivants :

6 % — 8,3 — 8,7 — 8,9 — 9,0 — 9,5 — 9,7 — 10,0 — 11,3 — 11,4 — 11,8 — 12,2 — 13,3 — 13,3 — 13,4 — 13,6 — 13,6 — 14,1 — 15,0 — 15,0 — 15,7 — 18,2 — 21,0.

29 % de fibres s'allongent de moins de 10 % de leur longueur initiale — 71 % de plus de 10 %.

Le vrillage permet de prévoir cette répartition.

Le coton est très extensible.

IV. — Classement

1° *Couleur* — blanc beurré.

2° *Emploi industriel.* — En filature ce coton peut donner du n° 180-190.

J. Henri FABRE et E. BRÉMOND
Professeurs à l'Institut agricole d'Algérie.

ÉTUDE COMPARATIVE DES DIVERSES MÉTHODES DE DOSAGE DE L'ACIDITÉ FIXE DES VINS

L'article 1 de la *Loi du 1er janvier* 1930 sur le Commerce des vins indique qu'il est interdit de vendre, mettre en vente, détenir en vue de la vente, sauf pour la distillerie ou la vinaigrerie, des *vins de coupage* renfermant moins de 9° d'*alcool réel*, ainsi qu'une *acidité fixe* insuffisante pour qu'en ajoutant le chiffre de l'*acidité fixe* au chiffre *d'alcool*, la *somme* obtenue soit inférieure à 12°5.

Le *décret du* 8 *février* 1930 spécifie que la mesure de ces indications doit être obtenue, pour le *degré d'alcool réel* par distillation, mais il indique seulement pour *l'acidité fixe* qu'il s'agit de *l'acidité sulfurique* mesurée en se conformant à la *Méthode officielle d'Analyse des vins* fixée par Arrêté des Ministres de l'Agriculture et du Commerce.

En fait, cette Méthode officielle comporte la mesure *directe* de l'acidité fixe par *volumétrie liquide* et elle indique que l'on peut utiliser indifféremment, pour saisir le terme de la réaction :

a) *le virage de la phénolphtaléine ;*

b) *des touches sur du papier de tournesol ;*

c) *une insolubilisation des matières tannoïdes des vins à l'état de combinaisons tanno-calciques* (Méthodes Pasteur ou Pasteur-Laborde).

Certes, on a constaté depuis longtemps que suivant que l'on utilise l'un ou l'autre de ces trois *indicateurs*, on obtient des résultats différents (leur différence peut dépasser 1 gramme par litre pour des vins colorés, même après avoir pris la précaution de chasser par un léger chauffage le gaz carbonique contenu dans les prises d'essai), mais on ne s'est guère préoccupé jusqu'ici de coordonner ces résultats que l'on considérait comme d'importance secondaire.

Désormais, à cause des prescriptions de l'article 1 précité de la *Loi du 1er janvier* 1930 qui donnent à la valeur de *l'acidité sulfurique fixe* un intérêt capital, il devient indispensable de faire disparaître toute incertitude dans sa détermination.

EXEMPLE NUMÉRIQUE MONTRANT LA NÉCESSITÉ DE PRESCRIRE L'EMPLOI D'UN INDICATEUR UNIQUE POUR DÉTERMINER LA VALEUR DE L'ACIDITÉ FIXE DES VINS

Un vin rouge provenant du domaine de l'Institut Agricole d'Algérie (récolte 1928) d'authenticité et de pureté certaines, ne possédant aucun caractère anormal ou exceptionnel, nous a donné à l'analyse :

Titre alcoolique (par distillation) .... 9°,10

Acidité sulfurique fixe, par litre :

Mesure faite à l'aide de *phénolphtaléine*.... 3 gr. 72
Mesure faite au *papier de tournesol sensible*.. 3 gr. 12
Mesure faite par la *Méthode Pasteur-Laborde*.. 3 gr. 27

Ces chiffres conduisent à calculer ainsi qu'il suit la SOMME : *Alcool + Acidité fixe* :

Si on utilise la mesure faite à l'aide de *phénolphtaléine* :

$9{,}10 + 3{,}72 = 12{,}82.$

Si on utilise la mesure faite au *papier de tournesol sensible* :

$9{,}10 + 3{,}12 = 12{,}22.$

Si l'on utilise la mesure par la *Méthode Pasteur-Laborde* :

$9{,}10 + 3{,}27 = 12{,}37.$

Ces résultats entraînent les conclusions suivantes :

Dans le premier cas : « Vin de coupage *satisfaisant* à la définition des *vins de coupage* établie par la loi du 1er janvier 1930. »

Dans les deuxième et troisième cas : « Vin *ne satisfaisant pas* à cette même législation. »

Comme on le pense aisément, de graves contestations ne manqueraient pas de surgir soit entre les commerçants et les vendeurs, soit entre l'Administration de la Répression des Fraudes et les particuliers, si on laissait persister une pareille latitude dans le choix des chiffres analytiques obtenus.

C'est pour esayer d'éclairer ce choix que nous avons procédé à une étude comparative portant sur des vins rouges et blancs, d'âges ainsi que d'intensités colorantes variables.

Mesure directe de l'acidité fixe

La *Méthode Officielle* comporte la mesure directe de l'*acidité fixe* du résidu provenant de 5 cc. de vin évaporés à froid sous vide profond, pendant 4 jours.

Comme l'emploi de cette méthode officielle nécessite, en outre d'un long délai de 4 jours sous vide, l'utilisation d'un outillage compliqué, dont certains laboratoires peuvent ne pas disposer, *la Méthode de Roos Mestrezat* lui a été substituée.

Cette dernière méthode utilise 20 cc. de vin qui sont évaporés en quelques minutes, sous l'influence simultanée d'un chauffage au bain-marie bouillant, et d'un vide d'environ 70 cm. de mercure.

Les résidus obtenus sont neutralisés dans les deux cas avec une liqueur de soude ou de potasse titrée, versée à l'aide d'une burette graduée, et on peut utiliser indifféremment jusqu'ici l'un des trois *indicateurs* déjà mentionnés, pour connaître le terme de la réaction.

Mesure de l'acidité fixe par différence entre l'acidité totale et l'acidité volatile

Dans beaucoup de laboratoires, on considère que l'on obtient des résultats satisfaisants en mesurant directement, par volumétrie liquide, d'une part *l'acidité totale*, et d'autre part *l'acidité volatile* des vins.

On déduit ensuite la valeur de l'*acidité fixe* en calculant la différence qui existe entre ces deux chiffres.

On utilise d'ordinaire la *Méthode Mathieu* pour mesurer l'acidité volatile, mais nous avons montré nous-mêmes (1) qu'il est préférable de lui substituer la Méthode Denigès, lorsqu'on a affaire à des vins très chargés en anhydride sulfureux.

Le dosage direct de l'*acidité totale* est effectué lui aussi en utilisant l'un quelconque des trois *indicateurs* précités, pour saisir le terme de la réaction.

---

(1) Fabre : Analyse des Vins et Interprétation des Résultats Analytiques. 1928 (Tome 2 du *Traité encyclopédique des vins*.

N° D'ORDRE		LIEU D'ORIGINE	ANNÉE	ACIDITÉ TOTALE MESURÉE EN UTILISANT			ACIDITÉ VOLATILE mesurée directement méthode Mathieu	ACIDITÉ FIXE CALCULÉE PAR DIFFÉRENCE			ACIDITÉ FIXE MESURÉE DIRECTEMENT par méthode Roos-Mestrezat			ACIDITÉ VOLATILE CALCULÉE PAR DIFFÉRENCE			COLORIMÉTRIE	MATIÈRES TANNOÏDES (MÉTHODE LABORDE)	pH
				Phénol-phtaléine	Tournesol	Pasteur-Laborde		Phénol-phtaléine	Tournesol	Pasteur-Laborde	Phénol-phtaléine	Tournesol	Pasteur-Laborde	Phénol-phtaléine	Tournesol	Pasteur-Laborde			
1	Vins rouges ordinaires	Alger	1925	4,95	4,40	4,60	0,60	4,35	3,80	4,00	4,20	3,65	3,90	0,75	0,75	0,70	rancio	2,10	3,10
2			1926	4,60	4,20	4,20	0,84	3,76	3,36	3,36	3,70	3,10	3,15	0,90	1,10	1,05	rancio	2,78	3,33
3			1927	5,30	4,80	4,90	0,70	4,60	4,10	4,20	4,60	4,05	4,15	0,70	0,75	0,75	rancio	3,14	3,14
4			1928	4,05	3,45	3,60	0,33	3,72	3,12	3,27	3,70	3,10	3,15	0,35	0,35	0,45	un peu rancio	2,05	3,24
5			1929	5,10	4,30	4,45	0,35	4,75	3,95	4,10	4,75	3,90	4,00	0,63	0,40	0,45	2e v. r. $\frac{258}{100}$	2,57	3,21
6		Oran	1928	4,10	3,45	3,50	0,30	3,80	3,15	3,20	»	»	»	»	»	»	peu coloré	1,66	3,31
7			1926	3,20	2,45	2,45	0,66	2,54	1,79	1,79	2,57	1,85	1,70	0,63	0,60	0,75	rancio	2,83	3,77
8			1927	4,00	2,80	2,95	0,48	3,52	2,32	2,47	»	»	»	»	»	»	rancio	2,83	3,62
9			1928	3,80	3,00	3,10	0,50	3,30	2,50	2,60	3,25	2,50	2,60	0,[illegible]5	0,50	0,50	rouge $\frac{372}{100}$	2,83	3,62
10			1929	4,20	3,45	3,70	0,37	3,83	3,08	3,33	»	»	»	»	»	»	rouge $\frac{253}{100}$	2,73	3,63
11		Bône	1929	4,45	3,80	4,00	0,55	3,90	3,25	3,45	»	»	»	»	»	»	1er rouge $\frac{331}{100}$	2,16	3,38
12	Vin rosé	Alger	1925	3,10	2,95	3,10	0,35	2,75	2,60	2,75	2,70	2,60	2,65	0,40	0,35	0,45	rosé très faiblement teinté	1,41	3,28
13	Vins blancs	Alger	1926	2,95	2,80	2,70	0,70	2,25	2,10	2,00	2,30	2,10	2,00	0,65	0,70	0,70	blanc	1,41	3,66
14			1926	2,80	2,65	2,65	0,99	1,81	1,66	1,66	»	»	»	»	»	»	blanc	2,01	3,68
15			1928	3.00	2,90	2,95	0.44	2,57	2,46	2,51	2,35	2,40	2,45	0,45	0,50	0.50	blanc	2,06	3,38
16			1926	2,50	2,40	2.40	0.49	2,01	1,91	1,91	»	»	»	»	»	»	blanc	1,15	3,56
17		Oran	1928	3,35	3,20	3,35	0,50	2,85	2,70	2,85	2,85	2,65	2,80	0,50	0,55	0,35	blanc	2,00	3.40
18	Vins eudémisés	Alger	1925	9,70	8,90	9,30	0.66	9.04	8,24	8.64	9,00	8.17	8.40	0,70	0,73	0.90	rancio	3.57	2,98
19			1927	7,60	6.85	6.80	0.75	6,85	6.10	6,05	»	»	»	»	»	»	rancio	4.88	3.21
20			1927	12.60	11,30	11.35	0.50	12.10	10.80	10,85	12,00	10.40	10.60	0,60	0,90	0.75	rancio	4,43	2,97
21	Producteurs directs	Seibel	5455	7,30	5.80	5,90	0.50	6,80	5.30	5,40	»	»	»	»	»	»	3e rouge $\frac{90}{100}$	4.73	3.04
22		Seibel	1000	11,40	9,00	9,30	0,60	10,80	8,40	8.70	»	»	»	»	»	»	2e v. r. $\frac{10}{100}$	6,70	3,09
23		Couderc	7120	5,90	4.60	4,60	0,90	5.00	3.70	3.70	4.90	3.50	3.60	1,00	1.10	1,00	2e rouge $\frac{115}{100}$	4.88	3.38

Conclusions partielles

1° Dans des essais réalisés avec des vins naturels, non surchargés en anhydride sulfureux, nous avons constaté que les chiffres *d'acidité sulfurique fixe* déterminés soit « *directement* » par la Méthode Roos et Mestrezat, soit « *par différence entre les valeurs de l'acidité totale et de l'acidité volatile* » concordent sensiblement, si on utilise toujours le même indicateur.

Nous avons généralement trouvé plus commode d'utiliser la méthode de « *par différence entre les valeurs de l'acidité totale et de l'acidité volatile* ».

2° La *phénolphtaléine* utilisée comme indicateur pour la mesure directe de l'*acidité totale* et de l'*acidité fixe* des vins rouges conduit à trouver des résultats bien supérieurs à ceux que l'on obtient soit « *par touches sur du papier de tournesol teinte sensible* », soit par la *méthode Pasteur-Laborde*. Les différences que l'on constate ainsi sont d'autant plus grandes que l'on a affaire à des vins plus chargés en matières colorantes, comme on peut s'en rendre compte sur le tableau récapitulatif ci-après :

Différences constatées entre les chiffres d'acidité fixe

	N° d'ordre	Différences entre les chiffres donnés par les méthodes à la phénolphtaléine et au tournesol		Différences entre les chiffres donnés par les méthodes au tournesol et Pasteur-Laborde		Matières tannoïdes (Méthode Laborde)
		Acidité fixe calculée par différence	Acidité fixe mesurée directement	Acidité fixe calculée par différence	Acidité fixe mesurée directement	
Vins rouges ordinaires	3	0,50	0,55	0,10	0,10	3,14
	5	0,80	0,85	0,15	0,10	2,57
	7	0,75	0,72	0,00	0,15	2,83
	9	0,80	0,75	0,15	0,10	2,83
Vin rosé	12	0,15	0,10	0,15	0,05	1,41
Vins blancs	13	0,15	0,20	0,10	0,10	1,41
	17	0,15	0,20	0,15	0,15	2,00
Vin eudémisé	20	1,30	1,60	0,05	0,20	4,43
Producteur direct	23	1,30	1,40	0,00	0,10	4,88

2° Il semble qu'avec des vins rouges, les chiffres obtenus en utilisant comme indicateur soit le *tournesol*, soit l'*apparition d'un précipité tanno-calcique* (dans la méthode Pasteur-Laborde), les chiffres différant d'ailleurs peu entre eux, doivent être considérés comme plus exacts que ceux obtenus en utilisant la *phénolphtaléine*.

D'ordinaire, avec les vins peu ou moyennement colorés, l'emploi du *papier tournesol teinte sensible* est plus général et plus commode que l'emploi de la *Méthode Pasteur-Laborde*.

4° Nous ne croyons pas qu'il y ait lieu de généraliser l'emploi des méthodes nouvelles ayant été déjà proposées, notamment par *M. le Pharmacien Colonel Bruère* (1) (utilisant un spectroscope spécial) et par *M. Sémichon* (2) basé sur la mesure d'un dégagement de gaz carbonique) parce que ces méthodes sont infiniment plus compliquées que l'emploi de simples touches sur du *papier de tournesol teinte sensible*, sans donner en même temps une certitude d'avantages de précision.

5° La *mesure directe du pH par électrométrie* ne nous a pas conduit à l'obtention de chiffres permettant d'établir des relations nettes entre *l'acidité réelle* et *l'acidité fixe* : nous avons cru néanmoins utile de mentionner les valeurs ainsi trouvées, pour démontrer une fois de plus que le pH des vins ne varie généralement que dans des limites étroites (2,97 à 3,77 pour les cas étudiés).

Conclusions générales

S'il nous était permis de tirer des conséquences pratiques de la présente étude, pour proposer de réglementer de façon stricte le *dosage de l'acidité fixe des vins*, nous proposerions :

1° D'adopter le chiffre calculé « *par différence* » en déduisant la valeur de *l'acidité sulfurique volatile* (résultant de l'emploi des Méthodes *Mathieu* ou *Denigès*) de la valeur de *l'acidité sulfurique totale* dosée par volumétrie liquide.

2° De considérer comme préférable la mesure de *l'acidité sulfurique totale* basée sur le procédé par *touches à l'aide de papier de tournesol, teinte sensible*.

On pourrait autoriser l'emploi de la *Méthode Pasteur-Laborde* (donnant des résultats très voisins), pour les cas où l'on ne posséderait pas cette qualité spéciale de papier de tournesol.

3° De ne pas admettre l'emploi de la *phénolphtaléine*, surtout avec des vins colorés, parce que cet indicateur conduit à l'obtention de résultats trop élevés.

---

(1) Annales des Falsifications. Fév. 1930, p. 68.
(2) Annales des Falsifications 1930, p. 5.

BONNET
Professeur Régional d'Oléiculture
Directeur de la Station Oléicole d'Antibes.

L'HUILERIE D'OLIVES
UNE NOUVELLE PRESSE A OLIVES

Depuis que l'olivier existe, ou du moins, depuis qu'on l'exploite, pour extraire de son fruit l'huile qu'il contient, le seul procédé utilisé à cet effet est la pression. Cette pression a été réalisée dans le passé, d'abord par des moyens rudimentaires, puis les procédés mis en œuvre se sont perfectionnés et, à ce jour, c'est la pression hydraulique qui est pratiquée ; cette pression a fait naître les scourtins.

L'emploi des presses verticales et des scourtins présente les inconvénients suivants :

1° assèchement insuffisant de la pâte d'olive ;

2° dépense de scourtins et de main-d'œuvre très élevée.

Depuis de nombreuses années, nous sommes à la recherche d'un procédé permettant de rendre plus économique la fabrication de l'huile et nous avons fait ces recherches, avec l'idée bien arrêtée de trouver un procédé qui réponde aux points suivants :

1° Séparer les liquides de suite après que les olives sont broyées ; faire cette opération en laissant dans la masse des grignons toutes les impuretés ;

2° Réduire la dépense de scourtins et réaliser une économie de personnel ;

3° Faire construire un appareil pouvant exercer sur la pâte une pression plus élevée, afin de l'assécher le plus complètement possible ;

4° Que cette machine soit puissante, solide, nécessitant un minimum de soins et d'un prix ne dépassant pas, pour un travail égal, celui de l'ensemble de presses verticales employées jusqu'à ce jour dans un moulin ;

5° Laisser un sous-produit (grignons) contenant l'huile qui n'a pu être extraite, bien asséché, c'est-à-dire aussi pauvre en eau et en huile que possible.

Nos essais. — Le matériel employé

C'est à la Coopérative de Nîmes, là où nous avons fait nos recherches sur l'épuisement des corps gras, que nous avons entrepris nos nouvelles expériences.

Après des essais concluants, le principe de la presse horizontale fut acquis et admis, et la Coopérative de Manosque (Basses-Alpes) en création, adopta cette nouvelle machine. Sans négliger une fabrication industrielle, nous étions heureux de pouvoir montrer :

1° que la pression dite « préparatoire » en huilerie d'olive, était inutile. Nous sommes parfaitement sûr de ce fait et nous nous en sommes rendu compte au cours de nombreux essais, faits dans les coopératives qui ne possèdent que des presses finisseuses à 2 ou 4 colonnes ;

2° que seule une forte et unique pression assèche mieux la pâte d'olive que 2 plus faibles ;

3° que cette forte pression ne pouvait être réalisée que dans une cage pleine, très résistante, car entre les plateaux d'une presse verticale, elle n'aurait pu être maintenue ;

4° que la presse étant horizontale, il devenait possible de préparer le chargement d'une presse au cours de la pression d'une charge précédente ; d'où intensification du travail. Cette nouvelle presse comprend : une cage pleine pouvant contenir 150 k. de pâte d'olive, garnie intérieurement de lamelles en acier. Les liquides filtrent à travers les lamelles, se réunissent dans des rainures circulaires, qui elles s'en débarrassent, au moyen de petites ouvertures ; les liquides sont recueillis par une goulette en fer blanc qui les conduit dans un bassin.

Faisant suite à cette cage et sur le même plan, se trouve le pôt de presse contenant le piston de pression ; celui-ci peut produire une force de 200 k. au manomètre et 80 k. par cent. carré sur la pâte, soit le double de celle produite par les anciennes presses finisseuses. La durée de la pression est de 25 minutes ; elle doit toujours être effectuée très lentement : chose facile par l'ouverture progressive des robinets de pression.

A la suite du piston de pression, se trouve, toujours placé horizontalement, un pôt hydraulique de moindre dimension, actionnant un piston de retour en arrière du piston de pression, après que celle-ci est terminée ; ce retour s'effectue en quelques instants. L'ensemble forme une machine de 5 m. de long, 0 m. 70 de hauteur, reposant sur un socle en maçonnerie.

Le remplissage de la cage se fait au moyen d'un cylindre de chargement, pouvant basculer sur 2 axes, rester vertical en cours de chargement, prendre la position horizontale au moment de céder sa charge de pâte à la presse. Ce passage se fait très rapidement, grâce à un dispositif particulier.

La pâte d'olive est incompressible et nécessairement, il faut la placer sur des appareils qui devront faire fonction de drains ; ce sont les scourtins pour les presses verticales ; pour les presses horizontales, il fallait quelque chose de plus résistant et, après de multiples essais, notre choix s'est porté sur des plateaux en cheveux et poils appelés étrindelles, en huilerie de graines.

Résultats obtenus à la Coopérative de Manosque

1° *Travail horaire* par presse horizontale : 250 à 300 k. d'olives, soit celui de 2 presses préparatoires et 2 finisseuses ;

2° *Richesse des grignons* en matières grasses :

Moyenne pour 100 coopératives possédant des *presses verticales* : 12,42 % d'huile ;

Moyenne de 7 échantillons de *presses horizontales* pris en cours de la fabrication, 10,0 %.

Richesse des grignons prélevés, pour contrôle, par le Génie Rural : 9,7 ; 10,45 ; 9,9 %.

Richesse des grignons prélevés par la Coopérative ; sur étrindelles neuves, ou bien nettoyées : 8,4 % ; sur étrindelles en travail depuis 15 jours et mal nettoyées : 9.6 %.

Si l'on nettoie les séparateurs de temps en temps, on ne laissera pas plus de 9,5 % d'huile.

3° Coût des séparateurs : identique à celui des scourtins en cocos. Rupture, nulle en fin de campagne ; adhérence des grignons : insignifiante. L'économie qui pourra être réalisée sur les scourtins sera sûrement supérieure à 50 %.

4° Personnel nécessaire. A Manosque, pour le travail de 4 presses et le traitement de 1.000 k. d'olives à l'heure : 8 hommes ; soit 2 hommes par presse.

Le travail de ces 2 hommes se produit ainsi : durée de la pression, 25 minutes ; au cours de celle-ci, chargement du charriot : 12 à 14 minutes et nettoyage des étrindelles qui viennent de servir.

Avec une équipe de 3 hommes, dont un au grenier, on pourrait traiter 2.500 à 3.000 k. d'olives en 10 h. et 5.000 à 6.000 k. avec 2 équipes de 3 hommes.

Quoi demander de plus à un matériel qui comprenant : un broyeur, une pompe de compression, une presse horizontale avec tous ses accessoires, étrindelles comprises, ne coûterait peut-être pas plus de 52 à 55.000 francs ?

Avec la réduction de 40 % sur le personnel, de 50 % et même plus sur les scourtins, les grignons obtenus, soit 2.000 k. sur 5.000 k. d'olives ou 400 fr. environ au cours de cette année, paieraient largement tous les frais et laisseraient une somme journalière assez élevée pour l'amortissement du matériel.

Si nous faisons intervenir l'augmentation de rendement, l'intérêt de la presse horizontale devient encore plus important, car avec des séparateurs bien nettoyés on obtiendra *toujours au moins* 1,5 *à* 2 % d'huile en plus.

Il y a donc un progrès réel en huilerie d'olives.

M. ROUSSEAU

Professeur à l'Ecole Coloniale d'Agriculture de Tunis,
Directeur de l'Huilerie Expérimentale de la Ghaba.

1° LE PRESSAGE DES PATES D'OLIVES EN UNE SEULE PRESSÉE

La plupart des moulins à huile, sauf de rares exceptions, utilisent pour le pressage des pâtes d'olives deux sortes de presses : préparatoires et finisseuses. Cette disposition adoptée dans le but d'obtenir un meilleur rendement et de séparer le produit en deux qualités distinctes, implique des complications dans le matériel et dans les manipulations.

A la suite d'essais effectués à l'Huilerie Expérimentale de la Ghaba à Tunis, en vue d'études sur la simplification du matériel, durant la campagne oléicole 1927-1928, des observations intéressantes avaient été constatées après traitement de la pâte d'olive en une seule pressée à l'aide des presses finisseuses ordinaires, toutefois ce matériel ne répondait pas exactement au but proposé par suite de la nécessité d'effectuer la charge en deux fois, étant donné l'insuffisance de longueur du piston.

Ces essais furent alors repris durant les campagnes oléicoles 1928-29 et 1929-30 avec une presse à deux pressions Lobin et Druge.

Cet appareil, qui se présente sous l'aspect d'une presse finisseuse ordinaire à 2 colonnes, mesure 1 m. 90 entre le plateau et le sommier supérieur et est muni d'un piston de 0 m. 30 de diamètre et 1 m. 45 de longueur permettant d'effectuer la pressée complète de la colonne de scourtins sans avoir à craindre la sortie du piston du pot de presse.

A l'Huilerie Expérimentale, le fonctionnement de cette presse était assuré par 2 pompes, une à basse pression réglée à 50 kgs par un accumulateur spécial et une à haute pression réglée à 175 kgs, utilisée en temps normal pour les besoins de l'Usine.

Le chargement de cette presse s'effectue comme dans les presses préparatoires avec interposition de 1 à 2 plaques séparatrices en acier.

La charge d'une pressée est d'environ 75 scourtins contenant chacun de 3 à 4 kgs de pâte.

Le temps effectif de pression varie selon les olives entre 1 h. 30 et 2 heures.

La mise en pression se fait tout d'abord à l'aide de la pompe à basse pression qui, munie d'un piston à grand diamètre permet une montée rapide. Cette première phase, dont la durée est de 15 à 18 minutes, correspond à la pressée préparatoire et est caractérisée par un fort écoulement du jus de la pâte. Lorsque le débit diminue notablement, la pression est alors fournie par la deuxième pompe jusqu'à épuisement suffisant. Aux essais, effectués avec des lots d'olives homogènes, les résultats obtenus sont pratiquement identiques entre le travail de la pâte par le procédé ordinaire à deux pressées et par la presse Lobin et Druge, ainsi que l'indiquent les analyses de grignons suivantes :

Catégories d'essais	N° des essais	Eau %	Matière grasse grignons humides	Matière grasse grignons secs
Procédé ordinaire.	1	35,03	11,6	16,3
Presse Lobin......		33,38	10,2	15,3
Procédé ordinaire.	2	36,01	10,2	15.9
Presse Lobin......		35,2	9,4	14,5
Procédé ordinaire.	3	31,3	9,2	13,4
Presse Lobin......		31,3	9,5	13,8
Procédé ordinaire.	4	30,08	9,9	14,1
Presse Lobin......		32,1	9,8	14,4
Procédé ordinaire.	5	30,18	9,6	13,7
Presse Lobin......		32,4	9,4	13,9
Procédé ordinaire.	6	26,5	8,6	11,7
Presse Lobin......		25	8	10,6

Ces résultats permettent d'envisager tout l'abord la simplification du matériel en huilerie d'olive et cette opinion est confirmée par l'essai suivant :

Pour 550 kgs d'olives, il a été utilisé avec le procédé ordinaire : 3 pressées préparatoires (50 scourtins et 15 minutes de pression effective par presse) et 2 pressées finisseuses (75 scourtins et 1 h. 15 de pression effective par presse).

En ce qui concerne la qualité de l'huile obtenue, si l'on considère l'huile totale extraite par les deux procédés, on ne constate pratiquement aucune différence sensible.

Cependant, dans le procédé ordinaire, on obtient généralement deux catégories d'huile dont l'une, celle de première pressée, est toujours supérieure à celle de deuxième pressée, se caractérisant notamment par son acidité plus faible.

Cette séparation peut être également obtenue avec la presse Lobin si l'on a soin de recueillir et traiter à part les jus sortant pendant les 10 ou 20 premières minutes de l'extraction, c'est-à-dire pendant la période correspondant à la pressée préparatoire caractérisée par son fort débit.

Des prélèvements d'échantillons effectués toutes les dix minutes durant la pressée avec une presse Lobin ont donné les résultats suivants :

Numéros des échantillons	Acidité %
Début de pressée	**0,75**
Numéro 1	**0,8**
» 2	**0,85**
» 3	**1,05**
» 4	**1,55**
» 5	**1,6**
» 6	**1,65**
» 7	**1,6**
» 8	**1,6**
» 9	**1,6**
» 10	**1,6**
» 11	**1,6**
Huile totale Lobin et Druge	**0,9**
Huile 1° pression, procédé ordinaire	**0,8**
Huile 2° pression, procédé ordinaire	**1,5**
Huile totale, procédé ordinaire	**0,9**

En résumé, le travail des pâtes d'olives en une seule pressée est réalisable dans des conditions de rendement et de qualité identiques à celles obtenues dans le pressage à l'aide des presses préparatoires et finisseuses. Il a l'avantage de réduire le matériel ainsi que les manipulations tout en permettant également une diminution de main-d'œuvre.

2° LA SÉPARATION CONTINUE DES LIQUIDES DES MATIÈRES PATEUSES PAR CENTRIFUGATION

LE CENTRIFUGE « PAROT »

Le IXe Congrès d'oléiculture siégeant à Tunis, en 1929, a émis le vœu suivant : Que les établissements d'expérimentation oléicole des divers pays orientent leurs recherches vers la réalisation de la marche continue de l'extraction de l'huile d'olive, etc...

L'échéance de ce vœu paraissait lointaine en raison des difficultés à résoudre, par les procédés habituels, il vient pourtant d'être réalisé par une invention toute nouvelle due *à M.* Parot, *Ingénieur agricole (Grignon)* qui, simplifiant à l'extrême les impédimenta de fabrication, utilise à cette fin un extracteur centrifuge dont la mise au point a duré plusieurs années.

Jusqu'ici, les appareils centrifuges continus n'avaient pu être utilisés industriellement que pour la séparation de liquides de densité différentes. La centrifugation continue des matières boueuses, semi-liquides, était pratiquement impossible par suite du colmatage rapide de la paroi des bols ou du rendement dérisoire en raison des arrêts fréquents rendus nécessaires pour le nettoyage.

Le centrifuge Parot sépare en travail continu les solides et les liquides ainsi qu'il a été constaté au cours des essais de 1930 à l'huilerie expérimentale de la Ghaba de Tunis avec un petit appareil d'essai dont voici la description sommaire :

1° Un bol cylindro-tranconique, A, de 220 mm. de haut, ouvert à ses deux extrémités selon deux diamètres différents (107 mm. et 100 mm.).

2° Une vis sans fin, V, montée concentriquement au bol et animée d'une vitesse très légèrement différente de celui-ci. L'appareil étant en marche, la matière à traiter est introduite suivant l'axe et se dispose, sous l'action centrifuge, en forme de couronne annulaire dont l'épaisseur est déterminée par l'intervalle compris entre le diamètre interne du bol et sa grande ouverture par laquelle les liquides peuvent s'extravaser. Il en résulte la formation d'un niveau hydro-dynamique X X' de diamètre plus grand que la seconde ouverture du bol qui, par suite, s'opposera à la sortie spontanée des matières. Les constituants de la boue, traitée se classent naturellement par densités croissantes du centre à la périphérie, les matières solides denses colmatant la paroi interne du bol A.

Celles-ci, sont alors entraînées dans un mouvement de progression lent et continu, sans remous, par l'extrémité des ailes de la vis, vers la petite ouverture du bol. — Ces matières émergées du niveau N N' s'extravasent naturellement et sont recueillies dans une ferblanterie.

Les liquides suivent une marche inverse et circulent dans les interspires et dans les orifices pratiqués au niveau voulu dans les ailes de la vis.

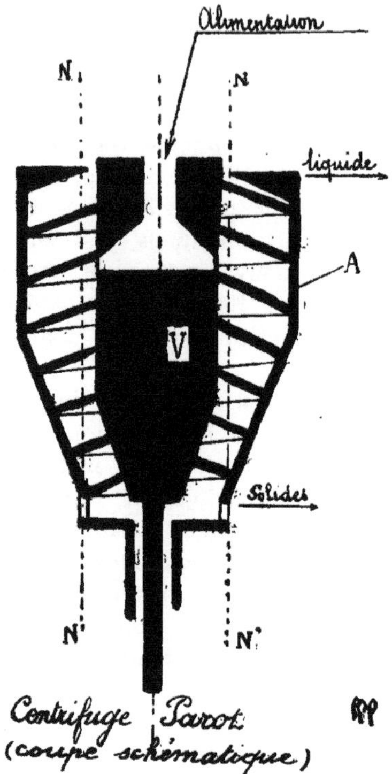

Centrifuge Parot
(coupe schématique)

Les opérations se passant au sein même du liquide boueux à traiter, la densité des matières lourdes se ramène à leur poids spécifique apparent, c'est-à-dire déduction faite du poids spécifique du liquide ambiant, ce qui réduit énormément l'effort mécanique d'entraînement.

Le débit pratique du dispositif est conditionné par le volume des matières solides à évacuer par les spires et par suite fonction du diamètre et de la vitesse différentielle.

L'appareil d'essai tourne à 5.000 tours, vitesse atteinte en moins de 10 secondes par moteur de 1 C. V. — A cette vitesse, la force centrifuge développée à une intensité égale à environ 1.500 fois la pesanteur alors qu'une intensité de 10.000 fois la pesanteur est couramment atteinte et même dépassée dans la construction centrifuge actuelle.

Un séparateur de liquides prévu peut, à leur sortie, analyser les liquides selon leurs caractéristiques densitaires.

Les applications industrielles de l'appareil centrifuge Parot sont nombreuses et en principe il peut être utilisé dans toute industrie, agricole ou autre, où l'on se trouve dans la nécessité de séparer un liquide d'une matière non-liquide. Afin de mettre en valeur ces diverses explications, l'appareil d'essais mis à la disposition de l'Huilerie Expérimentale a été expérimenté à l'aide de matières totalement différentes : Pâte d'olive, lie de vin et précipité chimique.

Traitement de la pâte d'olive

Dans le traitement de la pâte d'olive par la centrifuge Parot, il a été procédé à 6 essais, divisés en 2 groupes, suivant l'état de broyage des olives. Le premier groupe comprenant de la pâte obtenue au broyeur à meule et traitée soit directement soit après dilution à l'eau froide ou à l'eau chaude.

Le 2e groupe comprenant un seul essai, réalisé avec de la pâte provenant d'olives dénoyautées au dénoyauteur Acapulco.

Analyse des grignons

			Humidité %	Matière grasse %
Pâte broyée au broyeur à meules	Nature		60,96	7,6
	eau froide	25 %	61,48	9,8
		50 %	61,86	9,8
	eau chaude	25 %	59,58	9,8
		50 %	58,62	9,4
Pâte dénoyautée			69,22	11,6

Dans les résultats obtenus, indiqués au tableau précédent, il est à remarquer que la meilleure extraction a été obtenue dans le traitement de la pâte d'olive nature, broyée au broyeur à meules. Toutefois, la quantité de matière grasse des grignons paraît assez élevée si l'on considère le pourcentage d'humidité comparativement avec les grignons de presse (30 % d'humidité, 8 à 10 % de matière grasse).

Ces différences, relativement importantes, paraissent dues en grande partie à la construction du bol. Tout d'abord on se trouve en présence d'un appareil d'essai de petite capacité dans lequel la course de la matière est très réduite et par suite le temps de séparation est insuffisant, d'autre part le bol utilisé à ces essais a été étudié pour le traitement de matières différentes de la pâte d'olive et l'inclinaison des parois, qui n'est que de 10 degrés, paraît trop faible ainsi qu'en font foi les premiers essais réalisés au début de 1929 avec un bol à parois de 20 degrés.

	Humidité %	Matière grasse %
Pâte broyée au broyeur à meules :		
1er essai......	64	5,6
2e essai......	64,08	5,9

Le liquide sortant de l'appareil est constitué par un mélange émulsionné d'huile et margine. Ce mélange a pu être très facilement séparé par la suite à l'aide d'une supercentrifuge de Laval et pourrait l'être spontanément par adjonction sur le même appareil d'un séparateur classique.

L'huile extraite possède une acidité inférieure à celle obtenue par pressage.

	Acidité %
Huile de centrifuge «Parot»	0,65
Huile de 1° pression...........................	0,9
Huile de 2° pression...........................	1,7

Quant aux grignons sortant de l'appareil, ils se présentent sous l'aspect d'une masse molle comparable à celle obtenue à l'extracteur Acapulco.

Traitement des lies de vin

Le traitement des lies de vin à l'aide de la centrifuge Parot a été réalisé en 2 essais portant l'un sur une lie épaisse titrant 20,7 % de matière sèche et 79,2 % de liquide et l'autre sur une lie claire titrant 10,5 % de matière sèche et 89,4 % de liquide.

Les résidus solides extraits à l'appareil ont donné à l'analyse les résultats suivants :

		Matière sèche %	Humidité %	Taux d'extraction %
Lie épaisse	avant centrifugation	20,7	79,2	
	après »	39,1	60,8	47
Lie claire	avant »	10,5	89,4	
	après »	36,7	63,3	71,2

Le vin sortant de l'appareil était légèrement trouble mais ne renfermait plus que 2,05 % de matière sèche pour 97,9 de liquide.

Traitement des précipités industriels

Le traitement des précipités industriels avec la centrifuge Parot a été réalisé à titre d'expérience sur le produit du traitement d'une solution d'acide sulfurique par le chlorure de baryum et le carbonate de chaux. Le mélange titrait 16,8 % de matière sèche et 83,1 % d'humidité.

Après passage à la centrifuge, la matière solide extraite se présentait sous forme d'une pâte blanche titrant 49,04 de matière sèche et 50,9 % d'humidité.

Le liquide sortant de l'appareil était légèrement trouble et accusait à l'analyse 2,9 % de matière sèche et 97 % d'humidité.

Conclusion

Ainsi, l'huilerie d'olives, l'œnologie, et dans tous les cas où l'industrie se propose de séparer les constituants de matières boueuses ou chargées de précipités cristallins ou amorphes peuvent profiter de l'apparition du centrifuge séparateur continu, que M. Parot a présenté aux essais à Tunis. Bien que le petit modèle employé soit un appareil d'expérience mettant en jeu de faibles réactions centrifuges pendant un temps très court, l'exactitude de son principe est nettement apparue et permet d'envisager dès maintenant de nombreuses applications industrielles, voire la transformation radicale de certaines fabrications. La continuité du travail, la réduction de la main-d'œuvre et des impedimenta ordinaires, la qualité des produits obtenus, la suppression des pertes de fabrication, concourent en faveur de cette méthode toute nouvelle qui couronne le cycle des applications centrifuges.

HUSSON
Professeur de Technologie agricole à l'Institut Agricole d'Algérie.

PROCÉDÉS ACTUELS D'EXTRACTION DES HUILES D'OLIVES

A votre Congrès de Constantine (1928), j'ai insisté sur les soins à apporter à la récolte, au transport et à la conservation des olives, l'insuffisance de ces soins dans quelques centres oléicoles algériens et particulièrement en Kabylie étant la cause primordiale de l'obtention d'huiles de qualité inférieure, entraînant par généralisation, la dépréciation des huiles algériennes sur les marchés européens.

Les conditions dans lesquelles s'effectuent l'extraction et la conservation ayant également une inflence considérable sur les qualités des huiles livrées à la consommation, je vais donner maintenant un aperçu des différents procédés d'extraction en usage dans les huileries ; nous examinerons ensuite s'ils répondent bien aux exigences économiques actuelles.

*
* *

Abstraction faite de l'huile de l'amande qui représente d'ailleurs un faible pourcentage (0,5 à 1 % du poids total du fruit) et dont une proportion très faible est extractible par les procédés actuellement en usage en huilerie d'olives, l'huile est, en majeure partie, répartie en fines gouttelettes dans le suc cellulaire du mésocarpe.

Le travail d'extraction doit donc comprendre les opérations suivantes :

A) Déchirement des parois cellulaires de la pulpe, pour en libérer le suc, et séparation de ce dernier des particules solides.

B) Séparation de l'huile des autres éléments contenus dans le suc cellulaire.

Cependant, le rendement et la qualité des huiles varient dans de très larges limites suivant les conditions dans lesquelles sont effectuées ces opérations et les procédés modernes doivent viser à l'obtention d'un rendement maximum et à la production d'huiles de qualités supérieures. Ainsi compris, le travail de l'huilerie exige une connaissance approfondie des différents facteurs qui, au cours du travail, peuvent modifier le rendement ou la qualité des produits obtenus. L'emploi d'un matériel parfaitement conditionné au travail de l'huilerie est également nécessaire.

*
* *

Le déchirement des parois cellulaires peut être obtenu par écrasement à l'aide de broyeurs à cylindres, de broyeurs à meules de pierres ou à meules métalliques, ou encore par rapage contre une surface rugueuse ou entre deux surfaces rugueuses, ou enfin par projection violente des olives contre une surface rugueuse ou ajourée. C'est ce dernier procédé qui est généralement employé lorsqu'on veut en même temps séparer les noyaux de la pulpe. La séparation du suc cellulaire ou jus s'obtient soit par pressurage, soit par égouttage et malaxage sur une surface perméable aux liquides, soit encore par essorage ou même par délayage.

Le procédé d'extraction encore employé aujourd'hui dans presque toutes les huileries et, dans sa forme primitive, très ancien : il consiste en un écrasement des fruits, donnant une pâte soumise ensuite au pressurage. Le fruit est broyé en entier et on doit surtout chercher à obtenir un déchirement aussi complet que possible des parois cellulaires, sans pousser le broyage jusqu'à la pulvérisation des noyaux ; les fragments de noyaux aident au déchirement des parois cellulaires et lors du pressurage, ils diminuent la compacité de la pâte et permettent ainsi d'en obtenir un meilleur assèchement. Quoi qu'il en soit, la nature même du travail que l'on demande aux meules exige autre chose qu'une simple compression ; il faut qu'il y ait aussi étirement.

La pâte très fluide obtenue au broyage est placée par petites portions dans des scourtins, sortes de récipients souples en sparterie. Ces scourtins sont empilés sur le plateau d'une presse et sous l'influence d'une pression progressive le liquide s'écoule. On fait ainsi un, deux ou trois pressurages successifs en ayant soin de remanier la pâte entre chaque pressurage.

Ce procédé est mis en œuvre aussi bien dans les installations très rudimentaires que l'on rencontre encore en Kabylie, que dans les huileries les plus modernes ; dans les premières, le matériel très primitif (broyeurs à meules de pierres mus par un âne, ou par un mulet, et souvent aussi par des hommes ou des femmes, presses à vis en bois) disposé souvent en plein air, ne permet de travailler, avec de faibles rendements, que des olives ayant subi une fermentation prononcée. Les secondes sont pourvues au contraire d'un matériel puissant et bien conditionné, disposé dans des salles pouvant être chauffées et donnent des résultats plus satisfaisants tant au point de vue du rendement que de la qualité des huiles. Remarquons d'ailleurs que les anciens moulins kabyles travaillent de moins en moins, les indigènes, petits producteurs d'olives, ayant intérêt à vendre leurs olives ou à faire travailler leurs olives à façon dans des huileries bien outillées.

Examinons maintenant sommairement dans quelles conditions s'effectue le travail d'extraction dans les huileries modernes.

Sans entrer dans les détails de l'installation générale et de l'équipement de l'huilerie, disons cependant que toute huilerie moderne doit être pourvue d'un système de chauffage d'un réglage facile, d'une propreté irréprochable, et ne dégageant aucune odeur. Les systèmes de chauffage par circulation d'eau chaude (thermosiphons) ou par la vapeur à basse pression conviennent parfaitement. La température ne doit jamais descendre en dessous de +15° centigrades, et il faut tenir compte de l'époque à laquelle s'effectue le travail dans les huileries.

Dans les huileries peu importantes, lorsque la quantité d'olives travaillées à l'heure est inférieure à 300 ou 350 kilogs, l'écrasement des fruits se fait entièrement au broyeur. Si la production est plus importante, souvent on emploie 2 ou même 3 broyeurs. Il est préférable, dans les huileries de quelque importance, d'effectuer le broyage en 2 temps et de remplacer l'un des broyeurs à meules par un concasseur : celui-ci coûte moins cher, est moins encombrant, exige moins de force motrice. Il agit surtout par compression ; l'olive, aplatie, plus ou moins écrasée, se prête mieux ensuite au travail des meules et la durée du broyage proprement dit est réduite de près de moitié. Il reçoit directement les olives et, par une manche souple, il alimente le broyeur. Ou encore, on emploie un concasseur pour 2 broyeurs: il est alors placé au-dessus et entre les 2 broyeurs qu'il peut alimenter successivement à l'aide d'une nochère tournante. Il est convenable pour éviter les bourrages d'alimenter progressivement le broyeur à meules. A cet effet, la manche souple qui amène les olives est entraînée dans le mouvement des meules.

Les meules doivent travailler par compression et aussi par étirement : avec les meules cylindriques, il se produit un mouvement de ripage sur le gîte, ce qui détermine un frottement produisant le travail d'étirement. Ce ripage est évidemment d'autant plus prononcé que la distance des meules à l'axe du broyeur est plus faible et que les meules sont plus larges. Cependant, en raison de la fluidité de la matière, on ne peut exagérer ce mouvement de ripage qui chasse la pâte en dehors de la trajectoire de la meule. Il est aussi nécessaire que la surface du gîte et la surface travaillante des meules soient rugueuses, afin que les particules de pulpe puissent y adhérer suffisamment pour que ce travail d'étirement se produise. Nous rejetterons pour cette raison : 1° les broyeurs travaillant uniquement par roulement ; 2° les broyeurs à gîte et meules lisses (Broyeurs à meules tronconiques, Broyeurs à meules métalliques lisses).

La pâte doit être remaniée après chaque passage, et comme elle tend à fuir au passage de la meule, il faut en même temps qu'elle soit ramenée sur la trajectoire de celle-ci. Les broyeurs modernes sont tous pourvus de pièces en forme de versoirs qui sont également entraînés dans le mouvement des meules et produisent automatiquement ce double travail. Les broyeurs possèdent habituellement 2 meules, inégalement écartées de l'axe du broyeur, ce qui augmente la surface travaillante du gîte : l'effet utile de cette disposition est surtout sensible lorsque la pâte fuit beaucoup, ce qui se produit surtout en fin de travail, lorsque l'épaisseur de la pâte dans la conque est trop grande.

La durée du broyage ne doit pas dépasser 25 ou 30 minutes, si on veut obtenir des huiles de bonne qualité. D'autre part, si une partie des parois cellulaires échappe à l'action des meules, le rendement baisse. Un broyage rapide et cependant aussi parfait que possible n'est réalisable qu'avec une couche d'olives peu épaisses : 8 à 10 cm. au maximum.

Ainsi, pour produire un bon travail avec un broyeur à 2 meules de 1 m. 20 de diamètre et 0,30 d'épaisseur, la charge convenable sera de 120 à 150 kilogrammes, les meules tournant à la vitesse de 10 à 12 tours à la minute, vitesse qu'il convient de ne pas dépasser pour éviter tout échauffement préjudiciable à la qualité des huiles.

Le broyage terminé, la pâte est rapidement évacuée vers la vanne par le ramasseur du broyeur et tombe dans un petit conquet placé au milieu de la table servant à l'emplissage des scourtins.

On utilise actuellement des scourtins en alfa, en fibres de coco ou d'aloès, plus rarement en fibres de chanvre ou en crin. Les scourtins doivent être perméables aux liquides et doivent être cependant assez serrés pour retenir la pâte et l'empêcher de fuir sous l'influence de la pression, ils doivent être résistants et les brins ou les fibres ne doivent pas s'imprégner de liquide. Les scourtins en alfa répondent bien à cette dernière condition, mais cependant, on les rejette souvent à cause de leur usure rapide. Les scourtins ont généralement la forme d'un béret basque, plus rarement celle d'un simple plateau circulaire à rebord. La charge de pâte d'un scourtin ne doit pas dépasser 4 kgs, la pâte étant plutôt répartie à la périphérie où le drainage s'effectue dans de meilleures conditions. La pâte d'un broyage se trouve ainsi répartie dans 35 à 40 scourtins.

Avec le procédé actuel, l'emploi de scourtins est un mal nécessaire : ils représentent une dépense importante ; leurs manipulations exigent beaucoup de main-d'œuvre (emplissage, mise en piles, vidage, nettoyage). De plus, si dans quelques huileries, les scourtins sont lavés chaque jour, ailleurs, les nettoyages sont peu fréquents ; parfois même, les scourtins ne subissent aucun lavage pendant toute la durée de la campagne : les liquides très altérables qui imprègnent leurs fibres sont, pour les jus, de véritables levains de mauvais ferments et risquent de communiquer à l'huile des goûts désagréables.

*
* *

Le pressurage s'effectue dans toutes les huileries modernes à l'aide de presses hydrauliques, commandées par des pompes et l'ensemble est pourvu de dispositifs de sécurité (accumulateurs de pression, déclanchement automatique, ressorts compensateurs).

Les presses à vis, d'un faible rendement, ne sont plus employées qu'exceptionnellement.

Les constructeurs livrent maintenant un matériel bien adapté au travail de l'olive, permettant d'obtenir des pressions progressives : presses dites préparatoires à course rapide et pressions relativement faibles ; presses dites finisseuses, à course plus lente et pression plus fortes ; presses dites d'épuisement à course lente et pressions considérables pouvant atteindre juqu'à 250.000 kgs.

Les presses préparatoires sont simples ou doubles : dans ce dernier cas, elles ne possèdent souvent qu'un seul piston supportant un plateau sur lequel on peut placer 2 piles de scourtins : l'emploi de presses doubles à 2 pistons ou de presses simples est certainement préférable : dans un travail bien conduit, chaque plateau reçoit ainsi la charge d'un broyeur. Lors du montage de la pile de scourtins sur le plateau de la presse, on place de temps à autre une plaque circulaire à oreilles, s'appuyant et glissant pendant le travail contre les colonnes de la presse. Ces plaques servent de guides, empêchent les déformations de la pile de scourtins, et surtout régularisent la pression ; aussi convient-il de ne pas trop réduire le nombre de ces plaques : on emploiera en première pression de 5 à 6 diaphragmes divisant ainsi la pile en 6 ou 7 segments.

Le pressurage préparatoire est généralement très rapide et dure de 20 à 30 minutes. Après un séjour de quelques minutes au maximum de pression, on déclanche et les scourtins, après avoir été froissés pour rompre la masse de pâte qu'ils contiennent, sont replacés sur le plateau d'une presse finisseuse. Généralement, on ne donne que deux pressions. Quelques industriels font usage pour la seconde pression de presse d'épuisement, ce qui permet un meilleur assèchement. Les scourtins de 2 presses préparatoires passent ainsi sur le plateau d'une presse finisseuse ou d'épuisement et par une pression lente et progressive durant 1 heure à 1 heure 30, on cherche à épuiser au mieux les grignons. Trop souvent, dans le but d'augmenter la fluidité, on arrose les scourtins, en seconde pression, avec quelques litres d'eau chaude. Le rendement est certainement plus élevé, mais les huiles ainsi obtenues sont de qualité inférieure : elles ne devraient en aucun cas être mélangées aux huiles de première pression.

Plus rarement, on donne 3 pressions : la 2e pression est faite à froid sans addition d'eau chaude et on en réduit la durée à 40 ou 50 minutes, les huiles des 2 premières pressions sont généralement mélangées. Les scourtins sont alors vidés, les grignons sont écrasés, malaxés sur un broyeur à meules avec addition d'eau chaude, et subissent ensuite une troisième pression énergique sur des presses d'épuisement.

Enfin, certains usiniers travaillant à façon n'utilisent que des presses puissantes : une première pression donne l'huile à rendre, après prélèvement d'un certain pourcentage, au fournisseur d'olives. Les grignons demeurent la propriété de l'industriel qui les travaille à nouveau au broyeur avec addition d'eau chaude et les soumet à un pressurage d'épuisement.

Signalons aussi que certains constructeurs construisent actuellement des presses très puissantes, permettant d'obtenir en une seule pression des résultats comparables à ceux fournis par double pressurage. Il résulte de cette simplification une économie de main-d'œuvre qui n'est pas négligeable. C'est ainsi que les Etablissements Lobin et Druge construisent une presse dite « préparatoire-finisseuse », disposée pour recevoir successivement une basse pression correspondant à celle d'une presse préparatoire et une haute pression correspondant à celle d'une presse finisseuse. La presse est commandée par une pompe de compression à deux corps, l'un de ceux-ci étant en communication avec un accumulateur à basse pression, l'autre avec un accumulateur à haute pression.

*
* *

Les inconvénients les plus sérieux de cette méthode générale d'extraction résultent de l'emploi des scourtins. On a cherché leur suppression dans le remplacement des presses ordinaires par des presses à cage : ici, la pâte provenant du broyage des olives est répartie en couches peu épaisses dans une enveloppe métallique perforée, chaque couche étant séparée de ses voisines par une sorte de grille métallique, placée entre deux disques en sparterie.

Les inconvénients sont atténués, mais si la cage elle-même n'est pas garnie intérieurement d'un système filtrant, on ne peut obtenir de bons résultats qu'avec des olives fraîches ou de la pâte asséchée aux presses préparatoires. M. Bonnet, Professeur régional du Service de l'oléiculture à Marseille, a imaginé une presse double à cages horizontales et à fonctionnement alternatif, pourvue d'un dispositif de chargement. Ces cages sont garnies d'un dispositif spécial de filtration et la pâte est divisée en couches par l'interposition de disques en sparterie. Après essais industriels effectués pendant la campagne 1928-1929, la presse double a subi quelques transformations, elle est devenue presse simple et a été munie d'un piston spécial de retour permettant de ramener rapidement, après travail, le piston de pressurage en arrière. Les étrindelles employées actuellement sont en cheveux et crins.

L'emploi de ces presses, à l'huilerie coopérative de Manosque, et dont le fonctionnement a été contrôlé par M. Dupau, Ingénieur-chef du génie rural, aurait donné des résultats très satisfaisants ; épuisement meilleur qu'avec les presses hydrauliques à scourtins, avec une dépense en main-d'œuvre beaucoup plus faible.

L'emploi des presses continues permettrait la suppression complète des scourtins et leur substitution aux presses actuelles serait un très gros progrès. Cependant, les presses continues ne se sont pas répandues jusqu'alors, parce qu'elles donnent des jus très chargés de fines particules de pulpe, rendant très lente et incomplète la séparation de l'huile des margines ; de plus, la présence dans l'huile de particules de densité très voisine gêne énormément la clarification naturelle de l'huile.

*
* *

Dans le procédé par broyage et pressurages, les olives sont broyées entières. On a longtemps discuté et on discute encore aujourd'hui sur les inconvénients de la présence de fragments de noyaux et d'amandes dans la pâte soumise au pressurage. Les uns prétendent que l'huile provenant des amandes est de qualité inférieure et que, mélangée à l'huile de pulpe, elle en diminue la valeur. D'autres font valoir que la proportion d'amandes est faible et qu'avec les procédés actuels, les fragments d'amandes retiennent toute l'huile qu'ils contiennent ; qu'il est donc inutile dans ces conditions d'éliminer les noyaux, l'huile obtenue par pressurage provenant exclusivement de la pulpe. C'est l'opinion généralement adoptée aujourd'hui. Cependant quelques-uns font observer que s'il est vrai que l'amande ne cède pas son huile sous l'action des presses, elle peut néanmoins abandonner à l'huile de pulpe certains principes qui la déprécient et que, d'autre part, les débris de noyaux absorbent de l'huile de pulpe, ce qui en diminue le rendement. Quoi qu'il en soit, les fragments de noyaux jouent un rôle utile : ils aident au déchirement des parois cellulaires pendant le broyage ; au pressurage, ils diminuent la compacité de la pâte. Aussi, l'extraction de l'huile, en l'absence des fragments de noyaux, est-elle difficile à réaliser par pressurage, et il faut alors recourir à d'autres procédés d'extraction. D'autre part, le travail de la pulpe seule présente certains avantages et quelques inconvénients. La séparation préalable des noyaux donne une pulpe qui, après épuisement, peut être utilisée avantageusement dans l'alimentation du bétail. Cette pulpe additionnée de 5 % de sel, se conserve parfaitement en silo. Enfin, s'il est vrai que la dessication de la pulpe (opération nécessaire pour en extraire l'huile par les dissolvants) est plus onéreuse que celle des grignons entiers et qu'on perde ainsi l'huile de l'amande (soit de 0,5 à 1 % du poids des olives travaillées), par contre, le poids de la pulpe sèche à introduire dans l'extracteur ne représente que 50 % du poids des grignons secs obtenus avec les olives entières. De ce fait, il résulte une sérieuse économie. Enfin, les noyaux constituent après dessication un excellent combustible pouvant à lui seul fournir la force motrice, le chauffage et l'éclairage de l'huilerie.

***

Parmi les nombreux procédés qui ont été imaginés pour le travail de la pulpe seule, le procédé Acapulco-Quintanilla est actuellement le plus connu. Il est appliqué en Algérie dans un certain nombre d'huileries (11 dans le département d'Oran, 2 dans le département d'Alger), et il a été expérimenté à plusieurs reprises pendant ces dernières années en Algérie, en Tunisie et en France.

M. le marquis Acapulco avait d'abord réalisé une méthode d'extraction par le vide. Le procédé actuel s'appuie sur la différence de tension superficielle de l'huile et de l'eau : si on malaxe la pâte obtenue par broyage de la pulpe sur un système capillaire, l'huile dont la tension superficielle est relativement faible abandonne facilement la pulpe, alors que l'eau est retenue plus énergiquement.

Le procédé actuel consiste en un dénoyautage de l'olive suivi d'un malaxage de la pâte sur une toile en nickel.

Le dénoyauteur est formé par 1 cylindre fixe horizontal muni de nombreuses fentes perpendiculaires aux génératrices, pourvu à l'avant d'une trémie d'alimentation et à l'arrière d'un orifice de sortie pour les noyaux, à l'intérieur duquel tourne, à grande vitesse (450 à 500 tours à la minute) un batteur pourvu de barres disposées de façon à projeter violemment la marchandise contre la surface ajourée ; la pulpe déchiquetée traverse les fentes et se rassemble dans un bac disposé en dessous du cylindre. Les noyaux sortent à l'arrière, débarrassés de presque toute la pulpe, et passent dans un laveur qui permet la récupération d'une partie de l'huile entraînée avec les noyaux.

La pulpe est introduite par portions de 650 à 750 kgs (pulpe correspondant à 800 ou 900 kilogs d'olives) dans l'extracteur où elle y est malaxée sur une toile de nickel très fine fixée sur une grille hemicylindrique, par un agitateur à axe horizontal, tournant à faible vitesse (3 à 4 tours à la minute).

Cet agitateur porte des barres sur chacune desquelles est fixée une bande en caoutchouc qui se déplace à faible distance de la toile de nickel et assure dans de bonnes conditions le renouvellement des particules de pulpe en contact avec cette toile. L'épuisement demande de 4 à 6 heures, selon la qualité des olives travaillées. Au début, on recueille un liquide très chargé en huile, puis la proportion d'eau augmente progressivement et finalement, le liquide qui s'écoule peu riche en huile est très boueux. Il reste dans l'appareil une pulpe très aqueuse.

Les différents expérimentateurs sont d'accord pour reconnaître que le Procédé Acapulco donne un rendement égal ou supérieur à celui des presses et que les huiles obtenues ont une acidité plus faible, toutes choses égales d'ailleurs, que les huiles extraites par pressurage.

Cependant il résulte d'essais effectués à Oran en 1929, en notre présence par M. Ménard, Ingénieur des Etablissements Laval, que la séparation centrifuge peut être appliquée aux jus sortant des extracteurs, à condition d'éviter l'entraînement des boues.

Il suffit de donner au collecteur de jus disposé en dessous de l'extracteur une pente très faible : les boues s'y déposent et peuvent être ramassées en fin d'extraction pour être mélangées à la pulpe fraîche de l'extraction suivante. Actuellement d'ailleurs, toutes les nouvelles installations Acapulco ont adopté la séparation centrifuge.

*
* *

Il convient également de mentionner ici les essais d'extraction par la force centrifuge et dont les premiers sont déjà anciens puisqu'ils datent des toutes premières années de ce siècle.

Jusqu'ici d'ailleurs, tout au moins à ma connaissance, ce mode d'extraction n'est pas entré dans la domaine de la pratique.

Les appareils discontinus (essoreuses) ont une trop faible capacité de travail, et les essais doivent être orientés vers la réalisation d'appareils continus.

*
* *

Les procédés d'extraction actuellement en usage présentent de multiples inconvénients. Le procédé par pressurage aux presses à scourtins est très onéreux : usure rapide des scourtins, main-d'œuvre considérable. Le procédé Acapulco représente, à ce point de vue, un sérieux progrès, mais l'épuisement de la pulpe est lent, et laisse des pulpes très aqueuses.

L'examen des conditions dans lesquelles s'effectue l'écoulement des liquides des matières pâteuses, en particulier de la pâte d'olives, nous a permis de formuler les conclusions suivantes contrôlées d'ailleurs par des essais effectués au Laboratoire :

a) Le pressurage permet d'obtenir au début un écoulement rapide et la quantité de liquide qui s'écoule dans l'unité de temps paraît alors proportionnelle à la pression. Mais si la pression reste constante, cet écoulement diminue rapidement et cela d'autant plus vite que la pression est plus forte. Si au contraire on augmente progressivement la pression, il est possible à condition de faire agir au début des pressions très faibles et en fin de pressurage des pressions très élevées, d'obtenir un épuisement satisfaisant, même sans aucun remaniage.

b) Le malaxage de la pâte sur une surface filtrante permet d'extraire de la pulpe une forte proportion de l'huile qu'elle contient, mais l'épuisement est lent et la pulpe reste très aqueuse.

c) Les meilleurs résultats au point de vue rendement et rapidité du travail sont obtenus en combinant malaxage et pressurage. C'est ainsi que si la pâte est soumise à de fréquents remaniages pendant un pressurage à pression constante, un nouvel écoulement se produit après chaque remaniage, sans qu'il soit nécessaire de faire agir de fortes pressions. L'épuisement en huile est très rapide lorsque la pâte, disposée en couches minces sur une surface filtrante, est soumise à un remaniage continu sous pression progressive, très faible au début (de 0 kg. 03 à 0 kg. 05 par centimètre carré). En fin d'opération, une pression de 1 à 2 kgs par centimètre carré produit l'assèchement de la pâte par écoulement d'un jus contenant d'ailleurs très peu d'huile.

d) L'épuisement dans ces conditions dépend de la perfection du broyage ou plutôt du déchirement des parois cellulaires. Un seul broyage ou le dénoyautage paraît insuffisant et il convient de faire quelques rebroyages au cours de l'extraction ; le déchirement des cellules se faisant mieux sur une pâte déjà partiellement asséchée.

e) L'épuisement est d'autant plus rapide dans ces conditions que la température est plus élevée, mais on est limité à ce sujet, les huiles extraites à chaud étant de qualités inférieures. Il convient de se maintenir à 20 ou 25 degrés, températures permettant une extraction rapide et donnant, en raison du peu de durée de l'opération, des huiles de qualités supérieures.

Nous basant sur les remarques, nous avons conçu un procédé d'extraction continu par pressurage et remaniage continus sous faible pression, la pâte étant ainsi travaillée en couche mince, avec alternance de rebroyages au cours de l'extraction.

Séparation de l'huile du suc cellulaire

Le jus provenant des appareils d'extraction est un mélange de suc cellulaire (margines ou morges) d'huile et de débris de différentes natures (débris cellulosiques, mucilages, spores et filaments myceliens de moisissures, levures, bactéries, etc...). De plus, le suc cellulaire contient des ferments solubles et sa composition est très favorable au développement des microorganismes.

La température du jus est d'ailleurs suffisante pour que quelques espèces s'y développent rapidement et y produisent des fermentations. Il convient d'éviter tout phénomène d'altération de quelque nature qu'il soit, et dans ce but, de procéder à une séparation immédiate et aussi rapide que possible de l'huile. Cette séparation, toujours basée sur la différence de densité des margines et de l'huile, peut s'effectuer, soit sous la seule influence de la pesanteur, soit sous l'action de la force centrifuge.

Jusqu'à ces dernières années, sauf de rares exceptions, la séparation s'effectuait par simple décantation. De nombreux systèmes de décanteurs continus ou même discontinus sont en usage dans les huileries : quelques-uns permettent d'effectuer, après séparation, un clairçage de l'huile par l'eau, afin d'éliminer une partie des impuretés en suspension. Les décanteurs, si ingénieusement construits soient-ils, ont un grave inconvénient ; la séparation de l'huile y est lente et incomplète, elle est lente, parce que la séparation s'effectue sous l'influence d'une force faible ; elle est incomplète parce que, pour les gouttelettes d'huile les plus petites, la poussée très faible n'est pas supérieure à la résistance qui s'oppose à la montée du globule, c'est-à-dire à la viscosité.

La viscosité diminue à mesure que la température s'élève ; on peut donc, ainsi qu'on le fait dans quelques huileries, obtenir une séparation plus rapide et plus complète en réchauffant les jus, soit généralement par addition d'eau chaude ou plus rarement par envoi de vapeur dans des serpentins disposés dans les cuves de décantation. Mais alors, on favorise l'action des ferments solubles ou le développement des ferments figurés, et chose plus grave, comme on recueille toujours une huile plus ou moins chargée de matières mucilagineuses, les ferments continuent leur action dans les piles de dépôt ; les huiles ainsi obtenues sont de qualité inférieure. Il est préférable d'éviter tout réchauffage, en maintenant dans la salle d'extraction aussi bien que dans les locaux où s'effectuent la séparation et la clarification de l'huile une température de 18° environ, température à laquelle les fermentations sont encore peu actives et qui cependant permet d'obtenir une séparation et une clarification assez rapide de l'huile.

Dans les huileries bien outillées, on dispose généralement de deux décanteurs : l'un pour les jus de première pression, l'autre pour les jus de seconde pression, lorsqu'on ne fait que deux pressions ; ou encore l'un pour les jus de première et seconde pression, l'autre pour les jus de troisième pression. Cette disposition devrait être généralisée en raison de la différence de qualité des huiles extraites aux divers pressurages.

La décantation ne donnant qu'une séparation incomplète de l'huile, les margines sortant des décanteurs sont dirigés vers des cuves spéciales dites enfers, où elles fermentent et abandonnent ainsi à la longue une huile de qualité très inférieure que l'on recueille de temps à autre. Dans quelques huileries, on dispose entre les décanteurs et les enfers une cuve spéciale de décantation où les margines séjournent quelques heures après avoir été additionnées d'eau très chaude ou réchauffées par barbottage de vapeur ou par serpentin.

Les margines dégagent pendant leur fermentation dans les cuves d'enfer des gaz malodorants qu'il faut éviter de laisser pénétrer dans l'huilerie. Les enfers seront établis assez loin de l'usine : les cuves seront parfaitement étanches et munies d'un couvercle à fermeture hermétique.

***

On tend beaucoup aujourd'hui à remplacer la décantation par la séparation centrifuge et c'est là, à mon avis, le plus gros progrès qui ait été réalisé en huilerie depuis de nombreuses années ; actuellement, en Algérie, plus de 60 huileries sont pourvues de séparateurs centrifuges.

Cette séparation, s'effectuant sous l'influence d'une force puissante (plusieurs milliers de fois supérieure à la pesanteur dans les séparateurs actuels) est à peu près complète et presque instantanée. Le rendement en huile de bouche est plus élevé et on peut sans inconvénient expulser directement les margines : la suppression des enfers est un gros avantage. De plus, les huiles ainsi obtenues sont plus pures, moins chargées de mucilages et autres débris, et surtout, si la séparation a été bien conduite, elles ne contiennent plus d'eaux de végétation : elles se clarifient beaucoup plus rapidement, ne laissant dans le fond des piles qu'un faible dépôt ; l'acidification au cours de la conservation est peu sensible : en un mot, la séparation centrifuge donne des huiles de meilleure qualité et de meilleure conservation. Ajoutons enfin que le séparateur centrifuge occupe peu de place et peut être placé sans inconvénient dans la salle d'extraction.

En regard de ces avantages, il convient cependant de signaler les inconvénients des séparateurs : on leur reproche de coûter très cher, d'exiger une force motrice supplémentaire, plus d'entretien et plus de surveillance que les décanteurs. Ceci est exact, mais il faut reconnaître que les avantages l'emportent de beaucoup sur les inconvénients et le bilan se traduit par un bénéfice très appréciable en faveur des séparateurs. Ce bénéfice est tel que suivant l'importance de l'huilerie, ces appareils sont généralement amortis en une ou deux campagnes. Cependant, l'installation et la conduite des séparateurs centrifuges exige une parfaite connaissance de leurs conditions de fonctionnement, si on veut en obtenir tous les avantages qu'ils peuvent donner.

L'huile, à sa sortie du centrifugeur, se présente sous l'aspect d'un liquide laiteux, opaque : par suite de la force vive qu'elle possède à sa sortie du bol, l'huile est projetée avec violence contre la paroi interne des ferblanteries, divisée en particules très fines et forme avec l'air une véritable émulsion, qui ne se détruit qu'assez lentement ; ces bulles d'air peuvent-elles être la cause d'une légère acidification comme certains le prétendent ? Nous n'avons pu le vérifier, mais en tous cas, l'opacité du liquide ne permet pas de se rendre compte de l'aspect réel de l'huile et par suite rend plus difficile le réglage de l'appareil. Cette émulsion persiste plus ou moins longtemps suivant la température et la pureté de l'huile obtenue. Les huiles chargées en débris mucilagineux, par exemple, se clarifient moins vite, les bulles d'air se fixant en partie sur ces débris. Généralement l'émulsion disparaît en 24 ou 48 heures et l'huile apparaît alors rarement limpide ; elle conserve un louche plus ou moins prononcé, dû à la présence de fines particules mucilagineuses, de densité voisine à celle de l'huile. La clarification de ces huiles louches est assez lente. Aussi nous devons reconnaître que les conditions de fonctionnement des séparateurs n'ont pas encore été parfaitement déterminées et que ces appareils doivent donner de meilleurs résultats.

*
* *

Les huiles récemment décantées sont troubles ; elles sont chargées de fines gouttelettes de suc cellulaire émulsionnées dans la masse de débris cellulaires de spores de moisissures, bactéries, etc., leur clarification rapide s'impose. Dans quelques huileries, on effectue un clairçage à l'eau, soit à l'aide d'appareils automatiques, soit simplement à l'aide d'un arrosoir garni d'une pomme à petits trous. L'eau dont la température doit être de 16 à 18 degrés traverse l'huile et entraîne avec elle des impuretés. L'huile est ensuite envoyée dans des piles de dépôt disposées dans un local où la température est également maintenue à 16 ou 18°. L'eau de végétation, les mucilages se déposent lentement, formant dans le fond des piles une couche plus ou moins épaisse de crasse.

Les piles de dépôt sont munies d'un certain nombre de robinets placés à différentes hauteurs. Après un séjour de 24 ou 48 heures, on fait un premier soutirage qu'on répète plusieurs fois à intervalles assez rapprochés. Finalement l'huile partiellement débarrassée de ses impuretés est envoyée dans les piles ou cuves de conservation. Il serait indiqué de lui faire subir à ce moment une filtration sur filtres dégrossisseurs, mais cette opération est rarement faite.

Les huiles extraites au séparateur centrifuge sont beaucoup moins chargées en impuretés et si la séparation a été faite dans de bonnes conditions, elles ne contiennent pas d'eaux de végétation. On doit néanmoins les faire passer quelques jours dans les piles de dépôt avant de les loger dans les récipients de conservation où l'huile séjournera jusqu'au moment des expéditions.

Les huiles sont généralement vendues au cours de la campagne et pour la livraison au commerce, on leur fait rarement subir une filtration. Cependant dans certaines huileries effectuant des ventes directes aux consommateurs, les huiles sont passées au filtre-finisseur avant expédition.

H. BRAYARD

Directeur de la Station Fruitière de la Menara, à Marrakech.

LE SÉCHAGE DES FRUITS

Le séchage des fruits a le très grand avantage d'être une opération extrêmement simple, c'est le procédé de conservation des fruits le plus ancien dont l'origine se perd dans la nuit des temps.

C'est le procédé de conservation le plus économique, il n'exige aucune adjonction de matières étrangères (sucre, alcool) et ne demande pas l'emballage coûteux qu'est la boîte métallique ou le verre.

Le séchage assure une conservation pratiquement indéfinie si les produits ont été préparés avec soin et tenus à l'abri de l'humidité.

La production des fruits séchés est surtout importante en Californie, mais elle prend chaque année de l'extension en Australie et au Cap. D'après les statistiques des Etats-Unis de 1919, la *Californie* produit 94 % des fruits séchés de l'Union. La production de cet Etat a été la suivante pour l'année 1923.

Tonnage et valeur des fruits séchés pour l'année 1923 (*Californie*)

Désignation des fruits	Production en tonnes	Valeurs en dollars
Abricots	30.000	12.000.000
Figues	9.500	1.330.000
Pêches	26.000	5.200.000
Poires	2.000	400.000
Prunes	131.000	18.340.000
Raisins	280 000	22 400.000

Le développement rapide du séchage en Californie est dû, d'une part, à son climat à été long, sec et chaud qui permet d'obtenir des produits de toute première qualité, et, d'autre part, à la constitution de nombreuses coopératives de séchage qui, grâce à la standardisation des variétés plantées, du triage des fruits, des emballages, et une réclame intelligente, ont créé une demande de plus en plus forte des produits californiens sur les différents marchés mondiaux.

L'Afrique du Nord grâce à son climat, son sol, pourrait devenir un centre important de production dont l'écoulement serait assuré sur les marchés européens à condition que cette production soit standardisée et présentée comme les produits californiens, australiens ou sud-africains.

Rendement

Les essais de rendement effectués à la Station Fruitière de Marrakech ont donné, dans l'ensemble, les mêmes résultats qu'en Californie en ce qui concerne la quantité de fruits frais à employer pour obtenir un kilo de fruits secs.

Espèces fruitières	Rendement au séchage	Rendement en fruits frais à l'hectare (en tonnes)	Rendement moyen en fruits secs à l'hectare (en tonnes)
Abricots ...	4 à 7 — 1	10 à 18	2 à 3
Prunes	2 à 3 — 1	8 à 20	4 à 5
Pêches.....	4 à 5 — 1	8 à 30	2 à 3
Raisins	3 à 4 — 1	8 à 30	2 à 6
Figues.....	1 1/2 à 2 — 1	6 à 12	4 à 8
Poires......	4 à 7 — 1	20 à 40	5 à 8

Le séchage au soleil nécessite le matériel suivant :

1° des toiles ;

2° des claies ou plateaux ;

3° un matériel de trempage ;

4° une chambre à blanchiment ;

5° une aire à sécher ;

6° une chambre ou des caisses de ressuage ;

7° un magasin d'emballage.

1° *Toiles.*

Deux toiles d'emballage de 5 × 3 sont nécessaires pour chaque arbre. Elles sont tendues en dessous des arbres dont les branches sont secouées, les fruits tombant dans les toiles et ne s'abîmant pas.

2° *Plateaux ou claies.*

Reçoivent les fruits après dénoyautage ou trempage dans une lessive alcaline; les plateaux employés peuvent être de dimensions variables, ceux en usage en Californie sont les suivantes :

0,66 × 1 m. — employés plus spécialement pour les raisins (type Malaga) ;

1 m. × 1,98 — employés pour les pêches, abricots, figues et sultanina ;

1 m. × 2,64 — employés plus spécialement pour les prunes.

Etant donné le coût élevé de ces plateaux, la Station Fruitière emploie des claies en roseaux, encastrées dans un cadre en bois, dont le prix est beaucoup moins élevé.

3° *Matériel de trempage.*

Bac à lessive, nécessaire pour le trempage de certains fruits (prunes, raisins sultanina, figues). (fig. 1). Ce bac en tôle galvanisée de forme

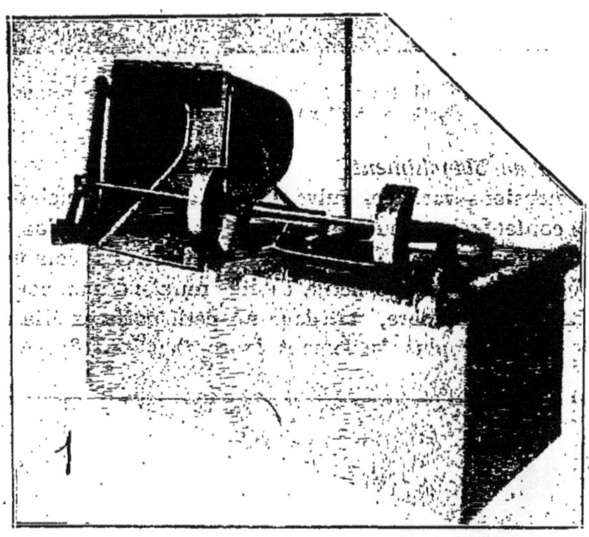

rectangulaire, a généralement 1 m. × 0,80 × 0,60. Sur un des côtés est placée une petite table légèrement inclinée du côté du bac, sur laquelle on pose le panier lorsqu'on le retire de la lessive pour le laisser égoutter.

Dans les grosses exploitations de pruniers, des appareils spéciaux (type Anderson Burngrower C°) représentés par la photo ci-dessous sont en usage (fig. 6).

Le trempage des fruits dans la lessive se fait à l'aide de paniers de formes diverses. Le plus usuel est en tôle galvanisée ayant 0,35 × 0,25 × 0,12, muni d'une anse et percé de trous.

La lessive employée est une solution de soude caustique ; pour les raisins, la soude est quelquefois remplacée par du bicarbonate de soude.

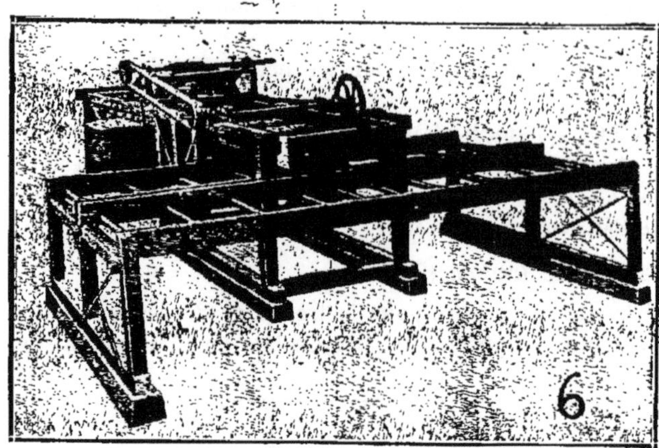

Appareil à grand travail pour le traitement des prunes (Système Anderson Burngrover).

4° *Chambre de blanchiment.*

Est de dimensions variables suivant les plateaux ou claies employés et peut en contenir une ou deux rangées. La construction doit être faite avec des matériaux s'échauffant facilement. La combustion du soufre se fait, soit dans une petite cavité, munie d'une porte, placée à l'extrémité de la chambre, soit dans un petit poêle extérieur, ce qui permet de surveiller plus facilement la combustion (fig. 2).

5° *Aire à sécher.*

Sera située autant que possible au centre des plantations afin d'éviter le transport des fruits et abritée des vents ; la surface de l'aire doit être en moyenne d'un hectare pour dix hectares de vigne et d'un hectare pour vingt hectares pour les autres espèces fruitières.

Pour éviter les poussières qui salissent les fruits, le mieux est de transformer l'aire en prairie. La luzerne nous a donné de bons résultats.

Sur l'aire sont élevées la ou les chambres à blanchiment, les bacs à lessive et le hangar pour le dénoyautage et la mise sur claies des fruits et l'emballage. Dans les exploitations importantes, la manipulation des plateaux ou des claies devra se faire par wagonnet.

6° *Chambre au caisses de ressuage.*

Bien que les fruits avant leur mise sur claies soient triés par grosseur et par degré de maturité, la dessication présente toujours des irrégularités. Pour ramener les fruits à une humidité uniforme après séchage, ils sont mis en tas dans une chambre dite de ressuage lorsque la production est importante ou, dans le cas contraire, simplement dans des caisses ayant généralement 1 m. × 0,70 × 0,25. Les fruits sont remués une ou deux fois par jour jusqu'à ce que la masse soit bien homogène, ce qui demande en moyenne une huitaine de jours.

Lorsque les fruits sont mis en caissettes directement, le ressuage s'effectue à l'intérieur de celles-ci amenant une décoloration et souvent une détérioration des fruits.

Pratique du séchage

Ramassage.

Les abricots et les pêches doivent être ramassés avant complète maturité, encore fermes mais bien colorés. La récolte doit se faire en trois ou quatre fois.

Les figues et les prunes doivent être ramassées à l'aide de toiles, en secouant légèrement les branches des arbres de façon que, seuls, tombent les fruits fanés dont la dessication est déjà commencée. Quatre ou cinq ramassages partiels.

Les raisins sont ramassés à complète maturité en une ou deux fois. Les types malaga sont mis directement sur claies, les types sultanina sont transportés au hangar pour y être traités.

Mise sur claies.

Le dénoyautage se fait à la main, par une légère pression sur la cavité du pédoncule pour les variétés à suture prononcée se détachant facilement.

Pour les autres variétés, la section est faite avec un couteau, celle-ci doit toujours être nette. Les moitiés de fruits sont placées immédiatement sur les claies, côte à côte, la coupe en l'air.

Les poires sont coupées en deux, de l'œil au pédoncule qui est ensuite enlevé ainsi que les pépins à l'aide d'un couteau spécial.

Trempage.

Certains fruits demandent à subir l'action d'une solution alcaline avant le séchage, ce sont :

Prunes. — Sont plongées dans une solution de soude caustique à la dose de 500 grammes pour 100 litres d'eau. La température de la solution, la plus favorable, est celle voisine de l'ébullition. La durée de l'immersion varie de quelques secondes à une demi-minute suivant les variétés. La solution est renouvelée chaque matin et, dans la journée, la concentration est maintenue par des apports de soude caustique.

En général, une immersion rapide, dans une solution concentrée presque bouillante, donne de meilleurs résultats qu'une immersion de plus longue durée dans une solution faible et tiède.

Après le trempage, les fruits peuvent être rincés à l'aide d'un mince jet d'eau, puis disposés sur les plateaux et portés sur l'aire.

Raisins. — Sultanina.

La solution employée est la même que pour les prunes, c'est-à-dire 500 grammes pour 100 litres d'eau, mais le trempage est de cinq secondes au maximum. Après léger égouttage, les grappes sont disposées sur les claies et soumises aux vapeurs de soufre.

Le trempage à froid peut être également employé. On se sert alors de la solution suivante :

Bicarbonate de soude	3 kilos
Huile d'olive	0,200 grammes
Eau	100 litres

Le Bicarbonate facilite le séchage, l'huile donne un grain à peu brillante et souple.

Figues.

Les expériences récentes de MM. A. W. Chistie et J. C. Barnard, de la Station Expérimentale de Berkley, en Californie, ont montré que le trempage des figues dans une solution alcaline n'est pas nécessaire ; une simple aspersion avec de l'eau ordinaire au moment du blanchiment pour faciliter l'action des vapeurs de soufre, donne d'aussi bons résultats.

Blanchiment.

La durée du blanchiment varie suivant les espèces fruitières, la nature des matériaux de construction de la chambre, la température extérieure, etc...

Les chiffres ci-dessous peuvent servir de base et être modifiés suivant les conditions de milieu.

Espèces fruitières	Durée du soufrage	Quantité de soufre au M3
Abricots	4 heures	70 grammes
Figues	4 »	35 »
Raisins	4 »	50 »
Pêches	5 »	70 »
Poires	36 »	140 »

Le meilleur résultat est obtenu par l'emploi d'une dose minimum de soufre et un séjour de quelques heures dans la chambre après la combustion complète du soufre.

Abricots, pêches.

Asperger les claies avant leur mise dans la chambre, avec une solution de sel à 25 grammes par litre, pour faciliter l'action de l'anhy-

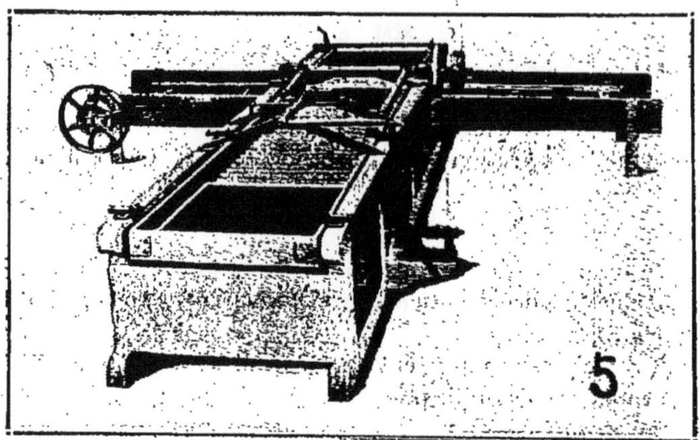

Appareils pour le traitement et le séchage des fruits.

dride sulfureux et éviter le noircissement des fruits. On reconnaît que l'opération a parfaitement réussi lorsque la cavité des fruits est pleine de jus et qu'ils sont translucides.

Raisins.

Les fruits doivent être placés dans la chambre lorsqu'ils sont encore mouillés et retirés lorsqu'ils ont une teinte jaune ambré.

Poires.

La durée du soufrage peut aller de 24 à 72 heures, la quantité de soufre à brûler se faisant par additions successives à intervalle de 8 à 10 heures, elle sera d'autant plus longue que les fruits seront plus gros et moins mûrs. Pour éviter que la surface du fruit ne durcisse pendant le soufrage, des vases contenant de l'eau doivent être placés dans le local. Par un séjour de moins de 24 heures, les fruits conservent une teinte légèrement brunâtre et, à la vente, sont cotés à des prix inférieurs.

Séchage proprement dit.

Aussitôt le soufrage fini, les claies sont transportées sur l'aire et soumises à l'action du soleil.

La température la plus favorable est entre 27 et 32 degrés, au-dessus la dessication trop rapide se fait mal, les fruits se recroquevillent et, par journées très chaudes (siroco), ils sont cuits. Pendant ces journées, il ya lieu de laisser les claies empilées les unes sur les autres.

Chaque soir, par température normale, les claies sont également empilées pour éviter la rosée qui retarde la dessication et nuit à la couleur du fruit.

A quel moment doit-on arrêter le séchage ?

Un moyen pratique de le reconnaître est le suivant : lorsque serrant fortement une poignée de fruits secs, on ouvre vivement la main, ceux-ci doivent se détacher les uns des autres et reprendre leur forme première.

Durée du séchage

Abricots	3 à 6	jours
Prunes	10 à 14	—
Raisins	4 à 6	—
Figues	5 à 7	—
Pêches	5 à 8	—
Poires	12 à 24	—

Emballage.

Les fruits après ressuage sont triés à la main ou mécaniquement et mis en caissettes. Nombre de larves d'insectes causent la détérioration des produits emballés. Différents moyens de lutte ont été préconisés ; les recherches récentes de « Dried Fruit Insect Laboratory » de Fresno, en Californie, ont montré l'efficacité du sulfure de carbone envoyé dans des autoclaves dans lesquels on a fait préalablement le vide partiel. Ce traitement nécessite une installation peu coûteuse qui assure aux produits une conservation parfaite.

Dans les régions où les pluies d'été et d'automne ne permettent pas le séchage au soleil, les producteurs ou les associations devront avoir recours aux évaporateurs industriels, dont le séchoir méthodique à chariots, système Fouché, représente actuellement le type le plus parfait.

PERRONNE

Professeur à l'Institut agricole d'Algérie.

SUR LE SÉCHAGE DES FRUITS EN ALGÉRIE

L'antique procédé qui consiste à dessécher partiellement des fruits pour en assurer la conservation a, évidemment, été perfectionné au cours des temps ; aujourd'hui, dans certains pays, notamment, en Californie, son application constitue une industrie très importante ; par contre, en d'autres régions, il est resté ce qu'il était il y a plusieurs siècles ; c'est ainsi qu'en Kabylie, les indigènes sèchent encore leurs figues suivant la méthode primitive : les fruits sont rangés sur de grandes claies, en roseaux, que l'on expose au soleil ; de temps en temps, on vient retourner ces figues, les remuer, les aplatir à la main ; chaque soir, pour éviter une reprise d'humidité pendant la nuit, les claies sont rentrées sous un abri rustique, couvert de paille, ou bien, le plus souvent, seulement rassemblées en piles que l'on recouvr d'un paillasson.

On connaît les inconvénients de ce mode de séchage : quand des pluies surviennent, la dessication se trouve très contrariée, retardée ; les produits sont souvent altérés ; parfais, ils sont complètement perdus.

D'autre part, pendant qu'ils sont ainsi étalés, à découvert, les fruits sont visités par de nombreux insectes qui les salissent et y déposent leurs œufs ; il en résulte une dépréciation considérable des produits. Enfin, ce procédé est lent ; il faut une quinzaine de jours pour dessécher convenablement des figues ; pendant tout ce temps, les fruits continuellement manipulés, comprimés, écrasés même, sous la pression des claies superposées, restent donc exposés à de nombreuses causes de détérioration ; aussi, généralement, une grande partie des figues ainsi séchées laisse-t-elle à désirer sous le rapport de l'apparence et de la qualité.

Quand on compare ces produits avec ceux qui nous arrivent de Californie, (car, nous importons des figues), une idée vient tout naturellement à l'esprit, celle-ci : ne peut-on pas préparer, en Algérie, des figues aussi belles que celles de Californie ?

Cette question a déjà été posée et examinée ; on lui a opposé surtout les difficultés tenant aux habitudes, et, à la mentalité des populations indigènes ; mais, ces difficultés ne doivent cependant pas être insurmontables ; on doit pouvoir convaincre le cultivateur kabyle, lui démontrer que son intérêt est de préparer des produits meilleurs, et plus beaux, d'une valeur plus élevée que ceux qu'il obtient ordinairement ; évidemment, il faudrait aussi le guider, l'aider.

Une première amélioration paraît assez facilement réalisable : le remplacement des claies primitives, en roseaux, par d'autres d'une conception plus moderne, comprenant un cadre en bois rectangulaire ou carré, et un fond de grillage galvanisé, ce grillage étant démontable pour le nettoyage.

Les dimensions de ces claies, en longueur, largeur et profondeur, varient avec le volume des fruits ; les claies doivent toujours être maniables par une seule personne ; elles permettent de retourner les fruits sans que ceux-ci soient touchés à la main ; il suffit, en effet, de placer une claie vide sur une claie garnie, et de faire le renversement ; tous les cadres s'adaptant exactement les uns sur les autres, il devient facile de rassembler les claies chargées de fruits et de les abriter sans qu'aucun fruit puisse être écrasé.

Ces claies régulières facilitent aussi l'opération dite « blanchiment préalable » ; elle consiste à décolorer les fruits, avant le séchage, en les soumettant à l'action d'une quantité convenablement dosée d'anhydride sulfureux ; on obtient ainsi, par exemple, des figues très blanches, souvent demandées dans le commerce.

Les claies à fond métallique conviennent pour toutes sortes de fruits ; elles peuvent être entretenues parfaitement propres ; si l'on tient compte de leur longue durée, leur prix n'est pas plus élevé que celui des plateaux en roseaux ; d'ailleurs, il n'est pas difficile de les construire soi-même ; il suffit d'enserrer un grillage entre des liteaux de bois très simplement assemblés. L'adoption de ces claies par les cultivateurs indigènes constituerait déjà un sensible progrès dans le séchage des fruits au soleil ; en outre, cela permettrait d'envisager un perfectionnement d'une plus grande importance : la possibilité de poursuivre le séchage à l'abri, pendant les périodes de mauvais temps, et même, pendant une partie de la nuit, en utilisant des appareils dits « évaporateurs ».

L'évaporateur produit l'air chaud au moyen d'un combustible ; son emploi semble donc peu indiqué sous notre climat ; cependant, on le sait, les pluies, les brouillards ne sont pas absolument rares, en septembre, dans la région du figuier ; on éviterait des pertes considérables si, quand le soleil fait défaut, et même chaque jour, à la tombée de la nuit, les claies chargées de fruits pouvaient être introduites dans un appareil où l'évaporation continue à se faire méthodiquement.

La durée parfois très longue du séchage exclusivement au soleil se trouvant réduite, les produits obtenus seraient certainement de meilleure qualité.

Il existe de nombreux modèles d'évaporateurs, tous peuvent fonctionner d'une façon satisfaisante après un court apprentissage. Au besoin, on peut très bien construire soi-même un évaporateur en utilisant un simple calorifère d'appartement ; la caisse de séchage, entièrement en bois, peut être disposée verticalement ; c'est alors une sorte d'armoire dont les tiroirs reçoivent les claies ; ou bien, cette caisse est placée obliquement ; dans ce cas, elle doit être assez longue ; les claies y sont glissées, poussées à la main, d'un bout à l'autre.

L'évaporateur qui répondrait le mieux aux besoins du cultivateur indigène semble être un appareil de dimensions moyennes, robuste, facilement transportable ; son fonctionnement doit être simple ; il ne s'agit pas, ici, de séchage industriel à grand rendement, mais, d'une opération courante, devant être faite là où elle a lieu maintenant, c'est-à-dire sur le terrain même, ou, dans le voisinage de la plantation.

Figues. — Le résultat serait considérable si l'on pouvait obtenir de l'indigène une bonne préparation de ses fruits, un séchage rapide, entouré des conditions hygiéniques voulues.

Il n'est pas du tout nécessaire que ces fruits soient complètement deshydratés ; quand ils ont perdu environ 70 p. 100 de leur eau, ils supportent le transport et se conservent pendant quelque temps ; il serait intéressant qu'ils puissent être achetés en cet état et portés au magasin d'emballage ; là, on devrait leur faire subir un triage rigoureux, et, souvent, un complément de séchage ; on devrait surtout les soumettre à un traitement dans le but de les débarrasser des insectes, des œufs, des larves qu'ils peuvent contenir, et, des poussières qui les souillent. Ce traitement est très simple, il consiste à tremper les figues incomplètement séchées, pendant quelques secondes, dans de l'eau bouillante légèrement salée, contenant 5 kg de sel non raffiné par hectolitre d'eau ; après ce bain, les fruits doivent être remis à sécher soit au soleil, soit à l'évaporateur.

La dessication des figues ne doit pas être poussée trop loin ; il faut qu'elles restent souples, molles ; quand elles deviennent cassantes parce que trop sèches, on doit leur laisser reprendre un peu d'humidité. Lors de l'emballage, dans les caisses, on doit les presser assez fortement de façon à ne laisser subsister aucun vide entre elles ; cette pression est obtenue au moyen de presses à leviers ; l'ancienne méthode qui consistait à presser les figues au moyen d'une planchette, sur laquelle un homme agissait de tout son poids, doit évidemment être abandonnée.

En somme, il s'agit de faire connaître aux indigènes la technique moderne du séchage des fruits, et de leur en montrer les avantages. De quels moyens dispose-t-on pour cela ?

Il y a d'abord l'école primaire agricole qui peut répandre chez les jeunes élèves et dans leurs familles le goût et les principes de la bonne préparation des fruits : toutes les écoles, dans les pays convenant aux cultures fruitières, devraient posséder un évaporateur et des claies en grand nombre ; celles-ci seraient, évidemment, fabriquées par les élèves ; des démonstrations de séchage au soleil, à l'évaporateur et par le système mixte, devraient faire partie de l'enseignement. A certaines époques, aux saisons des récoltes de fruits, le matériel devrait pouvoir être prêté aux cultivateurs susceptibles de l'utiliser.

Les commerçants en fruits séchés sont directement intéressés à l'amélioration des procédés de séchage ; leur concours devrait être acquis à toutes les mesures susceptibles de déterminer cette amélioration ; on peut envisager : la présentation d'échantillons de fruits bien préparés, avec l'indication des prix offerts pour ces beaux produits ; dans certains cas, la location, à bas prix, de claies, de caisses à blanchir, d'évaporateurs ; des encouragements donnés sous forme de primes.

Les colons d'origine européenne doivent aussi profiter des mesures susceptibles d'amener le perfectionnement du séchage des fruits ; sans doute, il n'est pas nécessaire de faire, parmi eux, la même propagande que chez les indigènes ; mais il y a lieu de leur faciliter la mise en pratique des meilleures méthodes.

Le séchage est le moyen de conservation des fruits le plus économique, et par conséquent, celui qui est appelé à exercer l'influence la plus grande sur le développement de certaines cultures fruitières en Algérie.

Actuellement, nous n'exportons que des figues parce que le figuier a été, de tous temps, l'arbre fruitier par excellence de l'indigène montagnard ; la *Figue de Bougie*, justement réputée, gagnerait énormément à être rationnellement séchée ; il est certain que nous pourrions cultiver aussi les plus belles variétés d'Asie Mineure et de Californie ; ce sont ces variétés : *F. de Smyrne*, *F. Kadota* qui doivent former le fond des nouvelles plantations.

L'Algérie peut produire également d'autres fruits se prêtant au séchage, notamment l'abricot et le raisin.

Abricot. — L'abricotier aime l'air sec et chaud des plaines éloignées de la mer, des vallées peu élevées ; il réussit jusque dans les oasis, sous les palmiers ; il demande seulement quelques arrosages. Les variétés à fruits fermes, comme : *A. Luizet*, *A. Royal* sont celles qui supportent le mieux les manipulations préliminaires du séchage.

Sous un climat sec, la dessication des abricots est facile et rapide ; les fruits sont ouverts à l'aide d'un couteau en suivant la ligne de suture ; la section doit être nette ; on enlève les noyaux, puis, les moitiés de fruits sont placées côte à côte, sur les claies, la coupe en l'air. Généralement, avant d'être séchés, les abricots sont « blanchis », c'est-à-dire soumis à l'action de l'anhydride sulfureux (20 gr. de soufre par mètre cube), pendant une dizaine de minutes ; on obtient ainsi des produits d'une couleur ambrée, presque translucides, recherchés dans le commerce.

Les claies sont ensuite exposées au soleil ; les rosées abondantes retardent la dessication ; les pluies l'entravent ; il y aurait souvent avantage à sécher à l'évaporateur ; tout au moins, à pouvoir utiliser les deux systèmes.

Il ne faut que quatre à cinq jours pour sécher les abricots au soleil, et qu'une journée seulement, à l'évaporateur.

Le rendement est d'environ 20 p. 100 ; on sait que les indigènes du Sud font sécher, au soleil, en les laissant entiers, les petits abricots connus sous le nom de Mech-Mech ; le produit sert de condiment acide ; il n'est pas estimé dans la population européenne.

Raisins. — Les indigènes de la région montagneuse préparent aussi, avec les cépages qu'ils cultivent, des raisins secs en petites quantités. Leur procédé diffère peu de celui qu'ils emploient pour les figues. les raisins sont cueillis bien mûrs, puis trempés dans une lessive bouillante ; cette lessive est simplement préparée avec de la cendre de bois, certains recherchent, pour cet usage, la cendre de sarments de vigne ; le temps du trempage est de quelques secondes ; il varie avec le degré d'alcalinité de la lessive, et avec la résistance du grain de raisin ; il suffit d'amener une légère flétrissure de la peau. Ensuite, les grappes sont égouttées et étendues sur des claies, lesquelles sont exposées au soleil ; on obtient, au bout d'une dizaine de jours, quand le temps est favorable, des raisins secs, brillants, souvent un peu poisseux au toucher.

Il est évident que l'on peut faire mieux. Il faudrait d'abord cultiver des variétés se prêtant particulièrement à la transformation en raisins secs, comme : *Muscat d'Alexandrie* qui donne le raisin sec dit Malaga ; *Sultanina* sans pépin qui donne le raisin de Smyrne ; ces variétés n'exigent pas absolument le trempage dans une solution alcaline, opération qui facilite le séchage, mais qui enlève la pruine et qui détruit le bouquet du fruit.

Le raisin exige un temps assez long pour sécher ; en général, dans les plaines où l'on cultive la vigne, le séchage du raisin exclusivement au soleil serait aléatoire ; là, il faudrait prévoir l'emploi d'évaporateurs à grand travail.

Dans le nord de la Californie, les séchoirs à raisins sont de très grands appareils où les claies sont disposées sur des chariots à étages, et où de puissants ventilateurs entretiennent un courant d'air chaud ; dans ces conditions, la dessication ne dure que quatre à cinq jours ; le rendement est de 25 à 30 p. 100.

La France importe annuellement à peu près 10.000 tonnes de raisins secs d'Espagne, de Grèce, de Turquie et d'Italie.

Autres fruits. — La plupart des fruits peuvent être soumis au séchage ; on connaît les pruneaux, les pommes et les poires séchées ; on sèche aussi les cerises et les pêches. La préparation de ces fruits ne présente pas, en Algérie, autant d'intérêt que celle des figues, des abricots et des raisins parce que les arbres qui les produisent sont moins adaptés au climat algérien.

Le *Prunier d'Agen*, les *Pruniers Quetsches* qui fournissent les prunes à pruneaux ne sont productifs qu'à une certaine altitude, et, là, les arrosages qu'ils exigent sont parfois difficiles à donner.

Les Pruniers japonais, dont on a planté de grandes surfaces dans ces dernières années, produisent régulièrement de très beaux fruits ; malheureusement, ces prunes ne peuvent pas être transformées en pruneaux.

Le pommier, le poirier, le cerisier ne trouvent que dans certains sites, à une altitude déjà élevée, des conditions favorables à la réussite de leur culture ; il s'ensuit que leurs fruits, peu abondants, s'écoulent facilement à l'état frais dans la colonie. Le séchage de ces fruits ne peut être entrepris qu'en des circonstances exceptionnelles : en cas de mévente, dans les années de grande abondance.

Par contre, le pêcher trouve ici son climat de prédilection ; en dehors de la zone littorale où ses fruits sont difficilement défendus contre la mouche : Ceratitis capitata, des plantations importantes, envisageant le séchage des fruits non écoulés à l'état frais, pourraient donner des résultats avantageux. Le séchage des pêches est un peu plus compliqué que celui des abricots ; les pêches doivent être ébouillantées et pelées, puis coupées en deux parties et dénoyautées ; on les blanchit au gaz sulfureux ; elles sont séchées soit au soleil, soit à l'évaporateur ; dans le premier cas, il faut six à huit jours ; dans le second, une journée seulement. Le rendement est de 20 p. 100.

La pêche séchée est insuffisamment connue ; c'est un bon produit, très apprécié aux Etats-Unis.

III. — Terres et Engrais

André PIÉDALLU
Pharmacien Lieutenant-Colonel, Docteur ès Sciences,
Ingénieur-chimiste,
Directeur-adjoint du Service Botannique de l'Algérie.

TRANSFORMATION RAPIDE DES ROCHES EN SOL CULTIVABLE PAR L'EXPLOSIF AGRICOLE

Le littoral algérien et le Sahel d'Alger sont constitués en grande partie par des grès à ciment calcaire. Les uns sont des *dunes fixées* par le carbonate de chaux, résidu de l'évaporation des eaux ; les autres sont des *molasses* plus ou moins grenues contenant plus de 80 % de carbonate de chaux, ou des *conglomérats* à grains plus ou moins grossiers.

Après les expériences de Georges Ville, qui cultiva le blé dans du verre pilé, et après mes propres expériences à Vanves (Seine) : (j'avais installé un jardin sur un tas de mâchefer), j'ai eu l'idée d'employer l'EXPLOSIF AGRICOLE pour fabriquer un sol cultivable à partir des roches primitives.

Les expériences ont porté sur des bancs de grès situés sur le littoral, cap Caxine, Guyotville, Staouéli, Zéralda, Castiglione, Bérard, etc.

Ces bancs, d'âge récent, affleurent au bord de la grand'route et pointent par-ci par-là dans le cultures, où ils forment des taches pierreuses sur lesquelles les ouvriers détériorent souvent leurs outils.

L'explosif permet de les briser. On les attaque en forant des trous de mine obliquement, à 45° environ. Le grenu est un excellent amendement pour ces sols, le plus souvent décalcifiés.

Lorsque le banc est continu, le mieux est d'ouvrir une tranchée dans la partie la plus basse et de progresser en montant. On peut faire les trous de mine obliquement à la base du front, horizontalement en plein front, ou verticalement à environ 1 m. du bord de l'à-pic.

Les gros blocs servent à empierrer les chemins, à faire des murettes ou de la pierre à bâtir. On peut aussi les broyer sur place.

Le grenu constitue une excellente terre à primeurs, à vigne et à arbres fruitiers.

En y ajoutant de l'engrais, superphosphate ou scories, sulfate d'ammoniaque, sulfate de potasse, on obtient de très belles récoltes.

Ces expériences ont porté sur des parcelles plus ou moins grandes qui font ensemble dans la banlieue d'Alger au minimum une centaine d'hectares. Elles ont toutes réussi.

Dans ces régions privilégiées où la terre cultivable a pu atteindre des prix de 70, 80 et même 100.000 francs l'hectare, on peut se permettre de faire ces travaux sans craindre le prix de revient qui peut aller de 6 à 10.000 francs l'hectare.

A Birmandreis, dans la banlieue immédiate d'Alger, nous avons attaqué MM. Ducastaing et moi un coteau abrupte constitué par la molasse de Mustapha (pliocène plaisancien). Ce coteau avait de maigres languettes de terre épaisses de quelques centimètres qui étaient aintenues par des murettes.

La plus grande partie était rocheuse et complètement dépourvue de égétation. Ce coteau est orienté sud-nord. Il borde le flanc est d'une tite vallée sèche à pente assez rapide par laquelle monte la route de lida.

Après quelques essais, nous avons ouvert à l'explosif une tranchée l'extrémité sud des banquettes à constituer.

Les trous de mines verticaux placés à environ 2 m. les uns des aures et à 1 m. du bord nous ont permis d'abattre successivement le ront sur la tranchée.

La profondeur des trous était de 1 m. à 1 m. 50, les charges emloyées ont été de 1 à 3 cartouches d'environ 100 à 125 gr. Les tirs taient simultanés à l'exploseur électrique par groupes de 4 ou 5 mies. Une grande partie de la roche était brisée en petits morceaux llant du grenu à la grosseur du poing qui nous ont permis de consituer un sol propre à la culture.

Pour diminuer les frais, les gros morceaux ont été vendus comme ierre à bâtir et ont servi à rehausser les murettes.

La vente des pierres a couvert à peu près les frais ; du fumier de outon, de l'engrais vert et un engrais composé de superphosphate, e sulfate d'ammoniaque et de sulfate de potasse nous ont permis 'obtenir en première récolte un rendement de 9 pour 1 de pommes e terre et en seconde récolte 10 pour 1 entre cinq rangs de vignes et d'arbres fruitiers. Ces récoltes ont été faites au mois de juin. Les plantes se sont développées sans irrigation, sans arrosage, puisant uniquement l'eau des pluies d'hiver qui s'était infiltrée dans le sol meuble et divisé par l'explosif. La vigne et les arbres fruitiers sont restés bien verts malgré la sécheresse des étés.

En résumé, il est possible d'établir des cultures de rapport dans la roche brisée par l'explosif. Le grenu des roches est un support sur lequel poussent très bien les plantes, à la condition d'ajouter les éléments qui manquent à cette terre artificielle : matières organiques, potasse, azote, acide phosphorique et chaux, quand il en est besoin. On peut y faire de très belles récoltes.

Je crois intéressant de signaler que dans les sols très divisés, ceux mêmes qui contiennent une aussi forte proportion de chaux (87 %), des plantes qui ne sont pas particulièrement calcicoles peuvent très bien se développer. Je crois pouvoir conclure que l'infertilité des sols calcaires tient plus à leur compacité qu'à leur composition ; l'état grenu étant le plus favorable à la pénétration et à la conservation d l'eau et aussi au développement des plantes.

GALLOIS

Ingénieur Agronome, Chef des Services Agricoles du Département d'Oran
ancien Directeur du Laboratoire de Chimie agricole de Sidi-Bel-Abbès

---

CONTRIBUTION A L'INTERPRÉTATION DE L'ANALYS DES TERRES ARABLES, AU POINT DE VUE DE SOLUBILISATION DE LA POTASSE.

Nous avons eu l'occasion d'effectuer au Laboratoire Agronomiqu de Sidi-bel-Abbès de nombreuses analyses de terre. Toutes les fois qu la chose nous a été possible, nous avons suivi les résultats culturau obtenus sur ces sols, et, très fréquemment nous avons pu consta que, *même lorsque l'analyse (effectuée suivant la méthode officielle Stations agronomiques) révélait une richesse exceptionnelle en tasse*, les cultures instaurées sur ces terrains bénéficiaient largeme de doses faibles d'engrais potassiques. C'est ainsi que des sols rév lant à l'analyse 14 pour mille de potasse soluble aux acides concentrés ont fourni des suppléments de récolte importants, après addition de 60 kilos de sylvinite riche à l'hectare (dans le superpotassique).

Cette constatation nous a amené à rechercher s'il n'existait pas, entre les éléments constitutifs des terres arables, et la quantité de potasse assimilable, une relation quelconque de proportionnalité.

En 1928, on nous confia le soin d'analyser 45 échantillons de terre, provenant d'un domaine voisin de Saïda (Domaine des Maâtifs de la Compagnie Oranaise). Sur chacun de ces types de sols, nous avons dosé, en dehors des éléments généralement examinés dans ce genre d'analyse, la potasse soluble aux acides faibles, suivant la technique de Schloesing. Pour simplifier, nous la nommerons ici « potasse assimilable » en faisant toutes réserves utiles sur la propriété de ce terme.

Parmi les 45 échantillons précités, nous avons sélectionné 15 types qui nous ont semblé plus particuliers, chacun des autres se rapprochant, jusqu'à se confondre avec eux, des sols dont il va être question.

Méthodes d'analyse. — L'analyse complète, mécanique, physico-chimique et chimique a été faite suivant la méthode adoptée par les Stations Agronomiques. Les dosages de potasse de potasse ont été faits à l'acide perchlorique, et vérifiés par de nombreuses pesées de platine réduit. Nous utiliserons pour désigner les différents éléments, la nomenclature de Schloesing.

Géologie. — Les sols que nous examinons dans cette note appartiennent au même domaine agricole, et semblent bien provenir de formations géologiques voisines (Monts de Saïda). Ils ont subi à divers degrés la décalcification. La carte géologique d'Algérie, bien embryonnaire, hélas, leur assigne comme origine : Oolithe, probablement Bathonien.

Méthode de dosage de la potasse soluble aux acides faibles. — Pour fixer les idées, nous appellerons potasse assimilable, la quantité de cet élément nutritif soluble, à froid aux acides dilués et dans les conditions suivantes. 100 *grammes de terre* sont mis en suspension dans 800 *centi-cubes* d'eau distillée, *attaqués par l'acide azotique jusqu'à réaction faiblement acide au tournesol neutre sensible, puis additionnés de 5 centi-cubes d'acide azotique de densité* 1.30. Après six heures de contact (contact facilité par une agitation violente chaque quart d'heure), on a laissé en repos pendant 12 heures pour permettre la décantation parfaite. Après quoi, on a dosé la potasse sur une partie aliquote, par la méthode au perchlorate vérifiée comme il a été dit ci-dessus.

Nous avons exposé dans un tableau (voir page 699) la totalité des données d'analyse. Les échantillons sont numérotés de 1 à 15, dans l'ordre numérique où ils nous ont été transmis.

Résultats des recherches. — La discussion des résultats demanderait un nombre important de pages, et serait, par ailleurs, fastidieuse. Il nous a paru plus commode pour le lecteur d'établir, pour chacun des cas envisagés, un diagramme, dont l'examen attentif suffit à dégager la signification.

A. — Relation entre la potasse soluble aux acides concentrés et la potasse assimilable (Diagramme I).

L'allure capricieuse de la courbe semble bien démontrer que la potasse assimilable est loin d'être en rapport avec la potasse soluble aux acides concentrés. Il apparaît bien plutôt que la *forme sous laquelle se présente cet élément et surtout la nature des combinaisons où il est engagé, jouent un rôle primordial dans sa facilité de solubilisation vis-à-vis des solvants naturels.*

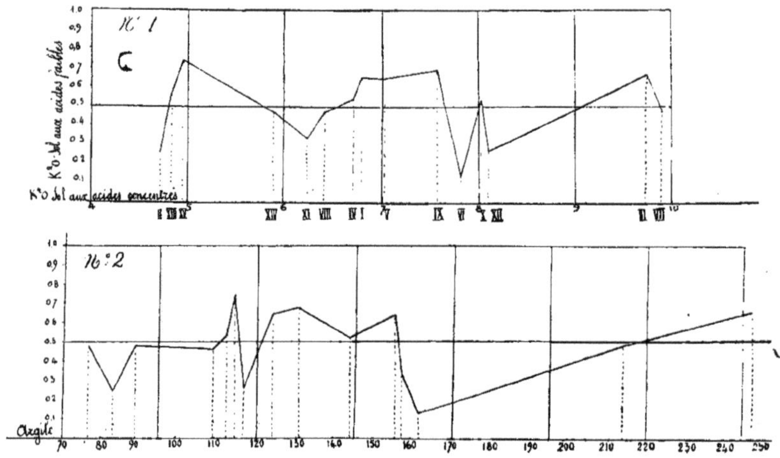

B. — Relation entre la teneur en argile et la potasse assimilable (Diagramme II).

La composition chimique de l'argile la désigne comme le générateur de l'élément nutritif potasse. On aurait pu supposer que les sols les plus argileux seraient les plus riches en potasse assimilable. Le diagramme II indique que cette proportionnalité ne paraît pas exister. L'argile, telle que la définit Schlœsing, pourrait donc se présenter sous des formes physiques différentes qui en rendrait l'attaque plus ou moins facile pour les solutions acides faibles.

C. — Relation entre la somme des éléments fins et la potasse assimilable (Diagramme III).

Dans ce diagramme, on a porté en abcisses les sommes des éléments fins, calcaires et non calcaires. Il paraissait en effet intéressant de rechercher dans quelle mesure la finesse des éléments, multipliant les surfaces d'attaques, influait sur la solubilisation de la potasse. La réponse à cette question, fournie par le diagramme III, n'apporte pas de certitude.

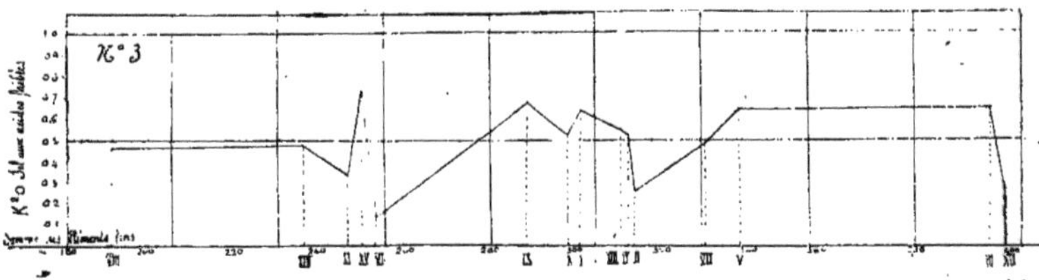

D. — Relation entre la teneur des sols en matière organique (Débris organiques et humus) et la potasse assimilable (Diagrammes IV et V).

L'action dissolvante de l'eau chargée de CO^2 sur les minéraux, qui paraît expliquer certaines formations géologiques, est bien connue. L'oxydation des matières carbonées du sol, à divers stades de décomposition, étant le grand générateur de CO^2, on a cru devoir rechercher si la présence de ces corps organisés, en voie de minéralisation, influait sur la quantité de potasse facilement soluble. Cette relation n'apparaît guère à l'inspection des deux diagrammes IV et V.

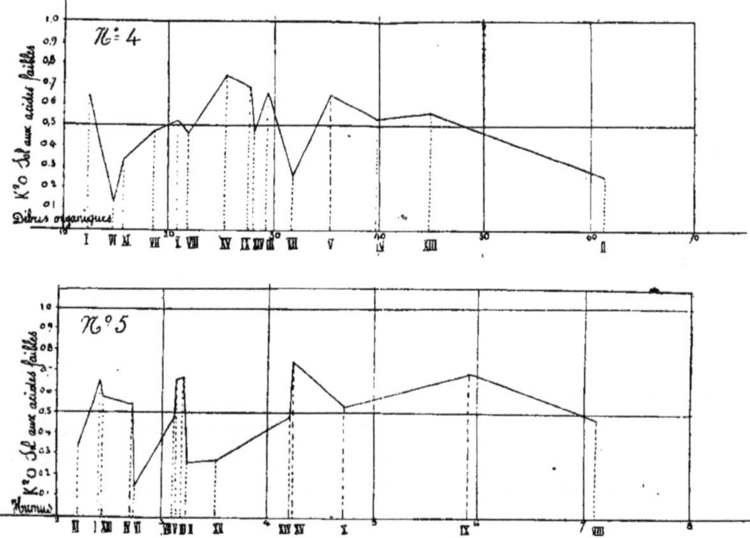

E. — Relation entre la teneur en calcaire et la potasse assimilable (Diagramme VI) et (Diagramme VII).

Le tableau des résultats d'analyses est loin de démontrer qu'une grande richesse en calcaire entraîne « ipso facto » une teneur faible en potasse soluble aux acides concentrés. On a donc cherché si la présence du carbonate de chaux avait une action retardatrice sur l'assimilabilité de la potasse : par exemple, en diminuant l'action dissolvante du CO^2, dissous lui-même. Le diagramme VI donne quelque apparence de réalité à cette conception.

C'est pourquoi nous avons recherché si la présence du calcaire influait sur le rapport $\dfrac{\text{Potasse assimilable}}{\text{Potasse totale}}$ (Potasse totale désignant ici, improprement d'ailleurs, la potasse soluble aux acides concentrés).

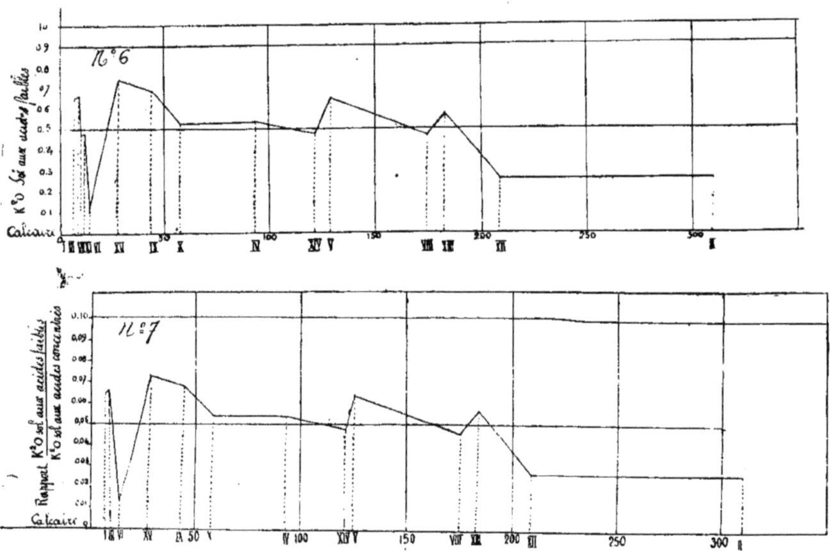

Le diagramme VII semblerait indiquer que seules des doses élevées de calcaire jouent un rôle faiblement retardateur. Les doses 5 à 20 pour mille semblent avoir un résultat améliorant.

F. — Relation entre la teneur en magnésie et la potasse assimilable (Diagramme VIII).

En se plaçant au point de vue des bases échangeables, on pouvait se demander quelle influence pouvait avoir sur la potasse assimilable, la teneur en magnésie des sols. Il ne paraît pas que le diagramme VIII donne à cette question une solution satisfaisante.

G. — Relation entre la teneur en éléments fins non calcaires, argile exceptée (Diagramme IX) et argile comprise (Diagramme X) K^2O assimilable.

On a cherché également si la finesse des éléments non calcaires entraînait une facilité plus grande de solubilisation d la potasse ; l'allure quelque peu capricieuse des courbes établies au moyen des résultats analytiques, ne permet pas une réponse affirmative.

H. — Relation entre la teneur en éléments non calcaires totaux, argile exceptée (Diagramme XI) et argile comprise (Diagramme XII) et la potasse assimilable.

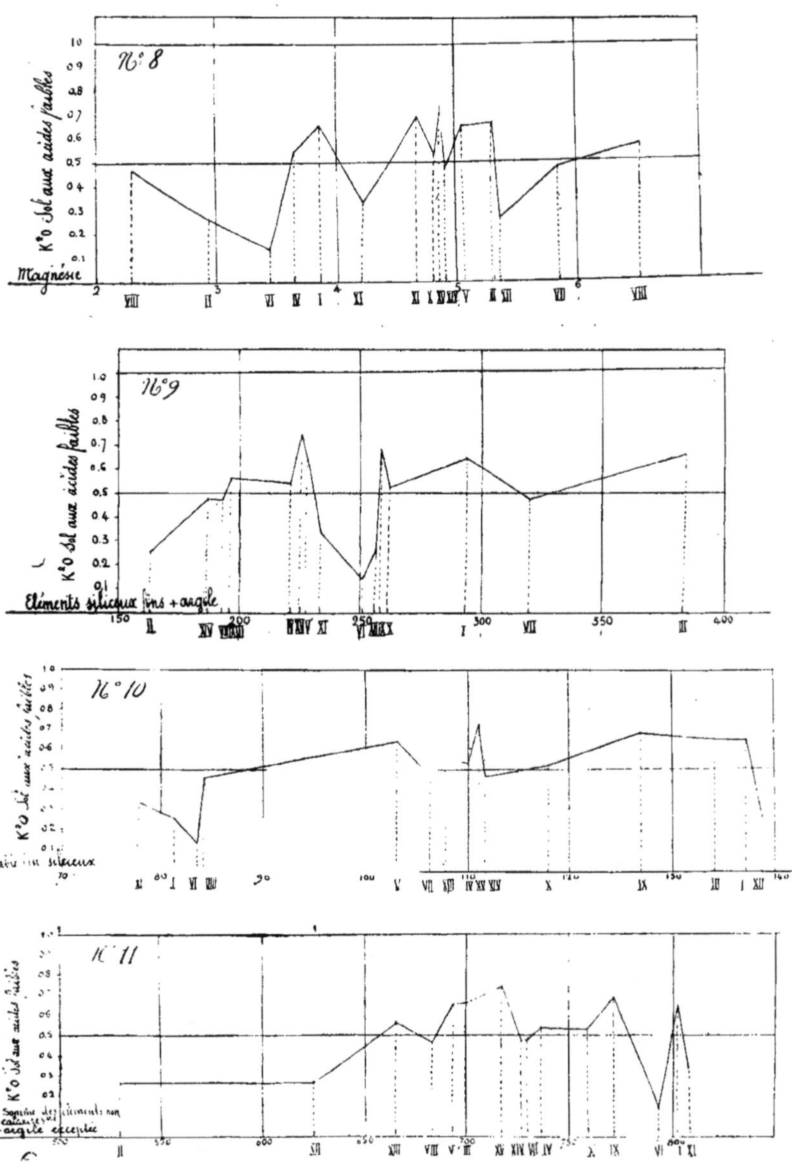

Sans qu'on puisse être très affirmatif, il semble bien que, comme on pouvait s'y attendre, la teneur plus grande en éléments non calcaires totaux, exerce une influence sur la quantité de potasse facilement soluble.

I. — Relation entre le rapport $\frac{\text{Argile}}{\text{Calcaire}}$ et la potasse assimilable (Diagramme XIII).

Qu'il soit plus petit ou plus grand que l'unité, la valeur de ce rapport ne semble avoir aucune influence sur la solubilisation de K^2O.

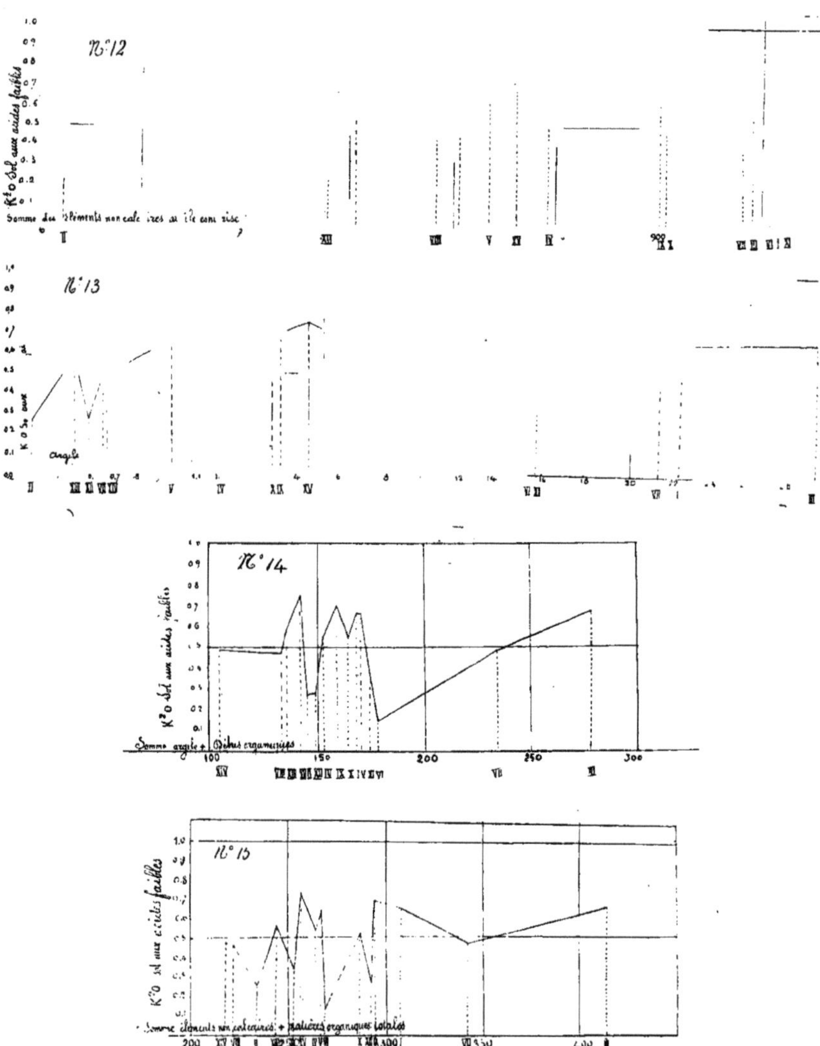

Tableau des résultats d'analyse

Numéros des échantillons	Sable grossier non calcaire	Sable grossier calcaire	Sable fin non calcaire	Sable fin calcaire	Débris organiques	Argile	Humus	Azote	Acide phosphorique	Chaux du calcaire	Calcaire	Potasse sol. aux acides concent.	Potasse sol. aux acides faibles	Magnésie
I	663,9	1,0	137,5	6,0	12,1	156,0	2,4	0,84	0,47	3,92	7,0	6,78	0,65	3,85
II	447,7	163,5	81,1	146,5	61,3	83,0	3,2	1,29	0,60	174,0	310,0	4,71	0,26	2,95
III	565,1	0	134,1	6,6	29,3	248,0	3,2	1,23	0,65	4,8	8,6	9,73	0,66	5,30
IV	625,3	4,4	110,0	88,6	39,8	112,2	2,7	1,37	0,65	52,0	93,0	6,71	0,54	3,65
V	590,5	20,2	103,0	108,8	35,1	124,5	3,1	1,20	0,62	72,0	129,0	7,03	0,65	5,05
VI	708,8	1,7	83,4	8,8	14,6	162,0	2,7	1,06	0,47	5,9	10,5	7,81	0,14	3,45
VII	620,7	3,6	106,2	6,4	18,6	214,4	3,1	1,16	0,45	5,6	10,0	9,90	0,48	5,85
VIII	598,5	110,5	84,0	64,9	21,9	109,7	7,1	1,57	0,86	98,3	175,5	6,41	0,47	2,30
IX	644,4	19,0	126,9	24,9	27,6	130,9	5,9	1,54	0,48	24,9	44,5	7,58	0,69	4,65
X	640,5	25,7	118,2	31,8	20,9	143,7	4,7	1,41	0,84	32,2	57,5	8,02	0,53	4,80
XI	729,3	0,1	77,2	9,9	15,5	156,6	2,2	0,88	0,47	5,6	10,0	6,25	0,34	4,20
XII	485,0	72,6	138,7	136,9	31,7	116,4	3,5	1,43	0,70	117,3	209,5	8,10	0,27	5,35
XIII	556,8	69,9	107,7	113,1	44,8	88,9	2,4	1,08	0,48	102,5	183,0	4,84	0,57	6,50
XIV	615,1	78,6	111,7	43,4	26,0	76,6	4,2	1,56	0,72	68,3	122,0	5,90	0,48	4,90
XV	605,9	8,3	110,7	19,2	25,4	114,8	4,2	1,20	0,82	15,4	27,5	4,96	0,74	4,85

NOTA. — Les chiffres portés au présent tableau représentent la teneur des sols considérés, pour 1000 grammes de terre fine et sèche. Pour éviter des modifications d'ordre physique, les terres n'ont été calcinées pour aucun dosage de leurs éléments.

J. — Relations diverses.

Les diagrammes XIV et XV, montrent bien qu'il n'existe aucun rapport entre l'assibilabilité de la potasse et la somme argile + débris organiques, ou la somme éléments non calcaires totaux + matières organiques totales.

Conclusions

Dans les conditions des expériences poursuivies, il paraît téméraire de conclure à une relation très nette entre les éléments constitutifs des terres examinées et la solubilité de la potasse aux acides faibles : soit qu'on examine la qualité ou la quantité de ces éléments.

A notre sens, c'est bien plutôt la forme ou mieux l'état physique qui joue un rôle prépondérant (état colloïdal, par exemple). On ne peut que regretter que les méthodes analytiques actuelles ne tiennent pas un compte suffisant de ce fait. Peut-être ne serait-il pas inutile d'examiner, lors de l'analyse d'une terre, sa perte au feu (800°), selon la technique de M. Marcel Rigotard, professeur à l'Institut Agricole. Cette donnée nouvelle fournirait, vraisemblablement, des renseignements utiles sur la proportion de colloïdes véritables des sols, et les répercussions de cet état sur l'assimilabilité des éléments.

Plus pratiquement, l'agriculteur qui exploite des terres, même reconnues riches en potasse soluble aux acides concentrés, aura tout intérêt, s'il ne veut utiliser, sans délai, les engrais potassiques, à instaurer sur son exploitation quelques parcelles d'essai, fumées aux sels de potasse (sulfate en particulier). Mieux qu'une analyse, les rendements obtenus le renseigneront sur les besoins de ses sols en K^2O.

Nota. — Les chiffres et diagrammes ci-dessus n'ont, à nos yeux, de valeur que pour la série des terres considérées, et notre étude n'a pas la prétention d'être générale, mais seulement d'essayer de tirer quelques conclusions pour un cas particulier nettement situé.

J. MANQUENÉ
Docteur ès Sciences de l'Université de Toulouse,
Chef du Service Agricole général du département d'Alger.

LES TERRAINS SALÉS DE L'ALGÉRIE OCCIDENTALE (1)

Les alluvions des plaines oranaises renferment souvent des matières salines qui les stérilisent. Parmi ces dernières intervient le chlorure de sodium auquel est associé généralement le chlorure de magnésium en proportions beaucoup plus limitées.

Les cultures en terrains salés

La culture de la vigne et des céréales a été abandonnée dans une partie de la vallée de Bouguirat, à la suite de pluies violentes amenant la submersion du terrain. L'analyse y révèle :

Sol	5.40 p. 1000 de chlorures	
Sous-sol	4.16	—

Cependant le « lupin bleu », semé dans ce milieu, y a résisté, mais avec une végétation assez faible. La plante renfermait :

Chlorure de sodium

Tige et feuilles...........	48.30 p. 1.000 de chlorures	
Péricarpe	82.13	—
Graines	46.29	—

On remarque la forte proportion de sel présentée par le péricarpe dont la saveur est d'ailleurs nettement salée.

L'accumulation du toxique salin dans les organes superficiels a été, comme dans l'exemple précédent, maintes fois observée.

Sur le territoire de Rivoli, dans le type « alluvions récentes », la vigne a succombé en présence de 3 p. 1000 de chlorures. Dans la même situation agrologique, à la Vallée-des-Jardins, cette culture a été détruite par 1.86 de chlorures dans le sol et 2.45 dans le sous-sol. L'avoine y a résisté.

(1) Voir pour plus de détails : Agrologie de l'Oranie Orientale ; La Grande Sebkha d'Oran : son bassin hydrographique. (*Du même auteur*).

A Sirat, le même échec de la vigne a été constaté avec 2.18 p. 1000 de sel. Sur un point où l'analyse donne 1.47 de chlorures, la plante se maintient encore, mais elle est d'une végétation chétive et paraît devoir disparaître.

A Aïn-Sidi-Chérif, une légère cuvette présente à l'analyse 1.75 de chlorures dans le sol et 1.31 dans le sous-sol. Il y a eu, en ce point, échec de la vigne.

Il importait de démontrer que l'absorption des chlorures était la cause des accidents observés chez le végétal. A cet effet, la vigne a été analysée, d'une part, en terrain où elle a succombé, d'autre part, en terrain où elle s'est maintenue.

Chlore en chlorure de sodium

Vigne résistante	1.48 p. 1000 de matière sèche	
Vigne morte	5.97	—

Les chlorures dans le vin

Que devient le sel absorbé par la vigne ? Peut-il se retrouver dans le vin ? Telle est la question examinée ci-après.

Dans le bassin du grand Lac d'Oran, le vin provenant d'une vigne atteinte par le sel renfermait, d'après Dugast, ancien Directeur de Station agronomique à Alger, 2 gr. 308 de chlorures par litre et celui de souches moins attaquées donnait 1,561. Le sol et le sous-sol avaient respectivement 0,74 et 0,71 de chlorure de sodium p. 1000. Sur la route de la Sénia à Misserghin, la vigne d'une tache salée produisait un vin dont la teneur en sel était de 1,195.

Aux « Quatre-Chemins » (La Sénia), l'analyse a révélé, en trois échantillons de vin, les proportions suivantes de chlorures :

N° 1	3,272	par litre
N° 2	2.807	—
N° 3	3,171	—

A la suite des perturbations provoquées par les inondations de 1927-1928, certaines vignes ont absorbé de fortes proportions de chlorures. Les vins de cette origine en renfermaient jusqu'à 5 grammes par litre.

Ainsi le sel absorbé par la vigne passe au moins partiellement dans le vin où il peut se trouver en proportions excédant 4 grammes par litre. Un tel produit est impropre à la consommation.

Résistance aux chlorures

Le cotonnier qui occupe avec succès beaucoup de terrains salés stériles à l'égard de la vigne, a été étudié dans son degré de résistance aux chlorures.

Dans la plaine des « Bordjia », près de Mostaganem, le cotonnier a évolué dans les meilleures conditions, dans un sol d'alluvions renfermant :

Calcaire .... 23,80 p. 100
Chlore en chlorure de sodium .... 1,31 p. 1000

Sur un autre point de la même exploitation, présentant :

Calcaire .... 44,10 p. 100
Chlore en chlorure de sodium.......... 2,63 p. 1000

la végétation s'est montrée très faible et très chlorotique : il y a eu échec.

Les alluvions de la Mina portent de florissantes cultures de cotonnier en des sols accusant à l'analyse :

Calcaire .... 19,20 p. 100
Chlore en chlorure de sodium.......... 1,50 p. 1000

L'utilisation des eaux salées a donné lieu également, dans la région de Mostaganem, à d'intéressantes observations.

En sol alluvionnaire riche en humus avec tuf calcaire en sous-sol, le cotonnier prospère avec 1,70 de chlorures dans l'eau d'irrigation (Bordjia). Ajoutons que l'immersion des semences pendant 24 heures dans une eau renfermant 1 gr. 80 de chlorures n'a pas nui à la germination.

La Vallée-du-Nadour (Mostaganem) possède encore quelques eaux légèrement salées. L'une d'elles, avec 1,93 de chlorures, est employée en arrosages. Résistent au sel, dans ces conditions :

Artichaut, pomme de terre, tomate, chou, piment, oranger, grenadier, cognassier, poirier, jujubier.

Une mention spéciale en faveur d'une belle orangerie arrosée avec cette eau, une fois par semaine, et occupant le terrain depuis une trentaine d'années.

Voici, dans le bassin de la Sebkha d'Oran, à la limite des argiles helvétiennes du Tessalah et des alluvions de la plaine de la M'léta, un puits dont l'eau employée en arrosages renferme 2,60 de chlorures.

Le cotonnier ainsi arrosé donne de très beaux produits. Des cultures de tomate reçoivent, 2 fois par semaine, 1.000 mc. de cette eau par hectare et sont en pleine prospérité. L'olivier, l'oranger, résistent à cette proportion de sel qui est tout à fait favorable à l'artichaut et à la luzerne.

En résumé, les eaux qui renferment 2 à 3 grammes de chlorures par litre peuvent trouver de nombreuses applications agricoles. Dans certains cas, elles sont encore utilisées avec une teneur de 3,50 et même davantage. Artichaut, luzerne... en bénéficient. Cependant, le succès de ces arrosages est souvent compromis lorsque le sol renferme déjà des chlorures en quantité appréciable. D'ailleurs, l'emploi de telles eaux finit par stériliser le terrain en y laissant déposer l'élément salin et cela partout où le drainage rationnel n'est pas pratiqué.

En ce qui concerne le sol, des diverses données acquises, il résulte que la vigne manifeste des troubles physiologiques dus au sel dès que le toxique atteint ou dépasse 1 p. 1000 dans la terre. Les céréales, l'avoine en particulier, résisteraient jusqu'à 2 p. 1000. Le cotonnier peut supporter des proportions de chlorures encore plus élevées. Le haricot est très sensible au sel tandis que le palmier, la luzerne, l'artichaut, la betterave, l'oranger, le cognassier, etc., affirment une résistance beaucoup plus élevée à l'égard de la matière saline.

A. BRUNO

TERRE AVARE ET TERRE PRODIGUE
ROLE DU COMPLEXE COLLOIDAL DU SO

Trop longtemps, les agronomes des laboratoires se sont limités à l notion sèche *de pauvreté ou de richesse des terres* en éléments ferti lisants plus ou moins solubles, ou déplaçables d'abord par les acide énergiques, puis par des solutions acides ou salines agissant moins bru talement.

Aux poètes et aux paysans restaient la terre généreuse, les gueret féconds, et aussi la glèbe ingrate.

Dans un livre fort intéressant, Milton Whitney, qui était Chef du bureau des sols aux Etats-Unis, s'est efforcé de caractériser les sols comme des êtres vivants possédant un squelette, des masses plastiques, une respiration, une digestion, une circulation, une véritabl individualité. Individualité qu'il importe de bien connaître, de bien comprendre si l'on veut éviter de succomber dans une lutte inégal contre les forces naturelles, et au contraire, en obtenir la meilleur production possible par l'emploi de méthodes appropriées.

Une façon aussi imagée de représenter la réalité offre plus que l'attrai d'une fiction poétique ; elle présente des enchaînements logique d'idées utiles pour relier entre eux des faits agricoles connus depui longtemps et des résultats des laboratoires acquis dans les dernière années.

Comme les humains, les sols des champs et des herbages peuvent être *avares ou prodigues*, quelles que soient d'ailleurs leur richesse ou leur pauvreté.

La terre prodigue est bien comparable au fils qui ne tenait pas en place, à ceux qu'on qualifie « paniers percés ». Capable d'engloutir les plus fortes quantités de fumier et d'engrais, de les digérer en quelques mois, la terre prodigue peut les dépenser très vite, les livrer aux plantes, ou les laisser fuir en profondeur comme l'eau même qu'elle retient à peine. Bien comprise, cette terre peut ressembler à une usine à grand rendement, porter de belles cultures maraîchères. Mais il faut veiller à lui apporter, à tout moment, l'eau et les aliments des plantes ; elle en assurera l'utilisation rapide. Sans réserves, elle ne trouvera presque rien dans ses ressources propres si le pourvoyeur commet un oubli ou une erreur au moment de la ravitailler.

La terre avare, au contraire, souvent enrichie pour avoir pendant des siècles donné moins qu'elle ne recevait, souvent forte et résistante aux labours, digère avec lenteur les fumures qu'on lui apporte. Cette terre est réputée difficile à travailler, il faut la bien connaître ; mais stimulée, aérée, contrainte, elle peut livrer de superbes moissons. Au besoin, en cas d'erreur dans la fumure, elle prélèvera dans sa réserve les éléments oubliés ou apportés en quantités insuffisantes. Peu sensible aux petites doses d'engrais qu'elle tend à capitaliser, elle réagit aux fortes doses ; elle fournit beaucoup à la condition d'être en quelque sorte repue et gavée.

Entre ces deux extrêmes, la terre moyenne ou franche, ni trop lourde, ni trop légère, répond aux bons soins qu'on lui donne. Tout cultivateur doit réussir à l'exploiter dans des conditions normales, élever sa productivité d'année en année par une rotation convenable des cultures, et par l'emploi de fumures bien équilibrées.

Au laboratoire, le sol prodigue apparaît comme un squelette, pauvre en matières argileuses et humiques, sans grande capacité absorbante. En expérience, il cède encore de l'eau aux plantes lorsqu'il en renferme 4,3 et jusqu'à 2 % seulement. Il cédera aussi bien l'azote, la potasse, la chaux ; il convient de les lui livrer assez fréquemment, par petites quantités.

Le sol avare, à l'opposé, est abondamment pourvu de matières colloïdales argileuses et humiques. Aux essais de laboratoires, il retient de l'eau avec énergie et laisse faner les plantes qu'il porte alors qu'il contient encore 8 ou 9 % d'eau. Il n'est pas plus libéral pour leur donner la potasse ou la chaux qu'il contient, tant que son avoir s'écarte de son point de saturation. Aux champs, ce sol est capable d'ensiler en quelque sorte d'une année à l'autre des pelotes de fumier, des débris végétaux ; il fait passer des éléments nutritifs de l'état assimilable ou même soluble à une forme de réserve, protégée contre la lixiviation par son pouvoir absorbant, mais aussi trop peu facilement accessible aux plantes pour leur permettre une croissance rapide. Là, une petite dose d'engrais potassique ne fait qu'ajouter au capital dormant, une dose moyenne devient sensible, une dose élevée seule entraîne d'excellents résultats. Ainsi un riche avare trouve après un copieux repas l'état d'euphorie qui le dispose à la générosité !

Dans les cas d'ailleurs fréquents d'acidité, une recalcification appropriée s'impose, de même qu'un assainissement par drainage lorsqu'il y a un excès permanent d'humidité. Toujours pour travailler les terres fortes, il faut choisir le moment opportun : ni trop frais, ni trop sec.

La grande caractéristique des sols est celle de la proportion de ce complexe colloïdal argilo-humique, agissant par son immense surface sur l'eau et sur les éléments nutritifs qu'il retient. Nous arrivons ainsi, tant du côté pratique agricole que du côté théorique, à comprendre que *le sol cédera l'eau et la nourriture aux plantes, non seulement en raison de ses ressources mais en raison de sa nature, de sa teneur élevée ou faible en éléments colloïdaux*, qui le prédispose à l'avarice ou à la prodigalité. De là, l'insuffisance d'un essai chimique et d'une mesure de richesse pour prévoir comment le sol se comportera vis-à-vis de la plante.

Ceci posé, nous comprenons mieux l'idée des méthodes biochimiques récentes d'études du sol par l'examen chimique d'une récolte de microbes, de moisissures, ou de plantules, pour apprécier ce que le sol peut céder à des cellules végétales vivantes (1).

Nous situons mieux aussi la méthode physico-chimique d'étude récemment présentée par MM. Demolon et Barbier (2), qui consiste à déterminer par plusieurs essais la *concentration critique* de la solution qui, agitée avec le sol à étudier, ne s'enrichit ni ne s'appauvrit en éléments dissous, acide phosphorique ou potasse. Cette concentration représente la résultante de la richesse et de la rétention. Bien que cette étude ne soit qu'à son début, il est peu hasardé de lui prédire une valeur et une utilité réelles pour obtenir une échelle de classement des sols. Leur aptitude à fournir aux plantes les éléments nutritifs, et à réagir à l'apport des engrais complémentaires, dépend de cette concentration critique, fonction de leur richesse et de leur complexe colloïdal absorbant.

(1) Par exemple, méthodes de Winogradski, de Niklas, de Neubauer, etc.
(2) C. R. Acad. Sc. 30 décembre 1930.

G. MARIS
Ingénieur agricole

INFLUENCE DES ENGRAIS AZOTÉS SUR LA PRÉCOCITÉ DES CÉRÉALES EN AFRIQUE DU NORD

On admet généralement que les applications d'engrais azotés ammoniacaux ou nitriques ont pour résultat de prolonger la végétation et de risquer, de ce fait, de rendre les céréales plus sujettes à l'échaudage si redouté en Afrique du Nord.

Encore que cette opinion soit peut-être le résultat d'observations faites sur des variétés banales et dans des conditions culturales assez mal définies, elle est en contradiction avec une série d'expériences entreprises dans des régions assez différentes comprenant le Tel Algérois, les Hauts-Plateaux Constantinois et la Tunisie.

En 1927, M. Yankowitch, Ingénieur agricole, Préparateur au Laboratoire d'Agrologie de l'Institut Agricole d'Algérie, organisait à Maison-Carrée plusieurs expériences sur blé Mahon II. L'ensemencement eut lieu le 5 décembre sur terre de couleur noire argilo-siliceuse, légèrement acide. La végétation du témoin fumé à raison de 300 kilogr. de Superphosphate et de 125 kilogr. de Sulfate de Potasse resta inférieure à celle des parcelles ayant reçu divers engrais ammoniacaux et nitriques à la dose de 40 kilogr. d'Azote à l'hectare. A partir du 10 avril, la différence est à peine sensible et la maturité eut lieu sur tous les carrés d'essais entre le 5 et 6 juin ; toutefois les engrais azotés avancèrent un peu le jaunissement.

Sur un essai d'avoine en terrain limoneux très argileux, M. Yankowitch a constaté que les parcelles avec fumure complète avaient épié plus tôt que celles n'ayant reçu que les éléments phosphatés et potassiques.

Au cours des expériences qui ont porté sur les trois années culturales 1926-27, 1927-28, 1928-29, M. Joint, Ingénieur Agronome, Administrateur de la Commune Mixte des Biban à La Medjana près de Bordj-Bou-Arreridj, a fait des observations analogues. La parcelle avec engrais complet a toujours conservé sur les autres une avance pouvant aller jusqu'à 15 jours, ce qui lui a permis, deux années sur trois, d'éviter l'action néfaste du sirocco.

Des constatations de même ordre ont été faites par M. Gallais, Propriétaire à Ouarizane (Oran), pendant la campagne 1927-28 et par M. Mansbendel, Propriétaire, domaine des Chougafa à Choua (Tunisie) en 1928 et 1929.

Cette action des engrais azotés sur la maturité a même pu, dans certaines circonstances, déterminer une avance telle qu'elle a occasionné par suite de conditions atmosphériques particulières une augmentation insignifiante de rendement. C'est du moins ce qu'a remarqué M. Lefebvre des Noettes, Ingénieur Agricole, Propriétaire à Mouzaïaville. Au cours de la campagne 1928-29, il observait en mars une différence très sensible en faveur des parcelles ayant reçu :

200 kilogr. de Sulfate d'Ammoniaque,
300 kilogr. de Superphosphate,
100 kilogr. de Chlorure de Potassium,

en comparaison avec le témoin sans Azote. Cette différence s'accusait encore au cours des mois suivants et jusqu'au début de mai. La parcelle fumée se défendit bien durant cette période de sécheresse, la parcelle sans Azote souffrit beaucoup et se trouva retardée dans sa maturité par rapport au témoin. Le 11 mai survint une pluie abondante suivie de plusieurs autres. La parcelle avec Sulfate d'Ammoniaque avait une maturité trop avancée pour en profiter, la parcelle témoin au contraire reprit toute sa vigueur eu parvint à mûrir normalement.

Ces observations montrent que les engrais azotés, lorsqu'ils sont associés aux autres engrais phosphatés et potassiques, hâtent la maturité des céréales. Il serait intéressant de les voir confirmer dans d'autres essais en tenant compte très exactement de l'analyse chimique et physique du sol et du sous-sol, de la variété (précoce et tardive) et de l'époque du semis. Nous ne doutons pas que ces remarques seront faites dans les champs d'expériences officiels et privés, car les résultats pourront avoir une influence considérable sur la technique de la fumure des céréales et sur l'amélioration des rendements en Afrique du Nord.

L. YANKOWITCH

Chef de travaux au Service Botanique d'El Ariana (Tunisie).

SUR L'EMPLOI DES ENGRAIS CHIMIQUES AZOTÉS DANS L'AFRIQUE DU NORD

L'agriculture Nord-Africaine depuis longtemps a cherché l'augmentation des rendements, non seulement par l'établissement d'une rotation et par l'exécution de travaux culturaux qui permettent de lutter contre la dessication du sol, mais aussi par l'emploi des engrais minéraux, qui, comme on le sait, permettent une utilisation plus avantageuse des ressources du sol en eau. Un gramme de matière sèche de récolte demande, dans les conditions d'un bon équilibre entre les éléments nutritifs de la plante, moins d'eau pour sa formation. Les nombreux essais des praticiens et des expérimentateurs ont abouti à la généralisation de l'emploi des engrais phosphatés et potassiques. Leur consommatoin augmente régulièrement, en compensant la diminution de la fertilité naturelle des terres soumises depuis longtemps à la culture à peu près exclusive des céréales ou de la vigne.

Il n'en est pas de même pour l'emploi des engrais azotés. Les nombreuses expériences donnaient des résultats contradictoires. On utilise les engrais azotés avec circonspection, plutôt pour des essais que comme une fumure reconnue efficace. Les praticiens ne sont pas arrivés à établir la technique d'emploi de ces engrais.

La recherche des causes de cet insuccès, commencée à Maison-Carrée et poursuivie au Serivce Botanique de Tunisie, a été conduite par deux voies différentes.

1. *Pour vérifier* si la supposition que les terres nord-africaines sont riches en *azote assimilable*, nous avons entrepris le dosage de l'azote nitrique et de l'azote nitreux solubles dans l'eau, ainsi que de l'azote ammoniacal déplaçable par la magnésie calcinée ; ces analyses, faites périodiquement pendant deux ans, ont permis les constatations suivantes : *a*) l'azote nitreux se trouve dans les terres en très faible quantité, presque sans importance ; *b*) l'azote ammoniacal est assez abondant, mais sa quantité varie peu pendant l'année ; à l'Ariana, nous avons, dans la couche de 90 cm. par hectare, 30 kgs d'azote ammoniacal environ ; *c*) l'azote nitrique subit des variations très sensibles

en passant par un maximum en automne pour disparaître à peu près complètement pendant les mois de février et mars.

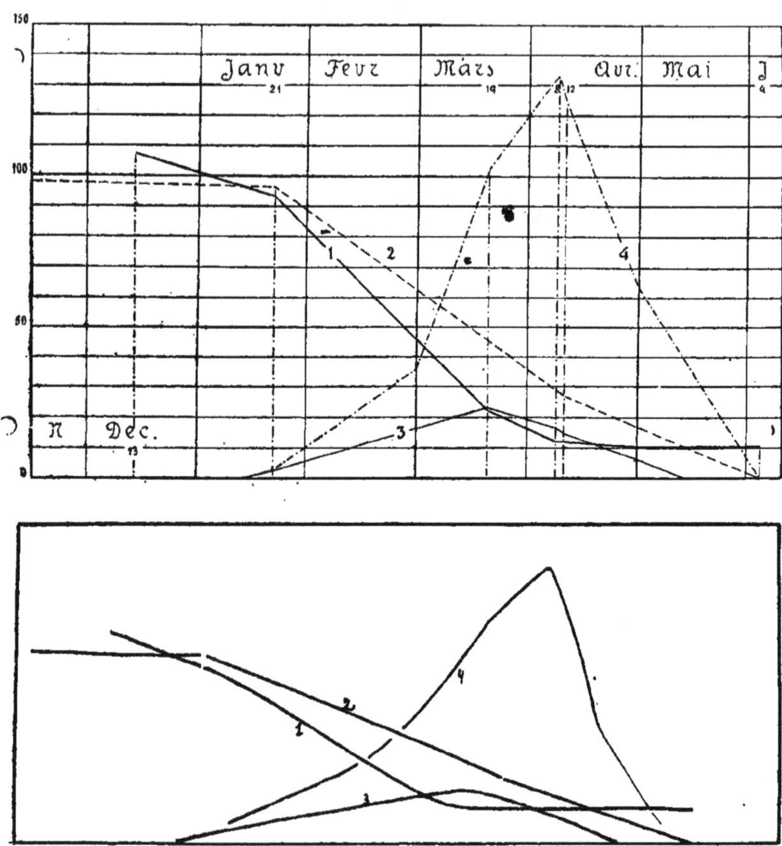

FIG. 1. — Manque relatif d'azote nitrique pour la culture de blé (rendement 25 qx. de grain à l'ha).

1. Azote nitrique dans la couche de terre de 0 à 90 cm. de profondeur, en kilos par hectare.
2. Exigence en azote d'une récolte de blé de 25 qx. à l'hectare d'après Garola.
3. Quantité d'azote nitrique manquant pour assurer cette récolte, s'il était appelé à fournir la totalité de l'alimentation azotée.
4. Courbe du manque relatif d'azote nitrique obtenue en divisant l'azote qui manque par l'azote nitrique existant au même moment dans le sol, et en multipliant le chiffre obtenu par 100.

Les trois premières courbes représentent l'azote en kilos par hectare. La quatrième n'indique que la relativité du manque d'azote et n'a qu'une valeur théorique.

Pour chercher la façon judicieuse d'employer les engrais azotés, il devient possible de se baser sur la teneur du sol en azote nitrique.

Ci-dessous des chiffres relatifs aux terres du Service Botanique de Tunisie. L'assolement tunisien le plus fréquent : blé après une année de jachère soigneusement entretenue.

Azote nitrique en kgs par hectare

a) de la récolte au printemps suivant

Profondeur cm.	4 juin k.	24 juillet k.	23 septembre k.	8 avril k.
0 — 30	5	15,25	12,1	4,3
30 — 60	2,5	7,50	6,5	8,4
60 — 90	3,5	4,00	4,8	8,0
0 — 90	11,0	26,75	23,4	20,7

b) Été de jachère

Profondeur cm.	10 mai k.	4 juin k.	24 juillet k.	23 septembre k.	15 octobre k.
0 — 30	22,8	31,1	40,2	84,0	77,3
30 — 60	5,6	11,1	21,4	25,9	13,3
60 — 90	6,2	15,1	24,3	18,0	10,9
0 — 90	34,6	57,3	85,9	127,9	101,5

c) Culture du blé

Profondeur cm.	13 décembre k.	21 janvier k.	19 mars k.	8 avril k.	1er mai k.
0 — 30	31,8	3,5	4,5	2,1	2,5
30 — 60	42,3	31,1	6,2	4,4	3,0
60 — 90	33,5	58,8	11,9	6,1	4,9
0 — 90	107,6	93,4	22,6	12,6	10,4

Les chiffres obtenus démontrent que l'azote nitrique s'accumule dans la terre ameublie et humide de la jachère en telle quantité qu'elle serait, à elle seule, largement suffisante pour donner la récolte de 25 quintaux, si les infiltrations et la dénitrification ne soustrayaient pas une partie notable de cet azote nitrique à l'utilisation par la récolte.

Les recherches dans les pots arrosés à volonté où l'infiltration a été nulle démontrent que l'azote nitrique ne persiste pas dans une terre dont l'humidité est de 15-18 %, mais passe à l'état de l'azote gazeux qui s'échappe dans l'atmosphère.

La vitesse de nitrification dans nos terres est très grande. Une expérience conduite à Maison-Carrée, en pleine terre, montre que le sulfate d'ammoniaque incorporé à la terre le 1er mars, non seulement a nitrifié complètement vers le 1er juin, mais aussi que l'azote nitrique formé à ses dépens est en majeure partie dénitrifié.

En comparant les quantités d'azote nitrique de nos terres avec celles qu'une récolte normale de blé exige, indiquées dans l'ouvrage de Garola « La pratique de la fumure », on constate que la période du manque d'azote correspond, dans les conditions de l'Ariana, aux derniers jours de mars et aux premiers jours d'avril (voir la fig. 1). L'emploi des engrais azotés doit donc être conduit de sorte que l'action de l'engrais se manifeste à cette époque.

Ainsi, thériquement, l'emploi des engrais azotés après la jachère doit se placer au printemps ; à l'automne leur action ne peut pas être très marquée sur jachère, vu que la terre est alors assez bien pourvue d'azote. Leur action doit être meilleure sur les semis tardifs, parce qu'une bonne partie d'azote nitrique est perdue à cause des pluies ou de la dénitrification ; ou sur les semis exécutés après une autre culture, parce que la nitrification d'un sol mal préparé pendant l'été et trop sec se fait péniblement.

2. *Des expériences conduites d'après la méthode des parcelles répétées* montrent que ces considérations sont exactes.

Le retard du semis détermine une forte diminution de rendement. Le blé Mahon 11 de Ducellier semé sur une terre bien préparée a donné :

Semis au commencement de novembre....	27	qx de grain par Ha.
Semis au commencement de décembre....	15	—
Semis au commencement de janvier......	11,7	—
Semis en février	9,7	—

Les engrais azotés employés à la dose de 40 kgs d'azote par ha. ont donné les suppléments variables suivant l'époque du semis ou de l'épandage d'engrais.

Épandage d'engrais	Époque du semis	Augmentation de rendement en quintaux par hectare
En automne avec le semis ...	Novembre	2 quintaux
Au printemps	Novembre	4 quintaux
Au printemps	Janvier	5 quintaux et plus

Bien que ces chiffres ne soient pas rigoureusement établis, les expériences bien conduites ayant duré deux ans seulement, les résultats pour deux endroits si différents que Maison-Carrée et l'Ariana concordent assez bien et donnent raison aux prévisions théoriques.

*
* *

Si l'emploi des engrais azotés sur les céréales semées après la jachère n'a qu'une importance limitée, il devient plus opportun sur les terres moins riches ou dans les fermes ne pratiquant pas l'assolement biennal.

Il est tout indiqué pour les cultures maraîchères irrigables exigeantes en azote et ayant une durée de végétation plus courte ; ces cultures se montrent souvent très sensibles aux apports d'azote et paient l'agriculteur incomparablement mieux que les céréales. Des expériences intéressantes et faciles à conduire seraient à entreprendre pour déterminer l'efficacité des engrais azotés dans la culture maraîchère.

L'exposé détaillé des expériences, la description des méthodes d'analyse employées, et la bibliographie se trouvent dans les *Annales du Service Botanique de Tunisie.*

IV. — Lutte contre les maladies cryptogamiques, les rongeurs, etc.

Georges TRUFFAUT

UTILISATION DES COLORANTS DANS LA LUTTE CONTRE LE MILDEW DE LA VIGNE

Depuis longtemps les colorants organiques sont utilisés par les médecins et par les vétérinaires, mais la chimiothérapie des maladies des plantes était jusqu'à présent inexistante.

La chimiothérapie des maladies des hommes et des animaux se résume maintenant au choix d'un produit actif convenable, susceptible de détruire le micro-organisme, l'agent pathogène qui peut être un protozoaire, sans nuire au malade lui-même, c'est-à-dire que la dose curative du colorant utilisé doit être inférieure à la dose maximum qui peut être tolérée par le malade, c'est-à-dire qu'elle ne nuise pas à son organisme ; c'est ce qu'on appelle l'indice thérapeutique qu'Erlich figurait par le rapport de la dose curative du médicament sur la dose tolérée,

$$\text{indice thérapeutique} = \frac{\text{dose curative}}{\text{dose tolérée}} \quad (1).$$

Evidemment, cet indice doit être toujours inférieur à 1 pour qu'on n'ait pas à craindre que le malade soit intoxiqué dans le cas de l'utilisation d'une dose relativement élevée.

Par exemple, le sulfate d'aniline avait été autrefois proposé comme antipyrétique, mais ce corps est dangereux, car son coefficient étant voisin de 1, il est toxique pour l'organisme. C'est pourquoi il sera remplacé plus tard par des produits ayant un indice thérapeutique plus favorable, par exemple comme l'antifébrine, la phénacétine, l'antipyrine, le pyramidon, qui ne sont pas nocifs et qui sont actifs contre les micro-organismes.

Avant la communication à l'Académie des Sciences faite par mon collaborateur M. Pastac et moi-même au sujet de nos travaux sur l'utilisation des matières colorantes pour la lutte contre les maladies, ce sujet n'avait jamais été envisagé et ne figure dans aucun des ouvrages les plus récents ayant trait à la défense contre les ennemis des récoltes.

Il est bien connu que depuis le milieu du 19e siècle, l'industrie chimique et en particulier l'industrie de la fabrication des colorants avait fait d'immenses progrès. Or, la chimiothérapie des maladies des plantes devait fatalement se développer dans le sens de l'utilisation des matières colorantes, car le nombre des substances qui ont été créées pour les besoins de cette industrie dépasse à l'heure actuelle, d'après les évaluations de M. Grandmougin, 300.000, chiffre qui égale le nombre de tous les autres composés organiques connus jusqu'à ce jour.

Il existe donc, grâce à ces corps innombrables, tout un arsenal de produits ayant les particularités les plus variées, les plus diverses et les plus intéressantes, et il suffisait de systématiser pour en tirer rapidement des indications et des résultats intéressants. Mais bien que les matières colorantes et leurs produits intermédiaires soient depuis longtemps devenus la base de la chimiothérapie animale, il n'y avait eu encore aucune application pour le traitement des maladies des plantes. La cause en était que la phytopathologie, science qui étudie les maladies des plantes, est une science exclusivement botanique utilisant bien les colorants mais uniquement dans un but de teinture et de différenciation des tissus dans les préparations histologiques.

On peut dire que les phytopathologistes et que les chimistes-coloristes s'ignoraient mutuellement, car ils vivaient dans des milieux si différents, si spécialisés, si éloignés les uns des autres, que les deux sciences n'avaient pratiquement pas de point de contact.

Il n'est pas niable, cependant, que certaines applications des matières colorantes n'aient été faites fortuitement.

On avait tenté de guérir les maladies cryptogamiques par l'emploi de composés organiques. En particulier, M. le Professeur Mangin utilisa le premier le naphtolate de soude Bnophtol, très actif, qui est le plus important des corps intermédiaires. Ce produit se montra actif, mais, malheureusement, il détruit en même temps les tissus des plantes traitées.

Ce fut ainsi le cas des tentatives faites par M. le Professeur Viala en 1915 et que M. Mangin a signalé dans la séance du 11 décembre de l'Académie d'Agriculture. M. Viala employa alors le bleu de méthylène contre le mildiou. Il savait que le bleu de méthylène était utilisé en médecine contre la malaria et les angines. Les applications de bleu de méthylène ne donnèrent lieu à aucun résultat, car M. Viala avait choisi, parmi les colorants, un de ceux qui ne donnent, d'après nos recherches ultérieures, aucun résultat : le bleu de méthylène qui est du groupe des thiasines comme le violet de Lauth est un colorant totalement inactif vis-à-vis des parasites végétaux.

Nous avons vu qu'en ce qui concerne la chimiothérapie des hommes et des animaux, le choix du produit à employer dépend uniquement de son indice thérapeutique. La question devient bien plus complexe dans le cas de la chimiothérapie des maladies des plantes car, ici, interviennent trois facteurs totalement indépendants :

Le premier, c'est l'activité spécifique de la matière colorante envers le parasite envisagé, c'est l'indice thérapeutique, c'est le facteur physiologique.

Le deuxième facteur, c'est le pouvoir de pénétration du produit dans les cellules des champignons, c'est le facteur physico-chimique.

Le troisième, c'est le facteur économique, le prix du produit.

Pour choisir les colorants ayant une action anticryptogamique certaine, nous avons été ainsi amenés, mon collaborateur, le docteur Pastac et moi, à une technique qui a l'avantage d'être simple, rapide et pratique.

1° On introduit dans des cuvettes de verre, sans aucune précaution d'aseptie, le milieu de culture liquide de Raulin additionné d'une quantité variable du colorant à étudier. On immobilise le milieu par addition de gélose ; on ensemence avec Rhizopus nigricane et Penicillium glaucum, deux moisissures très résistantes aux agents chimiques. Le développement se fait dans les cuvettes témoin avant 48 heures.

M. le Docteur Pastac et moi, nous avons essayé ainsi les principaux colorants organiques notamment ceux des séries :

des Anthraquinaires et Indigoïdes,
Azines,
Thiazines,
Indophénols,
Indoalilines,
Triazols,
Dérivés de la quinoléine.
Acridines,

Xanthènes (Phtaléines),
Di et Triphénylméthanes,
Dérivés azoïques,
Colorante nitrés et nitrosés, etc., etc...

Nous avons constaté que certains colorants inoffensifs pour les animaux supérieurs, tels que le tétra-méthyl-di-amine-triphényl chlorométhane (vert solide, diamant, malachite, etc...) entravent tout développement jusqu'à la dilution de 1/25000.

Parmi les colorants les moins actifs contre les moisissures, nous devons citer le bleu de Nil qui est inefficace jusqu'à une dilution dépassant 1/100, les dérivés de l'acridine qui sont si précieux contre la lutte contre les protozaires : par exemple, la trypaflabine, l'acriflavine se montrent inefficaces à la dose de 1/500 sur le rhizopus au 1/100 ils sont incapables d'entraver le développement du penicillium et cependant ils se sont montrés susceptibles de détruire le mildiou dans les conditions naturelles jusqu'à la dose de 1/3000.

Les colorants du type des héliantines, de la Fuschine S, du carmin d'indigo puis du rouge neutre et le bleu de méthylène, se sont montrés inactifs.

Cette méthode de cuvettes que nous avons imaginée permet, en faisant varier les solutions, de mettre rapidement en valeur les types de colorants les plus intéressants et les plus efficaces.

Dans un de nos brevets, nous avons exposé ce fait de la manière suivante :

« Les champignons parasites qui attaquent les plantes se présentent sur les organes : feuilles, tiges ou fruits des végétaux sous un aspect généralement feutré ou velouté. Si l'on tente de pulvériser de telles surfaces avec des solutions aqueuses de colorants, l'effet résultant en est nul car les gouttelettes projetées ne sont aucunement retenues sur les organes parasités. Elles roulent à leur surface, tombent à terre sans être aucunement retenues. Elles ne mouillent pas et elles ne colorent pas. Les champignons indemnes continuent à se développer indéfiniment et l'action des colorants reconnus cependant comme toxique a été ainsi nulle. »

Cette mésaventure, facile à constater, est provoquée par le phénomène bien connu de la tension superficielle. Cette action due au jeu des forces moléculaires du liquide y est très anciennement connue puisque c'est Léonard de Vinci qui, le premier, la signala en 1440.

Ce problème très important a été récemment l'objet d'études approfondies faites au point de vue de la thermodynamique et de la chimie pure par lord Kelvin, lord Raleigh, Langmuir, Rideal, etc...

Quant au sujet du problème qui nous intéresse, on doit remarquer que la tension superficielle de l'eau étant trop élevée, les solutions colorées n'adhèrent pas aux tissus parasités.

Les liquides colorés qui doivent être utilisés de préférence en pulvérisations pour détruire les maladies cryptogamiques des plantes, doivent donc avoir une faible tention superficielle et, comme ils sont dilués toujours en solutions aqueuses, il est toujours indispensable, lors de leur emploi, d'abaisser la tension superficielle de l'eau en ajoutant l'un des corps actifs à ce sujet.

Alors, il se passe, dans les espaces de contact, des phénomènes d'ordre physico-chimique ; il se forme des sortes de complexes transitoires d'absorption avec les membranes lipiques des végétaux qui permettent le passage à travers ces membranes des corps même très peu solubles : ce sont des phénomènes comparables à l'imbibition.

Ce sont ces phénomènes qui vont permettre de comprendre comment les teintures vont agir alors que l'abaissement de la tension superficielle leur permet d'arriver au contact des membranes des parasites des végétaux.

Ces membranes, en particulier celles des tubes qui constituent les hyphes ou filaments de la plupart des champignons parasites, sont revêtues d'une pellicule mince de substances analogues à la chitine qui revêt le corps des insectes. C'est une matière azotée, imperméable, à l'eau, qui se rapproche quelque peu des matières azotées que l'on trouve dans la laine et dans la soie.

Les membranes des champignons — du moins d'un certain nombre de champignons parasites (1) — se différencient des membranes cellulaires des plantes par ce fait très important car les membranes cellulaires des végétaux sont surtout constituées de cellulose et d'hémicellulose.

Nous pouvons donc comparer les membranes des hyphes des champignons à de la laine et à de la soie qui sont des corps azotés, et les cellules épidermiques des plantes à du coton qui est constitué de cellulose pure.

Tous les teinturiers savent que la laine et la soie, matières azotées, sont colorées très facilement alors qu'il est beaucoup plus difficile de colorer directement le coton.

C'est pourquoi, quand on pulvérise la surface d'une feuille parasitée avec une solution de colorants actifs, on constate que toute la partie parasitée par des champignons et les champignons se teignent alors que les cellules épidermiques et les poils de la feuille ne prennent aucunement la couleur.

Il y a là une différenciation très nette qui ne se fait d'ailleurs bien que quand la solution colorée a un pouvoir mouillant convenable.

Les matières colorantes ne pénètrent donc probablement dans les tissus des champignons que sous forme de solutions solides.

Il y a des phénomènes particulièrement intéressants concernant la perméabilité de diverses membranes des cellules aux diverses substances.

Overton et Meyer, qui ont particuièrement étudié l'action des narcotiques, ont établi le fait que les parois cellulaires nues, même chitineuses ou séreuses, peuvent être perméables même à de grosses molécules comme celles de la strychnine, alors qu'elles sont imperméables à de toutes petites molécules.

Le manque de perméabilité pour certaines substances très solubles dans l'eau provient de ce fait qu'elles ne sont solubles ni dans les graisses, ni dans les solvants des graisses, ni dans les lipoïdes, alors que toutes les substances comme l'éther, le chloroforme, la strychnine, les alcaloïdes comme la nicotine et certains colorants sont parfaitement solubles dans les substances lipiques.

Un exemple très caractéristique, c'est l'urée, corps extrêmement soluble dans l'eau, incapable de pénétrer dans des membranes cellulaires ou n'y pénétrant qu'extrêmement peu, mais dont le pouvoir de pénétration augmente immédiatement si on remplace les groupes hydrogènes par exemple par des groupement alkyls.

Ainsi s'explique la pénétration des alcaloïdes tels que la nicotine, et pourquoi les sels de nicotine, qui sont insolubles dans les graisses, sont toujours infiniment moins actifs que la nicotine elle-même.

C'est pourquoi les colorants basiques solubles dans les substances lipiques pénètrent toujours plus facilement et sont plus actifs que les colorants sulfonés solubles dans l'eau.

C'est pourquoi aussi quelques composés organiques très peu solubles dans l'eau, tels que le thymol, le camphre, le menthol, sont plus efficaces que les crésols ; c'est pourquoi les crésols sont plus efficaces que le phénol ; c'est pourquoi le phénol est plus efficace que la résorcine.

Toutefois, le problème devient particulièrement intéressant en ce sens que si un corps abaisse la tension superficielle de l'eau, il active et communique une beaucoup plus grande action au corps toxique. Il faut, d'autre part, que le fait de l'introduction de ce corps toxique ne modifie pas les propriétés du colorant.

Nous pouvons dire qu'à l'heure actuelle le problème est résolu, et nous possédons aujourd'hui des substances abaissant considérablement la tension superficielle et dont la particularité est de n'être sensible ni aux acides, ni aux alcalis, c'est-à-dire qui peuvent être parfaitement utilisés avec des eaux calcaires sans aucunement floculer.

L'utilisation des colorants va donc entrer dans la pratique de la lutte contre les ennemis des plantes, mais elle sera limitée par le troisième facteur qui, lui, est d'ordre économique, c'est le prix du produit.

Les viticulteurs, les agriculteurs et les horticulteurs sont en effet limités dans leurs dépenses par les bénéfices qu'ils peuvent tirer de la vente de leur récolte et on peut leur apporter un produit excellent, mais si son utilisation dépasse le bénéfice possible, le propriétaire a plus d'intérêt à ne pas continuer la culture.

La chimiothérapie des maladies des plantes par l'utilisation des colorants arrive à une époque difficile, celle où les bénéfices agricoles et viticoles diminuent, le prix de revient des traitements doit également s'abaisser.

*
* *

Les traitements aux matières colorantes peuvent servir à combattre toutes les principales maladies cryptogamiques des plantes. Certaines matières colorantes peuvent être utilisées en hiver, les autres devront être appliquées en été. Le choix de produits à utiliser doit dépendre de la maladie à traiter et de la sensibilité de la plante à guérir.

C'est ainsi que dans nos Laboratoires, le problème général de la chimiothérapie des maladies des plantes se trouve être mis rapidement sur la voie des applications pratiques.

Il est résulté de nos études deux catégories de nouveaux produits anticryptogamiques :

1° Les *héliones*, produits anticryptogamiques destinés à être appliqués sur des plantes en cours de végétation.

Les *héliones* sont des produits colorés, essentiellement organiques. Elles ne contiennent aucune matière toxique pour l'homme ni pour les animaux, pas de cuivre, pas d'arsenic, pas de mercure, c'est-à-dire qu'elles sont essentiellement différentes de toutes les compositions ou produits habituellement employés à l'heure actuelle comme anticryptogamiques.

2° Les *elgétols*, produits anticryptogamiques ne pouvant être appliqués sur les végétaux que pendant la période de repos de la végétation.

Application pratique des matières colorantes

1° *Traitement d'hiver par les elgétols.* — Nous avons soumis un grand nombre d'arbres fruitiers et d'arbres d'ornement et des vignes au traitement avec l'elgétol jaune dilué à la dose de 1/50, 1/100 et 1/200.

Nous avons pu constater que l'elgétol jaune débarrasse immédiatement les végétaux de toutes les mousses ou algues qui les colorent en vert et les font paraître moussus. Après une seule pulvérisation, à la dose de 1/100 qui paraît être la dose la plus convenable, les arbres traités apparaissent absolument nettoyés et propres, les parties crevassées et tavelées sèchent et s'effritent rapidement sous les doigts.

Les traitements faits en comparaison avec les différentes méthodes utilisées jusqu'à ce jour sont loin de donner des résultats aussi intéressants que les applications d'elgétol au 1/100.

La solution alcaline d'elgétol jaune, absolument limpide, ne craint aucunement les eaux calcaires. Cette solution pourrait être au besoin additionnée de n'importe quelle quantité de chaux, ce qui nous paraît toutefois inutile et pas à recommander.

Le pouvoir mouillant des elgétols est considérable et peut être au besoin augmenté par exemple pour le traitement des divers kermès, chrysomphalus ou aspidiotus.

Nous avons constaté que ce liquide jaune pénètre profondément et qu'il a pu tuer ainsi des larves, chrysalides et des vers hivernant sous les écorces. La puissance de pénétration et de coloration des elgétols est telle que sur des murs recouverts de plâtre la teinture jaune peut pénétrer à 5 mm. de profondeur en quelques jours, et même plus avec le temps.

Nous recommandons de ne jamais utiliser les elgétols pour le traitement d'été des plantes. Ce traitement est tellement énergique que, même à des doses très faibles, toute plante pulvérisée risquerait d'être détruite.

Traitement des maladies cryptogamiques par les héliones

Traitement des semences. — Les graines des céréales cultivées dans toutes les parties du monde sont parasitées par des maladies cryptogamiques très graves dont les principales sont la carie du blé (les Tilletias) et les divers charbons (Ustilago, Urocystis, etc...).

Pour donner une idée de l'importance des pertes causées par ces parasites, il me suffira de vous signaler que le savant suédois Erikson a évalué la perte européenne annuelle causée aux céréales par les maladies cryptogamiques à 7 milliards 500 millions de francs. Vous vous rendez compte de l'énorme importance économique du problème du traitement des maladies des céréales.

Le traitement actuellement le plus répandu est à base de sulfate de cuivre. Schultess l'utilisa le premier et dès 1761. A l'heure actuelle, les composés cupriques sont utilisés contre la carie soit en trempage, soit en poudrage, mais ils ont l'énorme défaut d'abaisser les facultés germinatives des graines.

Nous avons les premiers préconisé, pour la destruction des maladies cryptogamiques, attaquant les semences, l'emploi des matières colorantes activées, et à ce sujet, l'utilisation des « héliones ».

L'examen des produits destinés à tremper les graines se divise en deux parties :

1° Détermination de l'inocuité des produits envers les facultés germinatives des graines, car un produit abaissant la faculté germinative des semences serait sans aucun intérêt pratique même s'il était efficace pour détruire les parasites.

Nous avons comparé les facultés germinatives de blé traité et non traité avec nos colorants et nous avons constaté que les héliones ont une légère action accélératrice sur la germination, qu'elles n'ont aucune espèce de nocivité sur les graines en germination.

Puis nous avons constaté que les spores de la carie qui ont été colorés par les héliones ne germent pas, alors que les spores témoins germent.

A l'heure actuelle, les nombreux essais systématiques en plein air sont en cours et permettront au mois d'août prochain d'avoir des données culturales précises sur le traitement de la carie et des charbons par la méthode des héliones.

Traitement estival des champignons parasites

Pour la commodité de notre exposé et afin de mieux comprendre l'action des traitements dans les cas particuliers, on peut diviser les champignons attaquant les plantes supérieures en trois groupes principaux :

1° Les champignons parasites à développement uniquement superficiel ayant un aspect efflorescent et non pulvérulent ;

2° Les champignons parasites à développement plus ou moins superficiel ayant un aspect pustuleux ou pulvérulent ;

3° Les champignons parasites qui, à la fois, sont superficiels et attaquent profondément les organes parasités. Ils apparaissent à leur surface sous forme d'efflorescences et déterminent ultérieurement l'apparition de taches jaunes, rougeâtres ou brunes, plus ou moins nécrosées.

Champignons a développement superficiel

On sait que les champignons présentent sur les feuilles parasitées un lacis de filaments presque microscopiques constituant une sorte de feutrage ou d'efflorescence molle, légère, plus ou moins ouatée. Parmi eux, les « blancs » forment le groupe le plus important, notamment le blanc du houblon, le blanc du rosier, le blanc du pois, le blanc de chêne qui ont fait l'objet de nos essais. A ce groupe, on peut rattacher également l'oïdium de la vigne. Puis, les champignons généralement connus sous le nom de « noirs » parmi lesquels il faut citer surtout les fumagines qui se développent sur les feuilles des citronniers, des orangers, des camélias, des oliviers, de la vigne.

Tous ces « blancs » oïdium et fumagines, sont des champignons superficiels, se nourrissant aux dépens de la plante hôte, grâce surtout à des suçoirs implantés dans des cellules épidermiques.

Jusqu'à présent, on employait pour les détruire soit du soufre, soit du permanganate ou du bichromate.. On a constaté que les soufres n'agissent favorablement que dans les régions chaudes et parfaitement ensoleillées. Les permanganates et bichromates n'ont qu'une action passagère.

L'hélione bleue, utilisée contre le blanc du rosier (Sphaerotheca Pannosa), nous a conduit à des résultats très intéressants. Son action brutale a permis de guérir des cas presque désespérés où le blanc du rosier avait envahi jusqu'aux aiguillons, aux calices et aux boutons à fleurs. Elle a donné des résultats remarquables nettement supérieurs à ceux obtenus avec le soufre en poudre et avec le soufre colloïdal.

L'*hélione* bleue a toutefois l'inconvénient de brûler quelque peu le feuillage des rosiers, ce qui n'est jamais arrivé par l'emploi de l'*hélione* jaune qui détruit également le blanc du rosier, mais d'une manière plus lente, ainsi que l'oïdium. La couleur jaune de cette dernière s'harmonise beaucoup mieux avec celle des feuilles des plantes que l'*hélione* violette.

Pour se débarrasser complètement du blanc, il faut faire deux ou trois traitements successifs à 5 ou 6 jours d'intervalle et on arrive à la guérison complète. La pellicule de blanc teintée sèche, se recroqueville et se sépare.

Nous avons pu traiter également dans la région parisienne avec succès, les blancs du pois et du chêne.

Les traitements de l'oïdium de la vigne ont conduit à de très intéressants résultats : au bout de 15 minutes après la pulvérisation, on peut observer la teinture nette des hyphes ; 24 heures après leur destruction est apparente et confirmée par l'examen microscopique.

Des grains de raisin profondément atteints et fissurés ont montré une guérison aussi complète que possible, coloration de la partie nécrosée, destruction du mycelium, suppression consécutive de l'amertume des fruits qui sont redevenus sucrés.

C'est également à d'heureux résultats que nous ont conduits nos essais encore fragmentaires faits sur les fumagines des orangers, des camélias et de la vigne. Les hyphes sont intensément teintes et détruites.

Le deuxième groupe qui embrasse les champignons à développement plus ou moins superficiel pustuleux et pulvérulent renferme les rouilles, les charbons et les caries des céréales.

En ce qui concerne ce dernier, nous avons déjà indiqué que nos essais de laboratoires étaient concluants. Nous avons pu, grâce au concours de différentes stations agricoles et des agriculteurs, procéder à de nombreux essais actuellement en cours dans différentes parties de la France.

Par contre, nous n'avons encore aucune idée de l'efficacité ou de la non efficacité des *héliones* sur les rouilles.

Le troisième groupe renferme les champignons à développement à la fois superficiel et profond, déterminant l'apparition de taches plus ou moins nécrosées. Ces champignons offrent extérieurement un aspect efflorescent comme par exemple les tavelures (fusicladium), le meunier des salades et artichauts, les rouilles blanches et surtout le mildiou de la vigne, et le mildiou de la pomme de terre.

Nous avons déjà vu que le traitement de la tavelure peut être fait en hiver avec l'*elgétol* jaune qui assure une désinfection générale de l'arbre ; il devra être complété par un traitement d'été effectué avec les *héliones*, ce qui résulte des essais faits à *Grosrouvre* (Seine-et-Oise) au cours de 1929.

Les *héliones* jaune, orangée et violette tuent la tavelure veloutée verdâtre des feuilles et arrêtent la contamination des fruits.

Mais il nous a paru que plusieurs traitements successifs sont nécessaires sur des arbres profondément tavelés.

Ce n'est pas à nous de décrire ici les diverses formes du Mildiou de la vigne et les dégâts qu'elles peuvent occasionner.

Toutes les méthodes actuelles de lutte contre le mildiou sont donc fondées sur les traitements préventifs.

Nos essais ont établi que les *héliones* sont les premiers produits doués nettement d'une action curative envers le mildiou.

Si on pulvérise avec une solution d'*hélione* jaune une feuille de vigne, on constate 15-30 minutes après le traitement que le feutrage blanchâtre que le champignon forme à la face inférieure des feuilles s'est coloré. Puis, après quelques heures, on s'aperçoit que le feutrage par les hyphes entrelacés du champignon commence à s'affaisser et à se dessécher.

Si le traitement a été fait pendant une période de virulence de la maladie, il arrivera toujours que l'extrémité des filaments mycéliens, croissant dans l'intérieur des tissus atteints, n'étant pas détruite, produira de nouveaux conidiophores chétifs ; peu nombreux il est vrai, mais qui donneront naissance autour de la tache primitivement colorée et ainsi nettoyée à une poussée de nouveaux conidiophores qu'il sera nécessaire de détruire à nouveau par un deuxième traitement qui, en général, devra être fait trois ou quatre jours après le premier.

Quoique le traitement du mildiou par les *héliones* soit très simple, il doit être effectué avec le plus grand soin, les colorants ne pouvant naturellement détruire que les champignons atteints et colorés. On peut déjà vérifier la qualité du travail, en un mot d'efficacité des pulvérisations un quart d'heure après le traitement.

D'après de nombreux auteurs, il s'ensuit que les feuilles des vignes doivent être pulvérisées en dessous. Ces indications qui se rapportent aux traitements du mildiou avec la Bouillie, ne peuvent qu'être répétées par rapport au traitement aux « *héliones* ».

Conclusion

En résumé, nos essais de traitement chimiothérapique ont porté sur les principaux champignons parasites aux ravages desquels l'agriculture française est exposée. Dans le cas des espèces seulement superficielles, efflorescentes, les résultats ont été extrêmement heureux. Dans le cas des champignons pustuleux et pulvérulents et il s'agit d'un contact prolongé par immersion (traitements des graines cariées et des charbons), le pouvoir fongicide des solutions colorantes a été nettement mis en évidence et permet d'envisager une large application pratique prochaine. Enfin, dans le cas de champignons à mycelium profond ou pérennant (mildiou de la vigne, tavelure), le problème beaucoup plus difficile à résoudre n'a pas permis encore un succès aussi complet et aussi définitif que pour les cas précédents.

Nous touchons ici à une importante réserve sur laquelle à diverses reprises nous avons insisté. Les résultats obtenus dans le cas du mildiou, s'ils marquent un réel et important progrès, ne constituent qu'une étape dans la voie de la guérson. Nos essais, en effet, ne se sont exercés que sur le mildiou de printemps. Aussi nous considérons comme une mesure de prudence indispensable de continuer les pulvérisations cupriques préventives sur les vignes destinées à être traitées curativement par les héliones en cas d'apparition de mildiou.

Cette période transitoire d'expérimentation culturale qui occupera la présente année, coïncidera avec les recherches que nous poursuivons actuellement déjà et depuis plusieurs mois dans le but d'adapter les nouveaux traitements à un point de vue de préservation.

Contentons-nous de dire aujourd'hui que le problème différemment posé, est en bonne voie d'être résolu et que nous espérons compléter le traitement vis-à-vis du mildiou par l'emploi à la fois de pulvérisations et de poudrages. Les essais, au laboratoire, dirigés vers cette nouvelle orientation sont sur le point d'être terminés. La parole, aussitôt après, sera à l'expérience dans la nature.

Certes, nous ne sommes qu'au début : avec le temps, les produits seront perfectionnés et leur emploi étendu et amélioré ; tout cela demandera beaucoup de recherches et d'obseravtion et les résultats définitifs ne pourront être réalisés que grâce au concours des phytopatologistes érudits et des praticiens expérimentés.

Espérons que ce travail permettra un jour de vaincre définitivement les champignons parasites qui menacent actuellement les agriculteurs et enlèvent chaque année une partie de leur récolte.

Le moindre progrès dans la destruction des cryptogames se traduit immédiatement par l'augmentation des récoltes. Donc, le propriétaire réalise plus, l'ouvrier gagne mieux, la vie économique du pays se trouve activée et améliorée et la paix sociale assurée.

Et si un jour nous voyons dans les mains des agriculteurs et des viticulteurs toutes les couleurs de l'arc-en-ciel, on ne pourra que se souvenir des paroles dites à Noé après le déluge : « Et l'arc-en-ciel sera le gage de la paix et de la prospérité sur la terre. »

NOTE SUR LES PYOKTANINES

(Communiquée par un membre de la Section à la suite du rapport de M. TRUFFAUT.)

Après la très intéressante communication de M. Truffaut, il paraît équitable d'accorder une très brève mention à une modeste découverte qui, sans diminuer en rien le mérite de notre éminent collègue, permettra de combler une lacune dans l'ordre des antériorités.

Quelques années après les travaux de Stilling (1890) effectués en horticulture avec des solutions étendues de violet de méthyle, pour empêcher le développement de l'Acrostalagmus albus, M. Hyvert, de Carcassonne, désirant faire adopter aux praticiens une bouillie à soufre colloïdal dont la coloration brune déroutait les viticulteurs, habitués à l'emploi des bouillies bleues, fut conduit à corriger cette teinte si désirable par des pyoktanines dont les propriétés fongicides se révélèrent très efficaces.

Dans la suite, les Etablissements de Grazaille décidèrent, en 1911, de faire breveter un procédé de préparation de produits chimiques, qui prévoyait l'emploi de pyoktanines, notamment de violet et bleu de méthyle, et d'auramine associés à certains sels de baryum ; l'adhésif reconnu, dès cette époque, indispensable, était toujours du xanthate de cellulose, que les Etablissements de Grazaille ont remplacé plus tard, avec avantage, par certains ammoniures de cuivre cellulosiques qui obtinrent un succès en grande culture.

Un perfectionnement important fut réalisé, en 1919, par l'adjonction de métallidines (brevet n° 522.788), c'est-à-dire de sels doubles d'ammonium et de diparaméthophénylmétallidiammonium. Il semble que l'action fongicide énergique de ces sels doubles colorés provienne à la fois de l'ion métallique (cuivre), et des noyaux organiques, dont la constitution rappelle celle des colorants dérivés de la toluidine.

Albert PETIT
Chef de travaux au Service Botannique de Tunisie.

PROGRÈS RÉCENTS DANS LE TRAITEMENT DE LA CARIE DU BLÉ

La carie du blé est connue des agriculteurs et des naturalistes depuis l'antiquité. Les premiers essais de prophylaxie datent de 1807. Aujourd'hui, on désinfecte les grains avec des composés cupriques principalement. Cette maladie est éminemment évitable.

On a unanimement reconnu que le trempage des semences dans le sulfate de cuivre en solution diminuait notablement leur faculté germinative, d'où nécessité de neutraliser à la chaux, au carbonate de soude. On fut donc en possession d'un procédé efficace dans la majorité des cas, permettant de conserver intégralement le pouvoir germinatif des semences.

Actuellement, on se sert de plus en plus du poudrage, traitement à sec des semences ; dans quelques années, cette méthode sera utilisée, seule, dans la préservation du blé contre la carie. La faculté germinative des grains n'est d'ailleurs pas diminuée si on les enrobe plusieurs mois avant les semailles.

L'étude du poudrage a été l'objet d'un très grand nombre de mémoires. Nous citerons les recherches récentes se rapportant à l'emploi de poudres contenant une faible teneur de cuivre, recherches qui ont été effectuées au Service Botanique de Tunisie. Ces poudres contribueront, nous l'espérons, à diminuer le prix de revient du blé.

L'activité anticryptogamique des sels de cuivre n'est pas en relation directe avec le pourcentage de cuivre métal ; ceci est bien prouvé. Les divers sels de cuivre, employés purs, ou mélangés avec un substratum, ne sont pas également efficaces contre la carie.

Nous avons constaté en Tunisie la toxicité vraiment extraordinaire du chlorure cuivreux qui permet d'obtenir d'aussi bons résultats que l'ancienne méthode humide au sulfate de cuivre. On peut supprimer radicalement la carie en traitant les semences, contenant jusqu'à 2.000 gr. de spores par quintal, avec la dose classique de 250 gr. de poudre par quintal.

Il a été constaté par des expériences directes, cruciales, qu'une des causes, la principale, pour laquelle le chlorure cuivreux est très toxique, quoique étant insoluble dans l'eau, réside dans sa transformation, sous l'influence de l'air et de l'humidité, en chlorure cuivrique, sel très soluble dans l'eau, comme la majorité des sels cupriques très actifs. On a donc été amené à chercher le comportement de mélanges à base de talc, poudre inerte et inattaquable, et de chlorure cuivrique, car ce dernier ne peut pas être employé à l'état pur, en raison de ses propriétés hydroscopiques. On a abouti à la mise au point de préparations de poudres dont les concentrations en chlorure cuivrique correspondent précisément aux divers degrés de contamination que l'on rencontre en pratique, et qui contiennent 10 à 45 % de sel. La poudre contenant 15 % de bichlorure suffit à la désinfection des semences propres ou peu cariées, pouvant retenir jusqu'à 1 gramme de carie par kilogramme de semences, alors que le mélange possédant 30 % de sel est indiqué pour le traitement des semences très salies (4-5 gr. de spores par kilogramme). La poudre ayant 45 % de chlorure cuivrique est employée avec succès à l'élimination de la carie des semences complètement noircies (20 grammes de spores par kilogramme).

Dans le cas général, bientôt le cas unique, on envisagera donc le poudrage avec un produit titrant 15 % de chlorure cuivrique, contenant 5,8 % de cuivre. Il en résultera une grande économie de métal.

En outre des avantages inhérents à la méthode de traitement à sec : grande sécurité d'exécution, économie de temps, efficacité, commodité, régularité, les poudres à base de chlorure cuivrique ont l'avantage remarquable de ne pas être nocives pour les ouvriers parce qu'étant légèrement hygroscopiques, et de ne pas salir les semoirs, ce qui n'est pas le cas de certaines poudres cupriques.

D'autre part, le chlorure cuivrique paraît être susceptible d'applications diverses, telles que le traitement du mildiou de la vigne, le traitement des arbres fruitiers contre plusieurs cryptogames et certains insectes, à la place du sulfate de cuivre. Le bichlorure de cuivre, associé au carbonate de soude, sel très soluble dans l'eau, donne naissance à un précipité d'hydrocarbonate de cuivre très divisé, dont les particules sont plus ténues que celles qui résultent de l'emploi de la chaux.

Un certain nombre de mélanges pulvérulents, contenant peu de cuivre, dont l'action contre la carie est très sûre, sont à l'étude, ainsi que la sélection de variétés résistantes.

L. GUILHOT
Ingénieur agricole.

LE VITRIOLAGE DES SEMENCES DE CÉRÉALES CONTRE LA CARIE

Le vitriolage des semences de céréales contre la carie peut, comme tous les agriculteurs le savent, être effectué de deux manières : par voie humide ou par voie sèche.

La méthode humide par trempage ou aspersion, est la plus ancienne. Nous ne la décrirons pas en détail, car tous les praticiens la connaissent, mais rappellerons seulement ses inconvénients d'ordre pratique qui l'ont fait définitivement abandonner dans la plupart des pays.

Pour donner des résultats maxima, la méthode par voie humide réclame :

1° un lavage préalable des semences à l'eau ordinaire ;

2° un trempage plus ou moins prolongé dans une solution cuprique plus ou moins concentrée, de 0,5 à 2 % ;

3° une neutralisation, par poudrage à la chaux éteinte.

En pratique, le lavage préalable à l'eau, de même que le poudrage final à la chaux, sont généralement supprimés, et la méthode usuelle par voie humide se réduit uniquement au trempage ou à l'aspersion.

Ce traitement rudimentaire, qui économise évidemment une main-d'œuvre aujourd'hui très onéreuse, présente de multiples défauts maintes fois signalés : altération plus ou moins profonde de la faculté germinative ; retards dans la levée ; mortification des grains cassés ou fissurés par les batteuses ; gonflement plus ou moins accentué des grains ; risques de fermentation ; nécessité de semer de suite ; difficultés d'épandage au semoir ou à la main, etc...

Ces défauts ont incité céréalistes et agronomes de tous les pays, à rechercher des améliorations. Et c'est ainsi que, depuis quelques années, est née la nouvelle méthode de vitriolage des semences par voie sèche.

Le traitement à sec des semences de céréales n'est évidemment pas parfait, lui non plus ; mais il présente de tels avantages pratiques, que son adoption tend de plus en plus à devenir générale. Signalons, en passant que, sur ce point, la France est très en retard ; mais, depuis quatre ou cinq ans, elle rattrape à grandes enjambées le temps perdu, et l'heure est proche où chez nous le vitriolage à sec aura conquis la quasi unanimité de nos agriculteurs.

Certes, les récents essais de la Station Centrale de Pathologie Végétale de Paris ont montré qu'un bon poudrage à sec des semences ne remplaçait qu'imparfaitement un *bon* sulfatage ; mais cette conclusion, très juste en théorie, est erronée en pratique, car s'il sera toujours très difficile, sinon impossible, d'obtenir de la masse des agriculteurs un *bon* trempage ou une suffisante aspersion, le plus ignorant des cultivateurs réalise au contraire facilement et presque à son insu, un poudrage à sec efficace, par l'emploi des mélangeurs mécaniques actuellement offerts par l'industrie, ou même simplement, pour les petits exploitants, avec les mélangeurs rudimentaires fabriqués à la ferme avec un tonneau tournant autour d'un axe.

Le poudrage à sec gagne d'autant plus rapidement du terrain, qu'il séduit immédiatement par sa simplicité extrême. Plus d'eau à transporter, plus de grains mouillés, gonflés, plus de bains à durée rigoureuse, plus de nécrose des grains cassés ou simplement fissurés ; enfin, liberté de vitrioler à tout moment de loisir, et non la veille même des semailles

Certes, le vitriolage à sec nécessite des doses cupriques plus élevées, et par conséquent plus coûteuses. Mais ce défaut devient insignifiant comparé aux facilités correspondantes. Voilà pourquoi la plupart des grands céréalistes et de nombreux agronomes français se sont fait les propagandistes fervents du vitriolage à sec dans notre pays. « *Substituer aux liquides qui tuent, des poudres qui préservent seulement, devient une nécesité évidente* », dit notre ancien et éminent maître M. Ducomet, Professeur à Grignon. MM. Fron, Schribaux, Jaguenaud, Desmoulins, Tourneur, Desprez, Emile Pouzin, etc... sont du même avis.

Nous ne dirons qu'un mot des principaux sels cupriques employés à sec, laissant de côté les sels de mercure, prohibés en France parce que dangereux et nullement supérieurs aux sels de cuivre.

A l'étranger, c'est au carbonate de cuivre très coûteux qu'on a fait surtout appel, jusqu'à ces dernières années. Dans notre pays, on a expérimenté tour à tour le sulfate de cuivre impalpable, l'oxychlorure cuivreux, le chlorure cuivrique et l'acétate de cuivre ou verdet.

Le sulfate de cuivre, même extra-fin, adhère mal à nombre de grains et a été abandonné à peu près par tous.

L'oxychlorure a eu son heure de succès, bien que très discuté par divers expérimentateurs.

Le chlorure cuivrique, préconisé par M. Petit, est d'emploi trop récent, pour se faire une opinion sûre sur sa commodité d'application et sur son efficacité.

Actuellement, notre pays s'oriente de plus en plus nettement vers l'acétate de cuivre signalé par Vermorel et Schloesing, dont l'action anticryptogamique et l'adhérence parfaites ont jusqu'ici donné entière satisfaction. M. Jaguenaud, Directeur des Services Agricoles du Tarn, a communiqué à l'Académie d'Agriculture de Paris, séance du 12 décembre 1928 complétée par celle du 3 juillet 1929, le résultat de ses essais de lutte contre la carie, avec la poudre Vitrioline, poudre cuprique complexe, mais à base d'acétate. Non seulement il a obtenu une germination totale de 100 % non retardée, donc sans aucune atteinte à la faculté germinative, mais encore un excellent développement ultérieur et, finalement, absence totale de carie, alors que les témoins accusaient une infection de 14 %.

Les grands hybrideurs bien connus, MM. Tourneur frères, Florimond Desprez, les Fils d'Emile Pouzin, etc..., qui ont adopté la même poudre à l'acétate, accusent des résultats de même ordre.

Fait significatif : plusieurs pays étrangers où le carbonate de cuivre régnait en maître, achètent aujourd'hui en France leur poudre à l'acétate, plusieurs essais successifs en grand leur ayant démontré la très grande efficacité de ce sel contre la carie.

Aussi pouvons-nous dire, en manière de conclusion, que, si la France a été l'un des derniers pays à adopter résolument le poudrage à sec des semences de céréales, elle est en passe non seulement de briller sous peu au premier plan, dans cette voie, mais encore de devenir pour l'étranger le fournisseur d'excellentes poudres cupriques au verdet, susceptibles de refouler la carie, en attendant que les progrès de la science agronomique offrent aux céréalistes des variétés naturellement résistantes à ce redoutable fléau.

J. CHRESTIAN

Professeur de botanique et pathologie végétale à l'Institut Agricole, Maison-Carrée, Alger.

LES MALADIES DE LA TOMATE PRIMEUR SUR LE LITTORAL ALGÉROIS ET MOYENS DE LES COMBATTRE

La culture de la tomate primeur ou de printemps est localisée dans le départemnt d'Alger à l'ouest du chef-lieu, le long de la mer, depuis Guyotville jusqu'à Tipaza principalemnt. Elle s'étend sur une longueur d'environ 50 km. et couvre près de 800 hectares. Il se trouve sur cette bordure littorale des terres très favorables aux cultures précoces, de par leur situation sous un climat doux et leur constitution physique légère et chaude (sables et grès de Guyotville). Il suffit de garantir les plantes des vents d'Ouest, quelque peu violents, pour obtenir avec de copieuses fumures des résultats remarquables au point de vue précocité et rendement.

C'est vers 1890, aux environs d'Oran, à El-Ançor, que la culture de primeur pour l'exportation a débuté en Algérie, sous l'initiative de cultivateurs espagnols, les *tomateros*. De là, elle a gagné peu à peu le littoral d'Alger, dans la première décade de notre siècle.

Cette culture de la tomate primeur dure environ 5 mois. Elle se fait du commencement janvier à la fin mai, si on ne comprend pas la période des semis qui va de novembre à janvier. La récolte commence en avril et se termine en mai. On cesse de cueillir les fruits au moment où, les pays Nord-Méditerranéens apportant leur contingent sur le marché, les prix baissent et cessent d'être rémunérateurs pour le producteur algérien. Ce qui a lieu vers la fin mai en général. C'est donc durant 1 à 2 mois que se font les expéditions de tomates.

On fait également dans la Colonie la culture de la tomate d'été, d'avril à novembre, un peu partout, pour la consommation locale et en certains points pour la conserve, et la culture de la tomate d'hiver à la fois pour la consommation locale et l'exportation, d'août à janvier, dans la même région où se fait la culture de printemps, mais sur une bien plus faible échelle : 1/10 au plus.

La culture d'hiver est une sorte de culture sous châssis, forcée et à rendements médiocres de fruits d'ailleurs peu savoureux ; tandis que la culture de printemps est au contraire une culture de plein vent, faite avec brise-vents, en roseau ou en diss et à production normale ; c'est en somme une culture simplement précoce, qui donne des fruits savoureux, se vendant un bon prix sur les marchés de la métropole et autres (1).

C'est donc la culture de printemps qui constitue, pour la partie du littoral algérois indiquée, une culture importante et intéressante. Mais cette culture exige baucoup de soins et de labeur et de ce fait est surtout une culture familiale. Un hectare suffit pour occuper d'une manière permanente une famille de quatre membres, laquelle travaille généralement à mi-fruit.

Or, c'est cette culture, source de revenus importants pour toute une population rurale laborieuse, qui subit depuis quelques années, du fait de certaines maladies parasitaires, des dommages notables qui la rendent précaire, parce que ces maladies s'étendent, deviennent plus fré-

(1) La concurrence qui ne s'est pas encore exercée d'une manière effective sur la tomate primeur d'Algérie, par la tomate équivalente que produisent des pays similaires au nôtre comme les Canaries, l'Egypte, le Maroc, pourrait un jour devenir sérieuse. Le développement que prend actuellement cette culture au Maroc laisse prévoir cette éventualité.

quentes, à mesure que la culture se répète davantage sur les mêmes sols. Nous assistons là à un phénomène de difficultés culturales d'ordre pathologique, qui n'est pas nouveau, qui est l'apanage de la monoculture et a sa source dans la multiplication des germes, comme aussi dans l'adaptation plus fréquente au parasitisme des organismes bactériens et cryptogamiques normalement saprophytes, sous l'effet des cultures réitérées dans le même milieu. Mais retenons que cette multiplication des germes est singulièrement favorisée par certaines pratiques agricoles bien regrettables et pourtant courantes dans nos campagnes, en l'occurrence l'incorporation des plantes malades au fumier ou l'abandon pur et simple de ces plantes au bord des champs.

Les maladies parasitaires que l'on trouve couramment sur les cultures de tomate primeur du littoral algérois, sont : *le Fil, la Vermiculariose, le Phoma, le Mildiou* et *le Noir.*

De ces cinq affections, nous examinerons plus particulièrement les trois premières qui sont les moins connues. Parmi elles le *Fil* constitue certainement la plus grave, celle qui compromet le plus les cultures.

Le Fil

En 1911, la maladie du Fil est remarquée dans les cultures d'Oran à El-Ançor par M. Ruff, Expert principal au Serivce de la Défense des Cultures. En 1921, c'est M. Muller qui la constate dans la région d'Alger, en sa propriété de Douaouda et nous la signale. C'est l'époque à laquelle nous l'étudions pour la première fois et reconnaissons sa nature bactérienne. Ce mal était alors déjà connu des maraîchers algérois, qui le désignaient de son nom vulgaire et très expressif de « *Fil* ». Dans la suite, il apparaît fréquemment, presque tous les ans, un peu partout dans la région considérée, avec des intensités variables suivant les conditions météorologiques. En 1925, puis en 1927, les attaques sont si violentes que les producteurs s'émeuvent et quelques-uns d'entre eux cessent la culture. Ces années-là, la perte résultant du Fil atteint dans beaucoup de propriétés, à Staouéli, Zéralda, Douaouda, Fouka, etc., la moitié de la récolte. Les conseillers généraux des circonscriptions touchées se font l'écho de leurs doléances et en sa séance du 20 mai 1925, l'Assemblée départementale émet un vœu tendant à ce que le Service de la Défense des Cultures étudie les moyens prophylactiques de nature à combattre efficacemnt la maladie du Fil qui cause des ravages dans les plantations de tomates.

Invité à apporter notre modeste concours à la défense des intérêts de la culture maraîchère algéroise, nous reprenons nos recherches de quelques années et obtenons les mêmes résultats. Nos conclusions sont les mêmes, à savoir :

La cause du Fil étant bactérienne et la bactérie se propageant par les plaies de pincement, les meilleurs moyens qui permettent de se garantir contre cette maladie sont : la *suppression des pincements* et l'*antisepsie des plaies.*

La suppression des pincements paraît une chose impossible à réaliser dans cette culture précoce, car ce serait l'annulation de cette précocité même qui fait toute la valeur des cultures printanières. Il ne reste donc que le deuxième moyen comme seul acceptable.

On peut obtenir l'antiseptie des plaies de pincement de différentes façons. Les bouillies cupriques, que l'on doit obligatoirement épandre sur les plantes pour se défendre contre le mildiou paraissent tout indiquées. Il suffira pour faire jouer aux bouillies ce double rôle de défense contre le Mildiou et le Fil de les épandre *immédiatement après les pincements,* en visant particulièrement les plaies avec le jet du pulvérisateur.

Si le nombre des pincements qu'on effectue est élevé, comme cela est de mode chez quelques maraîchers qui pratiquent jusqu'à 10-12 pincements dans le courant de la campagne, il conviendra de réduire ce nombre, de moitié par exemple, pour éviter de passer un aussi grand nombre de fois avec le pulvérisateur, ce qui serait onéreux.

En 1921, nous avons proposé la désinfection des doigts des ouvriers effectuant les pincements avec une solution simple de sulfate de cuivre de 0,5 à 1 %, à chaque changement de pied. Rien de plus simple avec une petite boîte métallique suspendue à la ceinture et dans laquelle se trouverait une éponge ou un chiffon que l'on imbiberait de temps en temps de liquide cuprique. Nous admettions — et admettons aujourd'hui encore — que l'agent pathogène pouvait être véhiculé par les ouvriers en passant d'une plante malade à une plante saine, nous appuyant dans cette hypothèse sur le fait que bien souvent la maladie affecte les pieds par séries continues sur les rangs de tomate. Si on admet que le vent participe aussi à ce transport de germes, la désinfection proposée n'en garde pas moins toute sa valeur au point de vue efficacité, car elle aboutit elle aussi à l'établissement de la zone antiseptisée par contact des doigts chargés de solution cuprique avec les plaies. Le praticien a donc le choix entre deux moyens pour empêcher le bactérie du Fil de pénétrer dans la plante.

Est-il besoin d'ajouter qu'il est indiqué aussi de ne prélever les graines de semences que sur des fruits choisis dans des carrés complètement indemnes de maladie ! Cette mesure de précaution est trop simple pour qu'elle ne s'impose pas malgré que l'hérédité du mal n'ait pas été démontrée.

Les preuves que la contamination des pieds est en relation avec les plaies de pincement sont nombreuses : 1° L'apparition du Fil est toujours tardive. On ne la constate pas avant la floraison. Elle est consécutive aux pincements que l'on commence quand les 2 ou 3 premiers bouquets de fleurs se dégagent. 2° Sur des plantes non pincées, le Fil ne se montre pas. C'est là une constatation qui a été faite plus d'une fois. 3° Enfin la pénétration du mal par les plaies est elle-même visiblement matérialisée par sa marche dans la plante suivant les vaisseaux du bois, marche qui est bien indiquée par la nécrose de ces vaisseaux au fur et à mesure de leur envahissement.

Si on refend longitudinalement un pied malade, au début de l'invasion, on voit, en effet, par cette nécrose vasculaire qui prend la forme de 2 lignes brunes et parallèles, que l'attaque se fait en direction verticale au-dessus et au-dessous du point d'insertion du rameau pincé et, par l'intensité plus grande de cette nécrose au niveau de ce point et sa diminution progresive de part et d'autre, on voit encore que la plaie constitue bien le centre de l'attaque.

Les 2 lignes brunes sont minces comme des traits de plume quand la maladie est à ses débuts. Elles sont l'origine du nom de Fil donné par les praticiens à la maladie.

Si au lieu de fendre la tige malade longitudinalement on la sectionne transversalement, la nécrose se montre dans ce cas sous la forme d'un arc ou d'une couronne.

En contact avec l'afflux de sève les colonies bactériennes sont assez vite disséminées un peu partout et surtout vers les extrémités supérieures. Le système radiculaire est généralement intact ; parfois cependant la partie du pivot, voisine du collet, peut être atteinte avant que la plante ait succombé. Avec le temps, le mal gagne en largeur, atteint la moelle et le liber, les lignes deviennent alors des bandes plus ou moins larges et régulières, de même l'anneau.

On comprend qu'avec ce système conducteur ligneux altéré les feuilles de moins en moins alimentées subissent les symptômes de flétrissure qui caractérisent les maladies vasculaires. C'est d'abord chez elles une atténuation de la couleur verte, un enroulement du limbe, puis leur brunissement et flétrissement ; elles pendent ensuite le long de la tige. Les plantes ont alors l'aspect grillé ; elles n'ont plus de vert que la tige quand l'attaque est généralisée. Si les fruits sont jeunes encore quand le mal est aigu, ils cessent de croître, se flétrissent à leur tour et sont perdus ; s'ils sont déjà bien développés, il se fait une maturité précipitée qui n'est qu'apparemment avantageuse, car ces fruits mûrs avant le temps ne sont que de mauvaise qualité.

Les colonies bactériennes se montrent dès le début de l'attaque dans les vaisseaux du bois surtout. Elles sont abondantes, obturent plus ou moins leur lumière sous l'aspect de masses jaunâtres. Plus tard elles envahissent les méats que la désorganisation des tissus détermine et se répandent un peu partout dans le bois et la moelle en particulier.

La bactérie est en forme de bâtonnet. Elle prend le *Gram* et se cultive bien sur pomme de terre. Par dépôt de tissus ligneux malades prélevés aseptiquement nous avons reproduit plusieurs fois la maladie Nous l'avons reproduite aussi en partant de cultures pures.

En définitive, le Fil ne paraît pas être une maladie spéciale à la tomate. Il correspond bien par ses caractères botaniques à la maladie vasculaire des Solanacées que l'on trouve en France, Italie, Angleterre, etc., et que l'on appelle chez nous du nom général de *Flétrissure.* Elle est courante aux Etats-Unis, où elle est appelée du nom de *Pourriture brune* (Brown-rot). E. Smith a dénommé l'agent bactérien de cette pourriture *Bacterium Solanacearum.* Il est fort probable qu'entre ce Bacterium et l'organisme qui produit le Fil il n'y ait aucune différence. L'identification reste cependant à faire.

Sur la pomme de terre la Flétrissure se propage par les tubercules, mais les tubercules malades peuvent se reconnaître à leur anneau vasculaire brun. Le nom de *bactériose annulaire* qu'on applique à cette affection des tubercules désigne la forme que la Flétrissure prend sur les organes souterrains de cette solanacée.

Les agents atmosphériques semblent être prépondérants sur le développemnt de la maladie du Fil. L'humidité paraît favorable Les années pluvieuses sont généralement des années à Fil. En 1921, 1925 et 1927, qui sont des années de forte invasion, on enregistre à la Station de Bouzaréa, dans les trois mois de février, mars et avril, respectivement : 290, 278 et 115 mm. d'eau. Sauf pour 1927 la tranche d'eau pluviale pour cette période de l'année est bien au-dessus de la moyenne.

Une température élevée n'est nullement exigée : sur les tomates d'été ce mal n'a jamais été vu à notre connaissance, pas plus que sur les tomates d'hiver ; sur les tomates de printemps seules on le voit, de mars à mai.

La nature des sols ne semble pas avoir d'influence sur le Fil qui se montre non seulement sur les sols sablonneux, mais aussi sur les autres. Sur des sols neufs (sols nouvellement défrichés), nous avons constaté le Fil, mais il convient de bien remarquer que ces sols étaient contigus à d'autres sur lesquels depuis longtemps on faisait de la culture de tomate.

Sur les sols où la tomate revient périodiquement tous les 2-3 ans. l'alternance des cultures d'une durée trop courte ne peut donner les bons effets prophylactiques qu'elle donne d'ordinaire et cela d'autant plus qu'entre deux cultures consécutives de tomate on fait généralement une culture de pomme de terre, et que la pomme de terre est susceptible d'héberger les parasites de la tomate (le Phoma excepté ?) ; les deux plantes étant très proches parentes.

Les engrais complets qu'utilisent les primeuristes paraissent eux aussi sans influence sur le Fil. M. Besson de Fouka a pourtant signalé un effet bienfaisant dû au sulfate de fer employé à la dose de 15 gr. par pied pour éloigner les vers gris. Mais ce cas isolé devrait être renouvelé pour pouvoir accorder un effet certain de ce sel sur la maladie.

En dehors de l'antisepsie des plaies, de la sélection de fruits à graines, nous recommandons particulièrement encore aux producteurs la destruction par le feu de tous les plants de tomate bien arrachés après récolte, qu'il y ait eu maladie ou non durant la culture. Nous verrons pourquoi plus loin.

La Vermiculariose

De nature crptogamique, due au *Vermicularia varians* Ducomet, la Vermiculariose est une maladie localisée généralement au niveau du collet, où elle occupe quelques centimètre de longueur, mais elle peut apparaître plus bas, ou descendre plus ou moins profondément à partir du collet et arriver même à l'extrémité du pivot. Elle peut aussi envahir les radicelles, à leur base surtout. C'est en un mot une maladie du système radiculaire, un maladie souterraine n'apparaissant souvent pas hors de terre.

Elle détermine d'abord le noircissement des tissus atteints, puis leur profonde désorganisation sous la forme d'une pourriture sèche. Assez vite la plante meurt, montrant au préalable en ses parties foliacées les différents caractères des maladies de flétrissure : crispation, enroulement, brunissement et dessiccation des feuilles à partir de la base, puis ces organes s'inclinent et pendent le long de la tige.

Sur quelques pieds, on peut voir le mal ne pas envahir tout le pourtour du pivot et, sous l'action d'une cicatrisation effective, la végétation reprendre après avoir été un temps languissante, mais cela est rare. Ailleurs il peut y avoir émission de racines latérales au voisinage du collet et reprise de vitalité, mais souvent le parasite gagnant en hauteur cette reprise n'est que momentanée. De sorte que les pieds malades qui échappent à la mort sont l'exception.

Sur la partie atteinte qui se craquelle par la suite, à cause du dessèchement des tissus, on voit apparaître de nombreux et très petits points noirs qui sont des sclérotes. Difficilement visibles à l'œil nu, mais bien visibles à la loupe, les sclérotes se montrent de forme très irrégulière, à surface muriquée ; beaucoup portent de longues soies subulées et brunes. A l'intérieur de la racine les tissus altérés deviennent de plus en plus blancs et secs, sauf le périderme, et, disséminés un peu partout, dans l'écorce, le bois, la moelle, on trouve des sclérotes encore, généralement inermes, quelques-uns inclus dans les cellules qu'ils remplissent complètement, plus rarement dans les vaisseaux. Ajoutons que les cristaux en pyramide d'oxalate de chaux, que l'on trouve toujours dans la tomate, augmentent dans une proportion énorme sous l'action de la maladie. Quant au mycelium qui est intracellulaire et cloisonné, on le voit au début relativement mince et hyalin ; sur le point de constituer les sclérotes, il s'épaissit, se colore en brun, devient variqueux. Et c'est tout.

Des fructifications nous n'en avons avons pas observées sur les plantes. Par culture sur milieux artificiels solides (actuellement en cours), nous avons obtenu des conidiophores et conidies d'Hyphomycètes, semblables à ceux décrits par Cavadas (1).

Selon Ducomet (2) qui a décrit la maladie sur pomme de terre, les sclérotes évolueraient dans la nature, en pycnides ou en acervules et suivant la présence ou l'absence de soies, on aurait : dans le premier cas les types sphaeropsidés : *Vermicularia* ou *Phoma ;* dans le second cas les types mélanconiés *Colletotrichum* ou *Gloeosporium*. De là le nom de *varians* donné par cet auteur.

Selon Cavadas, qui a observé la maladie sur pomme de terre également, les sclérotes ne seraient que des stromas fructifères passées, ayant accompli leur rôle de multiplication, n'assurant plus désormais que celui de conservation de l'espèce par germination future de leurs cellules constituantes.

Cette seconde manière de voir paraît tout à fait spéciale et différente de ce que l'on sait de ces organes quiescents. Il serait pourtant intéressant au point de vue pratique de savoir si *Vermicularia varians* est toujours infertile sur les plantes, comme on le constate. On conçoit que si son mycelium était capable d'émettre des germes avant sa condensation en sclérotes, ces germes, que les eaux d'arrosage pourraient facilement disséminer, seraient dangereux. En réalité, cela ne changerait rien à la conduite que les praticiens ont à tenir. En effet, l'existence concomittante dans les champs de tomate du *Phoma*, parasite du collet également, fructifiant, lui, abondamment, et de bonne heure, commande d'effectuer les arrosages sans faire toucher les pieds par l'eau courante, afin d'éviter la propagation de cet autre mal, nous le verrons plus loin. Ce faisant on mettra les plantes à l'abri d'une propagation éventuelle de la vermiculariose. Cette mesure de précaution à double rôle comme les sulfatages, s'impose donc elle aussi.

Nous avons aperçu pour la première fois la Vermiculariose sur *tomate à Staouëli, en* 1921. Elle était sur une culture de développement avancé, en terrain léger, surélevé, nouvellement défriché, ayant été abondamment fumé aux engrais organiques. Dans le courant du mois de mars de cette année, nous l'observions pour la seconde fois, à Guyotville, sur des pieds jeunes. Entre temps, nous avons bien des fois remarqué le *Vermicularia* sur tomates desséchées, en fin de saison

(1) Revue de Pathologie Végétale, 1923.
(2) Annales de l'Ecole Nationale d'Agriculture de Rennes 1909.

et n'ayant donné lieu à aucune plainte de la part des maraîchers. Vraisemblablement le champignon avait dû envahir les pieds après leur mort, c'est-à-dire qu'il y vivait en saprophyte. Cet état serait même l'état courant de cet organisme qui se maintiendrait d'une manière permanente sur les débris organiques des sols. Ce ne serait qu'à la faveur de conditions spéciales et d'ailleurs non connues, qu'il passerait sous la forme parasite. C'est donc accidentellement qu'on constatera la *Vermiculariose.*

Il est évident que ce caractère de parasite éventuel que possède le Vermicularia pourrait être de nature à faire considérer la Vermiculariose comme une maladie peu grave si on n'y prenait garde. Certes, cette maladie n'est pas aussi dangereuse que le Fil, parce qu'elle est bien moins fréquente que lui ; cependant quand elle se montre les dégâts peuvent être très importants. C'est le cas cette année, où on a pu voir la vermiculariose un peu partout et abondamment sur les cultures de la région littorale d'Alger et probablement ailleurs aussi (1). En quelques propriétés, on a enregistré une mortalité des pieds de 1/5 dans l'ensemble avec certains carrés ayant perdu plus de la moitié de leurs plants. Chez M. Patry, à Guyotville, 2 à 3.000 pieds sur 11.000 sont morts de la vermiculariose, deux mois après le repiquage. Chez M. Nouvion, à Tipaza, c'est 10.000 sur 40.000 (2). Sur les cultures de M. Jourdan, à Douaouda, nous avons vu des carrés très éclaircis du fait de *Vermicularia.* On comprend dans ces conditions qu'il ait paru avantageux à certain propriétaire d'arracher les survivants des carrés très touchés et de procéder en ces carrés à une autre culture.

N'est-ce pas suffisant pour que les producteurs prennent vis-à-vis de ce mal quelques précautions d'ordre cultural ? Et comme il se trouve très heureusement ici que l'une des meilleures mesures à conseiller est un des moyens indiqués dans la lutte contre le fil, qu'elle ne viendra donc pas grever la culture de frais supplémentaires, elle s'impose doublement. Cette mesure, c'est la destruction par le feu des organes de conservation du Vermicularia. Pour cela, il est recommandé *d'extirper soigneusement après chaque récolte toutes les plantes malades ou non et de les incinérer une fois sèches.* On comprend qu'en laissant sur le sol ou en jetant au fumier, non seulement les plantes malades, mais aussi celles qui étant restées saines durant la culture pourraient néanmoins recéler la vermicularia en saprophyte, on favorise l'exten-

(1) D'après M. Lemonnier, propriétaire à Guyotville, les cultures du Maroc viennent d'être très éprouvées par une maladie du collet. Les deux tiers des récoltes auraient été anéanties. Nous ne savons pas de laquelle maladie il s'agit : Vermiculariose ou Phoma. Il y a de fortes présomptions pour que ce soit de la première.

(2) Chiffres donnés par M. Patry-Gallaud, secrétaire général de la Fédération des Primeuristes d'Algérie et Président du Syndicat agricole de Guyotville.

sion de ce champignon et on s'expose à le voir, une année où les conditions lui seront favorables, attaquer toutes les cultures et occasionner de gros dégâts. Et voilà l'explication que nous sous-entendons plus haut.

Le Phoma

Le *Phoma* est une affection qui ressemble beaucoup à la Vermiculariose par la localisation sensiblement dans la même région de la plante et son aspect extérieur. C'est encore une maladie du collet, pouvant descendre quelque peu sur le pivot, plus souvent monter sur la tige. Nous l'avons vue parfois à 10-15 cm. au-dessus du sol, mais jamais sur les rameaux et feuilles. Le Phoma peut donc être qualifié de maladie de tige ; très souvent l'altération est hors de terre. Ici encore il y a noircissement, souvent plus marqué que chez la vermiculariose, mais la pourriture est moins sèche. Les praticiens appellent quelquefois ce mal du nom de *Noir*. La partie foliacée des plantes atteintes offre les mêmes symptômes de dépérissement et de mort que ceux énumérés dans le cas précédent.

Aux appareils grossissants on voit cependant des différences notables sur l'altération que produit le Phoma. De bonne heure, bien avant la mort de la plante, des fructifications apparaissent, éparses, plus ou moins enfoncées dans les tissus altérés. Ce sont des pycnides, d'abord brunes, puis noires, souvent un peu aplaties, avec ostiole, contenant des spores en forme de cocon de 10-12 $\mu \times 3$-4 μ presque toujours sans cloison.

De ces fruits on peut en trouver aussi de profondément placés dans les tissus corticaux. Quand elles sont mûres et que l'eau les pénètre, les pycnides laissent échapper par leur ostiole un filament blanchâtre constitué de spores agglutinées par une substance visqueuse, facilement désagrégeable.

On comprend la facilité de dispersion de cette masse de germes si, les pycnides étant mûres, les eaux d'arrosage frôlant les pieds arrivent en leur contact. C'est alors la multiplication du mal qui se fait sur toute une série de pieds d'une même ligne comme cela se voit dans les cultures et comme nous l'avons déjà annoncé dans le chapitre précédent. Nous avons dit aussi un mot du remède, qui est d'éviter la circulation de l'eau autour des pieds. On y arrive en les buttant et la butte ainsi formée devra constituer un des bords de la rigole d'arrosage pour que l'eau soit bien utilisée.

C'est durant la période de 1905 à 1914 que le Phoma de la tomate a été trouvé et étudié un peu partout : en France, Italie, Angleterre, Etats-Unis. En 1910, il a été remarqué en Algérie sur des plantations d'Oran. Nous l'avons aperçu sur les cultures précoces du littéral algérois en 1925 et depuis, tous les ans, nous le retrouvons dans cette région, mais jamais en grande quantité. Il ne semble pas qu'il soit susceptible de revêtir le caractère épidémique que prennent parfois les deux organismes du Fil et de la Vermiculariose.

D'après M. Arnaud, Sous-Directeur de la Station Centrale de Pathologie végétale de France, le Phoma envahirait tous les organes de la plante quand il règne humide, en automne particulièrement, et les tiges seulement pendant la période sèche d'été, grâce à la faveur de l'eau des arrosages. Cette hypothèse que l'auteur appuie sur l'évolution de la maladie en Europe ne semble pas pouvoir s'appliquer à l'espèce algérienne. Sur le littoral algérois, nous observons le Phoma depuis quelques années déjà et il se montre toujours uniquement sur tige en plein mois de mars ou avril, c'est-à-dire à une époque que l'on ne peut pas dire sèche. Notre espèce qui paraît en tous points semblable à celle qu'Arnaud a eu l'occasion d'examiner sur échantillons provenant d'Oran — et que le soupçon de n'être pas semblable au type dénommé (Ascochyta hortorum Speg) Smith a effleuré un instant son esprit (1) — semble donc se distinguer de l'espèce européenne.

Pour cette raison, nous rangeons notre champignon dans le genre *Phoma*, avec lequel il semble avoir le plus d'affinité, en attendant de solutionner cette question pendante de systématique.

Nous ajouterons, comme moyens de lutte, au mode d'arrosage signalé plus haut : 1° les pulvérisation copieuses des tiges, au voisinage du sol, avec la bouillie cuprique, toutes les fois qu'on passera en prévision du mildiou ; 2° l'incinération des plantes séches comme moyen préventif. Cette incinération, déjà préconisée contre le Fil et la Vermiculariose, pouvant ainsi avoir subsidiairement un effet heureux de plus, s'avère donc comme une opération des plus utiles qu'on ne doit pas manquer de pratiquer et cela, d'autant plus, qu'elle est peu coûteuse.

Le Mildiou

Le Mildiou de la tomate, qui est le même que celui de la pomme de terre, est une maladie trop connue des primeuristes, une maladie contre laquelle ils savent bien se défendre par l'emploi des bouillies cupriques, pour que nous nous dispensions de la décrire.

Disons cependant que tandis que le *Phytophtora infestans* attaque la pomme de terre quand elle est presque adulte (c'est généralement avec la floraison que s'ouvre la période critique), il infecte la tomate en tout temps, sur les semis comme dans les champs. Il importe donc de protéger les jeunes plants des couches par des sulfatages précoces faits avec des bouillies bien neutralisées.

(1) Arnaud, l'*Antracnose des Pois, Melons et Tomates*. Revue de Phytopathologie appliquée, 1913, page 89.

Certaines années (1921) des carrés de tomates régulièrement sulfatés ont été ravagés par le Mildiou. C'est qu'il y a pour les tomates, comme il a pour la vigne, des années particulièrement favorable au Mildiou et ces années-là on peut être facilement surpris, c'est-à-dire que des invasions peuvent se produire entre deux traitements consécutifs et occasionner des dégâts d'autant plus grands que les deux traitements étant plus espacés, les surfaces herbacées non revêtues de cuivre seront plus étendues. Pour se mettre à l'abri de ces fortes invasions éventuelles, il faudra, en se basant sur le temps (le temps humide et chaud est favorable aux éclosions et contaminations, le temps sec et froid ne l'est pas) et sur l'état sanitaire des cultures de la région (apparition ou non du mal) effectuer des traitements en conséquence.

Le Noir

Les producteurs de tomate connaissent bien les taches de Noir qui se montrent sur les feuilles et les fruits, quand la température s'élève aux mois d'avril et mai, et qui sont grandes, généralement circulaires, de couleur noir-verdâtre et d'aspect velouté. Mais ils savent que ce n'est pas là un parasite dangereux et ils le négligent. Il faut dire que les traitements cupriques qu'ils font contre le mildiou gênent et par conséquent limitent automatiquement l'extension du Noir. Sans cela, l'*Alternaria*, champignon qui produit le Noir, pourrait bien parfois commettre des ravages et forcer leur attention.

Conclusions

En résumé, la défense contre les maladies de la tomate primeur cultivée sur le littoral algérois, comprend :

1° Des traitements aux bouillies cupriques qu'il faut commencer sur les semis et continuer sur les champs pendant toute la croissance des plantes. Bien pulvériser les tiges au voisinage du sol. Ces traitements seront conjugués avec les pincements quand ceux-ci seront commencés : faire suivre immédiatement chaque pincement d'un sulfatage. A défaut de cette méthode, obliger les ouvriers qui pincent à se désinfecter les doigts.

2° Une inspection soignée des plants aux repiquages

3° Des arrosages faits de manière que l'eau courante ne touche pas les pieds.

4° Un arrachage complet des plantes en fin de récolte, qu'il y ait eu maladie ou non pendant la culture, et leur incinération après dessiccation. On fera de même pour les pommes de terre qui occuperont le terrain entre deux cultures de tomate.

5° Une sélection d'ordre sanitaire des fruits à graines de semence.

Ne pas cueillir de tomate pour cette fin dans les plantations où le Fil se sera montré.

6° Une alternance de culture plus effective. Ne faire revenir la culture de la tomate sur un même champ qu'après un certain nombre d'années, le plus grand possible, et en déplaçant la culture chaque année, l'éloigner le plus possible de l'emplacement qu'elle occupait l'année d'avant.

Comme on le voit, il n'y a dans tous ces moyens de lutte rien de nouveau, rien qui soit de nature à augmenter les frais généraux de la culture, mais une simple mise au point d'opérations courantes capable de rendre celles-ci propres à la défense de la plante : des traitements au cuivre que l'on a toujours faits, mais qu'il faut faire de préférence à certains moments ; des arrosages et un nettoyage final des cultures simplement modifiés ; une rotation insuffisante qu'il faut faire plus longue et plus rationnelle ; enfin deux précautions très simples : inspection des plants et sélection des fruits à graines.

T. PAGLIANO

Professeur de Zoologie et Entomologie agricoles à l'Ecole Coloniale d'Agriculture de Tunis

---

SUR LA RÉSISTANCE DES VERS BLANCS AUX SOLUTIONS ARSENICALES

En Europe, grâce au hannetonnage, le problème de la lutte contre les vers blancs de *Melolontha* est en partie résolu.

Dans le Nord de l'Afrique, où de nombreuses espèces aptères vivent dans les céréales et les vignobles, les cultures maraîchères et les jardins fruitiers, la question est toujours à l'étude.

Divers moyens de lutte préventifs ou curatifs ont été préconisés. La plupart résistent à une première analyse. Cependant de rigoureuses observations de laboratoire ou de plein air les éloignent encore des pratiques agricoles actuelles.

Parmi ces moyens de lutte, l'un d'eux, *l'utilisation des sels arsenicaux*, satisfait l'esprit, tant il est facile de concevoir l'intoxication des espèces hypogées. En effet, les larves vivant aux dépens du collet, des racines et de l'humus du sol, doivent fatalement s'intoxiquer en absorbant un arséniate alcalin épandu peu de jours avant les semailles ou au cours des semailles si, par exemple, on se propose de protéger les cultures de céréales.

Plusieurs méthodes d'épandage peuvent être utilisées au moment des semailles. Après les semailles, des pulvérisations sur les plantules, visant la région du collet, doivent également fournir le toxique aux larves.

Toutes ces expériences (une cinquantaine, tant en plein champ qu'au laboratoire) ont donné des résultats négatifs.

Cependant, rien ne prouve que les vers absorbent l'arsenic.

Aussi de nouvelles expériences ont-elles été tentées pour connaître le degré de résistance des « vers blancs » aux solutions arsenicales. Et ces expériences confirment les essais antérieurs : *les « vers blancs » résistent aux arséniates de soude, de chaux, de plomb.*

Expérience I. — Sur 22 larves adultes de *Phylognastus silenus* ayant jeûné dans du sable de carrière pendant 15 jours, 8 reçoivent une injection buccale de 1/3 de cc. d'arséniate de soude à 1 % ; 7 la même dose d'arséniate de chaux à 1 % et les 7 autres de l'arséniate de plomb.

Au cours de l'opération, quelques larves ont été blessées par l'aiguille creuse de la seringue de Pravaz. Les larves manifestement blessées et les larves douteuses sont sacrifiées. En définition, trois lots, totalisant 13 vers (5 traités à l'arséniate de soude, 4 à l'arséniate de chaux et 4 à l'arséniate de plomb) sont mis en observation dans de la terre de jardin, à la température du laboratoire.

Une semaine plus tard, 9 vers seulement (3 traités à l'arséniate de soude, 2 à l'arséniate de chaux et 4 à l'arséniate de plomb) sont vigoureux, se déplacent, réagissent au toucher.

Sont-ils intoxiqués ? *L'appareil de Marsh décèle une quantité relativement forte d'arsenic.*

Les larves de Phylognates résistent donc, au moins pendant une semaine, aux doses d'arsenic employées au cours de cet essai.

Expérience II. — Dix larves de Phylognates placées dans les mêmes conditions reçoivent par la voie anale 1/3 de cc. d'arséniate de soude en solution à 1 %.

Des traces d'arsenic sont décelées par l'appareil de Marsh.

Expérience III. — Neuf larves de Phylognates reçoivent des injections sous-cutanées. Elles résistent à leur blessure.

La solution toxique, chassée par l'afflux sanguin, n'est pas décelée par l'appareil de Marsh.

Expérience IV. — Douze larves de Phylognates reçoivent une injection buccale d'arséniate de soude à 1 %. Mises en terre humide pendant 32 jours, elles restituent, par l'intermédiaire de l'appareil de Marsh, des traces d'arsenic.

Les larves des Phylognates résistent donc, pendant un mois, aux doses d'arséniates employées au cours de cet essai.

En résumé : les solutions arsenicales injectées par les voies buccale, anale et sous-cutanée n'ont aucun effet *direct et immédiat* sur les grosses larves des Phylognates.

Dr M. BÉGUET

UTILISATION DES VIRUS DANS LA LUTTE CONTRE LES RONGEURS EN ALGÉRIE

Jusqu'à présent, deux espèces de rongeurs ont été signalées comme particulièrement nuisibles, en Algérie : le *Rattus norvegicus* Erxleben (surmulot, rat d'égout) qui habite aussi bien les agglomérations rurales, et même les fermes isolées, que les grandes agglomérations urbaines ; et le *Meriones Shawi Shawi* Roget (grande gerbille) dont les bandes paraissent erratiques dans les plaines et sur le versant septentrional de l'Atlas tellien.

Le *B. typhi murium* (Danysz) a été souvent employé depuis vingt ans dans la lutte contre le *Rattus norvegicus* en Algérie. Son action ne s'est guère manifestée dans les villes ou leur voisinage immédiat, mais on a remarqué dans de nombreux cas d'essais effectués dans des exploitations rurales une disparition complète et rapide de ces rongeurs pendant plusieurs mois. L'évolution de la maladie provoquée et sa propagation étant trop longue pour expliquer cette disparition par une destruction totale, nous pensons qu'il s'est agi chaque fois d'une migration provoquée par l'instinct du danger. La vaccination produite par les contaminations anciennes et le mélange continuel des individus expliqueraient les insuccès constatés dans les grandes agglomérations urbaines. Enfin, on a observé en automne 1929 une épizootie naturelle à *B. typhi murium* très meurtrière pour les rats et les souris, dans une plaine des environs d'Alger, la Mitidja, où de nombreux essais de contamination avaient été effectués au cours de l'année. Il s'est peut-être produit dans ce cas une généralisation de ces petites épizooties provoquées.

Le virus utilisé en France contre les campagnols a été étudié depuis deux ansà l'Institut Pasteur d'Algérie, en vue de son utilisation contre les mériones. Une première difficulté a été l'adaptation expérimentale de ce virus à ces rongeurs. Il a fallu, après un grand nombre d'essais infructueux, un mois d'expérimentation sur place dans la région de Mascara, en novembre 1929, et des séries de passages portant sur plusieurs centaines de rongeurs pour obtenir un virus tuant par inoculation intrapéritonéale, à la dose de 1/5 de centimètre cube. Malheureusement la contamination massive par ingèstion de pâtures souillées par le virus n'a pas encore donné de résultats satisfaisants. La mortalité, dans les essais de laboratoire, n'a porté que sur une faible proportion et le virus a paru s'atténuer dans quelques séries.

Les expériences continuent en utilisant une nouvelle technique d'exaltation de virulence, basée uniquement sur les passages par ingestion de cadavres broyés, sans cultures intermédiaires. Les premiers résultats sont satisfaisants, mais les conditions de vie naturelle des mériones dans les régions presque désertiques et leur dispersion sur de vastes étendues ne permettent guère d'espérer une application efficace de la méthode en Algérie.

DELASSUS
Inspecteur de la Défense des Cultures
ET
FREZAL
Expert Principal de la Défense des Cultures

LA LUTTE CONTRE LES RONGEURS EN ORANIE AU COURS DE L'ANNÉE 1930

Les agriculteurs de l'Oranie ont eu à subir, durant l'année 1929, en plus des calamités dues aux variations climatiques et aux parasites habituels du pays, un véritable fléau provoqué par les rongeurs. Toutes les espèces indigènes de cette classe de mammifères se sont subitement et abondamment multipliées et il semble bien qu'il y ait corrélation entre cette pullulation et la luxuriante végétation provoquée par les pluies particulièrement intenses de 1928.

Les dégâts ont été presque uniquement occasionnés par une *gerbille* qu'il y a tout lieu de penser être celle de Shaw (*Gerbillus Shawii*).

Cet animal vit normalement dans les massifs dénudés du Nord de l'Atlas, d'où l'invasion est très probablement partie. Il a la taille d'un gros rat. La tête, de longueur égale au 1/3 de celle du corps, est caractérisée par un museau légèrement aplati, de grands yeux et des oreilles arrondies. La queue est longue et poilue. L'allongement des pattes postérieures donne à ce rongeur une allure particulière dans la course. Le pelage est d'une couleur roussâtre plus ou moins foncée sur le dos et blanchâtre sous le ventre.

D'après les constatations faites, on peut établir que le pouvoir prolifique des gerbilles est très élevé sans atteindre toutefois l'importance qu'on a bien souvent voulu lui donner. Les animaux ne se multiplient pas suivant une progression géométrique. Dans la nature, il se trouve un complexe de facteurs internes et externes qui, lorsqu'il agit favorablement, permet le développement excessif de l'espèce, mais qui, dans le cas contraire, amène sa brutale régression. Nous basant sur le fait que la reproduction commence à l'âge de 2 mois et que les femelles portent une moyenne de 6 à 7 petits, nous estimons que la descendance d'un couple de gerbilles, pendant une année favorable, doit être de 150 individus environ. Il suffit, par suite, d'un couple par hectare de terrain pour qu'en une année le fléau prenne des proportions redoutables. Cette facile multiplication permet d'écarter l'idée d'une migration nécessaire qui, en réalité, ne doit se produire que très rarement.

En Oranie, les premières plaintes parvinrent, dès novembre 1928, de la plaine d'Eghriss et du centre d'Oued-Imbert. Progressivement, les dégâts s'étendirent aux arrondissements d'Oran, de Mostaganem et de Tlemcen. En décembre 1929, l'invasion, arrivée à son apogée, couvrait le territoire compris entre les lignes passant par Tiaret, Saïda, Sebdou, Marnia au Sud, Cassaigne, Bouguirat, Oran, Aïn-Témouchent, Nédroma au Nord, soit, au total, une superficie d'environ 25.000 km². Il va de soi que celle-ci n'était pas uniformément infestée. La plus grosse tache était circonscrite par une ligne joignant les centres de Mascara, Palikao, Charrier, Berthelot, Sibi-bel-Abbès, Oued-Imbert et le Sig.

L'importance des dommages enregistrés s'explique non seulement par la voracité de ces rongeurs, mais aussi par les réserves qu'ils accumulent instinctivement et qui sont constituées par des feuilles, des rhizomes, des bulbes, plus rarement, au contraire de ce que pensent de nombreux agriculteurs, par des grains. Les gerbilles sont normalement herbivores et ne s'attaquent à ces derniers que lorsque la végétation a disparu. Il nous est souvent arrivé de remarquer, dans les élevages faits en cage, qu'elles préfèrent de beaucoup une pomme de terre ou une feuille de choux à une poignée de blé.

Les quantités de matériaux emmagasinés sont quelquefois considérables et il n'est pas rare de trouver, suivant les époques, dans un terrier, trois ou quatre kilos d'olives ou de pommes de terre, cinq à six grappes de raisin, cinq à six kilos de feuilles de mauves, moutardes, bouillon blanc, ortie, muscaris, etc..., vingt-cinq à quarante kilos d'épis.

Les pertes éprouvées ont été des plus sérieuses. Quelques propriétaires, rares il est vrai, ont vu presque complètement disparaître leurs champs de céréales. D'une manière plus générale, dans les régions fortement atteintes, on estime que les rendements à l'hectare ont été, en moyenne, diminués de 4 quintaux de grains. Les vignobles ont aussi souffert de l'invasion, notamment dans la région de Mercier-Lacombe. Il en est de même des cultures maraîchères et fruitières.

Un pareil fléau ne pouvait s'abattre sur une région aussi riche que l'Oranie sans que l'on cherchât immédiatement à l'enrayer aussi économiquement que possible. Pour l'application rationnelle des méthodes de lutte, il était tout d'abord indispensable de noter que les réserves recueillies par les gerbilles sont consommées d'octobre à fin décembre. C'est cette période seulement, pendant laquelle elles vivent en pseudo-société, qui devait donc être choisie. Il fallait ensuite rechercher les meilleurs procédés pratiques de destruction. C'est au Service de la Défense des Cultures qu'incombait cette tâche d'autant plus délicate qu'on avait à combattre des rongeurs encore très peu connus. Leur genre de vie se rapprochant cependant beaucoup de celui des campagnols, tous les procédés de lutte employés, en France, contre ceux-ci, furent essayés comparativement pendant le premier semestre de l'année 1929.

L'utilisation des gaz toxiques, tels que l'anhydride sulfureux et l'acide cyanhydrique obtenu par décomposition du cyanure de calcium, fut tentée, sans succès, à deux reprises différentes, sur le territoire de la commune d'Oued-Imbert.

Les appâts empoisonnés à l'acide arsénieux, la strychnine, la scillitine, le phosphore et le carbonate de baryte furent également expérimentés dès le mois de janvier 1929. Bien qu'ils aient donné, surtout ceux préparés avec les deux premiers toxiques, assez complète satisfaction, leur usage ne se généralisa pas, leur confection étant longue et leur manipulation dangereuse.

Sur les indications de l'Institut Pasteur d'Algérie, le virus Danysz fut également utilisé. Mais isolé, tout au moins au début, du sang de rongeurs tout autres que les gerbilles, il manquait de spécificité, si bien que les résultats enregistrés furent des plus contradictoires. Cependant certains des insuccès constatés doivent être attribués à ce que la liqueur raticide était de fabrication trop ancienne et aussi parfois à ce que les traitements ont été effectués par journées chaudes et ensoleillées. Vers la fin de l'année 1929, M. le Docteur Béguet a exalté un virus sur des gerbilles à Mascara, mais les conclusions de ce savant ne nous sont pas encore connues.

Tous ces procédés n'ayant pas permis d'ateindre le but cherché, le Service de la Défense des Cultures fut enfin appelé, en juillet 1929, à essayer deux spécialités commerciales, le « Campagnolicide » et la « Foudre ». Ces raticides, d'un emploi facile, furent reconnus, au cours de nombreuses expériences, d'une très grande et égale valeur ; le choix ne devait donc être influencé que par le prix de revient. A la suite de nouveaux essais méthodiquement conduits, le premier fut retenu. On peut estimer que le traitement, avec ce produit, d'un hectare moyennement contaminé ne revient guère qu'à 4 ou 5 francs, main-d'œuvre comprise.

La méthode et l'époque de lutte étant déterminées, une partie importante du problème était déjà solutionnée. Il ne restait plus qu'à prendre les dispositions nécessaires pour que la campagne qu'on allait engager soit menée, condidion indispensable du succès, en même temps, et d'une façon continue, par tous les agriculteurs d'une même région. C'est ce qui amena, dès septembre dernier, l'Administrationà envisager la création, tout d'abord dans l'arrondissement de Mascara, puis ensuite, cette organisation ayant été bien vite reconnue excellente, dans tous les centres envahis du département, de syndicats de lutte obligatoire. Régis par la loi du 21 mars 1884, modifiée par celle du 3 juin juin 1927, ces organismes, comme on le sait, peuvent être simplement formés à la demande de quelques intéressés. Pour qu'ils puissent faire procéder à l'exécution d'office des traitements chez tous les exploitants, syndiqués ou non, il faut et il suffit :

1° que dans une région déterminée, délimitée par un arrêté du Gouverneur général, les rats soient signalés et que leur destruction généralisée s'impose ;

2° que celle-ci, prescrite par arrêté préfectoral et conduite isolément, n'ait pas donné de résultats suffisants, ou encore n'ait pas été entreprise. Le préfet prend alors un arrêté de mise en demeure et autorise le syndicat à faire exécuter, après un délai de 2 jours francs, tous travaux reconnus nécessaires. La mise en demeure est générale et non individuelle.

Le syndicat doit faire l'avance de tous les frais entraînés par la lutte ; il en tient comptabilité et, en fin de campagne, transmet le relevé des dépenses au Préfet qui en fait répartition entre les intéressés au prorata de la contribution foncière des propriétés non bâties.

A défaut de paiement effectué dans un délai de 3 mois directement au syndicat de défense par les propriétaires, le recouvrement en est opéré, comme en matière de contributions directes, sur un rôle rendu exécutoire par le Préfet.

Pour permettre au syndicat de faire les avances de fonds indispensables, il est autorisé à emprunter à une Caisse régionale de crédit agricole qui bénéficie de garanties complètes en vertu des dispostions mêmes de la loi.

En Oranie, les dépenses effectuées en vue de la destruction des rongeurs se sont élevées à 1.600.000 fr. La moitié de cette somme a été couverte par des subventions de la Colonie et du département, l'autre moitié laissée à la charge des propriétaires.

Les zones contaminées ayant été divisées en secteurs placés sous la direction d'Administrateurs-adjoints, la lutte a été, en principe, conduite dans chacun d'eux par des équipes de 15 à 20 hommes, à la solde du syndicat, distribuant, à l'entrée de chaque trou de rongeurs, de 7 à 10 grains de blé ou de seigle préalablement empoisonnés à l'aide du Campagnolicide. La liaison indispensable entre les communes était faite par les fonctionnaires chefs de secteurs. Partout les résultats obtenus furent parfaitement concluants et, dès la fin du mois de janvier, la lutte pouvait être pratiquement considérée comme terminée. En réalité, cependant, elle ne l'est pas encore, car il ne suffit pas de combattre les grandes invasions, encore faut-il éviter qu'elles puissent, dans un avenir plus ou moins éloigné, se reproduire. Or les destructions opérées ont laissé subsister un certain nombre de ravageurs qui, n'ayant plus à redouter la concurrence alimentaire, alors que, d'autre part, deviennent moins probables les épidémies microbiennes qui les déciment habituellement, semblent se trouver dans d'excellentes conditions pour pulluler à nouveau ; aussi une surveillance étroite est-elle actuellement exercée sur tous les anciens foyers. Il faut cependant reconnaître que bien que la campagne soit arrêtée depuis bientôt deux mois, le nombre de gerbilles continue à diminuer constamment. Si l'on en croit le dicton arabe : « En cas de grosses invasions, les rats femelles enfantent la belette », ce serait aux mammifères carnassiers, tels que belettes, genettes et mangoustes que serait dû ce résultat.

Robert REGNIER
Docteur ès-sciences,
Directeur de la Station de Zoologie agricole du Nord-Ouest
et du Muséum de Rouen

PRINCIPES DE L'ORGANISATION DE LA LUTTE CONTRE LES PETITS RONGEURS EN AGRICULTURE

Parmi les êtres les plus dangereux que l'homme ait trouvés sur sa route, les petits rongeurs se placent au premier rang ; ils le sont en effet à plus d'un titre : leur variété, leur voracité, leur fécondité les rendent redoutables, les uns pour les cultures, tels les Campagnols, les autres pour les habitations rurales ou urbaines, les docks, les entrepôts, tels les Rats ; mais en outre ils transmettent à l'homme des maladies d'une extrême gravité, soit en les inoculant par l'intermédiaire de leurs parasites, soit en se faisant des porteurs de germes morbides, ou des réservoirs de virus à symptômes inapparents. Leur étude nous intéresse donc à un double point de vue, agricole et médical ; si ce que nous savons de la biologie de quelques-uns d'entre eux nous permet d'enrayer dans une certaine mesure leur multiplication, il est certain que bien des facteurs nous échappent encore, dont l'étude nous permettra non seulement de déterminer les conditions de pullulation, et par conséquent d'engager une lutte plus efficace, mais aussi nous éclairera, nous en sommes persuadé, sur le génèse de certaines maladies humaines. L'orientation tout à fait nouvelle, donnée aux recherches bactériologiques par certains savants, tels que le Docteur Nicolle, de Tunis, ne peuvent qu'en courager les chercheurs à travailler dans cette voie.

Comme directeur de laboratoire de Biologie appliquée à l'Agriculture, notre rôle est plus modeste ; il s'agit pour nous de tirer parti, au fur et à mesure, des découvertes biologiques pour lutter chaque jour d'une manière plus efficace contre les petits rongeurs, et par conséquent de dégager pour les services d'application les directives fondamentales de l'organisation de cette lutte.

L'expérience que nous avons de la question nous autorise à poser quelques principes généraux, dont on ne devra pas se départir, si l'on veut arriver à rendre les Rongeurs supportables. Nous avons dit et répété dans beaucoup de nos travaux que la défense des cultures contre les ravageurs était avant tout une question de méthode et d'opportunité. Tant que nous n'engagerons pas contre les petits rongeurs une lutte raisonnée et méthodique, nos efforts seront vains, et les mesures hâtives que nous pourrons prendre ne seront que des palliatifs.

1° *L'organisation de la lutte*

Pour avoir son maximum de rendement, la lutte doit s'appuyer sur des *Syndicats de défense*, bien organisés, qui faciliteront les enquêtes et l'application méthodique des traitements. Il serait à souhaiter que dans les régions les plus sujettes aux déprédations de certains grands ravageurs, il y ait des *Syndicats permanents*, régulièrement constitués, et possédant un budget suffisant pour engager les premières dépenses sans attendre les subventions ministérielles.

Avant d'établir son plan de campagne, le service intéressé procédera à une *enquête* rapide, qui aura pour but :

a) de délimiter d'une façon aussi précise que possible la zone envahie et de repérer les taches isolées ;

b) de déterminer l'espèce incriminée, la nature et l'importance des dégâts, le degré de pullulation, ses origines, les conditions d'existence du ravageur.

Cette enquête sera relativement facile, le jour où notre pays sera doté d'un service opérant de défense des cultures, ayant à sa disposition un nombre suffisant d'agents avertis, possédant un matériel important de piégeage et pouvant se déplacer dans des conditions très rapides. Ces agents pourraient profiter de leur passage dans les communes envahies pour distribuer des tracts aux syndicats, et leur donner tous renseignements utiles sur la marche éventuelle des opérations de lutte. En pareille matière, étant donnés le caractère technique du problème, ses divers aspects, la nécessité de coordonner les efforts et de tirer parti pour l'avenir de l'emploi des méthodes, nous sommes partisan de l'initiative administrative, mais de l'application par les syndicats, aidés techniquement et financièrement par l'Etat.

Cette période préparatoire, dont l'époque la plus favorable pour les agents techniques sera la moisson (1), devra en outre être mise à profit par le service central pour jeter les bases de la lutte, trouver du personnel, des locaux, mettre en état les appareils, acheter des produits, demander des subventions, s'assurer des moyens de transport, et provoquer des *mesures législatives*.

---

(1) Les rongeurs ont l'habitude de se rassembler sous les gerbes de blé, et au moment de l'enlèvement de celles-ci, leur capture est relativement facile. Par leur nombre, on peut juger de la densité de l'invasion qui suivra.

La loi permet en pareil cas aux préfets de prendre des arrêtés :

a) pour proclamer le caractère d'urgence de la lutte, et obliger les intéressés à se grouper en syndicats de défense, et à traiter toute la zone envahie ;

b) pour protéger certains prédateurs, tels que les oiseaux de proie, qui rendent pendant les invasions de rongeurs des services appréciables.

L'enquête permettra d'établir un *plan de lutte*, étroitement basé sur l'espèce incriminée et ses conditions d'existence : rien n'est plus dangereux, au point de vue psychologique, que l'emploi de procédés empiriques ; on décourage les traitants par les échecs, et on compromet l'avenir des méthodes. Les virus par exemple n'agissent que contre les espèces pour lesquelles ils ont été préparés, les appâts empoisonnés sont efficaces surtout dans les périodes de carence alimentaire, les gaz donnent des résultats divers suivant le temps et les terrains.

Ce plan devra prévoir l'ordre des opérations, le traitement du pourtour de la zone envahie d'abord, puis celui du centre, puis celui des taches ; l'application devra être aussi rapide que possible, et commencer à une période favorable : pour les traitements d'ensemble, la date de novembre-décembre concilie généralement les intérêts de la technique et ceux des cultivateurs.

2° *Application des traitements*

Les procédés à envisager, étudiés dans de nombreux ouvrages, sont : les gaz, la chasse, les appâts empoisonnés et les virus ; tous ont leur valeur et peuvent être employés concurremment ou à tour de rôle, sauf les virus qui sont plus spécialisés (1).

Pour éteindre les taches isolées à extension limitée, nous conseillons les gaz, qui permettent d'obtenir un nettoyage à peu près complet du terrain en une ou deux applications ; nous pouvons citer le gaz sulfureux, l'acide cyanhydrique (cyanure de calcium) et l'acétylène. On a avantage à s'en servir quand les rongeurs sont groupés, notamment aussitôt après l'enlèvement des gerbes de céréales, ainsi que dans les meules ou les grands terriers.

La chasse derrière la charrue rend de réels services. Le système des primes est à développer. Le piégeage, bien organisé, peut jouer un rôle très important pour l'avenir ; nous en verrons plus loin l'intérêt biologique.

---

(1) Le virus Danysz par exemple agit régulièrement sur le Campagnol des champs, se montre irrégulier pour certains Muridés comme le Mulot et le Surmulot ou Rat gris, et ne tue jamais le Rat noir. Pour le Mulot les expériences récentes de notre collègue Rode ont montré qu'on pouvait obtenir un virus efficace en passant par sang de Mulot.

Les appâts empoisonnés ont une action immédiate, mais ils ont le défaut d'être dangereux pour l'homme, les animaux domestiques et le gibier ; il faudra donc être très prudent dans leur emploi, les distribuer autant que possible dans les trous, ou les mettre hors de portée des animaux (dans des tubes ou sous des petites bottes de paille). Nous les conseillons, nous l'avons dit, dans les périodes de carence alimentaire (grands froids, neige) et de grande pullulation. La noix vomique et le phosphore de zinc sont les plus employés contre les Campagnols, la poudre de scille et le pain de baryte sont recommandés contre les Rats, à cause de leur innocuité relative pour beaucoup d'animaux.

Les virus sont des cultures microbiennes, qui donnent aux petits rongeurs une maladie contagieuse mortelle. L'action est relativement lente, mais généralement plus étendue par suite de la contamination. La méthode est simple, rapide et peu dispendieuse, mais elle ne s'applique qu'à quelques rongeurs, tels que le Campagnol des champs (*Microtus arvalis*), et exige tant pour la fabrication que pour l'application une attention soutenue. Au cours de ces dernières années, nous nous sommes efforcé avec nos collaborateurs de préciser l'action du virus Danysz sur les Campagnols et les conditions à la fois techniques et économiques de fabrication intensive du virus (1). Malgré les aléas que toute méthode rencontre lorsqu'elle passe du laboratoire sur le terrain, il n'en reste pas moins que nous sommes arrivés dans cette voie à des résultats très intéressants, qui ouvrent les plus larges horizons pour la solution définitive du problème.

L'époque la plus favorable pour l'emploi du virus s'étend de fin octobre à mars. Avant de s'engager dans une fabrication intensive, il est nécessaire de s'assurer de l'action du virus sur le rongeur incriminé ; quelques gouttes de virus pur et frais déposées sur du grain aplati, ou sur de la pâte, ou directement sur le nez de l'animal suffisent pour le contaminer ; l'autopsie du rongeur malade, le prélèvement du sang du cœur fixeront exactement sur la cause de sa mort ; pour plus de sûreté, nous conseillons toujours d'opérer sur plusieurs sujets, placés dans des cages séparées.

L'espèce étant reconnue sensible, on peut fabriquer. Nous rappelons ici quelles sont les conditions fondamentales de réussite.

I. *Fabrication*. — 1° Il faut partir de souches absolument pures.

2° Utiliser un milieu de culture riche à base de son, d'extrait de viande et de gélose par exemple.

3° Stériliser ce milieu d'une façon parfaite.

---

(1) R. Régnier et R. Pussard. Le Campagnol des champs et sa destruction. *Ann. Epip.* Tome XII. 1925.

R. Régnier et J. Verguin. Données pratiques sur la fabrication industrielle du virus Danysz pour Campagnols en vue de son utilisation en grande culture. *Ann. Epip.* Tome XIII 1927.

4° Ensemencer aseptiquement, assurer un bon étuvage aux environs de 37°, boucher aseptiquement.

5° Expédier immédiatement.

II. *Utilisation.* — 1° Contrôler l'état du bidon à l'arrivée, s'il est gonflé ou percé, le rejeter. Ne l'ouvrir qu'au moment de l'emploi.

2° Employer le virus dans le plus bref délai. Au bout de 8 jours, le virus a perdu environ un tiers de sa virulence.

3° En cas d'impossibilité d'emploi immédiat, le conserver dans un endroit frais et le placer la veille de l'utilisation dans une pièce chaude, près d'un poêle, pour remettre la culture en activité.

4° Contrôler le bidon au débouchage, s'il dégage une mauvaise odeur le rejeter.

5° Faire les dilutions dans des récipients propres.

6° Bien aplatir l'avoine, sans toutefois la réduire en farine.

7° Faire l'imprégnation de préférence dans une cuve, et ne préparer que la quantité que l'on peut employer le jour même. La dessication tuant le microbe, il faut veiller à ce que l'avoine reste bien humide.

8° L'épandage par journée humide est préférable à l'épandage par journée ensoleillée, à cause de la dessication rapide des appâts.

9° Ne pas faire l'épandage à la volée, mais déposer de préférence dans les trous fréquentés (1).

10° Ne pas escompter de destructions massives avant trois semaines.

11° La contamination se faisant surtout par cohabitation, il est nécessaire de traiter toute la partie envahie, sans excepter les friches et les talus, pour obtenir des résultats étendus.

3° *Considérations générales sur l'application des traitements*

Tous les procédés que nous venons d'indiquer ont une valeur incontestable ; les opinions diverses qu'on peut avoir à leur égard proviennent surtout des conditions dans lesquelles ils ont été employés : nous prétendons qu'en les combinant d'une façon opportune, on peut se rendre maître de l'invasion la plus redoutable. Mais si la lutte contre les petits rongeurs est surtout une question d'organisation méthodique, et d'opportunité, elle est aussi et avant tout une question de continuité. Les soi-disant invasions de Campagnols que nous avons eu à étudier étaient toujours des pullulations, qui provenaient de l'extension progressive des taches isolées. Si, comme nous ne cessons de le répéter depuis des années, tous les agriculteurs surveillaient plus étroitement l'ap-

---

(1) Quand il s'agit d'une petite surface à traiter avec des appâts virulents ou empoisonnés, on a toujours avantage à boucher tous les trous quelques jours auparavant, pour n'appâter que ceux qui sont fréquentés. L'utilisation des petites bottes de paille pour dissimuler les appâts est également à conseiller.

parition de ces taches et les traitaient au moment propice, nous n'aurions jamais à faire face à des pullulations calamiteuses, comme celles que l'on enregistre un peu partout en Europe. Quand une de ces pullulations sera jugulée, on ne devra donc pas abandonner la lutte, on aura encore à éteindre les taches éparses, qui se seront formées ici ou là. soit par suite de la résistance de certains sujets, soit par l'inopérance des traitements employés. Bien plus, on devra s'attacher à assainir le terrain, et à faire régresser biologiquement l'espèce.

Comme l'a très bien fait ressortir Geo Jennison pour les Rats, la multiplication des rongeurs tient à deux causes : l'abri qu'ils trouvent auprès de l'homme, et leur grande fécondité ; si donc, d'après lui, l'homme s'attache à réduire les sources alimentaires des rongeurs, et si d'autre part il arrive à diminuer son pouvoir de reproduction, il apportera la solution du problème. Se basant sur des faits, des observations et des expériences, l'auteur préconise entre autres la sélection sexuelle des Rats qui consiste à favoriser la multiplication des mâles au détriment des femelles (1). Si dans l'état actuel des choses, l'application de cette méthode, basée sur le piégeage, apparaît encore bien délicate, surtout en agriculture, il est certain que l'idée doit être retenue, et même être à la base de toute lutte scientifique contre les animaux prolifiques : les excellents résultats obtenus en Australie contre les Lapins nous fournissent à cet égard un exemple très net que nous ne devons pas oublier.

4° *Poursuite des recherches*

Le service qui a pour mission de coordonner les efforts des syndicats de défense ne doit jamais perdre de vue que toute application de méthode scientifique sur le terrain comporte des enseignements et doit en donner ; il ne faut donc jamais omettre de noter les remarques qu'on peut faire au cours des campagnes de lutte, c'est à ce prix seulement que pourront être faites des découvertes décisives pour la destruction des petits rongeurs. Les circonstances dans lesquelles se produisent les pullulations ont besoin d'être précisées ; nous avons bien noté que les hivers doux et les étés secs favorisaient la multiplication des petits rongeurs, tandis que les hivers rigoureux, et surtout ceux qui présentent des alternatives de gel et de dégel leur sont funestes, mais bien des points restent à éclaircir ; c'est la tâche de nos laboratoires, mais n'ou-

(1) Se basant notamment sur l'expérience de l'élevage, Jennison considère que la polygamie est une cause de multiplication. Dans une portée de Rats, il y a généralement deux fois plus de femelles que de mâles ; si donc par une sélection rigoureuse, on réduit le nombre des femelles (en les tuant), et si l'on accroît celui des mâles (en les relâchant) on arrivera petit à petit à un excès de mâles, qui pourra rendre la race monogame et peut-être la stériliser. (*Voir Revue Hist. nat. appl.* 1929. p. 320).

blions pas qu'elle leur sera d'autant plus facile qu'il leur sera donné plus de renseignements.

Conclusion

La lutte contre les petits rongeurs pour être efficace doit être méthodique, opportune et continue, elle doit viser les petites taches aussi bien que les pullulations, faire partie du programme général d'assainissement des campagnes et s'attacher à réduire l'espèce biologiquement : à ce prix seulement nous récupérerons les millions que ces redoutables ravageurs nous font perdre.

19e section

GÉOGRAPHIE

Président. . . . . M. Léonce JOLEAUD, Professeur à la Faculté des Sciences de Paris.

L. JOLEAUD

Professeur à la Sorbonne

LA RÉGION DE BEARIZ (GALICE CENTRALE)

La région de Beariz est située dans la Galice centrale, au voisinage de la route et de la future voie ferrée d'Orense à Pontevedra.

La contrée dans laquelle elle est située, comme d'ailleurs toute la Galice, est soumise à un climat maritime atlantique, caractérisé par l'extrême humidité de l'atmosphère, se traduisant par des brouillards et pluies persistantes pendant huit mois de l'année et plus : presque constamment alors brumes et nuages restent collés à la montagne.

Le point culminant des environs de Beariz atteint environ 860 mètres. Cet éperon montagneux, qui se rattache à des lignes de relief plus élevées situées vers le Nord, s'avance en direction du Sud, entre les rios Beariz et Magros, tributaires du rio Avia, lui-même affluent du Minho. D'une façon plus générale, le monte Balcobo et les sommets auxquels il se lie, font partie de la ligne de partage des eaux de l'Avia, la rivière de Ribadavia et de la Leire, la rivière de Pontevedra.

Le pays de Beariz compte une vingtaine de villages qui forment un groupe humain très isolé de ceux qui occupent les autres parties du canton de Carballino. Dans les vallons qui divergent du monte Balcobo, se trouve ainsi répartie une population assez dense, vivant de la culture en céréales de terres irriguables et de pacages plus ou moins riches où paissent un petit nombre de bovins. Ceux-ci sont par excellence l'animal domestique du pays, animal de transport, utilisé à la traction de chars très primitifs, rappelant tout à fait le char romain, bêtes de labour, de laiterie et finalement de boucherie. L'automobile, sous forme de moyens de transport en commun, tend à se substituer ici directement à ce mode de véhicule archaïque.

Les hauts de toute la contrée sont complètement incultes, occupés seulement par de maigres broussailles rabougries. De rares arbres subsistent en certains points, arrivant à former quelques boqueteaux de châtaigners, pins ou chênes (hariez, en basque signifie chêne). Malgré l'appauvrissement de la végétation spontanée d'assez nombreuses sources subsistent dans la montagne, alimentant les tributaires des rios ci-dessus nommés.

L'eau est, dans cette partie de la Galice, une véritable richesse agricole ; grâce à elle, les terres peuvent être mises en valeur. La propriété, extrêmement morcellée ici, consiste, en effet, essentiellement en surfaces irriguables, avec enclos de murs en pierres sèches. dans la construction desquels les habitants excellent. Tous possèdent de petits champs, plus ou moins proches de la maison qu'ils habitent et qui leur appartient également, comme les pittoresques greniers posés sur des blocs de granites taillés où ils entassent leurs grains, leurs épis de maïs et provisions diverses, à l'abri des déprédations des rats. A ce fractionnement de la propriété utilisable pour l'agriculture, fractionnement qui détermine un prix très élevé du terrain, s'oppose la valeur minime des étendues incultes qui font en général partie du domaine de l'Etat et peuvent être louées à un prix très réduit à l'administration des Forêts.

Les habitants de la région de Beariz se sont, de toute antiquité, occupés de l'extraction du minerai du monte Balcobo. Dès les temps protohistoriques, les Tartessiens de Cadix seraient venus chercher en Galice, à la faveur d'une navigation côtière atlantique, l'étain, dont ils ravitaillaient les Egéens, eux-mêmes sans doute pourvoyeurs des Egyptiens pharaoniques : un objet en or portant des hiéroglyphes aurait été trouvé à Beariz. Le gisement d'étain de cette localité, relativement proche de l'Océan, fut certainement des premiers à être travaillé dans ces contrées que certains croient avoir été les Cassitérites, si renommées dans l'antiquité.

Tartessiens et Egéens furent plus tard remplacés par les Phéniciens, puis les Carthaginois, avant que s'établisse ici la domination de Rome, dont le souvenir se serait perpétué dans la dénomination de « travaux romains » conservée localement en un point du monte Balcobo.

La tradition s'est maintenue constante depuis les temps les plus reculés jusqu'à nos jours. Le village le plus proche du monte Balcobo, Muradas, dont on a interprété le nom comme une déformation de Minadas, les mines, a toutes ses vieilles maisons installées sur le gîte même d'étain. L'hiver, lorsque les travaux des champs sont nécessairement délaissés, les habitants creusent sous leur demeure un puits ou une galerie, en enlèvent de l'alluvion, de l'éluvion ou de la pegmatite décomposée stannifère, livrent ce sédiment à la battée et extraient ainsi une grande partie de la cassitérite qui y est contenue : les femmes et les jeunes filles excellent plus spécialement dans ce travail et il n'est pas de maison de Murados où n'existent battée et pic de mineur.

Autrefois le champ de prospection de ces « aventureros » s'étendait de part et d'autre du rio Beariz, jusqu'en plein cœur du monte Balcobo. En nombre d'endroits donc, dans les 200 hectares de la concession, on trouve aujourd'hui des trous, œuvres de véritables troglodytes, des puits ou des galeries très irrégulières, souvent à pente très rapide, d'où a été extrait du minerai, lavé ensuite à la battée près de la source ou sur le bord du ruisseau au voisinage. Ces travaux individuels ont bouleversé la surface du gîte, mais aucun n'a été poussé bien loin et tous s'arrêtent évidemment avant d'atteindre le niveau hydrostatique.

Trois types de roches participent à la constitution géologique de la région de Beariz : des granites, des pegmatites, des schistes.

Les granites à mica noir occupent le pied ouest du Monte Balcobo et se développent largement sur le flanc sud de cette montagne.

Les pegmatites affleurent vers le centre de la concession, notamment auprès de la maison de la mine et plus au Sud-Est, en remontant la pente de la montagne, entre, d'une part, les granites de l'Ouest et du Sud de la concession, et, d'autre part, les schistes du Nord-Ouest et du Nord de son périmètre. Cette pegmatite renferme surtout du mica blanc, mais aussi accessoirement de la tourmaline et parfois aussi de la pyrite de fer.

Très généralement décomposées en surface et même sur une certaine épaisseur, d'après les quelques travaux déjà exécutés, les feldspaths de cette pegmatite donnent du kaolin plus ou moins fortement coloré en jaune par des sels de fer, mais parfois blanc et sans doute presque pur. La roche est donc très facile à abattre, tout au moins aux affleurements. De petits sondages permettraient de voir jusqu'à quelle profondeur il en est ainsi : mais il est très vraisemblable, d'après ce que l'on constate au fond des galeries existantes, que la roche décomposée se développe sur une épaisseur notable.

La zone d'affleurement des schistes, probablement d'âge précambrien, de la concession de Beariz, forme une bande orientée Ouest-Est, qui s'infléchit pour prendre un alignement Nord-Ouest-Sud-Est dans le Nord-Ouest, le Nord et le Nord-Est du périmètre, depuis le voisinage du rio Murados, en direction du sommet du monte Balcobo. En outre, des paquets de schistes se présentent épars dans la zone des pegmatites : les travaux effectués montrent que ces roches sédimentaires constituent des sortes de coins encastrés dans la masse éruptive. Enfin des schistes se développent également dans l'Ouest de la concession, à une certaine distance de la rive droite du rio Muradas, notamment au-dessus des villages de Muradas et de Beariz, dans la ligne de collines séparant le rio Muradas du rio Barcia.

Le granite du monte Balcobo constitue un véritable laccolithe, en forme de dôme, que les agents d'érosion ont entaillé et fait affleurer.

Autour du bombement granitique la pegmatite dessine une auréole, sans doute discontinue, mais aussi affectée de protubérances plus ou moins accusées. Schématiquement, on peut dire que la protogine se présente comme une calotte supérieure aux granites, calotte à laquelle se superpose, toujours d'après une vue synthétique approximative, la nappe des schistes.

Ceux-ci constituent, en quelque sorte, une seconde calotte, enveloppant le noyau granitique du monte Balcobo vers le Nord-Ouest et le Nord. Ils dessinent même un brusque reploiement vers l'Est en direction des sources du rio Muradas, par rapport au sommet de la montagne. Les schistes réapparaissent vers l'Ouest de la concession, toujours en couverture apparente des pegmatites.

La topographie actuelle, déterminant le modelé du monte Balcobo, a découpé les trois zones pétrographiques de ce relief, suivant une surface générale très différente de celles, fort irrégulières d'ailleurs, qui séparent les différents éléments pétrographies constitutifs de ce relief. L'intersection de la surface topographique et de chacune des surfaces de contact des granites et des pegmatites, des pegmatites et des schistes, varie en raison même de l'indépendance de développement de ces trois surfaces.

J. COULOUMA

1° DEUX OUEDS LANGUEDOCIENS : LIBRON ET CESSE

Bien que 800 kilomètres séparent nos deux pays, ils ont entre eux pourtant bien des ressemblances. Un rapide coup d'œil sur la campagne algérienne m'a rappelé beaucoup nos garrigues. N'ai-je pas retrouvé chez vous les cistes, les lavandes et les bruyères arborescentes ? La végétation du Tell se rapproche plus de la nôtre que la nôtre des plaines de Normandie.

Il en est de même pour le régime des pluies et le régime des eaux. Nous passons parfois six mois sans pluie ; en 1929 certains points de notre plaine n'ont pas reçu une goutte d'eau de janvier à septembre. Nos sources sont généralement alimentées par des pluies torrentielles en automne.

La proximité de la région montagneuse aux pentes abruptes d'une plaine basse et de la mer contribue à donner aux cours d'eaux une vitesse anormale et facilite l'érosion.

Je vous citerai aujourd'hui deux torrents qui portent tous deux le nom de rivière. Ils m'ont paru répondre aux caractères de vos oueds.

Le Libron naît au Sud de Bédarieux, près de Faugères, sur le penchant méridional des Avants Monts, prolongement de la montagne Noire dont l'altitude varie en ce point de 400 à 600 mètres.

La nature calcaire des roches du silurien ne donne sur ces pentes aucun ruissellement constant en temps normal. De maigres sources apparaissent avec le terrain schisteux ; elles se réunissent à Laurens et à Magalas pour former un petit cours d'eau qui va parcourir 45 kilomètres sans recevoir d'autres apports.

L'eau se maintient dans le Libron tant que son lit est creusé en terrain ancien ou dans les marnes tertiaires.

Mais quand il rencontre près de Béziers, à Boujan, les sables du diluvium pliocène, les eaux commencent à disparaître. Le cours d'eau finit même par tarir complètement durant six mois d'été sur les derniers vingt kilomètres de son cours. En temps de crue, il passe sur le canal du Midi par des canalisations de bois et de fer qui sont actionnées comme des écluses et se jette à la Méditerranée entre les embouchures de l'Hérault et de l'Orb.

Durant les pluies diluviennes d'automne ou à la suite de violents orages d'été, le Libron prend des proportions de fleuve. Mais ce volume d'eau lui vient tout à coup. Je vous citerai le cas d'un homme endormi sous le pont de la route nationale de Béziers à Pézénas. Surpris par une crue subite de l'Ardailhon, il fut emporté par les eaux et ne dut son salut qu'à un arbre sur lequel il monta. Demi-heure après il pouvait descendre dans le lit de l'Oued ; l'eau avait totalement disparu. Ces crues arrivent avec brusquerie et impétuosité. La masse d'eau avance avec une vitesse de 8 à 10 kilomètres à l'heure et sa hauteur à son point le plus avancé est au moins de deux mètres.

La crue de 1907 atteignit 6 mètres et celle de 1930 4 m. 50 au pont de la route de Pézenas. A cette date, les éclusiers des ouvrages du Libron sur le canal ont noté 2 m. 50 à 1 kilomètre de la mer.

De puissantes chaussées maintiennent ce torrent, mais elles sont parfois dépassées par les crues qui creusent alors un deuxième lit à travers les vignes. Du reste le lit lui-même s'ensable et augmente de niveau de sorte qu'il est parfois plus élevé que les terres qui l'entourent.

Nous attribuons ces crues rapides et dévastatrices à la pente du cours supérieur, à la direction rectiligne suivie par le Libron et enfin à l'imperméabilité en temps de pluies torrentielles des sables du diluvium.

Le deuxième oued dont je vais vous parler est de beaucoup le plus intéressant. La Cesse naît au Sud-Ouest de Saint-Pons presque au cœur de la montagne Noire, non loin de la forêt de Nore. Ses premiers ruissellements se forment à plus de 800 mètres d'altitude, mais sa source véritable sort non loin de Ferrals à 450 mètres. Elle a dans la première partie de son cours tous les caractères d'une rivière de montagne circulant dans des terrains d'abord granitiques, puis schisteux, elle se dirige du nord au sud. La rencontre d'un causse nummulitique la rejette vers l'est. Grossie du ruisseau de Valette, elle forme une rivière importante débitant 400 litres-seconde. Après 15 kilomètres de cours, elle entre dans une gorge étroite creusée dans le terrain nummulitique. Dans ce terrain calcaire, les eaux disparaissent brusquement à des profondeurs de 80 et de 100 mètres. Pendant 18 kilomètres, la Cesse va nous paraître durant huit mois de l'année un oued algérien. Pas une goutte d'eau en surface, des sables gris à perte de vue occupent un lit enserré entre deux falaises calcaires rayées de cannelures plus ou moins régulières, plus ou moins profondes qui représentent des différents niveaux d'érosion.

Les eaux pour n'être que temporaires travaillent singulièrement ces roches, elles ont même creusé des grottes formant tunnels où les eaux d'hiver s'engouffrent et qui en été sont le but de nombreux excursionnistes. Ces grottes, longues respectivement de 100 et de 150 mètres, sont très voisines de Minerve, pays célèbre par son histoire et son site : cette cité a été dans le passé l'enjeu des rivalités féodales. Durant les guerres des Albigeois, elle a été vaincue par la soif, mais non par les efforts de l'ennemi. Cette ancienne forteresse est bâtie sur un étroit promontoire formant presqu'île au confluent du Brian et de la Cesse. Les sables de notre rivière boivent les eaux de son affluent comme l'oued Mezy absorbe les rivières du Hoggar.

Au delà de Minerve, la Cesse reçoit encore d'autres affluents qui ont creusé comme elle des canons étroits et profonds dans le terrain nummulitique. Comme ils rencontrent le calcaire bien avant le confluent, leurs eaux disparaissent sans atteindre la Cesse. La végétation de cette région est pauvre et xérophyle ; elle contribue à donner au pays un aspect désertique. Il faut remonter les cours du Brian, de la Cessière et du rec d'Aymes pour rencontrer des îlots de verdure autour des sources et le long des béals qui la distribuent.

Parfois la vallée s'élargit, par exemple quand la Cesse pénètre dans l'éocène lacustre. La rivière alors est divaguante, elle étend ses couches de sable et de graviers à des distances considérables ; son lit mineur change à chaque inondation.

Au delà d'Agel, la Cesse rencontre un mur de calcaire rognacien recouvert d'argile qui nous vaut une curieuse revurgence de la rivière. Toute l'eau du bassin de la haute Cesse ne reparaît pourtant pas au moulin du Boulidou ; une partie descend avec le terrain nummulitique et sourd peut-être dans les grands fonds méditerranéens, une autre partie donne de l'eau à la plaine d'Olonzac. La Cesse est à nouveau une rivière permanente dans son cours inférieur.

Dirigée du nord-ouest au sud-est, elle passe au pied du pech de Bize et débouche dans une plaine de graviers, sorte de crau formée à l'époque préhistorique par les apports de la rivière.

La Cesse rejoint l'Aude à Sallèles par 8 mètres d'altitude après un cours de 50 kilomètres ; son bassin a une superficie de 25.000 hectares.

Ses crues sont terribles. De Minerve à Agel, il est dangereux de s'attarder dans le lit desséché de l'oued, car les eaux peuvent revenir brusquement. Il suffit d'un orage violent à Ferrals ou sur la Montagne Noire pour qu'une barre d'eau haute de 2 mètres parcoure le lit de graviers à la vitesse de 15 ilomètres à l'heure, « Un cheval au galop », disent les paysans.

Trois heures après, le torrent est de nouveau desséché ; une trace de limon jaune marque seulement le passage de la crue.

Les inondations les plus célèbres de la Cesse se sont produites le 8 septembre 1843 et le 12 septembre 1875. Les grandes pluies de 1907 n'eurent pas pour le bassin de notre rivière les conséquences fâcheuses que nous avons observées sur les versants de l'Hérault et de l'Orb, car par ses origines, la Cesse dépend davantage des vents océaniens.

Par contre, à cinquante ans de distance, dans la nuit du 12 septembre 1929, la Cesse a dévasté les vignes en bordure de ses rives. Elle atteignit brusquement la hauteur de 5 mètres à Agel et de 4 mètres à Bize ; dans un certain nombre de maisons de cette dernière localité, elle laissa une épaisse couche de limon ; la moitié du vieux Bize et le faubourg furent inondés. La crue du 2 mars 1930 fut moins importante ; inférieure d'un mètre à celle de septembre, elle causa cependant de graves ravages à Sallèles, village envahi par 2 mètres d'eau et sauvé par la rupture du canal de jonction ; cette catastrophe fut due beaucoup plus à la hauteur des eaux de l'Aude que de son affluent la Cesse.

Nous croyons qu'un reboisement systématique des hautes vallées de la Cesse, du Brian et de la Cessière atténueraient les ravages des crues mais ne les feraient pas disparaître car il n'est pas au pouvoir de l'homme de modifier la déclivité du sol, la nature des roches et le climat.

2° LES INONDATIONS DES 2 ET 3 MARS 1930

Une crue inoubliable vient de désoler le Languedoc et l'Aquitaine. Nous nous proposons d'en exposer les causes et l'évolution.

Les causes lointaines remontent à de nombreuses années ; elles sont le fait des hommes : je veux parler du déboisement systématique des sommets et des pentes de la Montagne Noire, du fait aussi que la culture de la vigne s'est partout généralisée laissant pendant l'hiver de très vastes espaces absolument nus, sans feuilles.

Au point de vue climatérique, nous avons subi depuis 1920-21 une longue période de sécheresse qui a eu son maximum de l'été 1928 au mois de septembre 1929.

L'hiver 1928-29 a été d'une sécheresse telle que beaucoup de villages étaient rationnés ou obligés de transporter l'eau sur des parcours de 10 à 15 kilomètres. Certains cours d'eau comme le Libron sont restés à sec plus d'un an. A cette longue période de sécheresse devait fatalement succéder une série de pluies torrentielles pour rétablir l'équilibre.

Causes déterminantes. — En septembre 1929, des pluies orageuses dévastèrent les bassins de la Cesse et de l'Ognon, deux affluents de l'Aude. Le bourg d'Olonzac fut submergé. Les autres cours d'eaux eurent des crues insignifiantes.

En novembre, de nouvelles pluies déterminèrent l'inondation des plaines de l'Hérault et de l'Aude. Nous signalons de nouvelles crues en décembre et en janvier.

Le 10 février, on nota la plus forte inondation de l'Aude qui atteignit 5 m. 40 à Carcassonne. Pendant ce temps notre rivière l'Orb avait cinq crues successives sans cependant sortir de ses rives.

Toutes les pluies qui enflaient démesurément nos rivières étaient précédées d'une semaine de vent violent soufflant du sud et rabattant les nuages sur nos montagnes. Normalement le vent marin souffle peu dans le Languedoc : 100 jours sur 365 environ. Nous tournons le dos à la mer à tous les points de vue. Depuis septembre au contraire, le vent du sud domine et le vent du nord ne se maintient pas plus de 48 heures.

Causes immédiates. — Vers le 20 février, une saute de vent correspondant à une baisse barométrique détermina une chute de neige très importante sur nos montagnes. On nota 0,80 centimètres au Larzac, 1 m. 20 sur l'Espinouse et 0,50 centimètres sur la Montagne Noire.

Le 26 février, le vent marin commença à souffler en tempête ; il ramollit la couche de neige, qu'une trombe d'eau le lendemain fondit en un clin d'œil. En certains points du bord oriental et méridional du Massif Central, il est tombé en un seul jour 800 millimètres. Nous avons noté 168 mm. le 1er mars au Bousquet d'Orb.

La catastrophe que je vais vous résumer provenait donc d'une fonte brusque de la neige par des pluies torrentielles que les terrains gorgés d'eau par les orages précédents ne pouvaient absorber. Il faut ajouter que dans le bassin océanien les nuages venus du sud-sud-ouest déversaient des quantités d'eau sur les basses vallées du Tarn et de l'Aveyron.

L'averse a progressé du sud au nord ; les cours d'eau méditerranéens se sont gonflés surtout dans la nuit du 1er au 2 mars, dans la soirée du 2 le tour est venu pour l'Agout, le Tarn et le Lot. Le matin du 2 une recrudescence de la pluie a frappé l'Orb, puis le 3 une reprise d'averse s'est produite sur la Montagne Noire et sur l'Aude.

L'évolution de la crue. — Parmi les rivières languedociennes, l'Orb seule a atteint le maximum que l'on ait jamais observé.

Le 1er mars, malgré la largeur de son lit, notre petit fleuve côtier atteignait dans la ville de Bédarieux la cote de 4 mètres 70 à 4 heures du matin. Par contre, son affluent le Jaur dont le confluent se trouve 20 k. en aval avait son maximum de 2 m. 50 à Olargues à 10 heures le même jour. 45 kilomètres plus loin, le Vernazobres lui apportait une crue de 3 mètres à 11 heures, mais l'Orb à Bédarieux comme le Jaur à Olargues se maintinrent plus de 6 heures au même niveau, fait rare dans les annales du pays.

Béziers situé à 70 kilomètres en aval reçut la crue plus tard. A 16 heures on notait 0,80, à 22 heures 2 m. 50, à minuit 3 m. 40.

Le 2 mars l'ingénieur du canal notait au Pont Rouge : 3 m. 75 à une heure et 4 m. 42 à 4 heures du matin. Une décrue se produisit à 18 heures parce que le vent tourna au Nord et que la mer assez voisine de Béziers permit l'écoulement des eaux. A 20 heures on notait 3 m. 20.

Le lundi 3 mars, une nouvelle reprise de la crue fut constatée de 3 m. 50 à 6 heures elle monta à 3 m. 90 dans l'après-midi à 14 heures.

Le maximum noté immédiatement en amont de Béziers fut plus élevé parce que notre Pont Vieux constitua pendant plusieurs heures un barrage solide aux arches fermées. Il fut ainsi enregistré 7 m. 25 au moulin Cordier, et 6 m. 82 à Carlet.

Au plus fort de la crue, notre cours d'eau roulait au minimum 2 millions litres-seconde avec une vitesse de 4 mètres à la seconde. Les cotes observées depuis un siècle au Pont Rouge sont toutes inférieures à celles notées en 1930. 1825 et 1856 ont atteint 4 m. 25

1850 et 1907 ont vu seulement 4 m. 15 et 4 m. 20. Le lit majeur pouvait avoir 1.500 à 2.000 mètres.

Béziers a eu de très gros dégâts mais les immeubles du faubourg solidement bâtis ont résisté à la poussée des eaux pourtant hautes de 3 à 4 mètres.

Au même moment le fleuve côtier qui a donné son nom au département de l'Hérault inondait Agde et atteignait 3 m. 60. Le petit oued Libron cotait 3 m. 50 à la route de Pézénas. Ces niveaux étaient nettement inférieurs à ceux observés en 1907.

L'Aude eut son maximum à Carcassonne le 3 mars à 10 heures 30 où il fut noté la cote de 4 mètres, nettement inférieure à la crue du 10 février.

En aval, un de ses petits affluents l'Orbeil descendant de la Montagne Noire atteignait une hauteur prodigieuse, mais la Cesse et l'Ognon eurent des crues heureusement plus faibles qu'en septembre parce qu'il ne plut pas sur une partie de leur bassin près de la ligne de faîte.

A la suite de la rupture des digues, les anciens étangs que les apports de l'Aude ont presque comblés depuis des siècles furent envahis par les eaux et un immense lac long de plus de 15 kilomètres et large de 4 à 5 s'étendit de Capestang à Narbonne. Malgré cette grande superficie, l'Aude atteignit encore 4 m. 75 à Coursan.

Pourquoi l'Orb fut-il le seul cours d'eau méditerranéen qui dépassa le plus haut niveau connu ? Nous l'attribuons au vent du sud qui jetait de face les averses sur les pentes abruptes de l'Espinouze, et qui d'autre part dans la plaine maritime, maintenait les eaux que la mer ne recevait pas. La pluie torrentielle a été générale sur tout le haut bassin pendant plus de 24 heures. Enfin le massif du Caroux couvert de neige s'écoule entièrement dans le versant de notre rivière.

Versants du Tarn. — Pendant ce temps, une longue tragédie se déroulait sur le versant aquitain. La crue du Tarn prenait des proportions de catastrophe.

Les trois principaux collecteurs du haut bassin de cette rivière atteignaient des niveaux très élevés. L'Aveyron cotait 8 m. 60 le 3 à 6 heures à Varen en aval du confluent avec le Viaur.

A Milhau, le Tarn lui-même cotait 6 m. 80 de hauteur le 2 mars à minuit. Ce niveau a été souvent dépassé ; par contre, en aval, les rivières rouges descendant de l'Espinouze et du plateau de Saint-Affrique, Dourdou et Rancé, atteignaient des niveaux prodigieux et firent monter le Tarn à Albi à 9 m. 10 durant la soirée du 3.

Le long de l'Agout, la catastrophe prit des proportions plus fortes encore. Le 3 mars on nota 7 m. à Castres et 13 mètres à Lavaur. Près du confluent l'Agout est venu broyer un pont suspendu à 22 mètres au-dessus de l'étiage. De nombreuses maisons furent abattues par les flots.

En aval de Saint-Sulpice, le Tarn grossi de l'Agout prit des proportions formidables rappelant le déluge. mais jusqu'à Villeneuve des berges protégèrent les agglomérations. Au delà de Villeneuve, ce fut le désastre. Le 2 mars, à Montauban, le Tarn atteint 4 mètres, le soir à 6 heures on note 6 mètres, à minuit, haut de 8 mètres, il envahit la ville. Le 3 mars, il dépasse toutes les cotes connues avec une hauteur de 11 mètres 45, et les eaux se sont maintenues pendant vingt-quatre heures au-dessus de 11 mètres alors que le maximum connu était de 8 mètres.

En aval, le débit du Tarn fut porté à 8.000 mètres cubes par le confluent de l'Aveyron ; la ville de Moissac, envahie à la suite de la rupture des digues, vit la moitié de ses maisons de briques disparaître dans les flots.

La Garonne dont le niveau atteignait 3 mètres à Toulouse fut quintuplé par son affluent le Tarn. On notait en effet le 2 mars à Agen 3 m. 52 ; le 3, 6 mètres et le 4 à 19 heures 10 mètres 86. Toute la ville fut envahie par les eaux durant une nuit d'épouvante ; heureusement les maisons solidement bâties résistèrent.

Telle fut l'évolution de la crue. Elle a causé la mort de 250 personnes, démoli des milliers de maisons et causé un milliard de dégâts.

Remèdes. — Le Professeur Fahaut conseille avec raison le reboisement des crêtes, de plus en plus déboisées ; la forêt maintiendrait l'humidité, fixerait le sol et absorberait une petite partie des averses. Nous croyons cependant qu'elle serait impuissante contre des pluies torrentielles de 100 à 150 mètres par jour s'abattant sur un sol couvert de neige. Du reste nous ne pouvons boiser qu'une petite partie d'un bassin.

Il me semble que des barrages puissants et très élevés établis dans la région montagneuse des cours d'eau pourraient créer avec succès des lacs compensateurs qui renfermeraient au besoin un milliard de mètres cubes. Ces lacs seraient remplis par les crues. Les digues de défense par contre me paraissent moins efficaces et plus dangereuses.

Pour éviter de pareilles catastrophes, il nous faut je crois user de plusieurs méthodes de protection, procéder au reboisement des sommets et créer dans la vallée des lacs de barrage. Nous devons aussi rendre plus efficaces les services d'avertissement aux riverains et subventionner plus largement les services hydrométriques.

20e section

ÉCONOMIE POLITIQUE ET STATISTIQUE

Président. . . . . M. M. Gaffiot, Professeur à la Faculté de Droit d'Alger.

Secrétaire. . . . . M. L. Delmas.

M. ANDRÉ

Directeur des Douanes de l'Algérie.

CONTRIBUTION, AU POINT DE VUE COMMERCIAL ET DOUANIER, A L'ÉTUDE DES ASPECTS CONTEMPORAINS DES RELATIONS ÉCONOMIQUES INTERNATIONALES.

Pour éviter tout historique, même succinct, qui aurait pour conséquence d'allonger une communication qui doit demeurer brève et en vue de présenter, dès lors, sous une forme schématique, l'aspect au point de vue commercial et douanier du Monde en 1914, nous indiquerons simplement qu'à la veille du conflit, deux pays : l'Angleterre et les Pays-Bas, étaient demeurés fidèles au libre-échange ; que deux nations : les Etats-Unis et la Russie, avaient adopté des tarifs douaniers extrêmement élevés et quelquefois même prohibitifs. Les autres puissances vivaient sous un régime de protection plus ou moins accentuée et le pourcentage du tarif minimum français n'atteignait pas, dans l'ensemble, 12 % de la valeur des produits importés.

La guerre rompit brutalement cet équilibre : interdiction de commercer avec les pays ennemis ; application des dispositions relatives à la contrebande de guerre ; le blocus des Nations de l'Europe Centrale devenu une arme de guerre particulièrement efficace ; le rationnement des Neutres voisins des empires germaniques et austro-hongrois ; la prohibition d'exportation des produits indispensables à l'alimentation ou nécessaires aux armées et la suppression des droits d'entrée sur ces mêmes articles, telles furent les principales mesures de circonstance qu'adoptèrent la France et ses Alliés pour assurer à ce que l'on convint d'appeler « la guerre économique » son maximum d'efficacité.

Mais ces mesures de circonstance ne pouvaient se justifier que par l'état de guerre ; déjà, au cours du conflit, des Conférences interalliées avaient essayé de jeter les bases d'un régime économique d'après-guerre. Les suggestions émises et examinées portaient évidemment la marque des conditions et des sentiments de l'heure. Qu'il suffise de rappeler à cet égard que, dès 1916, un plan avait été projeté entre les Alliés pour faire, la guerre achevée, une politique de répartition des matières premières tendant à rationner les ex-ennemis et à limiter le développement industriel de l'Allemagne que l'on prévoyait, dès ce moment, devoir contribuer au relèvement des régions dévastées et trouver, dans ce débouché, le stimulant prodigieux d'une activité renouvelée.

Puis, la guerre terminée, on assista à un réveil exacerbé des nationalismes industriels et le protectionnisme sous des formes différentes et parfois inattendues, fut plus que jamais en honneur ; c'est l'époque où l'Angleterre pratique des prix différentiels pour les charbons et pour la laine, avantageant ainsi considérablement son industrie sans toucher au régime douanier, par le seul handicap infligé aux approvisionnements de ses alliés de la veille ; c'est l'époque aussi où le libre-échange traditionnel de la Grande-Bretagne fléchit en faveur des industries-clés et où s'opère, à la faveur du régime de préférence impériale, un regroupement de l'Empire britannique.

Par ailleurs, la situation politique européenne résultant de la désagrégation de l'Empire austro-hongrois et le déséquilibre qui en résulte, incitent les rédacteurs du traité de Saint-Germain à prévoir dans la fixation des clauses économiques faisant l'objet de la Partie X, une sorte de maintien de l'ancienne union douanière entre les Etats successeurs de l'ancienne monarchie danubienne.

Enfin, nous relevons dans l'article 23, paragraphe *e*) du Pacte de la Société des Nations, un engagement visant un « équitable traitement du Commerce de tous les membres de la Société », qui contient en germe l'invitation de 1929 à la trêve douanière.

Les Conventions commerciales ont été rompues par la guerre ou dénoncées par les contractants, les ruines et les destructions se sont amoncelées dans le domaine économique comme sur le terrain des combats. A ce moment, une thèse prend corps non seulement en France, mais dans de nombreux pays, sorte de repliement des peuples sur eux-mêmes : plus de clause de la Nation la plus favorisée ; des avantages tarifaires accordés contre paiement équivalent par le pays cocontractant ; application rigoureuse du do ut des. Cette formule s'affirme avec netteté dans la loi française du 29 juillet 1919 qui autorise le Gouvernement à négocier avec les pays étrangers la concession des réductions de droits sur le tarif général, calculées en pourcentages sur l'écart entre le tarif général et le tarif minimum, et qui aboutit, en fait, à créer par suite de l'abrogation de la clause de la nation la plus favorisée, autant de tarifs différents qu'il est conclu de Conventions avec des pays étrangers.

Comme, d'autre part, le déséquilibre des changes et la baisse de notre devise nous créent de sérieuses difficultés sur le marché mondial, nous entrons dans l'ère des prohibitions à l'entrée de certains produits fabriqués, qui tendent à restreindre nos achats au dehors et par suite nos dettes, et dans celle de la prohibition d'exportation de nos matières premières, qui tend à réserver à notre industrie les éléments essentiels de ses fabrications, à empêcher notre pays, suivant l'expression alors employée, « de se vider de sa substance ». C'est l'époque des coefficients de majoration des droits de douane adoptés par les Nations à change déprécié à l'effet de rétablir l'incidence des tarifs rompus par la baisse de leur devise, pendant que les pays à signe monétaire surclassé exigent le paiement des droits en or, pour se prémunir contre l'invasion des produits obtenus chez les Etats à devise faible et limiter ainsi un chômage qui les inquiète. Nous assistons, parallèlement, à une poussée protectionniste de la part des peuples qui, meurés neutres dans la conflagration, ont vu éclore sur leur territoire des industries factices créées par la guerre et qui n'entendent pas les sacrifier au fur et à mesure que les conditions normales de la production et des échanges se rétablissent.

Une telle situation tend cependant, peu à peu, à se modifier, à se simplifier — on serait tenté d'écrire, à se clarifier — remise en état es finances publiques dans les divers pays, stabilisation monétaire, retour dans la pratique à la clause de la Nation la plus favorisée consacré dans la Convention franco-allemande du 17 août 1927. Bref, par tapes successives, les relations économiques internationales tendent à revenir — suivant le rythme traditionnel et l'instinct de simplification des hommes soustraits aux crises violentes — à la modération qui 'tait la caractéristique de l'époque heureuse d'avant-guerre. Epoque eureuse, mais dont on n'appréciait pas les avantages qui, par l'effet e l'accoutumance, paraissaient ne pouvoir être réduits et encore moins disparaître. M. Keynes ne souligne-t-il pas qu'un habitant de ndres pouvait, en dégustant son thé du matin, commander par téléphone les produits variés de toute la terre en telle quantité qui lui nvenait et s'attendre à les voir bientôt déposés à sa porte..., il pouait envoyer son domestique à la banque voisine s'approvisionner 'autant de métal précieux qu'il lui convenait et partir alors sans passport ni formalité dans les contrées étrangères, sans rien connaître e leur religion, de leur langue ou de leurs mœurs, portant sur lui e la richesse monnayée. Et cet honorable Londonien aurait été fort urpris et se serait considéré comme grandement offensé du moindre bstacle qui lui eût été opposé.

C'est donc cette facilité antérieure des relations économiques de tous ordres que le Monde s'efforce à nouveau de réaliser, à mesure que l'équilibre péniblement retrouvé s'affirme et se consolide. Mais de la guerre, il est reste, peut-on dire, une crainte et une tendance : crainte du retour d'un semblable conflit et des horreurs sans nombre qui l'ont accompagné ; tendance vers l'action individuelle ou corporative se juxtaposant et quelquefois même se substituant à celle de l'Etat.

Ce sentiment et ce penchant conditionnent, semble-t-il, la situation économique du Monde actuel et déterminent la voie dans laquelle s'oriente son développement. La crainte du retour d'un conflit armé conduit les peuples à rendre plus effective et plus étroite l'interdépendance économique, à éviter avec soin les causes de rivalités économiques susceptibles de dégénérer en conflits politiques et nous voyons ainsi surgir et s'affirmer des idées d'ententes, d'unions, qui, sous l'égide de la Société des Nations, affectent le caractère d'un essai de trêve douanière et, pour des précurseurs, présagent même dans un avenir encore incertain, une sorte de Zollverein européen. Le goût de l'action individuelle ou corporative se traduit par les ententes internationales de producteurs, les trusts, les comptoirs, les consortiums et les cartels qui s'établissent, se nouent par dessus les frontières, dominant et quelquefois annihilant l'incidence des tarifs douaniers auxquels les Etats attribuaient naguère un caractère de puissance souveraine et définitive dans le domaine des échanges extérieurs.

Ces deux caractéristiques de l'activité mondiale contemporaine, qu'il nous a paru intéressant de mettre en évidence, ne sont pas la manifestation inconsciente d'un simple concours de circonstances ; elles traduisent sous les formes variées des Unions douanières, des concentrations industrielles et des cartels commerciaux, le désir profond de stabilité et de paix qui apparaît comme la marque dominante de la pensée humaine de notre époque.

G. BLONDEL

Professeur à l'Ecole des sciences politiques,
Président de la Société des Etudes historiques,
Membre du Comité des Travaux scientifiques au Ministère de l'Instruction publique.

LES ASPECTS ACTUELS DES RELATIONS ÉCONOMIQUES INTERNATIONALES

Lorsqu'on envisage dans leur ensemble les efforts qui sont faits de tous côtés pour organiser le monde, on a le sentiment qu'à la terrible guerre qui a déterminé de si grands changements dans l'ordre politique a succédé une formidable bataille économique que n'interrompra aucun armistice et qui place tous les gouvernements en présence de grandes difficultés. La création d'une dizaine d'Etats, séparés les uns des autres par plus de 20.000 km. de frontières, a posé des problèmes nouveaux.

L'attention s'est portée tout d'abord vers le problème de la production. Une partie des usines affectées, avant la guerre, à la fabrication de produits de paix ont servi, pendant plus de 4 ans, à confectionner quantité de choses destinées à la guerre. Quand celle-ci eut pris fin, on s'est préoccupé de reprendre l'œuvre qui avait été interrompue. On s'est imaginé qu'il y aurait tant de besoins à satisfaire qu'on pourrait se lancer sans crainte dans une production à outrance. On a beaucoup travaillé, mais on a travaillé en ordre dispersé. On n'a pas suffisamment remarqué que ceux qui n'avaient pas pris part à la lutte en avaient profité pour accroître leur production, ce qui devait nécessairement rendre moins facile, chez les belligérants, la réadaptation à des fabrications de paix.

On parlait avec raison au mois de novembre 1918 de *sous-production*. Nous sommes aujourd'hui en présence d'une surproduction. La consommation a sans doute augmenté, car les besoins ont grandi, mais tant de gens ont été appauvris qu'ils n'ont pu acheter autant qu'ils l'auraient voulu. La reprise de la vie économique s'est faite d'une façon irrégulière.

Le professeur Gini, de l'Université de Padoue, avait un jour proposé la création d'un *Office international des matières premières* qui aurait eu pour but de contrôler toutes celles qui étaient produites dans le monde et de les répartir. L'Angleterre et l'Amérique ont vu cette proposition de mauvais œil. L'Angleterre a, d'autre part, interprété à sa manière l'art. 23 du pacte de la Société des Nations, article qui tendait à internationaliser la politique commerciale en l'unifiant sur le principe de la liberté. L'art. 23 demandait un traitement *équitable* du commerce entre tous les membres de la Société ; les Anglais prétendirent que traitement équitable, cela voulait dire traitement *égal*, mais l'égalité de droits en matière de relations commerciales n'est pas l'équité. Que d'inégalités entre les différents pays ! N'y en a-t-il pas qui ont été très éprouvés par la guerre, pendant que d'autres en ont profité ?

Le rétablissement de la vie économique a été rendu plus difficile par le vent de protectionnisme qui a soufflé presque partout. Le protectionnisme n'a pas seulement contribué à entretenir des défiances fâcheuses entre les nations ; il les a empêchées de comprendre l'importance du fait qu'on a justement appelé l'*interdépendance des peuples*.

La Société des Nations qui s'était d'abord contentée d'étudier les problèmes proprement politiques n'a pas tardé à comprendre qu'il fallait aussi étudier les moyens les plus efficaces pour améliorer les rapports commerciaux entre les peuples. C'est ainsi qu'au mois de novembre 1926, 34 Etats se sont engagés à supprimer, dans un délai de 6 mois, toutes les prohibitions et restrictions, sous réserve de quelques dérogations dont on a d'ailleurs largement usé. Mais on n'a pas réussi depuis cette époque à arrêter le courant de la protection. L'opinion publique, dont il faut bien tenir compte dans le temps de démocratie où nous vivons, ne s'enthousiasme pas à la perspective de trop étroites solidarités. Il nous faudra encore quelques années, m'a-t-on dit souvent au cours de mes enquêtes, pour que nous puissions organiser, dans les cadres qui ont été tracés par les traités, un équilibre pleinement satisfaisant. Et le protectionnisme a été favorisé par les chômages qui ont pris dans certains pays d'inquiétantes proportions. Les gouvernements considèrent comme une de leurs tâches fondamentales le maintien de toutes les industries possibles, ce qui leur paraît comporter de toute nécessité certaines mesures de protection.

Tous les gouvernements ont en outre de grands besoins d'argent. Tous ont beaucoup de peine à équilibrer leurs budgets et les droits de douane suscitent moins de protestations que les impôts directs. On croit volontiers qu'ils sont supportés dans une large mesure par les producteurs étrangers.

Les difficultés de l'heure présente ont engendré peu à peu un sentiment analogue à celui qui s'était développé jadis sous l'influence des théories mercantiles. Et il ne faut pas oublier que l'Europe est privée d'une partie des revenus que lui donnaient les nombreux placements qu'elle avait faits à l'étranger. Ces revenus comblaient le déficit de sa balance commerciale ; la situation est aujourd'hui renversée.

Les tendances protectionnistes paraissent en somme trop fortes aujourd'hui pour qu'on puisse espérer que par la multiplication de certaines ententes internationales, on arrive vite à d'heureux résultats. Les cartels internationaux, à condition d'être soumis à des contrôles qui les empêchent de s'orienter vers une majoration exagérée des prix, apparaissent cependant comme l'un des meilleurs moyens de parvenir à des rapprochements féconds. Ils ont déjà eu de bons effets dans les domaines où on a pu les faire fonctionner. Ils permettent de tenir compte de ce fait que les différents Etats travaillent tous dans des conditions différentes. Et comme il est probable que tous chercheront encore pendant un certain temps, à compenser par des droits de douane certaines infériorités économiques, il faut au moins recourir aux combinaisons les plus propres à orienter les esprits vers une conception *internationale* de la vie économique contemporaine. Mais il faut nous dire que bien des tâtonnements seront encore nécessaires pour que chacun des Etats de la nouvelle Europe arrive à la situation à laquelle il est en droit de prétendre.

Mlle Lucienne BONNET
Docteur en Droit.

L'ARTISANAT ET LA MAIN D'ŒUVRE INDIGÈNE EN ALGÉRIE

La question de l'Artisanat présente, en Algérie, un intérêt actuel évident en ce qui concerne l'utilisation plus grande de la main-d'œuvre musulmane.

La population indigène constitue, pour notre Colonie, une force économique qui s'est considérablement accrue depuis la conquête, passant de 1.800.000 à près de 6 millions.

Aussi les Pouvoirs publics, estimant la précieuse contribution qu'elle pouvait apporter au développement économique de l'Algérie, se sont préoccupés, de bonne heure, de sa formation professionnelle. Tout un enseignement a été organisé, qui donne des résultats très satisfaisants.

Cependant, une grande partie de la main-d'œuvre est encore inemployée, particulièrement dans la population féminine. En effet, acquérir des connaissances techniques ne suffit pas, il faut pouvoir les utiliser et cet enseignement professionnel n'est pas adapté pour assurer, en fin d'apprentissage, aux ouvriers formés, du travail et des moyens de travail.

Or, le problème du placement de la main-d'œuvre prend, dans notre colonie, un aspect spécial du fait que la population indigène est restée fidèlement attachée à ses mœurs.

Il se pose d'une façon plus impérieuse pour les femmes que pour les hommes. Ceux-ci, en effet, peuvent accepter, sans déroger aux coutumes, les multiples emplois offerts à leur activité.

Les femmes, au contraire, sont tenues à demeure au foyer : elles ont difficilement la ressource d'offrir leurs services et de trouver dans des organisations industrielles encore peu nombreuses l'emploi des connaissances acquises.

Pour occuper cette main-d'œuvre inactive, il faut donc la mettre à même de travailler chez elle, pour son propre compte. De plus, il y a là un moyen efficace d'améliorer la situation matérielle, souvent lamentable, des indigènes.

On comprend, dès lors, l'importance que peut prendre l'Artisanat dans ce milieu.

Mais l'exercice d'un métier à domicile comporte l'achat d'outillage et de matières premières et, dans l'immense majorité des cas, les femmes se voient interdire la possibilité de travailler dans leur intérieur, parce qu'elles ne disposent pas d'un capital même modeste de premier établissement. Quant à celles qui en possèdent, actuellement, il leur est à peu près impossible d'assurer la vente régulière des produits de leur travail sans être pressurées par des intermédiaires.

Ces difficultés, auxquelles devait se heurter le développement de l'Artisanat, notre gouvernement s'est donné à cœur de les surmonter pour le plus grand bien des indigènes et de la Colonie toute entière.

Dès novembre 1925, « La Maison de l'Artisanat » fut créée, ayant pour but essentiel : « de faciliter, encourager et intensifier le travail de la femme indigène ».

Afin de coordonner les efforts entrepris pour le développement de la main-d'œuvre ouvrière et la constitution de corps d'artisans, cette institution fut rattachée, deux ans plus tard, au service de l'Artisanat, spécialement créé à cet effet par M. le gouverneur général Bordes.

Par un arrêté gouvernemental, en date du 18 novembre 1929, ce service a acquis une complète autonomie dans le cadre de l'Administration algérienne.

En matière d'artisanat, les manifestations essentielles de son activité se rattachent : d'une part, aux centres d'éducation professionnelle (hommes) ; d'autre part, à la Maison de l'Artisanat (femmes).

1. L'action de la Maison de l'Artisanat s'exerce en faveur de la femme indigène. Elle vise à mettre à sa portée les moyens propres à lui

permettre d'exercer chez elle un métier manuel, pour en faire un artisan.

Pour cela, il faut : lui fournir l'outillage nécessaire, en lui en facilitant l'accession en toute propriété ; lui faire l'avance des matières premières indispensables à la confection de ces ouvrages ; guider ses travaux ; enfin, lui assurer la vente régulière des produits de son industrie.

Telle est, avec ses modalités essentielles d'intervention, la tâche impartie à la Maison de l'Artisanat.

Pour réaliser cette tâche, cette institution forme au point de vue professionnel le personnel chargé d'enseigner aux femmes indigènes la technique d'un métier.

Elle installe, dans des régions appropriées de l'Algérie où existe une main-d'œuvre féminine nombreuse et généralement inemployée, des centres de travail (les ateliers-ouvroirs) où les femmes indigènes sont initiées à la pratique d'un métier, au cours d'un apprentissage d'une durée de deux ans, à l'issue duquel elles reçoivent les moyens de travailler à domicile, sous le contrôle et avec l'aide de l'atelier-ouvroir.

Chaque centre crée ainsi, de proche en proche, des petits ateliers d'artisans dont l'ensemble, sous sa tutelle, forme, dans la région considérée, autant de noyaux industriels susceptibles d'un développement continu.

Enfin, cette institution assure l'écoulement dans le commerce des produits de l'Artisanat, en servant d'intermédiaire bénévole entre les artisans qu'elle forme et les acheteurs de leurs produits.

L'organisation de la Maison de l'Artisanat répond aux différentes manifestations de son activité.

A Alger, ses ateliers annexes (filage, tissage, tapis, broderies) lui permettent, tout en poursuivant la formation d'une main-d'œuvre locale, de donner aux futures maîtresses ouvrières l'instruction théorique et surtout pratique qui doit les mettre à même d'assurer la direction d'ateliers-ouvroirs.

En province, la création de centres de travail permet d'atteindre un nombre de plus en plus important de femmes et filles indigènes en leur fournissant les moyens de travail nécessaires.

De plus, les nouveaux locaux de l'Artisanat (rue Marengo) comprennent une vaste salle d'exposition où un échantillonnage, aussi complet que possible, de la production artisanale sera réuni et offert en permanence à l'appréciation du public et de la clientèle.

On peut espérer qu'ultérieurement, le rôle de la Maison de l'Artisanat ne consistera plus qu'à prendre les commandes passées par les acheteurs, à les répartir entre les artisans et à veiller à leur exécution régulière.

Enfin, elle prévoit que lorsqu'elle aura mis en rapport direct les acheteurs avec les artisans, un courant commercial normal sera établi entre l'offre et la demande pour le plus grand bien du développement économique de l'Algérie.

En ce qui concerne la population masculine, les centres d'Education professionnelle, créés dès 1921, s'occupent à la fois de paysannat et d'artisanat.

« Ce sont des foyers de vulgarisation ayant pour objet :

« 1. de propager parmi les fellahs et les artisans indigènes nos mé-
« thodes de culture et nos procédés de travail les plus simples et les
« plus rationnels ;

« 2. de fournir les moyens de culture et de travail qui permettent
« de tirer parti de ces connaissances. »

Ces centres sont placés sous le contrôle de l'Administrateur de la Commune Mixte. Ils comprennent en général une section agricole et plusieurs sections industrielles.

Des chefs de culture et des maîtres ouvriers sont chargés de l'enseignement.

Les sections industrielles qui s'occupent spécialement d'artisanat sont orientées vers la formation non pas d'ouvriers très perfectionnés dans leur art, mais de « petits artisans de campagne » susceptibles de fournir un travail sérieux et de suppléer dans les douars éloignés une main-d'œuvre qui devient de plus en plus rare.

Les indigènes qui les fréquentent reçoivent un enseignement exclusivement pratique qui leur permet à l'issue d'un apprentissage d'une durée de 2 à 3 ans de pouvoir exercer un des métiers manuels suivants : menuisier, maçon céramiste, forgeron, charron, bourrelier, vannier...

On compte actuellement 25 centres d'éducation professionnelle, dont 8 dans le département d'Alger, 13 dans celui de Constantine et 4 dans celui d'Oran.

Ces 25 centres comprennent 13 sections agricoles, 2 sections arboricoles et 60 sections industrielles.

C'est là un résultat appréciable et qu'il convient d'encourager. Notre pays a tout intérêt à s'efforcer de retenir l'indigène sur son sol natal en améliorant son sort, en lui donnant le goût du travail et les moyens de l'effectuer, tout en développant les petites industries dans lesquelles il excelle.

Il y a là une possibilité d'enrayer l'exode croissant et non sans danger des travailleurs indigènes vers la France.

C'est d'ailleurs l'un des buts que vise l'Administration algérienne en cherchant à créer le paysannat indigène et en développant méthodiquement l'Artisanat.

L'œuvre récemment entreprise est susceptible d'un développement continu par l'extension des centres de travail. Tout en contribuant à l'essor économique de l'Algérie, elle se poursuit pour le plus grand bien des populations musulmanes que notre gouvernement protège.

G.-H. BOUSQUET
Chargé de cours d'Economie politique à la Faculté de Droit d'Alger,
Avocat à la Cour d'appel d'Alger.

OBSERVATIONS SUR LA THÉORIE DES BESOINS

La notion de besoin est à la base de la science économique. Les besoins ont fait l'objet de divers travaux concernant soit leur nature psychologique, soit leur classification. Les résultats acquis paraissent pourtant plutôt maigres et surtout peu utilisables pour la science économique.

Celle-ci en effet est avant tout une science sociale, et c'est sous cet aspect qu'il faut envisager les besoins de l'homme.

Négligeons donc et la base psychologique des besoins et leur classification pour un autre problème : quels caractères revêtent-ils par rapport à la Société prise dans son ensemble ?

Si, au point de vue biologique, leur satisfaction a évidemment pour résultat d'entretenir l'existence globale des membres de la Société, ce serait une erreur grave pourtant de voir avant tout dans ces besoins individuels l'expression de nécessités biologiques. Sans doute, l'origine de ces besoins se trouve dans les dites nécessités, mais aujourd'hui l'immense majorité des besoins n'y prennent plus leur source. La chose est à noter, car elle peut servir à priori de réfutation à des théories comme la loi d'airain. Ce qui constitue le minimum physiologique est si peu de chose que la science économique ne saurait s'y intéresser. Les besoins, en ce sens ne sont pas naturels, ils sont artificiels.

D'Avenel écrit (*Nivellement des Jouissances*) : « Ce qui en soit n'est pas naturel. c'est ce que nous nommons nos besoins. Ceux qui nous paraissent de première nécessité sont tous artificiels, la plupart étaient inconnus jadis et le sont encore sur les 3/4 du globe, où les habitants sont demeurés plus près de la nature. Nous trouvons « naturel » d'avoir des assiettes, des bas et des souliers et de voyager dans un pays sillonné de routes. Nous avons tort, ce sont des inventions très extraordinaires. »

L'auteur de ces lignes a visité, dans l'Oasis de Ouargla où vit une population des plus misérables, des intérieurs indigènes dénués de tout meuble et dont les habitants paraissaient vivre d'une vie purement animale. Pourtant cette population se ruine à boire du thé, besoin tout nouveau et artificiel qui vient faire concurrence chez eux aux besoins les plus naturels de la vie humaine.

La psychologie individuelle peut-elle expliquer, à défaut de la biologie, l'existence des besoins tels que chaque homme les ressent : à prmière vue, on pourrait juger qu'il en est ainsi : les goûts individuels sont très variables. Le psychologie individuelle intervient donc parfois, mais dans une mesure restreinte. Si l'on élimine ces différences individuelles des goûts dans une société donnée, il n'en reste pas moins un très large substrat des besoins communs, parmi lesquels les besoins purement biologiques jouent un rôle secondaire. Par quoi expliquer ainsi le système des besoins qui règne en maître dans une société donnée ? Par la sociologie. Le système des besoins est avant tout quelque chose de social, qui s'appuie sur un fondement biologique extrêmement étroit et autour duquel oscillent les goûts individuels. « Le nombre de soi-disant besoins naturels, aussi bien que le mode de les satisfaire est un produit historique et dépend ainsi en grande partie du degré de civilisation atteint », dit K. Marx avec son habituel instinct des choses sociologiques (*Capital* t. f. Roy I. p. 73 col. 1). En grande partie les besoins de chacun dépendent de la société, et c'est à travers des considérations sociologiques que peut nous apparaître leur explication psychologique ou biologique. Ils constituent le produit d'une évolution sociale. Leur seule distribution dans les diverses classes de la société le prouve déjà.

Pourtant, notons-le, le besoin économique existe dans la conscience individuelle et là seulement. Il ne faut pas confondre l'origine sociologique des besoins avec leur siège. La « société » n'a pas de besoins. Certains auteurs ont parlé de « besoins collectifs » (Voir Wagner, *Fondements de l'Ec. pol.*, § 325 et s.). L'idée n'en paraît pas heureuse.

Le caractère sociologique de certains besoins explique quelques aspects de leurs particularités dans le temps ou dans l'espace, qui quelquefois défient toute explication rationnelle.

Nos ancêtres avaient sur bien des points des goûts qui nous paraissent incompréhensibles, ridicules ou affreux. A. Franklin (*Vie Privée d'Autrefois*, Paris 1868, Tome « la Cuisine », p. 50-51) raconte que, selon les prescriptions d'un vieux texte de recettes de cuisine, il fit confectionner par sa cuisinière une galimafrée et un canard à la dodine rouge, mets succulents du XIVe siècle. Le résultat fut, paraît-il, une horreur.

Quelquefois l'évolution des besoins est extrêmement rapide : en 1637, on vendait à Alkmaar 120 tulipes pour 90.000 florins. Deux mois plus tard, les goûts avaient changé et au mois d'août, ce qui constituait encore une fortune en juin, devenait une plante sans valeur. En 1876, un Français nommé Rossignol fabriquait un petit instrument donnant un son aigu dénommé cri-cri et qui se vendait pour 3 ou 4 sous. Cet instrument fit fureur durant l'été, il se vendit dans toute l'Europe. Rossignol fit un bénéfice net de 300.000 fr. Dès l'hiver, personne n'en voulut plus et quelques années plus tard, à Berlin, il était impossible de s'en procurer un seul, même en annonçant dans les journaux qu'on le paierait jusqu'à 10 marks (d'après Alex Dorn, *Des wirtschaft. Wert des Gesenmackes*, Volksw Zeitfragen, Berlin, 1886).

Parfois agissent d'autres facteurs sociologiques : ainsi le boycottage du thé à Boston en 1879 et plusieurs phénomènes semblables. Durant la guerre les besoins, sous l'influence de circonstances extraordinaires ont réellement changé. Les sensations individuelles à l'égard des « Ersatz » n'étant pas les mêmes qu'elles seraient aujourd'hui.

Voilà pour des variations dans le temps. Voici pour des différences dans l'espace.

Sur le marché de Londres : « la tomate doit présenter des formes très régulièrement arrondies, la prune doit être grosse et mûre, le raisin à gros grains et également mûr. Les dindons, oies, poulardes et chapons doivent être gras et tendres sans doute, mais par dessus tout volumineux. Les œufs... doivent avoir la coque jaune extérieurement. La prune blanche... le chasselas de Fontainebleau, la dinde du Périgord n'y auraient qu'un succès relatif. Le canard étouffé, auquel nous trouvons un aspect répugnant, est seul admis sur le marché de Londres. Le canard saigné ne s'y vend pas. » (Jouzier, *Econ. Rurale*, p. 271-272). En ce qui concerne la coque des œufs, nous apprenons de Stuart chase (*Tragedy of Waste*, N. York 25, p. 33) que Boston imite Londres, mais New-York veut la coque blanche ! Il serait aisé de citer des faits de ce genre à l'infini : pour rien au monde, un gentleman hollandais ne mangera du lapin, des lentilles, ou des asperges à bouts verts et quant à ses moutons, il les estime juste bons pour être vendus en Angleterre et consommés par un gentleman anglais. On sait peu de choses quant aux lois selon lesquelles naissent de nouveaux besoins. (On trouvera quelques brèves indications sur ce sujet dans S. N. Patten, *The Consumption of Wealth*, Publ. of the University of Philadelphie, 1889, p. 30 et s.)

Les faits ci-dessus montrent l'intérêt d'une étude systématique de la matière qui manque jusqu'ici. Une classification des goûts et des besoins faite au point de vue sociologique serait fort intéressante.

Les besoins sont donc d'autre part et en très grande partie quelque chose d'irrationnel, d'illogique, d'instinctif. Seulement, presque toujours, ils sont satisfaits dans les sociétés modernes par le moyen d'actions logiques et rationnelles. Ce fait distingue les actions économiques d'autres actions sociales très nombreuses et très importantes (Voir notre *Précis de Soc.* p. 145 et surtout Pareto *Soc.* § 2079 et passim).

Le besoin de nourriture chez le nouveau-né est quelque chose de passablement logique et naturel. Mais il le satisfait instinctivement en tétant sa mère. Pour les besoins dont s'occupe l'économie politique, c'est exactement l'inverse : ils sont en majorité artificiels et passablement illogiques, mais on les satisfait par une série d'opérations en très grande partie logiques et rationnelles.

M. CARAYOL

Directeur de l'Enregistrement, des Domaines et du Timbre
du département d'Alger.

CONTRIBUTION A L'ÉTUDE DU PEUPLEMENT DE L'ALGÉRIE FRANÇAISE. — STATISTIQUES DU RECRUTEMENT DU PERSONNEL D'UNE ADMINISTRATION — CELLE DE L'ENREGISTREMENT, DES DOMAINES ET DU TIMBRE — PENDANT CENT ANS (1830-1930).

Considérations générales

On ne s'occupera ici que du cadre principal de l'Administration de l'Enregistrement (celui des commis n'ayant été créé qu'en 1920), cadre recruté au concours — annuel et pour tout le territoire français — parmi les candidats munis du diplôme de bachelier. Jusqu'en 1920, le surnumérariat, d'une durée de 3 à 5 années, était entièrement gratuit. Aussi le recrutement ne s'effectuait-il que dans une classe de la société disposant déjà d'une certaine aisance. Il n'en est plus de même aujourd'hui.

L'Administration de l'Enregistrement fonctionne en Algérie, comme dans la Métropole, avec des agents détachés, sur leur demande, par le ministre des Finances qui les met à la disposition du Gouverneur général pour assurer la perception de certains impôts indirects (droits d'enregistrement, droits de timbre, taxe sur le revenu des sociétés), la gestion du Domaine de l'Etat et le fonctionnement du service hypothécaire.

Depuis un certain temps, le personnel détaché en Algérie subissant une grave crise de recrutement, on a été amené à en chercher la cause en examinant les modalités de ce recrutement de 1830 à 1930.

Cette enquête a été limitée au département d'Alger, dont l'effectif actuel est de 75 agents et qui a reçu, pendant les cent années qui viennent de s'écouler, 407 agents, dont 402 de France et 5 des colonies et protectorats.

L'enquête a permis de faire les constatations suivantes :

I. — *Nombre, par départements d'origines, des agents venus de France et de ceux qui y sont repartis*

(Voir tableau annexe n° 1.)

Pour résumer ce tableau, les départements ont été groupés dans le cadre des régions administratives de la France métropolitaine, savoir :

Service de l'Enregistrement, des Domaines et du Timbre

Tableau présentant, par région administrative de la France Métropolitaine, le nombre d'agents venus en Algérie et, déduction faite des retours en France ou de départs aux colonies, le gain pour l'Algérie (1830-1930).

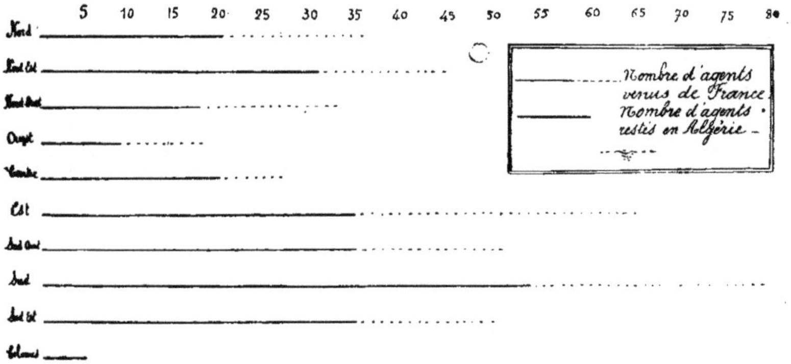

5 10 15 20 25 30 35 40 45 50 55 60 65 70 75 80

Nord
Nord Est
Nord Ouest
Ouest
Centre
Est
Sud Ouest
Sud
Sud Est
Colonies

Nombre d'agents venus de France
Nombre d'agents restés en Algérie

	Arrivées	Départs	Gain
Nord	36	16	20
Nord-Est	45	16	29
Nord-Ouest	32	14	18
Ouest	18	9	9
Centre	27	7	20
Est	65	30	35
Sud-Ouest	50	17	33
Sud	80	27	53
Sud-Est	49	14	35
Colonies	5	»	5
	407	150	257

Les régions qui ont fourni le plus d'éléments demeurant en Algérie sont celles de l'Est, du Sud, du Sud-Ouest et du Sud-Est.

Mais on doit remarquer que tous les départements de France, sauf 3, sont représentés. Et, selon toute vraisemblance, il doit en être de même pour les autres administrations et pour l'ensemble des éléments de colonisation venus ici depuis cent ans. Dans ces conditions, l'Algérie voit son peuplement se former de la même façon que l'agglomération parisienne qui doit, en effet, sa population aux apports renouvelés de la province.

Service de l'Enregistrement, des Domaines et du Timbre

Nombre par âges, d'agents de l'Administration de l'Enregistrement, des Domaines et du Timbre venus de France en Algérie puis retournés en France de 1830 à 1930.

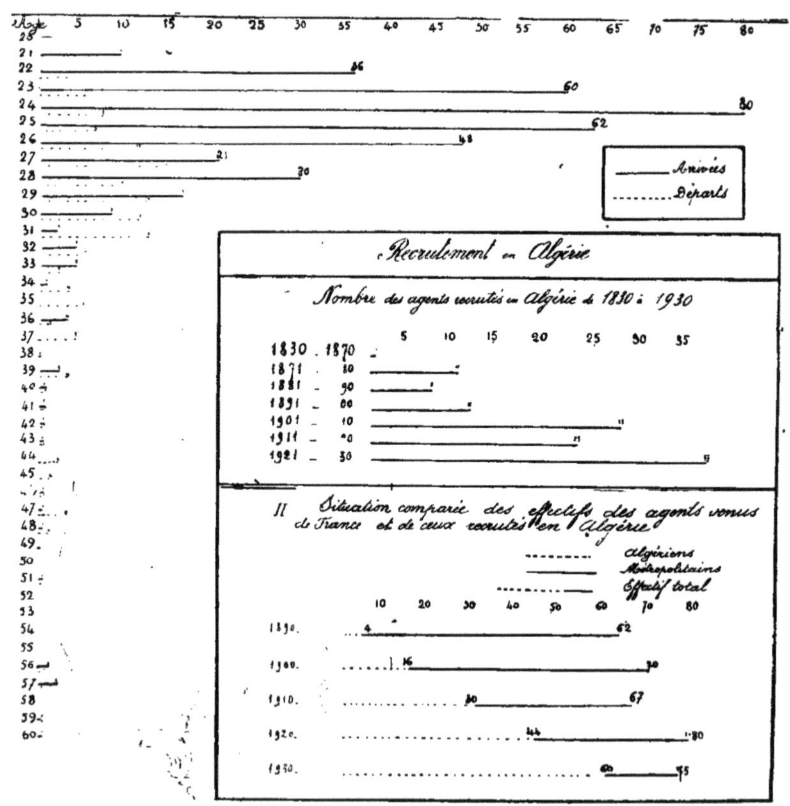

II. — *Age auquel ces fonctionnaires sont venus en Algérie*

20 ans	2
21 —	10
22 —	35
23 —	60
24 —	80
25 —	61
26 —	47
27 —	20
28 —	30
29 —	17
30 —	9
31 —	3
32 —	5
33 —	5
34 —	1
35 —	»
36 —	4
37 —	»
38 —	»
39 —	3
De 40 à 49 ans	7
De 50 à 59 ans	7
A 60 ans	1
Total	407

On remarque que c'est surtout avant 30 ans (362 sur 407) que l'Administration de l'Enregistrement d'Algérie a recruté jusqu'ici son personnel métropolitain. C'est l'âge auquel on n'est pas encore marié — cet âge est rabaissé depuis la guerre. — L'Administration algérienne est ainsi avertie que c'est aux jeunes, aux débutants et aux célibataires qu'elle devra adresser son appel pour reprendre le recrutement de son personnel.

Quant à ceux, plus rares, qui sont venus de 30 à 39 ans (30 en 100 ans), ce furent, pour une bonne partie, ou des agents métropolitains venus jeunes ici, ou des agents recrutés dans la Colonie et qui, ayant dû accepter un poste de sous-inspecteur ou d'inspecteur en France, leur tour venu, faute de vacance en Algérie, s'étaient empressés de revenir dès que des emplois y étaient devenus libres.

Les 15 agents arrivés entre 40 et 60 ans sont presque uniquement des conservateurs des hypothèques, de grade déjà élevé, attirés en Algérie par des postes plus avantageux, ou des directeurs nommés d'Algérie en France, faute de place ici, et revenant en Algérie à la première vacance.

III. — *Retours en France. — Départs pour la Colonie. Nombre et âges*

On a vu ci-dessus (tableau n° 1) que sur les 407 agents recrutés en dehors de l'Algérie en cent ans, 139 sont repartis continuer leurs services en France et 14 en Tunisie et aux Colonies, soit au total 153. Le gain net pour le peuplement algérien de 407—153=254, soit de 5/8.

a) *Temps de séjour en Algérie de ceux qui sont partis et leur nombre*

1 an	19
2 —	21
3 —	11
4 —	17
5 —	10
6 —	15
7 —	13
8 —	9
9 —	7
10 —	2
11 —	»
12 —	2
13 —	»
14 —	3
15 —	2
16 —	1
17 —	3
18 —	3
19 —	1
20 —	»
De 21 à 36 ans de séjour	14
Total	153

b) *Age de départ*

21 ans	1
22 —	4
23 —	5
24 —	8
25 —	7
26 —	12
27 —	15
28 —	10
29 —	13
30 —	12
31 —	13
32 —	6

33 — 3
34 — 4
35 — 6
36 — 2
37 — 5
38 — 1
39 — 4
De 40 à 61 ans 22

Total 153

On remarque que la grande majorité des partants a quitté l'Algérie,

1° dans les 9 premières années de séjour (124 sur 153, soit plus de 8/10) — c'est même dans les 2 premières années que les départs ont été relativement les plus nombreux (40 sur 153) ;

2° et avant 32 ans (100 sur 153, soit les 2/3).

Au delà, les agents se sont fixés en Algérie, s'y étant mariés presque toujours.

A noter que les départs après 11 à 36 ans de séjour (29 sur 153) et à partir de 32 ans d'âge jusqu'à 61 ans, viennent surtout d'agents nommés sous-inspecteur, inspecteur ou directeur et obligés de partir en France pour avoir leur avancement, faute de postes libres en Algérie. Mais à noter également, comme cela a déjà été dit, que ces fonctionnaires ne tardent pas à revenir ici et font partie des 45 venus de France en Algérie de 30 à 60 ans.

IV. — *Tableaux comparatifs des arrivées et des départs*

PAR AGE		
	ARRIVÉES	DÉPARTS
20 ans	2	»
21 ans	10	1
22 ans	35	4
23 ans	60	5
24 ans	80	8
25 ans	61	7
26 ans	47	12
27 ans	20	15
28 ans	30	10
29 ans	17	13
30 ans	9	12
31 ans	3	13
Totaux jusqu'à 31 ans	374	100
De 32 à 60 ans	33	53
Ensemble	407	153

PAR GRADES		
	ARRIVÉES	DÉPARTS
Surnuméraires et receveurs de 7e et 6e classes, contrôleurs de comptabilité.....	348	37
Receveurs de 5e classe....	15	26
Receveurs de 4e classe....	3	15
Receveurs de 3e classe....	»	6
Receveurs de 2e classe....	»	4
Receveurs de 1re classe...	»	3
Classe exceptionnelle.....	»	»
Vérificateurs, sous-inspecteurs ou inspecteurs-adj..	22	38
Inspecteurs ou inspecteurs principaux	3	3
Directeurs...............	5	7
Conservateurs des Hypothèques................	11	11
Totaux......	407	153

V. — *Recrutement en Algérie*

C'est en 1868 que commence à apparaître la première recrue faite sur place.

De 1830 à 1870 1
De 1871 à 1890 19
De 1891 à 1910 40
De 1910 à 1930 60

On a déjà dit que l'Administration de l'Enregistrement se recrutait, surtout avant le surnumérariat payé, dans les familles bourgeoises et ayant une certaine aisance. Or, en Algérie, la constitution de la classe bourgeoise a dû nécessiter un certain temps après la conquête, classe dont les éléments ont d'ailleurs été fournis en grande partie par les fonctionnaires eux-mêmes. C'est sans doute pourquoi il a fallu attendre 40 ans pour voir des jeunes gens nés et élevés en Algérie entrer dans l'Enregistrement. La cadence moyenne de 1 par an de 1871 à 1890 va en s'accentuant pour les 2 décades suivantes (2 par an) pour être de 3 par an de 1910 à 1930.

Quant aux départs en France métropolitaine d'agents recrutés en Algérie, ils ont commencé en 1907 seulement. On en relève à ce jour 14 dont 8 sont revenus en Algérie et 6 sont demeurés en France.

A noter, enfin, l'apparition dans les cadres, à partir de 1921, de 3 agents issus de familles espagnoles, naturalisés par le « jus soli » et 4 israélites d'origine indigène, naturalisés par le décret Crémieux du 24 octobre 1870. Aucun indigène musulman n'a fait encore acte de candidat.

Les effets, en nombre, du recrutement d'éléments algériens apparaîtront d'ailleurs dans le tableau comparatif ci-après concernant toujours le seul département d'Alger.

NOMBRE D'AGENTS	EN 1890	EN 1910	EN 1929
Venus de France	58	37	15
Recrutés en Algérie	4	30	60
Effectif total	62	67	75

ANNEXE N° 1

Service de l'Enregistrement, des Domaines et du Timbre.

TABLEAU présentant par département de la France Métropolitaine, le nombre des Agents venus en Algérie et ceux qui en sont repartis (1830—1930)

RÉGION	ARRIVÉES	DÉPARTS	GAIN POUR L'ALGÉRIE
Nord			
Nord	9	6	3
Pas-de-Calais	6	3	3
Somme	2	2	»
Seine-Inférieure	4	»	4
Oise	3	»	3
Aisne	1	»	1
Eure	1	»	1
Seine	7	4	3
Seine-et-Oise	2	1	1
Eure-et-Loir	1	»	»
Seine-et-Marne	»	»	1
Totaux	36	16	20
Nord-Est			
Ardennes	7	3	4
Marne	2	1	1
Aube	1	1	»
Meuse	4	»	4
Haute-Marne	4	1	3
Meurthe et-Moselle	4	»	4
Vosges	9	5	4
Moselle	8	3	5
Bas-Rhin	3	1	2
Haut-Rhin	3	1	2
Belfort	»	»	»
Totaux	45	16	29
Nord-Ouest			
Finistère	1	1	»
Côtes-du-Nord	4	4	»
Morbihan	6	3	3
Ille-et-Vilaine	5	1	4
Mayenne	1	»	1
Manche	7	2	5
Calvados	7	3	4
Orne	1	»	1
Sarthe	»	»	»
Totaux	32	14	18

ANNEXE N° 1 (*suite*)

RÉGION	ARRIVÉES	DÉPARTS	GAIN POUR L'ALGÉRIE
Ouest			
Loire-Inférieure	»	»	»
Maine-et-Loire	1	1	»
Indre-et-Loire	1	1	»
Vendée	1	1	»
Deux-Sèvres	2	»	2
Vienne	2	»	2
Charente-Inférieure	2	»	2
Charente	4	3	1
Haute-Vienne	5	3	2
Totaux	18	9	9
Centre			
Loir-et-Cher	3	2	2
Loiret	2	»	2
Yonne	3	1	2
Cher	1	»	1
Niévre	3	»	3
Indre	4	»	4
Allier	1	»	1
Creuse	2	»	1
Puy-du-Dôme	8	4	4
Totaux	27	7	20
Est			
Haute-Saône	6	2	4
Côte-d'Or	11	11	»
Doubs	6	4	2
Jura	7	1	6
Saône-et Loire	5	2	3
Loire	1	»	1
Rhône	4	1	3
Ain	6	»	6
Haute-Savoie	2	1	1
Isère	13	5	8
Savoie	4	3	1
Totaux	65	30	35

ANNEXE N° 1 (*suite*)

RÉGION	ARRIVÉES	DÉPARTS	GAIN POUR L'ALGÉRIE
Sud-Ouest			
Gironde	1	»	1
Dordogne	8	2	6
Lot-et-Garonne	5	5	»
Gers	5	3	2
Landes	2	1	1
Basses-Pyrénées	6	1	5
Hautes-Pyrénées	11	3	8
Haute-Garonne	7	1	6
Ariège	5	1	4
Totaux	50	17	33
Sud			
Corrèze	2	1	1
Cantal	3	2	1
Lot	5	»	5
Aveyron	12	2	10
Lozère	5	1	4
Tarn-et-Garonne	6	3	3
Tarn	3	»	3
Hérault	7	4	3
Aude	6	6	»
Pyrénées-Orientales	3	»	3
Corse	28	8	20
Totaux	80	27	53
Sud-Est			
Haute-Loire	3	1	2
Ardèche	8	3	5
Gard	6	1	5
Drôme	8	1	7
Hautes-Alpes	2	»	2
Vaucluse	6	1	5
Basses-Alpes	3	»	3
Bouches-du-Rhône	5	3	2
Var	3	2	1
Alpes-Maritimes	5	2	3
Totaux	49	14	35

Paul COUTAUD
Sous-Directeur au Gouvernement général de l'Algérie
Chargé de la Direction du Service central de l'Assistance publique.

L'ASSISTANCE ET L'HYGIÈNE PUBLIQUES EN ALGÉRIE DE 1830 A 1930

Les économistes, invoquant les grands principes du droit de propriété, de formation du capital, de distribution des richesses, nous enseignent que le droit à l'assistance n'a aucune base philosophique et ne saurait, dès lors, constituer une obligation de secourir l'indigence.

Toutefois, les mêmes économistes s'empressent d'ajouter que les individus et les sociétés font de la richesse un usage généreux et en même temps conforme à l'intérêt public en employant une partie du fonds de consommation improductive à soulager les malheureux, à améliorer le sort des classes souffrantes, à éviter, en un mot, le paupérisme.

C'est pourquoi, dans tous les temps et dans toutes les sociétés, il y a eu une portion du revenu national consacrée aux œuvres de charité, en organisation d'institutions de bienfaisance, les dépenses de cette nature s'imposant comme une nécessité morale et sociale.

Les graves dangers du paupérisme ont toujours éveillé la curiosité des recherches scientifiques et l'on est arrivé aujourd'hui à poser ce principe que le degré de civilisation d'un peuple se mesure à ses institutions d'assistance. Pour employer la terminologie des économistes, les Nations s'appliquent à conserver le « Capital humain », à sauvegarder la santé publique que Benjamin Franklin appelait la « richesse publique ».

A cet égard, il importe de ne pas oublier que l'organisation de l'Assistance et de l'hygiène publiques, les mesures d'ordre sanitaire et prophylactique, ont toujours eu une importance capitale sur la vie des Nations en soulageant les souffrances humaines, en protégeant à la fois la santé des individus et celle des masses.

Par contre, le défaut d'assistance et d'hygiène a eu les plus funestes effets sur l'existence des peuples et l'on sait que ce phénomène social été trop souvent la principale cause de la disparition de races colonisatrices, de l'extinction de grands centres civilisés, de l'anéantissement de villes riches et puissantes.

Dans le Nord de l'Afrique, plus particulièrement, l'histoire des peuples qui s'y sont succédé nous apprend que leur chute peut être attribuée, en grande partie, à cette même cause, ce qui a fait dire à certains auteurs qu'indépendamment du rôle dévastateur joué par les Vandales, c'est, avant tout, à des causes médicales, à un défaut d'assistance et d'hygiène, que doit être attribué l'échec final de la Colonisation romaine ainsi que l'état lamentable dans lequel s'est trouvé le pays pendant une grande partie de l'occupation arabo-turque.

Une situation déplorable au point de vue de l'Assistance et de l'Hygiène durait depuis plusieurs siècles, la maladie et la misère étaient partout, quand les troupes françaises débarquèrent en Algérie en 1830. On sait quel fut, à cet égard, le lourd tribut payé par nos vaillants soldats durant la conquête et par les premiers colons.

Une dernière considération d'une grande importance est, enfin, à mettre en lumière : l'Assistance publique est, avec l'instruction l'un des principaux moyens par lesquels une Nation colonisatrice peut influer heureusement sur la population coloniale. Les indigènes acceptent, en effet, comme d'indiscutables bienfaits, les institutions qui attestent notre sollicitude pour les maux dont ils souffrent.

Faire aimer la France par les indigènes, améliorer leur condition sociale, leur donner des témoignages non équivoques de la sollicitude qu'ils nous inspirent, leur montrer ce que notre domination leur offre d'avantageux, en d'autres termes, l'assimilation par les moyens humanitaires, constitue la meilleure façon de nous ouvrir les milieux musulmans et de les gagner à notre cause.

A ce point de vue, la France a, depuis 1830, accompli une œuvre admirable en Algérie. En apportant dans ce pays tous les bienfaits de sa civilisation, elle a, par une excellente organisation de l'assistance et de l'hygiène, amélioré considérablement la situation matérielle des indigènes.

*
* *

Avant 1830, il n'y avait rien, en Algérie, qui rappelât, même de loin nos institutions d'assistance ; tout était à créer. Dans ce domaine, l'Administration algérienne a réalisé des efforts considérables ; elle a créé de nombreux hôpitaux ouverts à tous, les conceptions généreuses de l'esprit français s'opposant à toute distinction de nationalité ou de race.

Le souci de mettre à la disposition des indigènes des moyens d'hospitalisation plus conformes à leurs habitudes et à leurs mœurs a inspiré la création d'établissements spéciaux.

De vastes programmes de travaux, principalement depuis 1928, ont été établis ou sont en voie de réalisation, pour créer de nouvelles formations hospitalières, en agrandir, transformer, améliorer, perfectionner, moderniser l'outillage de celles en fonctionnement.

Actuellement, il existe en Algérie une quarantaine d'hôpitaux ou infirmeries militaires ; une vingtaine de grands hôpitaux civils : une centaine d'hôpitaux auxiliaires (anciennes infirmeries indigènes), une douzaine de cliniques indigènes et postes de secours, une trentaine de salles de consultations gratuites, une douzaine de dispensaires, une importante Cité de l'Assistance indigène, etc., etc.

La nécessité d'assurer des secours médicaux aux populations rurales trop clairsemées pour favoriser l'établissement de médecins libres, a motivé la création, en 1853, du corps des médecins de colonisation ayant pour mission de soigner gratuitement les indigents, de veiller au maintien de l'hygiène et à la sauvegarde de la santé publique. Ces médecins de colonisation sont actuellement au nombre de 107 et sont secondés par 104 auxiliaires médicaux indigènes et 70 infirmières-visiteuses coloniales.

L'Algérie a également organisé, favorisé et développé les diverses œuvres sociales et a suivi de près les progrès réalisés dans la Métropole. On peut citer dans ce domaine :

— l'assistance à l'enfance et la protection du premier âge ;

— l'organisation de Maternités, de pouponnière, d'orphelinats ;

— la création d'une Ecole coloniale de sourds-muets ;

— la création d'établissements spéciaux pour les maladies des yeux ;

— l'organisation de cantines scolaires pour les élèves des familles indigentes ou éloignées de l'école ;

— l'assistance aux mères et aux nourrissons et la création, à cet effet, d'un corps d'infirmières-visiteuses coloniales ;

— l'assistance aux familles nombreuses ;

— l'assistance aux vieillards, infirmes et incurables ;

— l'assistance aux aliénés ;

— l'organisation méthodique de la lutte contre les grands fléaux sociaux (tuberculose, tranchôme, syphilis, variole, typhus, paludisme, etc., etc.).

*
* *

En 1901, au moment où l'Algérie venait de recevoir son autonomie financière, les dépenses de l'Assistance et de l'Hygiène publiques ne s'élevaient qu'à 2 millions 1/2 environ ; en 1914 et en 1919, elles s'élevaient à 4 millions. Elles ont progressé à partir de 1920 (6 millions 500.000 fr.) pour arriver, en 1927, à près de 30 millions (Budgets ordinaire et extraordinaire).

A partir de 1928, la progression est devenue beaucoup plus sensible comme l'indiquent les chiffres ci-après :

Crédits des budgets ordinaire et extraordinaire de :

1927 : près de 30 millions.
1928 : près de 45 millions.
1929 : près de 50 millions.
1930 : près de 70 millions.

On peut voir, par ces chiffres, quelle grande importance l'Administration algérienne attache actuellement au développement des œuvres d'assistance qui profitent, pour la plus large part, à nos sujets musulmans.

En s'appliquant à développer l'Assistance et l'Hygiène publiques qui sont, en Algérie, une œuvre d'Etat, le Gouvernement de la Métropole, l'Administration algérienne et les Assemblées Financières de la Colonie ont amélioré, d'une façon remarquable, la condition sociale des indigènes et démontré, une fois de plus, le grand rôle civilisateur de la France.

Octave DUPOND

Chargé de cours de Droit public à la Faculté de Droit d'Alger,
Avocat à la Cour d'appel d'Alger.

L'APPORT DE L'ALGÉRIE DANS LES RESSOURCES DU BUDGET NATIONAL

L'Algérie n'est pas seulement une magnifique terre de peuplement, un foyer intense de rayonnement de la pensé nationale ; cette « France nouvelle » a fait plus que réaliser les espoirs fondés sur elle, ainsi que l'attestent les splendides résultats obtenus tant dans le domaine moral que dans l'ordre économique.

Il convient, en particulier, de mettre en relief ce fait que l'Algérie, qui avant l'établissement du budget spécial (le 13 décembre 1900), nécessitait de la part de la Métropole un effort fiscal annuel de cinquante millions de francs — (francs-or) — non compris les dépenses militaires — non seulement vit aujourd'hui de ses propres ressources, mais contribue pour un chiffre appréciable à diminuer le budget national.

Cette affirmation peut surprendre tout d'abord du fait qu'à divers postes du budget figurent des crédits ouverts pour des dépenses à effectuer en Algérie ; mais s'en tenir à ces documents conduirait à une opinion erronée ainsi qu'il est facile de l'établir.

Au budget de la Guerre est inscrit (budget des territoires d'outremer) un crédit pour les « dépenses militaires de l'Algérie » devant atteindre, en 1930, selon la demande du Gouvernement : 481.167.610 francs.

Sans même retrancher de cette somme le montant de la contribution aux dépenses militaires de la Métropole versée par l'Algérie (plus de 61 millions pour 1930), il y a là une dépense qui n'est pas à retenir comme n'étant pas spéciale à l'Algérie, en tant que dépense « de souveraineté ».

Dans son rapport à la Chambre des députés, sur le projet de loi tendant à autoriser la perception des droits applicables au budget spécial de l'Algérie pour l'exercice 1930, M. le Professeur Antonelli parle de l'entretien des troupes « destinées à assurer la sécurité de l'Algérie » ; prétendra-t-on des troupes composant les 10ᵉ et 11ᵉ corps d'armée qu'elles sont « destinées à assurer la sécurité « de la Bretagne » ? La situation est la même dans les deux cas, le montant des crédits importe peu au point de vue des principes ; le 19ᵉ corps est, peut-on dire, un corps métropolitain, il constitue un des éléments essentiels de la défense nationale. Les soldats de l' « Armée d'Afrique » ont porté glorieusement les couleurs françaises au Tonkin, à Madagascar, en Chine, au Maroc. Les troupes algériennes ont constitué une division d'élite pendant la grande guerre ; elles ont participé à l'occupation de la Rhur, de la Rhénanie ; à l'heure actuelle, des contingents du 19ᵉ corps tiennent garnison en France, au Maroc, en Syrie.

Au budget de l'Intérieur (chap. 83) est portée, à titre de subvention pour les territoires du Sud, une somme de : 5.860.400 *francs*.

La participation de l'Etat aux dépenses des chemins de fer algériens (L. L. 23 juillet 1904, art. 2 et 3 ; 3 janvier 1920, art. 2 ; 11 décembre 1922, art. 12) grève le budget des Travaux publics de : 11.961.036 (exercice 1930, subvention décroissant de 500.000 par an et devant disparaître en 1946).

A ces dépenses métropolitaines, il faut ajouter celles résultant des conventions passées avec les Compagnies assurant les services maritimes entre la France et l'Algérie *et la Tunisie :*

Les navires de la série dite « Gouverneurs Généraux », construits par l'Etat, ont une valeur en capital de 140 millions de francs, qui à 5 % représente un intérêt annuel de 7 millions ; mais il y a lieu de tenir compte du montant du prix de location versé annuellement par les Compagnies, soit au total : 5.400.000 francs (Chartes-parties du 1ᵉʳ mars 1928 approuvées par la loi du 29 juillet 1928) ; la charge de l'Etat se réduit donc à 1.600.000 francs.

L'Etat inscrit, en outre, à son budget 2 millions en vue de la constitution d'un fonds de roulement desdits navires.

Au total, les dépenses supportées par la Métropole pour les relations avec l'*Afrique du Nord* se chiffrent annuellement à : 3.600.000 francs ; supposons que les deux tiers représentent les frais des relations avec l'Algérie, celle-ci coûte, de ce fait, à la Métropole : 2 *millions* 400.000 *francs*.

Le total de ces diverses subventions nous donne :

5.860.000 + 11.961.036 + 2.400.000 = 20.221.436 *francs*

Mettons en regard le montant des droits perçus par la Douane sur les produits venant de l'Algérie et entrant dans la Métropole.

En vertu de l'union douanière (L. 17 juillet 1867), les produits naturels et fabriqués originaires de l'Algérie doivent être admis en franchise à leur importation directe dans les ports de France ; mais ces marchandises sont assujetties à la taxe représentative du chiffre d'affaires instituée par l'article 73 de la loi du 25 juin 1920 et les dispositions subséquentes et perçue à l'importation par les agents de la Douane.

M. le Directeur général des Douanes n'a pu nous indiquer le produit exact de cette taxe représentative du chiffre d'affaires, attendu qu'il n'est pas établi de statistique fiscale spéciale pour chaque pays de provenance. Toutefois, ce haut fonctionnaire a bien voulu nous faire savoir qu'en se basant sur la valeur globale des importations, on peut estimer à 52 et 56 millions les recettes effectuées à ce titre en 1927 et 1928 ; au cours de ces deux années, le mouvement commercial entre l'Algérie et la Métropole a donc procuré à celle-ci une moyenne de 54.000.000 *de francs*.

La différence entre les deux chiffres se solde par près de *trente-quatre millions* au profit du Trésor métropolitain.

Ajoutons enfin que le budget algérien — qui, nous l'avons indiqué, contribue à l'acquittement des charges militaires — comporte encore d'autres crédits pour la participation de la Colonie à des dépenses métropolitaines (services de liaisons aériennes entre la Métropole et l'Algérie : 5.300.000 francs ; protection des indigènes en France : 130 000 francs) ou d'ordre national (études du transsaharien, liaisons automobiles entre les différentes colonies africaines).

On ne peut plus dire aujourd'hui de l'Algérie qu'elle est « traitée par la Métropole comme un fils de famille à qui les parents paient ses dépenses », selon les termes du Rapporteur à la Chambre du projet devenu la loi du 29 décembre 1900, dotant l'Algérie de l'autonomie financière.

Les Délégations financières, instituées gérantes du patrimoine algérien, ont suivi une politique inspirée à la fois par un patriotisme vigilant et par le souci de voir l'Algérie s'émanciper peu à peu au point de vue financier ; elles sont arrivées à ce résultat que l'Algérie, non contente de ne rien coûter à la France, participe de façon tangible à son équilibre budgétaire.

Pierre FROMONT

Professeur d'Economie politique à la Faculté de Droit de Rennes
et à l'Ecole nationale d'Agriculture de Rennes.

L'ORGANISATION DES RELATIONS ÉCONOMIQUES INTERNATIONALES ET « L'ÉCONOMIE COMPLEXE »

C'est un problème actuel parce que les solutions traditionnelles ne nous donnent plus entière satisfaction.

A s'en tenir au XIXe siècle, la première qui ait été préconisée reposait sur la conception d'une division internationale du travail : chaque pays doit se consacrer uniquement aux productions pour lesquelles il jouit d'un avantage par rapport aux autres pays ; s'il possède la supériorité pour un grand nombre de produits, il choisira ceux pour lesquels sa supériorité est la plus grande. Une telle politique exige une grande liberté dans les échanges internationaux : il faut que chaque pays puisse facilement écouler à l'étranger ce qu'il produit au delà de ses besoins et acquérir ce qu'il renonce à produire. L'origine de cette conception est bien connue : l'Angleterre lui a donné naissance sous ses deux aspects, théorique et pratique.

Depuis 1880, l'évolution économique du monde contemporain ne se conforme plus à cet idéal. Chaque pays tend à produire le plus grand nombre d'objets et non plus seulement ceux pour lesquels il jouit d'une situation privilégiée. Dès lors, c'est le protectionnisme qui s'impose. Après avoir régné sans danger, il commence à fléchir sous le poids de ses propres faiblesses : la multiplication des barrières douanières est devenue un fléau, partout foisonnent des industries qui traînent une vie manifestement artificielle.

Que faire ? Devant les excès auxquels s'est porté le protectionnisme, on ressent l'impression que la doctrine, restée attachée à la division internationale du travail et au libre échange, détient seule la vérité ; l'impression se confirme quand on entend les tenants de l' « ultra-protectionnisme » contemporain n'invoquer, à leur appui, que la thèse de l'autarkie Et pourtant le développement prodigieux de prospérité qui s'est accompli depuis un demi-siècle sous le signe du protectionnisme est un fait dont on est obligé de tenir compte.

Il semble que sur ce point, les idées exposées par M. Brocard, dans son ouvrage récent : « Principes d'Economie Nationale et Internationale » (1), apportent des lumières qu'on ne saurait négliger.

L'auteur cherche à préciser beaucoup moins ce qui devrait être que ce qui peut être

Le point de départ lui paraît être la répartition des matières premières dans le monde : à la méthode déductive des uns, à la méthode historique des autres, il substitue la méthode géographique. Que constate-t-il ? « L'observation ne révèle nullement, sur le territoire des diverses nations, un groupement de ressources naturelles en harmonie avec les besoins de la population, et qui leur permettrait, suivant la formule traditionnelle que les théoriciens du mercantilisme et du nationalisme économique nous ont transmise de se suffire à elle-même... Mais l'observation révèle encore moins entre les divers territoires une répartition harmonique des ressources naturelles qui les rendrait complémentaires les unes des autres. » (Tome I, p. 108 et 109.)

Voilà les deux thèses opposées rejetées : toutes deux présentent ce caractère commun d'être en contradiction avec les faits. Rien de plus facile sans doute que de s'associer à la condamnation portée universellement sur l'autarkie ; mais rien de plus courageux que de critiquer la thèse de la division internationale du travail, adoptée par la presque unanimité des économistes ayant quelque autorité (2). En réalité, cette thèse ne repose-t-elle pas sur le postulat qu'une Providence a réparti les matières premières entre les nations de façon à les rendre solidaires et à faire régner la paix économique ? n'est-elle pas infectée de finalisme ?

Après la négation, la solution positive. Après avoir montré ce qui ne peut pas être, M. Brocard nous fait voir ce qui peut être : « Ce que l'observation nous révèle, c'est une répartition des ressources absolument irrégulière, qui n'obéit à aucune loi d'ordre technique et économique.

« Cette répartition est faite de telle façon que, si beaucoup de peuples manquent de certaines ressources naturelles, qui surabondent sur le territoire des autres, tous cependant en ont à leur disposition un nombre très grand et qui grandit avec les progrès de la technique : terrains de culture qui ne font défaut à aucun, carrières, gisements de matières minérales, chutes d'eau, dont l'exploitation peut faire vivre de nombreuses industries. » (Tome I, p. 109.)

Le résultat en est ce que l'auteur appelle, d'un terme emprunté à List et Cauwés, l'organisation complexe : à côté d'une production agri-

(1) Librairie du Recueil Sirey, Paris, 1929, 2 vol.

(2) Dans un autre passage, l'auteur montre qu'elle repose sur une confusion, « la confusion du point de vue technique et du point de vue territorial » (tome I, p. 15).

cole variée, on voit surgir dans chaque pays une gamme de plus en plus étendue d'industries.

L'auteur décrit avec précision par quel enchaînement se constitue ce « complexus » de productions, qui se soutiennent les unes les autres, qui se fournissent mutuellement des matières premières, des capitaux, de la main-d'œuvre, des méthodes, des débouchés (tome I, p. 120 et suivantes). Il montre qu'il présente la grandeur et la force d'un phénomène naturel, qui dépasse le problème douanier. Tout en affirmant l'influence que la protection douanière exerce dans ce sens, il est convaincu que celle-ci « est beaucoup plus la conséquence du développement complexe qu'elle n'en est la cause » (tome I, p. 126) ; d'accord avec Taussig, il cite l'exemple des Etats-Unis où « d'immenses régions, grandes comme des nations, s'industrialisent peu à peu sans l'aide de la protection douanière » (tome I, page 127).

Une objection se présente : le xxe siècle n'admet plus, comme le xviii,[e] qu'un phénomène naturel soit nécessairement un phénomène bienfaisant. La réponse arrive, précise, abondante, impartiale. Le bilan est dressé : l'actif en dépasse manifestement le passif (tome II, p. 1 et suivantes). La place fait défaut ici, même pour en donner un aperçu.

Négligeons, à regret, ce que l'auteur appelle les avantages « humains » du système (par exemple, la production agricole et la production industrielle développent chacune des qualités différentes, et un peuple enrichit son patrimoine intellectuel et moral en les possédant les unes et les autres (tome II, p. 7). Parmi les avantages économiques, n'en retenons que deux.

Un avantage qualitatif : le système donne aux producteurs une certaine sécurité (tome II, p. 8) : fournir soi-même, sur son sol ou celui d'une colonie, les matières premières que l'on transforme, trouver sur son propre territoire les débouchés pour ses produits, cela représente l'élimination de certains risques : les nations qui devaient acheter à la suite de la guerre du charbon anglais frappé alors d'un droit de sortie très lourd, les industries textiles de l'Europe qui voient décroître le pourcentage de la récolte américaine de coton dont ils peuvent disposer, l'Angleterre qui voit se fermer les débouchés étrangers, peuvent témoigner que ces risques ne sont pas imaginaires. A un moment où tous les pays consentent de lourds sacrifices financiers pour donner la sécurité à leurs salariés, l'argument est-il à négliger ?

Un avantage quantitatif : l'organisation complexe contribue au développement de la production, parce qu'elle impose l'utilisation de toutes les ressources du sous-sol et du sol, de toutes les aptitudes naturelles de la population (tome II, p. 3). Comme ces ressources et ces aptitudes sont toujours variées, une spécialisation, conséquence de la division du travail, n'en exploiterait qu'une partie ; l'avantage est d'autant plus sensible que cette diversité dans la production permet, comme Valenti l'avait montré dans un autre domaine, de n'exploiter chaque ressource que jusqu'au point où commencent les rendements décroissants. Une comparaison est éloquente : de 1913 à 1926, le commerce international a augmenté de 5 %, la production mondiale de 18 % ; le développement du premier phénomène ne limite pas celui du deuxième, il ne peut pas revendiquer la qualité d'être le seul excitateur du progrès économique.

Ces quelques lignes suffisent pour montrer ce qu'apporte de neuf l'ouvrage de M. Brocard et le parti que l'on peut en tirer : il ne faut pas rêver d'une organisation du monde où règnerait la division internationale du travail, il faut accepter le fait de l'économie complexe : elle seule est possible, elle seule assure la mise en œuvre de toutes les ressources de la planète.

Maurice GAFFIOT

Professeur d'Economie politique à la Faculté de Droit d'Alger.

LE TRAFIC DES PRINCIPAUX PORTS ALGÉRIENS

Le mouvement de concentration, qui s'est manifesté dans tous les organes de l'activité économique en favorisant les forts aux dépens des faibles, paraît répondre à une loi naturelle et universelle ; aussi n'a-t-il pas épargné les ports de mer : de plus en plus le trafic maritime se trouve accaparé par quelques centres particulièrement importants.

Non seulement les ports doivent désormais, pour remplir entièrement leurs fonctions, réunir un grand nombre de conditions techniques en offrant aux navires une nappe d'eau profonde et étendue, des quais d'une longueur suffisante, un outillage perfectionné de chargement et de déchargement, une main-d'œuvre nombreuse et spécialisée, mais en outre leur utilité économique est fonction de leur grandeur : le fort tonnage des bâtiments modernes, par l'accroissement de leur capacité de transport, oblige les armateurs à rechercher sur un seul point un chargement assez considérable pour rendre le fret lucratif sans qu'il soit nécessaire de multiplier les escales et de subir ainsi une dispersion génératrice de perte de temps.

Tous ces éléments de supériorité des grands ports s'exercent en Algérie comme ailleurs. Sans doute le commerce extérieur de l'Algérie n'est pas alimenté par une masse de marchandises suffisante pour donner naissance à un port géant comparable à New-York, à Rotterdam, à Londres, à Anvers ou à Hambourg ; mais nous assistons à un accroissement constant et régulier du trafic des trois premières villes maritimes du pays, qui tendent à attirer à elles tout le trafic algérien.

En réalité, c'est surtout dans la partie centrale du littoral algérien que ce mouvement de concentration est nettement marqué : l'attraction de la capitale de l'Algérie s'est exercée sur toute la région qui l'entoure ; à vrai dire, la dernière guerre a porté au port d'Alger un coup dont il ne se relève que lentement : alors qu'en 1913 le nombre total des entrées et sorties s'était élevé à 13.001 navires, d'un tonnage total de 19.437 milliers de tonneaux, les statistiques de 1928 n'accusent plus que 8.591 navires avec 15.467 milliers de tonneaux, et ces chiffres ne se relèvent en 1929 qu'à 8.799 navires et 16.397 milliers de tonneaux ; toutefois, le tonnage des marchandises effectivement débarquées et embarquées, qui était de 3.234 milliers de tonnes en 1913, est encore exactement de 3.234 milliers de tonnes en 1928, de sorte qu'à cet égard notre port occupe le septième rang parmi les ports français, après Marseille, Rouen, Le Havre, Dunkerque, Bordeaux et Oran, et ce chiffre s'élève en 1929 à 3.714 milliers de tonnes. Tout autour d'Alger, les petits centres de Ténès, Port-Breïra, Cherchell, Tipasa, Dellys, Tigzirt et Port-Gueydon n'ont jamais eu qu'un mouvement insignifiant ; cette situation s'explique aisément, car le littoral est assez inhospitalier et les voies ferrées vers l'intérieur font défaut ; la capitale de l'Algérie ne doit son importance maritime qu'aux travaux d'aménagement et aux voies ferrées dont la sollicitude des Pouvoirs publics l'a pourvue depuis un siècle.

Au contraire, dans la région occidentale de l'Algérie, l'attraction du port d'Oran rencontre quelque résistance en raison des avantages naturels dont jouissent d'autres centres, comme Beni-Saf, Mostaganem, Arzew et Nemours ; il jouit néanmoins d'une prédominance incontestée, puisque le nombre des entrées et sorties s'est élevé en 1928 à 11.073 navires, d'un tonnage total de 19.747 milliers de tonneaux, avec 3.602 milliers de tonnes de marchandises effectivement débarquées et embarquées ; il s'est ainsi classé pour la première fois avant Alger à tous les points de vue. Toutefois la supériorité des chiffres concernant le port d'Oran sur ceux du port d'Alger n'est due qu'à l'activité croissante d'Oran comme point d'escale : si l'on fait abstraction des navires relâcheurs (2.534 bâtiments de 6.152 milliers de tonneaux pour Oran, 1.028 bâtiments de 2.600 m. tx pour Alger, aux entrées et aux sorties) et des cargaisons de houille exclusivement affectées à leur avitaillement (2.395 milliers de tonnes de houille pour Oran et 1.478 m. t. pour Alger), on constate que la capitale de l'Algérie conserve le premier rang pour d'Afrique du Nord. Les progrès du port d'Oran n'en sont pas moins certains : son trafic a plus que doublé depuis 1913, et l'année 1929 marque un nouveau pas en avant (11.581 navires entrés et sortis, de 20.966 milliers de tonneaux, et 3.805 milliers de tonnes de marchandises débarquées et embarquées).

Dans la partie orientale des côtes algériennes, le mouvement de concentration est moins avancé que dans le reste du pays. Le port de Bône a distancé tous ses concurrents : en 1928, il se classe au neuvième rang des ports français, après Alger et Nantes, avec 1.949 milliers de tonnes de marchandises (3.732 navires et 4.236 milliers de tonneaux), en en 1929 un progrès assez important a été réalisé (4.112 navires, 4.248 milliers de tonneaux, et 2.295 milliers de tonnes de marchandises) ; mais Philippeville, Bougie, Djidjelli et Collo occupent encore un rang honorable, sinon quant au tonnage des marchandises débarquées et embarquées, du moins quant au nombre et au tonnage des navires (en 1929 près de 3.000 navires et plus de 2 millions de tonneaux pour Philippeville).

L'examen des statistiques concernant l'ensemble des ports algériens fait apparaître deux faits intéressants : — 1° le tonnage des marchandises embarquées dépasse celui des marchandises débarquées (en 1928, 6.640 m. t. contre 4.056 m. t.), chaque port présentant un excédent des embarquements sur les débarquements ; en 1929, 6.955 m. t. contre 4.828, cette différence affectant seulement une partie des ports) ; dans la métropole, on observe un mouvement exactement opposé, mais cette opposition est due à ce que l'Algérie, pays neuf de structure agricole, exporte surtout des minerais, des phosphates et des produits agricoles, dont le poids est considérable par rapport à leur valeur, et importe principalement des produits fabriqués, dont le poids est faible par rapport à leur valeur, tandis que la métropole, nation de vieille civilisation industrielle, importe surtout des matières premières et exporte surtout des produits fabriqués ; — 2° la part du pavillon français, dans la navigation algérienne comme dans la navigation métropolitaine, est assez faible (en 1928, 5.245 navires et 8.138 m. tx sous pavillon français contre 5.604 navires et 9.840 m. tx sous pavillon étranger ; en 1929, 5.427 navires et 9.312 m. tx sous pavillon français contre 5.493 navires et 10.047 m. tx sous pavillon étranger ; cette proportion reste à peu près constante chaque année) ; les bâtiments anglais, italiens et espagnols fournissent un aliment particulièrement important au mouvement des ports algériens.

Mme Mathéa GAUDRY-BOAGLIO
Docteur en Droit, Avocate à la Cour d'appel d'Alger.

LA VIE ÉCONOMIQUE DU CHAOUIA DE L'AURÈS (1)

Le Chaouia est, avant tout, un agriculteur. Très attaché à sa terre, il émigre peu et la question de la propriété foncière a, pour lui, une importance de premier ordre.

Son travail agricole est compliqué par les difficultés de l'irrigation. L'eau a, en Aurès, une valeur intrinsèque indépendante de celle du fonds. Elle est distribuée à chacun, durant un laps de temps rigoureusement chronométré, par un notable spécialisé, sous le contrôle du bénéficiaire.

Les nécessités de la transhumance et la distance qui sépare souvent les terres de culture obligent la plupart des tribus à un nomadisme de durée variable et dont la répercussion sur la vie familiale se fait diversement sentir. (A la question du nomadisme est liée celle des greniers communs.)

La fonction industrielle de l'Aurasien, si elle n'a pas le caractère général et fondamental de sa fonction agricole, n'est cependant pas négligeable. Opposée à celle de l'Aurasienne, elle représente, en raison de l'outillage employé, un stade plus avancé ; de plus, alors que l'activité industrielle féminine évolue dans le cadre familial, celle de l'homme a un caractère régional et est commercialisée.

Les industries masculines sont : l'industrie de l'huile, la mouture du grain au moulin à eau, la confection de certains vêtements, la cordonnerie, la sparterie, le travail du bois, du fer, la bijouterie, la fabrication des meules, de la poudre à fusil, etc...

Bien que l'activité commerciale soit, en Aurès, assez limitée, elle se présente sous plusieurs aspects.

C'est d'abord le commerce local des villages (bouchers, épiciers, cafetiers) ; c'est ensuite le commerce ambulant des colporteurs (souvent étrangers, notamment kabyles), parmi lesquels on peut classer quelques fabricants chaouia qui, par intermittence, vont, de bourg en

(1) La communication faite au Congrès (esquisse d'un ouvrage en préparation) est ici réduite à quelques idées essentielles.

bourg, soit pour vendre des objets fabriqués à l'avance, soit pour en fabriquer sur place ; c'est enfin le commerce des marchés annuels, marchés qui coïncident comme dates et comme lieux avec les grands pèlerinages.

Les transactions se font moyennant payement en espèces ou en nature. En ce dernier cas, les modalités du troc varient avec l'abondance des récoltes.

Le soin d'opérer les transactions appartenant, en règle générale, à l'homme, celui-ci se trouve plus que la femme en contact avec le milieu extérieur. Toutefois, il faut noter que ces transactions restreintes se font dans un cercle jamais renouvelé et, par conséquent, assez pauvre en suggestions.

En somme, le Chaouia mène, dans un milieu presque inchangé, une vie très repliée. C'est un demi-nomade sans cesse en mouvement, mais toujours attaché à la même œuvre. Ses déplacements sont donc fort différents et de l'émigration méthodiquement organisée du Mzabite et de l'émigration kabyle, dont l'énorme poussée semble être la résultante d'une véritable contagion mentale. L'agriculture absorbe la presque totalité de ses efforts. Malheureusemnt, il est à la merci des fléaux de la nature et sur lui pèse la constante menace de la pauvreté. L'amélioration de sa vie matérielle par tous les moyens nécessaires, est donc le premier bienfait qu'il faille lui offrir.

Fernand LABORDE

Ingénieur E. C. P.,

Vice-président de la Chambre des Intérêts miniers de la Tunisie.

1° POSSIBILITÉS ÉCONOMIQUES DU TRANSSAHARIEN

L' « Organisme d'études » du chemin de fer Transsaharien a adopté le tracé Nemours-Oudjda-Colomb Béchar-Reggan-In Tassit. A partir d'In Tassit, deux branches desserviraient le Soudan français sur la rive gauche du Niger, la première irait d'In Tassit à Segou, en remontant la vallée ; la secode, d'In Tassit à Niamey en la descendant. On compte 2.269 kilomètres de Nemours à In Tassit, 973 d'In Tassit à Segou, 565 d'In Tassit à Niamey.

Au point de vue des régions traversées et des ressources qu'elles peuvent fournir au trafic, ce tracé comprend quatre secteurs bien distincts. De Nemours à Colomb Béchar, 469 kilomètres en zone algéro-marocaine, sans aucun caractère transsaharien. De Colomb Béchar à Reggan, zone d'oasis saharienne, avec trafic local négligeable. De Reggan à In Tassit, zone désertique saharienne constituant le Transsaharien proprement dit et sans trafic local à espérer. Enfin, de Segou à Niamey par In Tassit, zone nigérienne de 1.538 kilomètres pouvant bénéficier d'un trafic local important, lorsque l'aménagement de la vallée du Niger sera réalisé, notamment au moyen d'irrigations.

De Colomb Béchar à In Tassit, dans la zone saharienne dépourvue de tout trafic local, on compte presque uniquement, pour rémunérer les capitaux à investir dans le Transsaharien, sur le trafic à longue distance qui s'établirait entre le Soudan français et l'Algérie, ou même entre le Soudan français, la France et l'étranger, grâce aux facilités de transport qui résulteraient de la création du Transsaharien. L' « Organisme d'études » escompte qu'un important courant d'échanges naîtrait entre le Soudan Français et l'Afrique du Nord. Pour commencer, l'Afrique du Nord enverrait des colons, de la main-d'œuvre et des produits au Soudan français. Plus tard, elle en recevrait les produits de la vallée du Niger après sa mise en valeur, et transformerait certains d'entre eux dans ses usines. Il estime enfin que la construction du Transsaharien est absolument nécessaire à la mise en valeur du Soudan français.

Mais ces prévisions et cette thèse ne tiennent pas un compte exact des conditions géographiques du Soudan français, ni des possibilités économiques qui en résultent.

*
* *

Pour le mettre en évidence, il faut, en premier lieu, rappeler que les transports maritimes sont en moyenne dix fois moins chers, à distance égale et pour une même marchandise, que les transports par chemins de fer.

En second lieu, il faut comparer les distances de Bourem — point le plus septentrional de la boucle du Niger et par conséquent le plus susceptible de tirer avantage des transports par le Transsaharien — aux ports qui pourraient lui être reliés par voie ferrée. Or, on mesure 2.500 kilomètres de Bourem à Oran et 1.300 kilomètres de Bourem à Cotonou qui est incontestablement le port le plus rapproché. Cet avantage de 1.200 kilomètres sur terre correspond à un trajet maritime de 12.000 kilomètres.

Une marchandise chargée à Bourem sur wagon et à Cotonou sur bateau peut donc être finalement transportée par mer à 13.200 kilomètres de Bourem pour le même prix que de Bourem à Oran par le Transsaharien.

En particulier, comme la distance par mer de Cotonou à Oran est d'environ 6.600 kilomètres, ce qui équivaut à 660 km. par terre, la distance de transport de Bourem à Oran par Cotonou est de 1.300+660=1.960 km. Il y a donc, en moyenne, une économie d'environ 21 % à effectuer ce transit par Cotonou.

A plus forte raison, pour les transports en provenance ou à destination de tous les points au delà d'Oran, notamment de la France, de l'Europe et de l'Amérique.

Le transit par Cotonou est encore plus avantageux pour Niamey et par suite Cotonou est le point naturel d'entrée ou de sortie, en territoire français, pour toute la vallée du Niger en aval de Bourem.

Entre Bourem et Segou, une certaine zone du Soudan français trouve encore son transit naturel par Cotonou ; mais, à mesure qu'on avance vers Segou, c'est Conakry qui devient le point de transit économique.

Quand on entre dans le détail des distances et des prix de transport correspondants, on arrive à cette conclusion que toutes les exportations en provenance du Soudan français et toutes les importations dans cette colonie ont un avantage considérable à transiter par Cotonou ou par Conakry plutôt que d'emprunter le Transsaharien. Qu'il s'agisse d'échange avec l'Algérie, la France ou l'étranger, la conclusion est la même. Et sur la base des tarifs actuels de transport, le désavantage du Transsaharien s'élève facilement à une moyenne de 1.000 francs par tonne transportée.

Comme aucun obstacle géographique appréciable ne s'élève entre le Niger et Cotonou ou Conakry, alors que le Sahara et l'Atlas le séparent d'Oran ; comme les régions entre le Niger et le golfe de Guinée sont peuplées, riches en ressources, alors que de Bourem à l'Atlas on ne trouve guère ni homme ni produits ; comme la sécurité du Transsaharien comporte des charges militaires dont la traversée du Dahomey ou de la Guinée sont exemptes, il y a dans ces circonstances de nouveaux et importants avantages en faveur de la mise en valeur du Soudan français à partir du golfe de Guinée pour tout ce qui se rapporte au trafic des marchandises.

Quant au mouvement des voyageurs, c'est une illusion de croire que l'Afrique du Nord, qui manque au plus haut point de cadres et de main-d'œuvre pour elle-même, pourrait en fournir au Soudan français, à moins d'une complète transformation de la politique économique dans l'Afrique du Nord, dont on ne remarque aucun signe précurseur, ou de quelque crise économique qui ne manquerait pas de retarder simultanément la mise en valeur du Soudan.

D'ailleurs, les prix prévus pour la traversée du Sahara — 3.000 à 6.000 francs par personne aller et retour — sont tels qu'ils ne conviendraient qu'à des voyageurs fortunés et pressés dont les préférences risquent beaucoup d'aller à l'automobile ou à l'avion plutôt qu'au chemin de fer.

*
* *

Enfin les comparaisons qui ont été avancées entre le Soudan français et divers autres pays, tels que le Maroc, l'Algérie, la Tunisie, le Soudan égyptien ou l'Australie, pour en déduire les chances de rapidité et de succès du développement des exportations du Soudan français sont inadéquates pour plusieurs raisons.

La principale, c'est que, dans tous ces pays, les plus fortes proportions des habitants et des produits exportables sont groupées à proximité de la mer, souvent à 50 ou 100 kilomètres des ports, ou sur les rives d'un fleuve navigable. Tandis que le Soudan français, à défaut d'une sortie naturelle et pratique par le bas Niger qui ne nous appartient pas, constitue une région dépeuplée, entre 1.000 et 1.300 kilomètres des ports les plus rapprochés.

*
* *

Pour toutes ces raisons, et sans même faire allusion, faute de place dans cette courte note, à la surproduction actuelle de toutes les denrées que notre Soudan est susceptible de produire, la mise en valeur de cette colonie ne dépend nullement de la réalisation du Transsaharien.

On peut dire, au contraire, que la mise en valeur du Soudan français sera facilitée dans toute la mesure où le transport des marchandises nécessaires à son équipement et celui de ses produits échapperont aux charges onéreuses, et souvent prohibitives, que lui imposerait la nécessité d'utiliser le chemin de fer transsaharien.

A raison de 1.000 francs par tonne et pour 540.000 tonnes annuelles jugées nécessaires à l'équilibre du budget du Transsaharien, la charge supplémentaire atteindrait environ 540 millions au préjudice du Soudan français.

Ceci n'enlève rien aux arguments d'ordre moral, politique, national ou militaire qu'on fait valoir en faveur de la construction du Transsaharien, mais il faut s'abstenir de lui attribuer des possibilités économiques qu'il ne possède pas, et dont la perspective, imprudemment évoquée devant l'opinion publique, n'aboutirait qu'à de pénibles désillusions.

2° INFLUENCES PERTURBATRICES SUR LE DÉVELOPPEMENT ÉCONOMIQUE DE L'AFRIQUE DU NORD

RÉSUMÉ

Cette communication tend à démontrer que le développement économique de l'Afrique française du Nord est troublé : 1° par le défaut d'entente entre la Tunisie, l'Algérie et le Maroc ; 2° par l'extension excessive de certaines interventions de l'Etat en matière minière, agricole et commerciale ; 3° par l'abus de certaines formes du crédit.

Plusieurs exemples sont fournis, notamment :

Sur le premier point par l'insuffisance des communications routières et ferroviaires entre les trois pays ;

Sur le second, par le développement prématuré de certaines productions minières, par l'extension exagérée de la colonisation officielle. par l'orientation de la politique douanière ;

Sur le troisième, par l'examen de la circulation fiduciaire et des crédits commerciaux, en rapport avec l'encaisse-or, avec le chiffre de la population et avec sa capacité productive.

Max LAMOUCHE

Docteur en Droit.

LES CARACTÉRISTIQUES DE L'ÉCONOMIE ALGÉRIENNE ET LE SYSTÈME FISCAL DE LA COLONIE

Un bon système fiscal doit notamment répondre aux deux idées de justice et de rendement.

La notion de justice dans la répartition de l'impôt, bien que n'étant pas étrangère à la science économique pure, a l'inconvénient de comporter une part considérable d'appréciation personnelle.

Au contraire, la question du rendement est essentiellement objective ; son étude met en jeu certains faits d'expérience. certaines lois économiques qu'il est imprudent de négliger à l'heure des décisions.

Ces deux notions sont en réalité liées, aussi bien aux yeux de l'économiste non dépourvu d'idéal qu'à ceux du praticien chargé d'assurer l'équilibre budgétaire sans s'affranchir des préoccupations d'ordre politique. Mais la deuxième l'emporte en définitive, et apparaît d'autant plus importante qu'il s'agit d'un pays moins avancé en civilisation. Envisagé seulement de ce dernier point de vue pratique, utilitaire, un bon système fiscal doit procurer des ressources suffisantes et régulières, tout en permettant à la matière imposable de se renouveler et même de se développer, et sans occasionner trop de frais ni de tracasseries ; le choix d'un tel système est donc inséparable de l'examen des conjonctures économiques locales.

Au moment où, dans tous les domaines, on cherche à tirer un enseignement de l'expérience séculaire de l'administration française en Algérie, il a paru intéressant d'appliquer les considérations précédentes au cas particulier de cette colonie, afin de pouvoir émettre sur le régime fiscal de celle-ci un avis impartial et motivé.

En raison de la brièveté obligatoire de cette communication, il va de soi que les faits et les idées qui en forment la substance seront seulement énoncées, avec le développement strictement nécessaire à l'enchaînement et à la clarté de l'exposé.

Economie agricole et Economie industrielle

En tout pays, la situation économique dépend non seulement des conditions locales, mais aussi de conditions mondiales. Cette dépendance de la situation mondiale s'accentue avec le perfectionnement des moyens de transport et de communication, qui élargit les débouchés et, par suite, le champ d'application de la loi de l'offre et de la demande.

Il tend ainsi à s'établir, pour nombre de produits — sous réserve des écarts imputables aux frais de transport, d'assurances, de douane — un « cours moyen » mondial. Mais la fixation de ce cours mondial n'obéit pas aux mêmes règles pour toutes les marchandises.

En effet, pour maint produit naturel courant venant à peu près sous tous les climats (blé, orge, maïs, bétail de ferme, etc.), le cours s'établit en quelque sorte automatiquement chaque année, dès que l'on connaît approximativement l'importance de la récolte ou les variations survenues das la consistance du cheptel. L'homme a bien sa part d'influence dans cette fixation des prix, puisqu'il peut renoncer à une culture pour en entreprendre une autre ; mais cette possibilité est bien limitée, tant par les difficultés d'un changement d'exploitation que par les conditions géologiques et climatériques. On peut donc dire que dans ce cas, et même en tenant compte des progrès du crédit et de la coopération, les forces naturelles ont une action prépondérante sur les cours.

Au contraire, le marché des produits manufacturés est beaucoup mieux contrôlable, car les industriels peuvent, avec un outillage donné, accroître ou resreindre leur production dans une assez large mesure : la concentration des entreprises et le développement de la standardisation combattent en effet de plus en plus efficacement les méfaits de la surproduction. La volonté et l'esprit de calcul du chef d'exploitation ont également une influence primordiale sur la fixation des cours de certains produits naturels pour lesquels il existe des monopoles ou des quasi-monopoles de fait (diamant, pétrole, café, caoutchouc, etc.).

En principe, un pays est donc d'autant mieux armé pour la lutte économique internationle, qu'il produit plus de marchandises de la deuxième catégorie, car il achète les produits de la première catégorie au prix mondial établi automatiquement en dehors de toute volonté humaine ; si ce prix est bas, il y trouve un avantage évident ; si ce prix est fort, il peut compenser dans une certaine mesure ce décaissement anormal par une majoration de recette provenant de la vente des marchandises de la deuxième catégorie, dont il est par hypothèse gros producteur et sur le cours desquelles il a un pouvoir direct. Quant au pays qui produit principalement des marchandises de la première catégorie, il est avantagé quand celles-ci se vendent cher, mais n'a pas de compensation quand leur cours tombe ou lorsque leur cours élevé correspond à une production exceptionnellement faible.

Ces considérations très schématiques n'intéressent, bien entendu, que la balance commerciale, mais cette circonstance ne paraît pas de nature à fausser le raisonnement, la balance commerciale constituant, dans la plupart des pays, le principal élément de la balance des comptes. En réalité, les pays les plus favorisés semblent être ceux qui peuvent obtenir un dosage harmonieux de l'économie agricole et de l'économie industrielle.

L'Economie algérienne

L'Algérie se range incontestablement parmi les pays de la première catégorie. Elle posséderait bien un avantage pour la vigne, qui est loin de pousser partout et dont elle a fait une de ses grandes cultures ; mais la production considérable des autres pays méditerranéens et la limitation, pour ne pas dire la restriction de la consommation du vin diminuent sensiblement cet avantage. En dehors de la vigne, les principales richesses de l'Algérie sont les céréales, le bétail et les minerais de fer et de zinc , on peut enfin citer le tabac et l'alfa. Quant aux cultures fruitières, florales et maraîchères, leur production est à peu près réservée aux marchés local et métropolitain. Des quantités insignifiantes de coton. de pétrole, de charbon. Ni diamant, ni arbres précieux, ni caoutchouc, ni jute, ni riz. Pas d'industrie lourde, et même aucune industrie en dehors de celles des engrais et des matériaux de construction, des minoteries, des usines à gaz et à électricité.

En résumé, la Colonie, pays économiquement incomplet vendant principalement des produits agricoles courants, se trouve dans une situation nettement défavorable. Et elle n'a pas même, sauf peut-être dans une certaine mesure pour le vin, la possibilité d'influencer sensiblement les cours mondiaux, car sa production annuelle est très faible en regard de la production mondiale. Le tableau ci-dessous, dont les données ont été extraites des documents statistiques de l'Algérie et de l'Annuaire international de statistique agricole (Rome 1929), permet à cet égard une comparaison édifiante :

PRODUITS	ALGÉRIE PRODUCTION 1928-1929 OU EFFECTIF DU TROUPEAU	ENSEMBLE DU MONDE PRODUCTION ANNUELLE APPROXIMATIVE OU EFFECTIF MOYEN DU TROUPEAU	Pourcentage de la production mondiale que représente la production algérienne
Blé................	9.064.662 quintaux	1.200.000.000 quint.	0,75 %
Orge...............	8.805.852 —	400.000.000 —	2,20 %
Maïs...............	68.649 —	1.100.000.000 —	0,006 %
Vin................	12.832.430 hectolit.	170.000.000 hectol.	7,50 %
Troupeau chevalin ...	163.226 têtes	70.000.000 têtes	0,23 %
Troupeau bovin......	896.739 —	380.000.000 —	0,24 %
Troupeau ovin.......	6.195.000 —	400.000.000 —	1,55 %
Minerai de fer extrait.	2.000.000 tonnes	160.000.000 tonnes	1,25 %

Une mauvaise récolte ou une baisse appréciable des cours suffit donc pour appauvrir toute l'Algérie ; car le commerce local pâtit naturellement de la gêne des cultivateurs, comme il profite de leur opulence. Or, sous ce climat capricieux, les mauvaises années ne sont pas rares ; les deux tableaux suivants montrent que les oscillations du rendement sont considérables au cours d'une période donnée, quinze à vingt ans par exemple :

RENDEMENT		ANNÉES						
		1911	1916	1920	1921	1923	1926	1929
Nombre de quintaux à l'hectare	blé tendre...	9,2	7,8	4,4	7,6	10,6	4,4	7,6
	blé dur......	7,3	5,4	2,8	5,9	7,1	4,2	5,5
	blé (total) ...	7,7	6	3,2	6,3	7,8	4,2	5,9
	orge	7,6	6,3	3,5	6,6	8,3	3,5	6,2
Nombre d'hectolitres de vin à l'hectare.		57	44	41	30	56	40	57

NOMBRE DE TÊTES DU TROUPEAU	ANNÉES					
	1911	1914	1920	1923	1926	1929
Chevalin ...	226.764	202.839	164.889	157.100	167.300	163.226
Bovin......	1.113 932	1.093.000	873.212	794.271	945.500	896.739
Ovin	8.528.610	9.239.000	7.259.175	5.396.557	6.786.466	6.195.723

Le revenu privé algérien est ainsi caractérisé par son irrégularité. Cet inconvénient est aggravé dans ses effets par l'insouciance et l'imprévoyance de la majeure partie de la population ; celle-ci se compose en effet, pour près de cinq sixièmes, d'indigènes ignorants et vivant absolument au jour le jour.

Le régime fiscal de l'Algérie

Quel est le régime fiscal de ce pays essentiellement agricole, irrégulier dans sa production et peuplé d'imprévoyants ? A peu près celui de la France. Sauf, en effet, l'impôt sur le chiffre d'affaires, tous les impôts à gros rendement de la Métropole existent dans la Colonie, avec des modalités presque identiques.

D'après les indications de l'état B annexé au décret du 31 décembre 1929, réglant le budget de l'Algérie pour l'exercice 1930, sur un milliard environ de recettes escomptées au titre du budget ordinaire, les impôts doivent fournir, en nombres ronds, les apports respectifs suivants :

Impôts directs et taxes assimilées .... Fr.	171.000.000
Droits d'enregistrement	199.000.000
Droits de timbre	55.000.000
Taxe sur le revenu des valeurs mobilières	18.000.000
Droits de douane, de navigation, etc.	128.000.000
Impôt sur les tabacs	136.000.000
Droit sur les alcools	36.000.000
Surtaxe sur les alcools de bouche	24.000.000
Droits sur les essences, carburants et bandages caoutchoutés	33.000.000
Autres impôts indirects (droits de circulation, licences, taxes sur les spectacles, etc.)	38.000.000
Total .... Fr.	838.000.000

Le surplus est constitué par les revenus du domaine (66.000.000) et par des recettes d'ordre et produits divers (une centaine de millions).

Les impôts directs et taxes assimilées sont en presque totalité basés sur le revenu annuel et, par suite, leur produit est fonction de la prospérité économique : nous signalerons toutefois que la contribution foncière (32 millions) et l'impôt sur les bénéfices de l'exploitation agricole (24 millions) sont calculés d'après un revenu moyen forfaitaire.

Parmi les droits d'enregistrement, le droit sur les mutations à titre onéreux d'immeubles et droits immobiliers (99 millions) a un rendement solidaire au premier chef de la situation économique. Par contre, en raison de leur assiette même, les droits sur les autres conventions et actes civils, administratifs et de l'état civil (43 millions) présentent quelque fixité. Les droits de timbre (55 millions), n'étant pas tous proportionnels, échappent également dans une certaine mesure à l'instabilité.

La taxe sur le revenu des valeurs mobilières rapporte en proportion des bénéfices mis en distribution.

Les droits de douane à l'importation (100 millions) sont également sujets à de sensibles variations, avec toutefois une limite inférieure assez élevée, car même en période difficile, l'Algérie est tenue, pour subsister, d'importer un minimum de marchandises étrangères.

Le rendement de l'impôt sur les tabacs est assez sensible aux variations des récoltes ; il est en outre très sensible aux variations du taux de l'impôt, car, s'agissant d'une marchandise non indispensable, une légère modification du tarif entraîne des différences considérables dans la consommation ; le régime optimum de cette taxe paraît à peu près trouvé aujourd'hui si l'on en juge par l'importance des ressources qu'elle procure chaque année.

Quant aux droits sur les alcools et essences et, en général, à tous les impôts indirects sur les consommations, leur produit est solidaire du mouvement des prix et de la consommation ; toutefois, pour beaucoup d'entre eux, l'instabilité est tempérée par le fait qu'ils sont calculés non ad valorem, mais à tant par unité de mesure (quintal ou hectolitre).

Les résultats obtenus et la situation actuelle

Jusqu'en 1914, les dépenses budgétaires, bien qu'en augmentation constante, étaient en valeur absolue assez peu importantes pour être couvertes sans difficulté par des impôts à taux modéré. Au surplus, les impôts arabes étaient en fait établis forfaitairement et constituaient bon an mal an, avec la patente et l'impôt foncier, un fonds stable de ressources (13 millions de francs de Germinal au budget de 1913 sur un total de recettes fiscales de 64 millions).

Depuis la guerre, l'accroissement des dépenses publiques a coïncidé avec une ère de maladie monétaire dont les effets ont quelque peu faussé, ou tout au moins masqué aux yeux du public le jeu classique des lois économiques ; la dépréciation automatique et progressive du franc-papier entraînait une hausse constante des prix et créait une prospérité, en grande partie factice, mais à la faveur de laquelle le rendement des impôts suivait une marche ascendante. Grâce à la modération des évaluations de recettes et à l'élévation corrélative des tarifs, on enregistra en fait des plus-values fiscales considérables qui permirent de solder les budgets en excédent de ressources. Mais l'établissement du monométallisme-or à partir de 1928 rétablit peu à peu la situation normale ; le resserrement du crédit, la mévente, l'accroissement du nombre des faillites sont à l'heure actuelle des manifestations non équivoques de la crise consécutive à la réaction contre les excès de la période précédente.

On est donc fondé à penser que, pendant les exercices futurs, il se produira de sensibles moins-values dans le rendement de la plupart des impôts. Comme, d'autre part, les dépenses ne sont guère compressibles, en raison de l'extension ininterrompue des attributions de la puissance publique, les difficultés budgétaires paraissent inévitables.

Pour atténuer ces difficultés, il conviendrait de s'assurer des recettes à la fois importantes et soustraites le plus possible aux fluctuations économiques : le but cherché serait en partie atteint par l'institution d'une capitation et d'une taxe foncière proportionnelle à la superficie des terres. Une telle proposition peut évidemment, au vingtième siècle, soulever une violente réprobation exprimée par les épithètes sonores de barbare, rétrograde, antidémocratique ; mais les mots ne changent rien à la chose ; un pays à économie peu complexe et à peine ouvert à la civilisation moderne ne s'offre pas impunément le luxe d'un régime appliqué chez les nations européennes qui dirigent le progrès. Au tarif modéré de 8 à 10 francs par tête, les six millions d'habitants de l'Algérie verseraient une capitation annuelle de cinquante millions ; au taux encore plus modéré de 10 francs par hectare, les quelque 15 millions d'hectares de terre de l'Algérie du Nord n'appartenant pas à l'Etat ou à la Colonie fourniraient cent cinquante millions par an, alors que le montant cumulé de la contribution foncière des propriétés bâties et de l'impôt sur les bénéfices agricoles s'élève actuellement à moins de cinquante millions. En rétablissant la patente (30 millions environ), on obtiendrait, avec ceux des impôts déjà existants dont le rendement est le moins lié aux fluctuations économiques, une base constante de plus de six cents millions. Bien entendu, les impôts actuels ne seraient pas supprimés, mais certains d'entre eux, comme les impôts sur le revenu, formeraient un volant, un appoint, et leurs tarifs actuels pourraient être abaissés en tenant compte de leur nouvelle fonction ; on aurait ainsi un droit complémentaire sur les terres des meilleures qualités, un impôt sur les bénéfices et revenus dépassant une certaine quotité, etc.

En résumé, le système envisagé tient compte de cette double idée qu'il faut un fond, un substratum stable de ressources budgétaires, et que les cotes moyennes ou petites, mais multiples, offrent un rendement global très supérieur à celui des impositions massives, mais peu nombreuses.

Conclusion

L'Administration algérienne et les Assemblées financières, guidées par un idéal qui les honore, ont opéré en 1918, par la suppression des impôts arabes, un déplacement des charges publiques tout à l'avantage de nos sujets. Bien que nous fassions, conformément à l'esprit de la présente étude, toutes réserves sur la valeur pratique de l'assimilation fiscale des indigènes, c'est rendre un hommage mérité à l'esprit libéral de la France que de rappeler un tel geste en cette année de commémoration ; mais c'est en même temps trouver la conviction que les arguments mis en avant pour faire valoir notre système ne résisteront pas aux objections d'ordre sentimental.

Devons-nous le regretter ? Pas nécessairement, car le législateur, auquel n'ont pas échappé les particularités de l'économie algérienne, a déjà prévu une autre solution : l'article 13 de la loi du 19 décembre 1900, accordant à l'Algérie la décentralisation financière, a en effet institué un fonds de réserve qui doit, aux termes mêmes de l'exposé des motifs, « être une sorte de régulateur entre les bonnes années et les mauvaises ». Un des principaux inconvénients que nous voyons à ce régime est l'immobilisation de capitaux qui en résulte et qui doit porter sur des sommes considérables si l'on veut obtenir une véritable « réserve », répondant au but pour lequel elle a été créée. Mais toute œuvre est perfectible, et nous ne demandons qu'à pouvoir reconnaître, dans l'avenir, l'inutilité d'un bouleversement de l'ordre de choses établi.

Camille LION

LES MOUVEMENTS DE PRIX DU COTON

Nous étant spécialement occupé depuis de longues années des prix du coton, nous nous sommes mis à la disposition du Président, pour le cas où quelques explications orales aient été jugées intéressantes.

Ancien négociant et filateur de coton nous avons été amené à enregistrer les prix de la cote du Havre, pour cette matière, tous les vendredis, jour de la Bourse de Rouen.

Le coton, que les Anglais appellent le « Roi Coton », avec raison, à cause de sa valeur marchande, qui n'est égalée par aucun autre produit, est coté presque chaque heure dans les Bourses textiles du monde entier. La clôture de chaque jour à 16 heures au Havre indique le prix du « Terme », c'est ce que nous avons pris pour base.

Le graphique que nous vous soumettons comprend les années 1913 à 1926, chaque mois indiqué par son initiale donne la moyenne des quatre ou cinq vendredis du mois.

La cote se faisait autrefois aux 100 livres, elle a été transformée aux 50 kilos. Cela paraît bizarre à ceux qui n'y sont pas habitués, parce que certains produits comme la laine s'y vendent aux 100 kilos.

Avant 1914, les prix subissaient généralement peu de variations en hausse ou en baisse, sauf pendant une année exceptionnelle comme 1904, qui fut une année de spéculation. Ce qui valut en janvier 104 francs descendit en décembre à 45 francs les 50 kilos.

Ces variations étaient la conséquence de bonnes ou de mauvaises récoles, de l'influence de l'état des affaires et aussi de la loi de l'offre et de la demande.

La moyenne des prix de 1913 et 1914 est de 85 à 90. environ 1,75 le kilog.

La déclaration de guerre ayant arrêté toutes les affaires, il n'y eut pas de cote pendant les mois d'août, de septembre et d'octobre ; elle reprit en novembre à 55 et le 4 décembre 1914, elle descendit à 51 *ou* 1 *fr.* 02 *le kilog*, conséquence de la fermeture des usines dont 80 % du personnel ouvrier était mobilisé.

Pour l'habillement de tous ces soldats, l'intendance fut obligée d'acheter ce qu'elle trouva à l'étranger en le payant en dollars ou en livres sterling, mais à partir de 1915 jusqu'en 1918, elle démobilisa une partie des ouvriers textiles pour pouvoir remettre en marche des filatures et des tissages dont les produits lui étaient indispensibles et destinés à la confection des chemises, caleçons, vareuses, capotes, doublures, toiles de tentes; masques à gaz, etc...

En 1918, les prix montèrent *à* 400, 8 *fr. le kilog.*

En février 1919. ils revinrent *à* 220, 4,40 *le kilog.* Des variations constantes se produisirent sur la livre sterling qui cotait 25 à 26 fr. D'après un accord, elle fut fixée à 26 francs à partir de janvier 1919.

Durant cette année, la récolte américaine est moins abondante, la demande continue, la livre devient tellement indispensable pour le paiement de certains achats en Angleterre que les détenteurs la font payer de plus en plus cher et elle dépasse 41 francs en décembre. Le coton monte *à* 560, 11,20 *le kilog.*

En 1920, les prix continuent de s'élever, atteignent 970, 19,40, tandis que la livre monte à plus de 63 francs le 12 avril

Les affaires deviennent de plus en plus mauvaises, la baisse devient affolante et l'année se termine à 365, 6,10 le kilog, ce qui a amené de nombreuses liquidations judiciaires, faillites, et arrangements de toutes sortes.

En 1921, la baisse continue, arrive à 180, 3,60 en juin, les prix remontent à 365, 7,30 en septembre pour finir à 295. 5,90, en décembre.

En 1922, le marché a été assaini, les affaires reprennent et l'année se termine à 440, 8,80 *le kilog*.

En 1923, la cote indique 510, 10,20 avec la livre à plus de 69 francs. Un mouvement de hausse se prépare et après une hésitation en avril et mai, il fonce en avant pour obtenir 845, 16,90 en décembre avec la livre à près de 83 francs.

Au commencement de 1924 encore une pointe qui s'accentue, pour gagner 1063, 21,26 *le kilog* avec la livre à plus de 97 le 10 mars. La fin de l'année se termine par une baisse sensible et la cote est de 570, 11,40, en décembre, la livre à plus de 97.

L'année 1925 se maintient aux environs de 650, 13, quoique la livre ait subi une progression ascendante très sérieuse puisqu'elle finit à environ 130.

L'année 1926 marque encore une étape douloureuse pour toute l'industrie textile ; la livre continuant à monter démesurément provoque un affolement progressif qui a son maximum le 20 juillet. Le coton est coté 1.163, 23,26 le kilog et la livre à plus de 238 francs. Ce sont de nouvelles débâcles et des affaires déplorables. L'année se termine à 425, 8,50 *le kilog* et la livre à 123 francs.

Il ne s'est jamais produit dans l'histoire du coton et à aucune époque de semblables fluctuations, il nous a paru intéressant de les dégager et de les faire connaître au point de vue de la documentation. Elles montrent les difficultés rencontrées par les industries textiles pendant et après guerre, et laissent entrevoir les perturbations intenses qu'elles ont subies. On peut se demander comment il a été possible de travailler dans de semblables conditions.

Si nous prenons les extrêmes, nous trouvons un minimum de 51 *ou* 1,02 *le kilog* en décembre 1914, la livre à 25,20 et le maximum 1.163, 23,36 *le kilog* en juillet 1926, la livre à 238,50 ; l'augmentation peut se traduire par le coefficient de 23. Nous ne connaissons aucun article qui ait atteint un coefficient semblable, et souhaitons que nous ne revoyons jamais des temps aussi troublés.

Mlle Jeanne MAGUELONNE
Docteur en Droit.

ETAT DE LA POPULATION ITALIENNE EN ALGÉRIE

L'Italie, pays de richesse moyenne et de population très dense, a toujours compté de nombreux émigrants, et la terre nord-africaine, si proche, ne pouvait manquer d'exercer sur eux une grande attraction.

Dès le début de l'occupation, certains d'entre eux vinrent s'installer en Algérie : en général issus des classes les plus pauvres, gardant peu d'attaches avec leur pays d'origine, ils se sont fixés sur la terre qui les faisait vivre et à la longue assimilés complètement à la population française. Aujourd'hui, plus rien, si ce n'est la consonance de leurs noms, ne distingue des Français d'origine certains descendants des pêcheurs napolitains de La Calle ou des cultivateurs piémontais, qui défrichèrent les collines environnant Philippeville.

Le développement économique de l'Algérie ouvrant des chantiers de toutes sortes, l'immigration ne pouvait que se développer et elle a continué jusqu'à ces dernières années.

Quel est donc aujourd'hui le chiffre des sujets italiens domiciliés en Algérie ? La province d'Oran en compte 2.177 sur une population européenne de 350.841 habitants, dont 198.359 Français d'origine ; celle d'Alger, 10.882 sur 307.195 habitants, dont 227.489 Français d'origine ; celle de Constantine enfin, où la proportion est de beaucoup la plus forte, comprend 15.475 Italiens sur une population européenne de 170.544 habitants, dont 120.974 Français d'origine.

Dans le département d'Oran, leur nombre très minime se répartit uniquement dans quelques centres de pêche de la côte : Mers-el-Kebir et Nemours principalement.

De même dans le département d'Alger, en dehors d'Alger même et des quelques villes principales, seuls les villages côtiers de Chiffalo, Castiglione, Sidi-Ferruch, Guyotville réunissent un chiffre d'Italiens pouvant avoir quelque importance.

Mais c'est dans le département de Constantine, au sujet duquel on a souvent parlé de colonisation italienne, qu'il est intéressant d'étudier leur apport dans les différentes branches de l'activité du pays. Au point de vue de la propriété foncière d'abord, afin de savoir si les Italiens jouent réellement un rôle important dans la possession et la culture du sol algérien. Dans les principaux centres : Constantine, Bône, Bougie, Philippeville, Sétif, la propriété urbaine, d'importance assez minime, se compose surtout de maisons appartenant à des entrepreneurs de maçonnerie, profession exercée fréquemment par des Italiens.

Quant à la propriété rurale, comparée à la propriété française et indigène, elle apparaît comme négligeable. En effet, si les maraîchers, jardiniers et petits cultivateurs sont nombreux dans les alentours de Philippeville et de Bône surtout, aucun centre de colonisation formé d'Italiens n'existe, pas plus qu'il n'existe de propriétaires fonciers possesseurs d'exploitations agricoles étendues et s'adonnant à la grande culture. Seule, la société italienne du Kef-Djemal possède dans la région de Bône à la Calle d'immenses domaines d'acquisition récente, mais les 3/4 au moins de ses 23.759 hectares sont composés de forêts. La culture occupe même fort peu de personnel italien comme locataires, gérants ou métayers. Quelques domaines forestiers, celui de l'Oued Soudan et les forêts des environs de Batna, sont exploités par des adjudicataires italiens.

Leur rôle dans l'industrie est incontestablement plus important : toutes les villes petites ou grandes comptent un nombre plus ou moins grand d'entrepreneurs de maçonnerie italiens, parfois des marbreries et des briqueteries leur appartenant. Avec quelques fabriques d'ébauchons de pipes de bruyère situées dans les forêts d'El-Milia, ce sont à peu près les seules industries exercées par les Italiens dans l'intérieur du département. Par contre, sur la côte, à Philippeville, à Stora, deux importantes sardineries appartiennent à des Italiens, sans compter les petites pêcheries disséminées en divers points du littoral. Tout cela ne représente cependant qu'une infime partie de la population italienne, et la grande majorité, si l'on retranche encore les petits commerçants et artisans, forme une importante masse ouvrière.

Cette population ouvrière elle-même est composée de 2 parties différentes : une main-d'œuvre saisonnière, faite d'ouvriers laissant leur famille en Italie, et venant pendant une partie de l'année louer leur travail comme forestiers, charbonniers, mineurs, ou maçons ; ceux-là forment une population flottante que le hasard des engagements transporte d'un endroit à l'autre de l'Algérie et qui ne s'y fixe pas ; d'autres au contraire viennent avec leur famille souvent nombreuse dans le but de demeurer définitivement dans le pays. Autrefois, ils s'installaient surtout sur la côte où ils exerçaient le métier de pêcheurs ; aujourd'hui, de préférence dans les villes, dans les exploitations de carrières comme Herbillon, ou dans les mines telles que l'Ouenza qui en occupent 294 et celles du Kouif où les ouvriers sont au nombre de 521 formant avec leurs familles un groupement de 908 sujets italiens sur le territoire de la commune mixte de Morsott.

Depuis quelques années, l'immigration italienne en Algérie est extrêmement ralentie, presque arrêtée même par suite de lois rigoureuses du gouvernement italien. Parmi les ouvriers déjà installés, certains retournent rarement en Italie, et, surtout dans les centres où ils ne forment pas un noyau important, leur intérêt aidant, ils tendent à demander la naturalisation.

Ainsi, sans vouloir négliger le rôle utile joué par les Italiens dans la colonie, on voit que leur part dans la colonisation de l'Algérie est peu importante, presque inexistante. C'est seulement comme main-d'œuvre que leur apport est utile.

Il semble d'ailleurs que si cette main-d'œuvre se raréfiait de plus en plus, il ne serait pas impossible de la remplacer, en dirigeant les indigènes vers les métiers exercés aujourd'hui principalement par les Italiens. Ce fait s'est produit de lui-même dans les forêts de Djidjelli, s'il se généralisait, il éviterait à la colonie d'avoir recours à la main-d'œuvre étrangère, et en même temps ne pourrait que contribuer à élever le niveau de vie des populations indigènes d'Algérie.

TABLEAU DE LA PROPRIETE FONCIERE ITALIENNE DANS LE DEPARTEMENT DE CONSTANTINE

I. — *Arrondissement de Constantine:*

Achats effectués par des italiens à CONSTANTINE.	1926 : 5 achats de terrains	Superficie totale : 1264 m² 5 Prix total : 32.581 fr.
	1927 : 1 » »	Superficie : 225 m² Prix : 10.600 fr.
	1928 : 1 » »	Superficie : 343 m² Prix : 21.240 fr.
	1929 : 1 maison	Prix : 45.000 fr.

Propriété urbaine : peu importante.

Propriété rurale : inexistante.

Autres centres italiens de l'arrondissement:

Ain Beïda — Tebessa (***propriétés rurale et urbaine inexistantes***).

II. — *Arrondissement de Batna:*

Batna	Propriété urbaine : maisons : 10. Propriété rurale : inexistante.
Khenchela	Propriété urbaine : maisons : 3. Propriété rurale : propriété : 1 à Edgard-Quinet.

III. — *Arrondissement de Bône:*

Bône	Propriété urbaine : propriétaires nombreux mais naturalisés.	
	Propriété rurale : 4 hectares (moulin à huile, faubourg de Bône).	
	33 » Mondovic.	
	570 » Duzerville.	
	300 » Combes.	
La Calle	Propriété urbaine : inexistante (tous naturalisés).	
	Propriété rurale : 8 propriétés peu importantes (Le Tarf Yusuf - Blandan).	
	Acquisitions récentes de la Société italienne du Kef-Djemel.	1 propriété : 333 hectares, acquise en 1924. 3 domaines forestiers : forêt du Kef Djemel : 3200 hectares. forêt de l'Oued Soudan : 12.000 hectares. dom. forest. de la comm. mixte de La Calle : 12.000 h.

IV. — *Arrondissement de Bougie:*

Bougie	Propriété urbaine : 1 propriétaire.	
	Propriété rurale : inexistante.	
Djidjelli	Propriéte urbaine 5	1 maison — prix : 20.000 francs.
		1 maison — prix : 20.000 francs.
		1 maison — prix : 30.000 francs.
		1 terrain — prix : 15.000 francs.
		1 maison — prix : 20.000 francs.
	Propriété rurale 5	1 propriété à Taher — prix : 80.000 francs.
		1 propriété à Ziama — prix : 70.000 francs.
		3 propriétés à Djidjelli — prix : 160.000 francs.

V. — *Arrondissement de Guelma:*

Guelma	Propriété urbaine : inexistante.
	Propriété rurale : inexistante.
Souk Ahras	Propriété urbaine : inexistante.
	Propriété rurale : 10 propriétaires (peu importants).

VI. — *Arrondissement de Philippeville:*

Philippeville	Propriété urbaine : 3 propriétaires importants.
	Propriété rurale : grande propriété inexistante.
	Nombreuses petites propriétés : Superficie totale : 700 hectares.
Jemmapes	Propriété urbaine : inexistante.
	Propriété rurale : 11 (très peu importantes).

VII. — *Arrondissement de Sétif:*

Sétif	Propriété urbaine : inexistante.
	Propriété rurale : inexistante.

Louis MORARD

Président de la Chambre de commerce d'Alger,
Rapporteur général du budget aux Délégations financières algériennes,
Vice-président
du Conseil supérieur des Chemins de fer de l'Algérie.

DE LA PATENTE DE SANTÉ

Quand on s'intéresse à l'activité économique d'un pays qui, comme l'Algérie, occupe une véritable position insulaire et se développe sur un front de mer aussi étendu que celui qui se profile de La Calle à Nemours, on ne peut rester indifférent à tout ce qui touche à la Marine marchande.

Depuis la guerre et dans tous les pays du monde, les charges que les Compagnies de navigation supportent se sont accrues au point de les paralyser dans leur développement, voire même dans les efforts d'adaptation auxquels les obligent les perfectionnements constamment apportés dans la technique maritime moderne.

Si leurs budgets révèlent des chiffres impressionnants, leurs profits sont minimes.

On ne saurait donc s'étonner que le moindre allègement soit apprécié par les unes comme par les autres, qu'il s'agisse d'un allègement financier direct dont les chargeurs bénéficieraient ou de la simplification des obligations auxquelles elles sont assujetties, obligations qui retardent leurs opérations, diminuent la vitesse de rotation de leurs unités et par voie de répercussion, limitent la portée et les effets des mesures qui, dans ce domaine de l'accélération, pourraient être prises pour obtenir une meilleure desserte des ports qu'elles visitent.

Dans cet ordre d'idées, nous sommes amenés à souhaiter la réorganisation de la police sanitaire maritime, au moins par la suppression de la patente de santé, fondée sur des textes élaborés il y a plus de deux siècles. C'est en 1720, en effet, lorsque les grandes épidémies ravagèrent nos ports et notamment Marseille, que les législateurs de l'époque instituèrent le certificat de santé.

Aux termes du décret — il remonte à 1912 — qui en réglemente actuellement l'établissement, la délivrance, le visa et la présentation, la patente de santé a pour objet :

1° de faire connaître l'état sanitaire des pays de provenance et d'escale, particulièrement l'existence ou la non existence, dans ces pays, des maladies pestilentielles exotiques, telles que la peste, le choléra et la fièvre jaune ;

2° de mentionner tous les renseignements de nature à éclairer, au point de vue sanitaire, les autorités des ports d'arrivée sur les mesures de prophylaxie applicables au navire intéressé.

Le navire, dispose l'article 2, ne doit avoir qu'une patente par voyage, du port de départ au port de destination extrême. Ce document se compose de la patente proprement dite, établie au port de départ, et des visas apposés par les autorités coloniales ou consulaires *dans les ports d'escale successifs.* Ces visas donnent lieu à la perception de droits qui sont aujourd'hui assez onéreux. On en jugera par quelques exemples que nous donnerons plus loin.

Les pénalités qui sanctionnent les prescriptions susvisées sont, aux termes de l'article 9, celles qui sont prévues par la loi du 3 mars 1822. Elles vont comme autrefois jusqu'à l'emprisonnement, la réclusion et même la mort !

L'article 11 déclare toutes ces diverses mesures applicables à l'Algérie.

*
* *

La minutie et la rigueur de ce système pouvaient avoir leur utilité à une époque où la prophylaxie manquait encore de très sérieux moyens, où la radiotélégraphie n'était pas généralisée, où les maladies dont on ne faisait que suspecter les causes se répandaient, souvent avec violence, d'un pays à un autre.

Or, il convient de constater qu'en l'état actuel des progrès de la médecine, des obligations faites aux navires de posséder la T. S. F. et surtout des prescriptions de caractère international fixées par diverses conférences sanitaires, la patente de santé est absolument inopérante. Elle constitue une formalité surannée et inutile.

Que se passe-t-il en ce moment en effet ?

La Convention sanitaire internationale de 1912 rend la notification de contamination obligatoire et immédiate entre tous les Etats contractants ; elle prescrit que chaque Gouvernement doit notifier immédiatement aux autres Gouvernements le premier cas avéré de peste, de choléra ou de fièvre jaune constaté sur son territoire. Ces notifications sont également faites par les Consuls, les Bureaux supérieurs d'Hygiène, les Comités internationaux d'Hygiène de Paris et de Genève, enfin par le Bureau d'Hygiène de Singapour, créé récemment par la Société des Nations, pour permettre l'envoi d'informations sanitaires sur les 48 ports d'Extrême-Orient, par radio et hebdomadairement.

Ces informations, transmises par câbles ou par T. S. F., précèdent les navires. Que vient donc faire en sus la patente de santé ?

Mais il y a mieux. Les articles 24, 29 et 32 de la même Convention stipulent que « les navires indemnes de l'une des trois maladies précitées sont admis à la libre pratique immédiate, *quelle que soit la nature de leur patente.* Est indemne tout navire ne présentant, après un délai de cinq jours depuis le dernier contact avec une circonscription contaminée et à bord duquel il ne s'est produit pendant la traversée aucun cas suspect de peste ou de choléra ».

Ainsi donc, qu'elle soit brute ou nette, la nature de la patente de santé ne peut empêcher l'autorité sanitaire, après la visite médicale et la reconnaissance du navire, de lui accorder la libre pratique immédiate. Cette visite et cette reconnaissance, accompagnées de la déclaration du médecin du bord et de celle du capitaine, faites sous la foi du serment, sont les seules informations utiles qui révèlent l'état sanitaire du navire.

Et ce régime que nous critiquons s'accompagne de frais qu'il ne serait pas négligeable dans bien des cas d'éviter.

Certains visas coûtent jusqu'à 1.000 francs ; certains pays imposent aux navires à patente brute des taxes élevées pour désinfection ; les autorités turques et égyptiennes, par exemple, pratiquent la reconnaissance sanitaire à grands frais pour l'armement et occasionnent des retards à la navigation en prenant pour prétexte les indications de la patente et sans même qu'il y ait infection constatée.

L'Espagne entoure la formalité de patente d'une foule de prescriptions, droits, infractions, amendes, dont le taux peut atteindre 1.000 pesetas, indépendamment des mesures quarantenaires dont sont frappés les navires non munis du document et d'un visa consulaire espagnol, dont le coût peut varier, suivant les ports, les jours et heures de la délivrance par le Consul.

Nous pouvons illustrer par un exemple typique les abus auxquels la patente donne lieu : le navire « Mont-Agel », de la Société des Transports Maritimes à Vapeur, a dû recueillir au cours d'un voyage effectué en 1925, 17 visas consulaires à $ 7,20 l'un, c'est-à-dire débourser 3.182 fr. 40 : il a payé, en outre, diverses patentes américaines à $ 5 l'une, il a dû enfin subir, en six mois, quatre dératisations, alors que la Convention sanitaire internationale de 1912, article 26, prescrit que les navires sont soumis à la dératisation périodique une fois tous les six mois ; à noter que le navire ne provenait pas de ports contaminés et n'avait aucun malade à bord.

Hâtons-nous de déclarer que cette opinion n'est pas seulement la nôtre ; elle est actuellement partagée par la presque unanimité des organismes sanitaires et des médecins compétents dont quelques-uns se sont faits depuis plusieurs années les apôtres de la suppression de la patente de santé sans malheureusement y parvenir.

Les procès-verbaux de la Conférence sanitaire internationale de 1911-1912 contiennent des vœux préconisant nettement la réforme qui nous occupe et émanant en particulier des délégués de l'Espagne et du Portugal. Le Comité international d'Hygiène a été, lui aussi, saisi à maintes reprises de notes et de rapports rédigés par des sommités médicales et tendant au même but. Les techniciens sanitaires maritimes français faisant partie du Comité consultatif d'Hygiène de la Marine marchande, les usagers de la navigation tels que l'Association internationale des Officiers de la Marine marchande et la Conférence de l'Armement de Londres, la Commission de la navigation de Genève, la Fédération des Syndicats des médecins sanitaires maritimes de France, se sont nettement prononcés sur l'inutilité de la patente et la nécessité de sa suppression.

Le Congrès international des Armateurs tenu à Londres en mai 1924 a, lui aussi, condamné la patente qu'il a déclaré « n'être qu'une formalité sans valeur sanitaire, simple prétexte à la perception de taxes abusives ». Le Comité d'Hygiène de la Société des Nations a été saisi à maintes reprises et encore récemment de vœux tendant à la réforme si impérieusement demandée.

Un point est acquis :

Le Gouvernement français a décidé d'abaisser dans de larges proportions et même de supprimer entièrement, *en cas de réciprocité*, les droits consulaires afférents aux visas des patentes. Au surplus, il s'est déclaré prêt en ce qui le concerne à simplifier le régime de la police sanitaire maritime si d'autres veulent bien le suivre dans cette voie.

Si vous le voulez bien, Messieurs, nous émettrons le vœu que la France fasse connaître son intention aux autres gouvernements et que par négociations directes ou en portant à nouveau la question à l'ordre du jour de la Société des Nations, on réalise la suppression pure et simple de la patente de santé.

PASQUIER-BRONDE
Docteur en Droit,
Premier adjoint au maire d'Alger,
Vice-Président de la Fédération des caisses de Crédit agricole mutuel d'Algérie.

LES HABITATIONS A BON MARCHÉ EN ALGÉRIE

La législation sur les habitations à bon marché a commencé à être appliquée en Algérie dès le début de ce siècle, mais son départ a été laborieux. Il nous faut arriver à la période d'après-guerre, que caractérise un besoin intensif de logements, pour assister à un développement rapide des institutions d'habitations à bon marché.

Notre grande cité algérienne, pour ne parler que d'elle, compte aujourd'hui un Office d'Habitations à Bon Marché, une Société de Crédit Immobilier, et plusieurs sociétés coopératives de construction. L'Office Public a déjà construit 800 logements, représentant un capital d'une soixantaine de millions, le tout sous forme de maisons à logements collectifs. Toutefois, pour favoriser les maisons individuelles, il vient de s'engager dans la voie des lotissements.

Les projets à l'étude vont développer rapidement ces premiers résultats. Ils portent sur plus de 200 millions d'acquisitions immobilières et de constructions.

La Société de Crédit Immobilier d'Alger qui fait des prêts hypothécaires pour faciliter la construction des maisons individuelles, chiffre déjà ses réalisations par plus de 300 maisons, représentant un capital investi de huit millions de francs. Elle peut atteindre à un total d'une quarantaine de millions de francs en l'état de son capital. Enfin, une douzaine de sociétés coopératives de construction ont déjà donné à notre population plusieurs centaines de maisons individuelles ou logements.

Pour l'ensemble de l'Algérie, les statistiques officielles donnaient à fin 1928, 60 millions d'avances faites par la Colonie, grâce à quoi il avait été construit 1.050 maisons individuelles et 800 logements. A fin 1929, les avances s'élevaient à 102 millions pour près de 3.000 maisons ou logements.

Malgré le total intéressant que représente l'ensemble de cet effort, il est encore bien incapable de répondre aux besoins effectivement ressentis. L'avenir pour nos institutions d'habitations à bon marché, est lourd de responsabilités. L'entreprise privée est à l'état de carence à peu près totale au regard des besoins des classes peu aisées de la population, c'est-à-dire, de la partie la plus nombreuse.

L'agglomération algéroise, dont le cas est particulièrement symptômatique, continue à se développer à pas précipités. En outre, ses vieux quartiers ont manifesté ces derniers temps une volonté impérieuse de se voir rajeunir ; et, de ce côté, se présente, avec une urgence tous les jours accrue, la nécessité de faire un volume considérable de logements de remplacement.

Notons enfin l'afflux des ouvriers indigènes des campagnes, dans ces dernières années, afflux déterminé par l'énorme développement des chantiers de toute espèce, nous oblige à prévoir des moyens de logement pour ces éléments primitifs, ignorants de l'hygiène la plus élémentaire.

Pour répondre aux exigences de cette situation de fait où les besoins se chiffrent par dizaine de milliers de logements, nous avons des organes qui sont certainement à la hauteur de la tâche. Mais il faut les orienter dans la voie d'une action rationnelle. Cette action doit s'adapter aux sollicitations des plans d'aménagement et d'extension de nos grandes cités algériennes, dans la mesure où les plans d'extension déterminent la spécialisation de certaines zones bien caractérisées.

A Alger, l'Office Public étudie avec les propriétaires et les industriels d'Hussein-Dey, l'aménagement d'une vaste zone d'habitations ouvrières, en bordure du quartier des usines.

Un autre aspect de la question, exclusivement algérien, celui-là, doit retenir notre attention. C'est celui de la juxtaposition, dans nos cités, de deux populations : l'européenne et l'indigène.

La différenciation des mœurs incite à la création de quartiers spécialisés.

L'Office Public d'Alger construit, à cette heure, une cité indigène par maisons collectives en bordure des vieux quartiers de la Ville Haute. Il vient en outre d'acquérir une propriété destinée à un lotissement pour maisons individuelles qui sera réservé aux mêmes éléments. Son action constructive dans ce sens permettra à la ville d'arrêter et même de provoquer la démolition, par mesures d'hygiène, des agglomérations des huttes en planches ou autres matériaux disparates qui poussent comme par enchantement autour de notre grande métropole, sous l'afflux sans cesse croissant de la main-d'œuvre indigène, attirée par nos chantiers.

Le développement rationnel des cités d'habitations à bon marché se lie, par ailleurs, au problème des moyens de transport en commun rapides qui mettront à proximité du centre de la ville les espaces libres de la périphérie.

Quant aux ressources financières, si elles ne nous ont pas manqué jusqu'à ce jour, empressons-nous de souligner que l'ajustement des besoins et des concours budgétaires est aujourd'hui précaire.

Le jour où les institutions algériennes d'habitations à bon marché rempliront le plein de leur vocation, c'est par centaines de millions qu'il faudra chiffrer. La Caisse des Dépôts et Consignations ne peut suffire. Par ailleurs, ses lenteurs et son formalisme ont déjà lassé les institutions algériennes. Il nous faut des ressources locales élargies qui puissent être rapidement mises à pied d'œuvre. Ces ressources ne peuvent provenir que de la constitution d'un fonds d'avances approvisionné par la Colonie elle-même, ou d'opérations d'emprunt poursuivies par les organismes d'habitations à bon marché, avec la garantie des villes intéressées.

L'Office Public de la Ville d'Alger vient de s'engager dans cette voie en contractant sur le marché bancaire, par émission d'obligations, un premier emprunt de 50 millions.

René PASSERON
Docteur en Droit.

LE DÉVELOPPEMENT ÉCONOMIQUE DES TERRITOIRES DU SUD

C'est depuis 1902 seulement que les Territoires du Sud, détachés de l'Algérie du Nord, poursuivent à ses côtés leur carrière parallèle sous l'autorité commune du Gouverneur général. Ce n'est pas ici le lieu de rechercher et d'analyser les causes de ce dualisme dont la principale fut d'ordre financier. C'est surtout, en effet, pour voir plus clair dans les dépenses considérables qu'entraînaient les opérations militaires de pénétration saharienne et essayer de les réduire en les mieux contrôlant que le Parlement constitua ces territoires en circonscription distincte dotée de la personnalité civile et d'un budget autonome.

Si cette colonie du Sud, qui couvre 2 millions de kilomètres carrés environ pour une population totale de 550.000 habitants dont 4.500 Français d'origine européenne et qui, au nord, confine aux trois départements algériens et aux deux protectorats marocain et tunisien, à l'est à la Lybie italienne, à l'ouest au Rio de Oro espagnol, au sud à l'Afrique occidentale française, est appelée à jouer, en raison même de sa position géographique, un rôle sans cesse grandissant au point de vue intercolonial ; si elle apparaît de plus en plus comme la terre de transition naturelle entre l'Afrique blanche et l'Afrique noire, elle n'en a pas moins, en dehors de cette mission générale écrite en quelque sorte sur la carte, une valeur économique propre et représente un ensemble de ressources dont il semble intéressant de faire très brièvement l'inventaire.

* * *

Sans parler des institutions éminemment sociales d'assistance, d'hygiène, d'instruction publique, dont le moins qu'on puisse dire c'est qu'elles ne le cèdent en rien à celles de même ordre réalisées dans l'Algérie du Nord, pour ne nous attacher qu'aux œuvres d'intérêt plus spécialement économique, nous soulignerons que ces améliorations matérielles sont toujours inspirées par le souci de les faire contribuer au bien-être et au bonheur des sujets dont nous avons la tutelle.

C'est cet esprit qui anime la politique hydraulique dont les indigènes sont les premiers à bénéficier : aménagement de points d'eau dans les zones de pâturage, recherche et entretien de sources dans les Ziban, forage de puits artésiens dans l'Oued Rhir pour l'irrigation ou la revivification des palmeraies, source essentielle de la richesse du Sud. Plus de 5 millions de palmiers — dont près de 3 millions pour l'Oued Rhir seulement — représentent un capital minimum de un milliard de francs et produisent un revenu annuel de plus de 100 millions.

L'amélioration du cheptel indigène se poursuit. Des exemples utiles sont offerts par un établissement modèle : la station de Tadmit. En mars 1929, en comptait dand le sud algérien : 2 millions de moutons, 680.000 chèvres, 140.000 chameaux, 45.000 chevaux, ânes et mulets, 20.000 bœufs. La valeur de ce cheptel peut être évaluée à 500 millions et le revenu annuel qui lui correspond est de 160 millions de francs.

L'exploitation des nappes alfatières — dont l'étendue totale dans le sud oranais et le sud algérois est de 1 million et demi d'hectares — constitue un autre élément de prospérité. 600.000 quintaux d'alfa —

valant plus de 30 millions — sont exportés chaque année et l'on s'attache à en réserver la plus grande partie possible à notre industrie nationale (pâte à papier, textiles, corderie, sparterie, etc...). Le montant total des salaires distribués aux indigènes pour la cueillette de l'alfa et les manipulations ou transports s'y rapportant s'est élevé à 5.800.000 francs en 1928. D'autre part, les redevances payées par les exploitants et qui se répartissent également entre le budget du Sud et celui des communes intéressées, atteignent, par campagne, la somme de 2 millions environ.

Le problème des liaisons dans un pays qui est le carrefour de notre empire africain revêt une importance capitale. Sa solution conditionne tous les progrès. Un réseau de pistes automobiles de plus de 7.000 kilomètres a été créé, dont les deux artères principales, la piste orientale et la piste occidentale, sont jalonnées sur tout leur parcours. La première, par El Goléa, In Salah, Tamanrasset, In Guezzam, conduit au Niger et vers la Nigéria anglaise, la seconde, par Colomb, Adrar, Reggane, Tabankort, met Gao à 3 jours de l'Algérie. Les services subventionnés qui y circulent régulièrement et les missions, de caractère scientifique ou simplement touristique, qui les ont empruntées ont apporté la preuve de leur viabilité que le Rallye Saharien du Centenaire, avec ses 60 voitures françaises, vient de confirmer brillamment.

Faut-il rappeler qu'à la veille de la guerre, à l'aide des seules ressources du Budget du Sud, le rail a été poussé de Biskra à Touggourt sur près de 200 kilomètres ?

Le réseau routier par lequel circule la richesse économique est doublé d'un autre réseau relativement dense, qui transporte au loin la pensée créatrice et coordonnatrice de toute activité : télégraphes et téléphones dans les communes du nord, postes radio-électriques dans les bordjs de l'extrême sud.

Tous ces efforts peuvent s'exprimer par la progression des budgets du Sud qui est la suivante :

EXERCICES	RECETTES TOTALES	DÉPENSES TOTALES	EXCÉDENTS DE RECETTES
1904	2.903.459,19	2.183.385,77	720.073,42
1909	3.622.207,53	3.153.423,70	468.783,83
1914	4.989.140,12	4.308.993,65	680.146,47
1919	8.973.259,74	7.303.963,12	1.669.296,62
1924	15.421.801,97	11.788.657,17	3.633.144,80
1928	22.966.643,89	19.806.238,34	3.160.407,55

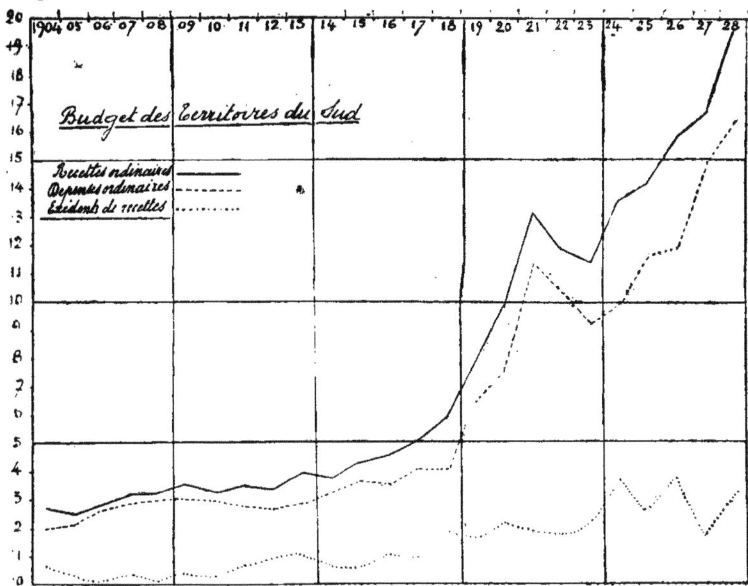

Tels sont les chiffres dont la sobre éloquence éclaire l'œuvre économique réalisée hier et aujourd'hui. Mais déjà la tâche de demain est préparée. Un large programme d'améliorations sociales et d'équipement économique a été élaboré qui comprend, notamment, d'importants travaux de chemin de fer (Touggourt-Ouargla ; Bouktoub-Géryville). Son exécution s'échelonnerait sur une période de dix années à partir de 1930 et exigerait 100 millions à provenir d'un emprunt que la situation financière des Territoires du Sud permet d'envisager avec le plus raisonnable optimisme.

En résumé, les Territoires du Sud n'ont pas déçu les espoirs que le législateur avait mis en eux. Dans ces immenses contrées règne la paix française, garantie et fondement de la sécurité nord-africaine. L'économie saharienne qui présentait le type classique de « l'économie stationnaire » évolue vers les formes de l'économie moderne. Cette évolution du Sahara traditionnel, qui requiert une grande continuité de vues, de la méthode et de la patience; c'est déjà le problème d'aujourd'hui. Ce sera plus encore celui de demain.

Georges POTUT
Professeur à l'Ecole des Hautes Etudes sociales,

LA POLITIQUE DE L'OR DE LA FRANCE ET LE DÉVELOPPEMENT DU MARCHÉ DE PARIS COMME CENTRE FINANCIER INTERNATIONAL

La France jouissait, avant la guerre, d'un prestige financier de premier plan. Elle constituait le grand marché international des capitaux où les emprunteurs de tous les pays venaient de préférence s'approvisionner en crédits. La guerre et les déperditions de richesses que celle-ci a entraînées ont obligé notre pays à se replier sur lui-même et à abdiquer momentanément son rôle de pourvoyeur de capitaux, en renonçant du même coup aux profits qu'il pouvait en tirer. Il est vrai que ceux-ci s'étaient trouvé partiellement amputés par la défaillance de quelques-uns de ses débiteurs.

Le redressement financier et monétaire de la France a été si rapide depuis quelques années que nous nous trouvons, dès à présent, avec une monnaie restaurée sur des bases extrêmement solides, des capitaux abondants, des disponibilités en devises très copieuses et des stocks d'or considérables, en mesure, si nous le voulons, de faire rayonner à nouveau notre influence à travers le monde.

Nous sommes, à certains égards, dans une situation plus favorable qu'avant la guerre pour réaliser de tels desseins. Le franc est réellement désormais une monnaie fondée sur le principe de l'étalon or, au lieu de vivre sous un régime de bi-métallisme boiteux adopté tant bien que mal aux nécessités modernes. L'avantage dont jouissaient par rapport à notre devise la livre sterling et le dollar a donc disparu. Notre système bancaire, sans répondre encore à toutes les exigences d'une place financière internationale, s'est sensiblement perfectionné. Par contre, nous n'avons pas encore de marché à court terme rationnellement organisé et la fiscalité qui pèse jusqu'ici sur les formes de la richesse mobilière et entrave ses déplacements, nous handicape fâcheusement au profit des grandes places concurrentes.

C'est, avant tout, la reconstitution de nos réserves métalliques, sur des bases, au surplus, élargies, qui met la France en mesure de prétendre à jouer un rôle de premier plan dans les mouvements internationaux de capitaux. L'utilisation judicieuse de l'excédent de ces réserves, qui subsiste en dehors de la couverture des besoins intérieurs, correspond donc à des avantages économiques certains, en même temps qu'à la nécessité de sauvegarder la santé de la monnaie, car l'existence d'un potentiel de crédit inemployé pourrait faire naître une propension au développement anormal de crédits de consommation sur le marché intérieur, c'est-à-dire provoquer les désordres ordinairement classés sous l'appellation d'inflation.

Nous ferons ici l'économie d'une relation historique de la politique de l'or de la Banque de France entre le début de la guerre et le vote de la loi de stabilisation. Bornons-nous à rappeler que les achats massifs de devises opérés durant la période de stabilité de fait qui s'est écoulée entre le début de 1927 et le milieu de 1928 ont, par leur ampleur même, appelé l'attention sur les dangers du système du gold exchange standard que, d'ailleurs, l'économiste allemand Lansburgh avait énergiquement dénoncée. Aussi, l'Institut d'Emission a-t-il rapidement cherché à échanger une partie au moins de son portefeuille de devises contre des lingots de métal jaune. Il avait procédé à des achats dès avant le vote de la loi du 25 juin 1928, mais c'est postérieurement que les acquisitions de métal se sont intensifiées. Dans le second semestre de 1928, l'enrichissement de l'encaisse a été de 2.900 millions, à cause, surtout, il est vrai, de l'achat à prime des anciennes monnaies d'or détenues par le public. Au cours de l'année 1929, l'encaisse est passée de 31.977 millions, chiffre accusé par la situation hebdomadaire du 28 décembre 1928, à 41.668 millions (situation au 27 décembre 1929). En octobre, l'encaisse dépassait 50 milliards. Le potentiel de crédit s'est considérablement amélioré dans le même délai : la proportion de l'encaisse-or aux engagements à vue, fixée par la loi à 35 % au minimum, était, à fin décembre 1928, de 38,46 %, à fin décembre 1929, de 47,26 % ; elle est maintenant de 53,41, après avoir atteint 54,14 %.

Considérons la même situation sous un aspect différent, mais peut-être plus saisissant. A la fin de 1928, l'encaisse était assez forte pour garantir un passif exigible de plus de 91 milliards. Celui-ci n'était, en réalité, que de 83 milliards. Il restait donc une marge d'émission de billets ou d'ouvertures de crédits de 7 à 8 milliards. Actuellement, l'encaisse est en mesure de couvrir quelque 145 milliards d'exigibilités, alors que celles-ci ne se montent qu'à près de 94 milliards ; la marge est donc de 50 milliards.

Ainsi la France dispose d'un potentiel de crédit très supérieur à ses besoins actuels qu'elle peut utiliser à des exportations de capitaux et, par conséquent, elle est en mesure de jouer un rôle international beaucoup plus actif.

Ajoutons que la Banque qui disposait, au début de 1929, d'un portefeuille de devises de 32 milliards 1/2, en détient encore environ 25 milliards 1/ qu'elle pourrait céder, le cas échéant, à des banques privées au à des particuliers désireux d'effectuer des placements à l'étranger. A cela, s'ajoutait le portefeuille de devises du Trésor, qui représentait à peu près une dizaine de milliards. Ces avoirs du Trésor avaient été constitués pour faire face éventuellement au remboursement de la dette des stocks. La ratification des accords relatifs aux dette interalliées a libéré ces disponibilités et permis à la Trésorerie de leur attribuer la destination qui lui paraîtrait la plus convenable.

L'utilité économique d'une réexportation des capitaux disponibles s'accroît de cette considération que l'accumulation de réserves métalliques dans les caves d'un Institut d'Emission comporte un risque sérieux de dépréciation relative de la monnaie exprimée par la hausse des prix intérieurs. En effet, l'existence d'un potentiel de crédit inemployé est susceptible de se prêter à une multiplication des moyens monétaires sans développement économique correspondant justifiant cette multiplication. La hausse des prix entraîne l'élévation du coût de revient de la production industrielle et restreint par là même les débouchés extérieurs, alors que les exportations de capitaux rationnellement dirigées élargissent, au contraire, ces débouchés et favorisent, en dernière analyse, l'essor économique des pays qui se prêtent à cette exportation.

Le rayonnement financier de la France à l'étranger est une entreprise techniquement possible. Elle l'est, d'ailleurs, depuis qu'un certain nombre de conditions se trouvent réalisées : restauration de l'étalon-or, rétablissement de l'équilibre budgétaire, assainissement de la trésorerie, consolidation et amortissement progressif de la dette flottante. Cependant, un certain nombre d'améliorations et de perfectionnements sont encore indispensables.

D'autre part, la position internationale du marché de Paris est capable de s'affermir grâce à une situation géographique favorable et aussi au fait que les besoins intérieurs de capitaux ne sont pas assez exclusifs pour enlever à celui-ci la faculté d'orienter une partie de son activité vers le domaine international. Sans doute ne saurait-il être question de supplanter le Marché de Londres qui jouit quant à présent d'une situation à peu près sans rivale en Europe, mais une division logique du travail, une répartition convenable des sphères d'influence peuvent, au contraire, donner matière à une féconde coopération.

Cependant, nous avons, au préalable, une besogne précise à accomplir qui exigera beaucoup de continuité de vues et de persévérance dans l'effort. Nous sommes loin encore d'avoir reconquis notre prestige d'avant-guerre. Pourtant, notre capacité d'épargne, malgré les troubles monétaires que nous avons traversés, n'est pas atteinte. D'autre part, nous jouissons de la confiance de l'étranger.

Il est naturel que le financement de l'économie intérieure bénéficie d'une priorité légitime, mais les entreprises indigènes trouvent ici les ressources dont elles ont besoin, surtout depuis que l'Etat a cessé de drainer l'épargne par des émissions répétées. On peut donc envisager pour la France une activité dirigée simultanément sur le marché extérieur et sur le marché intérieur. L'excédent annuel de notre balance des comptes nous classe parmi les pays exportateurs de capitaux et, dès à présent, nous disposons d'une matière première abondante sous forme de créances à court terme fructifiant sur les marchés monétaires étrangers. Celles-ci gagneraient, au surplus, à être, au moins en grande partie, consolidées en investissements à long terme.

Les avoirs en devises que nous avons accumulés pendant la période de stabilité de fait constituent une inflation de crédit qui ne peut se résorber que de cette manière. Le moment est venu de reconstituer l'opulent portefeuille de valeurs étrangères que nous possédions avant la guerre, mais notre choix doit évidemment s'exercer avec un discernement plus diligent. Par cette tactique, nous collaborons à l'assainissement des marchés monétaires et nous obtenons des revenus plus copieux et plus stables qui renforcent le solde actif de notre balance des comptes.

Pour reconstituer son portefeuille de valeurs étrangères, la France a deux méthodes à sa disposition : soit procéder, pour le compte d'emprunteurs étrangers, à des émissions sur son marché, soit acquérir, sur les Bourses étrangères, des titres de sociétés de nationalités diverses.

Dans le premier cas, l'expérience l'a établi, le risque essentiel réside dans la qualité de l'emprunteur. Il importera de s'entourer de toutes les garanties utiles. Dans le second cas, c'est-à-dire dans l'hypothèse d'achats d'actions d'entreprises industrielles, les placements comportent un aléa assez sérieux inhérent aux titres à revenu variable associés plus étroitement aux vicissitudes de l'entreprise. L'acquisition de valeurs de cette nature peut être cependant fructueuse, à condition, toutefois, de ne pas être effectuée à des prix trop élevés.

Ajoutons que les possibilités de placements étrangers ne sont pas illimitées : elles ne dépassent pas le montant des excédents annuels de la balance des comptes augmenté des quantités d'or exportable déjà possédé.

Les ressources susceptibles d'être placées à l'étranger sont donc, indépendamemnt du solde positif annuel de la balance des comptes : l'excédent des réserves métalliques de la Banque de France dont celle-ci peut se séparer sans porter atteinte à son pouvoir de financement des transactions intérieures et sans limiter sa capacité de faire face aux besoins monétaires indigènes, c'est, en outre, le stock d'or appartenant aux particuliers ; ce sont, enfin, les avoirs en devises appartenant à la Banque, au Trésor et aux particuliers.

De copieux allègements d'impôts sont indispensables, ainsi que l'on a pu s'en rendre compte, à en juger par l'énergie avec laquelle des réclamations concordantes ont été émises. La cause, en définitive, est gagnée. Des dégrèvements doivent être apportés à la législation des valeurs mobilières : ce sont l'abaissement substantiel du taux de l'impôt sur le revenu des valeurs mobilières, la transformation radicale de la taxe de transmission, la réduction du droit de timbre sur les valeurs étrangères, la suppression des doubles impositions. D'une manière générale, la tâche consiste à abolir les surcharges créées par une réglementation anti-économique et abusive qui finirait par décourager l'épargne et, déjà, paralyse les transactions, anémie la Bourse, contribue indirectement, au prix de notre propre décadence, à exalter l'influence des grandes places étrangères. Quelques atténuations ont déjà été introduites par la loi.

Il y aurait cependant quelque excès à diriger la totalité des disponibilités susceptibles d'investissement à l'extérieur vers des placements à long terme. Les opérations à court terme ont aussi le double avantage de développer le prestige financier du pays qui se livre à ce genre de négoce et de lui ménager une source appréciable de revenus. La Place de Londres doit à l'organisation de son marché à court terme de jouer le rôle de clearing-house mondial et de faire de la livre sterling la monnaie internationale par excellence.

Jusqu'ici, nous n'avons pas abouti à d'autre résultat qu'à favoriser les places financières rivales en leur apportant nos capitaux sans intervenir en aucune manière dans la distribution de nos propres crédits à travers le monde.

Il est nécessaire avant tout d'organiser rationnellement et sur une vaste échelle un véritable marché monétaire à l'image de celui qui fonctionne à Londres et à New-York. Ce marché devra être largement approvisionné d'acceptations de premier ordre. L'acceptation de banque ne donne pas lieu, en France, au volume d'affaires auquel elle devrait prétendre. Non seulement la Place de Paris devrait financer elle-même notre propre commerce extérieur, mais encore il serait souhaitable qu'elle drainât chez nous une nombreuse clientèle étrangère. Les méthodes des banques françaises doivent être, il est vrai, au préalable, amendées. La législation fiscale, là aussi, doit être corrigée, allégée, assouplie. La taxe sur le chiffre d'affaires, l'impôt sur les transactions, le régime français du gage et du nantissement constituent, dans leur forme actuelle, autant d'entraves au développement de ce genre d'opérations.

Des organismes spécialisés sont à créer. Il existe, depuis quelques mois, une banque d'acceptations qui rend des services indiscutables, mais ses capacités ne sont pas illimitées. La Banque de France pour sa part est habilitée par les conventions du 23 juin 1928 à procéder pour le compte de banques d'émission étrangères à l'achat d'effets et de valeurs à court terme et à assurer la garantie de bonne fin de ces placements et à réescompter elle-même, avant les échéances, les effets et valeurs en question.

La Banque de France, on le voit, a les moyens de participer activement à l'expansion du Marché de Paris. Elle a attesté cette faculté par des déclarations incluses dans le compte rendu lu à l'assemblée des actionaires de janvier 1929. On lui a reproché amèrement à l'étranger, notamment en Angleterre, de thésauriser l'or et de le stériliser.

L'exportation rationnelle des capitaux constitue la meilleure réfutation de cette assertion. D'ailleurs, notre Institut d'Emission ne chercherait en aucune manière, à créer des difficultés à un établissement similaire. La solidarité des banques d'Emission n'est pas pour nous un vain mot. Diverses tentatives dans cet ordre d'idées ont déjà eu lieu. Récemment, un spécialiste des problèmes de l'or, M. Mlynarski, vice-président de la Banque de Pologne, a préconisé l'établissement d'un clearing de l'or pour réaliser l'économie des mouvements matériels de métal. C'est une idée que la Banque des Règlements Internationaux a faite sienne pour introduire une certaine harmonie entre les différentes banques centrales.

De cet exposé, forcément rapide, quelles notions essentielles peut-on retenir ?

La France est un pays que sa richesse native et l'excédent normal de sa balance des comptes conduisent à importer de l'or plus qu'elle n'en exporte et à posséder ainsi les réserves métalliques qui comptent au nombre des plus importantes dans le monde.

Ces réserves ne sauraient demeurer inutilisées dans les caves de la Banque de France. Elles doivent, au contraire, jouer un rôle actif, en harmonie avec les conceptions modernes du crédit.

Les besoins du marché monétaire intérieur sont largement pourvus. Le maintien d'un potentiel de crédit trop élevé risquerait de favoriser l'inflation de crédit et l'enchérissement des prix.

L'excédent de nos réserves d'or doit pouvoir faire l'objet de réexportations, de manière à laisser la France acquérir un copieux et rémunérateur portefeuille valeurs étrangères et aussi de jouer un rôle considérable dans les transactions monétaires internationales.

Grâce à la politique de l'or que nous préconisons, la France sera en mesure d'accroître son prestige et d'étendre son rayonnement financier au dehors.

22e section

HYGIÈNE ET MÉDECINE PUBLIQUE

Président. . . . . M. Lucien RAYNAUD, Inspecteur général des Services de l'Hygiène en Algérie.

J. COULOUMA

Docteur en Pharmacie (Béziers).

LE COLIBACILLE DANS LES EAUX DE RIVIÈRE

Béziers a le grand avantage d'être bâti au bord de l'Orb, rivière importante qu'il domine de 50 mètres. Ce cours d'eau a un cours de 140 kilomètres, et un débit de 3.000 litres-seconde à l'étiage.

Béziers lui doit son beau site, de magnifiques promenades et les quatre beaux ponts qui le traversent. Il lui emprunte son eau d'alimentation captée à peu de distance de ses rives dans une galerie filtrante à 2 kilomètres de la ville et dans des puits étranches creusés au milieu de l'Orb.

Notre eau d'alimentation est généralement très pure, sauf dans le cas d'inondations. La grande crue du 2 mars 1930 a envahi les galeries filtrantes et recouvert les puits. Le grand nombre de microbes contenus dans masse d'eau roulée par l'Orb a fini par saturer les sables d'agents microbiens. Le 13 mars, notre rivière renfermait 3.400 Coli par litre. A la même date, nous avons analysé l'eau d'alimentation de la ville ; elle était encore trouble et renfermait une moyenne de 600 Coli au litre, provenant aussi de la galerie filtrante que des puits.

Le 16 mars, nous ne retrouvions plus que 338 Coli ; le 21 mars, le nombre des microbes tombait à 180 par litre, et le 3 avril enfin, nous notions le chiffre très satisfaisant de 66 Coli.

A la même date, le niveau de notre rivière était de 40 centimètres au-dessus de l'étiage.

A cette belle rivière limpide, nous rendons une partie des eaux usées de la ville. La moitié de nos égouts débouche dans l'Orb. L'autre moitié dans le canal.

Deux communes situées en aval de Béziers sur le Canal du Midi sont infestées par nos eaux résiduaires. Leurs protestations ont décidé notre municipalité à construire de concert avec l'Etat un siphon sous le canal pour permettre de déverser toutes les eaux résiduaires de la ville dans un cours d'eau important.

Quand les communes riveraines de l'Orb en aval de Béziers ont eu connaissance de ce nouveau projet, elles ont protesté énergiquement à leur tour. Leurs représentants ont demandé à notre municipalité de transformer nos eaux résiduaires avant de les rejeter à l'Orb.

A ce moment, nous avons procédé sur demande de nos édiles à des analyses pour nous rendre compte de la contamination actuelle des eaux de notre rivière. Nous avons continué par la suite à étudier cette question pour notre satisfaction personnelle et nous vous apportons aujourd'hui les résultats de nos travaux.

Température	8°	5°	16°	15°	22°	21°
Heure......	8 heures	8 heures	—	8 heures	9 heures	9 heures
Date.......	20-12-28	20-2-29	21-4-29	3-5-29	10-6-29	9-7-29
Débit.......	3.500	3 500	3.000	3.000	2.700	3.000
Aspect.....	clair	clair	clair	clair	clair	clair
Bagnols....	220	180	—	1.400	1.700	600
Pont Rouge.	8.580	—	—	13.443	24.000	12 000
Sérignan...	1.749	—	4.000	4.000	4.500	4.000
Orpellières..	—	—	—	—	—	4.500

Température	24°	14°	12°	13°	13°5
Heure......	8 heures	8 heures	2 heures	2 heures	6 heures
Date.......	20-8-29	24-9 28	11-11-29	13-3-30	30-3-30
Débit.......	2 000	2.500	2.500	5.000	4.500
Aspect.....	clair	trouble	clair	un peu trouble	clair
Bagnols...	1.000	24.000	200	3.400	1.600
Pont rouge.	50.000	40.000	60.000	—	25.900
Sérignan...	12.000	36.000	11.700	—	16.000

Chaque fois que nous nous déplacions, nous faisions trois prélèvements : l'un en amont de Béziers au barrage de Bagnols, le deuxième immédiatement en aval de la ville au barrage de Pont Rouge, le troisième 9 kilomètres en aval sous le pont du village de Sérignan — enfin nous avons procédé une seule fois à un quatrième prélèvement à 14 kilomètres en aval au lieu dit les Orpellières.

Considérons les divers prélèvements effectués à Bagnols : l'examen de nos dosages montre que l'eau de notre rivière est pure au point de vue bactériologique durant l'hiver malgré la contamination produite 60 kilomètres en amont par les égouts de la petite ville de Bédarieux et

20 kilomètres au-dessus de nous par les eaux résiduaires de Cessenon.

Durant la période comprise de novembre à mars, le nombre des bacilles Coli varie de 180 à 220.

Par contre, dès le printemps, la chaleur fait proliférer les microbes et nous trouvons de 600 à 1.700 bacilles dans la période des mois d'avril à octobre. Cette observation est très exacte en temps d'eaux claires, mais si l'eau devient trouble, d'une part l'action bactéricide de la lumière ne se produit plus et d'autre part les eaux entraînent dans le courant tous les résidus contaminés déposés sur les bords. Nous expliquons ainsi les 3.400 Coli comptés le 13 mars et les 24.000 dosés en septembre. Les crues d'été sont plus dangereuses au point de vue de la contamination des cours d'eaux parce qu'elles troublent les rivières pour plusieurs semaines sans augmenter pratiquement le débit.

Considérons maintenant nos prélèvements du Pont Rouge. Ils dénotent une contamination très importante de l'Orb qui varie surtout suivant l'heure de la journée, la saison et la température et enfin le volume des eaux de notre rivière. Le plus grand nombre de Coli a été trouvé à 2 heures de l'après-midi en novembre : soit 60.000. Le dosage le plus favorable nous a été fourni par un prélèvement d'hiver à 8 heures du matin, soit 8.580 Coli.

Six prélèvements effectués à la même heure, 8 heures, mais à des dates différentes montrent que la chaleur et le volume des eaux ont leur influence.

Enfin, si nous relevons sur notre tableau le nombre des Coli comptés à Sérignan, nous constatons que ce chiffre varie de 1.749 germes à 12.000 suivant la saison et le volume des eaux.

Faisons varier l'heure, nous observons une progression des Coli de 8 heures à 3 heures de l'après-midi, les deux chiffres étant à la même époque dans le rapport de 1 à 6.

Considérés dans leur ensemble, ces divers dosages démontrent une fois de plus l'action stérilisante de la lumière (et de l'air) sur des eaux en mouvement. Mettons à part le prélèvement du 24 septembre effectué par eau trouble, nous constatons qu'il disparaît les 3/ des bacilles Coli durant les 9 kilomètres qui séparent le Pont Rouge de Sérignan.

Au point de vue pratique, le déversement projeté dans l'Orb de tous les égouts de Béziers doublera à peu près le nombre des bacilles dans les eaux de notre rivière à Sérignan. Je ne crois pas que l'état sanitaire des populations riveraines en soit affecté.

A. LAFFONT
Professeur à la Faculté de Médecine d'Alger

L'ASSISTANCE AUX FEMMES EN COUCHES EN ALGÉRIE

L'assistance aux femmes en couches en Algérie a été à plusieurs reprises l'objet de l'attention particulière des pouvoirs publics.

Nous devons à la vérité de dire que l'impulsion la plus vive et la mise en œuvre la plus active ont été données ces dernières années par MM. les Gouverneurs généraux Viollette et Bordes. Aussi bien croyons-nous utile de rappeler ici leurs efforts dans le but de contribuer avec votre aide et vos conseils à l'organisation de ce service d'assistance particulièrement utile pour l'avenir de notre Algérie, qui doit devenir un réservoir, chaque année de plus en plus riche, de main-d'œuvre et de travailleurs de toutes catégories.

Après l'installation en Algérie des premiers médecins militaires et des premiers médecins civils, le Gouvernement, ayant réalisé la création de l'Ecole de Médecine, nomma en 1859, sous la direction du Docteur Trollier, Professeur de clinique obstétricale et gynécologique, une sage-femme professeur d'accouchement.

A dater de ce jour, la Maternité d'Alger instruisit des futures sages-femmes qui, aidant les médecins de colonisation dans l'intérieur, formèrent le premier noyau d'assistance médicale aux femmes en couches.

Des essais d'organisation obstétricale avaient été déjà tentés dans l'intérieur du Pays sous l'impulsion du Gouverneur général Cambon qui avait institué des tournées médicales confiées à des femmes médecins ou à des sages-femmes. On avait alors essayé de former des sages-femmes arabes dans des hôpitaux indigènes tel que celui de Saint-Cyprien les Attafs... mais l'absence de clientèle indigène peu soucieuse de se montrer à un public d'élèves avait fait échouer cette organisation assez primitive. On ne recrutait d'ailleurs des élèves qu'à la condition de leur payer des jetons de présence. Leur zèle parut d'abord très grand. Elles accoururent nombreuses, mais, du jour où l'on décida de ne plus rémunérer leur assidiuité, les élèves disparurent.

Nous savons toutes les difficultés rencontrées jusqu'ici dans l'organisation de l'assistance aux femmes indigènes tenues si longtemps éloignées de nous par leurs préjugés. Mais nous savons aussi combien la patiente pénétration de notre colonisation médicale a su nous attirer la confiance et la reconnaissance de nos protégées.

Nous pouvons aujourd'hui constater les premiers résultats et nous voulons par cette note en consigner quelques-uns.

Et d'abord dans les grands centres, à Alger, à Oran et à Constantine. Dans ces trois villes, des Maternités qui n'ont rien à envier aux Maternités métropolitaines pour le confort, l'hygiène et l'organisation, nous montrent par leur développement même les services qu'elles rendent chaque jour à ce pays. Leurs statistiques sont partout en progrès et enregistrent chaque année une ascension nouvelle du nombre des parturientes et des consultantes qui viennent se confier à ces services.

Pour ne citer qu'une statistique, nous vous indiquerons celle des femmes indigènes qui sont venues à la Maternité d'Alger. Les registres indiquent qu'il y en eut 2 EN 1901 ET 68 EN 1929. La progression continue sans arrêt et reflète admirablement la confiance que nous accorde de plus en plus le monde indigène dans toute l'Afrique du Nord.

A Alger, à Oran et à Constantine, l'Assistance Médicale aux Femmes en Couches ressemble à ce qu'elle est en France — ce qui ne signifie d'ailleurs pas qu'elle ne doive encore poursuivre de nouveaux progrès. L'organisation de sociétés privées telles que l'Assistance aux Mères et l'Œuvre de la Maternité complètent l'assistance officielle pendant la grossesse, l'accouchement et les suites de couches. Mais dans les petites villes et dans les campagnes, de sérieux efforts sont encore à faire.

Pour la commodité de l'exposition qui va suivre, nous la diviserons en trois parties qui comprendront successivement :

1° L'étude de l'*assistance médicale* aux femmes en couches ;

2° L'étude de l'*assistance sociale* aux femmes en couches ;

3° L'exposé d'un plan d'ensemble de protection de la femme en couches tel qu'il nous paraît indispensable de l'organiser dans ce pays à l'aide de la création de *secteurs obstétricaux* et de *centres de dépistage et de lutte contre la dystocie et contre la mortinatalité.*

I. — Assistance médicale aux femmes en couches en Algérie

Nous envisagerons l'étude de cette organisation, dans les trois chapitres suivants, qui correspondent aux trois périodes physiologiques de la grossesse, de l'accouchement et de l'allaitement.

1° Femmes enceintes

Les femmes enceintes ont droit à toute notre sollicitude, du jour où la grossesse est reconnue, cette grossesse pouvant être la cause de troubles ou d'un état de moindre résistance. Dans leur intérêt, dans l'intérêt de l'enfant et dans celui de la société, nous devons nous préoccuper du sort de la femme enceinte nécessiteuse.

Que faire pour elle ?

1° Il faut créer des consultations.

a) *Dans les villes.* — Développer les consultations déjà existantes et en créer dans les sous-préfectures. Les hôpitaux sont des centres de consultations tout indiqués pour les femmes nécessiteuses.

b) *Dans les campagnes.* — Répandre par tous les moyens les notions d'hygiène de la grossesse et, à l'aide de sages-femmes infirmières visiteuses — dont nous avons depuis longtemps demandé la création actuellement en voie de réalisation — conseiller à la femme enceinte les examens au cours de la grossesse. Les hôpitaux auxiliaires et les infirmeries indigènes munies de salles de consultations, se préoccuperont d'attirer les femmes enceintes nécessiteuses aux consultations assurées par les médecins de colonisation et les médecins communaux.

2° Il faut procurer du repos et favoriser la création d'abris pour la femme enceinte nécessiteuse.

La femme enceinte nécessiteuse a droit au repos.

Pour lui assurer ce repos, il y a lieu d'aider, au moyen de subventions, les œuvres privées s'occupant des refuges existants déjà (Refuge de l'Assistance aux Mères, Maison Maternelle de l'Œuvre de la Maternité en création, Infirmeries Indigènes, etc...) ou de créer de nouveaux asiles.

Les femmes enceintes doivent pouvoir être admises dans ces refuges à toute époque de la grossesse ; on pourrait les y employer à des travaux peu fatigants et en rapport avec leur état.

3° Il faut donner des soins a la femme enceinte.

a) Dans les campagnes et dans les petites communes, ces soins seront assurés dans les mêmes conditions qu'ils ont assurés aux autres catégories de malades indigènes.

b) Il faut prévoir dans les trois échelons d'hôpitaux en voie d'organisation, des lits susceptibles de recevoir les femmes enceintes fatiguées ou malades. A cet effet, nous pensons que dans l'*hôpital auxiliaire*, une chambre de deux à quatre lits pour Européennes et une chambre de deux à quatre lits pour indigènes, peuvent pour le moment répondre à tous les besoins.

c) Dans *les hôpitaux d'arrondissement*, nous devons prévoir, selon l'importance du centre, de 4 à 6 lits répartis dans 2 ou 3 chambres.

d) Dans *les hôpitaux centraux*, des dortoirs et quelques chambres doivent être prévus pour abriter les expectantes malades ou près du terme.

Dans tous ces centres, les femmes enceintes doivent être admises en conservant l'anonymat, chaque fois qu'elles en exprimeront le désir. Pour les mettre à l'abri des indiscrétions, des chambres spéciales doivent leur être réservées. En ce qui concerne plus particulièrement la Maternité d'Alger, il a été prévu pour cette catégorie de femmes un dortoir de 4 lits. C'est suffisant pour l'instant, étant donné le nombre restreint des anonymes que nous y recevons : 14-16 par an.

Il y a lieu de prévoir également dans les grandes villes, en raison de l'augmentation progressive des femmes indigènes qui viennent accoucher à l'hôpital, des salles spécialement réservées à cette catégorie d'expectantes. Le respect, dans une certaine mesure, de leurs coutumes et de leurs habitudes n'est pas à négliger à l'hôpital.

2° Femmes en couches

Les accouchements à domicile accusent une morbidité 5 fois plus grande et une mortalité 10 fois plus élevée que ceux effectués en clinique ou à l'hôpital.

Nous devons donc tendre à conseiller et à assurer aussi largement que possible l'accouchement à l'hôpital, pour toutes les femmes nécessiteuses :

1° *Dans les campagnes.* — Les sages-femmes infirmières visiteuses devront être mises gratuitement à la disposition des familles nécessiteuses, qui auront recours à elles. Ces infirmières apporteront avec elles le matériel nécessaire, étant entendu que le médecin devra être avisé en cas de nécessité.

On devra particulièrement encourager les femmes enceintes à venir faire leurs couches à l'hôpital auxiliaire. A cet effet, il devra être prévu dans cet hôpital une salle de travail bien organisée, avec tout le matériel nécessaire aux interventions obstétricales. En cas d'intervention grave (laparotomie par exemple), des moyens de locomotion devront être prévus pour transporter les femmes à l'hôpital d'arrondissement ou à la maternité du chef-lieu, ou pour mener vers l'hôpital auxiliaire le personel et le matériel nécessaires dans ces grandes interventions. Il n'est pas difficile de prévoir dans ce pays qu'un jour prochain l'aviation sanitaire devra nous aider dans les secours à porter aux femmes en couches isolées.

2° *Dans les hôpitaux d'arrondissement,* tout devra être prévu pour que les opérations obstétricales soient menées à bien dans les meilleures conditions possibles.

Une salle de travail parfaitement aménagée devra voisiner avec une salle d'interventions chirurgicales aseptiques. Pour les cas septiques, les interventions se feront dans la salle d'opérations ou de pansements septiques de l'hôpital.

3° *Dans les hôpitaux centraux.* — Les mêmes conditions devront être réalisées en tenant compte des obligations plus grandes de ces services.

Les Maternités d'Alger, d'Oran et de Constantine répondent parfaitement à tous les secours que l'on attend d'elles. On ne devra pas oublier que l'indigente assistée et accouchée en ville a 8 et 10 fois plus de chances de succomber que la femme assistée à l'hôpital ; c'est dire que l'on devra porter tous ses efforts pour organiser l'accouchement à l'hôpital et éviter tout acte obstétrical dans les taudis. *L'accouchement est une opération qui doit être faite en milieu aseptique si l'on veut réduire le taux de la mortalité des femmes en couches.*

3° Suites de couches

La période des suites de couches nécessite des soins minutieux et une surveillance constante dans un milieu aussi propre que possible.

1° *A l'hôpital auxiliaire.* — Les deux chambres prévues et dont il a été question plus haut devront également servir aux accouchées apyrétiques. Il existera également une chambre isolée de 2 lits pour les accouchées fébricitantes, suspectes ou infectées.

Il faudra prévoir un séjour moyen de 11 jours par accouchée.

2° *Dans les hôpitaux d'arrondissement*, on devra prévoir également une chambre pour fébricitantes. Il semble qu'il serait possible, jusqu'à nouvel ordre et en attendant un développement ultérieur de ces organismes, de doter ces petites maternités régionales d'un minimum de 6 à 8 lits.

3° *Dans les hôpitaux centraux*, il est indispensable de prévoir des salles d'accouchées pour Européennes, pour femmes anonymes et pour femmes indigènes. Ces trois catégories d'accouchées doivent pouvoir être séparées les unes des autres dans des dortoirs chaque fois qu'elles en manifestent le désir.

Un pavillon d'isolement éloigné des femmes non infectées, est indispensable dans les hôpitaux centraux. Celui d'Alger qui comprend 24 lits est à peine suffisant à l'heure actuelle. La Maternité d'Oran parfaitement organisée répond à tous les desiderata spécifiés ci-dessus. A Constantine, des progrès sont encore à réaliser.

En conclusion, toute une organisation obstétricale doit être prévue dans les campagnes comme dans les villes. Les échelons hospitaliers qui iront de l'infirmerie indigène à l'hôpital central devront tous comprendre des consultations et des organisations pour femmes en couches.

Des moyens de transport relieront les centres hospitaliers entre eux.

II. — Assistance sociale aux femmes en couches en Algérie

Dans les pays parfaitement organisés au point de vue social, la femme a droit à un repos de 4 à 8 semaines. Chez certaines nations, le repos est obligatoire et est payé durant la plus grande partie de la grossesse et de l'allaitement. Les assurances sociales tendent et tendront de plus en plus à favoriser ce repos.

En Algérie, l'application des lois et des mesures qui protègent la femme enceinte, en couches ou en période d'allaitement sera faite lentement et progressivement. L'énorme masse des assistées par rapport au chiffre restreint des contribuables devra être prise en considération, et de longtemps encore il sera impossible d'accorder de larges secours aux femmes nécessiteuses de cette catégorie.

Les organisations des Consultations et des Maternités marquent un premier pas dans la voie des réalisations. Peut-on faire mieux ?

Il semble qu'un petit secours accordé à la malheureuse femme indigente qui viendrait se faire examiner pendant la grossesse, qui déclarerait la naissance d'un enfant et qui le présenterait aux consultations, serait un premier progrès très utile à réaliser. Des sociétés privées telles que l'Œuvre de la Maternité pourront aider dans ce sens les efforts administratifs.

Dans les campagnes, ces petits secours seraient appréciés et seraient les vrais facteurs de propagande en faveur des consultations. L'enquête préalable devrait être établie avec le plus strict souci d'équité.

Dans les villes, en plus de ces secours, devraient être prévus des *refuges, nids de mères, dortoirs pour femmes enceintes*, ou mères allaitant leur enfant. Des *soupes populaires, restaurants de nourrices, cantines maternelles*, etc... compléteraient ces œuvres d'assistance. Leur organisation serait facile à réaliser en subventionnant quelques œuvres privées déjà existantes.

Il appartiendrait aux infirmières visiteuses d'être les intermédiaires actives entre ces œuvres et les femmes nécessiteuses.

En Algérie, en agissant progressivement et avec méthode, on parviendrait peu à peu à réaliser une protection efficace des femmes en couches, des mères et des nourrissons. Le succès serait d'autant plus certain qu'on procéderait avec prudence et par étapes, en tenant le plus grand compte des ressources disponibles et aussi des coutumes, des habitudes locales et des conditions d'existence des individus.

III. — La surveillance obstétricale en Algérie

Pour qu'une organisation d'assistance de cet ordre donne des résultats appréciables et porte ses fruits, il est indispensable d'établir un plan d'ensemble de protection de la femme en couches en Algérie. Ce plan pourrait, s'inspirant de certaines organisations étrangères, mettre sous une même direction administrative la surveillance générale de l'assistance aux femmes en couches. J'ai cru nécessaire de proposer naguère au Gouverneur général le programme d'ensemble suivant qui me paraît répondre aux besoins de surveillance obstétricale de la colonie.

Ce plan englobe à la fois la prophylaxie de la dystocie et de l'infection puerpuérale, le dépistage de la syphilis constitutionnelle et héréditaire, l'organisation de la lutte contre la stérilité, par les examens au moment de la puberté et du mariage, la propagande en faveur des consultations au cours de la grossesse et en faveur de l'allaitement maternel, la lutte contre l'abandon des enfants, contre la mortinatalité et contre l'avortement, la protection des filles-mères, la vaccination préventive du nouveau-né contre la tuberculose, la création d'un carnet et d'un pécule de maternité, etc...

Pour réaliser méthodiquement cette organisation, il faudrait :

1° Diviser l'Algérie en *secteurs obstétricaux ;*

2° Centraliser des *fiches de Maternité.*

La création de *secteurs ou centres obstétricaux* pourrait être réalisée aisément : l'Algérie comprendrait autant de secteurs que de départements : Alger, Constantine et Oran. Les médecins chefs de Maternités deviendraient les chefs des centres obstétricaux avec l'assistance de leurs adjoints. Chaque chef de centre aurait à réunir les statistiques des accouchements survenus dans les hôpitaux d'arrondissement, les hôpitaux auxiliaires et effectués par les infirmières sages-femmes chargées de l'assistance aux femmes en couches à domicile. Les chefs de centre assureraient la surveillance générale de leur département et établiraient un rapport trimestriel sur le fonctionnement de leur secteur obstétrical (consultations prénatales, accouchements normaux, dépistage et recherche des causes de dystocie, causes de la mortalité des femmes en couches, mortinatalité, etc...). Ils signaleraient les régions mal surveillées ou insuffisamment pourvues et proposeraient les remèdes à y apporter (propagande, instrumentation à compléter, organisation à perfectionner, infirmières sages-femmes à surveiller, à déplacer, personnel à augmenter, encouragement et développement d'œuvres privées, etc...). Ils rechercheraient les responsabilités dans les cas répétés d'infection puerpérale ; ils s'efforceraient de les éviter dans la mesure du possible par les conseils et les mesures nécessaires. Une surveillance constante et une sollicitude incessante auprès de toutes les femmes susceptibles d'accoucher doivent permettre d'espérer un abaissement rapide du nombre des accidents obstétricaux, si fréquents et si graves dans ce pays, — des infanticides, des abandons, des mort-nés, des débiles et des prématurés.

Dans la campagne, dans les hôpitaux auxiliaires et dans les hôpitaux d'arrondissement, les infirmières visiteuses sages-femmes de colonisation établiraient, en accord avec les médecins responsables, des fiches et des statistiques qui permettraient de contrôler les progrès de la lutte entreprise contre la dystocie et la mortinatalité. Ces fiches devraient être envoyées périodiquement aux hôpitaux centraux d'Alger, de Constantine et d'Oran. Les chefs de service de ces trois centres établiraient alors leurs chiffres et leurs rapports départementaux qui devraient être réunis trimestriellement en un rapport d'ensemble. Ce rapport d'ensemble serait enfin soumis, par les soins du chef de service de la Maternité d'Alger, à *l'Inspecteur général des services de l'hygiène et de la santé*, avec toutes propositions utiles.

Ainsi cette nouvelle organisation de lutte contre la dystocie et la mortinatalité existerait désormais au même titre que les différents centres de lutte contre la syphilis, le paludisme, le trachôme, la tuberculose, le cancer, etc... et dépendrait à ce titre directement de l'inspection générale de l'hygiène.

Un décret récent vient de renforcer en Italie la surveillance générale de centres obstétricaux déjà existants, tant au point de vue de l'accouchement que de l'avortement : le médecin de la région transmet au médecin de la province qui transmet lui-même au médecin inspecteur général les renseignements qu'on attend de tous les coins du territoire, qu'il s'agisse du moindre avortement ou de l'accouchement le plus normal.

En matière d'hygiène, la centralisation des renseignements est indispensable à l'organisation d'un centre de prophylaxie ou de lutte. On voit ce que cette surveillance générale peut donner de résultats féconds dans ce pays encore neuf où les disciplines d'hygiène physique et morale sont à organiser avec méthode et fermeté si on veut qu'elles soient comprises et acceptées dans tous les milieux.

Surveillante vigilante des intérêts et des besoins des femmes en couches, la Maternité d'Alger devrait pouvoir en toutes circonstances se tenir en liaison avec les autres Maternités de la colonie. Ce n'est que par une unité de vue et par la centralisation des renseignements — par les fiches de Maternité — et des résultats obtenus que l'Assistance Médicale aux Femmes en Couches pourrait être menée à bien dans toute l'Algérie. Ainsi organisée elle compléterait heureusement l'Assistance Sociale que de prochains textes législatifs vont mettre à la disposition des parturiantes nécessiteuses.

L'assistance médicale et sociale aux femmes en couches en Algérie est actuellement en voie de développement.

Les pouvoirs publics et les œuvres privées ont devant eux un vaste champ d'action dont l'exploitation, en coordonnant avec méthode et fermeté tous les efforts, est susceptible de donner à la France et à l'Algérie les plus hautes satisfactions.

Une grosse mise au point est encore nécessaire pour arriver à secourir dans de bonnes conditions des parturiantes des campagnes et des villes.

L'organisation méthodique des Centres de lutte contre la dystocie et la mortinatalité est indispensable si l'on veut poursuivre avec succès le peuplement si utile à l'expansion du beau pays d'Algérie.

*
* *

En résumé, à l'heure actuelle, les secours que nous offrons aux malades dans les villes d'Algérie ne sont pas inférieurs à ceux qui leur sont fournis dans les cités métropolitaines. Dans les campagnes, l'organisation de l'assistance aux femmes en couches et aux nourrissons est à peine ébauchée aujourd'hui. *Elle doit être l'œuvre de demain.*

Quel devoir plus urgent s'impose, en effet, aujourd'hui à nous dans ce pays ?

En Algérie, foyer de reproduction intense, le repeuplement, poursuivi avec méthode, peut être d'un secours immense pour la colonie et pour la Métropole. *Le développement des œuvres sociales et l'accroissement de nos richesses économiques vont de pair.*

Examinons quelques chiffres :

Alors qu'en France on ne compte que 19 naissances pour 1.000 habitants, en Algérie on en compte 22 pour 1.000 Européens, et 38 pour 1.000 indigènes.

Mais les statistiques nous montrent aussi que sur les 38 naissances d'enfants indigènes, *il en meurt* 20 *à* 25 *selon les régions*, dans les deux premières années... Mortalité par défaut d'hygiène et par ignorance ; mortalité par syphilis méconnue, non traitée ou insuffisamment traitée.

Empêchons ces 25 enfants de mourir et l'Algérie sera comblée de la plus belle des richesses qu'est le capital humain. Développons donc l'assistance médicale. Le médecin reste le premier agent économique de la colonie.

Le problème de la conservation de l'espèce résolu, l'Algérie doit devenir un foyer de peuplement considérable, énorme. Si nous savons protéger la mère et l'enfant, l'Algérie pourra donner un jour à la France, chaque fois que celle-ci en éprouvera le besoin, de nombreux ouvriers, *sans en priver nos colons.*

Le Gouvernement général a mis la question des femmes en couches au rang de ses principales préoccupations. Rien de plus noble ne peut solliciter l'attention des pouvoirs publics. Rien dans la protection de la femme en couches et de l'enfant qui a droit à la vie, ne doit être négligé.

La générosité de la France ne saurait avoir d'objet plus élevé que celui-là, et tant que nous n'aurons pas fait pénétrer jusqu'au fond des douars tous les moyens que la science peut mettre à la disposition de la femme qui souffre et qui enfante, notre œuvre civilisatrice dans ce pays comportera des lacunes regrettables.

Dr J. LAPIN
Chef de la Prophylaxie de la Tuberculose au Maroc.

LA TUBERCULOSE CHEZ LES INDIGÈNES DU MAROC

Considérations générales

Le Maroc est occupé par une population indigène globale de 4 *millions* 124.434 habitants qui se décomposent en autochtones anciens (Berbères) et en immigrés (Vandales, Maures, Arabes, Israélites, etc.). Le climat a peu à peu ramené ces races diverses à un type peu différencié au point de vue physique et pathologique. Les conditions d'existence, par contre, créent une différence assez marquée entre le citadin et le rural.

Le climat du Maroc est relativement tempéré dans la zone littorale, en raison du voisinage des grands courants marins et des vents alizés. Mais dans l'intérieur des terres, surtout dans la montagne, il est beaucoup plus rude, aussi bien en hiver à cause du vent et des neiges, qu'en été à cause du siroco (chergui) et de l'acuité des rayons solaires que ne tempère pas l'humidité de l'atmosphère.

La plupart des villes (Kenitra, Salé, Rabat, Casablanca, Mazagan, Safi, Mogador, Agadir) se trouvent dans la zone littorale, et bénéficient du climat marin où la tuberculose, on le sait, tend à évoluer rapidement.

Le Maroc passait autrefois pour un pays indemne de tuberculose. C'est une légende que tout démontre absolument fausse. La maladie n'est pas d'importation actuelle, ni européenne, ainsi que le prouve l'observation constante et progressive de nos médecins des villes et des campagnes.

Considérations sociales

Certaines conditions, comme celles de l'après-guerre, ont pu modifier la fréquence de la tuberculose. Mais il semble ressortir d'une enquête récente que le mal (aussi répandu il est vrai qu'en Europe) n'est pas en progression. Tous les médecins de la Santé et de l'Hygiène Publiques qui ont répondu au questionnaire relatif à la fréquence de la tuberculose et à sa progression s'accordent à dire qu'elle est plus fréquente chez les citadins que dans les campagnes, chez les ouvriers migrateurs (venus du Sous, du Tafilalet et d'autres régions pauvres), chez les hommes de couleur plutôt que chez les blancs. Enfin, beaucoup dénoncent déjà le danger de l'alcoolisme qui augmente au contact de la population européenne, mais n'est pas, comme on pourrait le croire, un mal récent.

Un autre danger provient des mutilés du poumon et des ouvriers rapatriés de la Métropole où ils ont contracté la tuberculose.

On comprend très bien que les conditions sociales aient été modifiées par la guerre et la vie plus active des Européens. Un défaut d'adaptation immédiat peut entraîner chez l'indigène imprévoyant un déséquilibre entre le travail et l'alimentation et créer un terrain favorable à l'évolution tuberculeuse.

C'est d'ailleurs la raison pour laquelle les ouvriers migrateurs sont si facilement la proie de la tuberculose, soit en France, soit dans leur propre pays.

Mais ceci n'explique pas la fréquence toujours constatée de la maladie chez les citadins, gens mieux nourris et mieux vêtus que les habitants du bled.

L'explication de ce fait se trouve dans la mauvaise hygiène de l'habitation. Cette demeure, surtout celle des gens peu aisés ou pauvres, avec ses quatre murs sans autre ouverture qu'une porte d'entrée exiguë encerclant des chambres qui ne reçoivent l'air et la lumière que par un patio central souvent très étroit dans les maisons modestes, constitue une sorte de puits aux parois duquel sont accolées quatre chambres latérales par étage. Celles-ci, surtout au rez-de-chaussée, sont étroites, obscures, humides et ne reçoivent que difficilement le jour et jamais le soleil.

Ajoutez à ce tableau que les lieux d'aisance sans eau, sur fosse perdue le plus souvent, voisinent à l'étage inférieur avec les chambres qu'ils empuantissent.

Songez également que ces maisons se trouvent dans les villes et que les villes sont pour la plupart sur le littoral, c'est-à-dire très humides. Et c'est là que vit cloîtrée la moitié de la population indigène : les femmes et les tout jeunes enfants. Il suffit qu'un membre de la famille soit atteint de tuberculose pour qu'un pareil édifice soit infesté et que la famille entière soit désormais vouée à la contagion fatale.

Ce qui augmente encore le danger de contamination, c'est l'ignorance ou l'insouciance du malade en matière d'hygiène. Non seulement celui-ci ne connaît pas le crachoir, mais il projette ses crachats à travers la pièce et même contre les murs. Les plus raffinés relèvent un coin de la natte ou du tapis pour cracher sur le sol et recouvrir les expectorations.

Certaines maisons pauvres dont le sol et les murs ont été ainsi ensemencés servent d'asile, au cours de la même année, à de nombreux locataires qui viendront à tour de rôle se contaminer et essaimer ailleurs.

On voit donc que le danger se trouve dans l'ignorance, les mœurs, les préjugés, voire même le fatalisme de l'indigène. C'est cette masse énorme de difficultés qu'il appartient de saper, désagréger, rejetter. C'est dire que toute la lutte contre la tuberculose repose sur l'éducation de l'indigène C'est donc la prévoir longue et difficile. Ce sera l'œuvre de plusieurs générations. Le pays n'est encore qu'à son moyen-âge.

Tout ce que je viens de dire s'applique surtout à l'indigène *musulman* qui compte pour 4.016.887 individus dans la population globale du Maroc. Mais il y a à côté 107.562 israélites indigènes. Ceux-ci. il est vrai, sont plus adaptables. Toutefois, leurs mœurs se rapprochent encore beaucoup de celles des musulmans. Sans être claustrée, la femme est très sédentaire, occupée par les soins du ménage et sa très nombreuse famille. Sa maison n'est pas plus salubre comme construction que celle du voisin musulman et elle est souvent plus mal tenue. Par avarice ou misère, l'israélite se nourrit souvent très mal et entasse une famille grouillante dans des locaux ridiculement exigus. Dans ces conditions, et malgré sa tendance à évoluer plus rapidement, on ne peut encore le différencier, du point de vue qui nous occupe, des autres indigènes.

Formes cliniques de la tuberculose chez les indigènes

On voit donc par ce qui précède le danger énorme de contamination que court l'indigène. Va-t-il, de ce fait ou par suite d'une disposition spéciale, faire des formes particulières de tuberculose ? Nullement. Et c'est bien ce qui prouve l'ancienneté du mal dans le pays. Sa tuberculose pulmonaire sera même le plus souvent une tuberculose fibreuse ou fibro-caséeuse, sauf chez les adolescents des villes qui se livrent quelquefois à beaucoup d'excès, voire même à l'alcoolisme et chez les ouvriers migrateurs qui, pour amasser un maigre pécule, se privent de nourriture et couchent où ils peuvent.

Les tuberculoses osseuses affectent les localisations habituelles et si le « Mal de Pott » paraît plus fréquent, c'est qu'il frappe l'esprit des parents qui s'en inquiètent davantage et viennent consulter le médecin.

Les tuberculoses ganglionnaires sont extrêmement répandues dans certaines villes comme Fez. Encore faudrait-il passer ces adénites au crible d'un examen sérieux pour savoir si toutes se rattachent à la tuberculose.

Les péritonites, les méningites et toutes les formes viscérales se rencontrent également, mais se « voient » moins, car le médecin, pour des raisons de mœurs et de préjugés, voit toujours davantage « le malade du dispensaire » que « le malade alité ».

Moyens de lutte antituberculeuse mis en œuvre au Maroc. Ce qui reste à faire

En face de cette situation, la Direction de la Santé et de l'Hygiène Publiques n'est pas restée inactive. Elle a commencé la lutte par où il fallait, c'est-à-dire par l'éducation du public qui seule peut amener ces populations de mœurs médiévales à comprendre d'abord, puis à éviter le danger. Pour cela, dès 1921, deux dispensaires antituberculeux ont été créés à Fez d'abord, puis à Casablanca. Depuis, le nombre s'en est accru et s'accroîtra encore au fur et à mesure des possibilités budgétaires. On compte actuellement des dispensaires à Fez, Meknès, Rabat, Casablanca, Marrakech et Mogador.

Ces dispensaires fonctionnent sur le type métropolitain adapté aux conditions spéciales du pays. C'est-à-dire qu'aux soins de prophylaxie assurés par les conseils du médecin à la consultation, les mesures directes prises à domicile par les infirmières visiteuses (diplômées de France), s'ajoutent des soins thérapeutiques aux malades tels que le pneumothorax et la distribution des médicaments.

L'œuvre ainsi entreprise est de longue haleine. On ne saurait encore en voir les effets quand on songe qu'il a fallu, dans des pays *civilisés*, près de vingt ans pour juger des résultats. La tâche est encore plus malaisée dans un pays de Protectorat où, malgré tout, les mesures d'hygiène doivent conserver une certaine allure diplomatique.

L'armement antituberculeux du Maroc n'est d'ailleurs pas encore complet. Il manque le complément indispensable du dispensaire : le sanatorium. Est-il même réalisable pour les indigènes ? Ceux-ci auront-ils le courage d'abandonner leur famille ? Songez que la claustration dans laquelle ils tiennent leurs femmes rabaisse celles-ci au rôle de... mineures pour lesquelles une tutelle constante est nécessaire et sur lesquelles le maître ne doit cesser de veiller. Comment admettre, dans ces conditions, que l'homme puisse quitter de longs mois son foyer ou moins encore laisser de longs mois sa femme loin de toute surveillance directe ? Resteraient donc comme clients possibles des sanatoria : les enfants, les adolescents ou les gens sans foyer.

Mais, clientèle possible et clientèle stable font deux. Il est à craindre que ces établissements de cure n'aient — pendant longtemps — pas plus de succès que la maison d'invalides dont un de nos Résidents avait voulu doter les indigènes victimes de la guerre. Ce n'est cependant pas une raison pour ne tenter aucun effort et il est dans les intentions de la Direction de la Santé de faire un essai dans ce sens.

La gestion de la lutte antituberculeuse au Maroc a été confiée, par la Direction de la Santé et de l'Hygiène Publiques, à un organisme plus souple qu'une administration, à la « Ligue Marocaine contre la Tuberculose », qui joue dans le pays le même rôle que le Comité National Français.

C'est cette Ligue (subventionnée par le Protectorat) qui soutient à son tour les dispensaires.

Son rôle ne s'arrête pas là. Elle a pris à sa charge les frais de la fabrication et de l'expédition du B. C. G. qu'un laboratoire technique (Centre Vaccinogène) prépare à Rabat. Elle fait la propagande nécessaire pour en répandre l'usage en attendant qu'on puisse l'imposer dans de certaines conditions.

La Ligue Marocaine contre la Tuberculose subventionne également les « Jardins du Soleil » qui jouent le rôle de préventoria d'enfants et où, faute de mieux, on place également ceux qu'il faut soustraire à une contagion trop dangereuse.

Son ambition ne se borne pas à ces œuvres, mais consciente des multiples et urgents besoins d'un pays neuf, la Ligue modère la réalisation du plan d'ensemble qu'elle a conçu et qui vise, comme je le disais plus haut, surtout à l'éducation hygiénique de l'indigène par la propagande, par l'exemple. Et en cela elle ne fait que prendre sa part dans le généreux programme de la France qui cherche à tirer les populations indigènes de leur ignorance pour les faire évoluer, dans le cadre de leur tradition, vers un idéal meilleur et plus heureux.

André PIÉDALLU

Pharmacien Lieutenant-Colonel, Docteur ès Sciences,
Ingénieur Chimiste

SUR UN NOUVEL APPAREIL PERMETTANT D'EMPLOYER LA CHLOROPICRINE SANS MASQUE ET SANS DANGER POUR LA DESTRUCTION DES PARASITES DES HABITATIONS.

La chloropicrine a donné de remarquables résultats dans la destruction des parasites des habitations. G. Bertrand, Dassonville, Brocq, Rousseu, Vayssière, André Piédallu, Fayteau, etc... s'en sont servis avec succès.

Malheureusement son emploi est délicat et dangereux, et les procédés jusqu'ici préconisés ont donné lieu à des accidents.

L'appareil très simple que j'ai construit et expérimenté à l'Hôpital Militaire Maillot à Alger et dans plusieurs casernes d'Algérie permet de l'employer sans masque et sans danger.

Il est constitué par un cadre mobile tournant autour d'un axe horizontal de telle façon que le haut puisse prendre la place du bas.

Ce cadre mobile se meut à l'intérieur d'un cadre fixe plus grand, fixé lui-même par quatre équerres sur un plateau.

Au repos, la base du cadre mobile s'appuie sur un tasseau qui le maintient en position oblique.

Le récipient contenant la chloropicrine est fixé sur le cadre mobile à l'aide de ficelles ou autrement, de telle manière que la manœuvre ne soit pas gênée.

Une ficelle destinée à cet effet est attachée à la base du cadre mobile. Elle passe librement par dessus le récipient et le cadre fixe, entre deux pointes qui servent de guide et l'empêchent de glisser.

L'appareil étant fixé sur deux ou trois tables superposées, la ficelle est passée à travers une porte ou une fenêtre par un trou de vrille ou de serrure.

Pour traiter une pièce, il suffit alors de la rendre étanche en collant des bandes de papier sur toutes les fissures, fenêtres et portes fermées, crémones ouvertes, de déboucher le récipient, d'obturer la porte de sortie, de tirer doucement la ficelle de manœuvre et de boucher le trou de vrille.

La chloropicrine, correspondant à 8 à 10 gr. par mètre cube de capacité de la pièce s'étale, coule en cascades, et s'évapore d'autant plus vite que la surface mouillée est plus grande. La salle est rapidement saturée de vapeurs, tous les parasites, leurs larves et leurs œufs sont tués.

On laisse ainsi 24 heures. On évacue les vapeurs de chloropicrine en ouvrant les fenêtres par simple poussée du dehors, ou à l'aide de cordes attachées aux crémones passant à travers la pièce et des trous de vrille percés dans les fenêtres ou les portes qui leur font face.

La désinsectisation des casernes est maintenant facile et la chasse aux punaises peut être utilement entreprise.

Il est même possible de détruire les parasites des gourbis indigènes, sous bâche étanche, d'attaquer les termites qui causent tant de dégâts dans le sud-ouest de la France, et de traiter les magasins à grains envahis d'insectes et de rongeurs.

Pour ces divers travaux, il est nécessaire de forcer les doses, suivant l'animal à détruire et le degré d'étanchéité du local à traiter. A la condition de bien ventiler, le pouvoir germinatif des grains n'est pas diminué.

Médecin Commandant VIELLE
Médecin chef de l'Hôpital de Sétif.

LA TUBERCULOSE CHEZ LES INDIGÈNES D'ALGÉRIE

Le présent rapport ne saurait envisager qu'une faible partie de la question, celle de la Tuberculose chez les Indigènes dans la région de Sétif (climat des Hauts-Plateaux).

Depuis plus de cinq années médecin chef de l'Hôpital Militaire de Sétif (qui reçoit également des civils), j'ai pu me faire une idée de l'évolution de la maladie dans ces régions.

Si la tuberculose, dans certaines contrées comme la Kabylie, forte exportatrice de travailleurs, semble en grande part provenir d'importation, puisqu'elle est apparue dans les dernières années dans des régions où elle était très rare et parfois inconnue, il n'en est pas de même dans la région des Hauts-Plateaux où l'exode vers la France est beaucoup plus faible.

Je n'attache, par habitude, depuis longtemps, dans l'interrogatoire de mes malades à savoir d'où ils sont originaires et d'où ils viennent. Bien que je ne puisse fournir de chiffres, je crois pouvoir affirmer, cependant, que parmi les indigènes tuberculeux, passés par l'Hôpital de Sétif, le nombre de ceux qui viennent de France est infime.

La région des Hauts-Plateaux semble se suffire à elle-même dans l'origine et l'éclosion de la maladie qui paraît depuis longtemps importée, assise et entretenue par des facteurs que nous envisagerons et qui ont une importance au moins égale à celle du germe dont ils permettent l'évolution.

Ici nous voyons de très vieilles lésions tuberculeuses parfois pulmonaires, mais le plus souvent osseuses, articulaires ou ganglionnaires, suppurant depuis de nombreuses années. Les malades arrivent à l'Hôpital in extremis, cachectiques, l'ultime ressource est l'amputation.

Je dois ajouter que le rétablissement de l'état général est assez commun, même fréquent, lorsque le poumon est encore en état suffisant.

Tout autre est le cas des militaires, sujets d'importation, venant du Sud, du Hodna, de la région de Guelma, de la côte, transplantés brutalement dans un climat rude et chez lesquels la maladie présente un autre mode d'évolution grave d'emblée et à prédominance pulmonaire.

C'est pourquoi notre statistique des tuberculeux passés à l'hôpital de Sétif est divisée en deux chapitres :

1° Celui se rapportant aux militaires sujets d'importation dans les Hauts-Plateaux ;

2° Celui se rapportant aux civils (sujets autochtones).

La statistique des militaires relève un nombre très élevé de tuberculoses pulmonaires par rapport à l'ensemble des cas. Nous les avons classés sous quelques rubriques d'ensemble.

a) La tuberculose ouverte nettement confirmée par bacilloscopie évoluant selon la façon que nous exposerons plus bas : 33 cas.

b) La tuberculose généralisée à marche ultra rapide, granulie, cachexie rapide : 7 cas auquel le poumon participe.

c) Tuberculose pulmonaire non confirmée par bacilloscopie, mais cliniquement constatée ayant nécessité la réforme sous diverses rubriques : Imminence de tuberculose et mauvais état général, Bronchite suspecte, sommets douteux, etc... : 42 cas.

Donc, au total, 82 *atteintes pulmonaires* sur un ensemble *de* 101 *cas*, le reste réparti, en forme péritonéale (2 cas), ganglionnaire, génitale (2), ostéoarticulaire (11).

Ces formes pulmonaires visées sous la première rubrique évoluent chez les militaires *avec une rapidité foudroyante* chez des sujets faisant pourtant l'objet d'une sélection et reconnus sains à l'incorporation ou du moins dépourvus de signes objectifs.

Elle frappe de préférence les jeunes soldats quelques semaines après l'incorporation.

Le début est marqué soit par une pneumonie, une congestion pulmonaire, une bronchite aiguë puis traînante et longue à guérir. C'est le mode le plus habituel ; parfois par un amaigrissement rapide des palpitations, des troubles digestifs, de l'instabilité thermique.

Au bout de 5 à 6 semaines, on peut constater l'infiltration pulmonaire établie. Au bout de 8 à 10 semaines, c'est le ramolissement.

Les cavernes apparaissent *au* 3e *mois* et le décès entre le 3e et le 4e mois.

Ce type de tuberculose en marche rapide est celui qui m'est apparu le plus fréquent chez les militaires et qui m'a toujours frappé.

Réformés dès que les signes ne permettent pas de doute, quelques-uns peuvent regagner leurs foyers ; ils sont signalés aux autorités locales, mais généralement nous n'en avons plus de nouvelles ; ce sont surtout ceux classés sous la rubrique *c* ; d'autres intransportables sont maintenus à l'hôpital et y décèdent dans les conditions signalées plus haut (classés *a* et *b*).

Or si les fatigues du service militaire sont un élément d'aggravation de la maladie, il n'en est pas moins vrai d'autre part que les indigènes trouvent à la caserne une hygiène et une alimentation supérieure à celle de leurs gourbis.

D'autre part, sélectionnés à l'incorporation, ils ne présentent pas de signes objectifs à leur arrivée sauf parfois une certaine maigreur à mettre sur le compte de la misère physiologique et des privations.

Il paraît donc logique d'incriminer comme facteur essentiel de cette évolution rapide le climat d'altitude éminemment congestif des Hauts-Plateaux (1.100 m.) déclanchant chez des bacillaires latents, non adaptés à ce climat, une bacillose à forme suraiguë évoluant comme nous l'avons dit assez rarement d'après le mode miliaire, mais le plus souvent avec tous les stades de la tuberculose classique (infiltration, ramollissement, cavernes), stades impressionnants dans la rapidité de leur succession.

La confirmation de cette idée va nous être donnée par l'étude de la statistique locale (civils autochtones de Sétif et des environs).

Ici une chose nous frappe au premier abord. Si la tuberculose pulmonaire est encore fréquente, elle n'est pas à la base de la statistique et est largement dépassée par les formes ostéoarticulaires, osseuses et ganglionnaires.

Sur 186 *cas constatés en* 5 *ans*, nous notons en effet 67 cas de *bacillose pulmonaire* ou cachexie tuberculeuse avec atteintes pluriviscérales — 89 *cas de tuberculose osseuse* ou ostéo-articulaire — 18 tuberculose ganglionnaire ou cutanées — 7 cas de tuberculose génitale — 3 cas de tuberculose péritonéale, soit en gros 1/3 de pulmonaires et 2/3 d'ostéo-articulaire, osseuse ganglionnaire ou diverses.

Inutile de dire à quel degré avancé nous arrivent ces lésions.

Cependant les pulmonaires, même à l'époque finale à laquelle ils se présentent, sont des gens aux environs de la trentaine ; ils sont malades depuis longtemps, ils se sont cachectisés progressivement. La maladie n'a pas eu la même rapidité que chez les militaires, du moins d'après les renseignements parfois incomplets que nous pouvons recueillir. Il est vrai que beaucoup de cas nous restent totalement inconnus et décèdent dans leurs douars.

Enfin qu'est-ce à dire que cette proportion inusitée de formes osseuses ostéo-articulaires ganglionnaires, etc...

Nous l'expliquerions volontiers par une certaine sélection naturelle faite depuis longtemps, à savoir que les tuberculeux pulmonaires du jeune âge ou de l'adolescence et de la jeunesse n'ont pas résisté.

Ont résisté par contre des adaptés à la vie des Hauts-Plateaux contaminés sur le tard.

Que peut-être cette profusion de tuberculoses extra viscérales a pu provoquer une sorte d'auto-vaccination.

N'a-t-on pas dit autrefois que la scrofule protégeait de la phtisie ?

Quoi qu'il en soit, tels sont les faits observés que j'ai l'honneur de soumettre à l'examen de la commission d'enquête.

J'en arrive aux facteurs accessoires d'évolution en dehors du germe. Ils sont :

1° *Le taudis.* — Il suffit de visiter quelques gourbis pour constater des logements sales, enfumés, sans air, sans lumière, sans autre ouverture que la porte d'entrée, encombrée d'immondices de toutes sortes et se rendre compte de toutes les défectuosités de l'habitation chez l'indigène.

En ville c'est la même chose. Les logements occupés par les Arabes sont surpeuplés.

Les nomades sous la tente sont à ce point de vue dans des conditions incontestablement plus salubres.

2° *La misère physiologique.* — L'Arabe des Hauts-Plateaux est souvent un chétif, à os grêles, parfois déformé par un rachitisme précoce.

L'alimentation à base de couscous, manque souvent de légumes et de fruits d'où avitaminoses, troubles du métabolisme du calcium, aidés par des insuffisances endocrines plus ou moins occultés.

Je n'en veux pour preuve que le nombre de déformés des jambes que l'on rencontre chez les jeunes soldats de formations peu accentuées, il est vrai, et compatibles avec le service, mais qui sont une indication sur la fréquence des malformations du squelette.

Autre preuve. Depuis cinq ans à Sétif, j'ai eu l'occasion de constater au moins neuf bassins ostéomalaciques totaux (bassin en tricorne avec branches horizontales du pubis se touchant presque) et pour lesquelles des opérations césariennes ont été pratiquées.

3° *La déchéance physiologique produite par deux grandes tares :* le paludisme et la syphilis si fréquents dans la région, maladies qui deviennent des auxiliaires précieux de la tuberculose.

Par contre, il y a peu d'alcooliques dans la masse indigène habitant la région des Hauts-Plateaux.

Le problème de la lutte contre la tuberculose est donc complexe et peut être résumé comme suit :

Préservation de la contagion : difficile à cause de la promiscuité dans les douars et même dans les villes où les locaux d'habitation sont surpeuplés.

Problème du logement : supprimer le taudis, donner des maisons largement aérées et ensoleillées.

Problème de l'alimentation ;

Problème de la préservation des maladies débilitantes : tel que le Paludisme et la Syphilis.

L'éducation du public par conférence, film, etc... paraît inutile chez les indigènes au moins sur la grosse masse qui se soumet entièrement aux volontés d'Allah avec son fanatisme que les siècles ne paraissent devoir modifier que bien lentement.

Une mesure peut-être un peu arbitraire serait la visite de santé périodique dans les douars et l'envoi immédiat dans des sanatoria ou des préventoria de tous les suspects ; l'isolement des malades. Mais l'application pratique paraît se heurter à de grandes difficultés.

La vaccination B. C. G. des enfants est à envisager.

***

Ma conclusion est la suivante :

La région de Sétif avec son climat rude, ses variations fréquentes de température, son altitude, est un climat néfaste pour les tuberculeux pulmonaires en général et, en particulier, pour ceux dont les lésions sont évolutives.

État concernant les cas divers de tuberculose chez les civils indigènes passés par l'Hôpital militaire de Sétif de 1925 à 1929.

	1925			1926			1927			1928			1929			TOTAUX			
	H	F	E	H	F	E	H	F	E	H	F	E	H	F	E	H	F	E	
Tuberculose pleuro pulmonaires et laryngées.........	4			13	1		16	1		3	1		6			42	2		44
Tuberculose généralisée. Cachexie. Atteinte simultanée de plusieurs viscères.........	1			6	2		8			4	2					19	4		23
Tuberculose ostéo-articulaire. Tumeurs blanches. Coxalgie. Mal de Pott. Ostéité fistulisée..........	16			9	6		11	2		29	6		6	3	1	71	17	1	89
Tuberculose ganglionnaire et gommes				3	1		6			4	1		3			16	2		16
Tuberculose péritonéale..........				1			1			1						3			3
Tuberculose génitale............	3			1						1			2			7			7

État concernant les cas divers de tuberculose chez les militaires indigènes algériens passés par l'Hôpital de Sétif de 1925 à 1929.

	1925	1926	1927	1928	1929	TOTAUX
Tuberculose pulmonaire ouverte nettement confirmée	7	9	7	5	5	33
Forme généralisée granulique. Cachexie tuberculeux	1	3	2	1		7
Formes de bacillose pulmonaire non confirmée mais très suspectes. Hommes réformés sous rubrique. Imminence de tuberculose. Sommets douteux Bronchite suspecte, etc., avec ou sans crachats		2	24	10	6	20
Formes péritonéales	1		1			2
Formes osseuses ou ostéoarticulaire	3	2	3	3		11
Formes ganglionnaires et gommes			1	2	1	4
Formes génitales	1		1			2

CONFÉRENCES

FAITES PENDANT LE CONGRÈS

Mardi 15 avril

L'AMIRAL ABEL DUPETIT THOUARS ; SON ROLE DANS L'ORGANISATION DE L'EXPÉDITION D'ALGER EN 1830

PAR

MM. Louis DE SAMBŒUF et BAUCHARD

Mercredi 16 avril

LE HOGGAR, LE PAYS, LES HABITANTS (1)

PAR

M. le Docteur LEBLANC

Doyen de la Faculté de Médecine d'Alger

Vendredi 18 avril

LES SAVANTS DE LA COMÉDIE HUMAINE, DE BALZAC

PAR

M. le Docteur TRILLAT

---

(1) Publiée dans le Bulletin de l'A.F.A.S., n° 84, Juillet 1930.

ASSEMBLÉE GÉNÉRALE

19 AVRIL 1930

PRESIDENCE DE M. LE PROFESSEUR RABAUD
Président de l'Association
Professeur à la Faculté des Sciences de Paris

PROCÈS-VERBAL

I. — Elections

a) *Bureau pour* 1930-1931

Sont élus à l'unanimité :

Président : Maurice de Broglie, Membre de l'Institut ;

Vice-Président : E. de Martonne, Professeur à la Faculté des Lettres de Paris ;

Secrétaire : E. Cartan, Professeur à la Faculté des Sciences de Paris ;

Vice-Secrétaire : M. Millot, Professeur agrégé à la Faculté de Médecine de Paris.

b) *Délégués de l'Association*

Le vote pour le choix des cinq délégués de l'Association a donné les résultats suivants :

MM. Maurice Caullery*, Membre de l'institut, Professeur à la Faculté des Sciences de Paris .... 306 voix
Léon Dixsaut*, Professeur agrégé au Lycée Pasteur.. 304 —
Léonce Joleaud, Professeur à la Faculté des Sciences de Paris .... 312 —
Marc Tiffeneau, Membre de l'Académie de Médecine.. 308 —
Georges Villain, Professeur à l'Ecole dentaire de Paris. 304 —

(1) Membres sortants rééligibles.

II. — Rapport du Trésorier

M. Raoul d'HARCOURT

Mesdames, Messieurs,

J'ai l'honneur de vous présenter, au nom du Conseil, l'état des recettes et des dépenses de votre Association pour l'année 1929.

Recettes

Cotisations ....Fr.	77.048	»
Recettes diverses	12.729	60
Intérêts du Capital	69.797	38
Intérêts du Legs Girard	6.000	»
Capital :		
Rachat de cotisations	4.540	»
Part de Fondateur	1.000	»
Fr.	171.114	98

Dépenses

Loyer et accessoires ....Fr.	13.819	17
Appointements	36.600	»
Indemnité	3.000	»
Frais d'administration	5.200	90
Recouvrements	1.188	70
Frais afférents aux rentes et valeurs	1.516	85
Frais du Congrès	8.129	95
Publications du Congrès	29.541	70
Subventions ordinaires	30.500	»
Bourses de sessions	400	»
Conférences en dehors du Congrès	1.212	50
Bulletin trimestriel	14.120	36
Dépenses imprévues	5.930	85
Legs Girard	6.000	»
Réserve	7.654	»
Fr.	171.114	98

Vous constaterez avec plaisir que la situation financière de votre Association a permis d'accorder aux Subventions un montant sensiblement supérieur à celui des années précédentes.

Portefeuille. — Au cours de 1929, 2.100 obligations d'emprunts divers ont été amorties. Leur remboursement s'est élevé à 98.652 fr. 14 ; cette somme a été employée en achat d'obligations similaires, conformément à vos Statuts.

III. — Subventions de 1929

	Physique	
G. ARÇAY	Achat d'appareils pour recherches sur la chronométrie	2.000
	Météorologie	
Léon AUFRÈRE	Recherches sur la morphologie du Bassin de Paris, etc.	2.000
	Géologie	
E. AUBERT DE LA RUE	Travaux cartographiques et préparation de lames minces de roches	1.500
L. BERTHOIS et L. DANGEARD	Etudes sur le quaternaire de la région de la Rance	750
Jean CUVILLIER	Recherches géologiques en Egypte	3.000
Edouard ROCH	Travaux concernant la géologie stratigraphique de l'Ouest marocain	1.000
BARRABÉ	Etudes pétrographiques sur Madagascar	1.000
	Botanique	
A. FAURE	Exploration botanique dans le Maroc oriental	2.000
	Zoologie	
P. COUSIN	Recherches sur quelques questions touchant le développement larvaire des insectes	2.000
Jean THOMAS	Etude générale de la pêche et du poisson en Afrique Equatoriale française	1.500
J.-J. THOMASSET	Etude des tissus fossiles	750
	Anthropologie	
Jean CAZADESSUS	Travaux préhistoriques à la Roque de Montespan	1.250
Pierre DAVID	Fouilles à Mouthiers (Charente)	1.500
PALES	Recherches sur la paléopathologie	3.000
Etienne PATTE	Fouilles dans les sépultures préhistoriques de l'Oise	1.550
Henri MARTIN	Recherches archéologiques en Charente.	2.000

Commandant Octobon	Fouilles du camp néolithique de Recoux (Charente)	500
Abbé Philippe	Fouilles préhistoriques de Fort-Harrouard	1.500
	Sciences médicales	
Robert Courrier	Recherches sur l'Histophysiologie ovarienne	2.000
		30.500

IV. — Rapport du Secrétaire

M. de MARTONNE

Professeur à la Faculté des Lettres de Paris

Monsieur le Président,
Mesdames, Messieurs,

Le devoir du Secrétaire est d'exposer à l'Assemblée générale la situation de notre Association, devoir agréable quand il s'agit de constater la vitalité et les progrès d'un groupement qui, sans avoir encore l'importance à laquelle il aurait droit de prétendre, peut se flatter d'avoir rendu à la Science d'éminents services.

Notre première pensée doit cependant aller aux Collègues que la mort nous a pris et parmi lesquels, hélas, figurent des savants illustres. Nous évoquons avec respect et regrets les noms de MM. Rateau et du Général Sebert, tous les deux anciens Présidents de notre Association ; du Docteur Capitan, Professeur au Collège de France ; de M. Ardin-Delteil, Doyen de la Faculté de Médecine d'Alger, Président de la section de Médecine à notre Congrès de Constantine de 1927, toujours si dévoués à notre groupement.

Malgré ces pertes et malgré des radiations pour défaut de paiement de la cotisation, l'effectif de nos membres continue à progresser et atteint cette année 3.500, dont 3.000 Français, 160 Belges et 340 étrangers divers. Il faut insister sur ce rayonnement au delà des frontières et particulièrement en Belgique, dû au zèle de notre Délégué, M. Poutrain, auquel le Conseil de l'Association tient à exprimer sa reconnaissance.

Notre dernière réunion a eu lieu, comme vous le savez, au Havre, du 25 au 30 juillet. Elle a été marquée par la présence non seulement d'une forte délégation belge, d'un représentant de l'Association italienne et de l'Association portugaise, mais de plus de 60 membres de la British Association, qui ont répondu à notre appel, parmi lesquels Sir Henry Lyons et les Professeurs Bather et Sheppard.

Près de 400 Congressistes français ont d'ailleurs participé à la réunion, qui peut passer pour une des plus réussies depuis de nombreuses années. Le célèbre volume distribué par le Comité local, les excursions, réunions, conférences s'ajoutant aux séances des sections ont rempli les cinq jours consacrés à la réunion et laissé à tous le meilleur souvenir. Adressons tous nos remerciements aux Collègues qui ont su si bien organiser ce Congrès, particulièrement au Président et au Secrétaire du Comité local, M. Buchard et le Docteur Loir.

Les Congrès sont la manifestation certainement la plus intéressante de la vie de notre Association. C'est là que s'offre la meilleure occasion d'atteindre son but, peut-être le plus original. Au milieu du mouvement inévitable vers la spécialisation, un groupement comme le nôtre offre l'occasion de mettre en contact les savants que leurs recherches isolent et qui pourtant peuvent gagner à se connaître, qui peuvent même parfois s'apercevoir de préoccupations communes. La présence de collègues étrangers ajoute encore au prix de ces contacts.

Pour répondre à leur amabilité, nous avons le devoir agréable d'envoyer des délégués aux réunions analogues qu'ils organisent. Notre éminent Président, le Général Perrier, a ainsi représenté l'A. F. A. S. au Congrès des Associations espagnole et portugaise pour le Progrès des Sciences, réunies à Barcelone du 20 au 27 mai 1929, et au Congrès de la Societa Italiana per il Progresso delle Scienze, à Florence, du 18 au 24 septembre 1929. Nous avons été représentés au Congrès de la British Association, au Cap, en août 1929, ainsi qu'au 25e Congrés géologique international, à Pretoria, du 29 juillet au 9 août, par M. Lombard, chef du Service des mines de l'Afrique équatoriale française.

L'activité de l'A. F. A. S. se manifeste, dans l'intervalle des Congrès, par la publication du Bulletin, par lequel le Conseil se tient en contact permanent avec tous nos membres.

Depuis un certain nombre d'années, des conférences avaient été organisées, qui ont toujours attiré un public intéressant. Il a paru au Bureau que les progrès de la science nous permettaient de faire mieux et de toucher non seulement nos collègues parisiens, mais toute la masse de nos adhérents de province ; que nous pouvions même parler à tous ceux qui ont un intérêt quelconque pour la science, sans leur demander s'ils étaient des nôtres, sinon avec l'espoir de les amener peut-être dans nos rangs.

Ainsi est née l'organisation de radiodiffusion que l'A. F. A. S. a inaugurée depuis quelques mois. Nous donnons : 1° des radios-chroniques de cinq minutes, trois fois par semaine, consacrées successivement aux Sciences naturelles, physiques et chimiques appliquées ; 2° des conférences-radios de vingt minutes, une fois par semaine, faites par un savant éminent ou un spécialiste qualifié sur des questions scientifiques à l'ordre du jour.

Nous avons l'espoir, par cette manifestation, de jouer un rôle d'éducateur et d'informateur scientifique, bien digne d'un groupement tel que le nôtre, de faire connaître en même temps la force que nous représentons et d'attirer par là un plus grand nombre d'adhérents.

Ce dernier point a son importance. Le contact que le Congrès du Havre nous a permis d'établir avec la British Association a rendu plus sensible à quelques-uns de nous la disproportion entre les ressources de la puissante Société britannique et celles dont nous disposons. Nous avons pu, cette année, distribuer à des savants méritants des subventions plus nombreuses ; nous pourrions être plus larges avec un effectif de membres plus important.

Chacun des Congrès de l'A. F. S. A. a été marqué par un accroissement ; nous souhaitons qu'il en soit de même après la belle réunion qui nous a amenés une fois de plus sur la terre algérienne, cette nouvelle France, où la splendeur des résultats obtenus depuis un siècle dans l'ordre économique n'a pas moins frappé tous les visiteurs que la valeur des travaux de nos collègues et l'amabilité parfaite de leur accueil.

V. — Remerciements

A l'Assemblée générale, des remerciements ont été votés aux personnes dont les noms suivent, qui nous ont aidé à assurer la réussite du Congrès :

M. Bordes, Gouverneur général, et Mme Bordes ; Mme Dalloni et le Comité des Dames ; M. le Recteur de l'Académie d'Alger ; M. Dalloni, Président du Comité local ; M. Gaudin, Secrétaire général du Comité local ; M. le Maire l'Alger et la Municipalité ; Mme la Directrice du Lycée de jeunes filles ; M. le Proviseur du Lycée de garçons ; M. Raynaud, Inspecteur général des Services d'Hygiène de l'Algérie ; M. Froger, Maire de Boufarix ; M. Ricci, Député, Maire de Blida ; M. Leblanc, Doyen de la Faculté de Médecine ; M. de Samboeuf, et M. Bauchart ; M. Klein, Président de la Société des Amis du Vieil Alger ; M. Melia ; M. Lung ; M. le Président du Conseil de la Société Nord-Africaine ; la Musique de la Légion étrangère ; la Presse locale, française et étrangère.

VI. — Médailles offertes à l'occasion du Congrès d'Alger

MM. Pierre Bordes, Abeille Armand, Atger, Marcel Bordes, Emile Bordet, Brunel, Bouaziz ben Gana, Boutilly l'Amiral Bouis, Jean Causseret, Chavennes, Coutaud, Dalloni, Dunoux, Djelloul, Froger,

Gaudin, Garcin, Mme Hatinguais, MM. Jarraud, Klein, Leblanc, Lung, Maris, le Général Meynier, le Général Naulin, Rabaud, Raynaud, Richard, Rouyer, Sabatier, Sauvage, Seurat, Silla, Taillard, Thirion, Viallet, Viellard-Baron.

VII. — Vœux

Les vœux suivants ont été votés à l'Assemblée générale de clôture du Congrès :

1er *Vœu* (transmis à M. le Gouverneur général de l'Algérie)

Considérant le grand intérêt scientifique qui s'attache à la conservation de certaines espèces animales, en voie de disparition, comme suite à la proposition discutée par les Sections de Zoologie et de Biogéographie, de la création d'une réserve de faune dans l'Atlas Saharien, l'A. F. A. S. émet le vœu :

Que le Gouvernement général déclare constituer en réserve de faune le massif du Djebel Guettar (Territoire du Sud-Annexe de Méchéria), avec interdiction de tout acte de chasse — sauf dans un but exclusivement scientifique, sur autorisation spéciale et individuelle donnée par le Gouverneur général — et interdiction de tout campement dans le Massif.

2e *Vœu* (transmis à M. le Ministre de la Marine marchande et à M. le Ministre de l'Hygiène)

Considérant que la patente de santé ne peut avoir sa raison d'être dans notre organisation sanitaire maritime que si elle répond aujourd'hui aux fins pour lesquelles elle a été créée à l'origine, c'est-à-dire pour servir d'information sanitaire entre les pays de provenance et d'escale ;

Considérant que nul ne peut contester qu'elle est devenue actuellement inutile par suite du développement des relations télégraphiques internationales et des dispositions prises par les Conférences internationales en vue d'assurer la connaissance rapide et réciproque de l'état sanitaire des différents Etats ;

Considérant qu'elle n'est plus dès lors qu'une formalité désuète entravant la navigation et occasionnant à l'armement de lourdes charges par suite du coût des visas consulaires et des opérations sanitaires abusives auxquelles elle sert de prétexte, et que sa suppression s'impose donc comme mesure d'intérêt général, conforme à la logique et à l'équité ;

Considérant qu'à la Conférence sanitaire internationale de Paris, en mai 1926, l'accord unanime s'est fait sur le principe que les autorités sanitaires doivent s'efforcer de ne pas nuire au commerce maritime et de faire disparaître les règlements inutiles et vexatoires ; que, par suite ,la patente ne doit, en aucun cas, être une cause de gêne pour la navigation, soit par les retards qu'elle entraîne, soit par les frais auxquels elle donne lieu ;

Considérant qu'il a été recommandé aux Gouvernements signataires de conclure des accords particuliers en vue d'arriver à l'abolition progressive de la patente et des visas consulaires ;

Emet le vœu :

Que, par des accords particuliers à conclure à bref délai, le Gouvernement français réaliser progressivement l'abolition de la patente de santé et des visas consulaires.

3e *Vœu* (transmis à M. le Gouverneur général de l'Algérie et à M. le Ministre de l'Hygiène)

Vœu pour que l'Administration algérienne prévoie des mesures très sérieuses pour réduire les causes d'infection tuberculeuse qui contaminent les indigènes pendant leur séjour dans les grandes villes de la Métropole et de l'Algérie.

Vœux de Sections

1er *Vœu* (transmis à M. le Gouverneur général de l'Algérie)

La 7e Section (Météorologie) du Congrès de l'Association Française pour l'Avancement des Sciences, après avoir entendu la communication de M. Petitjean sur « les Variations du climat de l'Algérie », émet le vœu que les études climatologiques soient orientées vers un but pratique, et particulièrement en Algérie en vue de l'élaboration des prévisions à long terme utiles à toutes les branches de l'activité du pays.

2e *Vœu* (transmis à M. le Gouverneur général de l'Algérie)

Les Sections de Zoologie et de Biogéographie réunies : considérant qu'Alger, capitale intellectuelle et universitaire de l'Afrique du Nord, dont les laboratoires de la Faculté des Sciences renferment les matériaux d'étude les plus précieux, ne possède pourtant pas de Musée d'Histoire naturelle ouvert au public ;

Considérant l'intérêt et l'originalité de la faune et de la flore du Nord Africain et en particulier de l'Algérie ;

Emet le vœu:

Qu'un Musée d'Histoire naturelle soit constitué à Alger et organisé de manière à recevoir des dons et legs ; qu'à ce Musée soient annexés un parc géologique moderne, un aquarium et un vivarium.

Les Sections désirent appeler l'attention des autorités administratives sur l'intérêt de disposer, pour ces établissements, d'une surface assez étendue pour leur donner le développement convenable.

Ces terrains pourraient être choisis avec avantage sur le Sahel qui domine le Jardin d'Essai.

VIII. — **Prochain Congrès**

L'Assemblée générale décide que le prochain Congrès se tiendra en juillet 1931, à Nancy.

TABLE DES MATIÈRES

CONGRÈS D'ALGER

SÉANCE GÉNÉRALE D'OUVERTURE

SEANCES DE SECTIONS

PREMIER GROUPE. — Sciences Mathématiques

1re SECTION. — *Mathématiques*

TROISIEME GROUPE. — Sciences Naturelles

8e Section. — *Géologie et Minéralogie*

9e Section. — *Botanique*

10e Section. — *Zoologie, Anatomie et Physiologie*

11e Section. — *Anthropologie*

12e Section. — *Sciences Médicales*

13e Section. — *Radiologie et électrologie médicales*

14e Section. — *Odontologie*

15e Section. — *Sciences pharmacologiques*

16e et 21e Sections. — *Psychologie appliquée et Pédagogie*

17e SECTION. — *Biogéographie*

18e SECTION. — *Agronomie*

TABLE ANALYTIQUE

A

B

D

E

F

G

L

M

N

O

P

Q

R

S

T

ÉDITÉ PAR
L'ASSOCIATION FRANÇAISE
POUR
L'AVANCEMENT DES SCIENCES
28, Rue Serpente, Paris (6e)

SORTI DES PRESSES DE
LA SOCIÉTÉ GÉNÉRALE
D'IMPRIMERIE ET D'ÉDITION
17, RUE CASSETTE, 17
—— PARIS (VIe) ——

www.ingramcontent.com/pod-product-compliance
Ingram Content Group UK Ltd.
Pitfield, Milton Keynes, MK11 3LW, UK
UKHW020543180726
13838UKWH00001B/1